제3판

푸른 행성 지구

지구계과학 입문

Brian J. Skinner, Barbara W. Murck 지음

박수인, 권석민, 김영석, 문병권, 이성주

정형빈, 조양기, 조현구, 황 정 옮김

WILEY Σ 시그마프레스

푸른 행성 지구 : 지구계과학 입문, 제3판

발행일 | 2013년 9월 10일 1쇄 발행
2015년 8월 10일 2쇄 발행
2024년 3월 5일 3쇄 발행

저자 | Brian J. Skinner, Barbara W. Murck
역자 | 박수인, 권석민, 김영석, 문병권, 이성주, 정형빈, 조양기, 조현구, 황정
발행인 | 강학경
발행처 | (주)시그마프레스
디자인 | 우주연
편집 | 김은실

등록번호 제10-2642호
주소 서울특별시 영등포구 양평로 22길 21 선유도코오롱디지털타워 A401~402호
전자우편 sigma@spress.co.kr
홈페이지 http://www.sigmapress.co.kr
전화 (02)323-4845, (02)2062-5184~8
팩스 (02)323-4197

ISBN 978-89-6866-087-0

The Blue Planet: An Introduction to Earth System Science, 3rd edition

* 책값은 책 뒤표지에 있습니다.

* 이 도서의 국립중앙도서관 출판시도서목록(CIP)은 서지정보유통지원시스템 홈페이지(http://seoji.nl.go.kr)와 국가자료공동목록시스템(http://www.nl.go.kr/kolisnet)에서 이용하실 수 있습니다. (CIP제어번호: CIP2013016831)

역자 서문

우리가 우주선을 타고 우주여행을 한다고 상상해 보자. 우주 어디를 본들 우리 지구처럼 아름다운 경관을 볼 수 있을까? 우리 지구가 이처럼 아름다운 까닭은 지구가 지권, 대기권, 수권, 생물권으로 구성되어 있으며, 이들 각 권역은 암석권의 판 운동에 의해 아주 활발하게 상호작용을 하는 역동적인 천체이기 때문이라고 생각된다.

그동안 지구는 지권, 대기권, 수권 및 생물권으로 나뉘어 다양한 방법으로 폭넓게 깊이 연구되어 왔으며 많은 연구 성과를 거두었다. 우리는 이러한 연구 결과를 통해 지구 각 권에서 일어나는 다양하고 복잡한 자연 현상이 독립적으로 일어나기보다는 서로 밀접하게 연관되어 일어난다는 것을 이해하는 단계에 이르렀으며, 지구의 각 권 사이에서 일어나는 역동적인 활동에 대한 체계적이고 통합적인 이해와 연구의 중요성을 절실하게 깨닫게 되었다.

최근 들어 지구상에서 일어난 동일본 대지진을 비롯하여 환태평양 지역에 발생한 지진과 화산 활동, 제주도에 찾아온 90년 만의 가뭄, 서부 유럽의 대홍수와 가뭄, 사태, 사막화 현상 등의 자연 재해는 지구 각 권의 활발한 활동과 밀접하게 연관되어 있다. 이들은 사람의 힘으로 막을 수 없으며, 이러한 재해의 발생 원인과 메커니즘을 잘 이해하고 파악하여 자연 재해를 최소화하려는 지혜와 노력이 필요함을 인식하게 되었다. 이와 함께 21세기 들어 세계 인구는 70억 명을 넘었으며, 인간 중심의 무분별한 개발 활동과 산업 활동에 의한 자연 경관 훼손과 환경오염, 광물과 에너지 자원의 고갈, 지하수 고갈과 물 부족, 비옥한 토양의 유실 및 식량 부족 등 심각한 문제를 겪고 있다.

2012년 스키너와 머크가 저술한 푸른 행성 지구: 지구계과학 입문(*The Blue Planet: An Introduction to Earth System Sciences*, 3rd Edition, Wiley)은 지구 각 권에서 일어나는 다양한 자연 현상과 지구 작용의 원리를 지구계 개념을 도입하여 체계적으로 잘 설명하고 있으며, 지구계 작용의 원리와 과정을 무시한 인간들의 개발 활동과 산업 활동 영향의 근본적인 원인과 메커니즘 및 결과를 지구계 활동과 연관시켜 명확하게 설명하고 있다. 우리 역자들은 이 책이야말로 지구 곳곳에서 일어나는 아름답고 역동적인 지구 현상이 다른 한편으로는 때때로 우리의 인명과 재산에 막대한 피해를 입히는 자연 재해와 밀접히 관련되어 있으며, 이러한 상호작용의 원인과 과정을 명확히 이해하고 이에 대한 지혜로운 해결책과 대안을 제시하는 훌륭한 지구계 과학 입문서라 생각하고 번역하게 되었다.

이 책의 구성은 총 6부로 이루어져 있으며, 제1부에서는 지구계 소개, 에너지, 지구의 구성 물질 및 우주에서의 지구를 다룬다. 제2부에서는 지권의 지구조적 순환, 지진과 화산 활동 및 암석 순환을 체계적으로 설명한다. 제3부는 물의 순환, 빙설권 및 해양에서 일어나는 다양한 수권 현상을 흥미롭게 설명한다. 제4부는 대기권의 대기 구성 성분과 특징, 바람과 바람 시스템 및 기후 시스템을 다룬다. 제5부 생물권에서는 생명체의 특성과 기원 및 변천 과정, 생태계와 생명의 순환의 기초 원리를 알기 쉽게 설명한다. 마지막 제6부는 자원의 순환, 광물과 에너지 자원과 함께 인간의 산업 활동과 각종 개발 사업이 지구에 미치는 영향을 제1부에서 제5부까지 다룬 지구 작용과 연관시켜 설득력 있게 설명한다. 특히 이 책의 곳곳에는 각 장을 이해하는 데 필요한 '기초 원리'와 '사례 연구'를 글상자 형태로 적절히 소개하여 독자들이 책 내용을 쉽게 이해하며 흥미를 잃지 않게 한다. 또한 '관련짓기'는 모든 지구 작용이 독립적으로 일어나는 현상이 아니라 물질과 에너지가 각 권역을 순환하면서 일어나는 상호작용이라는 것을 인식시키고 지구계의 작용을 통합적으로 생각하고 이해하는 능력과 창의력을 향상시킬 것으로 여겨진다. 이 책은 대학에서 교재로 사용할 경우 교과 과정과 학과 사정 및 수강하는 학생들을 고려하여 필요한 장을 선별하여 강의해도 책 내용의 전체적인 흐름에는 큰 지장이 없도록 구성되어 있으니 편의에 따라 재구성하여 강의할 수 있다.

이 책의 목적은 지구계는 지권, 수권, 대기권, 생물권 및 인간권으로 이루어져 있으며, 이들 각 권역 사이에서 일어나는 물질과 에너지 순환이 각 권과 인간에게 어떤 영향을 미치는지에 대한 정보와 지식을 제공함으로써 지구계 사이에서 일어나는 상호작용의 원리와 과정 및 기본 개념을 이해하고, 지구 작용이 역동성과 평형을 유지하며 자연 경관 훼손과 환경오염을 최소화하는 데 있다. 따라서 이 책은 대학교에서 지질학, 지구과학, 대기과학, 해양학, 환경과학, 환경공학, 토목공학, 자원에너지공학을 전공하는 저학년 학생들에게 적합한 교재이며, 지구계에 관심 있는 연구자들과 현장 전문가 및 일반인들에게도 아주 유익한 도서이다. 또한 초 · 중 · 고등학교 교사들이 학생들을 교육하고 학생들과 함께 자기 고장에서 일어나는 지구과학적인 현상을 탐구하는 데 참고 도서로서 매우 유용할 것으로 생각된다.

이 책을 번역하는 데 있어 역자들은 가능한 쉬운 용어를 사용하였으며, 원저의 내용이 충실하게 반영되도록 최선을 다했다. 일부 적절한 우리말 용어가 없는 경우 원어를 그대로 사용하거나 다소 어려운 용어를 부득이 사용하였다. 이 책에서 사용된 주요한 용어는 지구과학용어집(한국지구과학회, 2003), 지질학사전(교학연구사, 1989), 대기과학용어집(한국기상학회, 1996)을 따랐다. 이 책을 통해 독자들이 지구계 개념과 지구에서 일어나는 다양한 작용과 이에 따른 자연 재해, 그리고 인간들의 산업 활동과 개발 활동이 우리 인간과 자연계에 미치는 다양한 영향에 대해 많은 관심을 갖길 바라며, 아울러 이 책이 우리 독자들이 지구를 개발과 개척의 대상이 아니라 함께 더불어 살아가며 보호해야 할 대상이라는 점을 이해하는 데 크게 기여하기를 우리 역자들은 간절히 소망한다. 이 책의 번역상의 오류나 잘못된 점은 우리 역자들 모두의 책임이며, 이에 대한 독자들의 많은 조언과 아낌없는 비판을 바란다.

이 책의 번역과 출판에 헌신적으로 협조하여 주신 (주) 시그마프레스의 강학경 사장님과 편집부 백주옥, 김은실 과장 및 여러분들께 진심으로 감사드린다.

2013년 9월 2일
역자 일동

저자 서문

최초로 지구의 궤도를 떠나 달의 반대쪽을 본 사람들은 아폴로 8호의 우주비행사들이었다. 1968년 크리스마스이브에 아폴로 우주선이 달의 뒤쪽에서 앞쪽으로 돌아나올 때 보먼, 로벨, 그리고 앤더스 세 우주인은 장엄한 광경을 보았다. 그것은 황량한 달의 풍경 위로 떠오르고 있는 지구였다. 이 장면을 촬영한 사진은 우주에서 우리 지구의 장려한 고립을 보여주는 상징적인 기념물이 되었다. 그보다 훨씬 전인 1948년에 영국의 유명한 과학자인 프레드 호일 경은 우주에서 처음 본 지구의 모습은 지구에 대해 우리가 생각하고 있는 방식을 영원히 변화시킬 것이라고 예상하였다. 그의 예견은 얼마나 선견지명이 있었던 것인가. 이것은 지구에 대한 전체론적인 관점의 발전에 있어서 처음 내디딘 큰 거보였다. 우주에서 본 대기는 표면 얼룩처럼, 해양들은 커다란 푸른 반점처럼 보이고 초록색의 초목 띠들이 갈색의 대륙들을 가로지르고 있다. 지구를 구성하는 모든 권역들의 조화가 대조적으로 뚜렷하다.

이 책은 지구를 보는 전체론적인 관점에 대한 과학을 소개하고 있다. 즉 지구의 서로 다른 권역들 사이에서 일어나는 상호작용, 즉 물질과 에너지가 대기권, 수권, 생물권, 지권(고체 지구를 뜻함) 사이에서 어떻게 이동하는지를 연구하는 학문이다. 각 권역들과 상호작용의 조합을 **지구계**라고 한다. 이 책은 **지구계과학**에 관한 것이다. 이 책은 또한 우리 인간들, 현재 70억 명 이상의 인구가 지구계 작용에 미치는 영향과 방법에 대해서도 기술하고 있다.

이 책의 목적

지구계과학은 사람들이 지구에 대하여 연구하고 생각하는 방식을 매우 빠르게 변화시키고 있다. 사람들은 항상 자기 고장의 기후나 날씨에 관심을 갖고 있다. 현재 이들은 또한 전 지구적 기후에 대해, 그리고 인간들이 전 지구적 기후를 어떻게 변화시키고 있는지에 관해서도 관심을 갖고 있다. 사람들은 언제나 자기 고장의 물의 유용성과 수질에 대해 관심을 보이고 있다. 현재 이들은 또한 전 세계 수자원 상태와 담수와 해수 모두를 다 포함하는 수중 생태계에 대해서도 관심을 갖고 있다. 우주에서 바라보면 바람이 먼지를 사하라 사막에서 대서양을 가로질러 이동시키는 것을 알 수 있다. 어느 곳을 조사해야 할지 알고 있기 때문에 과학자들은 해양 퇴적물 내에서 먼지를 검출할 수 있으며, 이 먼지가 카리브 섬에 살고 있는 생명체에 영향을 미친다는 것을 알 수 있다. 상호 연결성과 상호 관계에 대한 전체론적인 사고방식은 과학자들이 지구를 연구하는 방법을 변화시키고 있다. 우리는 전개되고 있는 지구계과학을 학생들에게 소개하기 위해 이 책을 집필하였다.

지구계과학의 교육과정은 많은 다른 학과에서 가르치고 있으며 그 추세는 증가하고 있다. 이러한 과정은 지구변화(Global Change), 지구과학(Earth Science), 생물권학(Biospherics), 지구환경(Global Environment), 행성지구(Planet Earth), 심지어 환경과학(Environmental Science) 등의 교과목을 포함할 수 있다. 그러나 이들 모두에서 학습 방법은 점점 더 서로 상호작용을 하는 부분과 과정들의 집합체로서 지구를 연구하는 방향으로 향하고 있다.

계 개념의 연구 방법

많은 권역으로 이루어진 계로서 지구를 이해하는 데 있어 핵심은 권역들 사이의 상호작용을 인식하며 에너지와 물질이 계 사이를 어떻게 이동하는지 이해하는 것이다. 지구는 아주 근사적으로 닫힌계이다. 이것을 통해 우리는 지구가 물질을 얻거나 또는 잃지 않음을 나타낸다. 그러나 에너지는 계로 들어올 수도 있고 계를 빠져나갈 수도 있다. 우리는 연구와 측정을 위해 지구를 다수의 소계로 나누었으며, 이들 각각은 열린계이며 물질과 에너지 모두가 이들 소계 사이에서 이리저리로 이동할 수 있다는 것을 의미한다. 동시에 지구계과학은 열린계의 집합체로서 지구를 연구하는 것이며, 지구계과학의 목적은 궁극적으로 집합체의 모든 영역들 사이에서 일어나는 상호작용을 이해하는 것이다. 이러한 방법으로 집합체의 한 부분 내의 교란—말하자면 화산 분출 또는 대기 중 이산화탄소 함유량의 증가—이 계 전체에 걸쳐 미치는 영향을 추정하고 예측할 수 있다.

지구를 연구하는 전통적인 방식은 다양한 권역을 서로 분리해서 연구하는 것이었다. 한 무리의 과학자들은 대기를 연구하고, 다른 그룹은 해양을, 또 다른 그룹은 지권을, 그리고 또 다른 그룹은 생명체의 군집을 연구하였다. 서로 다른 그룹들 사이에서 의사소통이나 상호교류활동은 거의 없었다. 지구계과학은 이러한 장벽을 제거하고 있으며, 학제 간 상호작용은 오늘날 지구계를 연구하는 과학자들 사이에서는 일반화되어 있다.

이 책의 구성

계(개념)의 연구 방법에 대한 중요성을 반영한 이 책은 6개 부로 구성하였으며, 각 부는 제1부를 제외하고 3개의 장으로 구성되어 있다. 제1부 '지구계 : 우주에서 우리의 위치'는 4개 장으로 이루어져 있다. 제2부에서 제4부까지는 지구계의 주된 소계를 다룬다. 이는 차례로 지권, 수권, 대기권, 생물권, 인간권이다.

제1장은 지구계, 계에 대한 검토, 주기와 피드백으로 시작한다. 제2장 에너지는 열역학 법칙의 소개와 함께 지구 에너지의 근원, 그리고 에너지가 지구계를 통해 어떻게 순환하는지에 관한 것으로 옮겨간다. 제3장은 물질에 관해 검토하며, 생명체에 관한 절이 새로이 추가되었다. 제1부의 마지막 장인 제4장 우주와 시간에서는 태양의 구조와 동역학에 대한 검토, 태양으로부터 지구에 도달하는 에너지 및 지구 역사의 시간 척도를 포함하여 태양계 내에서 지구의 위치를 다룬다.

제2부는 '지권 : 우리 발 아래의 지구'를 다룬다. 제5장 지구조적 순환은 지구의 내부 열에너지의 방출과 그 결과로 일어나는 맨틀과 암석권의 운동에 대해 논한다. 화산 분출의 형태, 위치 및 동역학은 제6장 지진과 화산의 요점이다. 제7장 암석 순환에서는 대기권, 수권, 생물권 및 지권 사이의 지구 표면에서 일어나는 총괄적인 상호작용을 검토한다.

제3부는 수권, 즉 지구를 덮고 있는 물과 얼음으로 된 층으로 지구계에서 수권의 본질적인 역할을 검토한다. 제8장은 물의 순환을, 제9장은 빙설권을 다루며, 제10장은 전 세계의 해양에 대해 논한다. 제3부의 3개 장은 기후계와 자연계와 인간 사회 모두의 요구를 충족시키는 데 있어 수권의 역할에 대해 특별한 주의를 기울이고 있다.

제4부 대기는 지구의 대기층인 대기의 특성과 역할을 다룬 3개 장으로 구성된다. 제11장 대기는 대기권의 구조와 동역학에 대해 논한다. 제12장 바람과 날씨 시스템에서는 전 지구적 순환과 지역적인 순환 패턴 모두에 관해 논한다. 제13장 기후 시스템은 과거 기후에 대해 우리가 알고 있는 것과 기후 변화의 원인에 대해 자세하게 검토한다.

제5부 생물권은 생물권의 특징과 지구계에서 생명체의 역할에 대한 논한다. 제14장 생명, 죽음, 그리고 진화에서는 생명체의 기본적인 작용, 그리고 지구의 역사에서 생명체가 지구계에 어떻게 적응하였으며, 지구계를 어떻게 변화시켰는지 논한다. 제15장 생태계, 생물군계, 생명의 순환은 생태계에서 재순환하는 물질의 중요성, 생명 유지 시스템의 최소 특징, 그리고 생지화학적 순환이 인간 활동에 의해 어떻게 영향을 받을 수 있는지에 대해 논한다. 제16장 개체군, 군집, 그리고 변화에서는 수용력과 건강에 영향을 미치고 개체군의 성장을 제한하는 요소들을 다룬다. 그리고 생물 다양성과 다양성에 대한 현재의 위협에 대해 특별한 관심을 두었다.

마지막 단원 제6부의 인간권은 인간과 지구계를 다룬다. 제17장 자원 순환은 주민 수의 증가와 건강에 있어 재생 가능한 자원과 재생 불가능한 자원이 가지고 있는 서로 다른 역할에 특별한 초점을 맞추어 다룬다. 제18장 광물과 에너지 자원은 이들의 이용이 지구계의 다양한 권역에 어떻게 영향을 미치는지 논한다. 이 책의 마지막은 인간 활동에 의한 지구계의 변화에 대한 평가에 있어 앞의 장들에서 논한 많은 증거들을 통합한다.

우리가 이 책을 구성하는 데 있어 충분히 고려하였지만, 모든 전임 강사들이 우리가 채택한 것에 호의를 보이지 않을 수 있다는 것을 알고 있다. 따라서 각 부와 장들은 가능한 한 내용이 독립될 수 있도록 집필하였으며, 심각한 연속성의 단절 없이 몇몇 주제들의 재조합이 가능하다.

삽화

이 책은 이전 판들처럼 책 내의 설명을 명확히 하기 위해 삽화나 사진에 대해 특별한 주의를 기울였다. 어떤 나라나 대륙도 적절하고 흥미로운 예에 대한 독점권을 가지고 있지 않기 때문에, 우리는 지구계과학에 대한 전 지구적인 시각을 제공하기 위해 전 세계의 사진, 지도 및 삽화를 골랐다. 저자와 밀접하게 작업을 함께 한 유능한 전문가가 사진들을 매력적이고 과학적으로 정확하게 만들기 위해 삽화 작업 프로그램에 힘을 써 주었다. 이번 제3판에 제시된 많은 삽화와 사진들은 이 책에 처음 사용된 것들이며, 전임 강사들과 학생들 모두가 이 삽화와 사진들이 교육적일 뿐만 아니라 아름답다는 것을 알게 될 것이다.

이 책의 특징

- **부의 도입.** 이 책의 6개 부 각각은 해당 부에서 논한 지구계의 권역과 계의 다른 권역과의 관계를 약술하는 간략한 설명과 함께 시작한다.
- **각 장의 개요.** 각 장은 해당 장에서 논한 주제의 항목과 함께 시작하며, 장의 학습 목표에 대한 설명이 간략히 소개되어 있다.
- **'자세히 보기' 글상자.** 장 내에는 '자세히 보기' 라는 제목으로 전문화되고 상세한 주제들이 글상자로 정리되어 있다. 이 자료는 전임 강사의 재량에 따라 포함될 수도 있고 생략될 수도 있다.
- **'기초 원리' 글상자.** 제2장의 전자기 복사와 같이 특별한 설명이 필요한 주제들은 '기초 원리' 라는 제목 하에 글상자로 정리되어 있다.
- **'관련짓기'.** 각 장에는 하나 또는 그 이상의 질문들이 본문 내에 삽입되어 있으며, 학생들에게 장 내의 어떤 항목과 거대한 지구계 사이의 관련성을 찾아보게 하였다. 예를 들면 제16장에서 개체군에 대한 검토가 끝난 후에 학생들에게 곤충, 동물 또는 식물의 개체군에 대해 생각해 보도록 하고, 그다음에 개체군의 증가를 제한할 수 있는 사물의 수를 목록으로 만들게 했으며, 그러한 제한이 수권, 대기권, 지권 또는 인간권으로부터 오는지 확인하도록 한다. 어떤 경우에는 질문에 대한 '하나' 의 정확한 답이 없다. 이러한 활동의 목적은 학생들이 연관성과 관계에 대해 생각해 보게 하는 것이다.
- **요약과 복습.** 각 장은 장에서 다룬 내용의 요약, 주요 용어의 목록 및 일련의 질문들로 끝을 맺는다. 질문은 두 가지 종류로 되어 있다. 1) 장이나 또는 독립된 제목에서 다룬 내용과 '자세히 보기' 나 '기초 원리' 의 내용과 밀접하게 관련된 복습 문제와 2) 학급이나 또는 그룹 토론을 할 수 있는 토론 문제로 때때로 약간의 추가적인 조사를 필요로 한다. 대부분의 경우 토론 문제는 그 문제들이 들어 있는 첨부된 특정한 장 내의 쟁점보다 더 광범위한 쟁점을 제기한다.
- **부록과 용어 해설.** 단위와 단위 환산에 대한 기준 자료, 자연적으로 산출되는 원소와 동위원소 및 조암 광물의 특성에 대한 유용한 부록이 독자들에게 제공된다. 용어 해설은 이번 판에서 확장되고 향상되었으며, 우리는 독자들이 이것이 매우 유용한 수업 도구임을 알게 될 것으로 생각한다.

제3판의 새로운 점

푸른 행성 지구의 세 번째 판의 가장 중요한 변화는 새로운 저자인 토론토대학교의 바버라 머크의 참여이다. 머크 교수는 야외조사와 지구과학과 환경과학 연구에서 쌓은 넓고 풍부한 경험을 저자 팀에게 제공하였으며, 상을 받은 교수이다.

제3판은 기존에 발행된 초판과 제판의 사용자들이 보내준 건설적인 조언을 기반으로 넓은 범위에 걸쳐 개편하였다. 예를 들면 제2판에서 태양계에 관한 두 개의 장은 하나의 장으로 합쳐졌고, 지진과 화산은 2개의 장 대신 단 하나의 장에서 다룬다. 또한 제2판에서 생물권에 관한 4개의 장은 대폭적으로 개편, 강화하고 개선하여 이번 판에서는 3개의 장으로 조정하였다. 비록 에너지에 관한 새로운 장이 추가되었지만 내용 축약과 재구성을 통해 제2판에서 20개 장이었던 것을 19개 장으로 조정하였다.

참고로 이 책의 원서를 교재로 사용하는 전임 강사들을 위한 사이트는 www.wiley.com/college/skinner이다. 필요한 경우에 활용하기 바란다.

요약 차례

차례

제 1 부

우주에서의 우리 지구
디지털로 작성한 영상에서 크기가 보통이며 나이는 중년 정도의 별인 태양이 지구 위로 떠오르고 있다.

지구계 : 우주에서 우리의 위치

지구(earth) : 이는 (극락과 지옥의 반대 개념으로) 물질계를 뜻하는 영어 eorðe에서 유래하였으며, 고대 색슨어 *ertha*, 네델란드어 *aerde* 및 독일어 *erda*와 관계가 있다.
계(system) : 이는 조직화된 전체 또는 여러 부분으로 합성된 배열을 뜻하는 그리스어와 라틴어 *systema*에서 유래하였다.

지구계 과학은 우리가 지구와 지구상의 생명체에 대해 연구하고 생각하는 방법을 빠르게 변화시키고 있다. 오늘날 지구계 과학, 즉 우리의 가정 지구에 대한 연구 방법은 지구계 내에서 일어나는 가장 작은 변화를 가장 큰 규모로 측정하고 감시하는 것을 가능하게 하는 지난 수십 년 동안의 인상적인 과학과 기술적인 발전으로부터 생겨났다. 이러한 연구 방법은 과학자들이 전에 없는 새로운 관련 가능성의 단계를 달성할 수 있게 한다. 지구계 과학은 오직 개개의 부분이 아니라 전체로서 계에 초점을 맞추면서 우리가 지구에 대해 전체론적인 관점을 받아들이게 한다.

지구에 대한 우리들의 이해를 향상시키는 핵심은 지구계(earth system) – 지권, 수권, 대기권, 생물권, 인간권 – 의 여러 권역들 사이에서 일어나는 상호작용에 대한 인식을 개발할 필요성이다. 지구의 소계는 이 책의 나머지 부분 – 제2부에서 제6부까지 – 에 대해 구조적 템플릿(template)을 제공한다. 하지만 여기 제부에서 우리는 전체로서 지구를 조사하며 태양계 내에서 우리의 위치를 다룬다. 제1장에서 우리는 계와 순환의 개념, 피드백, 저장소 및 플럭스(지구 소계를 서로 연결시켜주는 작용의 기본 형태)를 소개한다. 우리는 또한 과학 방법과 과학이 어떻게 작동하는가를 논한다. 그런 다음 제2장에서 우리는 에너지 – 지구와 태양계 내 다른 곳에서 일어나는 모든 작용을 일으키는 힘 – 의 근본적인 본질을 조사한다. 제3장에서 우리는 지구(와 그 밖의 모든 것)를 구성하는 물질의 본질을 다룬다. 마지막으로 제4장에서 우리는 태양 주위에 모여 있는 행성상 천체의 계 내에 있는 많은 천체 중 하나인 지구를 검토한다. 우리는 지구의 특징이 태양계가 생성되는 과정에서 어떻게 형성되었는지 조사한다. 우리는 또한 지구의 나이와 지구 역사 동안 시간과 변화의 측정을 다룬다.

제1부는 다음과 같은 장으로 구성되어 있다.

- 제1장. 지구계
- 제2장. 에너지
- 제3장. 물질
- 제4장. 공간과 시간

CHAPTER

1

지구계

개요

이 장에서 우리는

- 지구계와 지구계 과학을 소개한다.
- 계는 무엇이며 계가 왜 중요한지 학습한다.
- 지구계의 주요 저장소와 플럭스의 특성을 이해한다.
- 지구계를 통해 일어나는 물질과 에너지 순환의 특성을 설명한다.
- 과학은 어떻게 작동하며 지구계 과학에서 모형은 어떻게 이용되는지 학습한다.

◀ **지구와 달**

미국 항공우주국(NASA)의 유명한 블루마블 시리즈의 한 분책에 있는 이 사진은 달이 지구 위로 뜨고 있는 장면을 보여준다. 블루마블 시리즈의 사진 원본은 1972년에 촬영되었다. 특히 이 사진은 1977년 GOES(Geostationary Operational Environmental Satellite)가 찍은 것이며, 지금까지 작성한 지구 영상 중 가장 섬세한 것 중 하나이다. 북아메리카의 서쪽 해안 먼바다에서 볼 수 있는 뚜렷한 폭풍은 허리케인 린다이다.

대기, 물, 암석 및 생물의 전 지구적인 상호 연결은 현대 과학의 연구 핵심이 되었다. 그 결과 지구 연구에 있어 새로운 연구 방법이 확립되었다. 지구를 연구하는 전통적인 방법은 다른 부분들로부터 분리된 독립적인 부분—동물의 개체군, 대기, 호수, 개개의 산맥, 어떤 지역의 토양—에 초점이 맞춰졌었다. 전체론적인 새로운 연구 방법에서 지구는 전체로서 연구되며 분리되었지만 서로 상호작용을 하는 많은 영역들로 구성된 계로 간주된다. 지구상의 어떤 것도 분리될 수 없다. 연구는 모든 영역 사이에서 일어나는 수많은 상호작용을 보여준다.

이들 상호작용, 이들을 특징짓는 물질과 작용 그리고 이들에 대한 그 밖의 과학적인 이해가 이 책의 주제가 된다.

지구계 과학이란 무엇인가

지구계 과학(Earth system science)은 지구 전체를 셀 수 없이 많은 주요 권역들로 이루어진 하나의 계로 연구하고, 이들 권역의 내부와 그 사이에서 일어나는 변화에 초점을 맞춘 학문이다(그림 1.1). 이들 주요 부분의 예는 바다, 대기, 대륙, 호수와 강, 토양, 식물 및 동물이다. 이들 각각은 독립적으로 연구될 수 있다. 그러나 이들 각각은 다른 권역에 의존하고 있으며 서로 연결되어 있다. 지구계 과학은 지구 연구에 대한 새로운 연구 방법—새로운 과학—이며, 새로운 과학은 새로운 도구를 필요로 한다.

새로운 과학과 새로운 도구

새로운 도구는 새로운 방법의 관찰과 측정을 가능하게 하였으며, 이들은 차례로 어떤 현상에 대한 새로운 사고 방법이 생기게 했기 때문에 실제로 새로운 과학이 출현하였다. 지구계 과학은 다양한 규모의 관찰과 다른 많은 지역에서 수집한 막대한 양의 자료를 필요로 한다. 새로운 과학 방법은 자료의 수집과 처리 모두를 필요로 한다.

몇십 년 전에 미국 항공우주국(NASA)의 과학자들은 그들이 원래 우주탐사를 위해 개발한 과학적인 수단을 새로운 이용으로 바꿔야 할 처지에 놓여 있음을 인식하였다—한층 더 포괄적인 관점에서 보면 우리 지구와 인류에 의해

그림 1.1 상호작용하는 지구의 주요 권역
지구계 과학은 전체 지구를 여러 주요 권역이 상호작용하는 하나의 계로 연구하는 학문이다. 이는 인간 활동의 영향을 포함하여 이들 주요 권역의 내부와 그 사이에서 일어나는 변화에 특별한 초점을 맞추고 있다.

야기된 변화에 대한 연구. 지구 연구에 초점을 맞춘 우주 계획을 추천한 미국 국립연구회(National Research Council)의 1988년 보고서에 자극을 받아 NASA는 1991년에 '행성 지구에 대한 임무'라는 공식적인 연구 계획에 착수하였다. 현재 지구과학 계획(Earth Science Enterprise, ESE)으로 알려진 이 임무는 우주에서 지구 환경 변화를 연구하는 포괄적인 계획이며 지구계 과학의 새로운 분야의 발전에 수법을 제공하는 것이다.

2007~2016년 사이 NASA의 과학 계획은 지구 관찰 노력의 현 상태를 다음과 같이 요약하였다.

> 우주에서 우리는 바다, 대기, 대륙, 대륙 빙하 및 생명체 자체의 상호 연결성을 이해하면서 지구를 하나의 행성으로 간주한다. NASA에서 우리는 지구를 복잡한 방법으로 상호작용을 하는 다양한 요소로 이루어진 하나의 역동적인 계로 연구한다—과학 내의 어느 것과 똑같은 도전. 우리는 전 지구적인 규모의 변화를 관찰하고 탐지하며, 이들의 전 지구적인 관계 내에서 지역적인 변화를 연구한다. 우리는 인류 문명이 점점 변화의 힘으로 작용하는 역할을 목격하였다. 우리는 원인으로부터 결과를 밝혀내고, 다양성과 효과를 반응과 결부시켜 생각하며, 기후, 날씨 및 자연 재해를 예보하는 국가적인 능력을 크게 향상시킨다.

전 세계 과학자들은 전 지구적인 규모로 일어나는 지구의 자연 과정에 대한 중요한 지식을 얻기 위해 지구 관찰 도구로부터 얻은 다양한 자료를 이용할 기회를 가져왔다. 이것은 지구계와 구름, 물과 에너지 순환, 해양, 대기 화학, 지표면, 물과 생태계, 빙하와 극지 빙하 및 고체 지구와 같은 지구계 순환에 대한 우리의 기초 지식을 증대시켰다. 이것은 또한 자연 재해의 예보, 자연 자원의 관리 및 환경에 미치는 인류의 영향에 대한 감시의 유효성을 증대시켰다. 우주에서 지구계에 대해 조사하고 기록하는 것은 대규모의 템플릿(template)을 제공한다. 지상에 기반을 둔 작은 규모의 관찰들이 이해될 수 있는 정황에 따라서 우주에 기반을 둔 관찰은 지구에 대한 새로운 견해를 제공할 뿐만 아니라 지상에 기반을 둔 연구 방법을 보완하고 강화해 준다.

지구 관찰

모든 규모에서 모든 형태의 관찰은 지구계에 대한 우리의 이해를 증진시킨다. 그러나 지구계 과학에서 가장 중요한 도구는 인공위성에 기반을 둔 원격탐사이다. **원격탐사**(remote sensing)는 먼 거리에서 목적물—이 경우에는 지구—에 대한 정보를 연속적 또는 반복적으로 수집하는 것이다(그림 1.2). 새로운 어떤 다른 기술보다도 원격탐사는 대규모의 관찰과 다른 방법으로 달성할 수 없는 많은 종류의 측정과 감시를 가능하게 하였다. 예를 들면 남극 상공의 '오존 구멍(ozone hole)'—상층 대기 내의 오존 농도의 감소—은 인공위성에 탑재된 검출기를 이용하여 원격탐사로 측정하였다. 다른 형태의 원격탐사 기술은 과학자들이 사막, 숲 및 경작지뿐만 아니라 거주자의 정착지, 도로 및 그 밖의 건설 환경 부분의 면밀한 감시를 가능하게 한다.

인공위성에서 원격으로 측정이 이루어지면 과학자들은 많은 전문 영역에서 자료들을 활용한다. 인공위성에서의 관찰은 증거를 수집하는 모든 다른 방법을 초월하여 지구의 각 주요 부분은 다른 주요 부분과 상호작용을 통해 서로 의존한다는 것을 끊임없이 상기시켜 준다. 현대 지구계 과학은 측정에 있어 인공위성에 대한 상호 의존과 유용성의 이해로부터 탄생하였다. 수로와 해안 지대의 위생 관리, 오염 물질의 영향 및 자연 재해의 엄습—이들 모두는 오늘

그림 1.2 우주에서의 지구 연구
우주 탐사는 예기치 않은 부수적인 편익을 가져왔다. 우주에 기반을 둔 기구는 지구를 자세히 조사할 수 있는 기회를 제공하였다. 아티스트가 묘사한 여기 이 랜드샛은 NASA가 원격탐사로 1970년대에 지구에 대한 자료를 수집하기 시작한 최초의 인공위성 중 하나이다.

자세히 보기

우주에서의 지구 감시

과학자들은 지구계, 지구계의 많은 주요 부분 및 이들의 상호작용을 연구하기 위해 인공위성에서 얻은 자료를 이용한다. 원격탐사는 먼 거리에서 관측 대상에 대한 자료－모든 종류와 모든 수단으로－의 수집을 포함한다. 이것은 지하에 있는 고고학 또는 지질학적인 관심 대상 지점의 위치를 결정하기 위해서는 심지어 지진파 탐사의 활용에 의지할 수 있다(관측 기구가 지표에 있는 반면에 관심 대상은 지하 깊은 곳에 있기 때문에 이것도 원격탐사이다). 그러나 원격탐사란 용어의 가장 보편적인 사용은 궤도를 운행하는 인공위성에 탑재된 기구를 이용하여 정보를 수집하는 것을 의미한다. 지구계와 환경을 이해하고 감시하는 데 있어서 원격탐사의 이용은 사실상 무한하다. 이들은 숲의 상태와 삼림 벌채, 농작물의 수확량, 토양 수분, 자연 재해(화산 분출, 홍수 및 폭풍 포함), 대기 오염, 대기의 성분과 그 밖의 특성, 지표와 해수면의 온도, 도시 환경의 변화 및 그 밖의 많은 것을 포함한다(그림 C1.1).

인공위성 궤도에는 기본적으로 두 가지 유형이 있으며, 이들은 인공위성에 탑재된 검출기가 수집할 수 있는 정보의 종류에 영향을 미친다. 대지 정지 위성은 지구 표면의 한 지점 위에 있는 이들의 궤도에 고정되어 있다. 이들은 높은 고도에서 운행하며 아주 넓은 시야의 표면를 감시한다.

예를 들면 미국 NOAA(국립해양대기청)의 GOES는 적도상

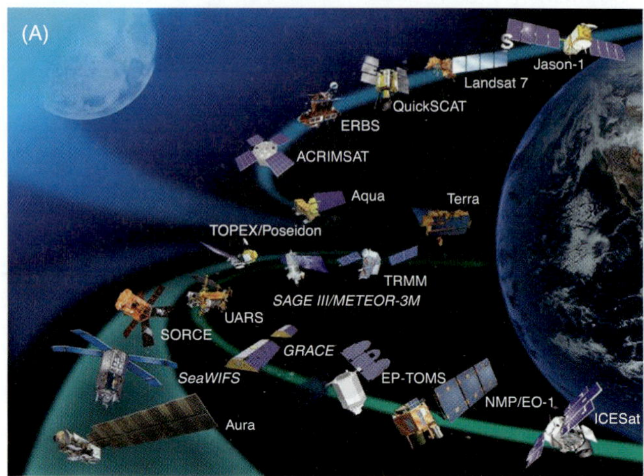

그림 C1.1 우주에서 본 지구
(A) 미국의 이들 인공위성단을 포함하여 다양한 유형의 많은 인공위성이 현재 우주에서 지구를 감시하는 데 이용되고 있다. (B) 이것은 2개의 인공위성 영상을 합성한 것으로 2009년 9월 인도네시아 보르네오의 칼리만탄 지역에서 발생한 숲의 산불(붉은 점)에서 소용돌이치는 짙은 연기를 보여준다. 이 산불은 토지의 개간이 목적이었다. (C) 이탈리아 베수비오 화산의 ASTER 영상은 2000년 9월 26일에 촬영되었다. 이 영상은 36x45km의 면적을 포함한다. 높은 온도의 지면은 적색으로 표시되어 있으며 낮은 온도의 지면은 청색으로 표시되어 있다. 1979년 베수비오 화산은 격렬하게 분출하였으며, 화산재가 도시 주위의 모든 것을 30cm 두께로 뒤덮었다. 베수비오 화산에서는 또 다른 분출의 시작을 신호로 알릴 수 있는 잠정적인 불안정의 징조를 철저하게 감시한다.

날 원격탐사 기술 덕분에 연구하고 감시하는 것이 훨씬 쉬워졌다(자세히 보기 : 우주에서의 지구 감시 참조).

인공위성에 기반을 둔 원격탐사는 지구에 대해 우리에게 새로운 전망을 제공한 반면 이전에는 접근할 수 없는 지구 영역을 탐사할 수 있는 새로운 방법은 또한 우리의 지식을 크게 증대시켰다. 예를 들면 1960년대에 원격으로 제어되는 작은 심해 로봇 잠수정으로 과학자들을 바다의 깊은 곳까지 탐사할 수 있었다. 이들 잠수정으로 심해의

의 35,800km 상공의 정지 궤도에서 지구를 순회한다. 이 기구는 언제나 동일한 장소에서 지구를 관측하므로 지구 표면의 한 지점을 계속하여 감시한다. 이 위성은 지구 표면에서 고도가 매우 높기 때문에 넓은 범위의 시야를 포괄한다—GEOS의 서쪽은 지구 서반구의 거의 전체를 한 번에 관찰할 수 있으며, GOES의 동쪽은 동일하게 지구 동반구의 거의 전체를 한 번에 관찰할 수 있다. 이러한 사실은 GEOS를 광역적인 폭풍 시스템의 감시와 같은 적용에 있어 특별히 유용하다(그림 C1.2).

본질적으로 다른 종류의 인공위성 궤도는 극궤도이다. 극궤도를 운행하는 인공위성(이들은 때때로 POES라 한다)은 훨씬 낮은 고도에서 지구를 극에서 극으로 순회하도록 설계되어 있다. 따라서 이들은 높은 고도의 GOES 인공위성보다 해상도가 훨씬 선명한 영상과 자료를 지구로 보낼 수 있다. 이들 인공위성은 지구 표면을 한 번에 단지 좁은 범위의 띠만을 관찰할 수 있다. 그러나 이들은 지표면에 대해 (태양처럼, 따라서 태양 동주기 궤도를) 계속하여 이동하기 때문에 이들은 실제로 주사폭이라고 하는 중첩된 띠로 지구 전체를 포함한다. 극궤도 위성의 예에는 상업용 위성 영상을 제작하는 랜드샛과 SPOT 및 DMSP 인공위성이 포함된다. 후자는 정확히 지표 상공의 830km 높이에서 운행하며 가로 길이가 1m 미만인 목표물을 식별할 수 있는 영상을 지구로 보내온다.

인공위성은 승강장(platform)이다. 이들은 원격탐사의 실질적인 작업을 수행하는 기구—대상 또는 목적물에서 방출되는 여러 종류의 전자기파의 복사(다양한 파장의 빛)에 대한 정보를 주로 수집하는 넓은 범위의 탐지기—의 탑재체 역할을 한다. 제2장에서 전자기파의 특성에 대해 아주 자세하게 다룰 것이다. 그에 앞서 인공위성에 기반을 둔 원격탐사의 실제적인 강점 중 하나는 사람의 눈으로 감지할 수 있는 가시광선보다 훨씬 많은 다양한 전자기파의 복사를 감지하고 수집할 수 있는 기구를 탑재할 수 있는 능력이라고 말할 수 있다.

NASA는 우주 탐사의 아주 초기부터 인공위성 배치에 참가하였으며 인공위성에 기반을 둔 기술을 지구 연구에 전환하는 데 핵심 기관이 되었다. NASA는 NASA의 지구관측시스템(Earth Observing System, EOS)을 '전 지구적인 변화를 측정하는 데 제공된 세계에서 가장 고성능이며 종합적인 기구와 기술의 시스템'이라고 기술하였다. EOS는 지표, 생물권, 고체 지구, 대기 및 해양을 장기간 전 지구적으로 관찰할 수 있도록 설계한 공동으로 작용하는 일단의 인공위성들이다. EOS의 주요 목표는 통합된 시스템으로서의 지구에 대해 이해 하는 것이다.

그림 C1.2 **허리케인 카트리나**
허리케인 카트리나를 보여주는 이 인공위성 영상은 2005년 8월 정지궤도 위성이 높은 고도에서 촬영한 것이다.

열수구 근처에서 서식하는 생물을 발견할 수 있었으며, 이전에 알려지지도 않고 생각조차 할 수 없는 환경에서의 새로운 종과 먹이 사슬, 그리고 생태계를 발견하였다.

새로운 측정 방법이 중요한 것처럼 과학자들이 지구계에 대해 계속하여 축적한 방대한 양의 자료를 저장하고 분석하는 새로운 방법도 중요하다. 컴퓨터에 기반을 둔 소프트웨어 프로그램인 **지리정보시스템**(Geographic Information System, GIS)은 공간에 기준을 둔 방대한 양의

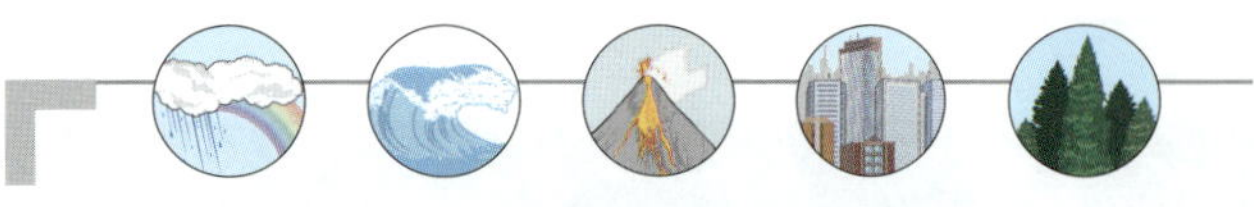

관련짓기

생물들은 광합성에 필요한 빛이 거의 없거나 전혀 없는 바다의 가장 깊은 곳에 어떻게 살아남을 수 있을까?

자료 점을 이들의 특성과 함께 저장할 수 있다. 이들로부터 지도를 작성할 수 있으며, 일단의 다양한 종류의 정보가 비교될 수 있다. 예를 들면 원격으로 감지한 자료의 몇몇에 근거한 숲의 인공위성 영상은 다른 형태의 식생, 토양의 수분 함량, 지표 온도, 도로망과 건물 및 심지어는 주민들의 정착지를 보여준다. 몇몇 영상은 서로 겹쳐질 수 있으며, 다양한 자료층(layer)의 정량적인 비교로부터 새로운 자료와 영상을 얻을 수 있다(그림 1.3).

모든 계의 연구가 우주에 적용하는 원격의 의미만은 아니다. 많은 것들은 또한 시간의 의미에서 원격이다. 지구는 긴 역사를 가지며, 이 역사는 지표, 대륙과 바다의 위치 및 전 지구적인 기후 변화를 포함한다. 과거 기후에 대한 가장 뚜렷한 기록 중 하나는 얼음 속으로 시추를 하여 얻은 암심(core)에서 표품을 채취한 그린란드와 남극대륙에 발달된 거대한 대륙 빙하 속에 들어 있다. 암심은 지난 8만 년에 걸친 기후의 온난과 한랭의 역사를 기록하고 있다.

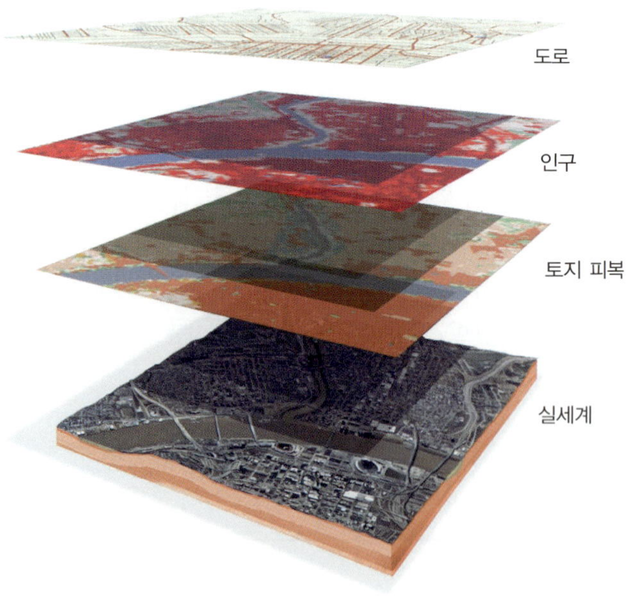

그림 1.3 지리정보시스템
지리정보시스템은 기준 자료점의 특징과 함께 이들의 공간적인 막대한 부피를 저장할 수 있다. 자료는 특정한 특성의 분포를 나타내는 지도를 작성하는 데 사용될 수 있다. 지도층은 겹쳐지고 정량적으로 비교될 수 있으며 파생적인 자료와 영상을 산출할 수 있다.

계

우리는 지구를 하나의 통합된 전체로 설명하기 위해 **계**(system)라는 용어를 사용하였다. 계의 개념은 과학자들이 크고 복잡한 문제를 작고 한층 더 쉽게 연구할 수 있는 부분으로 나누는 것이다. 계는 변화를 관찰하고 측정할 목적으로 전체 우주로부터 분리할 수 있는 우주의 어느 한 부분이다. 계를 우주의 어느 한 부분이라고 말함으로써 이는 관찰자가 정의하는 것은 무엇이든 계가 될 수 있음을 의미한다. 이것은 계가 단지 하나의 개념이기 때문이다. 연구의 편의를 위해 계의 범위를 선택할 수 있다. 계는 크거나 작을 수 있으며, 단순하거나 복잡할 수 있다. 우리는 실험실 실험에서 비커 내의 성분을 관찰하는 것을 택할 수 있다. 또는 우리는 새의 무리, 호수, 작은 암석 표품, 바다, 화산, 산맥, 대륙 혹은 지구 전체를 연구할 수 있다. 나뭇잎은 하나의 계이다. 이것은 커다란 계(나무)의 한부분이며, 이 계(나무)는 또한 한층 더 큰 계(숲)의 한 부분이다. 그림 1.4에 제시한 산맥–강–호수의 경치는 하나의 계이다. 계를 구성하는 몇 개의 소계(subsystem)—특히 여럿 가운데서 다량의 물, 다량의 바닥 퇴적물 및 산꼭대기—는 상자로 윤곽을 표시하였다.

계가 전체 우주로부터 분리되었다는 사실은 계는 그의 주위와 계를 구분짓는 경계를 가져야만 한다는 의미이다. 경

그림 1.4 단순한 계
여기에 제시된 산–강–호수 경관은 계의 한 예이다. 계를 구성하는 소계의 몇몇은 상자로 윤곽을 표시하였다.

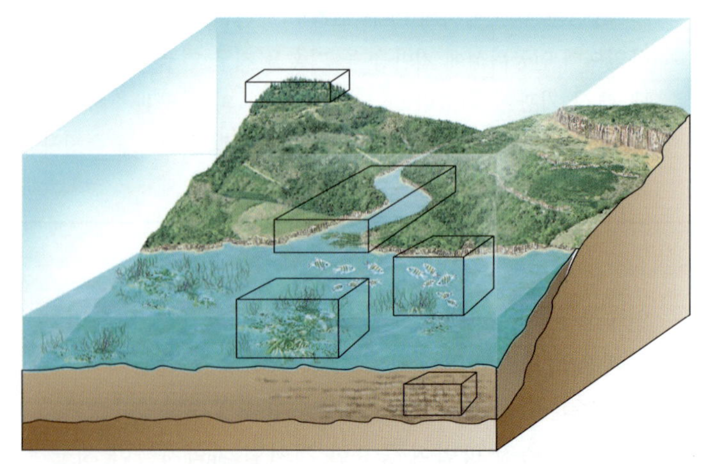

기초 원리

계의 형태

계를 특징짓는 가장 중요한 특성은 계의 경계의 본성이다. 계의 경계는 그들을 통해 무엇을 통과시키고 무엇을 통과시키지 않는, 즉 계 내로 이동하거나 계 밖으로 이동하는 점에서 다르다. 경계의 차이에 근거하여 우리는 3개의 기본적인 계를 그림 B1.1과 같이 정의를 내릴 수 있다.

이해하기에 가장 단순한 종류의 계는 경계가 계에서 물질이나 에너지를 주위와 교환하는 것을 막는 **고립계**(isolated system)이다. 고립계의 개념은 이해하기가 쉽다—아무것도 계로 들어오거나 계를 빠져나갈 수 없기 때문에 계 내의 물질과 에너지는 일정하며 유한하다. 겉보기에는 비록 단순할지라도 이와 같은 계는 오직 가상으로만 존재한다. 실제 사회에서 물질의 통과를 막을 수 있는 경계를 가질 수 있으나 어떤 실질적인 경계에서 에너지가 들어올 수도 없고 빠져나갈 수도 없을 정도로 완전하게 절연하는 것은 불가능하다. 그럼에도 불구하고 고립계는 어떤 종류의 자연적인 변화에 대한 개념적인 연구에서 과학자들에게 유용한 것으로 입증되었다.

실제 사회에서 고립계에 가장 가까운 사물은 계의 경계가 주위와 에너지의 교환은 허용하나 물질의 교환은 허용하지 않는 **닫힌계**(closed system)이다. 실제 사회에서 어떤 물질—심지어 원자 하나라도—의 유입이나 또는 탈출을 허용하지 않는 완전히 밀폐된 경계를 가진 계를 생각하는 것은 어렵다. 그러나 우리는 거의 닫힌 계인 예를 상상할 수 있다. 닫힌계의 한 예는 단단히 밀폐된 태양 오븐이다. 이 오븐은 내용물이 흘러나오는 것은 허용하지 않지만 내용물이 상자 겉면에 비치는 햇빛에 의해 가열되는 것은 허용하는 밀폐된 금속 상자이다. 닫힌계의 또 다른 예는 상자 내의 공간을 압축하거나 팽창시키는 피스톤처럼 밀어 넣거나 뽑아낼 수 있도록 움직이는 뚜껑이 달린 상자이다. 상자의 내용물에 작용하는 압력의 변화는 물리적 에너지의 형태인 일을 나타낸다(제2장).

계의 세 번째 종류인 **열린계**(open system)는 계의 경계를 가로질러 에너지와 물질 모두를 교환할 수 있는 계이다. 섬은 열린계의 간단한 예이다. 물은 빗물로 계로 유입되는 물질이다. 물은 또한 바다로 흘러가는 하천, 식물에 의한 흡수 또는 대기로 되돌아가는 증발을 통해 자유롭게 계를 떠난다. 에너지는 또한 햇빛의 형태로 계 내로 들어오며 식물, 암석 및 토양의 복사에 의한 열로 계를 떠난다. 열린계는 제어되지 않은 변화에 대해 많은 가능성을 가지기 때문에 수학적으로 연구하기가 닫힌계나 고립계보다 한층 더 어렵다. 그러나 대부분의 자연계는 실제로 에너지와 물질 모두가 계를 자유롭게 들어가고 빠져나가는 것을 가능하게 하는 열린계이다.

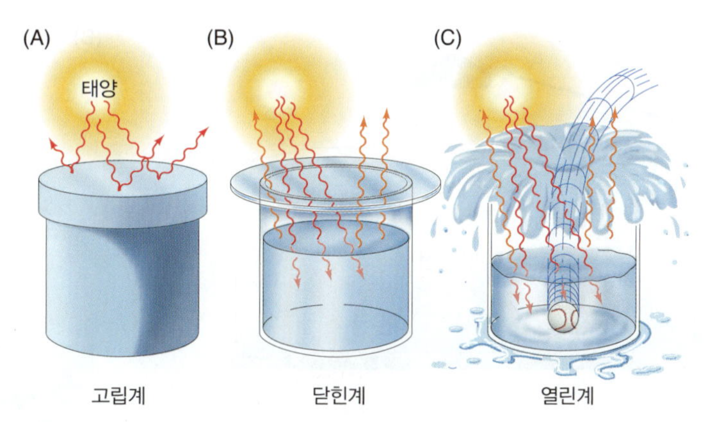

그림 B1.1 계
기본적인 세 가지 형태의 계는 고립계(A), 닫힌계(B), 열린계(C)이다.

계의 본성은 계를 정의하는 가장 중요한 것 중 하나이며, 우리로 하여금 경계 형태가 다른 기본적인 세 종류의 계—고립계, 닫힌계, 열린계—를 설정하게 한다.

변화를 관찰하고 측정할 때 우리는 복잡한 문제를 연구하는 데 계 개념을 사용한다. 이것은 가뭄 때 습지에서는 무엇이 일어나고, 또는 숲의 바닥에서 죽은 생물체가 부패함에 따라 무엇이 일어나고, 혹은 화산에서 마그마가 분출할 때까지 상승할 때 무엇이 일어나는가와 같이 변화하는 조건 하에서 자연계에서 무엇이 일어나는가를 관찰하는 것을 뜻한다. 또는 이것은 특수한 도가니 내에서 암석을 가열함으로써 암석이 용융될 때 무엇이 일어나는가를 관찰할 수 있는 것과 같이 실험 내 인위적인 계에서 일어나는 강제적인 변화를 뜻할 수도 있다.

모형

우리가 후자 형태의 조사—실험실 환경 내의 인위적인 계에서 일어나는 강제적인 변화—를 수행할 때 우리는 모형을 만들고 시험함으로써 자연계를 간접적으로 연구하고 있는 것이다. **모형**(model)은 어떤 것에 대한 묘사이다. 대부분의 모형은 복잡한 실물을 단순하게 한 것이며, 이들은 일반적으로 실물보다 한층 더 처리하기 쉬운 규모로 만들어진다. 만약 우리가 조그마한 배나 자동차를 제작하거나 또는 공룡이나 사람의 모습을 조각하거나 혹은 축소하여 태양계를 만든다면 우리는 한층 더 처리하기 쉬운 규모로 모형—실물의 묘사—을 만들고 있는 것이다. 모형은 꽤 상세할 수 있다. 심지어 이것은 실용적인 모형일 수 있다. 그러나 모형은 항상 실물을 단순화한 묘사이다. (그러나 모형은 반드시 원래 물체보다 더 작은 것은 아니다. 우리가 원자나 세포의 모형을 만든다면 이들은 실제 물체보다 훨씬 더 크다. 그러나 이들은 여전히 모형이다. 모형의 중요한 특징은 간이화와 처리하기 쉬운 규모이다.)

우리는 사물에 대한 모형을 만들 수 있다. 우리는 또한 과정에 대한 모형을 만들 수 있다. 만약 우리가 약간의 자갈, 식물 및 물을 햇빛을 모방한 적외선등을 설치한 수족관에 같이 넣었다면 우리는 물의 순환 모형을 만든 것이다(그림 1.5A). 어떤 모형은 물리적이다. 예를 들면 자동차 모형과 수족관 내의 물의 순환 모형이다. 다른 모형들은 그림이나 또는 그래프 형식이며, 우리가 실물의 중요한 기능 부분이라고 생각하는 것을 그림 형식으로 나타낸다(그림 1.5B). 컴퓨터 게임들도 역시 모형이다. 이들은 실제 사회를 모방한 수치 묘사(컴퓨터 프로그램)에 기초한 그래프 형식의 묘사이다. 더 심스와 그 전 게임인 심어스, 심시티 및 심앤트와 같은 게임들에서 이들 모형들은 꽤 현실적이다. 만약 우리가 포식자를 끌어들이거나 먹이 공급을 제한하면 우리의 공동체 또는 도시(혹은 심지어 우리 행성)는 마치 실제 사회에서 그러하듯이 죽을 것이다. 과학자들은 이러한 형태의 수치 모형을 개발하며, 가능한 이들을 현실적으로 만들고 그런 다음 만약 어떤 형태의 변화가 주어지면 실제 사회에서 무엇이 일어날 수 있는지를 시험하기 위해 이들을 활용한다.

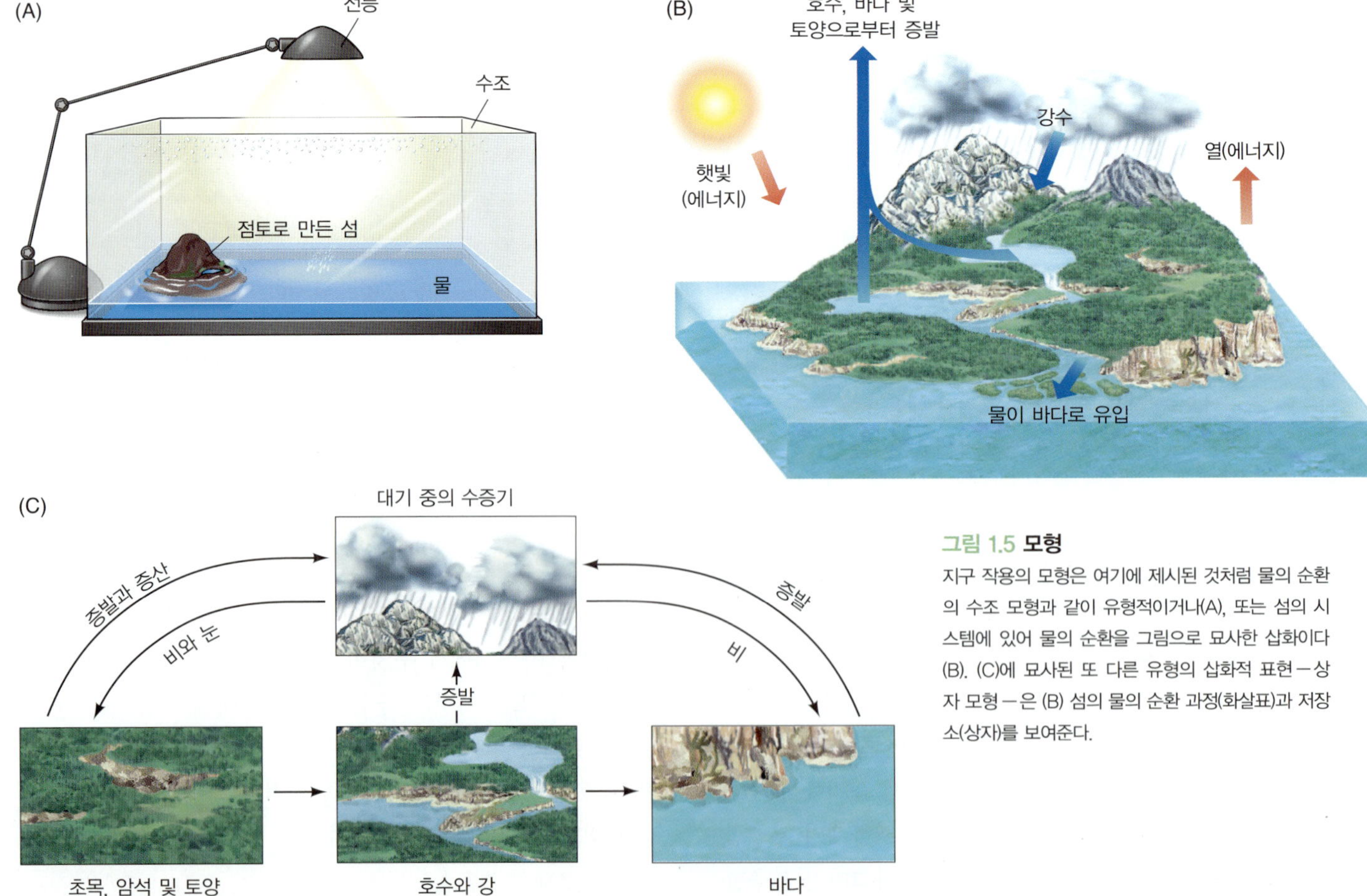

그림 1.5 모형
지구 작용의 모형은 여기에 제시된 것처럼 물의 순환의 수조 모형과 같이 유형적이거나(A), 또는 섬의 시스템에 있어 물의 순환을 그림으로 묘사한 삽화이다(B). (C)에 묘사된 또 다른 유형의 삽화적 표현—상자 모형—은 (B) 섬의 물의 순환 과정(화살표)과 저장소(상자)를 보여준다.

상호작용을 하는 계의 그룹 내에서 물질과 에너지의 저장과 이동은 일반적으로 상자 모형으로 묘사된다. **상자 모형**(box model)은 계를 단순하고 편리하게 그림으로 표현한다(그림 1.5C). 상자 모형은 다음에 설명하는 계의 본질적인 특징을 보여주는 데 사용될 수 있다.

1. 물질(또는 에너지)이 계의 안과 밖으로 들어오고 나가는 과정과 이들의 진행 속도
2. 물질(또는 에너지)이 계의 다양한 영역들 사이에서 내부적으로 이동하는 과정과 이들이 이동하는 속도
3. 주어진 시간에 계 내의 물질(또는 에너지)의 양과 계 내에서 이들의 분포

플럭스, 저장소, 그리고 체류 시간

지구계를 이해하는 핵심 중 하나는 지구의 저장소들 사이에서 물질과 에너지의 양과 교환이 시간에 따라 어떻게 변화하는지를 측정하는 것이다. 다음 과제는 변화가 왜 일어나며 얼마나 빨리 일어나는가를 이해하는 것이다. 그림 1.5B와 C에서 물질이 계의 한 영역에서 다른 영역으로 이동하는 과정은 화살표로 묘사되어 있다. 화살표는 과정을 나타내며, 이 경우에는 증발과 강수와 같은 과정을 나타낸다. 이 화살표의 어떤 하나를 따라 이동하는 물질(또는 에너지)의 양과 물질이 이동하는 속도를 **플럭스**(fux)라고 한다.

만약 우리가 상자 모형이 정량적인—즉 수치로 분명히 나타낸—것이 되기를 원한다면 우리는 시간당 질량 또는 부피 단위를 사용하여 플럭스를 수치로 묘사할 수 있다. 예를 들면 200만 m^3(부피 단위)가 매년(시간 단위) 대기권에서 바다로 강우로 내리면서 이동하는 것을 보여주는 것을 관측하고 측정할 수 있다. 상자 모형을 이용하여 이 결과를 정량적으로 나타내기 위해서는 그림 1.5C에서 '강우'가 표시된 대기권에서 바다 방향을 가리키는 화살표 바로 옆에 이 수치—$2\times10^6 m^3$/년—를 단순하게 써넣을 수 있다. 정량적인 수용량이 정량적—즉 숫자가 특정한 과정과 플럭스를 나타내기 위해서는—이 되는 것은 상자 모형의 강점 중 하나이다.

상자 모형에서 '상자들'은 물(또는 에너지 또는 관심의 물질이 무엇이든)이 계 내에서 일정 기간 저장되는 장소이다. 이들 장소를 **저장소**(reservoir)라고 한다. 섬의 물 순환 상자 모형(그림 1.5C)에서 제시된 저장소는 대기권(물이 구름과 수증기로 머무르는 곳), 생물권(물이 생명체의 중요한 구성 요소가 되는 곳), 암석과 토양(물이 다양한 길이의 시간 동안 지하수와 토양 수분으로 머무르는 곳), 호수와 하천(물이 지표에 있는 저수지와 하천에 모이는 곳) 및 바다이다. 예를 들면 우리가 강우를 말할 때는 특히 물이 대기권의 저장소에서 바다 저장소(또는 호수 혹은 토양과 같은 육지에 기반을 둔 저장소)로 이동하는 것을 나타낸다. 그림 1.5C에서 화살표로 표시된 이동 또는 플럭스는 빠르거나 또는 느릴 수 있으며, 따라서 지구계 과학의 본질적인 부분은 이동 속도를 측정하는 것이다.

저장소로 들어오는 물질의 플럭스가 저장소 밖으로 나가는 플럭스와 대등할 때 우리는 저장소가 **평형 상태**(steady state)에 있다고 말한다. 저장소 사이와 심지어 한 저장소 내에서조차 흐름은 결코 멈추지 않는다. 그러나 흐름의 속도는 변할 수 있다. 이러한 현상이 일어나면 물질을 공급하거나 받아들이는 저장소의 부피 또한 반드시 변해야 한다. 만약 저장소로 유입되는 어떤 물질의 플럭스가 저장소 밖으로 유출되는 물질의 플럭스보다 크면 우리는 이 저장소를 **절대저장소**(sink)라고 한다. 다른 한편 저장소 밖으로 유출되는 물질이 저장소 내로 유입되는 물질보다 더 많을 때 우리는 이 저장소를 **근원지**(source)라고 한다. 근원지와 절대저장소의 특성은 지구계를 통해 일어나는 물질(에너지)의 순환을 지배하는 데 있어 매우 중요하다.

물의 순환을 나타내는 상자 모형인 그림 1.5C로 되돌아가서 이들 저장소에 물이 머무는 시간의 평균 길이를 **체류 시간**(residence time)이라고 한다. 어떤 특정 저장소 내에서 어떤 물질의 체류 시간은 물질 자체의 물리, 화학 및 생물학적 특성, 저장소의 특성 및 물질 또는 저장소에 작용하는 어떤 외부 힘 또는 과정을 포함하는 많은 요소들의 상호작용에 의해 결정된다. 물은 대체로 식물과 동물 내에서 매우 짧은 체류 시간을 갖는다(우리 몸을 통해 한 잔의 물이 이동하는 데 얼마나 걸릴까?). 그러나 대기권(수일), 강(수개월), 호수(수십 년) 및 빙하와 심해(수천 년 내지 더 많은 시간)에서는 다소 더 긴 체류 시간을 갖는다.

체류 시간에 대한 쟁점—물질이 저장소 내에 얼마나 오랫동안 머무는가를 예상할 수 있으며, 물질이 저장소에서 유출되게 하는 과정—은 지구계 과학과 자연적인 지구계의 중요한 관심사 중 하나이다. 체류 시간의 개념을 탐구하기 위해 잠시 자연적이거나 혹은 인위적인 연소(불)에 의해 방출된 수십억 개의 미세한 입자를 가진 기체로 구성

된 연기의 예를 좀 더 생각해 보자. 연기 내 기체 상태의 성분과 무게가 가벼운 고체 입자들은 오랜 기간, 때때로 수년 동안 대기 중에 높이 떠 체류할 수 있으며, 대기 순환에 의해 막대한 거리, 때때로 전 지구로 운반될 수 있다. 그러나 연기 내의 몇몇 고체 입자들은 다른 입자들보다 무겁다. 연소와 많은 산업 과정에서 흔히 생성되는 납과 납을 포함한 화합물을 예로 들 수 있다. 납의 입자들은 이들을 둘러싸고 있는 공기에 비해 무겁기(밀도가 높기) 때문에 이들은 지표로 상당히 빨리 가라앉는 경향이 있다. 따라서 대기 중에서 납 입자의 체류 시간은 연기 내의 다른 성분의 어떤 것보다 훨씬 짧다. 일반적으로 단지 10일이거나 또는 더 짧다.

그러나 납 자체의 물리적 특징(이 경우에 납을 포함한 입자의 밀도와 같은)이 대기권의 저장소 내의 이들 입자의 체류 시간을 결정하는 유일한 요소가 아니라는 것을 유념하라. 저장소를 특징짓는 특성과 작용이 또한 중요하다. 예를 들면 만약 바람이 매우 강하거나 또는 여름철이나 혹은 적도 지방에서처럼 만약 공기가 아주 따뜻하면(따라서 부력이 한층 더 큰 상승 기류) 납의 입자는 대기권 내에 오랜 시간 동안 머무를지 모른다. 강수도 또한 영향을 미친다. 고체 입자는 작은 물방울에 달라붙으면 이들은 훨씬 빠르게 대기권으로부터 씻겨나간다.

일부 물질들은 어떤 저장소에 오랫동안 체류하여 이들은 지구계의 나머지로부터 매우 긴 기간 격리되었다. 예를 들면 오래된 빙하 내부에 수천 년 동안 얼어붙은 물과 지하 깊은 곳의 암석 내에 수억 년 동안 부존된 화석 연료(식물과 동물의 유기적인 잔류물이 석탄, 기름 및 천연가스로 전환된)이다. 이 상태를 설명하기 위해 우리는 **탄소포집저장**(sequestration)이란 용어를 사용한다. 이 용어는 화력발전소의 굴뚝으로부터 포획된 이산화탄소를 매장하는 데 적용되는 것과 동일하다. 이것은 물질이 계의 나머지와 맞닿아 있는 어떤 경계로부터 분리되었다는 것을 뜻한다. 이와 유사하게 장기간 저장소에 자연적으로 체류하는 물질들은 포집되었다고 말한다. 왜냐하면 이들은 지구계의 나머지와 맞닿아 있는 경계로부터 분리되어 있기 때문이다.

닫힌계 내의 삶

지구계는 4개의 거대한 저장소로 이루어져 있으며, 이들 사이에서는 에너지와 물질이 끊임없이 이동한다(그림 1.6). 4개의 거대한 저장소는 대기권, 수권, 생물권, 지권이다. 복잡한 이들 저장소 각각은 소계로서 이들의 고유한 기능을 한다.

전체적으로 지구는 닫힌계이다. 또는 적어도 닫힌계가 되는 데 매우 가깝다(그림 1.7). 에너지는 태양 복사의 형태로 풍부하게 지구에 도달한다. 에너지는 또한 장파인 적외선 복사 형태로 지구를 떠난다. 다른 한편으로 물질은 대체로 계 내에 갇혀 있다. 어떤 물질도 지구계의 경계를 통과할 수 없다고 말하는 것은 아주 정확하지 않다. 우리는 대기권의 상부에서 소량이지만 끊임없는 흐름으로 수소 원자를 잃고 있고, 운석 형태로 들어오는 약간의 물질을 얻는다. 그러나 지구계로 들어오거나 또는 나가는 물질의 양은 전체적으로 계의 질량에 비해 매우 작아서 실제로 지구는 닫힌계이다.

지구가 닫힌계라는 사실은 지구 표면을 차지하고 있는 우리에게 두 가지 중요한 의미를 갖는다. 첫째, 닫힌계 내에 있는 물질의 양은 고정되고 유한하기 때문에 지구상의 광물 자원은 우리가 가진 것이 전부이며—가까운 미래 동안—우리가 줄곧 가질 수 있는 것의 모두이다. 언젠가 니켈과 철을 채광하기 위해 소행성을 조사하러 가는 것이 아마 가능할 것이다. 심지어 미래 언젠가는 달과 화성에 광산 우

그림 1.6 상호작용을 하는 지구의 저장소
이 그림은 상호작용을 하는 저장소들의 계로서 지구의 도해적인 표현이다. 각각의 표시는 4개의 주요 저장소(또는 소계) 중 하나를 나타내며, 각각의 화살표는 물질 또는 에너지의 흐름을 나타낸다.

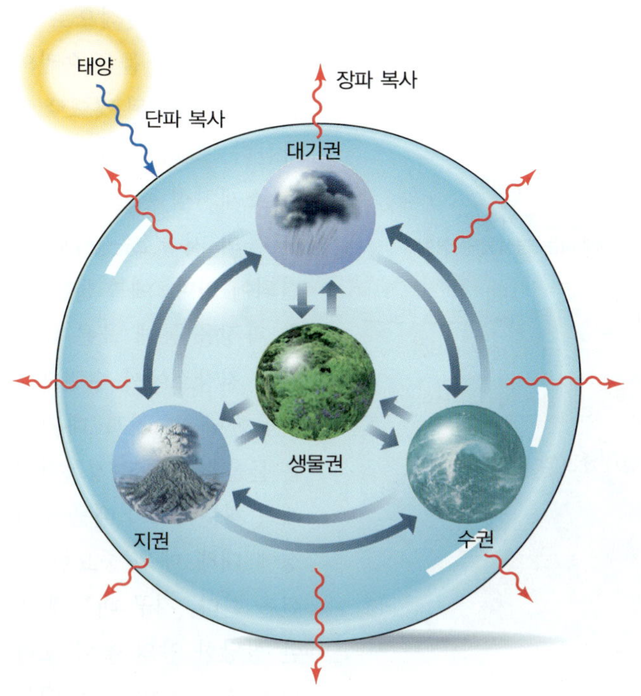

그림 1.7 닫힌계로서 지구
지구는 본질적으로 닫힌계로 작용한다. 에너지는 외부 근원으로부터 지구에 도달하며 최후에는 장파 복사로 우주공간으로 되돌아간다. 그러나 계 내의 물질은 근본적으로 고정되어 있다. 지구 내의 소계는 열린계이며 물질과 에너지를 자유롭게 서로 교환한다.

주정거장을 건설할지도 모른다. 그러나 당분간은 지구의 자원은 유한하며 한정되어 있는 것으로 생각하는 것이 현실적이다. 고정되고 유한한 닫힌계의 뒤따르는 결과는 지구 내에 쓰레기가 남게 되는 것이다. 또는 환경론자들이 말하는 것처럼 '물건을 버릴 곳이 없다.'

둘째, 만약 닫힌계의 한 부분에서 변화가 일어나면 이들 변화의 결과는 결국에는 계의 다른 부분에 영향을 미치게 된다. 지구는 닫힌계이다. 그러나 지구의 무수히 많은 작은 부분들 모두는 서로 연결되어 있다. 이들은 열린계이며, 물질과 에너지 모두가 이들 사이를 이동할 수 있다. 대기권, 수권, 생물권, 지권 모두는 열린계이며, 따라서 이들 내에 있는 모든 작은 소계들도 열린계이다. 만약 어떤 것이 이들 중 하나를 교란시키면 그 밖의 다른 것들도 또한 변한다. 때때로 사건의 전체적인 연쇄가 뒤이어 일어날 수 있다. 예를 들면 1815년 인도네시아에서 분출한 탐보라 화산은 매우 많은 먼지를 대기 중으로 분출시켜 전 지구적인 한랭화를 초래하였고, 남아메리카에는 홍수를 그리고 캘리포니아 주에는 가뭄을 일으켰으며, 결국에는 뉴잉글랜드 지역의 곡물 값에 영향을 미쳤다. 지구계 과학의 주요 과업 중 하나는 관련된 모든 열린계 사이에서 일어나는 역동적인 상호작용을 계의 어떤 부분이 교란되었을 때 반응 결과가 어떻게 될지 우리가 예견할 수 있을 정도로 충분히 잘 이해하는 것이다.

지구계의 저장소

앞에서 언급한 바와 같이 지구를 서로 의존하는 부분으로 이루어진 하나의 계로 생각하는 편리한 방법은 지구를 저장소 사이에서 물질과 에너지의 유동이 일어나는 4개의 거대한 물질 저장소로 간주하는 것이다. 이들 주요 저장소 각각은 한층 더 처리하기 쉬운 작은 연구 단위로 나눌 수 있다. 예를 들면 수권은 바다, 빙하, 강, 지하수로 나눌 수 있다.

지구의 네 저장소가 가장 활발하게 서로 영향을 미치는 곳은 **생물 분포대**(life zone)라고 하는 좁은 지역이다. 왜냐하면 이 지역의 가장 중요한 특징—분명히 인간의 관점에서—은 이 곳이 생물을 부양하고 지구상에 생물이 생존할 수 있게 하기 때문이다. 생물 분포대는 지상 10km보다 높지 않고 해수면으로부터 10km보다 깊지 않은 지역이다(그림 1.8). 이 좁은 분포대에 알려진 생물의 모든 종류가 서식하고 있다. 왜냐하면 생물에 적합한 조건은 암석권, 수권, 대기권 사이의 상호작용에 의해 만들어지고 생물권에 의해 변형되는 것은 이곳이 유일하기 때문이다.

지구는 생물이 살기에 적합하며 태양과 그의 특별한 관계에 의해 생물을 부양하는 지역을 제공할 수 있다. 우리가 알기로 지구는 표면에 고체, 액체, 기체 형태가 존재하는 유일한 행성이다. 이것은 지구가 태양으로부터 아주 적당한 거리—아주 가깝지도 않고(너무 뜨겁지 않은 곳) 또한 너무 멀지도 않은(너무 춥지 않은 곳)—이기 때문이다. 다른 행성들도 물을 가지고 있다. 그러나 우리가 (지금까지) 알기로 다른 어떤 행성도 액체 상태의 물—따라서 생물 분포대를 제공하기 위해—을 표면 가까이에 유지시켜 주는 온도와 물질의 적절한 조합을 정확히 가지고 있지 않다. 비록 화성이 수십억 년 전에 생명체가 살기에 적당한 조건을 가졌을 것이라는 증거가 있었을지라도 말이다.

지구의 4개의 주요 저장소와 이들 사이의 상호작용에 대한 연구는 지구계 과학의 근간을 이루었으며, 이 책의 내용을 충만하게 한다. 이들 4개의 자연적인 계에 우리는 다섯 번째 소계를 추가한다. 바로 인간권이다. 인간권은 기술적인 환경을 건설하는 데 이용되는 자원과 지구계의 다른 부분에 미치는 인간의 영향을 깊이 생각하게 하는 기

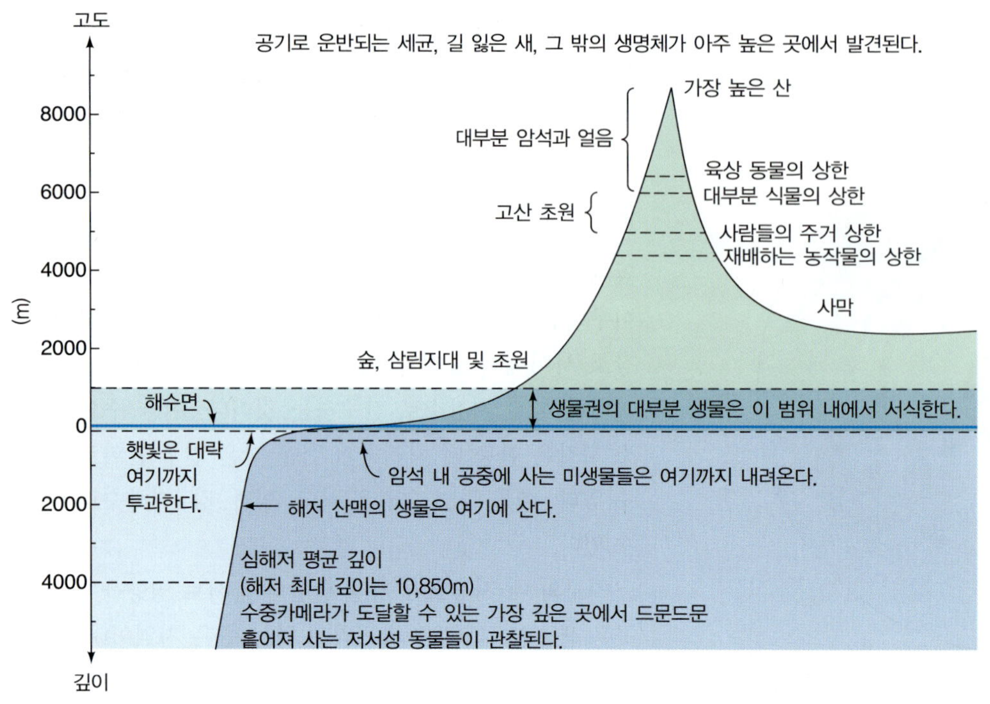

그림 1.8 생물 분포대
지구상의 모든 생물은 20km보다 넓지 않은 구간 내에 서식한다. 이 구간은 지권, 수권, 대기권의 상호작용이 생명체가 살기에 알맞은 환경을 형성하는 곳이다.

회를 제공한다.

지권

지권(geosphere)은 주로 암석(행성을 이루는 부분으로 자연적으로 생성되며 살아있지 않는 단단히 굳은 고체 물질의 모든 집합체)과 표토(고체 지구를 덮고 있는 고결되지 않은 푸석푸석한 암석 알갱이로 이루어진 불규칙한 맨 위의 흙으로 된 층)로 구성된 고체 지구이다(그림 1.9A). 지권의 표면은 외부 근원으로부터 지구계로 들어오는 에너지와 지구 내부에서 방출되는 에너지가 만나는 매우 흥미롭고 역동적인 곳이다. 이들 에너지는 연합하고 경쟁하여 지구 표면의 물질을 형성하고 마멸시키면서 우리 주변의 자연경관의 다양성을 매우 크게 높인다. 지권의 역동적인 자연 현상은 사태, 지진 및 화산 분출과 같은 활동에 의해 인간의 재산에 또한 위험할 수 있다. 지권은 이 책 제2부의 핵심을 이룬다.

수권

수권(hydrosphere)은 바다, 호수, 강, 지하수 및 모든 눈과 얼음을 포함하는 지구 물의 총체이다(그림 1.9B). 수권이 오랫동안 계속 동결된 부분을 총괄적으로 **빙설권**(cryosphere)이라고 한다. 또한 많은 물이 대기권 내에 존재한다. 그러나 일반적으로 우리는 대기권의 물은 수권의 물로부터 독립된 것으로 생각한다. 그러나 지구의 모든 소계처럼 이들 두 거대한 물의 저장소는 서로 연결되어 있다. 예를 들면 강수 과정을 통해 물은 대기권의 저장소에서 수권으로 이동한다. 수권과 대기권은 물을 저장하고 정화하며 계속 재분배하기 때문에 환경에 대해 매우 중요한 공헌을 한다. 지구 내부에 또한 상당한 양의 물이 포함되어 있으며 이 물의 대부분은 대기권과 접한 적이 없고 수권 과정의 요소가 된 적이 없다. 우리는 이 물을 초생수(juvenile) 또는 최초의 물(primordial water)이라고 부른다. 이 물 역시 수권의 물로부터 독립된 것으로 간주된다. 우리는 수권과 수권의 다양한 과정과 특징을 제3부에서 다룬다.

대기권

대기권(atmosphere)은 지구를 둘러싸고 있는 기체 — 질소, 산소 아르곤, 이산화탄소, 수증기 — 의 혼합물이다(그림 1.9C). 대기권은 매우 두꺼운 것처럼 보이지만 실제로 지구 전체의 관점에서 보면 참으로 매우 얇다. 대기권은 피해를 입히는 태양 복사로부터 생명체를 보호하고 생물권에서 본질적으로 중요한 산소와 이산화탄소의 저장소 역할을 하는 것과 같이 중요한 공헌을 많이 한다. 대기권의 가장 바깥층은 사실상 우주에서 우리 환경으로부터 우리를 분리시키는 지구계의 경계이다. 이 책의 제4부에서 우리는

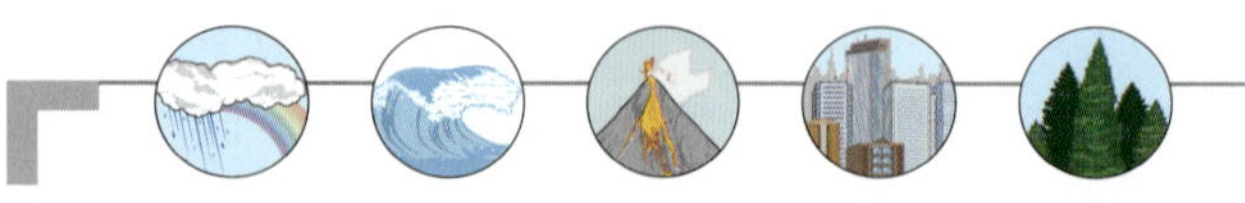

관련짓기

초생수 또는 최초의 물은 어떤 과정에 의해 지구 내부로부터 빠져나오는 것으로 생각하며 이 물은 어디에서 끝나는가?

그림 1.9 지구의 소계
지구계의 주요한 소계는 (A) 지권, (B) 수권, (C) 대기권, (D) 생물권, (E) 인간권이다. 이 책 전체에 걸쳐 우리는 이들 소계 사이의 관련을 강조할 것이다.

대기권과 대기권의 작용을 한층 더 자세하게 설명한다.

생물권

생물권(biosphere)은 지구상의 모든 생명체와 아직 분해되지 않은 모든 유기물을 포함한다(그림 1.9D). 생물권의 존재는 지구를 분명히 독특한 행성으로 만들었다—비록 목성과 토성의 위성에서 어떤 가망이 있는 후보자가 있을지라도 지금까지 우리는 생명체가 사는 다른 행성을 우리 태양계나 또는 태양계 바깥에서 아직 발견하지 못했다. 제5부에서 우리는 생물권의 특징과 작용을 자세하게 다룬다.

새로운 과학 인식 중 하나—지난 30년 동안에서 새로운—는 생명체가 지구계의 다른 주요 부분에 미치는 영향의 정도가 크다는 것이다. 지구 대기의 화학성분은 생명체가 살지 않은 행성에서 발견된 대기 성분과 아주 다르다. 예를 들면 지구에서 가장 가까운 이웃 행성인 금성과 화성의 대기는 95% 이상이 이산화탄소이고 질소는 4% 미만이다. 이와는 현저하게 다르게 지구 대기는 79%가 질소이고 산소는 21%이며 소량의 이산화탄소를 포함한다. 이러한 차이는 주로 수십억 년에 걸친 지구 역사 동안 일어난 생명체의 작용에 의한 결과이다. 녹색 식물, 조류 및 광합성 세균에 의한 광합성은 대기로부터 이산화탄소를 제거하고 산소를 공급하였다. 산소는 반응성이 매우 큰 기체여서 많은 다른 화학 원소들과 빠르게 결합한다. 따라서 산소는 자유 형태로 긴 시간 동안 존재할 수 없다. 화학 반응에 의한 산소 제거를 줄이기 위해서는 생명체가 꾸준히 대기 중으로 산소를 되돌려주는 산소 펌프 역할을 해야 한다. 이것은 지구 대기 중의 자유 산소는 적어도 30억 년에 걸친 광합성의 결과이며, 따라서 생명체의 생산물임을 의미한다. 이것이 바로 생명체가 지구를 변화시킨 매우 큰 방법 중 하나이다. 이 책의 과정에서 우리는 생명체가 지구계의 다른 주요 구성 요소에 영향을 미친 많은 다른 방법들을 알게 될 것이다.

인간권

인간권(anthroposphere, 그리스어로 *anthro*는 사람을 뜻함)은 '인간의 영역' 이다(그림 1.9E). 인간권은 사람과 이들의 관심사와 함께 인간의 영향으로 구성된다. 인간권은 사람들에 의해, 예를 들면 사람들의 목적을 위해 또는 사람들의 활동의 결과로 변화된 자연계의 한 부분이다. 인간권에 적용되는 또 다른 용어는 기술권(technosphere)이며, 이는 엄밀히 말하면 기술, 기계 및 건축 환경을 나타낸다.

사람들은 그들의 지역 환경을 끊임없이 변화시켜 왔으나 인구수가 적을 때는 이들 변화가 매우 느리게 일어나서 이들은 지구계를 변경시키지 못했다. 오늘날 인구수는 많으며 한층 더 증가하고 있다. 2010년 이 글을 쓰고 있을 당시 세계의 인구수는 거의 69억 명(세계 인구는 2011년 12월 31일 70억 명에 달함—역주)이었으며 매년 약 8,100만 명씩 증가하고 있다. 오늘날 우리 중에는 단지 살아 있고 자기 일을 수행함으로써 지구를 변화시키는 사람들이 매우 많다. 그렇게 함으로써 우리는 영향을 줄이기 위해 지구계의 자원과 계의 용량을 평가하고 있다.

사람들의 작용이 지구계에 미친 영향은 이 책 전체에 걸쳐 중심이 되며, 제6부에서 우리는 또한 인간권에 대해 자세히 설명한다.

저장소 사이에서의 역동적인 상호작용

복잡한 닫힌계 내에서 교란의 원인과 결과는 예측하기가 매우 어렵다. 남아메리카의 서해안 먼바다에서 수년마다 일어나 전 세계의 날씨에 영향을 미칠 수 있는 엘니뇨라는 지역적인 날씨 패턴을 생각해 보자. 엘니뇨(제12장에서 상세히 설명함)는 무역풍의 약화, 비정상적으로 따뜻한 해수 표면의 온도 및 차가운 해류의 용승 약화가 특징이다. 그 결과 날씨와 기후 패턴의 이상이 전 세계적으로 일어나며, 엘니뇨가 정상적으로 일어나지 않는 지역으로 광범위한 생물 군집의 유입이 일어난다. 엘니뇨의 이 특징은 상당히 잘 알려져 있으며, 알려지지 않은 것은 엘니뇨를 일으키는 사건이다. 대기권, 수권, 지권, 생물권 내에서 일어나는 과정 사이의 상호작용은 매우 복잡하며, 이들 소계는 매우 밀접하게 관련되어 있어 과학자들은 엘니뇨 전체 과정을 일으키는 것이 무엇인지 정확하게 지적할 수 없다. 하나의 새로운 가설은 엘니뇨가 액체와 기체로서 해수와 대기의 특성 차이에 의해 일어나는 해양–대기의 상호작용 결과일 것이라는 것이다. 또 다른 가설은 지권에서의 작은 변화, 특히 한정된 지역의 해수를 가열시키는 해저 화산 활동이 엘니뇨를 일으킬 정도로 충분한 열적 불균형을 야기할 수 있다는 것이다.

환경적인 관점에서 상호 연결의 중요성은 분명하다. 만약 사람들의 활동이 지구계의 한 부분에 변화를 일으키면 그 변화의 영향—흔히 예기치 못한—은 결국 어떤 다른 곳에서 감지된다. 만약 오하이오 주나 영국의 석탄 화력 발전소에서 이산화황이 생성된다면 이 기체는 대기권의 수분과 결합하여 산성비로 온타리오 주나 스칸디나비아 반도에 떨어진다. 만약 인도의 목화 농장에서 농약이 사용되면 농약의 화학 성분은 갠지스 강의 물속으로 흘러든 다음 바다로 유입된다. 바다에 유입된 화학 성분의 일부는 물고기에 의해 섭취되며 물고기의 몸 조직 내에 저장된다. 결국 이러한 물고기를 사람이 먹게 될 수 있다. 이와 같은 방법으로 농약은 사용된 장소로부터 거의 지구를 멀리 돌아서 엄마의 모유로까지 이동할 수 있다. 이와 같은 과정은 일어나는 데 오랜 시간이 걸리며, 이러한 이유 때문에 과거에는 이것들을 못 보고 지나치기가 매우 쉬웠다.

피드백

에너지는 계의 안과 밖으로 자유롭게 이동하기 때문에 모든 닫힌계와 열린계는 유입량에 반응하며, 그 결과 방출량을 갖는다. 계의 유출량이 또한 유입량 역할을 하고 계의 상태 내에 변화를 일으킬 때 반응계의 특별한 종류—**피드백**(feedback)이라고 함—가 생긴다. 피드백의 고전적인 예는 가정용 중앙난방 시스템이다(그림 1.10A). 실내 온도가 내려가면 자동 온도 조절 장치 내의 가늘고 긴 금속 조각은 냉각되어 전기 회로와 접촉하여 난방장치를 작동시킨다. 만약 온도가 상승하면 이 금속 조각은 따뜻해지고 휘어 전기 접촉부로부터 떨어져 난방장치의 작동을 멈추

그림 1.10 피드백 순환

(A) 음성 피드백의 예이다. 한 방향에서 온도의 변화는 온도 자동조절 장치에 가열과 냉각 시스템의 변화를 반대 방향으로 바꾸어 주는 신호를 보낸다. 따라서 피드백은 음성이다. (B) 양성 피드백의 예이다. 사탕을 원하는 어린아이가 가게에서 사탕을 사달라고 심하게 조르며 운다. 이에 부모는 이 아이에게 사탕을 사준다. 이것은 다음에 이 아이가 사탕을 원할 때 또 다시 심하게 조르며 울게 한다. 이 반응은 초기 조건을 강화하거나 반복하게 한다. 따라서 피드백은 양성이다. 진짜 양성 피드백 순환에서 어린아이의 요구는 매번 점점 더 악화된다.

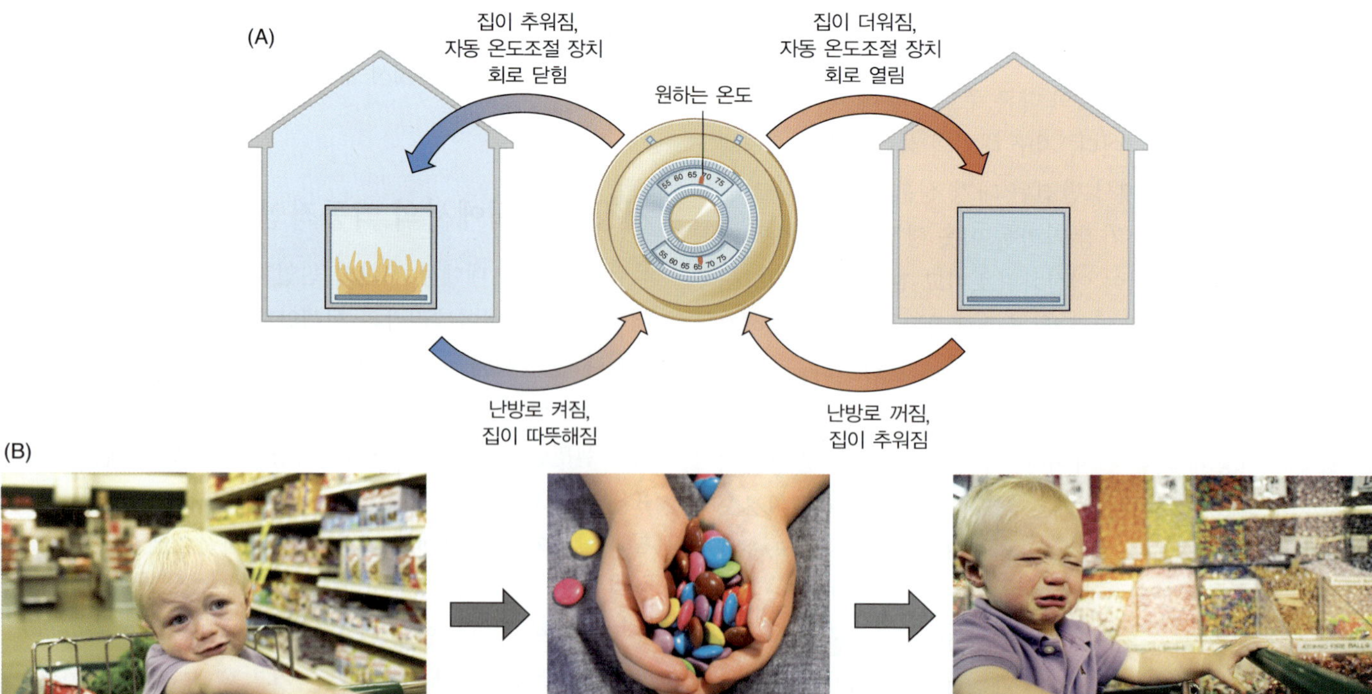

게 한다. 금속 조각은 온도 변화를 감지하고 난방장치에 신호를 보낸다. 따라서 피드백이 일어난다.

가정용 중앙난방 시스템은 계의 반응이 초기 유입과 반대 방향인 **음성 피드백**(negative feedback) 예이다. 이 경우에 냉각은 초기 변화이다. 난방장치의 부품에 일어난 교란에 대한 반응은 난방을 시작하며, 계(집)를 계의 원래 온도로 돌아가게 한다. 일반적으로 음성 피드백은 바람직하다. 왜냐하면 이것은 안정시키며 대체로 일정한 조건으로 계가 지속되게 한다. 음성 피드백 순환은 흔히 자기 제어 방식 또는 자동 조절 방식으로 기술된다. 자동 조절하는 계는 항상성의 특성을 갖는다고 말한다. 이것은 **평형**(equilibrium) 또는 균형 상태를 의미한다. 그러나 이것은 역동적인 평형이다. 계는 꼭 고정되거나 항상 일정한 것이 아니다. 그 대신에 이것은 계가 평형 상태로 되돌아가는 방식으로 작은 변화와 교란에 일정하게 반응한다. 예를 들면 사람의 몸은 체온이 지나치게 높게 올라가면 몸을 식히기 위해 땀을 분비함으로써 항상성을 나타낸다. 몸이 지나치게 더워지면 그 결과로 땀이 분비되며 몸은 식게 된다. 이것은 음성 피드백이다.

다른 한편 **양성 피드백**(positive feedback)에서 유출의 증가는 유출에서 한층 더 많은 유출을 일어나게 한다. 친근한 예(그림 1.10B)는 울며 조르는 어린아이이다. 만약 부모가 우는 어린이에게 화에 반응하여 약간의 사탕을 준다면 어린아이는 사탕을 원할 때마다 한층 더 강렬하게 훨씬 더 자주 조르며 울게 될 것이다. 이는 부모로 하여금 훨씬 더 빠르게 어린아이에게 사탕을 건네주게 한다. 때때로 '악순환' 이라고 하는 양성 피드백은 불안정하게 하며, 계를 평형 상태로 되돌려 보내는 대신 양성 피드백은 최초의 교란을 증대시킨다.

숲에서 발생한 산불은 양성 피드백의 환경적인 예이다. 초기에 나무는 약간 축축해서 잘 타지 않았을 것이다. 그러나 일단 작은 산불이 발생하면 불꽃 근처의 나무는 건조되어 타기 시작한다. 이 산불은 차례로 한층 더 많은 나무를 건조시키며 대규모의 산불을 일으킨다. 자연 환경에 대한 우리들의 작용이 양성 피드백을 일으키면 심각한 문제가 발생할 수 있다. 우리는 양성과 음성 피드백의 순환을 이후의 장에서 훨씬 자세하게 설명한다.

순환

피드백으로부터 비롯된 역동적인 평형은 지구계의 소계가 전형이다. 소계는 정교하게 균형을 이루는 복합계이다. 만약 교란이 일어나거나 혹은 변화가 유발되면 계는 이 변화에 대해 반응을 하며 대체로 그 이상의 변화를 일으킨다. 교란에 대한 반응은 전형적으로 계나 저장소의 한 부분에서 다른 부분으로의 물질의 이동을 포함한다. 예를 들면 호수를 비추는 햇빛은 물이 호수에서 대기권으로 이동하는 과정인 증발을 일으킨다. 이 증발은 한 지역의 대기 수분 상태를 변화시킨다. 결국 이 물은 대기로부터 강수 과정을 거쳐 되돌아간다. 그 사이에 이 물에는 많은 것이 일어난다. 물은 대기권 내에서 꽤 먼 거리를 이동하거나 또는 지표로 떨어지기 전에 심지어 눈 혹은 얼음이 될 수도 있다. 그러나 대기는 결국 강수로 물을 지표로 다시 내려줌으로써 그의 최초 평형 상태를 재조정한다.

한 저장소에서 다른 저장소로 물질의 꾸준한 이동 — 몇 번이고 호수로부터 대기로 이동하고 다시 되돌아가는 물과 같은 — 을 **순환**(cycle)이라고 한다. 상호작용을 하는 지구계 부분들의 복잡성 때문에 자연 순환은 일반적으로 단순하지도 않고 간단하지 않다. 예를 들면 호수의 표면으로부터 증발한 물은 그 물이 증발한 동일한 호수에 강수로 떨어지지 않을 수 있다(일반적으로 떨어지지 않는다). 그러나 지구 규모로 생각한다면 오랜 시간에 걸쳐 전체 계는 균형을 이룬다.

만약 지구의 한 열린계에서 다른 한 계로 물질이 끊임없이 이동하고 있다면 무엇이 균형을 유지하며 이들 계는 왜 그렇게 안정하게 보이는가? 대기의 성분은 왜 아주 긴 지질 시대 동안 일정했어야 했는가? 왜 해수는 더 짜지거나 싱거워지지 않았는가? 대기 중의 모든 물은 왜 강수로 내리지 않는가? 왜 모든 산맥은 침식되어 퇴적물로 바다로 씻겨 내려가지 않는가? 이들 모든 질문에 대한 답은 동일하다. 지구의 자연 작용은 음성 피드백에 의해 안정화되는 경로를 따른다. 이것은 자동으로 조절하는 계이다. 더해진 양은 제거된 양과 같다. 물질과 에너지는 한 계에서 다른 계로 이동하지만 다양한 부분들이 서로 균형을 이루기 때문에 계 자체는 전체적으로 변하지 않는다.

자연 작용(폭풍우나 또는 산불)은 지역적이거나 일시적으로 제어할 수 없이 사납게 휘몰아치며, 간혹 심지어는 양성 피드백의 특징을 나타낸다(예를 들면 산불은 점점 더 뜨거워져 더 많은 나무를 건조시키고 태운다). 그러나 시간이 지나면 특히 지구 규모에서 지구계들은 자동으로 조절되고 평형 상태를 유지하려는 경향이 있다. 이것은 우리들에게는 행운이다. 만약 지구가 자동으로 조절되지 않았다면 지구 전체는 산불이나 강우 또는 끊임없이 일어나는 셀 수 없이 많은 다른 어떤 지역적인 교란에 의해 완전히 감싸였을 것이다. 물질의 순환과 재순환 그리고 소계 사이의 역동적인 상호작용은 지구가 처음 생성된 이래 계속 일어나고 있으며 오늘날에도 지속되고 있다. 지구계 과학의 과제 중 하나는 일시적이며 지역적인 교란과 전체로서 계의 장기적인 역동적인 평형 사이의 관계를 이해하는 것이다.

만약 자연계가 역동적인 평형 상태를 유지할 때 사람들의 활동이 이들 계 내에 변화와 교란을 일으킨다면 무엇이 일어날까? 이와 같은 변화는 물질이 한 저장소에서 다른 저장소로 이동하는 속도에 빈번히 영향을 미칠 것이다. 예를 들면 탄소는 복잡한 자연 순환 내에 있는 지구계를 통해 역동적인 평형 상태로 이동한다. 장기적으로 보면 탄소가 포집되어 저장된 저장소 중 하나는 지하에 있는 화석연료의 광상 내에 있다. 만약 우리가 (채굴함으로써) 오래된 이 저장소에 접근하여 채광하고 석탄, 석유 또는 천연가스를 연소시킨다면 우리는 탄소를 대기 중으로 자연 작용에 의해 방출되는 속도보다 훨씬 빠른 속도로 방출시킨다. 땅에 기반을 둔 저장소로부터 대기권으로의 탄소 플럭스를 변화시킨 결과는 대기의 성분에 극적인 변화를 일으켰으며, 이것은 차례로 전 지구적인 기후계에 영향을 미치고 있다. 지구상에서 수많은 사람들은 모든 저장소와 지구계 내의 많은 것에 영향을 미치고 있으며, 우리의 고유 환경을 변화시키고 있다.

중요한 지구 순환

지구계를 통해 물질을 이동시키는 가장 중요한 순환을 간단히 조사해 보자. 이들 각각은 이 책의 이후 장에서 중심 내용이 될 것이다.

물의 순환

아마 가장 친숙한 지구 순환은 수권의 다양한 저장소 사이에서 물의 플럭스를 기술하는 **물의 순환**(hydrologic cycle)이다(그림 1.11). 우리는 물의 플럭스를 비와 다른 형태의 강우 및 흐르는 강물로 경험하기 때문에 이들 플럭스와 친숙하다. 지구계 내의 모든 순환과 같이 물의 순환은 경로—물이 순환하는 다양한 과정—와 다양한 길이의 시간 동안 물을 저장하는 저장소로 구성된다. 물의 순환에서 강우는 물이 대기권의 저장소에서 육지 또는 바다로 이동하는 경로의 한 예이다. 다른 예는 물이 지표, 바다 및 식물에서 대기권으로 다시 되돌아가는 증발을 포함한다. 지표 유출수는 물이 도랑에서 합쳐진 후 지표를 흘러 바다를 향해 흘러간다. 물의 순환에서 물이 저장되는 저장소는 수권을 이루는 저장소이며, 지표 수역, 구름, 바다, 빙하, 지하수 및 생물을 포함한다. 우리는 물의 순환을 구성하는 이들과 그 밖의 경로, 과정 및 저장소는 제8장에서 설명한다.

물의 순환은 한 번 더 지구 순환에서 균형 또는 역동적인 평형의 개념을 설명해 준다. 지구는 닫힌계이기 때문에 수권 내에서 물의 총량은 고정되어 있다. 그러나 주어진 어떤 시각에 지역적인 저장소에 저장된 물의 양에는 꽤 큰 변동이 있을 수 있다. 이들 변동은 한 지역에서 홍수를 일으킬 수 있고 다른 지역에서는 가뭄을 일으킬 수 있다. 그러나 전 지구적인 규모에서 변동은 지구상의 물의 총량을 변화시키지는 않는다. 계는 전체적으로 균형을 이루고 있으나 이 계는 물이 계의 한 영역에서 다른 영역으로 쉽사리 이동할 수 있기 때문에 역동적인 균형이다.

물의 순환은 또한 지구 소계의 상호 연결성에 대한 명백한 예를 제공한다. 예를 들면 지하에서 물은 지하수로

그림 1.11 전 지구적인 물의 순환

물의 순환은 지구의 중요한 순환 중 아마 가장 익숙한 순환일 것이다. 이것은 전 지구계를 통해 한 저장소에서 다른 저장소로 이동하는 물의 이동을 추적한다. 전 지구적인 물의 순환이 단순한 상자 모형으로 여기에 묘사되어 있다. 이 그림을 그림 1.5B, C와 비교해 보자.

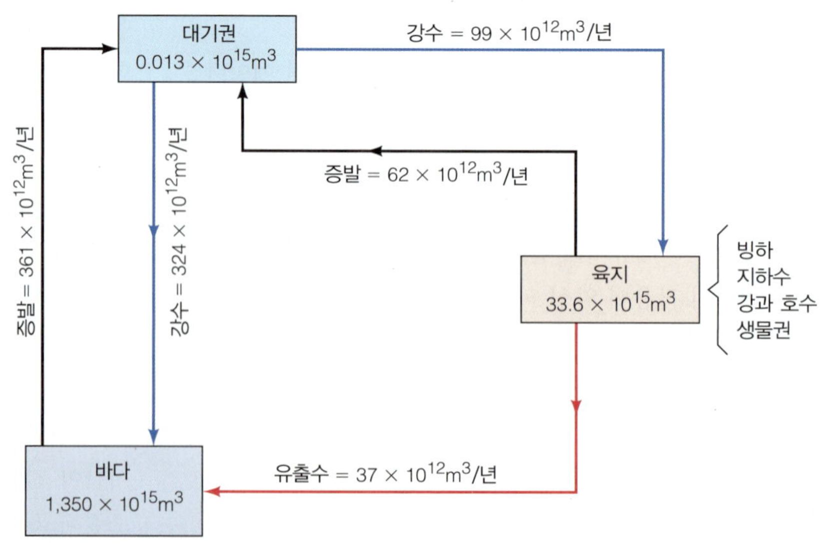

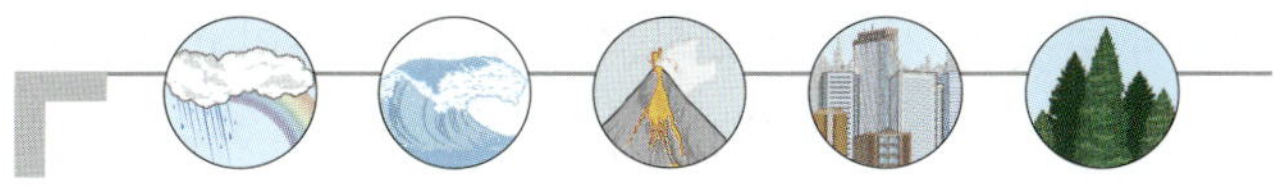

관련짓기

어떤 과정에 의해 물이 수권의 액체 상태에서 빙권의 빙결된 형태로 이동할 수 있으며, 어떻게 원상태로 되돌아갈 수 있다고 생각하는가?

이동하며, 이것은 물의 순환을 토양, 자갈 및 그 밖의 지구 물질을 통해 암석 순환과 직접 연결해 준다. 우리는 또한 생명체가 물의 저장소라는 것을 알고 있다. 물 없이 생명체는 살 수 없다. 물은 물의 순환을 생물권과 지구상에서 생명체를 유지해 주는 물질의 순환 및 과정과 직접 연결시켜준다.

에너지 순환

에너지 순환(energy cycle)은 지구계의 순환을 일으키는 거대한 '엔진' —지구의 외부와 내부 에너지원—을 포함한다. 에너지 순환은 계를 통해 물질의 이동보다는 에너지의 이동을 기술하기 때문에 다른 지구 순환과 약간 다르다.

우리는 지구의 에너지 순환을 '수지(budget)'로 생각할 수 있다. 에너지는 수지에 더해지거나 또는 소비될 수 있고 한 저장소에서 다른 저장소로 이동될 수 있지만 전체적으로는 공급과 소비 및 전달은 균형을 이룬다. 균형이 이루어지지 않으면 지구의 지표 근처의 환경은 균형이 이루어질 때까지 가열되거나 또는 냉각된다. 이것은 빙하기 동안 지구의 평균 표면 온도의 변화에 의해 실증된 것처럼 과거에 일어났다. 오늘날 우리는 이산화탄소의 축적에 의해 지구 표면 부근의 하부 대기권에 매우 많은 열에너지가 축적되어 지구 표면 온도를 상승시키는 것을 알고 있다.

지구계의 에너지는 하나의 중요한 관점에서 물질과 다르다—물질은 저장소에서 다른 저장소로 끊임없이 이리저리 순환할 수 있으나 에너지는 끊임없이 순환할 수 없다. 이것은 에너지가 전달될 때 에너지가 열로 소비되면서 에너지가 감소하고 질서의 교란을 증가시키기 때문이다. 이것은 에너지 수지를 끊임없이 보충해 주는 계로 공급되는 에너지 근원이 꼭 있어야 함을 뜻한다. 이것은 실제 사실이다. 외부 근원(주로 태양)과 내부 근원(지열)으로부터 공급되는 에너지는 끊임없이 지구 표면으로 전달되고 있다. 에너지는 산맥 형성, 바람, 파도 및 광합성을 포함한 아주 다양한 지구 작용을 일으킨다(그림 1.12). 이러한 작용에서 에너지는 우주 밖으로의 복사를 통해 감소하고 결국 소멸된다. 다만 지구 표면에서 태양과 지구의 고유 내부 에너지 근원으로부터 보충될 뿐이다.

다른 순환과 마찬가지로 에너지 순환도 저장소—지구계에서 다양한 길이의 시간 동안 에너지가 머무는 곳—를 갖는다. 예를 들면 개나 고양이 같은 작은 동물을 팔로 안으면 따뜻함을 바로 쉽게 느낄 수 있는 것처럼 살아있는 생명체는 에너지 저장소이다. 고체 지면도 또한 에너지 저장소이다. 하루 종일 태양에 노출된 암반 위에 누워보라. 비록 덜 분명하지만 바다와 심지어 빙하도 또한 에너지 저장소이다. 이들은 만지면 차게 느껴진다. 왜냐하면

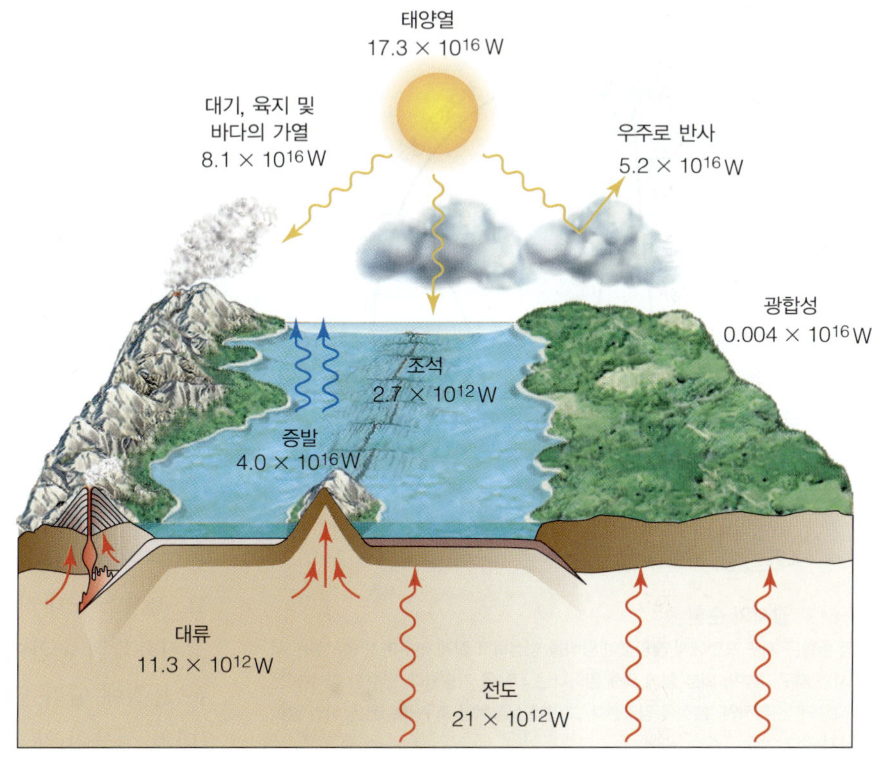

그림 1.12 에너지 순환
지구의 내부와 외부 근원 모두로부터 공급된 에너지는 지구계의 저장소를 통해 순환하며 바람과 파도 및 광합성을 일으킨다.

이들의 온도가 우리 몸의 온도보다 낮기 때문이다. 그러나 이들은 여전히 열을 포함하고 있으며 지구계에서 중요한 에너지 저장소이다. 우리는 근본적인 에너지의 몇몇 특성, 에너지의 전달을 지배하는 법칙 및 지구계를 통해 에너지가 어떻게 순환하는지에 대한 더 자세한 특성을 제2장에서 다룬다.

암석의 순환

암석의 순환(rock cycle)은 지구 표면에서 만나 끊임없이 암석을 형성하고 부서뜨리며 운반하고 변형시키는 내부 힘과 외부 힘이 겨루는 결과를 기술한다. 제7장의 중심 주제인 암석의 순환과 밀접하게 관련된 몇몇 작용은 풍화, 침식, 운반, 변성작용, 용융, 결정화 작용, 화산 활동 및 산의 융기를 포함한다(그림 1.13).

오랜 기간의 면밀한 관찰을 통해 지구과학자들은 대부분의 침식 작용이 매우 느리다는 것을 알고 있다. 예를 들면 한 산맥이 침식되거나 또는 막대한 양의 모래와 진흙이 강물에 의해 운반되어 바다에 쌓인 후 새로운 암석으로 교결되며, 새로운 암석이 변형되고 새로운 산맥으로 융기하는 데는 엄청나게 긴 시간이 필요하다. 비록 느리지만 암석의 순환은 지구의 긴 역사 동안 여러 번 반복되어 왔다. 이를 통해 지구는 나이가 매우 많다는 중요한 사실을 발견하였다. 우리는 지구를 구성하는 물질을 제3장과 그 이후

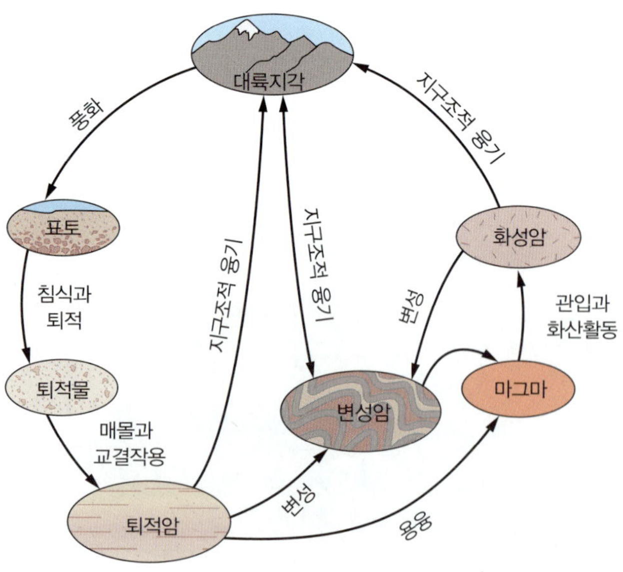

그림 1.13 암석의 순환

암석의 순환은 지구 표면에서 끊임없이 암석을 형성하고 잘게 부수며 변형시키는 서로 맞서는 지구 내부와 외부 힘에 의해 일어나는 작용을 기술한다. 단순한 이 설명은 이들 작용의 '순환적인' 본질을 강조한다. 그러나 실질적인 지구의 순환은 이와 같이 단순하지 않다.

장에서 다루고, 시간, 지구의 기원과 나이, 그리고 암석과 지구의 나이는 어떻게 결정하는지 제4장에서 한층 더 자세히 설명할 것이다.

지구조적 순환

지구조적 순환(tectonic cycle)은 산맥, 대륙, 심해 해구 및 해양분지를 포함한 지구의 주요 지형이 형성되는 과정을 기술한다. 지구조적 순환은 이들 과정을 이해하는 데 통일된 개념을 제공한다. 이 순환은 지구의 표면을 지구의 내부와 연결시켜 준다. 지구조적 순환은 또한 지진과 화산 분출과 같은 지질 재해의 지리적 분포를 설명해 준다(그림 1.14). 우리는 제2장에서 지구 내부로부터 지표로의 에너지 전달이 이들 작용을 어떻게 일으키는지 학습한다. 우리는 지구조적 순환과 지구 표면에 사는 생명체에 대한 그 영향을 제5장과 제6장에서 검토한다.

생지화학적 순환

생지화학적 순환(biogeochemical cycle)은 생물권을 통해 순환하고 그의 안정성에 역할을 할 뿐만 아니라 그 밖의 지구 저장소를 순환하는 어떤 화학 원소나 또는 화합물의 이동을 기술한다. 질소, 황, 산소, 탄소 및 인의 지화학적 순환은 매우 중요하다. 왜냐하면 이들 각각의 원소는 생명 유지에 매우 중요하기 때문이다. 또한 흥미로운 것은 생지화학적 순환에 참여하고 이 순환에 의해 영향을 받으며 또한 살아있는 생명체에 영향(어떤 때는 부정적이고, 어떤 때는 긍정적인)을 미치는 많은 추가적인 원소와 화합물이다. 좋은 예는 생명체의 조직 내에 축적되고, 다양한 생물학적 작용에 의해 화학식이 변하며 또한 몸 안에 너무 많이 축적되면 사람에게 치명적일 수 있는 수은이다. 생지화학적 순환은 사람에게 있어 특별한 관심을 갖게 한다. 왜냐하면 이것은 원소와 화합물이 물리적인 환경을 통해 우리 인체로 이동하는 경로를 밝혀주기 때문이다.

생지화학적 순환은 호흡, 광합성 및 분해 작용, 그리고 효소와 세균에 의해 조정된 다양한 작용과 같은 생물학적 작용을 수반한다. 이 순환은 또한 풍화, 토양 생성 및 퇴적 작용과 같은 비생물학적 작용과 관련 있다. 생지화학적 순환에서 살아있는 생명체는 중요한 저장소이다. 그 밖의 중요 저장소—대기권, 바다, 표면수, 토양, 암석—는 모든 생지화학적 순환에서 일반적이나 이들의 상대적인 중요성은 물질에 따라 달라진다. 예를 들면 대기권은 질소 순환(대기 성분의 약 79%가 질소라는 것을 상기해 보자)에 있

그림 1.14 **지구조적 작용**

지구조적 순환의 지질 작용은 지구의 표면과 지구 내부를 연결시켜 준다. 지구조적 순환은 2010년 칠레에서 일어난 지진(A)과 2010년 아이슬란드에서 분출한 Eyjafjallajökull 화산 분출(B)과 같은 작용에 대해 한결같은 상황을 제공하며, 이들의 지리적인 분포를 이해하기 쉽게 한다.

어 매우 중요한 저장소이다. 그러나 질소는 인의 순환에서는 전혀 중요하지 않다. 왜냐하면 이것은 인이 일반적으로 기체 상태로 나타나지 않으므로 대기권으로 아주 쉽게 들어갈 수 없기 때문이다.

생지화학적 순환은 복잡할 뿐만 아니라 이해하기 어렵다. 또한 이 순환은 이와 관련된 작용에 대해 일반화하기가 어렵다. 관련된 저장소, 화학식 및 과정은 특정한 물질에 대해 독특할 수 있다. 예를 들면 광합성(대기 중에서 탄소가 제거되는 주요 메커니즘이며 생명체 조직 형성에 이용)은 탄소 순환에서 중요한 역할을 한다. 그러나 수은은 광합성 작용과 관련이 없기 때문에 광합성은 수은 순환에는 전혀 중요하지 않다. 원소들이 순환을 통해 이동함에 따라 유기물 형태에서 무기물 형태로, 원소에서 매우 다양한 화합물로, 그리고 액체에서 고체 내지 기체로 변하면서 빈번히 그들의 화학식을 바꾼다.

인간이 지구 순환에 미치는 영향

우리는 자연 과정을 포함하거나 또는 영향을 미치는 사람들의 지배를 받는 순환을 포함시키기 위해 순환의 개념을 확대 해석할 수 있다. 현재 아주 중요한 변화가 지구의 저장소 사이에 있는 물질의 많은 플럭스에서 일어나고 있으며, 그 결과 저장소들은 예상하지 못한 어떤 방향으로 변화하고 있다. 몇몇 변화는 매일 매일의 뉴스가 되고 있다. 몇 가지 예를 들면 오존 구멍, 대기 중 이산화탄소의 증가, 바다를 통한 살충제의 확산, 석유와 같은 재생 불가능한 자원의 소비 비율 및 식물과 동물종의 멸종이다. 사람들의 활동은 오염물질의 대기 방출을 통해 더욱더 빈번히 생지화학적 순환에 영향을 미친다. 사람들의 활동은 한 저장소에서 다른 저장소로의 물질의 플럭스를 극적으로 변화시킬 수 있다. 예를 들면 인간 활동(주로 석탄의 연소)에 의해 생성된 지구계 전체의 황 플럭스는 현재 통합된 모든 자연 작용에 의해 생성된 황 플럭스보다 더 큰 것으로 평가되었다.

우리—인구—는 이들과 다른 최근 변화의 원인이 되고 있다. 많은 종류의 커다란 동물들이 여러 지질 시대에 지구상에 살았다. 그러나 지구의 긴 역사 전체 동안에 커다란 동물종 중 어떤 것도 오늘날의 사람처럼 결코 수가 많지 않았다(그림 1.15A). 우리들의 집단적인 활동은 널리

그림 1.15 인간 활동과 전 지구적 변화

(A) 인류 정착지의 불빛—우주에서 볼 수 있는—은 지구계에 미치는 인류의 영향 정도에 대해 생각하게 한다. (B) 사막은 자연 작용에 의해 확장되거나 후퇴한다. 그러나 인류의 영향은 세계 일부 지역에서 사막의 확장 속도를 크게 가속시켰다. (C) 심지어 가장 멀리 떨어진 지역도 인간 활동의 영향을 받아왔다. 비록 살충제의 사용이 수천 킬로미터 떨어져 있을지라도 북극곰들은 그들의 지방 내에 살충제를 축적시키며, 곰들이 의존하고 있는 해빙은 전 지구적인 기후 변화에 의해 녹고 있다.

퍼지게 되어 우리가 변화시키지 않은 것은 지구상에 어떤 곳도 없다. 우리는 필요한 자원을 구하기 위해 거의 모든 곳을 찾아간다. 살아가는 동안 우리는 빗물을 더욱더 산성화시키고 비옥한 표토를 침식시켰으며 남아 있는 토양의 성분을 변화시켰다. 우리는 사막을 확대시켰으며(그림 1.15B), 대기, 해수, 강물 및 호수물의 성분을 변화시켰다. 심지어 멀리 떨어진 극 지역의 환경까지도 인간 활동의 영향을 받고 있음을 보여준다(그림 1.15C).

과학자들은 인류 활동의 결과로 지구계에 일어난 변화를 기술하기 위해 **전 지구적 변화**(global change)라는 특수한 용어를 만들어냈다. 전 지구적 변화를 측정하고 감시하며 이해하는 것은 열정적인 연구의 주제이다. 지구계 과학의 주요한 영역은 인류의 집단적인 활동이 저장소와 플럭스를 어떻게 변화시키는가를 조사하고, 이들 변화의 결과가 어떻게 될 것인가를 결정하는 것이다. 우리는 지구계에 대한 인류의 영향과 관련된 쟁점을 이 책 전체에 걸쳐 다룬다.

과학은 어떻게 작동하는가 : 가설과 이론

다른 형태의 모든 과학과 마찬가지로 지구계 과학은 자연현상을 배우고 이해하는 방법이다. 이것은 여러 해에 걸쳐 시행착오를 통해 밝혀진 논리적인 연구 방법인 **과학 방법**(scientific method)의 적용에 의해 발전한다(그림 1.16). 과학 방법은 관찰과 자질을 가지고 그렇게 하기를 좋아하는 모든 사람에 의해 예견되고 검증될 수 있는 증거의 체계적인 수집에 기초를 둔다. 이것은 과학자들이 서로의 아이디어를 검토하고 비평하며, 검증하고 증명하거나 또는 반증하는 집합적인 과정이다. 과학 방법은 또한 아이디어에 대한 검토와 재검토 그리고 한층 더 자세한 검토, 검증 및 개선을 포함한 반복 과정이다. 비록 과학 방법이 모든 과학적 환경에서 정확히 동일한 방법으로 항상 실행되지 않을지라도 이것은 몇 개의 기본 단계로 구성되어 있다.

가설의 설정과 검증

과학자들은 현상의 관찰에서 시작하여 측정과 **실험**(experimentation)을 통해 현상에 대해 신뢰할 수 있는 증거를 얻고자 한다. 과학자들은 **가설**(hypothesis) — 일이 일어나는 데 대한 그럴듯하나 아직 증명되지 않은 설명 — 을 세워 그들의 관찰을 설명하려고 한다. 가설은 자연계와 이것이 어떻게 작동하는가에 대한 이전의 과학적 지식에 기초한다.

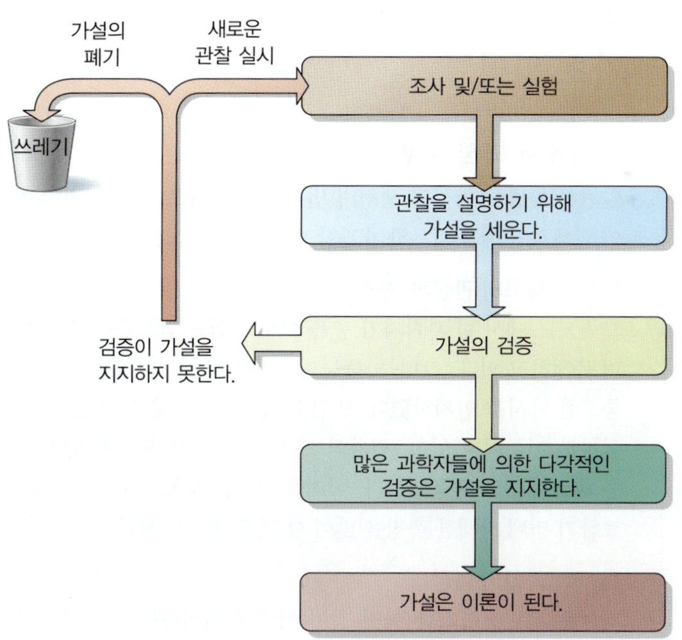

그림 1.16 과학 방법
과학은 여기에 제시된 기본 단계인 과학 방법에 의해 진전한다.

과학자들은 예측하는 데 그들의 가설을 이용하며, 그다음에 예측은 가설을 검증하는 데 이용된다. 만약 가설이 정당한 것으로 밝혀진 예측을 했다면 이 예측은 가설을 강화하는 경향이 있다. 그러나 부정확한 예측은 가설을 크게 약화시키거나 심지어는 틀렸음을 증명하게 되며, 그럴 경우 가설은 변경되고 개선되거나 혹은 전체적으로 폐기되어야 한다. 검증은 실험에서의 통제된 실험, 그 이상의 관측과 측정 및 어쩌면 수학적인 모형의 개발을 포함할 수 있다. 검증이 가능할 때마다 과학자들은 실제 세계에서의 관찰에 대하여 그들의 가설을 검증하는 것을 좋아한다.

이론의 개발과 개선

가설이 검토되고 성공적인 예측을 하며 수많은 검증을 통과했다는 것이 알려지면 과학자들은 가설의 타당성에 대해 한층 더 확신하게 된다. 그런 다음에 가설은 **이론**(theory)이 된다. 이론은 자연에 대한 일반화이다. (일상생활의 말에서 사람들은 '그것은 단지 이론'이라고 말함으로써 '가설'을 뜻하는 이론이란 용어를 빈번히 잘못 사용한다. 그들이 실제로 뜻하는 것은 "그것은 단지 가설이다."이다. 과학에서 진술이 이론 수준에 도달할 때까지 진술은 매우 실질적이며 진지하게 받아들여야만 한다.)

이론은 비록 자질이 아무리 뛰어나거나 혹은 열심히 연

기초 원리

실제에서 과학 방법

일련의 특별한 암석의 생성 방법을 결정하려고 하는 지질학자의 실제적인 예를 이용하여 과학 방법의 단계를 뒤따라가 보자.

1단계. 자료의 관찰과 수집

그림 B1.2에서 한 과학자가 층을 이루고 있는 암석층을 관찰하며 측정하고 있다. 그녀는 층들이 수평이며 서로 나란한 것, 즉 중요한 단서를 인지하였다. 또한 각 층은 셀 수 없이 많은 작은 입자로 이루어져 있고, 입자의 크기는 층에 따라 변하지만 각 층 내에서는 거의 동일하다. 이러한 현상은 과학자가 관찰을 완료하기 전에 자세한 측정을 많이 할 것을 필요로 한다.

2단계. 가설의 설정

가설은 그럴듯하지만 어떤 것이 어떻게 일어나는지 아직까지 증명하지 못한 설명이다. 과학자는 이들 암석이 어떤 자연적인 지질 작용에 의해 운반되어 암석을 발견한 장소에 쌓인 퇴적물로부터 생성되었다는 가설을 세웠다. 그런데 퇴적물은 어떻게 운반되었을까? 가설 1은 빙하가 퇴적물을 운반했다는 것이며, 가설 2는 바람이 퇴적물을 운반했다는 것이고, 가설 3은 물이 퇴적물을 운반했다는 것이다.

3단계. 가설의 검증

이 과학자는 예상하고 검증을 개발하는 데 그녀의 가설—이 경우에 다수의 가설—을 이용하였다.

- 가설 1을 검증하기 위해 과학자는 현재 빙하가 발달된 빙하 지역을 답사하고 빙하에 의해 쌓인 퇴적물을 조사하였다. 그녀는 입자들의 크기가 다르며, 모두 섞여 있고 경계가 뚜렷한 지층이 발달되지 않는다는 것을 인식하였으며, 빙하에 의한 운반과 퇴적은 연구하고 있는 암석 내의 퇴적물을 성공적으로 모사하지 못한다는 결론을 내렸다. 그래서 가설 1은 실패하였다.
- 그다음 그녀는 바람에 의해 운반된 물질이 쌓여 사구를 형성하는 것을 볼 수 있는 사막 지역으로 갔다. 그녀는 입자의 크기는 대략 같으나 이들은 나란한 수평인 층을 이루지 않으며 층들은 이상한 각도를 이룬 것을 관찰하였다. 바람에 의한 운반과 퇴적 작용은 다시 한 번 관찰된 결과를 만족시키지 못했다. 그래서 가설 2도 실패하였다.
- 마지막으로 이 과학자는 호수를 답사하고 물에 쌓인 퇴적물을 관찰하였다. 그녀는 지금 평행한 수평층과 각 층 내의 입자는 대략 동일한 크기인 것을 인지하였다. 가설 3은 가능성을 갖는다. 그러나 더 많은 검증이 필요하다. 또 다른 호수에 답사나 또는 다른 과학자에 의해 비슷한 환경에서 이루어진 관찰에 대한 검토가 적절하다. 이 과학자는 또한 식물이 호수에 자라고 있는 것을 알았다. 책임성 있는 그녀는 또 다른 형태의 검증을 개발하였다. 즉 만약 암석을 구성하고 있는 퇴적물이 실제로 호수에 쌓였다면 수생 식물의 잔류물이 여전히 발견될 수 있을 것이다. 만약 계속된 관찰에서 그녀가 화석화된 담수 식물의 잔류물을 층을 이룬 수평층에서 발견하였다면 자신이 옳았다는 것을 확신할 것이다. 이와 같은 방법으로 과학 방법은 가설을 검증하고 또 재검증한다.

4단계. 동료에 의한 가설의 평가

과학의 발전과 이론의 개발에 있어 중요한 단계는 다른 과학자들과 정보를 교환하는 것이다. 이것은 관찰과 가설을 동료 평가 과정을 거침으로써 이루어진다. 과학자들은 그들의 가설, 검증, 이론, 증거 및 관찰을 과학 학술지에 발표함으로써 다른 과학자들에게 소개한다. 연구 결과가 출판을 위해 채택되기 위해서는 우선 과학자 위원회—논문이 제출된 발행 기관의 편집자에 의해 선발된 관련 영역의 전문가—에 의해 연구는 동료의 평가를 거쳐야 한다. 만약 전문가가 논문의 어떤 부분에 질문을 하면 논문을 제출한 과학자는 논문이 발행될 수 있다고 생각하기 전에 질문에 납득이 가도록 반드시 답을 해야 한다. 일단 논문이 발행되면 논문 내의 모든 내용은 주제에 관심이 있는 모든 사람들의 검토와 검사에 열려 있다. 심사, 검사, 수정 및 비평은 과학 발전에 있어 필수 단계이다.

5단계. 이론의 정립

때때로 많은 과학자들의 관찰과 가설은 동시에 발생하여 자연 과정과 현상에 대해 일관되며 잘 입증된 지식의 기초를 형성한다. 이것은 개인적인 과학자의 연구로부터 생기지 않는다. 예를 들면 이 지질학자는 일련의 특정 암석의 생성 방법을 설명하는 데 집중하고 있다. 그녀의 가설 하나(3번)는 타당한 것으로 증명되었으며 몇 개의 다른 검증을 통과하였다. 이것은 이러한 형태의 과학 현상에 대한 설명을 충분히 받아들일 수 있게 되었다. 그러나 이론이 되기 위해서 그녀의 연구는 동료 심사 과정을 통해 많이 검토되고 재확인될 필요가 있다. 이것은 자연 세계에 대한 일반화로 타당해야만 하고, 비슷한 일련의 암석에 광범위하게 적용할 수 있으며, 많은 다른 과학자들의 연구에 의해 증명되어야만 한다.

6단계. 법칙 또는 원리의 정립

법칙과 원리는 어떤 자연 현상이 동일한 방법으로 일어나는 것이 일정불변하게 관찰된다는 진술이다. 예를 들면 지질학에서 지층 수평의 원리는 고요한 물속에 쌓인 퇴적물은 항상 수평층(또는 호수 바닥은 약간 불규칙하기 때문에 거의 수평을 이룬다)을 이룬다는 것을 말해 준다. 일단 지층 수평의 원리가 진술되고 확인되면 지질학자들은 이 원리를 관련된 상황에 적용할 수 있고 이 원리에 의지하는 것이 가능하다. 이 지질학자는 새로운 암석층을 연구할 때마다 법칙을 고안할 필요가 없다. 만약 암석 내에 적절한 특징이 발달되어 있으면 그녀는 퇴적물이 조용한 물에서 쌓였다는 그녀의 결론을 지지하기 위해 이 기초 원리를 활용할 수 있다.

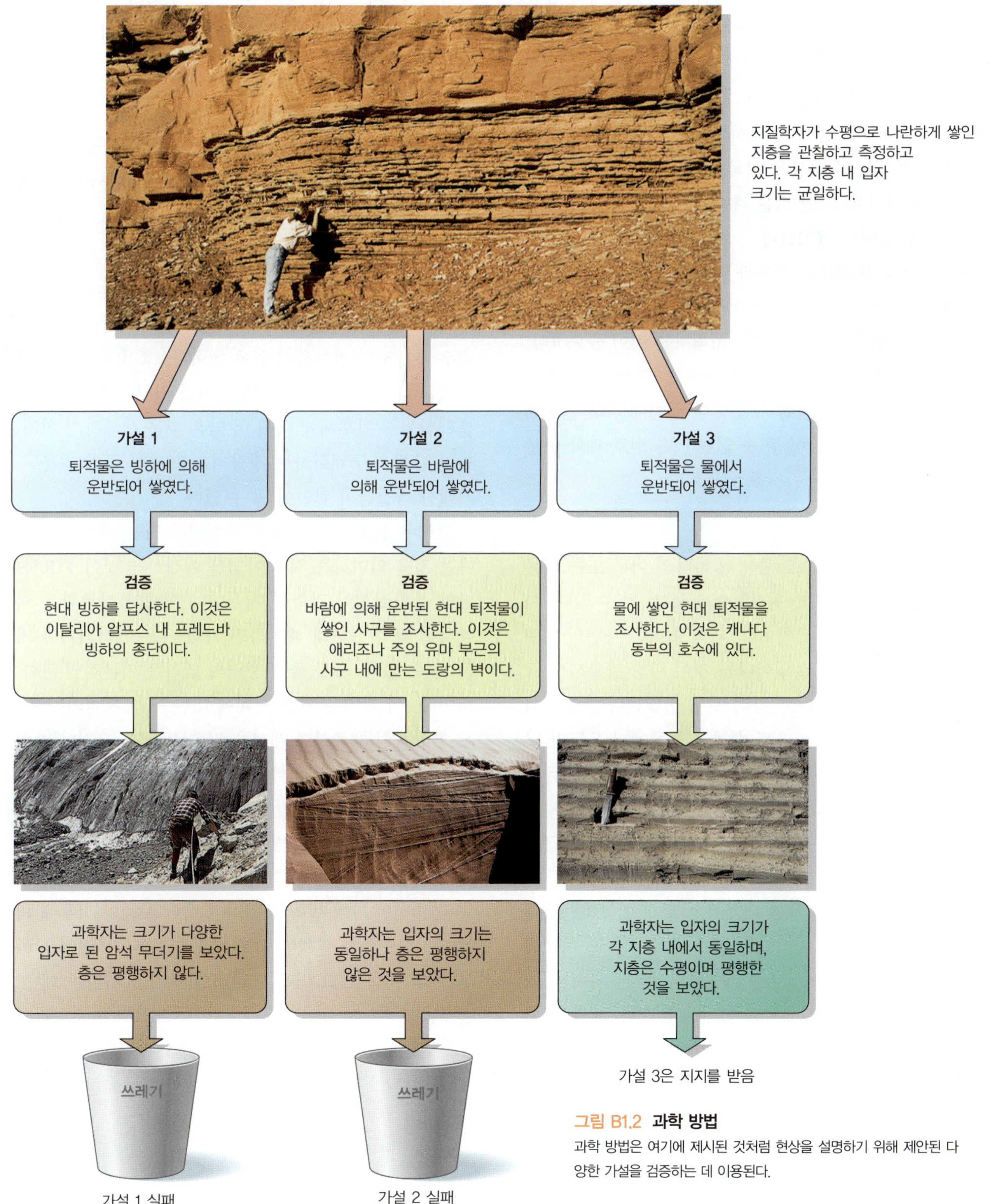

그림 B1.2 과학 방법
과학 방법은 여기에 제시된 것처럼 현상을 설명하기 위해 제안된 다양한 가설을 검증하는 데 이용된다.

구하였다 할지라도 과학자 개인의 연구에서 생겨나지 않는다. 이론은 자연에 대한 일반화이기 때문에 넓은 범위의 사례에 적용할 수 있어야만 한다. 이것은 빈번히 자질이 뛰어난 과학들로 하여금 '단편적인 사실에서 어떤 결론을 도출하고', 자연계에 대한 여러 가지 많은 관찰에서 공통성을 인지하며, 이들이 결국에는 이론이 되는 가설의 형태로 진술되게 한다. 진화론에 대한 다윈의 진술과 일반 상대성 이론에 대한 아인슈타인의 진술은 알기 쉬운 예로 생각된다. 그러나 뛰어난 이들 과학자들이 이러한 진술을 했다는 사실이 그들의 가설을 이론으로 만들어주지는 않는다. 그것은 여러 해 동안 많은 다른 과학자들에 의해 검증되고 개선된 결과로 생겨났다.

정의에 의하면 이론은 실험과 경험적인 관찰을 통해 정당성이 입증되었다. 그러나 심지어 이론도 그 이상의 검증과 개선에 개방되어 있다는 것을 이해하는 것이 중요하다. 실제로 과학 방법에서 핵심은 반증을 할 수 있는 것이다. 때때로 이론은 면밀한 관찰과 측정 및 실험에 의해 반증된다. 어떤 이론이든 반증이 될 수 없는 것은 실로 과학 이론이 아니다.

과학 법칙

결국 적용성이 결정적으로 증명된 하나의 이론 또는 이론의 그룹은 **법칙**(law) 또는 **원리**(principle)가 될 수 있다. 이들은 과학의 근본적인 규칙이다. 과학 법칙은 자연의 어떤 양상이 동일한 방법으로 일어나는 것이 항상 관찰되며 규칙으로부터 어떠한 일탈도 전혀 보이지 않는다는 진술이다. 법칙의 한 예는 열은 온도가 높은 물체에서 온도가 낮은 물체로 항상 전달된다는 진술이다. 어떤 예외도 지금까지 전혀 발견되지 않았다. (실제로 뜨거운 물체에서 차가운 물체로의 열 전달은 제2장에서 설명하는 한층 더 근본적인 법칙—열역학 제2법칙—의 결론이다.)

과학 법칙과 원리는 자연 세계가 어떻게 기능하는가에 대한 우리의 근본적인 지식의 일부가 되며, 이들은 미래의 과학적인 연구에 대해 정보를 제공한다. 모든 과학의 기초가 되는 가정은 물질 세계에 있어 모든 것은 과학 법칙의 지배를 받는 것이다. 그러나 심지어 이론과 법칙도 새로운 증거가 발견되면 다시 논의하게 된다. 이것은 과학자들이 과학 방법으로 관찰과 실험을 통해 얻은 결과를 끊임없이 재조사한다는 사실 때문에 과학자들은 일상의 논거에서 불확실성을 다루는 데 익숙하다는 것을 뜻한다. 과학에서 모든 것은 문제가 된다. 우리의 아이디어는 결코 결정적으로 증명될 수 없다. 이들은 단지 결정적으로 논박될 수 있다.

불확실성의 역할

어떤 것도 자연 세계에서 절대적으로 확실하지 않다는 사실은 과학자들에게는 문제가 되지 않는다. 그러나 이것은 과학에 종사하지 않는 사람들에게는 완전히 이해하기가 어려울 수 있다. 예를 들면 지구의 기후계에 대한 우리들의 지식에 불확실성이 있다는 것은 과학자들에게는 솔직하며 문제가 되지 않는 사실이다. 지구의 기후계는 어쨌든 매우 복잡하며 변화하기 쉬운 계이다. 그러나 기후 변화의 문제를 다루고자 하는 정책입안자나 정부 공무원들에게는 불확실성—기후계에 대해 더 많은 것을 이해하기 위해 우리의 탐색을 구체화하는 정상적으로 진행 중인 질문—은 거대한 좌절감의 원인이 될 수 있다.

그러나 불확실성은 과학 지식이나 또는 이해가 부족하다는 것을 의미하는 것이 아님을 이해하는 것이 중요하다. 만약 불확실성이 과학적 지식이나 이해가 부족함을 의미한다면 과학—확대 해석하면 사회—은 마비되거나 기능을 할 수 없다. 예를 들면 중력의 법칙은 기본적인 과학 원리이다. 이 법칙은 자연 세계에 대한 우리 지식의 어떤 다른 양상처럼 재조사와 개선을 필요로 한다. 그러나 확실히 우리는 사과가 나무에서 바닥으로 떨어지거나 또는 공중으로 던진 공이 결국 떨어진다는 것을 여전히 알고 있다. 동일한 방법으로 과학 방법을 통해 자연 환경을 위하여 우리가 취한 사회, 경제 및 정치적 조치를 알리기 위해 우리는 근본적인 과학 법칙과 원리에 대한 이해와 적용에 의존한다. 이들 과학 원리에 대한 학습은 더 나은 결정을 하며 한층 더 책임 있고 더욱 효과적인 조치를 취하는 데 도움을 준다.

요약

1. 지구계 과학은 많은 영역으로 나누어져 있으며, 상호작용을 하는 여러 영역으로 이루어진 계로서 지구를 연구하는 전체론적인 학문이다.
2. 많은 원격탐사 시스템이 있으며, 인공위성에 기반을 둔 원격탐사가 지구에 대한 우리들의 지식과 인류의 영향을 감시하는 능력을 크게 증대시켰다. 지리정보시스템은 공간의 기준점 자료의 막대한 양과 그들의 특징을 저장하고 처리하는 것을 용이하게 한다.
3. 계는 변화를 관찰하고 측정할 목적으로 분리할 수 있는 우주의 어떤 권역이다. 계 개념은 과학자들로 하여금 크고 복잡한 문제를 더 작고 한층 더 쉽게 연구할 수 있는 권역으로 나누게 한다.
4. 닫힌계에서 에너지는 경계를 통과할 수 있지만 물질은 통과할 수 없다. 열린계에서는 에너지와 물질 모두는 경계를 통과할 수 있다.
5. 지구 전체는 닫힌계에 가깝다. 그러나 지구의 소계 대부분은 열린계이다. 이것은 지구계 안에서 물질(자원을 포함하여)은 한정되어 있고 유한하며, 한 소계 내의 변화는 계 내 어떤 다른 곳의 변화를 일으키는 것과 같이 소계들은 서로 연결되어 있다는 것을 뜻한다.
6. 과학자들은 대개 복잡한 계(와 대상 및 과정)를 모형—실질적인 계를 단순화한 물리적, 그래프식 또는 수적인 표현으로 한층 더 다루기 쉬운 규모로 구성한—을 이용하여 간접적으로 연구한다. 상자 모형은 계의 본질적인 특징을 도형과 정량적으로 나타낸다.
7. 플럭스는 계 안으로 들어오거나 혹은 계 밖으로 빠져나가는, 혹은 계의 한 부분에서 다른 부분으로 이동하는 물질(또는 에너지)의 양과 물질이 이동하는 속도이다. 만약 계(또는 계의 부분) 안으로 들어오는 플럭스가 계 밖으로 나가는 플럭스와 균형을 이루면 평형 상태에 있다고 말한다.
8. 계 내에서 물질(에너지)이 일정 기간 저장되어 있는 곳을 저장소라고 한다. 다양한 저장소에서 여러 가지 물질의 체류 시간은 물질과 저장소 모두의 특징과 이들에 작용하는 과정과 힘에 의해 결정된다. 특정한 저장소에 아주 긴 체류 시간을 가진 물질을 포집, 저장되었다고 한다.
9. 지구계는 4개의 거대한 저장소로 이루어져 있다. 대기권, 수권, 생물권, 지권이 그것이다. 이들 저장소 각각은 계 사이에서 에너지와 물질의 일정한 이동을 갖는 소계로 독립적으로 기능을 한다. 그리고 소계 각각은 훨씬 더 작은 소계와 저장소로 나눌 수 있다.
10. 지구의 4개 저장소는 지상 10km에서 해수면 아래 10km까지 좁은 생물대에서 활발하게 상호작용을 한다. 생물대는 지구가 생명체의 서식을 가능하게 하는 독특한 특성을 갖고 있다.
11. 지권은 주로 암석과 표토로 이루어진 고체 지구이다.
12. 수권은 바다, 호수, 강, 지하수 및 빙설권의 눈과 얼음을 포함한 지구 물의 총체이다.
13. 대기권은 지구를 둘러싸고 있는 기체—주로 질소, 산소, 아르곤, 이산화탄소, 수증기—의 혼합물이다.
14. 생물권은 지구의 모든 생명체는 물론 분해되지 않은 유기물도 포함한다. 생명체는 지구상에 그들의 단순한 존재를 넘어 대단히 영향력 있는 많은 방법으로 지구를 변화시켰다.
15. 다섯 번째로 지구의 큰 소계는 인류의 영향권인 인간권이다. 이것은 인간 활동에 의해 변화된 지구계의 부분은 물론 건설된 또는 기술적인 환경도 포함한다. 오늘날 지구계에 미치는 사람의 영향은 그 어느 때보다 크다.
16. 계의 유출량이 또한 유입량으로 역할을 하고 계의 상태에 변화가 일어나게 할 때 피드백이 발생한다. 음성 피드백에서 계의 반응은 초기 유입량으로부터 반대 방향이며, 음성 피드백은 자동으로 조절되며 안정화된다. 양성 피드백에서 유출량의 증가는 유출량에 그 이상의 증가를 일으키며, 최초의 교란을 증폭시킴으로써 계를 불안정하게 한다.
17. 한 저장소에서 다른 저장소로 물질이 지속적으로 이동하는 것을 순환이라고 한다. 지구 순환은 계가 역동적인 균형 상태를 유지하려고 함에 따라 일어난 변화와 조정에 의해 일어난다. 상호작용하는 지구계의 부분들의 복잡성 때문에 자연 순환은 대체로 단순하지 않다.
18. 중요한 지구 순환은 지구계를 통해 일어나는 물의 이동을 기술하는 물의 순환, 외부 근원과 내부 근원으로부터 유래된 에너지가 전달되는 경로를 조사하는 에너

지 순환, 내부 힘과 외부 힘의 경쟁으로부터 일어난 암석의 생성과 소멸을 기술하는 암석의 순환, 지구의 주요 지형을 형성시키는 과정을 기술하는 지구조적 순환, 그리고 상호 관계를 갖는 생물계와 지질계 사이의 화학 원소와 화합물의 이동을 추적하는 생지화학적 순환을 포함한다.

19. 지구계 과학의 중요한 부분은 인류 군집의 집합적인 활동이 지구계의 변화와 흐름을 어떻게 변화시키는지 조사하고 이들 전 지구적 변화의 결과가 무엇이 될 것인지를 결정하는 것이다.

20. 지구계 과학을 포함한 과학 모두는 과학 방법을 적용함으로써 발전한다. 과학 방법의 단계는 현상을 체계적으로 관찰하고 자료를 수집하고 가설을 설정하며, 여러 번에 걸쳐 다양한 방법으로 가설을 검증하고 이론을 정립하며, 마지막으로 법칙 또는 원리를 세우는 것이다.

주요 용어

가설(hypothesis)
계(system)
고립계(isolated system)
과학 방법(scientific method)
근원지(source)
닫힌계(closed system)
대기권(atmosphere)
모형(model)
물의 순환(hydrologic cycle)
법칙(law)
상자 모형(box model)
생물권(biosphere)
생지화학적 순환(biogeochemical cycle)
수권(hydrosphere)
순환(cycle)
실험(experimentation)
암석의 순환(rock cycle)
양성 피드백(positive feedback)
에너지 순환(energy cycle)
열린계(open system)
원격탐사(remote sensing)
원리(principle)
음성 피드백(negative feedback)
이론(theory)
인간권(anthroposphere)
저장소(reservoir)
전 지구적 변화(global change)
절대저장소(sink)
지구계 과학(Earth system science)
지권(geosphere)
지리정보시스템(GIS)
지구조적 순환(tectonic cycle)
체류 시간(residence time)
탄소포집저장(seguestration)
평형 상태(steady state)
평형(equilibrium)
플럭스(flux)

복습 문제

1. 지구계 과학은 물리학, 생물학 또는 특화된 다른 어떤 영역의 과학과 어떻게 다른가?
2. 원격탐사는 무엇인가? 학문으로서 지구계 과학의 출현에 있어 원격탐사의 역할은 무엇이었는가?
3. 지구가 닫힌계라는 사실로부터 어떤 결과가 발생하였는가?
4. 모형은 무엇인가? 자연계를 연구하는 데 모형은 어떻게 이용되는가? 물리적, 그래프식 및 수치 또는 컴퓨터에 기반을 둔 모형의 예를 제시하라.
5. 계 또는 저장소가 '평형 상태'에 있다고 말할 때 이것은 무엇을 뜻하는가? 평형 상태의 개념을 '플럭스'의 정의와 관련시켜 설명하라.
6. 체류 시간은 무엇인가? 그리고 특정한 저장소에서 어떤 요소가 물질의 체류 시간을 결정하는가?
7. '균형' 상태와 '역동적인 균형' 상태 사이의 차이는 무엇이며, 어떤 것이 대부분의 지구계의 상태를 더 잘 기술하는가?
8. 지권, 수권, 대기권, 생물권, 인간권에 대한 정의를 내려라.
9. 지구의 '생물대'는 무엇이며 어디에 있는가?
10. 왜 양성 피드백을 때때로 악순환이라고 하는가?
11. 에너지 순환은 중요한 다른 지구 순환과 어떻게 다른가?
12. 생지화학적 순환은 무엇이며, 이것이 지구계 과학에서

왜 특별히 중요한가?

13. 지구의 외적 활동에 현저한 방식으로 영향을 미치는 인간 활동 세 가지를 말하라.
14. 전 지구적 변화란 무엇을 뜻하는가? 우리의 고유 활동이 전 지구적 변화에 어떻게 기여하는가?
15. 과학 방법의 기본적인 5단계는 무엇인가?

연구와 토론 문제

1. 우리가 살고 있는 지역에서 환경에 큰 변화를 일으키는 세 가지 인간 활동을 확인해 보자. 이들 활동이 지구계의 한 저장소에서 다른 저장소로의 이동에 영향을 미치는 몇몇 방법을 인식할 수 있는가? 예를 들면 자동차를 운전하는 것은 물질—배출되는 오염물 형태로—을 대기 중으로 이동시킨다. 다른 어떤 예를 생각할 수 있는가?
2. 여러분 소유의 집과 같은 건물 내에서 들어오는 물과 나가는 물의 이동을 나타내는 상자 모형을 그려 보라. 잊지 말고 가능한 모든 저장소와 모든 상태의 물—고체, 액체, 수증기—을 생각해 보라. 물을 생각할 때 여러분의 집은 열린계에 있는가 또는 닫힌계에 있는가? 섬 시스템 내의 물 순환 상자 모형인 그림 1.5C를 다시 생각해 보자. 이것은 자연에서 열린계인가 혹은 닫힌계인가? 이것은 그림 1.5C에서 열린계로 묘사되어 있는가? 그림 1.15A는 어떠한가? 그림 1.5C에서 저장소를 나타내는 상자를 자세히 보라. 이들 상자들은 계 내에서 가능한 저장소 모두를 보여주는가? 이들은 최선의 선택인가 또는 이 계 내에서 저장소를 나타내기 위해 여러분이 생각할 수 있는 다른 방법이 있는가? 물의 순환에서 다양한 과정을 나타내는 화살표는 어떠한가? 이들은 적당한가, 또는 이 표시에서 생략된 어떤 과정이 있는가? 계를 어떻게 나타낼지, 그리고 이것을 다르게 나타내기 위해 선택을 할 것인지 아닌지를 결정하는 데 왜 특별한 이들 선택이 이루어졌는지 생각해 보자. 이 섬의 물 순환에서 과정과 저장소를 나타내기 위해 여러분의 상자 모형을 그려 보라.
3. 자연 환경의 관리에 영향을 미칠 수 있는 결정을 내려야 할 때 정치인들과 정책입안자들이 과학적인 불확실성을 다루어야만 한다는 것을 어떻게 생각하는가? (우리는 이러한 물음을 이 책의 마지막 장에서 다시 다룬다.)

기초 원리 문제

1. 고립계는 왜 개념적이고 실질적인 것이 아닌가?
2. 열린계와 닫힌계 사이의 차이는 무엇인가?
3. 과학 방학의 마지막 두 단계—이론의 정립과 법칙 또는 원리의 확립—는 왜 단 한 과학자만의 연구에 기초하지 않는지를 설명하라. 비록 한 과학자가 이론이나 법칙을 실제로 진술하는 데 책임이 있을지라도 말이다.

자세히 보기 문제

1. 정지 위성과 궤도 위성의 차이는 무엇인가?
2. GOES와 같이 높은 고도의 인공위성의 이용과 활용은 랜드샛과 SPOT과 같은 낮은 고도의 인공위성의 활용과 실제로 다르다. 어떤 방법에서 이들은 서로 다른가? 예를 들어 설명하라.
3. NASA의 지구관측시스템(EOS)의 웹사이트를 방문해서 환경을 감시하고 지구계 연구에 활용되는 원격탐사를 보여주는 인공위성 영상을 찾아보라.

CHAPTER

2

에너지

개요

이 장에서 우리는

- 에너지의 성질을 고려하여 에너지를 종류별로 분류하고 정의한다.
- 지구계에서 에너지의 흐름을 관장하는 근본 법칙을 소개한다.
- 지구계에 동력을 공급하는 에너지원을 조사한다.
- 지구계를 통해 에너지가 어떻게 이동하는지 검토한다.
- 우리의 과학 기술을 촉진하기 위해 인류가 다양한 에너지원을 어떻게 활용해 왔는지를 다룬다.

◀ **지구계를 움직이는 에너지**
아이슬란드의 게이셔 지방[지역 이름은 '간헐천(geyser)' 이라는 어원에서 유래하였다]에 있는 스트로쿠르 간헐천. 지하 깊숙한 곳으로부터 공급된 열 에너지에 의해 하늘로 물을 뿜어낸다.

그림 2.1 지구의 각 소계에서의 에너지
에너지는 지구의 모든 소계에 존재하며 인공적인 것이든 자연적인 것이든 지구의 모든 활동을 일으키는 데 필요한 것이다.

에너지는 근본적으로 중요하다. 지구의 내부나 지구 상에서 발생하는 모든 현상은 에너지가 필요하다. 에너지가 없다면 지구계도 존재할 수 없으며(그림 2.1), 당연히 생명체의 활동도 기대할 수 없다. 이 장에서는 에너지의 본성에 대하여 알아보고, 에너지의 흐름을 통제하는 근본 법칙에 대하여 알아본다. 또한 지구계라는 저장소를 통해 이동하는 에너지의 이동 과정에 대하여 알아본다. 이 장에서 배운 모든 내용은 이 책의 나머지 단원에서 배우는 모든 내용에 응용될 수 있다.

에너지란 무엇인가

에너지는 어떤 현상이 발생하게 하거나, 물체를 옮기거나, 일을 할 수 있는 능력을 말한다. 에너지는 움직이는 물체가 가지고 있는 운동 에너지나 열 에너지처럼 다양한 형태로 존재한다. 어떤 한 시스템 내부에 존재하는 다양한 에너지의 모든 합을 내부 에너지(internal energy)라고 부른다. 내부 에너지가 변하려면 시스템에 에너지를 공급해 주거나 에너지를 제거해 주어야만 하는데 이러한 과정을 **일**(work)이라고 한다. 시스템에 가해진 일은 시스템으로 에너지의 유입이 있어야 하며 반대로 시스템이 외부에 일을 하는 경우에는 시스템으로부터 에너지의 유출이 발생하게 된다.

에너지는 다양한 형태를 가질 수 있으나 (열을 포함하여) 모든 에너지는 퍼텐셜 에너지와 운동 에너지 또는 이들이 결합된 형태로 기술할 수 있다. **퍼텐셜 에너지**(potential energy)란 시스템에 저장된 에너지를 말하며 다음과 같은 형태를 가진다.

- 화학 에너지, 분자나 세상의 모든 물질을 이루고 있는 화합물을 결합시켜 주고 있는 에너지를 말한다. 분자나 화합물이 변화를 하려면 에너지가 공급되어야 하거나, 그렇게 되는 과정에서 에너지를 결과적으로 방출해야 한다. 메테인(CH_4)이 연소하여 H_2O와 CO_2를 형성하는 경우가 예가 될 수 있다. 따라서 자연적으로 존재하는 천연가스는 화학 에너지의 좋은 예이다.
- 핵 에너지, 원자핵을 서로 묶어 주고 있는 에너지이며 무거운 원소가 붕괴되어 보다 가벼운 원소로 전환되는 과정이나 가벼운 원소가 융합하여 보다 무거운 원소로 전환되는 과정에서 에너지가 방출된다.
- 잠재된 역학 에너지, 압축된 용수철이나 바람에 의해 휘어진 나뭇가지 등이 가지고 있는 에너지를 일컫는다.
- 중력 에너지, 위치 에너지라고도 한다. 예컨대 가파른 언덕 위에 올라가 있는 공이나 폭포의 맨 윗부분에 있는 물방울이 가지고 있는 에너지가 그 예가 될 수 있다. 지구와 달과 같이 두 물체 사이에 작용하는 중력

에 의해 생긴다.

운동 에너지(kinetic energy)는 원자, 분자, 물질, 물체 등의 운동으로 표현되는 에너지로서 다음과 같은 형태를 가지고 있다.

- 복사 에너지, 파의 형태로 가시광과 같은 광자에 의한 파동 형태의 에너지를 말한다.
- 전기 에너지, 전자 또는 다른 대전된 입자의 운동에 의한 에너지로 북극광(오로라)과 번개가 자연에서 볼 수 있는 좋은 사례이다.
- 열 에너지, 단순히 **열**(heat)이라 부르기도 한다. 원자 또는 분자의 진동 운동에 의한 에너지이다.
- 소리, 물체가 진동함에 따라 발생하는 것으로 특별하게 물질의 압축과 팽창이 번갈아가며 일어나며 소리 형태로 그 물질 사이로 전달되는 에너지이다.
- 물체의 운동, 흐르는 물이나 부는 바람 그리고 구르는 돌멩이와 같은 경우와 관련된 에너지이다.

이러한 구분은 엄격한 것은 아니며, 특징을 묘사하고 다른 형태의 에너지 성질을 이해하는 데 도움을 주기 위하여 구분한 것이다. 예컨대 열 에너지는 전형적으로 일부는 운동 에너지(잠열)로 그리고 일부는 퍼텐셜 에너지(느낄 수 있는 열)로 구성되어 있다.

열역학 기본 법칙

에너지가 어떤 형태에서 다른 형태로 전환되는 것이나 한 물체에서 다른 물체로 이동하는 과정에는 **열역학**(thermodynamics) 법칙이 적용된다. 지구계에서 열역학 법칙은 지구계로 유입되거나 방출되는 지구의 에너지 흐름을 관장한다. 산업혁명 시기에 증기 기관의 효율성과 디자인과 관련된 문제들을 풀기 위한 노력의 일부로, 과학자들은 1800년대 초반에 열역학 법칙에 관한 내용을 구체적으로 표현하기 시작하였다.

제1법칙 : 에너지 보존과 전환

열역학 제1법칙은 에너지 보존에 관한 법칙으로 다음과 같이 설명할 수 있다. 일정한 질량을 가지는 시스템에서 물리적 · 화학적 변화에 관여한 에너지는 생성되거나 소멸되지 않으며 그 형태가 바뀔 뿐이다. 제1법칙이 처음으로 발표되었을 때 물질이 에너지로 전환될 수 있다는 아인슈타인의 $E=mc^2$(여기서 E는 에너지, m은 질량, c는 진공 상태에서의

그림 2.2 에너지 변환
지구계 내에서 순환하는 과정에서 에너지는 한 형태에서 다른 형태로 변환된다. 몇 가지 대표적인 변환을 그림으로 나타내었다. (자료 : 미국 에너지 정보국)

광속)이라는 방정식은 아직 알려지지 않은 상황이었다. 이러한 문제 때문에 질량이 에너지로 변환되는 상황이 아닌 경우에, '일정한 질량을 가지는 시스템'이라는 표현을 추가하게 되었다.

제1법칙은 한 형태의 에너지가 다른 형태의 에너지로 전환된다는 것을 말해 준다. 이러한 과정은 지구계에서 매우 빈번하게 일어나고 있다. 예를 들면 들판에서 자라는 밀은 태양 에너지를 이용한 광합성을 통해 저장된 화학적 에너지 형태인 탄수화물을 만들어낸다. 우리가 밀을 먹으면 소화가 되면서 밀에 저장되어 있던 화학적 에너지가 우리가 움직이거나 숨을 쉬거나 뛸 때 필요한 에너지로 전환된다. 간단히 요약하면 저장된 에너지가 운동 에너지로 변환되는 과정이다(그림 2.2) 우리가 이러한 행동을 취할 때 에너지의 일부는 열로 바뀌어 우리 피부를 통해 대기로 방출된다.

제2법칙 : 효율과 엔트로피

열역학 제2법칙은 특별히 중요하다. 그 이유는 위에서 언급한 열과 일에 관한 관계를 명확히 해 주기 때문이다. 제2법칙에 의하면 에너지는 보다 유용하고 집중된 형태에서 덜 유용

하고 덜 집중된 형태로 변화가 일어난다. 제2법칙의 중요한 결과 중 하나는 최초의 유용한 상태로 모든 에너지를 재활용할 수 없다는 것이다. 완전한 재생은 일을 하는 과정에서 어떠한 경우에도 열을 방출하기 때문에 완전한 에너지의 전환은 불가능하다. 따라서 어떤 과정을 완전히 순환하는 동안 필요한 에너지는 변환된 에너지의 양보다 항상 많아야만 한다. 다시 말해서 항상 에너지의 손실이 있으므로 효율이 100%인 과정은 없다는 것이다. (1800년대 초 효율이 최대인 기관을 설계하기 위해 과학자나 기술자들은 열역학 제2법칙을 이해하는 것이 중요하였다.)

열역학 제2법칙은 또 다른 중요한 결과를 말해 주고 있다. 하나는 에너지의 흐름이 **저하**(degradation)된다는 것을 의미한다. 저하는 일할 수 있는 능력이 줄어들거나 덜 유용한 형태로 전환되는 것을 일컫는다. 또 저하는 에너지가 열의 형태로 퍼져나감으로써 시스템 내부에서 무질서의 증가를 유발한다. 이러한 무질서 정도를 나타내는 물리량으로 **엔트로피**(entropy)를 사용한다. 에너지가 정돈되어 있을수록 더 유용한 일을 할 수 있으며, 이것은 그 시스템의 엔트로피가 최소일 때 일어난다. 반면에 에너지가 완전하게 무질서해지면 더 이상 유용한 일을 할 수 없게 되며, 이러한 경우를 **무효**(unavailable) 에너지라고 말한다. 이와 같은 상황은 엔트로피가 최대일 때 발생한다. 다시 말해서 엔트로피는 시스템의 에너지가 얼마나 무질서하게 분산되고 효용성이 없는 상태로 전환되었는가를 나타낸다.

우주는 엔트로피가 증가하는 상태로 변해가는 경향이 있다. 시간이 흐르면서 죽은 생명체가 부패하고, 얼음이 녹으며, 산이 허물어지는 일이 일어난다. 에너지를 사용하게 됨으로써 에너지가 확산되고 무효한 상태로 되므로 엔트로피가 증가한다. 따뜻한 방에 얼음이 든 물 컵을 놓아두었다고—고전적인 열역학적 예—생각해 보자. 시간이 지날수록 따뜻한 방안의 열이 찬 물 컵과 얼음으로 전달되어 결국 얼음은 녹고 만다. 이러한 과정을 통해 에너지는 전체 시스템에 좀 더 균일하게 퍼지게 된다. 이 과정을 통해 컵 주변 방의 엔트로피는 조금 감소하였지만, 얼음의 엔트로피는 더 많이 증가하여 전체적으로 시스템의 총 엔트로피는 증가하게 된다. 이 실험에서 방안의 에너지가 방 전체로 골고루 퍼졌기 때문에 이 시스템의 엔트로피는 에너지가 특정 지역에 모여 있었던 실험 초기보다 더 증가했다고 말할 수 있다. 이와 같이 에너지가 균질하게 퍼진 것으로부터 엔트로피가 증가했다고 판단할 수 있다.

여러분은 또한 "녹았던 얼음을 다시 얼릴 수 있다."는 생각을 할 수 있다. 분명이 가능한 일이긴 하지만 그렇게 하기 위해서는 이 시스템의 외부로부터 얼음을 얼리기 위한 에너지를 가지고와야만 한다. 그 과정에서 이 시스템 외부의 엔트로피는 증가하게 되고 무효 에너지는 어쩔 수 없이 증가하게 되므로 역시 제2법칙이 성립함을 확인하는 샘이 된다.

제2법칙은 결론적으로 한 곳에 집중되어 있거나 덩어리를 이루고 모여 있는 불균질 상태를 골고루 퍼트리려는 보편적인 경향을 나타내는 법칙이다. 다시 말하면 자연은 균질성, 무작위, 무질서가 증가하는 방향으로 변화하려는 경향이 있다고 할 수 있다. 어떤 시스템에 불균일한 지역이나 무작위적이지 않은 부분이 있다면 반드시 상태를 구분짓는 경계가 있거나 상태 변화의 경향성 또는 **구배**(gradients)가 존재하기 마련이다. 즉 시스템 내에서 어떤 물리적 특성의 공간적 변화가 생긴다. 구배는 기울기와 비슷한 것이지만, 지세학적인 의미의 기울기나 경사를 반드시 의미하지는 않는다. 구배는 온도, 압력 또는 화학적 경사가 될 수 있다. 예를 들면 얼음 덩어리와 방안의 따뜻한 주변 공기 사이에는 매우 급한 온도 구배가 존재한다. 구배의 크기는 결정적이며 시스템으로부터 얻을 수 있는 일의 강도와 시스템이 할 수 있는 일의 양을 결정하는 데 영향을 준다.

모든 자연 현상은 엔트로피가 증가하는 방향 또는 구배를 완만하게 만드는 방향으로 일어나기 때문에 하향 경사 또는 하향 구배를 따라 진행된다. 만약 어떤 현상이 역방향으로 진행된다면, 즉 열이 차가운 얼음으로부터 따뜻한 방안의 공기로 이동된다면 상태의 경향성, 즉 구배는 더욱 급한 기울기를 가지게 되며, 얼음은 더 차가워지고 시스템의 엔트로피는 감소하게 된다. 우리는 자연계에서 열이 자발적으로 그런 식으로는 이동하지 않는다는 사실을 잘 알고 있다.

제3법칙 : 절대온도 0도

열역학 제3법칙은 절대온도 0도의 상태가 존재한다는 가정이다. **온도**(temperature)란 입자의 진동에 의한 열을 측정하는 단위이다. 절대온도 0도에서는 우리가 열을 정의한 미시적 분자운동이 완전히 멈추어버린다. 다른 방법으로 이 상태를 설명한다면 물질이 완벽히 정지되고 정돈된 상

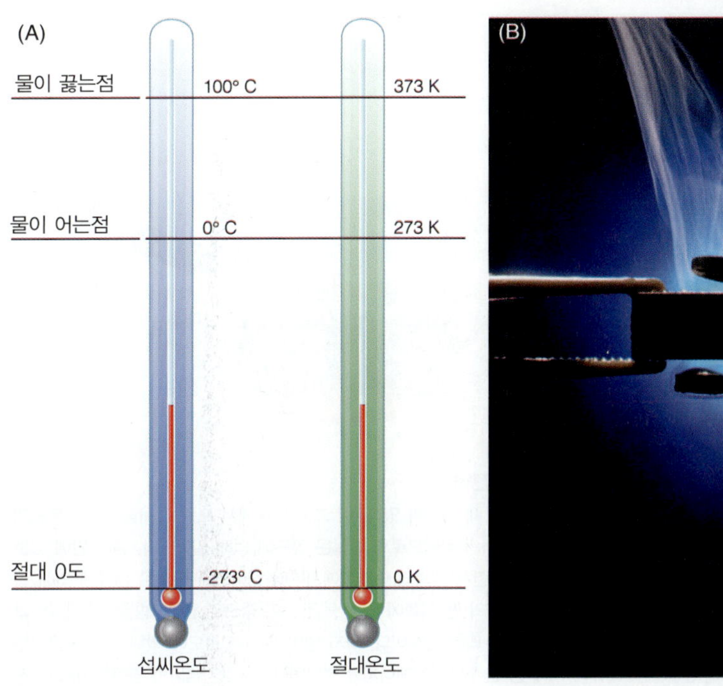

그림 2.3 **온도**

(A) 절대온도와 섭씨온도의 눈금은 동일한 간격이지만 0점은 서로 다르다. 절대온도 눈금의 시작점은 엔트로피가 0이 되는 온도를 0점으로 잡는 반면에 섭씨온도는 해수면에서의 대기압 하에서 물이 어는 온도를 기준점으로 잡는다. (B) 온도가 매우 낮아 절대온도 0도에 가까워지면 어떤 물질은 '초전도체'가 된다. 초전도란 전기저항이 극히 낮아지는 현상(따라서 전류의 효율이 매우 높아지는 현상)과 함께 자기장을 스스로 배제하려는 성질을 보인다. 후자의 현상을 마이스너 효과라고 하며 사진에서 보는 것처럼 초전도체 위에 올려놓은 작은 자석이 공중 부양된 채 그대로 있는 흥미로운 현상을 보여준다.

태에 놓이게 되므로 엔트로피가 사라지게 된다. (양자 물리에서는 비록 절대온도 0도라 하더라도 미세한 잔류 운동이 시스템에 남아 있다고 한다. 하지만 이 개념은 우리의 논의를 벗어난 것이므로 여기서는 다루지 않는다.)

절대온도 0도는 매우 중요한 기준점의 하나인 켈빈 온도 눈금의 기준점(0점)을 제공한다. **켈빈 온도**(Kelvin temperature)는 다른 말로 절대온도라고 하는데 이렇게 부르게 된 것은 온도의 기준점이 엔트로피가 0이 되어 사라지는 본질적인 열역학적 상수를 바탕으로 설정된 온도이기 때문이다(그림2.3A). 섭씨온도와 화씨온도를 포함한 모든 다른 온도 눈금은 임의로 선택한 기준점을 바탕으로 만들어진 것이기 때문에 상대적인 척도라고 할 수 있다. 예컨대 **섭씨온도 단위**(Celsius temperature scale)의 경우 기준점은 해수면의 대기압에서 물이 어는점과 끓는점을 각각 0°C와 100°C로 정의하고 그 사이를 일정한 간격으로 100등분한 것이다. 물이 어는 온도인 섭씨 0°C는 절대온도 273.16K이다.

비록 극저온 과학을 연구하는 과학자들은 절대온도 0도의 한계에 근접한 온도까지 내리고는 있지만, 절대온도 0도에 도달하는 것은 불가능할 것으로 생각하고 있다. 이러한 연구를 하고 있는 과학자들은 물체를 매우 낮은 온도까지 냉각시켰을 때 소위 초전도라고 하는 특이한 물리 현상이 발생함을 알아내었다. 초전도란 전류의 흐름이 매우 효율적이라서 극도로 높은 전도성을 가지는 것을 말하며, 극저온에서 전류 저항이 없어지므로 열 손실 없이 전류가 흐를 수 있는 현상을 말한다(그림 2.3B).

열역학 법칙들은 기술 혁신 분야나 공학적 응용 분야는 물론이고, 생명 현상 자체와 그것과 연관된 주변 환경(제15장에서 좀 더 자세히 다루게 된다)을 포함한 모든 지구에서 일어나고 있는 현상에 근본적인 연관성을 가지고 있다. 여러분이 이 책의 다른 부분을 읽어가는 동안 에너지, 일, 열, 엔트로피 그리고 열역학에 대하여 생각하길 바라며, 우리들을 감싸고 있는 지구계에서 벌어지고 있는 다양한 현상들에 열역학이 어떻게 작용하고 있는지를 알아차리도록 애쓰기 바란다.

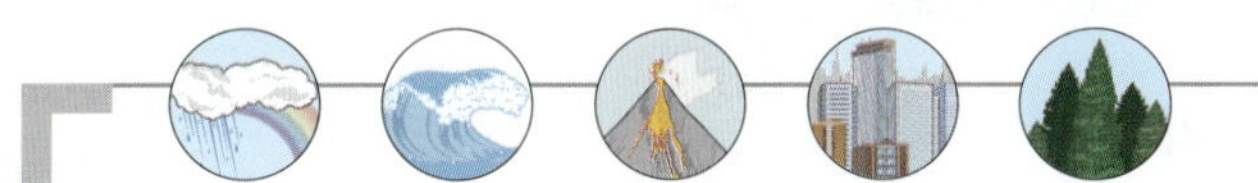

관련짓기

지금 여러분의 주변을 둘러보라. 여러분의 주변 환경에 에너지를 공급하는 에너지원이 있는가? 그 에너지의 근원은 무엇인가? 현대 기술 문명에 새로운 에너지원으로 어떤 것이 있을지 생각해 보자.

외부 에너지원

지구계에서 일어나고 있는 모든 현상은 에너지에 의해 유발된다는 사실을 우리는 잘 알고 있다. 이 에너지는 어디에서 오는 것일까? 일부는 지구의 내부로부터 공급되며, 일부는 지구의 외부로부터 공급된다. 우리는 이 두 가지

기초 원리

열 전달 : 전도, 대류, 복사

열의 형태에서 에너지 전달은 지구의 여러 가지 작용을 일으키는 데 있어서 특히 중요하다. 열이 한 물체에서 다른 물체로 또는 지구계의 저장소 사이의 한 장소에서 다른 장소로 이동하는 방식에는 전도, 대류, 복사의 세 가지가 있다. 이러한 열의 전달 메커니즘은 비록 특정한 방식이 우세하게 일어나지만 대체로 주어진 상황에서 함께 일어난다.

전도(conduction)는 서로 접촉하고 있는 한 물체에서 인접한 물체로 직접 열이 이동되는 전달 방식을 말한다. 열 또는 열 에너지는 원자나 분자의 진동임을 기억하라. 전도에 의한 열의 전달은 온도가 높은 물체의 빠른 원자 또는 분자의 진동이 온도가 낮아 진동이 늦은 인접한 원자 또는 분자와 상호작용을 통해 일어난다. 높은 온도의 입자가 그들이 가지고 있는 운동 에너지의 일부를 느리게 움직이는 낮은 온도의 입자에게 전달함으로써 온도가 상승된다. 그림 B2.1에서 전도는 전기스토브에서 냄비의 바닥으로 직접 전달되는 과정에 해당된다. 전도에 관여하는 입자들은 그들의 진동에 의한 운동 에너지를 온도가 높은 큰 운동 에너지를 가지고 있는 입자가 인접한 낮은 온도의 입자에게 운동 에너지를 전달해 줄 뿐 입자가 실제로 한 물체에서 다른 물체로 움직이는 것은 아님을 주목하기 바란다.

그림 B2.1 열 전달
열 전달 방식에는 세 가지가 있다. 이 그림의 예에서 보는 것처럼 전기스토브의 열선에서부터 냄비의 바닥으로의 전달은 전도에 의해 일어난다. 냄비 안에 있는 물이 점점 데워지면서 냄비의 아래쪽에서부터 냄비의 위쪽으로 대류에 의해 열이 전달된다. 냄비의 맨 위쪽에 있는 물은 공기 중으로 열을 방출하는데, 이 과정은 역시 전도에 의한 방식이다. 다시 냄비 위에서 전도에 의해 데워진 공기는 대류에 의해 방 안 널리 열 에너지를 전달한다. 데워진 냄비의 옆면을 비롯한 전체에서 열이 방출되어 주변의 공기를 가열시키는데 이 과정은 복사에 의한 전달이라 할 수 있다.

전도는 지구계에서의 열 전달, 특히 지구 내부의 연약권에서 지표로의 에너지 전달에서 매우 중요하다. 전도는 대체로 금속과 같이 열전도율(전도에 의해 열이 전달되는 능력)이 높은 물질에서 가장 효과적으로 일어난다.

에너지원에 대하여 모두 알아보고, 이들이 지구의 각 에너지 저장소를 거치면서 순환 과정에서 어떻게 작용하는지 살펴보고자 한다.

태양

외부로부터 지구에 공급되는 에너지의 대부분은 태양으로부터 온다. 제4장에서 태양계의 중심 천체인 태양이 행성으로서 지구 진화에 어떻게 영향을 주는지 좀 더 자세히 알아볼 것이다. 여기에서는 태양에서 에너지가 오는 곳은 어디이며, 어떤 과정을 거쳐 지구에 도달하고, 지구는 어떠한 형태로 그 에너지를 받아들이는지에 대하여 알아보기로 하자.

태양 에너지의 근원

태양은 **항성**(star)이다. 항성이란 그 중심핵에서 열핵융합 반응을 통해 막대한 에너지를 생산하는 거대한 플라즈마(제3장 참조) 상태의 (이온화된) 구형의 기체 덩어리로 정의한다. 여기서 핵이라는 용어는 밀도가 높고 양전하로 대전된 원자핵을 의미한다. 지구를 비롯한 태양계의 여러 다른 천체들을 구성하고 있는 원자, 기본 물질과 입자 등에 대하여는 제3장에서 자세히 다룬다. 태양과 같은 별의 중심핵에서 일어나고 있는 핵융합 반응은 가벼운 원소가 서로 뭉쳐서 좀 더 무거운 원소로 바뀌는 반응을 말하는데, 특별히 수소가 이보다 더 무거운 헬륨이나 탄소 원자로 바뀌는 반응을 주로 말한다. 경우에 따라서 특별한 조건이 갖추어지면 이보다 더 무거운 원소로의 융합 반응도 일어난다. 이처럼 별의 중심핵 지역에서 일어나는 핵융합 반응에 의해 수소보다 무거운 다양한 원소들이 생성되는 것을 핵합성(원자핵 생성)이라고 한다.

매우 높은 온도에서만 일어날 수 있는 핵융합 반응을 통해 많은 에너지가 방출되는데, 이 에너지는 아인슈타인의 물질–에너지 등가 법칙 $E=mc^2$에 의해 손실된 질량이 에너지로 전환되어 방출되는 것이다. 핵융합 반응은 매우 다

대류(convection)는 열을 가진 물질이 물리적으로 한 장소에서 다른 장소로 이동함으로써 열을 전달하는 방식이다. 이 과정은 열이 공급되어 온도가 높아지는 과정과 뜨거워진 물질이 이동하는 과정이 연속적으로 일어난다. 대부분의 물질(모두는 아니지만 지금까지 알려진 대부분의 물질)은 가열이 되면 밀도가 낮아진다. 이렇게 팽창에 의해서 밀도가 낮아진 물질 덩어리는 주변의 물질 덩어리에 비해 가벼우므로 부력을 받는 것처럼 가벼워져서 위로 이동하게 된다. 그러면 뜨거운 물질 덩어리는 위로 이동하게 되고 그 자리에 온도가 낮아 상대적으로 무거운 다른 물질 덩어리가 내려와서 차지하게 된다. 궁극적으로 열 에너지를 가진 밀도가 낮은 물질 덩어리가 위로 상승하면서 함께 열을 이동시키게 된다. 그림 B2.1에서 냄비 바닥에 있는 물은 가열되고 부피가 커져서 밀도가 낮아지게 되면 위로 상승하게 되고 그 자리를 온도가 낮은 밀도가 큰 물이 내려와 채우게 된다. 전도와는 달리 대류는 한 장소에서 다른 장소로 물질이 물리적으로 이동한다는 사실을 명심하기 바란다. 즉 이동하는 물질 덩어리는 열을 실어 나르는 전달자 역할을 하는 것이다. 대류는 매개물질의 열전도율에 의존하지 않기 때문에 에너지 전달에 있어서 매우 효율적인 방식이다. 지구계에서 대류의 대표적인 예로는 지구의 핵으로부터 맨틀을 통해 연약권 하부까지의 열 전달을 들 수 있는데, 이 대류 작용이 판구조 운동을 일으키는 원동력이 되는 것이다. 또 다른 예로는 지구에서 일어나는 대부분의 기상 현상의 기본이 되는 더운 공기의 상승과 순환이 있다.

복사(radiation)는 가열된 물체나 복사체에서 전자기파의 형태로 주변의 기체, 액체 또는 진공을 통해 에너지가 전달되는 것을 말한다. 복사는 지구에 어떻게 태양의 열 에너지가 도달하는지를 보여준다. 태양으로부터 복사 에너지가 지구에 도달하면 지표면에 있는 암석 등 지표면에서 태양 복사의 짧은 파장의 빛이 대부분 흡수되며, 궁극적으로 이들이 지구를 가열시킨다. 그림 B2.1에서 복사는 냄비의 옆면을 비롯한 모든 부분에서 주변 공기로 방출되고 있다. 열 에너지를 전달하는 과정에서 복사의 효율은 전달이 일어나는 매질에 의존하게 된다. 공기와 같은 매질에서는 복사가 매우 빨리 전달이 되지만 물과 같이 액체의 매질과 같은 경우에는 매우 비효율적이다. 열 에너지는 복사에 의해서는 고체 매질 속으로는 거의 전달되지 못한다. 그 대신에 고체 표면에 입사된 복사는 본문에서 언급한 것과 같이 반사, 흡수, 투과 등 다양한 현상을 보인다. 고체 물체에 입사된 복사의 많은 부분은 흡수되어 열 에너지로 전환되어 전도에 의해 물체의 내부로 전달된다. 이 열은 궁극적으로는 다시 복사의 형태로 재방출된다. 예컨대 태양빛을 받고 있는 암석은 많은 태양 복사를 흡수하여 열 에너지로 전환되므로 온도가 높아지게 된다. 그 후 이 암석은 주변 대기로 복사를 다시 방출한다.

양한 과정을 통해 일어나지만, 태양이나 이와 비슷한 별에서는 다음의 두 가지 과정에 의해 주로 에너지를 생성한다. 즉 양성자-양성자(pp) 연쇄반응과 탄소-질소-산소(CNO) 순환반응이 그것이다. 태양에서는 p-p 연쇄반응이 전체 생성 에너지의 88% 정도를 담당하고 있으며, CNO 순환반응은 약 12%의 에너지를 생산한다. p-p 연쇄반응에서는 수소 원자($^{1}_{1}$H)의 핵인 양성자가 직접 반응하여 헬륨($^{4}_{2}$He)의 핵으로 융합되지만, CNO 순환반응에서는 수소의 핵이 헬륨으로 융합되는 중간 단계에 탄소, 질소, 산소가 반응을 도와주는 촉매 역할을 한다. 두 가지 반응에서 반응 경로는 서로 다르지만 모두 동일한 물질이 합성되므로 방출되는 에너지는 동일하다. 즉 두 반응 과정에서 2개의 전자를 흡수하여 이들 전자가 4개의 수소 핵(즉 양성자)과 결합하여 2개의 중성자를 만들어 내므로, 결과적으로 2개의 양성자와 2개의 중성자를 가진 헬륨의 핵이 합성된다. 이러한 핵융합 과정에서 미량의 질량 결손이 일어나게 되며, 결손이 일어난 질량 m이 $E=mc^2$의 관계를 통해 많은 에너지로 전환되어 방출되는 것이다. 실제로 4개의 수소 원자가 융합하여 1개의 헬륨 핵을 만드는 과정에서 방출되는 에너지는 매우 작다(약 4.2×10^{-12}J). 하지만 태양에서는 매초 약 4.5×10^{6} 톤의 수소가 헬륨으로 융합되며 에너지를 방출한다. 이와 같은 방식으로 태양은 매우 많은 에너지를 우주공간으로 방출하고 있는 것이다.

태양에서 매초 이처럼 많은 수소가 헬륨으로 전환되고 있기 때문에 궁극적으로 태양에 있는 수소는 점점 줄어들어 언젠가는 고갈되어 버리고 말 것이다. 다행히 태양에는 충분히 많은 수소가 있어 앞으로 40억 혹은 50억 년 정도 안정적으로 에너지를 공급해 줄 수 있다.

태양으로부터 지구로

태양에서 핵융합을 통해 생성되는 에너지는 에너지가 매우 높으며 파장이 극히 짧은 전자기파(기초 원리 : 전자기

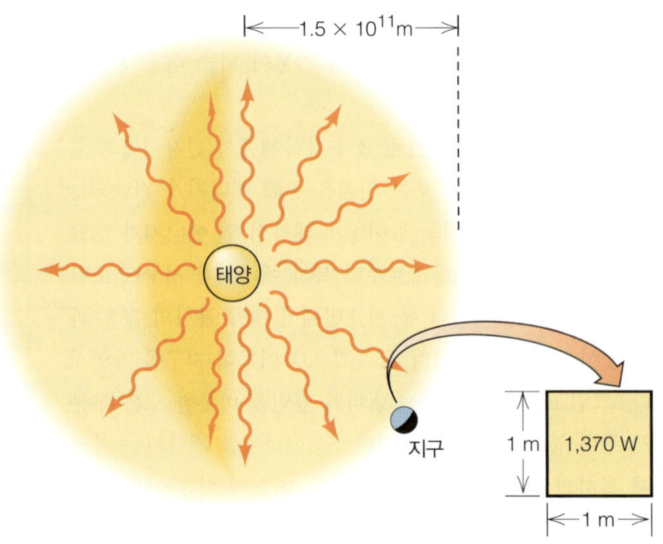

그림 2.4 태양의 광도
본문에서 설명하였듯이 태양의 광도는 태양을 중심에 두고 반지름이 지구–태양의 거리에 해당되는 가상의 구면에 도달하는 총 에너지이므로, 지구 표면의 단위 면적에 입사되는 복사량 1,370W/m^2에 전체 구면의 표면적을 곱해 주면 구할 수 있다.

복사 참조)인 감마선과 뉴트리노로 방출되는데, 뉴트리노는 전기적으로 중성이며 거의 질량이 없고 광속으로 움직이는 소립자이다. 이들 중에 약 2% 정도만이 뉴트리노로 방출되고 나머지 98%는 감마선으로 방출된다. 뉴트리노는 핵융합 과정에서 생성된 지 약 2초 만에 태양의 중심부에서 쉽게 빠져나온다. 이들은 다른 물질들과 거의 반응하지 않기 때문에 행성을 쉽게 관통하여 통과해 버리므로 지구에 에너지를 전달하지 못한다. 반면에 감마선은 태양의 중심핵 부분을 쉽게 빠져나오지 못하고 물질들과 충돌하여 에너지를 전달하며 매우 천천히 태양 표면으로 이동한다. 이러한 특성 때문에 감마선이 지구에 에너지를 전달하는 책무를 띠게 되었다.

태양은 모든 방향으로 균등하게 에너지를 방출하며, 방출된 총 에너지의 극히 일부만이 지구에 도달하게 된다. 지구 궤도를 선회하고 있는 인공위성은 태양 전지판을 통해 태양으로부터 에너지를 공급받아 사용한다. 태양은 1m^2의 면적에 약 1,370와트의 에너지를 공급한다. 와트는 일률 단위이지 에너지 단위가 아님을 명심하라. 즉 1초에 1줄의 비율로 에너지를 필요로 하는 경우가 1와트에 해당된다. 반면에 줄(J)은 열 에너지의 기본 단위이다. 줄은 열량의 단위 칼로리로 표현하기도 하며 물리학적 용어인 일로 정의할 수도 있다. 따라서 일은 열과 에너지 단위로 상호 변환이 가능하다. (다른 단위의 정의에 대하여는 부록 A를 참고하라.)

지구 표면에 도달하는 에너지 플럭스는 태양의 광도로부터 다음과 같은 방법으로 구할 수 있다. 태양을 중심으로 지구–태양 간의 거리(1.5×10^{11}m)에 해당되는 가상의 구면을 생각하자(그림 2.4). 이 가상의 구 전체 표면적은 2.8×10^{23}m^{2}가 된다. 이 구면상에서 가로 세로 각각 1m인 단위 면적을 통과하는 태양의 복사 플럭스는 1,370W가 되므로 태양이 방출하는 총 에너지는 단위 면적당 태양의 복사 플럭스에 전체 표면적을 곱한 양이 될 것이다. 즉

$$2.8 \times 10^{23}\text{m}^2 \times 1{,}370\text{W/m}^2 \text{ 또는 } 3.8 \times 10^{26}\text{W}$$

가 된다. 이것을 태양의 광도라고 정의한다. (만약 이처럼 큰 숫자에 대한 느낌이 잘 오지 않는다면 태양은 40W 전구를 10^{25}개 켜놓은 밝기와 같다고 생각하라.)

태양의 입장에서 본다면 지구는 매우 적은 양의 에너지를 태양으로부터 받고 있다. 태양에서 보면 지구는 6.4×10^6m의 반지름을 가진 작은 원판처럼 간주할 수 있다(그림 2.5). 지구의 단면적은 13×10^{14}m^{2}이므로 지구에 유입되는 태양의 복사 에너지는 $1.3 \times 10^{14}\text{m}^2 \times 1{,}370\text{W/m}^2 = 1.8 \times 10^{17}$W가 된다. 따라서 지구는 태양이 방출하는 총 에너지 가운데 단지 20억 분의 1에 불과한 에너지만 받아들

그림 2.5 태양의 플럭스
태양에서 오는 에너지 플럭스는 지구의 단면적과 같은 원판을 통과하는 에너지와 같다. 이 에너지 플럭스는 1,370W/m^2이다. 이 에너지는 태양의 입사광과 수직으로 만나는 지점(즉 정오에 태양이 머리 바로 위에 오게 되는 지역)에 가장 강하게 입사된다. 이 지점은 지구의 자전축이 황도면에 대하여 23.5도 기울어져 있기 때문에 매일 매일 바뀐다.

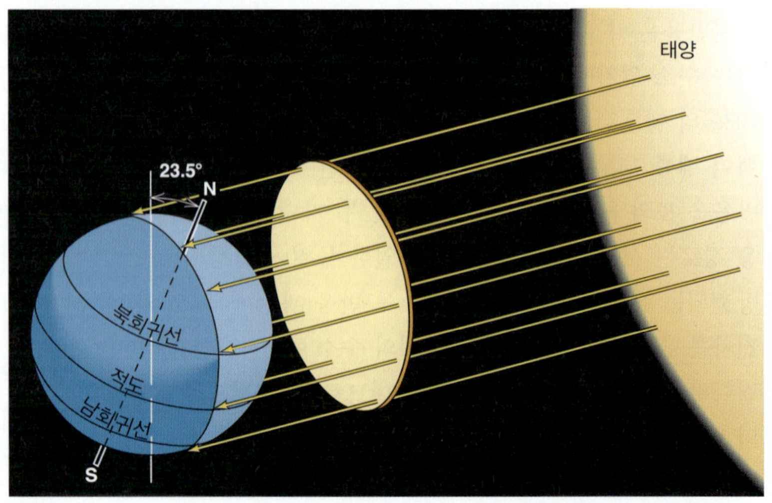

기초 원리

전자기 복사

전하를 띤 입자가 가속운동을 하면 **전자기 복사**(electromagnetic radiation)의 형태로 에너지가 방출된다. 가시광은 전자기 복사 중에서 우리와 가장 친숙한 파장에 해당되지만 X선, 감마선, 적외선, 전파 모두가 파장만 다를 뿐 전자기 복사에 속한다. 파장이 증가 또는 감소하는 순서로 전자기파를 배열해 놓은 것을 **스펙트럼**(spectrum)이라고 한다. 우리가 가장 익숙하게 알고 있는 것이 가시광 스펙트럼이며, 이는 우리 눈이 가장 민감하게 반응하는 파장 영역의 전자기파 스펙트럼에 해당된다.

파동은 다음과 같은 세 가지 기본 특성을 가지고 있다. 파장(λ)은 파의 연속된 두 마루 사이의 거리를 의미하며, 속력(v)는 1초 동안 파의 마루가 이동한 거리에 해당되고, 마지막으로 진동수(f)는 1초 동안 특정한 위치를 통과한 마루의 개수를 의미한다. 앞에서 설명한 파동의 세 가지 기본 특성 사이에는 다음과 같이 $f\lambda = v$의 관계가 성립된다. 모든 파장의 전자기 복사는 광속 (c)으로 진행한다. 광속은 진공에서 299,793km/s의 속도이다. 따라서 전자기 복사에 대하여는 $f\lambda = c$가 된다. 모든 전자기파의 전파 속도는 광속, c로서 일정하므로 전자기 복사의 특징을 단순히 파장 또는 진동수만으로 표현하는 것이 가능하다.

전자기파의 파장은 일반적으로 미터(m) 단위로 측정한다(그림 B2.2). 진동수의 단위는 헤르츠(Hz)이다. 1Hz는 1초 동안 주어진 지점을 한 번의 파마루가 통과하는 것을 의미한다. 과학자들은 진동수를 말할 때 파마루의 통과 횟수를 사용하기 보다 사이클이라는 단위를 흔히 사용한다. 1초 동안 1 사이클이라는 표현은 1초 동안 한 번의 파마루 통과와 동일한 의미를 지닌다. 전자기 복사 스펙트럼의 장파장 쪽 끝부분인 전파 영역은 반대편 끝부분인 감마선이나 X선과 같은 짧은 파장의 전자기 복사에 비해 에너지가 훨씬 작다.

전자기 복사는 파의 관점으로 설명되는 것과 똑같이 양자 또는 광자라는 복사 에너지 덩어리 관점으로도 잘 설명된다. 어떤 경우에는 파동성 관점에서 복사 에너지의 특성이 잘 기술되는 반면에 어떤 경우에는 에너지 덩어리 관점으로 잘 설명되는 경우도 있다. 이 두 가지 '형태' 사이의 상호관계는 $E = hf$로 나타낼 수 있는데, 여기서 E는 광자 에너지, f는 해당되는 전자기 복사의 진동수, 그리고 h는 프랑크 상수로 알려진 값이다. 진동수가 높은 전자기 복사일수록(따라서 파장이 짧은 전자기 복사일수록) 광자가 운반하는 에너지는 크다.

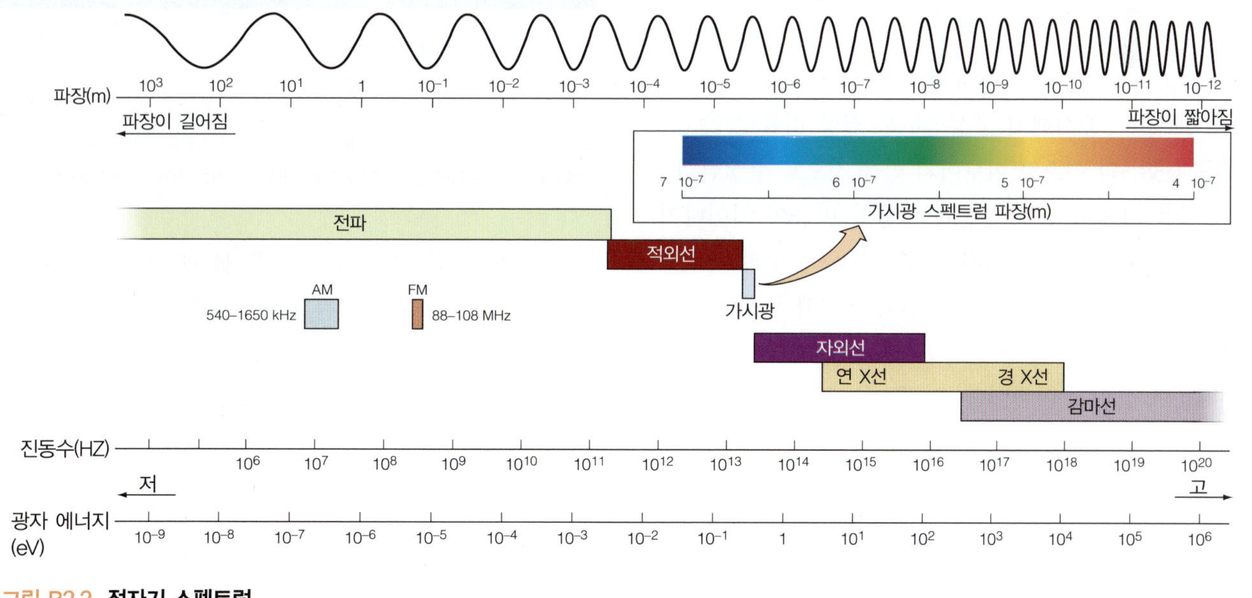

그림 B2.2 **전자기 스펙트럼**

모든 전자기파는 동일한 속력으로 진행한다(즉 광속 3.0×10^{8}m/s으로 이동). 따라서 파는 진동수와 파장으로 정의될 수 있다.

이고 있다! 비록 작은 에너지라고 하더라도 이 에너지는 지구 외부에서 일어나고 있는 모든 자연현상을 통제하고, 생물권의 성장을 유지시켜 주는 데 충분한 에너지이다.

천문학자들은 태양의 복사 에너지 변화를 매우 민감하

게 측정하고 연구하고 있다. 불과 1%의 태양 복사 플럭스의 변화로 1,370W/m^2에서 1,356W/m^2로 지표면에 도달하는 프럭스가 감소하였다면 지구의 평균 온도가 약 1K 내려가는 것으로 추정되었다. 또한 만약에 1% 정도의 플럭스 증가로 약 1,384W/m^2의 플럭스가 지구에 유입된다면 약 1K의 평균 온도 상승이 예상된다. 1K의 평균 온도 변화는 매우 작다고 할 수 있을지 모른다. 하지만 1816년에 발생한 탐보라 화산 같은 초거대 화산에서 분출되어 대기에 올라간 미세한 화산 분출물에 의한 태양 플럭스 차단이 만들어낸 '여름 없는 해'라 하더라도 지구의 평균 기온을 1도 정도 낮추는 것은 불가능하다고 추정할 수 있다.

결론적으로 태양의 광도 변화는 지구계에 심각한 변화를 초래한다는 것은 명백하다. 1980년 이후로 태양의 광도가 약 0.3%(약 4W/m^2) 정도 감소했다고 보고되고 있다. 그러므로 기후 변화에 대한 고려를 한다면 대기권의 자연적 · 인위적 변화에 대한 고려와 더불어 반드시 태양의 광도 변화에 대한 고려도 해 주어야만 한다(제13장 참조).

태양의 구조

그림 2.6A는 6개의 동심 구면으로 태양의 구조를 나타낸 그림이다. 태양의 모든 에너지가 생산되고 있는 중심핵 부분의 반지름은 약 170,000km이다. 중심핵의 온도는 중심핵 가장자리 부분에서 8×10^6K(p-p 연쇄반응이 일어나기 위한 최하 온도) 정도이며 중심 부분에서 약 15×10^6K(CNO 순환반응이 일어나기 위한 최하 온도)에 이를 것으로 보인다. 중심핵의 구성성분은 질량 비율로 약 6%의 헬륨과 38%의 수소로 이루어져 있을 것으로 추정한다.

중심핵을 감싸고 있는 부분은 핵융합 반응이 일어나기에는 충분하지 않는 온도이지만 매우 높은 온도의 지역으로 **복사층**(radiative layer)이라고 한다. 중심핵 부분에서 생성된 에너지가 이 층을 통과할 때 주로 복사 형태로 전달되기 때문에 붙여진 이름이다. 이 층에서 핵융합 반응으로 생성된 감마선은 전자에 의해 흡수된다. 이 때문에 생성된 복사 에너지가 태양의 표면으로 빠져나가는 과정이 매우 천천히 진행된다. 복사층 상층에는 대류를 통해 에너지가 주로 전달되는 **대류층**(convective layer)이 존재한다. 대류층과 복사층은 기체 상태로 중심으로 몰려들지 않고 그 형태를 안정적으로 유지하고 있는데, 이는 매우 뜨거운 기체에 의한 기체압과 외부로 빠져나가려는 감마선의 광압에 의해 평형을 유지하고 있기 때문이다.

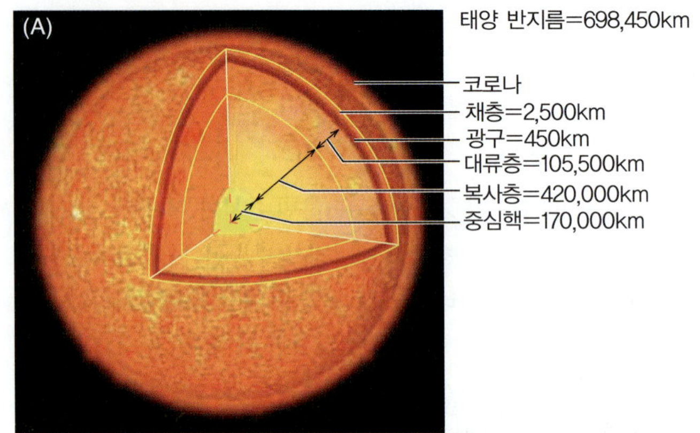

그림 2.6 태양의 내부
태양은 그림 (A)에서처럼 여섯 층의 동심구 구조로 되어 있다. 채층과 코로나는 오로지 달이 태양의 광구를 가려 광구의 빛이 차단되는 개기 일식이 발생했을 때만 비교적 상세히 관측할 수 있다. 사진 (B)는 개기 일식이 일어났을 때 찍은 사진으로, 코로나를 배경으로 수십만 킬로미터 규모의 거대한 뜨거운 기체 흐름이 보인다.

대류층 위에는 눈으로 태양을 볼 때 우리가 볼 수 있는 **광구**(photosphere)가 있는데, 이 층에서 방출된 광자가 지구에 도달하게 된다. 광구의 평균 온도는 약 5,800K이다. 광구 표면으로 그 바로 위로는 **채층**(chromosphere)이 이어진다. 채층은 뜨거운 기체가 희박하게 퍼져 있는 얇은 층으로 평소에는 관측하기 힘들다. 채층은 최외각 대기층인 **코로나**로 연결된다. 코로나는 채층보다 더 희박한 대기층이다. 채층과 코로나는 매우 희박한 기체층이므로 개기 일식이 일어나 태양의 밝은 광구가 달에 의해 가려진 동안에만 관측과 측정이 가능하다(그림 2.6B).

태양 스펙트럼

태양의 중심핵에서 핵융합 반응을 통해 생성되는 복사 에너지는 파장이 매우 짧으며 에너지도 매우 크다. 중심핵 부분의 감마선 복사는 복사층을 통해 외부로 전달되는 과정에서 전자와 충돌하여 흡수되었다가 재방출되는 과정을 반복하게 된다. 이 과정을 통해 복사의 파장은 점점 길어지고 복사 에너지도 작아지게 된다. 이 과정에서 총 복사 에너지의 감소는 없으며 단지 큰 복사 에너지를 가진 광자의 에너지를 이보다 훨씬 많은 수의 광자들이 조금씩 나누어 가지게 된 것으로 생각하면 된다. 광자가 광구에 도달하게 되면 복사의 파장은 3×10^{-6}m에서 2×10^{-7}m 정도가 된다.

그림 2.7에서 볼 수 있듯이 태양의 복사 에너지는 파장에 따라 크게 변한다. 태양의 스펙트럼 모양은 온도가 5800K인 흑체의 스펙트럼과 매우 잘 들어맞음을 알 수 있다. 이 온도는 광구의 온도에 해당된다. 그림의 검은 곡선으로 표시된 것과 유사한 모양의 스펙트럼을 보이는 물체를 **흑체 복사체**(blackbody radiator)라고 한다. 온도가 높은 물체는 전자기파 복사를 방출하는 복사체가 될 수 있다. 예를 들면 금속 조각을 강한 불로 가열하면 처음에는 검붉은색을 띠지만, 점점 더 가열하면 점차 밝은 붉은색, 오렌지색, 노란색, 백색으로 변하고 급기야 청백색을 띠게 된다. 가열을 계속하는 동안 금속 조각의 색깔은 온도를 나타낸다고 할 수 있다. 만약 뜨겁게 가열된 금속 조각이 방출하는 전자기 복사를 측정한다면 그림 2.7에 보인 것과 같은 에너지 스펙트럼을 얻게 될 것이다.

밝게 빛나며 전자기 복사를 방출하는 물체를 흑체로 간주한다고 할 때 흑체라는 용어는 우리에게 혼란을 불러올 수 있다. 실제로 복사를 완전히 흡수하는 물체라는 의미로 흑체라는 용어를 사용한다. 완벽한 흑체는 입사되는 모든 빛을 흡수하고 전혀 반사시키기 않는 물체를 말한다. 만약에 여러분이 태양에 매우 강한 빛을 입사시킨다면 태양은 이를 모두 흡수하고 전혀 반사시키지 않을 것이다. 따라서 태양을 거의 완전한 흑체라고 간주한다. (흑체라는 용어와 흑체 복사체는 동일한 의미로 쓰이므로 서로 혼용할 수 있다.)

흑체의 온도가 높을수록 더 짧은 파장에서 많은 빛을 발하며, 최대 에너지를 내는 파장도 짧아진다(그림 2.7). 태양 복사 에너지 스펙트럼의 최대점은 대략 5×10^{-7}m에서 나타나는데, 이는 온도가 5,800K인 흑체의 최대 에너지를 내는 파장과 잘 들어맞는다. 마찬가지로 흑체의 온도가 높으면 높을수록 더 많은 에너지를 방출한다. 이 사실은 매우 뜨겁게 달아오른 난로와 식어가는 난로를 비교한다면 쉽게 알아차릴 수 있을 것이다. 그림 2.7을 보면 온도가 높은 흑체의 복사 에너지 분포 곡선이 이보다 온도가 낮은 흑체의 에너지 분포 곡선을 모두 감싸안고 있어 어떠한 파장에서도 항상 더 큰 에너지를 방출하고 있음을 보면 쉽게 이해할 수 있을 것이다.

태양이 방출하는 복사 에너지 스펙트럼의 모양은 지구 표면에 도달하는 태양의 복사 에너지 스펙트럼의 모습과 일치하지는 않는다(그림 2.8). 그 이유는 태양의 복사가 지구 대기를 통과하는 동안 특정한 파장의 빛이 지구 대기의 원소들에 의해 선택적으로 흡수되어 에너지 스펙트럼의 모양을 바꾸어 버리기 때문이다. 우리가 잘 알고 있듯이

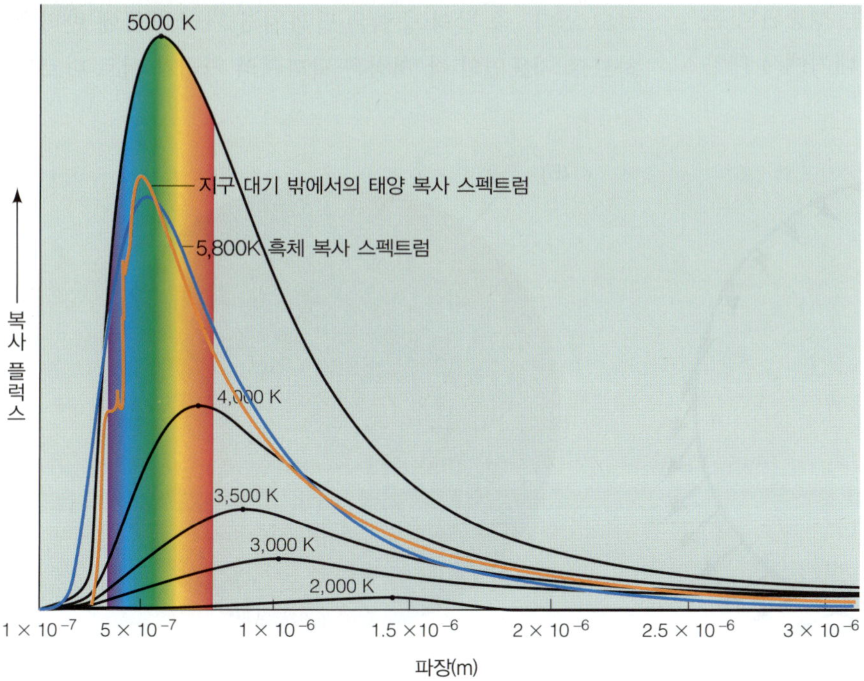

그림 2.7 태양 스펙트럼

검은 실선으로 표시된 것은 온도가 서로 다른 흑체의 복사 에너지 스펙트럼이다. 복사를 방출하는 물체의 온도가 올라갈수록 최대 에너지를 내는 파장의 위치와 총 복사 에너지 양이 어떻게 변해 가는지를 주의 깊게 보라. 붉은 실선으로 표시된 태양의 복사 스펙트럼이 5,800K 흑체의 스펙트럼과 거의 비슷함을 알 수 있다.

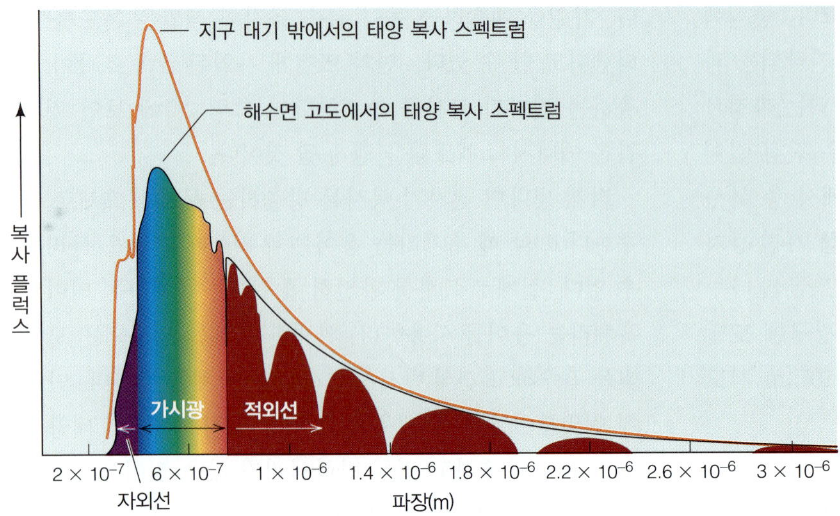

그림 2.8 지표면과 대기권 밖에서의 태양 복사
지구 대기권 밖에서의 태양 복사 스펙트럼은 지표면에서의 그것과 매우 다른 모습이다. 지구 대기에 의하여 특정한 파장 영역에서 선택적으로 흡수가 되기 때문이다. 대표적으로 성층권에 주로 분포하는 오존(O_3)은 태양 복사에서 짧은 파장(자외선) 영역의 빛을 흡수한다. 이 때문에 생명체에 유해한 고에너지 광자의 지표면 유입이 대부분 차단된다.

성층권의 오존층(stratospheric ozone layer)의 오존(O_3)은 매우 짧은 파장인 자외선 복사의 대부분을 흡수해 버린다. 이러한 과정을 통해 유해하고 에너지가 큰 자외선이 지표에 도달하지 못하게 되므로 우리는 다행스럽게도 지표면에서 살아갈 수 있는 것이다. 이 흡수된 태양 복사 에너지는 열 에너지로 바뀌어 오존이 많이 분포하는 성층권의 온도를 높이는 데 쓰인다. 제11장에서는 지구 대기에서 태양의 복사 에너지가 물질과 어떻게 상호작용을 하는지 상세하게 살펴볼 것이다.

중력과 조석 현상

태양은 지구에게 가장 큰 에너지를 공급하는 천체이지만 두 물체 사이에 작용하는 **중력**(gravity)에서 기인한 에너지 역시 지구계에 공급된다. 특히 달과 지구 사이의 중력이 지구계에 가해지는 중력 에너지로는 가장 크며, 이보다는 작지만(거리가 훨씬 멀기 때문에) 지구와 태양 사이의 중력 에너지도 역시 지구계에 가해진다. 이 에너지원은 중력 자체는 아니고 중력이 거리 제곱에 반비례하는 힘이므로, 지구 중심에 대한 거리의 차이에 기인한 중력의 차이 때문에 유발되는 에너지이다. 기조력이 발생하는 원리를 설명하면 다음과 같다. 달이 지구에 미치는 중력은 지구의 운동에 의해 결정되는 관성력과 크기가 같고 방향이 반대이므로 균형을 이루고 있다. 지구의 중심에서는 달의 중력과 지구의 운동에 의한 관성력이 평형을 이루고 있다. 그렇지만 지구의 표면에서는 위치에 따라 서로 평형을 이루지 못하고 있다. 즉 달의 중력은 달까지의 거리 제곱에 반비례하므로 지표면의 각 지점은 달까지의 거리가 서로 다르므

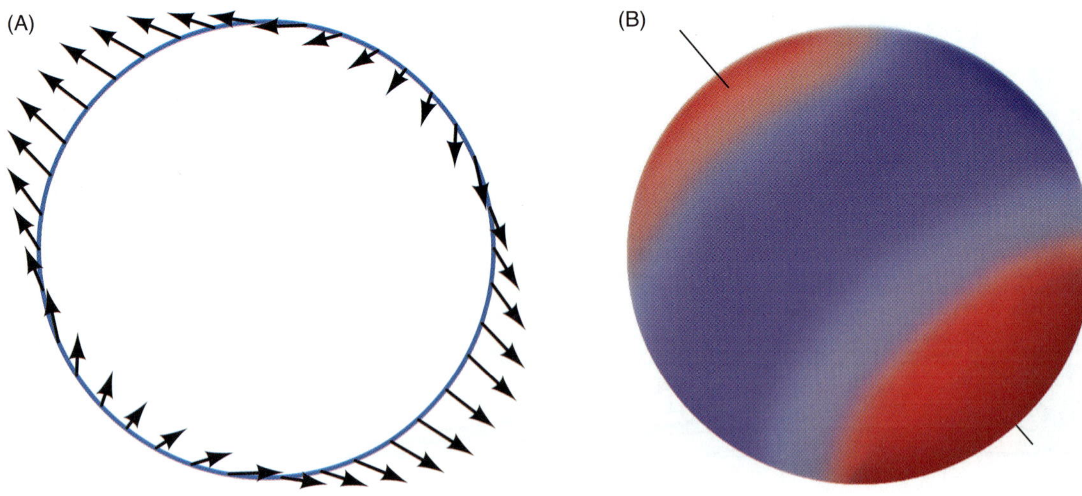

그림 2.9 지구의 조석 현상
지구의 모습은 달과 태양의 중력 때문에 타원체 형태로 변형되어 있다. 이 그림에서 달은 지구의 적도에 대하여 북위 30도 또는 남위 30도 지역에 위치하고 있다. 붉은색으로 표시된 부분은 달의 차등 중력에 의하여 기준면에 대하여 약간 부풀어 오른 부분이고 반대로 푸른색 지역은 기준면보다 아래로 내려간 지역에 해당된다. 부풀어 오른 부분 중에서 달에 가까운 쪽은 달을 향하여 부풀어 오르고, 그 반대쪽은 달에서 멀어지는 쪽으로 부풀어 오른다. 이와 같이 조석을 일으키는 힘은 지구 내부에 끊임없이 움직임을 유발하여 열을 발생시킨다. 이 열은 지구의 내부 에너지원으로 매우 중요한 역할을 한다.

로 중력이 조금씩 다르게 작용하는 반면, 기존의 운동을 그대로 유지하려는 관성력은 달-지구계 운동의 질량 중심에 대하여 반대 방향으로 항상 작용하게 되며 그 크기는 지표면 모든 위치에서 동일한 크기를 가진다. (이것은 마치 회전목마를 탔을 때 바깥쪽으로 쏠리는 힘을 느끼는 것과 같은 원리로, 지구의 회전 운동에 의한 **원심력** 때문이라 할 수 있다.)

결과적으로 달을 향하고 있는 지표면은 지구 중심점에 비해 달의 중력이 더 크게 작용하게 되어 달을 향하는 방향으로 여분의 힘이 남게 되고, 달을 등지고 있는 지표면에서는 원심력에 해당되는 힘에 비해 달에 의한 중력이 상대적으로 작아지므로 달의 반대 방향을 향하는 여분의 힘이 생기게 된다(그림 2.9A). 이 여분의 힘은 장력 형태로 지구와 달 모두에 작용하게 되어 주기적인 **조석**(tide) 현상을 일으키게 된다. 지구나 달과 같은 구형의 물체는 체적 변화는 거의 없이 그 모양의 변화가 일어난다. 조석 현상에 의해 지구는 달을 향하고 있는 부분과 그 반대 방향으로 불룩해진 타원체 모양의 물체가 된다(그림 2.9B). 다행스럽게도 지구는 **탄력성**이 있어 한쪽으로 불룩해진 부분이 다시 원형으로 쉽게 되돌아간다. 만약 지구가 비탄성체였다면 지구는 달과의 중력 상호작용에 의해 깨져버렸을 것이다. 지구 내부의 물질에도 이러한 조석력이 영향을 주어서 내부 물질이 조석 작용을 받아 움직이는 과정에서 **마찰열**이 발생하게 되고, 이 열 에너지는 지구계의 중요한 내부 에너지 가운데 하나이다. 이처럼 차등 중력에 의한 지구의 변형을 **지구 조석**(Earth tides 또는 body tides)이라고 한다. 이러한 지구 조석 현상에 의해 생성되는 지구 내부에너지는 다른 내부 에너지에 비해 작은 편이므로 이 에너지 단독으로는 암석을 녹여 화산 작용을 일으킬 만큼 충분한 에너지가 되지 못한다. 하지만 목성의 위성인 이오의 경우에는 조석 에너지가 엄청나게 커서 태양계에서 가장 활발하게 화산 활동을 하고 있는 천체가 되었다.

중력과 관성력의 차이에 의한 조석력은 지구에 속해 있는 모든 입자에도 작용하므로 해양의 바닷물도 역시 큰 영향을 받는다. 바닷물을 이루고 있는 물 입자 하나 하나는 모두 조석력을 받아 달을 향한 면으로 끌려올라가거나 그 반대 방향으로 밀려나가는 힘을 받는다. 따라서 지구가 자전함에 따라 대륙에 고정되어 있는 우리는 하루에 두 번씩 바닷물이 불룩해진 지역을 통과하게 되며, 이 시기를 밀물 또는 만조라고 한다. 조석 현상에 대하여 제10장에서 자세히 다루게 된다.

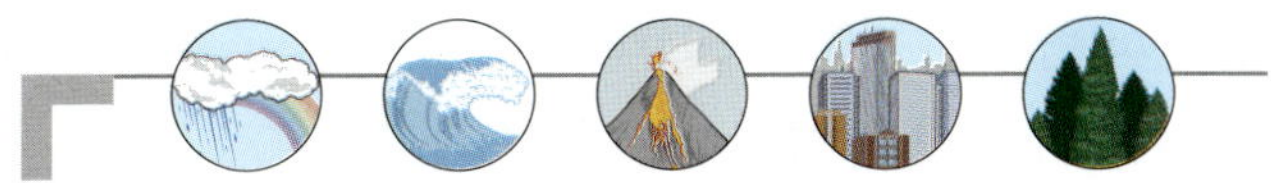

관련짓기

만약 달이 없었다면 지구는 어떻게 되었을까? 지구와 달은 어떤 방식으로 서로 연관되어 있는가?

내부 에너지원

태양과 기조력에 의해 발생하는 에너지뿐 아니라 지구 행성 자체에서 발생하여 지구계로 유입되는 몇 종류의 에너지가 있다. 지열(geothermal) 또는 **지구 에너지**(terrestrial energy)는 태양에서 유입되는 에너지보다는 작지만 조석 에너지보다는 크다. 앞으로 배우게 될 것이지만 이 지열은 지표면의 형태를 결정하는 역할을 한다.

지구 에너지의 분포

바람과 달리 화산 분출은 태양의 에너지 방출과는 무관하게 일어난다. 여름철 아무리 날씨가 덥다고 해서 암석을 녹일 정도는 아니며, 꽁꽁 얼어붙은 남극에서도 화산 활동이 일어난다. 이러한 사실로부터 우리는 암석을 녹여 분출하는 화산 활동은 태양에서 온 에너지가 아니라 지구 내부 에너지에 의한 것이라는 결론을 내릴 수 있다. 이러한 생각은 어렵지 않게 조사해 볼 수 있다. 만약 깊은 광산으로 내려가 암석의 온도를 측정한다면 깊이 내려갈수록 암석의 온도가 높아진다는 것을 알 수 있다.

깊이에 따라 암석의 온도가 상승하는 정도를 **지열 구배**(geothermal gradient)라고 한다. 열역학 제2법칙에 의하면 열은 항상 온도 구배를 따라 아래로 내려간다. 즉 온도가 높은 곳에서 낮은 곳으로 흐른다. 따라서 우리는 뜨거운 지구 내부로부터 상대적으로 온도가 낮은 표면쪽으로 흐르게 된다. 깊은 광산이나 여러 지역에서 깊이 구멍을 뚫어 정밀하게 측정된 자료에 의하면 지열의 온도 구배는 지역에 따라 크게 달라서 대체로 15°C/km에서 75°C/km이며 깊이 들어갈수록 그 변화가 심하지 않다. 지구 내부 깊숙한 곳의 온도 구배는 이론적인 계산 결과에 의하면 0.5°C/km에 불과하다. 계속 외삽하여 지구 중심부의 온도를 추정하면 대략 5,300°C, 즉 5,600K에 이른다 — 거의 태양 표면 온도에 해당된다. 측정 자료에 의하면 화산 활동이 활발한 지표면 지역이 지구 내부에서 표면으로 열이 흐르는 양이 가장 많은 곳이라는 것을 알아내었다. 이러한 사실을 종합하여 우리는 화산 활동이 지구 내부 열 에너지의 표출이라고 결론내릴 수 있다.

지구 최외곽의 단단한 암석을 통해 밖으로 흘러나가는 열 에너지는 전도에 의해 전달된다. 전도는 한 물체에서 인접한 물체로 직접 전달되는 방식을 말한다(기초 원리 : 열 전달 : 전도, 대류, 복사 참조). 그러나 화산 분출은 큰 에너지를 가진 고온의 물질이 직접 이동하며 열을 전달하므로 지구 내부에서 외부로 에너지를 전달하는 과정의 일부분은 분명히 대류에 의한 전달도 있다. 대류는 큰 에너지를 가진 물질이 직접 낮은 에너지 지역으로 이동하여 열을 전달하는 방식을 말한다. 지구와 같이 단단한 암석으로 이루어진 물체에서 대류로 에너지가 전달될 수 있다는 것은 어색하게 보이지만, 암석이 높은 온도로 가열되면 녹기 직전에는 매우 부드러운 유체 상태로 변하게 되므로 비록 속도는 늦지만 마치 끈적한 액체처럼 흐를 수 있는 상태가 된다. 온도가 높아질수록 암석은 약해지고 더 쉽게 흐를 수 있는 상태가 된다. 녹은 암석에 의해 천천히 일어나는 대류는 지구 내부로 갈수록 온도가 높아지므로 지구 깊숙한 곳까지 내려간다. 대류에 의하여 뜨거운 물질의 흐름은 위로 올라와서 일정한 높이에서 옆으로 퍼져나가면서 식으면 유동성이 약해지고 밀도가 높아져서 가장자리 부분에서 다시 아래로 가라앉게 된다(그림 2.10).

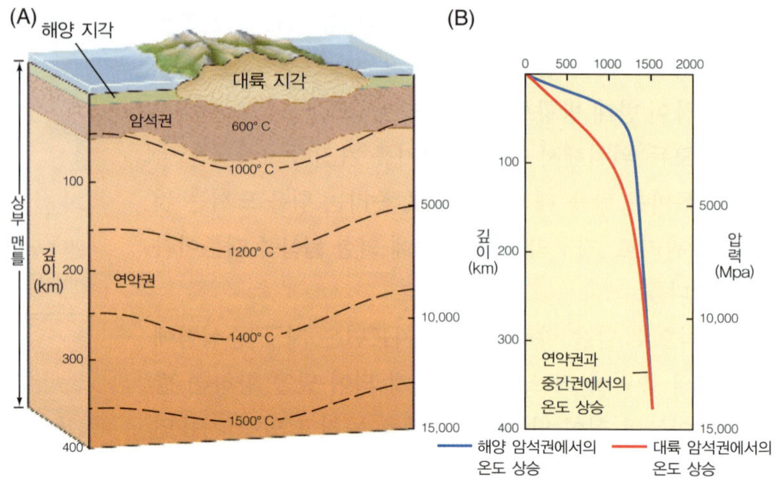

그림 2.11 지열 구배
지구 내부로 들어갈수록 온도가 높아진다. (A) 점선은 온도가 같은 등온선을 나타낸다. 대륙 지각의 경우 온도의 상승이 해양 지각보다 더 완만하게 일어난다. 대륙 지각이 더 두껍기 때문에 열의 흐름도 해양 지각보다 더욱 서서히 일어난다. (B) 그림 (A)와 같은 지열 구배를 그래프 형태로 보여준다. 지표면이 그래프의 맨 윗부분에 해당되며 지표면으로부터의 깊이는 그래프의 아래 방향으로 증가한다. 온도는 그래프의 왼쪽에서 오른쪽으로 증가한다.

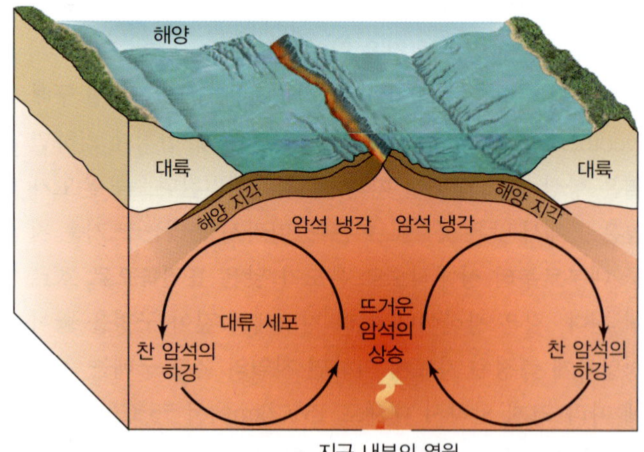

그림 2.10 지구 내부의 대류
뜨거운 암석이 지하 깊은 곳으로부터 서서히 상승하여 식으면서 옆으로 이동하고 다시 가라앉게 된다. 상승하는 뜨거운 암석과 옆으로 이동하는 흐름은 판구조 운동에서 매우 중요한 운동이며 지표면의 대륙 지각과 해양 지각의 모습을 형성하는 데 영향을 준다.

제3장에서 우리는 지표면으로부터 약 100km에 해당되는 지각에 대하여 배우게 될 것이다. 지각은 보다 뜨겁고 유동성을 가진 맨틀 물질을 덮고 있는 부분으로서 온도가 낮고 부서지기 쉬운 단단한 물질로 된 얇은 표면층이다. 지구 내부의 열 분포에 관하여 배웠으므로 지구 내부의 뜨거운 암석층에서 매우 느리긴 하지만 서서히 대류가 일어나고 있음을 알고 있다. 그 열이 주로 대류에 의해 지각의 하부 층에 도달하게 되면 주로 전도에 의하여 지각으로 그 열이 전해진다. 그림 2.11은 대륙 지각과 해양 지각에서 지열 구배를 묘사한 것이다. 해양 지각과 대륙 지각은 서로 그 구조가 다른데, 해양 지각이 대륙 지각보다 더 얇다. 약 100km 깊이의 지각 하부의 온도는 약 1300°C에 이른다. 이 온도에서 암석의 결합 강도는 대류가 가능할 정도로 약해진다. 지하 약 100km에서의 지열 구배의 변화를 분석하여 약 100km보다 깊은 곳에서는 대류에 의해 열이 전달되고 100km보다 얕은 곳에서는 전도에 의해 열이 전달됨을 알았다.

대류 현상은 지구 내부로부터의 열을 효과적으로 외부로 전달하는 작용을 한다. 지금까지도 화산 활동이 매우 활발하게 일어나므로 이러한 열의 전달은 지금도 일어나고 있으며, 아울러 지구 내부가 아직 매우 뜨겁다는 것을 알 수 있다. 대류에 의한 열 전달은 지표면의 생명체에 중요한 의미가 있다. 대류는 화산 분출과 지진뿐만 아니라 거대한 지각의 일부가 이동하는 판구조 운동을 유발시키는 원동력이 된다. 이 책의 제5장과 제6장에서 이 부분에 대하여 자세하게 다루고 있다. 판구조 운동은 대륙과 해양의 모습을 결정하는 중요한 역할을 하고 이는 다시 기후에 본질적인 영향을 주게 된다. 화산 활동은 지구 역사를 통해 수권과 대기권의 화학적 진화를 일으키는 주요 요인이다. 지구 내부로부터 표면으로 유입되는 열이 지구 외부로부터 들어오는 에너지만큼이나 지구상의 생명체에 중요한 역할을 하고 있다는 것을 배웠다. 이러한 두 종류의 에너지원이 없었다면 우리가 알고 있는 것처럼 지구에 생명체가 존재하는 것이 가능하지 않았으리라 생각된다.

지구 내부 에너지원

그러면 지구 내부 에너지원은 무엇인가? 우리는 태양의 내부에서 일어나는 것과 같은 핵반응이 일어날 정도로 지구 질량이 충분히 크거나 밀도가 충분이 높지 않다는 것을 잘 알고 있다. 따라서 지구의 내부 에너지는 다른 과정을 통해 공급받을 것으로 생각할 수 있다. 지구 내부 에너지원으로는 다음과 같은 것들이 있다.

- 방사능 붕괴열. 지구 내부 에너지의 주된 에너지원으로 전체 지구 내부 에너지의 2/3를 공급한다. **방사능 붕괴열**(radiogenic heat)은 우라늄이나 토륨과 같은 방사성 물질이 지구 내부에서 자연 붕괴하여 발생하는 열이다. 태양에서 핵융합 반응이 일어나는 것처럼 지구 내부의 핵분열 과정 역시 핵반응이다. 핵분열 반응은 여러 가지 변형된 과정으로 일어나고 있으나, 방사성 원소가 다른 물질로 변환되면서 에너지를 발생시키는 과정은 모든 핵반응에서 동일하다. 이 과정에서 손실된 질량이 에너지로 변환되는 것이며, 물질의 종류에 따라 이러한 자연스러운 붕괴가 수십억 년에 걸쳐 일어나는 경우가 있으므로 이 내부 에너지원은 아직 안정적으로 지구에 에너지를 공급하고 있다.
- 응집 에너지. 태양계와 지구 등 행성이 형성될 당시 남아 있던 내부 에너지로서, 태양계 형성 당시 다양한 크기의 미행성체들이 서로 충돌하면서 응집하여 점차 큰 행성으로 성장하는 과정에서(제4장) 미행성들이 가지고 있던 운동 에너지가 내부의 열 에너지로 전환되어 지구 내부 에너지원의 일부를 차지하게 된 것이다. 지구는 다른 지구형 행성에 비해 큰 행성이므로 태양계 형성 역사에서 축적된 응집 에너지가 아직 남아 있다.
- 조석 가열. 지구에 작용하는 달이나 태양의 인력은 고체 지구에 조석 현상을 일으킨다. 이 조석 현상에 의해 끊임없이 내부에 마찰열이 발생하게 되고 이 열이 축적되어 지구 내부 에너지의 일부가 된다.
- 핵의 형성. 지구의 핵은 지구가 형성된 후 내부가 아직 완전히 식어 고체가 되기 전 반쯤 녹은 상태에 있을 무렵 분화 과정을 거치면서 형성되었다. 지구의 핵을 이루는 밀도가 큰 물질이 녹아 중심부로 모이는 과정에서 중력 위치 에너지가 열 에너지로 바뀌어 내부 에너지가 된다. 중심에 가까운 지역에서 물질이 고체 상태로 결합하면서 더 많은 에너지를 방출하게 된다. 후자의 에너지는 물질이 액체 상태에서 결정을 이루면서 고체 상태가 되는 과정에서 방출되는 잠열(앞 절에서 운동 에너지와 위치 에너지에 관한 설명에서 언급되었음)이라 할 수 있다. 이러한 변화는 지금도 일어나고 있다. 즉 지구의 중심부분이 결정화되면서 방출되는 잠열이 내부 에너지로 계속 공급되고 있다.

지구의 에너지 순환

지구계 과학의 주제 중에서 가장 흥미로운 것은 지구의 대규모 에너지 저장소 사이의 상호작용이 일어나고 모든 생명체들이 존재하는 생물권에서 이러한 내부 및 외부 에너지가 어떻게 순환하는 것인가 하는 것이다. **에너지 순환**(energy cycle, 제1장)은 에너지의 유입과 방출, 이동 경로뿐 아니라 지구계의 모든 상호작용을 통제하는 에너지 저장소들을 모두 아우르는 포괄적인 것이다. 다른 순환과 마찬가지로 지구의 에너지 순환 역시 에너지 수지의 기능을 가지고 있다.

지구의 에너지는 한 저장소에서 다른 저장소로 이동하는 과정에서 에너지의 유입이나 유출이 발생하게 되며, 다른 형태로 전환되기도 하지만 전 지구계를 통해 보면 항상 수지가 맞도록 되어 있다. 만약 이 균형이 맞지 않으면 생물권은 온난해지거나 추워지는 시련을 겪게 된다.

유입 에너지

지구로 유입되는 총 에너지는 174,000조 W(또는 174,000 $\times 10^{12}$W)이다. 이 에너지는 인류가 사용하는 총 에너지인 10조 W에 비교하면 어마어마하게 많은 양에 해당된다. 유입 에너지의 대부분은 태양에서 오는 짧은 파장의 복사 에너지로, 이들이 지구 에너지 저장소에 유입되는 총 에너지의 99.985%를 차지한다. 이 에너지의 일부가 바람을 일으키는 원동력이 되고, 비를 내리게 하거나 파도와 해류를 발생시키며 기타 물의 순환과 관련된 대부분의 현상의 원동력이 된다. 태양 복사 에너지의 다른 부분은 주로 광합성을 일으키는 데 사용된다. 광합성을 통해 생명체에 의해 태양의 빛 에너지가 화학적 에너지로 전환되어 잠정적으로 생물권에 저장된다. 식물이나 균, 박테리아 등이 죽어서 땅에 묻히면 광합성으로 생산된 에너지의 일부가 석탄, 석유, 천연가스로 전환되어 저장된다. 화석 연료를 태우면 이 에너지를 사용하게 되는 것이다.

지구에 유입되는 에너지로 두 번째를 차지하는 것은 전체 유입 에너지의 0.013%에 해당되는 23조 W의 지구 내부 에너지이다. 앞 절에서 논의한 것처럼 지구 내부 에너지는 판구조 운동에 중요한 역할을 한다. 대륙 이동, 조산운동, 지진과 화산 활동 등 지표면의 모습을 결정하는 여러 가지 지질학적 현상은 지구 내부 에너지가 그 원동력이 된다.

지구에 유입되는 에너지 가운데 가장 작은 부분을 차지하는 것은 중력 에너지, 기조력 그리고 지구의 자전에 의한 에너지 등이다. 조석 에너지는 약 3조 W로서 지구 전체에 유입되는 에너지의 0.002%를 차지한다.

방출 에너지

방출 에너지는 유입 에너지가 있기 때문에 발생한다. 방출은 어떻게 일어나는가? 지구가 에너지를 잃어버리는 과정은 크게 **반사**(reflection)에 의한 것과 흡수와 재방출에 의한 것 두 가지로 나눌 수 있다.

태양에서 유입되는 태양 복사량인 174,000조 W의 약 40%는 지구 대기권 상층, 구름, 해수면, 육지, 빙하와 눈에서 반사되어 다시 그대로 우주로 되돌아간다. 어떤 행성에 대하여 입사된 빛이 얼마나 반사되어 되돌아갔는지를 나타내는 것을 **반사율**(albedo)라고 한다. 높은 반사율은 표면의 성질이 빛을 잘 반사시키기 때문이다. 물질들은 서로 다른 반사율를 가지고 있다. 예컨대 얼음은 암석이나 노면보다 더 높은 반사율을 가지고 있으며, 해수면은 숲보다 더 잘 반사시킨다. 그리고 초원은 경작지와는 다른 반사 특성을 보인다. 따라서 도시가 넓게 확장되거나 숲을 제거하고 도시나 경작지로 바뀌게 되면, 지표면의 전반적인 반사율이 달라진다. 지구의 반사율이 높아지게 된다면 태양에서 유입되는 복사 에너지가 상대적으로 더 많이 반사되어 나가버리게 되어 지구의 에너지 균형에 영향을 준다.

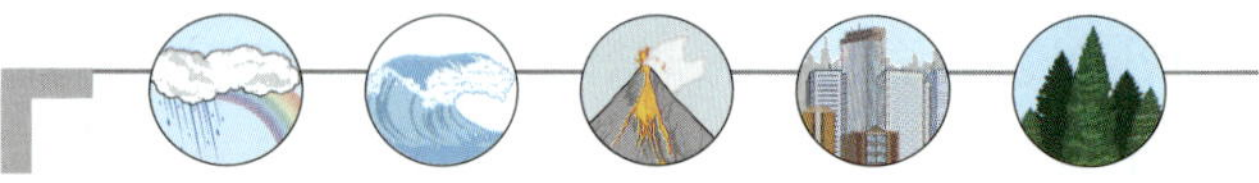

관련짓기

만약 북극을 덮고 있는 빙하의 얼음이 녹아버린다면 지구의 반사율을 어떻게 될 것인가? 만약 빙하가 더 늘어난다면 어떻게 되겠는가? 우리에게 어떠한 영향을 미치게 될 것인가?

지구에서 반사되지 않고 남은 태양 복사는 지구계에 들어오게 되어 대기, 해양, 지면에 흡수될 것이다. 이 에너지는 몇 차례의 비가역적인 과정을 거치면서 한 저장소에서 다른 저장소로 이동되거나 한 형태에서 다른 형태의 에너지로 전환된다. 열역학 제2법칙에 따라 흡수된 에너지는 소모되거나 다른 형태로 변환되거나 하는 과정을 거쳐 최

그림 2.12 태양과 지구의 스펙트럼

태양과 지구의 에너지 스펙트럼은 온도가 다르기 때문에 그 모양이 서로 다르다. 그림에 보인 검은색 곡선은 해당 온도에서의 흑체 복사 에너지 스펙트럼이다. 실제의 스펙트럼은 주로 지구 대기에 의해 흡수되는 에너지 때문에 이상적인 흑체 복사 스펙트럼(굵은 실선)과 차이가 난다.

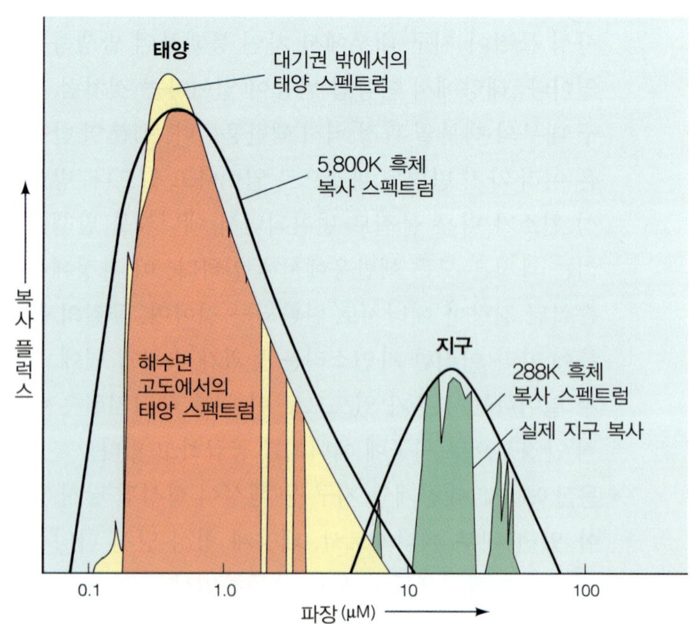

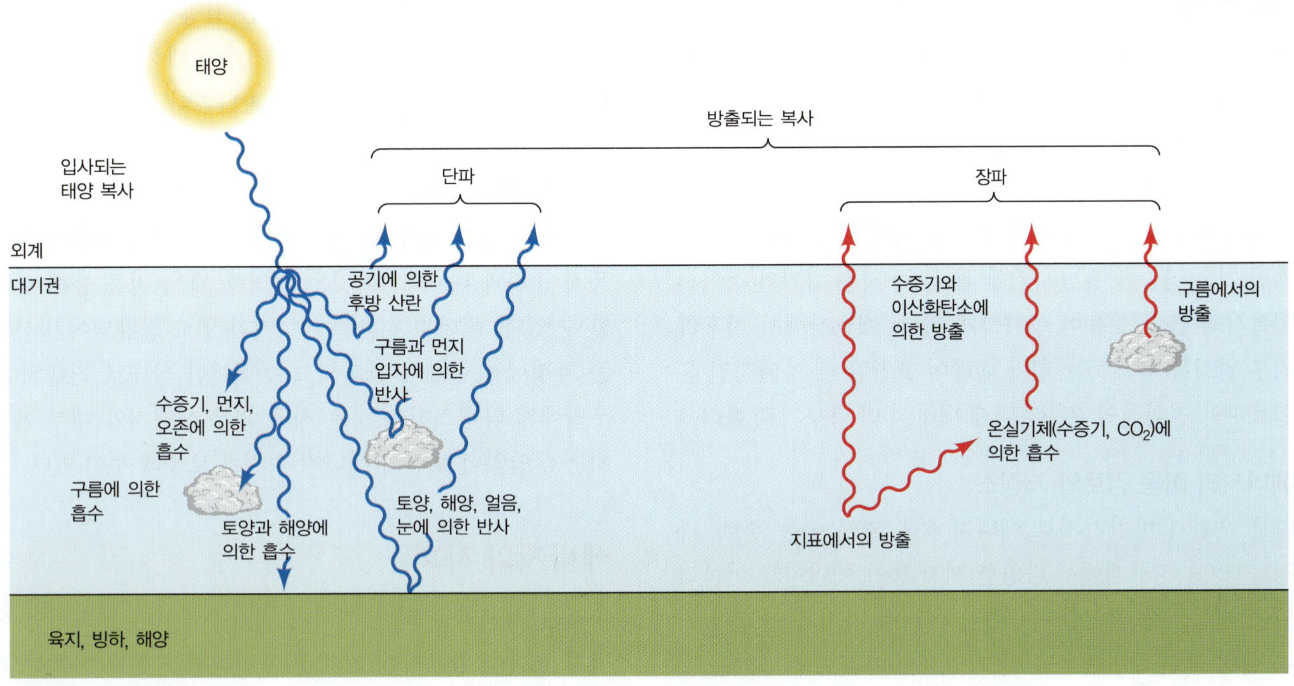

그림 2.13 온실효과
태양에서 입사된 복사의 일부는 토양, 해양, 구름, 그리고 대기 중의 먼지와 기체 입자에 의해 흡수되고 나머지 일부는 눈, 얼음, 구름, 그리고 먼지 입자와 같은 잘 반사되는 물질의 표면에서 반사되어 다시 외계로 되돌아간다. 매우 짧은 자외선 파장의 복사 중 일부는 오존층에 있는 오존(O_3)에 의해 흡수된다. 지구는 장파장의 복사를 외계로 방출한다. 복사를 활발하게 흡수하는 수증기나 이산화탄소에 의해 지구가 방출하는 장파장 복사의 일부를 다시 흡수하여 지표면 부근의 대기층 온도를 높이는 역할을 한다. 이러한 현상을 온실효과라고 하며, 우리가 알고 있는 것처럼 이 때문에 지표면에서 생명체가 번성할 수 있게 되었다.

종적으로는 열 에너지로 방출되어 외계로 다시 방출되어 버린다. 날씨 변화는 이러한 에너지의 전달이나 소모를 보여주는 좋은 예이며 바람, 파도, 식물의 성장과 지구에서 일어나고 있는 많은 현상도 마찬가지이다.

입사된 에너지가 다양한 방법으로 지구계를 작동시키고 난 후, 그 에너지는 다시 외계로 재방출된다. 만약 이러한 재방출 과정이 없다면 지구는 계속되는 입사 에너지 때문에 온도가 계속 올라가고 말 것이다. 결국 외계로 방출되는 에너지가 지구에 입사되는 에너지와 서로 균형이 맞아 온도를 일정하게 만들어 준다. 지구의 평균 표면 온도는 약 288K이며 태양보다 훨씬 낮은 온도의 방열체이다(그림 2.12). 결과적으로 태양 복사의 최대 에너지는 파장이 5×10^{-7}m에서 나타나는 반면, 지구가 방출하는 복사 에너지의 최대 강도는 파장이 약 1×10^{-5}m에서 최대를 보인다. 따라서 지구가 방출하는 복사는 주로 인간의 눈으로는 감지할 수 없는 적외선 파장 영역을 통해 이루어진다.

그림 2.12에 지구로부터 방출되는 복사도 표시되어 있으며, 입사되는 복사와 마찬가지로 지구 대기에 있는 기체 성분에 의해 선택적으로 흡수된다. 이것은 지구에 살고 있는 생물에게 매우 중요한 현상이다. 오존이 태양으로부터 입사되는 짧은 파장의 태양 복사를 흡수하는 것처럼 수증기(H_2O)나 이산화탄소(CO_2) 등과 같은 기체들은 지구에서 방출되는 장파장 적외선 복사의 특정한 파장대의 복사를 흡수한다. 이러한 과정을 통해 지구에서 열의 형태로 방출되는 복사의 일부가 지표면 부근의 대기에 머무는 현상이 발생하여 데워진 공기가 마치 담요를 덮은 것처럼 지표면을 가열시킨다(그림 2.13). 이러한 현상을 **온실효과**(greenhouse effect)라고 하며, 이러한 온실효과 덕분에 지표면에 생명체가 살아갈 수 있게 되었다.

'온실효과' 자체가 지표 부근 저층 대기의 온도를 높여주는 과정과 정확하게 일치하는 것은 아닌 점을 유의해야 한다. 온실의 유리 지붕은 태양빛이 잘 투과하여 온실 내부의 공기를 따뜻하게 가열시키고 그 열이 잘 빠져나가지 못하도록 막아주어 온실을 따뜻하게 만드는 역할을 한다. 바꿔 말하면 온실 안의 더운 공기가 대류에 의해 빠져나가지 못하도록 막아줌으로써 따뜻함을 유지한다. 이와는 달리 지표 부근의 공기는 지표에서 복사 형태로 방출되는 적외선 열 에너지를 흡수함으로써 공기를 따뜻하게 만든다. 오늘날 인간의 활동으로 발생하는 기체 중에서 적외선 복사를 잘 흡수하는 **온실기체**(radiatively active gas)는 특히 화석 연료의 연소 과정에서 방출되는 이산화탄소가 대기 중에 점차 증가함으로써 크게 염려하고 있다. 이러한 온실기체의 방출은 온실효과의 증가를 가져오고 지구의 전반적인 기온 상승을 유발시키게 된다. 즉 저층 대기의 적외선 열복사의 흡수 효율이 증가하게 된다. 제13장에서 기후와 기후 변화를 통제하는 힘에 대하여 고찰할 때 자연적인 온실효과와 인위적인 온실효과에 대하여 더 다루기로 한다.

에너지의 이동 경로와 저장소

다른 순환과 마찬가지로 에너지 순환 역시 이동 경로, 과정, 그리고 지구계에서 다양한 시간 동안 에너지가 머물러 있는 저장소를 정의할 수 있다. 예컨대 아기를 안고 있거나 털이 달린 애완동물을 안고 있으면 따뜻함을 느끼는 것처럼 생명체는 에너지를 저장하고 있는 저장소라 할 수 있다. 단단한 땅덩어리 역시 에너지 저장소 구실을 하고 있다. 하루 종일 햇빛에 노출되어 있었던 바위나 땅바닥에 누우면 역시 따뜻함을 느낄 수 있다. 공기 역시 대규모 바람이나 기후 시스템을 통해 태양 에너지의 상당한 부분을 붙잡고 있으며 순환시키고 있다.

비록 직접적이지는 않지만, 해양과 빙하조차도 에너지 저장소이며, 이들 역시 지구의 에너지 순환에 막대한 영향을 미치고 있다. 해양의 바닷물이나 빙하의 얼음은 우리 체온보다 낮은 온도이기 때문에 차게 느껴지지만, 이들 역시 에너지를 저장하고 있는 중요한 저장소이다. 이들은 저 농축 에너지 저장소, 또는 확산 저장소라 부른다. 비유적으로 염분이 있는 바닷물을 생각해 보자. 소금을 매우 많이 녹인 컵에 들어 있는 소금물과 바닷물의 소금 비율은 바닷물이 훨씬 작다. 즉 컵 안에 있는 소금물의 염분 농축도(즉 염분 함량)는 바닷물보다 높다. 하지만 해양은 컵의 소금물보다 훨씬 큰 소금 저장소라 할 수 있다. 비록 염분 함량은 낮더라도 해양은 매우 넓으므로 소금의 총량은 컵 안의 소금물보다 해양이 훨씬 많다고 할 수 있다. 물의 소금 양은 매우 적다. 이와 유사하게 바닷물이나 빙하는 열의 확산도는 매우 낮지만, 전체적으로 볼 때 매우 큰 에너지를 보유하고 있는 저장소라 할 수 있다. 비록 에너지 저장 밀도는 매우 낮을지라도 저장소의 전체 부피가 어머어마하게 크기 때문에 보유하고 있는 총 에너지 또한 매우 크다. 이러한 이유로 해양이 기후 특성을 결정하는 데 매우 중요한 요소가 되는 것이다. 예컨대 거대한 태풍은 해양으로부터 에너지를 공급받아 형성되고 발달한다.

물질 순환은 한 저장소에서 다른 저장소로 무한정 오갈 수 있는 반면에, 에너지 순환은 이처럼 무한히 반복적으로 순환될 수 없기 때문에, 지구계에서의 에너지 순환은 여러 물질 순환과 다르다. 이것은 열역학 제2법칙을 통해 이해할 수 있다. 에너지 흐름은 에너지가 열로 전환되어 발산되는 과정에서 언제나 감쇄되고 무질서한 상태로 진행된다. 우리에게 다행스러운 것은 지구 외부 에너지와 내부 에너지는 끊임없이 표면의 에너지 수지를 보충해 주고 있다.

에너지와 사회

우리는 지구의 이러한 에너지 저장소에서의 연속적인 에너지 흐름을 활용하여 기계를 운전하거나 현대 사회를 지탱해 주는 여러 가지 생산물들을 만드는 데 필요한 **힘**(power, 단위 시간당 일)을 얻는다. 에너지는 다음과 같은 세 가지 주된 산업 활동에 이용된다. 운송, 가정이나 사무실에서의 소비, 산업용도(제조 및 가공, 곡물 경작)가 이에 속한다. 이러한 목적에 사용되는 에너지는 그다지 효율적으로 이용되지 못하고 있다. 이러한 손실된 에너지의 일부는 인간의 비효율적인 에너지 관리에서 비롯된다. 그렇지만 에너지 손실의 일부는 어떤 시스템에서 우리가 활용할 수 있는 최대 에너지의 한계에 대한 열역학 제2법칙에 따른 피할 수 없는 결과이기도 하다.

지구상의 인류가 사용하는 에너지는 얼마나 될까? 그 총량은 방대하다. 우리가 연간 화석 연료—석탄, 석유, 천연가스—로부터 뽑아 쓰는 에너지와 원자력 발전소로부터 생산되는 에너지는 2.6×10^{20}J이다. 아프리카나 아시아에서 밥을 짓기 위해 사용하는 동물의 분뇨나 나무 땔감을 정확하게 고려해 넣는 것은 불가능하지만, 총량을 2.6×10^{20}J에 더하면 대략 3×10^{20}J 정도 될 것이다. 이 양은 지구상의 모든 사람들이 2톤의 석탄 또는 10배럴의 석유를 1년 동안 쓰는 것에 해당된다!

에너지원과 에너지 순환

현재의 에너지원을 지구 에너지 순환 관점에서 생각하는 것은 흥미롭다(그림 2.14). 예를 들면 동물이나 식물의 잔유물에서 유래한 화석 연료는 땅에 묻혀 화학적으로 변화되어 석탄과 석유 또는 천연가스 형태가 된다. 모든 화석

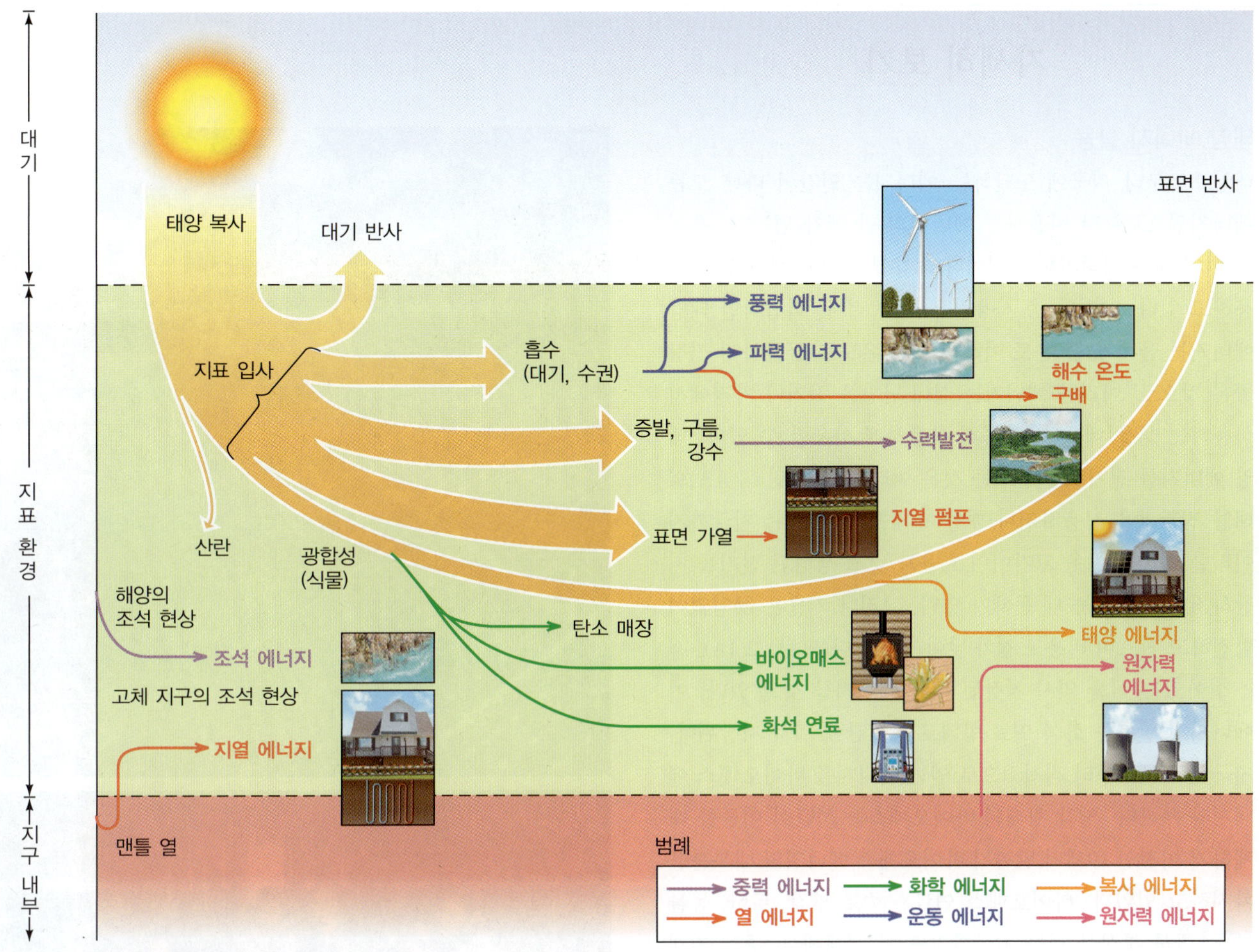

그림 2.14 인간이 활용 가능한 에너지원

현대 사회에서 사용하고 있는 에너지원을 지구의 에너지 순환 관점에서 간단한 그림으로 나타냈다. 여러 형태의 에너지원이 있으며 인간이 필요로 하는 에너지보다 몇 배 더 많은 에너지가 지표면으로 전달되고 있다. 지속적이고 친환경적인 에너지원을 찾는 것은 도전적인 과제이다.

연료는 과거에 살았던 생명체의 잔해이므로 그들은 궁극적으로 태양 에너지가 저장된 것이라고 할 수 있다. 왜냐하면 그러한 유기물질의 기원은 태양 에너지에 의해 생성된 광합성의 결과로 만들어진 것이기 때문이다.

화석 연료 이외의 세 가지 에너지원은 이미 광범위하게 개발된 상태이다. 이들은 소위 지구상의 식물에서 유래한 바이오매스 에너지, 수력 에너지, 원자력 에너지이다. 화석 에너지와 함께 이러한 에너지원은 비록 고갈되어 가고 있어 대체 에너지를 찾고 있지만, 현대 사회에서 필요한 에너지를 거의 대부분 공급할 책임을 안고 있다. 다섯 종류의 다른 에너지원—태양열(태양 에너지), 바람(풍력 에너지), 파도(파력 에너지), 조수(조력 에너지), 지구 내부 에너지—은 제한된 부분에서 개발되어서 시범적으로 사용하고 있지만 아직 대량으로 생산되지는 못하고 있다.

이 중에서 태양 에너지, 풍력 에너지, 파력 에너지, 바이오매스 에너지는 태양 복사 에너지가 다른 형태로 변형된 것에 해당되므로 사실은 태양 에너지라 할 수 있다. 특히 풍력 에너지는 범선의 돛이나 풍차 등을 통해 수천 년간 에너지원으로 사용되어 오고 있는 것이기도 하다. 바람은 태양 에너지에 의해 차등적으로 가열된 공기의 이동에 해당되므로 태양 에너지의 또 다른 형태이다(자세히 보기 : 태양 에너지 활용 참조).

반면에 지열 에너지는 지구 자체의 내부 에너지원에서 비롯된 것이다. 이론적으로는 지열 에너지는 인류문명이 존속하는 동안은 무한하다. 하지만 지하로 깊이 들어갈수록 온도가 급격히 상승해야만 기술적으로 유용한 지열 에너지를 얻을 수가 있다. 그러므로 이러한 특성을 보이는 제한된 지역, 예컨대 판의 경계를 따른 지역에서만 효과적

자세히 보기

태양 에너지 활용

태양으로부터 지구에 도달하는 에너지는 인간이 다른 모든 에너지원으로부터 사용하는 에너지의 만 배가 넘는다. 우리는 이미 태양 에너지를 온실이나 태양열 주택 등에서 일부 사용하고 있다. 그러나 총 사용량은 매우 적다. 직접적인 태양 에너지는 물이 끓는 온도 이하의 낮은 온도로 공급하기 가장 좋은 것으로, 이러한 에너지는 실내 난방을 하거나 가정에서 사용하는 물을 데우는 데 특히 유용하게 사용할 수 있다. 태양 에너지를 전기로 변환하는 것은 여러 종류(그림 C2.1A)의 태양 집광판을 사용하거나 태양 전지를 사용한다. 지금까지 이러한 기술은 매우 고가이며 효율도 낮고 생성된 전기를 저장하거나 전송하는 데 문제가 있다. 그러나 기술은 끊임없이 발전하고 있으며 비용도 점차 낮아지고 있다(그림 C2.1A).

살아있는 식물 역시 저장된 태양 에너지를 갖고 있다. 이 에너지의 일부는 화석 연료 형태로 장기간에 걸쳐 저장된다. 지구의 식물로부터 직접적으로 얻는 에너지를 바이오매스 에너지라 부른다. 땔감 형태의 바이오매스는 석탄이 이들을 대체하기 이전인 19세기 말까지 바이오매스 에너지의 대부분을 차지하고 있었다. 바이오매스 연료—주로 땔감, 토탄, 동물 분뇨, 곡물 부산물—는 지금까지도 전 세계에서, 주로 저개발 국가에서 널리 이용되고 있다(그림 C2.1B). 또 다른 형태의 바이오매스 에너지는 식물 원료로부터 에탄올과 같은 연료 알코올을 추출함으로써 얻는다. 옥수수와 사탕수수가 이러한 목적으로 사용되어 왔다. 비록 이들은 재생가능하다는 관점에서 장기적인 에너지원이 될 수 있지만, 에너지원으로 사용되기 위해 식용으로 경작되는 것을 위협할 수 있다는 점이 문제로 제기된다.

그림 C2.1 태양에서 얻는 에너지
(A) 그림과 같은 태양 집광판은 태양으로부터 에너지를 모으고 생산해 줌으로써 인류에게 에너지를 공급한다. (B) 그림의 땔감과 같은 바이오매스 연료는 태양 에너지의 간접적인 형태이다. 태양으로부터 오는 에너지를 이용하여 식물의 광합성에 의해 생산된 물질을 이용한다.

으로 이용할 수 있다. 이러한 지열 에너지를 산업에 이용하는 것은 아직까지는 지역적인 관심사에 불과하다.

조력 에너지는 바닷물의 조석 현상과 연관된 운동 에너지에서 비롯되는데 궁극적으로는 태양, 지구, 달 사이 중력의 상호작용 결과이다. 만약에 강 하구를 가로질러 댐을 건설한다면 만조일 때 물을 가둘 수가 있고, 간조일 때 그 물을 밖으로 흘려보냄으로써 터빈을 돌릴 수 있다. 불행하게도 전 지구상에서 이처럼 충분한 간만의 차를 이용하여 조력 에너지를 얻을 수 있는 곳은 몇 곳에 지나지 않는다. 수력 에너지는 물의 위치 에너지로부터 얻게 되는데 이 경우는 바다로 흘러가는 물줄기를 이용하는 것이다. 만약 전 지구상의 수력을 이용할 수 있는 곳을 모두 개발한다 해도 현재 우리가 필요로 하는 에너지의 3분의 1밖에 공급하지 못할 것이다.

원자력 에너지는 방사성 동위원소의 **핵분열**(fisson)을 제어하여 에너지를 얻는 것이다. 지구 내부를 가열시키고 있는 세 가지 방사성 물질—^{238}U, ^{235}U, ^{232}Th—은 이러한 목적에 사용되는 주된 물질이다. ^{235}U이 분열할 때 열과 새로운 원소가 생성될 뿐만 아니라 핵으로부터 중성자도 방출되며, 이 과정이 다른 ^{235}U 원자를 분열하도록 유도한다. 따라서 이 과정에서 연쇄반응이 일어나 막대한 양의 에너지를 얻게 된다.

이론적으로 핵융합에 의해 추출할 수 있는 에너지는 태양에서 에너지가 생성되는 것과 마찬가지로 수소 융합을 이용하는데 이는 주된 에너지원이 될 수 있다. 하지만 태양에서 일어나고 있는 핵융합은 온도와 압력이 매우 높은 상태에서 일어나는데 지구에서는 아직 기술적으로 이와 같은 고온, 고압 상태를 만들 수 없다. 지금까지 과학자들은 이러한 한계를 극복하지 못하고 있는 상황이다.

지구계에서 에너지원으로 사용할 수 있는 것으로 다양한 형태가 있는 것은 분명하다. 그리고 우리가 사용하고 있는 에너지 또는 앞으로 필요로 하는 에너지보다 훨씬 더 많은 에너지가 존재한다는 것도 분명하다. 그러나 불행히도 이러한 모든 에너지원은 한계와 부작용을 갖고 있으며, 이들 모두는 또한 환경의 질에 잠재적으로 부정적인 영향을 미친다. 우리는 각 에너지원들의 기술적 한계와 환경에 미치는 영향을 제18장에서 자세히 살펴볼 것이다. 서로 다른 다양한 에너지원들을 언제 또는 어떻게 환경에 끼칠 영향을 최소화하고 사회적으로 공평하고 경제성 있는 방법으로 현명하게 사용할 수 있는지 판단하는 것은 현재까지도 불분명하다.

요약

1. 지구상에서 일어나는 모든 물질의 순환은 한 형태에서 다른 형태로 변하는 에너지에 의해 일어난다. 에너지—일할 수 있는 능력—는 열의 흐름이나 한 시스템이 한 일에 의해 소모되거나 증가된다.
2. 열 혹은 열 에너지는 미시적인 입자의 무작위적인 진동운동이며, 온도는 이 운동을 측정하는 물리량이다. 열의 다른 형태로는 화학 에너지, 핵 에너지, 역학적 에너지, 중력 에너지, 복사 또는 전자기 에너지, 전기 에너지, 소리, 그리고 물체의 운동 등이 있다.
3. 퍼텐셜 에너지는 한 시스템에 저장되어 있는 에너지를 말한다. 운동 에너지는 전자, 원자, 분자, 물질, 그리고 물체의 운동으로 표현되는 에너지이다. 물체의 에너지는 퍼텐셜 에너지와 운동 에너지로 구성된다.
4. 열역학 법칙은 에너지의 양상을 지배한다. 제1법칙은 질량이 일정한 한 시스템에서 물리적 또는 화학적 변화와 관련된 에너지는 새로 생성되거나 소멸되지 않고 단지 한 형태에서 다른 형태로 변화된다는 것이다.
5. 열역학 제2법칙은 모든 에너지의 흐름을 기술하는 것이다. 에너지는 항상 조금 더 유용하고 집중된 형태에서 덜 유용하고 분산된 형태로 변한다. 제2법칙의 결과 중 하나는 에너지의 흐름이 일하기에 덜 적합한 형태로 에너지가 변화되고 저하된다는 것이다.
6. 열역학 제3법칙은 분자 운동이 멈추고 엔트로피가 소멸되는 절대온도 0상태가 존재한다는 가설이다. 절대온대 0은 절대온도 단위의 기준점이 된다.
7. 열전달의 세 가지 기본적인 방식은 전도, 대류, 복사이다. 전도에서는 열이 운동 에너지의 이동에 의해 한 물체에서 다른 물체로 직접 이동한다. 대류에서 열은 가열과 물질의 연속적인 이동에 의해 한 장소에서 다른 장소로 이동한다. 복사는 전자기 에너지가 복사체로부터 진공이나 주변 기체 또는 액체를 통해 전달된다.
8. 태양은 핵융합에 의해 핵 합성이 일어나는 별이다. 태양은 수소가 융합에 의해 헬륨으로 바뀌는 열핵 반응에 의해 대부분의 에너지를 생산한다. 핵융합 과정 동안 질량의 일부가 에너지로 전환된다. 한 번의 핵융합 반응은 적은 양의 에너지를 생산하지만 태양의 많은 양의 수소가 헬륨으로 융합됨으로써 막대한 에너지를 생산되므로 태양의 광도는 매우 크다. 태양이 방출하는 총 에너지의 아주 작은 일부분이 지구에 도달한다. 그럼에도 불구하고 1% 정도의 태양 에너지 증가 또는 감소가 지구 기후에 큰 영향을 미친다.
9. 가시광, 자외선, X선, 감마선, 적외선, 전파는 전자기 복

사의 파장에 따라서 달리 부르는 이름이다. 전자기파 스펙트럼의 긴 파장 쪽의 복사는 짧은 파장 쪽에 비해 에너지가 작다. 전자기 복사는 양자 또는 광자의 형태로 기술할 수도 있다. 진동수가 높을수록 광자에 의해 전달되는 에너지의 양은 커진다.

10. 태양의 내부는 여섯 층으로 세분할 수 있다. 중심핵은 핵융합 반응이 일어나는 장소이고, 복사 전달층은 복사에 의해 에너지가 전달되는 지역이고, 대류 전달층은 대류에 의해 에너지가 전달되는 층이다. 광구는 매우 심한 난류 지역으로 지구에 도달하는 빛이 방출되는 표면 지역이고, 채층은 투명하며 밀도가 낮은 얇은 대기층이고, 코로나는 채층보다 훨씬 낮은 밀도의 태양 최외각 대기층이다.
11. 태양의 스펙트럼 형태는 5,800K의 흑체가 방출하는 스펙트럼과 거의 유사하다. 이 온도는 태양 광구의 평균 온도에 해당된다. 태양 스펙트럼에서 최대 에너지를 내는 파장은 5×10^{-7}m로서 전자기 스펙트럼의 가시광 영역에 해당된다. 지구 대기의 기체 성분은 태양에서 오는 복사의 일부를 선택적으로 흡수한다. 대표적으로 오존은 태양 스펙트럼의 자외선 파장 영역의 빛을 흡수한다.
12. 달과 지구 사이의 만유인력 그리고 태양과 지구 사이의 만유인력이 지구의 해양과 고체 지구의 변형을 일으킨다. 이를 조석 현상이라고 한다.
13. 지구는 지열 에너지라는 내부 에너지원을 갖고 있다. 이는 깊이에 따라 지열의 온도가 증가한다는 사실로부터 알 수 있다. 지열 구배는 위치에 따라 다르다. 지각의 두께가 얇은 해양 지각의 하부보다 대륙 지각의 하부가 지열 구배가 작다. 지구 중심부의 온도는 약 5,300°C이다.
14. 지구 내부로부터 표면으로의 열의 흐름은 화산 활동이 활발한 지역에서 가장 크다. 이 열은 대류에 의해 연약권의 밑부분까지 도달하고 전도에 의해 연약권을 통과한다. 지구 내부 깊은 곳에서 서서히 일어나는 암석의 대류는 화산 분출을 일으키는 것과 더불어 판 운동의 원동력을 제공한다.
15. 지구의 내부 에너지는 여러 가지 기원이 있다. 방사성 물질의 자연적인 붕괴에 의해 생성되는 붕괴열, 지구 형성 당시 응집 물질의 충돌에 의해 발생한 열, 기조력에 의해 변형됨으로써 생기는 조석열, 그리고 핵 형성 시 결정화 과정에서 방출된 잠열과 중력 수축 에너지 등이 있다.
16. 지구에 유입되는 총 에너지는 174,000조 W(또는 $174{,}000\times10^{12}$W)이다. 태양 복사는 지구 에너지의 약 99.985%를 차지한다. 두 번째로 큰 에너지원은 23조 W로서 전체의 0.013%를 차지하는 지구의 내부 열 에너지이다. 조석 에너지는 약 3조 W 또는 전체의 0.002% 정도이다.
17. 지구 행성의 반사율은 약 0.4이므로 태양에서 유입되는 복사의 약 40%는 반사되어 다시 우주공간으로 되돌아간다. 그 나머지와 조석 에너지 및 지열 에너지는 지표면의 물질에 흡수된다. 그 에너지는 일련의 비가역적 과정을 거쳐 한 저장소에서 다른 저장소로 이동한다. 그리고 한 형태에서 다른 형태로 변환되고 저하되어 궁극적으로는 외계로 재방출된다.
18. 태양보다 낮은 온도의 복사체인 지구는 전자기파 스펙트럼의 적외선 영역인 1×10^{-5}m 파장에서 최대 복사량을 보인다. 지구에서 외부로 방출되는 복사는 수증기 및 이산화탄소와 같이 복사에 활발한 기체성분에 의해 선택적으로 흡수된다. 이로 인해 외부로 방출되는 열복사가 지표 부근의 대기에 머물러 있게 되는 온실효과가 발생하여 담요를 덮고 있는 것처럼 더운 공기층이 형성된다.
19. 해양이나 빙하와 같이 확산된 에너지 저장소 역시 지구 에너지 순환에 있어 열을 저장하는 곳으로서 매우 중요하다. 열은 이러한 저장소에서는 저농축 상태로 있지만 저장소의 부피가 매우 방대하므로 보유하고 있는 열의 총량은 매우 크다.
20. 지구계가 사용 가능한 에너지는 다양한 형태로 충분히 있다. 그러나 인간을 위한 모든 에너지원은 환경적 요인에 따른 한계와 문제점을 갖고 있다. 과거 동물과 식물의 유해로부터 만들어진 화석 연료는 현대산업사회를 위한 주된 에너지원으로서 지금까지 사용되고 있다. 이 화석 연료는 태양 에너지가 저장된 것이다. 풍력 에너지, 파력 에너지, 바이오매스 에너지 역시 태양 복사의 2차적인 형태이다. 지열 에너지는 지구 내부의 열원으로부터 온다. 조석 에너지, 수력 에너지는 물의 운동 에너지로부터 온다. 원자력 에너지는 방사성 동위원소의 붕괴로부터 생산된다.

주요 용어

광도(luminosity)
구배(gradients)
대류(convection)
반사(reflection)
반사율(albedo)
방사능 붕괴열(radiogenic heat)
복사(radiation)
섭씨온도 단위(Celsius temperature scale)
성층권의 오존층(stratospheric ozone layer)
스펙트럼(spectrum)
에너지(energy)
에너지 순환(energy cycle)
엔트로피(entropy)
열(heat)
열역학(thermodynamics)
온도(temperature)
온실기체(radiatively active gas)
온실효과(greenhous effect)
운동 에너지(kinetic energy)
융합(fussion)
일(work)
저하(degradation)
전도(conduction)
전자기 복사(electromagnetic radiation)
조석(tide)
중력(gravity)
지구 에너지(terrestrial energy)
지열 구배(geothermal gradient)
켈빈 온도(Kelvin temperature)
퍼텐셜 에너지(potential energy)
항성(star)
핵분열(fisson)
흑체 복사체(blackbody radiator)
힘(power)

복습 문제

1. '열'과 '온도'의 차이는 무엇인가?
2. 열역학 법칙 세 가지를 간략히 설명하고, 지구계 과학의 내용에서 각각의 중요성을 설명하라.
3. 전도, 대류, 복사에 의한 전달을 기술하라.
4. 태양 에너지의 기원을 설명하라. 그리고 태양의 광도는 얼마이고 어떻게 측정하는지 설명하라.
5. 태양의 내부 단면을 그리고 각 층의 이름을 써보라.
6. 흑체 복사체란 무엇인가? 6000K와 2000K 흑체 복사체의 복사 스펙트럼은 어떤 차이가 있는가? 이들 중에서 흑체 복사 스펙트럼과 태양의 복사 스펙트럼은 어떻게 비교하는가?
7. 태양의 전자기 복사 스펙트럼이 지표면에서 측정한 것과 다른 이유가 무엇인가?
8. 달과 지구 사이의 중력 작용에 의한 기조력은 어떻게 생기는가? 그림을 그려서 답하라.
9. 지구 내부의 열 에너지원 네 가지는 무엇인가? 이 중에서 가장 중요한 것은 무엇인가?
10. 지열 구배는 무엇인가? 이것이 대륙과 해양에서 차이가 나는 이유는 무엇인가?
11. 지구 내부에서 표면으로 열을 어떻게 이동하는가?
12. 지구 내부 깊숙한 곳에서 암석의 대류가 어떻게 일어날 수 있는가? 그리고 그 대류의 결과, 어떤 현상이 일어나는가?
13. 복사가 활발한 기체에는 무엇이 있는가? 그리고 이들이 지구에서부터 방출되는 복사에 어떤 영향을 주는가? 복사가 활발한 기체 두 가지를 써 보라.
14. 바닷물이나 빙하는 온도가 매우 낮음에도 불구하고 중요한 열의 저장소가 될 수 있는 까닭을 설명하라.
15. 다음 각 에너지원에 대하여 지구 에너지 순환 과정에서 '궁극적인' 에너지 기원에 대하여 논하라. 천연가스와 석유, 지열 에너지, 수력 에너지, 땔감, 원자력

연구와 토론 문제

1. 이 장에서 우리는 태양이 안정적이고 믿음직스럽게 에너지를 내보내는 천체라고 배웠다. 대부분의 경우 이 말은 사실이지만 아주 짧은 기간 동안 태양은 급격한 변화를 보일 수도 있다. 태양 흑점, 홍염, 태양풍, 그리고

태양 광도의 장기적 변화를 주제에 대해서 조사하라. 그리고 이러한 변화가 지구와 사회에 끼치는 영향에 대해 보고서를 작성하라.

2. 이 장에서 인류가 사용한 에너지에 관해서 논의한 것을 바탕으로 에너지원이 고갈될 위험이 심각하다고 생각하는가? 그렇다면 그 이유를 구체적인 예를 들어 밝혀라. 또한 그렇지 않다면 역시 그 이유를 구체적인 예를 들어 밝혀라.
3. 지구계에서 일어나고 있는 자연적이거나 인위적인 어떤 변화 과정의 예를 조사하여 다음 표를 완성하라. 이러한 과정의 일부는 우리에게 매우 친숙한 것일 수도 있고, 나머지는 생소한 것일 수도 있다. 그리고 이 책을 배워가면서 조금 더 공부하게 될 것이다.

운동 에너지 형태와 작용		위치 에너지 형태와 작용	
복사 에너지	1. 태양빛 2. 3.	화학 에너지	1. 석탄 2. 3.
전기 에너지	1. 번개 2. 3.	저장된 역학적 에너지	1. 웅크린 호랑이 2. 3.
열 에너지	1. 화산 활동 2. 3.	원자력 에너지	1. 원자력 발전소 2. 3.
소리 에너지	1. 천둥 2. 3.	중력 에너지	1. 조석현상 2. 3.
운동 에너지	1. 구르는 돌 2. 3.		

기초 원리 문제

1. 태양빛을 받고 있는 호수를 생각해 보자. 전도, 대류, 복사 중 어떤 열 전달 과정이 호수 표면 바로 아래의 온도를 결정한다고 생각하는가? 한 가지 과정에 의해 결정이 될 것인가? 또는 두 가지 이상의 과정이 결합되어 나타난다고 생각하는가?
2. 전자기 복사는 무엇인가? 짧은 파장의 복사와 긴 파장의 복사는 전달 속도가 다른가?
3. 전자기 복사의 파장과 진동수 사이에는 어떤 관계가 있는가?

자세히 보기 문제

1. 많은 대체에너지원이 안고 있는 큰 문제 중 하나는 특정한 지역이나 조건에 크게 좌우된다는 것이다. 여기서 거론된 몇 가지 에너지원을 선택하여 지역적인 활동도 측면에서 장단점에 대하여 논하라.
2. 연료 알코올을 생산하는 데 옥수수나 사탕수수와 같은 작물을 사용하는 것이 갖고 있는 문제점 몇 가지를 말하라.
3. 모든 에너지원은 환경에 악영향을 줄 수 있는 잠재성을 갖고 있다. 태양 에너지나 풍력 에너지와 관련하여 환경에 악영향을 주는 것으로는 무엇이 있는가?

CHAPTER

3

물질

개요

이 장에서 우리는

- 물질의 성질과 기본적인 특성을 소개한다.
- 지구계 과정에서 중요한 무기물과 유기물을 알아본다.
- 지구의 전반적인 조성과 내부 구조를 요약한다.
- 광물과 암석의 기본 성질을 정의한다.
- 표토, 표토 내 필수 요소인 토양을 설명한다.

◀ **지구 내부로부터 흘러나온 용암**

하와이 킬라우에아 화산의 용암(용융된 암석)이 절벽 위를 폭포처럼 지나 바다로 향하고 있다.

물질(matter)은 에너지와 달리 질량을 가지고 있으며 공간을 차지한다. 물질과 에너지는 매우 밀접하게 관련되어 있기 때문에 물리학자들은 특별한 관심을 갖고 있다. 이 장에서는 지구계를 구성하는 물질의 종류와 특성에 대해 주로 다루게 될 것이다.

지구의 물질

물질의 기본적인 특성을 살펴보는 것으로부터 지구 물질에 대한 공부를 시작해 보자. 물질의 기본적인 성질과 특성에 대하여 잘 알게 되면 지구에서 일어나는 과정에 대하여 더 쉽게 이해할 수 있으며, 다른 물질들이 서로 다른 환경 속에서 어떻게 거동하는지 이해할 수 있다. 또한 지구의 전반적인 조성과 다양한 물질들이 지구 전체에 걸쳐 어떻게 분포되어 있는지를 살펴볼 수 있다.

물질의 기본 상태

우리는 자주 서로 다른 형태 또는 물리적 **상태**(state)의 물질을 접한다. 일상생활에서 가장 친숙한 물질의 상태에는 고체, 액체, 기체 세 가지 상태가 있다. 우리가 잘 알고 있는 물이라는 화합물은 지표 부근의 환경에서 물질의 세 가지 상태가 모두 나타난다는 점에서 특별한 물질이다. 지표면과 강수 현상에서의 물은 액체 상태로 나타나지만, 증기나 수증기와 같은 기체 상태의 물 또는 얼음이나 눈과 같은 고체 상태도 흔히 볼 수 있다.

동일한 상태로 나타나는 물질이라 할지라도 특성이 서로 많이 다를 수 있다. 용암과 빗물 두 가지 액체를 예로 들어 보자. 둘은 모두 중력의 영향에 따라 자유롭게 흐르는 액체의 기본적인 특성을 가지므로 액체로서는 거의 차이가 나지 않는다(그림 3.1). 암석이 용융된 용암은 1,000°C 이상의 매우 높은 온도에서만 액체 상태로 존재하고, 1,000°C 이하에서는 매우 빨리 식어 고체 암석이 된다. 반면에 빗물은 1,000°C의 1/10 정도의 온도에서 완전히 증발되고, 0°C와 100°C 사이에서만 오직 액체로 존재하며, 0°C 이하에서는 고체 상태인 얼음이 된다.

용암과 빗물이 모두 액체 상태로 존재하더라도 기본적으로는 다르다. 이들은 화학조성과 물리적 특성에서 차이를 보인다. 빗물은 수소와 산소로 이루어져 있고 미량의 불순물을 포함하지만, 용암은 산소와 규소, 그 밖의 다양한

기초 원리

고체, 액체, 기체

우리 모두는 지구 표면에서 나타나는 물질의 기본 상태에 익숙하다(그림 B3.1). 이들의 기본 특성과 무엇이 이들을 다른 것과 구별하는지 알아보자.

- **고체**(solid) 상태에서, 물질은 일정한 부피와 밀도를 가진 물질 내에서 견고하게 꽉 차 있다. 고체를 구성하는 원자가 다른 원자에 대하여 상대적으로 고정된 위치에 있기 때문에 제한된 공간이 아닌 경우에도 일정한 형태를 유지하려는 경향을 가진다.
- **액체**(liguid) 상태에서, 물질은 일정한 부피를 가지지만 구성 원자들은 빈 공간을 비교적 자유롭게 이동할 수 있다. 물질은 자체의 형태를 유지하지는 못하지만, 담는 용기의 모양과 같은 형태를 이루며, 중력의 영향 하에서 자유로운 표면을 가진다.
- **증기**(vapor)(**기체**, gas) 상태에서, 물질은 자신이 담겨 있는 용기를 완전히 채우면서 용기의 모양에 따라 형태를 이루며, 공간이 제한되어 있지 않다면 공간으로 흩어진다. 물질을 구성하는 원자는 용기 내에서 균질한 분포를 이루며 자유롭게 운동할 수 있다.

그림 B3.1 물질의 기본 상태
(A) 고체는 일정한 모양과 부피를 가지며, 고체를 구성하는 원자는 서로 간에 약간의 운동성을 가진다. (B) 액체는 담는 용기의 모양을 이루고 중력의 영향 하에서 자유로운 표면을 가지며, 구성 원자들은 비교적 자유롭게 이동할 수 있다. (C) 기체는 완전히 혼합되고 용기를 완전히 채운다(정해진 용기가 없으면 공간으로 흩어진다).

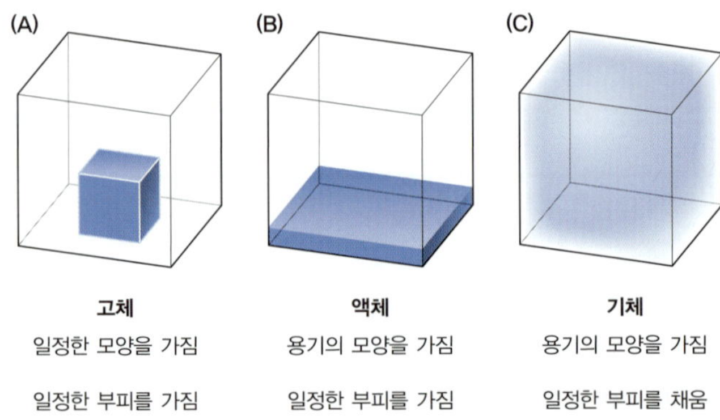

그림 3.1 두 가지 액체
용암(A)과 빗물(B)은 지표에서 같은 액체 상태로 존재하지만, 화학조성과 물리적 특성에서 많은 차이를 나타낸다.

성분들이 복잡하게 섞인 혼합물이다. 지표의 압력 조건에서 용암은 점성이 다소 크기 때문에 걸쭉하고 시럽 같은 성질을 가지는 반면, 빗물은 비교적 낮은 점성을 가지므로 지표 근처 환경에서 잘 흐르는 성질이 있다. 물과 같은 **수성**(aqueous) 액체와 용암과 같은 비수용성 액체 등 두 가지 종류의 액체는 지구에서 일어나는 과정의 다양한 변화에 있어서 매우 중요하다.

상태 변화

물이 수증기가 될 때, 얼음이 녹아 물이 될 때, 물이 얼어 얼음이 될 때, 그리고 수증기가 압축되어 물방울을 만들 때 물질은 **상태 변화** 또는 **상 변화**를 일으켰다고 말한다. 물질의 상태와 상은 어떤 차이가 있을까? 서로 다른 상태의 물질은 같은 시간 같은 용기 내에 존재할 수 있다(그림 3.2A). 예를 들면 고체 얼음이 떠 있는 액체 상태의 물을 생각해 볼 수 있다. 얼음과 물은 동일한 화학조성을 가지고 있음에도 불구하고 서로 다른 상태이다. 또한 이들은 서로 다른 **상**(phase)을 가졌고 물질의 균질한 덩어리는 일정한 경계에 의해 서로 분리될 수 있다. 물과 얼음과 같이 서로 다른 상태지만 공존하는 물질은 일정한 경계를 따라 서로 구분

그림 3.2 상태와 상
물질은 다양한 상태와 상으로 공존할 수 있다. (A) 동일한 화학조성(H_2O)을 가진 물질은 서로 다른 상태(액체와 고체)와 물리적인 경계에 의해 구분되는 다른 상(물과 얼음)으로 공존할 수 있다. (B) 다른 상은 같은 상태로 공존할 수 있다(모두 액체인 기름과 물, 모두 고체인 다양한 종류의 콩). (C) 기체의 경우 항상 하나의 상태와 하나의 상만 존재한다.

될 수 있으므로 정의에 의해 이들은 서로 다른 상을 가졌다고 말한다.

그러나 그 역이 반드시 진실일 필요는 없다. 서로 다른 상이 같은 상태로 공존하는 일부 물질의 경우에 이것이 가능하다(그림 3.2B). 예를 들어 기름과 물은 같은 용기 내에서 동시에 존재할 수 있다. 이들은 모두 액체(동일한 상

태)이지만, 서로 다른 특성을 가지며 일정한 경계에 의해 분리될 수 있다(다른 상). 기름과 물처럼 독립된 상으로 공존할 수 있는 액체들은 **불혼화성**('섞일 수 없는')을 가져야만 한다. 즉 두 물질이 동시에 완전하게 혼합되지 않는다는 것이다. 만약 물과 레몬주스처럼 **혼화성**('섞일 수 있는')이 있는 두 액체를 같은 그릇에 붓는다면 그들은 혼합되어 하나의 액체상(레몬에이드)을 만들게 된다.

고체들이 독특한 성질을 가지고 서로 간의 경계를 따라 분리되어 존재할 수 있다면, 많은 다양한 고체상도 동시에 존재할 수 있는데, 이것은 실제로 흔히 있는 현상이다(그림 3.2B). 땅콩쿠키는 다른 고체상이 동시에 존재하는 친숙한 예이다. 쿠키와 땅콩 두 물질은 모두 고체로 같은 상태이지만 서로 구별되는 특성을 가졌고 서로 구분되므로 서로 다른 상으로 존재한다.

기체는 고체나 액체와는 달리 항상 완전히 섞일 수 있다. 즉 모든 기체 물질은 주어진 계에서 단 하나의 상으로 존재한다는 것을 의미한다(그림 3.2C). 하나의 상은 수많은 다양한 기체의 혼합물일 수도 있지만, 기체는 혼화성을 가지므로 항상 완전하게 섞여 하나의 기체상을 형성한다.

물질의 다른 상태

우리에게는 고체, 액체, 기체가 가장 친숙하지만 우주에서 가장 흔한 물질의 상태는 이러한 것들이 아닌 독특한 특성과 성질을 가진 이온화된(전하를 띤) 기체인 **플라스마**(plasma)이다. 플라스마는 성간과 은하 사이뿐만 아니라 태양이나 다른 별에서도 가장 흔한 물질의 상태이다. 지구에서도 번개나 극지방의 오로라와 같은 현상, 네온, 백열등, 아크 용접기, 플라스마 텔레비전 등의 제품을 통해서 플라스마를 볼 수 있다.

자연산과 인공산 모두에서 여러 가지 상태의 성질을 보여주는 또 다른 친숙한 물질이 있다. 겔 형태로 나타나는 물질이 좋은 예이다. 겔은 일정한 크기의 형태를 가지는 고체처럼 보이지만, 젤리같이 흐르기도 하고 쉽게 변형되는 액체의 특성을 보여준다. 엄밀하게 말하면 겔은 액체인 매질 내에 분산된 매우 작은 입자로 구성된 **콜로이드**(colloid)이다. 콜로이드 입자는 아주 작기 때문에 [100μm(μm=10^{-6}m) 이하, 심지어는 나노미터(nm=10^{-9}m) 크기] 바닥으로 가라앉지 않고 매질 내에서 부유한 상태로 존재한다.

겔은 고체 입자가 가라앉거나 반고체(semisolid)로 응집되는 것을 막아주는 서로 연결된 그물망을 가진다는 점에서 다른 콜로이드와 다르다. 최첨단 기술에 사용되는 물질은 겔의 액체 성분을 기체상으로 교체하여 아주 가벼운 고체 그물망을 형성하는데, 이러한 물질을 에어로겔(aerogel) 또는 냉동 연기(frozen smoke)라 한다(그림 3.3A).

그림 3.3 에어로졸과 콜로이드
많은 중요한 물질들(천연산과 인공산)이 에어로졸과 콜로이드로 산출된다. (A) 에어로겔 또는 냉동 연기는 증기 매질 내에 들어 있는(대부분의 콜로이드성 겔의 경우 액체 매질을 사용하는 데 반하여) 고체 나노 입자로 구성된 초저밀도의 콜로이드성 겔이다. (B) 머드는 물속에 존재하는 매우 미세한 점토 입자로 이루어진 천연으로 산출되는 콜로이드성 혼합물의 좋은 예이다.

공기와 같은 기체 속에 부유하는 미크론 내지 나노 크기의 미립자로 이루어진 콜로이드를 **에어로졸**(aerosol)이라 한다. 천연 에어로졸의 예로 안개가 있다. 여러분이 천식을 앓거나 어떤 사람이 천식을 앓고 있다면 여러분은 천식에 이용되는 약이 압축된 기체의 세찬 흐름에 의해 분산되고 이동되는 매우 작은 액체방울인 에어로졸 형태로 주입되는 것을 알 것이다. 혈액, 우유, 연기, 안개, 슬러시, 부식토, 머드, 오팔, 화산분출물의 일부, 바다거품과 같은 겔, 콜로이드, 에어로졸 등은 지구 작용에서 중요하다(그림 3.3B). 겔, 콜로이드, 에어로졸 형태를 가지는 인공 물질로는 젤로(Jell-O)와 같은 젤라틴, 치약, 아스팔트, 버터, 치즈, 접착제, 스티로폼, 잉크, 페인트, 헤어스프레이, 탈취제 등이 있다.

원자, 원소, 이온, 그리고 동위원소

원소(chemical element)는 정상적인 화학적 방법에 의해 나눌 수 있는 가장 작은 기본적인 물질이다. 각 원소는 H(수소), Si(규소)처럼 기호로 표현한다. 수소와 같은 일부 원소의 기호는 영어 이름에서 유래하지만, 다른 기호들은 다른 언어에서 유래한다. 예를 들면 철의 Fe는 라틴어 *ferrum*에서, 나트륨의 Na는 라틴어 *natrium*에서 유래되었다. 부록 B에는 모든 천연 원소와 실험실에서 합성된 원소의 기호가 열거되어 있다.

순수한 원소의 아주 적은 양도 **원자**(atom)라는 그 원소의 특징을 나타내는 가장 작은 입자를 상당히 많이 포함하고 있다. 원자는 크기가 매우 작기 때문에 가장 성능이 좋은 현미경으로만 관찰할 수 있고, 원자 하나의 지름은 10^{-10}m 밖에 되지 않기 때문에 그 이미지 또한 불완전하다. 다시 말해 1억 개의 원자가 줄지어 놓여 있을 때 그 길이는 겨우 1cm에 불과하다. (실제로는 원자가 정지해 있지 않기 때문에 일렬로 놓을 수 없다.) 원자는 양전하를 가진 양성자와 전기적으로 중성인 중성자, 양성자의 양전하와 균형을 이루도록 음전하를 띤 전자로 구성되어 있다.

양성자와 중성자는 결합하여 원자핵을 형성한다(그림 3.4). 양성자는 핵을 양전하로 만들고, 어느 원자핵의 양성자 수는 그 원자의 원자번호가 된다. 핵 속의 양성자수는 원자에 고유한 특성을 부가하여 특정한 원소가 되게 한다. 핵 속에 하나의 양성자를 포함하는 모든 원자는 수소 원자이고, 2개의 양성자를 포함하면 헬륨이 된다. 같은 원자번호를 가진 모든 원자는 동일한 원소의 원자이다. 모든 원소의 원자번호는 부록 B에 나열되어 있다.

전자는 양성자나 중성자에 비해 훨씬 작고, 전자는 질량이 거의 없는 것으로 여겨진다. 전자는 핵 주변에 일정한 거리를 가지며 분산된 구름 형태로 운동한다. 이 구름 형태에서 전자는 에너지 준위 껍질이라 부르는 특정한 에너지 준위를 갖는다. 원자마다 서로 다른 전자수와 에너지 준위 껍질을 가진다. 각각의 에너지 준위 껍질이 가질 수 있는 최대 전자수는 정해져 있다. 그림 3.4에서 알 수 있듯이 에너지 준위 1은 오직 2개의 전자를 가질 수 있고, 에너지 준위 2는 최대 8개까지, 준위 3은 18개까지, 준위 4는 32개의 전자까지 수용할 수 있다.

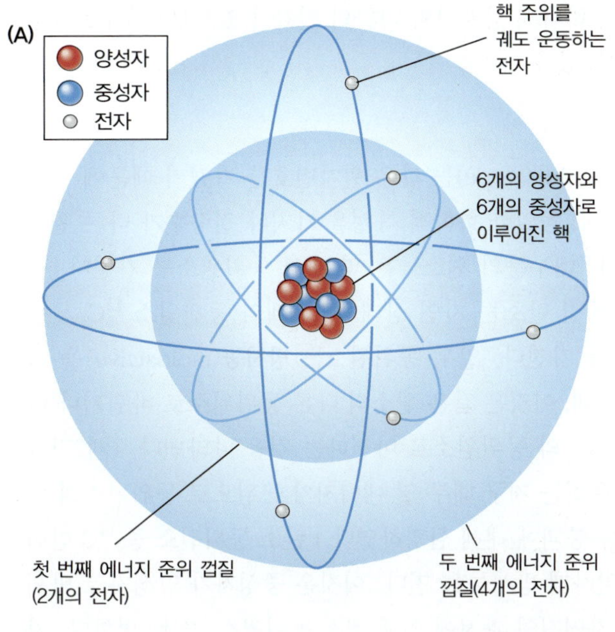

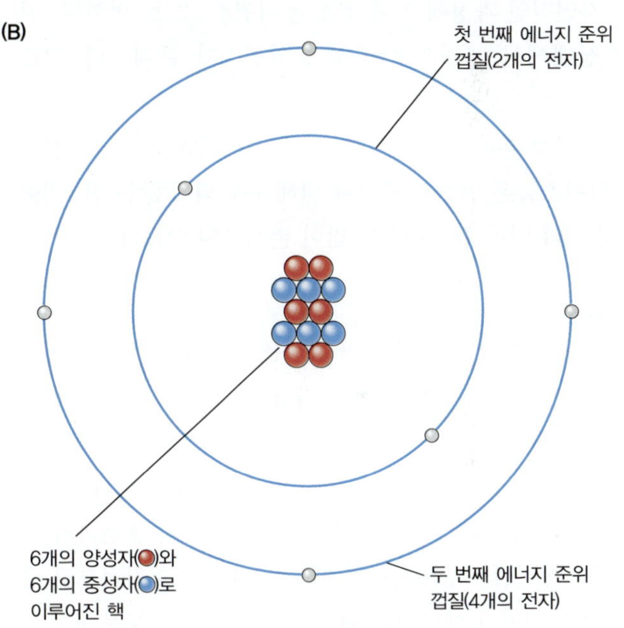

그림 3.4 탄소 원자
이 그림은 탄소 원자에 대한 그림으로, 핵은 6개의 양성자와 중성자를 가진다. 핵 주위를 궤도 운동하는 전자는 에너지 준위 껍질이라는 특정한 궤도에 제한되어 있다. (A) 3차원적인 그림은 첫 번째 에너지 준위 껍질을 보여준다. 첫 번째 껍질은 2개의 전자를, 두 번째 껍질은 8개의 전자를 포함할 수 있다. (B) 탄소 원자의 2차원적인 그림으로, 핵에서 양성자와 중성자의 수와 에너지 준위 껍질에서의 전자수를 보여준다.

중성자는 전기적으로 중성이기 때문에 원소의 원자번호를 바꿀 수 없다. 하지만 중성자는 원자의 질량을 바꿀 수 있으므로, 원자핵 내 중성자와 양성자의 합을 질량수라고 한다. 핵에서 양성자수(원자번호)는 화학기호의 아래 첨자로 표기하고, 양성자와 중성자의 합(질량수)은 위첨자로 나타낸다. 따라서 원자번호가 2이고 질량수가 4인 헬륨은 ${}^{4}_{2}He$로 나타낸다. 원소 주기율 표의 첫 번째 원소인 수소는 하나의 양성자와 하나의 전자가 있으므로 $^{1}_{1}H$로 표시할 수 있다.

동위원소

동위원소(isotope)는 같은 원자번호를 가졌기 때문에 본질적으로 동일한 화학적 특성을 가지나 질량수가 다른 원자이다. 대부분의 원소들은 몇 개의 동위원소를 가진다. 예를 들면 탄소는 자연 상태에서 3개의 동위원소 $^{12}_{6}C$, $^{13}_{6}C$, $^{14}_{6}C$를 가진다. 일부 동위원소는 **방사능**(radioactive)을 가지는데, 이것은 같은 원소의 다른 동위원소로 바뀌거나 다른 원소의 동위원소로 바뀐다는 것을 나타낸다. (제2장에서 우리는 지구 내부 열 에너지의 근원으로 동위원소의 방사능 붕괴에 대해 설명하였다.) 탄소 동위원소 중 $^{14}_{6}C$ 만이 유일하게 방사능을 띤다. 이것은 중성자가 양성자로 바뀌는 자연적인 과정에 의해 질소 동위원소 $^{14}_{7}N$로 변한다. 자연 상태에서 25개의 방사성 동위원소가 존재한다. $^{14}_{6}C$, $^{40}_{19}K$와 같은 것들은 일상에서 우리가 먹고 마시고 숨쉬는 물질 내에 흔하게 존재한다. 이에 반해 $^{238}_{92}U$, $^{232}_{90}Th$와 같은 동위원소들은 인간의 활동에 의해 유입되지 않는 한, 먹이사슬이나 일반 환경에서는 많이 존재하지 않는다.

이온

전자로 가득 찬 에너지 준위 껍질은 매우 안정적이고 짐이 균등하게 실어진 배와 같다. 가장 바깥쪽의 에너지 준위 껍질을 채우고, 안정된 상태에 도달하기 위하여 원자는 자신들의 전자를 공유하거나 이동시킨다. 자연 상태에서는 양성자의 양전하가 궤도를 돌고 있는 전자의 음전하와 완벽하게 균형을 이루고 있기 때문에 원자는 전기적으로 중성이다. 전자가 에너지 준위 껍질의 안정적인 부분에서 이동하면 이러한 전기적 힘의 균형은 무너진다. 전자를 잃은 원자는 음전하를 잃어 버리므로 전체적으로 양전하를 띠게 된다. 전자를 얻은 원자는 전체적으로 음전하를 띤다. 전자의 이동에 의해 과다한 양전하 또는 음전하를 가진 원자를 **이온**(ion)이라 한다. 초과된 전하가 양전하일 경우(원자가 전자를 잃었다는 것을 의미한다) 그 이온은 양이온이라 하고 음전하일 경우(원자가 전자를 얻었다는 것을 의미한다) 그 이온을 음이온이라 한다.

이온의 전하를 표기하는 가장 간편한 방법은 위첨자를 사용하는 것이다. 예를 들어 Ca^{2+}는 전자 2개를 잃은 칼슘 양이온이다. F^{-}는 전자 하나를 얻은 플루오르 음이온이다(이온의 전하가 1일 때 1을 생략할 수 있다. F^{-}는 실제 F^{1-}를 의미하고 Li^{+}는 Li^{1+}를 나타낸다). 이온의 형성 과정은 원자핵의 양성자와 중성자가 아닌 에너지 준위 껍질의 전자만을 포함하기 때문에 이온을 포함하는 반응에서 이온의 원자번호와 질량수를 생략하는 것이 일반적이다.

화합물과 혼합물

화합물(compound)은 하나 또는 그 이상의 음이온과 양이온이 특정한 비율로 화학적인 결합을 할 때 생성된다. 예를 들면 수소 양이온(H^{+})과 산소 음이온(O^{2-})은 2 : 1의 비율로 결합하여 물(H_2O)이라는 화합물을 만든다. 화합물에서는 양전하와 음전하의 합은 0이 되어야 한다. 화합물의 화학식에서 양이온을 먼저 적고, 음이온을 그 다음에 적는다. 음이온과 양이온의 수는 아래첨자로 나타내며, 이온의 전하는 편의상 생략한다. 그래서 $[H_2]^{2+}O^{2-}$라 표현하기보다는 H_2O로 나타낸다.

그림 3.5는 리튬과 플루오르가 화합물을 형성하기 위하여 어떻게 전자가 이동하는지를 예를 들어 보여주고 있다. 리튬 원자는 2개의 전자가 있는 에너지 준위 1을 가지지만, 최대 8개의 전자를 수용할 수 있는 에너지 준위 2에서

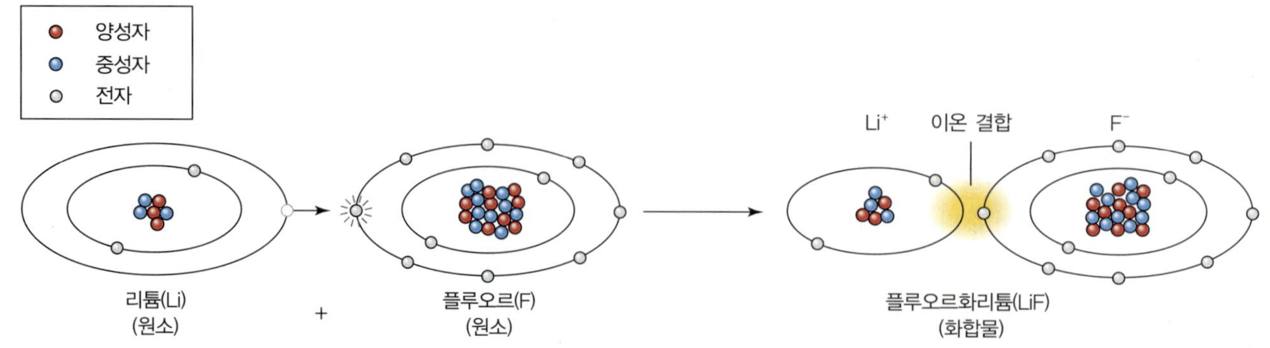

그림 3.5 화합물
플루오르화리튬 화합물을 형성하기 위해 리튬 원자는 플루오르 원자와 결합한다. 리튬 원자는 플루오르 원자의 가장 바깥쪽 껍질을 채우기 위해 최외곽 전자를 이동시킨다. 이 과정에서 Li^{+} 양이온과 F^{-} 음이온을 형성한다. 플루오르화리튬 화합물 내에서 리튬과 플루오르 이온의 결합을 유지시키는 정전기적 인력을 이온 결합이라고 한다.

는 하나의 전자만을 가지고 있다. 준위 2의 전자(이미 플루오르는 준위 2에 7개의 전자를 가져서 완전히 채워지기 위해 오직 하나의 전자를 더 필요로 한다)는 플루오르와 같은 원소에 의해 쉽게 옮겨질 수 있다. 이러한 방식으로 리튬 양이온과 플루오르 음이온은 완전히 채워진 껍질을 가지게 되며, 이 결과 발생하는 리튬 양전하와 플루오르 음전하는 두 이온을 서로 **결합**(bond)시킨다. 전자가 교환되는 이러한 독특한 종류의 결합을 이온결합이라 한다.

리튬과 플루오르는 화합물인 플루오르화리튬을 형성하는데, 모든 Li 이온에 하나의 F 이온이 결합한다는 것을 나타내기 위하여 LiF로 기재한다. Li 이온 하나와 F 이온 하나가 결합한 것을 플루오르화리튬 분자라고 한다. **분자**(molecule)는 화합물의 특성을 가진 최소 단위이다. 분자의 특성은 그것을 구성하는 원소의 특징과 매우 다르다. 예를 들어 나트륨(Na)과 염소(Cl) 원소는 매우 유독하지만, 이들의 화합물인 염화나트륨(NaCl, 소금)은 인간의 건강에 필수적인 물질이다.

착이온

두 종류의 이온이 강력히 결합하여 마치 하나의 이온처럼 행동하는 때가 있다. 이렇게 강력하게 결합한 쌍을 착이온이라 한다. 착이온은 단순 이온과 같은 방식으로 거동하며, 반대 전하를 가진 이온과 결합함으로써 화합물을 형성한다. 예를 들면 탄소와 산소는 결합하여 착이온인 탄산염 음이온을 형성한다. 탄산염 음이온은 Na^+, Ca^{2+}와 같은 양이온과 결합하여 Na_2CO_3, $CaCO_3$와 같은 화합물을 형성한다. 자연에 존재하는 주요 착이온에는 황산염$(SO_4)^{2-}$, 인산염$(PO_4)^{3-}$, 질산염$(NO_3)^-$, 규산염$(SiO_4)^{4-}$ 음이온이 있다.

혼합물과 용액

화합물은 혼합물과 다르다. 혼합물 또한 다양한 지구 작용에서 중요하다. 화합물이 형성되기 위해서는 반드시 화학반응이 일어나야 하고, 원자 수준에서 구성성분 간의 변화와 교환이 있다. 둘 이상의 액체 혹은 여러 종류의 기체를 화학 반응 없이 섞는다면 혼합물이 형성된다. 서로 다른 구성성분들이 서로 쉽게 구별될 수 없는 균질한 상태의 혼합물일 경우 용액이라고 한다. 혼합물과 용액은 원자 수준에서의 변화가 없고 구성성분들이 그들 각각의 특성을 가진다는 점에서 화합물이 아니다(즉 화학반응이 일어나지 않음). 만약 레몬주스와 물을 섞는다면 화합물이 될 수 없다. 물에 설탕을 녹인다면 균질한 혼합물(용액)을 얻을 수 있지만 설탕과 물 분자는 여전히 그들의 특성을 가지고 있다. 앞에서 설명한 겔과 콜로이드 역시 화합물이 아닌 혼합물이다.

혼합물과 용액이 반드시 액체이거나 기체이어야 할 필요는 없다. 예를 들면 땅콩과 섞여 있는 초콜릿 칩은 혼합물이다(2개의 상으로 구성되어 있고 모두 고체 상태이다). 초콜릿과 땅콩을 믹서에 넣고 아주 부드럽고 균질한 혼합물로 부순다면 용액을 만들었다고 할 수 있다. 하지만 분자 수준에서 땅콩과 초콜릿이 구별될 수 있기 때문에 그것은 화합물이 아닌 혼합물이다.

혼합물의 구성성분들은 물리적이나 기계적 방법으로 분리해 낼 수 있는 반면, 화합물의 구성성분은 오직 화학적 방법에 의해 분해될 수 있기 때문에 화합물에서 혼합물과 용액을 언급할 수 있다. 예를 들면 물을 증발시킴으로써 물에서 설탕을 분리해 낼 수 있다. 심지어 레몬주스와 물의 혼합물도 분리할 수 있는데, 가만히 놓아두면 레몬주스는 바닥으로 침전된다(과일주스를 마시기 전에 흔들어야 하는 이유이기도 하다). 밀가루와 자성을 가지는 미세한 쇳가루의 혼합물은 철 입자를 끌어당기는 자석을 사용하여 쉽게 분리할 수 있다. 여과, 증발, 침전, 자석 끌림과 같은 물리적 · 기계적 방법에 의한 분리는 그러한 결합이 화합물이 아니라 혼합물, 즉 용액이라는 것을 입증한다.

유기물

지금까지 우리는 지구에 존재하는 물질의 다양한 상태, 형태, 결합에 대해 살펴보았다. 물질은 화학조성의 차이에 의해 서로 구분한다. 항상 명확한 것은 아니지만 가장 근본적인 화학조성의 차이는 유기물과 무기물 사이에 존재한다.

유기화합물과 무기화합물

유기물과 무기물의 구분을 간단하게 여길지도 모르지만 실제는 상당히 모호할 수 있다. 한 가지 명심해야 할 것은 '유기적' 이란 단어가 과학적인 뜻으로 사용될 때 '녹색의' 혹은 '자연친화적인' 이라는 것을 의미하지 않는다는 것이다. 일부 유기화합물은 인간에게 유독하다.

원래 유기물은 생명체로부터 유래된 것으로 엄격하게 정의된다. 이러한 정의는 어느 정도 유효하지만 상당히 확장되어 사용되기도 한다. 일부 학자들은 탄소를 포함하는 화합물을 유기화합물이라 하기도 하지만 이런 정의는 너무 광범위하기 때문에 중요한 차이를 놓칠 수도 있다. 오늘날 유기적(organic)이라는 용어는 탄소 원자가 공유결합이라는 강력한 결합에 의해 다른 탄소 원자와 결합된 화합물에만 적용하는 것이 일반적이다. 이온결합에서처럼 전자를 교환하는 대신 공유결합은 이웃한 원자의 전자를 공유함으로써 형성되는 결합이다. 유기탄소화합물 역시 수소(H)를 흔히 포함하므로 탄소-수소 화합물 또는 **탄화수소**(hydrocarbons)를 형성한다. 탄소-수소(C-H) 결합은 유기화합물의 정의의 일부분으로 아주 잘 들어맞는다.

유기적(organic)이라는 용어는 화합물이 **생물**(biotic)과 관련되어 있다는 것을 암시한다. 즉 과거에 존재했거나 현재 살아있는 생물 기원의 것을 의미한다. 반면 **무기화합물**(inorganic)은 생물과 관련이 없는, 다시 말하자면 살아있지 않고 **비생물**(abiotic) 기원이다. 무기 화합물은 구성성분으로 탄소를 포함할 수도 있지만 유기화합물의 특징이 되는 탄소-탄소 공유결합이 없다.

이러한 정의를 바탕으로 하면 유기물과 무기물의 구분은 간단해 보일 수도 있지만 사실 그렇지 않다. 예를 들어 다이아몬드를 생각해 보자. 다이아몬드는 공유결합을 하고 있는 탄소로 이루어진 광물이다(화학식 C). 이것은 유기화합물로서 분류되는 탄소-탄소 결합을 포함하지만 맨틀 깊은 곳으로부터 유래된 것이다. 즉 다이아몬드는 광물이고 생물 기원이 아니며 유기화합물로 분류될 수 없다.

이번에는 이산화탄소(화학식 CO_2)를 살펴보자. 이산화탄소는 대기의 미량 성분을 이루는 기체(상온 상압에서)이다. 이것은 광합성 과정에서 매우 중요하며 식물을 이루는 유기화합물 내 탄소의 기원이다. 이산화탄소는 생물자원으로부터 발생하고 생물학적 과정에 이용되지만 탄소-탄소 결합이 없다. 이산화탄소는 다른 유기화합물의 공통된 특징인 수소 역시 포함하지 않는다. 이산화탄소는 화산 폭발과 같은 비생물학적이고 무기적인 기원으로부터도 유래할 수도 있다. 우리가 정의한 것에 따르면 이산화탄소를 유기화합물로 분류하는 것이 쉽지 않아 보이지만 이것은 근본적으로 많은 생물학적 과정에서 중요한 것이다.

유기분자의 중요성

유기화합물의 공통된 특징은 **고분자**(polymer)라고 하는 길고 사슬 같은 구조로 산출되는 경향이 있다는 것이다. 중합작용에서 단량체라 부르는 작은 분자들이 서로 결합하여 긴 사슬 혹은 3차원 망상 구조를 형성한다. 광물의 결정구조에서 배우게 되겠지만, 중합작용은 유기, 무기 분자 모두에서 중요하다. 유기화합물로 구성되었거나 생물 기원인 고분자를 **생체고분자**(biopolymer)라 한다(그림 3.6). 일부 유기화합물은 지구계의 생물학적 과정에 중요한 역할을 하는데, 이 중 세 가지는 생체고분자인 단백질, 핵산, 탄수화물이다. 네 번째로 중요한 유기분자는 지질이다. 지질은 고분자가 아니지만 생명체에 필수적인 물질이다. 이 네 가지 물질에 대해 간략하게 살펴보도록 하자.

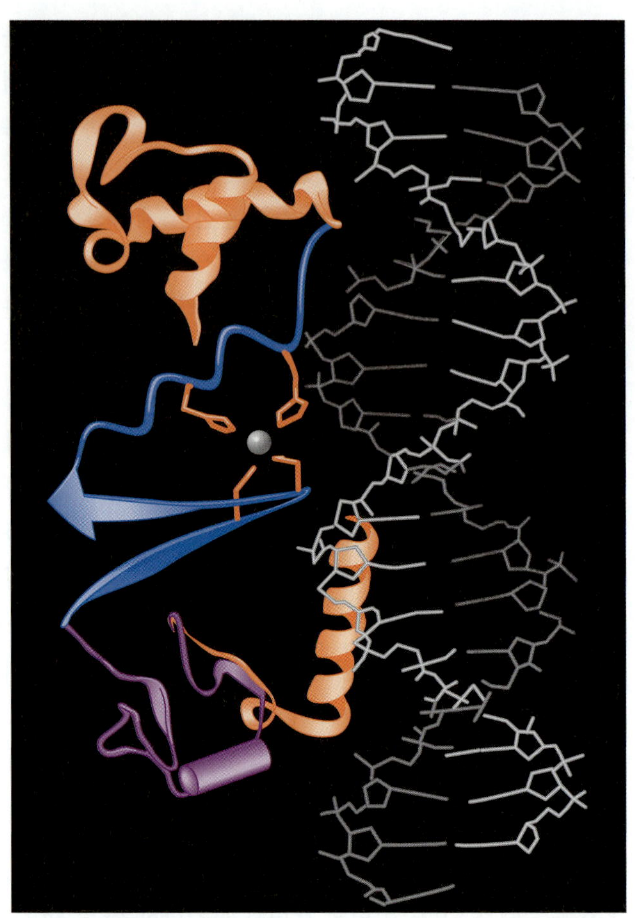

그림 3.6 **생체고분자**
단백질, 핵산과 같은 생체고분자는 작은 분자들이 사슬이나 판 형태의 분자를 만들기 위해 서로 결합하는 중합작용에 의해 형성된 크기가 큰 유기분자이다.

단백질

단백질을 구성하는 성분은 아미노산이라는 유기분자이다. 아미노산의 중심에 위치한 탄소 원자는 수소 원자, 산성의 카복시기(-COOH), 염기성의 아민기(-NH_2), 아미노산 각 종류에 고유한 주변기(side group)의 원자와 전자를 공유하여 결합한다. **단백질**(protein)은 아미노산이 서로 결합하여 형성된 긴 사슬 모양의 고분자이다. 대략 20가지 종류의 아미노산이 결합하여 단백질 고분자를 이룬다. 단백질의 종류 판별은 아미노산의 배열순서와 사슬이 접힌 것으로 추정되는 단백질 분자의 모양에 의해 결정된다. 접힌 단백질 분자에서 고분자 사슬의 어느 부분은 밖으로 드러나는 반면 다른 부분은 안쪽으로 가려진다. 각 아미노산의 위치는 아미노산이 세포 표면이나 다른 분자와 어떻게 작용하는 지를 결정하기 때문에 접힌 양상은 단백질의 기능을 결정하게 된다.

생명체에서 단백질은 많은 역할을 한다. 그들은 생명체를 구조적으로 지탱하고 조직의 성장을 돕는다. 예를 들면 동물들은 단백질을 이용해 피부, 털, 힘줄, 근육을 만든다. 단백질은 에너지를 저장하고, 외부 생명체나 병원체에 대해 방어할 때에도 도움을 준다. 어떤 단백질은 화학적 전달자 역할을 하는 분자인 호르몬, 음식의 소화와 같은 화학 반응을 촉진하는 효소 역할을 하기도 한다.

핵산

살아있는 생명체는 어떻게 단백질을 만드는 것일까? 제14장에서 알 수 있겠지만, 그 생성 과정은 핵산에 의해 진행된다. **핵산**(nucleic acid)에는 디옥시리보핵산(deoxyribonucleic acid, DNA)과 리보핵산(ribonucleic acid, RNA)이 있는데, 이것은 생명체의 유전적 정보에 따라 저장하거나 다음 세대로 전달하는 역할을 한다.

핵산은 뉴클레오티드라는 분자로부터 만들어진 거대 유기고분자로, 당기, 인산염기, 질소성 염기를 포함하고 있다. DNA 내 당기는 디옥시리보오스(deoxyribose), RNA 내에서는 리보오스(ribose)라 한다. DNA는 이중 가닥 고분자이다. 이중 나선은 뉴클레오타이드가 사다리의 계단처럼 양 옆을 붙잡고 있는 사다리 모양으로 표현된다. 이 DNA 사다리는 나선형으로 꼬여 있으므로 전체 분자의 모양을 이중나선이라고 한다. RNA는 이와 유사하나 하나의 가닥으로 이루어져 있다.

유전적 정보는 바코드와 같이 DNA 분자 내에 뉴클레오타이드가 쌓여 있는 순서대로 암호화되어 있다. 유전적 정보는 RNA 분자에 다시 기록됨으로써 다음 세대로 전달된다. RNA는 생명체의 구조, 성장, 유지에 영향을 주는 단백질 형성에 관계되는 아미노산의 배열순서를 감독한다. DNA로부터 오는 유전자 정보는 세포분열과 난자, 정자의 형성 과정에서 복제됨으로써 한 세대에서 다음 세대로 전달된다. **유전자**(gene)는 특별한 역할을 하는 특정 단백질에 대한 DNA가 암호화된 것이다. 대부분의 생명체에서, 한 생명체의 모든 유전자가 배열된 유전체(genome)는 유전적 정보를 전달하는 역할을 하는 염색체라는 특별한 영역을 따라 구분된다. 서로 다른 종의 생명체들은 유전자와 염색체의 수가 다르다. 대부분의 박테리아는 하나의 원형 염색체를 가지는 반면, 우리 인간은 46개의 선형 염색체를 가진다.

탄수화물

생체고분자의 세 번째 종류는 우리가 먹는 음식의 가장 많은 양을 차지하는 **탄수화물**(carbohydrate)이다. 당, 녹말, 섬유소를 포함하는 탄수화물은 모든 생명체에서 찾아볼 수 있다. 이들은 탄소, 수소, 산소로 구성된 분자로 화학식이 $C_x(H_2O)_y$이다. 당 또는 단당류의 단순 탄수화물은 CH_2O 몇 배의 화학식을 갖는다. 예를 들어 포도당($C_6H_{12}O_6$)은 가장 일반적이고 중요한 당의 하나이다. 포도당은 우리 혈액에 존재하는 당이며, 식물과 동물의 세포에 에너지를 공급한다.

포도당은 더 복잡한 탄수화물 분자 또는 녹말과 섬유소에서 볼 수 있는 다당류($(C_6H_{10}O_5)_n$)의 구성요소이다. 녹말은 식물이 에너지를 저장하기 위해 사용하는 다당류로, 밀, 쌀, 옥수수, 감자에 들어 있어 식단에서 주된 탄수화물이다. 섬유소는 서로 결합한 수백 내지 수천 가지의 포도당 분자를 포함한다. 섬유소는 지구에서 가장 풍부한 유기화합물로, 식물의 뿌리, 줄기, 껍질, 잎을 튼튼하게 해 준다. 이것을 이용하여 곤충이나 갑각류가 키틴(chitin)이라는 단단한 껍질을 만든다. 섬유소는 질기고 섬유질이며, 불용성이기 때문에 소를 포함한 반추동물들을 제외한다면 소화시킬 수 없는 물질이다. 그들은 위 속에 특별한 박테리아를 가지고 있어 거대 고분자를 소화 가능한 더 작은 분자로 분해할 수 있다. 섬유소는 종이, 직물과 같이 섬유를 포함하는 다양한 제품을 생산하는 데 사용된다.

지질

네 번째 중요한 유기분자는 **지질**(lipid)이라고 하는 화합물군이다. 고분자가 아닌 지질은 화학적으로 다양하지만 물에 녹지 않는다는 공통점을 가지고 있기 때문에 같은 화합물로 묶는다.

- 지방과 기름. 지방과 기름의 탄화수소 구조는 휘발유와 다소 유사하며, 에너지를 효과적으로 저장하고 연소 시 에너지를 방출하는 기능에서 비슷하다. 이것은 특히 움직이는 동물이 나중에 사용하기 위하여 에너지를 저장할 때 편리한 형태이다.
- 인지질. 이것은 하나의 물이 스며들지 않는(소수성) 면과 하나의 물이 스며드는(친수성) 면으로 구성된 분자 구조를 가진다. 이중막으로 이루어진 인지질은 동물

세포막의 주된 구성성분이다.

- **왁스.** 왁스는 다양한 구성성분을 가지는 긴 사슬형의 탄화수소 분자이다. 구성성분에 따라 굳기, 녹는점과 같은 물리 · 화학적 특성이 결정된다. 벌집의 밀납과 같이 지탱하는 역할을 하기도 하며, 생명체의 분비작용에 의해 자주 만들어진다. 라놀린은 양 가죽의 분비샘으로부터 분비된 왁스인데, 양이 양털로부터 물을 발산하는 데 도움을 주며, 물이 스며들지 않는 특성을 이용하여 상업적으로 다양한 목적에 사용된다.
- **스테로이드.** 중요한 이들 화학성분은 동물 세포막에 존재하며 성성숙과 재생에 필수적인 것을 포함하는 호르몬을 만드는 데 이용된다.

여기에서 다루지 않은 많은 종류를 포함하여 모든 유기분자는 생물학적 과정에서 아주 중요할 뿐만 아니라 지구계에서도 중요한 역할을 한다. 예를 들어 고체인 석탄과 액체인 석유를 비교해 보자. 석탄은 늪 환경에 쌓인 육지 식물들의 유해가 매몰된 후 변질작용을 받아 형성된다. 석탄은 식물로부터 유래되었기 때문에 그 구성성분은 탄화수소, 특히 섬유질인 경우가 많다. 석탄은 매우 복잡한 물질로, 송진, 기름, 왁스와 같은 식물로부터 유래한 다양한 화합물을 포함하며 화학적 변환 과정을 통해 생성된다. 근원물질 내에 풍부한 식물성 섬유소는 최종 산물에 큰 영향을 미친다. 이에 반해 석유는 해양 동물의 유해로부터 형성되므로 출발 물질의 종류와 비율에 있어 석탄과 매우 큰 차이가 있다. 석유와 천연가스는 나프텐과 같은 주로 가볍고 긴 사슬형의 탄화수소 유기고분자로 구성되어 있다. 출발 물질의 이러한 차이는 석유와 천연가스가 석탄과는 다른 특성을 갖도록 한다.

지구의 화학조성과 내부 구조

다양한 상태에 있는 물질의 성질을 지배하는 규칙인 전자, 양성자, 중성자와 같은 기본 입자의 특성, 원자들의 결합에 의한 유기 · 무기화합물과 분자의 형성, 원자의 동위원소나 이온으로의 변환 등 이 모두는 우주에 존재하는 모든 물질에 기본적인 것이다(비록 여기에서 고려하지 않은 물질의 다른 형태나 거동이 존재하지만). 우리의 특별한 관심은 지구가 무엇으로 구성되며, 지구의 전체 화학조성이 어떻게 지구에 존재하는 물질과 구성 요소들의 성질을 결정하는가에 집중된다.

전체 화학조성과 내부 구조

지구의 전체 화학조성은 태양계를 형성한 태양계 성운 내 위치로부터 정해졌다. 지구는 전체 화학조성이 암석과 금속이 우세한 **지구형 행성**(제4장 참조)에 속한다. 지구도 다른 지구형 행성과 같이 태양계 형성 초기에 있었던 부분 용융된 상태에서의 화학적 분화에 의하여 만들어진 내부 층상구조를 가지고 있다. 지구 내부의 층들은 화학조성, 암석 강도의 차이, 층을 이루는 물질 상태의 차이 등에 의하여 서로 구분된다.

화학조성이 다른 층

지구 내부는 중심에서부터 성분에 따라 핵, 맨틀, 지각 등 3개의 층으로 구분된다(그림 3.7). **핵**(core)은 대부분 금속 철로 이루어지며, 소량의 니켈과 다른 원소가 포함된 구형 물질이다. **맨틀**(mantle)은 핵을 에워싸고 있는 밀도가 높은 암석 물질로 구성된 두꺼운 껍데기이다. 맨틀은 핵보다는 밀도가 낮지만 제일 바깥층보다는 밀도가 높다. 맨틀 상부에는 맨틀보다 밀도가 낮은 암석으로 이루어진 가장 얇고 가장 외곽에 위치한 **지각**(crust)이 있다.

지구의 핵과 맨틀은 두께가 거의 일정하지만, 지각은 아홉 가지 요인 때문에 위치에 따라 두께가 균일하지 않고 차이가 난다. 해양분지 아래에 있는 **해양 지각**(oceanic crust)은 평균 두께가 약 8km인 데 반해, **대륙 지각**(continental crust)은 평균 두께가 45km이지만 30~70km 범위를 가진다. 두 종류의 지각은 기본적으로 조성에서 차이가 난다. 해양 지각은 다소 밀도가 높은 암석인 현무암질 암석으로 구성된다. 대륙 지각은 조성의 변화가 훨씬 심하지만 대체로 밀도가 훨씬 낮은 화강암질 암석으로 구성된다. 두 종류 지각의 차이는 지구 표면의 모습을 끊임없이 바꾸고 재배열시키는 판구조 운동에 기인한 것이다. 이들의 특성, 특히 밀도 차이는 해양 지각과 대륙 지각이 지구조 순환에서 어떻게 행동하는지에 큰 영향을 미친다. 이에 대해서는 제5장에서 자세하게 다룬다.

지구 표면에는 쉽게 접근할 수 있기 때문에 지각의 대부분은 직접 연구할 수 있다. 이에 반해 핵과 맨틀은 볼 수도 없고 직접 시료를 채취할 수도 없다. 어떻게 이들의 조성을 알 수 있을까? 이에 대한 해답은 과학적 추론, 간접적인 시료 채취, 원격탐사와 같은 간접적인 측정을 결합한 것이다. 제1장에서 인공위성에 탑재된 기기들이 어떻게 먼 거리에서 지구 표면에 관한 정보를 수집하는가에 대하여 배운 바 있다. 이와 비슷한 방법으로 지표면에 설치한 기기

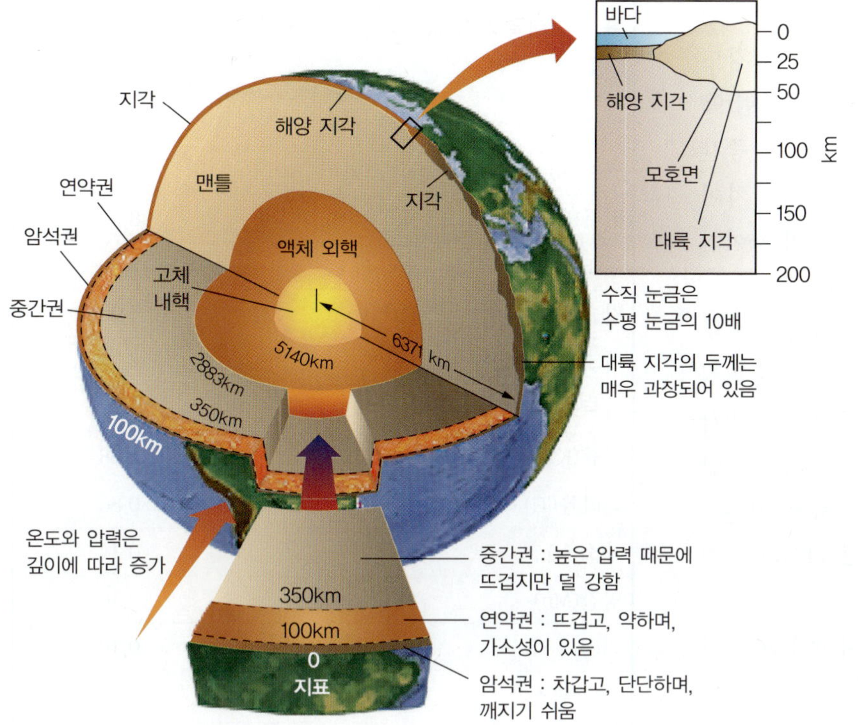

그림 3.7 지구 내부

지구의 단면도는 다른 조성과 암석 강도를 가진 여러 층을 보여준다. 성분상의 층은 지구 내부로부터 핵, 맨틀, 지각 순으로 분포한다. 대륙 아래에 있는 지각은 해양 아래에 있는 것보다 두께가 두껍다는 것에 주목하라. 암석권, 연약권, 중간권과 같은 서로 다른 물리적 성질을 가지는 층 사이의 경계는 성분상 경계와 일치하지 않는다는 사실에도 주목할 필요가 있다.

들이 지구 내부에 대한 유용한 정보들을 수집하여 과학자들에게 제공한다. 조성을 간접적으로 결정하는 방법 중 하나는 지표로부터의 깊이에 따른 물질의 밀도 변화를 측정하는 것이다. 이것은 지진파를 감지하는 지진계(제6장 참조)를 이용하면 가능하다. 지구 내부를 통과하는 지진파 속도는 물질의 밀도와 조성을 반영한다. 지진파 속도의 급격한 변화는 밀도 변화가 있음을 지시한다. 과학자들은 이런 변화를 측정하여 맨틀이 다른 조성을 가지는 몇 개의 층으로 구성되었음을 추론할 수 있고, 각 층들의 조성을 예상할 수 있다.

지구 표면의 과학자들이 간접적으로, 실제로는 사고에 의하여 지구 내부의 시료를 간혹 구하기도 한다. 예를 들면 지구 내부에서 유래한 용암은 맨틀 암석의 일부를 뜯어내어 강력한 화산 폭발에 의하여 지표까지 이것을 운반하기도 한다. '외래 암석'을 뜻하는 그리스어에서 유래한 포획암이라 부르는 이런 암석은 희귀하지만 과학적으로 가치 있는 시료로서 다른 방법으로는 접근할 수 없는 지구 내부에 대하여 직접 연구할 수 있는 기회를 제공한다.

핵의 조성을 결정하는 것은 가장 어려운 문제이다. 핵 속에서는 온도와 압력이 매우 높기 때문에 물질은 비정상적인 상태에 놓여 있다. 핵의 조성에 관한 가장 좋은 증거는 철질 운석의 조성과 비교함으로써 가능하다. 철질 운석은 지구와 같은 화학적 분화를 받은 큰 소행성의 핵이 떨어져 나온 조각이고, 태양계 형성 초기에 일어난 큰 충돌에 의하여 부서진 것이라고 여겨진다. 증거에 의하면 부서진 물질은 지구와 비슷한 금속 철로 이루어진 핵을 포함하는 화학적 층들을 가지고 있었다.

맨틀이나 핵과는 달리 지각은 직접 관찰할 수 있고 직접 시료 채취도 가능하다. 광범위한 시료 채취에 의하면 지각은 조성의 차이가 심하고, 전체 조성과 밀도는 맨틀과 큰 차이가 있고, 맨틀과 지각의 경계가 뚜렷하다는 것을 알 수 있다.

다른 암석 강도를 가진 층

성분상 층 외에 지구 내부에는 암석 강도의 차이에 의한 층이 존재한다(그림 3.7). 고체의 강도는 온도와 압력 모두에 의해 제어되며, 지구 내부에서 깊이가 증가함에 따라 온도와 압력 역시 증가한다(제2장). 고체가 가열되면 강도를 상실하고, 압축되면 강도를 얻게 된다. 온도와 압력 차이에 의하여 맨틀과 지각은 3개의 강도가 다른 층으로 구분 가능하다. 맨틀의 하부에서 온도가 매우 높은 데도 불구하고 암석은 강하게 압축되어 상당한 강도를 가진다. 높은 온도와 상대적으로 높은 암석 강도를 가진 층이 맨틀-핵 경계(약 2,883km 깊이)에서부터 약 350km 깊이까지 존재하는데, 이 부분을 **중간권**(mesosphere)(중간 구)이라고 한다.

지표 아래 100~350km 깊이의 상부 맨틀은 **연약권**

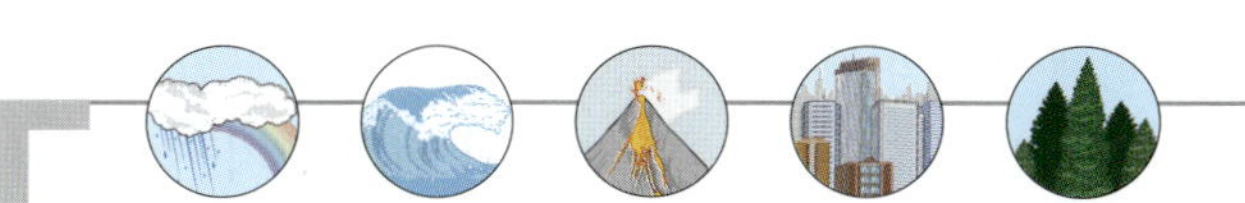

관련짓기

화산 폭발은 지구 내부로부터 지표까지 마그마와 고체 암석을 운반하지만, 많은 양의 화산 기체도 방출한다. 화산 활동은 지구 역사의 매우 초기부터 시작되어 지금까지 지속되고 있다. 이것은 지구의 수권과 기권의 조성에 어떤 영향을 미치는가?

(asthenosphere)(약한 구)이라고 하며, 이 지역은 온도와 압력이 균형을 이루고 있기 때문에 암석은 매우 낮은 강도를 가진다. 연약권 내 암석은 버터나 따뜻한 타르처럼 약하고 쉽게 변형된다. 지질학자들이 말할 수 있는 한, 중간권과 연약권의 조성은 기본적으로 같다. 이들 사이의 차이는 물리적 성질 중 하나인데, 이 경우 암석 강도의 차이인 것으로 여겨진다.

연약권 상부, 지구의 제일 외곽 100km에 해당되는 부분의 암석은 가소성을 가진 연약권의 암석에 비하여 훨씬 차갑고 강하며 단단하다. 맨틀의 제일 상층 부분과 지각 모두를 포함하는 단단한 겉부분은 **암석권**(lithosphere)(암석 구)이다. 연약권으로부터 암석권을 구분하는 기준은 암석의 조성이 아니라 암석의 강도라는 것을 기억하는 것이 중요하다.

암석권과 연약권의 경계는 온도와 압력 사이의 균형 차이 때문에 발생한다. 암석권 내 암석은 강하고 잘 변형되지 않고 잘 부서지지 않지만, 연약권 내 암석은 매우 쉽게 변형된다. 호수 위에 떠 있는 한 장의 얼음과 비슷하다고 생각하면 된다. 얼음은 암석권, 호수는 연약권과 비슷하다. 계속되는 장에서 배우겠지만, 암석권과 연약권 사이의 차이는 지구의 지형을 결정하는 데 매우 중요한 역할을 한다.

다른 물리적 상태를 가진 층

지구 내부의 대부분 물질들은 고체이지만, 핵 속의 금속 철은 두 가지 물리적 상태로 존재한다. 중심 핵인 **내핵**(inner core)은 고체이다. 이 지역의 압력은 매우 높기 때문에 높은 온도에도 불구하고 철은 고체로 존재한다. 내부 핵을 둘러싸고 있는 부분은 철이 용융되어 액체로 존재할 수 있을 정도로 온도와 압력이 균형을 이루고 있다. 이 부분은 **외핵**(outer core)이다. 내핵과 외핵의 차이는 조성의 차이가 아니다(조성은 같은 것으로 여겨진다). 그 차이는 물리적 상태의 차이로, 하나는 고체이고 하나는 액체 상태이다.

풍부 원소

92개의 자연적으로 산출되는 화학 원소들 중 지구의 최외곽층인 지각 내에 0.1% 이상 존재하는 것은 단지 12개에 불과하다. 실제로 지각은 2개의 화학 원소가 대부분을 차지하고 있다. 산소와 규소는 무게비로 대륙 지각의 70% 이상을 이루고 있다. 풍부 원소라 부르는 산소, 규소, 알루미늄, 철, 칼슘, 마그네슘, 나트륨, 칼륨, 티타늄, 수소, 망간, 인 등 12개 원소는 대륙 지각의 99.23%를 구성하고 있다

표 3.1 대륙 지각 내에 가장 흔한 원소

원소	이온	무게 백분율
산소(O)	O^{2-}	45.20
규소(Si)	Si^{4+}	27.20
알루미늄(Al)	Al^{3+}	8.00
철(Fe)	Fe^{2+}와 Fe^{3+}	5.80
칼슘(Ca)	Ca^{2+}	5.06
마그네슘(Mg)	Mg^{2+}	2.77
나트륨(Na)	Na^{+}	2.32
칼륨(K)	K^{+}	1.68
티타늄(Ti)	Ti^{4+}	0.86
수소(H)	H^{+}	0.14
망간(Mn)	Mn^{2+} 와 Mn^{4+}	0.10
인(P)	P^{3+}	0.10
기타 원소		0.77
	합계	100.00

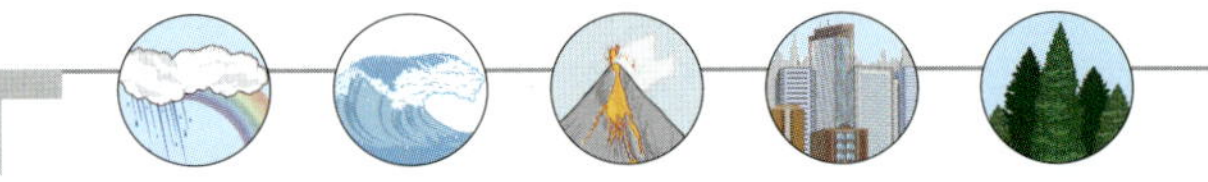

관련짓기

우리 몸과 같이 대부분의 생명체를 지탱하는 주된 원소인 탄소, 질소, 산소, 수소, 인, 칼륨은 상당히 풍부하다. 만일 이들 원소 중 한 가지 이상의 공급이 제한된다면 지구 행성에 살고 있는 생명체는 어떻게 달라질까?

(표 3.1). 나머지 모든 원소들은 결핍 원소라고 한다.

12개의 풍부 원소는 지구에서 흔한 물질의 화학조성을 정하는 데 큰 역할을 한다. 예를 들면 현재까지 알려진 4,000종 이상의 광물 중 40여 종만이 지각 대부분을 이루고 있으며, 이들은 12개의 풍부 원소 중 하나 이상을 대부분 포함하고 있다. 탄소와 질소를 제외한 생명체에 필수적인 원소들 또한 풍부 원소라는 것에 주목하라. 이들 원소는 산소, 인, 수소, 칼륨이다. 탄소와 질소는 다행스럽게 거의 풍부 원소에 속한다. 즉 지구상에 살고 있는 생명체는 생명체 구성의 필수 원소가 결핍되는 제한을 받지 않는다. 다음 장에서는 풍부 원소와 결핍 원소가 지구 물질의 조성을 결정하는 데 어떤 역할을 하는지 검토한다.

광물

광물은 지권을 구성하는 기본 물질이다. 어떤 물질이 **광물**

(mineral)이 되기 위해서는 다음과 같은 다섯 가지 조건을 충족시켜야 한다.

1. 천연산일 것. 이 조건은 자연적으로 생성되지 못하고 실험실에서 만들어질 수 있는 다양한 물질들을 배제시킨다.
2. 무기적일 것. 이 조건은 살아있는 생명체에 의해 생성되는 많은 유기화합물들을 배제시킨다.
3. 고체일 것. 이 조건은 모든 액체와 기체를 배제시킨다.
4. 일정한 화학조성을 가질 것. 이 조건은 정확한 화학식으로 표현될 수 없는 화학조성을 가지는 고체들을 배제시킨다. 이런 예로 다양한 범위의 조성을 가지는 비정질 고체인 **유리**(glass)가 있다. 이 조건은 광물이 화합물이거나 화학 원소임을 지시한다.
5. 일정한 결정 구조, 즉 구성 원자들이 질서 있는 내부 배열을 가질 것. 이 조건은 구성 원자들이 자유롭게 이동할 수 있고, 질서 있고 고정된 형태로 배열되지 못한 모든 액체와 기체를 배제시킨다. 이 조건은 구성 원자들의 내부 배열이 무질서한 유리를 광물에서 배제시킨다.

다이아몬드를 예로 들어 설명해 보자. 다이아몬드는 광물이다. 이것은 천연적으로 만들어지며, 고체이고 화학 원소인 탄소로 구성되며, 모든 탄소들이 다이아몬드의 특성을 나타낼 수 있도록 규칙적으로 기하학적인 배열을 하고 있다. 석탄은 대부분 탄소로 이루어져 있다는 점에서는 다이아몬드와 유사하지만 닮은 점은 이것밖에 없다. 석탄은 광물이 아니다. 이것은 여러 종류의 고체 물질 조각들(파편)이 서로 엉켜 붙어 결합된 암석이다. 석탄은 탄소 이외에 여러 가지 화합물들을 포함하고 있으며, 이들 중 많은 양의 기원이 생명체와 관련된 유기적이며, 그 화학 조성이 시료마다 다르기 때문에 일정한 화학조성이 없을 뿐만 아니라 일정한 결정 구조도 가지지 못한다.

석탄은 광물이 아니라 암석의 일종이다. 암석은 광물과 천연적으로 산출되는 다른 물질, 즉 화산성 유리와 유기물의 집합체이다. 암석은 자연이 만든 책이며, 암석 내에 지구의 여러 작용, 즉 어떻게 대륙이 움직이고, 어떻게 산맥이 형성되고 침식되는지, 어떻게 해양분지가 형성되고 사라지는지 등이 역사적으로 기록되어 있다. 광물은 자연이 만든 책 속에 사용되는 용어이다. 암석과 광물은 자연 상태에서 거의 함께 만들어지지만, 암석을 공부하기 이전에 광물에 대하여 자세하게 알아볼 필요가 있다.

광물 조성과 구조

광물을 연구하고 분류하는 가장 편리한 방법은 가장 중요한 두 가지 특징인 결정 구조와 화학조성에 근거하는 것이다.

1. 결정 구조는 광물을 구성하는 원소의 원자들이 광물 내에서 채워져 있는 방법이다.
2. 화학조성은 광물 내에서 주를 이루는 화학 원소들의 종류와 함량비이다.

대부분의 고체에서 이온들은 그림 3.8에서와 보는 것처럼 상자 내에 담겨 있는 달걀과 같이 결정 구조라는 규칙적이고 기하학적인 형태로 잘 조직되어 있다. 이와 같은

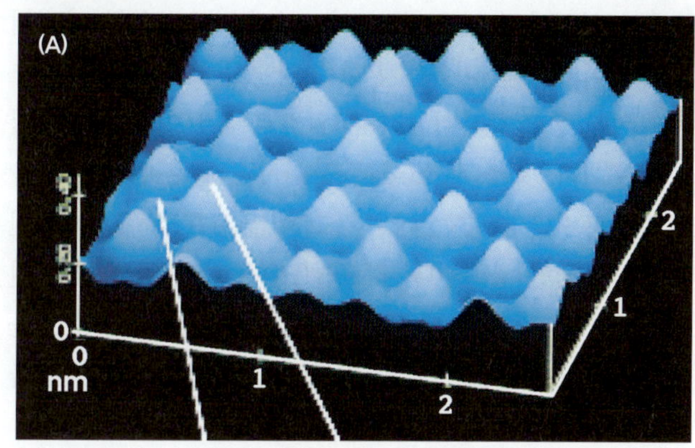

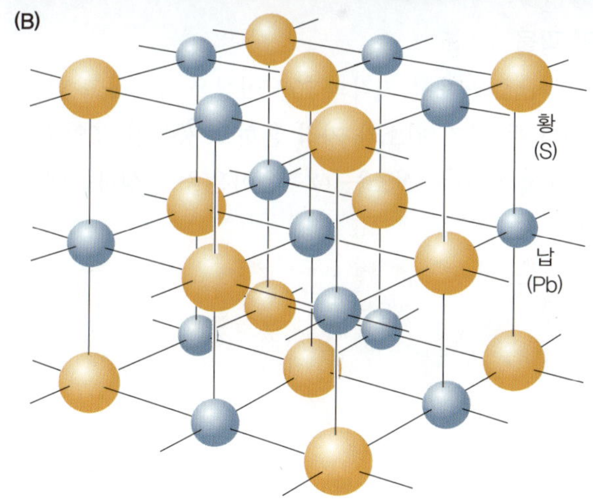

그림 3.8 광물의 원자 구조
이 그림은 납의 가장 흔한 광석광물인 방연석(PbS) 내 이온의 배열 상태를 보여준다. 납(Pb)은 전하가 2^+인 양이온이고, 황(S)은 전하가 2^-인 음이온이다. 구조 내에서 이온들 사이의 전하 균형을 맞추기 위하여 같은 수의 납과 황이 존재해야 한다. 이온들은 크기가 매우 작기 때문에 한 모서리의 길이가 1cm인 방연석 육면체 내에 납과 황 이온이 각각 10^{22}개 들어 있다. (A) 방연석 결정의 표면에 있는 이온은 주사터널링현미경(scanning tunneling microscope)으로 관찰할 수 있다. 황 이온은 크고 납 이온은 작다. (B) 결정 전체를 통하여 이온의 배열 상태는 연속적으로 반복된다. 이온들이 얼마나 적합하게 배열되어 있는가를 나타내기 위하여 검은 선을 따라 서로 떨어져 있는 형태로 그려져 있다.

결정 구조를 가지는 고체를 결정질이라고 한다. 결정 구조가 결핍된 고체는 비정질(그리스어로 '형태가 없는')이라고 한다. 유리와 호박은 비정질 고체의 대표적인 예이다. 모든 광물은 결정질이고, 광물의 결정 구조는 그 광물의 고유한 성질이다. 어느 광물에 속하는 모든 종류의 표품은 모두 같은 결정 구조를 가진다.

앞에서 언급한 것처럼 과학자들은 4,000종 이상의 광물을 찾아내었으며, 매년 새로운 광물종이 발견되기 때문에 그 수는 천천히 증가하고 있다. 대부분의 광물은 대륙 지각의 암석 내에 존재하지만 일부는 운석에서 확인되었고, 2개의 새로운 종은 우주비행사가 지구로 가져온 달 암석에서 찾아냈다. 광물의 전체 수는 많은 것처럼 보이지만, 화학자들이 92가지 자연 원소를 조합하여 만들 수 있는 화합물의 엄청나게 많은 수와 비교하면 매우 적다. 이렇게 많은 차이가 나는 이유는 흔한 조암광물 40종류의 화학조성은 지각 중에 풍부한 12가지 원소로 대부분 이루어져 있기 때문이다. 희소 원소(scarce element)를 포함하는 광물도 존재하지만 그 수는 매우 적고 이들은 특별하고 제한된 환경 하에서만 생성된다. 하프늄(Hf)과 같이 일부 희소 원소는 매우 희귀하기 때문에 일반적인 조건에서는 광물을 형성하지 못하는 것으로 알려져 있다. 이들은 조암 광물 내에서 미량 원소로만 존재한다.

조암 광물

산소와 규소는 대륙 지각의 70% 이상을 차지하고 있기 때문에 이 두 가지 원소가 가장 흔하고 풍부한 조암광물의 토대를 형성한다. 산소는 O^{2-} 음이온을 형성하는데, O^{2-} 음이온을 포함하는 화합물을 산화물이라 한다. 규소는 Si^{4+} 양이온을 이루며, 산소와 규소는 서로 결합하여 강한 착이온인 규산염 음이온 $(SiO_4)^{4-}$을 형성한다. 규산염 음이온을 포함하는 광물은 복합 산화물에 해당하며, 단순 산화물과 구별하기 위하여 규산염 광물이라고 한다. 예를 들면 MgO는 산화 광물이고, Mg_2SiO_4는 규산염 광물이다.

모든 광물 중 규산염 광물이 가장 많고, 산화 광물이 그 다음으로 많다. 규산염이나 산화 광물보다 많지는 않지만 중요한 광물로는 S^{2-}를 포함하는 황화 광물, 탄산염 광물 $(CO_3)^{2-}$, 황산염 광물$(SO_4)^{2-}$, 인산염 광물$(PO_4)^{3-}$ 등을 들 수 있다.

규산염 광물

규산염 음이온 $(SiO_4)^{4-}$은 사면체 형태를 가진다. 그림 3.9에서와 같이 상대적으로 큰 4개의 산소 음이온은 크기가

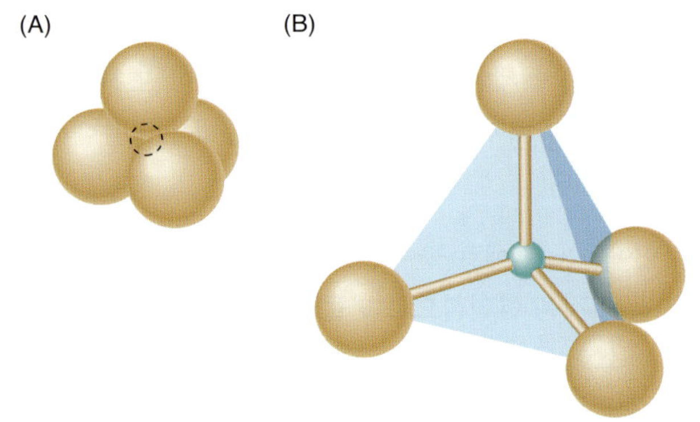

그림 3.9 규산염 사면체
사면체 형태의 규산염 음이온 SiO_4^{4-}. (A) 4개의 산소 음이온이 서로 접촉하고 있고 점선으로 표시한 규소 원자는 그 중심에 위치함. (B) 큰 산소 음이온이 작은 규소 양이온으로부터 같은 거리만큼 떨어진 4개의 꼭지점에 위치하도록 확대하여 그린 그림

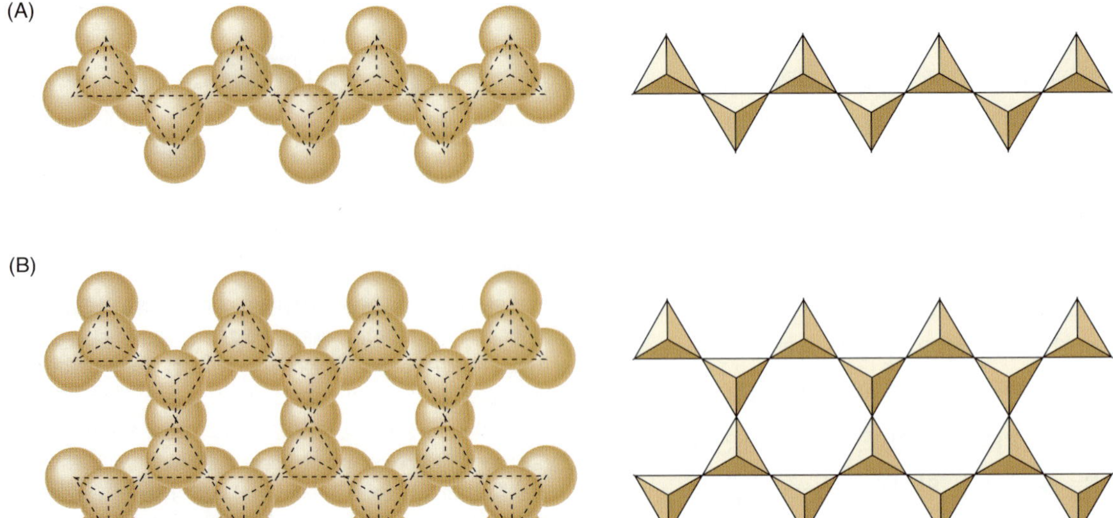

그림 3.10 규산염 중합
중합에 의하여 형성된 복합 규산염 음이온. (A) 각 규산염 음이온들이 인접한 음이온과 2개의 산소 원자를 공유하여 만들어진 중합 사슬. 기하학적 도형은 오른쪽에 나타나 있다. 각 사슬의 기본 단위식은 $(SiO_3)^{2-}$이다. (B) 기본 단위식이 $(Si_4O_{11})^{6-}$인 이중 중합 사슬

규산염 구조	광물/화학식	벽개	표품 사진
독립사면체	감람석 Mg_2SiO_4	없음	
육각 환형	녹주석 (보석광물 에메랄드) $Be_3Al_2Si_6O_{18}$	한 방향	
단일 사슬	휘석군 (투휘석) $CaMg(SiO_3)_2$	서로 90° 를 이루는 두 방향	
이중 사슬	각섬석군 (투각섬석) $Ca_2Mg_5(Si_4O_{11})_2(OH)_2$	서로 120° 를 이루는 두 방향	
층상	운모 (백운모) $K(Mg,Fe)_3(AlSi_3O_{10})(OH)_2$	한 방향	
3차원 망상	장석 (정장석) $KAlSi_3O_8$	서로 90° 를 이루는 두 방향	
	석영 SiO_2	없음	

그림 3.11 광물을 형성하는 규산염 중합

이 표는 흔한 규산염 광물 내 규산염 음이온이 중합하는 방법을 요약하고 있다. 각 종류의 대표적인 광물이 그림으로 제시되어 있다. 가장 중요한 중합은 사슬, 층상과 3차원 망상 구조이다. 결정 구조와 벽개 사이의 관계가 잘 나타나 있다.

그림 3.12 **가장 흔한 광물**
대륙 지각에서 가장 흔한 두 종류의 광물인 장석(초록색)과 석영(회색). 콜로라도 주 파이크스피크 산, 표품 크기는 20cm

훨씬 작은 규소 양이온을 에워싸면서 결합하고 있다. 모든 규산염 광물은 규산염 음이온을 결정 구조의 필수적인 성분으로 포함하고 있다. 대부분의 규산염 광물에서 음이온은 산소 원자를 공유하면서 서로 서로 결합되어 사슬, 층상, 3차원 망상 구조 등을 형성한다. 앞에서 설명한 탄소 원자들이 서로 결합하여 긴고리 유기 분자를 이루는 것과 같은 중합(polymerization)이다(그림 3.10과 그림 3.11 참조). 중합은 규산염 광물의 특성을 결정하는 데 중요한 역할을 한다.

규산염 광물은 대륙 지각에서 가장 풍부한 광물인데, 이 가운데 장석이 가장 많은 양 — 지각의 모든 광물 중 약 60%가 장석임(그림 3.12) — 을 차지한다. 장석이라는 이름 자체가 얼마나 장석이 흔하게 존재하는가를 직접 반영하고 있다. 그 이름은 2개의 스웨덴 단어 *feld*(들판)와 *spar*(광물)로부터 유래하였다. 초기 스웨덴 광부들은 광산에서 장석을 매우 쉽게 접하였다. 그 당시 광부들은 농부이기도 하였는데, 곡식을 심기 전에 밭에서 제거하는 암석 속에서 같은 광물을 보았다. 장석이 매우 흔하게 발견되었기 때문에 광부들은 들판이 광물이라는 무한한 작물을 키운다는 것을 나타내기 위하여 그 이름을 선택하였다.

지각 중에서 두 번째로 흔한 조암 광물은 역시 규산염 광물인 석영이다. 장석과 석영은 합하여 대륙 지각의 75%를 점유한다. 규산염 광물의 총합은 대륙 지각과 해양 지각의 95% 이상을 차지하며, 맨틀에서도 높은 비율을 차지하고 있다.

비규산염 광물

비규산염 광물은 수가 매우 많고 광범위하게 분포하며, 실제 존재하는 것보다 더 많은 것처럼 생각된다. 적철석(Fe_2O_3), 자철석(Fe_3O_4)과 침철석(FeO · OH) 등 세 가지 종류의 철 산화물 광물은 비규산염 광물 중 가장 많은 양을 차지한다. 비규산염 광물 중 중요한 것에는 탄산염 광물인 방해석($CaCO_3$)과 백운석[$CaMg(CO_3)_2$], 황산염 광물인 석고($CaSO_4 \cdot 2H_2O$), 황화광물인 황철석(FeS_2), 섬아연석(ZnS), 방연석(PbS)과 황동석($CuFeS_2$)이 있다. 흔하지 않은 비규산염 광물의 대부분은 금, 은, 철, 구리, 아연과 같은 금속을 추출하는 데 이용되는 광물이다.

광물의 판별

광물의 성질은 화학조성과 결정 구조에 의하여 정해진다. 광물을 판별하기 위하여 화학조성을 알아내기 위한 화학분석을 실시하거나 결정 구조를 조사할 필요는 없다. 어떤 성질이 특정 광물의 특성인가를 알아내면 그 성질을 이용하여 광물을 판별할 수 있다. 광물을 판별하는 데 이용되는 성질에는 결정형, 성장 정벽(growth habit), 쪼개짐, 광택, 색, 경도와 비중이 있다. 부록 C는 조암 광물의 중요한 성질을 요약하고 있다.

결정형과 성장 정벽

얼음은 고대 그리스인들을 매혹시켰다. 서리가 언 날 지면 위를 덮고 있는 서릿발이 반짝이는 것을 보았을 때 서릿발이 육각형을 이루며, 매끈하고 평탄한 표면을 가지는 것에 대하여 강한 호기심을 가졌다. 고대 그리스인들은 얼음을 *krystallos*라고 불렀으며, 고대 로마인들은 그 이름을 *crystallum*이라는 라틴어로 번역하였다. **결정**(crystal)이라는 단어는 평탄한 표면을 가지고 자라는 고체에 적용되는 용어이다. 결정을 둘러싸고 있는 평탄한 표면을 결정면이라고 하며, 결정면의 기하학적인 배열은 결정형이라고 한다. 결정면과 결정형은 17세기 동안 중요한 연구 주제가 되었다.

17세기 과학자들은 결정형이 광물을 감정하는 데 이용될 수 있다는 사실을 발견하였지만, 표품마다 결정면의 크기가 왜 다른지를 설명하기는 어려웠다. 광물은 어떤 환경에서는 얇게, 또 다른 환경에서는 두껍게 성장한다(그림 3.13). 겉으로 볼 때 그림 3.13A에 있는 석영의 두 결정은 매우 다르게 보이므로 이 사진으로는 결정의 크기

그림 3.13 결정형과 정벽

광물은 특징적인 결정 구조를 가지지만 광물의 결정형이나 정벽이 항상 같지는 않다. (A) 2개의 석영 결정은 같은 결정형을 가진다. 두 결정에서 결정면의 크기는 매우 차이가 나지만, 같은 번호로 표시한 결정면들은 서로 평행하다. (B) 석영 입자들(회색)은 다른 입자들이 결정면의 형성을 방해하는 환경에서 성장하였다. 호박색 입자는 철 탄산염광물($FeCO_3$)이다. (C) 황철석(FeS_2)은 명확한 조선이 있는 결정면들이 서로 직각을 이루는 독특한 결정을 형성한다. 이 그림에서 가장 큰 결정은 크기가 3cm이다. 유타 주 빙햄캐년 산. (D) 일부 광물들은 결정면이 잘 발달하지는 않지만 독특한 정벽을 가지기도 한다. 온석면은 아주 가는 실처럼 성장하는데, 이것은 방화복을 짜는 데 이용된다. 이런 목적으로 사용될 때 석면이라고 한다.

나 결정면의 크기가 광물의 고유한 성질이라는 것을 설명할 수 없다.

이 수수께끼를 최초로 해결한 사람은 덴마크의 물리학자 니콜라우스 스테노(Nicolaus Steno)였다. 1669년 스테노는 광물 결정이 가지는 고유한 성질은 결정면의 상대적인 크기가 아니라 결정면들이 이루는 각도라는 사실을 입증하였다. 이 각도 때문에 같은 종류의 광물은 특징적인 결정형을 이루게 된다. 그는 한 광물에서 어떤 2개의 결정면이 이루는 각도는 외형이나 크기에 상관없이 항상 일정하다고 발표하였다. 면각이 일정하다는 스테노의 발견은 그림 3.13A에서 숫자로 명확하게 설명이 가능하다. 두 결정에서 같은 결정면이 존재한다. 같은 세트에 속하는 결정면은 모두 평행하다. 왼쪽 그림에 있는 결정면 1은 오른쪽 그림에 있는 결정면 1과 평행하고, 왼쪽 그림에 있는 결정면 2는 오른쪽 그림에 있는 결정면 2와 평행하다. 그러므로 동등한 면 사이의 각도는 양쪽 결정에서 같아야만 한다.

스테노는 일정한 면각은 내부의 질서 있는 배열에 기인한 것이라고 추측하였지만, 일정한 배열을 이루고 있는 입자인 이온은 그 당시 그가 관찰하기에는 너무 작았다. 광물의 내부 구조에 대한 증명은 1912년 독일의 물리학자 라우에(Max von Laue)가 X선을 이용하여 결정은 일정한 기하학적인 배열을 이루면서 쌓여 있는 이온으로 이루어져 있다는 것을 입증할 때 최초로 이루어졌다.

광물이 빈 공간에서 자유롭게 성장할 경우에만 결정형이 만들어진다. 그러나 광물의 대부분은 방해받지 않은 빈 공간에서 자라지 못하므로 이런 경우는 흔하지 않다. 그림 3.13A와 3.13B를 비교해 보자. 그림 3.13A에 있는 결정은 빈 공간에서 자유롭게 자랐기 때문에 잘 발달한 결정면을 가지고 형성된다. 그에 반해 3.13B에 있는 석영은 다른 광물이 같이 존재하는 제한된 환경에서 자랐기 때문에 결정면이 발달하지 못하고 불규칙하게 형성되었다. 이와 같이 모양이 불규칙한 광물 알갱이를 입자(grain)라고 한다. 석영 결정과 불규칙한 입자를 이루는 석영 모두에서 원자들이 모두 같은 결정 구조로 쌓여 있음은 X-선 분석법에 의하여 쉽게 확인할 수 있다. 즉 석영 결정과 불규칙한 석영 입자 모두는 결정질이다.

모든 광물은 특징적인 결정형을 가진다. 일부 광물은 결정형이 매우 독특하므로 결정면 사이의 각을 측정하지 않더라도 이를 이용하여 감정할 수 있다. 예를 들면 황철석(FeS_2)은 결정면 내에 조선(striation)을 가진 육면체 결정들이 공생(intergrowth)하는 경우가 흔하게 발견된다(그림 3.13C). 조선을 가진 육면체 결정은 황철석을 감정하는 신뢰할 만한 수단이다.

어떤 광물이 어떤 특별한 환경에서 성장할 경우 독특한 정벽으로 발달하므로 정벽은 광물을 판별하는 데 이용될 수 있다. 예를 들면 그림 3.13D는 미세하고 길다란 실처럼 성장하는 사문석의 변종인 온석면이다.

쪼개짐(벽개)

광물이 밝고 반짝거리는 평면을 따라 갈라지는 경향을 쪼개짐이라고 한다. 광물을 망치로 부수거나 바닥에 떨어뜨리면, 부서진 광물 파편은 결정면과 비슷한 부드럽고 평탄한 벽개면에 의하여 둘러싸인 것을 관찰할 수 있다. 특별한 경우 부서진 면 모두가 부드러운 평면이 되기도 하며, 그림 3.14A에서 보는 암염(NaCl) 결정이 가장 대표적인 예이다. 그러나 결정면과 벽개면이 비슷하게 보이더라도 둘을 혼동하지는 말아야 한다. 벽개면은 갈라진 면이고 결정면은 성장면이다.

많은 광물들이 특징적인 벽개면을 가지고 있다. 가장 대표적인 것 중 하나는 운모에서 발견된다(그림 3.14B와 3.11). 점토광물 역시 특징적인 쪼개짐을 가지는데, 점토를 손가락 사이에서 비빌 경우 부드럽고 매끈거리는 촉감을 느끼게 되는 이유가 바로 이 때문이다.

광택, 색, 그리고 조흔색

광물로부터 반사된 빛의 질과 강도는 **광택**이라고 알려진 효과를 만든다. 거의 비슷한 색을 가진 두 광물이 완전히 다른 광택을 가질 수도 있다. 가장 중요한 광택은 **금속광택**(연마한 금속 표면과 같은)과 **비금속광택**이다. 비금속광택

그림 3.14 벽개
(A) 결정 구조와 벽개 사이의 관계는 암염(NaCl)에 의하여 잘 나타난다. 암염은 잘 발달된 벽개면을 가지고 있으며, 서로 수직인 면을 따라 항상 쪼개진다. (B) 운모(백운모의 변종)의 완전 벽개는 표품에서 보이는 얇고 평탄하게 갈라진 면으로 설명된다.

은 유리광택, 수지광택, 진주광택, 그리고 기름막으로 덮힌 표면과 같은 지방광택 등으로 세분된다.

놀랍게도 광물의 색은 광물을 감정하는 믿을 만한 방법이 아니다. 색은 여러 요인에 의하여 정해지며, 그중 하나는 화학조성이다. 불순물로 들어 있는 미량 원소도 특징적인 색을 발현할 수 있다.

금속광택을 가지는 불투명광물의 색은 입자 크기와 관련된 성질일 수 있다. 색으로 판단할 수 있는 실수를 줄일 수 있는 방법 중 하나는 **조흔색**을 사용하는 것이다. 조흔색은 조흔판이라는 유약을 바르지 않은 도자기 판에 광물을 긁을 때 광물 분말이 내는 색이다. 분말 내 입자는 크기가 매우 작기 때문에 입자 크기에 의한 영향을 감소할 수 있으므로 분말 색은 신뢰할 만한 색이 된다. 붉은 조흔색은

자세히 보기

광물 판별 단계

표 C3.1, 표 C3.2와 부록 C가 결합된 다음 단계는 조암 광물을 판별하는 데 도움이 된다.

1. 광물이 금속광택인지 비금속광택인지를 결정한다. 금속광택을 가진다면 조흔색, 경도와 벽개를 이용하여 어떤 광물인지를 결정한다.
2. 비금속광택인 경우 휴대용 칼날보다 경도가 높은지 낮은지를 결정한다(광물이 칼날을 긁으면 경도가 높은 것이고, 칼날이 광물을 긁으면 경도가 낮은 것임).
3. 시료의 색이 밝은지 어두운지를 결정한다. 표의 해당하는 부분에서 시료의 벽개 자료를 이용하여 광물을 판별한다.

표 C.3.1 모스의 상대 경도계[a]

		광물	흔한 물질
단단함	10	다이아몬드	
	9	강옥	
	8	황옥	
	7	석영	
	6	알칼리장석	
			칼날, 유리
	5	인회석	
	4	형석	
			동전
	3	방해석	
			손톱
	2	석고	
무름	1	활석	

[a] 10개의 표준 광물을 정한 오스트리아의 광물학자 모스(Friedrich Mohs)의 이름을 딴 것

표 C.3.2 조암 광물의 감정에 필요한 참고 차트와 이 광물들이 발견되는 암석 종류에 대한 가이드

금속광택[a]

광물	조흔색	암석 종류[b]
황동석	녹황색	O, I, M
방연석	납회색	O
적철석	적갈색	O, M, S
갈철석	황색–갈색	S, W
자철석	흑색	I, M, S
황철석	녹흑색	O, M, I, S
섬아연석	황색–갈색	O

비금속광택[a]

광물	벽개	암석 종류
A. 칼날보다 경도가 높은 광물		
어두운색		
각섬석	완전, 120°를 이루는 두 방향	I, M
석류석	없음	M, I
감람석	없음	I
휘석	완전, 90°를 이루는 두 방향	I, M
석영	없음	I, M, O, S
밝은색		
장석	완전, 90°를 이루는 두 방향	I, M
석영	없음	I, M, S, O
B. 칼날보다 경도가 낮은 광물		
어두운색		
녹니석	완전, 한 방향	M, S
적철석	없음	O, S, M
갈철석	없음	W, S
운모(흑운모)	완전, 한 방향	I, M, S
밝은색		
인회석	불량, 한 방향	I, M, S
방해석	완전, 세 방향	S, M, O, I
점토(고령석)	완전, 한 방향	W, S
백운석	완전, 세 방향	S, M, O
형석	완전, 네 방향	O, S
석고	완전, 한 방향	S, W
암염	완전, 세 방향(90°)	S
운모(백운모)	완전, 한 방향	I, M, S, O
활석	완전, 한 방향	M, S

[a] 더 많은 성질은 부록 C 참조

[b] I=화성암, M=변성암, O=광석, S=퇴적암, W=풍화산물

그림 3.15 색과 조흔색
적철석의 색과 다르게 나타나는 조흔색. 적철석 덩어리는 불투명하고 금속광택이 있으며 검은색을 띠지만 조흔판에는 적철석의 적색 조흔색이 잘 나타나 있다.

적철석(Fe_2O_3)의 특징이므로 표품이 검고 금속광택을 보이더라도 붉은 조흔색을 이용하여 적철석을 감정할 수 있다(그림 3.15).

경도

경도는 광물을 마찰할 경우 상대적으로 견디는 정도를 나타내는 용어이다. 경도는 광물의 특징을 나타내는 성질이다. 결정형이나 쪼개짐과 같이 경도는 결정 구조와 결정을 이루는 원자들 사이에 작용하는 결합력의 세기에 좌우된다. 결합력이 강할수록 경도는 커진다.

상대 경도 값은 어떤 광물이 다른 광물을 얼마만큼 쉽게 또는 어렵게 긁을 수 있는가를 조사하여 결정할 수 있다. 알려진 광물 중 베이비 파우더의 중요한 구성 성분인 활석은 경도가 가장 낮고, 다이아몬드는 경도가 가장 높다. 모스 상대 경도계로 알려진 등급은 상대 경도 값을 10단계로 나누고, 각 등급은 조암 광물로 정해져 있다(표 C3.1 참조). 이 단계는 경도 등급을 균등하게 구분한 것이 아니고, 어느 등급에 있는 광물은 낮은 등급의 광물을 긁을 수 있음을 의미한다. 같은 등급에 속하는 광물은 서로 긁힌다.

밀도와 비중

크기가 같은 2개의 바구니에 하나는 털로 채우고 다른 하나는 암석으로 채울 경우 두 바구니의 무게는 다르다. 이런 차이를 일으키는 것을 **밀도**(density) 또는 단위 부피당 평균 질량이다. 밀도 단위는 g/cm^3이다.

밀도는 정확하게 측정하기 어려우므로 일반적으로 비중을 측정한다. 비중은 같은 부피의 물의 무게에 대한 어느 물질의 무게비이다. 비중의 두 물질의 무게비이므로 단위가 없다. 물의 밀도는 $1g/cm^3$이기 때문에 어떤 물질의 비중은 밀도와 같다.

어느 광물의 밀도는 독특한 성질이므로 광물 감정에 도움을 줄 수 있다. 예를 들어 금의 밀도(또는 비중)는 $19.3g/cm^3$이기 때문에, 손바닥 크기의 금 표품은 평균 밀도가 $2.7g/cm^3$에 불과한 대륙 암석에 비하여 매우 무겁게 느껴진다. 황화 납 광물인 방연석(PbS)의 밀도는 $7.6g/cm^3$이므로 대부분의 암석이나 광물 시료보다 훨씬 무겁다.

암석

암석(rock)은 자연적으로 만들어진 비유기적이고 서로 견고하게 응집된 고체 집합체로, 행성(또는 소행성, 위성과 그 밖의 관련된 행성상 천체)을 이루는 중요 성분이다. 광물은 암석을 구성하는 가장 흔한 물질이지만 암석의 정의에 광물이라는 단어는 나타나지 않는다. 그 이유는 암석 중 광물이 아닌 성분이 존재하기 때문이다. 암석 내에는 자연 유리(흑요석) 또는 유기물의 일부(석탄)가 포함되어 있다. 그럼에도 불구하고 광물은 암석의 거의 전부 또는 매우 많은 부분을 차지하고 있다.

암석의 세 가지 유형

암석이 형성된 과정에 따라 크게 세 가지 종류로 구분된다.

1. **화성암**(igneous rock) 불을 뜻하는 라틴어 *igneus*에서 유래한 화성암은 마그마가 냉각되고 고화되어 생성된 것이다. **마그마**(magma)는 용융된 암석으로 지구의 중요한 액체 물질 중 하나이다. 마그마는 지하 깊은 곳에서 만들어진다. 마그마가 지표에 도달하여 구멍이나 균열을 통하여 분출되면 **용암**(lava)이라고 하며, 이것이 분출되는 구멍을 분화구라고 한다(제6장).
2. **퇴적암**(sedimentary rock) 침전을 뜻하는 라틴어 *sedimentum*에서 유래한 퇴적암은 해수, 호수 또는 하천수에 용해된 상태로 운반된 물질의 화학적 침전이나 물, 바람 또는 얼음에 의하여 현탁 상태로 운반된 광물 입자의 퇴적에 의하여 형성된다.
3. **변성암**(metamorphic rock) 변화를 뜻하는 라틴어 *meta*와 형태를 뜻하는 *morphe*의 합성어로부터 유래한 변성암은 화성암이나 퇴적암이 고온, 고압 또는 고온–고압 하에서 변화되어 형성된 것이다.

지각
(A)
퇴적암
5%
화성암 95%
지표
(B)
퇴적암
75%
화성암
25%

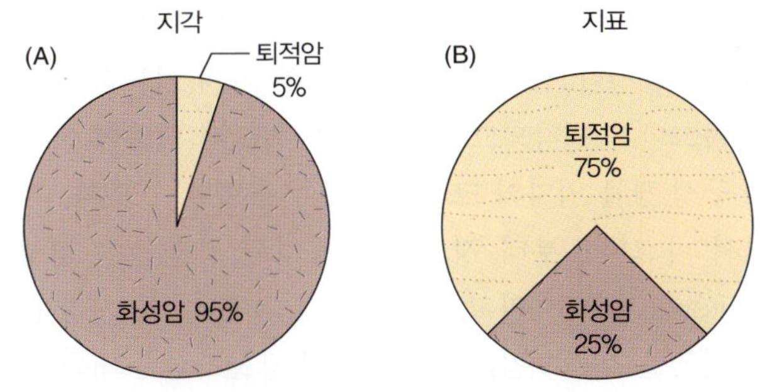

그림 3.16 **지각과 지표면의 암석**
이 그래프는 지각과 지표에 존재하는 퇴적암과 화성암의 상대적인 비를 나타낸다. (A) 지각의 대부분은 화성암(95%)으로 구성되며, 퇴적암(5%)은 지표 부근에 얇게 분포한다. (B) 퇴적암은 지표면의 대부분을 얇게 덮고 있기 때문에 우리가 볼 수 있는 암석은 주로 퇴적암이다. 지표면의 75%는 퇴적암이다. 얇은 퇴적암층을 밀치고 드러난 화성암은 25%에 불과하다.

지구의 지각은 대부분 화성암 또는 화성암으로부터 유래한 변성암으로 이루어져 있다. 그러나 그림 3.16에서 보는 바와 같이 지표면에서 볼 수 있는 대부분의 암석은 퇴적암이다. 이런 차이는 풍화라고 하는 강수, 얼음과 대기 사이의 반응에 의하여 변화된 모든 산물이 퇴적물이기 때문이다. 퇴적물과 퇴적암은 지각 대부분을 차지하는 화성암과 변성암을 얇은 담요처럼 덮고 있다.

암석의 특징

얼핏 보면 암석은 당황스러울 정도로 다양하게 보인다. 일부는 명확한 층과 뚜렷하고 평탄한 표면을 가지고 있다. 어떤 종류는 조립질이고, 입자의 크기가 균질하고 층상 구조가 없다. 층상 구조를 가지는 암석 내에 같은 종류의 광물을 포함하기도 한다. 어떤 암석에서는 개별 광물 입자가 크고 쉽게 식별이 가능하다. 어떤 암석은 개별 입자를 식별하는 것이 어렵거나 불가능하다. 많은 수의 암석 표품을 관찰하고 나면 화성암, 퇴적암, 변성암에 관계없이 표품들

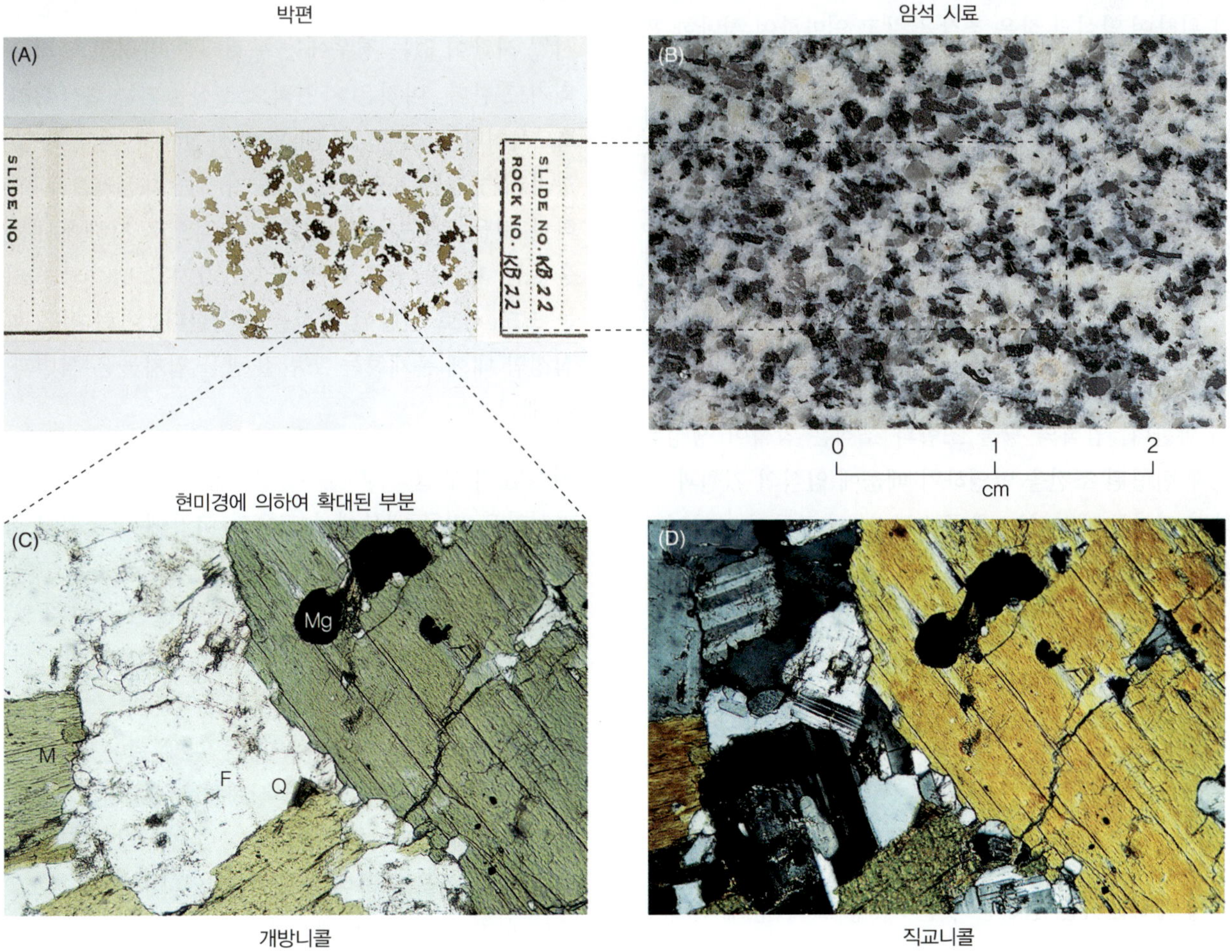

박편
(A)
SLIDE NO.
SLIDE NO. KB 22
ROCK NO. KB 22
암석 시료
(B)
0
1
2
cm
현미경에 의하여 확대된 부분
(C)
Mg
M
F
Q
(D)
개방니콜
직교니콜

그림 3.17 **암석 박편**
연마면과 얇은 박편은 암석 조직과 광물 조합을 관찰하는 데 큰 이점이 있다. 그림의 시료는 석영(Q), 장석(F), 각섬석(A), 운모(M)와 자철석(Mg)을 포함하는 화성암이다. (A) 유리판 위에 올려놓은 얇은 박편. 박편의 두께는 0.03mm이므로 빛이 광물을 통과할 수 있다. (B) 암석 시료를 연마한 것. 점선으로 표시된 사각형은 (A)의 얇은 박편을 만드는 데 사용된 부분이다. (C) 현미경으로 관찰한 얇은 박편(배율 25배). (D) 개별 입자의 모양과 배열 상태를 명확하게 관찰하기 위하여 (C)와 같은 부분을 편광을 이용하여 관찰한 것.

표 3.2 세 종류의 암석에서 가장 흔하게 발견되는 광물

종류	조암 광물
화성암	장석, 석영, 감람석, 각섬석, 휘석, 운모, 자철석
퇴적암	점토광물, 녹니석, 방해석, 백운석, 석고, 침철석, 적철석
변성암	장석, 석영, 운모, 녹니석, 석류석, 각섬석, 휘석, 자철석

사이의 차이는 2개의 중요한 특징인 조직과 광물 조합에 의하여 기재할 수 있다.

조직(texture)은 암석의 대략적인 외양인데, 암석을 이루는 구성 광물 입자의 크기, 모양과 배열 상태에 의하여 생긴다. 현미경적 조직을 관찰하기 위해서는 현미경으로 관찰이 가능하도록 암석의 박편을 준비해야 한다. 박편을 만들기 위하여 암석의 작은 조각을 갈고 연마하여 평탄한 표면을 만든다. 연마된 표면을 유리 슬라이드에 접착시킨 후, 다시 갈아서 접착된 조각이 빛을 충분히 통과할 수 있을 때까지 얇게 연마한다. 연마된 표면과 박편은 그림 3.17에서 볼 수 있다.

암석을 기재하는 데 사용되는 두 번째 특징은 **광물 조합**(mineral assemblage), 즉 암석 내 존재하는 광물의 종류와 상대적인 양이다. 매우 적은 수의 암석만이 한 종류의 광물을 포함할 뿐 대부분의 암석은 둘 또는 그 이상의 광물을 포함한다. 암석의 광물 조합과 조직은 암석이 생성된 조건과 변형된 조건을 반영하기 때문에 암석의 기원과 지질학적 역사를 해석하는 데 중요하다. 세 종류의 암석에서 흔히 발견되는 광물들은 표 3.2에 나열되어 있다.

기본 암석의 구별

암석을 기재하는 데 사용되는 두 가지 중요한 특징인 암석 조직과 광물 조합은 지구에 존재하는 다양한 암석을 분류하는 데 기본적으로 사용되는 특징이다. 암석을 감정하거나 분류할 때 먼저 그 암석이 화성암, 변성암, 퇴적암 중 어느 종류에 속하는 가를 정해야 한다. 각 종류의 암석 중 어디에 속하는지를 정하는 것은 제6장과 제7장에서 자세하게 다룬다.

화성암의 구별

화성암은 마그마로부터 정출작용을 거쳐 만들어질 때 광물 결정들이 서로 맞물리는 독특한 특징을 가지는 것에 근거하여 감정할 수 있다. 화성암의 두 가지 기본적인 종류는 마그마가 냉각되고 결정화되는 속도에 의하여 조절되는 구성 광물 입자의 크기에 의하여 구별할 수 있다. 지하에서 마그마로부터 정출되어 형성된 화성암은 **심성암**(plutonic rocks)이라고 하며(그림 3.18A), 이 중 가장 흔하고 친근한 것은 화강암으로, 이것의 광물조성은 대륙 지각의 광물조성과 거의 같다. 화산이나 화구를 통하여 지표까지 분출된 마그마(그러므로 용암이 됨)로부터 정출된 화성암은 **화산암**(volcanic rock)이라고 한다(그림 3.18B). 지구에서 가장 흔한 화산암은 현무암으로, 이 암석은 해양 지각의 대부분을 이루고 있다.

화산암은 지표면 부근의 차가운 온도에 노출되어 매우 빨리 냉각되므로 결정이 크게 자랄 시간적 여유가 없기 때문에 화산암을 구성하는 결정은 매우 작아 육안으로 식별이 어려운 경우도 있다. 냉각하는 용암이 결정을 성장시킬 시간이 없는 경우에는 무질서한 비정질 고체로 고화되기도 한다. 이것은 자연적으로 산출되는 화산 유리 또는 흑요석이다. 그림 3.1A의 용암 사진에서 액체 용암의 가장자리는 검은 유리질 조직을 가지는 화산암으로 이미 고화한 것을 볼 수 있다. 이와 대조적으로 지하에서 천천히 충분한 시간을(종종 수백만 년) 가지고 냉각되는 마그마는 크고 서로 결합된 결정을 형성한다. 이런 이유 때문에 심성암 내에 존재하는 조립질 광물 입자들은 식별과 감정이 쉽다.

변성암의 구별

변성암은 지구 내부에서 고온과 고압에 노출되어 화학적 또는 물리적으로 변화된 암석이다. 변성작용은 고체 상태에서 일어나며 용융이나 마그마 형성을 포함하지 않는다. 변성작용은 도예가가 가마에서 점토로 빚은 항아리를 굽는 것과 유사한 과정이다. 점토 내 작은 광물 입자는 온도 증가에 따라 일련의 화학 반응을 겪게 된다. 새로운 화합물이 형성되고, 도자기공이 성형한 부드러운 점토는 단단하고 딱딱하게 된다. 변성암은 이런 변화의 흔적을 보여주기 때문에 이를 통하여 식별할 수 있다(그림 3.18C). 예를 들면 도자기공의 점토에서와 같이 원 암석 내에 존재하던 광물이 화학적으로 변질되거나 재결정되어 새로운 광물을 형성한다. 어떤 암석 내에 있는 긴 광물 입자가 회전하고 일렬로 배열되어, 모두 같은 방향으로 정렬되기도 한다.

그림 3.18 중요 암석

(A) 이 그림에 보이는 화강섬록암과 같은 심성암은 마그마가 지하에서 고화하여 생성된 화성암이다. 천천히 냉각되어 개별 광물 입자들이 자랄 충분한 시간이 있기 때문에 육안으로 식별이 가능할 만큼 조립질이다. (B) 화산암은 빨리 냉각되어 큰 결정으로 자랄 충분한 시간이 없기 때문에 세립질인 화성암이다. 이 그림은 고화가 매우 빨리 일어나 결정이 전혀 성장할 수 없어 비정질 조직을 가지는 화산 유리이다. (C) 변성암은 높은 온도와 높은 압력에 노출되었기 때문에 그에 상응하는 광물 조합과 조직을 나타낸다. 이 그림은 심하게 변형된 띠를 가지는 편마암이다. (D) 퇴적암은 개별적으로 쌓인 퇴적물 입자에 의하여 식별된다. 그림은 역암이다. (E) 이 그림의 석회암과 같은 일부 암석은 퇴적 기원의 좋은 증거인 화석을 포함한다.

운모와 같이 평평한 광물들이 배열되어 한 벌의 카드처럼 판상 조직을 이루기도 한다. 이런 모양의 조직은 변성 작용이 일어나는 동안 암석에 작용하는 방향성 응력(stress)에 기인한 것이다. 이들 조직은 변성암을 화성암과 퇴적암으로부터 구별할 수 있게 한다. 화성암과 퇴적암은 변성암에 비하여 훨씬 균질하거나 등립질 조직을 가진다.

퇴적암의 구별

퇴적암은 지구 표면 부근에서 **퇴적물**이라고 하는 광물이나 암석 조각들이 퇴적이나 침전되어 형성된다. 퇴적암은 개별 퇴적물 입자들이 서로 꼼짝하지 못하게 쌓여 있는 조직적 증거에 근거하여 구별할 수 있다. 예를 들면 엉성한 퇴적물은 교결 물질의 침전에 의하여 퇴적암으로 변화된다. 엉성한 입자 사이의 빈 공간을 통하여 서서히 순환하는 물은 방해석, 석영 또는 침철석과 같은 새로운 광물을 퇴적시켜 퇴적물 입자들을 교결시킨다(그림 3.18D). 광물 입자들이 교결 물질에 의하여 잡혀 있으면 퇴적암이라는 것을 쉽게 판단할 수 있다. 화석이나 유기물의 부서진 조각(껍질) 역시 퇴적 기원의 암석이라는 것을 보여준다(그림 3.18E). 이런 물질들은 변성암이나 화성암이 형성되는 조건인 고온이나 고압에서는 존속하기 어렵다.

표토

암석이 지표면에 노출되면 광물의 조성을 변질시키거나 암석을 부서뜨리는 작용을 하는 물, 바람과 다른 요인의 작용에 의하여 쉽게 변질된다. 모든 종류의 암석은 지권, 수권, 생물권과 기권이 복합적으로 작용하는 곳에서 물리적으로 부서지고 화학적으로 변질된다. 이 장소는 지표면으로부터 공기와 물이 침투할 수 있는 깊은 곳(수 미터에서 수백 미터)까지 연장된다. 이 지역 내에 있는 암석은 균열(fracture), 갈라진 틈(crack)과 구멍(opening)으로 차 있으며, 이 중 일부는 크기가 작지만 대부분은 암석이 화학적 공격에 취약하게 만든다. 제7장에서 자세하게 다룰 풍화작용에 의하여 시간이 충분히 주어지면 확실한 분해와 암석의 분리가 발생한다. 암석 풍화의 산물은 **표토**(regolith)라고 하는 부서지고 분리된 암석 물질의 층이다.

표면 담요

담요 암석을 뜻하는 그리스어에서 유래한 표토를 구성하는 부서진 물질은 지표면의 대부분을 덮는 장막을 형성한다. 고산 지대나 최근에 빙하가 통과하여 기반암이 노출된 지역에서 표토는 매우 얇거나 존재하지 않는다. 화학적 변질이나 분해를 쉽게 받는 온난 습윤한 지역에서 표토는 수십 또는 수백 미터 깊이까지 발달할 수 있다. 표토는 광물이나 암석의 조각뿐만 아니라 동·식물의 파편과 같은 많은 종류의 물질을 포함하기도 한다. 일반적으로 표토를 이루는 다양한 물질들은 퇴적물, 토양 및 새프롤라이트(saprolite) 등 세 가지 범주로 구분하여 기재한다. 새프롤라이트(그림 3.19A)는 암석이 원래 있던 장소에서 그대로 풍화받고 부서진 것이다.

퇴적물

표토를 구성하는 미고화된 엉성한 암석과 광물 조각은 **퇴적물**(sediment)이라고 한다(그림 3.19B). 퇴적물이 바람, 물 또는 얼음에 의하여 들어올려져 다른 곳으로 이동하여 쌓이면 **충적토**(alluvium)라고 한다. 퇴적물에는 두 가지 중요한 종류가 있는데, 둘 사이의 중요한 차이는 퇴적물이 운반되는 방법이다. 부서짐을 뜻하는 그리스어 *klatos*에서 유래한 **쇄설성 퇴적물**(clastic sediment)은 고체 입자로 이동하는 부서진 암석과 광물 조각이다. 쇄설성 퇴적물의 개개 입자는 쇄설물(clast)인데, 이것은 풍화작용 동안 가장 안정한 석영과 장석 같은 조암광물이 대부분이다. **화학적 퇴적물**(chemical sediment)은 용액 상태로 운반되는 용해된 물질로, 용해된 광물이 침전될 때 퇴적된다.

토양

토양은 광물 성분과 유기물의 혼합물을 포함하는 표토의 특별한 형태이다. 유기물은 식물의 뿌리를 지지하는(그림 3.19C) **토양**(soil)의 필수 성분이다. 단단한 암석이 물리적·화학적 풍화작용을 받아 표토를 형성하는 것은 토양 형성의 초기 단계이다. 토양 내 유기물은 식물과 동물의 사체가 부패하여 만들어진다. 살아있는 식물은 풍화작용이 일어나는 동안 해리된 영양분뿐만 아니라 부패하는 생물로부터 유리된 영양분도 섭취한다. 식물은 뿌리를 통하여 수용액 내에 있는 영양분을 위로 뽑아 올린다. 식물은 생존 기간 동안 식물의 미래 세대에 공급할 영양분을 만드는 비료 제조에 직접 관여하고 있다.

토양 생성과 식물 생장 활동은 표토와 생물권을 통하여 일어나는 영양분의 연속적인 순환 과정의 필수적인 부분이다. 광물질과 유기물이 일부를 차지하는 토양은 지권과 생물권 사이의 중요한 연결 고리이다. 제15장에서 토양의 형성, 성질과 분류에 대하여 자세히 알아볼 것이다.

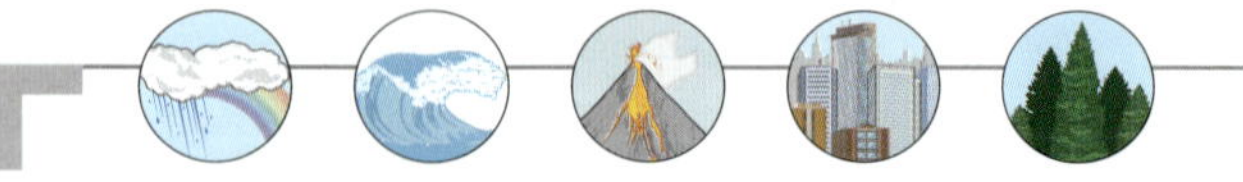

관련짓기

토양은 지권, 생물권, 수권, 기권의 교량 역할을 한다고 한다. 여러분은 이 점에 대하여 어떻게 생각하는가? 식량을 위하여 키우는 식물과 지권 사이에 또 다른 연결 고리는 무엇이 있는가?

그림 3.19 표토

표토는 지표면을 덮고 있는 다양한 종류의 미고결 물질로 구성된다. (A) 새프롤라이트(saprolite)는 풍화 받고 부서진 암석이 제자리에 존재하는 것이다. 이 그림의 새프롤라이트는 열대 지방에서 암석이 깊은 곳까지 풍화 받아 만들어진 것이다. (B) 퇴적물은 위치나 기원에 상관없이 느슨하고 미고결된 입자들이다. 퇴적물이 바람, 물 또는 얼음에 의하여 제자리에서 다른 장소로 이동하여 퇴적되면 충적층이라고 한다. 이 인공위성 영상은 마다가스카르 베치보카 강이 엄청난 양의 퇴적물(적갈색 부분)을 바다로 운반하는 것을 보여 준다. (C) 토양은 화학적 · 생물학적으로 변질된 퇴적물로 식물의 뿌리를 지탱할 수 있다.

물질은 지구계에서 어떻게 이동하는가

제2장에서 지구계의 내부 에너지와 외부 에너지에 대하여 학습하였다. 에너지는 지구의 네 가지 저장소—지권, 수권, 대기권, 생물권—사이에서 일어나는 연속적인 순환 운동을 추진시킨다. 물질의 순환과 재순환 그리고 소계 사이의 역동적인 상호작용은 지구가 처음 탄생한 이후 지속되어, 지구계가 오랜 지질 시대 동안 겪은 극적인 변화가 현재에도 계속되고 있다. 제2장에서 다룬 열역학에 의하면 물질은 형태가 바뀔 수 있지만 새로 생성되거나 소멸되지 않는다. 결과적으로 닫힌 지구계 내에서 물질은 네 가지 저장소 사이에서 무한히 순환한다. 그러나 에너지의 경우 그와 다르다. 에너지 역시 새로 만들어지거나 소멸되지도 않지만 변화되고 저하될 수 있으며, 궁극적으로 계에서 상실될 수 있다. 다행히 지구 내부나 외부에서 전달되는 에너지가 매우 풍부하고, 지표면으로 공급되는 에너지 양은 계속적으로 보충되고 있다. 만약 지구계를 통한 물질의 순환이 정지된다면 지구상에 살고 있는 생명체도 사라질 것이다.

지구계를 통한 어떤 원소나 화합물의 이동이 생물학적인 활동을 포함하면 제1장에서 소개한 것처럼 **생지화학적**

순환으로 묘사될 수 있다. 생지화학적 순환은 원소나 화합물의 순환 과정에서 발생하는 풍화작용, 토양 형성, 퇴적작용과 같은 비생물학적 작용뿐만 아니라 호흡, 광합성과 분해와 같은 생물학적 작용도 포함한다. 생지화학적 순환 과정에서 살아있는 생명체는 일부 원소의 중요한 저장소 역할을 한다. 질소, 황, 탄소, 인과 같은 원소들은 생명체의 유지에 대단히 중요하기 때문에 이들의 순환 과정은 특별히 중요하다. 물은 매우 많은 물질을 용해시킬 수 있고, 운반할 수 있을 뿐만 아니라 많은 생물학적 과정과 물질에서 중심 역할을 하기 때문에 물 역시 생지화학적 순환 과정에 결정적으로 중요하다.

생지화학적 순환은 원소가 생물권에서 대기, 해양, 퇴적물, 토양과 암석으로, 암석으로부터 대기, 해양, 퇴적물, 토양과 생물권으로 지구계 전체를 통해 이동하는 완전한 순환을 이룬다. 생지화학적 순환에 대해서는 제15장에서 자세하게 다룬다.

생지화학적 순환을 통한 원소의 이동을 완전하게 이해할 때 많은 종류의 의문들이 해소될 수 있다. 지구 물질을 다루는 이 장은 이러한 의문에 대한 해답을 제공하지는 않지만, 뒤이어 나오는 장과 관련된 또 다른 의문점에 대한 해답을 찾기 위한 탐구의 장을 마련해 준다.

지질학적 질문

- 지질 작용은 지구계를 통한 물질의 순환에 어떻게 기여하는가?
- 지구 물질의 성질은 이 순환에 어떤 영향을 미치는가?
- 어떤 작용에 의하여 광물 자원이 형성되는가? 이에 대한 이해를 바탕으로 광물 자원이 매장된 위치를 어떻게 찾을 수 있는가?

수문학적 질문

- 지구 생명체를 유지하는 데 물이 하는 기본적인 역할에는 무엇이 있는가?
- 물은 지구의 생지화학적 순환을 통한 원소의 이동을 얼마나 용이하게 하는가?
- 물이 오염되었을 때 오염 수준과 영향을 감소시키기 위하여 오염 물질이 포함된 생지화학적 순환을 조절할 수 있는가?

대기학적 질문

- 원소와 화합물의 대기 중 농도를 결정하는 요인은 무엇이며, 다른 하부계와의 물질 교환을 일으키는 작용은 무엇인가?
- 지구계를 통하여 일어나는 원소의 이동에서 대기는 어떤 역할을 하는가? 생지화학적 순환에서 대기는 다른 계보다 중요한가?
- 인간 활동의 결과 대기가 오염된 곳은 어디이며, 이것은 자연적인 생지화학적 순환에 어떤 영향을 미치는가?

생물학적 질문

- 특성 원소의 유용성 또는 결핍을 포함하는 어떤 요인이 생명체의 풍부함과 생장을 촉진 또는 제한하는가?
- 생명체 유지에 필요한 원소는 무엇으로부터 오는가?
- 어떤 원소가 과잉 또는 부족할 경우 생물계에서 일어나는 문제는 무엇인가?
- 지질 시대 동안 지구의 생명체 진화에 화학적 · 지질학적 과정은 어떤 영향을 미쳤는가? 반대되는 영향은 무엇인가?

이어지는 장에서 이와 관련된 의문들에 대하여 공부할 것이다.

요약

1. 지구상에 존재하는 물질의 흔한 상태는 고체, 액체, 기체이다. 플라스마, 겔, 콜로이드와 에어로졸 등 다른 형태나 상태의 물질도 지구 작용에서 중요하다.
2. 화학 원소는 정상적인 화학적 방법으로 더 이상 분리할 수 없는 가장 기본적인 물질이다. 원자는 그 원소의 성질을 가지고 있는 가장 작은 입자이다. 원자는 양성자, 중성자, 전자로 구성되며 이들은 그 원소의 특성을 결정한다. 원자가 전자를 잃거나 얻으면 이온이라고 부른다.

3. 화합물은 하나 또는 그 이상의 이온들이 전자를 공유하거나 교환함으로써 일정한 비에 의하여 화학적으로 결합되어 형성된다. 결합이라고 부르는 공유나 교환의 종류와 모양은 화합물의 성질을 결정하는 중요한 요인이 된다. 어느 화합물의 특성을 가지는 가장 작은 단위는 분자이다.
4. 혼합물과 용액도 지구 작용에서 중요하다. 이들은 화합물과 같지 않은데, 그 이유는 혼합물 내 물질들은 화학 반응을 거치지 않았으며, 물리적 방법에 의하여 서로 분리가 가능하기 때문이다.
5. 유기 화합물은 일반적으로 생물 기원이며, 탄소-탄소와 탄소-수소 고리를 특징적으로 포함한다. 특정 형태의 생물 고분자 물질을 포함하는 유기화합물은 지구 작용에서 매우 중요하다. 생물학적으로 중요한 네 가지 화합물군은 단백질, 핵산, 탄수화물, 지질이다.
6. 지구의 대략적인 화학조성은 태양계 성운 내에서의 위치로부터 정해졌다. 지구형 행성인 지구는 암석과 금속 성분이 매우 우세하다.
7. 지구는 초기 행성 단계의 부분 용융 상태에서 연속적인 화학적 분화에 의하여 만들어진 내부 층상 구조를 가지고 있다. 이 층들은 화학조성(핵, 맨틀, 지각), 암석 강도(중간권, 연약권, 암석권)와 물질 상태(고체인 내핵과 액체인 외핵)가 다르므로 서로 간의 구분이 가능하다.
8. 산소, 규소, 알루미늄, 철, 칼슘, 마그네슘, 나트륨, 칼륨, 티타늄, 수소, 망간, 인 등 12개 원소가 대륙 지각의 99.23%를 차지한다. 이들 원소는 지구 물질의 화학조성을 조절하는 흔한 원소이다.
9. 광물은 일정한 화학조성과 특징적인 결정 구조를 가진 자연적으로 산출되는 고체 화합물이나 원소이다. 광물은 물리적 성질에 의하여 간편하게 식별되고 분류되며, 물리적 성질은 화학조성과 결정 구조에 의하여 결정된다.
10. 산소와 규소는 가장 흔하고 가장 풍부한 조암 광물인 규산염 광물을 구성하는 기본 원소들이다. 단순 산화 광물은 두 번째로 흔한 광물군이며, 중요하지만 덜 흔한 광물군에는 황화광물, 탄산염광물, 황산염광물과 인산염광물이 있다.
11. 암석은 자연적으로 만들어진 비생물적이고 서로 견고하게 응집된 고체의 집합체로, 행성을 이루는 중요 성분이다. 대부분의 암석은 거의 전부 또는 대부분 광물로 이루어져 있다.
12. 암석에는 세 가지 종류가 있다. 용융된 암석의 냉각과 고화에 의하여 만들어진 화성암, 호수, 강물, 바닷물에 의해 운반된 용액 중에 들어 있는 물질의 화학적 침전이나 물, 바람 또는 빙하에 의하여 부유물 형태로 운반된 입자의 침전에 의하여 형성된 퇴적암, 그리고 고온, 고압에 의하여 변화되어 형성된 변성암이 그것이다.
13. 암석은 조직(입자 크기, 모양, 구성 광물 입자의 배열 상태)과 광물 조성에 의하여 식별되고 분류되며, 이들은 암석이 형성되거나 변형된 조건들을 반영한다.
14. 지표에서 용암의 빠른 냉각과 고화에 의하여 생성된 화산암은 매우 작은 입자와 유리질 조직에 의하여 식별된다. 심성암은 지하에서 마그마가 서서히 냉각되고 정출되어 형성되므로 서로 결합된 광물들이 보다 조립질이다.
15. 변성암은 재결정 작용이나 고온과 고압에 노출되어 화학적 또는 물리적인 변질작용을 받은 층상 구조와 같은 증거를 가지고 있기 때문에 식별된다.
16. 퇴적암은 지표 부근에서 퇴적물의 퇴적이나 침전에 의하여 형성된다. 퇴적암은 개별 퇴적물 입자들이 서로 꼼짝하지 못하게 쌓여 있거나 교결되어 있는 조직적 증거에 근거하여 식별할 수 있다. 화석 역시 퇴적 기원을 지시하는 강력한 증거가 될 수 있다.
17. 암석이 지표면이나 지표 부근에 노출되면 풍화작용을 받아 화학적으로 변질되거나 물리적으로 부서진다. 이렇게 형성된 부서지고 분리된 암석과 광물의 층을 표토라고 한다. 표토는 새프롤라이트(그 자리에서 분해된 암석), 퇴적물(느슨하고 미고화된 입자 물질)과 토양(유기물을 포함하며 식물 뿌리를 지탱할 수 있음)으로 구성된다.
18. 퇴적물에는 부서진 암석과 광물 조각으로 구성된 쇄설성 퇴적물과 용액 상태로 운반되고, 용해된 광물이 침전될 때 퇴적된 화학적 퇴적물 등 두 가지 기본적인 종류가 있다.
19. 현재 지구는 충분한 양의 광물, 암석과 토양 자원의 공급에 전적으로 의존하고 있다. 만약 이들이 없다면 산업 사회는 기능을 멈추게 된다. 광물 자원의 양이 얼마나 많은지 정확히 알 수 있는 방법이 없기 때문에 전문가들조차 지구상에서 광물 자원의 공급이 얼마나 오랫

동안 지속될 것인지 말할 수 없다.

20. 에너지는 지구 물질의 저장소인 지권, 수권, 대기권, 생물권 사이의 끊임없는 순환을 추진시킨다. 생지화학적 순환은 원소가 지구계 전체를 통하여 이동하는 경로이다. 생지화학적 순환을 통합하는 핵심은 지구계의 네 가지 중요한 구성 요소인 암석, 공기, 물과 생명체를 개입시키는 것이다.

주요 용어

결정(crystal)
결합(bond)
고분자(polymer)
고체(solid)
광물(mineral)
광물 조합(mineral assemblage)
기체(gas)
내핵(inner core)
단백질(protein)
대륙 지각(continental crust)
동위원소(isotope)
마그마(magma)
맨틀(mantle)
무기화합물(inorganic)
물질(matter)
밀도(density)
방사능(radioactive)
변성암(metamorphic rock)
분자(molecule)
비생물(abiotic)
상(phase)
상태(state)
생체고분자(biopolymer)
생물(biotic)
쇄설성 퇴적물(clastic sediment)
수성(aqueous)
심성암(plutonic rock)
암석(rock)
암석권(lithosphere)
액체(liquid)
에어로졸(aerosol)
연약권(asthenosphere)
외핵(outer core)
용암(lava)
원소(chemical element)
원자(atom)
유기적(organic)
유리(glass)
유전자(gene)
이온(ion)
조직(texture)
중간권(mesosphere)
(암석)조직[texture (of a rock)]
증기(vapor)
지각(crust)
지질(lipid)
콜로이드(colloid)
탄수화물(carbohydrate)
탄화수소(hydrocarbons)
토양(soil)
퇴적물(sediment)
퇴적암(sedimentary rock)
표토(regolith)
플라스마(plasma)
해양 지각(oceanic crust)
핵(core)
핵산(nucleic acid)
화산암(volcanic rock)
화성암(igneous rock)
화학적 퇴적물(chemical sediment)
화합물(compound)

복습 문제

1. 원소와 원자, 양이온과 음이온의 차이점은 무엇인가? 분자는 무엇이며, 분자는 원자와 어떤 차이가 있는가?
2. 화합물은 혼합물이나 용액과 어떤 차이가 있는가?
3. 지구 내부의 화학적 층상 구조에 대하여 설명하라. 화학조성 이외에 지구 내부의 각 층들을 구별하는 특성은 무엇이 있는가?
4. 네 가지 중요한 유기분자는 무엇인가? 이들이 가지는 공통된 특성은 무엇이며 각각을 구별하는 성질은 무엇인가?
5. 광물이란 무엇이며, 암석과 광물의 차이점은 무엇인가?
6. 조암 광물은 대략 몇 종이나 존재하는가? 지구의 지각 내에 가장 많은 광물은 무엇인가?
7. 규산염 음이온의 구조를 설명하고, 이들이 어떻게 결합하여 규산염 광물을 형성하는지 설명하라.
8. 규산염 광물에 속하지 않는 5개 광물 이름을 열거하고, 각 광물 속에 포함된 음이온을 말해 보라.
9. 암석의 세 가지 종류를 설명하라.
10. 광물 조합에 의하여 암석의 종류를 구별할 수 있는가?

그렇지 않다면 어떤 정보가 더 필요한가?

11. 그림 3.22를 보자. 교재 본문이나 그림 설명을 보지 말고, 세 가지 중요한 암석을 구별할 수 있는 특징이 그림 내에 무엇이 있는가를 설명하라.
12. 표토란 무엇인가? 표토의 중요한 세 가지 구성물질에 대하여 설명하라.
13. 두 가지 중요한 퇴적물의 종류는 무엇이며, 이들은 형성 과정이 어떻게 다른가?
14. 토양이란 무엇인가? 왜 토양이 중요한 자원인가?
15. 생지화학적 순환이란 무엇이며, 여기에 관련된 생물학적 · 지질학적 · 화학적 과정에 대하여 설명하라.

연구와 토론 문제

1. 여러분이 앉아 있는 방에서 광물로 만든 모든 물건을 찾아내라. 광물 생산이 중지된다면 어떤 문제가 사회적으로 발생하는가?
2. 여러분이 살고 있는 지역에서 발견할 수 있는 다섯 가지 광물 이름을 열거하라. 여러분이 살고 있는 지역에서 채광되는 광물이 있는가? 그 광물은 무엇이며, 어떤 용도로 채광되는가?
3. 지구에 존재하는 것과 같은 종류의 광물이 태양계 내 다른 행성에도 존재한다고 생각하는가? 다른 항성 주변에 있는 행성에는 어떨까? 왜 같다고 또는 다르다고 생각하는지 말해 보라.

기초 원리 문제

1. 물질의 상과 상태의 차이점은 무엇인가?
2. 지구에 존재하는 물질의 세 가지 흔한 상태는 무엇인가?
3. 어떤 방법에 의하여 세 가지 흔한 물질의 상태를 구별할 수 있는가?

자세히 보기 문제

1. 결정이란 무엇인가? 결정은 광물 입자와 어떤 차이가 있는가?
2. 광물의 색은 광물 표품에서 뚜렷한 특성이지만 왜 광물을 감정하는 데 있어 믿을 만한 것이 못되는가?
3. 광물 표품의 경도를 측정하는 방법을 설명하라.

CHAPTER

4

우주와 시간

개요

이 장에서 우리는

- 우리 태양계에서 태양이 어떤 역할을 하는지, 그리고 지구 생물체에 어떻게 도움을 주는지 조사한다.
- 태양계가 어떻게 형성되었는지, 이것의 형성이 행성으로서의 지구에 어떻게 영향을 미쳤는지를 다룬다.
- 태양계와 그 안의 다양한 천체들을 살펴본다.
- 행성들이 또 다른 태양 주위를 돈다는 증거를 조사한다.
- 과학자들이 어떻게 오랜 옛날에 일어난 사건들의 연대를 추정하는지 논한다.

◀ **지구처럼 생긴 행성?**

외계행성 CoRoT-7b 표면 모습과 그 뒤로 떠오르는 중심항성 CoRoT-7의 상상도. CoRoT-7 주변을 공전하고 있는 CoRoT-7b는 지구에서 480광년 떨어진 곳에 있는 고체 표면을 가진 행성이다. 현재 많은 외계행성들이 관측되고는 있지만, CoRoT-7b는 현 시점에서 물리적인 특징이 지구와 가장 닮아 있다.

제2장에서는 태양을 지구계로 에너지를 제공하는 역할로서의 태양을 살펴보았다. 이제 우린 지구가 일부를 차지하고 있는 **태양계**(solar system)라고 하는 좀 더 큰 체계로 눈을 돌려 보자. 태양계는 여러 행성들과 달, 그리고 그 밖의 태양 주위로 공전하는 천체들로 구성된다. 태양의 특징과 행성들의 위치 및 지구 공전 궤도 형태와 태양으로부터의 거리를 포함한 태양계의 천문학적 특징은 지구가 행성으로서의 특징을 갖도록 결정짓는다. (예로 구성 물질과 융기, 그리고 생명체를 살리는 능력) 지구가 지금과 같이 태양계 안에 위치함으로써 지구는 제 역할을 다하고 있는데, 그러면 태양의 항성으로서의 특징을 살펴보도록 하자.

태양 : 평범한 별

가까이 있는 행성들과 그들의 위성을 제외하고 밤하늘에서 흔히 '별' 이라 부르는 밝은 점은 사실 태양이거나 혹은 태양과 같은 별들이다. 10억 개나 그 이상 존재하는 별들의 무리를 **은하**(galaxy)라고 한다. 하늘이 맑고 완전히 어둠이 내린 밤에는 5,000개 정도의 그런 덩어리를 쉽게 세어 볼 수 있다. 평범한 쌍안경으로도 대략 별 100만 개가 보이며, 가장 성능이 좋은 망원경의 도움을 받으면 보이는 별들의 수는 수십억 개까지 올라간다. 별과 은하의 개수가 너무 많아서 그 누구도 감히 정확히 세어보려 한 적이 없다. 그러므로 우리가 할 수 있는 최선은 추정하는 것이다. 우리 태양은 단지 우주의 무수히 많은 별들 중 하나다.

태양과 태양 주위를 도는 행성들은 우리 은하라고 하는 은하의 일부분이다(그림 4.1). 우리 은하 안의 별들은 놀랄 만큼 많은데(2,000억에서 4,000억 개 정도로 추정) 현대식 망원경으로 우주에는 약 1,000억 개의 다른 은하가 있음이 밝혀졌다. 다른 은하 대부분은 지구와 너무 멀어서 가장 큰 천체망원경 이외로 보면 그저 단출하며 자그맣고 흐릿한 별로 보일 뿐이다. 그런 가장 큰 망원경으로 천문학자들은 흐릿한 '별' 처럼 보이는 밝은 점 하나 하나가 사실 은하임을 확인할 수 있다. 은하의 추정 개수(10^{11})와 특정 은하 안 별들의 최소 개수(10^9)를 곱한다. 100×10억 ×10억(10^{20})이라는 결과는 하늘에 보이는 별의 최소 개수 추정치이자 결과적으로 우주에 있는 '태양' 의 최소 개수의 추정치이다.

태양의 신상 명세

다른 모든 별들과 마찬가지로 우리 태양은 거대한 빛나는 가스덩어리이다(혹은 더 정확하게는 플라스마, 제3장 참조). 다른 빛나는 항성들의 핵처럼, 우리 태양의 핵에는 제2장에서 기술했듯이 항상 엄청난 양의 에너지가 생성되는 거대한 핵원자로가 있다. 항성들이 다 그러하듯이 우리 태양도 무척 평범하다. 그러나 태양계의 행성들과 그 밖의 태양계에 속한 천체에 비교하면 태양은 엄청나게 더 크다.

그림 4.1 우리 은하와 닮은 은하
허블 우주망원경이 촬영한 이 사진은 우리 은하와 모양도 구조도 매우 비슷한 나선은하 NGC 3949로, 지구에서 5,000만 광년 떨어진 큰곰자리 안에 자리하고 있다. 우리 태양계는 우리 은하에 깊이 묻혀 있어서, 우리 은하를 넓은 범위에서 촬영하도록 알맞게 시야를 잡는 것이 불가능하다.

그림 4.2 지구의 태양
태양은 지구와 비교했을 때 거의 상상할 수 없을 만큼 크다. 이 사진은 2003년 10월에 일어난, 태양으로부터의 코로나 질량 방출을 보여준다.

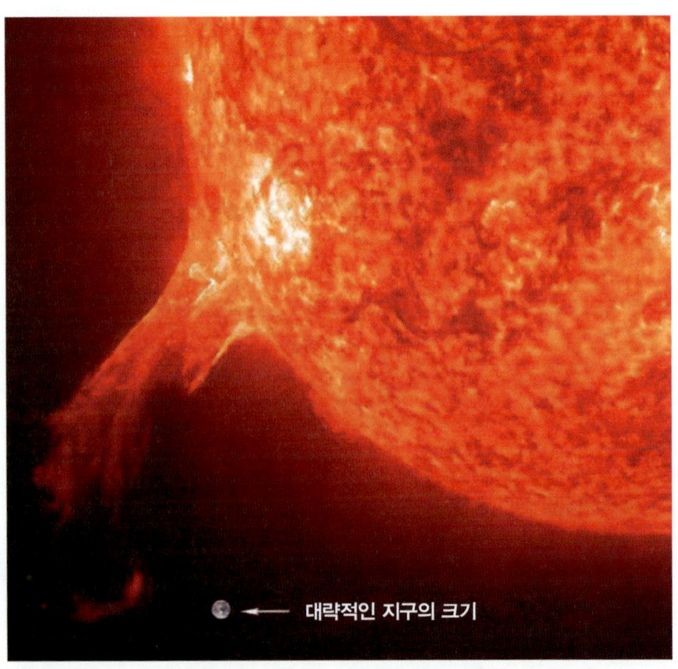

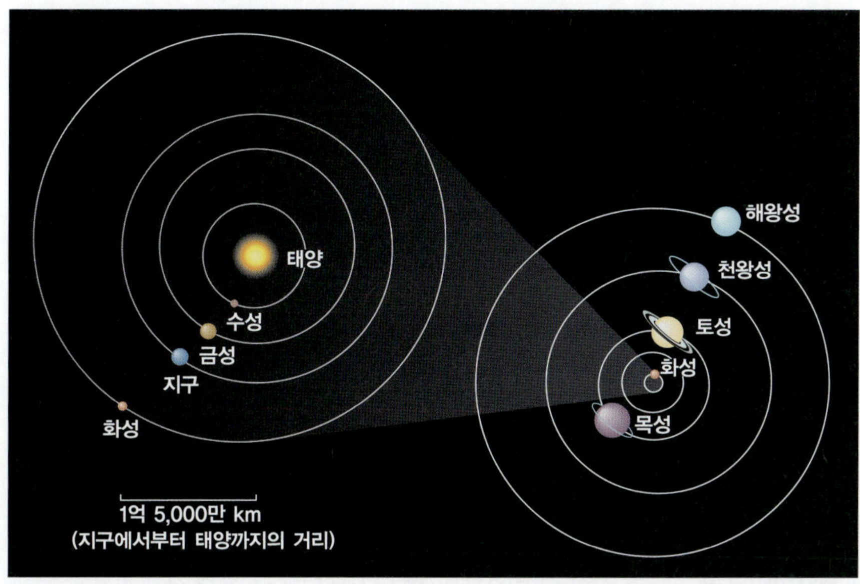

그림 4.3 태양계 행성들의 거리
지구에서 태양까지의 평균 거리는 1AU라 정의한 대략 1억 5,000만 km이다. 지구의 공전 궤도가 완전한 원형이 아니기 때문에 이 거리는 변화한다. 그림에서 알 수 있듯이 내행성들은 외행성들보다 태양에 훨씬 가깝게 돌고 있다. 이 그림에서의 축척 상으로는 달이 지구 주위를 도는 궤도가 너무 가까워서 두 천체가 또렷하게 구분이 안 된다. 소행성대 속 천체들의 궤도는 화성과 목성의 공전 궤도 사이에 존재한다.

태양의 부피는 지구 부피의 130만 배에 가깝고, 그 지름은 대략 지구의 109배이다(그림 4.2). 가스덩어리의 최외각 경계를 측정하기란 어렵기 때문에 대략적으로 측정한 값이다. 태양의 경우 채층과 코로나를 포함한(제2장 참조) 매우 넓게 확산된 희박한 가스층이 광구 위쪽으로 수천 킬로미터 상공에 뻗어 있음에도 태양의 가장자리는 보통 광구의 끄트머리로 간주한다. 광구의 온도는 약 5800K이나 태양 핵 깊은 곳에서는 온도가 15×10^6 K를 넘어선다.

거대한 그 크기 때문에 태양의 질량(2×10^{30}kg)은 지구 질량보다 30만 배가 더 크다. 그러나 태양은 기체이므로 밀도가 지구의 4분의 1 수준인 1.4g/cm^{3}이다. 하지만 가스 구체 속의 물질은 분명 물질이며, 태양은 우리 태양계의 거의 모든 질량(대략 99.8%)을 차지하고 있다.

태양은 그 부피의 98% 이상을 수소와 헬륨이라는 가장 가벼운 두 원소가 대부분을 차지하고 있다. 넓게 보자면 이 사실은 태양계 또한, 보다 무거운 모든 원소의 약간의 영향만 있을 뿐 대부분 수소와 헬륨으로 구성되어 있다는 것이다. 주로 탄소, 질소, 산소와 같은 몇몇 무거운 원소들은 항성 핵에서의 핵융합(핵합성, 제2장 참조)을 통해 만들어진다. 그 밖의 무거운 원소들의 기원에 대한 천문학자들의 이론이 태양과 우리 태양계의 기원에 대한 중요한 단서를 제시하고 있다. 곧 그러한 단서들도 고려해 볼 것이다.

지구에서 태양까지의 평균 거리는 1억 4,960만 km이다(그림 4.3). 이 거리를 1 **천문단위**(astronomical unit, AU)라고 하며, 이것은 태양계에서 천체들 사이의 거리를 잴 때 주로 쓰이는 단위이다. 지구와 태양 사이의 거리는 끊임없이 변하며, 무엇보다도 지구의 공전 궤도가 똑바른 원이라기보다 약간 타원을 그리기 때문에 '평균' 거리에 대해 이야기를 논하기로 하자. 비교하기 위해 달이 지구에서 단 382,000km밖에 안 떨어져 있다는 사실을 알아두자. 태양 크기만한 구형의 입체 도형을 그려야 한다면 그 구형의 표면은 달 궤도 거리를 넘어 대략 315,000km쯤에 위치하게 될 것이다.

생명을 유지시키는 태양의 특징

제2장에서 논의했듯이 태양 중심에서의 핵융합 반응은 물질을 에너지로 변환시키는데, 그것은 태양의 광도 혹은 3.8×10^{26} W의 에너지를 방출하는 태양의 주 에너지원이다. 그러므로 태양에 의해 생성되고 전파된 빛과 열은 지구의 기후를 조절하며 지구를 생명체가 살 수 있는 행성으로 만든다. 태양으로부터 떨어진 거리(1AU) 때문에 지구는 생명체가 활동할 수 있는 적정한 양의 빛과 열을 받는다. 태양과 가장 가까운 두 행성인 금성과 수성은 생명체가 살기에는 너무 뜨겁고 건조하다. 화성은 태양으로부터 너무 멀어 아마도 너무 춥고 또한 건조할 것이다. 그러므로 물 분자(H_2O)는 그곳에서 물로 존재하지 않으며, 오직 얼음과 수증기로만 존재한다. 화성은 한때 더 따뜻한 행성이었을 수도 있는데, 무인화성탐사선이 보낸 증거가 화성 표면에 액체 상태의 물이 있었음을 나타낸다. 훨씬 예전에

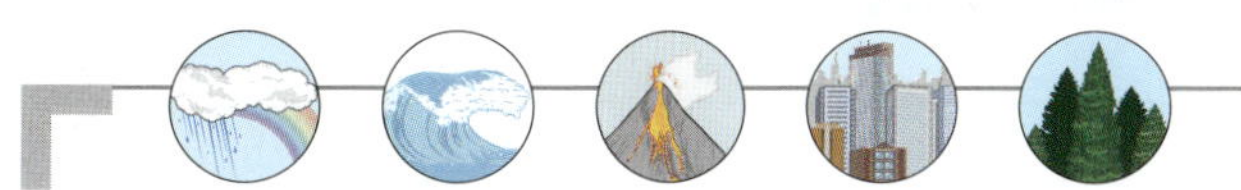

관련짓기

빛과 열의 양이 아주 조금 많거나 적었다면, 혹은 주요한 에너지원이 태양 말고 기조력이나 화학 에너지처럼 다른 것이었다면 지구는 어떠했을까? 이런 것들이 수권, 대기권, 생물권에 어떻게 영향을 미쳤을까?

기초 원리

지구의 계절

지구의 자전축이 '황도' 라는 태양 주위를 도는 궤도 평면에 직각으로 서 있지 않기 때문에 우리는 여러 계절을 겪게 된다. 지구의 자전축이 황도의 평면에 직각이라면 적도는 항상 곧바로 태양을 향하며 그곳에는 계절이 변하지 않을 것이다. 하지만 이 축이 직각에서 23.5도 기울어져 있으며 이 기울기는 지구가 태양 주위를 돌 때 본래 고정되어 있다.

이렇게 기울어진 자전축 때문에 궤도의 어떤 지점에서는 북반구가 태양을 마주하고 또 다른 지점에서는 남반구가 태양을 마주한다(그림 B4.1). 우리가 쓰는 달력에는 해마다 지구의 자전축이 똑바로 태양 쪽으로 기울거나 태양 반대쪽으로 기우는 이틀 정도가 표기되어 있다. 그날을 바로 '하지' 와 '동지' 라고 부른다. 6월 21일(북반구의 하지이자 남반구의 동지)에 태양은 가장 먼 북쪽 위치에서 똑바로 머리 꼭대기에 뜨며, 12월 21일(남반구의 하지이자 북반구의 동지)에는 가장 먼 남쪽 위치까지 닿는다. 이는 바로 북반구가 6월에 더 많은 태양열과 빛을 받으며 12월에는 덜 받는다는 뜻이다.

두 번째 원인이 계절성에 관여한다. 지구의 공전 궤도가 타원형이기 때문에 지구와 태양 사이의 거리는 날마다 변하는 것이다. 지구는 이른 1월에 가장 태양과 가까우며 이른 7월에 가장 멀어진다. 그래서 지구는 전체적으로 남반구가 여름인 1월 동안에 더 많은 태양광을 받으며, 북반구가 여름인 7월 동안에 덜 받게 된다.

기울어진 자전축, 그 축을 중심으로 한 지구의 회전, 그리고 고정된 지구 공전 궤도에도 불구하고 수만 년이라는 시간을 거친 기후 변화를 낳은 미약하고 장기간에 거친 변화들이 있다. 제13장에서 논의하겠지만, 자전축 회전 및 궤도의 변화들은 대륙빙하의 전진과 후퇴의 주요한 원인이다. 지구의 공전과 자전 운동은 지구계의 주요한 특징이다.

그림 B4.1 계절

지구가 태양 주위를 돌 때 지구의 기울어진 회전축이 같은 방향을 유지하고 있기 때문에 지구에는 계절이 나타난다. 그 결과 남반구는 6월 동안에 똑바로 태양 쪽을 가리키며 남반구에서는 12월 동안에 태양 쪽을 가리킨다.

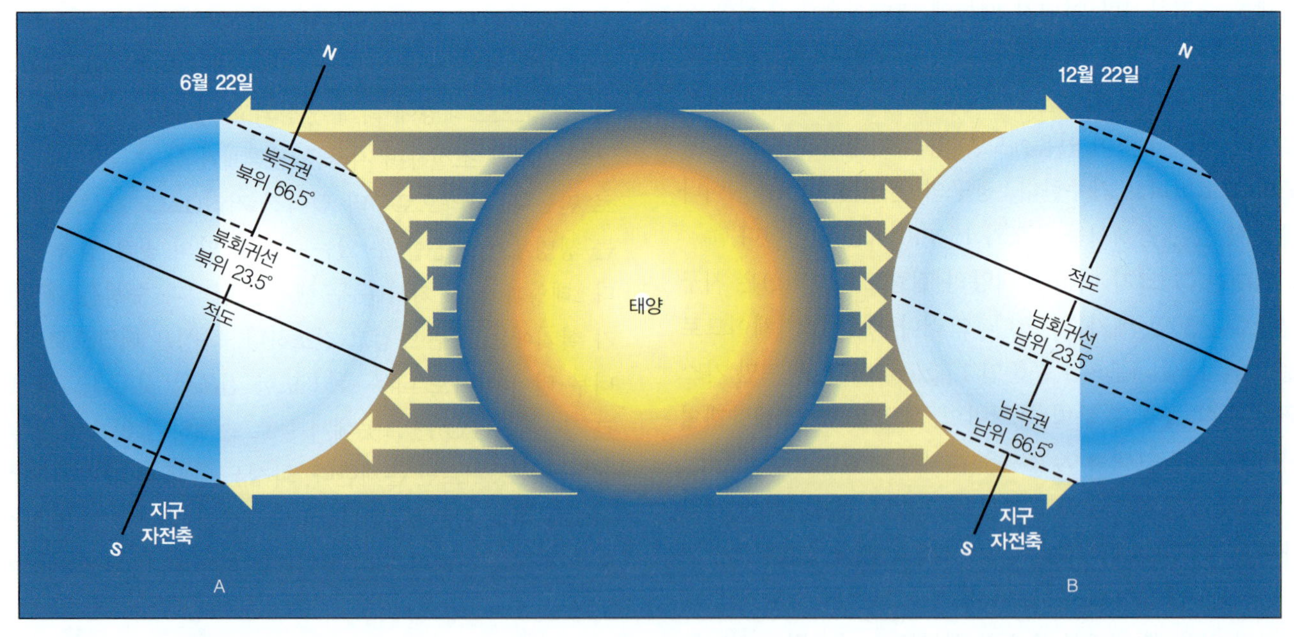

보다 쾌적한 화성이었음이 사실임을 뒷받침하는 증거가 있다면, 그곳에 어떤 형태의 생명체가 언젠가는 존재했을 테지만, 오늘날은 생명체가 존재할 가능성은 희박하다고 본다.

극히 몇 가지 예외가 있지만, 햇빛은 지구에서 생명을 유지시키는 에너지원이다. 식물, 해조류, 그리고 일부 박테리아는 유기질을 만들어내는 데 태양 에너지를 쓴다. 다른 생명체들은 식물, 해조류나 광합성 세균을 섭취함으로써 태양 에너지를 얻는다. 이 행성의 어디를 살펴봐도 생명체와 생명 유지 과정은 압도적으로 태양에서 오는 에너지에 의존하고 있다.

지구의 담요 : 대기층

제2장에서 논의했듯이 지구계로 들어오는 태양 에너지는 주로 전자기파와 가시광선의 형태다. 그러면 지구는 조금 더 장파 형태로 재복사하여 우주 공간에 에너지를 돌려보낸다. 대기권 하층부에서 복사를 활발하게 흡수하는 기체(주로 수증기와 CO_2)는 바깥으로 나가는 지구로부터의 장파 복사를 선택적으로 흡수한다. 그러므로 전자기파 스펙트럼의 열복사 영역에 해당되는 긴 파장 부분에서의 외향성 복사의 일부는 지구 표면 근처에 남게 되어, '담요 효과'라 불리는 따뜻한 공기층을 형성한다.

흔히 일어나는 온실효과는 생물들이 지구 표면에서 살 수 있도록 한다. 대기권의 낮은 곳에서 온실효과가 없다면 지구 표면의 평균 온도는 실제 평균 표면 온도인 영상 15°C보다 33°C 더 낮은 영하 18°C까지 떨어질 것이다. 온실효과 없는 이 행성에서 생명체가 어떻게든 버티며 진화해 올 수 있었을까? 아마 그랬을지도 모르지만 분명히 오늘날 우리가 아는 생명체가 아니었을 것이다. 우리 태양계의 다른 행성과 심지어 몇몇 위성들은 온실효과를 만들어내는 대기권을 갖고 있지만, 한두 가지 이유 때문에 각각의 경우 생명체가 존재하기에 이상적인 환경을 갖추지는 못했다.

흥미롭게도 지구에 자연적인 온실효과를 야기하는 주요한 기체는 수증기, 흔히 말하는 물이다. 수증기는 전자기파 스펙트럼의 열복사 영역에 해당되는 복사 에너지를 흡수하는 데 매우 효과적이며, 대기권의 낮은 부분 속에 풍부하게 존재하므로 온실효과에서 중요한 역할을 한다. 반대로 주로 화석 연료를 태울 때 발생하는 인위적인 이산화탄소(CO_2)는 오늘날 지구온난화를 야기하는 고도의 온실효과와 더 자주 연관되는 기체다. 우리는 뒤의 장에서 이런 주제를 좀 더 자세하게 다시 살펴볼 것이다.

태양계

태양계에는 8개의 행성이 있으며, 우리는 태양으로부터 세 번째 행성에 살고 있다. 다섯 행성(수성, 금성, 화성, 목성, 토성)은 육안으로 볼 수 있지만, 나머지 두 행성(천왕성, 명왕성)은 너무 멀어서 오로지 망원경으로만 볼 수 있다. 사람은 지금까지 그 어떤 다른 행성에도 발을 딛지 않았다. 언젠가는 실현될지도 모르지만 어쨌든 인간이 만든 수단으로 갈 수 있는 유일한 다른 천체는 달이다. 무인우주탐사선은 모든 행성에 다녀갔으며, 금성과 화성 두 행성에 착륙했고 목성의 짙은 대기권을 뚫고 낙하에 성공했다.

그림 4.4 우주에서 본 지구
우주에서 찍은 첫 지구 사진은 작고 보잘것없지만 아름다운 빛깔과 생명체로 가득 찬 외딴 행성의 모습이었다. 이것은 지구 궤도를 벗어난 최초의 유인 우주탐사선 아폴로 8호에 탄 우주비행사가 1968년에 찍은 사진이다.

1960년대 이전에는 지구 전체 모습을 행성으로 본 사람이 아무도 없었다. 하지만 그때 우주에서 본 지구의 첫 사진이 등장했다. 그것은 바로 한눈에 들어오는 커다랗고 눈부신 푸른 별에 구름, 바다, 극지방과 대륙이 모두 동시에 제 크기를 나타내고 있는 모습이었다(그림 4.4). 인류 역사상 처음으로 그 사진은 얼마나 지구가 작고 고립되어 있으며, 우리 태양계의 다른 행성들과 얼마나 다른지 너무도 명확히 알려주었다.

태양계 여행

태양계는 태양, 8개의 행성, 최소 5개의 왜소 행성, 소행성이라 불리는 수많은 작은 암석 덩어리들, 수십만 개의 혜성, 운석이라 불리는 수많은 작은 돌과 먼지 조각들, 그리고 최소 170개의 알려진 위성들로 구성된다(지금은 이렇게 기술하지만 더 많은 발견이 이뤄지고 있으므로 그 숫자는 급속도로 커지고 있다). 태양계의 이 모든 천체들은 중력에 의해 만들어진 궤도를 따라 여행한다. 행성, 소행성,

(A)

(B)

	수성	금성	지구	화성	목성	토성	천왕성	해왕성
지름(km)	4880	12,104	12,756	6787	142,800	120,000	51,800	49,500
질량(지구=1)	0.055	0.815	1	0.108	317.8	95.2	14.4	17.2
밀도, g/cm^3(물=1)	5.44	5.2	5.52	3.93	1.3	0.69	1.28	1.64
위성 수	0	0	1	2	16	18	15	8
자전 주기(시간)	1416	5832	24	24.6	9.8	10.2	17.2	16.1
공전 주기(년)	0.24	0.62	1.00	1.88	11.86	29.5	84.0	164.9
태양으로부터의 평균 거리(10^{6}km)	58	108	150	228	778	1427	58	4497
태양으로부터의 평균 거리(AU)	0.39	0.72	1.00	1.52	5.20	9.54	0.39	30.06

그림 4.5 **태양계**

(A) 우리 태양계의 여덟 행성들은 이 그림에서, 정확한 상대적인 크기와 태양에서부터 바깥 순서대로 그려져 있다(하지만 태양으로부터의 거리는 정확하지 않다). 태양은 가장 큰 행성인 목성보다 지름이 13배나 더 크다. (B) 행성에 관한 데이터를 기록한 표는 지구형 행성은 목성형 행성보다 크기가 훨씬 작으며 또한 외부의 목성형 행성보다 훨씬 밀도가 높다는 사실을 나타낸다.

혜성, 그리고 운석은 태양 주위를 도는 반면에 위성은 행성 주위를 돈다.

우리 태양계의 행성들은 수명 그리고 태양과 가까운 정도에 근거하여 두 가지로 분류할 수 있다(그림 4.5A). 가장 안쪽에서 도는 행성(수성, 금성, 지구, 화성)은 크기가 작고 암석과 철이 주된 구성요소이며 밀도가 높다(그림 4.5B). 우리 지구와 비슷한 성분으로 구성되어 있기에, 그들은 **지구형 행성**(terrestrial planets, *terra*는 라틴어로 '땅'이라는 뜻)이라 불린다. 이들을 행성들의 궤도와 태양으로부터의 거리와의 상관관계를 나타내는 그림 4.3과 비교해 보자. 행성이라 불리기에는 너무 작은 암석 덩어리인 소행성들의 궤도는 화성과 목성 사이의 빈 공간에 주로 자리한다. 천문학자들은 이 소행성들이 더 큰 행성을 뭉쳐서 만들려다 실패한 돌 부스러기(미행성체)로 가정한다.

화성보다 태양으로부터 멀리 떨어진 행성들은 지구형 행성보다 크기는 훨씬 크지만, 대부분이 기체로 되어 있고 두꺼운 수소와 헬륨이 풍부한 대기권이 있기 때문에 밀도는 훨씬 낮다. 이러한 이유에서 그들은 거대 기체 행성이라고도 불린다. 이러한 목성, 토성, 천왕성, 명왕성과 같은 **목성형 행성**(jovian planets)은 로마신화 속의 신 주피터(*Jove*)에서 이름을 따왔다. 목성형 행성은 지구형 행성과 비교했을 때 훨씬 가벼우며 차갑고 휘발성 물질이 풍부하다.

태양계의 기원

우리 태양계의 행성들과 다른 천체에 대한 특징을 더 자세히 살펴보기 전에 잠시 한 발 물러나 어떻게 태양계가 만들어졌는지 생각해 봐야 한다. 오랫동안 사람들은 이성적

그림 4.6 **천구**

아리스토텔레스는 태양과 달, 눈으로 관측할 수 있는 5개의 행성 그리고 별들을 지구 자천축을 연장한 회전축 주위로 도는 동심구의 표면에 표시하였다. 별이 분포하는 성구 너머로는 신들의 영역이 펼쳐져 있다.

으로 우주의 모든 것이 지구를 중심으로 돈다고 믿었다. 그들은 지구는 가만히 있는 것처럼 보이는데도 태양이 뜨고 지는 것을 관찰했다. 그래서 그들은 우주가 지구 중심으로 존재한다고 믿었으며 태양은 고정된 지구를 중심으로 돈다고 판단했다(그림 4.6). 오늘날 우리는 지구가 태양 주위를 돈다는 것을 알고 있다(코페르니쿠스의 태양 중심설 이론). 이 태양 중심설 이론 체계의 모든 가설들은 태양계의 모든 특징을 빠짐없이 뒷받침한다.

설명해야 할 특징

만약 아주 멀리에서 태양계를 볼 수 있다면 거의 모든 천체들(행성, 위성, 태양)이 똑같은 방향으로 자전과 공전을 하고 있음을 알 수 있을 것이다. 더욱이 모든 행성들은 태양 주위를 돌며, 모든 위성들은 동렬로 그들 각각의 행성 주위를 돈다. 북극 상공을 시점으로 시계 반대 방향으로 회전한다. 위성은 행성 주위를 똑같은 방향으로 돌며 행성은 태양 주위를 돈다. 더 나아가 태양과 대부분의 행성들(금성은 예외)은 똑같이 시계 반대 방향으로 자전한다. 금성은 시계방향 혹은 '역행' 방향으로 자전하므로 예외이다. (이런 유별난 특징에 대한 유력한 가설은 금성이 초기 태양계 역사에서 큰 운석과 완전히 전면 충돌했다는 것으로, 행성이 본래 회전했던 방향의 반대 방향으로 천천히 돌도록 만들었다.)

행성과 위성들의 자전과 공전은 매우 규칙적이며 지속적이어서 인간 역사 속의 모든 사회는 시간의 경과를 뒤좇는 하나의 방법으로 이들을 이용해 왔다. 태양계의 기원에 대한 어떠한 가설도 (넓적한 판 형태의) 태양계 형성과 행성과 위성의 놀라울 정도로 규칙적이고 정돈된 자전과 공전 방향 또한 이러한 운동이 같은 평면에서 일어난다는 사실을 포함한 운동학적 특성을 설명할 수 있어야 한다. 그 가설은 또한 우리 태양계 안의 다양한 다른 천체의 존재와 특징과 더불어 지구형과 목성형 행성이라는 두 행성 분류도 설명해야 한다.

태양 성운

태양의 기원은 아마도 다른 수십억 별들의 기원과 비슷했을지도 모른다. 그러므로 태양계의 기원에 대한 많은 생각들은 별의 구조를 연구하는 천문학자들의 관측에서 비롯된 것이다. 태양계의 기원에 대한 유력한 모형으로는 **성운설**(nebular hypothesis)로, 태양과 행성들은 우주 가스와 먼지로 소용돌이치는 거대한 구름으로 생성됐음을 제안한다.

태양을 포함한 별들은 크게 수소와 헬륨이라는 가장 가벼운 두 원소와 아주 소량의 조금 더 무거운 원소들로 구성된다. 그에 반해 지구, 화성, 금성과 같은 암석질의 행성들은 크게 탄소, 산소, 실리콘, 철과 같은 조금 더 무거운 원소와 아주 작은 양의 수소와 헬륨으로 구성된다. 그러므로 태양계를 만들어낸 구름도 태양에서 찾은 수소와 헬륨이라는 가벼운 원소뿐만 아니라 대다수 암석질의 행성을 구성하는 무거운 원소들도 포함했어야만 한다. 수소와 헬륨보다 무거운 원자들은 오직 별 안에서 생성된다. 그래서 과학자들은 늙은 별이 초신성으로 폭발했을 때 그 원소들이 우주 가스 구름 속으로 퍼졌을 것이라고 믿는다(그림 4.7).

천문학자들은 탐사된 수많은 별의 흩어진 잔해를 발견하고 촬영해 왔다. 그리고 수소, 헬륨, 그리고 천천히 도는 막대한 양의 우주 가스 구름 속으로 흩어진 별에서 나온 무거운 원소들을 관찰한다. 천문학자들은 허블 우주망원경을 사용하여 많은 어린 별들이 그들 주위를 도는 가스 판을 갖고 있다는 사실을 발견했다.

오늘날 태양과 행성의 모든 원자들이 하나의 오래된 별의 잔해에서 유래한 것인지 여러 별의 잔해에서 유래한 건지는 모르지만, 과학자들은 오늘날 태양과 지구 속의 원자들이 대략 60억 년 전 우주 구름의 일부분이라 추측해 왔

그림 4.7 초신성과 성운
궁극적으로 우리 태양계를 형성한 성간 기체운도 아마 매우 무거운 별이, 여기에 나온 NGC 2403이라 불리는 먼 은하에서 발견된 SN 2004dj와 같은 초신성이 되어 죽음으로써 만들어졌을 것이다.

다. 가늘게 퍼지는 분산된 원자들은 미약하며 천천히 도는 가스 구름을 만들었다(그림 4.8A). 매우 오랜 세월을 거쳐 가스는 원자들이 서서히 결합되면서 단단해졌다. 그 뭉치는 힘은 중력이었고 원자들이 서로 가까이 움직였을 때 그 가스는 압축됨에 따라 더 뜨겁고 밀도가 높아졌다. 모여든 가스 구름의 중심부 근처에서는 끝내 원자들이 아주 고도로 압축되어 온도가 높아지면서 핵융합이 시작됐고 우리 태양이라는 새로운 별이 탄생했다. 새로 태어난 태양 주위에는 감싸는 평평한 가스와 먼지 판이 있었는데, 이 도는 가스 판에 **태양 성운**(solar hebula)이라는 이름이 붙여졌다(그림 4.8B).

응결과 강착

성운설은 태양계의 안쪽 부분에 자리한 천체들이 암석의 성질을 띠며 또 바깥 부분 천체들은 더 높은 가스와 얼음 구성비를 갖고 있는 이유를 잘 말해 준다. 태양이 타기 시작했을 대략 47억 년 전 태양 성운의 조금 더 차가운 바깥 부분은 매우 압축되어, 얼음이 수증기가 응축되어 만들어지듯이 고체 입자와 액체 방울이 가스에서 응결되기 시작했다. 이 응결물은 우리 태양계의 행성, 위성, 그리고 다른 모든 단단한 천체를 만드는 벽돌이 된 것이다(그림 4.8C).

태양으로부터의 거리와 물질의 응결온도는 왜 지구형 행성이 주로 고온의 밀도가 높은 암석 물질로 구성되어 있고, 반면에 목성형 행성과 그 위성들은 주로 저온의 밀도가 낮은 응축물로 이뤄져 있는지를 설명한다. 온도가 가장 높은 태양과 가까운 곳에 위치한 행성이나 위성들은 오직 고온에서만 응축되는 주로 산소와 실리콘, 알루미늄, 칼슘, 철, 마그네슘과 같은 원소들을 포함한 화합물로 구성되어 있다. 반면 강력한 태양풍이 대부분의 헬륨과 수소 같은 가벼운 기체 물질 안쪽 지대에서 쓸어간다. 태양으로부터 멀어질수록 온도는 더 낮아졌고, 유황 함유 혼합물, 물, 얼음 그리고 메테인 얼음도 또한 응결됐다.

우주 가스 구름에서 만들어진 물질의 응축물은 별 탄생 이야기의 단지 한 부분에 불과하다. 응축물은 수없이 많은 자잘한 암석 조각들로 된 우주 눈을 생성했다. 눈 입자로부터 회전하는 가스 구름이 생성되면서 우주 눈은 같은 방향으로 태양 주위를 공전했다. 우리가 행성이라 부르는 우주 눈덩이를 만들기 위해서 한 단계가 더 필요했다. 이 단계는 중력의 견인에 의해 서로 이끌린 우주 눈 입자들 사이의 충돌을 야기했다. 주위 공간에서 고체 물질이 점점 더 뭉쳐지는 성장 과정을 **행성 강착**(planetary accretion)이라 부른다. 과학자들은 태양 운하의 응축과 행성 강착은 45억 6,000만 년 전에 완료되었으며, 그것이 끝났을 때 원시 가스 구름의 회전 운동은 태양, 행성, 위성들의 자전과 공전에 보전되었다고 추측했다.

성긴 부스러기의 대부분이 휩쓸려갔고(중력에 의해 이끌려 커다란 덩어리로 뭉쳤거나, 어린 별의 특징이기도 한 강한 태양풍에 의해 태양계의 끄트머리까지 휩쓸렸다) 오로지 큰 천체들만 남았을 때 금성의 회전을 바꿨던 것 같은 엄청난 충돌은 행성 강착의 마지막 단계에서 불가피했다. 이 시기에 일어난 거대한 충돌의 흔적과 잔해는 태양계에 잔뜩 남아 있다. 그러한 충돌은 아마 천왕성의 한쪽을 뒤집어 놓았을 것이다. 또 다른 하나는 금성을 영원히 완전하게 뒤집어 놨을 것이다. 하지만 지구와 거대한 천체의 또 다른 충돌은 우리 달의 기원에 대해 설명하고 있다(아래에서 더 자세히 논의하겠다). 지구의 달, 수성, 그리

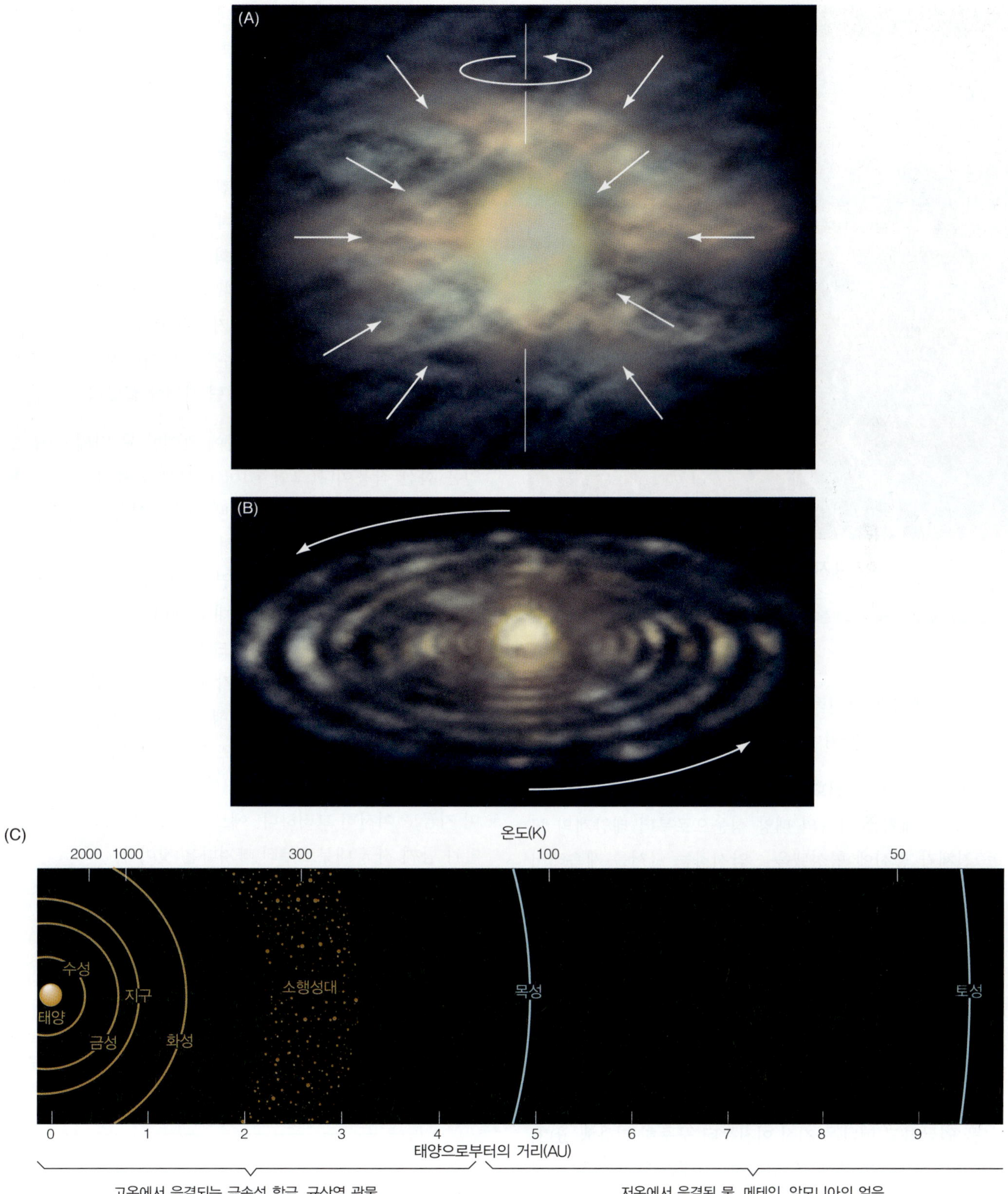

그림 4.8 성운설

우주에서 천천히 소용돌이치는 가스 구름은 성운설의 시작을 장식한다(A). 중력의 작용 아래에 서서히 엷게 퍼진 가스는 내부로 충돌하기 시작했다. 결국 중심부는 압축되고 뜨거워져서 핵융합이 시작됐고 별(우리 태양)이 태어났다. 중력 작용은 물질들이 구름에서 압축되기 시작했을 때 어린 별 주위의 성운을 회전판으로 평평해지도록 한 것이다(B). 중심부 근처는 매우 뜨겁고 가장자리 부근은 매우 차가운 성운 판의 온도 차이가 구름의 다양한 부분에서 응축된 물질들의 본질을 조절했으며, 그리하여 안쪽과 바깥쪽 행성들의 최종적인 구성에도 영향을 끼쳤다(C).

그림 4.9 **격렬한 과거의 자국**
2008년에 메신저 호가 촬영한 깊게 파인 수성의 운석 구덩이는 태양계 초기 역사에 받은 심한 충격의 자국을 보여준다.

고 다른 행성과 자연적인 위성의 푹 찍히거나 움푹 파인 표면에서 그런 작용의 흔적을 볼 수 있다(그림 4.9).

행성 형성 이후의 진화

우주탐사 계획은 각각의 태양 성운으로부터 태양계의 모든 천체가 동시에 형성됐음을 암시하는 단서를 계속해서 제공한다. 이 단서는 우리가 이러한 과정에 걸린 기간과 우리 태양계 속 다양한 물질의 나이를 좀 더 자세히 알려고 할 때 중요해질 것이다. 태양계의 기원을 뒷받침하는 성운설은 태양계의 형성과 구조, 태양계 천체들의 자전과 공전의 균일한 상태, 그리고 태양계 주요 부분의 물질 구성 분포를 포함하여 증명해야 할 요인들과도 잘 맞아떨어진다. 하지만 태양계 중에서도 특히 행성들은 우리가 성운설을 언급하고 떠나온 지점 이전부터 꾸준히 진화해 왔다. 지구형 행성들의 점진적인 진화에 지대한 역할을 한 다섯 가지 주요한 요소를 각각 살펴보기로 하자.

융해, 충돌, 그리고 분화 행성의 진화에 개입하는 첫 번째 주요 요인은 융해(그림 4.10A)다. 움직이는 천체들끼리 부딪혔을 때 그 움직임의 에너지(운동 에너지)는 열 에너지로 변환된다. 행성 강착이 45억 6,000만 년 전에 그 최대치에 달했을 때 빈번하게 일어났던 더 거대한 충돌은 지구형 행성들이 녹아내리기 시작할 만큼 갈수록 많은 운동 에너지가 열로 변환됨을 의미했다. 그 행성들은 아마 완전히 녹지 않았을 수 있다. 하지만 충분한 융해는 일어나는데 철분이 풍부한 액체는 행성의 중심부로 가라앉고 칼륨, 나트륨, 인, 알루미늄, 실리콘, 산소와 같은 가벼운 주요 원자들에 풍부하며, 철분이 덜 함유된 액체는 표면에 떠오른다. 이러한 화학적 분결 과정은 **행성 분화**(planetary differentiation)라 불린다. 부분적 융해 동안과 그 이후에는 달과 지구형 행성들은 계속해서 남아 있는 커다란 우주 부스러기 입자들과 부딪혔다. 그러한 일은 여전히 일어나지만 지속적으로 큰 작용이 있던 시대는 40억 년 이전에 끝났다.

화산 작용 지구형 행성의 진화에 관여한 두 번째 주요 요인은 화산 작용이다(그림 4.10B). 부분 용융이 일어난 후에 방사성 원소들이 존재했기 때문에 행성들은 내부가 뜨거운 상태였으며 지금도 여전히 존재한다. 방사성 원소가 방사성 변화를 거칠 때마다 자연스럽게 일정 양의 열 에너지를 내뿜는데, 그것은 중요한 내부 에너지원이다. 모든 지구형 행성은 식어가지만 행성 크기에 따라 냉각되는 비율이 결정되므로 결과적으로 냉각 비율은 천차만별인 셈이다. 금성과 지구 같은 가장 큰 행성은 아주 천천히 식어가므로 오늘날도 여전히 비교적 뜨겁다. 책 뒷부분에서 나중에 논의하겠지만, 화산 작용은 생명체에게 매우 중요했으며 지금도 여전히 그러하다. 예로 대기권의 가스는 화산 폭발과 함께 지구 내부로부터 빠져나온 것이다.

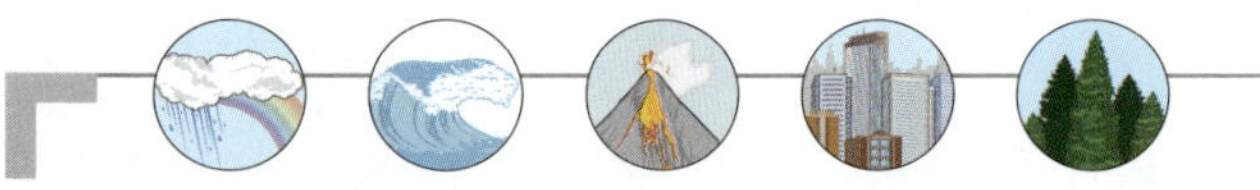

관련짓기

지구 내부의 열이 지표의 생명체를 변화시키는 방법을 요약해 보자. 예를 들면 그것은 화산 활동을 야기한다. 그렇다면 화산 활동은 어떻게 지구 환경을 오랜 세월에 걸쳐 바꿔 왔을까? 차츰 다른 장을 읽어가면서 이러한 영향들에 대한 이해를 더해갈 것이다.

행성의 질량 질량(행성을 구성하는 물질의 크기와 밀도)은 한 행성의 궤도와 그것이 얼마나 많은 위성을 거느리는가와 같은 사항을 정하는 데 분명히 중요하다. 우리의 요점에서 봤을 때 행성의 질량은 훨씬 더 중요한 역할을 한다. 행성을 감싸는 기체를 '붙들기' 위해 충분한 중력 작용이 행성에 있었는지 아닌지를 결정한다. 앞으로 배워가겠지

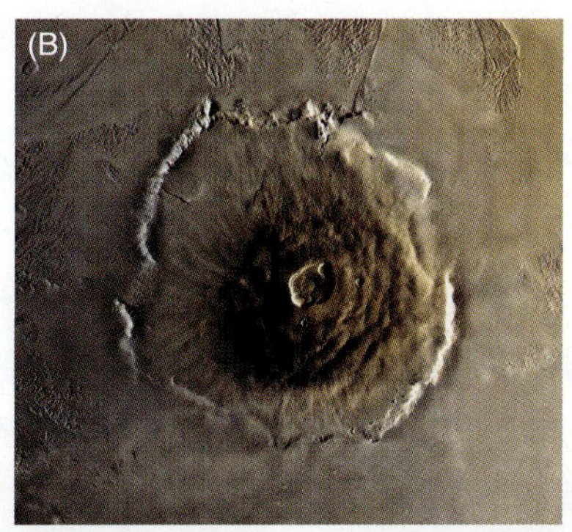

그림 4.10 행성 진화의 주요 요인

태양계의 가장 초기 모습으로 점진적으로 행성 진화하는 데 영향을 끼친 다섯 가지 주요 요인은 (A) 지구 역사의 초기에 일어난 지대한 충격을 여기에서 그림으로 재현한 것에서 보이는, 운석 구덩이를 만들고 결과적으로 부분적 융해를 야기한 충격. (B) 태양계에서 가장 큰 화산으로 알려진 화성의 이 '올림포스 화산' 그림에서 알 수 있는 화산 활동, (C) 행성의 대기권을 유지하는 능력뿐만 아니라 행성 궤도의 특징을 결정짓는 것이 행성 질량이며, 이 그림에서는 지구와 대조적으로 보이는 왼쪽 수성은 너무 작아서 대기권을 붙들어 놓기에 중력의 힘이 불충분하다. (D) 태양으로부터의 거리로, 잘 알려진 다섯 행성을 가족으로 거느리고 있는 항성 '55 Cancri'의 상상도에서 알 수 있듯이 파랗게 그려진 그 중 하나의 행성은 액체 상태의 물을 붙들어 놓을 수 있을 법하게 별로부터 딱 알맞은 거리에 있다. (E) 생물권의 발전과 대기권, 수권, 표층의 화학적 진화에 점진적으로 영향을 끼친 생물권이다. 사상조류와 같은 광합성 작용을 하는 생명체는 산소를 제공함으로써 지질 연대를 통틀어 대기권 구성에 큰 영향을 끼쳐 왔다.

만 지구의 경우, 그 자리를 유지하며 행성을 둘러싼 기체는 휩쓸려갔다. 다행히도 지구는 서서히 그 내부에서 방출된 화산 가스를 붙들어 놓을 만큼 무거웠으며, 그 화산 가스는 우리에게 대기권을 주었다. 반대로 수성은 크기가 작아서 그 중력 작용이 대기권을 유지하기에 불충분한 행성의 한 예다(그림 4.10C).

태양으로부터의 거리 행성이 진화하는 방식을 조절한 네 번째 요인은 태양과 그들의 거리 혹은 태양과의 근접한 정도다(그림 4.10D). 태양과 행성 간의 거리는 물 분자(H_2O)가 액체 상태의 물로 존재할 수 있는지 없는지, 그리고 그곳에 바다가 존재할 수 있는지 여부를 결정짓는다. 액체 상태의 물은 또한 생명체가 살아가는 데 필수적인 요소이다. 태양과 가장 가까운 두 행성인 수성과 금성은 물이 액체 상태로 존재하기에는 너무나 뜨겁다. 금성은 그 대기권 안에 수증기를 품고 있으나, 금성 표면의 온도가 500°C에 달한다. 지구보다 태양으로부터 멀리 떨어져 있는 화성에는 너무나 차가워서 액체 상태의 물은 없지만 얼음은 존재한다.

생물권 행성의 진화하는 경로를 결정짓는 다섯 번째 요인은 생물권의 존재 혹은 부재라고 알려져 왔다(그림 4.10E). 수권과 생물권은 지구 대기권의 구성을 조절하는 생지화학적 순환의 발전 과정에서 중요한 역할을 해 왔다. 지구상에서는 식물과 미생물들이 이산화탄소와 물을 혼합하는 광합성을 통해 고체 유기물질과 산소 기체를 생성하는 수단이 되어 왔다. 퇴적물 속에 매장된 유기물질은 대기 중의 탄소를 없애며 동시에 균등한 양의 산소를 대기권으로 방출한다. 금성에서 생명체가 발달하지 못했기 때문에 그곳에는 매장된 유기물질이 없으며, 여전히 모든 이산화탄소는 대기 중에 있다.

이제 태양계의 구조와 점진적인 진화를 이끈 과정을 이해했을 것이다. 그럼 행성과 다른 중요한 태양계 천체들의 특징을 조금 더 자세히 살펴보자.

지구형 행성의 현재

행성의 강착과 점진적인 진화 과정이 중요한 이유 중 하나는 그것이 지구와 그 밖의 지구형 행성에서 발견된 여러 층상 구조에 대한 설명을 잘해 주기 때문이다. 제3장에서 배웠듯이 태양계 역사의 초기에 부분 용해가 일어나는 동안, 대지는 세 가지 층으로 나눠졌다. (그림 3.7에 나와 있듯) 비교적 가벼우며 밀도가 낮고 암석질인 지각과, 밀도가 중간쯤이며 암석질인 맨틀, 그리고 금속성을 띤 밀도가 높은 핵이다. 지각의 바위, 토양, 대기권과 바다는 모두 화학적 분화의 초기 과정 동안에 표면으로 나온 화학 원자들의 합성물로 만들어진 것이다. 수성, 금성, 화성, 그리고 우리 달과 가장 큰 소행성에도 이와 비슷한 지층이 존재하지만 각각의 천체에는 저마다 지층의 크기와 구성이 다르다. 가장 현저한 것은 수성인데, 핵이 부피의 42%와 질량의 어림잡아 80%를 차지한다.

지구 이외에 어떤 지구형 행성이 용융된 혹은 부분적으로 용융된 핵을 갖고 있을지는 모른다. 용융된 외핵과 비교적 빠른 지구의 자전은 지구의 강한 자기장을 끌어올린다. (제5장의 다이나모 이론에 따르면 용융된 철로 이루어진 외핵과 같이 전도되는 유동체 속에서의 움직임은 스스로 유지되는 자기장을 발생시킨다.) 다른 지구형 행성도 자기장을 갖고 있으나 지구의 자기장보다 훨씬 약하다.

지구형 행성 사이에는 또 다른 중요한 유사점이 있다. 모든 지구형 행성은 화산 활동을 겪었다. 다시 말해 내부 열원을 갖고 있거나 갖고 있었다는 뜻이다. 지구형 행성의 화산 작용은 현무암이라는 화산암을 생성함으로써 억제되는데, 이 암석은 지구 해양 지각의 주된 암석이며 금성과 화성 그리고 우리 달의 어두운색 부분 '바다' 의 대부분을 구성한다. 금성과 지구는 오늘날에도 화산 활동이 활발하게 일어나고 있다. 화성은 그곳에 현존하는 가장 큰 화산인 '올림포스 화산' 에서 알 수 있듯이 수십억 년 전에는 화산 활동이 활발했다. 하지만 더 이상은 활동하지 않는 것 같다. 가장 작은 지구형 행성 천체들인 달과 수성은 수십억 년 동안 화산 활동이 없었다.

모든 지구형 행성은 또한 운석 구덩이가 파일 만한 강력한 충돌을 겪어 왔다. 태양계 형성이 끝나가는 무렵에 충격은 가장 컸으나, 충돌과 그로 인한 운석 구덩이는 오늘날도 이따금 발생하고 있다. 이러한 충격의 흔적은 달과 수성의 심하게 파인 표면에서 선명하게 볼 수 있지만(그림 4.11), 특히 금성과 지구와 같은 훨씬 지질학적으로 활동적인 행성에서는 기후 변화, 침식작용, 그리고 화산 활동의 복합적인 작용에 의해 쉽게 숨겨지거나 지워진다.

지구가 특이해 보이는 또 하나의 요인은 판구조 운동이다. 행성과 그 위성들을 관찰하면 각각의 지구형 행성 표면의 암석은 지구에서처럼 분열시키며 재형성한다는 것이 밝혀지는데, 이것은 지구형 행성이 암석권을 갖고 있음을 알려 주는 사실이다. 우리가 가진 얼마 안 되는 단서가 나타내는 것은 연약권과 암석권은 아마도 각각의 지구형 행성에 존재하나, 지구의 연약권은 특이하게 표면과 가까우며 암석권은 특이하게 얇다는 사실이다. 지구는 아마도 그 암석권이 너무 얇기 때문에 무척 역동적인 행성인 것이다. 다른 지구형 행성은 지구보다 연약권이 훨씬 두꺼우며 훨씬 덜 역동적인 것 같다.

끝으로 모든 지구형 행성은 태양계의 초기에 주위를 감

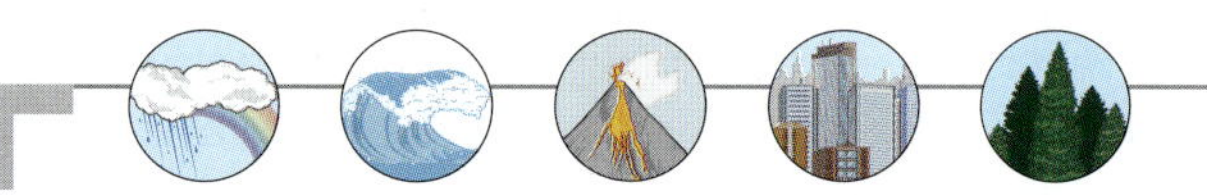

관련짓기

다른 어떠한 특징보다도 지구를 돋보이게 하는 것은 지표의 역동적인 자연이다. 지권, 대기권, 수권 , 생물권 안에서의 지표에 생긴 운석 충돌의 흔적을 지울 수 있는 몇몇 과정을 나열해 보면 알 수 있을 것이다. 뒤쪽 장으로 가면서 이러한 과정을 배워갈 것이다.

그림 4.11 지구와의 충돌
이러한 충돌로 지구에 생긴 흔적은 기후 변화, 침식작용, 그리고 판 운동에 의해 숨겨지거나 지워졌다. 하지만 여기에 충돌로 인해 파인 애리조나 주 플래그스태프에 자리한 운석 구덩이는 불과 5만 년 전에 생겼다. 이 운석 구덩이는 지름이 1.2km이며 깊이는 200m이다.

쌌던 수소와 헬륨으로 된 최초의 가스체인 **원시 대기**(primordial atmosphere) 혹은 **원대기**(primary atmosphere)를 소실했다. 지구, 화성, 금성은 새로운 **이차 대기**(secondary atmosphere)를 만들어냈는데, 화산 활동을 통해 외부로 새어나와 행성들의 중력에 의해 붙잡힌 휘발성 가스 원자들로 이뤄진 가스체다. 수성과 달은 너무 춥고 작아서 중력으로 이러한 가스를 붙잡아 두기 어렵기 때문에 그곳에는 대기권이 없다.

목성형 행성의 현재

보다 바깥쪽 행성들은 두껍고 불투명한 대기로 뒤덮여 있다. 그러므로 바깥쪽 행성들의 진화에 관한 과학자들의 이해는 그 표면을 직접 관측해서라기보다는 추측과 추론에 근거를 두고 있다. 하지만 바깥쪽 행성들의 초기 역사는 지구형 행성의 초기 역사와 비슷했으며, 바깥쪽 행성 각각의 내부에는 지구형 행성과 비슷한 암석 물질의 핵이 있다고 충분히 가정할 수 있다.

목성형 행성을 뒤덮은 두꺼운 대기 담요 밑에 깔린 어떤 것도 볼 수가 없지만, 그 행성들과 위성에서의 원격 조정 계측에 근거하여 내부 구조를 알아낼 수는 있다. 예를 들어 목성과 토성의 질량은 너무 커서 그 두 행성의 대기 가스 중 어떤 것도 그들의 중력 작용을 벗어날 수 없었다(그림 4.12A). 이 사실은 행성상 성운의 대부분을 구성한 수소와 헬륨이라는 가장 가벼운 두 가지 기체에도 해당된다. 가장 큰 두 목성형 행성은 그들이 생성된 태양 성운의 구성과도 어느 정도 비슷한 질량 구성을 갖고 있었음을 알 수 있다. 목성의 구성은 태양의 구성과 매우 비슷한데, 수소 74%, 헬륨 24%, 무거운 원소 2%로 되어 있다.

거대한 폭풍, 빠르게 부는 바람과 번개는 거대 가스 행성의 몹시 거칠고 깊게 휘몰아치는 대기권에서는 흔한 일이다. 특히 오랫동안 이어지는 폭풍은 목성의 '대적점'(그림 4.12B)이라 불리는 지구 크기보다 2배나 더 크며 300년 넘게 지속되어 온 것으로 보이는 반사이클론 폭풍이다.

4개의 목성형 행성 모두는 아마도 방대하며 두꺼운 대기권 속에 작은 암석질의 핵을 갖고 있다. 목성과 토성의 암석질 핵은 지구 질량보다 20배는 더 클 것이다. 암석질의 핵을 둘러싼 것은 얼음 층인데, 많은 바깥쪽 행성들의 위성에서 볼 수 있는 얼음 덮개와 비슷하다(그림 4.13). 목성형 행성 내부의 압력은 분명 엄청날 것이다. 그러므로 내부 깊숙한 곳에서 수소는 굉장히 강하게 눌려 액체 상태로 응결되었을 것이라 본다.

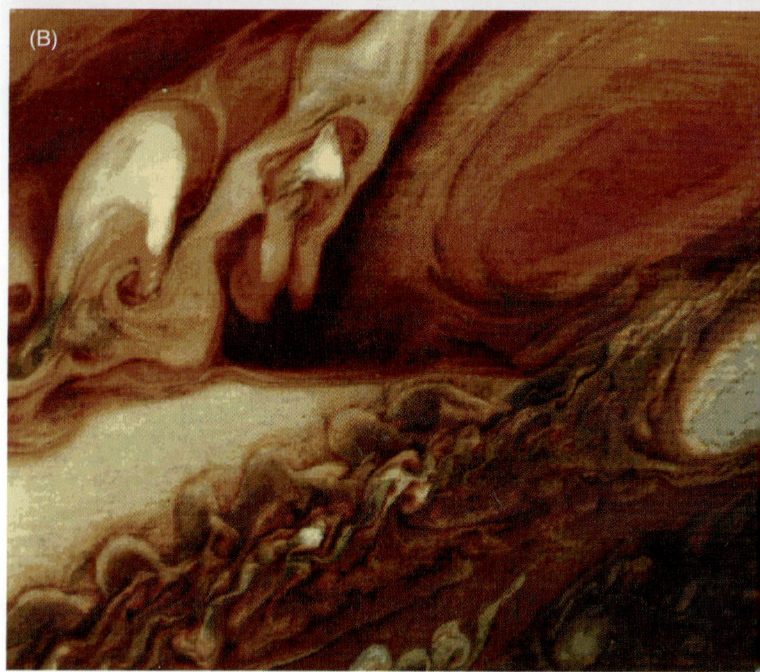

그림 4.12 거대 가스 행성인 목성
목성은 거대 가스 행성들 중에 가장 크다. (A) 그림에서 검은 점은 60개가 넘는 목성의 위성 가운데 하나인 유로파의 그림자이다. 다른 목성형 행성처럼 목성의 구성 성분은 목성이 생성된 태양 성운의 구성 성분과 거의 흡사하다. 목성은 수소 74%, 헬륨 24%, 무거운 원소 2%로 이뤄져 있다고 추측된다. 폭풍은 거대 가스 행성의 거친 대기권에서는 흔히 일어난다. (B) 사진에 보이는 것은 잘 알려진, 지구보다 2배 더 큰 목성의 대적점으로, 300년 넘게 활동해 왔다고 생각되는 반사이클론 폭풍이다.

목성과 토성의 더 깊은 곳에서의 압력은 지구 표면에 도달하는 압력의 30만 배에 맞먹는다. 그러한 상황에서 수소의 전자와 양성자는 결합이 헐거워지며 수소는 금속성을 띠게 된다(그림 4.14). 목성에서는 고체 금속성 수소가 얼

그림 4.13 목성의 위성인 유로파
목성의 4개의 큰 위성들 중에 가장 작은 '유로파'는 밀도가 낮은데, 많은 양의 얼음을 보유하고 있음을 알 수 있다. 표면은 100km까지 얼음으로 뒤덮여 있다.

음 핵을 둘러싼 덮개를 형성하기에 충분한 높은 압력까지 쉽게 올라간다. 목성과 토성에서의 금속성 수소의 존재는 (지구의) 핵 근처에서 움직이며 전자적으로 전도하는 유동체의 존재를 제시하는 자기장을 갖고 있다는 사실에 더 설득력을 얻는다. (그러나 지구에서는 자기장을 일으키는 유동체는 철이고, 목성과 토성에서는 금속성 수소라는 사실에 주목하라.) 천왕성과 해왕성은 목성과 토성과 비슷하다고 여겨지지만 둘 다 금속성 수소를 생성할 만한 높은 압력을 만들 만큼 크지 않다.

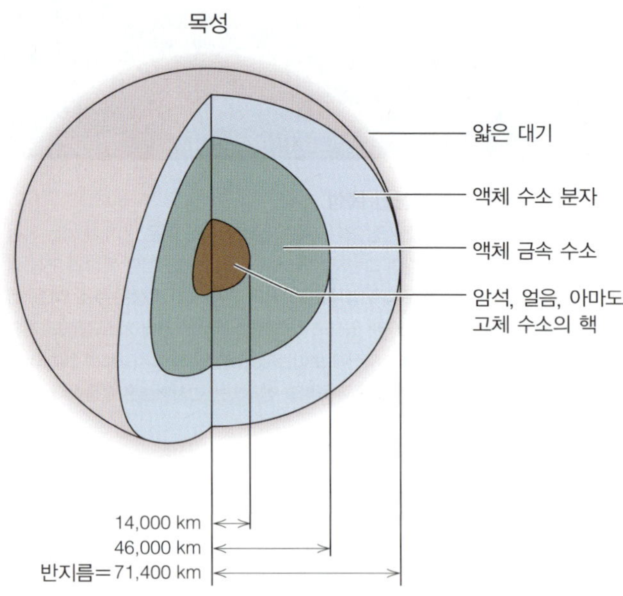

그림 4.14 목성의 내부
다른 목성형 행성처럼 목성은 아마 얼음으로 뒤덮여 있을 암석질의 작은 핵을 갖고 있다. 이러한 무거운 행성들의 내부 압력은 무척 강력해서 심지어 수소는 고체 상태로 존재할 것으로 보인다.

태양계의 다른 천체

태양계는 엄청나게 다양하고 많은 천체를 거느리고 있다. 성운설의 효과 중 하나는 그 다양성의 큰 부분을 설명하고 있다. 우리 태양계의 조금 더 중요한 행성보다 작은 소규모 천체들 몇몇을 간략하게 살펴보자.

위성

'위성'의 정의는 어느 정도 논쟁의 여지가 있다. 대개 행성 주위를 일정한 궤도로 도는 자연적인 천체라면 무엇이든 **달**(moon) 혹은 자연 위성이라 할 수 있다. 달로서 분류될 수 있는 천체에 요구되는 크기에 대해 몇 가지 논의가 있어 왔지만 형식적인 구속은 규정된 바가 없다. 그러므로 지름이 1km 되는 천체(목성 가족 중 하나인 S/2003 J 12)부터 5,268km 되는 천체(목성의 가장 큰 위성 중 하나인 가니메데)까지 다 위성으로 부르게 된 것이다. 자연 위성의 또 다른 표준을 연, 지름 1km 이하의 천체는 소위성이라고 한다. 태양계의 잘 알려진 위성들 대부분은 목성의 가족(전체 중 63개)에 소속되어 있고, 그다음으로는 토성에 61개의 위성이 있다.

잘 알려진 위성들 중 가장 큰 것들(정확히 말하자면 그들 중 19개)은 거의 구체 형태를 띨 만큼 크기가 크다. 더 작은 위성들은 구체에서 심하게 벗어난 불규칙한 모양으로 분포한다. 중력은 행성 천체를 구체로 끌어당겨 **정역학적 평형**이라 알려진 상태로 만드는 경향이 있다. 그러나 이것이 일어나려면 천체는 그 합성 물질의 굳기를 견뎌낼 만큼 충분히 강한 중력에 걸맞은 충분한 질량을 갖고 있어야 한다.

적어도 하나의 위성(토성의 가장 큰 위성 타이탄)은 풍부한 대기권을 갖고 있다. 여기서는 또한 중력도 제 역할을 한다. 대기권의 기체층을 유지하기 위해 위성 혹은 행성은(큰 중력 작용을 만들기 위해) 질량이 커야 하며 또한 (기체가 활발하게 움직이지 않도록) 차가워야 한다. 이러한 조건이 충족되지 않는다면 마치 달과 수성의 대기권처럼 그 천체의 중력 영향을 벗어나 우주 공간으로 날아가 버릴 것이다. 타이탄은 특히나 그 표면이 약 36억 년 전 원시 생명체가 처음 모습을 드러낸 지구 표면의 구성과 매우 비슷하기 때문에 과학자들의 흥미를 끈다.

우리 태양계에 있는 다양한 위성들의 기원에는 몇 가지 그럴 법한 양식이 있다. 특히 모행성과 매우 가까운 공전 궤도를 갖고 있는 자연 위성의 대부분은, 모행성의 기원이 된 태양 성운 안에 포함된 똑같은 물질과 가까이에서 병합된 것으로 보인다. 화성의 작은 2개의 위성 포보스와 데이모스 같은 몇몇 위성들은 궤도를 벗어날 때 행성과 너무 가깝게 중력 작용에 의해 붙잡혔을 것이다. 여전히 나머지 위성들은 태양계의 초기 역사에 발생한 거대한 충돌에서 발생한 파편의 흔적으로 존재하는 것으로 보인다.

지구의 달

지름은 3,476km로 (라틴어 이름 *Luna*로 알려진)지구의 달은 태양계에서 가장 큰 위성은 아니다. 그러나 우리 달은 지구 크기의 거의 4분의 1이다. 그러므로 달은 그 모행성의 크기와 비교했을 때 가장 큰 자연 위성이 된다(카론–플루토 왜성을 제외하고). 이 사실은 달의 기원은 그 밖의 위성들의 기원과 다름을 제시하며, 그들 중 대부분은 그들의 훨씬 큰 모행성의 중력 작용에 붙들려 궤도를 이탈한 천체라는 추측이 더 그럴듯하다. 대부분의 과학자들은 우리 달의 기원은 훨씬 더 격렬했다는 설에 동의한다.

과학자들이 태양계 역사에서 일어난 격렬한 충돌의 중요성을 이해하기 시작한 것은 1969~1972년 사이에 달에 착륙하고 나서부터였다. 우리가 아는 한, 달의 모든 운석 구덩이는 충격에 의하여 만들어진 것이다. (우주 비행사들도 화산 분화구를 찾으려 했지만 하나도 발견하지 못했다.) 과학자들은 비록 그것들은 침식작용을 비롯한 다른 지질작용에 덮이고 지워져서 찾아내기 힘들지만 지구 표면에 생긴 구덩이도 알아냈다.

현재 대부분의 행성 연구 과학자들은 지구가 대략 45억 년 전에 거의 화성과 비슷한 크기(그림 4.15)의 또 다른 행성 천체와 부딪혔다고 결론지었고, 그 부딪힌 천체에 테이아라는 이름을 붙였다. 테이아와의 충돌은 공전 궤도 평면으로부터 23.5도 기울어진 지구의 자전축을 야기시킨 것으로 보인다. 이러한 기울기는 우리가 여러 계절을 누릴 수 있도록 한다(기초 원리 : 지구의 계절에서 논의했듯이). 막대한 양의 에너지가 방출되었으므로 그러한 충격은 또한 지구 표면 대부분을 녹였을 것이다. (초고속으로 우주 충돌이 일어날 때 수 톤의 충돌 천체가 다이너마이트 100톤에 맞먹는 에너지를 품은 채 지구로 부딪혀 온다.) 그 충돌은 완전히 테이아를 파괴했으며 너무나 많은 잔해들이 궤도로 흘러들어가 한동안 지구에는 토성의 고리보다 더 짙은 고리가 생겼을 정도였다. 이 가설은 초기 달 역사에 마그마 바다가 있었음을 설명한다(달에서 채취한 암석에서 알 수 있다). 그는 또한 우리 달이 그들의 모행성보다 훨씬 작은 다른 위성들과 대조적으로 큰 편임을 나타내며, 지구와 달 사이의 어떠한 화학적 불일치와 공통점의 원인이 된다.

그림 4.15 지구 달의 형성

(A) 충돌 : 약 45억 5,000만 년 전에 응집을 통해 성장하고 있던 지구에 테이아라고 이름 붙인 또 다른 성장 중인 행성과 충돌한다. (B) 충돌 후 8시간 : 테이아는 흔적도 없이 사라지고 그 잔해들은 지구 맨틀의 큰 덩어리와 함께 지구 주위의 궤도로 흩어져나간다. 균형이 깨진 충격이 지구의 자전축을 기울게 했다. (C) 충돌 후 24시간 : 잔해는 고리 형태로 퍼져 갔으며 서로 응집되기 시작한다. (D) 충돌 후 1년 : 가장 큰 응집체가 또 다른 파편들을 끌어당기며 달을 만들기 위한 과정이 순조롭게 진행된다.

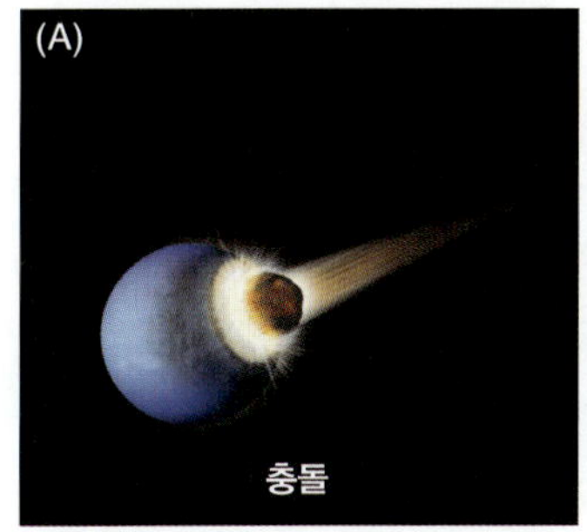

약 45억 5,000만 년 전에 응집을 통해 성장하고 있던 지구에 과학자들이 테이아라고 이름 붙인 또 다른 성장 중인 행성과 충돌한다.

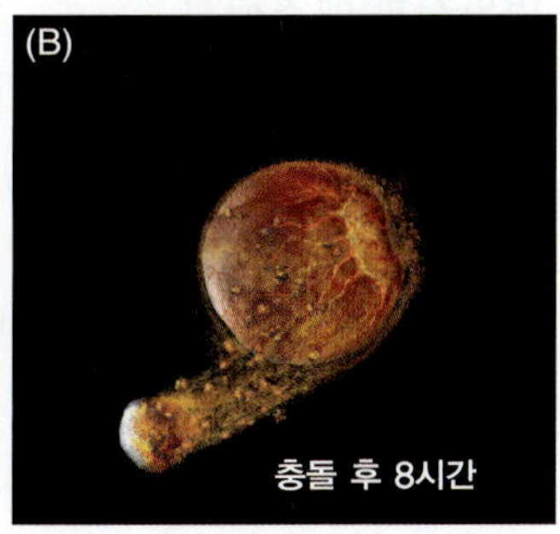

테이아는 흔적도 없이 사라지고 그 잔해들은 지구 맨틀의 큰 덩어리와 함께 지구 주위의 궤도로 흩어져나간다. 균형이 깨진 충격이 지구의 자전축을 기울게 했다.

잔해는 고리 형태로 퍼져 갔으며 서로 응집되기 시작한다.

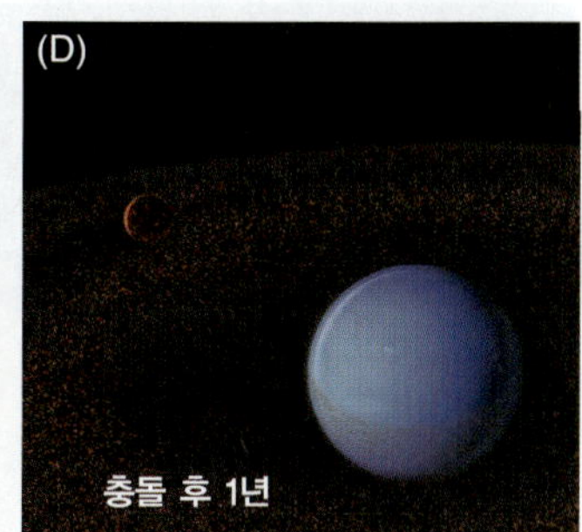

가장 큰 응집체가 또 다른 파편들을 끌어당기며 달을 만들기 위한 과정이 순조롭게 진행된다.

소행성과 운석

소행성(asteroid)은 태양 주위를 도는 행성보다 작은 소천체의 한 종류이다. 보통 암석질 및/또는 금속성을 띠며, 지름은 몇백미터에서 수백 킬로미터까지로 다양하다. 소행성의 궤도는 소행성대라 불리는 화성과 목성 사이의 궤도에 집중되어 있다(그림 4.16). 지름이 950km인 세레스는 가장 큰 소행성이지만 학술적으로는 현재 왜소행성으로 분류되어 있다(아래를 참조). 대부분의 소행성은 지구형 행성처럼 분류를 거친 것으로 보이는 천체 또는 천체의 파편이다. 지구로 떨어진 소행성 파편의 연구는 태양계에서 지구와 가까운 천체들이 형성된 역사와 연대를 밝힘으로써 과학자들에게 매우 도움이 되었다.

그림 4.16 소행성

소행성은 크기가 작고 태양 주위를 도는 대체로 암석질인 천체이다. 소행성 크기의 최소 또는 최대에 관한 구체적인 '규정'은 없지만, 소행성은 대개 왜소행성보다 작은 편이며 화성과 목성의 궤도 사이에 다수 존재한다(A). 트로이 행성군은 거대한 행성 목성과의 중력 상호작용에 의해 궤도가 섭동된 소행성들이다. (B) 243 아이다라는 이름의 작은 소행성은 가장 긴 폭이 54km다. 아이다에는 댁틸이란 이름의 지름 1.4km에 불과한 작은 위성이 있는데(아이다의 오른쪽과 네모 칸에 삽입되어 있다), 충돌의 결과로 아이다에서 떨어져 나간 파편에서 생겨났을 것이다.

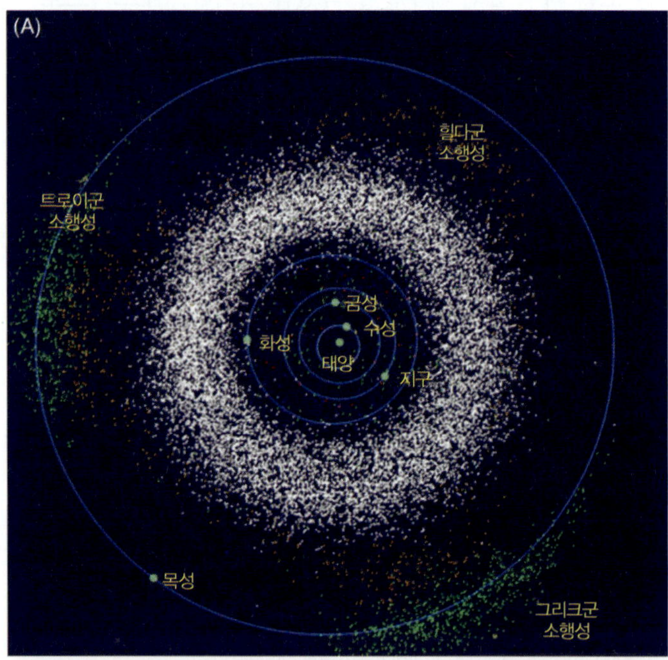

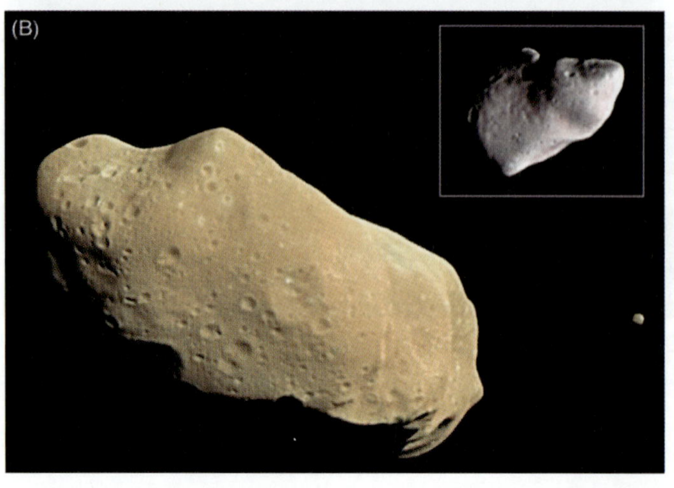

행성 강착 가설에 따르면, 행성은 암석질, 금속성, 그리고 얼음 파편들로부터 태양이 형성되고 나서 바로 45억 6,000만 년 전에 스스로 합쳐졌다는 것이다. 어떠한 행성에 의해서도 휩쓸려가지 못한 몇몇 잔해는 오늘날까지도 여전히 유성체라는 태양 주위를 도는 작고 단단한 천체(크기는 보통 1km보다 작고 먼지만 한 입자까지)의 형태로 존재한다. 가끔 이 잔해의 일부가 **운석**(meteorite)으로 지구에 떨어진다. 작은 운석들이 지구의 대기권을 통과할 때 보통 그들은 마찰 때문에 타올라 밝은 빛을 발하게 된다. 이리하여 생긴 빛줄기가 그 유명한 '별똥별'이며 학술적으로는 유성이라고 한다.

전부는 아니지만 대다수의 유성체와 유성들은 그 기원이 주요 소행성대의 소행성과 관련되어 있다. 나머지는 너무 태양 가까이를 지나가다 소멸된 혜성의 잔해들이다. 그 나머지는 거대한 충돌로 발생한 행성의 파편 잔해들이다. 예를 들어 흔하지는 않지만 분명히 다른 유성과 분류를 달리하는 것들 가운데는 화성 표면 물질이 운석 충돌에 의해 튀어 나와 지구에 떨어진 것으로 보이는 것도 있다. 유성체의 또 다른 등급 탄질 콘드라이트는 사실상 그들이 형성된 때 이후로 지질학적 과정에 의해 변화되지 않고 보전되어 온 우리 태양계에서 가장 오래되고 가장 원시적인 물질로 보이는 천체들로 구성되어 있다. 그들 각각의 기원이 무엇이든지 유성체는 초창기 태양계를 장식하는 멋진 유물이다.

명왕성과 왜소행성

우리 태양계에서 아홉 번째 행성이자 가장 작은 행성이며 태양으로부터 가장 먼 명왕성은 지구의 달보다 아주 약간 크다. 명왕성에는 더 큰 목성형 행성의 무거운 대기가 없고 그 밀도는 2.06g/cm^{3}로, 지구형 행성의 높은 밀도와 다른 목성형 행성의 낮은 밀도 사이 즈음에 해당된다. 명왕성의 밀도에 대한 가장 그럴듯한 해석은 명왕성이 목성과 토성의 위성들과 같은, 두꺼운 얼음 겉껍질과 함께 암석질의 중심부 구조를 갖고 있다는 것이다.

1930년에 발견된 후 명왕성은 아홉 번째 행성의 지위를 누려왔지만 다른 행성들과는(특히 목성형 행성) 근본적인 그리고 복잡한 방식으로 차이가 났기 때문에 언제나 '유별난 행성'으로 불려왔다. 몇몇 천문학자들은 명왕성이 다른 태양계에서 형성되어 우리 태양계가 형성된 이후에 언젠가 태양의 중력장에 의해 붙잡혀 왔다고 가설을 내렸다. 그러나 오늘날 더 그럴듯한 사실은 명왕성은 아래에서 논의할 카이퍼 벨트의 얼음 천체와 연관이 있다는 것이다.

2003년에 지름이 2,550km로 명왕성보다 크며 태양계의 가장자리를 향해서 훨씬 더 멀리 공전하는 천체의 발견(현재 에리스로 알려진)은 행성이라고 불릴 수 있는 다수의 더 작은 천체들의 존재 가능성을 열었다. 많은 과학자들은 이러한 발생을, 무엇이 행성을 실질적으로 구성하는가에 대한 정의에 문제를 제기하는 것으로 봤다. 그러므로 2006년에 국제 천문연맹의 행성이라는 용어의 정의에 대한 재고 과정에서, 명왕성은 행성의 지위에서 강등되었다. 그것은 왜소행성으로 다시 분류되었다. 태양 주위를 돌고(그러므로 위성은 아니다), 둥근 모양을 유지할 만큼 무겁지만(정역학 평형 상태) 우세한 중력의 힘으로 다른 천체들로부터 그 궤도를 지배하기에는 질량이 작은(공식적 정의는 사실 그것이 '이웃을 지배했다'고 한다) 소형 행성 또는 작은 천체이다. 그와는 반대로 **행성**(planet)은 다음과 같은 세 가지 조건을 충족해야 한다. 첫째, 태양 주위를 돌고 둘째, 둥그런 형태이며 셋째, 중력의 우세이다. 태양 주위를 돌며(예를 들어 행성 주위를 돌기보단) 하지만 나머지 두 조건

그림 4.17 왜소행성 명왕성
이전까지 가장 작은 아홉 번째 행성이었던 명왕성은 2006년에 왜소행성 자격으로 강등되었다. 명왕성의 자연 위성인 카론(명왕성의 바로 오른쪽 밑)은 명왕성 크기의 거의 반 정도로, 쌍둥이 왜소행성처럼 보이게 한다. 명왕성의 더 작은 두 위성 닉스와 히드라도 또한 이 사진에 보인다.

을 충족하지 않는 천체는 현재 태양계 소천체로 분류된다.

가까운 미래에 이 분류에 많은 천체들이 뒤따라 합류하겠지만 2009년에 명왕성과 더불어 다른 왜소행성 4개가 공식적으로 인정되었다. 그 네 왜소행성은 (왜성 가운데 현재 가장 큰) 에리스, 하우메아, 마케마케, 그리고 원래 가장 큰 소행성이었던 세레스이다. 왜소행성 자격에 오를 만한 다른 후보로는 명왕성의 자연 위성인 카론이 있다. 위성들이 다 그렇듯이 카론은 유별나다. 명왕성 크기의 거의 반인 카론은 그 모행성 크기에 비하면 가장 큰 자연 위성인데(또는 이 경우에서는 모왜소행성) 이는 행성-위성계라기보다는 이중 왜소행성계에 더 가깝다는 사실을 제시한다. 명왕성-카론계 그 자체는 닉스와 히드라라 불리는 훨씬 더 작은 두 위성을 갖고 있다(그림 4.17).

혜성, 카이퍼 벨트, 그리고 오르트 성운

명왕성, 카론, 하우메아, 마케마케, 에리스, 그리고 해왕성의 공전 궤도보다 바깥을 도는 이와 비슷한 수천 개의 천체들은 카이퍼 벨트로 알려진 천체 집단에 속해 있다. 카이퍼 벨트는 태양 주위를 도는 비교적 작은 천체들의 무리로 이루어져 있다는 점에서 소행성대와 비슷하지만 그 이외엔 공통점이 없다. 소행성대를 현저하게 차지한 암석질과 금속성 천체들과는 다르게 카이퍼 벨트의 천체들은 주로 얼음으로 구성되어 있다. 쉽게 말해 그들은 **혜성**(comet)과 비슷하다. 혜성은 주로 얼음에 약간의 먼지와 암석 입자로 이루어져 있고, 특히나 태양 주위를 (원형보다도) 타원형 궤도로 도는 태양계의 작은 천체이다. 혜성이 태양 가까이 다가오면 태양열이 혜성 속 얼음을 휘발시켜(다시 말해 기체로 만든다) 이온화시키는데, 이때 (코마라 불리는) 빛나는 대기와 우리가 흔히 혜성과 연관 짓는 특징적인 길고 빛나는 꼬리를 만들어낸다(그림 4.18). 사실 카이퍼 벨트는 (200년보다 짧은 공전 주기를 가진) 단기 혜성들의 거대한 저장소로 알려진다.

명왕성보다 수천 배 더 먼 곳에는 오르트 성운이라고 하는 구형 물질 안에 태양계를 감싸는 또 다른, 심지어 훨씬 방대한 양의 혜성 물질 창고가 있다. 오르트 성운은 오로지 수백에서 수천 년 또는 심지어 수십만 년 주기로 태양계 깊숙이까지 궤도를 드리우는 장기 혜성의 원천으로 알려져 있다. 본래 태양계 깊숙이까지 궤도를 드리운 빙질 혜성은 다음 몇 가지 운명 중 하나와 마주했을 것이다.

- 휘발로 인해 그들의 얼음 구성물을 소실하고, 뒤에 남

그림 4.18 혜성
혜성은 마치 지저분한 눈뭉치처럼 작고 헐겁게 엮인 얼음덩어리이다. 그들은 굉장히 길게 뻗은 타원형 궤도를 따라 태양계 깊숙이까지 주기적으로 여행한다. 태양 가까이에 다가가면 그들 핵의 얼음이 휘발되어 밝게 빛나고, 여기에 나와 있는 1997년의 헤일–밥 혜성처럼 우리가 혜성과 연관 짓곤 하는 빛나는 머리와 긴 꼬리가 만들어진다. 혜성 꼬리는 언제나 태양과 반대 방향을 가리킨다.

겨진 잡석과 암석질의 찌꺼기로 분리된다.

- 태양계 초기 역사에, 강한 태양풍에 의해 태양계 바깥쪽으로 휩쓸려간다.
- 행성 또는 미행성체와 충돌한다.

충돌할 가능성은 특히 지구계와 관련되어서 중요하다. 내행성으로서 지구는 물을 포함한 휘발성 성분을 본래 몫보다 더 많이 보유해 왔다. 지구계에 현존하는 물의 대부분은 오늘날 빙질 혜성과의 충돌을 통해 표면으로 흘러들었을 것이라 생각된다.

또 다른 태양과 행성계

우리 태양 근처에 있는 모든 별들은 지구에서 너무 멀리 떨어져 있기 때문에 그들이 얼마나 큰지 측정할 수도 또한 우리가 태양에서 알 수 있는 그런 모든 세부사항을 알아낼 수도 없다. 우리가 별들에 대해 아는 거의 모든 것은 그들이 방출한 전자기 복사를 통해 밝혀냈다. 별빛에 실려 온 메시지를 우리가 해독하고 분석하는 방법은 태양에서 온 빛이 어떻게 작용하는지를 아느냐에 크게 좌우된다. 다행히도 몇 가지 간단한 장비를 통해 많은 정보를 알 수 있다.

항성 분류하기

맑게 갠 밤하늘에서 별들을 바라보면 두 가지 사실이 명확해진다. 첫 관측은 별들의 색깔이 다 똑같지 않다는 것인데, 붉은색부터 노란색에서 푸르스름한 흰색을 띠는 것도 있다. 예를 들어 가장 친숙하고 쉽게 알 수 있는 별자리인 오리온자리에서 베텔기우스라는 밝지만 확연히 붉은 별과 리겔이라는 그와 똑같이 밝고 몹시 청백색을 띤 별이 있다(그림 4.19). 천문학자들은 색깔에 근거하여(즉 온도에 근거해) 별들을 분류한다. 흑체 복사체인 별의 색깔을 나타내는 최대 에너지를 내는 파장은 온도에 따라 결정된다. 온도가 높을수록 파장은 짧아지고 별은 더 푸르다. 반대로 온도가 낮을수록 파장은 길어지고 별은 더 붉다. 스펙트럼의 파장이 짧은 푸른색 쪽 끝에서 최고치를 찍은 리겔은 붉은 베텔기우스보다 더 뜨겁다. 태양의 최고 에너지를 내

그림 4.19 별 분류하기
오리온(사냥꾼)자리에서 왼쪽 위에 자리한 불그스름한 별은 베텔기우스이다. 그리고 오른쪽 아래에 자리한 밝고 청백색의 별은 리겔이다. 이 사진은 장기 노출로 촬영되었기 때문에 많은 흐린 별들은 육안으로는 안 보인다.

는 파장이 노란색 파장에 있으므로 태양의 온도는 베텔기우스와 리겔 사이에 위치한다. 각각의 색(또는 이보다는 더 스펙트럼 분류라고 흔히 불리는)은 더 나아가 0(가장 뜨거움)에서 9(가장 차가움) 사이의 10단계로 세분된다. 우리 태양은 G5등급의 별이다.

우리가 할 수 있는 두 번째 관측은 별들은 굉장히 밝기가 다양하다는 사실이다. 리겔 같은 몇몇 별은 매우 밝기 때문에 시선을 사로잡는다. 그러나 자세히 들여다보면 별들이 너무 흐릿해서 분명히 보이지 않음을 알게 될 것이다. 하늘에서 별의 밝기를 통해 초당 방출되는 에너지의 총량인 별의 광도와 지구로부터의 거리를 알 수 있다. 그러므로 광도를 계산하기 위해서는 지구와 별 사이의 거리를 알아야 한다. 이 거리는 측정하기 어렵지만 지구에서 300광년 떨어진 별과의 정확한 치수를 통해 어림잡을 수 있다. 일단 별까지의 거리를 알아내면 그 광도도 계산해낼 수 있다.

우선 별의 온도와 광도를 알았다면 헤르츠스프룽-러셀(H-R) 도표라 하는 광도와 온도 사이의 도표를 통해 다른 별들의 값과 비교해 볼 수 있다. H-R 도표에 실린 별들의 약 85%가 천문학자들이 **주계열성**(main sequence)이라 칭하는 완만한 곡선(그림 4.20) 상에 자리하거나 근접하게 위치한다. 나머지 별들은 두 집단으로 나뉘는데, 하나는 주계열성 위쪽에 그리고 나머지는 아래쪽에 자리한다. 주계열성보다 위쪽에 그려진 별들은 매우 밝지만 또한 동등한 광도를 가진 주계열성 별들보다는 차갑다. 온도가 낮을수록 그러한 높은 광도를 가지기 때문에 주계열성 위쪽에 그려진 별들은 크기가 매우 커야 한다. 따라서 그들은 적색거성이다. 모든 별 중의 약 2~3% 정도가 거성이거나 혹은 경우에 따라서는 초거성이라 불리는 베텔기우스처럼 매우 큰 별이다. 베텔기우스는 너무 거대해서 그것이 만약 태양이라면 그 가장자리는 화성의 궤도를 넘어설 것이다! 주계열성 아래쪽에는 훨씬 덜 빛나기 때문에 주계열성 별들보다 훨씬 크기가 작은 소규모 별 집단이 있다. 그들은 백색왜성이라 불리고 있다.

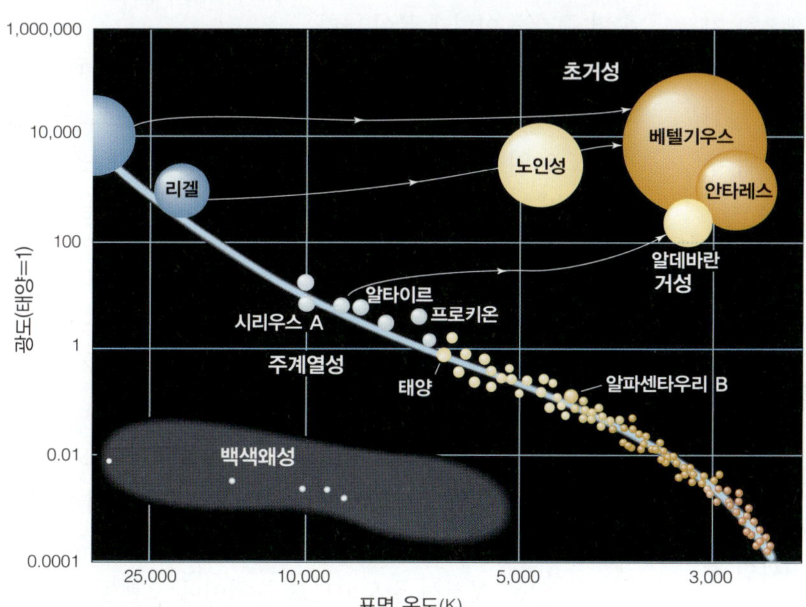

그림 4.20 항성의 광도와 온도
헤르츠스프룽-러셀 도표는 항성의 광도와 표면 온도 사이의 도표이다. 세로축은 태양의 광도를 1로 두고 비교해 놓은 것이다. 가로축은 왼쪽으로 갈수록 표면 온도가 높아짐을 나타낸다. 우리 태양은 중간 부근에 위치하는 주계열 항성이다.

항성 진화

H-R 도표는 항성의 역사를 설명하는 데에 쓰여 왔다. 모든 항성에는 주어진 생명이 있다. 다시 말해 그들은 태어나면 나이가 들어 죽게 된다. 그 생명 주기는 언제라도 그들의 크기와 관련이 있는데, 항성이 작으면 작을수록 더 오래 산다. 아주 무거운 항성은 수억 년을 살고, 태양처럼 중간 정도 무거운 항성은 100억 년 넘게 살며 그리고 가장 작은 항성은 200억 년도 더 살 수 있다. 이러한 차이점의 이유는 항성 내부 힘의 균형에 있다.

항성을 구성하는 뜨거운 기체는 끊임없이 중력에 의해 내부로 끌어당겨지기 때문에 우주 공간으로 날려가지 않는다. 항성의 기체 질량이 크면 클수록 내부로 끌어당기는 힘도 세다. 그와 상응하는 외부로의 힘이 없을 경우 중력은 항성을 작고 밀도 있는 물체로 무너뜨릴 것이다. 중력에 상응하는 주요한 힘은 전자기 복사다. 핵융합에 의해 생산된 전자기 복사의 외부로 뻗어가는 선속은 중력 붕괴를 방지하는 외부로의 힘을 만들어낸다. 내부로의 중력 작용과 외부로의 중력 작용 사이의 균형은 항성의 크기를 결정짓는다. 핵융합 원자로는 연료를 필요로 하는데, 마치 자동차에 휘발유가 다 떨어지면 더는 달릴 수 없듯이 핵융합 원자로도 핵연료가 고갈되면 더는 가동할 수 없다. 연료 공급이 천천히 이뤄지면 항성에서의 힘 균형이 달라져 그에 따라 크기와 온도 그리고 광도도 모두 달라진다. 언제 어떻게 그런 변화가 일어나는가는 가동하는데 필요한 연료가 현재 남았고 얼마나 빠르게 소모되었는가에 달려 있다.

항성들 대부분의 삶 동안 균형은 중력과 복사 에너지 사이에 이르며, 항성은 H-R 도표의 주계열성에 자리하는 안정적인 광도와 온도를 유지한다(그림 4.20에서 볼 수 있듯). 항성들이 수명을 다할 때까지 대부분을 주계열성에서 보낸다는 증거는 간단하다. 하늘의 별들 대부분이 주계열성에 분류된다는 것이다. 항성들은 거의 똑같은 속도로 태어나 죽는 것처럼 보이지만, 모든 항성들 중 85%는 주계열성에 분류된다. 그들 삶의 대부분 동안 주계열성에 분류된 온도와 광도를 갖고 있어야만 그런 일이 일어날 수 있다.

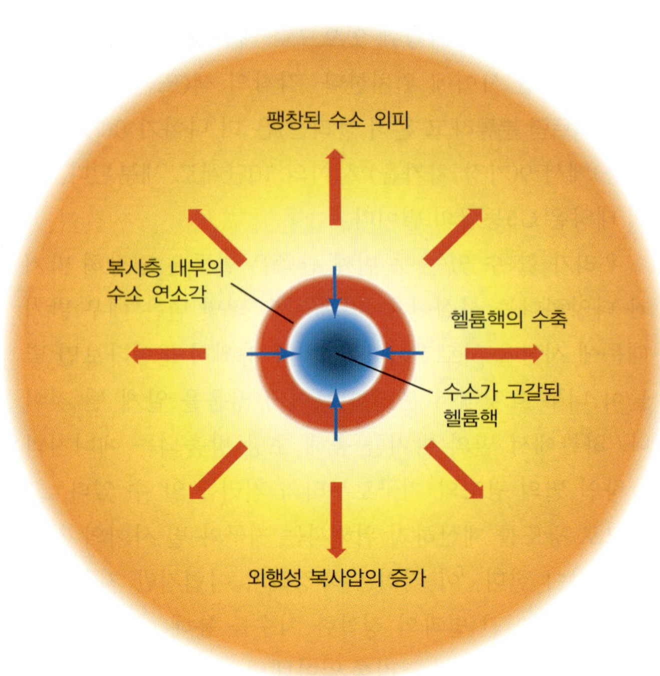

그림 4.21 **껍질 연소**
대략 우리 태양 질량(1 S)만 한 항성이 자신의 수소 연료를 다 사용하여 H-R 도표에서 주계열성 자리에서 물러나면 껍질 연소라고 하는 절차를 시작한다. 현재 헬륨이 풍부한 핵은 수축하여 많은 열과 외부로의 압력을 만들어낸다. 복사층 내부 깊숙한 곳의 수소는 연소되기 시작하는데, 이는 별의 외부로 향하는 복사압의 원인이 된다. 그리하여 항성은 크기가 매우 커지고 적색거성이 된다.

1-S 항성

우선 항성의 수명을 대충 우리 태양의 크기, 즉 1 태양 질량(1 S)이라 간주해 생각해 보자. 1-S 항성의 핵 내부에 있는 수소는 약 100억 년 동안 헬륨을 생성하기 위해 핵융합에 필요한 연료를 공급할 텐데, 그 기간이 예상되는 주계열성의 수명이다. 우리 태양은 47억 년 동안 이 구간에 있어 왔고, 중년 항성이 되어 가며 앞으로도 다시 50억 년 정도를 지속해 갈 것이다.

1-S 항성의 핵 내부에 수소 연료가 고갈되면 핵 내부에서의 핵융합은 중단되고 중력에 의해 새로운 평형을 이루기 위해 현재 헬륨이 풍부한 핵은 수축하게 된다(그림 4.21). 그러나 여전히 복사층 속의 핵을 감싸는 풍부한 수소가 존재한다. 핵이 수축되어 훨씬 더 뜨거워지면 복사층 깊숙한 곳의 수소 껍질이 **껍질 연소**라 불리는 핵융합 절차에 들어간다. 핵붕괴는 압력을 가하며 항성 내부를 데우고, 상승되는 온도는 복사층 내부의 핵융합 속도를 높인다. 항성이 만들어낸 그런 막대한 양의 열은 확장되며 주계열성을 적색거성 쪽으로 보내게 된다.

헬륨이 풍부한 적색거성의 핵은 계속해서 수축한다. 결국에는 핵 속에서 탄소 생성을 시작하기 위한 헬륨 융합에 충분할 만큼 핵의 온도가 뜨거워진다. 핵 속의 모든 헬륨 연료가 다 떨어지면 복사층에서의 껍질 연소는 다시 시작되지만 이번에는 헬륨의 융합이다. 현재 탄소가 풍부한 핵이 침강하면서 계속 수축하는데, 이 정도의 항성은 수축해서 탄소 융합이 일어날 수 있는 온도까지 올리기에는 질량이 너무 작다. 천천히 사라지는 헬륨 껍질로 둘러싸인 헬륨이 풍부한 핵은 느리게 식어가는 작고 밀도가 매우 큰 백색왜성이 된다. H-R 도표에서 백색왜성은 주계열성 아래쪽에 자리하고 있다(그림 4.20에서 볼 수 있듯이). 융합이 끝나고 냉각이 진행되면 백색왜성은 스스로의 광도를 잃고 H-R 도표에서 아래쪽 오른편 구석으로 이동하게 되는데, 결국 흑색왜성이라 불리는 죽은 항성이 된다. 항성의 수명 주기는 이렇게 끝이 난다.

위에서 살펴본 1-S 항성의 진화 시나리오는 우리 태양이 따라갈 삶과 흡사하다. 하지만 태양 핵 내부의 수소 연료는 적어도 50억 년 넘게 주계열성 자리에 머무를 수 있을 만큼 충분하기 때문에 인간이 두려워할 필요는 전혀 없다.

작은 질량의 항성

매우 작은 질량의 항성(0.1 S)에 작용하는 중력은 너무 약하므로 핵융합을 일어나는 핵의 크기가 작다. 따라서 결과적으로 방출된 소량의 전자기 복사도 곧 중력의 수축하는 힘을 상쇄시킨다. 그러한 항성들은 낮은 광도와 온도를 갖고 있으며 주계열성 도표에서 오른쪽 아래 끝에 위치한다(그림 4.20에서 볼 수 있듯이). 작은 질량의 항성 속 수소 연료는 너무 천천히 소모되므로 무척이나 오랫동안 유지된다. 그러나 연료는 결국 고갈되어 껍질 연소, 핵 수축, 그리고 헬륨 융합이 뒤따른다. 그렇지만 그 단계를 넘어서면 미래에 무슨 일이 일어날지 관측되지 않으므로 전혀 알 수 없다. 그러한 작은 질량을 갖는 항성들의 주계열성 수명은 우주 그 자체의 수명보다 더 긴 200억 년 또는 그 이상이다. 따라서 우리는 그들이 수명을 다했을 때 무슨 일이 일어나는지 관측할 기회가 아직 없다. 0.1 S보다 질량이 작은 천체들은 핵융합을 중심핵에서 시작하기에는 너무 작다. 이러한 항성들은 '별이 될 뻔한' 천체라고 할 수 있으며 목성이 그 예이다.

무거운 항성

매우 무거운 항성(100 S)의 일생은 또 다르다. 무거운 항성의 특징적인 중력 수축은 너무 강력해서 그 온도가 매우 높다. 무거운 항성들은 매우 빠른 속도로 연료를 태우고 매우 높은 광도를 갖고 있으며, 주계열성 도표의 위쪽 왼편 끝에 자리하고(그림 4.20에서 볼 수 있듯이) 또 주계열성에서는 수명이 짧은 편이다. 일단 주계열성을 벗어나면 무거운 항성들은 완전 연소, 핵 수축, 수소의 껍질 연소, 헬륨의 핵 연소, 연료 소진 그리고 탄소가 풍부한 핵의 수축이라는 똑같은 과정을 겪는다.

그러나 다음 단계는 매우 특이하다. 탄소 핵이 수축하여 헬륨의 껍질 연소가 진행될 때 온도는 탄소가 더 무거운 원소로 융합되기 시작하는 데까지 도달한다. 다시 말해 이는 오늘날 지구상의 모든 무거운 원소들이 형성되었다고 생각되는 환경이다. 그러한 무거운 원소의 형성은 순식간에 일어났으며 항성이 초신성으로 터지는 엄청난 에너지를 방출한 것으로 보인다. 초신성 이후에 그 핵의 잔해물이 블랙홀이라는 엄청난 고밀도 물질로 붕괴된다. 과학자들은 현재 태양 속 물질과 행성들을 구성하는 물질들은 약 100억 년 전에 하나 혹은 그 이상의 초신성 폭발 과정을 통해서 우주 공간으로 흩어진 물질들의 일부일 것이라 추측한다.

또 다른 행성계의 발견

우리는 지금 태양이 수십억의 다른 보통 항성들과 똑같은 특성과 성질을 지닌 중간 크기의 평범한 중년 항성임을 알았다. 그렇다면 그 어떤 것이라도 '우리' 태양이 특별하거나 남다른 점은 없을까? 우리 은하 혹은 다른 먼 은하 속의 얼마나 많은 태양들이 그들 주위를 도는 행성을 거느리고 있을까? 천문학자들은 현재 우리 은하에 자리한 2,000억~4,000억 개 항성들 중 5~10% 중에 우리 태양과 비슷한 특성을 지닌 항성이 있을 거라 믿는다. 이런 항성들 중 대다수가 그들을 둘러싼 행성계를 갖고 있으며, 그 몇몇 행성들은 우리 태양계의 지구형 행성처럼 작고 암석질을 띠고 있을 것으로 보인다.

1990년대 초반에 천문학자들이 다른 항성 주위를 도는 행성계의 신호를 알아낼 수 있도록 기술은 월등히 진보했다. 태양계 외행성 또는 외계 행성이라 알려진 그러한 행성들은 상당히 탐지하기가 어렵다. 별과는 다르게 그들은 빛나지 않기 때문에 쉽게 보이지 않는다. 대부분의 경우 천문학자들은 직접 외계 행성을 볼 수 없지만 외계 행성의 중력 작용이 특이한 방식으로 그 모행성을 흔들기 때문에 외계 행성이 궤도를 지닌 별임을 추론해낼 수 있다. 2009년 6월에 NASA에 의하여 외계 행성 353개가 발견되었지만 그 숫자는 빠르게 오른다. 다시 말해 그들은 어느 하나 지구와 비슷하다고 보이지 않았다. 여태까지 발견된 외계 행성 대부분은 탐지 능력의 한계 때문에 목성형 행성들이었고 아마도 그들 대부분은 목성과 유사하다.

2007년 천문학자들은 지구에서 약 20광년 떨어진 천칭자리 부근의 항성 글리제 주위를 도는 작은 외계 행성 글리제 581c를 발견했다고 밝혔다. 글리제 581c는 지구와 닮은 외계 행성의 가장 좋은 후보 중 하나다. 그것은 또한 항성의 생명체 거주 가능 영역 내에 자리하고 있는데, 다시 말해 항성으로부터의 거리는 그 행성 온도가 액체 상태의 물

그림 4.22 태양계 외행성
이 사진은 가장 밝은 점인 게자리 55 항성 주위를 도는 다섯 외계 행성 식구들(여기서는 4개만 보인다)을 상상하여 그린 것이다. 앞쪽에 크게 어렴풋이 보이는 행성의 크기는 대략 해왕성만 한 푸른 행성으로 항성의 생명체 거주 가능 영역 안에서 궤도를 가지며, 지구와 닮은 외계 행성의 후보가 될 수 있다고 여겨진다. 이것은 그림 4.10C에 나온 것과 똑같은 행성이다.

자세히 보기

외계생명체

지구는 태양 에너지 때문에, 그리고 살기에 적당한 구역 안에 자리해 있어 액체 상태의 물을 보유할 수 있기 때문에 생명체가 살아갈 수 있다. 수 세기 동안 인간은 다른 행성에 생명체가 존재하지 않을까라는 의문을 곰곰이 생각해 왔다. 우리 태양계에서의 조사는 지구의 특이한 속성들을 증명해 왔다. 하지만 이 태양계에는 지금 어디에도 생명체가 존재할 것처럼 보이지는 않는다. 2003년에 발사된 로봇 탐사선 스피릿과 오퍼튜니티는 이 글을 쓰고 있을 때도 여전히 표본을 수집하며 화성 표면을 탐사하고 있다(오래 전인 2010년에 그들은 임무를 마쳤다). 이들은 과학자들이 이 작고 차가운 행성의 지금보다 습하고 따뜻했던 과거를 더 잘 이해하도록, 또 생명체가 한때 그곳에 존재했는지 고려해 볼 수 있도록 단서를 찾고 있다(그림 C4.1).

만약 지구형 행성이 성분 구성과 전체적인 구조가 비슷하다는 사실을 알았다면 화성 또는 금성에서는 풍요로운 생명을 볼 수 없는 것일까? 그에 대한 해답은 두 가지 요인을 포함하고 있다. 첫째, 여전히 뜨거운 내부를 갖고 있는 지구의 크기가 화산 활동, 판 운동 그리고 지속적으로 새로운 영양물질이 용암 형태로 지표로 흘러드는 것을 유도한다. 둘째, 태양에서 지구까지의 거리는 물분자(H_2O)가 액체 상태, 얼음, 그리고 수증기로 존재할 수 있을 만하기 때문이다. 먼 옛날에는 화성에도 생명체가 존재했을 가능성이 있지만, 오늘날 우주 탐사를 통해 화성에 생명체가 있다는 증거를 아직 찾아내지 못했다. 지구와 모든 면에서 꼭 닮은 금성은 태양과 아주 약간 더 가깝다. 아마도 이것은 표면으로 액체 상태의 물을 공급하는 금성의 수용력에 제제를 가한 요소였을 것이다(비록 그곳의 대기에는 풍부한 수증기가 있지만). 위에서 언급했듯이 생명이 없으면 대기 중의 탄소를 제거하고 유기물질을 매장함으로써 그것을 떼어놓을 방법이 없다. 금성은 결국 걷잡을 수 없는 온실효과로 이산화탄소가 풍부한 대기권을 얻게 됐고 그 환경은 생명체에게 척박한 곳이 됐다.

그림 C4.1 외계생명체를 찾아서
이른바 NASA의 쌍둥이 로봇 지질학자, 화성 탐사선 '스피릿'과 '오퍼튜니티'(둘 중 하나가 사진에 나와 있다)는 화성에 물이 있었던 흔적(그러므로 생명체가 있었을 수도 있는)을 찾기 위해 다양한 과학 장비를 싣고 갔다.

우리 은하의 다른 어딘가에서 그 크기, 성분 구성, 그리고 그것의 태양과의 근접도 면에 있어서 지구와 비슷한 성질을 지닌 외계행성들 중 하나가 있으며, 그리하여 그곳에 액체 상태의 물을 보유할 만하고 생명이 깃들 가능성이 있을까? 이 질문에 대한 해답은 모르지만 우리 은하의 항성 숫자들이 주어진 상황에서 승산은 꽤 있을 법하다. 글리제 581c와 같은 행성들과 게자리 55 식구들의 발견으로 그러한 행성을 찾는 데 엄청나게 가까워졌다고 본다.

천문학자 프랭크 드레이크(Frank Drake)는 1960년에 우리 은하 안에 우리와 언젠가 의사소통할지도 모를 또 다른 문명이 있을 확률을 체계적으로 산출하려 시도했다. 그의 노력은 오늘날 유명한 드레이크 방정식(Drake equation)으로 표현된다.

$$N = R^* \times f_p \times n_e \times f_l \times f_i \times f_c \times L$$

이 식에서 각 항은 다음과 같다.

N은 우리 은하에서 우리가 대화할 가능성이 있는 문명의 개수

R^*은 우리 은하에서 항성 생성률

f_p는 행성을 거느린 그러한 항성들의 비율

n_e는 행성을 거느린 항성 하나당 생명체가 살아갈 수 있을 만한 행성의 평균 개수

f_l은 위의 항목 중에서 실제로 어떤 시점에서 생명체가 발생할 비율

f_i는 위의 항목 중에서 발생한 생명체가 지적인 생명체로 진화할 비율

f_c는 우주 공간으로 자신들의 존재를 감지 가능한 신호로 보낼 기술을 가진 문명의 비율

L은 그러한 문명이 감지 가능한 신호를 우주 공간으로 보내는 기간

분명 이 방정식은 진정한 예측이라기보다는 '무모한 예측'을 나타내며, 현재까지 변수로서 대입되어야 할 정확한 숫자를 둘러싸고 숱한 논쟁이 있어 왔다. 드레이크는 독자적으로 우리 은하 안에서 우리가 의사소통할 수 있을 만한 10개 문명들의 후보지를 떠올렸다. 각각의 변수에 대한 제일 잘 알려진 수치를 근거로 한 좀 더 최근의 해법은 2개에서 5,000개라는 답을 제시한다. 하지만 이 방정식에서 가장 흥미로운 점은 우리 문명보다 또 다른 지적인 문명이 존재할 가능성을 제공하는 아이디어라는 점이다.

이 잠재해 있을 적당한 범위 만큼일 것임을 뜻한다. 각각의 모든 항성에 연관된 생명체 거주 가능 영역의 크기와 그 위치는 그 항성의 크기와 광도에 좌우된다. 글리제 581c는 그 중심 항성의 생명체 거주 가능 영역에 자리해 있지만, 그것이 발견되고 나서 머지않아 행성은 걷잡을 수 없이 온실효과를 나타낼 수 있고, 그리하여 사실 생명체가 살지 못할 수도 있음을 보여줬다. 지구와 닮은 또 다른 외계 행성 후보는 게자리 55(그림 4.22)라 불리는 항성 주위를 도는 다섯 행성 식구 중 하나이며 2007년 11월에 발견되었다. 최근 들어 발견된 것은 게자리 55의 생명체 거주 가능 영역 안에서 도는 해왕성과 닮은 행성이다.

유럽 우주국에서 2006년에 발사한 코롯 망원경이 지금도 암석질의 외계 행성을 찾는 중이다. NASA에서 2009년 3월 6일에 시작된 케플러 계획이 지구와 닮은 행성들이 우리 은하에 흔한지 아니면 드문지를 알려줄 것이다. 또 다른 지구를 찾는 사냥은 계속되고 있고 다른 어떤 행성에 생명이 깃든 적이 있을지는 결정되기만이 남았다(자세히 보기 : 외계생명체 참조).

시간과 변화

이 장에서 그리고 이 책의 남은 뒷부분에서 우리는 원자에서 출발하여 행성계, 태양계, 우주에 이르는 공간 축에서 일어난 지질 작용과 거의 한 순간에 가까운 짧은 시간(한 번의 방사성 붕괴 혹은 두 원자핵의 융합)으로부터 몇 시간 혹은 며칠(달이 지구와 충돌한 천체의 잔해로부터 형성된 것과 같은 커다란 충돌), 수백 혹은 수천 년(특정 혜성의 궤도 주기), 수십억, 수백만 년(행성들의 형성 및 태양계의 진화)에 이르는 시간 축에서 일어난 지질학적 현상이나 작용을 생각해 볼 것이다. 이렇듯 지구, 태양계, 또 우주 역사 면에서 폭넓게 다양한 시간과 공간 축(그림 4.23)의 중요성을 고려해 보며, 또한 과학자들이 우주 물질과 사건의 나이를 결정짓는 데 쓰는 장비와 개념에 대해 생각해 보는 데 유익하다.

우주의 기원

과학자들은 우주 천체들이 서로로부터 멀어져 가는 속도를 관찰함으로써 우주의 나이를 추정한다. 이 가설은 우주의 모든 것이 빅뱅이라 불리는 폭발이 일어난 한 지점(물리적인 위치가 아닌 수학적인 특이성을 말함)에서 유래했다는 뜻이다. 빅뱅과 그 이후 동안에 생성된 물질들은 여전히 원래 중심부로부터 멀어져 가고 있는데, 즉 이는 우주가 팽창하고 있음을 뜻한다. 그러므로 우주의 나이는 지금 현재와 빅뱅이 일어난 시기 사이에 경과한 시간이라 정의해 볼 수도 있다. 만약 우주의 팽창 속도를 측정할 수 있다면(허블 우주망원경의 본래 임무 중 하나였던), 그리고 우주의 모든 것을 이론적으로 한 장소로 함께 모을 때까지 그 움직임을 되돌릴 수 있다면, 우주의 중심뿐만 아니라 그것이 형성됐던 시간까지 알아낼 수 있을 것이다. 현재 우주의 나이로 가장 폭넓게 인식되는 수치는 대략 137억 년이다.

우주는 우리 태양과 태양계보다 적어도 2배 그리고 어쩌면 3배 더 나이가 많다. 반면에 태양의 나이(약 47억 년)는 태양계의 나이(약 45억 6,000만 년)보다는 그렇게 다르지 않다. (성운설에 따르면) 그들의 기원은 연계되어 있다는 점을 생각하면 이 사실이 이해가 된다. 우리가 우리 태양계에서 찾아낼 수 있었던 가장 오래되고 원시적인 천체인, 앞에서 언급했던

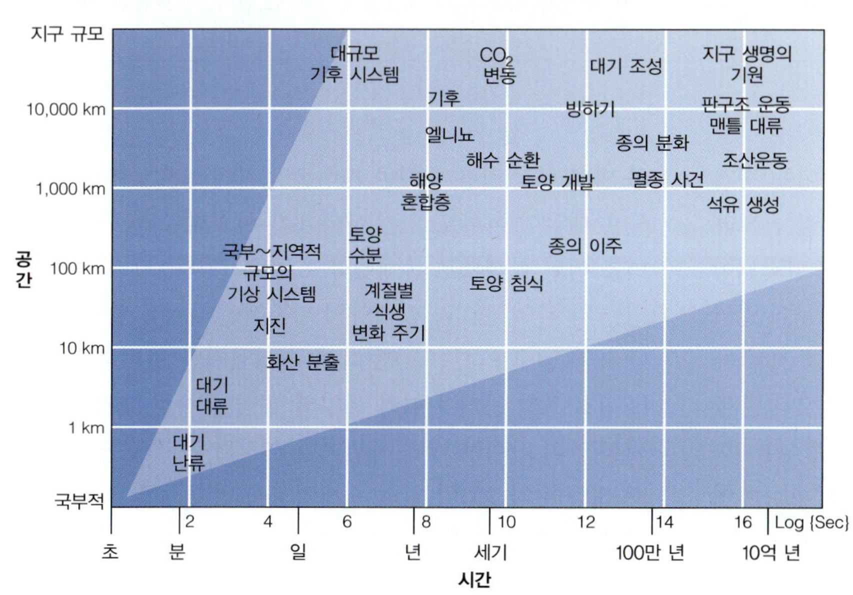

그림 4.23 지질 작용의 연대 축척과 공간 축척
지질 작용은 시대와 공간의 다양한 축척에서 폭넓게 일어나는데, 거의 동시에 일어나는 초현미경적인 원자와 원자핵 작용에서부터 수십억 년에 걸친 행성과 태양계의 성장과 진화에까지 이른다.

기초 원리

수치 연대 측정하기

제3장에서 화학원소 대부분은 자연적으로 발생하는 몇 가지 동위원소(똑같은 원자 번호를 갖고 그와 동시에 똑같은 화학적 특성을 지녔으나 질량수는 서로 다른 원자들)를 갖는다고 배웠다. 지구에서 발견되는 동위원소 대부분은 안정된 상태이며 쉽게 변하지 않는다. 그러나 몇몇은 원자핵의 불안정성으로 인해 방사성을 띠며, 같은 화학원소의 훨씬 안정된 동위원소 아니면 다른 화학원소의 동위원소로 자연스럽게 변해갈 것이다. 이 변화가 일어나는 속도, 즉 **방사성 붕괴 속도**는 각 동위원소마다 다르다. 붕괴 속도는 화학적 · 물리적 환경의 변화에 영향을 받지 않는다는 사실을 실험실에서의 주의 깊은 방사성 동위원소 연구를 통해 보여주었다. 이것은 아주 중요한데, 만약 방사성 붕괴 속도가 지질학적 작용에 의해 변하지 않는다면, 지질학적 물질의 수치 연대를 측정하는 데 쓰일 수도 있다.

모든 붕괴 속도는 똑같은 기본적인 법칙을 따른다(그림 B4.2). 글로 쓰여 있듯이 이 법칙은 각 시간 단위 동안 붕괴하는 모원자의 비율은 항상 같다는 것이다. 붕괴하는 모원자의 수는 지속적으로 줄어드는 반면, 자원자의 수는 지속적으로 늘어난다. 방사성 붕괴 속도는 **반감기**(half-life)로 측정되는데, 모원자의 수가 절반으로 줄어드는 데 필요한 시간을 말한다.

예를 들어 만약 방사성 동위원소의 반감기가 1시간이고 우리가 방사성 원소 1,000개를 보유한 광물로 실험을 시작했다고 가정하면, 단 500개의 모원자가 1시간이 다 될 무렵 남아 있을 것이고 자원자 500개가 형성됐을 것이다. 2시간이 다 되었을 때는 250개의 모원자와 750개의 자원자가, 그리고 3시간 후에는 125개의 모원자와 875개의 자원자가 있을 것이다. 지질 연대를 측정할 때 이용되는 방사성 동위원소의 반감기는 수천 년에서 수백만 년이지만, 붕괴 법칙은 반감기에 상관없이 모든 동위원소에 똑같이 적용된다.

그림 B4.2의 방사성 붕괴 그래프에 나와 있는 시간 단위가 반감기다. 시간 단위는 구간이 일정하지만 각 단위의 끝에서 모원자의 수는, 다시 말해 이 표품의 방사능은 시간 단위의 처음 값보다 딱 절반이 줄어들었다. 그림 B4.2는 또한 자원자의 성장은 모원자의 감퇴와 대등함을 나타낸다. 남아 있는 모원자 수(N_p)를 자원자 수(N_d)에 더했을 때의 값은 N_0인데, 광물 표품과 함께 시작한 모원자의 수다. 이것이 바로 지질 연대를 측정하고 지질학적 물질의 나이를 결정하는 수단으로서 방사능을 이용하는 데 중요한, 방사능 연대 측정이라 하는 것이다.

방사능 연대 측정의 실례를 생각해 보자. 칼륨(K)은 세 가지 자연 동위원소를 갖고 있는데, ^{39}K, ^{40}K, ^{41}K다. 이 가운데 ^{40}K 단 하나만 방사성이고, 그 반감기는 13억 년이다. ^{40}K의 붕괴는 흥미로운데 2개의 서로 다른 붕괴 작용이 일어나기 때문이다. ^{40}K 원자의 12%가 아르곤(Ar) 기체의 동위원소인 ^{40}Ar로 붕괴되고, ^{40}K 원자의 나머지 88%는 40Ca로 붕괴한다. ^{40}Ar로 붕괴하는 ^{40}K 원자의 분수는 항상 12%다. 이 비율은 물리적 또는 화학적 상태의 변화에 영향을 받지 않는다.

칼륨을 포함한 광물이 결정화하면, 그 결정체 안에 약간의 ^{40}K를 포함되게 된다. 광물이 생성되자마자 ^{40}Ar과 ^{40}Ca 자원자가 모원자 ^{40}K처럼 결정체에 갇히기 때문에 광물로 모이기 시작한다. ^{40}Ar에서 ^{40}Ca 자원자로의 비율은 항상 똑같기 때문에 얼마나 많은 ^{40}K 원자가 붕괴되었는지 알기 위해서는 단지 자원자 ^{40}Ar 혹은 ^{40}Ca만 측정해도 된다. 아르곤은 매우 정

탄소질 콘드라이트라 불리는 종류의 운석의 나이를 직접 측정함으로써 태양계의 나이가 밝혀졌다. 탄소질 콘드라이트의 나이는 대략 45억 6,000년 부근에 모두 밀집되어 있다. 하지만 이러한 천체들은 이들의 형성과 더불어 일어나는 지질학적 작용에 의해 변질되었다는 증거를 거의 제시하지 못한다. 그러므로 그들은 태양계의 가장 오래된 물질 중에 있으며, 태양계 그 자체도(지구, 다른 행성들, 그리고 우리 태양계에 속한 다른 천체들 대부분) 이 나이에 가깝다고 추론한다.

태양의 나이는 직접적으로 측정할 수 없지만 성운 이론과 별의 형성 작용에 대한 지식을 생각해 봄으로써 과학자들은 태양이 아마도 초기 태양계가 형성되기 전에 약 1억 년을 어린 항성으로 존재했다고 결론지었다. 그러므로 우리는 약 47억 년이라는 태양의 이론적인 나이를 알아냈다. 단지 태양계보다 1억 년 더 오래되었지만 말이다. 또한 H-R 도표의 문맥에 따라 태양의 수명 주기를 살펴봄으로써 태양의 나이에 대해 무언가를 연역해 볼 수도 있다. 우리 태양이 약 100억 년의 주계열성 수명을 누릴 것이라는 점과 이 과정 전체에서 거의 반쯤 왔다는 사실을 또 다른 1-S 항성들의 탄생과 죽음을 관찰함으로써 알 수 있다.

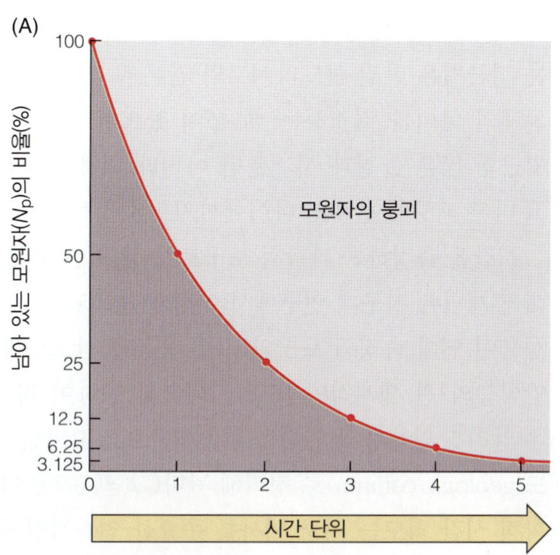

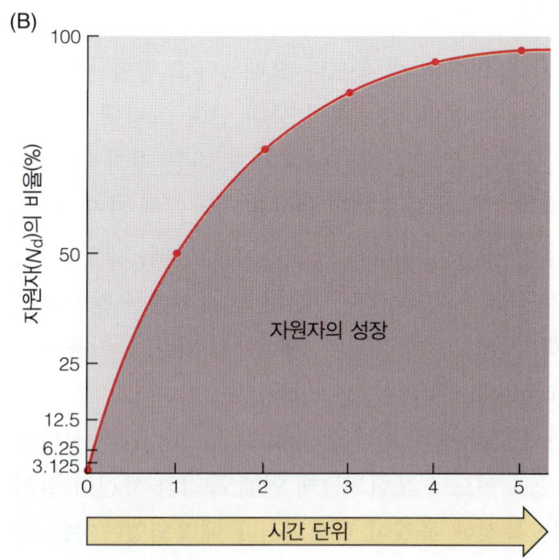

그림 B4.2 방사성 붕괴

(A) 시간이 0일 때 시간축의 시작점에서는 시료의 방사성 물질은 모원자가 100%이다. 반감기의 시간이 지나는 동안 모원자는 붕괴하여 절반이 자원자로 바뀐다. (B) 시간이 0일 때 자원자는 존재하지 않는다. 모원자의 반감기에 상응하여 시간이 지나면 표본의 50%는 자원자로 변환된다. 반감기가 두 번 지나면 표품의 75%는 자원자이고 25%는 모원자이다. 세 번의 반감기가 지나면 백분율은 각각 87.5와 12.5다. 모든 순간의 N_p(남은 모원자의 수)에 N_d(자원자의 수)를 더하면 N_0(시간이 0일 때 모원자의 수)이 된다는 점을 알아두자.

확하게 측정될 수 있는 원소이므로 ^{40}Ar을 측정하는 편이 훨씬 편하다.

화성암의 생성 시기를 결정하는 데 할 수 있는 모든 것은 칼륨을 포함한 광물을 택하여 그 안에 갇힌 ^{40}Ar의 양뿐만 아니라 남아 있는 모원소 ^{40}K의 양을 측정하는 일이다. ^{40}K의 반감기를 알기 때문에 방사능 연대(광물이 자체에 내재된 방사능 시계를 보유해 온 시간)를 계산하기란 아주 수월한 문제다. 실제로 측정되는 것은 광물이 결정화된 연대이다. 광물 형성의 연대는 화성암이 형성된 시간과 실제로 똑같고, 이는 광물의 연대와 암석의 연대가 같음을 뜻한다.

많은 자연적 방사성 동위원소는 방사능 연대 측정에 쓰일 수 있지만, 지질학 연구에서 여섯 가지 동위원소가 주로 이용된다. 이들은 2개의 우라늄 동위원소와 토륨, 칼륨, 루비듐 및 탄소 각각 1개의 방사성 원소이다. 이러한 동위원소들은 다양한 종류의 광물과 암석에 들어 있으며, 이들은 다양한 범위와 반감기를 갖고 있다. 그래서 많은 지질학적 물질은 방사능 연대 측정법으로 연대를 측정할 수 있다.

상대 연대와 수치 연대

지구계 내부와 우주의 다른 곳에 존재하는 물질의 나이를 다룰 때 과학자들은 시간과 나이의 두 가지 다른 개념을 활용한다. **상대 연대**(relative age)는 과거에 지질학적 사건이 연속적으로 일어난 순서에 따라 붙여진다(그림 4.24). 물체, 물질 혹은 사건의 시대는 더 오래되거나 더 늦게 발생한 물체 혹은 사건과 비교함으로써 결정된다. 예를 들어 태양계 형성에 관한 우리의 가설로부터 태양은 적어도 나머지 태양계 천체들보다 상대적으로 아주 조금 더 오래되었을 것이라 알 수 있다. 조금 더 친근한 것으로 따져보면,

그림 4.24 상대 연대와 수치 연대

상대 연대를 유추하는 좋은 방법은 날마다 신문지를 1부씩 하나하나 쌓아 올리는 것이다. 상대 연대에서 바닥에 깔린 신문은 위에 놓인 어떤 신문보다도 오래되었다. 그러나 우리는 신문에 인쇄된 날짜를 확인하거나 방사능 연대 측정과 같은 방법을 통하여 암석의 수치 연대를 결정짓지 않는 이상 각각 신문의 실제 나이 혹은 지질학적으로 연속된 암석의 실제 나이를 알 수는 없다.

만약 홍수로 인해 엄청난 양의 침적토가 쓸려내려 와서 이전에 존재했던 침적토층 위로 쌓여 간다면 우리는 밑에 깔린 층의 상대 연대는 새 층보다 오래됐다고 말할 수 있는 것이다. 이것은 그림 4.24 속의 상대 연대 그림에 근거한 가정으로서 암석층서는 어느 하나가 또 다른 것의 위에 순서대로 쌓여가고 가장 오래된 층서는 밑바닥에 가게 된다. 이는 유용하지만 지나치게 단순한 견해인데, 제7장에서 어떻게 지구 역사 속 물질과 사건의 상대 연대를 알아내기 위해 과학자들이 암석 기록과 지질학적 작용을 이용하는지 조금 더 자세히 살펴볼 것이다.

그와는 반대로 **수치 연대**(numerical age)는 실제 시대를 말하며, 주로 연도로 표현되는데 언제 특정한 사건이 일어났고 또는 특정한 물질이 형성되거나 매장되었는지를 나타낸다. 1896년 방사능의 발견은 지질학적 물질의 수치 연대를 양적으로 또한 신뢰성 있게 측정하는 첫 방법을 제공했다. 방사성 붕괴는 지속적으로 이뤄지는 과정이지만 되돌릴 수 없는 과정이고, 어디에서나 똑같은 식으로 똑같은 속도로 일어나며 어떠한 격차 없이 연속적인 증거를 남긴다. 암석과 광물의 나이를 측정하는 데 방사능이 어떻게 쓰이는지에 대한 토의는 '기초 원리 : 수치 연대 측정하기'를 참조하라. **방사능 연대 측정**(radiometric dating)이라는 접근법은 탄질 콘드라이트와 같은 우리 태양계의 원시 천체의 나이를 결정하는 데 쓰여 왔으며, 지구 역사에서 최근의 많은 물질과 사건뿐만 아니라 태양계, 지구, 그리고 다른 태양계 천체의 나이에까지도 확장해 쓰이고 있다.

시간을 측정하는 과학적 도구로서 상대 연대 및 수치 연대의 개념은 지구계 연구에서 어떻게 활용되고 있을까? 정성들여 연대 측정의 도구와 기술 응용을 함으로써 그리고 암석층의 전 세계적인 비교와 대비를 통하여 지질학자들은 알려진 암석층의 연속물을 연대순으로 요약한 **지질주상도**(geologic column)로 정리해 놨다(그림 4.25). 이런 지질학적 시간 척도는 지구 역사를 주요한 연속적인 구획으로 나눠왔다. 바로 태초대, 시생누대, 원생누대, 고생대, 중생대, 신생대이다. 19세기에 처음으로 지질주상도를 그리기 시작한 과학자들은 특히 수치 연대라는 문제와 부딪혔다. 그때 이후로 지질 현장탐사, 방사성 연대 측정 그리고 또 다른 연구 방법을 함께 써 가며, 과학자들은 지질주상도를 훨씬 세분화된 연속적 분류로 나눌 수 있게 되어 수치 연대의 세세한 척도를 지질주상도로 짜 맞췄다. 제7장에서 우리는 어떻게 그들이 이러한 역경에 맞섰는지 아주 자세히 검토한다.

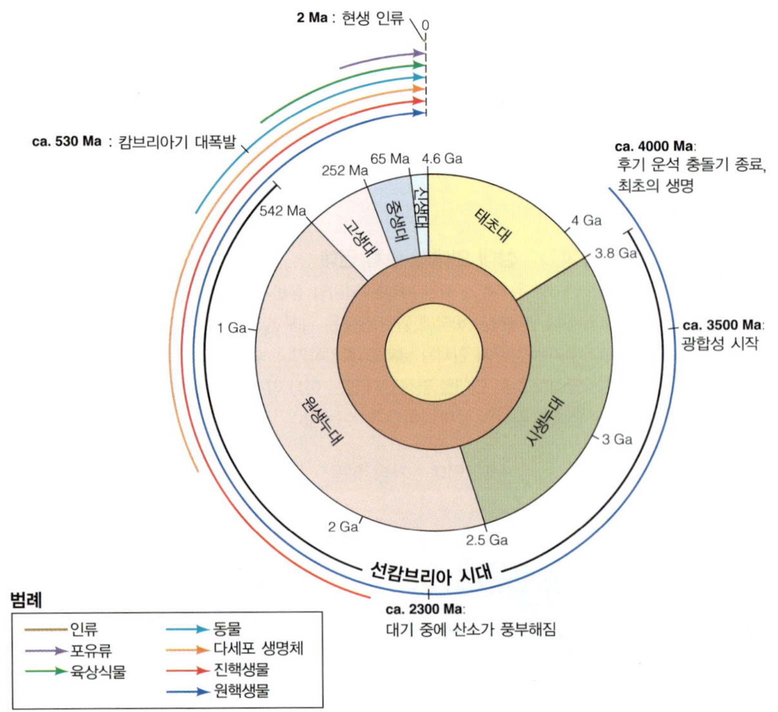

그림 4.25 **지질 연대 개관**
방사능 연대 측정 기술과 수치 연대를 결정하는 데 쓰였던 다른 도구를 통하여, 또 상대 연대를 결정하는 데 쓰였던 지질학적 관찰을 통하여 지질학자들은 지구 역사의 주요한 기간과 사건을 구획하는 지질 시대를 제정했다. 지구 역사의 대부분(전체의 88%)은 '선캄브리아기'인데, 우리가 여전히 비교적 아는 바가 적은 기간이다.

동일과정의 원리와 격변설

과학적인 입장에서 시대를 생각할 때 역사 안에서 가장 큰 쟁점이 되는 것 중 하나는 더 작고 더 느린 지질 사건의 누적적인 효과와 비교해 거대하고 격변하는 지질 사건이 갖는 상대적인 중요성이다. 17세기와 18세기 동안 사람들은 모든 지구의 특징(산, 계곡, 바다)은 거대한 격변적인 지질 사건으로 인해 생성되었다고 가정했다. 이러한 발상은 격변설이라 알려지게 되었으며, 어떤 이는 또한 이러한 지질 사건이 최근에 일어났고 성서에 기록된 격변하는 지질 사건의 전후 관계에 들어맞는다고 믿었다. 18세기 후반에 이 가설은 지질학적 증거와 비교되었으며 사람들은 그러기를 원했다. 증거를 조합하는 데 과학적 방법을 쓰고 그에 맞서는 이론을 제시한 사람은 스코틀랜드 출신 물리학자이자 '취미

그림 4.26 동일과정의 원리
고대와 현대에 만들어진 모래 언덕의 내부 구조는 동일과정의 원리를 증명한다. (A) 드넓게 매장된 모래알의 독특한 패턴은 애리조나 주 유마 근처에 발달된 사구에 판 구덩이에서 볼 수 있다. (B) 이와 같은 독특한 패턴은 유타 주 지온 국립공원의 고대 암석에 나타나 있다. 우리는 이 암석들이 한때 사구였음을 추론해 볼 수 있다.

로 농사짓는 사람' 인 제임스 허튼(James Hutton, 1726~1797)이었다. 허튼은 특히 그가 생활하고 연구했던 에든버러 주위의 환경에서 봤던 것에서 호기심을 느꼈다. 그는 자신의 관찰에 대해 글을 썼고 가설을 제안했으며, 이론을 만들기 위한 몇몇 시험과 관찰 증거를 이용했다.

허튼은 암석 입자가 흐르는 물에 의해 엄청난 거리를 이동해 최종적으로 바다에 묻히고 마는 침식작용의 느리지만 지속적인 효과를 관찰했다. 그는 느리지만 분명히 산도 풍화되고 침식되어 그 잔해로부터 새로운 암석이 형성되고 차례로 새로운 암석이 새로운 산을 형성하기 위해 느리게 솟아오를 것이라 결론지었다. 허튼은 무엇이 산을 솟아오르게 하는지는 설명하지 못했지만 모든 것은 반복적이고 꾸준한 주기를 따라 천천히 움직인다고 주장했다. 그는 암석 속의 보이는 증거로 추론될 수 있는 융기, 풍화, 침식, 운반과 매장, 암석으로의 응결 그리고 재융기 같은 이러한 순환은 몇 번이고 되풀이 되려면 매우 오랜 시간이 걸릴 것이라 깨달았다. 그는 이 일련의 지질 사건을 '암석의 순환' 이라는 용어로 나타내진 않았지만 오늘날 우리는 쓰고 있다. 지구 암석의 순환에는 "시작할 때는 흔적도 없었고, 끝이 날 가망도 없다." 고 1795년에 허튼이 썼다.

허튼의 생각은 오늘날 우리가 **동일과정의 원리**(principle of uniformitarianism)라 부르는 것으로 진화했는데, 자연법칙은 변함이 없으므로 실제로 우리가 오늘날 볼 수 있는 작용들은 지구 역사 대부분을 걸쳐 근본적으로 똑같은 방식으로 행해져 온 것이다. 오래된 암석일지라도 시험해 볼 수 있으며 특정한 환경에서 최근에 형성된 비슷한 바위와 특성을 비교해 볼 수 있다. 그리고 오래된 암석이 비슷한 종류의 환경에서 형성되었을 것 같다고 추론해 볼 수 있다. 간단히 말하자면 현재는 과거를 이해하는 열쇠다라는 것이다. 예를 들어 오늘날 우리는 많은 사막에서, 바람에 실려 온 모래 입자로 형성된 거대한 모래 언덕을 볼 수 있다. 그들이 형성되는 방식 때문에, 언덕은 독특한 내부 구조를 갖는다(그림 4.26A). 동일과정의 원리를 적용해 우리는 단단히 굳어진 모래알로 구성되었으며 현대에 들어와 형성된 모래 언덕 같이 똑같은 특이한 내부 구조를 가진 모든 암석은(그림 4.26B) 고대에 형성된 모래 언덕의 잔해임을 알 수 있다.

허튼의 입장을 따른 지질학자들은 동일과정의 원리와 암석의 순환 개념을 이용하는 논리적인 방식으로 지구의 특징을 설명할 수 있게 되었다. 그렇게 하던 중 그들은 또한 시대와 기원에 관한 놀라운 발견을 했다. 그건 바로 지구는 놀랄 만큼 오래되었다는 사실이다. 대부분의 침식 작용은 매우 느리다는 사실은 분명하다. 예를 들어 한 산맥을 침식하기 위해서는 엄청나게 오랜 세월이 걸리거나 또는 엄청나게 많은 양의 모래와 진흙이 계곡물을 타고 운반되어 와야 하고, 그리하여 새로운 암석에 접합되어 새로운 암석은 또 다른 산을 형성하기 위해 재형성되고 융기된다. 비록 이 과정은 느리지만, 이 순환은 지구의 오랜 역사 동안 여러 차례 되풀이되어 왔다.

동일과정의 원리 개념은 단지 지질학에서뿐만 아니라 과학의 모든 분야에 있어서 중요하다. 예를 들어 이 장에서 앞서 논의했듯이 어떻게 별이 형성되어 긴 생명 주기를 거치고 죽게 되는지를 밝히는 천문학자들의 이론도 동일과정의 원리를 기초로 한 것이다. 항성의 수명은 수십억 년으로 추정되므로 항성 하나 하나마다 지켜봄으로써 필요로 하는 모든 관찰을 할 수는 없다. 그 대신에 천문학자들은 하늘의 수십억 별들을 연구하고, 다양한 성장 단계의 표본 항성들을 관찰하여 탄생, 성장, 죽음의 순환이 예측 가능한 양식을 따른다는 사실을 알아낸다. 언제라도 새 항성이 관찰될 때는 동일과정의 원리가 관찰자로 하여금 새 항성이 그 수명 주기의 어디에 있는지를 추정하기 위해 이전 관찰 결과를 이용하도록 유도한다.

동일과정의 원리는 강력한 원리이지만 격변설을 완전히 틀린 가설이라며 단념해야 하는 걸까? 이 질문에 대한 대답은 '아니다' 이다. 왜냐하면 현재 우리는 격변으로 생긴 지질 사건이라 간주하는 것도 쉽사리 잘 이해되는 평범한 방식으로, 다시 말해 동일과정의 원리로 설명될 수 있기 때문이다. 이러한 사건은 만물을 설명하는 데 초자연적 힘을 주장해야 했던 17세기 성경학자들에게 인식된 대이변이 아니다. 그보다는 쉽사리 설명될 수 있지만 너무 거대하고 위험해서 격변적인 변화를 야기했던 지질 사건이라 할 수 있다. 그러한 보기 드문 지질 사건의 한 예는 애리조나 주의 운석 구덩이를 만들어낸 것과 같은 커다란 운석의 충돌이다. 반복되지만 드문 사건의 연속뿐만 아니라 시공간적으로 넓은 범위에서 지속적으로 일어나는 작은 변화의 조합으로서 지구 역사를 바라봤을 때 동일과정의 원리가 심지어 희귀한 지질 사건을 나타낼 수도 있으며, 비슷한 사건이 미래에 또 다시 일어날 것이라 믿을 수 있는 모든 증거가 존재한다고 결론지어야 한다.

요약

1. 태양계의 중심 천체인 태양은 스스로 빛을 내는 항성이다. 태양은 우주에 약 1,000억 개로 추정되는 은하들 중 하나인 '우리 은하' 에 속해 있는 2,000억~4,000억 개의 항성 중 하나이다. 평범한 별에 불과한 태양이지만 태양계 전체 질량의 약 99.8%를 차지하고 있으며, 우리에게 막대한 영향력을 미친다. 태양은 대부분 수소와 헬륨 같은 가벼운 원소로 구성되어 있으며, 이들 원소보다 무거운 원소를 약간 포함하고 있다.
2. 지구는 태양으로부터 적절한 거리에 떨어져 있어서 생명체의 존재가 가능한 행성이다. 태양빛은 생명체가 살 수 있도록 해 주며, 광합성을 통해 생명을 유지시켜 준다. 복사를 활발하게 흡수하는 기체들이 지표면 가까운 대기의 온도를 높여 주어 마치 담요처럼 지표면의 온도를 생명체가 살아갈 수 있을 정도로 유지시켜 준다.
3. 지구의 자전축이 황도면에 대하여 기울어져 있기 때문에 우리는 계절의 변화를 경험하게 된다. 즉 1년 중에서 어떤 시기에는 북반구의 어느 지점에 태양이 수직으로 비치게 되고, 또 다른 어떤 시기에는 반대로 남반구의 어느 지점에 태양이 수직으로 비치게 된다는 것을 의미한다. 이 때문에 지표면이 받는 태양 에너지가 차이가 생기게 된다.
4. 태양계는 태양, 8개의 행성, 최소한 5개의 왜소 행성, 수많은 작은 암석체인 소행성, 수백만 개의 혜성, 무수히 많은 암석 파편이나 미세 고체 알갱이들로 이루어진 유성체, 그리고 지금까지 알려진 170여 개의 위성 등으로 구성되어 있으며, 이들은 모두 태양의 중력에 의해 궤도 운동을 하고 있다. 행성, 소행성, 혜성, 유성은 태양 주변을 공전하지만 위성들은 모행성 주변을 공전하고 있다.
5. 태양계 안쪽에 위치한 수성, 금성, 지구, 화성은 작고 밀도가 크며, 암석과 금속 성분으로 구성되어 있는 지구형 행성이라 하며, 상대적으로 이들보다 멀리 있는 목성, 토성, 천왕성, 해왕성은 매우 크고 무거우며, 밀도가 낮으며 주로 수소 헬륨 등의 휘발성 기체성분으로 이루어져 있으며 목성형 행성이라 한다.
6. 행성, 위성, 태양 등 대부분의 태양계 천체들은 동일한 방향으로 공전과 자전을 하고 있으며 궤도면도 거의 동일한 평면에 놓여 있다. (금성은 예외적으로 역방향으로 자전을 하고 있는데 이는 금성이 생성될 무렵 다른 천체와 엄청난 충돌을 일으킨 결과라고 해석하고 있다.)
7. 성운설이 태양계 기원 이론으로 가장 설득력이 있는 것으로 평가받고 있다. 이는 태양과 행성 등 모든 태양계의 구성 천체들이 기체와 미세한 고체 입자로 이루어진 거대한 회전 성간운으로부터 형성되었다. 수소와 헬륨보다 더 무거운 원소들은 초신성 폭발로 다시 가스 상태

로 돌아간 죽은 별의 내부에서 만들어진 것이다.

8. 오랜 시간 성운의 기체들은 점점 수축하여 밀도가 높아지고 중력의 영향으로 중심으로 밀집되기 시작한다. 원자들이 서로 가까이 접근하게 됨에 따라 성간 기체는 점점 뜨거워지고 밀도도 더욱 높아진다. 중심 부근에서는 원소들은 매우 고밀도 상태가 되며 온도가 더욱 상승하여 핵융합 반응이 일어날 수 있는 정도의 온도에 이른다. 이윽고 중심부분에서 핵융합 반응이 일어나면 별이 탄생하게 되는 것이다. 이 원시 태양 주변에 형성된 가스와 고체 티끌 입자의 납작한 원반은 원시 태양성운이라 부른다.
9. 원시 태양성운에서 일어나는 응결은 태양에서 가까운 지역에서는 금속이나 암석 성분과 같은 용융점이 높은 원소가 응결이 되어 우주 '눈'을 만들고, 온도가 낮은 지역에서는 휘발성 원소의 응결이 일어나 얼음 알갱이를 만들어낸다. 이들은 모두 처음 성간운이 회전하는 방향을 유지하며 동일한 방향으로 회전하게 된다. 상대적으로 큰 덩어리의 중력은 주변의 작은 덩어리들을 포획하는 충돌 과정을 겪게 된다.
10. 생성 후 지구형 행성의 후속 진화 과정에 영향을 미치는 중요한 요인으로는 운석 충돌과 이로 인한 부분 용융이 있다. 그리고 화산 활동, 태양으로부터의 거리, 그리고 생물권의 존재 여부 역시 중요한 요인이다. 비록 대기가 두껍기 때문에 목성형 행성의 표면을 우리가 볼 수는 없지만 이들 행성의 진화 역시 위와 같은 요인의 영향을 받았다고 결론지을 수 있다.
11. 지구형 행성은 부분 용융과 이로 인한 분화 과정을 겪었다. 그 결과 저밀도의 암석형 지각, 중밀도의 맨틀, 그리고 고밀도의 금속 핵 내부 구조를 가지게 되었다. 모든 지구형 행성은 화산 활동과 심한 운석 충돌을 경험했다. 판구조 운동은 다른 지구형 행성보다 강한 자기장을 가지고 있는 지구에서만 유일하게 일어났을 것으로 추정된다. 모든 지구형 행성에서 초기 대기는 모두 사라졌지만 지구, 화성, 금성은 진화 과정에서 새로운 대기층을 형성하게 되었다.
12. 외부 행성은 거대한 기체 행성이다. 목성과 토성은 질량이 매우 높아서 수소와 헬륨과 같이 가벼운 원소조차 탈출하지 못한다. 따라서 이들의 화학조성은 그들이 형성된 태양성운과 매우 유사하다. 거대한 폭풍, 매우 빠른 바람, 그리고 번개는 이들 행성의 깊은 대기에서 흔히 발생한다. 이들은 아마도 작은 암석의 핵과 얼음으로 된 맨틀을 가지고 있을 것이다. 그들 행성의 내부 깊숙한 곳은 압력이 매우 높아 수소가 압축되어, 액체상태 또는 심지어 목성과 토성의 경우에는 금속 상태와 같은 구조를 가진다.
13. 행성은 태양 주변을 공전하고, 질량이 충분히 커서 정역학 평형 상태에 놓여 있으며, 그리고 중력적으로 그 궤도를 지배하고 있어야 한다. 이러한 기준에서 태양계에는 8개의 행성이 있다. 위성은 행성 주변을 규칙적으로 공전하는 천체이다. 지구의 달은 지구가 거대한 충돌을 겪은 결과 만들어진 것이다. 유성체는 암석 부스러기, 작은 티끌들로서 지구 표면에 떨어져 운석이 된다. 소행성은 주로 소행성대에서 태양 주변을 공전하는 거대한 암석 천체이다. 주로 얼음으로 이루어진 수많은 천체들이 카이퍼 벨트에 분포하고, 이들은 혜성의 기원이 된다. 지구의 물의 많은 부분은 아마도 이 얼음 성분을 가진 혜성이 지표와 충돌함으로써 혜성으로부터 전달된 것일지도 모른다.
14. 항성의 분류는 광도와 색깔을 기준으로 한다. 중력과 기체압의 평형에 의해 항성의 크기가 결정되며, 주계열의 생존 기간을 역시 결정하게 된다. 항성의 에너지를 공급하는 연료가 거의 바닥나면 항성의 크기, 온도, 광도가 모두 바뀌게 된다. 질량이 작은(1 S) 항성의 주계열에서의 수명이 거의 끝나면, 그 항성은 중심핵 수축이 일어나고 수소 껍질 연소가 시작되어, 적색거성 단계를 거쳐 궁극적으로 백색왜성이 된다. 질량이 매우 큰(100 S) 항성은 온도와 강도가 매우 높고 연료를 빨리 소모하며, 주계열에 머무는 시간이 매우 짧다. 주계열을 일단 떠나면 질량이 큰 항성은 핵 수축과 수소 및 헬륨의 껍질 연소 단계를 급속히 겪는다. 결국에는 탄소보다 무거운 원소의 핵융합이 시작되고 많은 에너지를 방출하며, 항성은 폭발하여 초신성이 된다.
15. 우리 은하에 있는 항성들 중 5~10%는 태양과 비슷한 특성을 가지고 있다. 이들 중 일부는 아마도 행성을 거느리고 있을 것이다. 지금까지 많은 외계행성이 발견되었는데, 이들 중 몇몇은 이론적으로 생명 가능 지역을 보유하고 있는 것으로 생각된다. 태양계 내에서 생명체가 어디든지 존재한다는 것은 장담할 수 없지만, 지구와 같은 크기, 성분, 그리고 중심 천체로부터의 거리에 있어 물이 액체 상태로 존재할 수 있는 외계

행성들의 몇몇은 아마도 생명체 존재 가능성이 있을 것이다.

16. 일반적으로 받아들여지고 있는 우주의 나이는 137억 년이다. 태양계의 나이(45억 6,000만 년)는 태양계에서 가장 오래되고 원시적인 것이라 알려진 탄소질 콘드라이트의 나이로부터 직접 측정한 것이다. 태양은 아마 태양계 형성에 앞서 약 1억 년 동안 젊은 별로 존재하였을 것이다. 따라서 태양의 나이는 약 47억 년 정도이다.
17. 상대 연대는 어떤 사건이 일어난 순서에 따라 결정된다. 그리고 어떤 물체 또는 사건의 나이는 다른 물체 또는 사건의 나이와 비교하여 많고 적음을 판단한다. 수치 연대는 특별한 사건이 발생한 시각 또는 광물이 정출되거나 퇴적된 실제 시간을 말한다.
18. 방사성 물질의 붕괴는 지질학적 현상에 의해 변하지 않으므로 수치 연대를 결정하는 데 사용할 수 있다. 반감기가 알려진 방사성 동위원소를 이용하여 과학자들은 어떤 광물이나 암석에 남아 있는 모원소의 비율과 생성된 자원소의 비율을 측정하여 나이를 결정할 수 있다.
19. 화석과 다른 상대 연대 증거들을 바탕으로 전 지구의 지층들의 순서를 짜 맞추어 이들을 연대순으로 배열하였다. 방사성 연대측정법을 통해 이 상대적인 배열에 수치 연대를 부여했다.
20. 동일과정의 원리에 의하면 현재는 과거를 이해하는 열쇠라고 한다. 자연법칙은 변하지 않고 오늘날 우리가 볼 수 있는 과정은 지구 역사를 통해 동일하게 반복되어 왔다. 과학자들은 여러 분야에서, 대홍수나 거대운석 충돌과 같은 발생빈도가 낮은 재난을 포함한 자연에서 일어나고 있는 여러 현상을 이해하기 위하여 이러한 동일과정설을 적용하고 있다.

주요 용어

달(moon)
동일과정의 원리(principle of uniformitarianism)
목성형 행성(jovian planets)
반감기(half-life)
방사능 연대 측정(radiometric dating)
상대 연대(relative age)
성운설(nebular hypothesis)
소행성(asteroid)
수치 연대(numerical age)
운석(meteorite)
원시 일차 대기(primordial atmosphere)
은하(galaxy)
이차 대기(secondary atmosphere)
주계열성(main sequence)
지구형 행성(terrestrial planets)
지질주상도(geologic column)
천문단위(astronomical unit, AU)
태양 성운(solar hebula)
태양계(solar system)
행성(planet)
행성 강착(planetary accretion)
행성 분화(planetary differentiation)
혜성(comet)

복습 문제

1. 하늘에는 얼마나 많은 별이 있는가? 태양은 다른 별과 같은가 또는 다른가? 다르다면 어떤 면에서 다른가?
2. 태양은 지구보다 크기가 매우 클 뿐 아니라 질량도 매우 크다. 이 차이는 무엇인가? 지구와 태양에서 질량과 크기의 차이를 밀도의 차이로 바꾸어 비교해 보라.
3. 태양계의 여러 천체들의 특징을 요약하고 설명하라.
4. 8개의 행성은 물리적 성질과 태양으로부터의 거리에 따라 두 부류로 나눌 수 있다. 이 두 부류는 어떻게 나뉠 수 있는가? 각 부류의 공통된 특성을 요약하라.
5. 성운설에 입각하여 태양계의 형성 과정을 각 단계별로 기술하라.
6. 태양성운설은 관측되는 다음과 같은 태양계의 특징을 어떻게 설명하는가?
   행성 및 위성 그리고 태양의 자전과 공전 방향, 공전 궤도면, 태양계 천체의 구성 성분의 차이
7. 태양계가 형성된 후 행성의 진화에 영향을 미친 주요 요소는 무엇인가?
8. 수성, 금성, 지구, 화성, 그리고 달의 공통점과 차이점을

기술하라.

9. 목성, 토성, 천왕성, 해왕성의 공통점과 차이점을 기술하라.
10. 천문학자들을 항성을 어떻게 분류하는가? 항성의 일생을 나타내는 데 있어서 H-R 도표를 어떻게 활용하는가?
11. 질량이 매우 큰(100 S) 항성과 질량이 매우 작은(0.1 S) 항성의 진화 양상이 어떻게 차이가 나는지 설명하고 왜 그런 차이가 생기는지 설명하라.
12. 어떤 항성의 생명 존재 가능 지역이란 무엇인가? 지금까지 이 지역에서 외계행성이 발견된 바가 있는가?
13. 드레이크 방정식은 무엇인가? 그리고 이 식이 태양계 외부의 생명체 존재 가능성을 어림하는 데 어떻게 쓰일 수 있는가?
14. 상대 연대와 수치 연대의 차이는 무엇인가?
15. 동일과정설은 무엇인가? 그리고 이것이 자연현상을 설명하는 데 어떻게 적용할 수 있는가?

연구와 토론 문제

1. 탄질 콘드라이트는 무엇인가? 이들의 구체적인 특성을 더 조사해 보라. 그리고 이들이 행성과 태양계의 형성 시기를 연구하는 데 어떻게 도움을 줄 수 있는가?
2. 태양계에서 가장 큰 화산은 화성에 있는 올림포스 화산이다. 더 이상 화산 활동이 없는 화성에서 어떻게 이런 일이 일어날 수 있는가? 올림포스 화산과 유사한 화산이 지구에도 있는가?
3. 거대운석 충돌이나 대홍수와 같은 갑자기 발생한 대재앙에 동일과정설을 어떻게 적용할 수 있는가? 빙하 또는 종의 멸종과 같이 서서히 일어나는 재앙의 경우에는 어떠한가? 동일과정설은 인간 활동에 대해서도 적용할 수 있는가?

기초 원리 문제

1. 황도는 무엇인가? 성운설과 납작한 원반 형태의 태양성운은 황도와 어떤 관련이 있는가?
2. 지구 자전축은 왜 황도와 수직으로 되어 있지 않은가? 그리고 이것이 계절 변화와 어떻게 관련이 있는가?
3. 남반구와 북반구의 계절이 왜 서로 반대로 나타나는지를 그림을 그려서 설명하라.

자세히 보기 문제

1. 방사능이란 무엇인가? 동위원소란 무엇인가?
2. 방사성 붕괴를 관장하는 기본 법칙은 무엇인가?
3. K-Ar 연대측정법으로 화성암의 방사성 연대를 결정하는 방법을 설명하라.

제 2 부

화산의 기여

에콰도르의 퉁구라우아 화산이 폭발하여 지구 내부에서 대기 중으로 가스를 분출했다. 지구의 역사를 통하여 화산 폭발은 지권과 대기권 그리고 수권을 연결시켜 준다.

지권 : 발 아래의 지구

지권(geosphere) : 지구를 의미하는 그리스어 *geo-*, *ge*와 지구, 공, 구를 의미하는 *sphaira*에서 유래

지구의 주된 고체 저장소는 지권이며, 변함없고 바뀌지 않는 것처럼 보인다. 하지만 그것은 전혀 사실이 아니다. 우리는 제1장에서 우주 기술이 어떻게 과학자들이 우주에서 지구를 예전보다 자세하게 관찰할 수 있는지에 대하여, 그리고 원격탐사의 성과 중 하나인 위성이 지표를 정밀하게 측정하는 능력을 가진 것에 대해 토론하였다. 이런 측정법들은 지권이 끊임없이 변화한다는 것을 보여준다. 산맥들은 융기하고, 대륙은 이동하고, 해양분지도 지속적으로 모양과 크기가 바뀐다.

제1장에서 배운 바와 같이 지구조적 순환과 암석 순환은 지구의 얼굴이 변하는 데 있어 주된 매커니즘이다. 제5장에서의 요점인 지구조적 과정은 지구 내부 깊은 곳의 힘에 의해 일어난다. 제6장에서 자세히 검토할 지진과 화산 분출을 통해 지구 표면은 느리지만 지구 내부로부터 지속적으로 모양이 변하고, 재생성되고, 다시 만들어지고, 재순환한다. 이들 과정은 상호작용을 보여준다. 즉 이들은 지구의 지권과 지구 내부를 다른 소계와 연결시킨다. 우리가 제7장에서 다루는 풍화, 침식 그리고 암석 순환의 다른 과정에 의해 지구 표면은 지속적으로 재배열되고, 재분배되며, 바깥으로부터 마모된다. 외부와 내부 힘 사이에서 끊임없이 변하는 균형은 지구 표면을 우리가 살 수 있는 역동적인 곳으로 만든 것이다.

판구조론의 이해, 이 암석의 순환과 판구조론의 관계, 그리고 다른 큰 계들과 이들의 상호작용을 이해하는 것은 지권과 지구계에서의 지권의 역할을 이해하는 열쇠가 된다. 이것은 제2부에서 중점적으로 다룬다.

제2부는 다음과 같은 장으로 구성되어 있다.

- 제5장. 지구조적 순환
- 제6장. 지진과 화산
- 제7장. 암석 순환

CHAPTER

5

지구조적 순환

개요

이 장에서 우리는

- 판구조론의 발달과정과 역사를 다룬다.
- 판의 움직임을 가능케 하는 원동력을 다룬다.
- 판구조론이 지구의 지형을 형성하는 방식을 조사한다.
- 대륙의 구조와 지질학적 역사를 조사한다.
- 판구조론이 전체로서 지구계에 미친 영향을 다룬다.

◀ **세계의 정상**

히말라야 산맥과 티베트 고원은 현재 진행되고 있는 인도-오스트레일리아판과 유라시아판의 충돌에 의해 활발하게 상승하고 있다. 구름 사이로 보이는 것이 빙하로 덮인 중국 쿤룬 산맥의 K2 정상이다.

변하지 않는 것처럼 보이는 알프스 산맥이나 애팔래치아 산맥과 같은 산맥들은 지질학적인 시간의 관점에서 볼 때는 단지 일시적인 주름에 불과하다. 이동하는 암석권의 판들이 충돌할 때 뒤틀리고 변형된 암체가 위로 상승하여 산맥이 형성된다. 이때 산들은 과거의 충돌을 기록하는 오랜 산맥의 침식된 뿌리만을 남겨둔 채 천천히 삭박된다(그림 5.1). 대륙들은 천천히 움직이고, 때로는 서로 부딪쳐서 새로운 산맥을 형성하며, 때때로 분리되어 새로운 해양분지를 형성한다.

이러한 과정은 지구의 45억 6,000만 년 역사의 대부분을 통해 진행되어 왔고 오늘도 계속되고 있다. 예를 들어 히말라야 산맥은 약 4,500만 년 전에 인도 아대륙이 아시아와 충돌할 때 형성되기 시작한 지질학적으로 젊은 산맥이다. 이러한 산맥들 산맥은 오늘날도 여전히 융기하고 있다(그림 5.2A). 홍해(그림 5.2B)는 아라비아 반도와 아프리카 두 대륙이 갈라져 분리되기 시작할 때인 약 3,000만 년 정도 전에 형성되기 시작한 젊은 해양이다. 이 새로운 해양은 오늘날에도 여전히 넓어지고 있다.

명백히 **지권**(geosphere)—고체 지구—내에서 작동하는 이러한 큰 힘들은 지표를 형성하는 원인이 된다. 이러한 힘의 근원은 무엇인가? 무엇이 이들을 유도하는가? 그들은 지구의 역사를 통하여 작동되어 왔는가? 어떠한 방법으로 이러한 과정들이 지구계의 다른 권역에 영향을 미치는가? 지권은 실질적으로 고체인가, 또는 이것은 지표에서 보는 것보다 더욱 복잡한가? 이 장에서 우리는 이러한 물음과 관련된 질문들에 대한 해답을 찾을 것이다.

그림 5.1 대륙 충돌
이 위성사진(약 70km 폭)은 남부 버지니아 애팔래치아 산맥의 뒤틀리고 깊이 침식된 뿌리들을 보여준다. 산맥들은 수백만 년 전 2개의 거대한 대륙이 충돌하면서 만들어졌다. 이 충돌이 암석을 습곡시키고, 뒤틀리게 하고 깨트렸고 이때부터 암석의 순환으로 인해 풍화 및 침식되었다.

그림 5.2 오늘날의 지구조 운동
히말라야 산맥(A)은 지질학적으로는 젊은 산맥이며, 인도판과 아시아판의 충돌로 인해 여전히 융기 중이다. 홍해(B)는 아라비아판과 아프리카판이 분리되는 곳에서의 새롭고 긴 바다이다.

판구조론 : 통일 이론

대륙, 해양분지 그리고 지구 표면에 있는 모든 것들은 큰 뗏목에 탄 승객과 같이 움직인다. 뗏목은 아래 있는 맨틀 물질 위에 떠 있는 암석권의 거대한 조각 또는 판(plates)이다. 지구조론은 이러한 암석권의 판들의 이동과 변형을 연구하는 학문 분야이고, 이들 사이의 상호작용을 다루는 지구조론의 한 분야가 **판구조론**(plate tectonics)이다. 바다 밑에 잠겨 있거나 육상에 노출되어 있든 지표에서의 모든 주요한 지형적 지세는 암석권 판들의 이동과 상호작용 그리고 이어지는 암석 순환의 외력에 의한 후속적인 변형의 직접적인 결과로 형성된다.

판구조론은 지구의 지형적 특징과 암석 단위의 분포와 특성에 대한 수백 년간의 독립적인 관찰을 설명하는 통일 이론으로 발전하였다. 판구조 모델은 암석 생성, 조산운동, 그리고 지형 변화의 과정에 대한 우리의 과학적 이해를 종합한다. 이것은 또한 사람들에게 영향을 미치고 우리가 살고 있는 환경을 만드는 지질 과정에 대한 토론에 매우 효과적인 틀을 제공한다. 먼저 과학자들이 판구조론을 지지하는 증거를 어떻게 모으고 개념을 발전시켜 왔는지를 생각해 보자.

아이디어의 발달

모든 과학 이론들과 마찬가지로 판구조론은 하룻밤 사이에 갑자기 이루어진 것이 아니며 또한 단지 한 과학자의 연구만도 아니었다. 많은 뛰어난 과학자들이 이 이론을 검증하고 이것을 뒷받침하는 증거들을 찾아 모으고 많은 지권 현상과 과정에 대한 명확한 설명을 위해 그들의 아이디어와 연구를 통해 기여해 왔다.

판구조론의 뒷얘기

1508년 레오나르도 다빈치가 이탈리아의 높은 산에서 바다조개 화석을 발견하고 그가 고대의 해저를 보고 있음이 틀림없다는 것을 인식했다. 그러나 어떻게, 왜 이 조개껍데기들이 그렇게 높이 있을까? 바다가 한때 산을 덮었을까, 또는 해저가 상승했을까? 바다조개들이 지표의 모든 곳에서 발견되지는 않기 때문에(이들이 물에 의해 동일하게 덮이면 그렇게 될 것이기 때문에), 레오나르도는 이전의 해저 일부가 상승했다고 결론을 내렸다. 거의 3세기 이후 제임스 허튼(그는 1700년대 후반에 동일과정의 원리를 주장하였다. 제4장 참조)은 이러한 융기가 암석들을 풍화와 침식에 노출시킨다는 것을 인지하고, 이러한 개념을 그의 암석 순환 모델로 정립하였다.

그 후 그의 이름이 자연도태에 의한 진화론(제14장)과 항상 붙어 다니는 찰스 다윈은 암석 순환에 대한 중요한 관찰을 하였다. 1830년대에 다윈은 HMS 비글 호를 타고 세계일주 항해를 하였다. 남부 아르헨티나의 파타고니아에서 그는 안데스 산맥에서 대서양까지 뻗어 있는 퇴적물로 덮인 거대한 평원들을 보았다. 이 퇴적물들은 명백히 안데스 산맥의 침식에 의해 형성되었다. 그러나 다윈은 "어떤 산맥이 이러한 물질을 공급하고도 완전히 없어지지 않을 수 있는지 궁금해했다. 다윈은 1835년 칠레의 해안에서 큰 지진을 경험했다(그림 5.3). 지진의 영향을 조사하면서, 그는 수위표(water mark) 위로 10피트 높이에 있는 암석에 아직도 붙어 있는 부패된 홍합을 발견하였다. 다윈은 지면이 융기했다는 것과 지진의 반복으로 안데스 산맥이 서서히 밀어 올려지고 있다는 것을 알아차렸다. 비록 그는 이 산맥을 융기시키는 힘의 성질에 대해서는 설명할 수 없었지만, 이

그림 5.3 다윈의 영감
칠레의 안데스 산맥 남부에 위치한 토레스 델 파이네는 가파른 첨탑 모양이다. 이것은 찰스 다윈이 안데스 산맥을 융기시키는 지구조적 힘과 이를 천천히 삭박시키는 풍화작용 간의 균형이 존재함을 인지한 안데스 산맥 내에 발달한다.

러한 계속적인 느린 융기가 판타고니아에서 그가 품었던 의문에 대한 해답이라는 것을 이해했다. 즉 지구조적 힘이 산을 융기시키고, 반면에 암석 순환의 침식력은 이들을 깎아낸다.

19세기의 중반에 이르러 지각이 큰 수직 운동 또는 융기를 겪는다는 생각이 널리 받아들여졌다. 어떤 증거—주로 대서양 양쪽 해안선의 평행성—는 또한 횡적인 운동의 가능성을 제시하였다. 그러나 그 당시의 대부분의 과학자들은 대륙의 횡적 이동에 대한 생각을 받아들이지 않았다.

대륙이동설

1915년 독일의 과학자 알프레드 베게너(Alfred Wegener)는 책을 한 권 출판하였으며, 이 책에서 그는 아프리카와 남아메리카의 대서양 해안선의 평행한 모양, 빙하 지형과 해양을 가로질러 한 대륙에서 다른 대륙으로 연결되는 것

그림 5.4 대륙이동의 증거

알프레드 베게너와 대륙이동설의 지지자들은 대륙이 판게아라고 부르는 커다란 초대륙이었다는 중요한 증거들을 축적하였다. 이 이론은 서로 다른 대륙에 발달된 유사한 연령의 산맥과 지질이 일치한다는 증거를 포함한다(A). 화석에서 보여지는 증거는 해양분지에 의해 멀리 분리된 대륙들에서 몇몇 과거 생물들이 널리 퍼져 있다는 것을 제시하였다. 하나의 예시가 고생대 나무 화석인 글로솝테리스 화석이며, 이것의 나뭇잎 화석이 (B)에 있다. 이 지도(C)는 글로솝테리스 화석이 발견된 대륙을 보여준다. 이 지역들은 대륙들을 3억 년 전에 놓였을 가능성이 있는 위치로 되돌려 놓았을 때와 일치한다.

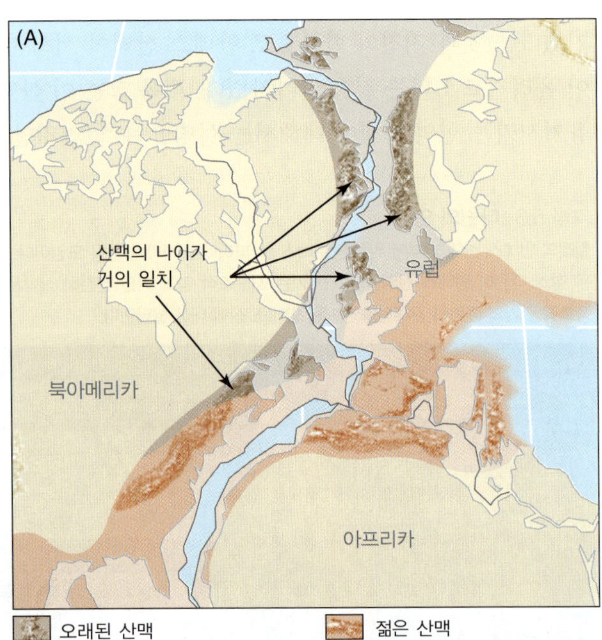

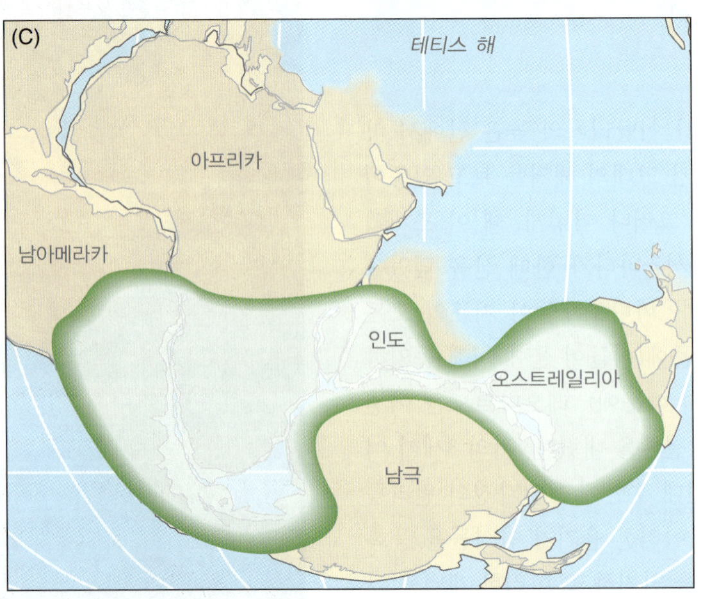

처럼 보이는 산맥, 그리고 넓은 해양분지들에 의해 분리된 대륙들에서의 매우 유사한 동식물 화석들의 산출과 같은 현상들을 설명하고자 노력하였다(그림 5.4). 베게너는 먼 과거의 어떤 시기에 모든 대륙들이 하나의 큰 대륙으로 붙어 있어서 식물과 동물들이 자유롭게 퍼져 나갈 수 있었다고 제안했다. 그는 이 오랜 '초대륙'에 **판게아**(*Pangaea*, '모든 땅' 이라는 의미)라는 이름을 붙였다. 베게너의 가설에 따르면 판게아는 어느 정도 교란되었으며 이것의 조각들(오늘날의 대륙들)은 서서히 현재 위치로 이동하였다. 이러한 과정이 **대륙이동**(continental drift)으로 알려지게 되었다.

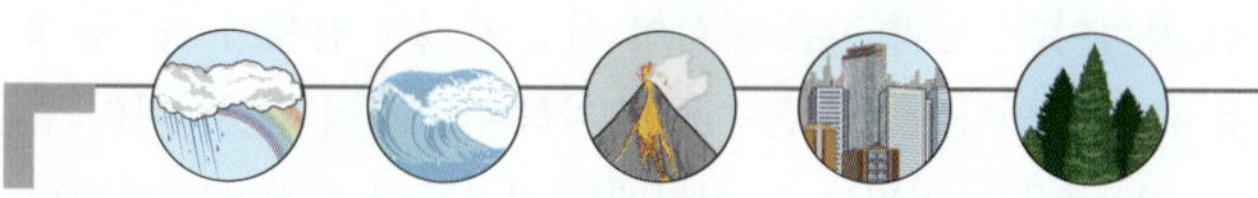

관련짓기

만약 오늘날의 대륙들이 초대륙 판게아로 다시 모아졌을 때 지구가 어떤 모습일지 상상해 보라. 기후, 생태계, 해양 활동에 대한 주요 영향들은 어떠할까?

베게너와 대륙이동설을 지지하는 다른 과학자들은 그 과정을 호수에 떠 있는 얼음판이 깨지는 것에 비유하였다. 그들은 그 깨진 조각들은 퍼즐 조각과 같이 모두 다시 맞추어져야 한다고 주장했다. 그러나 비록 베게너가 대륙들이 한때 같이 연결되어 있었다는 매우 인상적인 관찰 증거들을 제시했음에도 불구하고 그 가설은 그가 살아있는 동안에 널리 받아들여지지 않았다. 아무도 딱딱한 암석으로 이루어진 대륙이 어떻게 마찰을 극복하고 해양 지각을 가로질러 미끄러질 수 있는지를 설명할 수 없었다. 그의 비평가들은 이 과정을 굵은 두 장의 사포를 서로 미끄러뜨리려는 것과 같다고 말했다. 대륙이동의 메커니즘—즉 어떻게 대륙이 움직였는가—뿐만 아니라 그 뒤에 있는 원동력에 대한 설명이 빠져 있었다.

베게너는 1930년에 세상을 떠났다. 베게너가 모은 그의 주장을 뒷받침하는 몇몇 증거들은 자세한 검증에서 믿어지지 않았기 때문에 대륙이동에 대한 논쟁은 가라앉고 말았다. 예를 들면 식물의 씨는 대륙이 붙어 있을 때 육지로 퍼져나가기보다는 한 대륙에서 다른 대륙으로 물에 떠서 이동하는 것일지도 모른다는 것과 같은 것이다. 제2차 세계대전이 발발한 1939년까지 대륙이동설은 지지자를 거의 갖지 못했다.

1950년대에 세계적으로 이 논쟁을 재점화하고 결국 판구조론의 가설로 이끌게 된 것은 방사성, 방사능 연대측정법, 그리고 지구 자기(기초 원리 : 지구 자기 참조)에 대한 몇몇 근본적인 과학적 발견 때문이다. 베게너가 옳았다는 것이 밝혀졌다. 즉 대륙은 움직인다. 하지만 그가 가정했던 방법으로는 아니다.

메커니즘 찾기

알프레드 베게너의 대륙이동설은 전체 대륙이 이동하는 것이 물리적으로 불가능해 보였기 때문에 1940년대까지 거의 사장되었다. 그러나 과학에서 종종 일어나는 것과 같이 다른 분야—지구 자기의 연구—에서 이루어진 발견 때문에 이 가설이 되살아났다.

겉보기 자기극 이동

1950년대 동안 과학자들은 과거 지구 자기장의 남북 방향 또는 **극성**(polarity)을 측정하기 위하여 화산암—오래된 용암—을 사용하기 시작하였다. '기초 원리 : 지구 자기'에서 다룬 바와 같이 광물에 저장된 과거 자기인 **고지자기**(paleomagnetism)는 암석의 생성 당시의 지구 자기장의 기록을 보존하고 있다. 두 가지 중요한 정보를 고지자기로부터 얻을 수 있다. 첫 번째는 암석이 자화될 당시 자기장의 극성이고, 두 번째는 자유롭게 움직이는 막대자석의 수평으로부터의 경사각인 자기 복각이다. 자기 복각은 위도

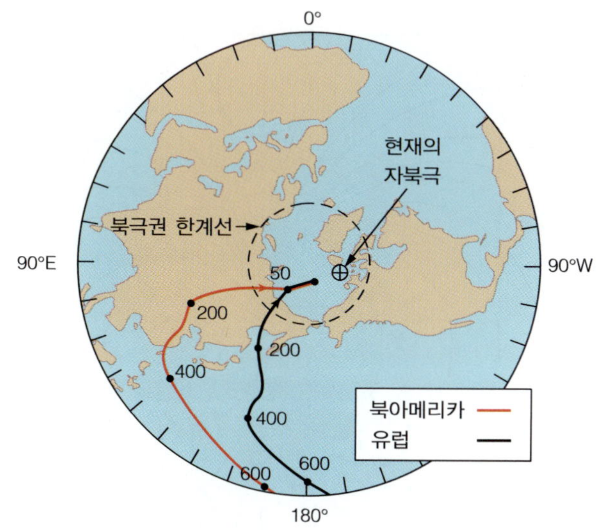

그림 5.5 이동하는 자기극?

이 선들은 고지자기 측정법에 의해 결정된 과거 6억 년에 걸친 북극의 겉보기 지자기 이동 경로를 보여준다. 숫자들은 현재로부터 몇백만 년 전을 나타낸다. 북아메리카(빨간색)에 대한 경로와 유럽(검은색)에 대한 경로가 다르다. 과학자들은 자기극보다는 대륙이 움직인 것으로 결론을 내렸다.

에 따라 달라지기 때문에 고지자기 복각은 암석이 형성되는 곳의 극과 적도 사이의 위치(즉 자기 위도)에 대한 기록이다. 일단 우리가 암석의 자기 위도와 암석이 형성될 당시의 지자기장의 극을 알면 그 당시 자극의 정확한 위치를 결정할 수 있다.

1950년대에 고지자기극의 위치를 연구하는 지구물리학자들은 고지자기 극들이 전 지구적으로 이동했음을 보여주는 증거를 발견하였다. 그들은 과거 자기극의 위치들의 낯선 도시를 겉보기 자기극 이동이라고 불렀다. 지구물리학자들은 지자기극과 지리적 극이 항상 가까이에 있어야 한다는 것을 알고 있었기 때문에 고민에 빠지게 되었다. 북아메리카에서 측정한 겉보기 자기극 이동 경로와 유럽으로부터의 경로가 다르다는 것을 발견하게 되었을 때(그림 5.5) 지구물리학자들은 더욱 고민에 빠지게 되었다. 그들

기초 원리

지구 자기

지구 자기장의 근원은 녹아 있는 지구 외핵에 있다(제4장). 지구 순환의 결과로 외핵의 용융된 철은 고체인 내핵 주위를 끊임없이 유동한다. 용융된 철의 흐름은 외핵에서 전류를 발생시키고, 이 전류는 결국 자기장을 형성한다. 회전하는 전도성 유체가 자기장을 형성하고 유지할 수 있다는 생각은 전자기학의 다이나모 이론을 적용한 것이다. 지구자기장은 지구 자전에 의해 생성되기 때문에, 지구 자기 북극과 남극은 지구 자전의 회전축을 나타내는 지리적 북극과 남극에 매우 가깝다.

따라서 지구는 자기장 내에 있는 모든 물질을 투과하는 보이지 않는 **자기장**(magnetic field)에 의해 둘러싸인 일종의 거대한 자석이다. 만약 작은 자석이 지구 자기장 안에서 자유롭게 움직일 수 있다면 자석은 지구의 자북극을 가리킬 것이다(그림 B5.1). 극을 가리키는 것 이외에도 자유롭게 회전하는 자침의 지표에 대한 경사각은 0°인 자기적도로부터 90°인 자극에 이르기까지 위도에 따라 규칙적으로 다양하게 변화한다. 수평으로부터 측정한 이 경사각을 복각이라고 한다. 자기장의 선을 따라 자석의 방향은 적도에서는 표면에 수평이고 위도가 증가하면서 경사가 급해져서, 극에서는 표면에 수직한 방향으로 향할 때까지 경사가 증가하며 자유롭게 움직인다.

그림 B5.1 지구 자기장
지구는 외핵의 자성으로부터 형성된 자기장으로 둘러싸여 있다. 자침이 만약 자유롭게 움직인다고 가정하면 항상 자기장과 평행한 방향으로 배열될 것이며 지구 자기 북극을 가리킬 것이다. 지구의 자전에 의해 지구 자기가 생기기 때문 자극들은 지리적인 북극 및 남극에 가깝다. 자유롭게 회전하는 자석은 자기장의 배열을 따르며, 0°인 자기 적도로부터 90°인 자북에 이르기까지 위도에 따라 다양하게 변한다. 이 각을 복각이라고 한다.

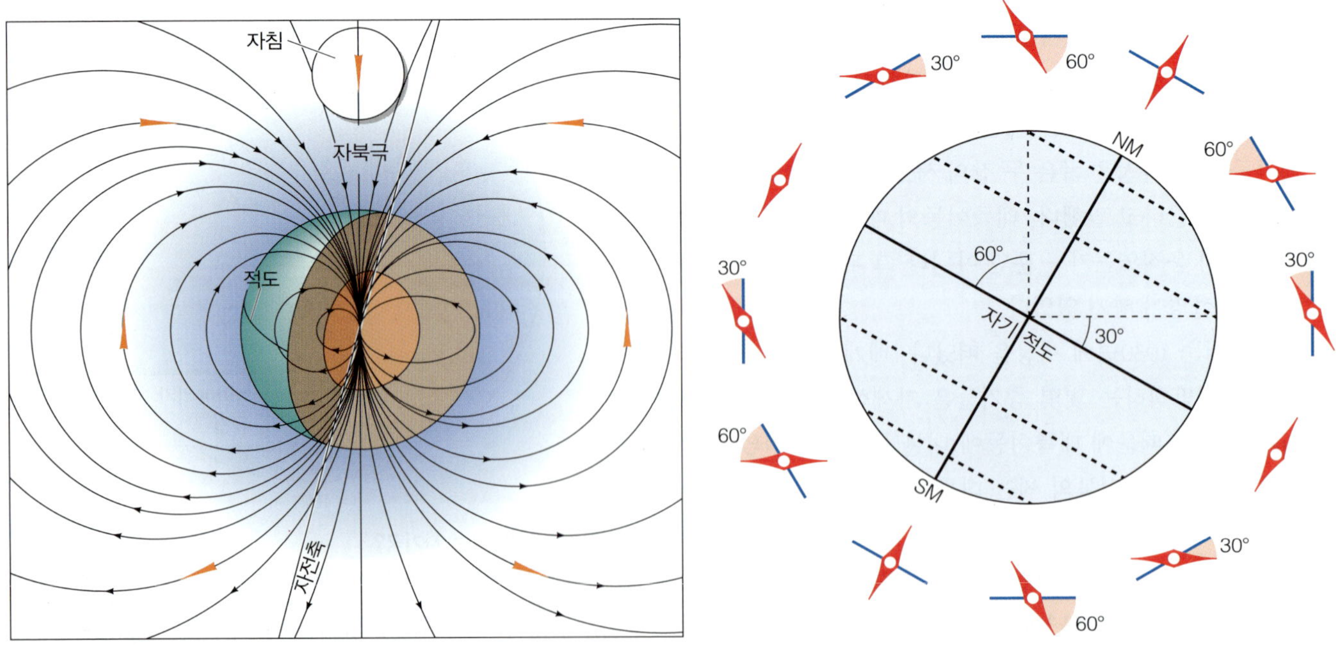

은 자극들이 움직이는 것은 거의 불가능하다고 알고 있었는데—어떻게 다른 위치에 있는 암석들이 다르게 움직였을까? 그들은 어느 정도 주저하면서 대륙 자체가 자화된 암석들과 함께 틀림없이 이동을 하였다고 결론을 내렸다.

겉보기 자기극 이동으로부터 과학자들은 대륙이 움직였다는 것을 독립적으로 확인했고, 따라서 대륙이동설이 다시 살아나게 되었다. 그러나 대륙의 이동이 어떻게 일어나는지를 설명할 수 있는 메커니즘은 여전히 결여되어 있으며, 이동을 일으키는 힘을 설명해 주는 이론 역시 결여되어 있다.

자기역전과 해저확장

도움은 기대하지 않은 곳에서 나온다. 대륙이동에 대한 초기의 모든 논쟁, 그리고 겉보기 자기극 이동에 대한 자료

암석자기화와 고자기학

일부 암석은 자기적 성질을 갖는다. 이러한 성질은 원자핵 주위를 도는 전자들이 작은 원자자석들과 같이 활동하기 때문에 발생하게 된다. 어떤 광물에서는 이러한 원자자석들이 서로를 보강하는 영역(domains)이라고 하는 평행한 배열을 따라 나열된다. 이 과정을 통해 자철석(Fe_3O_4)과 철이 포함된 광물들은 영구적으로 자화되게 된다. 대조적으로 비자성 광물에서는 광물 안에 있는 작은 원자자석들이 불규칙한 방향을 가진다.

이러한 작용이 어떻게 진행되는지 여기서 알아보자. 큐리온도(각 광물이 영구 자력을 얻을 수 있는 특정 온도) 이상에서는 원자의 열 교반이 일어나서 영구자화를 불가능하게 한다. 자철석의 경우 큐리온도는 580°C이며, 580°C 이상에서는 자철석 내 원자자석이 불규칙한 방향을 띤다. 그러나 만약 자철석이 580°C 이하로 식게 되면 작은 원자자석들은 지구 자기장의 영향을 받아 정렬하기 시작한다(그림 B5.2). 지구 자기장에 평행한 영역은 더 커지고 우세해지며, 평행하지 않은 영역을 줄여 가며 확장한다. 결국 이들은 결정 구조 안에서 '고정'되며, 주위 자기장의 영향이 사라진다고 해도 움직이지 않는다. 그 결과 영구자석이 형성된다.

용암이 식을 때 무슨 일이 일어나는지 생각해 보자. 모든 광물들이 자철석의 큐리온도보다 높은 700°C 이상에서 결정화된다. 그 결정화된 용암(현재 화산암)이 계속해서 냉각되어 온도가 580°C 이하로 떨어지게 되면서 자철석 입자는 지구 자기장과 같은 남북 방향의 극성을 갖는 아주 작은 영구자석이 된다. 화산암이 존재하는 한(풍화, 변성 또는 용해로 파괴되기 전까지), 이 암석은 오랜 지구자기장의 기록을 제공하면서 이들의 고지자기 또는 고대 자기를 가지고 다닐 것이다.

퇴적암도 또한 약한 영구자성을 획득할 수 있다. 퇴적물의 입자가 해양이나 호수에 가라앉거나 어떤 자성을 띤 먼지 입자가 공기 중에서 가라앉을 때, 자철석과 같은 자성광물의 입자들은 자유롭게 움직이는 자석의 성질을 가지며, 이들 스스로 지구 자기장과 평행하게 배열된다. 퇴적암 안에 일단 고정되면 자화 방향을 띤 입자들은 암석 전체를 약한 영구자석으로 만든다.

암석에서 자연자성의 특성에 대한 연구는 대륙이동에 대한 메커니즘으로 해저확장설을 내세움으로써 1950년대 대륙이동설을 부활시키게 된다. 고지자기 연구는 또한 암석층과 이들이 포함한 화석의 상대적인 연대를 결정하는 하나의 도구를 제공한다. 우리는 이것을 제7장에서 더 자세히 다룬다.

그림 B5.2 자성을 가진 자철석

광물 자철석은 영구자성을 얻을 수 있다. 580°C(큐리온도) 이상에서는 원자의 진동이 매우 커서 각 원자들의 자극(작은 화살표)이 불규칙한 방향을 가리킨다. 580°C 이하에서는 원자들이 일직선상으로 배열되기 시작하여 작은 자석들을 형성한다. 외부 자기장의 존재에서는 대부분의 영역들이 외부 자기장에 평행하고, 이 물질은 영구적으로 자화된다.

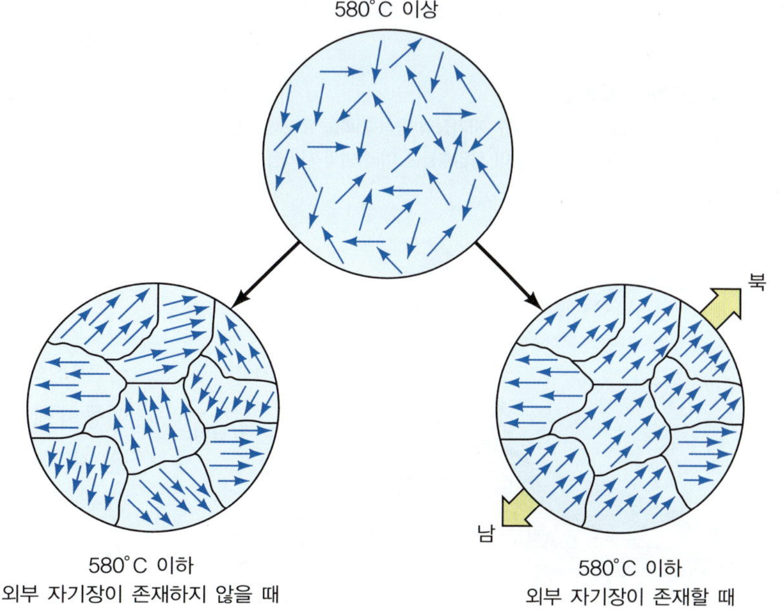

조차도 대륙 지각으로부터 유도된 증거들에 중심을 두고 있다. 그러나 만약 대륙 지각이 움직인다면 왜 해양 지각 또한 움직이면 안 되는가?

1950년대에 프린스턴대학교의 지질학자 해리 헤스(Harry Hess)는 (다른 과학자들과 함께) 거대한 뱀 같은 자국이 세계 많은 해저를 따라 발달된 긴 선상의 해령에 초점을 맞추기 시작했다. 헤스는 만약 해양 지각이 해령을 따라 갈라져서 옆으로 이동한다면 해저 지형이 설명될 수 있다고 가정했다. 헤스는 무엇이 해양 지각을 움직이게 하는지 설명할 수 없음에도 불구하고 그것이 움직인다고 제안했다. 그의 가설은 **해저확장설**(seafloor spreading)로 불리게 되었고, 그것을 지지하는 강력한 증거가 곧 발견되었다.

고자기의 연구를 통해 지구물리학자들은 독특한 그리고 오늘날도 잘 이해되지 않는 현상을 발견했다. 어떤 암석들은 **자기역전**(magnetic reversal)의 기록을 갖고 있다. 즉 이들은 오늘날 자기북극이 있는 곳에 자기남극이, 그리고 그 역의 현상도 있었다는 것을 뜻한다. 고자기극이 오늘날의 것과 일치하는 암석은 **정자극**, 고자극이 오늘날의 자극과 반대인 암석은 **역자극**이라고 한다. 왜 지구 자기장이 그의 극을 역전시키는지는 아직도 완전히 밝혀지지 않았다. 지구 자기역전은 수천 년 단위로 임의로 발생하는 것 같다. (태양도 또한 태양 자기장의 역전을 겪는 것으로 알려져 있다. 이러한 역전은 거의 매 7~15년마다 일어난다.)

지구 자기역전에 대한 고자기 기록은 대륙이동에 대한 과학적 논쟁을 결정적으로 증명할 수 있는 어떤 정보를 제공했다. 두꺼운 용암층에 대한 방사성 연대 측정과 자기극 측정을 결합하여 사용함으로써(그림 5.6), 과학자들은 자기극의 역전이 과거 언제 일어났는지를 정확히 알아냈다. 그림 5.7은 과거 2,000만 년 동안 자기역전의 자세한 연대표를 보여주고, 진행 중인 연구들은 지구 역사에서 훨씬 더 오래된 자기역전의 증거를 제공하고 있다.

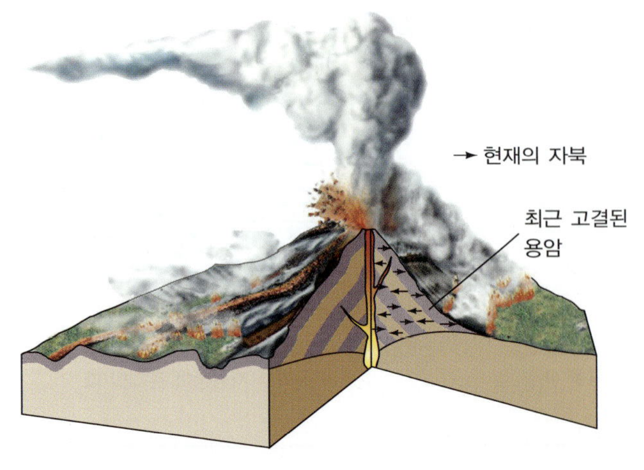

그림 5.6 화산암에서의 자성
용암은 큐리점을 통해 그들이 식을 때 지구 자기장의 극성 기록을 유지하고 영구자성을 획득한다. 여기서 보여주는 것과 같이 용암층들은 여러 번의 자기장 역전들을 기록하게 된다.

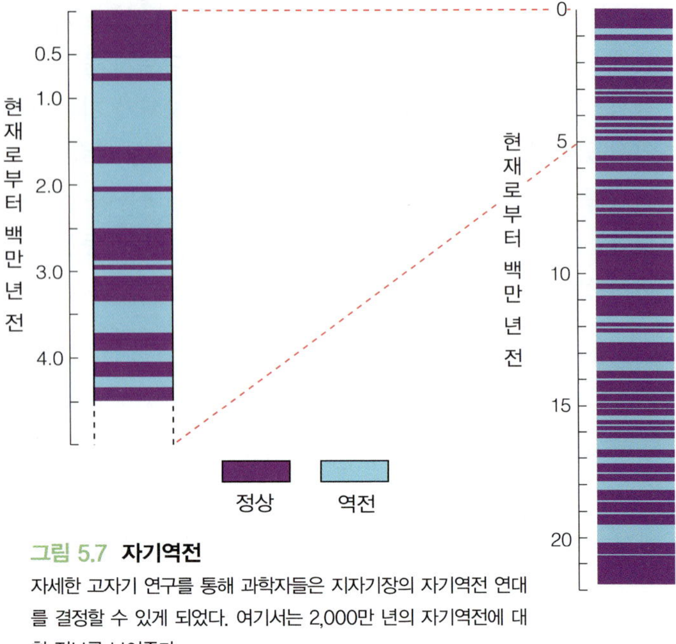

그림 5.7 자기역전
자세한 고자기 연구를 통해 과학자들은 지자기장의 자기역전 연대를 결정할 수 있게 되었다. 여기서는 2,000만 년의 자기역전에 대한 정보를 보여준다.

이러한 자기역전 연대가 해저확장과 어떤 관련이 있는가? 해저확장 가설은 해양 지각이 해령을 따라 갈라지고 해령으로부터 횡적으로 멀어지며 마그마가 맨틀로부터 상승하여 공간을 채우면서 새로운 해양 지각을 해령을 따라 형성한다고 주장한다. 이러한 분리와 확장 과정의 중요한 한 가지 결과는 해령으로부터 먼 거리에 있는 해양 지각이 더 가까운 지각보다 연령이 더 많다는 것이다. 용암이 해령의 열곡을 따라 분출할 때 형성되는 새로운 암석은 자화되고 지구 자기장과 동일한 방향의 극성을 갖게 된다. 해양 지각은 해령과 나란한 새로운 지각의 줄무늬를 만들면서 해령의 양쪽 방향으로 천천히 움직이면서 갈라진다. 만약 이 과정에서 자기역전이 일어난다면 새로운 지각의 줄무늬는 역전된 자극을 얻게 된다. 새로운 해양 지각이 갈라져 이동함에 따라 해령으로부터 양쪽으로 자기극의 암석 기록을 지각과 함께 멀리 운반하는 매우 천천히 움직이는 자기 기록기와 컨베이어 벨트와 같이 작용한다. 시간에 따라 자기역전을 반복하면서 해양지각의 계속적인 이동은 해령에 평행한 정자극과 역자극의 극을 반복하는 일련의 자기 줄무늬 띠를 만든다(그림 5.8).

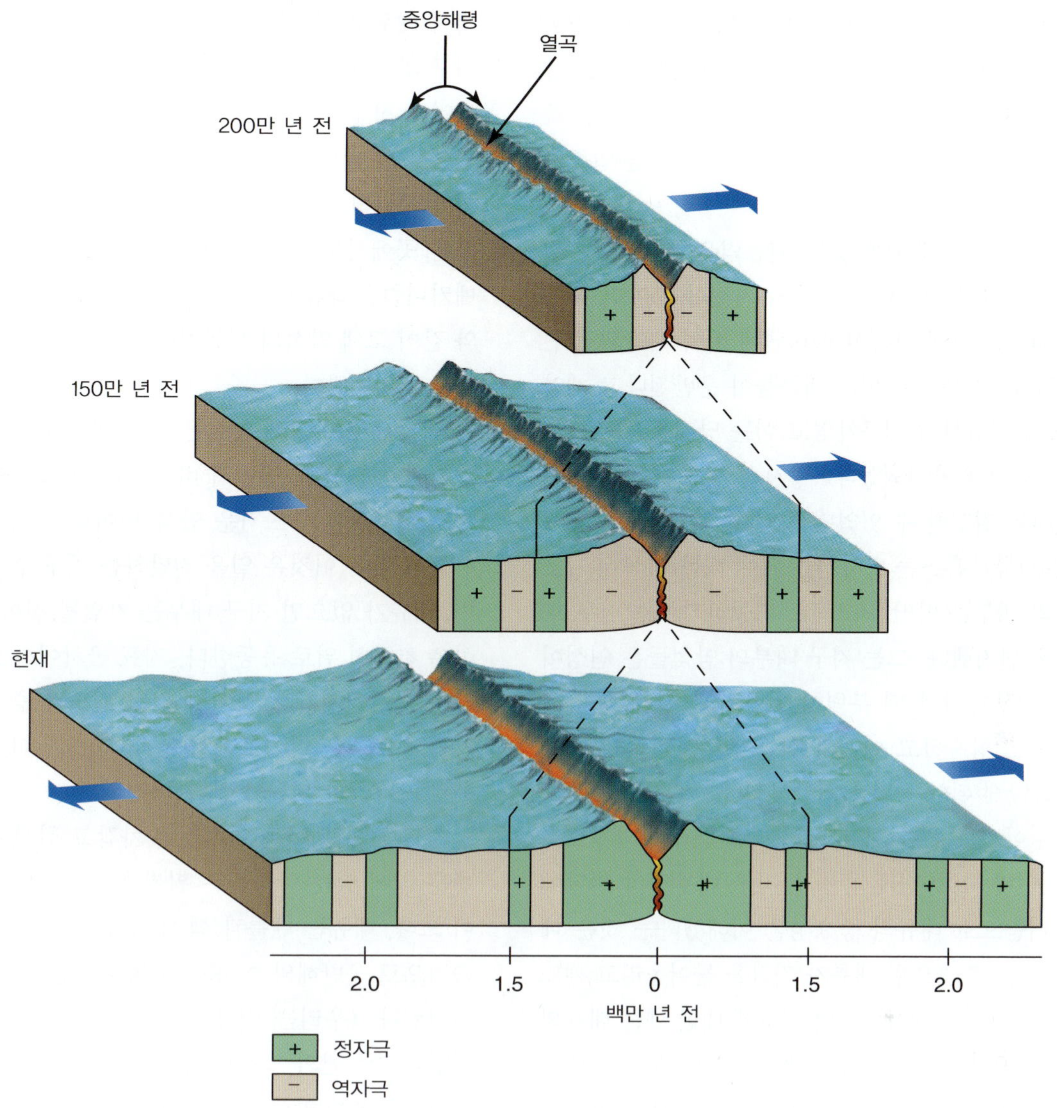

그림 5.8 해저확장
용암은 중앙해령의 열곡을 따라 분출되며 새로운 해양 지각을 형성한다. 용암이 식으면서 당시의 지구 자기장과 같은 방향의 자화가 일어난다. 중앙해령의 양쪽 판은 서로 멀어지면서 이동하며, 해양 지각의 연속적인 띠는 정자극과 역자극을 반복적으로 갖고 있다. 그 결과 자성을 띠는 해령의 양쪽에서 대칭적이며, 해령에서 거리가 멀어질수록 암석의 연대는 증가한다.

그림 5.7이 보여주는 바와 같이 과학자들은 서로 평행한 자기무늬 패턴과 이미 알려진 지자기극 역전의 연대를 비교할 수 있었다. 이는 해저지각 암석의 연대를 결정할 수 있게 해 주었으며, 이는 중앙해령을 따라 발생하는 해저확장 과정에 대한 밑그림을 제공하였다. 결정적인 정보가 빠르게 드러났다. 즉 해저확장 가설에서 예측했던 바와 같이 해령에 가까운 암석들은 젊고, 해저 암석들의 나이는 해령으로부터의 거리에 따라 증가한다(그림 5.8). 자기극의 역전 연대표는 매우 신중하게 결정되었기 때문에 해저암석들의 자기무늬로부터 구한 연대들 또한 해저 지각이 이동하는 속도를 추정할 수 있는 한 수단을 제공하였다. 어떤 곳에서는 이러한 이동속도는 연 10cm정도로 매우 빠르다.

해저확장 가설에 대한 확증은 지구물리학자들이 절대로 받아들일 수 없었던 과정, 즉 대륙이 해양 지각 위를 가로질러 이동할 필요가 없다는 것을 확고히 하면서 어떻게 대륙이 움직일 수 있었는가에 대한 문제를 해결하였다. 더 정확히 말하면 확장하는 해저분지에 발달된 해령으로부터 해저 지각을 이동시키는 동일한 암석권의 판 위에 붙어 수동적으로 이동한다.

판운동과 원동력

1960년대까지 과학자들은 대륙들이 한때 서로 붙어 있었다는 관찰 증거를 상당히 많이 수집하였다. 이들은 겉보기 자기극 이동에 대해 대륙 자체가 이동했어야만 설명이 가능한 확실한 증거들을 가지고 있었다. 이들은 또한 움직이는 대륙들과 아래 놓인 해양 지각 사이의 마찰 문제를 극복할 수 있는 메커니즘의 상세한 증거를 갖고 있었다. 즉 해저확장은 해양분지가 갈라져서 벌어진다는 것을 입증하였다.

그러나 이들 모두의 뒤에 있는 원동력은 무엇인가? 실질적으로 하나의 메커니즘이 영국의 지질학자 아더 홈즈(Arthur Holmes) 경에 의하여 1919년에 이미 제안되었다. 홈즈는 맨틀 내의 운동에 의해 대륙들이 운반된다고 제안하였다. 홈즈는 방사성 전문가였고(이는 당시를 기준으로 단지 20여 년 전에 발견되었다), 방사성 연대 측정에 의해 암석의 연대를 결정할 수 있었던 첫 번째 과학자 중 한 사람이었다(제4장). 홈즈는 방사성 붕괴에 대한 지식에 기초하여 지구의 내부는 딱딱한 고체로 거동하기에는 너무 뜨겁다는 것을 인지했다. 그는 지구 내부의 암석들은 연성이고 방사성으로 가열될 때 부력이 작용하게 되고, 따라서 이들은 지표로 상승하고 이들이 식어서 밀도가 증가하면 내부로 가라앉게 된다는 것을 제안하였다.

여러분은 아마도 이를 제2장에서 다룬 **대류**의 과정으로 이해할 수 있다. 1919년에 홈즈가 지구 내부열의 전달에 대한 메커니즘으로 대류의 중요성을 이해했다는 것은 매우 인상적이다. 그는 또한 대류가 지각을 들어올리고 깨뜨릴 수 있다는 것을 가정함으로써 지표에 대한 맨틀 대류의 영향을 명백히 인식하였으며, 지각의 횡적인 운동도 대류의 결과로 발생할 수 있고, 대류 셀이 아래로 내려가는 곳에서는 지각은 습곡되며 솟아올라 산맥을 형성하였다.

홈즈의 20세기 초기 연구는 이러한 과정들에 대한 현대의 우리의 이해에 대한 초석을 다지는 데 도움을 주었다. 그러나 이때 그의 생각은 융기, 횡적 이동, 그리고 조산운동과 같은 과정에 대한 전통적인 생각으로부터 엄청나게 벗어나 있었다. 지각 운동과 대륙이동을 일으키는 원동력에 대한 홈즈의 근본적인 생각을 지지하는 확고한 증거는 수십 년이 지나서야 과학자들이 제시할 수 있었다. 이후 많은 영역에서의 연구, 특히 지진 연구를 통한 지구 내부의 원격탐사와 지구 내부 열 전달에 대한 수치 모형화는 맨틀 대류와 판 운동 메커니즘에 대한 과학자들의 이해를 크게 개선할 수 있게 하였다.

맨틀에서의 열흐름 : 고찰

제2장에서 우리는 세 가지 기본적인 에너지 전달 방식에 대해 배웠다. 복사, 전도, 대류가 그것이다. 또한 우리는 지구 내부가 매우 뜨거워서 열이 직접 한 물질로부터 다른 물질로 직접 전달되는 **전도**에 의해 암석권을 통해 지구 표면으로 열 에너지가 전달된다는 것을 배웠다. 전도는 따라서 암석권의 암석을 냉각시키는 데 관여한다. 그러나 지구 깊은 곳에서부터 암석권의 기저로 열이 전달되는 주요한 메커니즘은 **대류**이고, 여기서 열은 홈즈에 의해 설명된 바와 같이 고체 암석의 이동이나 유동에 의해 표면으로 물리적으로 이동한다.

지구 내부의 고체 암석은 매우 뜨거워서 약하고 연성을 가지며 유동할 수 있어서 비록 상당히 느리지만 대류를 할 수 있다. 대류는 뜨거운 암석 덩어리를 지구 내부로부터 상승시킨다. 이것은 열을 전달하는 매우 효과적인 방법이며, 대류가 없으면 지구 내부는 가열될 것이다. 뜨거운 암석은 천천히 위로 유동한다. 지표 근처에서 뜨거운 암석은 양쪽으로 퍼져가고 식어서 점점 밀도가 증가하며(차가운 암석이 뜨거운 암석보다 밀도가 더 크기 때문에), 결국 맨틀로 가라앉아 되돌아 간다(그림 2.10).

전도에 의해 식은 암석권은 차갑고 취성이지만, 최상부 맨틀 밑에 있는 암석들은 훨씬 더 뜨겁고 한층 더 유동성이 크다. 대류는 맨틀과 핵 내의 깊은 곳으로부터 열을 계속적으로 운반해와 이 층 — **연약권** — 을 뜨겁고 약하게 유지시킨다. (우리는 연약권에 대해 그리고 어떻게 이것의 성질이 암석권의 그것과 다른지에 대해 제3장에서 공부하였다.) 단단한 암석권은 충분히 강해서 그 밑에 있는 약한 연약권 위를 미끄러져 이동할 수 있는 탄탄히 달라붙은 조각이나 판을 형성한다. 지각 — 해양지각과 대륙지각 둘 다 — 은 암석권의 일부이다. 판구조 운동의 한 결과로 암석권의 판이 이동함에 따라 판 위에 있는 지각은 뗏목의 승객처럼 이동한다. 대륙이 움직이는 것은 이들이 단지 암석권의 더 큰 판에 포함되어 움직이기 때문이다.

요약하면 대류에 의한 열 전달은 지구가 내부로부터 열을 발산시키는 것을 돕는다. 이것은 또한 화산 분출과 지진에 기여하고, 이는 제6장에서 더욱 상세히 검토한다. 최종적으로 대류는 열을 연약권에 전달하고 암석권의 판을 이동시키는 원동력을 제공한다. 대류가 어떻게 일어나는지 좀 더 자세히 검토해 보자.

원동력으로서 대류

베게너가 대륙들이 이동한다고 확신은 했지만 그 방법을

설명할 수 없었던 것처럼, 오늘날 우리는 판이 움직인다는 것을 확신하고 맨틀에서의 대류가 그 이동에 중요한 역할을 한다는 것을 확신하지만 우리도 여전히 정확히 그 역할을 설명할 수 없다. 이 상황은 자동차의 모양, 색상, 크기 그리고 속력을 알고 가솔린이 이동에 필요한 에너지를 공급한다는 것을 알지만 어떻게 가솔린이 엔진을 작동시키는지를 정확하게 알지 못하는 것과 같다. 이동 메커니즘이 설명될 때까지 판구조 운동은 단지 하나의 그럴싸한 설명으로 남아 있어야 한다. 한편 우리는 암석권 판의 운동의 원인에 대해 가설을 설정할 수 있고 자연법칙에 기초한 상세한 계산에 의해 가정을 검증할 수 있다.

우리는 암석권이 차갑고 딱딱하며 취성이고, 그 밑에 있는 연약권은 더 뜨겁고 더욱 유동적이라는 것을 알고 있다. 우리는 또한 암석권과 연약권이 가까이 서로 붙어 있다는 것을 안다. 만약 연약권이 움직이면 끈적끈적한 당밀 또는 타르가 그 표면에 떠 있는 나무 조각을 움직이는 것과 같이 암석권 또한 움직여야 한다. 역으로 암석권의 이동은 연약권에서의 이동을 일으킨다. 과학자들은 두 효과의 상대적인 중요성을 분리시킬 수 없다. 그러나 두 가지 관점에서 이들은 매우 명확하다. (1) 암석권은 운동 에너지를 갖고 있고, (2) 이러한 에너지의 기원은 지구 내부열이고, 이는 대류에 의해 암석권의 기저에 도달한다. 아직 명확하지 않은 것은 대류에 의한 열 에너지가 판의 운동을 일으키는 정확한 방법이다.

세 가지 힘이 취성을 가진 암석권 판을 움직이는 역할을 하는 것 같다. 그 첫 번째는 해령에서 상승하는 마그마와 새로운 해양 지각의 형성이 판들을 서로 밀어낸다(그림 5.9A). 암석권을 움직이게 하는 두 번째 방법은 끌림이다. 깨져서 연약권 속으로 가라앉기 시작하는 암석권은 차갑고, 따라서 이것은 그 속으로 가라앉는 뜨거운 연약권보다 더 밀도가 크다. 가라앉는 암석권의 판은 전체 판을 아래로 잡아당기거나 끌어당겨서 무거운 추와 같이 작용한다(그림 5.9B). 세 번째 가능한 메커니즘은 전체 판이 확장하는 해령으로부터 내리받이로 미끄러져 내려가는 것이다. 암석권은 뜨거운 마그마가 맨틀로부터 상승하는 해령 근처에서 가장 얇고, 해령으로부터 멀어지면서 점점 차가워지고 두꺼워진다. 결론적으로 암석권과 아래 놓인 연약권 사이의 경계는 해령으로부터 경사지게 된다. 비록 그 경사가 매우 완만하지만 암석권 자체의 무게에 의해 1년에 수 센티미터의 속도로 미끄러진다(그림 5.9C).

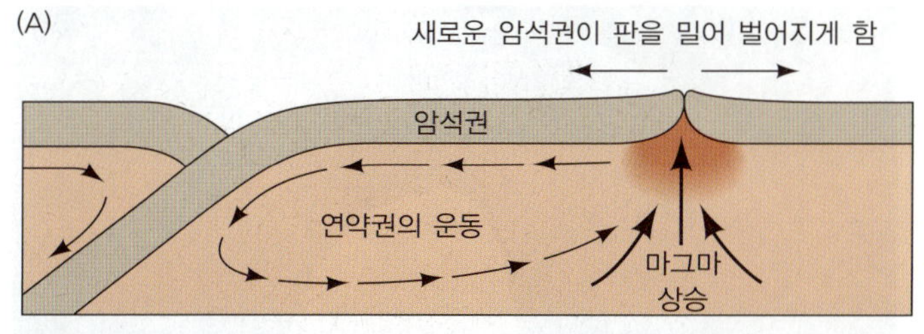

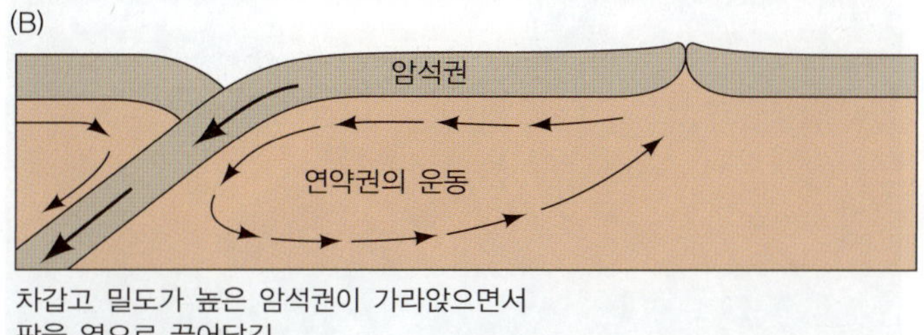

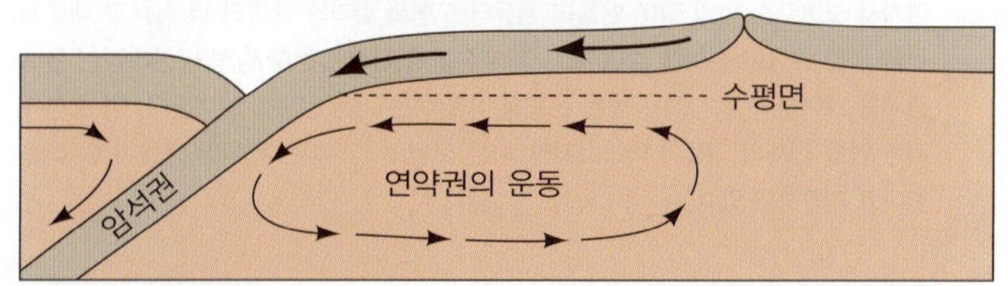

그림 5.9 판운동의 메커니즘
연약권에서의 맨틀 대류와 이로 인한 운동에 의해 암석권 판의 운동을 일으키는 메커니즘에는 세 가지가 있다. (A) 확장 경계에서의 마그마 상승은 판들이 벌어질 수 있게 미는 충분한 압력을 준다. (B) 맨틀로 가라앉는 차갑고 밀도가 큰 암석권의 판이 이를 따라오는 나머지 판을 계속 끌어당긴다. (C) 암석권의 판은 암석권과 연약권의 경사 경계면을 따라 자체 무게에 의해 확장경계의 중심에서부터 미끄러져 내려간다. 이러한 힘들의 조합이 암석권 판의 이동 원인이 된다.

이와 같이 제안된 메커니즘들은 모두 찬반 양론을 갖고 있다. 현재는 이들 중에 선택할 방법이 없다. 계산은 이들 각각이 어느 정도 작동하고 있어서, 완전한 과정은 아마 우리가 지금 상상하는 것보다 훨씬 더 복잡하다. 우세한 가정은 오래되고 차가운 암석권이 판을 잡아당기면서 깨져 가라앉기 시작한다는 것이다. 일단 이러한 운동이 시작되면 아래로의 미끄러짐과 해령 밀기가 이 과정을 계속하기 위해 결합한다.

판운동에 대한 한 원동력으로서 대류에 대한 토론에 더하여, 맨틀에서의 정확한 대류 셀의 형태에 대한 과학적 논쟁이 진행 중이다. 어떤 과학자들은 대류가 핵과 맨틀의 경계로부터 암석권의 바닥에 걸친 전체 맨틀의 단위로 일어난다고 믿는다(그림 5.10). 그러나 우리는 탄성파 연구와 컴퓨터 모형화로부터 연약권이 맨틀 내에 존재하는 유

그림 5.10 **맨틀 대류 모형화**
여기서 보여주는 바와 같이 맨틀의 컴퓨터 모형화 결과는 맨틀의 열 흐름과 대류에 관한 많은 유용한 정보를 보여준다. 이 그림에서 색깔은 맨틀 암석의 상대적인 온도 관계를 보여주며, 빨간색은 높은 온도를, 파란색은 낮은 온도를 보여준다. 이 모형에서는 맨틀 전체의 대류가 나타나지만, 다른 모형의 경우에는 맨틀이 층을 이뤄 대류한다고 제안하고 있다.

일한 층이 아니라는 것을 안다. 맨틀의 더 깊은 곳에 다른 성질의 추가적인 층들이 있다. 아마도 이 층은 맨틀의 상부가 맨틀의 하부로부터 분리되어 대류를 일으킨다는 것을 지시할 것이다. 희망적으로 미래의 연구가 맨틀 대류와 이것의 판운동에의 관계에 대한 의문점들을 해결할 것이다.

판운동의 측정

우리는 맨틀에서의 대류가 매우 느린 과정이라는 것을 알지만 얼마나 빠르게 암석권의 판이 이동하는가? 판이 이동하면 그 위의 모든 것은 같이 움직인다. 만약 판 위가 일부는 해양 지각이고 일부는 대륙 지각이면 해양저와 대륙이 같은 속도로 같은 방향으로 이동한다. 암석권의 같은 판에 있는 해저와 대륙이 같이 움직인다는 첫 번째 명확한 증거는 고지자기 연구로부터 나왔다. 주목할 만한 연속적인 측정들이 이제 판운동에 대한 더욱 명확한 증거를 제공한다.

최신의 판운동 증거는 위성으로부터 나온다. 인공위성으로부터 나온 레이저빔을 이용하여, 과학자들은 약 1cm의 정확도를 갖는 지구 위의 두 점 사이의 거리를 측정할 수 있다. 따라서 이들은 예를 들어 태평양판의 로스앤젤레스와 북아메리카판의 샌프란시스코 사이의 거리 변화를 관측할 수 있다. 1년에 여러 번 거리를 측정함으로써 그들은 현재 판의 속도를 직접적으로 그리고 정확히 측정할 수 있다. 그림 5.11에 제시된 바와 같이 위성 측정에 기초한 판의 속도는 고자기 측정으로부터 계산된 속도와 매우 잘 일치한다. 여러 측정 기법으로 구한 값 사이의 정확한 일치는 판이 이동했다 멈췄다 하기보다는 지속적으로 움직이는 경향이 있다는 것을 암시한다. 판의 이동 속도와 이들이 어떻게 측정되는가에 대한 추가적인 토론을 위해 '자세히 보기 : 판운동의 절대속도 측정'을 보라.

판운동의 측정을 위해 사용되는 다양한 조사 방법의 조합된 결과는 몇몇 기본적인 정보를 제공한다. 아프리카판, 북아메리카판, 그리고 유럽판과 같이 많은 대륙 지각을 운반하는 판들은 상대적으로 느리게 이동한다. 예를 들어 아프리카판은 거의 멈춰 있다(화산들이 매우 오래 유지된다는 사실로부터 증명된다). 반대로 태평양판과 나즈카판처럼 대륙 지각을 갖고 있지 않는 판들은 상대적으로 빠르게 움직인다. 사실상 이들은 가장 빠르게 움직이는 판들이다. 판의 회전축에서부터 가장 멀리 있는 태평양판에서의 점(굴곡판에서 가장 빠른 이동점, 그림 C5.1의 점 A와 유사)은 손톱이 자라는 속도의 약 2배로 1년에 약 10cm 속도로 이동하고 있다. 태평양판에 인접한 나즈카판은 거의 반대 방향으로 이동한다. 이 판의 가장 빠른 이동점도 또한 거의 1년에 10cm의 속도를 갖는다. 이는 태평양판에 있는 한 점과 나즈카판에 있는 한 점 사이의 거리가 1년에 거의 20cm 이상 늘어나고 있다는 것을 의미한다.

암석권의 재순환

판운동의 측정에서 더욱 복잡한 것은 어떤 판들은 크기가 달라진다는 것이다. 만약 해저확장 이론이 필요로 하는 것과 같이 해령을 따라 상승한 마그마에 의해 새로운 해양 지각이 만들어지면 지구의 표면적과 지름이 증가하고 해양분지가 더 넓어지거나 동일한 양의 오랜 지각이 어디에선가 소멸되어야 한다.

대부분의 과학자들은 지질학적 시간 동안 지구의 지름이 현저히 증가했다는 생각을 받아들이지 않는다. 팽창은 지구의 회전과 다른 천문학적 특성에 영향을 줄 것이고, 팽창이 일어난다는 것을 지시할 만한 증거가 충분하지 않다. 한편 알프스 산맥과 히말라야 산맥 같은 세계의 거대한 대부분의 산맥들은 풍부한 압축의 증거를 갖고 있다—팽창 지구보다는 수축 지구와 더 잘 일치한다.

고려해야 할 또 다른 요소는 해양 지각의 연대이다. 지구에 있는 모든 해양 지각은 지질학적으로 젊다—가장 오

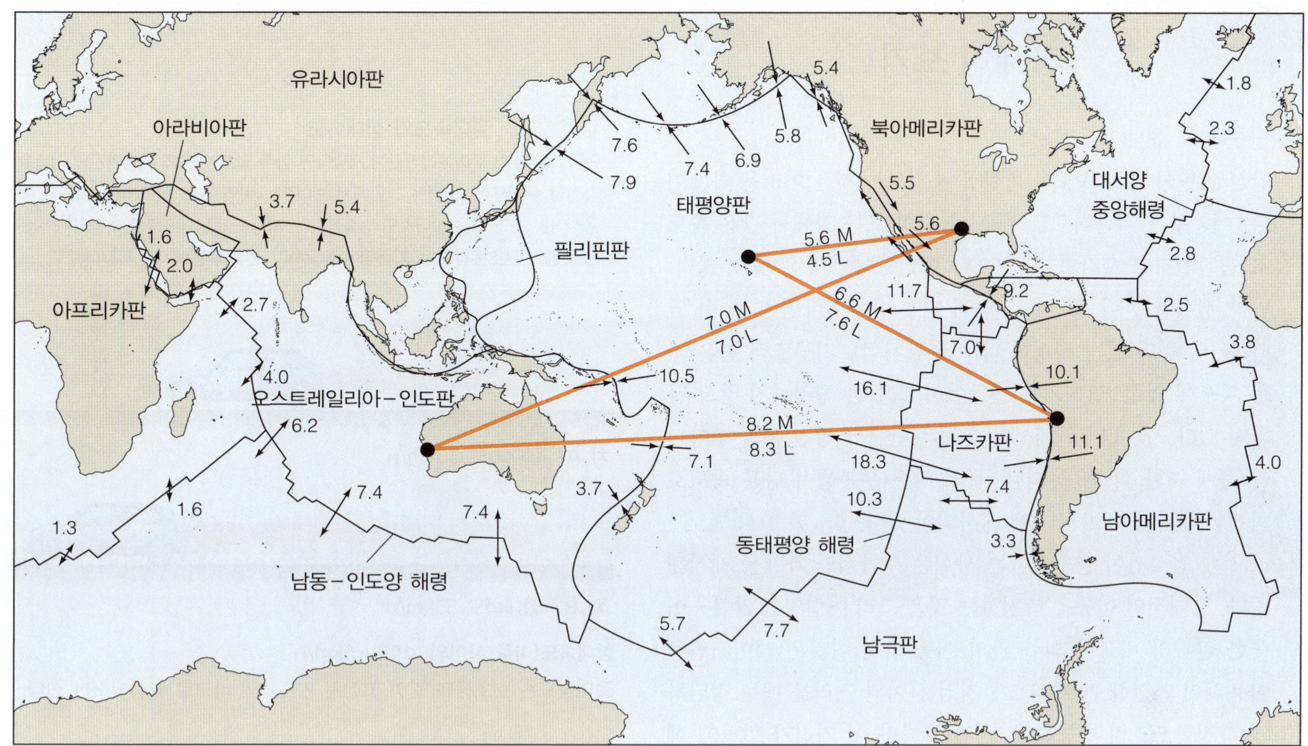

그림 5.11 판의 이동 속도

암석권 판의 속도는 몇 개의 다른 방법으로 결정될 수 있다. 중앙해령을 따른 숫자는 고자기 측정에 의한 평균 속도를 나타낸다. 동태평양에서 볼 수 있는 18.3cm의 속도는, 나즈카판의 한 점과 태평양판의 한 점 간의 거리가 화살표 방향으로 평균 18.3cm/년의 속도로 증가하고 있다는 것을 의미한다. 긴 빨간 선은 판의 이동을 결정하는 위성 레이저 거리 측정법(SLR)에 의한 판운동을 결정하는 데 사용된 관측소를 연결한 것이다. 이 방법으로 결정된 속도(L)는 자기 측정으로부터 계산된 속도(M)와 매우 가깝다.

래된 해양 지각도 2억 년을 넘지 않는다. 이것을 수십억 년이 된 대륙 지각의 중심부 연령과 비교해 보라. 어떤 과정은 해양 지각이 아주 오래되기 전에 이 지각을 틀림없이 파괴하거나 소모시킬 것이다.

오늘날 과학자들은 새로운 지각이 생성되는 건설적인 판의 경계는 오래된 지각 물질이 소모되거나 붕괴되는 파괴적인 판경계와 균형을 이룬다는 것을 알고 있다. 이들 위치는 **섭입**(subduction)이라는 과정으로 오래되고 차가운 해양 지각으로 덮인 암석권 판들이 침강하는 맨틀 대류 셀의 가장자리를 따라 연약권 내로 침강하는 곳들이다. 따라서 오래된 해양 지각의 파괴와 새로운 해양 지각의 생성은 균형을 이룬다. 이는 순환 과정의 또 다른 예를 제공한다.

어떻게 이것이 암석권 판들의 크기에 영향을 미치는가? 발산경계는 있고 섭입대가 없는 판의 크기는 틀림없이 증가할 것이다. 예로는 아프리카판과 북아메리카판이 있다. 균형을 유지하기 위하여 섭입대를 갖는 판들은 천천히 작아져야만 한다. 대부분의 현대 섭입대는 태평양판의 가장자리를 따라 위치한다. 따라서 오늘날 많은 해양 암석권은 태평양에서 소멸된다. 인도양, 대서양, 그리고 그밖의 대부분의 다른 해양들은 더 크게 성장하는 반면, 태평양은 끊임없이 점점 작아지고 있다. 앞으로 약 2억 년 후에 태평양은 사라지고 그 결과로 아시아와 북아메리카가 충돌할 것으로 추정되었다.

과학자들은 섭입과 암석권의 재순환이 발생하는 곳에 파괴적인 판 경계의 존재를 주장했고, 몇몇 지형적 증거는 판구조 모델에 의해 설명되기 이전에도 이러한 과정을 암시했다. 사실 해양분지 아래의 아주 깊은 심발지진 연구에 의하여 확인되었다. 우리는 이 증거를 제6장에서 좀 더 자세히 검토한다.

판의 상호작용과 지구의 경관

판구조 모형의 가장 큰 강점 중 하나는 이것이 지구 표면과 경관의 양상에 대한 오랜 관찰에 대한 일관된 틀을 제공한다는 것이다. 이러한 현상과 판구조 모델에 대한 이들의 연결은 다른 종류의 판의 경계에서 일어나는 과정을 고려함으로써 가장 쉽게 구체화할 수 있다. 즉 암석권의 판들이 상호작용하는 곳은 판들이 같이 움직이거나 갈라지거나 혹은 서로 엇갈리며 이동하는 곳이다(그림 5.12). 우

자세히 보기

판운동의 절대속도 측정

암석권 판의 이동 속도와 방향을 측정하는 것은 어려운 과제이다. 여러분은 직관적으로 판은 판 위의 모든 점에서 같은 속도로 움직인다고 생각할 수 있으나 여러분의 직관은 옳지 않다. 만약 평평한 판이 평평한 연약권 위를 움직인다면 맞을 수 있다(물 위에 떠 있는 평평한 나무 조각처럼). 지구조적 판은 구형 지구에 얹힌 껍데기 부분들이며, 그들은 평평하지 않고 굴곡져 있다. 구 표면 위에서의 운동은 단순한 병진 운동이 아니라 축에 대한 회전운동이다. 판의 다른 부분들이 다른 속도로 회전한 결과가 그림 C5.1에 제시되어 있다.

전체 암석권이 움직인다는 사실은 추가적인 과제를 제시해준다. 상대적인 이동을 측정하는 것은 그리 어렵지는 않다—이웃한 판과의 비교에 의한 판의 이동이다. 이것은 레이저빔을 이용하여 인접한 판 위의 2개 지점 사이의 거리를 매우 정밀하게 측정함으로써 가능하다. 시간에 따라 이 거리가 변하기 때문에 다른 판에 대한 판의 이동 속도를 계산할 수 있다. 하지만 절대 운동을 측정하는 것은 좀 더 어려운 과제이며, 이를 위해 고정된 기준이 필요하다. 절대 운동과 상대 운동의 한 친숙한 예는 한 자동차가 다른 자동차를 추월할 때 발생한다(그림 C5.2). 만약 운전자가 그들의 차 밖에 고정된 물체를 보지 않고 서로만을 본다면 그들은 단지 두 차 사이의 속도 차이만 판단할 것이다. 예를 들어 50km/h로 진행하고 있는 차를 55km/h의 속도로 추월한다면, 상대적인 속도 차이는 5km/h로 결정될 수 있다. 한편 만약 운전자가 고정 기준에 대해 속도를 측정할 수 있다면 절대 속도는 각각 50km/h와 55km/h가 된다.

우리는 만약 고정된 기준점 또는 틀이 존재하지 않는다면 판의 상대 속도만을 알 수 있는 제한을 받게 될 것이다. 다행스럽게도 이런 기준점은 존재한다. 방법 중 하나는 지구에서 아주 멀리 떨어진 외부의 천체를 사용하는 것이며, 예를 들어 멀리 있는 별이나 위성 같은 기준이 되는 틀을 말한다. 예를 들어 초장기선전파간섭계(VBLI)는 다른 관측소의 라디오 안테나 네트워크를 이용해 지구 주변으로부터 온 라디오파의 작은 도착 시간 차이를 측정하기 위한 도구이다. 라디오파의 근원은 우주상에서 불변하고 고정되어 있기 때문에 라디오파의 속도도 역시 변함이 없으며, 지구 관측소에서 관측되는 도착 속도의 차이는 관측소의 위치가 변한 것을 지시한다(그림 C5.3). 위성레이저거리측정법(SLR)은 외계 기준점으로 지구 궤도상의 반사위성을 활용한다. 레이저 불빛의 짧은 폭발은 인공위성으로 보내지고 반사되어 지구로 돌아온다. 빛의 속도는 일정하기 때문에 어떠

그림 C5.1 구부러진 판의 이동
지구가 구형이라서 암석권 판들은 휘어져 있다. 이는 판 위의 각 점들은 다른 속도로 움직인다는 것을 의미한다. 휘어진 판의 이동은 판 자체의 확장축에 대한 회전으로 묘사될 수 있다. 점 P는 회전이 일어나는 고정점 주위에 있기 때문에 속력은 0이다. P점에서 가장 먼 판의 가장자리에 있는 점 A′는 가장 빠른 속력을 가진다. 점 A는 P에 가깝고 가장 느린 속력을 가진다.

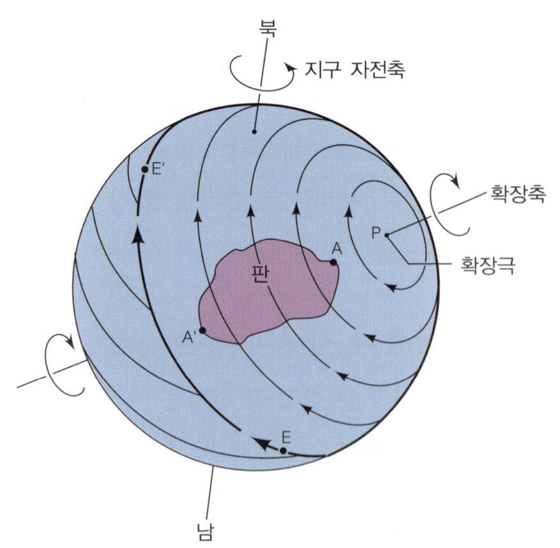

그림 C5.2 절대속도와 상대속도
만약 여러분이 북아메리카판에 서있다면 아주 쉽게 이웃의 태평양판의 이동률을 측정할 수 있지만 이것은 그림에서 보여주는 바와 같이 서로 다른 속도의 차가 움직이는 것과 같은 상대속도의 측정이다. 자동차의 절대속도를 측정하기 위해서는 고정된 신호등과 같은 기준점이 필요하다. 판의 운동에서도 똑같다.

차 A : 절대속도 50km/h

차 B : 절대속도 55km/h

상대속도(이들 사이의 차이) : 5km/h

절대속도는 신호등과 같이 고정된 기준과의 비교로 측정되어야 한다.

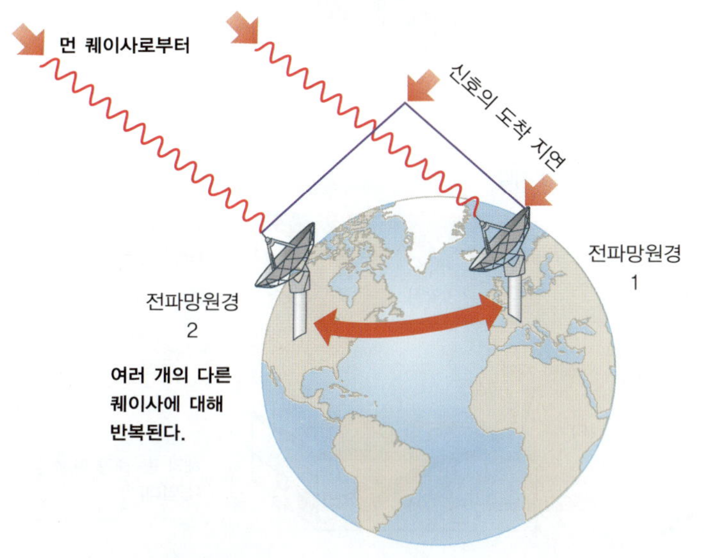

그림 C5.3 **판운동의 측정**
초장기선전파간섭계(VBLI)는 판의 절대속도를 측정하기 위해 외계 기준점 — 퀘이사라고 하는 먼 별과 같이 라디오파를 발생시키는 — 을 고정된 배경으로 이용한다. 라디오파의 도착 시간이 바뀌는 것은 지구상의 수신 관측소의 위치가 바뀌는 것을 지시한다.

한 작은 도달 시간의 차이는 지구 관측소의 위치가 위성에 대해 이동했다는 것을 지시하는 것이다. 여러분의 자동차 또는 휴대전화의 GPS 장치에 방향을 제공해 주는 것과 같은 위성항법장치(GPS)들이 점점 유사한 방법으로 많이 사용된다. 고정되어 있는 이 외부 기준에 대한 측정을 여러 위치에서 실시하고, 시간에 따른 측정을 비교하여 작은 차를 감지할 수 있다.

판의 절대 운동을 측정하기 위한 기준으로 사용할 수 있는 지구계 내의 고정된 기준도 있다. 19세기에 미국 지질학자인 제임스 데이나는 현재 몇몇은 바다 아래로 침수되었지만 하와이 섬의 연결된 화산들의 연령을 조사하여 남동쪽에서 북서쪽으로 갈수록 연령이 증가한다는 것을 알아내었다(그림 C5.3). 알아보니 오랜 기간 지속된 마그마의 근원인 열점이 하와이 아래의 맨틀 어딘가에 고정되어 있었다. 한 화산은 태평양판의 이동에 의해 이동하기 전에 단지 약 100만 년 동안 마그마 근원과 접하고 있다. 열점에서 멀어져 간 화산은 화산 활동이 중단되고 침식이 시작된다. 고정된 열점 위로 계속되는 암석판의 이동은 열점에서부터의 거리에 따라 연령이 증가하게 되는 사화산 열도를 만들게 되며, 이것이 우리가 보는 하와이 호상열도이다. 만약 긴 수명을 가진 열점이 맨틀에 존재한다면 판의 절대속도를 측정할 수 있는 고정된 위치를 제공할 수 있다. 100개 이상의 열점이 현재 확인되고 있지만, 얼마나 오래 어느 정도 깊이에서 이 열점들이 맨틀 속에 고정되어 있는지에 대한 논쟁과 토론이 여전히 남아 있다.

그림 C5.4 **화산 열점**
하와이 열도는 마그마에 고정된 긴 수명을 가진 마그마 기원의 맨틀 열점과 관련된 화산 활동이 표출된 것이다. 하와이 열도와 해수면 아래의 화산 로이히는 열도에서 가장 젊은 화산이고 현재 열점 위에 위치해 있다. 열점상의 열도에 있는 다른 화산은 짧은 기간 동안 — 약 100만 년 — 열점 위에 있다가 태평양판의 움직임에 의해 이동한다. 숫자는 화산 열도의 연령(100만 년 단위)을 보여준다. 열점에서부터의 거리가 멀어지면 화산 연령이 증가하고 더 많이 침식된다. 화산 열도가 섞인 부분은 태평양판의 이동 방향이 약 4,300만 년 전에 바뀌었기 때문에 발생한 것이다. 이 시기 이전에는 좀 더 북쪽 방향으로 이동하고 있었다. 태평양판이 계속해서 북서쪽으로 이동하면서 하와이와 로이히도 결국 이동될 것이고, 새로운 화산이 열점 위에 생성될 것이다.

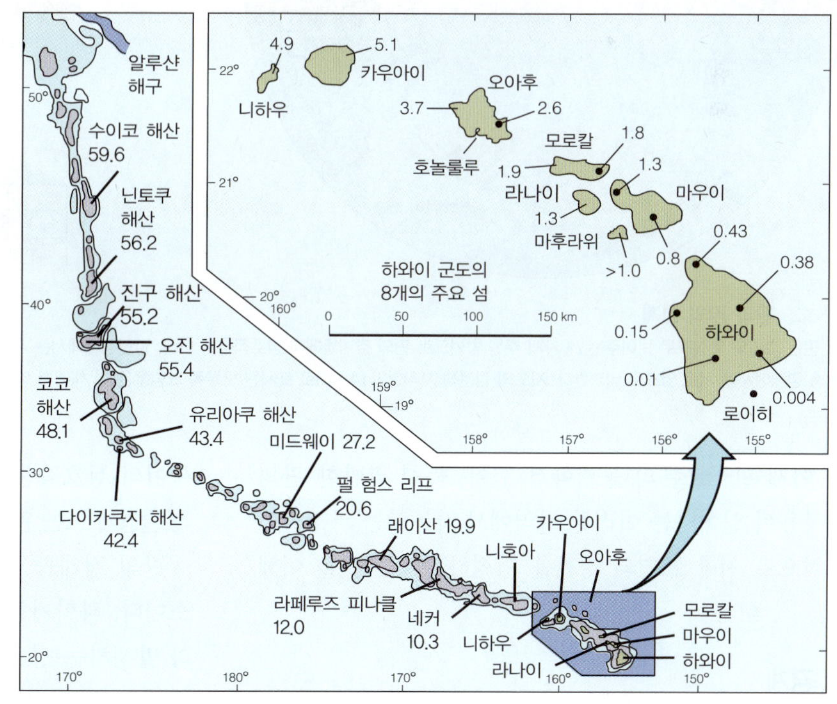

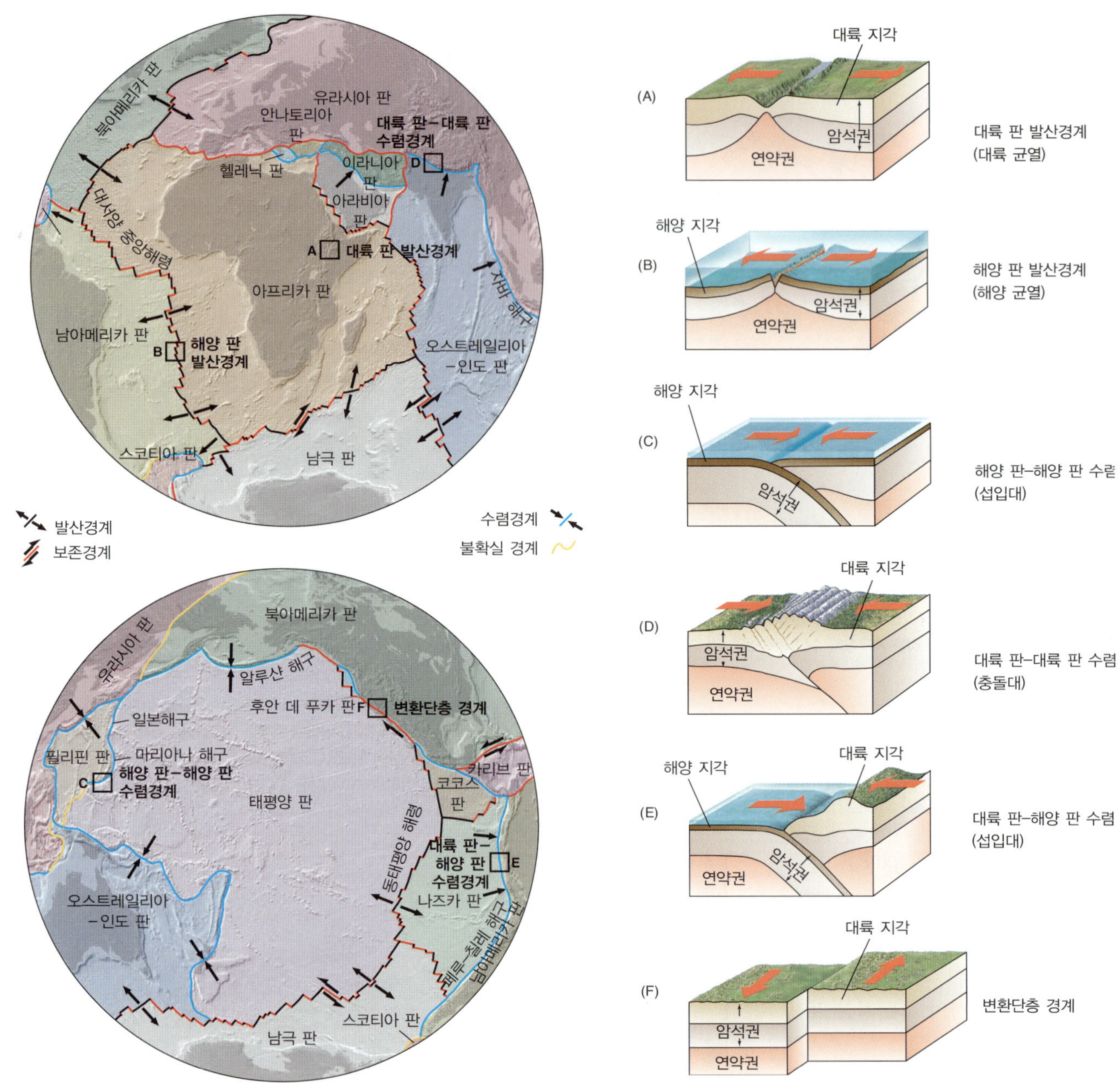

그림 5.12 판과 판의 경계

암석권 판은 그림의 화살표로 보여주는 세 가지 주된 방법으로 판의 경계들에서 상호작용을 한다. 발산경계에서는 서로 멀어지는 이동을 하고, 수렴경계에서는 서로 가까워지고, 변환단층 경계에서는 서로 옆으로 비켜간다. 지도의 검은색 사각형과 (A~F)로 표시된 오른쪽 그림들은 이 책에서 이야기하고 있는 판 경계의 다른 형태들에 해당한다.

리는 이제 판구조론의 동력학적 힘이, 특히 활발한 판의 상호작용이 일어나는 이러한 지역에서 작동하는 과정들이 근본적으로 지구 표면의 경관을 형성하였다는 것을 이해한다.

판의 경계

밑에 있는 유동적인 연약권을 헤치고 나가는 암석권은 9개의 주요 판과 많은 작은 판으로 갈라진다. 암석권은 딱딱하기 때문에 판들은 각각의 일관된 단위들로 이동한다. 판들 사이의 상호작용은 그들의 가장자리를 따라 일어나고, 이는 판경계 또는 판의 가장자리라고 부른다(그림 5.12).

판의 경계는 지구에서 지질학적으로 가장 활동적인 장소이다. 과학자들은 지진과 화산의 연구를 통해 이들을 따라 발생하는 상호작용과 판의 경계에 대해 우리가 아는 대부분을 밝혀냈다. 제6장에서 이러한 과정들과 그들이 어떻게 지구조적 순환과 연관되어 있는지를 더욱 상세히 검토한다.

한편 기본적인 판의 경계는 다음과 같다.

1. **발산 판경계**(divergent plate margin)는 2개의 판이 멀어지는 암석권에서의 단열들이다. 이들은 또한 **확장경계**(spreading center)라고 부르며, 이들은 대륙 지각이나(그림 5.12A) 해양 지각(그림 5.12B)으로 덮인 판들에서 발생할 수 있다.
2. **수렴 판경계**(convergent plate margin)는 2개의 판들이 서로를 향해 이동하는 곳에서 발생한다. 수렴 경계는 해양 지각(그림 5.12C), 대륙 지각(그림 5.12D), 또는 둘 다(그림 5.12E)를 운반하는 판들 사이에서 발생하고, 그들의 매우 다른 성질 때문에 그 수렴의 결과는 근본적으로 다르다.
3. **변환단층 판경계**(transform fault plate margin)는 암석권 판에서 판의 경계를 따라 2개의 판이 서로 반대로 엇갈리게 스쳐 이동하면서 판의 가장자리가 갈리고 마모되는 파쇄대이다. 변환단층 경계(그림 5.12F)는 해양 지각이나 대륙 지각에서 발생할 수 있다.

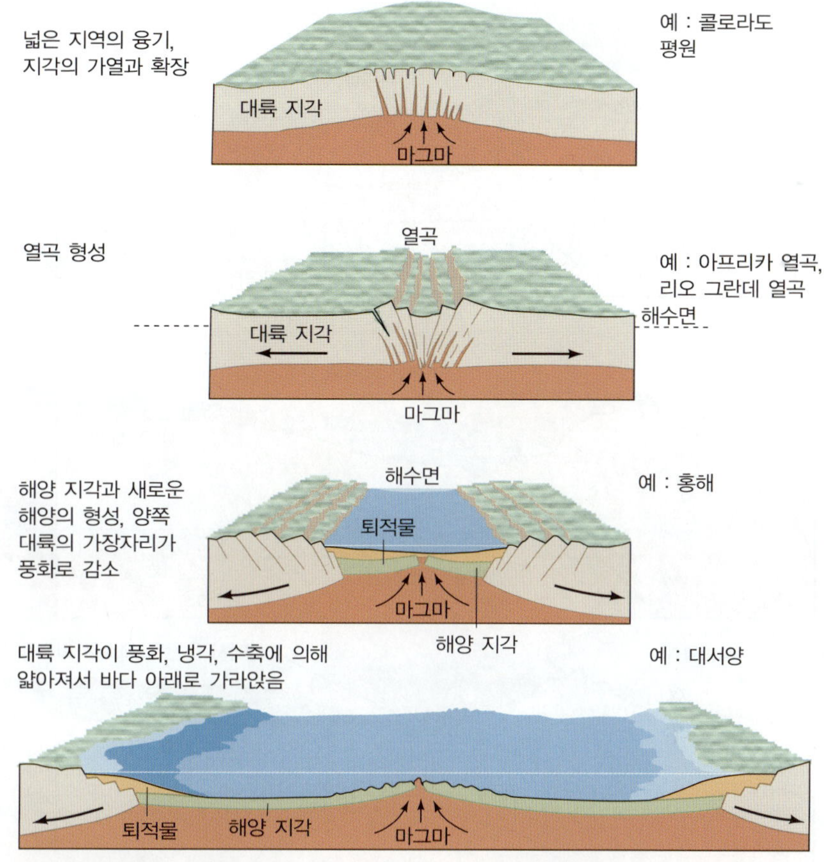

그림 5.13 해양의 형성
대륙 지각의 융기(위)로 새로운 해양분지가 형성되며, 완전한 해양분지가 발달할 때까지 해양저 확장 과정이 계속된다(아래).

이러한 형태의 상호작용은 지구에서 판구조 운동이 활발한 한 판의 경계를 따라 일어나고 있다. 즉 지구 역사의 오랜 기간 동안 일어나고 있다. 판 경계의 각 종류의 몇몇 특성과 이것을 따라 일어나는 과정을 살펴보자.

발산 판경계

흥미롭게도 발산 판경계들은 대륙에서 시작되어(그림 5.12A) 해양이 된다(그림 5.12B). 이러한 사건들의 순서가 그림 5.13에 도식화되어 있다. 거대한 대륙은 내부로부터의 열 방출을 막아주는 보온성의 두꺼운 담요와 같은 작용을 한다. 아프리카판과 같이 큰 대륙으로 덮인 판은 아래로부터 천천히 가열되고 확장되어 넓은 대지가 형성되며 결국 갈라져 확장 단계를 시작한다. 오늘날 우리는 이러한 과정의 증거를 아프리카 대륙의 동부를 가로지르는 큰 파쇄대 또는 **열곡**(rift)—동아프리카 열곡대—의 형태로 볼 수 있다.

대륙 열곡이 계속 성장하면 결국 홍해와 같은 긴 선 모양의 바다가 된다(그림 5.13, 그림 5.2B). 현재 홍해의 초기 열곡작용은 오늘날의 동아프리카 열곡대와 매우 유사했을 것이다. 열곡이 마침내 홍해와 같이 넓어지면 해수가 들어오는 시기가 된다. 시간이 경과하면서 분지가 넓어지고 마그마가 확장 열곡을 따라 상승하며 새로운 해양 지각을 형성하여 젊은 선상의 바다가 해저확장 과정에 의해 성장한다. 긴 선형의 확장경계를 갖는 오늘날의 대서양 중앙해령이 성숙된 해양분지의 한 예이다(그림 5.12). 대서양의 두 쪽은 해양분지가 계속적으로 확장됨에 따라 여전히 대서양 중앙해령의 양쪽으로 서로 멀어지며 이동하고 있다.

수렴 판경계

수렴경계는 암석권의 2개 판이 서로를 향해 이동하는 판의 경계이다. 해양 지각과 대륙 지각의 매우 다른 물리적 성질 때문에 다른 종류의 지각을 운반하는 판들은 이들이 수렴할 때 매우 다르게 거동한다. 먼저 판이 해양 지각을

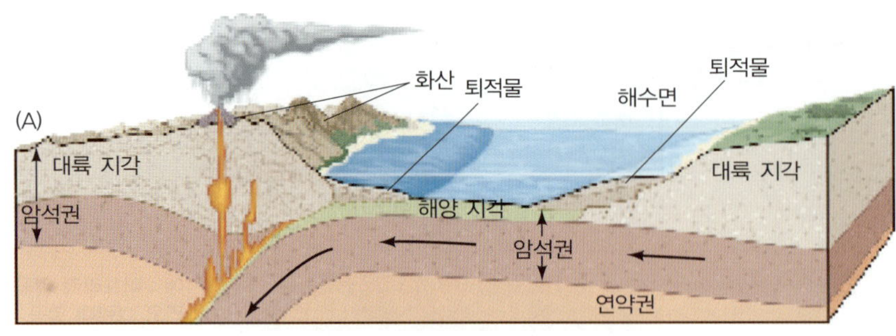

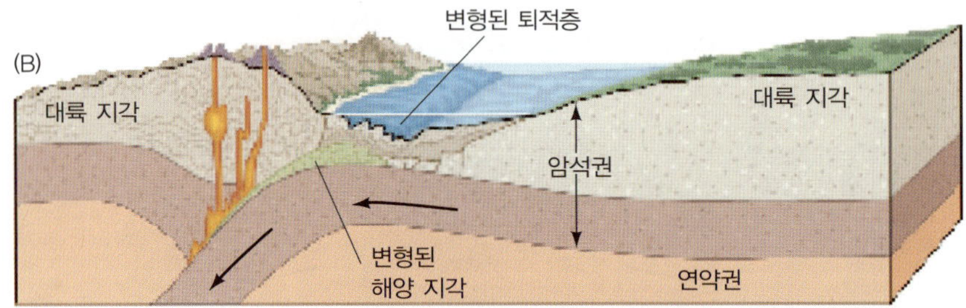

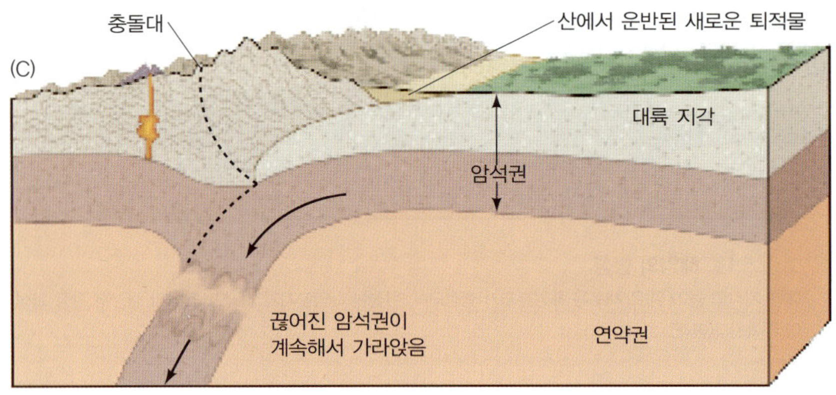

그림 5.14 대륙충돌
산맥은 2개의 판이 대륙 지각의 충돌로 인해 겹쳐질 때 형성된다. (A) 수렴하는 해양 지각은 해양분지의 소멸로 이어진다. (B) 해양분지가 소멸함에 따라 암석과 퇴적물들은 수렴경계를 따라서 변형하기 시작한다. (C) 2개의 대륙지괴가 충돌하게 되면 암석권은 두꺼워진다. 이전에 해양분지였던 곳이 산맥으로 융기하게 된다.

만나게 될 때 무슨 일이 발생하는지 알아보자.

제3장으로부터 해양 지각은 일반적으로 밀도가 높은 화산암인 현무암으로 구성되어 있고 평균 밀도가 약 3.0g/cm^{3}이라는 것을 상기하자. 해양 지각으로 덮인 2개의 판이 수렴할 때(해양 판-해양 판 수렴경계), 한 판이 다른 판 밑으로 섭입하여 맨틀로 가라앉는다(그림 5.12C). 이것이 일어나는 지역을 **섭입대**(subduction zone)라고 한다. 해양 지각은 밀도가 높지만 맨틀의 암석들은 밀도가 더 높다. 이것은 해양 지각이 단순히 맨틀 속으로 가라앉지 않는다는 가설을 지지한다(만약 해양 지각이 아래 놓여 있는 맨틀보다 밀도가 낮으면 그것 자체의 무게로 가라앉을 수 없다). 암석권이 차갑다는 사실은 밑에 있는 뜨거운 연약권에 비해 섭입하는 판의 밀도를 높게 하는 원인이 된다. 이것은 또한 앞에서 다룬 바와 같이 끌림, 밀침, 미끌림 또는 어떤 결합에 의해 대류가 암석권 판 아래로의 이동을 일으키는 것처럼 보인다. 2개의 수렴하는 해양판들 중 어느 하나가 섭입하고 어느 하나가 다른 것 위에 올라탈 것인가는 일차적으로 판들이 서로 접근하는 속도와 각도의 문제이다.

이와 대조적으로 대륙 지각은 해양 지각과 맨틀보다 훨씬 밀도가 낮고 성분적으로 더욱 다양하다. 대륙 지각의 평균 성분은 대략 관입암인 화강섬록암과 유사하다. 평균 밀도가 약 2.7g/cm^{3}이고, 대륙 지각은 부력이 매우 강해서 섭입대로 끌려 내려가거나 밀려 내려갈 수 없다. 대륙 지각으로 덮인 판이 해양 지각으로 덮인 판을 만날 때는(해양 판–대륙 판 수렴경계), 대륙판이 올라타고 해양 판이 아래로 섭입할 것이다(그림 5.12E). 이것은 예를 들어 오늘날의 남아메리카 서부 해안을 따라 일어난다.

수렴하는 양 판이 밀도가 낮은 대륙 지각으로 덮여 있으면(대륙 판–대륙 판 수렴경계), 둘 다 섭입할 수 없고 결국 충돌하게 된다(그림 5.14). **대륙충돌대**(continental collision zone)는 수렴하는 대륙들 사이 해양분지의 최종적인 소멸을 나타낸다(그림 5.12D). 대륙 충돌은 구김, 습곡, 대륙 지각의 상승, 그리고 장관을 이루는 산맥의 형성을 가져온다. 알프스 산맥, 우랄 산맥, 히말라야 산맥, 애팔래치아 산맥 모두는 대륙충돌의 결과로 형성되었고, 따라서 각각은 오랜 해양분지의 폐기장이다(해양분지가 최종적으로 사라지고 충돌하는 대륙들 사이에 끼여 있는 장소는 대륙봉합대라고 한다).

발산경계가 새로운 지각을 만들고 해양분지를 열면서 생산적인 반면, 수렴경계는 오랜 해양 지각을 소멸시키고 해양분지의 소멸로 끝나는 파괴적인 경계이다. 이러한 전체 과정 — 열곡작용과 새로운 해양분지의 개방, 그것의

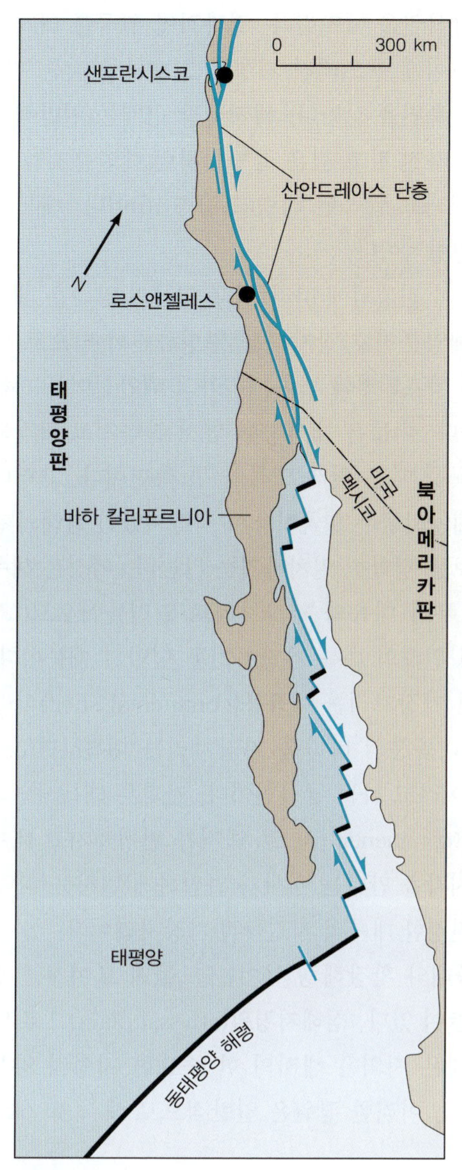

그림 5.15 **변환단층 경계**
샌앤드레이어스 단층은 북아메리카판으로부터 태평양판을 분리시키는 변환단층 경계이다. 이동 방향은 그림에서 파란 화살표로 표시된다. 태평양판에 있는 로스앤젤레스는 북쪽으로 이동을 하는 반면 샌프란시스코는 남쪽으로 이동하여 5.5cm/년의 속도로 서로에게 다가간다. 이때 2개의 판이 서로 엇갈리기 때문에 지진이 발생한다.

성숙된 해양으로의 확장, 섭입대에서의 수렴과 해양 지각의 재순환, 그리고 마침내 대륙충돌대에서의 해양분지의 소멸—을 판구조론의 발전에 지대한 공헌을 한 사람 중 한 사람인 투조 윌슨(J. Tuzo Wilson)을 기려서 윌슨 사이클이라 부른다.

변환단층 판경계

암석권의 판은 수렴경계를 따라 접근하고 발산경계를 따라 멀어지지만, 이들은 또한 서로 엇갈리며 미끄러지면서 이동할 수 있다(그림 5.12F). **변환단층**은 전체 암석권을 절단하는 큰 수직 단열들이다. 이들은 두 판이 수평으로 또는 **주향이동**(strike-slip)으로 횡적으로 서로 미끄러져 가는 경계를 따라 발생한다. 발산경계가 생산적이고 수렴경계가 파괴적인 반면, 변환경계는 이러한 지질환경에서 지각이 만들어지지도 않고 소멸되지도 않기 때문에 **보존적**이라고 한다.

이들을 따라 일어나는 지진들의 위험 때문에 더욱 잘 알려진 변환단층은 캘리포니아의 산안드레아스 단층이다(그림 5.15). 거의 남북으로 달리는 이 단층은 샌프란시스코가 있는 동쪽의 북아메리카판을 로스앤젤레스가 있는 서쪽의 태평양판으로부터 분리시킨다. 태평양판은 북쪽 방향으로 북아메리카판을 지나 이동하고 있다. 두 판이 서로 엇갈리면서 스치고 이동하기 때문에 로스앤젤레스는 샌프란시스코에 대해 천천히 북쪽으로 이동된다. 때때로 판의 가장자리들이 붙잡고 걸려 있어서 양쪽의 암석들이 휘어지고 구부러지게 된다. 붙잡힌 부분들이 깨져 자유로워지면 휘어진 암석들이 갑자기 풀리며 지진이 발생한다. 결국 수백만 년 이후에 샌프란시스코와 로스앤젤레스는 입접하게 될 것이다. 두 판이 계속적으로 움직이게 되면 로스앤젤레스가 있는 대륙 지각의 조각은 하나의 길고 가는 섬이 될 것이다. 이 여행은 미래의 '로스앤젤레스 섬'이 태평양판의 북쪽 가장자리를 따른 섭입대에 도달하여 알류샨 열도와 충돌할 때 끝나게 될 것이다.

지구의 지형

판구조론의 장점은 우리가 지표에서 보는 주요한 지형과 지질 현상들에 대한 설명을 제공한다는 것이다. 이것은 해양분지와 대륙 모두에 적용된다(그림 5.16). 해양분지의 구조와 지형(즉 지표 모양)은 열곡작용, 해저확장, 섭입대에서 해양 암석권의 재순환, 그리고 두 수렴판 사이의 해양분지의 폐쇄 결과로 설명될 수 있다. 한편 대륙은 섭입을 겪지 않는다. 이들은 지질 시대를 통해 암석권 위의 승객처럼 이동한다. 대륙의 암석들은 반복된 주름, 습곡, 그리고 충돌대에서 거대한 산맥을 통한 대륙 융기로 이러한 이동의 역사를 기록한다. 비록 산들이 풍화와 침식으로 깎인 후에도 이러한 거대한 지구조적 사건들의 명확한 증거는 오랜 산맥의 뒤틀린 잔해 속에서 남아 있을 수 있다.

판구조론의 발달 이전에 화산의 분포, 산맥의 연속, 해안선의 모양, 그리고 해저분지의 지형과 같은 양상을 설명하기 위한 다른 여러 가설들이 있었다. 그러나 그것들 중 어느 것도 판구조론이 했던 것과 같이 지구의 지형과 지질

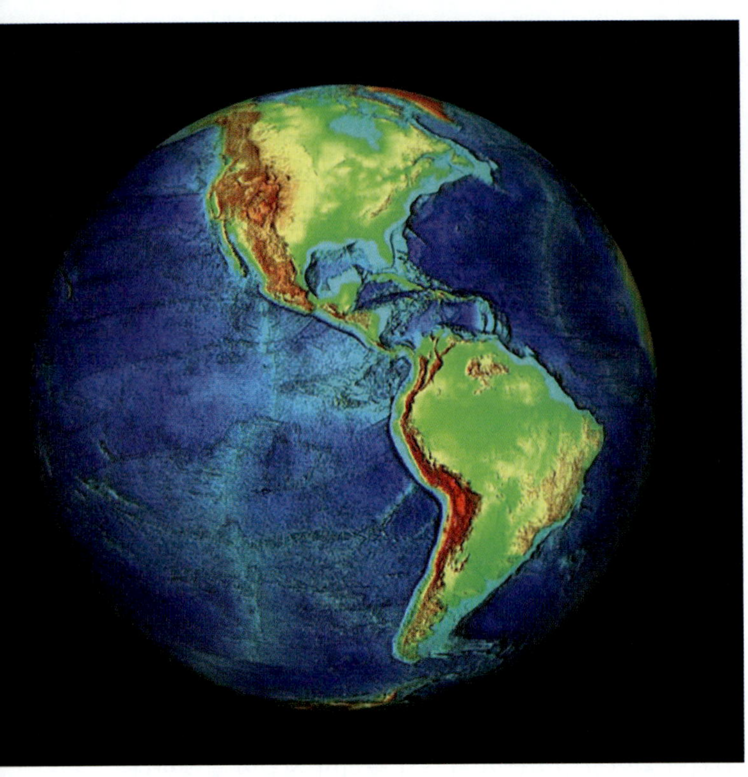

그림 5.16 대륙과 해양의 지형
판구조론 모형은 대륙과 해양저의 지형적 특징을 대부분 설명한다. 만약 해양의 물을 빼낼 수 있다면 어마어마한 양의 평평한 지역과 함께 긴 해저 산맥들과 깊은 해구들을 볼 수 있을 것이다. 해양분지와 대륙, 긴 뱀 모양의 중앙해령, 그리고 많은 대륙들의 특징인 높은 산맥 사이의 고도차에 주목하라.

현상들에 대한 과학적 관찰들을 통일적으로 훌륭히 설명하거나 검증의 시간을 견뎌내지 못하였다. 몇몇의 이러한 현상들을 검정하고 어떻게 그들이 판구조론에 부합되는지를 검토해 보자.

해양분지의 지형

해양분지는 확장 판경계를 따라 열곡작용이 일어나는 곳에서 형성되기 시작한다. 아래로부터 데워지면 암석권이 위로 팽창하여 넓은 대지를 형성한다. 암석권이 얇아지고 연약권과의 경계가 지표에 가까워진다(그림 5.12A, B, 5.13). 이 박층화는 마그마가 확장경계로 상승하여 암석권을 가열해서 오직 꼭대기 근처의 얇은 층만이 암석권의 강한 성질을 유지하기 때문에 발생한다. 판의 확장으로부터의 인장응력은 결국 암석권을 깨뜨린다. 결과적인 열곡은 대지와 열곡의 기저 사이에 두드러진 지형적 고도차를 갖는 전형적으로 가파른 측면을 갖는다. 해저확장 경계는 일반적으로 뾰족하게 갈라진 길고 깊은 골짜기처럼 해안분지를 따라 달리는 융기되고 굴곡된 해령(그림 5.16)이다. 대서양 중앙해령이 전형적이다.

확장이 진행됨에 따라 원래 열곡의 양측은 새롭게 확장하는 해양분지 가장자리를 형성하면서 밖으로 이동한다. 이것이 아프리카와 남아메리카의 해안선이 유사해 보이는 이유이다. 이들은 대서양이 먼저 갈라지고 확장되기 시작했던 곳을 따른 원래 열곡의 두 측면이다. 그러나 현재의 대륙 해안선들은 열곡작용이 시작되었던 원래의 갈라진 형태와 보통 정확히 일치하지는 않는다. 이것은 해수가 해양분지로부터 대륙의 가장자리로 밀려들어오고(그림 5.17) 이것이 원래의 대륙 가장자리를 덮었기 때문이다. 대륙의 범람된 가장자리는 **대륙붕**(continental shelf)이라 알려져 있다. 대륙붕의 바다쪽 가장자리는 **대륙사면**(continental slope)이라고 하는 급사면이다. 가파른 대륙사면의 기저는 **대륙대**(continental rise)로 해저가 편평해지고 대륙 지각이 해양 지각을 만나는 경사가 완만하게 변하는 지역이다. 이것이 진정한 대륙의 지질학적 가장자리이다.

대륙대와 확장해령 사이는 드물게 보여지는 심해저 세계에 놓여 있다. **심해저평원**(abyssal plain)으로 알려진 평탄한 넓은 지역은 해저의 한 주요한 지형적 양상이다(그림 5.17). 이러한 평원은 일반적으로 해저 3~6km의 깊이

그림 5.17 대륙의 '진짜' 경계
대륙의 진짜 경계는 대륙 지각과 해양 지각이 만나는 곳이다(이 그림에서 점선). 이것은 바다의 끝으로 정의되는, 해양분지의 해안선에 항상 일치하지는 않는다. 이것은 해양분지 안의 물이 얕게 경사진 대륙붕 위로 흘러들어오기 때문이다.

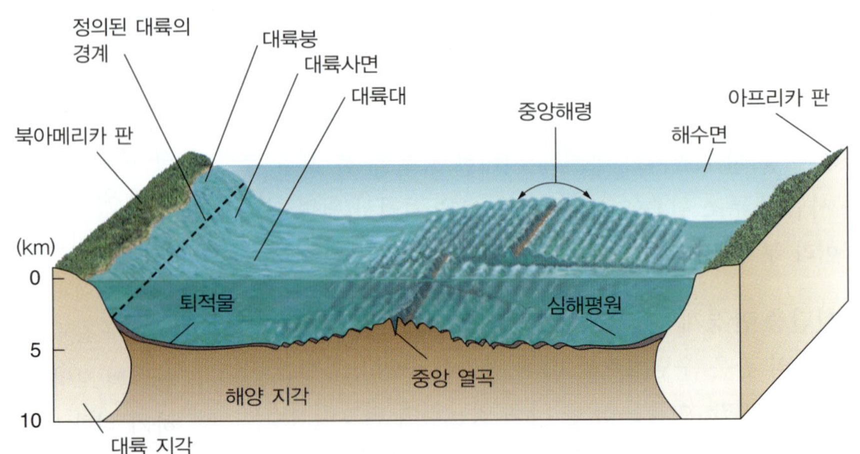

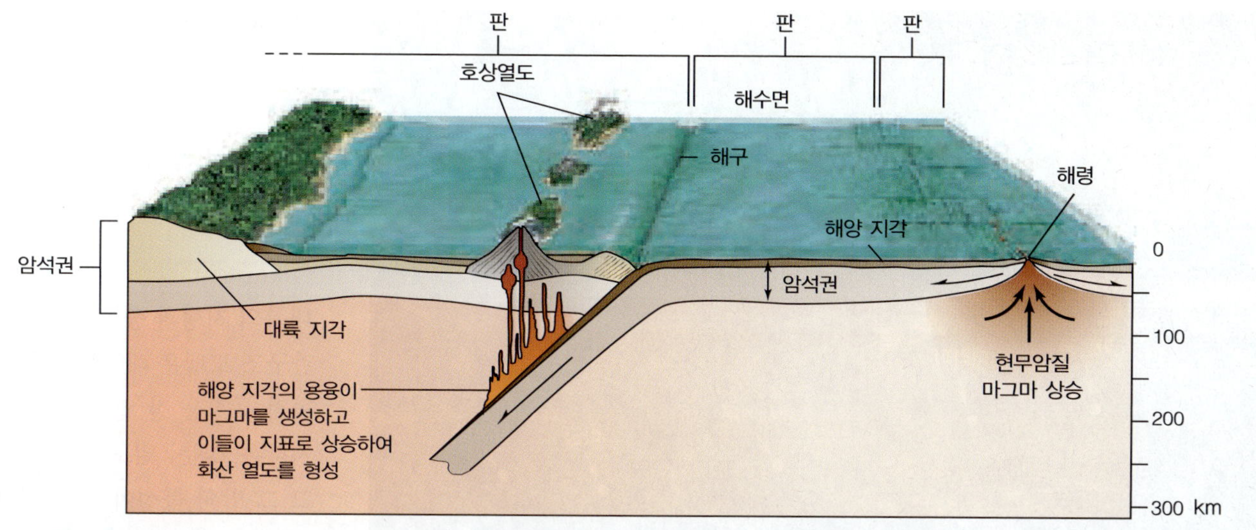

그림 5.18 섭입대
해양 지각이 수렴경계에 포함되어 있을 때 섭입이 발생한다. 섭입대의 전형적인 특징은 깊은 해구와 호상열도의 화산 활동을 포함한다.

에서 발견되고 폭은 200~2,000km의 범위이다. 심해저평원은 해수를 통해 가라앉은 세립의 쇄설물층이 아래에 발달된 해저지형을 덮는 진흙에 의해 형성된다. 이들은 대서양과 인도양에서 가장 흔하고, 이들은 바다로 유입되는 진흙을 많이 포함한 큰 강들을 갖는다.

섭입대의 지형

앞에서 설명한 지형적 지세들은 대서양과 같이 열리는 과정에서 형성된 전형적인 해양분지들이다. 그러나 닫히는 해양분지는 어떤가? 해양은 섭입대를 따라 닫히고, 여기서 오래된 해양지각이 소멸되고 맨틀로 재순환된다. 전형적인 섭입대의 지형적 양상이 그림 5.18에 보여진다. 특히 주목할 만한 것은 깊은 **해구**(oceanic trench)로, 이는 해양 지각으로 덮인 암석권이 연약권으로 침강하는(끌려 내려가거나 밀리는) 장소를 나타낸다. 이와 같은 해구는 세계 해저의 가장 깊은 지형적 양상이다. 깊이가 해수면 아래 거의 11km에 달하는 마리아나 해구는 지구에서 가장 깊은 지형이고, 가장 높은 산의 높이보다 훨씬 더 깊다. 이러한 깊은 해구들은 그림 5.16에서 명백히 어둡고 낮은 해저에서의 지형을 보인다.

해구와 관련된 심부 지질활동의 존재에 대한 증거는 판구조 이론의 발달보다 훨씬 앞섰다. 그 증거는 1920년대 일본의 지구물리학자 키유 와다티(Kiyoo Wadati)에 의해 처음으로 확인되었고, 1940년대와 1950년대에 미국의 지구물리학자 휴고 베니오프(Hugo Benioff)에 의해 더 깊이 연구되었다. 이들은 해구 아래에서 명백히 정의된 깊고 규모가 큰 지진대의 존재를 인지했다(그림 5.19). 수십 년 동안 이러한 지진 활동대에 대한 훌륭한 설명이 없었고, 이는 오늘날 베니오프대 또는 와다티-베니오프대로 알려졌다. 판구조론의 통합 맥락에서 우

그림 5.19 베니오프대
심발 지진은 통가섬 근처 태평양에 위치한 와다티-베니오프대에서 침강하는 해양 암석권 판의 규모를 나타낸다. 각 원은 주어진 연도에 발생한 단일 지진을 나타낸다. 지진은 암석권의 비교적 차가운 조각이 아래로 내려가면서 갈리는 운동에 의해 형성된다.

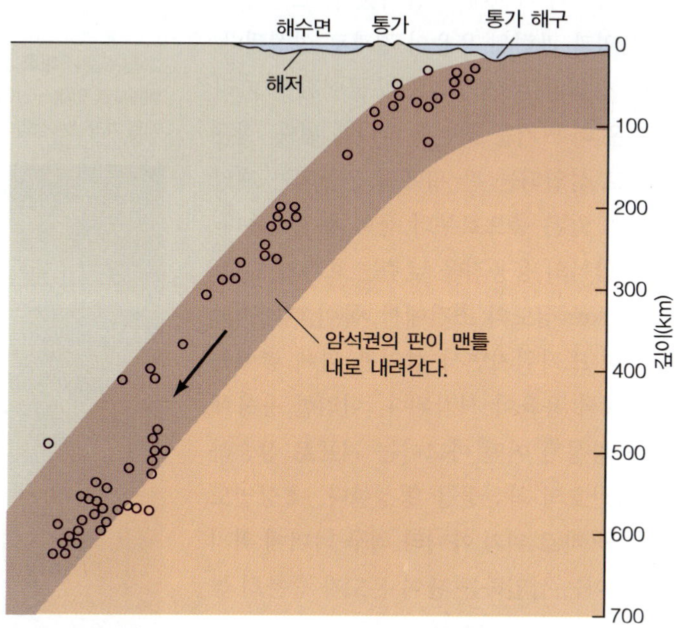

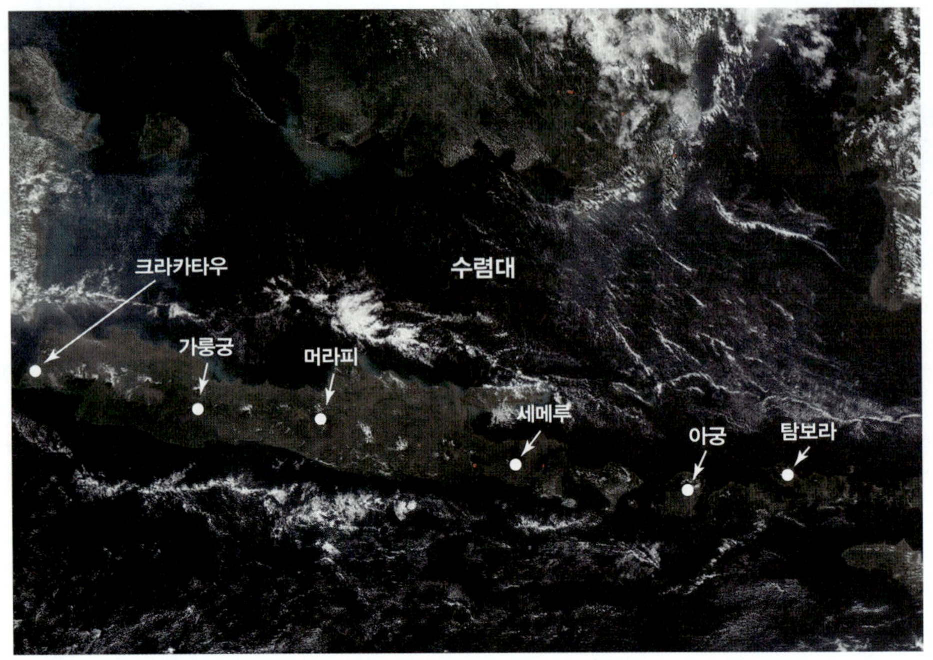

그림 5.20 화산성 호상열도
자바 섬의 등뼈를 나타내는 일련의 화산들과 동쪽의 섬들은 전형적인 해양 판–해양 판 수렴경계이다. 화산들의 열은 섭입된 해양 판이 100km 심도에 도달했을 때 녹아서 화산을 통해 지표로 되돌아오는 마그마가 만들어질 때 형성된다. 몇몇 유명한 화산들을 표시하였다.

리는 섭입대에서 맨틀로 해양 판이 갈고 내려감에 따라 베니오프대와 관련된 지진들은 내려가는 해양판의 크기를 나타낸다는 것을 이제 이해한다.

또 다른 주목할 만한 전형적인 섭입대의 양상은 해구에 평행한 화산 호상열도(호상열도 또는 화산호)의 존재이다(그림 5.18). 호상열도들은 물론 판구조론이 이들의 분포를 설명하기 이전에 잘 알려졌다. 호상 열도는 섭입과 관련된 용융의 결과로 형성된다. 판이 섭입하여 연약권으로 들어감에 따라 이것은 더 뜨거운 조건을 만나게 된다. 결론적으로 섭입되는 판 위에서 운반되는 해양 지각의 얇은 층으로부터 물이 빠져나온다. 물은 암석의 용융점을 낮추는 효과가 있다. 약 100km 심도의 조건에서, 물이 더해지고 충분히 뜨거워지면서 섭입판 위에 놓이는 맨틀에서 용융이 시작된다. 이러한 용융에 의해 형성된 어떤 마그마는 지표로 상승하여 화산호의 화산들을 형성한다. 호상열도는 해구 바로 위가 아니라 해구 너머에 위치하며, 이는 섭입하는 판이 온도가 충분히 높은 약 100km의 깊이에 도달할 때까지 녹기 시작하지 않기 때문이다. 그림 5.20은 인도네시아 자바에 있는 해양 판–해양 판의 수렴경계를 따라 활성 섭입대와 관련이 있는 호상열도의 분포를 보여준다.

대륙의 지형과 충돌대

판구조 모델은 해양분지들의 지형적 특징을 잘 설명한다. 해양 지각은 성분, 밀도, 두께, 그리고 그 밖의 특성이 아주 일관된다. 따라서 해양 지각에서의 지구조적 활동의 지형적 표현은 상대적으로 명확하다. 그러나 대륙 지각에 대해서는 동일하지 않고, 매우 비균질하다. 대륙 지형과 판구조론 사이의 상관관계는 더욱 복잡하다. 대륙 경계의 특성을 먼저 알아보자.

몇몇 대륙 판 경계는 지질학적으로 활동적인 지구조적 판들의 가장자리들과 일치하고, 이들은 **활성 대륙 경계**라고 부른다. 남아메리카의 안데스 해안은 해양 판–대륙 판의 수렴 결과인 활성 대륙 판 경계의 한 예이다. 이 해안에서 나즈카판(해양 지각으로 덮인)은 남아메리카판(대륙 지각으로 덮인) 아래로 섭입된다. 섭입이 발생하는 활성 대륙

그림 5.21 대륙 화산호
에콰도르 안데스 산맥의 가파르고 눈 덮인 화산들의 배열은 나즈카판이 남아메리카판의 서쪽 가장자리 아래로 가라앉는 섭입대 위에 앉아 있다.

판 경계의 가장 두드러진 양상은 대륙 화산호이다. 이 화산들의 배열(이 경우 안데스 산맥, 그림 5.21)은 해양 판–해양 판의 섭입대에서 형성된 호상열도와 유사하다. 화산들은 용융이 일어나 마그마가 지표로 상승할 때 형성되며 섭입대의 대륙쪽에 대륙 화산호를 형성한다.

대륙충돌대는 또 다른 종류의 활성 대륙 판 경계이고, 여기서 각각 다른 판에 있는 두 대륙들의 가장자리가 충돌한다 (그림 5.14). 현대의 예는 오스트레일리아–인도판과 유라시아판 사이의 충돌선이다. 오스트레일리아–인도판에 있는 인도와 유라시아판에 있는 아시아가 충돌하여 알프스–히말라야 산맥이 형성되었다(그림 5.2A). 활성 대륙 판 경계는 또한 변환단층으로 나타날 수 있다. 현대의 변환단층 대륙 경계의 가장 두드러진 예는 샌앤드레이어스 단층으로 이전에 언급하였다. 대륙에서의 주요 변환단층들은 종종 큰 칼로 땅을 긁어놓은 것 같다(그림 5.22).

그 밖의 다른 대륙들은 지질학적으로 활성인 판의 경계에서부터 멀리 떨어진 가장자리를 갖고, 판들의 안정된 내부에 있다. 이러한 대륙들의 가장자리는 수동 판경계이다. 아메리카, 아프리카, 그리고 유럽의 대서양 경계들이 그 예이다. 예를 들어 판의 경계에서 먼 북아메리카판의 동쪽 해안은 북아메리카판의 안정된 내부에 있고 판의 어떠한 경계와도 멀리 떨어져 있다. (가장 가까운 판의 경계는 대서양 중앙해령에 의해 표시되는 발산경계이다.) 그림 5.13에 제시된 바와 같이 수동형 대륙 경계는 대륙 지각의 열곡작용에 의해 새로운 해양분지가 형성될 때 발달한다. 이 과정이 오늘날 일어나는 곳이 홍해 (그림 5.2B)이고, 여기서 새로운 수동형 대륙 경계가 두 가장자리를 따라 형성되었다. 오늘날의 분포와 상관없이 모든 대륙의 수동경계들은 지질학적 과거에 판이 갈라지고 발산 판경계가 형성되었던 열곡의 뾰족한 가장자리들과 일치한다.

그림 5.22 변환단층 지형

대륙 변환단층 경계의 지형은 때때로 지각을 큰 칼로 긁은 것 같다. 이 그림은 캘리포니아의 샌앤드레이어스 단층이다.

대륙 지각은 암석권의 큰 판들 위에 떠 있는 승객이다. 그러나 탑승에 의해 흔들리며 늘어나고 파쇄되며 변하는 것은 승객이다. 각 확장은 열곡을 만들고, 갈림은 변환단층을 형성한다. 두 지각 판 사이의 충돌은 변형되며 포개지고 변성되며 융기된 암석들로 이루어진 조산대를 형성한다. 대륙 지각의 밀도는 맨틀로 침강하기에는 너무 낮기 때문에 판 운동의 많은 증거들이 이러한 과거의 충돌로부터 남겨져 기록되어 있다. 그러한 오랜 증거들이 대륙의 암석에 보존되어 있다는 것이 행운이다. 해양 지각은 섭입에 의하여 지속적으로 소멸되기 때문에 지질학적으로 젊다. 따라서 오랜 지질 사건들의 유일한 직접적인 증거는 대륙 지각으로부터 나온다. 어떻게 판구조 운동에 의해 대륙지각이 만들어졌는지를 더 잘 이해하기 위하여 우리는 대륙의 특성을 넓게 살펴보고 어떻게 그들이 지질학적 시간 동안 진화해 왔는지를 알아볼 필요가 있다.

대륙 형성

판구조론에 있어 현재 연구의 주요한 영역 중 하나는 어떻게 그리고 왜 대륙들이 먼저 형성이 되었고 어떻게 대륙의 이런 안정화 과정이 판구조 운동의 시작과 관계되는지에 관한 것이다. 왜 지각이 해양과 대륙으로 근본적으로 다른 2개의 종류로 분리가 되었는가? 얼마나 오랫동안 지구에서 판구조 운동이 지속되었는가? 판구조 운동과 관련된 과정과 영향은 항상 같은가? 어떻게 대륙들이 지질학적 시간을 통해 변해 왔는가? 이러한 질문들에 대한 대답은 여전히 추론적이다. 지구 역사의 초기에 작동되었던 과정들에 대한 많은 증거는 풍화와 침식의 외부 힘과 결합된 지구조적 재순환의 결과로 암석 기록으로부터 지워졌다. 그러나 지질학자들이 지구 역사 초기의 더욱 일관된 그림을 완성할 수 있는 충분한 증거가 남아 있다.

대륙들이 지질 시대 동안에 어떻게 진화해 왔는지를 고려하기 이전에 대륙들의 몇몇 광역적인 특성을 먼저 검토

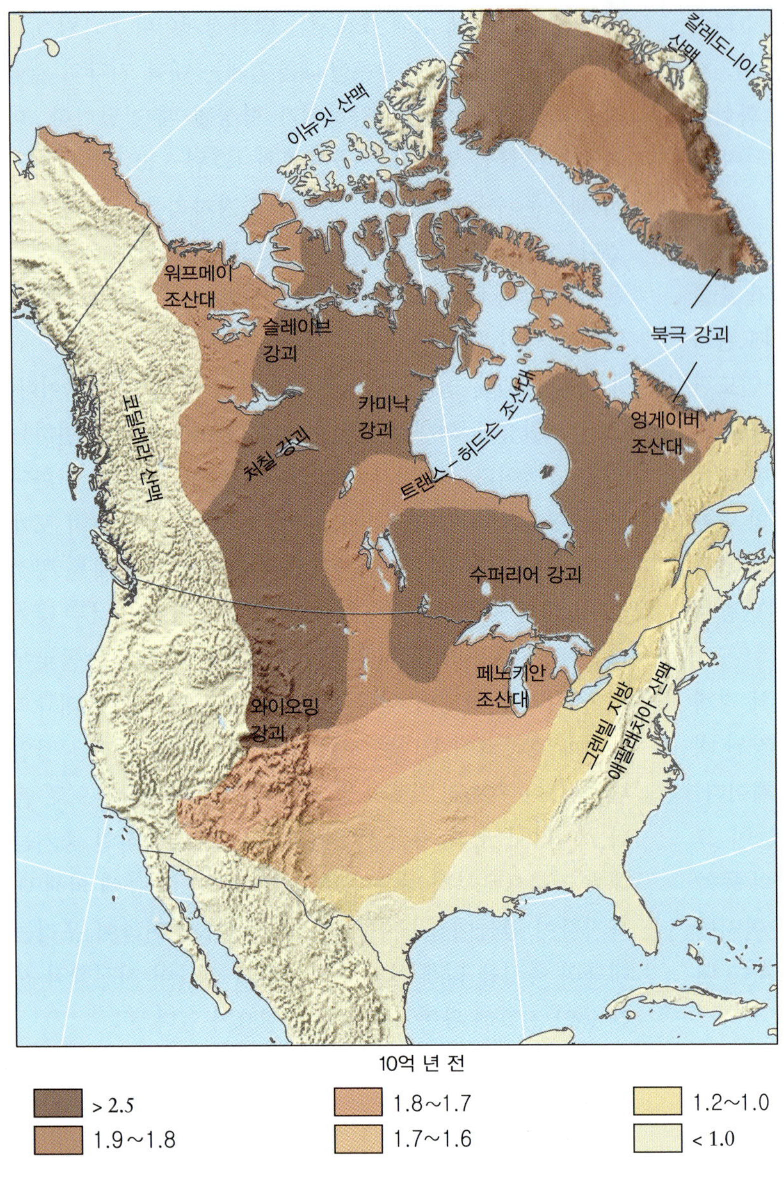

그림 5.23 북아메리카 강괴
북아메리가 대륙 순상지는 강괴라고 하는 아주 오래된 안정 대륙 강괴의 집합체이며, 젊은 조산대 사이에 퍼져 있다.

해 보는 것이 도움이 될 것이다.

대륙들의 광역 구조 : 강괴와 조산대

대륙 규모에서는 대륙 지각에서 두 종류의 지구조적 단위들이 구분될 수 있다. 강괴와 조산대가 그것이다. **강괴**(craton)는 매우 오래된 암석의 안정된 핵이다(그림 5.23). 강괴들은 복잡하고 매우 오랜 기간에 걸쳐 형성되고 진화되고 안정화된 비균질한 암석군집이기 때문에 어느 특정한 강괴에 하나의 연대를 부여하기는 불가능하다. 그러나 대부분의 강괴는 오래되었고 가장 초기의 것은 적어도 30억 년 전에 안정화되었으며, 가장 젊은 것은 6억에서 5억 년 전이다.

강괴 주위를 둘러싼 것은 두 번째 대륙 지각 단위인 **조산대**(orogen)로 대륙 충돌 시 심하게 휘어지고 파쇄된 길쭉한 지각의 영역이다(그림 5.23). 조산대는 강괴들 사이의 충돌 결과로 형성된 오랜 산맥의 침식된 뿌리들이다. 조산대들은 연대, 역사, 크기, 상세한 기원에서 각각 서로 다르다. 그러나 모두가 한때 산악지대였고 모두 그들이 둘러싸고 있는 강괴보다는 젊다. 단지 가장 젊은 조산대만이 여전히 오늘날의 산악들이다. 현재 깊이 침식된 오래된 조산대들은 그들이 포함하고 있는 암석의 종류와 암석이 뒤틀리고 변형된 방식을 통해 그들의 역사를 보여준다.

강괴와 조산대의 집합을 **대륙순상지**(continental shield)라고 한다. 북아메리카 대륙의 중심을 형성하는 캐나다 순상지가 하나의 친근한 예이다(그림 5.23). 이는 조산대들을 갖는 여러 강괴와의 집합이다. 세계의 다양한 위치에서 강괴들 사이에 발달되어 있는 조산대의 존재—오랜 충돌대—는 판구조 운동의 작용들이 지구의 많은 역사를 통해 작동되어 왔다는 생각을 지지하는 가장 좋은 증거이다. 현재까지 알려진 강괴와 결합된 가장 오래된 조산대는 약 20억 년이 되었다. 이것은 판구조 운동과 지구계의 지권 부분이 적어도 20억 년 동안 오늘날과 유사하게 작동되어 왔다는 것을 의미한다. 그러나 이 시기 이전에는 무슨 일이 일어났을까? 어떻게 대륙들이 처음으로 안정화되고, 그 이래로 어떻게 그들이 변화해 왔을까?

대륙 지각의 안정화

제4장으로부터 지구의 역사에서 행성의 기원(46억 년 전)에서 38억 년 전까지의 초기 시간의 분대는 태초대라는 것을 상기하자. 시생누대로 바뀌는 그때까지 실질적인 대륙 지각 암석들이 존재했다는 증거들이 있다. 이 증거는 가장 오래된 것으로 알려진 그린란드의 이수아 녹색암대와 캐나다의 아카스타 편마암 복합체의 약 42억 8,000만 년 된 암석의 연구로부터 나왔다. 적어도 그 당시의 어떤 대륙 지각의 존재를 지시하는 이들보다 더 오래된 광물입자

들(44억 년)이 인지되었지만, 이것보다 앞선 암석이나 광물은 인지되지 않았다. 태초대에 끝까지 존재했던 대륙은 시생누대까지 계속 성장했고 약 25억 년 전까지(원생누대의 시작) 오늘날 대륙 지각의 80~90%에 달하게 되었다는 증거를 제시하고 있다.

정확하게 어떻게 대륙이 처음 안정화되었는지, 어떻게 그것이 해양 지각과 화학적으로 구분되었는지 그리고 어떻게 그것이 안정된 강괴로 성장하였는지는 여전한 의문이다. 태초대 동안 그리고 시생누대로 들어서면서, 지구 내부의 열은 오늘날보다 훨씬 컸고(아마도 약 3배), 암석권은 더 얇았으며 대류는 오늘날보다 더 활발했을 것이다. 만약 판구조 운동이 지구 역사 초기에 작동되었다면 판들은 작고 빠르게 움직이고 일정하게 재순환되어 맨틀 속으로 되돌아갔다. 대륙 지각은 맨틀 열점으로부터 지표로 직접 상승한 마그마로부터 먼저 형성되기 시작했다는 것이 가능하다. 이 물질들의 일부는 다시 재용융되고 맨틀과 다시 혼합되었지만 일부는 실질적으로 얇은 암석권 판 위에 누적되었다. 실제로 암석권은 냉각되고 두꺼워져 오늘날 우리가 이해하고 있는 판으로 발전하였다.

적어도 34억 년 전까지 오래 지속되었던 대륙 지각이 형성되기 시작하였다. 가장 오래된 것으로 알려진 강괴들은 남아프리카의 카프발 강괴(31억 년), 서부오스트레일리아의 필바라 강괴(34억 년), 훨씬 더 오래된 대륙 지각의 조각들도 북캐나다의 슬라브 강괴, 인도의 다워 강괴, 그리고 그 밖의 다른 곳에서 알려졌다. 원생누대의 도래까지 지각 사이의 충돌에 대한 증거는 확실하다. 적어도 20억 년 전까지, 아마도 훨씬 이전에, 판 구조 운동은 오늘날 우리가 관찰하는 것과 유사한 형태로 작동하고 있었던 것으로 밝혀졌다.

초대륙

대륙 진화의 연속적인 역사는 **초대륙**(supercontinent)이라고 하는 커다란 대륙 복합체로의 강괴 집합과 이들의 연속적인 붕괴, 분산, 그리고 재결합을 포함한다. 31억 년 전까지 카프발과 필바라 강괴들이 발바라라고 하는 하나의 대륙 덩어리로 뭉쳐 있다가 약 28억 년 전에 갈라져 분리되었다. 케놀랜드라고 하는 또 다른 초대륙이 약 27억 년 전쯤에 형성되었으며 약 25억 년 전 이전까지 지속되었다. 그 이후 초대륙이 모이고 깨지고 분산되는 순환적인 연속이 있었다(그림 5.24). 아주 최근 약 3억 년 전에 대륙들이 모여서 판게아라 하는 초대륙으로 재결합되었고, 이것은

그림 5.24 판게아 이전의 초대륙
11억 년 전 초대륙 로디니아는 지질학적인 시간을 통해 결집되고 갈라지고 흩어지고 다시 뭉쳐진 연속적 대륙지괴들 중 하나이다. 가장 최초의 초대륙인 발바라는 아마 28억 년 전에 분리되었을 것이다. 가장 최근의 것은 판게아이며, 이 대륙 덩어리는 알프레드 베게너의 대륙이동 연구의 초점이었다.

대륙이 한때 붙어 있었다는 알프레드 베게너의 증거의 초점이 된 초대륙이다. 결국 오늘날의 우리의 대륙들이 된 판게아의 분리는 거의 2억 년 전에 시작되었다. 이러한 분리와 분산은 동아프리카 열곡대를 따라 일어나는 아프리카 대륙의 분열과 대서양의 확장에서 보여지는 바와 같이 오늘도 계속되고 있다.

지각평형, 중력, 그리고 산맥의 뿌리

강괴의 확실한 특징 중 하나는 '안정성' 이지만, 이것이 정말 무엇을 의미하는가? 강괴에 적용되는 안정성의 정의는 연약권의 위에 올라타서 암석권이 부유균형을 유지하는 성질인 **지각평형**(isostasy)의 개념에 기초하고 있다. 대륙의 과거 중심부분인 강괴들은 지각평형적 안정성을 이루었다고 말한다. 이것이 무엇을 의미하는지 생각해 보자.

지각평형설

물 위에 떠 있는 나무 조각이나 빙산과 아주 유사하게 암석권은 마치 연약권 위에 떠 있는 것처럼 거동한다(그림 5.25). 떠 있다는 것은 연약권이 대부분 고체이기 때문에 정확하게 올바른 단어는 아니지만, 암석권은 부력을 받고 있으며 떠 있는 것처럼 작동한다. 지난 마지막 빙하기의 큰 빙하들은 지각평형의 인상적인 실증을 제공한다(그림

그림 5.25 지각평형설
지각평형설의 주된 원리는 빙산이나 물 위에 떠다니는 나무 같은 유동적인 물체들은 수면 위보다 아래에 더 많은 양이 존재한다는 것이다. 물체가 물에 뜨는 높이는 전체 질량과 밀도에 달려 있다. 지각평형설의 기본 원리는 암석권에 적용되며, 이는 유연성 있는 연약권 위에 '떠 있다'는 것이다.

5.26A). 3~4km 두께의 큰 대륙 대륙빙의 무게는 암석권을 누를 것이다 (그림 5.26B). 얼음이 녹을 때 땅의 표면은 천천히 다시 상승한다. 이 효과는 석유나 다른 점성의 유체 내로 나무 토막을 밀어 넣는 것과 흡사하다. 미는 것을 멈추면 나무 토막은 그것의 밀도에 의하여 결정된 평형 위치로 서서히 올라간다. 그것의 상승 속도는 유체의 점성(즉 탁도 또는 유동에 대한 저항)에 의해 제어된다.

빙하의 누름과 암석권의 반등은 얼음이 암석권을 누를 때 연약권의 암석이 횡적으로 유동하고, 얼음이 녹을 때 다시 흘러 되돌아온다는 것을 의미한다(그림 5.26C). 연약권에서의 온도와 압력 사이의 균형으로 암석은 용융온도에 매우 가깝다. 이것은 명백히 연약권이 매우 약한 이유이다. 그러나 우리는 비록 지난 빙하시대 동안 이 지역을 덮었던 빙하의 대부분이 7,000년 전까지 녹아나갔지만 북동부 캐나다와 스칸디나비아의 일부 지역은 아직도 상승하고 있는 것을 관찰할 수 있다. 이러한 관찰로부터 아래 놓인 연약권의 유동은 매우 느리고, 연약권 자체의 점성이 매우 높다는 것을 유추할 수 있다.

암석권의 밀도는 연약권 위에서의 부유균형을 결정한다. 따라서 가벼운 나무 조각이 무거운 나무보다 더 높이 뜨는 것과 같이 밀도가 낮은 대륙 암석권은 밀도가 높은 해양 암석권보다 더 높이 뜬다. 대륙과 그 위에 있는 산맥은 밀도가 낮은 암석으로 구성되어 있고, 두껍고 가벼워서 높이 솟아 있다. 해양분지들은 해양 지각이 더 밀도가 높은 암석으로 구성되어 있기 때문에 지형적으로 낮다. 지각평형과 대륙 지각이 해양 지각보다 밀도가 더 낮다는 사실은 지구가 대륙과 해양분지들을 갖게 되는 이유이다.

강괴가 지각평형적으로 안정 또는 균형 상태를 이루고 있다고 말할 때 그것은 오래된 강괴가 아래의 연약권에 대해 안정적으로 떠 있는 상태에 있어서 융기하거나 가라앉지 않는다는 것을 의미한다. 그러나 활성조산대의 산맥이 형성되는 곳에서 암석권이 대륙 충돌의 결과로 지역적으로 두꺼워진다. 이러한 암석권의 활성 융기와 두꺼워짐은 아래 놓인 쉽게 변형되는 연약권에 의해 지지를 받는다. 산맥이 융기되면 풍화와 침식의 힘에 의해 이미 마모되기 시작한다(그림 5.27). 침식에 의한 무게의 제거는 빙하가 녹는 것과 마찬가지로 암석권의 무게를 줄어들게 한다. 밑에 있는 연약권에서의 환원류는 부력을 더하여 산맥 지역이 다시 반등하여 융기되는 것을 가능하게 한다.

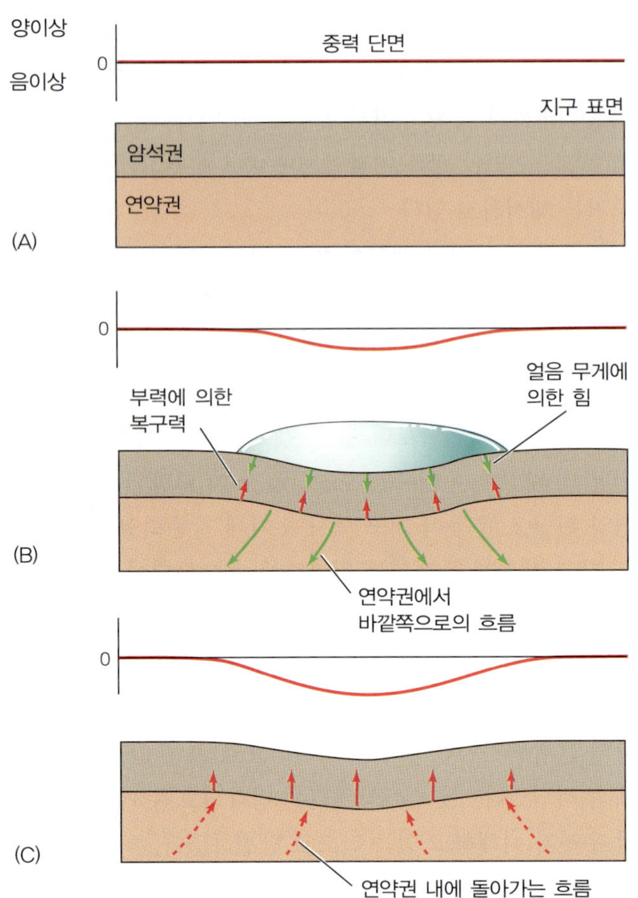

그림 5.26 지각평형 복원
마지막 빙하기 동안 아주 무거운 빙하가 북아메리카와 스칸디나비아의 대륙 암석권을 눌러 지표가 가라앉고 연약권이 밖으로 밀려났다(B). 얼음이 녹은 후(C), 지반이 복원되기 시작하고 연약권도 아래 영역으로 밀려들어오기 시작했다. 비록 빙하가 수천 년 전에 사라졌지만 지반은 여전히 융기하고 있다. 이것은 연약권의 흐름이 아주 느리다는 것을 제시한다.

중력이상

산맥의 더욱 흥미로운 특징은 이들이 지형적으로 높은 꼭대기들과 균형을 유지하는 깊은 뿌리를 갖고 있다는 것이

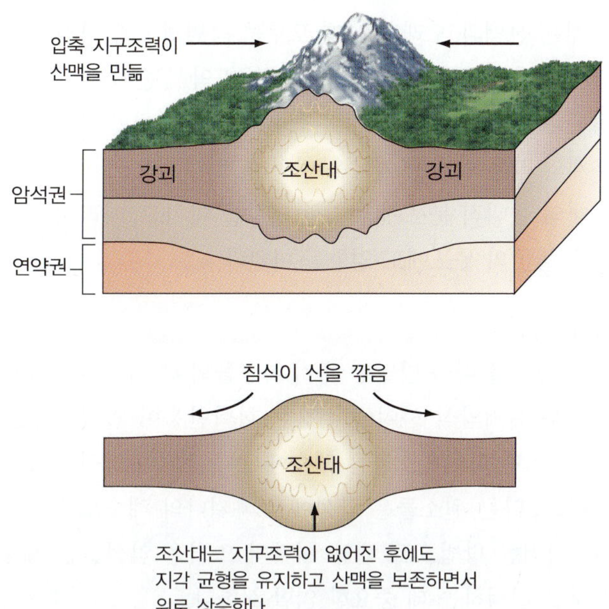

그림 5.27 산의 뿌리와 지각평형 보정
산맥은 하부에 있는 유동성의 연약권까지 깊게 확장되는 대륙 암석으로 만들어진 뿌리가 있다. 산이 침식을 받아 깎이면 지각평형 보정과 연약권 흐름의 복귀로 인해 조산대가 상승하게 된다.

다. 대부분의 질량을 수면 아래에 갖고 물 위에서 지각평형적 균형으로 떠 있는 빙하와 같이 산맥은 유동성이 있는 하부 연약권으로 연장된 대륙암석의 깊은 뿌리를 갖는 암석권의 두꺼운 조각들이다(그림 5.27). 산맥 아래 깊은 뿌리의 존재는 지각평형에 대해 우리가 아는 것을 이치에 맞게 설명하지만, 이것은 또한 지구 중력에서의 다양성 연구에 의해 더욱 명확해졌다.

지구 표면에서 중력에 의한 인력은 적도에서보다 극에서 약간 더 세다. 이것은 지구가 둥글어 보이지만 사실은 완전한 구가 아니며 극이 약간 더 편평하고 적도 쪽이 튀어나온 타원체이기 때문이다. 중력의 당기는 힘은 (두 물체의 질량 중심 사이의 거리 제곱에 반비례한다) 지구 중심까지의 거리가 극에서 적도보다 약간 더 작기 때문에 극에서 더 크다. 또한 여러분의 몸무게는 얼마나 강하게 지구 중력이 여러분의 몸을 지구의 중심으로 잡아당기는가를 측정하는 것이라는 것을 상기하라. 따라서 북극에서 몸무게가 90.5kg인 사람은 적도에서 단지 90kg이다. 만약 이러한 무게에 민감한 사람이 극에서 적도로 이동하면서 매우 정확히 몸무게를 측정을 한다면, 몸무게가 불규칙하게 변화한다는 것이 명확해질 것이며, 이것은 중력이 극과 적도 사이에서 불규칙하게 변한다는 것을 암시한다.

우리는 어떤 위치에서의 중력을 측정하기 위한 민감한 장비인 **중력계**를 사용하여 이러한 중력의 불규칙한 변화를 확인할 수 있다. 중력계는 민감한 스프링에 달려있는 무거운 추로 구성되어 있다(그림 5.28). 땅이 안정되어 있을 때 추의 끌어당김은 추에 작용하는 지구 중력의 정확한 측정을 가능하게 한다. 오늘날 중력계들은 매우 민감해서 지구 중력을 1억 분의 1의 변화까지도 측정할 수 있다. 자세한 측정들은 지구의 다른 위치들에서 중력의 크고 현저한 차가 존재한다는 것을 보여주었고 과학자들은 이를 **중력이상**(gravity anomaly)이라 부르며, 지구 내부에 대한 많은 중요한 정보들을 이들로부터 추론할 수 있다. 소위 양의 중력이상은 지표 아래에 밀도가 높은 암석이 집중된 결과이고, 음의 중력이상은 밀도가 낮은 암석이 집중된 결과이다.

한 예로 미국 하부의 지각 단면(지진파 연구에 의해 결정된)이 그림 5.29A에 제시되어 있으며, 같은 지역의 중력 단면과 비교하였다(그림 5.29B). 3개의 주요 산맥계 아래에서(애팔래치아 산맥, 로키 산맥, 시에라 네바다 산맥) 지각은 평야 지역에서보다 더 두껍다. 지구 중심으로부터의 거리를 고려하면 대륙의 높은 지역 대부분의 중력 측정값은 기대값보다 작지만, 지각이 가장 두꺼운 곳에서 최소값을 보인다. 중력이 낮은 지역들은 이러한 높은 산맥의 뿌리를 형성하는 밀도가 낮은 암석들에 의해 발생하는 주요한 음의 중력이상들이다.

그림 5.28 중력계
중력계는 무거운 금속 추를 민감한 스프링에 매단 것이다. 장소에 따라 중력이 변하기 때문에 스프링이 약간 늘어나면서 추는 스프링을 더 많이 혹은 더 적게 당기게 된다. 이 추와 스프링은 매우 예민한 측정도구로 진공상태에 보관된다.

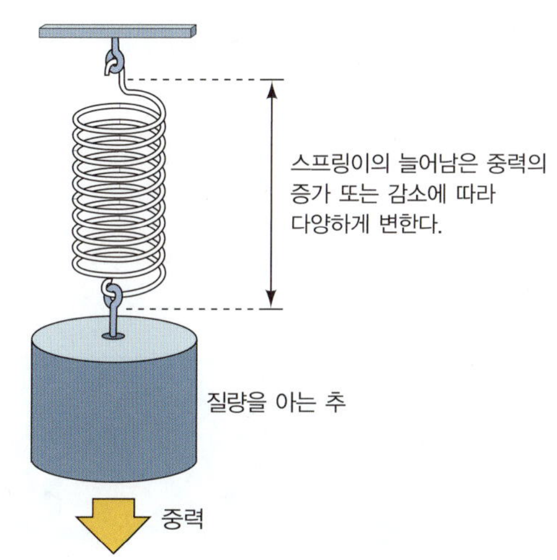

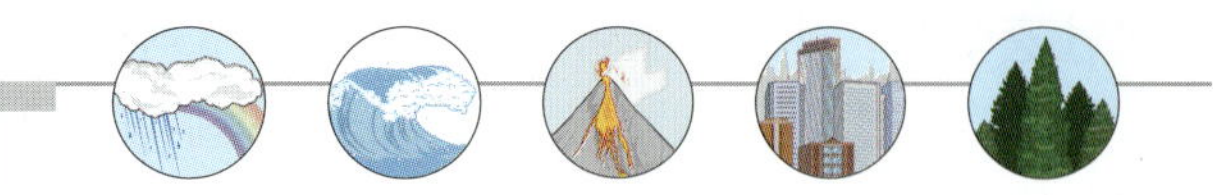

관련짓기

지권에서의 사건, 예를 들면 해양분지의 열림 혹은 산맥의 융기는 아주 천천히 일어난다. 이와 반대로 대기권, 생물권, 수권에서 일어나는 사건의 경우에는 아주 빠르게 일어난다. 무엇이 이러한 차이를 만든다고 생각하는가?

판구조론과 오늘날의 지구계

지구계의 거의 모든 권역이 지구 내부 열원에 의해 일어나는 판구조 운동에 의해 직접 또는 간접적으로 영향을 받는다. 판구조론에 대한 토론을 완성하기 위하여 이러한 영향의 몇몇 예를 검토해 보자.

새로운 조산대에서의 기후와 생태계

오늘날의 큰 산맥들은 지난 수억 년 동안 형성된 활성 대륙충돌대인 젊은 조산대들이다. 거대한 호상 시스템에서 일어날 때는 수백 킬로미터의 폭이고, 보통 길이는 수천 킬로미터에 달한다. 충돌계 내에서 암석들은 보통 매우 복잡한 방법으로 압축되고, 파쇄되고 습곡되고 주름진다. 이러한 예는 여러 곳에 존재한다. 알프스 산맥, 히말라야 산맥, 그리고 카르파티아 산맥들은 모두 젊은 산맥 시스템이고 여전히 활성적으로 융기하는 반면, 애팔래치아 산맥과 우랄 산맥은 천천히 침식되고 있는 더 오랜 시스템들이다.

그림 5.29 북아메리카의 중력 단면

(A) 이 단면은 북아메리카판를 가로질러 애팔래치아로부터 시에라 네바다까지 대륙 지각에서 두께의 다양성을 보여준다. 지각의 두께(지진파 연구에 의해 밝혀진)는 3개의 주요 산맥들 밑에서 가장 두껍다.

(B) 같은 지역의 중력 단면은 지각이 가장 두꺼운 시에라 네바다, 로키, 애팔래치아 산맥에서 두드러진 음의 중력 이상을 보여준다. 이 중력값들은 산맥 밑에 놓여 있는 밀도가 낮은 대륙 지각들에 의한 것이다.

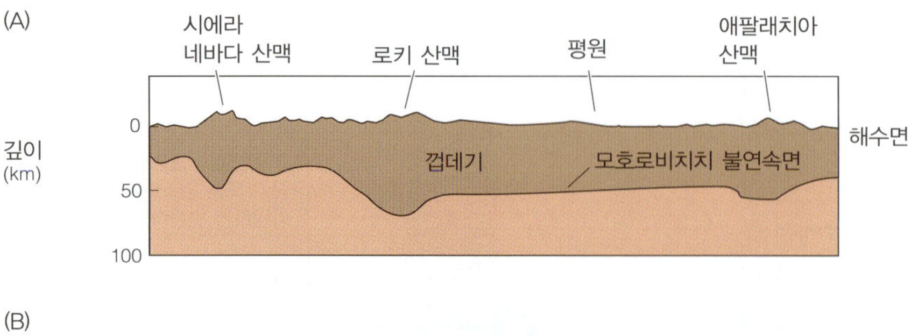

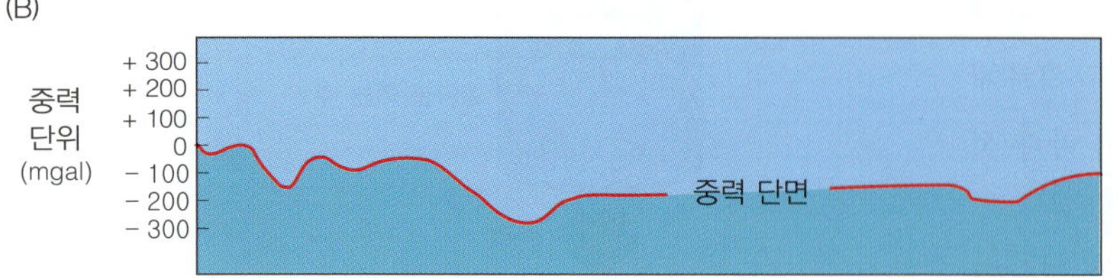

젊은 산맥과 오래된 산맥 모두는 특별하고 인상적인 경관이고 판구조 운동에 의해 형성되고 암석 순환에 의해 변형된다. 이러한 큰 산맥들은 근본적으로 세계의 바람과 기후계의 작동 방법에 영향을 미친다. 결과적으로 이들은 기후대의 현대적 분포에 현저한 영향을 미치고, 따라서 식생과 동물군의 분포에도 영향을 미친다.

해수 성분

중앙 해령을 따라 발달된 해저 화산들의 큰 산맥은 해수와 뜨거운 해저암석 사이에서 강한 화학반응이 일어나는 곳이다. 어떤 화학원소들은 해수에서 추출되어 암석으로 들어가고, 다른 원소들은 암석에서 빠져나와 해수로 들어간다. 이러한 방법으로 해양 지각의 뜨거운 암석들은 해수 성분을 결정하는 데 중요한 역할을 한다.

대기 성분

판의 확장경계를 따라 분포하는 화산과 섭입대 주변에 분포하는 화산들은 모두 많은 양의 가스를 대기로 방출한다. 제4장에서 배운 바와 같이 우리 태양계의 초기에 지구를 감싸고 있었던 원시 가스들은 방출되었다. 지구는 지질 시대를 통한 화산가스의 배출 없이 오늘날 지구상의 생명체를 유지시키는 2차 대기를 발달시키지 못했을 것이다.

화산 활동의 세기는 대기에서의 온실기체의 농축과 전 지구적 기후를 제어하는 근본적인 제어 요인들 중 하나이다. 화산 활동이 최소였던 지구 역사의 기간 동안 대기의 온실기체도 이에 상응하여 매우 낮았고 그 결과 전 지구적 기후도 추웠다. 이때를 빙하기라고 한다. 반대로 화산 활동이 특별히 심할 때는 대기의 온실기체 농도가 증가하여 전 지구적 기후가 결과적으로 따뜻해지게 된다. 이때를 온실 기간이라고 한다. 화산가스는 계속적으로 기후와 대기의 장기적 성분에 중요한 역할을 한다. 매우 큰 화산 분출은 급격한 단기적 · 불규칙한 기후 변동을 일으킬 수 있다.

탄소의 격리

암석 순환 과정의 한 결과로 형성된 퇴적물은 이들이 암석으로 바뀌는 낮은 해양분지에 쌓이게 된다. 이러한 퇴적물과 퇴적암들은 탄소가 풍부한 유기물질이 저장되는 가장 중요한 장소들이다. 탄소의 격리는 지구에서 근본적으로 가장 중요한 과정 중 하나이다. 이러한 탄소의 격리가 없으면 지구대기는 금성의 대기와 같이 근본적으로 산소가 없고 이산화탄소가 풍부할 것이다. 이러한 지구에서는 생명체가 살 수가 없을 것이다. 이러한 맥락에서 해양분지들의 열림과 닫힘 비율조차도 중요하다. 대륙과 해양분지들의 재배치는 해수면에서부터 풍화, 침식, 퇴적의 속도에 이르기까지 모든 것에 영향을 미친다. 이는 다시 탄소의 격리 속도와 전 지구적 기후에도 영향을 미친다.

이러한 모든 방법과 그밖의 많은 다른 방법으로 판구조 운동은 지구의 역사를 통해 지구계의 모든 권역에 실질적으로 영향을 미쳐 왔고, 오늘날에도 계속되고 있다. 판구조 운동이 없다면 지구 표면은 수성의 표면과 같이 밋밋하고 생명력이 없을 것이다.

요약

1. 판구조론은 지구의 지형과 암석의 형성, 산맥의 형성과 지형 기복을 과학적으로 이해하는 데 활용되는 통일 이론이다. 대륙이동설의 초기 지지자들은 대륙들은 대륙들이 한때 하나로 합쳐졌었다는 인상적인 증거들을 모았다. 하지만 대부분의 과학자들은 대륙이동의 메커니즘과 원동력에 대한 확실한 증거가 밝혀질 때까지 이 이론을 받아들이지 않았다.
2. 암석의 고지자기 연구는 지구 자극들의 옛 위치를 구명하였다. 옛 극들의 겉보기 이동 경로들은 지구물리학자들이 극 자체보다는 대륙들이 지질 시대 동안 이동했다는 결론에 이르게 했다.
3. 해저확장에서 해양 지각은 해령으로부터 갈라져 횡적으로 멀어져 간다. 맨틀로부터 마그마 상승은 이 공간을 채우면서 새로운 해양 지각을 형성한다. 해령에서 멀리 떨어진 해양 지각은 해령에 가까운 지각보다 나이가 더 오래되었다. 이것은 지구 자기장이 역전된 연대의 연구를 통해 해저 암석의 연령을 밝혀낸 고지자기 연구에 의해 확인되었다. 지자기의 연속된 역전은 이것이 형성되어 해령으로부터 멀어지면서 이동함에 따라 새로운 해양 지각에 기록된다.
4. 암석권의 판을 이동시키는 원동력은 맨틀의 대류이다. 맨틀에서의 뜨거운 암석은 천천히 상승하며 좌우로 퍼져가고 차가워지고 밀도가 높아지면 결국 맨틀 아래로 침강하게 된다. 차갑고 딱딱한 암석권은 뭉쳐진 판으로 뜨겁고 약한 연약권 위를 움직이며, 판 상부를 덮고 있는 해양 판과 대륙 판은 이를 따라 움직인다.
5. 암석권의 판의 이동 방향과 속도를 측정할 때는 먼 별과 같이 고정된 기준이 필요하다. 여러 위치에서 시간에 따른 거리를 측정함으로써 작은 차이가 감지될 수 있다. 깊이 자리한 맨틀의 열점은 지구계 내에서 판의 운동을 측정할 수 있는 고정된 기준을 제공한다. 일반적으로 대륙 지각은 천천히 이동하며 반면 대륙 지각이 없는 판은 더 빠르게 이동한다.
6. 지구의 지름은 현저히 증가하거나 감소하지 않는다. 따라서 판의 확장경계를 따른 새로운 지각의 생성은 섭입판의 경계를 따라 사라지는 물질과 균형을 이룬다. 섭입대에서 해양 지각으로 덮여 있는 암석권은 대류 셀의 가장자리를 따라 가라앉으면서 맨틀로 되돌아간다.
7. 암석권 아래에 발달된 유동적인 연약권에 의해 밀쳐진 암석권은 9개의 주요 판과 많은 작은 판으로 갈라졌다. 판의 경계를 따라 상호작용이 일어나고, 이는 지진과 화산 활동에 의해 드러난다. 판경계의 기본 유형은 판이 멀어지는 발산경계 또는 확장경계, 판이 상대방 쪽으로 서로 가까워지는 수렴경계, 판이 서로 엇갈리며 수평으로 이동하는 변환단층 경계가 있다.
8. 판의 발산경계는 대륙에서 시작하여 해양이 된다. 판은 큰 대륙으로 덮여 있으며, 아래로부터 열이 천천히 올라오며, 확장하여 넓은 평원을 형성하다 결국 갈라진다. 대륙 열곡은 계속 넓어져 결국 선형의 바다를 만들며, 시간이 흐르면서 해저확장으로 성장한다. 분지가 넓어지고 마그마가 상승하여 새로운 해양 지각이 형성됨에 따라 선형의 바다는 성숙된 해양분지로 진화한다.

9. 해양 지각으로 덮여 있는 2개의 판이 만나는 해양 판-해양 판의 수렴경계에서 둘 중 하나의 판은 섭입되어 다른 판 아래에 있는 맨틀 속으로 가라앉게 된다. 수렴되는 판 중에 어느 것이 섭입되는가는 수렴의 속도와 각도의 함수이다.
10. 밀도가 낮은 대륙 지각은 끌리거나 섭입대로 밀려 내려가기에는 너무 부력이 세다. 대륙 지각에 의해 덮여 있는 판이 해양 지각으로 덮여 있는 판을 만났을 때(해양 판-대륙 판 수렴경계) 해양 지각이 아래로 섭입된다.
11. 낮은 밀도의 대륙 지각에 의해 덮여 있는 양쪽의 판이 서로 수렴할 때(대륙 판-대륙 판 수렴경계), 둘 다 아래로 섭입하지 않으며, 결국 대륙 충돌이 일어난다. 충돌의 결과로 산맥이 형성되고 그 봉합대를 따라 해양분지는 사라진다. 해양분지가 갈라지고 열리며 넓어지는 순환과 섭입대에서의 수렴, 그리고 결국 충돌대에서 사라지는 해양분지, 이러한 순환을 윌슨 사이클이라고 부른다.
12. 변환단층은 2개의 판이 옆으로 미끄러지면서 지나가는 주향이동 운동을 하는 경계를 따라 발생하는 아주 큰 수직 단열이다. 판들이 서로 엇갈리게 수평으로 지나면서 그들의 가장자리를 붙잡거나 고정시킨다. 그렇게 함으로써 양쪽의 암석이 구부러지거나 휜다. 고정되어 있던 구역이 파괴되면 휘어진 암석이 갑자기 펴지면서 전형적으로 지진이 발생한다.
13. 어떤 해수는 해양분지에서 낮은 대륙붕으로 흘러들어오기 때문에 현대의 대륙 해안선은 정확한 원래의 해양열곡의 가장자리와 보통 일치하지 않는다. 대륙의 진짜 경계는 보통 물밑에 숨겨져 있으며, 대륙사면과 대륙대가 만나고, 대륙 지각이 해양 지각과 만나는 곳이다.
14. 섭입대는 깊은 해구로 표시되며 이곳에서는 해양에 덮인 암석권이 연약권으로 끌려 들어간다(끌림 혹은 밀침). 활성 해구는 베니오프대와 관련이 있으며, 큰 규모의 지진이 아래로 섭입되는 판 규모의 윤곽을 보여준다. 호상열도는 침강하는 판이 약 100km 깊이에 도달할 때 시작되는 용융의 결과이다. 이러한 용융에 의해 형성된 마그마가 화산대를 형성하며 지표로 상승한다.
15. 판의 안정된 내부에 위치하는 대륙들은 지질학적 과거에 판들이 갈라져 나가기 시작했을 때의 들쭉날쭉한 모양을 가진 수동형 경계를 가진다. 이에 반해 능동형 대륙 경계는 지질학적으로 활동하는 판의 경계이다. 이들은 대륙충돌대, 변환단층 경계 또는 섭입이 일어나는 해양 판-대륙 판의 수렴경계들이 될 수 있다. 활동적인 해양 판-대륙 판 수렴경계의 가장 두드러진 양상은 섭입 판이 용융될 때와 마그마가 해구의 대륙 가장자리에서 상승할 때 형성되는 대륙 화산호이다.
16. 대륙의 암석은 그들이 지질 시대 동안 겪은 변형의 기록을 수반하지만 해양 판은 지질학적으로 젊어서 지질 활동의 오랜 기록을 보존하지 못한다. 안정적인 오랜 대륙의 중앙부는 강괴라고 한다. 이들의 주변은 젊은 조산대로 둘러싸여 있으며, 대륙 충돌대에 의해 격렬하게 휘어지거나 파열된 판이 길게 늘어진 지역이다. 이들은 오래된 산맥의 침식된 뿌리이다. 오래된 조산대들은 약 20억 년이 되었으며, 이는 적어도 이러한 기간 동안 판구조 운동이 작용해 왔다는 것을 지시한다.
17. 만약 판구조 운동이 지구 역사 초기에 작동했다면 판들은 작고 빠르게 움직이며, 끊임없이 맨틀로 돌아가는 순환을 했을 것이다. 결국 암석권은 식고 두꺼워지며, 오늘날 우리가 이해하는 것과 같은 판의 형성으로 이어졌을 것이다. 대륙의 진화는 초대륙이라고 하는 거대한 복합체로 강괴가 모여지는 것, 그 후의 분리, 분산, 재결합을 포함한다. 가장 최근에는 강괴들이 초대륙인 판게아로 모아졌다. 판게아의 분리는 우리의 현재의 대륙을 형성했으며, 거의 2억 년 전에 시작되어 현재까지 계속되고 있다.
18. 강괴는 지각균형에 의해 안정하다. 지각균형설은 연약권 위의 암석권이 부력 균형을 유지하게 하는 특성이다. 암석권 조각의 밀도와 두께는 이들의 부력 균형을 결정한다. 변하기 쉬운 연약권의 흐름은 암석권의 무게가 누르는 지역에서부터 아주 천천히 밖으로 밀리고, 빙하가 녹거나 산이 침식되는 것처럼 만약 무게가 감소하면 느리게 되돌아온다. 지각균형설과 대륙 지각이 해양 지각보다 밀도가 낮다는 사실은 지구가 지형적으로 높은 대륙과 낮은 해양분지를 가지는 이유이다.
19. 지형적으로 높은 산맥들은 아래에 있는 연약권까지 확장되는 밀도가 낮은 대륙 암석의 깊은 뿌리를 가지고 있다. 이는 지구 표면에서 중력이 당기는 힘의 다양함

에 대한 연구를 통해 확인되었다. 큰 산맥은 그외 깊고 낮은 밀도의 뿌리 때문에 현저한 음의 중력이상으로 특징된다.

20. 지금의 거대한 산맥들은 최근 수억 년 동안 형성된 활성 대륙충돌대인 젊은 조산대이다. 이들은 수천 킬로미터의 길이로 압축, 파열 그리고 습곡된 거대한 계들이다. 지구계 상에서 이러한 현대 조산대의 영향은 명확하다. 기후대와 식물의 분포, 동물군조차도 근본적으로 이들의 존재에 의해 영향을 받는다.

주요 용어

강괴(craton)
고지자기(paleomagnetism)
극성(polarity)
대륙대(continental rise)
대륙붕(continental shelf)
대륙사면(continental slope)
대륙순상지(continental shield)
대륙이동(continental drift)
대륙충돌대(continental collision zone)
발산 판경계(divergent plate margin)
변환단층 판경계(transform fault plate margin)
섭입(subduction)
섭입대(subduction zone)
수렴 판경계(convergent plate margin)
심해저평원(abyssal plain)
열곡(rift)
자기역전(magnetic reversal)
자기장(magnetic field)
조산대(orogen)
주향이동(strike-slip)
중력이상(gravity anomaly)
지각평형(isostasy)
지권(geosphere)
초대륙(supercontinent)
판구조론(plate tectonics)
확장경계(spreading center)
해구(oceanic trench)
해저확장설(seafloor spreading)

복습 문제

1. 암석권, 지각, 연약권, 그리고 맨틀에는 어떤 차이점이 있으며, 판구조 운동에서 이들 각각은 어떤 역할을 하는가?
2. 알프레드 베게너가 누구이며, 어떤 혁명적인 발상이 그를 고무시켰는가? 왜 과학자들은 베게너가 처음 그의 발상을 제안했을 때 그것을 받아들이지 못했는가?
3. 지구 역사를 통해 겉보기 자기극의 이동은 어떻게 대륙이동이 일어났는지를 설명하는 데 어떤 도움을 주었는지를 설명하라.
4. 해저확장 모형의 주요 특징은 무엇인가? 해저확장이 실제로 발생한다는 것에 대한 결정적인 증거는 무엇인가?
5. 판구조론에서의 '판'은 무엇인가?
6. 세 가지 유형의 판경계에 대하여 간단하게 설명해 보라.
7. 두 수동 대륙 경계로 둘러싸인 새로운 해양분지가 열리는 사건의 연속 과정을 설명해 보라.
8. 2개의 해양 판이 수렴하면 어떤 현상이 일어나는지 설명해 보라. 이것을 2개의 대륙 판이 수렴하면 어떤 일이 발생하는지와 비교해 보라.
9. 해양분지의 주된 지형적 특징을 확인하고 이들이 판구조론과 어떤 관계가 있는지 설명하라.
10. 히말라야 산맥과 알프스 산맥은 고대 해양의 '묘지'라 부른다. 이유는 무엇인가?
11. 판운동의 메커니즘은 무엇인가? 이것은 어떻게 작동하고 판은 어떻게 움직이는가?
12. 무엇 때문에 해양분지는 지구 표면의 낮은 고도에 위치하며, 대륙은 높은 고도에 위치하는가?
13. 중력이상의 원인은 무엇이며, 이들을 어떻게 측정할 수 있는가? 중력이상에 대한 연구가 산맥의 깊은 뿌리에 대한 증거를 어떻게 제공하는가?
14. 강괴는 무엇이며, 조산대와 어떻게 다른가?
15. 초대륙은 무엇이며, 이들은 우리에게 지질학적 시간 동안 대륙이 어떻게 진화하는지에 대해 무엇을 말해 주는가?

연구와 토론 문제

1. 만약 지구가 자기역전을 겪었다면 그 영향은 어떠하였을까? 여러분의 일생 동안 이것이 일어날 가능성이 얼마나 될까?
2. 지구 표면의 지형은(그림 5.16) 지구 내부의 작용에 의한 판구조 운동과 맨틀의 대류 작용에 대해 많은 것을 나타낸다. 만약 여러분이 우주선을 다른 행성에 보냈을 때 그리고 판구조 운동이 일어나는지 아닌지 구명하고 싶을 때 어떤 핵심적인 관찰을 해야 하는가? 우주선은 착륙하지 못하고 모든 관찰이 원격으로 이루어져야 한다고 가정하라.
3. 몇몇 판운동을 계산해 보자.
   A. 로스앤젤레스 부근에서 태평양판은 북아메리카판과 비교하여 상대적으로 북으로 5.5cm/년의 속도로 움직인다. 로스앤젤레스와 샌프란시스코가 접하게 되기까지 얼마나 걸릴지 계산해 보라. 로스앤젤레스와 샌프란시스코가 접하게 될 때 보일 수 있는 북아메리카의 서쪽 해안의 지도를 그려라. 이제 이로부터 1,000만 년 뒤에는 어떠할 것인지를 보여주는 지도를 그려라.
   B. 현재 뉴욕 시가 있는 위치는 대략 북아프리카의 모로코 마라케 시의 위치에 붙어 있었다. 뉴욕 시와 마라케 시는 현재 5,700km 떨어져 있다. 북대서양은 아프리카판으로부터 2cm/년의 속도로 멀어진다. 대서양이 지금의 폭에 도달하기까지 얼마나 오래 걸렸는가?

기초 원리 문제

1. 지구 자기장의 근원은 무엇인가?
2. 광물들이 어떻게 자화되는가? 용암이 어떻게 지구의 변화하는 자기장을 기록하는가?
3. 고지자기 연구가 어떻게 과거의 자기극의 위치를 결정할 수 있는지 설명하라.

자세히 보기 문제

1. 판의 상대 속도와 절대 속도의 차이는 무엇인가?
2. 판의 절대 속도는 어떻게 결정되는가? 한 가지 방법은 외부 기준에 기초하여 설명하고 다른 한 가지 방법은 내부 · 기준에 기초하여 설명하라.
3. 어떤 판들이 가장 빠르게 움직이며, 어떤 판이 가장 느리게 움직이는가?

CHAPTER

6

지진과 화산

개요

이 장에서 우리는

- 지진이 왜 그리고 어떻게 발생하는지와 과학자들이 어떻게 이것들을 측정하는지를 설명한다.
- 지진과 관련된 재해와 과학자들의 지진 예측을 위한 노력을 살펴본다.
- 암석의 용융과 화산 활동에 이르는 기작들을 다룬다.
- 화산 폭발의 여러 유형과 그와 관계된 재해들을 구분한다.
- 지진, 화산, 판구조론 그리고 지구계의 다른 분야와 작용 사이의 연결을 설명한다.

◀ **여러분은 'Eyjafjallajökull'을 발음할 수 있나요?**
아이슬란드의 화산인 Eyiafjallajökull은 2010년 봄에 몇 달 동안 분출하였다. 그 분출은 지진 활동과 용암 분출을 수반하였다. 이것은 많은 양의 화산가스와 재를 대기 중에 방출하였고, 유럽의 많은 지역에서 항공 여행에 대혼란을 야기했다. 화산 분출의 열은 덮여 있던 빙하를 녹여 해빙수로 인한 홍수를 일으켰다 (아이슬란드의 jökulhlaup).

제5장에서 많은 과학자들이 판구조론의 발달에 기여했다는 것을 배웠다. 지권에 대한 수없이 많은 관찰이 이제 판운동의 결과로 이해될 수 있다. 판구조 운동이 없는 행성으로서의 지구와 지구계는 매우 다를 것이다. 과학자들에 의하여 판구조론을 발전시키고 다듬기 위하여 사용되었던 대부분의 상세한 증거는 지진과 화산 분출의 연구로부터 나왔다. 이 장에서 우리는 이러한 과정에 대해 알아보고, 이것이 지구조적 순환과 지구계 및 다른 순환에 어떠한 영향을 미치는지를 이해하는 데 이러한 과정들이 어떠한 기여를 했는지 살펴볼 것이다.

지진 : 암석이 움직일 때

인간에 대한 영향은 충격적일 수 있지만, 지진은 과학적으로 아주 중요하다. 그들은 지구 내부와 지권의 작동에 대한 연구방법 중 현재까지 가장 강력하다. 큰 지진 이후에 지구가 진동하는 방법은 내부에 있는 암석들의 성질에 의해 좌우된다. 지진동은 의사가 사람의 몸 내부를 연구하기 위하여 X선 또는 CT 스캔을 사용하는 것과 마찬가지로 지구 내부를 연구하기 위하여 사용될 수 있다. 그것들은 우리 발 아래 물질들의 특성을 감지하고 측정하기 위하여 과학자들에게 허락된 원격탐사법이다. 지진 활동 또는 **지진**(seismicity)은 또한 지구조 판들의 경계를 정하는 데 중요한 역할을 한다. 화산으로부터 유도된 정보와 함께 지진의 연구는 확장 중심에서 판들이 형성되고 섭입대에서 소모되는 메커니즘을 과학자들이 해독할 수 있도록 해 준다.

지진이란 무엇인가

여러분의 무릎에 얇은 나무 막대기를 올려놓아 보자. 양쪽을 아래로 눌러 나무를 휘게 하라. 누르는 것을 멈추고 나무가 그것의 원래 모양으로 되돌아가게 하라. 물체의 모양이나 크기에서의 변화는 **변형**(deformation)이라 하고, 변형력이 제거되었을 때 어떤 변화의 모양이나 크기가 되돌아가는 것은 탄성 변형이라고 한다. 당신이 나무를 휘게 하기 위하여 사용했던 근육 에너지는 사라지지 않는다. 그것은 나무에 **탄성 에너지**(elastic energy)로 저장된다. 휘게 하는 힘이 제거되었을 때 나무를 원래 모양으로 되돌아가게 하는 것이 탄성 에너지이다. 그러나 압력이 매우 커서 나무의 탄성 한계를 넘었을 때 무슨 일이 일어나는지 고려해 보자. 막대기는 갑작스럽게 부러지고, 저장된 탄성 에너지는 한 번에 방출된다(그림 6.1). 그 탄성 에너지는 나무가 부러질 때 부분적으로 열로 바뀌고, 일부는 깨지는 소리를 만드는 음파로 바뀌고, 부분적으로는 나무에서의 진동으로 바뀐다.

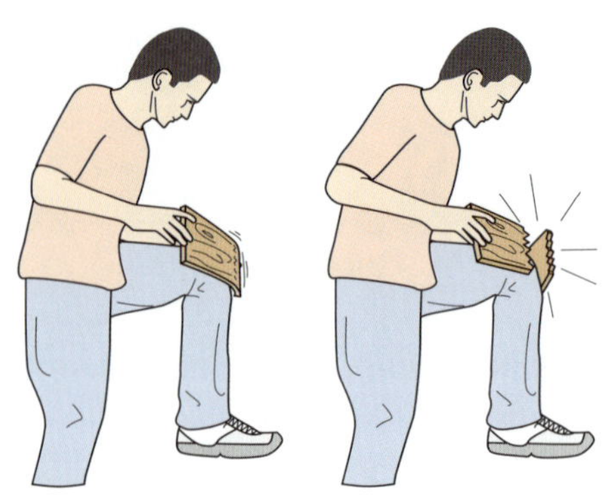

그림 6.1 탄성 에너지
만약 당신의 무릎으로 나무판을 구부린다면 나무판은 구부러지면서 탄성 에너지를 축적할 것이다. 당신이 과도하게 나무판을 누른다면 나무판은 부러지며 축적된 에너지를 한 번에 해소할 것이다. 이와 유사하게 암석덩어리가 구부러지거나 파괴될 때 지진이 발생한다.

지진동은 나무가 부러질 때 느끼는 진동과 같은 종류의 진동이다. 물론 부러지는 막대기가 지진의 원인은 아니지만, 암석은 탄성이고—한계 내에서—그것들은 휠 수 있다. 지진의 기원에 관해 가장 널리 받아들여지는 가정은 암체에 탄성 에너지 저장이 암체의 파괴로 이어지거나, 이전의 파괴를 따른 두 암체의 미끌림으로 저장된 탄성 에너지가 갑자기 방출되는 것이다. 정확히 암석에서 어떻게 탄성 에너지가 저장되고 축적되는지, 그리고 정확히 어떻게 그리고 왜 그것이 갑자기 방출되는지가 집중적인 연구의 주제들이다.

지진의 원인

암석에서의 깨짐 또는 단열을 따라 암석의 미끌림이 발생하는 단열을 **단층**(fault)이라고 한다. 대부분 지진의 원인이 단층을 따른 갑작스런 이동으로 생각되지만, 그것은 그렇게 간단하지 않다. 어떤 지진들은 다른 것들보다 수백만 배 더 강하다. 수천의 작은 미끌림과 작은 지진들에 의해 해소되는 에너지양이 다른 경우에는 하나의 거대한 지진에 의해 저장되고 해소된다. 무엇이 이러한 차이를 만드는가? 그것은 탄성 에너지가 저장되고 암체 내에 쌓여지는 방식 때문이라고 할 수 있다.

지진 발생의 우세한 가설인 **탄성반발설**(elastic rebound hypothesis)은 어떤 단층면들은 거칠어서 단층의 양쪽 암체들이 쉽게 미끌리기보다는 서로 맞물려 있다는 것을 제

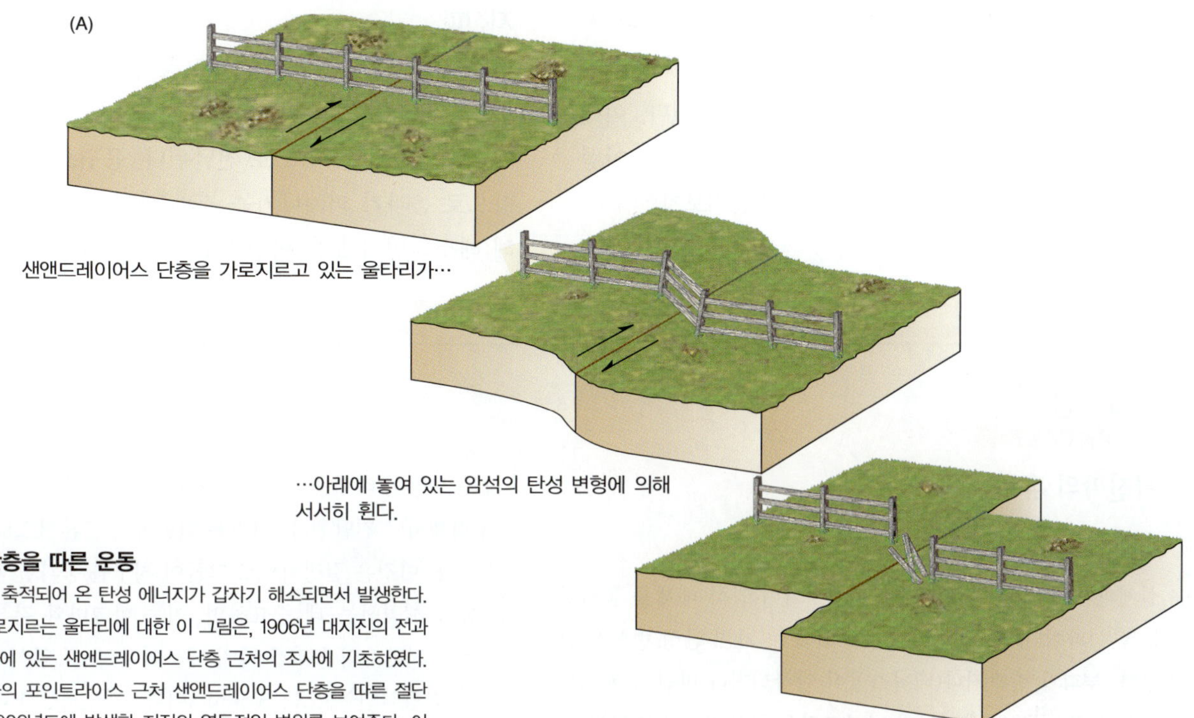

그림 6.2 단층을 따른 운동
지진은 암석에 축적되어 온 탄성 에너지가 갑자기 해소되면서 발생한다. (A) 단층을 가로지르는 울타리에 대한 이 그림은, 1906년 대지진의 전과 후, 캘리포니아에 있는 샌앤드레이어스 단층 근처의 조사에 기초하였다. (B) 캘리포니아의 포인트라이스 근처 샌앤드레이어스 단층을 따른 절단된 울타리는 1906년도에 발생한 지진의 역동적인 변위를 보여준다. 이 울타리는 1906년도에 지진에 의해 잘려진 옛 울타리의 흔적을 따라 1970년대에 만들어졌다.

안한다. 만약 두 암체가 맞물려 있지만 지구조적 힘이 여전히 그것들을 밀면, 단층의 양쪽에 있는 암석들은 변형을 겪게 될 것이다. 휨이 나무 막대의 탄성 에너지를 저장하게 하는 것과 마찬가지로 변형에 의해 암체들은 탄성 에너지를 저장한다. 암체가 요동치며 엇갈리면서 맞물렸던 단층이 최종적으로 미끄러질 때 양쪽의 변형된 암석들은 원래의 형태로 되돌아가고 저장된 에너지는 지진에 의해 일시에 해소된다. 맞물림이 오래 지속되면 될수록 더 많은 탄성 에너지가 축적되어서 지진이 최종적으로 발생할 때 더 많은 에너지가 방출된다.

탄성반발설을 지지하는 첫 번째 측정이 캘리포니아의 샌앤드레이어스 단층의 연구로부터 나왔다. 샌앤드레이어스 단층은 암석권을 절단하는 복잡한 수직의 변환단층으로 서쪽의 태평양판과 동쪽의 북아메리카판을 분리시킨다(그림 5.15). 두 판은 반대 방향으로 미끄러진다. 태평양판이 북아메리카판에 대해 북북서 방향으로 이동한다. 몇몇 장소들에서는 그 미끌림이 부드럽고 연속적이지만, 다른 곳들에서는 단층이 맞물려 있다. 1906년 4월 18일 샌프란시스코 근처에서 맞물려 있던 단층의 양쪽이 갑자기 미끄러졌다(그림 6.2). 심한 지진을 발생시키면서 탄성적으로 축적된 에너지가 휜 지각이 펴지면서 해소되었다. 1906년 지진이 발생했던 단층부분은 이제 다시 잠겨 있다. 1906년 이래로 이 단층을 따라 다른 지역에서도 또 다른 파괴적인 지진들이 발생했다. 주목할 만한 지진으로 1989년의 로마프리에타(샌프란시스코 근처) 지진과 1994년의 노스리지(로스앤젤레스 근처) 지진이 있다. 그리고 결국 또 다른 지진이 이 위치에서 발생할 것이다. 단층들은 재발적인 단계로 미끄러지고 결국 지진도 재발한다는 증거는 명백하다.

1906년의 샌프란시스코 지진은 엄청난 양의 재해를 일으켰지만 또한 많은 연구를 촉발시켰다. 그러한 연구 위에서 과학자들은 어떻게 지진 피해가 최소화될 수 있는지와 지진이 어떻게 지권의 내부 구조와 물성을 연구하기 위하여 사용될 수 있는가에 대한 우리의 이해를 발전시켰다. 이러한 점들에 대한 토론으로 나아가기 이전에, 지진동이 어떻게 암석을 통해 이동하는지를 더욱 자세히 살펴보자.

지진파

지진이 발생할 때 탄성적으로 축적된 에너지는 진원으로부터 지구의 다른 부분들로 **지진파**(seismic wave)라고 불리는 진동에 의해 밖으로 전달된다. 음원으로부터 모든 방향으로 음파가 퍼져나가는 것과 같이 지진파는 지진에 의해 해소되면서 모든 방향으로 퍼져나간다. 탄성파는 탄성

기초 원리

지진파의 유형

실체파

실체파는 암석을 탄성적으로 변형시키며 암석 매체를 통과하는 탄성파이다. 암석은 실체파에 의해 두 가지 탄성 변형을 받는다. 부피가 변하거나(테니스공이 압착되거나 바람이 빠지는 풍선과 같은) 모양이 변한다(나무조각을 구부리거나 비트는 것과 같이).

실체파는 파의 진행 방향으로 압축(압착)작용과 확장(신장)작용을 반복하여 부피 변화를 일으킨다(그림 B6.1A). 음파는 그러한 압축파의 익숙한 예다. 음파는 공기의 압축과 확장을 반복하며 공기 중을 통과한다. 우리의 귀는 압축과 신장의 진동을 감지하고 우리의 뇌는 이 진동신호를 소리로 변환한다. 압축파/신장파는 기체, 액체, 고체를 통과할 수 있다. 이것이 공기뿐만 아니라 집의 벽을 통해서뿐만 아니라 물 밑에서도 소리를 들을 수 있는 이유이다. 압축파/확장파는 암석을 쉽게 통과하며, 그들은 지진파 중에 가장 큰 속도를 가진다. 6km/s는 지표 근처에서의 일반적인 값이다. 그들은 지진 후 가장 먼저 지진계에 기록되며 이들을 **P파**(primary wave)라고 한다.

모양을 바꾸어 물질을 변형시키는 실체파를 전단파라고 부른다. 전단파는 물질을 통과하며 진행할 때 물질의 각 입자들이 파의 진행방향과 수직으로 변위된다(그림 B6.1B). 액체나 기체는 모양을 가지고 있지 않다. 우리가 그것들을 어떠한 용기에 넣으면 그들은 용기를 채우기 위해 단순히 자유롭게 움직인다. 다른 말로 액체나 기체는 모양이 바뀌는 것에 의존하는 파를 전달하지 못하며 고체에 의해서만 전달된다. 이것은 전단파의 근본적으로 중요한 성질이다. 이것은 결정적으로 그들이 지구를 통과할 때 지진파의 거동을 해석하는 데 중요하며, 이는 마그마와 같은 액체상의 존재는 전단파의 통과를 막기 때문이다. 지표 암석에서의 전단파의 전형적인 속도는 3.5km/s이다. 전단파는 P파보다 느리고, 지진계에 더 늦게 도달하기 때문에, 이를 **S파**(secondary wave)라고 한다.

표면파

표면파는 실체파보다 약간 이해하기가 어렵다. 그들은 종이 울리는 것과 같은 현상으로 발생한다. 종이 울릴 때 종의 표면은

그림 B6.1 지진 실체파
두 가지 지진 실체파의 유형이 있다. (A) P파는 암석을 통과하면서, 압축과 신장을 반복하며 부피 변화를 일으킨다. 암석에서 앞과 뒤로 움직이는 각 점은 P파의 진행 방향과 평행하다. (B) S파는 전단 운동을 하기 때문에 암석의 모양을 바꾼다. 암석에서 아래위로 움직이는 각 위치는 S파의 진행 방향과 수직이다.

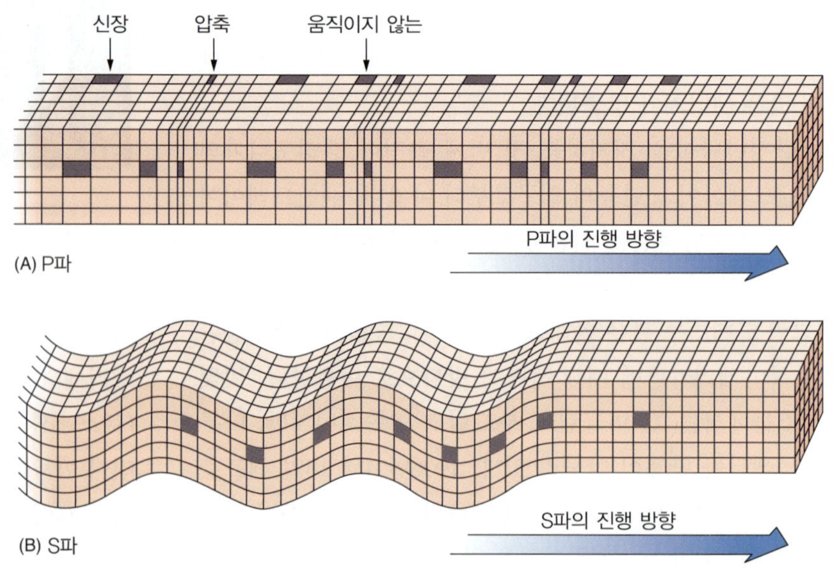

교란이어서, 암석의 탄성한계를 넘지 않으면 영구변형은 발생하지 않을 것이다. 파가 통과한 이후에 암석들은 그들의 원래 모양으로 되돌아 갈 것이다. 그러므로 암석들은 지진동의 영구기록을 전달하지 않고 지진파는 암석이 진동하는 동안에 기록된다. **지진계**(seismograph)(그림 6.3)라는 지진파를 감지할 수 있는 많은 연속적인 기록장비들이 세계 여러 곳에 설치되어 왔다. 그들이 지진관측소에 도착했을 때의 다양한 지진파들을 보여주는 지진계에 의해 만들어진 실질적인 기록을 **지진 기록**(seismogram)이라고 한다.

여러 종류의 지진파들이 있고, 그들은 두 부류에 속한다. **실체파**(body wave)는 진원으로부터 모든 방향으로 이

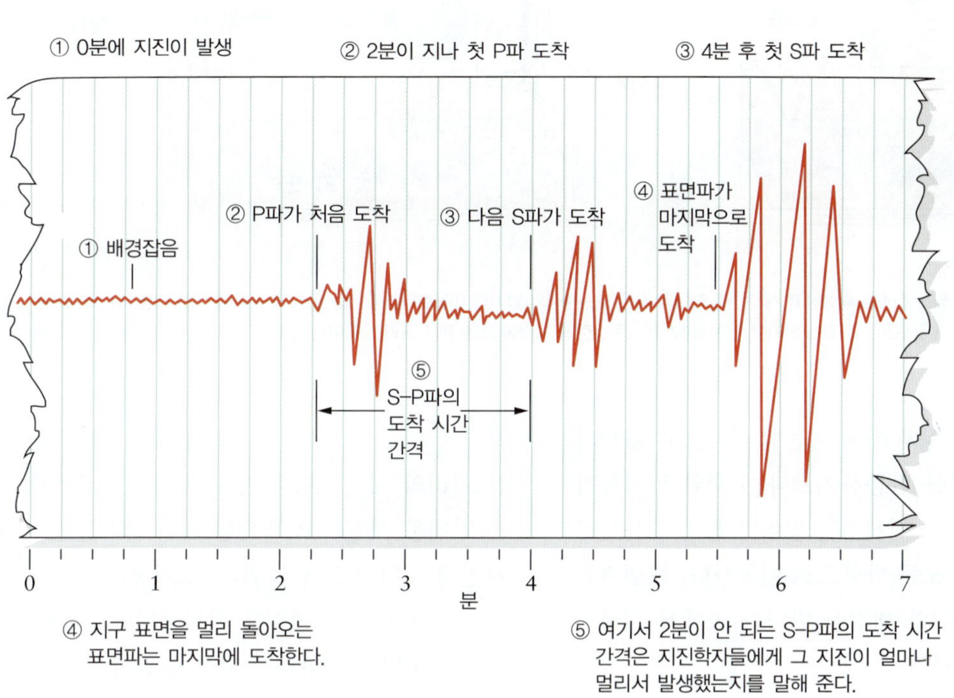

그림 B6.2 전형적인 지진의 지진 기록

이것은 지진계에서 만들어진 전형적인 지진 기록이다. 세 가지 유형의 지진파는 지진 발생 지점에서 같은 시간에 출발한다. P파의 진행이 가장 빨라 지진관측소에 가장 먼저 도착하며 S파가 뒤따른다. 표면파의 진행은 지구의 가장자리를 따라 내부를 관통하는 것보다 아주 느리게 진행되며 지진관측소에 가장 늦게 도착한다. 다른 유형의 지진파가 도착하는 시간들 사이의 공백은 그들이 얼마나 멀리 진행해 왔는지를 측정하는 방법이다.

복잡한 방식으로 상승과 하강을 하고, 종 주변의 공기가 떨린다. 우리가 듣는 종의 울림소리는 공기의 진동에서 온다. 지진도 이와 같다. 비록 진동이 우리가 들을 수 있는 음을 만들지는 않지만 지진은 지구 전체를 종처럼 울린다. 지구가 울릴 때 표면은 종과 같은 진동에 의해 상승과 하강을 일으킨다. 지표에서의 관측자에게 종과 같은 진동은 파로 나타나고, 지진계에 실체파가 기록되는 것과 같은 방식으로 기록되게 한다. 표면파의 진행은 P파와 S파보다 더 느리다. 그들은 지구를 관통하기보다는 지구 둘레로 이동한다. 다른 말로 그들은 길게 돌아온다. 이러한 두 가지 이유로 인하여 표면파는 가장 마지막에 도착하며 지진계에서 가장 마지막에 기록된다(그림 B6.2).

표면파는 아주 긴 파장(파의 마루에서 마루까지의 거리)을 가지고 있다—수백 킬로미터까지. (파에 대한 기본적인 용어들이 더욱 자세히 묘사된 제10장을 보라.) 진폭 또는 파의 높이는 통과하는 파에 의한 물질변위의 함수이다. 해양파가 해양 표면 아래의 어느 정도 거리에 있는 물에 영향을 주듯이, 지구 표면을 따라 진행하는 지진파도 지표 아래의 암석을 교란시킨다. 진폭이 크면 클수록 더 큰 표면 교란을 유발하고 더 깊은 곳까지 파 운동이 도달한다. 그들은 오래 지속되고 큰 진폭과 파장을 가지기 때문에 표면파는 지표에 있는 건물과 다른 구조물들에 극심한 피해를 준다.

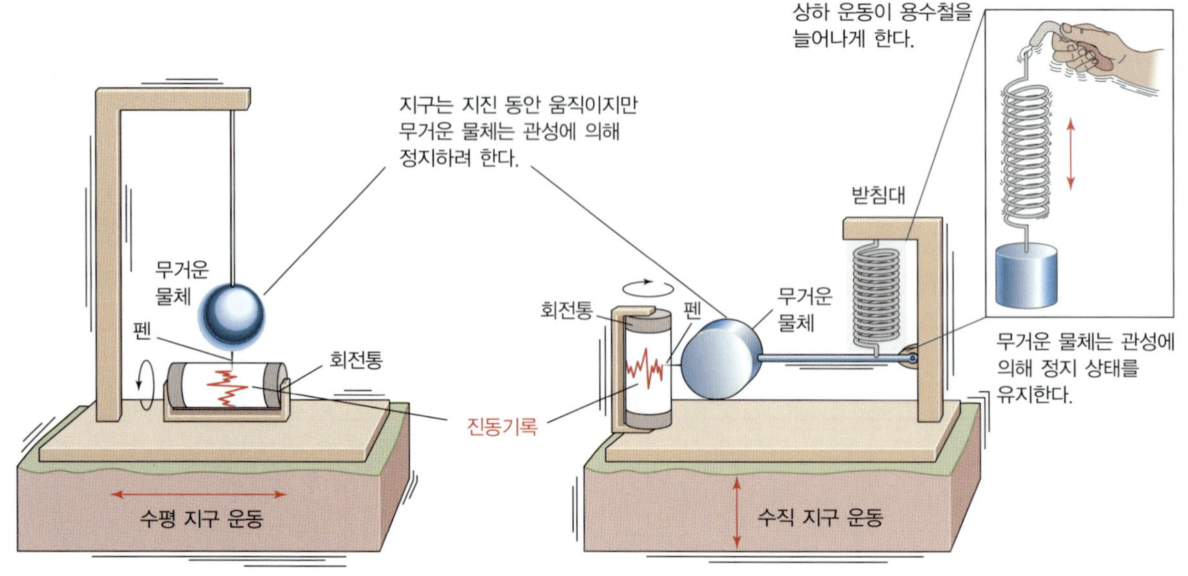

그림 6.3 지진계
지진계는 지진과 관련이 있는 진동을 측정하고 기록한다. 현대의 지진계는 관성의 법칙을 이용한다 – 무거운 물체의 운동에 대한 저항. 이 모식도에서 지진파는 지지대와 말려 있는 종이를 앞뒤로 진동하게 하지만, 진자에 매달린 큰 질량과 그것에 붙은 펜은 거의 움직이지 않는다.

동하고 지구의 내부를 통과하여 이동할 수 있다. **표면파**(surface wave)는 지구를 관통하기보다는 주위로 이동하고 지표를 따라 유도된다. 실체파는 빛이나 음파와 유사하고 둘 다 기원으로부터 모든 방향으로 이동한다. 표면파는 해양파와 유사하고 대기와 해양을 만나는 곳에서 지구의 고체 지표를 따라 이동한다.

지진 위치의 결정

지진 중에 에너지가 처음으로 방출되고 그곳으로부터 지진파가 퍼져나가는 점을 **진원**(focus, 복수는 foci)이라고 한다. 대부분의 지진이 단층을 따른 운동에 의해 일어나기 때문에 진원은 단순한 점이 아닐 것이고, 차라리 단층면을 따라 수 킬로미터가 연장되는 영역일 것이다(그림 6.4). 대부분의 진원들은 어느 정도의 지하 심부에 위치해서, 진원 직상부에 있는 지표 지점인 **진앙**(epicenter)을 언급하여 지진 위치를 알아내는 것이 더욱 편리하다(그림 6.4). 지진의 위치를 기재하는 유용한 방법은 진원의 깊이와 진앙의 위치를 언급하는 것이다.

지진의 진앙 위치는 지진계에 지진 실체파가 도착하는 시간들로부터 결정될 수 있다. P파와 S파는 다른 속도로 다른 암석들을 통과하여 이동하지만 P파가 가장 빠르다(그림 B6.2에 보여주는 바와 같이). 파들이 더 많이 이동할수록 S파가 P파 뒤로 처지는 것이 더 많아지고, 지진계에서 그들의 도착 시간 사이의 간격이 더 커질 것이다. 이동한 거리의 지시자로서 지체 시간을 사용하여, 지진학자들은 거리를 계산하고 계산된 거리 *d*와 같은 반지름을 갖는 지진계 주위의 원을 그린다. 도착 시간에서의 차이는 파들에 의하여 이동된 거리를 지시하지만, 그것이 시작된 위치로부터의 방향은 아니기 때문에 원이 되어야 한다. 파들은 원 주위의 어떤 방향으로부터 거리 *d*만큼 이동했을 것이다. 진앙지의 정확한 위치는 3개 이상의 지진계로부터 자

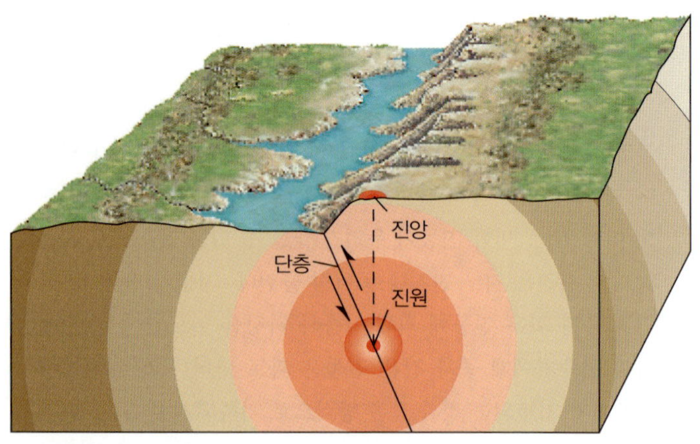

그림 6.4 진원과 진앙
만약 여러분의 무릎으로 나무판을 구부린다면 나무판은 구부러지면서 탄성 에너지를 축적할 것이다. 여러분이 과도하게 나무판을 누른다면 나무판은 부러지며 축적된 에너지를 한 번에 해소할 것이다. 이와 유사하게 암석 덩어리가 구부러지거나 파괴될 때 지진이 발생한다.

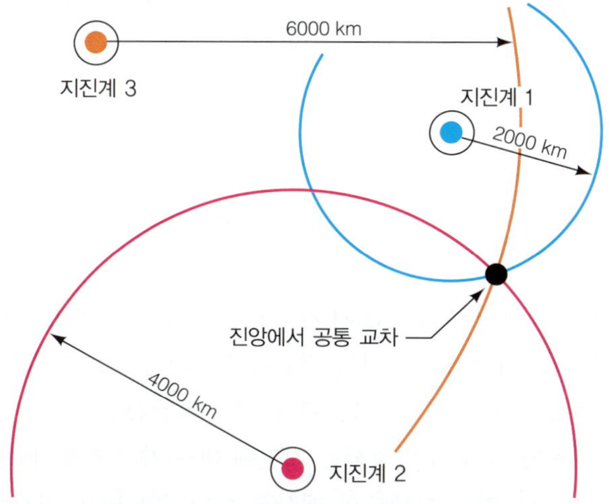

그림 6.5 지진의 위치 찾기
지진의 진앙 위치는 지진파를 3개의 관측소에서 측정하여 계산할 수 있다. 최초로 도달하는 P파와 S파 간의 시간 간격은 지진관측소에서 진앙까지의 거리에 좌우된다. P파와 S파의 도착 시간의 차이를 기본으로 지진관측소 1에서 계산한 지진 발생 지점까지의 거리를 2,000km라 하자. 지진관측소 2에서 계산한 거리는 4,000km, 지진관측소 3에서 계산한 거리는 6,000km이다. 지도에서 각 관측소 주위로 적절한 반지름의 원(거리와 같은)이 그려진다. 이것은 꼭 원이어야 하는데 그 이유는 도착 시간은 파가 도달하는 거리를 지시하기 때문이다. 하지만 그들이 온 방향은 알 수 없다. 진앙은 지도에서 3개의 원이 교차되는 곳이다.

료가 획득될 때 삼각측량에 의해 결정될 수 있다. 진앙지는 그림 6.5에서 보여주는 바와 같이 3개 원들이 교차하는 곳에 위치한다.

지진의 진원까지의 깊이를 결정하는 것은 진앙의 위치를 결정하는 것보다 좀 더 복잡하다. 지진파들은 실질적으로 진앙에서가 아니라 진원에서 시작된다. 만약 진원이 매우 깊고 지진관측소에서부터 멀면, 3개의 원들은 하나의 점보다는 작은 삼각형에서 겹칠 것이다. 지진계에 도착하는 표면파들의 특성은 또한 진원의 깊이에 대한 단서를 제공할 수 있다. 매우 깊은 진원의 지진들에서 표면파들은 전형적으로 그들이 표면에 도달할 때 작은 진폭들을 갖는다. 지진학자들은 또한 행성의 내부에서 다른 층들에 의해 반사되는 실체파들의 신호를 찾는다. 이러한 파들의 이동 시간, 이동 거리, 도착 시간을 계산함으로써 파들이 시작되는 곳의 깊이를 나타낼 수 있다.

지진 규모의 측정

진앙의 위치와 진원의 깊이는 지진계로부터 읽을 수 있는 정보의 단지 일부이다. 유사한 중요성이 지진 동안에 방출되는 에너지의 양, 또는 일반적으로 그것은 지진의 **규모**(magnitude)라 불린다.

지진이 얼마나 클 수 있는가

매우 큰 지진들은 다행스럽게도 상대적으로 자주 발생하지 않는다(표 6.1). 지진이 발생하기 쉬운 지역에서는 약 100년에 한 번 정도로 매우 큰 지진들이 발생한다. 작은 지진들은 이 시간 동안에 지역적인 미끌림의 결과로 단층을 따라 발생할 수 있지만, 탄성 에너지는 대부분의 단층이 고정되어 있기 때문에 계속적으로 축적된다. 걸려 있는 부분들이 최종적으로 깨지고 지진이 발생하면 무시무시한

표 6.1 지진의 진도, 빈도, 그리고 영향

리히터와 모멘트 규모*	연간 발생 횟수	수정된 메르칼리 진도 등급*	거주지역에서의 특징적인 영향
<3.4	800,000	I	단지 지진계에 의해 기록됨
3.5~4.2	30,000	II~III	실내에 있는 몇몇 사람들에 의해 느껴짐
4.3~4.8	4,800	IV	많은 사람들에 의해 느껴지고, 창문이 덜거덕거림
4.9~5.4	1,400	V	모든 사람들에 의해 느껴지고, 접시가 깨지고, 문이 흔들림
5.5~6.1	500	VI~VII	가벼운 건물의 손상, 회반죽의 균열, 벽돌이 떨어짐
6.2~6.9	100	VIII~IX	많은 건물이 손상, 굴뚝이 넘어짐, 집의 기초가 흔들림
7.0~7.3	15	X	심각한 손상, 교량이 뒤틀림, 벽이 깨짐, 많은 석벽건물이 붕괴
7.4~7.9	4	XI	큰 손상, 대부분의 건물이 붕괴
>8.0	<1	XII	총체적 손상, 지표에서 파동이 관찰됨, 물체들이 하늘로 날아감

* 리히터 규모, 모멘트 규모 및 메르칼리 진도는 매우 다른 변수에 근거하여 계산되었으므로 이들 사이에 상관관계는 정확하지 않다.

몇 분 동안에 축적된 탄성 에너지가 방출된다.

지진 이전에 탄성적으로 변형된 암석들의 굴곡에 대한 측정, 그리고 지진이 변형력을 방출한 이후에 같은 암석의 측정은 방출된 에너지량의 정확한 측정을 제공할 수 있다. 샌앤드레이어스 단층을 따라 탄성적으로 변형된 암석들의 주의 깊은 측정에 의해, 지진학자들은 약 100J의 탄성 에너지는 $1m^3$의 변형된 암석에 누적될 수 있다는 것을 발견했다. 이것은 매우 많지는 않다. 100J은 단지 25칼로리의 열에너지와 같다. 그러나 10억이나 1조 m^3의 암석이 변형될 때 전체적으로 축적된 에너지의 양은 엄청날 것이다. 1989년 로마프리에타 지진 동안 방출된 탄성적으로 축적된 에너지의 양은 약 10^{15}J, 그리고 1906년 샌프란시스코 지진은 적어도 10^{17}J을 방출했다. 비교를 위해 제2차 세계대전 동안 일본에 투하된 원자탄은 1906년 센프란시스코 지진보다 약 10,000배 더 적은 각각 10^{13}J을 방출하였다.

지진이 얼마나 클 수 있는가? 지진 크기에는 상한이 있는 것처럼 보인다. 암석들은 그들이 깨지는 점에 도달하고 에너지를 방출하기 이전에 탄성 에너지의 최종 양을 저장하기 위한 충분한 강도를 가진다. 이제까지 측정된 가장 큰 지진은 1960년 칠레 해안을 벗어난 섭입대에서 발생했다. 그것은 규모 9.5를 갖는다. 오직 1964년의 대 알래스카 지진(M=9.2)과 2004년의 수마트라 안다만 지진(M=9.1)만이 9.0 이상의 규모로 측정되었다. 지진학자들은 지진 규모를 정량화하기 위하여 많은 단위들을 사용하였다. 가장 흔한 것이 리히터 규모 단위, 모멘트 규모 단위, 그리고 수정된 메르칼리 진도단위 등이다.

리히터 규모

지진 동안 방출된 에너지는 지진계에 기록된 지진파의 진폭으로부터 계산될 수 있다. 친근한 **리히터 규모**(Richter magnitude)는 진앙으로부터의 거리에 대한 보정을 한 지진파의 기록된 최대 진폭으로부터(즉 지진계에서의 파의 높이) 계산된다. 거리에 대한 보정은 모든 지진관측소가 진앙으로부터, 그들이 얼마나 가까이 또는 멀리 있는지에 상관없이 주어진 지진에 대한 같은 규모를 계산할 수 있다는 것을 의미한다. 리히터 단위는 로그이다. 그것은 규모 1로부터 시작하는 단계들로 나누어지고 각 증가단위는 지진파 신호의 진폭에서 10배 증가에 해당된다. 따라서 규모 2의 지진은 규모 1보다 10배 더 큰 진폭을 갖고, 규모 3은 규모 1보다 100배 더 크다. 중요하게도 리히터 단위에서의 각 단계는 방출된 에너지의 양에 있어서 거의 32배의 증가에 해당한다. 따라서 규모 4와 규모 7 지진 사이의 방출된 에너지 차이는 30×30×30=27,000배이다!

지진 모멘트 규모

오늘날의 지진학자들은 **지진 모멘트 규모**(seismic moment magnitude) 단위를 사용하여 규모를 결정하고, 이는 리히터 규모 단위와 다른 초기 가정을 사용하여 계산된다. 리히터 규모 계산에 대해서는 진원이 하나의 점으로 가정된다. 그러므로 리히터 단위는 에너지가 상대적으로 작은 면적의 단층으로부터 방출되는 지진에 대해 가장 적절하다. 대조적으로 지진 모멘트의 계산은 에너지가 넓은 면적에서 방출된다는 사실을 감안한다. 전형적인 예는 2004년의 수마트라—안다만 지진이었는데, 여기서 1,300km 길이의 단층이 이동하였다. 비록 계산방법이 다르지만 그들이 같은 것을 측정했기 때문에 단위(방출된 에너지의 양)는 유사하다. 두 단위에서 규모 9의 지진은 대재앙이고, 반면에 3보다 작은 지진 규모는 인간이 감지할 수 없다.

메르칼리 진도

지표와 재산에 대한 피해가 매우 중요하기 때문에 지진의 규모를 정량화시키기 위하여 흔히 사용되는 또 다른 단위는 사람이 느끼는 진동 강도에 기초하고, 지진 동안 발생한 피해 정도에 기초한다. 이를 **수정된 메르칼리 진도**(modified Mercalli intensity, MMI)라고 한다. 이 MMI 단위는 I에서부터(비정산적인 환경을 제외하고는 느끼지 못한다) XII(지표의 파동을 볼 수 있고 대부분의 건물들이 파괴됨)까지이다. 리히터 및 모멘트 규모와 달리 MMI 단위에는 거리보정이 없어서 메르칼리 진도는 진앙으로부터의 거리에 따라 다양하다. 지진은 진앙 근처에서 진도 X을 가질 수 있는 반면 100km쯤 떨어진 곳에서 진도는 겨우 II일 것이다.

수정된 메르칼리 진도 단위는 현대적인 세계적 지진계망을 설치하기 이전에 발생했던 지진들을 연구하는 데 유용하다. 하나의 예로 1811~1812년에 뉴마드리드, 미조리 근처에서 발생했던 3개의 연속적인 큰 지진들로 적어도 과거 200년 동안 북아메리카를 뒤흔든 가장 큰 지진들이다. 진동이 매우 큰 면적에서 느껴졌고, 이 지진들로부터의 작은 피해가 뉴욕과 사우스캐롤라이나까지 발생했다. 피해의 역사적 기록과 결합된 지질학적 조사에 기초하면 목격자들은 지표면이 파로서 상승하고 하강하는 것을 보고하였다. 진앙 근처에서의 이러한 지진들의 메르칼리 진도는 X~XI로 추정되었고 규모는 7.8~8.1을 갖는다.

메르칼리 진도와 리히터 그리고 모멘트 규모 사이의 상관성은 그들이 매우 다른 매개변수 기초 위에서 계산되기 때문에 정확하지 않다. 대략적인 상관관계가 전형적인 피해와 다른 규모 지진의 세계적인 빈도와 같이 표 6.1에 보여진다.

지진 재해와 위험

북아메리카에서 대부분의 사람들은 지진이 언급될 때 캘리포니아를 생각한다. 알래스카, 미북서 태평양, 멕시코도 그렇게 뒤지지 않는다. 이것은 이러한 지역에서 큰 지진들의 상대적인 빈도 때문에 의미가 있다. 제5장에서 대부분의 지진 활동이 활성 지구조 경계를 따라 발생한다는 것을 배웠다. 캘리포니아 해안은 활성 변환단층 판경계이다. 알래스카에서 태평양판은 알류샨 해구에서 섭입을 겪는다. 미북서 태평양에서 작은 쥬안다퓨카판은 북아메리카판 아래로 섭입한다. 코코스판은 멕시코 서부 해안 아래로 섭입한다(그림 5.12). 그러나 지난 200년 내에 북미에서 가장 큰 지진들은 위에서 언급한 뉴마드리드 지진이었다—북아메리카판의 중앙.

지진의 지구조적 환경을 이해하는 것은 지진재해를 정량화하는 데 가장 중요하다. 즉 잠재적 · 물리적 효과와 어디서 언제 그들이 발생할 것인지, 그리고 생명, 건강, 그리고 재산 피해 등 인간에 대한 위험이다. 그림 6.6은 최대 지반 가속도, 지진 활동으로부터의 지진동 측정에 기초한 북아메리카의 지진 재해도이다. 비록 지진학적으로 활동적인 몇몇 지역들이 판의 경계로부터 떨어져 위치하지만, 대부분의 지진학적으로 활성적인 지역들은 위에서 언급한 판경계들을 따라 위치한다는 것에 주목하라.

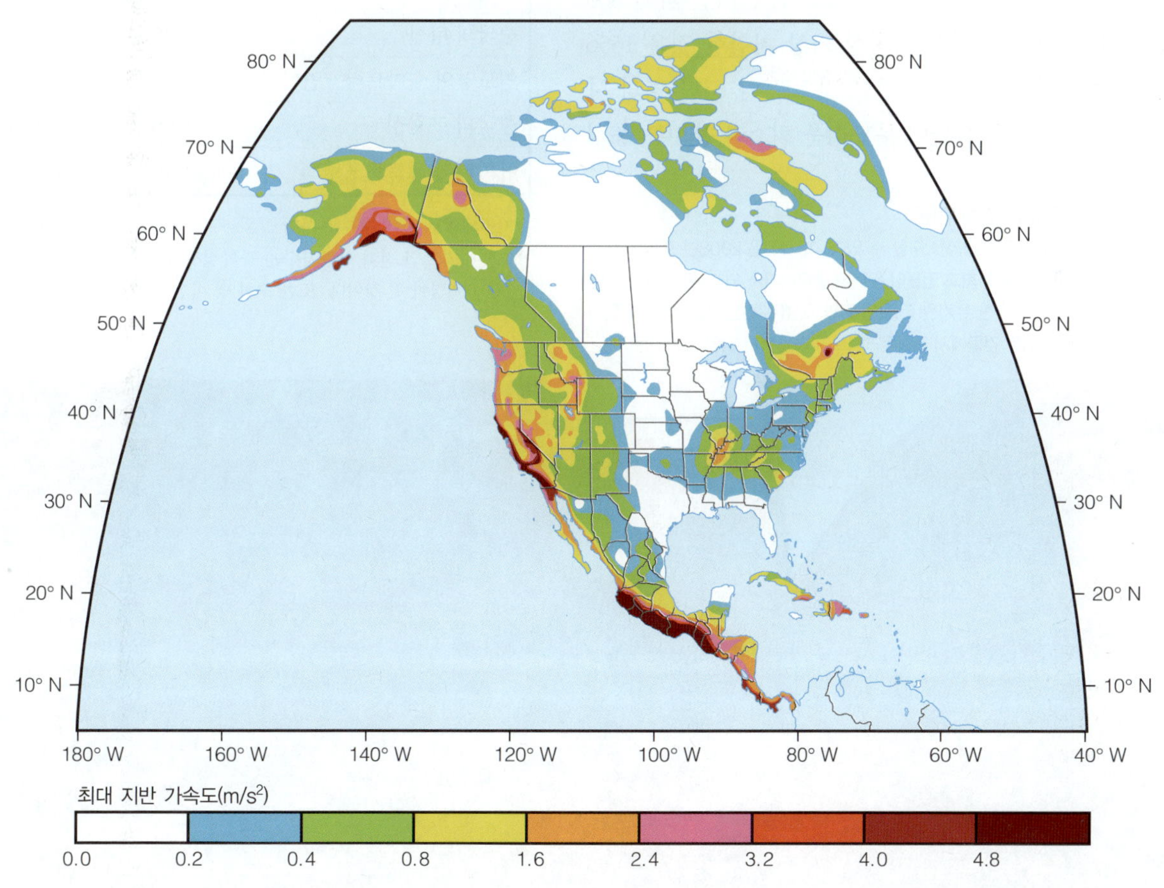

그림 6.6 지진 재해도
이 그림은 지진 활동에 의한 지반 운동의 측정인 최대 지반 가속도에 근거한 북아메리카의 지진 재해도이다. 빨간색과 갈색은 많은 지진 활동을 나타내며, 중앙아메리카, 캘리포니아, 북서 태평양, 알래스카 등 활동 판 경계를 따라 집중되어 있다. 하지만 몇몇 지역은 활성 판 경계에서 멀리 떨어져 있지만 지진 위험이 높게 나타난다.

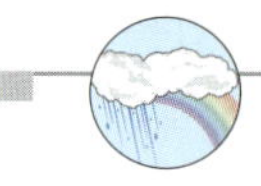 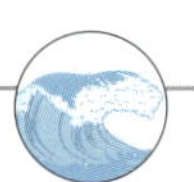 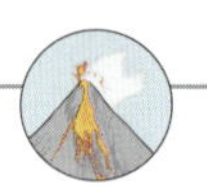 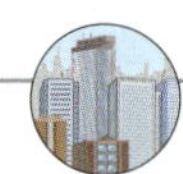 

관련짓기

여러분이 지진 위험 지역에 살고 있는지를 판단하기 위하여 지진 재해도를 살펴보라. 다른 종류의 자연 재해, 예를 들어 홍수, 토네이도, 가뭄 또는 산사태에 여러분의 집이 취약하지는 않은가? 이런 재해들로부터 자신을 보호하기 위한 적절한 단계들을 알고 있는가?

지진 재해

매년 수만 개의 지진이 발생한다. 다행스럽게도 단지 하나 또는 두 개의 지진만이 생명의 손실을 일으킬 정도로 충분히 크고 인구 밀집 지역에 매우 가까운 곳에서 발생한다. 어떤 지역들은 지진에 취약한 지역들로 알려져 있어서, 그러한 장소들에서는 특별한 건설규정으로 가능한 지진 피해에 견딜 수 있는 구조들을 요구한다. 그러나 너무 자주 기대하지 못한 지진이 적절하게 건설되지 못한 건물들이 있는 지역을 완전히 파괴시킨다(그림 6.7). 표 6.2는 적어도 5만 명 이상의 사람들이 죽은 것으로 알려진 과거 800년 동안의 지진 목록이다. 기록상 가장 처참한 것은 1556년 중국 상시성 지역에서 발생한 것으로 약 83만 명의 사람이 죽었다. 많은 사람들이 부드러운 뢰스라 불리는 풍성

표 6.2 지난 800년 동안 지진에 의해 5만명 이상 사상자가 발생한 곳

장소	연도	추정 사상자수
터키의 시리시아	1268	60,000
중국의 칠리	1290	100,000
이탈리아의 나폴리	1456	60,000
중국의 섬서성	1556	830,000
러시아의 스마카	1667	80,000
이탈리아의 카타니아	1693	60,000
중국의 베이징	1731	100,000
인도의 캘커타	1737	300,000
포르투칼의 리스본	1755	60,000
이탈리아의 칼라브리아 주	1783	50,000
이탈리아의 메시나	1908	160,000
중국의 간쑤	1920	180,000
일본의 도쿄 그리고 요코하마	1923	143,000
중국의 간쑤	1932	70,000
파키스탄의 쿠에타	1935	60,000
중국의 탕산	1976	240,000
인도양의 수마트라-안다만	2004	283,000*
중국의 쓰촨성	2008	69,000
아이티의 포르토프랭스	2010	50,000~100,000**

*지진해일로 인해 대부분 사망

**UN에 따르면 전체 사망자수는 불확실하며 더 많을 것이고, 아마 250,000~300,000명이 될 것이다. 또한 수천 명 이상이 지진의 여파로 사망하였다.

그림 6.7 지진 피해와 건물 기준
적절한 건축 재료들과 기준은 생명을 구할 수 있다. 이 사진은 2008년 중국의 쓰촨성 지방에서 찍은 것으로, 4층 학교 건물이 무너져 돌무더기가 되고, 한 모퉁이만 남아 있다. 바로 몇 미터 떨어진 유치원 건물(왼쪽)과 호텔(뒤쪽)은 거의 피해를 입지 않았다. 기술자들은 붕괴된 건물에서 강화콘크리트가 사용되지 않았다고 믿는다.

퇴적물을 파서 만든 굴에서 지진에 의해 함몰되었다. 1900년 이래 세계적으로 5만 명 이상의 사망자를 낸 지진이 8개 있었다.

지진 피해

지진의 위험은 명확하고 그들의 효과는 두 종류가 있다. 지반운동과 지표의 교란은 건물, 기반시설, 그리고 지형에 직접적인 피해를 일으키는 일차 효과이다. 이차 효과는 지진에 의한 운동 과정의 간접적인 결과로 피해를 일으킨다.

일차 피해

지반 운동 지반 운동은 지진파 운동의 결과로, 특히 지표-암석층들과 토양을 통한 표면파의 운동 결과이다. 이 운동은 건물들에 피해를 줄 수 있고 때때로 완전히 파괴시킨다(그림 6.8A). 적절한 설계(철골 구조와 기초를 지반에 고정시키는 것과 같은 것)가 그러한 피해를 막을 수 있지만, 매우 강한 지진에서는 그런 건물들조차도 약간의 피해를 입는다.

지표 파열 단층이 지표를 파열시키는 곳에서는 건물들이 파괴되고, 도로가 교란되며, 단층을 가로지르거나 위에 놓인 모든 구조물이 깨진다. 만약 단층을 따른 운동이 지표를 교란하면, 그것은 개방 열극(그림 6.8B) 또는 단층을 따른 운동이 지형에 나타난 작은 절벽인 **단층애**를 만들 수 있다.

이차 피해

화재 이차적인 효과지만 때때로 지반 운동보다 더 큰 재해를 일으키는 것이 화재다(그림 6.8C). 지반 운동은 스토브를 변위시키고, 가스배관을 깨트리고, 전기선을 풀리게 하여 화재를 일으킨다. 또한 지반 운동은 배수관을 파괴하며, 이는 화재를 진화할 물이 없다는 것을 의미한다. 1906년 샌프란시스코를 강타한 지진에서는 90% 이상의 건물들이 화재에 의해 피해를 입었다.

산사태 가파른 지역에서는 지진동이 토양을 미끄러지게 하고 절벽을 붕괴시킬 것이다(그림 6.8D). 이것은 특히 알래스카, 사우스캘리포니아의 일부, 중국, 안데스, 그리고 이란과 터키 같은 언덕 지역들에서 그러하다. 주택, 도로, 그리고 다른 구조들은 빠르게 이동하는 토양 흐름에 의해 파괴된다.

액상화 물로 포화된 퇴적물과 토양의 갑작스런 교란은 토양지반을 유체 같은 퀵샌드로 바뀌게 할 수 있다. 이러한 과정은 **액상화**(liquefaction)라고 한다. 1964년의 대지진 동안 알래스카 앵크리지의 많은 부분을 파괴시킨 주요 원인 중 하나였으며, 같은 해에 일본 니가타에서 아파트를 가라앉고 붕괴시킨 지진이다(그림 6.8E).

쓰나미 **쓰나미**(tsunami)는 지진성 해파이다. 쓰나미는 종종 거대한 조석파로 불리지만, 조수와 아무런 상관이 없다. 그들은 지진에 의한 해저의 갑작스런 운동으로 시작되고, 화산 분출 또는 해저 산사태에 의해 발생하고, 그들은 태평양과 인도양 해양들에서 특히 파괴적이다. 지진해일은 950km/h의 속도까지로 이동하고 200km까지의 파장을 가질 수 있다. 파의 진폭은 원해에서는 매우 낮아서 거의 볼 수가 없지만, 파가 해안에 접근함에 따라서 물은 빠르게 올라가서 높이가 30m 또는 그 이상에 도달한다. 1946년 알래스카의 우니막 섬 근처의 한 심한 해저지진이후 약 5시간 후에 쓰나미가 하와이를 공격했다. 그 파는 800km/h의 속도로 이동했다. 비록 공해에서 파의 진폭이 1m 이하였지만, 진폭은 파가 육지에 도달함에 따라 급격히 증가하기 때문에 그것이 하와이를 강타할 때 그 파는 보통 높이보다 더 높은 18m의 높이를 보였다. 이 파괴적인 파로 거의 500가구와 1,000명 이상이 피해를 입었으며 169명이 죽었다. 하와이 주민들은 여전히 그것을 기억하고 있다.

쓰나미 현상은 '자세히 보기 : 수마트라-안다만 지진과 지진해일'에 기술되어 있는 2004년 12월 26일 지진에 의해 아주 파괴적인 쓰나미가 발생하면서 극적으로 전 세계가 인식하였다.

지진의 예측

가장 끔찍한 몇몇 자연재해들이 지진에 의해 발생하였다. 그러므로 세계적으로 많은 연구들이 지진 예측에 맞추어져 있다는 것은 그렇게 놀라운 것이 아니다. 지진의 맥락에서 예보는 어떤 특정한 지역에서 지진이 발생할 장기적인 가능성을 결정하는 것을 의미한다. 이는 그 위치에서의 지구조적 환경과 지진 활동의 역사에 대한 이해의 발달에 원칙적으로 기초한다. 정확한 장기예보를 할 수 있는 과학자들의 능력이 크게 개선되었다. 그러나 단기 예측에서의 성공과 정확하고 분명한 조기 경보는 여전히 과제로 남아 있다.

예측과 조기경보

중국은 많은 끔찍한 지진들로 고통을 받다보니 과학자들은 지진을 예측하기 위하여 그들이 생각할 수 있는 모든 것을 시도하였다. 어떤 때는 이들은 지진을 성공적으로 예보하기 위하여 심지어 동물들의 행동의 관찰결과를 활용하였다. 톈진의 인민공원에 있는 동물사육사들은 1969년 7월 18일 매우 비정상적인 동물 행동을 관찰하였다. 일반적으로 매우 조용한 판다들이 비명을 지르고, 백조가 근

자세히 보기

수마트라–안다만 지진과 지진해일

2004년 12월 26일, 40년 이내에 가장 강력한 지진, 그리고 지난 세기 동안 세 번째로 강력한 지진이 수마트라 섬에서 약 160km 떨어진 순다 해구라 불리는 섭입대가 있는 인도 해저를 흔들었다. 해양저에서의 지진은 일반적이지만 지진학자들 사이에서만 알려져 왔다. 하지만 이번 지진—2004년 수마트라–안다만 지진—은 오랫동안 기억될 것이며, 이는 역사상 가장 크고 치명적인 해일을 일으켰기 때문이다.

지진은 인도판이 유라시아판 밑으로 섭입하는 순다 해구 부분에서 시작되었으며, 갑자기 약 15m 정도 밑으로 미끄러졌다. 몇 초 동안 일어나는 대부분의 지진과는 달리 단층이 구간으로 깨지면서 미끌림은 10분 동안 지속되었고, 북으로 1,300km가 깨졌다. 1900년 이래로 5개의 아주 강력한 지진들이 비슷한 지구조적인 환경에서 발생했으며, 이는 섭입판이 다른 판에 의해 덮이는 곳이다. 이러한 거대한 지진을 **거대충상단층 지진**이라고 한다.

거대충상단층 지진 동안 해양저의 갑작스런 운동에 의해 발생한 파들이 바다 표면에서 인도네시아, 타이, 스리랑카, 인도 쪽으로 쓸려갔다(그림 C6.1). 외해에서 지진해일은 겨우 눈에 띌 정도다. 파도의 속도는 시간당 수백 킬로미터이고 파장은 수 킬로미터이지만, 가장 높은 파고는 보통 1m도 안 된다. 그러나 해안가에 다다랐을 때쯤 파도는 '바닥 강타'를 시작하며 속도가 느려지고 동시에 거대한 높이를 만든다. 수마트라에서 기록된 파도의 높이는 20m 또는 30m 정도이다. 파도는 내륙까

그림 C6.1 살인적 지진해일의 진행

컴퓨터 모의실험 지도 시리즈는 2004년 수마트라–안다만 지진 이후 0에서 3시간 동안 지진해일이 인도양을 가로지르며 진행하는 것을 보여준다. 위성사진은 지진해일이 이전과 지진해일 중 스리랑카 해안이다.

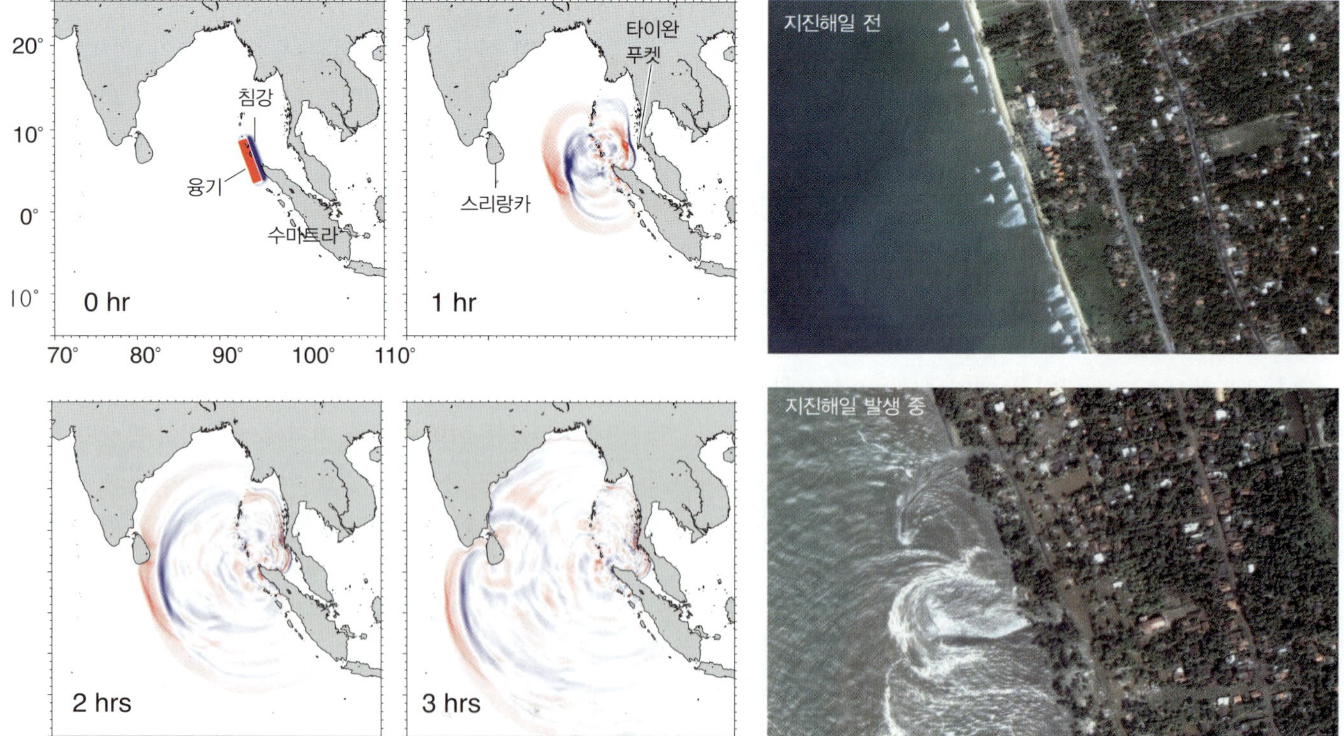

처의 물에 들어가려 하지 않았고, 야크는 먹지 않았으며, 뱀들은 그들의 굴로 들어가려 하지 않았다. 사육사들은 그들의 관찰을 지진예측소에 보고하였고, 같은 날 정오경에 규모 7.4의 지진이 발생했다.

지진 이전의 이상한 동물 거동에 대한 많은 비공식적인 보고들이 있어 왔다. 그러나 톈진 지진만이 유일하게 잘 입증된 경우이다. 현대 예측 노력에 대한 과학적 기초는 전조적 이상—임박한 지진 사건을 지시할 수 있는 어떤

지 쓸어버렸으며, 진행 경로에 있는 모든 것을 파괴시켰다(그림 C6.2).

비록 지진과 지진해일은 인도양에서 흔했지만, 이번 재난이 발생할 때까지 경보 체계가 없었다(그에 반해서 태평양의 경우 넓은 경보 체계가 수년간 있었다). 대대적인 파괴의 결과로 수천억 달러의 피해를 입었으며, 적어도 283,000명의 사상자가 발생했다. 지진해일은 큰 피해를 주지만 지진해일이 외해를 지나오는 긴 시간은 그들이 감지, 의사결정 그리고 의사소통하는 적절한 체계만 설립되면 조기경보할 수도 있다는 것을 의미한다. 현재 연구는 인도양에 대한 조율 조기 경보 시스템의 설치뿐만 아니라 지진해일에 의한 피해를 감소시키는 방법도 연구되고 있다.

그림 C6.2 2004년 수마트라-안다만 지진해일

이 사진은 지진해일에 의한 서쪽 수마트라의 파괴를 지표에서 본 것이다.

그림 6.8 지진의 영향

(A) 2010년 1월 아이티 포트아프린스에서 발생한 지진 이후의 모습처럼 지진 발생 동안의 지반 운동이 건물 붕괴의 직접적인 원인이다. (B) 사진에서 보이는 2010년 2월에 칠레 해안에서 발생한 지진으로 인하여 발생한 균열 틈은 단층을 따른 운동의 결과로 지반의 붕괴가 발생한 것이다. (C) 화재는 지진의 주요한 이차적인 피해이다. 그림에서 보이는 화재는 1985년에 발생한 8.5 규모의 지진으로 멕시코시티에서 발생한 화재이다. (D) 언덕과 산맥 지역에서는 지진이 발생하면 보통 산사태가 함께 발생한다. 이 그림에서 보이는 산사태는 페루에서 발생한 지진에 의해서 발생하였으며, 2개의 마을을 뒤덮었다. (E) 진동은 땅의 액상화를 유발시킨다. 그 결과 사진에서 보이는 것과 같이 일본의 니가타 지역에서 여러 개의 아파트 건물이 무너졌다.

이상하거나 비정상적인 발생 — 의 관찰들이다. 불행하게도 대부분의 지진은 어떤 이상한 것에 앞서 일어나지 않고, 비정상적인 전조를 보이는 것들이 일관성이 거의 없다. 이것이 과학자들의 노력을 매우 복잡하게 한다.

오늘날 지진 예측에 대한 대부분의 연구는 암석자력, 전기전도도, 그리고 공극을 포함하여 탄성 변형을 겪는 암석에서의 변화가 기대되는 물성의 연구에 기초하고 있다. 예를 들어 관정에서의 수위 변화와 같은 단순한 관찰조차도 암석공극에서의 변화를 지시할 것이다. 지반의 기울어짐 또는 느린 융기와 침강은 변형이 발생하는 것을 또한 지시할 것이다. 대부분의 중요성은 심하게 휘는 암석에 발달할 수 있는 작은 균열과 단열들이다. 이러한 개방화는 큰 지진이 도래할 것이라는 단서가 될 수 있는 전진이라 불리는 작은 지진들의 군집을 일으킬 수 있다.

1975년 중국의 과학자들에 의해 만들어진 지진 예측의 가장 성공적인 경우 중 하나는 하이청현을 강타한 규모 7.3의 지진에 앞선 지표의 느린 기울어짐, 자기 변동, 그리고 작은 전진들의 관찰에 대한 결합에 기초했다. 도시의 반이 파괴되었지만 정부 당국은 지진 이전에 100만 명 이상을 대피시켰다. 그 결과 단지 수백 명만이 사망했다. 불행하게도 외견상으로 불규칙한 지진 전조현상들의 성질은 깊은 지하와 기대되지 않은 시간과 장소에서 발생하는 사건 관측의 어려움과 결합되어 하이청에서의 성공 이래로 지진 예측에서 제한적인 발전을 가져왔다.

예보

단기 예측에서의 미미한 발전과는 대조적으로 주어진 위치에서의 지진 발생 가능성에 대한 장기 예보는 지난 20~30년 간 실질적인 개선을 가져왔다. 태평양 주변부와 같이 지진이 반복적으로 발생하는 지역들에서는 지진학자들이 주요 지진들의 재발주기 패턴을 때때로 인식할 수 있다. 만약 그러한 패턴이 100년의 재발주기를 제안한다면 언제, 어디서 큰 지진이 발생할 것인지를 예보하는 것이 가능할 수 있을 것이다. 더 나아가 재발 패턴의 연구는 지구조적으로 활성인 지역에서 많은 **지진공백**(seismic gap)을 인지하였다. 이러한 곳들은 비록 지구조적 판운동이 여전히 발생하고 이곳에서 변형이 증가하지만 또는 다른 이유로 오랜 기간 지진이 발생하지 않는 지역들이다. 지진공백은 그들이 큰 지진들이 발생할 가능성이 높은 지역들을 지시하기 때문에 많은 연구의 관심대상이 된다.

지진과 지구 내부

지진이 인간에게 가져다준 충격에도 불구하고 그것은 엄청난 과학적 중요성이 있다. 지진 발생과 분포 그리고 그것이 지구 내부를 이동함에 따른 지진파의 거동은 과학자들이 판구조 운동과 지구 내부를 연구하는 데 가장 강력한 도구를 제공한다.

지구의 내부층

지진 실체파들은 광파와 같이 거동하고, 물질을 관통할 수 있을 뿐만 아니라 그들은 또한 그들이 물질의 면이나 경계들을 만날 때는 반사되거나 굴절될 수 있다(그림 6.9). **반사**(reflection)는 거울이나 다른 면에서 빛이 되돌아 나오는 친근한 현상이다. 유사하게 탄성 실체파들은 지구 내의 많은 경계들에 의해 반사된다. 덜 친근한 **굴절** (refraction)은 한 매질에서 다른 매질로 통과할 때 파의 경로가 굴절하면서 파의 속도가 변할 때 발생한다. 같은 현상이 유리잔의 물에 연필을 반쯤 담궜을 때 관찰될 수 있다. 광파들은 연필이 휜 것처럼 보이게 하면서 물에서 공기로 통과할 때 굴절한다. 유사한 방식으로 지진파가 한 암체에서 다른 물리적 성질을 갖는 암체로 통과할 때 그것의 이동 경로가 굴절될 것이다.

제3장에서 소개된 바와 같이 지진 실체파들의 굴절과 반사는 그들이 하나의 물질에서 다른 물질로 통과함에 따라서 지구 내부의 상태를 알려주는 데 매우 유용하다. 이것은 실체파들의 속도가 그들이 통과하는 암석의 밀도 그리고 부분적으로는 강도 또는 암석의 강성률과 같은 다른 특성에 의해 결정되기 때문이다. 일반적으로 물질의 밀도가 높으면 높을수록 지진파의 이동 속도가 더 빠르다(그림 6.9). 만약 지구가 균일한 성분을 갖고 압력의 증가로 깊이에 따라 암석의 밀도가 부드럽게 증가하면, 실체파 속도 또한 부드럽게 증가할 것이다. 그러나 측정값들은 실체파들이 지구 내부의 여러 깊이에서 갑작스럽게 굴절되고 반사된다는 것을 보여준다(그림 6.10). 이것은 지구 내부에 명확히 다른 성질을 갖는 물질들을 분리시키는 어떤 경계들이 있다는 것을 의미한다.

핵 – 맨틀 경계

가장 두드러진 내부 경계는 깊이 2,883km에서 발생한다. P파가 2,883km 경계에 도달할 때 매우 강하게 굴절되어 그 경계는 진앙의 반대쪽 지표에서 P파가 관찰되지 않는

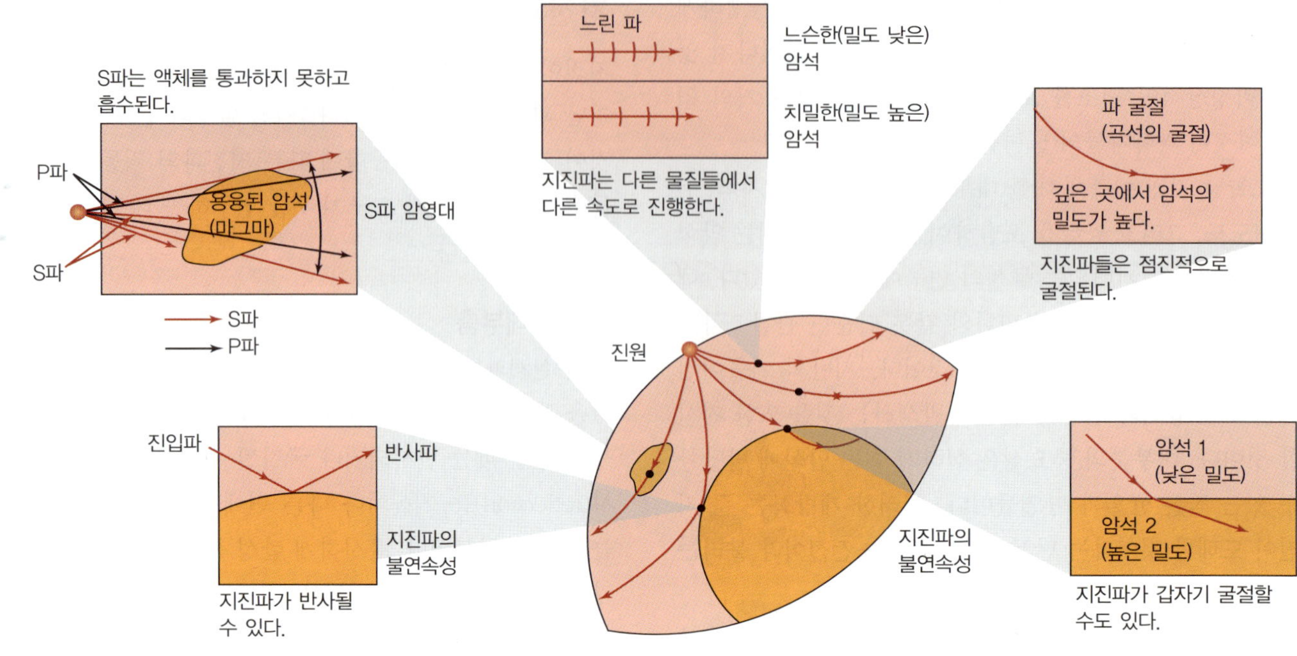

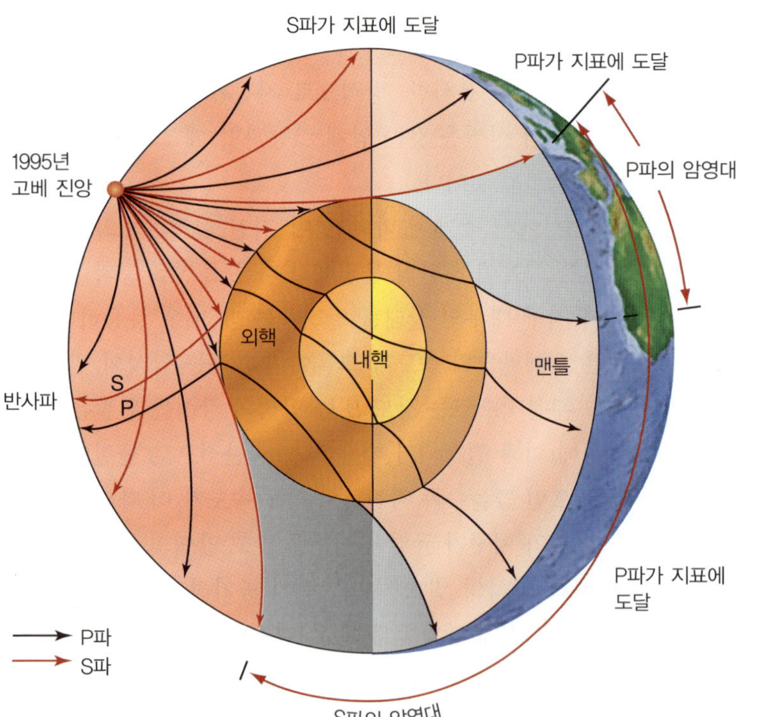

그림 6.9 지구 내부에서의 지진파

지진 실체파는 행성을 통과하며 물리적으로 다른 물질들을 만나면 굴절 또는 반사를 한다. 이 예는 1995년 일본 고베에서 일어났던 대지진의 진원을 나타내다. S파와 P파는 진원지에서 퍼져나가고 다양하게 굴절 또는 반사되거나 가로막힌다(예로 S파는 액체인 외핵에서 가로막힌다). 이 모든 것은 관측소에 도달하는 파들의 도착 시간에 영향을 주며, 과학자들이 파들이 관통하는 물질에 대한 추론을 할 수 있게 한다.

지역인, P파 암영대를 만든다고 말한다(그림 6.10에 보여주는 바와 같이). 이 매우 뚜렷한 경계는 맨틀과 핵 사이의 성분 경계로 해석된다(그림 6.10). 같은 경계가 더 큰 S파 암영대를 만든다(그림 6.11에서 또한 보여진다). 여기서의 이유는 굴절이 아니라 S파가 액상을 통해 이동할 수 없다는 사실 때문이다. S파는 지구 반대쪽에서 큰 S파 '암영대'로 감싸지면서, 외핵에 의해 봉쇄되고 있어 적어도 핵의 바깥부분은 용융되었을 것이라는 결론에 도달한다.

맨틀 – 지각 경계

19세기 초 크로아티아의 과학자 안드리아 모호로비치치가 지각과 맨틀 사이의 성분상 경계가 존재함을 입증하였다. 모호로비치치는 진원이 지표에서 40km 이내에 놓여 있는

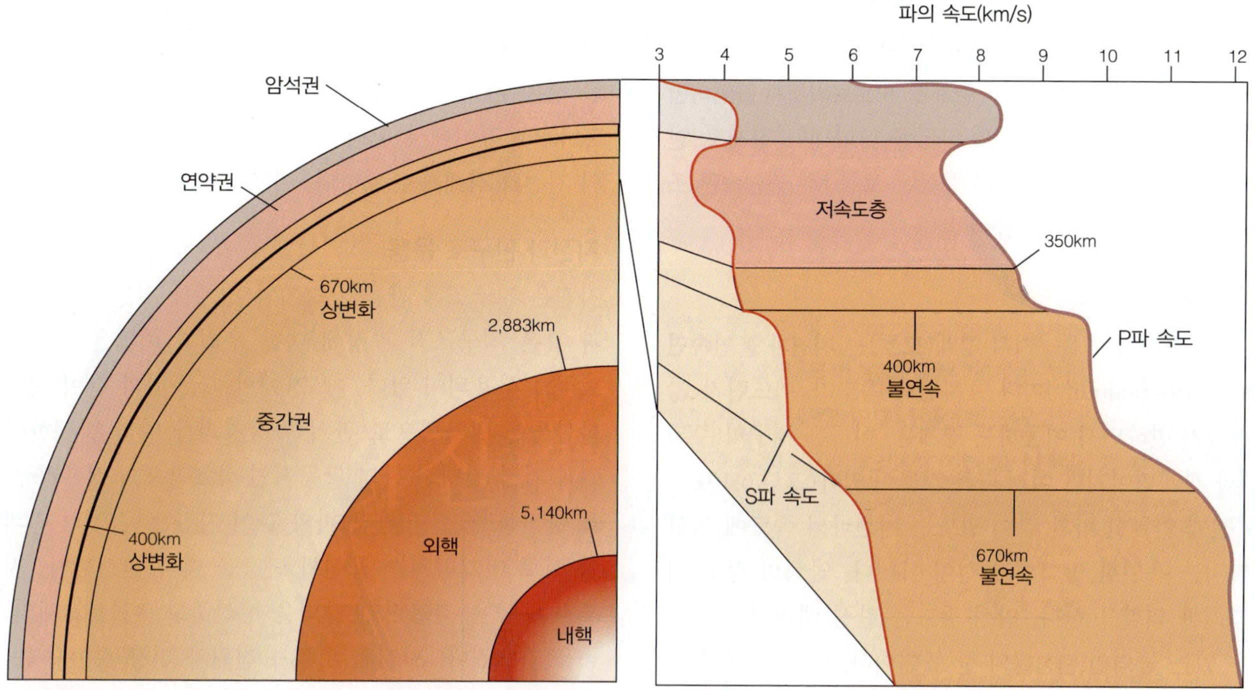

그림 6.10 지구 내부의 층상구조
지구 내부는 균일하지 않지만 그 내에 지진파의 불연속성으로 표시되는 몇 개의 경계가 있다. P파와 S파는 이 경계에서 갑자기 느려지거나 빨라지고 또한 굴절되거나 반사된다. 하지만 경계들의 정확한 특성은 아직까지 완전하게 이해되지 못하고 있다.

지진들에 대해 진앙으로부터 약 800km에 있는 지진계는 다른 시간에 지진계에 도착하는 두 조의 실체파를 기록했다는 것에 주목했다. 그는 두 번째로 도착한 것은 진원에서 지각을 통해 직접적인 경로로 관측소에 도달한 반면, 먼저 도착한 것은 지각보다 밀도가 높은 암석으로 굴절되었음에 틀림없다는 결론을 내렸다. 이러한 굴절된 파들은 밀도가 더 높은 영역을 통과하여 움직이고 그 영역에서 더 빠르게 이동하여 지표에 먼저 도달한다. 모호로비치치는

그림 6.11 지진과 판의 경계
이 지도는 약 20년 이상의 기간 동안에 발생한 세계적으로 큰 지진의 진앙들을 보여준다. 지진 활동과 화산 활동(흑색 삼각형)의 양이 가장 많은 지역은 판경계의 윤곽을 나타낸다. 심발지진은 섭입대와 연관이 있는 해구에서 발생한다.

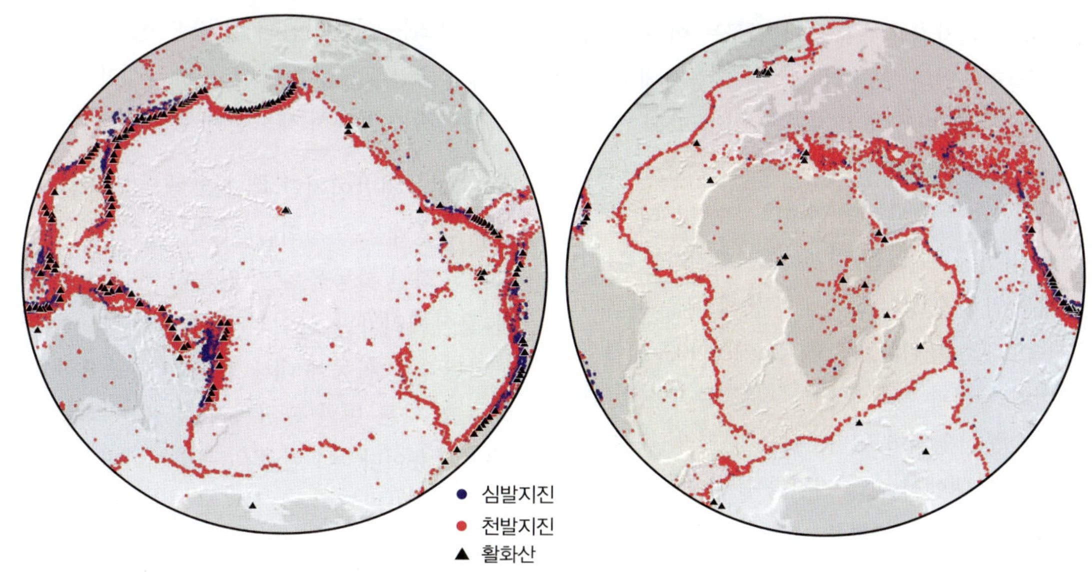

두드러진 성분상의 경계가 지각을 이러한 밀도가 더 높은 아래 영역으로부터 분리시킴에 틀림없다는 가설을 세웠다. 과학자들은 이제 이러한 경계를 **모호로비치치 불연속면**으로 언급하고 그것을 지각의 바닥을 나타내는 경계로 인지한다(또는 맨틀의 상부). 이 양상은 보통 M–불연속면 또는 간단히 **모호**(moho)로 줄여 쓴다.

지진파 불연속면

핵–맨틀 경계와 맨틀–지각 경계(모호)는 **지진파 불연속면**(seismic discontinuity)이다 — 지진파 속도가 부드럽지 않고 갑자기 변하면서 이동하는 경계들. 이들은 지구의 주된 지진파 경계면이지만 여러 다른 것들이 있다(그림 6.10).

이전에 언급한 바와 같이 밀도는 지진파의 속도에 영향을 미치는 유일한 암석의 물성이 아니다. 암석의 강도 역시 그러한 역할을 한다. 암석 강도는 탄성 에너지를 저장할 수 있는 능력인 **탄성률**의 한 표현이다. 이것은 다시 암석의 파괴에 대한 경향과 동일시되며, 이는 **취성도**라고 한다. 더 높은 취성도는 더 높은 탄성도를 의미한다. 암석은 만약 그것이 파괴를 일으키는 탄성한계를 능가하는 점에 도달하지 않으면 영구변형을 겪지 않고 탄성 에너지를 저장할 수 있다. 대조적으로 퍼티와 같이 변형되고 유동하는 경향은 **연성도**라고 한다. 더 높은 연성도는 더 낮은 취성도와 더 낮은 탄성도를 의미한다. 암석은 약해서 유동과 영구적인 변형을 시작하지 않고 탄성 에너지를 저장할 수 없다(또는 유연하게). 온도와 압력에 의해 강하게 영향을 받는 암석강도는 실체파와 표면파의 속도에 두드러진 영향을 갖고 있다. 암석이 연성일수록 지진파가 그것을 통과하는 속도는 더 낮아진다.

다양한 깊이에서의 지진파 속도들의 연구는 아래의 지구 내부 구조를 알려주었다. 모호와 핵–맨틀 경계에 더하여, 지진파 불연속면에 의하여 표시되는 여러 암석 강도 경계들이 있다(그림 6.10). 첫 번째 경계는 약 지표 100km 아래로 위의 취성암석들을 아래의 연성암석으로부터 분리시킨다. 이것이 암석권–연약권 경계이다. 지진파들은 연약권에 있는 매우 약한 연성의 암석대를 통해 매우 천천히 전달되어서 **저속도대**로 불린다. 약 350km에서 400km에서 위의 매우 연성인 암석과 아래의 어느 정도 덜 연성인 암석을 분리시키는 분산영역이 있다. 이것이 연약권–중간권 경계이다. 중간권 내에서 여러 지진파 불연속면들이 있고, 적어도 그것의 몇몇은 **상변화**를 나타내는 것으로 생각되며, 즉, 광물이 더욱 조밀한 결정구조로 바뀌는 곳에서의 압력에 의해 유도된 변화, 이러한 것의 가장 주목할 만한 것은 400km와 650km 깊이에서 발생한다. 마지막으로 5,140km 깊이에서 위의 용융된 철과 아래의 고체철 사이의 지진파 경계가 존재한다. 이것이 외핵–내핵 경계이다.

지진과 판구조 운동

지진은 지구조적 판들의 크기와 경계를 결정하거나 섭입과 같은 지구조적 과정에 대한 우리의 이해를 개선하는 도구로 사용되어 왔다. 제5장에서 배운 바와 같이 지진과 화산들은 일차적으로 판의 가장자리를 따라 발생한다는 것과 가장 명백한 판의 활동적인 상호작용의 징후라는 것을 상기하라. 이미 배운 바와 같이 지진은 큰 암석 지괴들이 서로 미끄러지는 곳에서 단층을 따라 발생한다. 지구조적 운동은 직접적인 압력을 생산하고, 이는 암체의 이동을 일으킨다. 지진의 위치 — 진원과 진앙 깊이 — 는 지구조적 판과 그들 상호작용의 특성에 대한 중요한 정보를 제공한다.

지진과 판의 가장자리

그림 6.11에 보여주는 바와 같이 몇 년에 걸쳐 모아진 큰 지진들의 위치는 지구조적 판들의 경계를 명확하게 나타낸다. 과학자들은 판경계 환경의 기본적인 특성인 4개의 다른 지진 활동의 종류들이 존재한다는 것을 밝혔다(그림 6.12).

확장해령 판이 갈라지는 곳에서 발산경계를 나타내는 확장해령의 좁은 선상을 따라 상대적으로 작은 규모의 천발지진들이 발생한다(그림 6.12A). 그림 6.11에서 대서양을 따라 달리는 천발지진의 뱀 같은 선을 볼 수 있다. 그것은 대서양 중앙해령을 나타내고, 유라시아판과 북아메리카판이 멀어지는 곳에서 새로운 해양 지각이 형성된다.

변환단층 천발이지만 때때로 매우 강력한 지진들이 변환단층 판경계들을 정의한다(그림 6.12B). 이러한 지진들은 관련된 화산 활동을 갖지 않는다. 우리는 이전에 태평양판과 북아메리카판 사이의 경계인 샌앤드레이어스 단층과 관련된 지진 활동에 대해 토론했다. 주요한 지진들이 발생하는 또 다른 변환 판경계의 한 예는 북동 터키의 아나톨리안 단층이다. 이 단층은 유라시아판, 아라비아판, 그리고 아프리카판들이 만나는 곳에 놓여 있는 작은 아나톨리아판의 경계를 나타낸다.

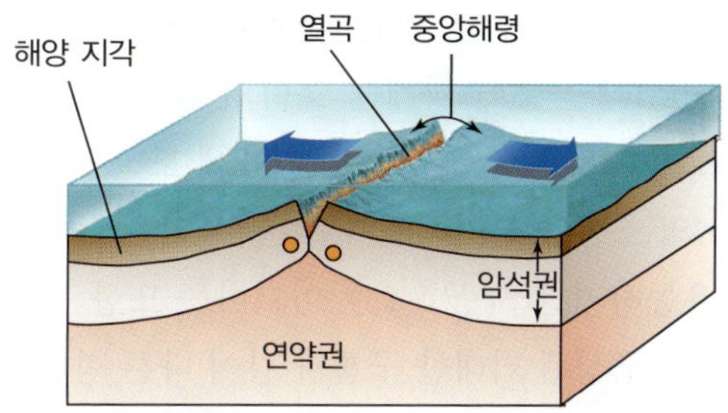

발산경계
발산경계에서의 지진은 약하고 얕은 깊이에서 발생한다. 지진은 차갑고 부서지기에 충분한 암석에서만 발생한다. 중앙해령에서는 그들이 매우 깊을 수 없음을 뜻이다.

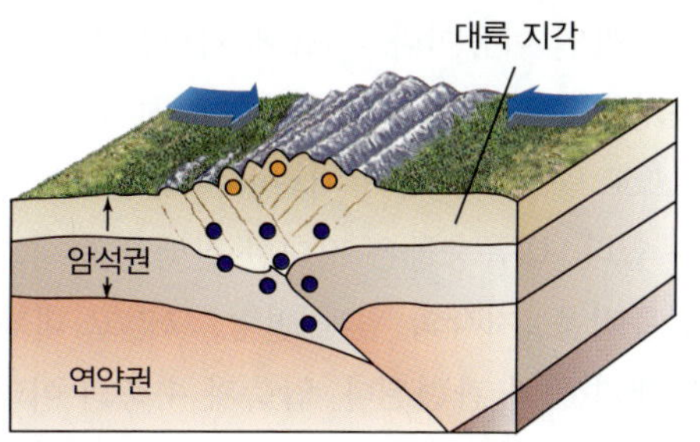

충돌경계
충동대의 지진은 깊은 곳에서 발생할 수 있으며 아주 강하다.

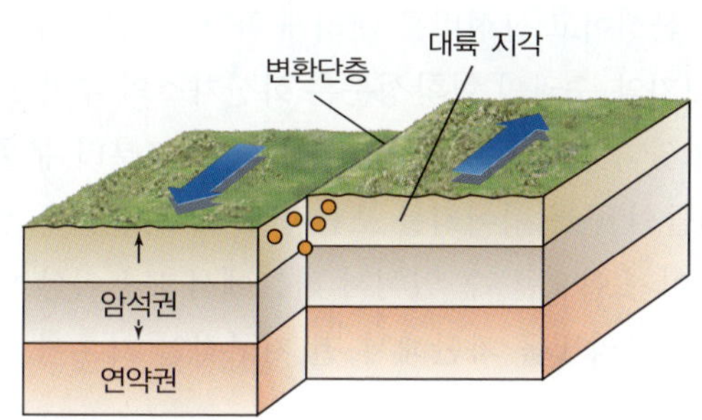

변환단층 경계
변환단층 경계에서는 천발지진이 발생하지만 아주 강할 수 있다.

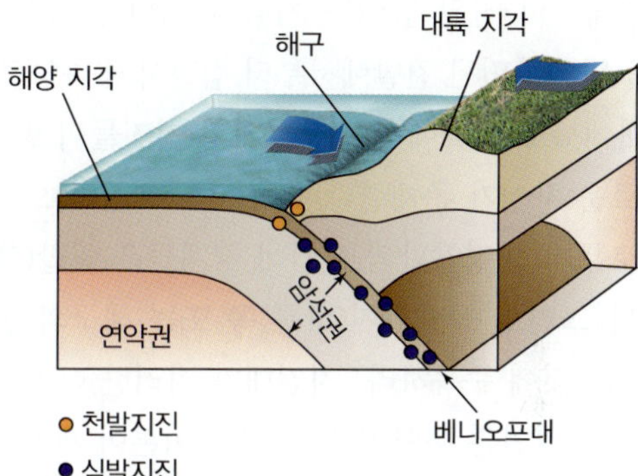

섭입경계
섭입대에서는 가장 깊고 가장 강력한 지진이 발생한다. 여기에서는 해양 판이 대륙 판 아래로 이동한다. 지진의 진원은 해구 근처에서는 얕지만 섭입 판의 가장자리로 가면서 점점 깊어진다. 베니오프대라 불리는 천발과 심발지진이 발생하는 이러한 지역들은 과학자들에게 섭입현상을 처음으로 알렸다.

그림 6.12 지진과 지구조 환경
지진의 위치 – 진앙과 진원 깊이 모두 – 는 지구조적인 작용과 판 경계의 상호작용에 대한 중요한 정보를 제공한다.

대륙충돌 지진 활동의 세 번째 주요 형태는 대륙 충돌대를 나타내는 넓은 띠로 천발지진에서부터 심발지진까지 발생한다(그림 6.12C). 이러한 지진들은 매우 강력할 수 있다. 그들은 압축변형과 관련되지만 화산 활동은 없다. 몇몇 기록적인 크고 끔찍한 지진들이 인도판과 유라시아판의 수렴과 관련된 넓은 지진 활동대에서 발생했다. 이러한 거대한 대륙충돌은 여전히 진행 중이다. 이는 주기적으로 큰 지진들을 발생시키고 티베트 고원과 히말라야 산맥의 형성과 계속적인 융기를 가져왔다.

섭입대 해양 지각 판이 해양 또는 대륙 지각 판과 수렴하는 섭입대 환경에서(그림 6.12D), 가장 깊고 가장 강력한 지진들이 발생한다. 이러한 매우 큰 지진들은 때때로 거대충상단층 지진이라고 한다. 2004년의 수마트라–안다만 지진을 포함하여, 1900년 이래 모멘트 규모 9.0 이상을 갖는 거대충상단층 지진이 5개 발생했다. 이들이 섭입과 관련되기 때문에 이러한 지진들은 해양 내 또는 근처에서 발생한다. 이는 거대충상단층과 다른 큰 섭입대 관련 지진들이 쓰나미를 일으킬 가능성을 갖고 있다는 것을 의미한다.

진원 깊이

진원 깊이의 현상에 대해 좀 더 자세히 검토하고, 다른 판의 지구조적 환경들이 나타내는 것에 대해 생각해 보자.

확장해령을 따른 지진들은 전형적으로 매우 천발이다. 제5장에서 배운 맨틀로부터 녹은 암석이 그러한 열극을 따라 새로운 지각을 만들면서 상승한다는 것을 상기하자. 지각–맨틀 경계(모호)는 확장해령 아래에서는 지표에 매우 가깝다. 이것은 해령을 따른 암석들은 뜨겁고 많은 탄성 에너지를 저장하기에는 너무 약하다는 것을 의미한다. 지진은 탄성 에너지를 저장할 만큼 충분히 강하고 그들이 탄성한계를 넘으면 깨질 수 있는 충분한 취성의 암석들에서 발생할 수 있다. 이것이 확장경계를 따른 지진들이 전형적으로 천발인 이유이다. 지표에 가까운 암석들만 이렇게 거동하기에 충분히 차갑고 충분히 강하다.

대조적으로 충돌대에서의 지진들은 천발에서 심발까지 나타날 수 있다. 대륙충돌은 거대한 산맥을 형성하기 위한 복잡한 단층작용, 지각의 휨과 변형, 그리고 대륙 암체의 융기와 포개짐 등과 관련된다. 압축과 수축의 이러한 과정 동안 지각 자체가 두꺼워지는 작용을 겪는다. 산맥들의 뿌리는 전형적으로 그들의 거대한 높이에 지각평형적으로 균형을 유지하면서 현저한 깊이까지 확장된다. 따라서 대륙충돌대에서의 진원 깊이는 지각의 두께와 지질환경의 복잡성을 반영하면서 천발에서부터 심발까지 다양하다.

섭입대에서도 천발에서 심발까지의 지진들이 발생하지만 흥미로운 차이가 존재한다. 그림 6.11에서 색으로 표시된 점들로부터 태평양판의 섭입대 경계들은 천발(해양쪽)에서 중발 그리고 심발까지(대륙 쪽 또는 해구의 반대쪽) 나타낸다는 것에 주목하라. 지진대가 이러한 다양한 진원 깊이를 갖는 원인은 무엇인가? 판구조 이론이 개발되기 이전부터도 지구물리학자들은 이러한 베니오프대 또는 와다티-베니오프대를 잘 알고 있었다(그림 5.19). 과학자들은 이제 베니오프대와 관련된 지진들은 침강하는 암석권 판의 윤곽을 나타낸다는 것을 이해한다. 섭입 판이 맨틀로 미끄러져 내려감에 따라 그것을 따라서 큰 지진들이 발생한다. 판이 충분히 차갑게 남아 있고 탄성 에너지를 저장할 만큼 충분히 강하면 지진이 발생할 수 있다. 그러한 지진들의 깊이는 섭입하는 암석권 판들이 그들의 강도를 매우 깊은 깊이까지 유지할 수 있다는 것을 지시하면서 700km까지 깊을 수 있다. 그러한 관찰은 과학자들이 섭입 과정에 대한 그들의 이해를 개선하는 것을 가능하게 하였다.

화산 : 암석이 녹을 때

어떤 종류의 지진과 화산 활동 사이에 강한 상관관계가 존재하고, 이러한 관계가 판구조론의 맥락에서 가장 잘 이해가 된다는 것이 현재로서 명백하다. 이제 우리의 관심을 지진에서 화산 활동으로 옮겨보자.

화산(volcano)은 용융된 암석, 고체암석 쇄설물, 그리고 가스의 혼합물이 분출하는 화구이다. 모든 활성화산의 아래에는 마그마방이라 불리는 용융된 물질의 저장소가 있다. **마그마**(magma)는 때때로 단순히 용융된 암석으로 기술되지만, 사실 그것은 훨씬 더 복잡한 물질이다. 그것은 용융된 암석, 부유 광물입자, 그리고 온도가 충분히 높을 때 지각이나 맨틀에서 형성되는 용해된 가스의 혼합이다. 화산(volcano)이란 용어 자체는 로마의 불의 신 *Vulcan*에서 나왔으며, 그것은 땅에 퍼붓는 지표에 도달한 마그마인 **용암**(lava)의 흐름을 상기시킨다. 어떤 용암은 뜨거운 하천과 같이 유동하지만(그림 6.13), 마그마는 또한 작고 뜨거운 암편들로 구성된 거대한 구름과 같이 다른 형태로 분출할 수 있다.

화산은 지권이 대기권, 수권, 그리고 그것을 통한 생물권과 인간 생활권에 영향을 미치는 가장 명백한 방법 중 하나이다. 예를 들어 마그마가 지표에 도달할 때 용해된 가스들은 대기권으로 방출된다. 대부분의 화산가스들은 어느 정도 산성이고 산성비를 내리게 한다. 지질학적 시간을 통해 대기와 수권의 화학성분은 화산가스의 추가로 인해 진화해 왔다. 또 다른 예는 어떤 화산으로부터 분출된 작은 파편들의 구름 덩어리를 포함한다. 그 파편들은 성층권으로 높이 솟아오를 수 있어서 하늘에서 1년 이상 머무를 수 있고, 태양빛을 차단해서 전 지구적인 기후에 영향

그림 6.13 유동하는 용암
분화구로부터 유유히 흐르는 뜨거운 용암의 흐름은 용암이 어떻게 유동하고 자유로운 진행을 하는지를 보여준다. 이 분출은 1983년 하와이에서 발생하였다.

을 줄 수 있다.

암석은 왜 녹는가

화산 활동에 대한 이해는 어떻게, 왜 암석이 용융되는지에 대한 이해와 어떻게 용융된 그 암석이 거동하는지를 포함한다. 암석들은 매우 높은 온도에서 녹기 때문에 자연에서 용융된 암석을 연구하는 것은 매우 어렵다(그림 6.14A, 기초 원리 : 마그마와 용암의 특징 참조). 다행스럽게도 암석은 자연적으로뿐만 아니라 인공적으로 용융될 수 있다(그림 6.14B). 따라서 우리는 실험실의 실험을 통해 용융된 암석의 거동에 대해 또한 배울 수 있다. 과학자들은 마그마, 용암, 그리고 용융암석의 특성에 대한 그들의 이해를 쌓고 개선하기 위하여 야외와 실험에 기초한 정보를 결합하였다.

지표에서(또는 대기압에서의 실험에서) 암석은 800~1,000°C 사이로 가열될 때 녹기 시작하고, 정확한 온도는 성분에 의존한다. 그러나 암석은(얼음과 달리 예를 들어) 전형적으로 많은 다른 광물들로 구성되어 있고, 각각은 그 자신의 특징적인 용융온도를 갖는다. 따라서 우리는 암석에 대해 하나의 용융점을 얘기할 수 없다. 완전한 용융은 온도범위에 걸쳐 일어나지만, 보통 약 1,200°C에서 얻어진다. 암석성분 이외에 암석이 용융이 일어날 때 온도에 강하게 영향을 미치는 두 가지 요소는 압력과 물의 존재이다.

압력과 암석 용융

제2장에서 다룬 바와 같이 온도는 깊이에 따라 지열구배에 따라 증가한다. 그 증가는 더 두꺼운 대륙 지각에서 보다 해양 지각 내와 아래에서 더욱 빠르게 발생한다(그림 6.15). 대륙 지각 아래에서 1,000°C의 온도는 깊이 약 150km에서 도달된다. 해양 지각 아래에서는 온도가 더욱 빠르게 상승해서 상대적으로 더 얕은 깊이인 80km 정도에서 1,000°C에 도달한다. 그림 6.15에서 볼 수 있는 바와 같이 맨틀 상부에서의 온도는 대부분의 암석들이 지표에서 녹는 온도보다 더 높다. 상부 맨틀은 대부분 고체인데 어떻게 이것이 가능한가?

그 답은 깊이가 증가함에 따라 압력 또한 획기적으로 증가하고, 상승하는 압력이 암석이 용융에 저항하게 한다(그림 6.16A). 예를 들어 장석 그룹에서 일반적인 조암광물인 알바이트(조장석)는 지표에서 1,104°C에서 용융된다. 깊이 100km에서는 압력이 해수면에서보다 35,000배 더 크다. 그 압력에서 조장석의 용융온도는 1,440°C이고, 이는 100km에서의 정상적인 온도보다 더 높다. 따라서 알바이트는 그 깊이에서 고체로 남아 있다.

뜨거운 암석에서 압력의 감소가 용융에 이르게 할 수 있

그림 6.14 마그마와 용암은 뜨겁다

(A) 방열복을 입은 지질학자가 하와이의 마우나로아에서 분출한 용암의 온도를 측정하고 있다. 밝은 주황, 노랑, 하양이 온도가 높으며, 암적색, 갈색, 흑색은 온도가 낮은 용암이다. (B) 제철소에서 노동자가 금속광물을 용융점까지 가열하고 있다.

(A)

(B)

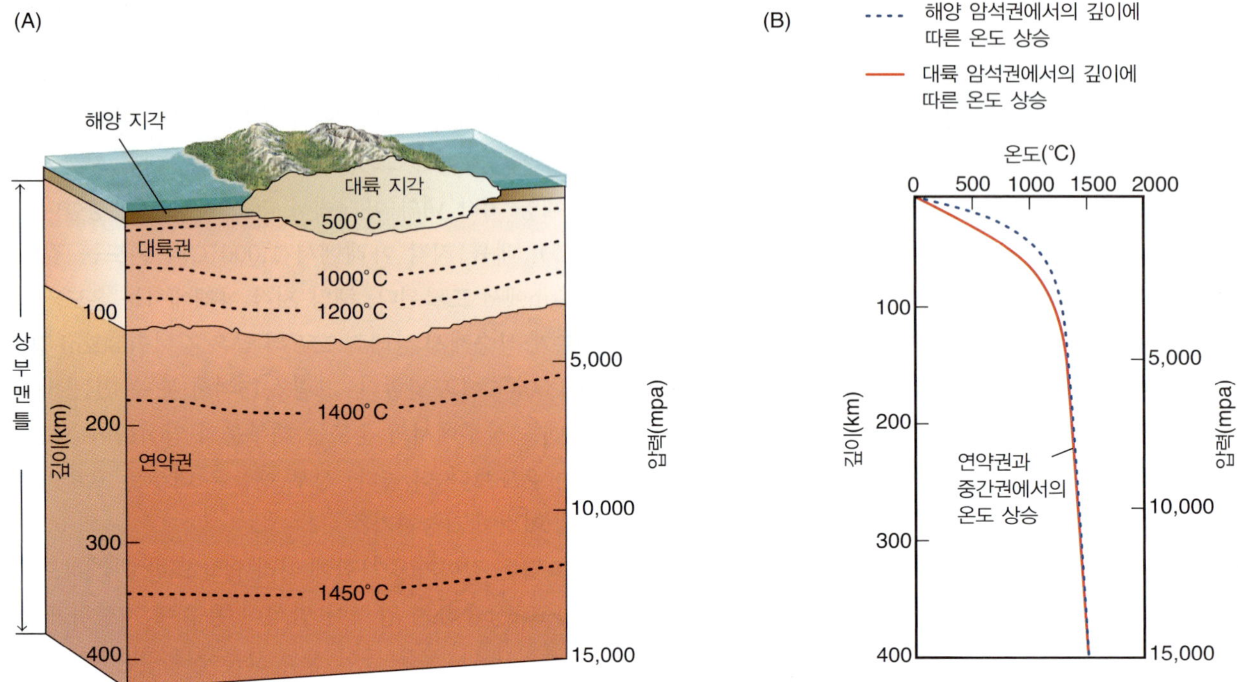

그림 6.15 지열 구배

(A) 온도는 지열 구배에 따라 깊어질수록 증가한다. 점선은 같은 온도의 선인 등온선이다. 선들이 대륙 지각 아래에서 가라앉아 있는 것은 그곳에서는 깊이에 따라 온도가 느리게 변화하기 때문이라는 것에 주목하라. (B) 이 그래프는 A와 같은 정보를 나타낸다. 가장 위가 지구 표면이며, 깊이(그리고 압력)가 아래로 갈수록 증가한다. 점선의 굴곡은 해양에서의 지온 구배, 그리고 실선의 굴곡은 대륙 지각 아래에서의 지열 변화를 보여준다. 이 2개의 곡선은 심도 200km 깊이 아래에서 만나게 된다.

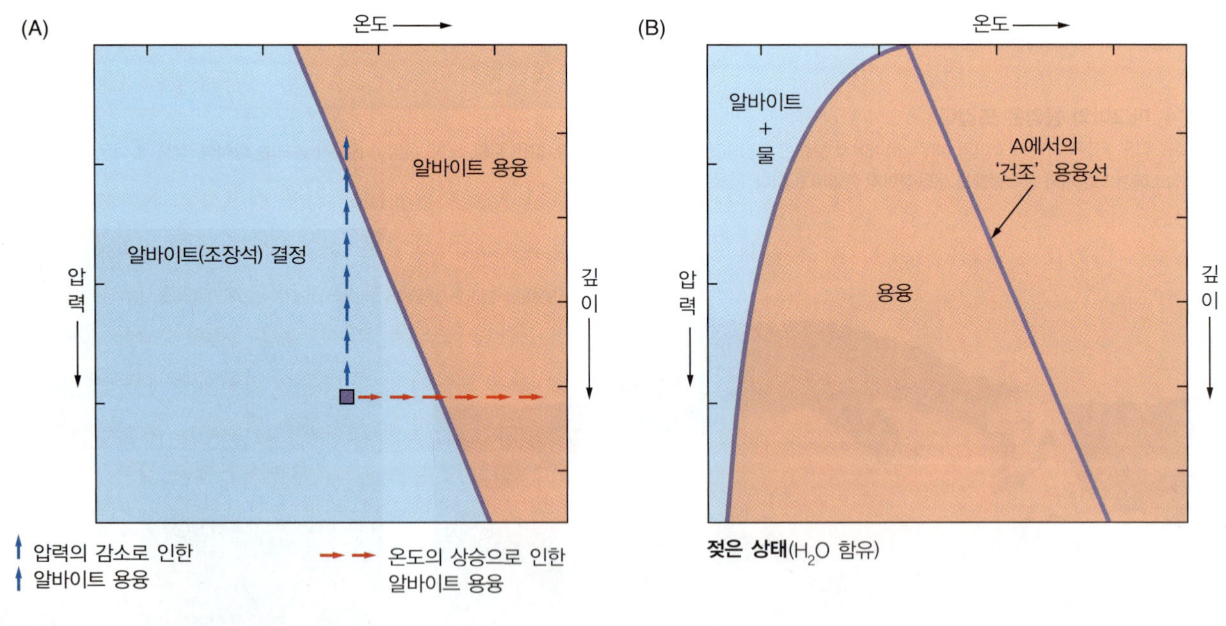

그림 6.16 온도, 압력, 물, 그리고 암석 용융

(A) 수분이 없는 광물(여기에서는 알바이트)의 용융점은 압력의 증가에 따라 증가한다. 특정 깊이에서의 광물(작은 네모)은 두 가지 방식인 온도의 증가(빨간 화살표) 또는 압력의 감소(파란 화살표)에 의해 녹을 수 있다. (B) 수분을 함유하는 광물의 용융점은 압력이 증가함에 따라 전형적으로 감소한다. 이는 수분이 없는 광물에서 일어나는 상황과는 완전히 반대된다. 작은 네모의 온도와 압력 조건에 있는 광물은 수분이 없는 (A)의 경우 고체이며, (B)와 같이 수분이 있을 경우 용융된다.

으며, 온도의 증가와 마찬가지로 용융에 중요한 역할을 한다. 압력의 감소에 의해 일어나는 용융을 감압용융(그림 6.16A)이라고 한다. 예를 들어 그것은 만약 암석이 맨틀의 대류에 의해 지표로 운반되면 발생할 수 있다. 그것이 지표에 도달함에 따라 비록 추가적인 열이 암석에 가해지지 않아도 압력에서의 감소가 용융을 유도할 수 있다.

물과 암석 용융

용융에서 압력의 효과와는 대조적으로 암석에서 물(또는 수증기)의 존재는 획기적으로 그것의 용융온도를 낮춘다(그림 6.16B). 추운 기후에서 사는 사람들은 누구나 소금과 얼음의 혼합이 순수한 얼음보다 더 낮은 용융온도를 갖기 때문에 소금이 빙판길에서의 얼음을 녹일 수 있다는 것을 안다. 유사하게 광물과 물의 혼합이 건조한 광물보다 더 낮은 용융온도를 갖는다. 제5장에서 기술한 바와 같이 젖은 해양 지각에 의해 맨틀로 물이 운반되는 섭입대에서 암석용융에 대한 물의 효과는 특히 중요해진다. 그림 6.16B로부터 압력이 감소함에 따라 물이 추가적으로 광물의 용융온도를 감소시키기보다는 증가시킨다는 것에 주목하라. 이는 건조한 광물의 경우에 발생했던 것과는 반대이다(그림 6.16A). 이것은 용해된 물을 포함한 마그마가 압력이 감소하는 조건 아래에서 지표로 이동함에 따라 실질적으로 고화될 수 있다는 것을 의미한다.

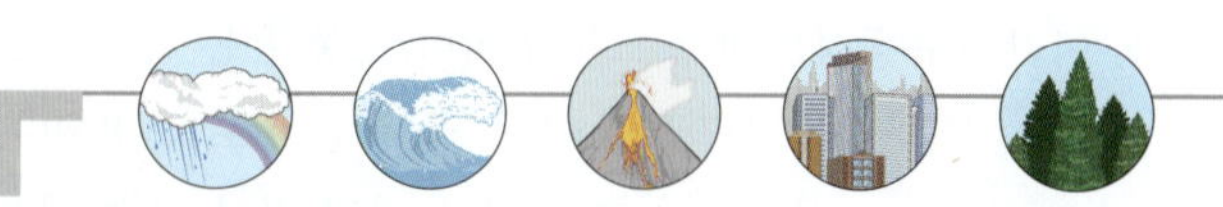

관련짓기

물이 수권, 대기권의 일부가 되기 위해 지구 내부에서부터 물이 생성되는 몇 가지 방법은 무엇인가? 물이 지표에서 지구 내부로 돌아가는 몇 가지 방법은 무엇인가?

부분 용융

암석들은 여러 다른 광물들로 이루어져 있기 때문에 용융은 전형적으로 200°C 이상의 온도 범위에 걸쳐 발생한다. 이는 고체와 용융 사이의 경계가 그림 6.17에서 보듯이 얼음 조각의 용융에서와 같이 확실하지 않고 모호하다는 것을 의미한다. 온도가 암석에서 물질들의 일부는 녹고 일부는 고체로 남아 있을 정도로 충분히 증가하면 그것은 **부분 용융**(partial melt 또는 fractional melt)이 된다. 만약 온도가 계속 증가하거나 압력이 감소하면 암석은 완전히 녹을 것이다. 부분 용융의 과정은 한 성분의 용융이 다른 성분의 잔류 암석으로부터 분리되는 것을 가능하게 한다. 이것은 몇몇 공통된 초기 마그마 성분으로부터 지구에 존재하는 매우 다양한 종류의 마그마와 화성암이 발달할 수 있게 하는 결정적인 단계이다.

화산 분출

어떻게 그리고 왜 암석들이 녹아 마그마가 형성되는지 어느 정도 이해했을 것이고, 이제 어떻게 마그마가 지표로 도달하여 분출하는가를 생각할 수 있다. 대부분의 다른 액체들과 마찬가지로 마그마는 그것이 형성되는 고체물질보다 밀도가 낮다. 따라서 일단 형성되면 낮은 밀도의 마그마는 그 위에 놓인 더 높은 밀도의 암석을 위로 밀어 천천히 위로 들어올린다. 물론 위에 놓인 무거운 암석의 하중 때문에 상승하는 마그마에 압력이 가해진다. 압력이 깊이에 비례하기 때문에 마그마가 상승함에 따라 압력이 감소하여 추가적인 압력 제거에 의한 용융이 발생하고 마그마에 용해된 가스가 녹아나간다. 상승 과정과 마그마의 특성(특히 규산 함량, 가스 함량, 온도)은 화산으로부터 나올 때 마그마 거동을 결정하기 위해 결합되고, 이는 화산의 분출 양상을 결정한다. 어떤 화산은 폭발적으로 분출하고, 다른 것들은 좀 더 조용히 분출한다. 여러 요소들이 이러한 다른 분출 양상을 이끈다.

비폭발성 분출

사람들은 모든 화산 분출이 위험하다고 생각하지만, 지질학자들은 하와이에서와 같은 현무암질 화산들은 그림 6.13과 B6.4A에서 보여주는 바와 같이 매우 조용하게 흐르는 용암천의 특성을 갖고 일반적으로 비폭발적으로 분출하기 때문에 연구하기에 상대적으로 안전하다는 것을 알게 되었다.

비폭발성과 폭발성 분출 사이의 차이는 크게 마그마의 점성과 용해된 가스 함량의 함수이다. 비폭발성 분출은 낮은 점성 마그마와 낮은 용해 가스의 특성을 갖고 있다. 현무암질 마그마는 낮은 SiO_2 함량, 더 높은 온도, 그리고 안산암 또는 유문암 마그마들보다 더 낮은 점성(즉 더 잘 흐름)을 갖고, 그것은 또한 다른 종류의 마그마들보다 더 낮은 함량의 용해된 가스를 갖는다. 종종 화와이형 분출로 불리는 현무암질 마그마의 분출은 거의 폭발적이지 않다.

그러나 현무암질 마그마 분출은 여전히 극적일 수 있다. 압력은 마그마가 용해할 수 있는 가스의 양을 제어할 수 있

기초 원리

마그마와 용암의 특징

자연과 실험실에서 화산 폭발과 용융된 암석을 연구하고 관찰함으로써 마그마에 관한 세 가지 중요한 결론을 내릴 수 있었다.

1. 마그마는 실리카(SiO_2)가 우세한 성분 범위에 의해 특징된다.
2. 마그마는 유동성을 가진 액체의 특성을 가지고 있다. 비록 대부분의 마그마가 용융된 가스뿐만 아니라 고체 상태의 암석, 광물 입자를 포함하고, 어떤 경우는 거의 창유리처럼 딱딱하지만 이것은 사실이다.
3. 마그마는 높은 온도를 갖는 특징이 있다.

성분 범위

마그마의 화학적 구성성분들은 다양하지만 지구의 일반적인 화학 원소들이 우세하다(제3장) — 규소(Si), 알루미늄(Al), 철(Fe), 칼슘(Ca), 마그네슘(Mg), 나트륨(Na), 칼륨(K), 수소(H), 산소(O). O^{2-}는 가장 풍부한 음이온이기 때문에 과학자들은 일반적으로 SiO_2, Al_2O_3와 같은 산화물의 형태로 마그마 성분을 표현한다. 이 방법으로 표현하자면 마그마의 가장 풍부한 구성성분은 바로 규소, SiO_2이며, 가장 일반적인 마그마는 **규산염 마그마**이다.

화산가스(volcanic gas)라고 하는 적은 양의 가스(무게로 0.2%~5%)는 모든 마그마에 녹아 있으며, 그들은 전체 지구계와 분출 과정에서 아주 중요한 역할을 한다. 화산가스의 주성분은 수증기이며, 이산화탄소와 함께 화산에서 분출되는 가스의 98% 이상에 해당한다. 나머지 2%는 질소, 염소, 황, 아르곤 가스 등이다. 화산가스는 대기 구성에 영향을 미치고, 따라서 기후에 영향을 미치기 때문에 지구계 과학에서 아주 중요하다. 실제로 수증기와 이산화탄소는 복사활성(온실) 가스이다. 제4장에서 배웠던 것처럼 지구 내부의 화산가스 방출이 없었다면 우리의 지구를 둘러싸고 있는 대기와 수권은 없었을 것이다.

세 가지 뚜렷한 마그마 성분은 다른 모든 것보다 일반적이다(그림 B6.3과 표 B6.1).

1. **현무암질 마그마**(basaltic magma)는 약 50%의 SiO_2와 약간의 용해된 가스를 포함한다. 화산에서 폭발하는 마그마 중 거의 80%가 현무암질이다.
2. **안산암질 마그마**(andesitic magma)는 약 60%의 SiO_2와 많은 양의 용해된 가스를 포함한다.
3. **유문암질 마그마**(rhyolitic magma)는 약 70%의 SiO_2와 가장 많은 양의 용해된 가스를 포함한다.

유동성

용암이 화산 옆으로 빠르게 흐르는 극적인 사진은 마그마가 유체라는 것을 입증한다. 현무암질 용암이 하와이의 마우나로아산 옆 가파른 경사를 따라 이동하는 속도는 16km/h로 기록되었다. 이러한 유동성은 매우 드문 일이며, 보통 유동 속도는 보통 시간당 m 또는 하루당 m로 측정된다. 사람들이 그 경로를 피해 벗어날 수 있을 정도로 충분히 느리다(그림 B6.4A).

흐름에 저항하는 성질을 **점성**(viscosity)이라 부른다. 점성이 강한 마그마는 유동성이 더 작다. 마그마의 점성은 온도와 성분, 특히 SiO_2 함량에 좌우된다. 마그마의 SiO_2 함량이 높으면 마그마는 점성이 강해진다. 이는 규산염 광물이 형성되는 것과 같이 실리카 분자가 다른 실리카 분자와 연결을 형성하는 경향이 있기 때문이다(제3장). 이 연결 과정을 중합이라고 하며, 마그마의 강한 연결은 마그마의 흐름을 더 느리게 한다. 이러한 이유로 실리카가 높은 유문암질

그림 B6.3 마그마의 공통된 구성 성분

여기에 세 가지 주요 마그마 구성성분을 보여준다. 현무암질 마그마는 약 50%의 SiO_2와 약간의 용해된 가스를 포함한다. 안산암질 마그마는 약 60%의 SiO_2와 많은 양의 용해된 가스를 포함한다. 유문암질 마그마는 약 70%의 SiO_2와 가장 많은 가스를 포함한다.

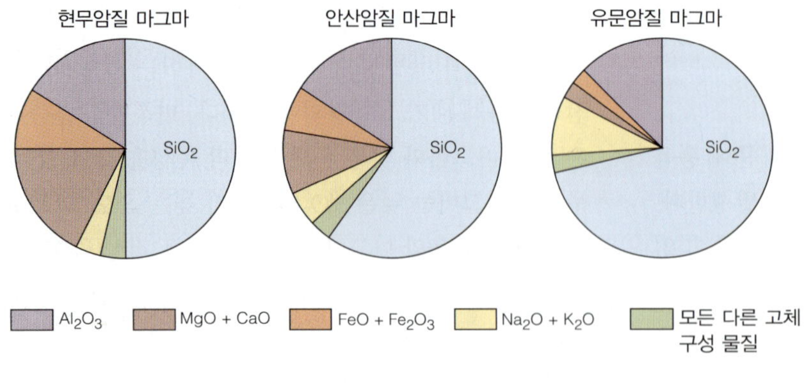

그림 B6.4 용암의 점성
(A) 하와이의 칼라파나에 있는 이 집은 1989년 6월 느리지만 멈추지 않고 전진하는 용암 흐름에 휩싸이려고 한다. 용융된 암석과 접촉한 잔디밭의 잔디가 불타고 있다. (B) 지질학자가 서 있는 1959년 킬라우에아 화산에서 분출된 아주 뜨겁고 낮은 점성의 자유롭게 흐르는 용암인 파호이호이 용암은 부드럽고 로프 같은 화산암이다. 더욱 거칠어 보이는 상부 유동(지질학자에 의해 채취되고 있는 것)은 아아 용암으로부터 형성되었고, 상대적으로 더 차갑고 따라서 좀 더 점성이 강하고 느리게 움직인다. 이는 앞선 흐름과 같은 화학적 조성을 가진다.

표 B6.1 마그마와 관련된 화산암과 심성암

마그마	규소성분	용융온도	점성	심성암	화산암
현무암질	낮음(~50%)	높음(~1,200°C)	낮음(유동적)	반려암	현무암
안산암질	중간(~60%)	중간(~1,000°C)	중간	섬록암	안산암
유문암질	높음(~70%)	낮음(~800°C)	높음(끈적끈적함)	화강암	유문암

마그마는 실리카가 낮은 현무암질 마그마보다 항상 강한 점성을 가지며, 안산암질 마그마는 그 중간이다. 가스 함량과 같이 마그마 점성은 폭발의 격렬성에 영향을 미친다. 점성이 높고, 실리카 함량이 높은 마그마는 일반적으로 묽고 점성과 실리카 함량이 낮은 마그마보다 분출하기 더 어려울 것이다(그래서 더 폭발적이다).

높은 온도

모든 마그마는 뜨겁다. 화산이 위험한 장소이고 과학자들이 산 채로 구워지고 싶어 하지 않기 때문에 마그마 분출 시 온도의 측정은 광학장비를 이용하여 먼 거리에서 측정한다(그림 6.15A). 이런 방법으로 측정된 마그마의 온도는 1,000~1,200°C의 범위이다. 실험실에서 수행된 암석의 용융실험은 암석의 용융이 다양한 원인에 의해서 결정되지만 800°C 아래에서는 드물게 발생한다.

온도는 점성을 포함한 마그마의 속성에 영향을 미친다. 온도가 높을수록 마그마의 점성은 낮아지고 흐름은 더 쉬워진다. 그림 B6.4B에서 지질학자가 서 있는 매끈하고 새끼와 같은 표면을 갖는 용암을 파호이호이(pahoehoe, 하와이어로 pa-hó-e-hó-e라고 발음한다)라고 부르며, 뜨겁고 유동적이며 묽은 현무암질 마그마로부터 형성된다. 중심과 왼쪽에 쌓여 있는 돌조각이 많아 거칠어 보이는 용암은 높은 점성을 가진 상대적으로 차가운 현무암질 마그마에서 형성되었다. 하와이어로 이런 거친 용암을 아아(aa, ah' ah라고 발음한다)라고 부른다. 아무리 뜨거운 마그마라도 화산 밖으로 흘러나오면 용암은 곧 식으며, 좀 더 점성이 커지고 흐름이 느려지다 완전히 정지 후 굳어서 화산암이 된다.

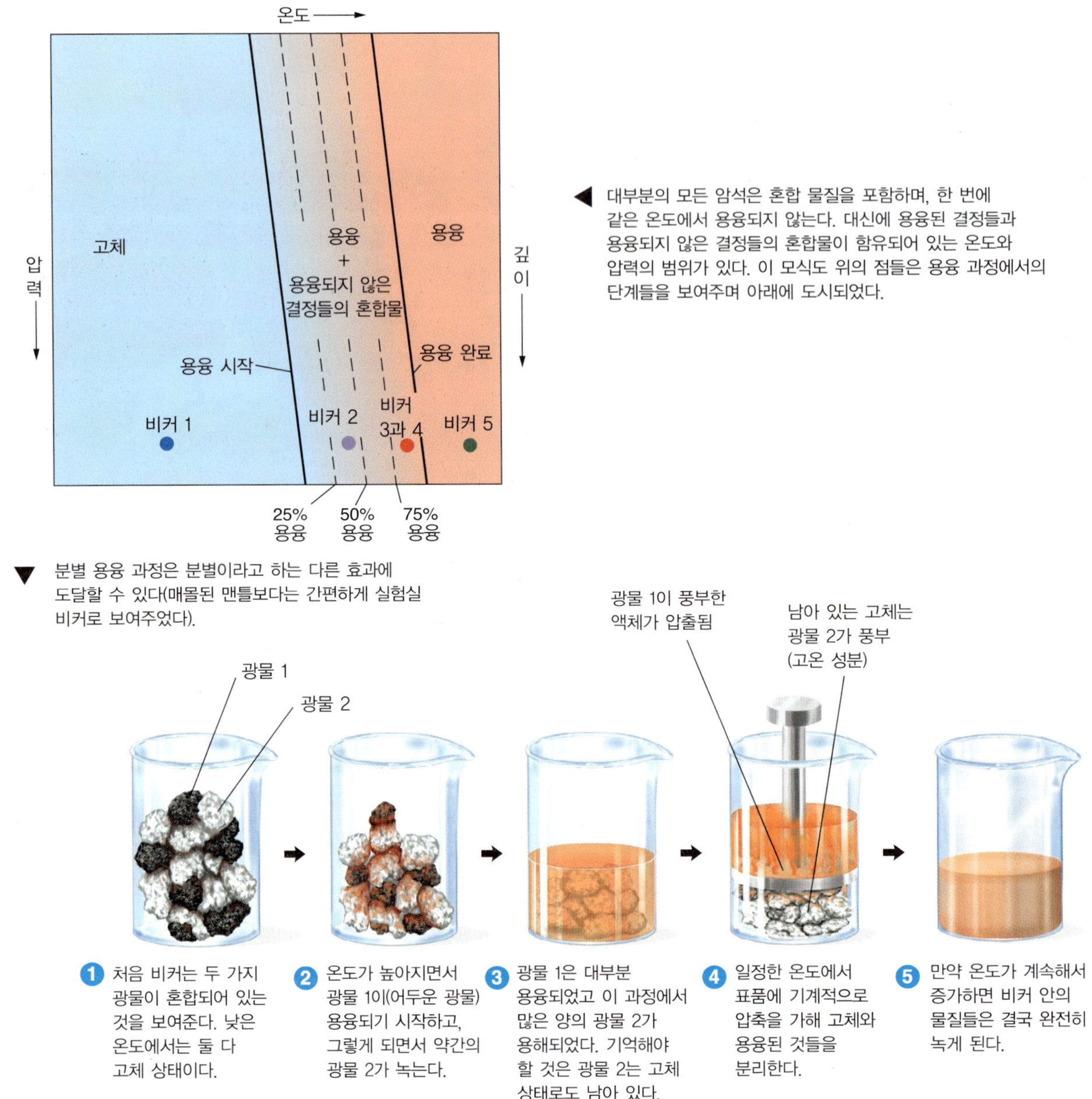

그림 6.17 암석의 용융과 부분 용융

다. 높은 압력에서는 더 많은 가스가 녹을 수 있고 낮은 압력에서는 더 적은 가스가 녹는다. 상승하는 마그마에 녹아 있는 가스는 탄산음료에 녹아 있는 가스와 같은 방식으로 작용한다. 탄산음료의 병을 땄을 때 병 내부의 압력이 떨어지고, 가스가 용액으로부터 나와서 기포가 형성된다. 유사하게 상승하는 마그마에 용해된 가스는 압력이 감소함에 따라 용액으로부터 나와 거품을 형성한다. 낮은 점성의 현무암질 마그마에서 발산된 가스 기포는 탄산음료에서의 기포와 같이 매우 빠르게 상승할 것이다. 만약 현무암질 마그마가 지표로 빠르게 움직이면 위에 놓인 암석에 의해 가해진 압력은 매우 빠르게 감소한다. 그 경우, 화산가스가 용액으로부터 매우 빠르게 나올 수 있어 분출 용암에서의 굉장한 분출을 만들 수 있다(그림 6.18A).

대부분의 용해된 가스가 용액으로부터 나와서 빠져나가 분출이 잦아들 때 뜨거운 유체 용암이 화구로부터 나와 아래로 빠르게 흘러간다. 용암이 식고 용해된 가스를 계속

그림 6.18 비폭발성이지만 가스가 풍부한 분출
(A) 1983년에 시작한 킬라우에아 분출과 같은 하와이의 화산 분출은 일반적으로 비폭발성이지만, 여기서 보여주는 바와 같은 빠른 가스 분출은 화려한 용암분수를 만든다. 가스가 풍부한 분출로부터의 용암이 식고 굳어지면, 가스 방울들이 일부 잡혀서 여기 하와이의 시료로부터 보여주는 것과 같은 기공 구조가 형성된다(B). 각각의 완두콩 크기의 기공들은 용암이 굳어지는 과정에서 갇힌 가스 방울이다.

빼앗김에 따라 그것의 점성은 증가하고 유체의 특성이 변한다. 매우 유동적인 초기 용암은 얇은 파호이호이 유동을 형성하지만, 식으면서 끈적끈적해진 용암은 느리게 이동하는 아아(aa) 유동으로 바뀐다(기초 원리 : 마그마와 용암의 특성에서 언급한 바와 같이). 따라서 하나의 하와이형 분출 동안에 파호이호이와 아아가 동일한 현무암질 마그마로부터 형성될 수 있다(그림 B6.4B).

현무암질 용암이 식고 점성이 증가함에 따라 가스 기포가 빠져나가는 것이 점점 어려워진다. 용암이 최종적으로 암석화될 때 최종 형성된 기포가 잡혀서 그들의 모양이 남아 있게 된다(그림 6.18B). 이러한 기포 구멍들을 기공이라고 하고 그들이 화성암에서 만든 조직을 다공질이라고 한다.

폭발적인 분출

점성 마그마는—안산암질과 유문암질 둘 다—더 높은 규소 함량을 갖고 현무암질 마그마보다 더 낮은 온도에서 분출한다. 그들은 또한 용해 과정에서 수증기들이 관여하기 때문에 높은 용해된 가스 함량을 갖는다. 규소가 풍부한 성분, 낮은 온도, 높은 점성, 그리고 높은 용해된 가스 함량의 결합이 폭발적인 분출을 위한 조건이다. 가스로 충진된 점성의 마그마가 상승함에 따라 가스가 용액으로부터 나와서 기포가 형성되지만, 그들은 끈적끈적한 점성의 마그마로부터 빠져나올 수가 없다. 만약 마그마 상승 시 속도가(따라서 기포가 형성되는 속도) 빠르면 기포들은 점성의 마그마를 화구로부터 폭발적으로 분출하는 작고 붉은 뜨거운 조각들의 구름으로 산산조각 낼 수 있다.

폭발적인 화산 분출 동안 쏟아져 나오는 뜨겁고 산산조

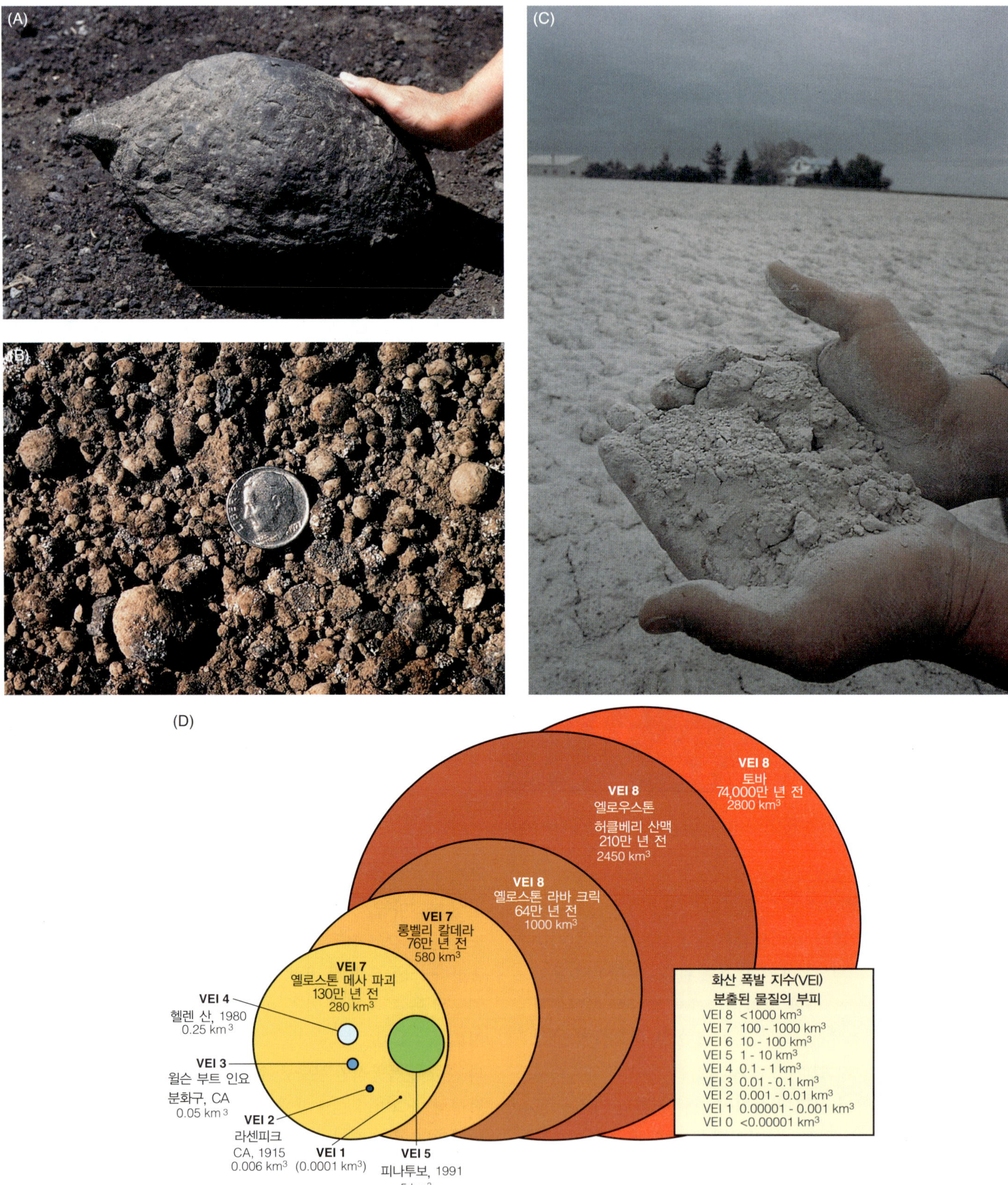

그림 6.19 화산쇄설물과 폭발성 분출

화산쇄설물 혹은 테프라는 다양한 크기로 나타난다. (A) 화산탄은 주먹 크기 이상의 큰 암석 파편이다. (B) 중간 크기의 화산 분출 쇄설물을 화산력(라필리)이라고 한다. 이 파편들은 하와이의 카우 사막을 뒤덮었다. (C) 가장 작은 화산 분출 쇄설물인 화산재는 1980년에 세인트헬렌스 화산의 폭발 후 오리건 주에 있는 농장을 덮었다. 화산재는 나뭇재와 다르다. 이것은 미세한 크기의 화산유리로 구성되어 있다. (D) 화산 분출은 분출되는 화산쇄설물의 부피, 분출 기둥의 높이, 분출 지속 시간, 그리고 다른 관찰 사실들을 고려하여 만든 화산 폭발 지수(VEI)에 따라 등급이 매겨진다. 0에서 8까지이며 로그 규모이다. VEI가 8 이상 되는 폭발은 아직 알려지지 않았다.

각이 난 마그마 또는 어떤 다른 암편은 **화산쇄설물**(pyroclast)(*pyro*는 불을, *klastos*는 깨짐을 의미하는 그리스어에서 유래)이라고 한다. 고화되지 않은(느슨한) 퇴적물은 **테프라**(tephra)라 부르고, 화산쇄설물이 고화되거나 교결되면 **화산쇄설암**(pyroclastic rock)이 된다. 풍부한 화산쇄설물질은 폭발성 화산 분출의 중요한 특징 중 하나이다. 다른 크기의 테프라를 기술하기 위해 사용되는 몇몇 용어들이 그림 6.19에 도시되었다.

화산학자들은 0에서(비폭발성 분출) 가장 격변적인 분출로 알려진 것에 적용되는 8까지 범위의 로그 규모인 화산 폭발 지수(Volcanic Explosivity Index, VEI)를 기준으로 분출의 폭발성을 정량화한다. 화산 분출을 정량화하기 위해 사용되는 측정에는 분출 특성의 정성적인 관찰과 결합된 화산 분출물의 양과 분출 기둥의 높이를 포함한다. VEI는 화산 자체에 적용되는 것이 아니라 분출에 적용된다는 것에 주목하라. 주어진 화산은 많은 다른 산물들을 갖고 여러 번 분출할 수 있다. 관계된 높은 VEI를 갖는 3개의 가장 파괴적인 폭발적 화산 분출의 종류들은 분출 기둥과 테프라 폭포, 화산쇄설성 유동, 그리고 횡적인 폭발의 형성을 포함한다.

분출 기둥과 테프라 낙하 상승하는 마그마가 지표에 접근함에 따른 압력의 빠른 하강은 심하게 흔든 탄산음료의 병과 같이 녹아 있는 가스를 격렬하게 기포로 배출시킨다. 이러한 거품 발생의 결과로 점성의 마그마가 뜨겁고 유리질인 화산쇄설물 덩어리로 깨질 수 있다. 뜨거운 가스와 화산쇄설물의 혼합은 폭발적인 분출에서 극에 달하는 극심한 상승을 일으킨다. 뜨겁고 요동치는 혼합물은 대기 중으로 45km 높이까지 도달할 수 있는 **분출 기둥**(erouption column)을 형성하기 위하여 화산 위의 더 차가운 공기로 빠르게 상승한다(그림 6.20). 그 상승하는 부력 기둥은 뜨겁고, 새롭게 형성된 화산쇄설물로부터 발생하는 열 에너지에 의해 유도된다. 기둥의 밀도가 주위 대기와 같은 높이에서 버섯 모양의 분출 구름을 형성하기 위하여 횡적으로 퍼지기 시작한다. 이런 종류의 폭발적인 분출은 유명한 지중해의 화산체 베수비오 산의 이름을 따서 베수비오식 분출이라고 한다. 베수비오식 분출은 또한 79 CE에 베수비오 산의 파괴적인 분출로부터 친구들을 구하려다가 사망한 로마의 박물학자이자 철학자인 플리니의 이름을 따 플리니식 분출이라고도 한다.

분출 구름이 상층 대기의 바람과 같이 떠다니기 시작하면서 화산쇄설물들이 떨어지고 결국 테프라 퇴적층으로 지표에 쌓이게 된다. 특히 폭발적인 분출 동안 테프라-특히 가장 작은 테프라 입자인 **화산재**(volcanic ash)는, 1,500 km 이상까지도 운반될 수 있다. 어떤 분출 기둥들은 그런 높은 높이에 도달해서 화산쇄설물, 가스, 그리고 화산성 연무질이라고 하는 아주 작은 입자들과 낙진들을 전 세계에 퍼트릴 수 있다. 이는 1815년 인도네시아 화산 탐보라(VEI 7)와 1883년의 크라카타우(VEI 6), 1991년의 필리핀 화산 피나투보(VEI 6), 그리고 여러 다른 역사적인 거대한 분출의 경우이다. 그러한 대기오염은 태양복사의 투과를 막고, 수년 이상 지표의 평균 온도를 낮출 뿐만 아니라 공기 중의 입자들에 의해 태양빛이 굴절되어 장관인 일몰을 발생시킨다.

화산쇄설류 뜨겁고 높은 유동성을 가진 테프라 물질은 대기보다 더 무거워서 상승하지 않지만, 대신에 **화산쇄설류**(pyroclastic flow)의 형태로 화산체의 경사면을 따라 빠르게 흘러내린다. 프랑스어에서 기원한 열운(nuée ardente, 상승 구름)이라고 부르는 이러한 유동은 가장 파괴적이고 치명적인 형태의 화산 분출이다. 화산쇄설류의 역사적인 관찰들은 그들이 기원 분화구로부터 100km 이상 이동할 수 있고, 시속 700km 이상의 속도까지 도달할 수 있다는 것

그림 6.20 분출 기둥
1980년 5월의 거대한 세인트헬렌스 산 분출은 화산재 분출 기둥, 파괴력을 가진 화산쇄설류, 그리고 화산의 급경사면을 따른 파편사태를 발생시켰다.

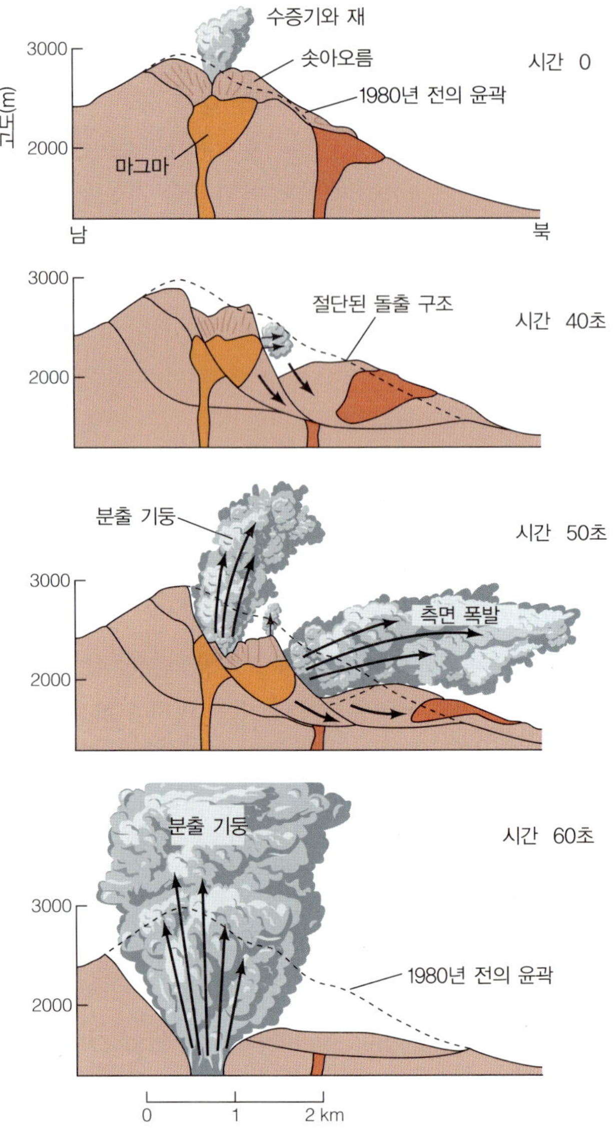

그림 6.21 **측방 폭발**

이 그림은 1980년 세인트헬렌스 산에서 발생한 주 폭발에 이르는 연속적 사건들을 보여준다. 시간=0 : 지진 발생과 수증기와 화산재의 분출은 마그마가 상승하고 있다는 것을 지시한다. 산의 북쪽이 위로 부풀어 올랐다. 시간=40초 : 산이 지진으로 흔들리고 위로 부풀어 오른쪽은 파괴되어 옆으로 흘렀다. 마그마의 압력은 해소되고 측면 폭발이 시작되었다. 시간=50초 : 맹렬한 폭발로 인해 두 번째 덩어리가 흘러내리고 더 많은 마그마가 노출되고 폭발 기둥이 생겨났다. 시간=60초 : 폭발 강도가 증가하여 화산재가 대기권 19km 상공까지 운반되었다.

을 보여준다. 그러한 분출들 중 가장 파괴적인 것의 하나는 1902년 카리브 섬 마르티니크(VEI 4)로 펠레 화산의 벽을 타고 쏟아져 내린 화산쇄설류가 생피에르 시를 매몰시켜 29,000명의 목숨을 순식간에 앗아갔다.

측방 폭발 북미 북서부 캐스케이드 산맥에 위치한 세인트헬렌 화산의 1980년 분출은 주요 분출 기둥과 화산쇄설성 유동을 포함하는 많은 전형적인 대형 폭발성 분출의 양상들을 보여주었다(그림 6.20). 그럼에도 불구하고 그 사건의 규모는 지질학자들을 놀라게 했다. 이러한 분출을 유도한 사건들이 그림 6.21에 도식적으로 보여진다. 화산 아래에서 마그마가 상승함에 따라 산의 북측이 위로 볼록하게 솟아오르기 시작한다. 결국 솟아오른 측면이 불안정해지고 깨져서 암석과 빙하의 거대 산사태로 빠르게 미끄러졌다. 그 산사태는 화산 중심부에 있는 뜨거운 마그마 덩어리를 노출시켰다. 암석의 뚜껑이 제거됨에 따라 용해된 가스가 깨진 암석과 화산쇄설물, 그리고 뜨거운 가스들의 혼합물로 위와 옆으로 흩날리면서 격렬하게 거품을 내뿜으며 강력한 **측방 폭발**을 발생시키게 되었다. 초기에 소리의 속도로 전달되던 측방 폭발이 산사태를 가로질러 울렸다. 분화구로부터 30km까지 확장되고 600km^{2}를 피복하는 황폐화된 지역은 나무들이 뽑히고 뜨거운 쇄설물들로 덮였다. 1980년의 세인트헬렌스 화산 분출(VEI 5)은 증거를 가장 잘 보여준 최근 측방 폭발의 예이지만 유사한 1956년 캄차카(동부 러시아)의 베즈미아니 화산 분출도 파괴적인 측방 폭발, 분출 기둥, 그리고 관련된 화산쇄설류를 발생시켰다.

화산의 종류

화산이라는 명칭은 그곳으로부터 화산쇄설물 또는 가스들이 분출하는 모든 화구, 균열 또는 개구에 적용된다. 많은 화산들은 '대기 중'을 의미하는 지표에 있고 육상에서 발생하는 화산과 분출(또한 다른 지질 과정)을 언급한다. 다른 화산들은 해저 또는 수중, 그리고 또 다른 것들은 빙하 밑에서 발생한다. 오늘날 그 마지막 용어는 원칙적으로 아이슬란드와 남극의 빙하와 빙상 아래 위치한 활성화산들을 언급한다. 한 예가 심각한 화산쇄설성 분출로 항공여행을 방해한 2010년 아이슬란드 Eyjafjallajökull 화산이다(VEI 4).

화산 구조의 모양은 분출된 마그마 그리고 용암과 화산쇄설물의 상대적 비율과 밀접하게 관계된다. 과학자들은 다른 종류의 화산에 세 가지 모양과 관련된 용어들을 적용한다. 순상화산, 종상화산, 성층화산이 그들이다.

순상화산

가장 상상하기 쉬운 화산의 종류는 매우 유동적인 용암의 연속적인 흐름에 의해 만들어진 것이다. 그러한 용암들은 완만한 사면을 따라 먼 거리까지 흘러갈 수 있고 거의 일정한 두께의 얇은 판상을 형성한다. 결국 용암 더미는 꼭대기 근처에서는 단지 5° 정도, 그리고 측면에서는 약 10°

그림 6.22 **순상화산**
하와이의 마우나 케아는 4,200m 높이의 순상화산이다. 그림은 마우나 로아에서 찍은 사진이다. 높은 유동성의 현무암질 용암에 의해 완만한 경사가 만들어진 것에 주목하라. 앞쪽 마우나 로아에는 파호이호이 흐름이 잘 나타난다.

의 평균 표면 기울기를 갖는 넓은 돔 모양의 산인 **순상화산**(shield volcano)을 만든다(그림 6.22). 순상화산은 특징적으로 현무암질 용암의 연속적인 분출에 의해 형성된다. 화산재와 다른 화산쇄설물의 비가 작다. 하와이, 타이티, 사모아, 갈라파고스, 그리고 많은 다른 해양 섬들은 큰 순상화산들의 상부이다.

분석구와 성층화산

유문암질 및 안산암질 화산들은 많은 비율의 화산쇄설물을 분출하는 경향이 있어서 화산분출물의 층들에 의해 둘러싸이게 된다. 쇄설물들이 쏟아져 내림에 따라 **분석구**(tephra cone)라 불리는 가파른 측면의 화산이 화구 주위에 만들어진다(그림 6.23). 분석구의 경사는 화산쇄설물의 크기에 의해 결정된다.

크고 오랜 화산, 특히 안산암질 성분의 것들은 용암 유체와 화산쇄설물의 혼합물을 내뿜는다. **성층화산**(stratovolcano)은 용암과 화산쇄설물의 층으로 구성된 가파른 원추상의 산들이다. 화산쇄설성 물질의 양이 용암의 양과 같거나 더 많을 것이다. 수천 미터에 달하는 성층화산의 산사면 경사는 정상부에서는 30° 정도이며 기저에서는 6~10°로 분석구와 같이 가파르다. 아름답고 가파른 성층화산의 분석구들은 지구에서 가장 주목을 끄는 경치이다. 눈으로 덮인 일본 후지 산의 정상(그림 6.24)은 수세기 동안 시인과 작가들에게 영감을 불어넣었다. 워싱턴 주의 레이니어 산과 바커 산 그리고 오리건 주의 후드 산은 북아메리카에서의 웅장한 예들이다.

다른 화산 지형

많은 큰 화산들, 특히 순상화산과 성층화산들은 그들의 꼭대기에 큰 함몰지가 나타난다. 이것은 거의 환상이고 가파른 벽을 갖는 분지로 지름이 수 킬로미터 또는 그 이상인 **칼데라**(caldera)이다. 칼데라는 폭발적인 화산 분출에서 마그마방이 부분적으로 빈 이후에 형성된다. 마그마의 빠른 분출이 마그마 방을 완전히 또는 부분적으로 비게 할 수 있다. 가파른 환상의 수직 단열을 따라 아래로 떨어지는, 흔들리는 헛간 위에 눈이 쌓인 지붕과 같이, 방의 지지

그림 6.23 **분석구**
(A) 자이르의 키부에 있는 2개의 작은 분석구는 안산암질 용암을 분출한다. 호의 불빛은 뜨겁고 붉은 화산력과 화산탄에 의해 발생한다. (B) 애리조나에 있는 이러한 분석구는 화산력의 조각들로 구성되어 있다. 작은 현무암질 용암 흐름이 분석구 중 하나의 바닥으로부터 발생하였다.

그림 6.24 **성층화산**
일본의 후지 산은 주변을 둘러싸는 시골지역 위로 우뚝 솟아 있는 전형적인 가파른 사면을 가진 눈덮인 거대한 성층화산을 보여준다.

를 받지 못하는 지붕이 자체 무게에 의해 천천히 가라앉는다. 연속적인 분출들은 보통 이러한 단열들을 따라 일어난다. 오리건 주의 크레이터 호(그림 6.25)는 약 6,600년 전 폭발적인 화산쇄설성 분출(VEI 7) 이후에 형성된 지름이 8km인 환상 칼데라가 차지한다. 분출한 화산은 나중에 마자마 화산이라 이름 붙였다.

종종 용암은 지각의 긴 단열의 화구를 통해 지표에 도달한다; 이런 종류의 분출을 **열극 분출**(fissure eruption)이라고 한다. 그러한 분출들은 매우 극적일 수 있고, 특징적으로 매우 유동적인 현무암질 마그마와 관련되고, 육상에서 열극 분출로부터 형성된 용암은 넓게 퍼져서 편평한 용암대지를 형성하는 경향이 있다. 아일랜드의 라키열극 분출은 32km의 단열을 따라 발생했다(그림 6.26). 용암은 단열의 한 방향으로부터 64km까지 흘러갔고 다른 방향으로는 48km까지 흘러갔다. 이 분출은 1783년에서 1784년까지 지속되었고, 이 용암의 유동은 역사상 가장 큰 용암 유동을 형성하며 588km²의 면적을 덮었다. 이는 또한 가장 치명적으로 가옥과 식품공급처 그리고 대부분의 농장지대를 덮어버렸다. 잇따른 기아로 인해 9,336명이 사망했다. 선사시대에 더 큰 열극 분출이 있었다는 좋은 증거가 있다. 예를 들어 워싱턴 주 동부에 있는 큰 선사시대 현무암질 용암상인 로자 유동은 22,000km² 이상으로 추정된다.

그림 6.25 **칼데라**
오리건 주에 있는 크레이터 레이크는 성층화산 위를 덮는 8km 지름의 칼데라로 마자마 산이라 불린다. 위저드 섬은 칼데라를 생성한 붕괴 이후에 형성된 작은 분화구이다.

그림 6.26 **열극 분출**
아이슬란드의 열극 화산인 라키의 분출은 1783년부터 1784년까지 지속되었으며 역사상 기록된 가장 큰 용암 유동이다.

화산 재해

모든 분출이 인간에게 재난이 되지는 않지만 화산 분출은 드문 현상이 아니다. 역사 시간 동안 폭발했던 화산들은 **활동성 화산**(active volcano)이라고 한다. 최근 기억 속에

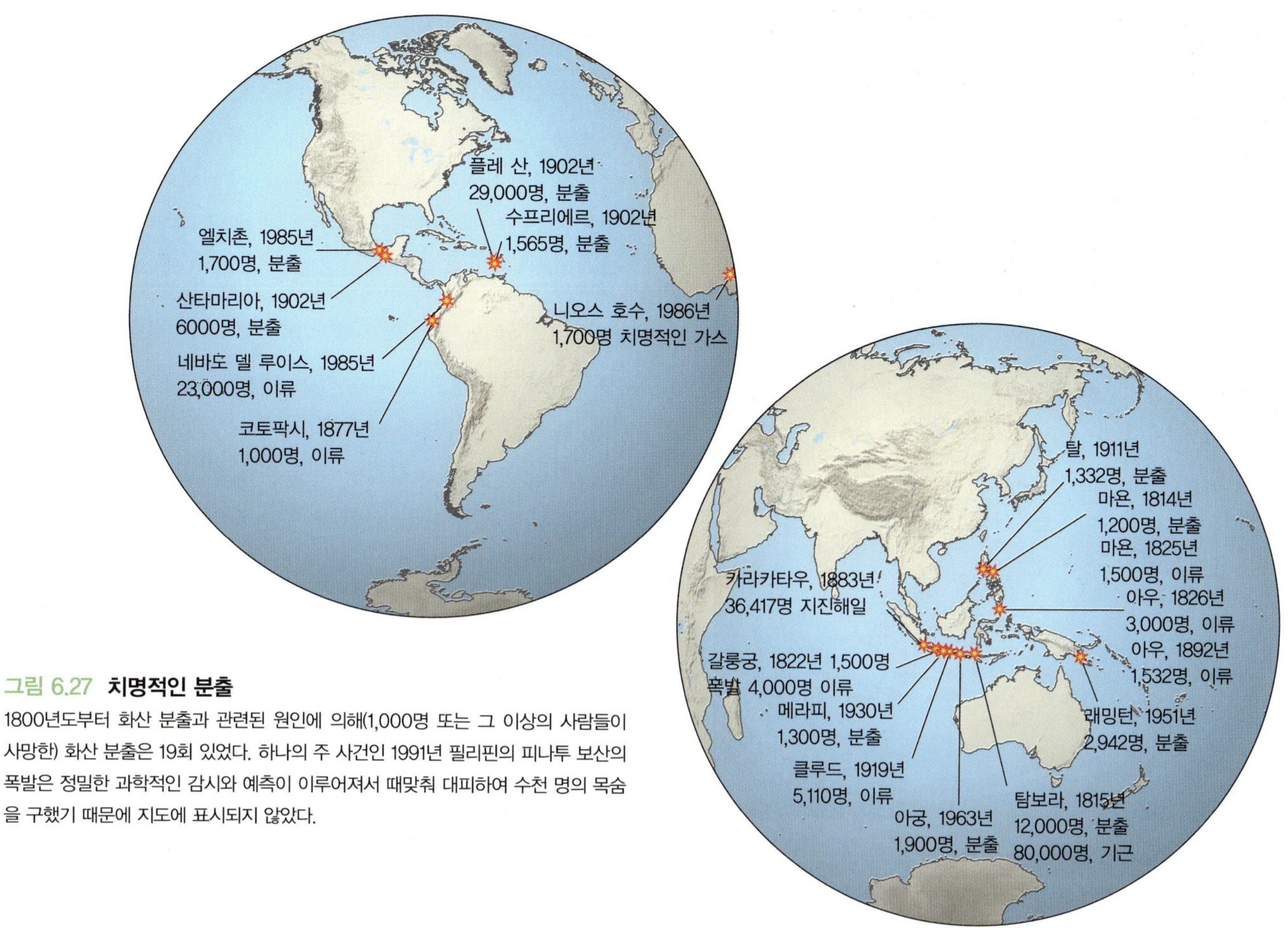

그림 6.27 치명적인 분출
1800년도부터 화산 분출과 관련된 원인에 의해(1,000명 또는 그 이상의 사람들이 사망한) 화산 분출은 19회 있었다. 하나의 주 사건인 1991년 필리핀의 피나투 보산의 폭발은 정밀한 과학적인 감시와 예측이 이루어져서 때맞춰 대피하여 수천 명의 목숨을 구했기 때문에 지도에 표시되지 않았다.

서 폭발하지 않았지만 여전히 화산 활동의 징후를 보이는 화산을 **휴면화산**(dormant volcano)이라고 하며, 완벽하게 죽은 것으로 보이는 것을 **휴화산**(extinct volcano)이라고 한다. 바닷속에는 중앙해령을 따른 분출뿐만 아니라 적어도 500개 이상의 활화산이 더 있고, 많은 수의 화산이 환태평양 지역을 따라 분포하며 매년 약 50개의 화산이 지구 어디선가 폭발하고 있다. 현무암질 화산들이 전형적으로 더욱 폭발적인 안산암질과 유문암질 성층화산보다 훨씬 흔하다. 많이 있지는 않지만 폭발성이 강한 화산쇄설성 폭발이 발생하며, 수백만의 사람이 성층화산 가까이에 살고 있기 때문에 처참한 피해가 발생할 수 있다. 1800년대 이후로 19개의 화산 폭발로 인해 수천 명 이상의 인명 피해가 발생하였다(그림 6.27).

화산 재해

성층화산의 분출은 다섯 가지 주요 재해를 나타낸다.

1. 뜨겁고 빠르게 이동하는 화산쇄설류(열운)와 횡적 폭발은 사람들이 도망가기 이전에 매몰시켜 버릴 수 있다. 1902년의 펠레 화산과 1980년의 세인트헬렌스 화산의 비극이 그 예들이다.
2. 테프라와 뜨거운 독성의 가스들이 사람들을 매몰시키거나 질식시킬 것이다. 그러한 비극은 79년에 베수비오 산이 폭발할 때 발생했다. 뜨겁고 독성인 화산가스들이 로마의 도시 폼페이와 헤르쿨라네움 근처에서 사람들을 죽이고, 화산 분출물이 그들을 매몰시켰다(그림 6.28). 또 다른 주요한 가스 분출이 1984년 카메룬의 니오스 호에서 발생했는데, 이때 화산 화구호로부터의 갑작스런 이산화탄소의 누출이 1,700명의 사람과 수없이 많은 가축을 매몰시켜 죽게 하였다.
3. 화산분출물은 분출이 멈춘 이후에도 한참 동안 위험할 수 있다. 비 또는 눈으로부터 녹은 물이 가파른 화산사면에 쌓여 있는 화산분출물을 흘러내리게 할 수 있고 치명적인 이류를 발생시킬 수 있다. 1985년에 그렇지 않았다면 작아서 위험하지 않았을 콜롬비아의 루이스 화산이 분출에 이어 화산이류(Lahar)라 부

그림 6.28 베수비오 화산 폭발의 피해자
이 이탈리아 폼페이의 시민 5명은 서기 79년 베수비오 산 폭발로 죽었다. 그들의 죽음은 유독한 화산가스로 인하여 발생했고, 그 시체들은 화산쇄설물에 의해 매몰되었다. 수 세기에 걸쳐 몸은 부패했지만 그들의 형상은 화산재에 각인되었다. 이 자국을 발견한 발굴자들이 조심스럽게 석고 모형으로 만들어 이를 보존하였다.

르는 거대한 뜨거운 이류를 화산재가 빙하로부터 녹은 물과 섞이면서 형성하였다. 그 이류는 빠르게 산 아래로 흘렀고 20,000명의 목숨을 앗아갔다. 화산이류는 필리핀에서, 1991년 피나투보 화산이 분출된 수년이 지나서도 계속적으로 문제가 되었다.

4. 격렬한 해저 또는 해안 분출은 쓰나미를 일으킬 수 있다. 수중 지진과 같이 수중 화산 분출은 갑자기 쓰나미를 발생시키며 해수를 변위시킬 수 있다. 1883년 크라카타우 화산 분출에 의해 유발된 큰 쓰나미는 인도네시아의 자바와 수마트라 섬들에서 36,000명 이상의 주민 목숨을 앗아 갔다.
5. 화산 분출물은 농지와 가축들을 황폐화시켜서 사람들이 기근으로 죽게 하여 파멸시킨다. 화산분출물은 또한 도시와 다른 인간 활동의 터전들을 매몰시킬 수 있다. 1991년 필리핀의 피나투보 화산의 분출이 한 예이다. 한층 더 많은 사람들이 분출 자체보다도 피난지에서 분출의 여파로 죽었다.

추가적인 화산재해는 화재, 화구호수의 폭발로 인한 또는 용암이나 화산 분출물에 의해 강물이 막힘으로써 발생하는 홍수, 지역적 혹은 전 지구적 산성비와 다른 기후적 영향, 그리고 마그마방에 있는 마그마의 이동에 의해 발생하는 지진의 한 종류인 화산 진동을 포함할 수 있다.

화산 분출의 예측

지구는 화산학적으로 활동적인 행성이어서, 격렬하고 위험한 분출들이 미래에 발생할 것이라는 것은 명백하다. 주요한 화산 분출의 장기적인 예측은 화산 활동이 발생한 지구조적 환경의 이해와 결합된 분출의 역사에 기초하고, 폭발적인 분출이 발생할 것 같은 화산들의 인지를 가능하게 한다. 이들은 대부분(비록 배타적이지는 않지만) 섭입대 환경에서의 안산암질과 유문암질 성층화산들이다. 북아메리카에서 위험한 화산 분출이 발생할 수 있는 후보지는 레이니어 산과 같은 북서 태평양의 캐스케이드 산맥의 성층화산들이다. 가능한 위험한 화산들은 또한 일본, 필리핀, 뉴기니, 뉴질랜드, 인도네시아, 중남미, 중앙 아프리카, 그리고 카리브 해의 섬들에서 발견된다.

전문가들이 분출 이전, 중, 이후에 자료를 모을 수 있다면 화산 재해를 어느 정도 예상할 수 있다. 지진의 예측을 시도하는 것과 같이 화산 분출의 예측은 임박한 분출을 지시하는 전조이상들을 감지하는 목적을 갖는 주의 깊은 관찰과 관측에 기초한다. 여기에 관해서는 화산이 지진보다 어느 정도 더 협조적이다. 한 예로 화산은 그 자체로 지형으로 존재하기 때문에 화산의 전조거동을 관측하기 위한 과학적 장비를 어디에 설치해야 하는지 명확하다(어느 곳에서나 일어날 수 있고 전조거동이 지하에 완전히 숨겨진 지진과 다르다).

화산 분출들은 비록 매우 복잡한 사건들이지만 종종 예측을 가능하게 하는 전조거동들을 보여준다. 임박한 분출의 공통된 신호들은 횟수나 세기가 증가하는 작은 규모의 지진군집들, 그 밖의 지역적 지진의 갑작스런 진원심도 변화와 같은 지진 활동도의 현저한 변화, 화산으로부터 분출되는 가스의 함량 또는 성분에서의 갑작스런 변화, 지하수의 깊이, 성분 또는 온도의 변화, 화산사면의 부풀어오름 또는 가열, 그리고 마그마가 위로 움직이거나 또는 화산으로부터 나타나기 시작하는 조짐들을 포함한다. 몇몇 이러한 전조 사건들은 지상 장비들을 사용하여 관측

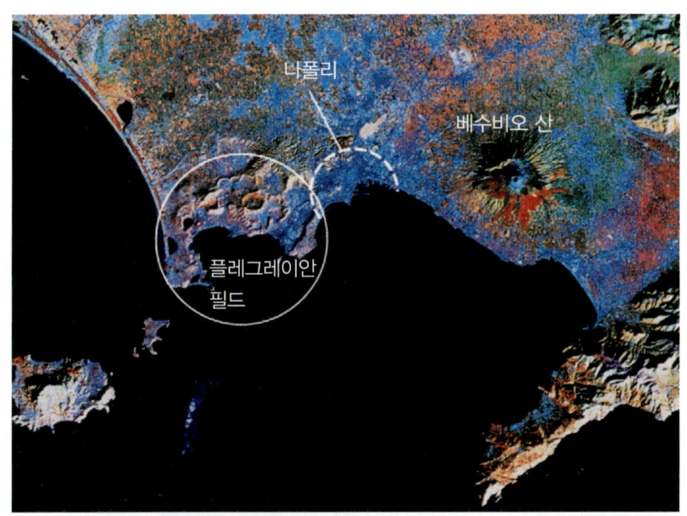

그림 6.29 우주에서의 화산 관측
이 적외선 위성 영상은 베수비오 산(중앙 우측)과 인구 밀도가 높은 이탈리아의 나폴리 만 주변을 보여준다. 최근 용암 흐름은 이미지에서 밝은 빨강이며, 이는 원적외선을 기록한다(열을 지시). 오래된 용암과 화산재는 노랑과 오렌지의 음영으로 나타난다. 나폴리 만 머리 부분의 어두운 파랑과 보라 지역은 나폴리 시이다. 나폴리의 서쪽에는 플레그레이안 들판이라 불리는 작은 화산군들이 있다. 연속된 위성 영상을 비교함으로써 과학자들은 지상온도에서의 변화를 감지할 수 있다.

되지만, 많은 관측은 이제 원격탐사를 사용하여 수행될 수 있다(그림 6.29).

과학자들은 과거 수십 년 동안의 화산 분출에 대해서만 논쟁을 할 수 있었지만, 각각의 새로운 화산 분출이 주의 깊게 연구됨에 따라 개선이 지속적으로 이루어지고 있다. 일단 분출이 임박한 화산에 신뢰할 만한 예측이 행해지면 전문가들은 공무원들에게 언제 재해경보를 내릴 것인지 그리고 언제 위험 지역의 인구를 저위험 지역으로 대피시킬 것인가를 권고할 수 있다. 어떤 자연재해에 대해 효과적인 조기경보를 논하고 실행하는 것은 피난 계획을 갖고 있는가와 대응 통신 전략을 갖고 있는가에 의존한다.

분출 이후

화산 분출이 일어나면 새로운 용암 또는 화산 분출물이 땅을 뒤덮는다. 이러한 방법으로 화산작용은 지표를 새롭게 한다. 각 지구형 행성들에서 화산작용이 일어나거나 과거에 일어났었기 때문에 화산작용에 의해 지표가 새로워지는 것은 행성에서 일어나는 중요한 과정이다. 지표를 새롭게 하는 것은 화산 분출이 풍화에 의해 제거된 자양분을 되돌려주기 때문에 지구에서의 생명체를 위해 특히 중요한 과정이다.

화산 분출 이후 얼마나 빨리 땅이 회복되는가는 놀랄 만하다(그림 6.30). 세인트헬렌스 화산이 분출된 지 1년 이내에 나무들과 다른 식물들은 1980년의 측면폭발에 의해 황폐화된 지역에서 새싹이 돋아나기 시작했다. 그 나무들이 충분히 자라자마자 동물들이 풀을 뜯어먹기 위해 그 지역으로 돌아오기 시작했다. 경작지 또한 분출 이후 매우 빠르게 경작될 수 있다. 비록 피나투보 화산의 분출이 지역주민들에게 큰 고통을 안겨주었지만 지역 농부들은 분출이 멈추고 바로 화산재에 곡식을 심었다. 식물들은 새롭게 분출한 용암에서 더 잘 자랄 수 있다. 하와이에서는 파파야 나무가 용암 분출 이후 2년 이내에 현무암질 용암에서 자란다는 것이 보고되었다.

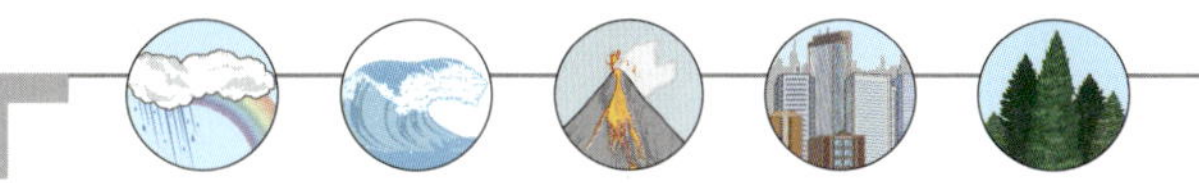

관련짓기

큰 화산 분출에 의해 황폐화된 지형에서 식물과 동물이 다시 살기 시작하기 위해서는 어떤 조건이 필요하고 어떤 종류의 과정이 발생할 필요가 있는가?

화산의 혜택

인간의 관점에서 화산작용은 나쁜 점과 좋은 점을 갖고 있다. 나쁜 것들은 재해와 분출과 관련된 위험 그리고 화

그림 6.30 새로운 화산 토양
이 사진은 1980년 5월에 발생한 거대한 화산 폭발에 의해 화산재로 덮인 황폐화된 세인트헬렌스 산의 경관을 보여준다. 1980년 여름에 벌써 식물들이 화산 토양에서 다시 살아났다. 불탄 자리에 자라난 잡초 사진은 1984년에 찍은 것이다.

산재와 가스의 기후에 대한 효과들이다. 좋은 점은 풍부한 화산 토양이 발달하는 화산암의 산출이다. 새로운 암석은 식물에 필요한 영양분의 새로운 공급을 의미한다. 용암과 화산재는 풍화될 때 매우 비옥한 토양을 만든다. 이탈리아 나폴리 근처의 몇몇 비옥한 농지는 화산 분출물에서 발달한 화산 기원의 토양을 갖고 있다. 일본, 뉴질랜드 북섬, 하와이 섬들, 필리핀, 그리고 인도네시아는 높은 농업 생산성을 낳는 풍부한 화산 기원의 토양에 있는 다른 장소들이다.

해안 지대의 화산 기원의 분출들도 또한 하와이의 흑색 모래해안과 같이 새로운 땅을 만들고, 이들은 어두운 화산 쇄설성 암편들로부터 만들어진다. 새로운 화산 땅의 또 다른 예는 쉬르체이 섬이며, 이는 1963년에 아이슬란드 근처의 바다에서 수면 위로 노출되었으며 용암류 화산쇄설성 분석구들로 구성되어 있다. 화산작용은 또한 지열 에너지를 공급하고 어떤 종류의 광상 형성에 중요한 역할을 한다. 그리고 최종적으로 이미 배운 바와 같이 지구의 역사를 통한 화산의 가스 분출 작용 없이는 우리는 대기권과 수권을 가질 수 없었을 것이고, 따라서 지구에 생명체를 살게 할 방법이 없다.

지하 마그마

우리는 지금까지 마그마가 분출할 때 무슨 일이 일어나는지를 살펴보았고, 이제 지표에 도달하지 않는 마그마에서 무슨 일이 일어나는지에 대한 질문으로 전환하자. 각 화산 아래에는 마그마방들의 복합체와 지표로 마그마를 운반시키는 통로들이 있다. 우리는 활성화산의 마그마 통로들을 연구할 수는 없지만, 그림 6.31에 보여주는 바와 같이 침식에 의해 노출된 옛 콘들을 살펴볼 수 있다. 이러한 과거의 통로들은 마그마가 고화될 때 지하에 위치해 있었기 때문에 화성암으로 채워져 있다(그림 6.32).

제3장에서 소개한 바와 같이 지표나 지표 근처에서 식고 고화된 화성암들은 화산암이라고 하고, 반면에 지하에서 식고 고화된 것들은 심성암이라고 한다. 지하에서 고화된 모든 화성암체는 모양과 크기에 상관없이 그리스 지하세계의 신 플루톤의 이름을 따서 **심성암**(pluton)이라 부른다. 심성암을 형성하는 마그마는 용융이 시작된 장소로부터 위로 삐져 올라간다. 따라서 마그마들은 위에 놓인 암석으로 관입하고, 종종 암층들을 절단하고 때로는 지층들 사이로 비집고 들어간다. (이것이 지표에서 분출된 화산암에 적용되는 분출 화성암에 반대되는 심성암에 적용된 관입암질 화성암이란 용어의 기원이다.)

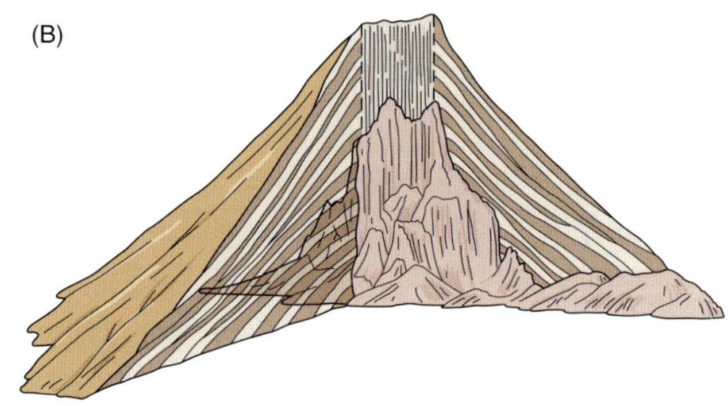

그림 6.31 화산경
뉴멕시코에 있는 쉽락은 화산 연결통로가 침식된 후 남은 부분이다. 이 화산경(A)을 둘러쌌던 분석구는 침식에 의해 제거되었다. (B) 이 그림은 원래의 화산이 침식 전에 어떻게 생겼는지를 보여준다.

심성암은 그들의 모양과 크기에 따라 특별한 이름들이 붙여진다(그림 6.32). 암맥, 암상, 병반은 판상의 편평한 화성암체이다. 특히 암맥은 관입된 암석의 지층을 절단하고, 암상은 지층에 평행하고, 병반은 관입당한 암석을 위로 휘게 하는 암체이다. 화도는 화구 아래 원통형의 마그마 이동통로이고, 암경은 침식에 의해 화도 내부가 노출된 것을 말한다(그림 6.31에 보여지는 쉬프록이 한 예이다). 암주는 최대 크기가 10 km보다 작은 불규칙한 모양의 관입 화성암체로 관입된 암석의 지층을 절단한다. **저반**(batholith)은 암주

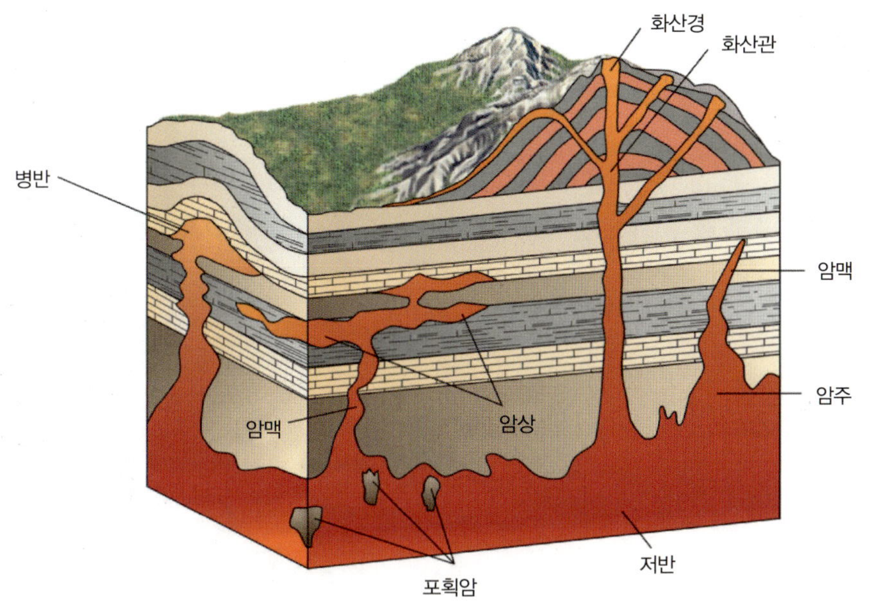

그림 6.32 **심성암**

이 모식도는 지하에서 식고 굳어진 마그마 암체인 심성암의 다양한 형태들을 보여준다.

와 비슷하나 대규모이다(길이가 1,000km, 폭이 250km까지). 이러한 대규모 심성암체는 대륙 지각의 근본적인 구성 지괴들이다.

이러한 심성암의 모든 형태는 지표에 분출하는 용암과 지하의 통로를 통해 분출을 공급하는 마그마들 사이의 친밀한 연결을 보여준다. 우리가 도입했던 세 가지 각 마그마 형태들—현무암질, 안산암질, 유문암질—은 만약에 지하에서 고화되면 특징적인 심성암을 형성하고 지표에서 고화되면 특징적인 화산암을 형성한다(표 B6.1). 현무암질 마그마와 관련된 일반적인 심성암은 반려암, 화산암은 현무암이다. 안산암질 마그마와 관련된 일반적인 심성암은 섬록암, 화산암은 안산암이다. 유문암질 마그마와 관련된 일반적인 심성암은 화강암, 화산암은 유문암이다.

마그마와 용암이 식고 고화되는 다른 조건들—관입 마그마의 경우 매우 느리게, 분출 용암의 경우 매우 빠르게—이 결과적으로 형성되는 심성암과 화산암의 특성, 특히 이들의 조직을 결정하는 데 밀접하게 관계될 수 있다. 제3장에서 논의한 바와 같이 심성암은 천천히 식어 큰 광물입자들로 성장할 시간을 갖기 때문에 굵은 입자로 되는 경향이 있다. 화산암들은 반대로 매우 빠르게 식어서 큰 광물입자로 성장할 수 없어 세립이나 유리질로 되는 경향이 있다. 제7장에서 심성 및 화산 활동 과정의 결과로 형성되는 암석에 대해 더욱 상세히 검토한다.

지구조적 연결 : 마그마와 화산의 기원과 분포

화산의 위치—이들의 지구조적 환경—는 그곳에서 생성된 마그마의 종류, 즉 결과적인 화산과 화산 분출 형태에 밀접하게 연관된다. 제5장에서 설명한 바와 같이 화산들은 대부분 2개의 지구조적 환경에서 발견된다—판의 가장자리 근처와 맨틀 내의 '열점' 위이다. 그림 6.33은 마그마의 종류, 즉 다른 지구조적 환경과 관련된 용암의 종류와 화산 분출을 보여준다.

중앙해령, 열점, 그리고 현무암질 마그마

중앙해령의 확장대와 같이 판의 발산 경계에서는 해양 지각이 매우 얇고 지온구배가 매우 급하다. 이러한 환경은 뜨겁고 낮은 점성의 현무암질 용암의 분출을 선호한다. 아래에 있는 맨틀에서 생성된 현무암질 마그마는 압력 감소 용융에 의해 새로운 해양 지각을 형성하면서 해령을 따라 열극을 통해 상승한다. 수중에서 분출하는 용암은 종종 그림 6.33A에 보여주는 바와 같이 특징적인 베개용암을 형성한다.

현무암질 마그마의 기원지에 대해 우리는 무엇을 추론할 수 있는가? 해양과 대륙 지각 모두에서 화산들은 약간의 마그마 성분 차이만을 갖고 현무암질 마그마를 분출한다. 그러므로 현무암질 마그마의 기원은 맨틀 내에 있을 것이다(지각은 성분에 있어 장소마다 매우 다양하기 때문에 지각에서 생성된 마그마들은 더욱 더 성분에서 다양해야 한다). 그러나 현무암질 화산들의 지리적 분포는 섭입대와 같은 지각의 특수한 지형이나 판구조와 관련되는 것 같아 보이지 않는다. 이것은 현무암질 마그마가 맨틀 자체의 용융에 의해 생성되어 위에 무엇이 놓여 있는가에 상관없이 상승한다는 것을 제안한다.

그러므로 현무암질 마그마의 생성에 대한 가장 가능성이 높은 가정은 깊이 놓인 상승하는 대류의 결과로 맨틀의 부분 용융에 의해 생성된다는 것이다. 맨틀은 규산 성분이 낮다. 그것이 녹을 때 상대적으로 규산이 부족한 마그마인 현무암질이 된다. 더군다나 맨틀은 비록 예외적인 지역들

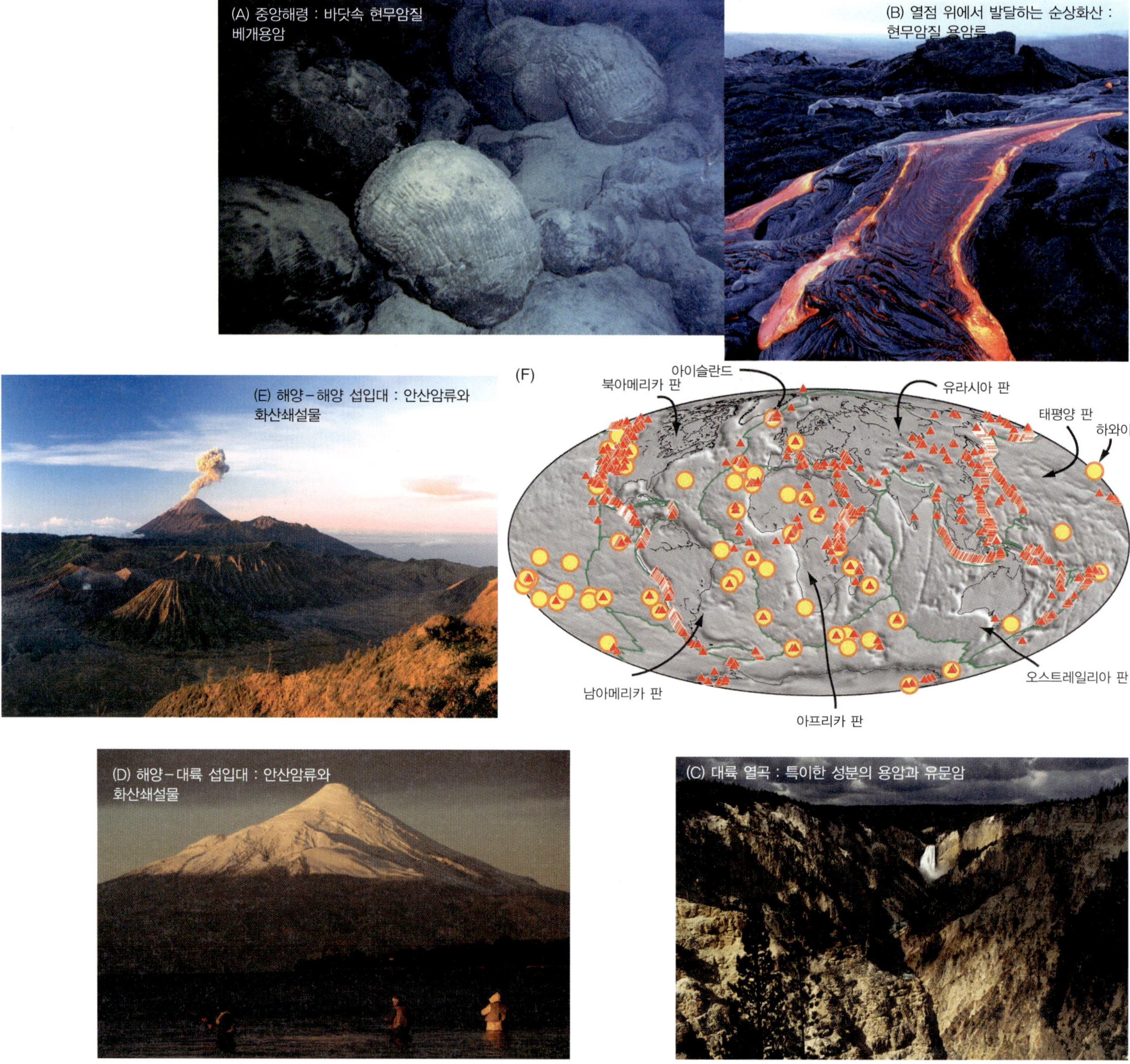

그림 6.33 **마그마, 용암, 그리고 판구조 운동**

다양한 종류의 마그마는 다른 지구조적 환경에서 만들어지며, 이는 다양한 종류의 화산 분출로 이어진다. 지도상의 노란 점들은 맨틀 열점에 의한 화산 활동을 지시하며, 빨간 삼각형은 판경계부에서의 화산 활동을 지시한다.

이 있지만 가스가 부족하다고 생각된다. 이런 이유로 현무암질 마그마는 일반적으로 가스가 부족하다.

현무암질 마그마가 형성되고 지표에 도달하는 또 다른 지구조적 환경이 있다. 그것은 맨틀 열기둥 위의 열점과 관련된 판내 환경이다. 제5장에서 다룬 바와 같이 **열점**(hotspot)은 **플룸**(plume)이라고 하는 뜨거운 물질의 상승물에 의해 지표로 용암이 공급되는 위치들이다. 열점의 위치는 판의 경계와 어떤 특별한 관계를 갖지 않는다. 일부 학자들에 의해(그러나 여전히 토론이 진행 중이다) 이들은 핵과 맨틀의 경계 부분에 뿌리를 두고 있다고 생각되어,

지구조적 판의 운동을 측정하기 위한 고정된 기준으로 적용될 수 있다. 맨틀의 열점 위에서 발견되는 용암들은 뜨거운 현무암질이며, 이들은 한 액체 상태의 용암류를 다른 용암류 상부 위에 층을 이루며 흘러내려 거대한 순상화산들을 형성한다(그림 6.33B). 가장 유명한 예가 하와이 섬을 형성하는 거대한 순상화산들이지만, 이제 100개 이상의 연속되는 열점들이 인지되었다. 해령 현무암질 마그마와 같이 열점에서의 현무암질 용암 기원은 압력 감소의 결과인 맨틀의 부분 용융으로 생각된다.

대륙 열곡과 현무암질 마그마

대륙 발산경계에서 분출되는 용암들은 마그마가 두꺼운 대륙 지각을 통과하여 지표로 도달하기 때문에 통과하는 동안 규산이 풍부한 지각물질을 용융시키고 동화하여 규산 성분이 높은 경향이 있다. 이러한 방식으로 형성된 마그마들은 유문암질이다. 그림 6.33C에 보여지는 예는 옐로스톤 국립공원이다. 옐로스톤 아래 놓인 거대한 마그마방은 옐로스톤 칼데라를 만들면서 약 640,000년 전에 격렬하게 최후 분출을 했었다. 그 분출은 VEI 8이 주어졌고, 그 마그마 방은 활동적인 열원으로 남아 있다.

어디에서 유문암질 마그마들이 형성되는가? 유문암질 마그마를 분출하는 화산들은 대륙 지각에서는 풍부하지만 해양 지각에서는 알려지지 않았다는 것이 오랫동안 알려져 왔다. 이러한 관찰은 유문암질 마그마를 형성하는 과정은 맨틀에서 발생하지 않고 대륙 지각 내로 제한된다는 것을 제안한다. (만약 유문암질 마그마를 형성하는 과정이 맨틀에서 일어난다면 유문암질 마그마는 상부 지각의 종류에 상관없이 지표로 상승할 것이고, 따라서 해양 지각의 화산들에서도 발견될 것이다.) 따라서 유문암질 마그마는 상대적으로 규산이 풍부한 대륙 지각의 부분 용융 결과로 형성되는 것으로 생각된다. 대륙 지각의 암석들이 수증기와 이산화탄소 둘 다를 갖고 있기 때문에 유문암질 마그마는 가스가 풍부한 경향이 있고, 용융 동안 이러한 가스들이 마그마에 축적된다. 예를 들어 옐로스톤의 화산암들을 생성했던 유문암질 용암과 화산 분출물의 거대한 분출은 명백히 대륙 지각의 기저가 맨틀의 현무암질 마그마에 의해 아래로부터 가열되어 발생했다. 이 가열은 대륙 지각으로부터 부분 용융과 유문암질 마그마의 생성을 일으켰다.

섭입대와 안산암질 마그마

해양 판-대륙 판 그리고 해양 판-해양 판의 섭입대에서 (그림 6.33D, E) 섭입하는 암석들은 높은 수분을 갖기 때문에 낮은 온도에서 녹는다. 섭입이 진행되면 젖은 용융을 유도하면서 물이 위에 놓인 맨틀의 쐐기로 방출된다. 젖은 조건 아래에서 형성된 마그마는 지표에 도달되기 이전에 종종 고화되지만 다양한 이유 때문에 용융 상태로 남아 있을 수 있다. 예를 들어 부분 용융은 높은 용융 온도를 갖는 광물들을 지표로 분출하는 것을 허락하면서 낮은 온도에서 형성된 용융체로부터 분리시킨다. 섭입대 용융의 결과인 안산암질 마그마들은 더 차갑고 점성이 강하고, 현무암질 용암보다 더 높은 규산의 함량을 가지며, 이들은 더욱 다양한 암석들을 만든다. 이들은 더욱 폭발적으로 분출하면서 화산쇄설성 퇴적물을 생산하고 성층화산을 형성한다.

안산암질 마그마의 기원지에 대해 우리는 어떤 결론을 내릴 수 있는가? 안삼암질 마그마를 분출하는 화산들은 섭입이 일어나는 해양 지각과 대륙 지각 모두에서 발견된다. 이것은 안산암질 마그마가 맨틀에서 형성되고 위에 놓인 지각의 성질에 상관없이 상승한다는 것을 제안한다. 그러나 안산암질 화산들은 제한된 지리적 분포를 갖는다. 예를 들어 안산암질 화산들의 고리는 소위 불의 고리를 형성하며 태평양을 둘러싼다. 지질학자들이 또한 안산암 선으로 부르는 불의 고리는 태평양판의 섭입 가장자리와 정확히 일치한다. 이것은 안산암질 마그마가 섭입되는 해양 지각의 젖은 부분 용융과 섭입 판 바로 위에 놓이는 맨틀 쐐기에 의한 특별한 판구조 과정의 직접적인 결과로 형성된다는 것을 확실히 말해 준다. 안산암질 마그마는 가스가 풍부하고, 이 화산가스 성분은 수증기가 우세하다. 이것은 또한 아래로 침강하는 판에 의해 맨틀로 운반되는 해수가 주어지면 일단 용융이 시작되면서 마그마와 합해지게 된다는 것을 의미한다.

암석 순환

판구조론은 다시 한 번 지진과 화산 분출 모두로 이끄는 과정을 이해할 수 있는 정황을 제공했다. 이러한 과정은 직·간접적으로 지구계의 모든 권역에 영향을 미칠 수 있다. 암석의 용융과 연속적인 마그마의 관입 또는 용암의 분출은 이 장에서 논의된 요점으로 암석의 순환에서의 근본적인 과정이라는 것이 또한 명백하다. 다음 장에서 우리는 암석 순환과 관련된 것들과 이러한 과정의 결과로 생성되는 암석과 다른 지구 물질들을 더욱 상세히 살펴볼 것이다.

요약

1. 지진은 암괴가 파괴되거나 단층을 따라 서로 어긋나며 미끄러질 때 발생한다. 지진은 과학자들이 지구 내부에 대한 정보를 얻을 수 있게 해 주며, 지구조적 판의 규모를 결정하게 해 주고, 판들이 확장 중심에서 형성되고 수렴대에서 사라지는 기작을 해독하게 해 준다.
2. 탄성반발설은 암괴가 단층의 양쪽에서 고정되어 탄성 에너지를 저장할 수 있다는 것을 제시한다. 고정된 단층이 미끄러질 때 암석이 반발하고 축적된 에너지가 지진파의 형태로 방출된다. 실체파는 모든 방향으로 진행하며, 그들이 지나가면서 암석을 탄성적으로 변형시킨다. P(최초의)파는 압축파이며, 부피에서의 일시적 변화에 의해 암석을 변형시킨다. S(두 번째)파는 일시적으로 암석의 모양을 변화시키는 전단파이며, 그들은 P파보다 느리고 액체와 기체는 통과하지 못한다. 표면파는 지구를 관통하기보다 주위를 돌아 진행하며, P파와 S파보다 느리다. 이들은 매우 큰 피해를 줄 수 있다.
3. 진원지는 지진 동안에 가장 먼저 에너지가 해소되는 단층 위의 한 점이다. 지진의 위치는 진원의 깊이와 진원 바로 위의 지표 지점인 진앙으로 기재된다. 지진관측소에 도착하는 P파와 S파 사이의 지연 시간은 지진파의 진행 거리를 지시한다. 3개 이상의 지진계 사이의 거리를 얻을 수 있을 때 진앙의 위치는 삼각측량으로 결정될 수 있다.
4. 큰 규모의 지진은 드물지만 하나가 수천 개의 작은 지진과 같은 많은 에너지를 방출할 수 있다. 지진의 크기는 상한이 있으며, 이는 그들이 파괴되기 전에 암석이 저장할 수 있는 탄성 에너지의 양이 한계가 있기 때문이다. 과학자들은 지진 규모를 모멘트 규모를 이용하여 정량화하였으며, 지진파의 진폭 기록을 이용해 계산하고 진앙으로부터의 거리에 따라 보정하였다. 로그 규모이며 각 단계 별로 진폭은 10배 증가하고 에너지양은 32배 증가한다. 수정된 메르칼리 진도 등급은 느끼는 진동과 지진 동안 받은 피해 정도를 기초로 하며, 전형적으로 진앙으로부터의 거리에 따라 감소한다.
5. 비록 가끔은 판의 경계에서 멀리 떨어진 곳에서도 아주 큰 지진이 발생하지만, 대부분의 지진 활동은 활성 지구조 판경계를 따라 일어난다. 지진의 일차 영향은 지반 운동(이는 건물붕괴를 가져온다)과 지표파열을 수반한다. 이차 영향은 화재와 산사태, 액상화, 그리고 지진해일을 수반한다. 쓰나미(지진해일)는 급작스런 해저의 운동으로 발생되고, 특히 태평양과 인도양에서 파괴적이다. 쓰나미의 진행 속도는 950km/h까지이며 파장은 200km까지이다. 또한 그들이 해안에 근접하게 되면 물들이 30m 이상까지 높아진다.
6. 지진의 장기적인 예보는 지구조적 환경을 이해하고, 재발주기 패턴을 규명하고, 탄성 에너지가 축적되는 지진 공백을 인지하는 것에 기초한다. 단기 예측과 조기경보는 여전히 어려운 숙제로 남아 있다. 예측을 위한 과학적인 기초는 지진 전조현상의 관측에 있지만 지진의 발생은 불규칙하다. 암석이 탄성 변형을 겪어 바뀔 것으로 예상되는 특징에 연구 중점을 두고 있다.
7. 물질의 밀도가 높을수록 그것을 통과하는 실체파는 더 빠르게 진행한다. 만약 지구가 균일하고 암석의 밀도가 깊이에 따라 부드럽게 증가한다면 실체파의 속도는 부드럽게 증가할 것이다. 하지만 그들은 여러 곳에서 반사 및 굴절을 하는데, 이는 지구 내부에 경계가 존재함을 지시한다. 가장 확실한 이러한 불연속은 핵과 맨틀의 경계를 나타낸다. 이 경계부에서의 굴절은 매우 강해서 큰 P파 음영대를 만든다. 더 큰 S파 음영대는 S파가 액체로 이루어진 외핵에 막혀 생긴다. 모호면은 지각과 맨틀 사이의 성분 경계를 나타내는 지진 불연속 경계이다. 지진파의 속도는 또한 암석의 강도에 영향을 받는다. 암석이 연성일수록(덜 취성) 지진파가 이 암석을 통과하는 진행 속도가 더 느려진다. 예를 들어 지진파는 약한 연성의 연약권에서 매우 느리게 진행하며 이를 저속도대라고 한다.
8. 상대적으로 낮은 규모의 천발지진은 확장경계를 나타내는 확장해령을 따라 발생하며, 여기서는 해저 화산 활동에 의해 새로운 해양 지각이 형성되고 판이 갈라지는 곳이다. 변환단층을 따라 발생하는 천발지진은 때때로 매우 강력한 지진이다. 매우 강력하고 천발에서 심발까지의 지진은 대륙 충돌대로 표시되는 광범위한 지역에서 발생한다. 그들은 압축 변형과 관계가 있으며 화산 활동이 없다. 가장 깊고 강력한 지진은 섭입대 환경에서 발생한다. 그것은 거대충상단층 지진이라고 한다.
9. 지진은 탄성 에너지를 저장할 만큼 충분히 강하고, 암석

의 탄성 한계를 넘었을 때 부서지기에 충분한(구부러지기보다) 암석에서 발생한다. 이것은 왜 지진이 발산경계의 얕은 곳에서만 전형적으로 집중되는지 그리고 오직 표면에 가까운 암석만이 충분히 차갑고 충분히 이와 같은 방법으로 강한 거동을 하는지의 이유이다. 충돌대의 지진은 매우 깊은 곳에서도 발생할 수 있는데, 대륙 충돌대는 차갑고 딱딱한 암석권의 두꺼워짐과 관련이 있기 때문이다. 섭입대는 얕은 곳에서부터 아주 깊은 곳까지 다양한 지진이 발생한다. 이러한 베니오프대는 섭입하는 암석판의 규모를 짐작하게 한다.

10. 마그마는 용융된 암석, 부유 광물입자들, 그리고 온도가 충분히 높을 때 지각과 맨틀에서 생성되는 용해된 기체의 혼합물이다. 용암은 마그마가 지구 표면에 도달한 것이다. 화산은 용암, 화산쇄설물 또는 기체가 분출되는 화도, 균열 또는 개구이다. 화산은 지표, 바다 밑, 또는 빙하 밑에서 분출할 수 있다.
11. 마그마는 실리카(SiO_2)가 전형적으로 우세한 성분의 범위에서 나타난다. 적은 양의 화산가스, 주로 수증기와 이산화탄소가 마그마에 용해되어 있다. 이들은 분출 과정과 지구계에서 아주 중요한 역할을 한다. 세 가지 일반적인 마그마 유형은 현무암질(낮은 실리카), 안산암질(중간 실리카), 유문암질(높은 실리카)이다. SiO_2 함량이 높을수록 마그마의 점성이 더 높아진다. 온도도 역시 점성을 포함한 마그마의 성질에 영향을 미친다. 온도가 높을수록 더 낮은 점성을 갖는다.
12. 암석은 일반적으로 온도 범위를 넘으면 녹는다. 부분 용융은 암석의 일부가 녹고 일부는 고체 상태로 남았을 때 발생한다. 대기압에서 암석은 성분에 따라 온도가 800°C에서 1,000°C 사이의 온도로 가열되면 녹기 시작한다. 보통 약 1,200°C 이상이 되면 완전히 녹는다. 상부 맨틀의 온도는 대부분의 암석이 표면에서 녹는 온도보다 높으나 상부 맨틀은 대부분 고체이다. 이것은 깊이에 따른 압력의 증가가 암석의 용융을 방해하기 때문이다. 압력의 감소는 압력 감소 용융을 발생시킨다. 이것은 암석이 표면으로 올라올 수 있게 한다. 암석에 물(혹은 수증기)이 존재하면 용융 온도가 낮아진다. 이것은 섭입대에서 중요하며, 해양 판에 의해 맨틀로 내려간 물이 깊은 곳에서 방출된다.
13. 마그마는 고체 암석에 비해 낮은 밀도를 가져서 상부 암석의 무게에 의해 위로 올려지는 힘이 가해지기 때문에 상승하게 된다. 상부 암석의 무게로부터 가해지는 압력은 마그마가 상승함에 따라 감소하며, 이는 압력 감소 용융을 발생시키고 마그마에 용해되어 있던 가스를 배출시킨다. 상승작용과 마그마의 특성이 결합되어 화산 분출 유형이 결정된다. 현무암질 마그마는 낮은 SiO_2 함량을 가지고 있으며, 높은 온도 낮은 점성과 낮은 용융된 가스성분을 보인다. 이러한 요소들로 인해 전형적으로 비폭발성을 보이며, 흐르는 용암류와 낮은 화산 분출 지수(VEI)로 특징되는 하와이형의 분출로 이끈다.
14. 점성이 있는 안산암과 유문암질 마그마는 높은 실리카 함량과 가스 용해도를 가지며, 현무암질 마그마보다 낮은 온도에서 분출한다. 이러한 요소들로 인해 전형적으로 폭발성 분출로 이어지며, 풍부한 화산쇄설물과 높은 화산 분출 지수를 가진다. 가장 파괴적인 폭발 분출의 세 가지 유형은 폭발 기둥과 테프라의 낙하를 포함한다. 화산쇄설류, 측면 분출도 포함된다. 베수비오식 분화 또는 플리니식 분화 기둥은 매우 높은 높이에 이르며 바람에 의해 화살쇄설물, 가스, 그리고 화산 에어로졸을 전 세계로 이동시키며, 태양복사를 차단하여 세계 기후에 영향을 준다.
15. 화산체의 모양은 마그마의 분출 형태와 용암과 화산쇄설물의 상대적인 비율에 의해 결정된다. 순상화산은 완만한 경사를 갖는다. 이들은 액체 상태의 현무암질 용암의 지속적인 분출에 의해 형성된다. 유문암질과 안산암질 화산은 많은 양의 화산쇄설물을 분출해서 화산쇄설성 퇴적물로 둘러싸인다. 특히 안산암질 성분의 큰 화산들은 용암류와 화산쇄설물들이 교호하며 가파른 성층화산을 형성한다. 칼데라는 화산의 정상에 형성되며 마그마방의 부분적 공동화와 이후의 붕괴 결과로 형성된다. 열극 분출은 액체 상태의 용암이 지각 내의 긴 단열을 따라 지표로 도달할 때 발생한다.
16. 현재 약 500개의 활화산이 있으며, 많은 수가 태평양 주변 지역에 분포한다. 폭발식 분화는 비폭발식 분화보다 흔하지 않지만 좀 더 위험하다. 화산 재해는 화산쇄설류, 유독성 가스 배출, 화산 이류(lahars) 혹은 화산재 이류 그리고 쓰나미를 포함한다. 테프라 분출은 농지와 가축 그리고 공기 흐름에 큰 파괴를 일으킨다. 분출에 대한 장기간 예측은 폭발성 화산의 인지에 기초를 두며, 대부분이 섭입대 환경의 안산암과 유문암

질의 성층화산이다. 단주기 예측은 화산 내 마그마 이동을 지시하는 이상 전조현상의 관측에 기초한다.

17. 화산 활동의 유용한 측면은 해안 지역에서 새로운 육지 생성과 함께 표면을 새롭게 하고 새로운 화산암을 생성하여 풍부한 토양을 발달시키는 것이다. 화산 활동은 지열 에너지를 공급하고 어떤 광상의 형성에 중요한 역할을 한다. 화산가스의 방출 없이는 대기권과 수권이 없었을 것이고, 지구에서 생명체를 유지할 방법이 없다.

18. 모든 화산 아래에는 마그마방의 복합체와 마그마가 표면으로 이동하는 통로가 있다. 심성암은 표면으로 절대 도달하지 않는 마그마의 암체이다. 암맥들은 판상의 심성암이며 모암의 층을 절단하는 관입암이다. 암상은 층과 평행하며 병반은 위쪽이 불룩하게 휘어져 있는 암층이다. 화도는 화구 아래에 있는 화성암의 원통형 통로이다. 암경은 풍화에 의해 드러나 있는 화도를 매운 관상의 화성암이다. 암주와 저반은 불규칙한 모양의 큰 관입된 화성암체이며 모암의 층을 절단하는 관입암이다.

19. 화성암이 지표면이나 지표 근처에서 냉각되고 굳어진 것이 화산암이다. 이들이 지하에서 냉각되고 굳어지면 심성암이 된다. 현무암질 마그마와 관련이 있는 일반적인 심성암은 반려암이며, 화산암은 현무암이다. 안산암질 마그마와 관련이 있는 일반적인 심성암은 섬록암이며, 화산암은 안산암이다. 유문암질 마그마와 관련이 있는 심성암은 화강암이며, 화산암은 유문암이다. 마그마와 용암이 냉각 및 고화되는 조건이 형성되는 암석의 조직을 결정한다. 심성암은 입자가 굵으며 이는 천천히 냉각되어 광물입자가 크게 성장할 수 있는 시간이 있었기 때문이다. 화산암은 빠르게 냉각되며, 따라서 입자가 작거나 유리질이다.

20. 현무암질 마그마는 맨틀의 부분 용융으로 인해 생성된다. 해양 발산경계부에서는 지각이 매우 얇고 지온구배가 가파르며, 뜨거운 분출을 하고, 용암은 낮은 점성을 가진다. 액체 상태의 뜨거운 용암은 열점에서 분출하며, 상승하는 플룸에 의해 현무암질 용암을 표면에 공급한다. 대륙 발산경계에서 생성되는 용암은 유문암질 용암이 되는 경향이 있다. 이들은 높은 실리카 함량을 가지며 이는 마그마가 두꺼운 대륙 지각을 통과하여 표면으로 나오기 때문이며, 용융되어 실리카가 풍부한 지각 물질과 동화되었기 때문이다. 유문암질 마그마는 가스를 풍부하게 포함하며 이는 대륙 지각이 물과 이산화탄소를 함유하고 있기 때문이며, 용융을 통해서 마그마에 집적이 되기 때문이다. 해양 판–대륙 판과 해양 판–해양 판 섭입대에서는 섭입되는 암석은 높은 수분 함량을 보인다. 섭입 과정에서 수분은 맨틀 위의 쐐기 쪽으로 발산되며, 수분을 포함한 용융을 유발한다. 안산암질 용암은 풍부한 물을 가지고 폭발적인 분출을 하며, 화산쇄설물과 성층화산을 형성한다. 안산암질 마그마를 분출하는 화산은 해양 지각과 대륙 지각 모두에서 발생하며, 섭입대가 있는 곳 어디에서나 발생한다. 이는 안산암질 마그마가 맨틀에서 섭입 과정의 직접적인 결과로 인해 생성된다는 것을 알 수 있다.

주요 용어

굴절(refraction)
규모(magnitude)
단층(fault)
리히터 규모(Richter magnitude)
마그마(magma)
모호(moho)
반사(reflection)
변형(deformation)
부분용융(partial melt 또는 fractional melt)
분석구(tephra cone)
분출 기둥(erouption column)
성층화산(stratovolcano)
수정된 메르칼리 진도(modified Mercalli intensity, MMI)
순상화산(shield volcano)
실체파(body wave)
심성암(pluton)
쓰나미(tsunami)
안산암질 마그마(andesitic magma)
암설구(tephra cone)
액상화(liquefaction)
열극 분출(fissure eruption)
열점(hotspot)
용암(lava)
유문암질 마그마(rhyolitic magma)
저반(batholith)
점성(viscosity)
지진 기록(seismogram)
지진 모멘트 규모(seismic moment

magnitude)
지진(seismicity)
지진계(seismograph)
지진공백(seismic gap)
지진파 불연속면(seismic discontinuity)
지진파(seismic wave)
진앙(epicenter)
진원(focus)
칼데라(caldera)
탄성 에너지(elastic energy)
탄성반발설(elastic rebound hypothesis)
테프라(tephra)
표면파(surface wave)
플룸(plume)
현무암질 마그마(basaltic magma)
화산(volcano)
화산가스(volcanic gas)
활동성 화산(active volcano)
화산쇄설류(pyroclastic flow)
화산쇄설암(pyroclastic rock)
화산재(volcanic ash)
화산쇄설물(pyroclast)
휴면화산(dormant volcano)
휴화산(extinct volcano)
P파(primary wave)
S파(secondary wave)

복습 문제

1. 지진이 탄성반발설에 따라 어떻게, 왜 발생하는지 설명하라. 왜 지진의 강도에 상한선이 있는가?
2. 지진의 진원과 진앙의 관계가 무엇인가?
3. 지진파가 어떻게 기록되고 측정되는가? 지진계와 진진기록은 어떻게 다른가?
4. 과학자는 지진의 위치를 정의하는 데 지진파를 어떻게 이용하는가? 과정을 설명하라.
5. 리히터 규모, 지진 모멘트 규모와 수정 메르칼리 진도 등급의 중요한 특징을 설명하고, 이들 사이의 차이점을 말하라.
6. 굴절과 반사가 무엇이며, 과학자들이 지구 내부가 무엇인지 정의하는 데 이들이 어떻게 도움을 주는가?
7. 지진은 많은 방법으로 피해를 준다. 그 피해의 네 가지를 말하고 간단히 설명하라.
8. 과학자들은 판구조 운동, 예를 들어 섭입의 규모에 대해 정의하고 구조 운동의 특징을 정의하기 위해 지진을 어떻게 이용하는가?
9. 마그마와 용암의 차이점은 무엇인가? 화산쇄설물과 테프라는 어떤 차이가 있는가?
10. 순상화산과 성층화산의 차이는 무엇인가? 성층화산과 분석구는 어떤 차이가 있는가? 하와이의 마우나로아와 같은 순상화산은 왜 완만한 경사를 가지고, 일본의 후지 산과 같은 성층화산은 왜 가파른 경사를 가지는가?
11. 화산이 지구의 생명체에 영향을 미치는 몇 가지 방법을 적어라.
12. 심성암의 주요 유형은 무엇이며, 어떻게 형성되는가? 심성암이 지표 아래의 마그마와 지표 위의 용암과의 연결을 어떻게 설명하는가?
13. 현무암질 마그마는 지구 내부의 어디에서 생성되는가? 이들은 어디에서 전형적인 분출을 하는가?
14. 유문암질 마그마의 기원은 무엇인가? 유문암질 화산을 어디서 찾을 것이라고 기대하는가?
15. 안산암질 마그마의 기원은 무엇인가? 어떤 유형의 화산과 지구조 환경이 안산암질 마그마와 관련이 있는가?

연구와 토론 문제

1. 왜 지진의 단기 예측은 장기 예측(예보)보다 성공률이 떨어질까? 왜 지진학자들이 예측과 조기 경보에 대해 조심스러울까? 여러분은 지진을 정확하게 예측하는 것이 가능하다고 생각하는가? 여러분의 답변을 조사하라.
2. 탄성반발설을 이용하여 진원에서 지진이 일어나기 전, 발생 동안, 후에 암석에 어떤 일이 발생하는지 설명하라. 전조현상이 무엇이며, 암석의 변화 결과처럼 여러분이 감지할 수 있는가? 탄성반발설 외에 지진의 물리적인 메커니즘에 대해 넓게 적용할 수 있는 어떤 다른 가설이 있는가? 이것들은 어떻게 다른가?
3. 활화산의 경사면에는 인구가 밀집되는 경향이 있다. 화산 주위에 사는 이유가 무엇이라 여러분은 생각하는가?

장점이 단점보다 더 크다고 생각하는가? 왜 그런가 또는 왜 아닌가? 정부 공무원들과 과학자들은 활화산 근처에 거주하는 사람들에게 위험을 경고하기 위해서 어떻게 해야 하는가?

기초 원리 문제

1. 지진 실체파와 표면파 사이에는 어떤 중요한 차이가 있는가? P파와 S파의 차이는?
2. 마그마의 성질에서 SiO_2의 영향을 설명하라. 온도와 점성이 마그마와 용암에 어떻게 관련되어 있는가?
3. 화산가스에서 가장 중요한 것이 무엇이며, 마그마와 용암의 성질에 어떠한 영향을 미치는가?

자세히 보기 문제

1. 거대충상단층 지진은 무엇인가?
2. 어떤 지구조 환경에서 2004년도 수마트라–안다만 지진이 발생하였는가?
3. 쓰나미는 파괴적일 수 있으나 적절한 상황에서 효과적인 조기 경보의 발령을 충분히 보급받을 수 있다. 이런 상황에서 무엇이 필요한가?

CHAPTER

7

암석 순환

개요

이 장에서 우리는

- 암석이 분쇄되어 퇴적물이 형성되는 과정과 퇴적물이 퇴적암으로 바뀌는 과정을 설명한다.
- 퇴적 층리를 관찰하고 층서학을 이용하여 지질연령을 결정하는 방법을 설명한다.
- 변성작용의 종류와 과정을 정의하고, 변성암의 종류를 구분한다.
- 암석 용융에 포함된 과정을 검토하고 마그마가 화성암으로 고화되는 과정을 조사한다.
- 암석 순환과 지구조 순환의 상호 연관성을 고찰하고 내인적 과정과 외인적 과정이 지구 표면의 모양을 결정하는 데 어떤 상호작용을 하는지 알아본다.

◀ **탄소 저장소**

순백색의 절벽은 이탈리아 남부 티롤에 있는 백운암 내 브라이에스 호수(Pragser Wildsee라고도 알려진)를 내려다보고 있다. 백운암은 거의 순수한 탄산염암으로 이루어진 알프스의 한 단면이다. 탄산염암은 오랜 기간 이산화탄소 저장고 역할을 하기 때문에 지구의 탄소 순환에서 매우 중요한 요소이다. 현재 탄산염암 내에 저장된 이산화탄소가 모두 대기 중으로 돌아간다면 지구 대기는 탄소가 매우 많은 성분으로 바뀌어 통제 불능한 온실효과를 맞이할 것이다.

제1장에서 소개한 **암석 순환**(rock cycle)은 암석의 형성, 파괴, 재배열과 재형성 등의 결과 지권 전체를 통하여 일어나는 물질의 순환을 포함한다(그림 7.1). 지구 내부의 열 에너지에 기인한 지구조력은 지구 역사의 대부분에 걸쳐 산맥을 융기시켰다. 그러나 이들 산맥의 대부분은 더 이상 존재하지 않는다. 그 이유는 태양 에너지에 기인한 외인적 힘에 의하여 융기된 암석을 연속적으로 깎고 마모시켰기 때문이다. 부서진 암석은 물, 바람과 빙하에 의하여 이동하고 퇴적되어 퇴적물을 형성하며, 이들은 궁극적으로 퇴적암으로 변한다. 대륙들이 충돌하는 곳에 존재하는 퇴적물은 고온과 고압을 받게 되어 퇴적암은 변성암으로 바뀐다. 온도가 충분히 높을 경우 암석은 용융되어 화성암 형성으로 진행된다.

지구의 오랜 기간 일어났던 지구조적 충돌과 마찰의 역사는 변질되고 변형된 암석과 용융 산물의 암석, 침식되어 만들어져 쇄설물로부터 해석할 수 있다. 이런 역사의 증거는 암석 순환 과정에서 만들어진 퇴적암, 변성암, 화성암 속에 기록되어 있다.

2세기 전 암석 순환에 대하여 설명한 제임스 허튼(제4장)과 많은 과학자들은 판구조론을 알지 못했지만, 우리는 판구조론이 초기 과학자들이 풀지 못했던 많은 문제에 대하여 설명할 수 있다는 것을 알고 있다. 또 암석 순환과 지구조 순환은 지표면의 연속적인 갱신을 초래하는 지권 전체를 통하여 발생하는 물질의 연속적인 순환에 의한 것임을 알고 있다. 그림 7.1은 암석 순환을 설명하며, 순환 과정에서 일어나는 상호작용에 대하여 약간의 힌트를 제공한다. 이 간단한 묘사로부터 암석 순환과 지구조 순환은 지구 표면에 있는 모든 것을 포함하며, 모든 것에 영향을 준다는 것이 명확해진다. 두 순환은 모두 지구계에서 중요한 역할을 한다.

암석에서 표토로

암석 순환에 대한 고찰을 거대한 산맥과 지표에 노출된 암석이 삭박되는 과정을 살펴보는 것으로부터 시작하자. 지권의 신선한 암석이 지표에 노출되자마자 수권, 기권, 생물권에 의하여 공격당한다. 모든 종류의 암석은 지권, 수권, 생물권, 기권이 혼합되는 지역 전체에서 물리적으로 부서지고 화학적으로 변질된다. 이 지역은 지표로부터 물과 공기가 투과되는 수백 킬로미터 지하까지 연장된다(그림 7.2). 이 지역 내에서 암석은 균열, 갈라진 틈과 다른 형태의 틈을 포함하고 있으므로 다공질이고 이 틈의 일부는 매우 작지만 대부분은 공기, 수분과 미생물에 의한 공격으로 암석이 취약해진다. 충분한 시간이 주어질 경우, 그 결과는 **풍화작용**(weathering)이라고 하는 암석의 뚜렷한 분해와 붕괴를 야기한다. 지구 규모로 일어나는 풍화작용의

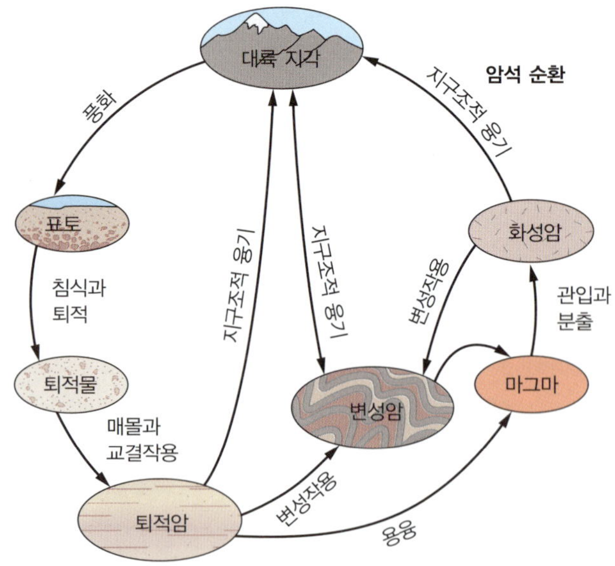

그림 7.1 암석 순환
암석 순환은 지각의 내부나 꼭대기에 있는 물질들의 풍화, 이동, 퇴적, 변형, 변질, 용융과 새로운 암석 형성 등의 과정을 포함한다. 암석들은 항상 긴 경로를 따라 순환하지는 않고, 일부 짧은 경로를 따라 순환하기도 한다. 암석 순환은 지구계의 다른 순환과도 밀접한 상호 관계를 가지고 있다.

그림 7.2 풍화대
퇴적암이 분리되는 과정을 겪고 있다(남아프리카에서 촬영). 공기와 물은 암석 내에 발달한 열극을 통하여 투과되어 암석 내에 있는 광물과 반응한다. 지표 부근의 암석은 물과 공기에 더 많이 노출되기 때문에 깊은 곳의 암석보다 훨씬 심하게 풍화를 받는다.

그림 7.3 풍화의 영향
뉴잉글랜드 묘지에 19세기 초기에 세워진 대리암 묘비석은 빗물에 의하여 점차 용해되었다. 선명하게 새겨졌던 글씨는 이 기간 동안 점차 알아보기 힘들게 바뀌었다.

최종 생성물은 지표면을 덮고 있는 느슨하고 미고화된 암석 입자인 **표토**(regolith)이다. 제15장에서 배우게 될 내용이지만 토양은 표토의 일부이며 식물을 지탱해 준다.

우리는 풍화작용이 진행되고 있는 것을 어디에서나 쉽게 볼 수 있다. 오래된 대리암 묘비에 새겨진 글자가 알아보기 힘들 정도로 풍화되어 묘지에 있는 묘비명을 읽기 힘들었던 적이 있을 것이다(그림 7.3). 맹렬히 타오르는 캠프파이어 주위에 앉았을 때 불에 접촉하고 있는 암석이 순간적으로 폭발하는 것을 볼 수 있는데, 그 이유는 가열될 때 암석을 구성하는 광물의 팽창률이 다르기 때문이다. 이러한 예는 풍화작용이 화학적 과정과 물리적 과정을 포함할 수 있음을 보여준다.

화학적 풍화

화성암과 변성암 내 포함된 광물들은 지표면보다 훨씬 높은 온도와 압력 하에서 생성되었기 때문에 이 광물들은 지표의 낮은 온도와 압력 조건 아래에서는 화학적으로 불안정하게 된다. 암석이 융기되어 지표에 노출되면, 구성 광물은 변화에 취약해진다. 이들은 기권, 수권, 생물권에 노출되어 화학적으로 안정한 새로운 광물로 변화된다. **화학적 풍화작용**(chemical weathering)은 암석과 광물이 화학반응에 의하여 지표 또는 지표 부근에서 안정한 새로운 화합물로 변환되는 것이다.

화학적 풍화작용의 중요한 인자는 빗물이 대기 중에 소량 존재하는 이산화탄소를 용해시켜 만들어진 약산성의 탄산 용액(H_2CO_3)이다.

$$H_2O + CO_2 \rightarrow H_2CO_3$$

이 때문에 빗물은 모두 약산성이다. 산성을 띤 물이 지표면을 따라 수평적으로 또는 지하로 수직적으로 이동함에 따라 식물의 부패에 의하여 이산화탄소가 추가적으로 첨가된다. 그러므로 화학적 풍화작용은 지표면 상부를 공격하는 산성 용액을 형성시키는 기권, 수권, 생물권 사이에서 일어나는 상호작용의 결과이다. 그림 7.3에 보이는 대리암 묘비의 용해는 화학적 풍화작용의 대표적인 예이다.

흔한 조암광물인 알칼리장석($KAlSi_3O_8$)의 분해를 초래하는 화학반응은 화학적 풍화작용의 좋은 예이다. 탄산 분자는 물에 해리되어(작은 분자로 분리되어 화학적으로 부서지는 것) 수소 이온(H^+)과 중탄산 이온[$(HCO_3)^-$]을 형성한다. 수소 이온은 알칼리장석 내로 들어가 칼륨 이온(K^+)을 치환하고, 치환된 칼륨 이온은 장석으로부터 빠져나와 용액 속으로 이동한다(그림 7.4). 물은 남아 있는 알루미늄 규산염 분자와 결합하여 원 암석에는 없던 새로운 점토광물인 고령석($Al_2Si_2O_5[OH]_4$)을 형성한다. 장석과 Fe–Mg가 포함된 광물을 가지는 암석의 풍화는 점토광물, 흔한 철광물인 자철석의 풍화에 의해 만들어진 침철석(FeO · OH)을 형성한다. 화강암이 풍화되면 장석과 운모로부터 점토광물과 침철석이 형성된다. 그러나 화강암 내에 존재하는 석영은 화학적 풍화작용에 대한 저항력이 있기 때문에 화학적 풍화작용이 일어나는 동안 변질되지 않는다.

물리적 풍화

어느 표토는 풍화를 받지 않았거나 아주 약간 풍화받은 하부에 있는 기반암과 동일한 암석 파편으로 구성되어 있는데, 이것은 화학적 변질이 거의 또는 전혀 일어나지 않았음을 지시한다. 그 대신 파편은 물리적 부서짐에 의하여 암석

그림 7.4 화학적 풍화의 이온 치환

오른쪽에 있는 사진은 장석 입자가 이온 치환 반응에 의하여 변질되는 것을 보여준다. 점토 잔류물이 제거되어 변질 양상을 훨씬 잘 볼 수 있다. 이 그림은 변질 진행 과정을 설명한다.

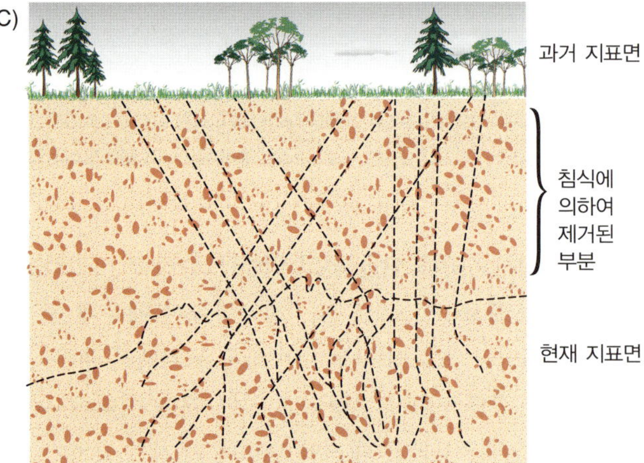

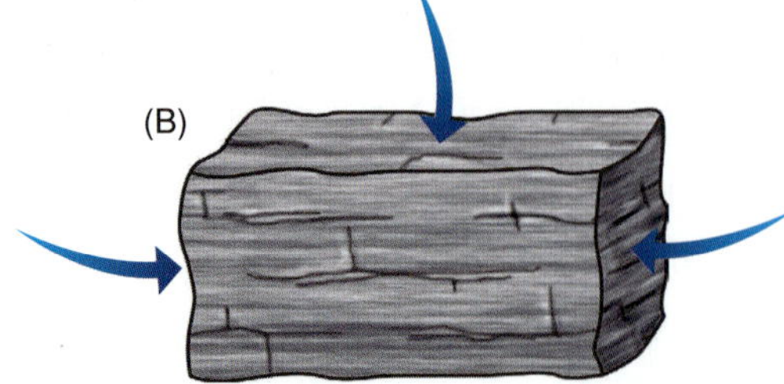

그림 7.5 절리 형성

절리 형성은 물리적 풍화의 한 가지 형태이다. (A) 절리가 매우 심하게 발달된 암석이 캘리포니아 조슈아트리 국립공원에서 발견된다. 침식은 절리 간격을 넓혀 주 암체로부터 암석을 분리시킨다. (B) 원래 지하 깊은 곳에 존재하던 암석은 상부와 주변 암석으로부터 매우 큰 압력을 받았다. (C) 암석이 지표 쪽으로 융기하고 상부에 있던 암석은 침식됨에 따라 암석에 가해지던 압력이 감소되어, 암석을 팽창시키고 틈이 형성되었다. 침식에 의하여 절리는 둥글어지고 폭이 넓어졌다.

이 분리된 **물리적 풍화작용**(physical weathering)[**기계적 풍화작용**(mechanical weathering)이라고도 함]을 겪었다.

여러 가지 과정에 의하여 물리적 풍화작용이 일어난다. 지표면 하부에 깊이 매몰되어 있는 암괴는 상부에 놓여 있는 암석의 무게 때문에 엄청난 정압력(confining pressure)을 받고 있다(그림 7.5). 침식에 의하여 상부에 있는 암석

그림 7.6 물리적 풍화

(A) 판상 절리 : 판상 절리는 유명한 캘리포니아 요세미티 국립공원의 하프돔과 같은 곡선 돔을 만든다. (B) 동결 쐐기작용 : 뉴멕시코의 샌앤드레이어스 산맥에 있는 화강암 자갈은 절리를 따라 침투한 물이 동결과 용해가 반복되어 반으로 갈라지게 되었다. (C) 뿌리 쐐기작용 : 식물은 노출된 암석 내 틈을 따라 성장하기 시작한다. 마침내 암석 덩어리가 붕괴되어 식물의 뿌리가 드러나게 된다.

이 점차 제거됨에 따라 압력은 감소되고 매몰된 암괴는 상부쪽으로 팽창한다. 이 과정에서 **절리**(joint)라고 하는 판상 균열이 발달한다(그림 7.6A). 절리는 물이 통과할 수 있는 중요한 통로로, 동결 쐐기작용에 의하여 풍화를 촉진시킨다. 물이 얼 경우 부피가 약 9% 증가한다. 물이 절리와 같은 제한된 균열 내에서 언다면 발생하는 압력이 매우 크기 때문에 암석은 쐐기처럼 벌어지게 된다(그림 7.6B). 균열이 존재하는 암석을 통하여 이동하는 지하수 내 용해된 물질은 침전되어 무기염을 형성할 수 있다. 빈 공동이나 광물 입자 사이의 경계를 따라 성장하는 무기염 광물에 의한 엄청난 압력은 암석의 파쇄를 일으킨다. 불 역시 풍화작용을 일으키는 효과적인 요인이다. 대규모나 소규모로 발생하는 산불은 암석의 바깥쪽을 가열시켜 팽창, 균열 발생과 파괴를 야기한다. 반복된 산불은 암석의 크기를 상당히 감소시킨다. 마지막 요인으로 균열을 따라 성장하는 식물의 뿌리도 암석 균열을 서서히 커지게 한다(그림 7.6C). 비록 물리적 풍화작용은 화학적 풍화작용과 구별

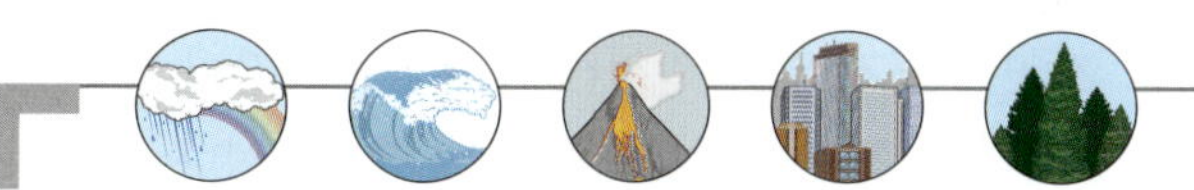

관련짓기

풍화작용은 기권, 수권, 생물권과 지권 사이에서 발생하는 흥미 있는 상호작용이다. 인간도 풍화작용을 일으키는 요인이 될 수 있다. 암석을 작은 파편으로 만드는 인간 활동에는 어떤 것이 있는가?

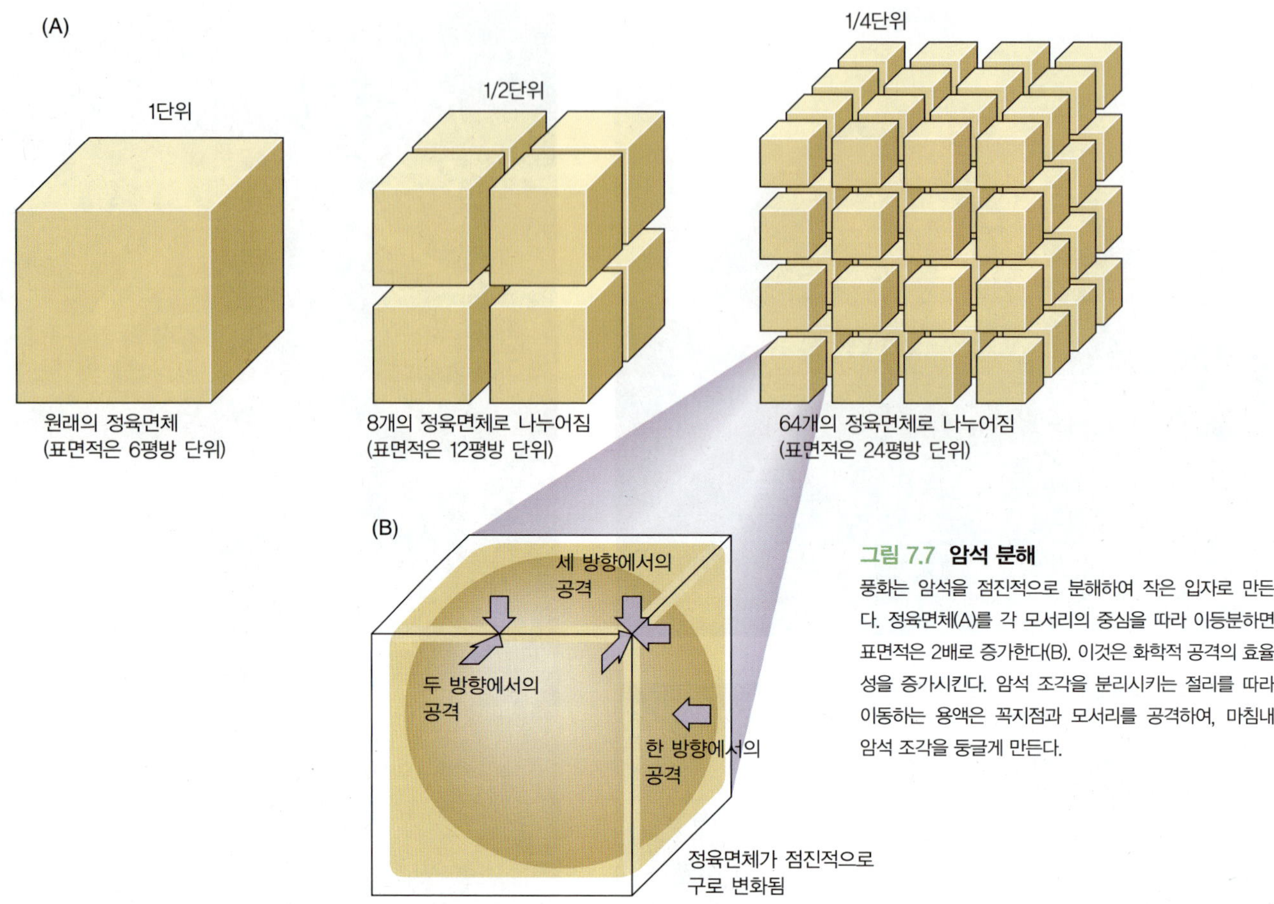

그림 7.7 암석 분해
풍화는 암석을 점진적으로 분해하여 작은 입자로 만든다. 정육면체(A)를 각 모서리의 중심을 따라 이등분하면 표면적은 2배로 증가한다(B). 이것은 화학적 공격의 효율성을 증가시킨다. 암석 조각을 분리시키는 절리를 따라 이동하는 용액은 꼭지점과 모서리를 공격하여, 마침내 암석 조각을 둥글게 만든다.

되지만 두 작용은 밀접하게 연관되어 있으며 그 효과를 분리하는 것은 불가능하다. 노출된 표면적이 커질수록 화학적 풍화작용의 효과는 증가하고, 큰 덩어리가 작은 조각으로 분리됨에 따라 표면적은 증가한다(그림 7.7). $1cm^3$의 암석은 표면적이 $6cm^2$이지만, 매우 작은 점토광물 입자 크기로 작아지면 풍화작용에 노출되는 전체 표면적은 4,000만 cm^2로 증가한다. 그러므로 절리와 같은 물리적 과정은 암석이 동결 쐐기작용과 같은 물리적 풍화작용을 쉽게 받을 수 있게 할 뿐만 아니라 화학적 풍화작용에 노출되는 것을 증가시킨다.

퇴적물과 이동

풍화작용은 암석을 표토를 이루는 작고 분리된 입자로 부순다. 자연은 쉬지 않고 일하는 가정주부와 같이 표토 입자를 쓸어내고, 쓸린 입자를 운반하여 강바닥이나 호수 바닥 등 지구 표면의 낮은 곳으로 떨어뜨린다. 풍화된 일부 입자는 중력에 의하여 이동하지만 대부분은 물, 바람과 빙하 같은 매질에 의하여 이동하고 쓸린다. 이런 종류의 이동 과정을 **침식**(erosion)이라고 하며 침식에 의한 이동을 겪은 표토를 **퇴적물**(sediment)이라고 한다. 이동된 후 퇴적물은 **퇴적**(deposition)에 의하여 새로운 장소에 쌓인다. 비가 온 후 빗물에 의하여 이동하는 퇴적물과 바람에 의하여 먼지가 이동되는 것을 볼 수 있다. 호수 바닥의 머드, 해변의 모래, 심지어는 창틀에 쌓인 먼지조차도 퇴적물이다. 침식은 거의 쉬지 않고 일어나기 때문에 퇴적물은 우리 주변 어디에서나 볼 수 있다.

퇴적물에는 쇄설성, 화학적 및 생물기원 퇴적물 등 세 가지 종류가 있으며, 이들은 생성, 이동, 퇴적되는 방법에 있어 차이가 있다.

쇄설성 퇴적물

부서진다는 뜻의 그리스어 *klatos*에서 유래한 **쇄설성 퇴적물**(clastic sediment)은 고체 입자로서 이동하는 부서진 암석과 광물 조각이다. 개별 조각은 쇄설물이고, 쇄설물은 풍화작용 동안 가장 잘 견디는 조암광물, 특히 석영일 가능성이 높다. 쇄설물의 크기는 쇄설성 퇴적물의 구분 기준으로 사용되는데, 조립에서 세립으로 감에 따라 **자갈**(gravel), **모래**(sand), **실트**(silt), **점토**(clay) 등 네 종류의 쇄

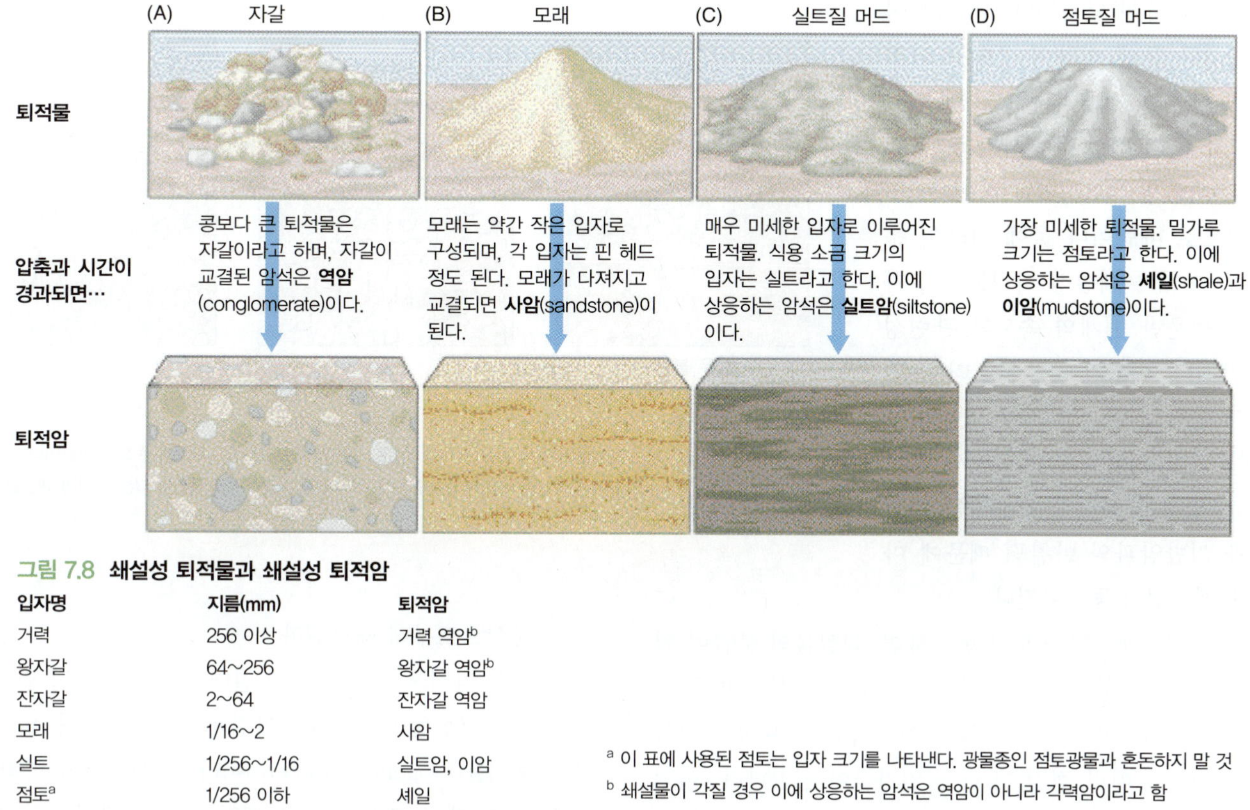

그림 7.8 쇄설성 퇴적물과 쇄설성 퇴적암

입자명	지름(mm)	퇴적암
거력	256 이상	거력 역암[b]
왕자갈	64~256	왕자갈 역암[b]
잔자갈	2~64	잔자갈 역암
모래	1/16~2	사암
실트	1/256~1/16	실트암, 이암
점토[a]	1/256 이하	셰일

[a] 이 표에 사용된 점토는 입자 크기를 나타낸다. 광물종인 점토광물과 혼돈하지 말 것
[b] 쇄설물이 각질 경우 이에 상응하는 암석은 역암이 아니라 각력암이라고 함

설물로 구분된다(그림 7.8). 자갈은 다시 크기에 따라 거력, 왕자갈, 잔자갈로 세분된다. 그림 7.8에서 보는 바와 같이 특별한 암석 종류는 쇄설성 퇴적물의 특별한 종류로부터 형성된다.

쇄설성 퇴적물은 여러 가지 방법에 의하여 운반된다. 중력에 이끌려 언덕 아래로 미끄러지거나 구르기도 하며, 빙하, 바람과 흐르는 물에 의하여 운반되기도 한다. 어떤 경우든 운반이 중지될 때 퇴적물은 에너지 감소 때문에 중력

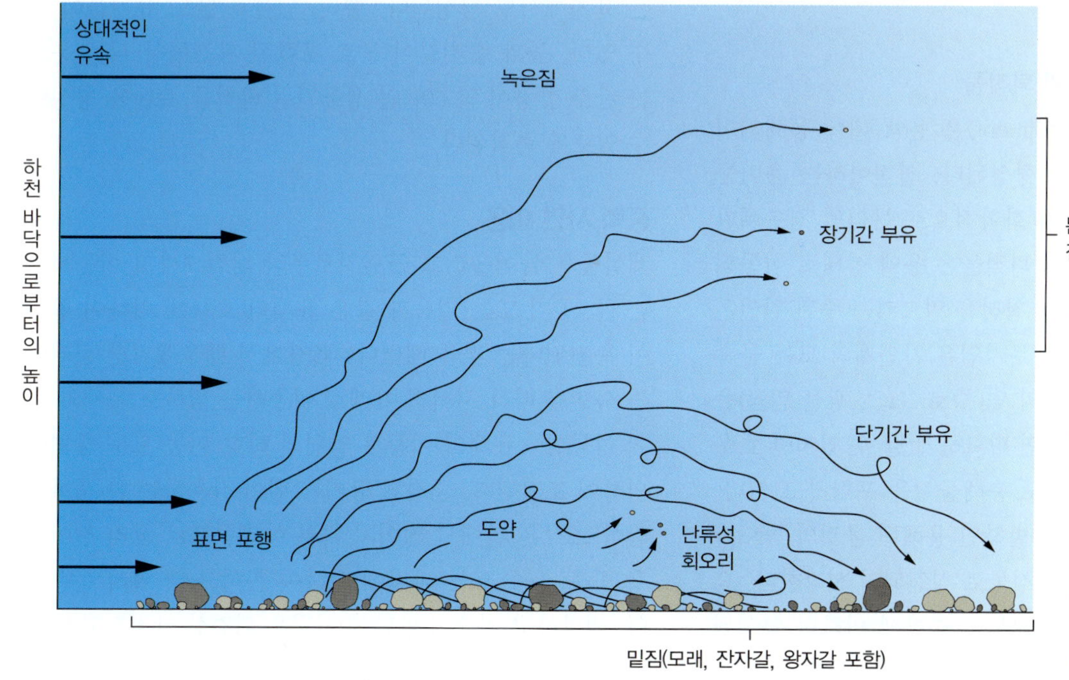

그림 7.9 유체에 의한 퇴적물의 이동
일반적으로 유속이 빠를수록 더 무거운 입자가 이동된다. 이 그림은 바람이나 물에 의한 것일 수 있다. 어느 경우라도 가장 작은 입자는 유속이 가장 빠른 꼭대기에 존재하고, 가장 큰 입자는 유체에 의하여 들어올리기에 너무 무거우므로 바닥에 존재한다(빙하는 유체처럼 움직이지만, 매우 큰 점성도 때문에 다른 양상을 나타낸다).

침전에 의하여 퇴적된다. 예를 들어 바람이나 물에 의하여 운반된 퇴적물은 이동하는 공기나 흐르는 물이 쇄설물을 더 이상 운반하지 못할 정도로 속도가 느려지면 퇴적된다. 일반적으로 바람이나 물에 의하여 운반될 수 있는 쇄설성 퇴적물의 입자 크기는 운반 매체의 속도와 관련성을 가진다. 속도가 빠를수록 더 큰 입자가 운반된다(그림 7.9). 운반되는 동안 개별 쇄설물은 계속해서 부서지고, 입자들 사이에 작용하는 마찰력과 기반암과의 마찰력 때문에 마침내 매끄럽고 둥글어진다.

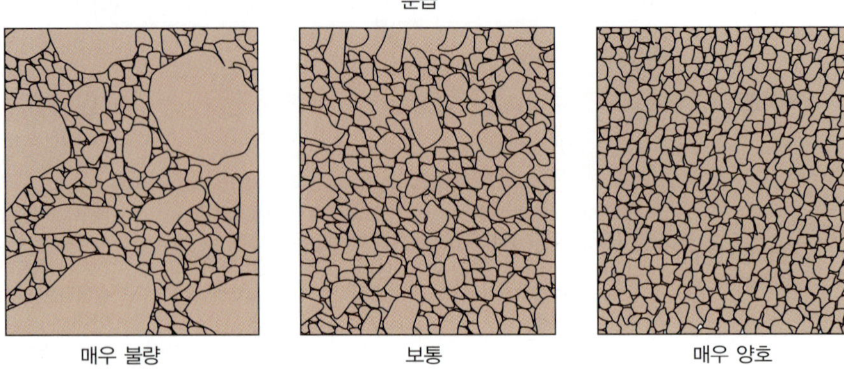

그림 7.10 분급
어느 퇴적물의 경우 모든 쇄설물이 거의 같은 크기를 가진다. 분급이 양호한 이런 퇴적물은 보통 바람이나 물에 의하여 운반된다. 그러나 빙하나 중력사태에 의하여 이동되는 퇴적물은 분급이 불량하거나 다른 크기의 쇄설물이 분급되지 않고 뒤섞여 있다.

운반하는 매질의 속도가 변동하면, 쇄설물의 분급이 일어난다(그림 7.10). 예를 들면 유속이 빠른 강물은 매우 큰 쇄설물을 제외한 모든 입자들을 이동시킨다. 유속이 서서히 느려짐에 따라 점점 더 작은 입자들이 침강한다. 이렇게 형성된 퇴적물은 분급이 양호하다고 말한다. 다양한 크기의 입자를 가진 퇴적물은 분급이 불량하다고 하며, 이런 쇄설물은 낙석, 언덕을 따라 하부로 이동하는 쇄설물의 미끄러짐, 대양저에 쌓인 느슨한 퇴적물의 붕괴, 이류, 빙하나 유빙에 의한 쇄설물의 퇴적 등에 의하여 만들어진다. 분급이 불량한 어떤 퇴적물은 특별한 명칭을 가지기도 하는데, 예를 들면 빙하 기원의 분급이 불량한 퇴적물은 빙력토(till)라고 한다.

화학적 퇴적물과 생물기원 퇴적물

화학적 퇴적물(chemical sediment)은 용액 내에 용해되어 이동하는 물질이 침전되어 형성된다. 침전이라는 용어는 용액 내에 존재하던 고체가 화학적으로 분리될 경우에만 적용된다. 그러므로 화학적 퇴적물은 용액 상태로 이동되고 침전에 의하여 퇴적된다. 침전을 일으키는 주된 원인은 해수나 호수물의 증발이다. 무기염은 자연계의 모든 물속에 용해되어 있다. 많은 양의 염(주로 NaCl, 광물 암염)을 포함하고 있는 해수를 맛보면 명확하게 알 수 있지만 호수물, 지하수, 심지어는 빗물도 용해물질을 포함하고 있다. 호수가 마를 때처럼 물이 증발하면 용해된 물질의 농도가 커지게 되고 염은 화학적 퇴적물로 침전되기 시작한다. 요리용으로 사용하는 소금은 대부분 증발에 의하여 형성된 소금 광상으로부터 채광된다.

화학적 퇴적물은 물속에서 일어나는 생화학적 반응에 의해서도 생성될 수 있는데, 이렇게 생성된 퇴적물은 **생물기원 퇴적물**(biogenic sediment)이라고 한다. 생화학적 반응의 흔한 예는 조개와 많은 해양 동물의 탄산칼슘 골격 형성을 포함하는 것이다. 조개는 물로부터 칼슘과 중탄산 이온을 추출하여 고체 탄산칼슘 층을 저장하는 데 이용한다. 실제로 조개는 생화학적 반응에 의하여 집을 짓는다. 동물이 죽으면 그들의 껍질은 생물기원 퇴적물이 된다. 이런 방법으로 형성된 매우 중요한 생물기원 퇴적물은 수중 동물의 미세한 사체로 구성된 연니이다. 생물기원 퇴적물은 육지에서도 형성된다. 뿌리, 덤불과 풀도 유기물이 될 수 있다. 늪과 습지같이 물로 포화된 환경에서 식물 유해는 탄소 함량이 약 60%인 생물기원 퇴적물, 토탄을 형성할 수 있도록 축적된다.

중력 사면 이동

쇄설물을 들어올리고 근원지로부터 퇴적지까지 이동시키는 물, 공기 또는 얼음과 같은 유체의 흐름에 의하여 침식이 촉진된다는 것을 배웠다(제9장에서 배우겠지만 심지어는 사면을 따라 서서히 아래로 이동하는 빙하도 유체와 같이 행동함). 유체의 이동과 암편의 하향 이동 모두 중력에 의하여 조절된다. 중력의 당기는 힘이 작용하는 한 풍화된 암석 조각은 산에서 떨어져 나와 아래쪽으로 굴러 떨어진 후 빙하, 유수 또는 바람에 의하여 뽑히고 더 멀리 운반된다. 평탄하고 식생이 발달한 언덕은 외견상 안정되고 이동

그림 7.11 사태
낙하, 미끄럼 사태, 함몰 사태 등 세 가지 종류의 산사태가 나타나 있다. (A) 애리조나 카이비토캐년은 암석 낙하가 반복적으로 일어나는 곳이다. 절벽에는 과거 암석 덩어리가 떨어져 나간 흔적이 남아 있고, 절벽 바닥에는 낙하한 암석 잔해가 있다. (B) 아르헨티나 안데스 산맥의 암석 미끄럼 사태의 경우 암석은 분리 지점으로부터 계곡 바닥까지 거의 직선 형태로 이동하였다. (C) 함몰 사태는 암설이 그림에서 보는 것처럼 곡면 형태로 이동하는 사태이다. 이 함몰 사태는 캘리포니아 중부에서 발생하였다.

그림 7.12 사태의 유발
사태는 그림에서 보는 것처럼 지진이나 화산 분출에 의하여 유발된다. (A) 1964년 일어난 알래스카 대지진은 앵커리지와 주변 지역에 대규모 사태를 발생시켰다. 사태는 셔먼 빙하를 덮고 있는 추가치 산맥의 일부가 붕괴되어 일어난 지진에 의하여 유발되었다. (B) 1980년 세인트헬렌스 화산의 분출은 지금까지 기록된 것 중 가장 큰 암설 사태를 유발시켰으며, 그 일부분이 이 그림에 나타나 있다.

이 거의 없는 것처럼 보이지만 저속 촬영 사진은 표면이 계속 움직이고 변하는 것을 보여준다. 움직임의 대부분은 중력의 영향 하에서 표토가 서서히 아래쪽으로 움직이는 **중력 사면 이동**(mass wasting)의 결과이다. 이것은 물, 바람 또는 얼음과 같은 매질의 이동력을 포함하는지 여부에 관계없이 힘의 주된 원인이 중력임을 의미한다. **사태**(landslide)는 암석, 표토 또는 둘 모두의 혼합물이 산 아래로 이동한 결과 생기는 중력 사면 이동 과정에 적용되는 일반적인 용어이다. 퇴적물의 조성과 조직, 퇴적물과 혼합된 물이나 공기의 양, 그리고 경사면의 경사 이 모든 것이 사태의 형태와 속도에 영향을 준다(그림 7.11).

비록 사태가 분명한 이유 없이 일어나는 것처럼 보이지만, 사태를 유발시키는 것에는 많은 것이 연관되어 있다(그림 7.12). 예를 들면 제6장에서 배운 것처럼 큰 지진과 관련된 땅의 요동은 사태를 일으킬 수 있다. 1980년 발생한 세인트헬렌스 산 같은 화산 분출은 순식간에 주변 계곡으로 이동하는 화산성 이류와 암설류뿐만 아니라 사태를 야기할 수 있다. 사태는 호우 또는 오랜 기간 지속되는 비와도 관련되기도 하는데, 땅이 물로 포화되어 불안정해질 수 있기 때문이다. 둑을 닳아 없애는 하천이나 절벽을 이루는 해안가를 두드리는 폭풍 파도(storm surf)도 가파른 경사면이 심하게 약화될 경우 사태를 발생시킬 수 있다. 자연 경사면을 변형시키는 인간의 활동 역시 사태를 일으킬 수 있는데, 도로 건설이 자연 경사를 심하게 초과할 때 사태가 흔히 발생한다.

퇴적작용의 지구조 환경

중력의 영향 하에서 퇴적물은 곡분(trough), 해구 또는 여러 형태의 분지 등 저지대에 축적된다. 쇄설성 퇴적물이 흔히 쌓일 수 있는 장소는 주로 판구조론에 의하여 규제된다. 화학적 퇴적물과 생물기원 퇴적물은 대부분 개방된 수성 환경에서 형성되기 때문에 그

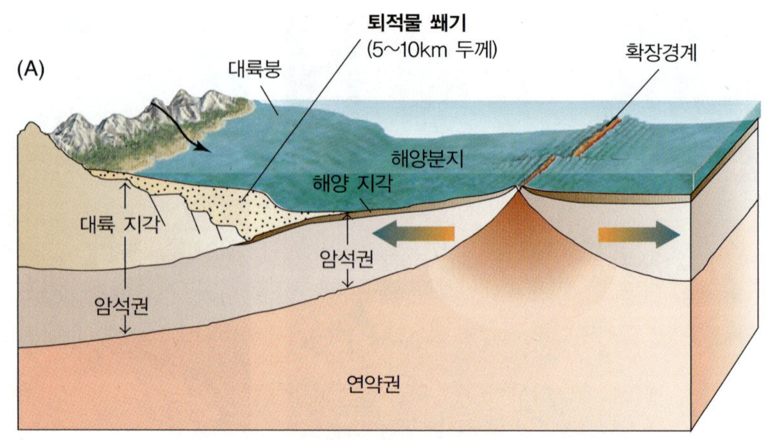

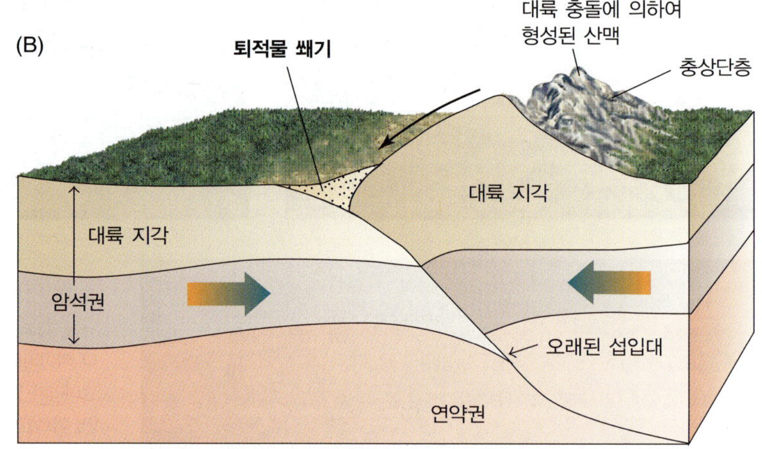

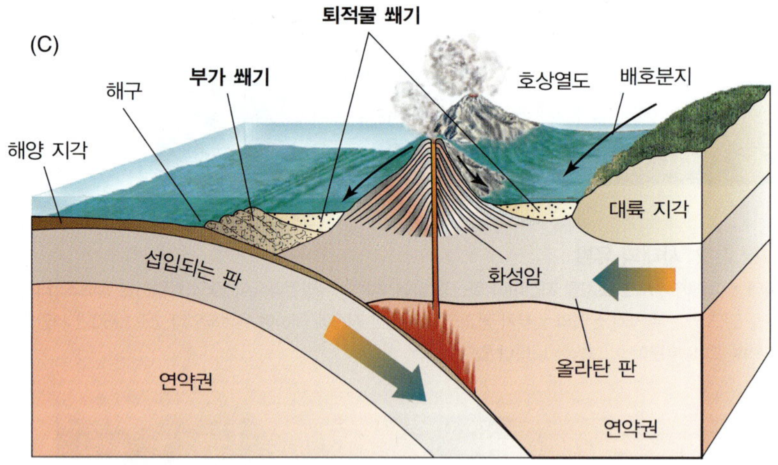

그림 7.13 지구조 운동과 퇴적작용
쇄설성 퇴적물은 저지대에 쌓이는데, 특히 판구조 운동에 의하여 심하게 통제되는 특별한 장소에 두껍게 쌓인다. (A) 두꺼운 퇴적물이 열곡 내부와 대륙 지각이 융기하고 새로운 해양분지가 만들어지는 수동형 대륙 주변부를 따라 쌓인다. (B) 산맥의 가장자리를 따라 분포하는 구조분지에 쌓인 퇴적물은 대륙의 충돌에 의하여 휘어진다. (C) 섭입대에서 퇴적물은 대륙에서 깊은 해구 쪽으로 사라진다. 해양 판이 대륙 판 아래로 섭입함에 따라 퇴적물은 압축되고 쭈그러져 쐐기 형태를 이룬다. 섭입대 후면에 형성된 배호분지는 퇴적물이 쌓이는 또 다른 장소이다.

퇴적 장소가 판구조론에 심하게 영향을 받지 않는다. 그러나 이런 퇴적물이 주로 만들어지는 해양분지의 위치는 판구조론에 의하여 규제된다.

쇄설성 퇴적물은 대륙 암석의 풍화와 침식, 화산쇄설성 화산 분출에 의하여 생성된다. 쇄설성 퇴적물이 잘 형성되고 퇴적되는 환경은 판구조론에 의하여 강하게 규제된다. 낮은 열곡은 장력에 의하여 대륙 지각이 분열되는 곳에서 형성된다. 동아프리카 열곡대와 같은 열곡에는 하천에 의하여 퇴적된 쇄설성 퇴적물이 깊은 쐐기 모양으로 쌓여 있다. 이런 열곡은 계속 넓어져서 홍해와 같은 일직선 형태의 바다로 발달하고, 궁극적으로는 대서양과 같은 성숙한 해양이 된다. 오늘날 퇴적물은 대서양의 경계를 이루는 대륙으로부터 계속 씻겨 내려와서 수동형 대륙 주변부에 퇴적된다. 퇴적물 파일(pile)이 점점 더 두꺼워짐에 따라 대륙붕은 서서히 침강된다(그림 7.13A).

다양한 종류의 저지대는 높은 산맥 안이나 가장자리를 따라 위치한다. 이런 지역들 중 많은 것은 구조 분지이거나 조산운동에 수반된 단층과 습곡에 의하여 만들어진 곡분지이다(그림 7.13B). 산맥의 하천에 의하여 운반된 조립질 퇴적물은 이 지역에 퇴적되고 축적된다.

지표면에서 가장 저지대는 섭입대의 대양저 위에 형성된 길고 깊은 해구이다(그림 7.13C). 일부 섭입대는 나즈카판이 대륙 밑으로 침강하는 남아메리카의 태평양 연안에 있는 섭입대와 같은 대륙 주변부에 위치한다. 이런 환경에서 대륙 위에 있는 호상열도의 꼭대기에서부터 해양성 해구의 바닥까지 수평 거리는 불과 몇백 미터이지만, 지표면의 높이는 수천 미터 차이가 난다. 경사가 가장 급한 곳에서 침식이 가장 빠르게 진행되므로 이런 장소에서는 빠른 침식과 빠른 퇴적물의 퇴적이 일어난다. 인접한 화산은 많은 화산쇄설물이 퇴적물 내에 존재하는 것을 보증한다. 섭입하는 해구 환경에 축적된 매우 두꺼운 퇴적물은 부가 쐐기(accretionary wedge)라고 한다.

분지, 해구와 기타 저지대에 계속하여 퇴적물이 축적되면 먼저 퇴적된 퇴적물은 마침내 깊이 매몰된다. 이것은 퇴적물이 다시 암석으로 돌아가는 암석 순환의 다음 단계로 이끄는 조건이 된다.

표토에서 암석으로

암석 순환은 풍화, 침식, 퇴적을 통하여 퇴적물이 형성되는 과정 이외에 느슨한 퇴적물이 고체 암석으로 변화될 수 있는 일련의 과정을 포함한다. 퇴적물이나 표토가 암석으로 변하는 과정을 **암석화작용**(lithification)(돌을 의미하는 그리스 어 *lithos*에서 유래, 그러므로 돌을 만드는)이라고 하며, 퇴적물의 고화작용은 **퇴적암**(sedimentary rock)을 생성한다.

그림 7.14 퇴적암의 층리
유타 주 캐피탈리프 국립공원에 있는 다채로운 색을 띠고 있는 층리는 개별 단위층이 쌓여 만든 것이다.

그림 7.14와 같은 퇴적암 노두에서 가장 먼저 눈에 띄는 것은 **층리**(bedding)이다. 층리는 뚜렷하게 구별되는 층으로 쌓인 퇴적물에 의하여 발달하는 줄무늬이다. 층리의 존재는 그 암석이 퇴적암이라는 명확한 지시자이다. 즉 이것은 퇴적물의 축적에 의하여 형성된다(비록 모든 퇴적암이 층리를 보이지는 않지만). 퇴적물이 쌓인 후 어떤 일이 발생하고 어떻게 고화작용이 일어나는지를 자세하게 살펴보자. 그 이후 퇴적암과 퇴적 층리의 자세한 조사를 통하여 알 수 있는 것이 무엇인가를 고찰해 보자.

속성작용과 암석화작용

느슨한 퇴적물이 퇴적암이 되기 위해서 개별 입자들은 응집 단위(cohesive unit)로 어떻게든 묶여야 한다. 퇴적층이 쌓인 후 더 많은 퇴적물이 그 위에 쌓이거나 지구조적 운동에 의하여 매몰될 수 있다. 북아메리카의 대서양 연안에서처럼 수동형 대륙 주변부의 대륙붕 위에 쌓여 있는 매우 두꺼운 퇴적층이 좋은 예이다. 퇴적물이 쌓임에 따라 대륙붕은 침강되고 퇴적물 더미는 더 두꺼워진다. 매몰의 결과 퇴적물은 높은 압력을 받게 된다. 이것은 암석화작용의 일반

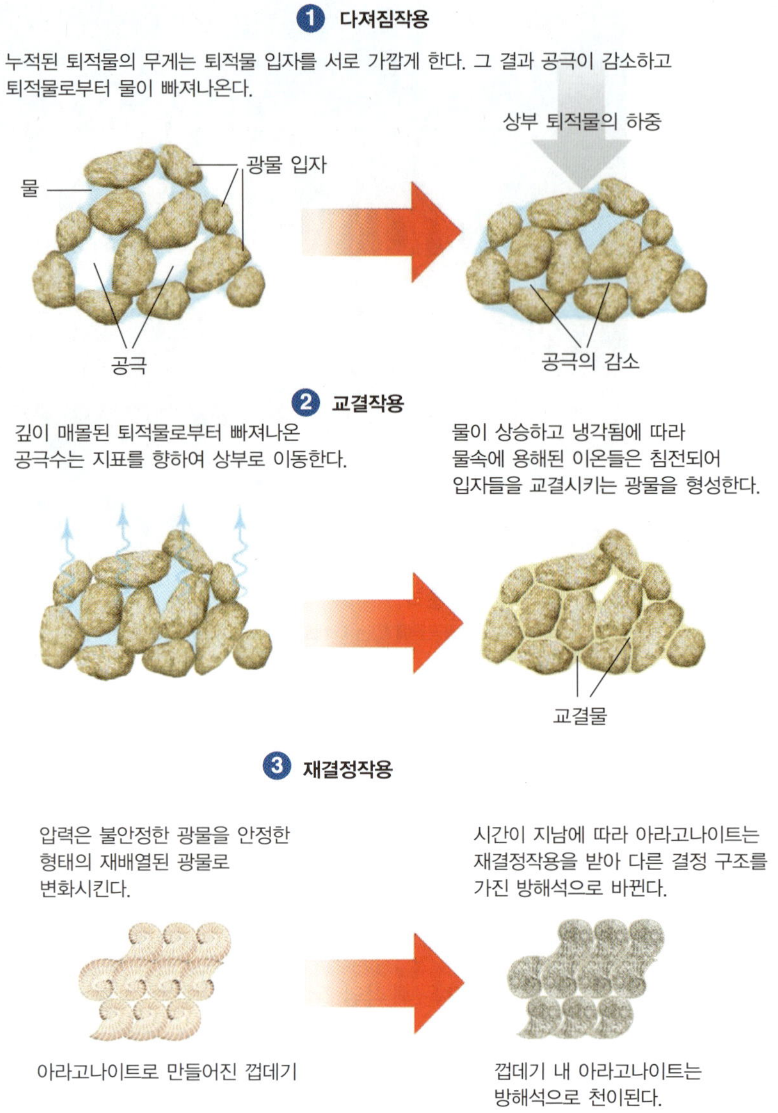

그림 7.15 **암석화작용**

적인 첫 번째 단계에 해당하는 **다짐작용**(compaction)을 일으킨다(그림 7.15).

암석화작용이 일어나는 동안 느슨한 퇴적물 입자는 서로 단단하게 들러붙는다. 이 과정은 여러 방법으로 일어날 수 있다. 예를 들어 암석화작용은 느슨한 퇴적물 입자들이 교결물질에 의하여 접착되는 **교결작용**(cementation)을 통하여 일어난다. 교결작용은 지하수가 증발함에 따라 실리카, 탄산칼슘 또는 수산화철이 침전되어 퇴적물 입자를 서로 교결시킬 때 형성된다. 암석화작용이 일어나는 또 다른 방법은 한때 서로 분리되었던 퇴적물 입자들이 서로 맞물리는 **재결정작용**(recrystallization)을 통해서도 발생할 수 있다. 이 작용은 산호초로부터 만들어진 석회암에서 흔히 발생한다. 화석화된 산호초 내 탄산칼슘 입자는 원래 생성된 광물인 아라고나이트로부터 좀 더 안정한 광물인 방해석으로 변한다. 이 과정이 일어나는 동안 광물 입자는 서로 맞물리고 함께 성장한다. 이와 같은 과정은 눈 더미 속에서 얼음 결정이 치밀한 얼음 입자로 바뀔 때에도 일어난다.

암석화작용이 시작되는 대부분의 변화는 지표면보다 높은 압력에서 일어난다. 비록 이 조건은 지질학적 관점에서 볼 때 아직 낮은 조건이지만 말이다. 퇴적물이 쌓인 후 일어나는 다양한 저온 저압 변화를 총체적으로 **속성작용**(diagenesis)이라고 한다. 속성작용에는 암석화작용뿐만 아니라 암석화작용이 일어나는 동안 발생하는 화학 반응과 미생물의 활동에 의한 작용도 포함된다.

퇴적암

암석화작용의 최종 산물은 퇴적암이다. 퇴적암을 관찰함으로써 퇴적물이 유래한 근원지, 구성 광물 입자가 유래한 암석, 심지어는 입자가 만들어진 풍화 과정에 대해서도 알 수 있다. 퇴적암은 퇴적물의 이동과 퇴적뿐만 아니라 암석화작용과 속성작용에 관한 상세한 정보를 제공한다. 과학자들은 지구 역사의 오래전에 이러한 작용이 일어났던 환경에 대한 해석을 위하여 이런 증거를 활용한다.

퇴적암이 화성암과 변성암의 풍화와 침식작용에 의해 유래한 입자로 구성된다면 퇴적암 내에는 근원암과 같은 종류의 광물이 많이 포함되어 있을 것이다. 어떤 암석이 화성암이나 변성암이 아니라 퇴적암이라고 지시하는 것에는 무엇이 있는가? 층리 이외에도 과거 생물체가 보존된 흔적인 화석은 중요한 지시자이다(그림 7.16A). 화석은 화성암과 변성암을 형성시키는 높은 온도나 압력(일부 경우에)에서는 잔존할 수 없으므로 화석의 존재는 퇴적암의 특징이 된다. 암석의 조직, 교결물의 존재, 광물 입자의 성질과 외형은 퇴적 기원에 대한 추가적인 증거이다(그림 7.16B). 쇄설성, 화학적, 생물기원 퇴적암의 분류와 명명

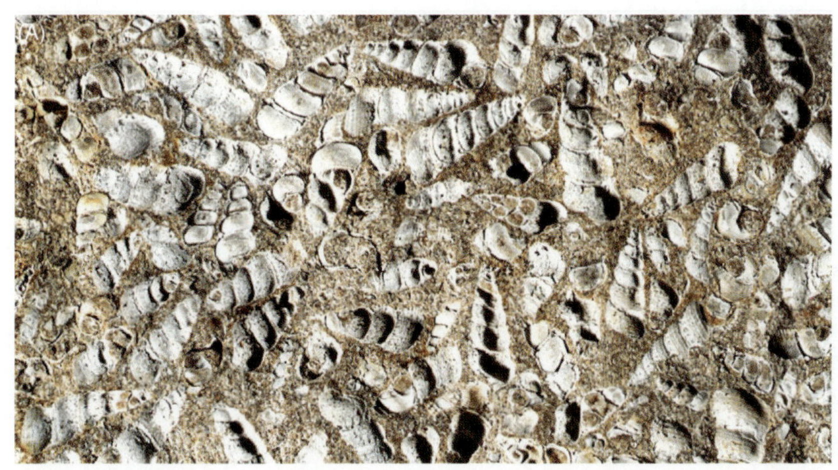

그림 7.16 퇴적 증거
(A) 석회암 내에 들어 있는 화석은 퇴적 기원임을 지시한다. 화석은 화성암이나 변성암이 형성되는 높은 온도에서는 존재할 수 없다. (B) 고배율 사진에서, 일부 광물 입자는 퇴적물의 이동에 의하여 마모되어 있다. 이들 사이의 빈 공간은 퇴적 기원의 또 다른 증거인 시멘트에 의하여 채워져 있다.

은 이런 특성에 근거한다.

쇄설성 퇴적암

쇄설성 퇴적물이 고화되면 그 특성을 반영하는 쇄설성 퇴적암이 된다. 그림 7.8에서 보는 바와 같이 쇄설성 퇴적암의 네 가지 중요한 종류는 자갈, 모래, 실트, 점토로부터 각각 유래한 역암, 사암, 실트암, 셰일이다.

역암으로 분류되기 위해서 퇴적암은 둥글고 지름이 2mm 이상인 쇄설물을 가져야만 한다. 큰 쇄설물들은 기질이라고 하는 훨씬 미세한 물질로 둘러싸여 있다. 쇄설물의 모서리나 꼭지점이 편평하고 둥글지 않고 각지고 날카로울 때 각력암이라고 한다. 각진 쇄설물의 존재는 퇴적물이 짧은 거리만 운반되었기 때문에 운반되는 동안 마찰에 의하여 둥글어지는 과정이 길지 않았음을 지시한다.

사암 내 입자 크기는 0.05~2mm이다. 사암은 석영이 우세하며, 이는 석영이 화학적 풍화에 대하여 강한 광물이기 때문이다. 퇴적물이 근원지로부터 매우 멀리 이동되지 않은 경우에 다른 광물이나 암편을 포함한다.

실트암은 실트와 점토 크기의 입자로 구성된다. 이들은 점토광물뿐만 아니라 가는 암편이나 광물 조각을 포함한다. 셰일은 많은 양의 점토 크기 입자를 가지고 있다. 점토광물은 평탄하거나 구조가 판상이다. 이들은 호수나 하천에 고요하게 가라앉을 때 바닥에 나란하게 놓이는 경향이 있다. 이것 때문에 셰일이 판상 조각으로 쪼개지는 박리성을 가지게 된다. 박리성이 없는 셰일은 이암이라고 한다.

화학적 퇴적암과 생물기원 퇴적암

화학적 퇴적암은 화학적 퇴적물의 암석화작용에 의하여 생성된다. 이런 퇴적물은 수중에서 광물이 침전하여 형성되며, 침전 양상은 퇴적암을 분류하는 기준이 된다. 예를 들어 증발에 의하여 형성된 퇴적암은 증발암이라고 한다. 해수로부터 형성된 가장 중요한 증발 광물은 암염(NaCl)과 석고($CaSO_4 \cdot 2H_2O$)이며, 이에 상응하는 암석은 각각 소금과 석고암이다. 호숫물의 증발은 탄산나트륨이나 붕사 같은 다소 생소한 광물을 형성한다. 많은 증발 광물들이 산업적인 용도로 채광된다.

특이하지만 매우 중요한 화학적 퇴적암은 호상철광층(banded iron formation)이다. 이 암석은 현재 철의 가장 중요한 자원이다. 이들은 광석으로서의 가치를 가질 뿐만 아니라 지구 역사에서 중요한 기간에 대한 정보를 담고 있다(자세히 보기 : 호상철광층 참조).

석회암은 생물기원 퇴적물의 암석화작용에 의하여 만들어진 가장 중요한 암석이다. 석회암은 해양생물의 껍데기와 골격이 암석화되어 생성된다(그림 7.16A에서 보는 바와 같이). 다른 많은 화학적 퇴적암이나 생물기원 퇴적암과 같이 석회암은 거의 단종광물(한 종류의 광물로만 이루어진)로 구성된 전형적인 예이다. 일부 수생생물은 껍데기나 골격을 방해석으로 만들지만, 대부분은 방해석과 같이 탄산칼슘으로 구성된 아라고나이트로 만든다. 새로 만들어진 탄산염 퇴적물은 방해석이나 아라고나이트가 주를 이룬다. 속성작용이 일어나는 동안 아라고나이트는

자세히 보기

호상철광층

오스트레일리아의 해머슬리 산맥의 25억 년 된 예에서 보는 것처럼(그림 C7.1) 호상철광층은 해수에 용해된 철이 화학적 퇴적물로 침전될 때 형성되었다. 거의 모든 호상철광층은 25억 년에서 18억 년 사이에 형성되었다. 이것은 지구 역사 기간 동안 특별한 조건이 존재했음을 강하게 지시한다. 대기 중 산소가 철과 반응하여 비용해성 철화합물을 형성하기 때문에 오늘날 해수에는 적은 양의 철만이 포함되어 있다. 만일 해양에 용해된 철이 풍부한 때가 있었다면 그 당시 대기 중 산소의 양은 매우 적었을 것이다.

지구는 어떻게 25억 년 전 산소가 적은 대기로부터 오늘날 산소가 풍부한 대기로 변화되었을까? 25억 년 전 암석 내에는 시아노박테리아의 미화석이 일부 남아 있다. 이들은 산소를 유리하는 화학반응인 태양광선으로부터 광합성에 의하여 에너지를 추출한 최초의 생명체로 여겨진다. 과학자들은 조류가 지구의 대기를 매우 빨리 산화시켰다고 가정한다. 이들이 급증함에 따라 너무 많은 산소를 생산하여 자신들을 오염시켰다. 각 시기 별 산소 농도는 변화였고, 철 광물은 해수로부터 침전되고 분리되어 철이 풍부한 퇴적물의 새로운 띠를 생성하였다. 마침내 약 18억 년 전 대기 중 산소 농도는 해양이 더 이상 많은 철을 보유할 수 없는 농도에 도달했으며, 호상철광층은 더 이상 생성되지 않았다.

호상철광층은 현재 채광하고 있는 철의 대부분을 공급하고 있기 때문에 경제적으로 매우 중요하다. 이들은 지구 역사에서 독특한 시대가 있었음을 이해시킬 뿐만 아니라 해양, 대기권, 생물권, 지권 사이에 역동적인 상호작용에 관한 내용도 포함하고 있기 때문에 과학적으로도 중요하다.

그림 C7.1 변화하는 대기의 기록
오스트레일리아 해머슬리 산맥에 존재하는 호상철광층은 18억 년 이전에 지구 대기 조성이 산소가 적은 것에서 많은 것으로 변하는 기록을 보유하고 있다.

보다 안정한 광물인 방해석으로 변하므로 석회암의 주된 광물 성분은 방해석이 된다. 속성작용이 일어나는 동안 방해석은 백운석(칼슘과 마그네슘 모두를 포함하는 탄산염광물)에 의하여 치환되기도 하며, 이렇게 만들어진 암석은 백운암이라고 한다.

단종광물 생물기원 퇴적암 중 극미립의 석영 입자로 구성된 암석을 처트라고 한다. 처트 내 석영은 해빈사로부터 유래한 것이 아니고 방산충이라는 해양 미동물의 규질 골격으로부터 형성된 것이다. 이미 언급한 것처럼 토탄은 중요한 생물기원 퇴적물이며, 이것이 고화되면 생물기원 퇴적암인 석탄이 되는데, 여기에 대해서는 제18장에서 다시 다룰 것이다.

퇴적층

퇴적물의 퇴적은 뚜렷한 층을 형성한다. 퇴적 층리는 퇴적층이 층상으로 배열된 결과이다. 각 퇴적층은 지표면에 쌓인 뚜렷한 퇴적물의 층이다. 연속적인 퇴적층 내 각 층은 인접한 층으로부터 두께, 쇄설물의 크기나 모양 같은 특징, 또는 암석의 색 등에 의하여 구별된다.

과학자들은 퇴적층과 인접한 층을 분리시키는 층리면을 자세하게 관찰하여 과거 환경에 관한 많은 것을 유추할 수 있다. 예를 들어 그림 7.14에서 많은 층들이 두께나 색이 차이가 남을 발견할 수 있다. 이런 차이는 퇴적물이 쌓이는 동안 일어난 퇴적 환경의 변화에서 야기된다. 퇴적암은 지표면에서 과거 환경에 대한 중요한 단서를 지니기 때문에 층의 순서와 나이는 지구 환경 역사의 대부분을 재구성하는 데 기본이 된다.

층서학의 원리

퇴적층에 대하여 연구하는 분야를 **층서학**(stratigraphy)이라고 한다. 간단하고 단순하지만 매우 강력한 세 가지 원리가 층서학의 기초가 된다.

1. 지층 수평의 원리는 어느 지층 내에서 퇴적된 퇴적물은 수평이거나 거의 수평이며 지표면에 평행하다(그림 7.17). 그 이유는 중력이 퇴적물의 퇴적에 영향을 미치는 주된 힘이기 때문이다. 이 원리로부터 우리는 현재 심하게 경사지거나 구부러지거나 깨지거나 또는 휘어진 지층은 퇴적층이 쌓이고 암석화된 이후 지구조적 힘에 의해 교란되었음을 추론할 수 있다.
2. 지층 누중의 원리는 연속적인 퇴적층 내에서 바닥에서부터 상부로 지층이 순차적으로 퇴적되었다는 것이다(그림 4.24). 퇴적층에서 가장 젊은 지층은 상부에 있고, 가장 오래된 지층은 바닥에 있다는 의미이다. 이 원리는 특히 퇴적암체에서 상대 연령을 결정할 때 유용하다.
3. 지층 연속의 원리는 퇴적물은 다소 연속적인 층으로 퇴적된다는 관찰에 근거한 것이다. 퇴적물의 층은 물, 공기 또는 얼음에 의하여 운반될 수 있는 곳까지 멀리 수평적으로 연장되어 퇴적된다. 그러나 평탄한 지층이 균일한 두께를 가지면서 완전하게 연속성을 이루지는 않는다. 각 지층은 두께가 얇거나 두꺼운데, 이것은 불평탄한 지표면에서 퇴적물이 약간의 두께 차이를 가지며 퇴적된 것을 반영한다. 퇴적물 층은 갑작스럽게 끝나기보다 점점 얇아져서 궁극적으로 가장 멀어진 곳에서 소멸되는 경향을 가진다. 같은 원리가 퇴적암 층에도 적용된다.

어떤 작용은 퇴적 층리를 불규칙하게 만든다. 예를 들어 사층리는 산출되는 층 내에서 두꺼운 지층에 대하여 경사진 퇴적층을 일컫는다. 그림 4.26에서와 같이 현생 퇴적층과 오래된 퇴적암에서 다 나타나는 사층리는 하천, 바람 또는 해파에서 난류(turbulent flow)에 의하여 만들어진 것이다. 이들이 이동함에 따라 쇄설물은 흐르는 방향으로 천

그림 7.17 층과 지층 수평의 원리
여기에 보이는 모든 지층은 원래 수평층으로 퇴적된 것이다. (B)와 (C)에 있는 지층은 나중에 일어난 지구조 운동에 의하여 교란되었다. (A) 사우스다코타 주 배드랜드 스테이트 파트에 있는 수평층. (B) 오스트레일리아 서부 그레이트샌디 사막에 있는 텔퍼 금광산에 있는 경사진 지층. 사진의 왼쪽에 도로를 따라 걷고 있는 사람의 크기를 통해 지층의 규모를 알 수 있다. (C) 오스트레일리아 서부 해머슬리 협곡에 있는 습곡된 지층

기초 원리

지질시간을 측정하는 데 이용되는 지층

제4장에서 과학자들이 지구 물질이나 사건이 일어난 시간을 정하는 두 가지 기본적인 방법인 수치 연령과 상대 연령이 있다는 것을 이미 배웠다.

수치 연령은 어떤 암석이 형성되었거나 어떤 사건이 일어난 때를 연도 수로 연령을 결정하는 방법이다. 1896년 발견된 방사능은 수치 연령 측정에 신뢰할 수 있는 방법을 제공한다. 방사능은 연속적으로 일어나며, 비가역적으로 장소에 상관없이 같은 방법과 동일한 속도로 시간적 공백 없이 연속적인 기록을 남긴다. 다른 방법에 의해서도 수치 연령 측정이 가능하지만, 현재 방사성 연대측정법(제4장)은 지구 물질과 고고학적 유산의 수치 연령을 측정하는 데 가장 흔히 사용되는 정확한 방법이다.

어떤 물질이나 사건의 나이를 정하는 두 번째 방법은 다른 물질이나 사건과 비교하여 나이를 정하는 상대 연령이다(그림 4.24 참조). 층연속체 내 상대 연령의 결정은 지층누중의 원리, 즉 퇴적물 한 층이 쌓이고 다시 그 위에 다른 층이 쌓이는 기본 원리에 근거한 것이다. 이 원리는 교란되지 않은 층서 순서에서 가장 오래된 암석은 바닥에, 가장 젊은 암석은 꼭대기에서 발견된다는 것을 알려준다.

상대 연령을 결정하기 위해서는 이 원리에 하나 이상의 기본 원리를 더해야만 한다. 절단의 원리(principle of cross-cutting relationship)은 어느 지층(또는 지질학적 특징)은 이 지층을 자르거나 교란시키는 특징보다는 항상 오래되어야 한다는 것이다. 예를 들어 어느 지층이 열극에 의하여 잘려 있다면 이 지층은 이를 자르고 있는 열극보다 오래되어야 한다. 만일 마그마가 관입하여 이 열극을 채운다면 이 지층을 자르는 화성암 암맥을 형성할 것이다(그림 B7.1). 이 경우에도 지층은 지층을 가로지르는 암맥보다는 오래되어야 한다. 이와 비슷하게 어떤 암석 내에 포함된 외래 암석(포획암이나 포유물이라고 하는)은 이를 둘러싸고 있는 암석 보다 오래되어야 한다.

신중하고 자세한 관찰과 야외조사를 통하여 이런 기본 원리를 적용하여, 지질학자들은 전 세계의 암석 단위와 사건에 대하여 상대 연령을 매우 어렵게 결정한다. 암석 단위에 대한 전 세계적인 대비를 통하여, 연속적으로 쌓인 층들의 시기적인 순서를 상대 연령에 기초하여 맞추고 요약한 지질주상도(geologic column)를 작성하였다(그림 B7.2). 19세기 지질학자들의 성공적인 업적 중 하나는 모든 대륙에서 특별한 퇴적암 연속체의 상대 연령은 모두 동일하다는 것을 입증한 것이다.

그러나 제4장에서 논의한 바와 같이 지질주상도를 만드는 데 참여한 과학자들이 직면한 것은 절대시간에 대한 의문이었다. 이들은 지질주상도 내 지층들의 형성을 상대시간 순서로 기술했지만, 퇴적물이 퇴적되는 데 걸리는 시간을 정말 알고 싶었다. 지구의 나이, 대양의 나이, 산맥이 상승하는 속도, 퇴적물 연속체가 퇴적되는 데 소요되는 시간 등과 같은 질문에 대하여 답하기 위해서는 수치 연령을 결정할 필요가 있다. 방사능 연대측정법을 통하여 지질학자들은 화성암체의 고화된 시간(퇴적암의 방사능 연대측정법보다 잘 처리되는)을 결정할 수 있게 되었다. 지질주상도에서 많은 화성암체들을 명확하게 알아볼 수 있는 위치를 정하였으며, 대비에 의하여 지질주상도에

그림 B7.1 상대 연령의 결정
그림에서 암석 단위 1, 2, 3을 자르고 있는 관입 화성암체는 단절의 법칙에 의하여 이들보다 나이가 젊다고 결정할 수 있다. 층서학의 기본 원리와 방사성 연대측정법을 결부시켜 과학자들은 암석 단위의 상대 연령과 수치 연령, 지구 전체의 지질학적 사건들에 대한 자세한 그림을 만들 수 있다.

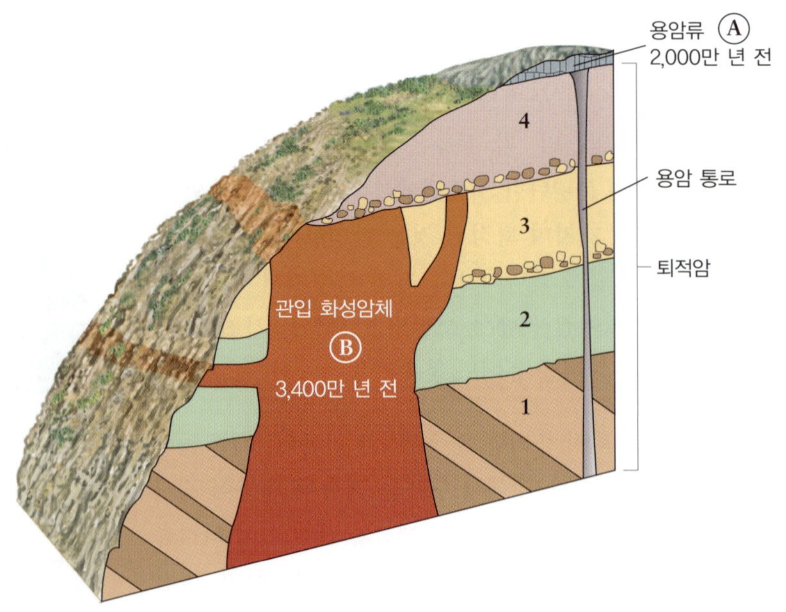

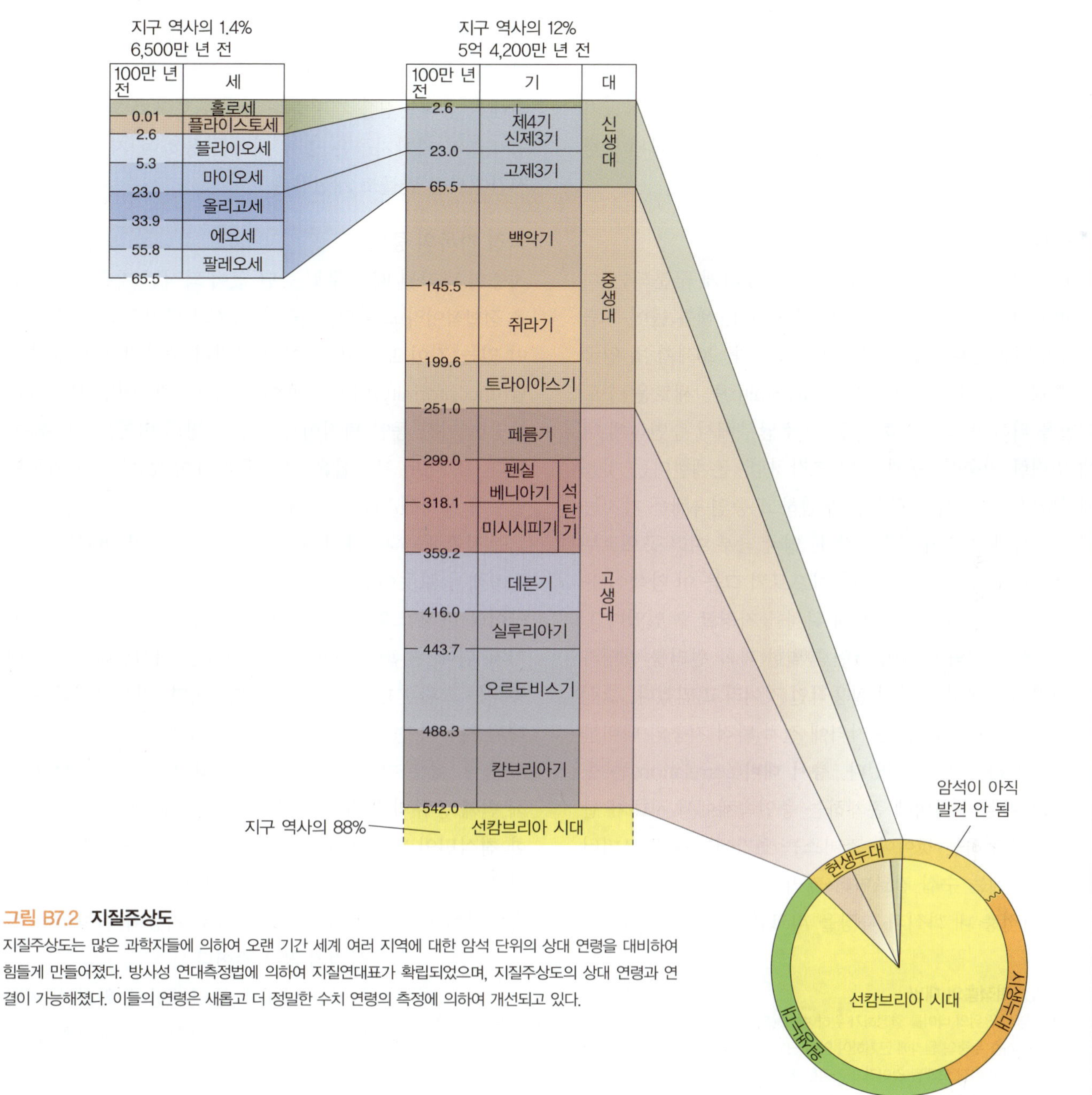

그림 B7.2 지질주상도

지질주상도는 많은 과학자들에 의하여 오랜 기간 세계 여러 지역에 대한 암석 단위의 상대 연령을 대비하여 힘들게 만들어졌다. 방사성 연대측정법에 의하여 지질연대표가 확립되었으며, 지질주상도의 상대 연령과 연결이 가능해졌다. 이들의 연령은 새롭고 더 정밀한 수치 연령의 측정에 의하여 개선되고 있다.

서 퇴적암층의 근사적인 시간도 할당할 수 있게 되었다. 과학자들은 야외 지질조사와 방사능 연대측정법을 결부시켜 19세기에 최초로 만든 상대 연령에 의한 지질주상도에 절대시간 척도를 맞출 수 있게 되었다. **지질연대표**(geologic timescale)는 계속적으로 개선되고 있으며, 그림 B7.2에 있는 나이는 현 시점에서 가장 적절한 것이다. 계속적인 연구에 의하여 정확도가 개선될 것이다.

지질주상도와 지질연대표를 세분하는 데 표준 용어가 사용되고 있다. 세분하는 단위는 그림 B7.2에서 보는 바와 같이 누대(eon), 대, 기, 세이다. 시간 단위 명칭은 전형적으로 나타나는 암석 종류나 시대가 최초로 기재된 암석 단위의 위치에 근거하여 붙여진다. 단위 사이의 경계는 대부분 주요 지질 사건을 의미한다. 예를 들어 백악기 말은 지구 역사에 있어서 가장 큰 생물의 멸종(공룡의 멸종)을 나타낸다. 백악이라는 이름은 백악을 의미하는 라틴어 *creta*에서 유래하였는데, 이 시대 동안 백악이라는 생물기원 퇴적암이 광범위하게 퇴적되었다.

천히 앞쪽으로 이동하는 연흔, 해파 또는 사구의 산마루나 언덕에 쌓이는 경향이 있다. 쇄설물은 퇴적층의 하류 방향 경사면에 쌓여 지층의 경사가 약 35°까지 경사지게 만든다. 사층리의 경사도는 퇴적 당시에 운반하는 물이나 공기의 흐름 방향을 기록한다. 사층리는 퇴적물이 퇴적된 환경을 알아낼 수 있는 증거 중 하나이다.

층서 대비

상부나 하부에 있는 지층으로부터 뚜렷하게 구분되는 지층이나 지층군은 특별한 이름이 주어진다. 예를 들어 그림 7.14의 지층은 나바호 사암이라고 부른다. 20세기 초 영국의 측량사 윌리엄 스미스(William Smith)는 새로운 수로 건설을 위하여 측량을 하던 중 영국 남부에서 층연속체 내에 뚜렷한 지층이 '빵과 버터 조각처럼' 존재한다는 것을 깨달았다. 그는 특히 화석을 포함하고 층연속체를 가지는 이런 독특한 지층에 익숙해졌다. 영국 남부 여러 곳으로부터 채집된 퇴적암 표품을 관찰함으로써 그는 이 암석이 유래한 지층 이름과 층연속체 내 위치를 지명할 수 있었다.

스미스는 그의 발견이 어떤 특별한 과학 원리를 반영하는 것인지를 몰랐고 단지 실용적인 것이라고 믿었다. 그런데도 불구하고 그는 넓은 지역에 걸쳐 퇴적 지층의 대비를 가능하게 하는 문을 열었다. **층서 대비**(correlation)는 둘 또는 그 이상의 지역에 존재하는 층연속체에서 시대가 같은 것을 결정하는 것이다. 스미스는 초기에는 수 킬로미터 거리 후기에는 수십 킬로미터 거리 떨어진 지층을 대비하였다. 퇴적층 내 화석과 특징을 비교함으로써 과학자들은 수백 킬로미터 또는 수천 킬로미터 가로질러 대비가 가능하다. 물론 이것은 지층의 수평 연속 때문에 가능한 것이다. 지층누중의 원리와 함께 지층대비는 층서학이 암석 단위에서 상대연령을 결정하는 강력한 도구가 되게 한다(그림 7.18). 과학자들은 층서 대비를 통하여 지질단면도와 시간척도를 만들고 개선한다.

퇴적 기록의 중단

지층이 퇴적될 때 아무런 중단 없이 퇴적된 지층의 연속성은 정합적이라고 한다. 그러나 지층의 퇴적은 파괴나 간격이 있는 것이 보통이다. 이런 퇴적이 중단된 시간에 **부정합**(unconformity)이라는 용어가 적용된다. 어떤 부정합은 상당한 기간 동안 퇴적이 중단된 환경의 변화를 기록하고 있다. 또 어떤 부정합은 침식에 의하여 초기 퇴적 기록의 일부가 제거된 기간을 기록하고 있다.

부정합에는 세 가지 종류가 존재한다. 첫 번째는 그림 7.19에서 보듯이 ① 난정합인데, 여기에서 퇴적층은 화성암이나 변성암 위에 놓여 있다. 이것은 화성암이나 변성암 기저 위에 원 퇴적층이 퇴적되었음을 지시한다. 두 번째 종류는 그림 7.19에서 ② 경사부정합이다. 경사부정합은 오래된 지층이 변형되고 융기된 후 침식에 의하여 일부가 제거된 후 젊은 지층이 침식면 위에 퇴적된 것을 지시한다. 세 번째 종류의 부정합은 평행한 지층 사이에 있는 불규칙한 침식면인 비정합이다. 그림 7.19에서 ③ 비정합은 퇴적작용이 일정 기간 중단되었음을 지시하는데, 침식작용에 수반되어 퇴적은 중단되었지만 하부 지층이 변형이나 경사지지 않은 것이다.

1700년대에 동일과정의 원리를 제일 먼저 제안하였고, 암석 순환에 대한 많은 작용들을 기술한 허튼은 스코틀랜드 시카 포인트에 있는 경사부정합을 보았을 때 지구 역사의 장구함을 직감적으로 알아차렸다. 교란된 지층의 연계층을 조사하면서 허튼은 하부에 있는 퇴적물의 연계층이 쌓이고, 지층이 암석이 되며, 이어서 지구조적 작용에 의하여 변형되고 융기된 다음에 풍화되고 침식된 후 그 표면에 다른 퇴적물의 연계층이 쌓이는 데는 거의 무한대에 가까운 시간이 필요하다는(그가 생각하기에) 것을 깨달았다.

그림 7.18 퇴적층의 대비

이 그림은 암석 단위의 나이를 결정하기 위하여 사용되는 층서 대비와 다른 기법을 설명하고 있다. 지층 수평의 원리와 지층 누중의 원리에 근거하여 암석 단위는 상부에 있는 다른 단위 아래에 수평적으로 놓이므로 바닥에 있는 것이 가장 오래된 것이라고 가정한다. 층연속체 (B)는 층연속체 (A)와 두께는 다르지만 같은 암석 단위를 가진다. 지층의 양상과 특징을 맞추어 봄으로써 암석 단위와 다른 암석 단위를 대비할 수 있으며, 수평 연속의 원리에 의해 비록 먼 거리에 떨어져 있더라도 대비할 수 있다. 단위 3은 단위 1보다 오래되었으며, 단위 2는 둘 사이에 놓여 있다. 단위 1과 단위 3의 수치 연령을 수치 연령 측정법에 의하여 결정할 수 있다면, 단위 2의 상대 연령을 시간대 분할을 할 수 있다. 나이는 약 110만 년 전이다.

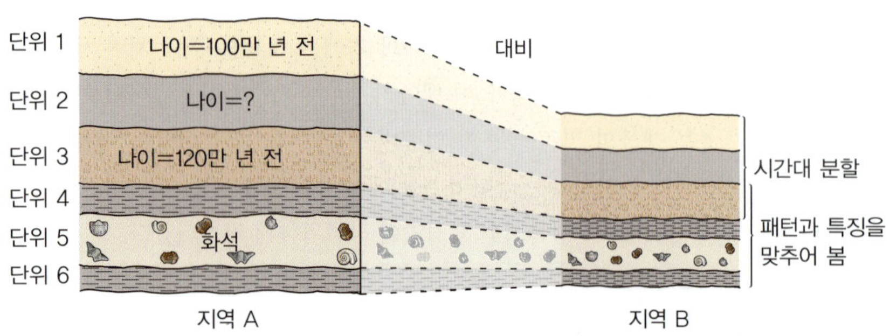

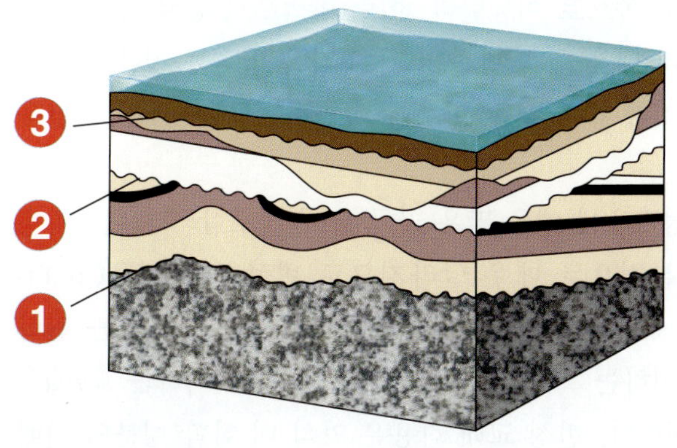

부정합 종류	기재/원인
❶ 난정합	하부에 있는 오래된 화성암이나 변성암 상부에 놓인 젊은 퇴적암을 분리시키는 침식면
❷ 경사부정합	2개의 퇴적암 사이에 존재하는 침식면으로, 하부에 있는 오래된 퇴적암이 상부에 있는 젊은 퇴적암에 대하여 경사져 있음
❸ 비정합	하부에 있는 오래된 퇴적암이 상부에 있는 젊은 퇴적암과 평행한 침식면

그림 7.19 **부정합**
부정합은 퇴적의 중단이나 침식 기간에 의하여 퇴적 기록이 간격이 있음을 나타낸다. 여기서 보는 것처럼 세 종류의 부정합이 있다.

그는 융기, 풍화, 침식, 새로운 암석 형성, 더 많은 융기, 더 많은 침식 등으로 이어지는 암석 순환은 지구 역사 대부분의 기간 동안 일어났고, 따라서 그 기간은 거의 이해할 수 없을 정도로 길었음을 인식하였다. 지질학자들이 허튼의 부정합이라고 하는 이 장소는 과학사에서 가장 깊은 통찰력을 제공하는 곳 중 하나이다.

다음의 것에 대하여 생각해 보자. 지구의 현재 지표면은 모두 미래의 부정합면이 될 잠재력을 가지고 있다. 지표면의 일부는 침식에 의하여 파괴되고, 다른 일부는 퇴적물에 의하여 퇴적되어 현재 지표면을 기록하여 보존한다. 예를 들어 판구조 운동에 의하여 상승된 스위스 알프스 산맥은 침식되고 있다. 침식된 물질은 하천에 의하여 끊임없이 운반되어 지중해에 퇴적된다. 지중해 해저면은 한때 건조한 육지였지만, 지구조력이 알프스 산맥을 상승시킨 것처럼 지구조력에 의하여 침강되었다. 부정합면은 강으로부터 운반된 젊은 퇴적물과 그 위에 퇴적물 더미가 쌓이고 있는 오래된 대양저 암석을 분리시킨다. 어떤 의미에서 한 장소의 퇴적은 다른 장소에서의 파괴에 의하여 보상된다. 허튼이 인식한 것처럼 부정합은 지구계의 다양한 권역들 사이의 상호작용이 지구의 오랜 역사 기간에 걸쳐 일어났었다는 유력한 증거를 제공한다.

오랜 암석에서 새로운 암석으로

지판이 이동하고 지각의 조각들이 충돌할 때 지각 내 암석은 다양한 방법으로 짜내지고 신장되고 휘어지고 가열되고 변화된다. 이미 제3장에 소개한 **변성암**(metamorphic rock)은 지구조력에 기인한 고온, 고압에 의하여 광물조성이나 조직이 변화된 화성암이나 퇴적암이다. 변성암은 고체 상태에서 변화를 겪었기 때문에 흥미 있다. 액체나 기체와 달리 고체는 변화가 일어난 사건을 기억하고 있다. 그러므로 암석이 두 번 또는 그 이상 변질되더라도 초기 형태의 흔적을 유지한다. 변성암은 가장 복잡하지만 가장 흥미로운 암석 종류이다. 그 속에는 지구의 지구조적 역사가 보존되어 있고, 이런 역사를 읽어내는 것은 특출한 도전이다.

변성작용

변성작용(metamorphism)은 온도 150°C 이상, 압력 300MPa(수천 미터 두께의 상부 암석에 의한 압력) 이상에서 화성암과 퇴적암이 겪은 광물 조합과 조직의 변화이다. 충분히 높은 온도에서 용융이 일어나기 시작하므로(제6장에서 살펴본 것처럼 800°C 이상에서, 어떤 조건에서는 그보다 낮은 온도에서 시작) 변성작용은 상한이 존재한다. 변성작용은 고체 암석에서 일어나는 변화에만 적용되고, 암석 용융에 관련된 변화는 포함하지 않는다.

저변성작용은 150~550°C 범위의 온도와 다소 낮은 압력에서 일어나는 변성작용이다(그림 7.20). 퇴적물 연속체가 매몰되고 다져짐작용을 받는 일련의 과정인 속성작용은 150°C 이하에서 일어난다. 고변성작용은 550°C 이상의 높은 온도와 높은 압력에서 일어나는 변성작용이다.

변성작용은 요리와 유사하다고 단순하게 생각할 수 있다. 요리할 때 무엇으로 시작하여 어떤 조건 하에서 요리하는가에 따라 먹을 수 있는 음식이 정해진다. 암석의 경우에도 똑같다. 최종 산물은 암석의 초기 조성과 변성 조건에 의하여 결정된다. 변성작용을 겪는 암석의 화학조성은 새로운 광물 조합을 결정하는 데 중요한 역할을 하며, 온도와 압력 조건도 같은 역할을 한다. 밀가루, 소금, 설

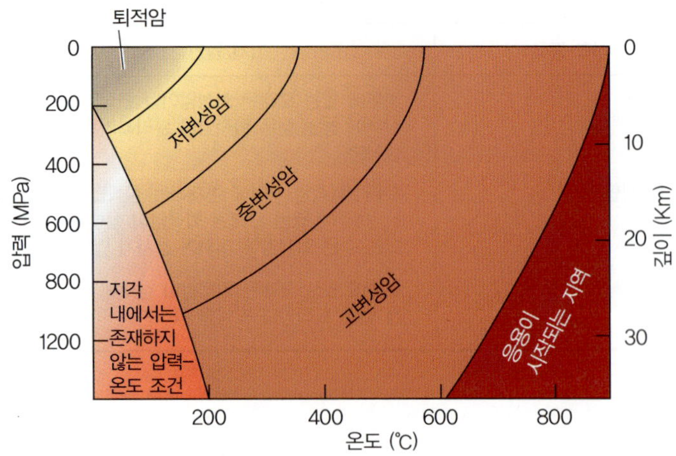

그림 7.20 **변성작용의 온도와 압력 조건**

지각 내에서 발생하는 변성작용은 온도와 압력 범위가 정해져 있다. 가장 낮은 온도와 압력에서는 속성작용에 의하여 퇴적물이 퇴적암으로 변한다. 가장 높은 온도와 압력에서는 용융이 시작되어 마그마가 생성된다. 변성작용에 의한 변화는 이 두 조건 사이에서 고체 상태의 암석에서 발생한다.

탕, 이스트와 물 혼합물을 구울 때 높은 온도는 일련의 화학반응을 일으켜 새로운 화합물이 형성되며, 결과물로 한 덩어리의 빵이 만들어진다. 화성암이나 퇴적암이 가열되고 짜내어질 때, 새로운 광물이 성장하고 그 결과로 변성암이 만들어진다.

암석의 경우 '요리'는 지구 내부의 열에 의하여 일어나며, 심도에 의한 압력과 지구조력이 흔히 동반된다. 다른 요소가 변성작용에 중요한 역할을 하기도 한다. 이것에는 유체의 존재 여부, 암석이 얼마나 오랫동안 고압과 고온에 노출되었는지, 그리고 암석이 단순히 압축되었는지 또는 변성작용 동안 비틀리고 부서졌는지 등이 포함된다.

유체의 역할

퇴적암 입자 사이의 무수한 공간과 화성암 입자 경계를 따르는 작은 틈과 구멍은 공극이라고 한다. 암석 공극은 물이 많은 액체(watery fluid)에 의하여 채워져 있다. 유체는 CO_2와 같은 기체, NaCl과 $CaCl_2$와 같은 염뿐만 아니라 주변 암석 내 미량 광물 성분을 용해시키고 있기 때문에 순수한 물은 아니다. 고온에서 유체는 액체보다는 기체일 가능성이 크다. 공극 유체는 조성이나 상태에 상관없이 변성작용에 활력이 넘치게 하는 역할을 한다.

변성작용을 받고 있는 암석의 온도와 압력이 바뀔 때 공극의 화학조성 역시 변한다. 용해된 성분의 일부는 공극 유체로부터 변성암 내에서 성장하고 있는 새로운 광물로 이동한다. 다른 성분들은 반대로 방향, 즉 광물로부터 공극 유체 쪽으로 이동한다. 이런 방법으로 공극 유체는 스튜 냄비 내 물이 단단한 고기 조각을 익히는 것을 촉진시키는 것과 같이 화학 반응을 촉진하는 이동 매질 역할을 한다.

변성작용에 매우 많은 공극 유체가 포함되면 변성과정이 기본적으로 매우 달라지므로 **변성 교대 작용**(metasomatism)이라는 다른 이름을 사용한다. 이 용어는 변화를 의미하는 그리스어 *meta*와 몸체를 의미하는 *soma*의 합성어이다. 변성 교대 작용은 암석 내 화학 성분의 재배치를 수반하기 때문에 암석의 전체 조성과 외형의 획기적인 변화를 초래하는 경우도 종종 있다.

온도, 압력, 그리고 응력

암석의 매몰(위에서 언급한 것처럼 속성작용으로부터 시작), 화성암 관입체 주변의 열에 노출되거나 충돌에 의하여 지각의 두께가 두꺼워질 때 가열될 수 있다. 매몰, 충돌 또는 관입은 압력의 상승을 동반할 수 있다. 그러므로 가열의 원인이 무엇이든 변성작용이 완전히 온도 상승에 의한 것만이라고 생각하는 것은 힘들다. 온도와 압력 변화에 의한 효과를 동시에 고려해야 한다.

변성암을 논의할 때 과학자들은 압력이라는 용어 대신 **응력**(stress)이라는 용어를 사용한다. 응력은 방향을 포함하고 있기 때문이다. 암석은 고체이고, 고체는 한 방향이 다른 방향보다 더 심하게 짜내진다. 즉 액체에서의 응력과 달리 고체에서는 방향이 달라지면 응력이 달라질 수 있다. 많은 변성암의 조직은 차별 응력(모든 방향에서 크기가 다른 응력)을 기록하고 있다. 이와 대조적으로 화성암은 액체 상태에서 정출되었기 때문에 균일 응력(모든 방향에서 동일한 크기를 가지는 응력) 하에서 형성된 조직을 가지고 있다.

차등 응력장 하에서 형성된 변성작용의 가장 확실한 효과는 중합$(Si_4O_{10})^{4-}$ 층이 평탄한 판상 구조를 이루는 운모와 녹니석과 같은 규산염 광물이 평행하게 배열되는 것이다. 예를 들면 그림 7.21A는 균일응력장 하에서 특별한 방향성을 가지지 않고 성장한 광물 입자로 구성된 화성암인 화강암이다. 이와 대조적으로 그림 7.21B는 A와 같은 광물 조성을 가지는 변성암인 편마암이지만, 차등 응력장 하에서의 변성작용 때문에 변형되었다. 그림 7.21B의 흑운모와 같이 층상 구조를 가지는 광물을 포함하는 변성암에서, 층들은 최대 응력 방향에 대하여 수직으로 배열된다. 평행한 층들은 나뭇잎을 뜻하는 라틴어 *folium*에서 유래

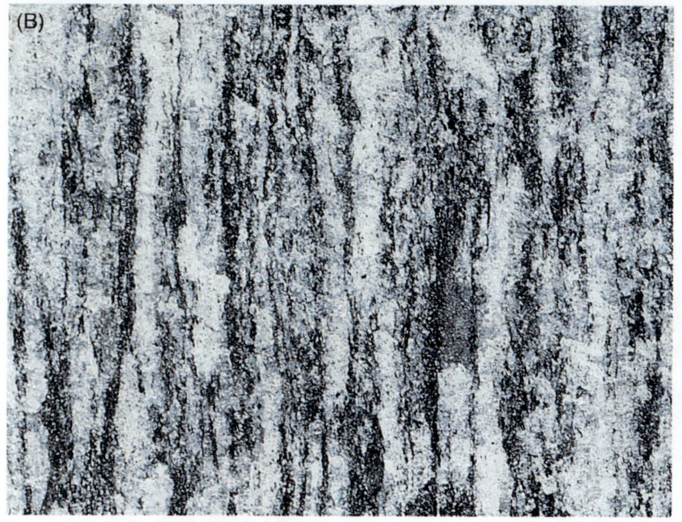

그림 7.21 균등 응력과 차등 응력의 효과
그림의 두 암석은 비슷한 광물조합을 가지지만 다른 응력을 받았기 때문에 매우 다르게 보인다. (A) 화강암은 균등 응력 하에서 액체 상태인 마그마로 정출된 석영, 장석(하얀색), 흑운모(검은색) 등으로 구성된다. 흑운모 입자가 불규칙적으로 배열되어 있음에 주목하라. (B) 고변성암인 편마암은 화강암과 같은 광물을 포함하고 있지만, 이들은 거의 완전히 고체 상태에서 차등 응력 하에서 생성되었다. 흑운모 입자가 일정한 방향으로 배열되어 뚜렷한 엽리 조직을 나타난다.

한 **엽리**(foliation)라는 판상 조직을 형성한다.

응력은 높거나 낮을 수 있다. 응력의 크기는 온도, 초기 암석 조성과 더불어 변성암에 발달하는 광물조합을 결정한다. 한편 변성암의 조직은 응력의 크기에 의해서가 아니고 차별 응력 대 균질 응력의 차이에 의하여 결정된다. 제3장에서 논의된 것과 같이 조직은 구성 광물 입자의 크기, 모양, 배열 상태 등에 의하여 발생한 암석의 대략적인 모양을 나타낸 것이다. 엽리와 같은 변성 조직은 암석 조직의 한 형태이다. 혼란을 피하기 위하여 과학자들은 조직을 논의할 때는 응력, 광물조합을 언급할 때에는 압력이라는 용어를 사용한다.

변성광물조합

변성작용은 새로운 조직뿐만 아니라 새로운 광물조합을 형성한다. 온도와 압력이 상승함에 따라 새로운 광물조합이 다른 광물조합 뒤를 이어 생성된다. 주어진 암석 조성에서 각 광물조합은 특징적인 온도와 압력 범위를 나타낸다. 이런 광물들은 화성암이나 퇴적암에서는 잘 발견되지 않으므로, 이들 광물의 존재는 변성작용이 일어났음을 나타내는 충분한 증거로 활용된다. 변성광물의 예에는 녹니석, 사문석, 세 가지 알루미늄규산염 광물(Al_2SiO_5)인 홍주석, 남정석, 규선석 등이 있다. 그림 7.22는 셰일이 변성작용을 받을 때 변성작용이 증가함에 따라 광물조합이 어떻게 변화하는가를 보여주고 있다.

변성 과정

온도와 압력의 변화에 기인한 작용은 변성 변화를 일으키며, 이 작용은 역학적 변형작용과 화학적 재결정작용으로 구분할 수 있다. 역학적 변형작용은 연마, 파쇄 및 엽리 발달을 포함한다. 화학적 재결정작용은 광물 조성의 변화, 새로운 광물의 성장, 암석이 가열되고 짜내어질 때 일어나는 H_2O와 CO_2의 상실 등과 같은 모든 변화를 포함한다. 다른 종류의 변성작용은 두 작용이 서로 다른 수준으로 영향을 미치고 있음을 반영하며, 충분한 양의 공극 유체의 존재에 의해서도 크게 영향을 받을 수 있다. 변성작용의 세 가지 중요한 종류에는 접촉 변성작용, 매몰 변성작용과 광역 변성작용이 있다.

접촉 변성작용

뜨거운 마그마가 차가운 암석을 관입할 때, 높은 열에 의하여 주변 암석은 화학 반응과 재결정작용을 일으킨다. 냉각하는 심성암체는 주변 암석 쪽으로 공극 유체를 방출하여 새로운 광물의 성장을 가속시킨다. **접촉 변성작용**(contact metamorphism)이라고 하는 이런 형태의 변성작용은 기본적으로 온도에 의해 추진된다. 그러므로 엽리의 발달과 같은 역학적 변형작용은 최소화된다. 화성암 관입체는 접촉변성대에 의하여 싸인다(그림 7.23). 관입암체가 매우 클 때 냉각되는 동안 충분한 공극 유체가 방출되거나 주변암이 석회암처럼 공극률이 높고 화학적으로 활성이 큰 암석일 경우, 접촉 변성대(contact metamor- phic aureole)는 수백 미터 연장되어 발달한다. 다른 종류의 변성작용과는 달리 접촉 변성작용은 특별한 구조적 환경에

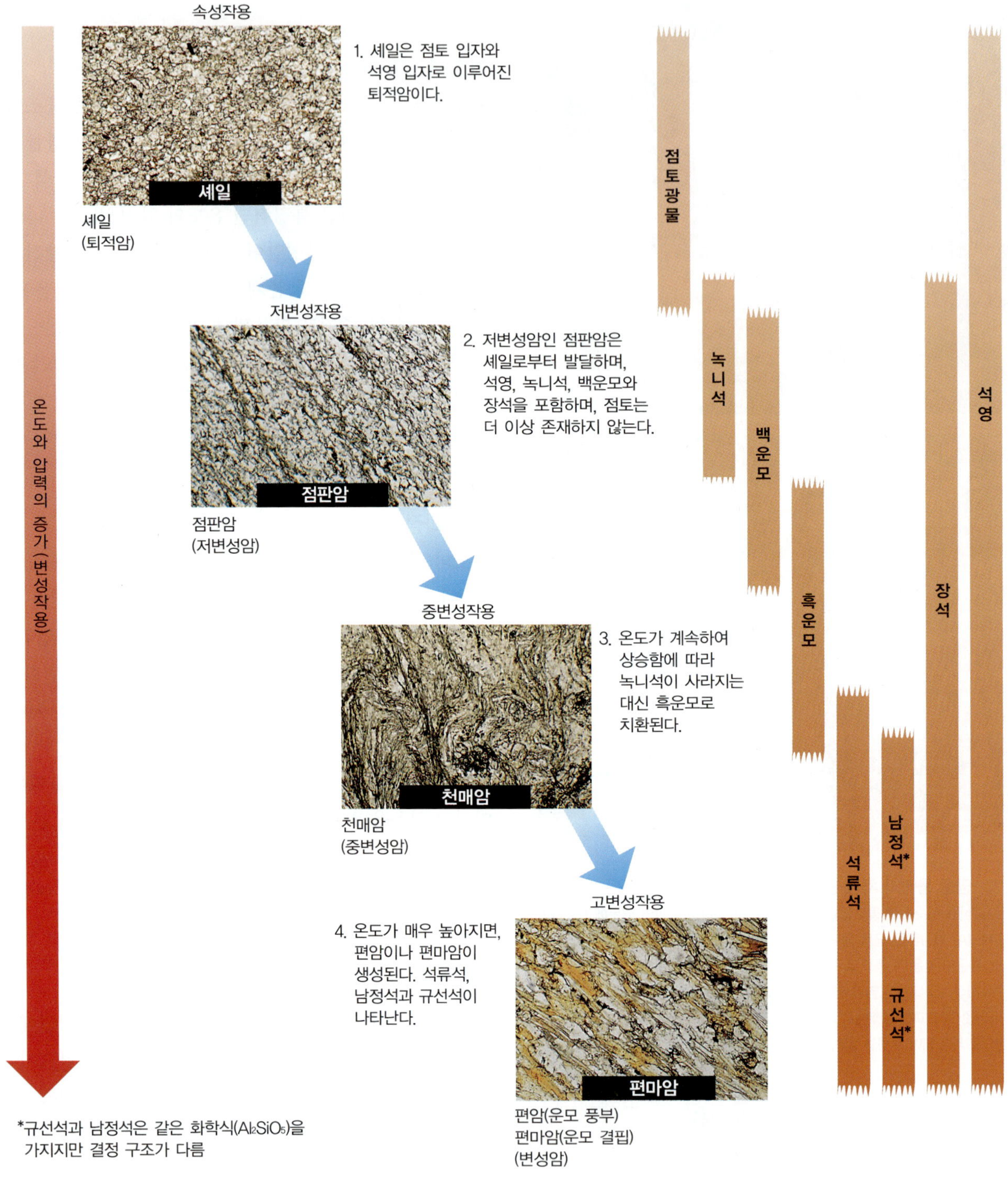

그림 7.22 셰일에서 편마암으로
셰일에 높은 온도와 압력이 가해지면 다른 광물조합을 가지는 일련의 변성암이 생성된다. 이 그림들은 시야가 3mm인 현미경 사진이므로 매우 확대된 그림이다.

수반되지 않는다. 이것은 마그마 관입이 있는 장소에서는 거의 항상 일어난다(그림 7.24의 ④).

매몰 변성작용

화산쇄설물이 일부 협재된 퇴적물이 퇴적분지 내에 깊이 매몰되면 150°C 이상의 온도를 받게 된다. 이것은 속성작용 후에 퇴적암이 받게되는 변성작용의 첫 단계에 해당하는 **매몰 변성작용**(burial metamorphism)을 일으킨다. 충분한 공극 유체가 매몰된 퇴적물 내에 존재하고, 이 물은 화학적 재결정작용을 가속시켜 새로운 광물이 성장하는 것

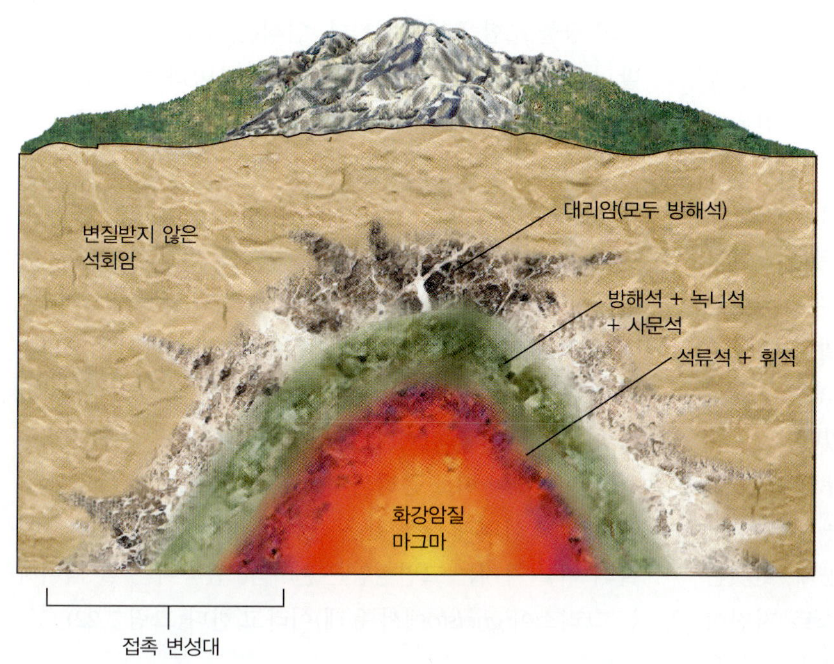

그림 7.23 접촉 변성작용

석회암층에 화강암질 마그마가 관입하면 접촉 변성작용을 받는다. 관입암은 여러 변성대로 구분되는 변질된 암석에 의하여 둘러싸인다. 냉각되는 관입암의 열과 유출된 공극 유체에 가장 가까운 안쪽 대에서 변성 정도가 가장 높다.

을 돕는다. 물로 채워진 퇴적물은 약하고, 고체보다는 액체처럼 행동하므로 매몰 변성작용 동안 응력은 균일해지는 경향이 있다. 이 결과 매몰 변성작용은 역학적 변형작용이 거의 포함되지 않으며, 변성암은 엽리가 결여되어 있다. 조직은 기본적으로 변질받지 않은 퇴적암과 같아 보이지만, 두 암석에서 광물조합은 완전히 다르다.

매몰 변성작용은 지구조 판의 가장자리인 심해성 해구와 같은 깊은 퇴적분지에서 일어나는 변성작용의 첫 단계에 해당된다(그림 7.24의 ①). 이와 같은 장소는 북아메리카 동해안과 같은 수동형 대륙주변부를 따라 분포하는 대륙붕의 끝이나 거대한 강의 입구처럼 엄청난 양의 퇴적물이 쌓이는 장소이다. 매몰 변성작용은 오늘날 미시시피 강으로부터 운반된 퇴적물이 두껍게 쌓이는 멕시코 만에서 일어나고 있다.

광역 변성작용

대륙 지각에서 가장 흔한 변성암은 수만 km^2 면적에 분포하며, 이들을 생성하는 과정을 **광역 변성작용**(regional metamor- phism)이라고 한다. 매몰 변성작용과 달리 광역 변성작용은 화학적 재결정작용 이외에 차별 응력과 상당한 역학적 변형작용을 포함

그림 7.24 지구조 운동과 변성작용

판구조론은 매몰 변성작용(1), 섭입대의 광역 변성작용(2), 충돌대의 광역 변성작용(3)을 하나의 그림 내에 볼 수 있게 한다. 접촉 변성작용(4)은 지구조적 환경에 관계없이 화성암 관입체 주변에서 발생한다. 점선은 온도가 같은 등온선이다.

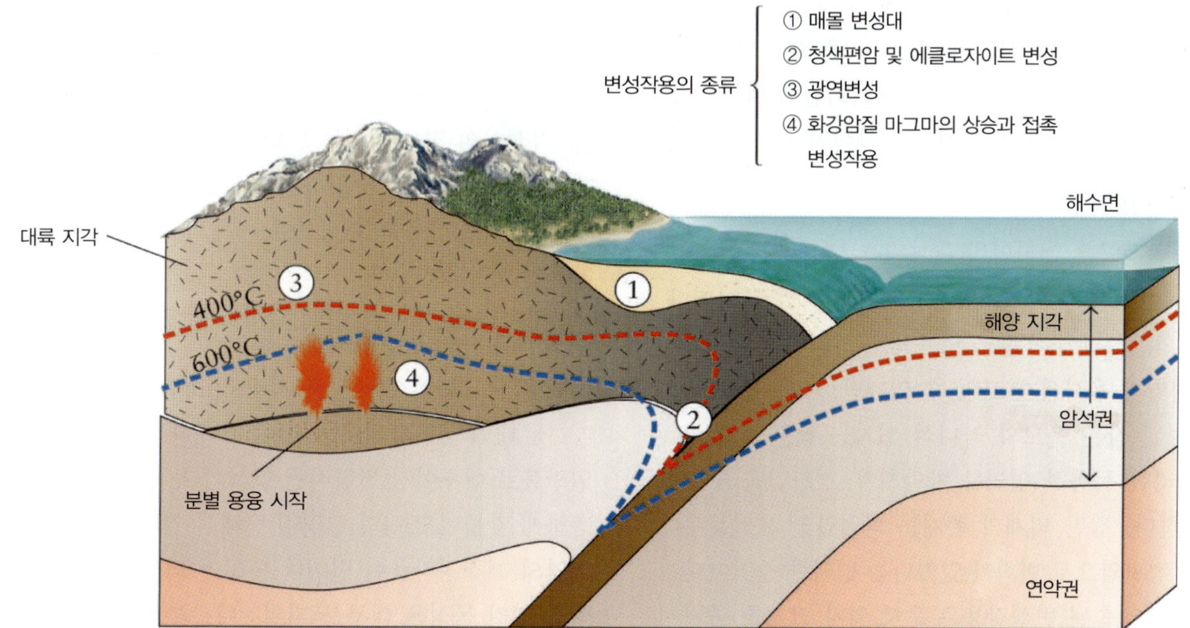

한다. 그 결과 광역 변성암은 뚜렷한 엽리를 가진다.

광역 변성암은 대륙 지각 사이의 섭입이나 충돌의 결과 야기된 융기에 의해 만들어진 조산대에서 보통 발견된다(그림 7.24의 ③). 섭입과 충돌이 일어나는 동안 대륙 가장자리를 따라 분포하는 퇴적암은 심한 차별 응력을 받게 된다. 이런 암석의 특징인 엽리는 심한 응력의 결과 만들어진 것이다. 광역 변성작용은 판구조 운동의 결과로 생성된 것이다. 애팔레치아 산맥, 알프스 산맥과 히말라야 산맥 등 고대와 현재의 조산운동과 대륙의 충돌에 의하여 형성된 모든 산맥들은 광역 변성암으로 구성되어 있다.

일부 섭입대의 가장자리에서는 특별한 종류의 광역 변성작용이 일어난다(그림 7.24의 ②). 섭입하는 판은 상당한 깊이까지 단단하고 차가운 상태로 존재하는데, 이것은 제6장에서 논의한 것처럼 섭입대 거대스러스트 지진이 700km 이상의 진원 깊이를 가지는 원인이 된다. 이것은 단단하고 차가운 해양 지각이 뜨겁고 약한 연약권 쪽으로 빨리 침강하기 때문에 발생한다. 섭입하는 암석에 작용하는 압력은 빨리 증가하지만 온도 상승은 이와 같은 속도로 빠르지 못하다. 실내 실험을 통하여 알려진 암석의 성질, 즉 암석은 압력을 빨리 통과시키지만 열은 매우 느리게 통과시킨다는 사실에 기초한 것이다. **청색편암 변성작용**(blueschist metamorphism)이라는 섭입대의 변성작용은 매우 고압이지만 저온에서 전형적으로 발생한다.

변성암

변성암의 구분과 명명은 일부는 암석의 조직, 일부는 광물조합에 근거하여 이루어진다. 가장 널리 사용되는 이름은 셰일, 현무암, 석회암과 사암이 변성작용을 받아 만들어진 변성암이다. 그 이유는 셰일, 사암과 석회암이 가장 흔한 퇴적암이고, 현무암이 가장 흔한 화성암이기 때문이다.

셰일의 변성작용

셰일의 저변성암은 점판암이다(그림 7.22). 셰일 내에 흔히 존재하는 광물은 석영, 점토광물, 방해석과 장석이다. 점판암은 석영, 장석과 운모 또는 녹니석을 포함한다. 점판암은 셰일과 유사하게 보일 수 있지만, 차등 응력에 의하여 형성된 작은 운모와 녹니석 입자는 **점판 벽개**(slaty cleavage)라는 독특한 엽리를 발달시켜, 점판암을 구별할 수 있게 한다. 점판 벽개의 존재는 퇴적암인 셰일로부터 변성암인 점판암으로 변화가 있었다는 명백한 증거이다.

점판암의 계속된 변성작용은 운모 입자 크기를 증가시키고 광물 조합을 변화시킨다. 암석은 매우 뚜렷한 엽리가 발달한(그림 7.22) 천매암(잎을 의미하는 그리스어 *phyllon*에서 유래)이 된다. 점판암에서는 새로 형성된 운모 입자를 육안으로 식별할 수 없지만, 천매암에서는 육안으로 볼 수 있을 만큼 입자가 커진다.

천매암을 형성하는 변성작용이 더욱 진행되면 판상 광물들이 매우 뚜렷한 배열을 보이는 조립질 암석이 된다. 이런 조직은 **편리**라고 부르며, 이것을 가지는 암석은 **편암**이라고 한다(그림 7.22). 점판암, 천매암과 편암 사이의 가장 큰 차이는 입자 크기이다. 편암과 같은 고변성작용의 경우 광물은 별개의 띠로 분리되기 시작한다. 조립질, 뚜렷한 엽리 그리고 석영과 장석 같은 광물로부터 분리된 운모질 광물의 띠를 가지는 고변성암은 **편마암**('반짝이는'을 의미하는 그리스어 *gneisto*에서 유래)이라고 한다(그림 7.22).

현무암의 변성작용

현무암에서 주된 광물은 감람석, 휘석, 사장석인데, 이들은 모두 물을 가지지 않는 무수광물이다. 현무암이 가열될 경우 1,000°C까지는 아무런 변화가 일어나지 않지만, 1,000°C부터 용융이 시작된다. 그러나 수분이 현무암 속으로 들어가는 조건에서 변성작용이 일어나면 함수광물이 생성되고 다른 광물조합이 발달한다. 저변성작용의 경우 녹니석+장석+녹염석+방해석과 같은 광물조합이 형성된다. 이 결과 형성된 암석은 변성도는 점판암과 동등하지만 외형은 매우 다른 암석이 된다. 이 암석은 천매암처럼 편리가 매우 뚜렷하지만, 녹니석 함량이 높기 때문에 매우 짙은 녹색을 가지는 **녹색편암**이 된다.

녹색편암이 약간 더 높은 변성작용을 받게 되면 녹니석은 각섬석으로 치환되고, 더욱 조립질 암석인 **각섬암**이 된다. 각섬암의 경우 엽리는 발달하지만 운모와 녹니석이 존재하지 않기 때문에 뚜렷하지는 않다. 더욱 높은 변성작용을 겪으면 각섬석은 휘석으로 치환되고 엽리가 불분명한 암석인 **백립암**이 된다.

석회암과 사암의 변성작용

석회암과 사암의 변성암은 각각 대리암과 규암이다(그림 7.25). 대리암과 규암은 이들이 유래한 퇴적암과 같이 단일광물로 이루어진 전형적인 암석이다. 대리암은 서로 촘촘하게 맞물린 조립의 결정질 방해석 입자로 구성된다. 석회암의 재결정작용이 일어나는 동안 퇴적암의 성층면, 화석과 기타 특징은 대부분 지워진다. 최종적으로 생성되는

그림 7.25 대리암과 규암

(A) 대리암은 대부분 방해석으로 이루어진 변성암이다(삽입된 작은 사진에서처럼 현미경에서 잘 보임). 순수한 대리암은 순백색이다. 이 표품 대리암(조지아 주 테이트)의 분홍색은 대리암 내 불순물에 기인한 것이다. (B) 석영이 많은 사암은 변성작용의 결과 빈 공간이 실리카로 채워지고 재결정작용이 일어나면 규암이 된다. 이 표품은 미네소타 주에서 채취한 것이다.

암석은 그림 7.25A에서 보는 것과 같이 설탕처럼 보이는 조직을 나타내는 등립질 암석이다. 순수한 대리암은 순백색이며 방해석 입자로만 구성되어 있다. 이런 대리암은 묘지의 묘비석과 석상 등을 제작하는 데 잘 이용되는데, 순백색이 순수함을 나타낸다고 생각하기 때문이다. 대리암들은 대부분 유기물, 황철석, 침철석과 소량의 규산염광물을 포함하고 있기 때문에 대리암은 다양한 색깔을 띤다.

규암은 사암에서 유래한 변성암인데, 원래 입자 사이의 공극이 실리카에 의하여 채워지고, 전체가 재결정작용을 받아 생성된다(그림 7.25B). 대리암과 규암에서, 재결정작용은 원 암석의 조직을 심하게 변형시킨다. 재결정화하는 광물 입자는 바깥쪽으로 성장하고 서로 맞닿게 되어 모든 공간을 채우며, 복잡한 3차원적인 조각 그림 맞추기와 같은 모양을 만드는데, 이 결과 이들 암석이 유래한 퇴적암보다는 화성암에 훨씬 가까운 모양이 된다. 재결정작용에 의하여 원래 조직이 급격하게 변했지만 규암 내에 원 퇴적암 입자의 희미한 윤곽이 나타나거나 화석의 흐릿한 흔적이 대리암 내에 존재하는 경우도 있다. 석회암과 석영 사암은 판상 광물 형성에 필요한 성분을 가지고 있지 않기 때문에 두 암석 모두 엽리가 발달하지 않는다.

변성상과 판구조론

1915년 핀란드의 지질학자 에스콜라(Penni Eskola)는 동일한 변성 광물 조합이 계속적으로 관찰된다고 지적하였다. 이 사실에 근거하여 일정한 암석 조성의 경우 일정한 온도와 압력 범위에서 변성작용 동안 만들어지는 광물조합은 항상 동일하다는 **변성상**(facies)(외형을 의미하는 라틴어 *face*에서 유래)이라는 개념을 제안하였다. 에스콜라는 온도와 압력 조건을 변성상이라고 정의하였다.

에스콜라의 생각은 요리와 유사하다고 생각하면 이해가 쉬워진다. 중심부는 덜 익었고, 외곽부는 매우 잘 익은 큰 소고기 조각을 생각해 보자. 고기가 덜 익은 중심부는 저온상이고, 고기가 매우 잘 익은 외곽부는 고온상에 해당된다. 소고기의 조성은 외곽부에서 중심부까지 다르지 않기 때문에 서로 다른 상이 발달하는 것은 조성의 차이가 아니라 온도의 차이에 기인한 것이다.

이와 같은 사실이 암석에도 적용된다. 어떤 암석 조성에서 온도(와 압력)가 광물조합을 결정한다. 동일한 광물조합은 같은 암석 조성과 같은 조건에서 형성된다. 역으로 주어진 온도와 압력 조건에서 암석의 조성이 달라지면 다른 광물조합이 발달한다. 소고기를 요리하는 조건과 똑같은 온도 조건에서 생닭을 요리하면 그 결과가 달라지는 것과 유사하다.

판구조론의 한 가지 성과는 변성상과 광역변성암의 분포를 처음으로 설명할 수 있다는 것이다. 예를 들어 청색편암상과 더 높은 온도에서 형성되는 에클로자이트상을 형성하는 변성 조건은 지각 암석이 급하게 섭입하는 판에 의하여 끌려 내려가는 경우에 만들어지는데, 이런 환경은 그림 7.24에서 ②로 표시되어 있다. 앞서 언급한 대로 이런 조건에서 압력은 온도보다 훨씬 빨리 상승하므로 변성작용은 고압과 다소 낮은 온도 조건에서 일어난다. 변성상 개념은 청색편암상 조건 하에서 일정한 암석 조성은 기본적으로 동일한 광물조합을 항상 발달시킨다는 것을 알려준다. 청색편암상 변성작용은 현재 태평양판이 알래스카 해안이나 알류샨 열도 아래로 침강하는 섭입경계를 따라 일어나고 있다.

녹색편암상과 **각섬암상** 변성작용의 독특한 변성 조건은 지각이 대륙 충돌에 의하여 두꺼워지거나 상승하는 마그마에 의하여 가열되는 곳에서 발생한다(그림 7.24의 ③). 대륙 충돌은 광역 변성작용이 가장 잘 일어나는 환경이며, 이런 방법으로 형성된 암석은 애팔래치아와 알프스 산맥 전체에 걸쳐 산출된다. 이런 변성작용은 오늘날 대륙 충돌에 의하여 대륙 지각이 두꺼워지는 히말라야 산맥, 섭입에 의한 지각의 두꺼워짐과 상승하는 마그마에 의하여 가열되는 것이 모두 발생하는 안데스 산맥 하부에서 일어나고 있다고 알려져 있다. 지각이 충분히 두꺼워진다면 고변성작용을 겪은 암석은 부분 용융이 시작되는 온도에 도달할 수 있고 변성작용은 마그마 형성으로 바뀐다.

암석에서 마그마로, 다시 암석으로

암석이 가장 높은 변성작용 이상의 온도까지 가열되면 어떤 일이 일어나는가? 제6장에서 매우 높은 온도에서만 일어나는 암석의 용융을 유도하는 과정에 대하여 알아보았다. 암석 순환은 지각이나 맨틀 깊은 곳에서 일어나는 암석의 용융 또는 섭입에 의하여 맨틀로 들어가는 지표 암석의 용융을 통하여 마그마 발달을 유도하는 과정을 포함한다. 마그마는 지표나 지하에서 냉각과 정출작용에 의하여 다시 암석이 된다. 암석 용융이 발달하는 방법을 간단하게 검토한 후, 정출작용에 의한 화성암 형성과 정출작용이 화성암의 성질을 제어하는 원인에 대하여 살펴볼 것이다.

용융과 마그마 : 검토

제6장에서 배운 것처럼 **마그마**는 용존 기체, 광물 결정과 암석 조각을 포함하는 용융된 암석이다. 마그마가 지표에 도달하면 **용암**이라고 한다. 많은 양의 마그마는 지표에 도달하지 못하고 지하에 갇힌 채 남아서 냉각되고 고화된다.

마그마는 지구 내부에서 암석의 용융에 의하여 발생한다. 과학자들은 실내 실험과 용암 관찰을 통하여 대기압 하에서 암석은 약 800°C 내지 1,000°C 사이의 온도에서 액화가 시작된다는 것을 알고 있다. 암석은 여러 성분을 포함하고 있으므로 용융은 고정된 온도보다는 일정한 범위에서 진행된다. 지구 내부의 높은 압력은 암석의 용융 온도를 증가시키는 효과가 있다. 즉 지표 조건에서 1,000°C 에서 용융되는 암석도 100km 깊이에서는 매우 높은 압력 때문에 고체로 계속 존재할 수 있다. 그러나 물이 존재할 경우 암석 용융 온도에 반대 효과를 일으킨다. 즉 용융 온도를 감소시킨다. 그러므로 적당한 조건에서 온도가 그렇게 높이 증가하지 않더라도 물의 첨가나 압력의 감소에 의하여 암석의 용융이 가능하다.

암석은 일정한 온도 범위에서 용융되므로, 용융이 불완전하게 발생할 수 있다(그림 6.17). 이 중요한 과정은 **부분 용융** 또는 **분별 용융**이라고 한다. 만일 암석이 일부만 용융된다면 낮은 온도에서 용융되는 성분만 포함하는 용융된 부분은 높은 온도에서 용융되는 성분만 포함하는 용융되지 않고 남아 있는 부분과 다른 조성을 가진다. 지구조력은 밀도가 작은 용융된 부분을 밀도가 큰 암석 잔류분으로부터 분리시킬 수 있다. 용융된 부분이 고화되면 용융되지 않고 남은 암석과 조성이 매우 다른 화성암을 형성한다. 이 때문에 부분 용융은 지구상에 알려진 다양한 화성암 종류 형성에 기여를 한다.

마그마는 지구의 풍부 원소로 대부분 이루어져 있는데, 실리카(SiO_2)가 가장 우세하여 마그마 조성의 45~75%(무게비)를 차지한다. 소량의 용존 기체가 대부분 존재하는데, 이것은 대부분 수증기 또는 이산화탄소이다. 용존 가스, 온도 및 실리카 함량은 화산 분출의 양상과 같은 마그마 성질에 큰 영향을 미친다. 적은 양의 용존 가스, 고온, 적은 실리카 함량을 가지는 마그마는 용암류와 같이 조용한 분출을 일으키고, 많은 양의 용존 가스, 저온, 많은 실리카 함량을 가지는 마그마는 많은 양의 화산쇄설물을 방출시키며, 폭발적인 분출을 일으킬 것으로 예상된다.

마그마에는 적은 실리카 함량을 가지는 **현무암질 마그마**(지구에서 가장 흔한 종류), 중간 정도의 실리카 함량을 가지는 **안산암질 마그마**와 높은 실리카 함량을 가지는 **유문암질 마그마** 등 세 가지 일반적인 유형이 있다. 다른 종류의 마그마를 형성하는 과정과 이들이 산출되는 장소는 판구조론에 의하여 영향을 받는다. 현무암질 마그마는 맨틀의 부분용융에 의하여 형성되며, 중앙해령과 열점처럼 지각이 갈라지는 곳에서 지표까지 상승한다. 안산암질 마그마는 섭입하는 해양 판 바로 위에 있는 쐐기 모양 맨틀의 습식 부분 용융에 의하여 발생한다. 안산암질 마그마가 발생하는 장소와 수분 함량이 높은 장소는 섭입대 환경에 의하여 강하게 제어된다. 유문암질 마그마는 대륙 지각 하부에서 용융에 의하여 생성되며, 대륙 지각을 통하여 상승하여 지나가는 통로에 있는 실리카가 풍부한 지각 물질과 동화되기 때문에 실리카 함량이 높다.

정출작용과 화성암

용융이 마그마의 성질을 결정한다면 냉각과 정출작용은 마그마의 냉각과 고화작용에 의하여 생성되는 **화성암**(igneous rock)의 성질을 결정한다. **정출작용**(crystallization)은 냉각되는 마그마 내에서 개별 광물 결정들이 핵화되고 성장하는 일련의 과정이다. 화성암에서 결정들은 개별 광물 입자들이 서로 매우 강하게 붙잡는 맞물린 조직으로 성장한다. 이것 때문에 결정질인 화성암과 변성암은

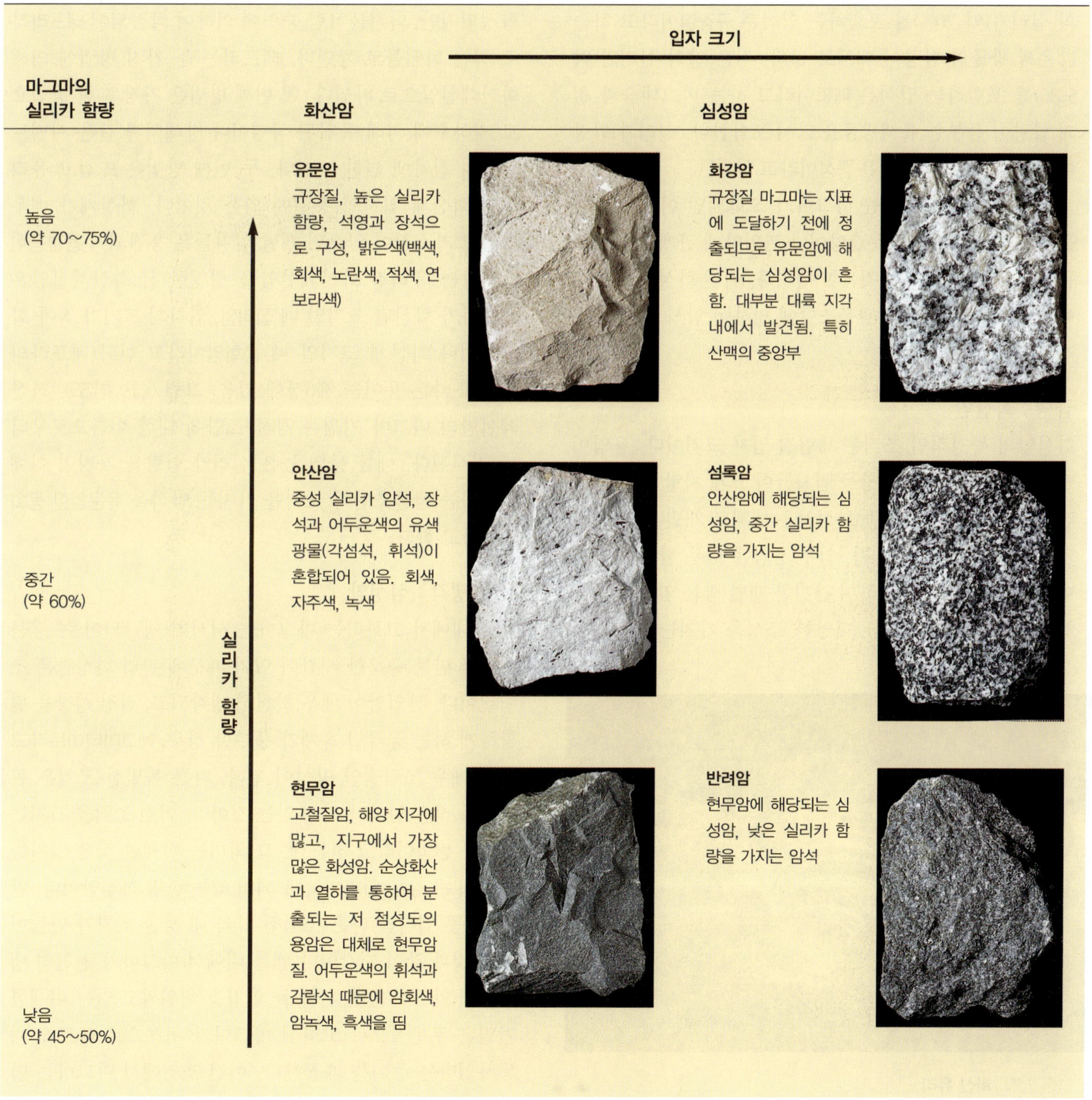

마그마의 실리카 함량	화산암	심성암
높음 (약 70~75%)	**유문암** 규장질, 높은 실리카 함량, 석영과 장석으로 구성, 밝은색(백색, 회색, 노란색, 적색, 연보라색)	**화강암** 규장질 마그마는 지표에 도달하기 전에 정출되므로 유문암에 해당되는 심성암이 흔함. 대부분 대륙 지각 내에서 발견됨. 특히 산맥의 중앙부
중간 (약 60%)	**안산암** 중성 실리카 암석, 장석과 어두운색의 유색 광물(각섬석, 휘석)이 혼합되어 있음. 회색, 자주색, 녹색	**섬록암** 안산암에 해당되는 심성암, 중간 실리카 함량을 가지는 암석
낮음 (약 45~50%)	**현무암** 고철질암, 해양 지각에 많고, 지구에서 가장 많은 화성암. 순상화산과 열하를 통하여 분출되는 저 점성도의 용암은 대체로 현무암질. 어두운색의 휘석과 감람석 때문에 암회색, 암녹색, 흑색을 띔	**반려암** 현무암에 해당되는 심성암, 낮은 실리카 함량을 가지는 암석

입자 크기 →

실리카 함량 ↑

그림 7.26 **화산암과 심성암**

개별 입자들이 서로 단단하게 붙잡지 못하는 퇴적암에 비하여 단단하고 공극이 적다. 냉각 속도는 암석 내 광물 입자가 얼마나 크게 자랄 것인가를 결정하고, 입자 크기는 암석의 외양 또는 **조직**에 영향을 미친다.

제6장에서 논의한 것처럼 **분출암** 또는 **화산암**은 용암의 빠른 냉각과 고화작용에 의하여 생성되고, **관입암** 또는 **심성암**은 마그마가 지각이나 맨틀 내에서 서서히 냉각되고 고화될 때 생성된다. 분출암과 관입암은 암석 조직과 광물 조합에 근거하여 분류되고 명명된다(그림 7.26). 많은 양의 실리카(약 70%)를 포함하는 암석은 **규장질**이라고 하는 밝은색 광물의 함량이 대체로 많다. 적은 양의 실리카(약 50%)를 포함하는 암석은 **매픽**이라고 하는 마그네슘과 철의 함량이 풍부한 유색광물을 많이 포함한다. 실리카 함량이 약 60% 정도인 암석은 **중성**이라고 한다.

일정한 조성을 가지는 마그마가 고화되면 이로부터 만들어지는 광물조합은 분출암이나 관입암에 관계없이 모두 동일하고 차이가 나는 것은 조직이다. 어떤 화성암의 조직이 결정되면 그다음은 광물조합에 의하여 암석 이름이 결정된다.

급냉 : 화산암

화산암의 특징적인 조직은 세립질 입자 크기이다. 용암이 빨리 냉각되기 때문에 광물 입자들이 크게 자랄 충분한 시간이 없다. 이 결과 분출 화성암은 대체로 개별 입자의 크기가 직경 2mm 이하이다. 일부 용암은 너무 빨리 냉각되어 유리질 암석을 형성하여 완전한 개별 광물 입자를 형성하지 못한다(그림 7.27). 다양한 조성을 가지는 화산암이 있지만, 세 종류의 중요한 화산암은 이들을 고화시킨 마그마에 의하여 명명된다(그림 7.26). 현무암질 마그마로부터 정출된 고철질 화산암인 **현무암**, 안산암질 마그마로부터 정출된 중성 화산암인 **안산암**, 유문암질 마그마로부터 정출된 규장질 화산암인 **유문암**이 그것이다.

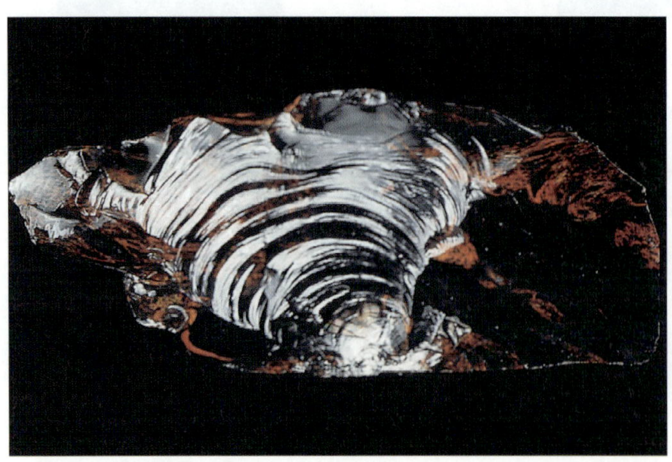

그림 7.27 화산 유리
흑요석은 너무 빨리 냉각되어 개별 입자로 자랄 시간이 없어 유리질 조직을 가지는 화산암이다.

화산쇄설암은 화성암과 퇴적암의 경계에 있기 때문에 특별한 관심의 대상이 된다. "화산쇄설암은 올라갈 때는 화성암이지만, 내려올 때는 퇴적암이다."라는 속담이 있다. 화산쇄설암은 화산에서 분출된 마그마 물질로부터 직접 형성되지만, 퇴적물처럼 중력에 의하여 퇴적되어 **테프라**라고 하는 퇴적물로 쌓인다. 테프라는 두 가지 방법에 의해 화산쇄설암으로 바뀐다. 첫 번째 방법은 가장 흔한 방법으로 지하수에 의해 유입된 석영이나 방해석과 같은 시멘트 물질의 첨가에 의한 것이다. 두 번째 방법은 뜨겁고 유리질인 화산재 입자의 용결에 의한 것이다. 화산재가 매우 뜨겁고 가소성이 있으면 개별 입자들은 용결되어 **용결응회암**이라는 유리질 화산쇄설암을 형성한다. 화산쇄설암은 테프라가 화산탄 크기일 때 **집괴암**, 입자의 크기가 작아 화산력이나 화산재 크기일 때 **응회암**이라고 한다(테프라의 크기에 따른 용어는 제6장에 있음, 그림 6.19 참조). 화산쇄설암의 마그마 기원은 광물 조합에 대한 이름으로부터도 지시된다. 예를 들면 높은 실리카 함량을 가지며 이에 부합하는 광물조합과 조직을 가지는 암석을 **유문암질 응회암**이라고 한다.

느린 냉각 : 심성암

지각 내에서 고화하는 마그마는 서서히 냉각되어 큰 광물 입자를 만들 충분한 시간이 있기 때문에 관입 화성암은 조립질이다. 관입암이 매우 천천히 냉각되고, 결정 성장을 원활하게 하는 공극인 유체가 풍부할 경우, **페그마타이트**라고 하는 매우 조립질인 암석이 된다. 다른 특별한 조직은 큰 입자와 작은 입자가 섞여 있는 것이다. 이런 조직을 가지는 암석은 **반암**이라고 하는데, 그 의미는 미세한 작은 입자들 사이에 큰 광물 입자가 산포되어 있는 관입 화성암이다. 반암 내 큰 입자는 다른 조립질 암석 내 광물 입자가 만들어지는 것과 같이 지각이나 맨틀 내에서 마그마가 천천히 냉각되어 만들어진다. 큰 광물 입자를 에워싸고 있는 미세한 기질은 부분적으로 고화된 마그마가 위쪽으로 빠르게 이동하였다는 증거를 제공한다. 이런 조건에서 마그마는 빨리 냉각되므로, 후기에 만들어진 입자는 모두 작다.

제6장에서 논의된 것처럼 현무암질, 안산암질, 유문암질 등 중요한 세 가지 종류의 마그마는 그에 상응하는 조립질 심성암, 즉 반려암, 섬록암, 화강암을 생성한다(그림 7.26). 화산암과 같이 심성암의 이름도 조직과 조성을 반영한다. 예를 들면 화강반암은 이에 상응하는 조직과 광물 조합을 가지는 암석이다.

화성암의 다양성

현무암질 마그마는 현무암과 반려암, 안산암질 마그마는 안산암과 섬록암, 유문암질 마그마는 유문암과 화강암을 생성한다는 것은 매우 정돈되고 단순한 것처럼 여겨진다. 그러나 실제로 지구상에 존재하는 화성암은 수백 가지 이상의 매우 다양한 종류가 있다. 세 가지 기본 마그마로부터 어떻게 이런 다양한 화성암이 형성되는가? 일부는 앞에서 언급한 냉각 속도와 조직의 차이에 기인한다. 유문암질 마그마는 유문암질 응회암, 화강반암, 화강암질 페그마타이트 등을 생성한다. 또 다른 원인은 잔류 고체 암석과 다른 조성을 가지는 용융체의 분리를 일으키는 부분 용융에 기인한다.

냉각과 정출작용 동안 일어나는 분별 정출작용도 화성암의 다양성에 기여를 한다. 암석 용융이 일정한 온도 범위에서 일어나듯이 용융과 기본적으로 반대 과정인 정출작용도 마그마가 냉각되는 동안 일정한 온도 범위에서 발생한다. 광물입자는 냉각되는 마그마 내에서 약 1,200°C부터 형성되기 시작하여, 잔류 용융체 내에 부유하는 고온 광물 입자를 만든다. 처음에 형성되는 이런 광물들은 용융 과정에서 가장 고온에서 마지막으로 용융되는 광물이라는 것에 주목하라. 냉각이 진행됨에 따라 다른 성분을 가지는 결정도 계속적으로 낮은 온도에서 형성된다. 대부분 암석 종류에서 암석이 800°C 부근에서 고체로 되므로 정출작용이 완결된다. (그러나 고체 암석은 이 온도에서도 냉각되는 부분이 많으며, 냉각에 따라 공극 유체를 방출하고, 열은 주변 암석을 가열시켜 접촉 변성작용을 일으킨다.)

만일 정출작용이 시작되는 온도와 정출이 완결되는 온도 중간에 정지되면 어떤 일이 발생할까? 마그마의 저온 성분이 농집된 용융체 내에 부유하는 고온 결정이 혼합되어 존재할 것으로 생각된다. 결정이 다른 성분의 용융체로부터 분리되면 어떤 일이 일어날 것인지를 고려해 보자. 그림 7.28에서와 같이 몇 가지 다른 과정이 일어난다. 분리된 용융체와 고온성 결정은 각각 다른 조성을 가지는 암

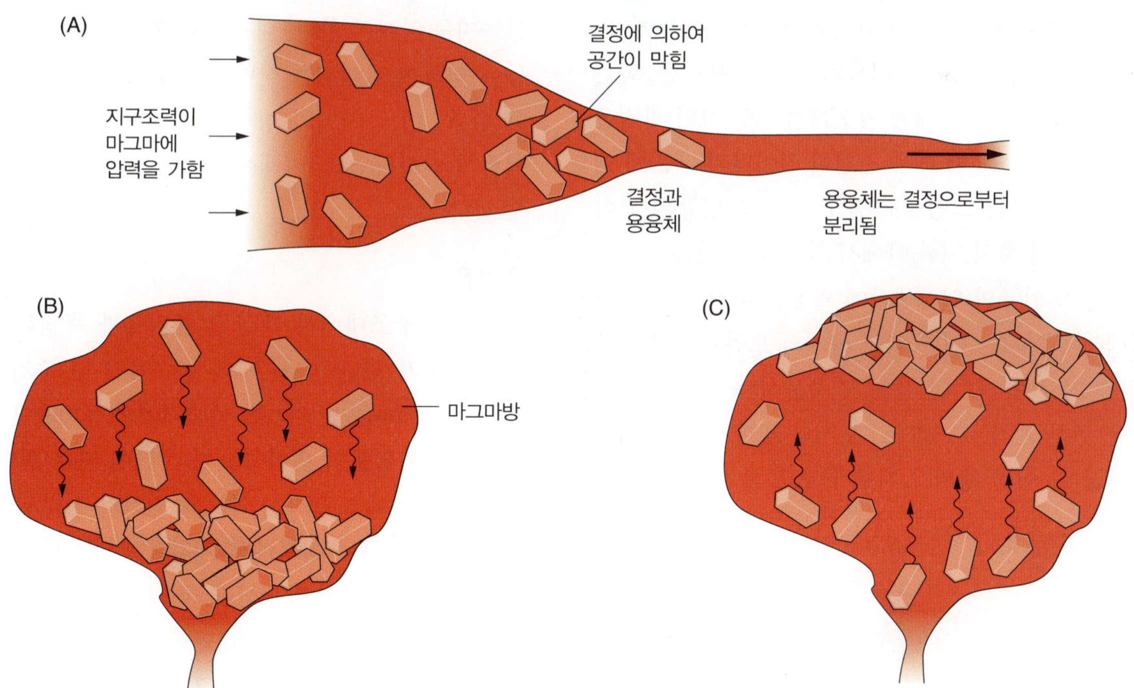

그림 7.28 분별 정출작용

몇 가지 과정에 의하여 부분 정출된 마그마 내에서 용융체로부터 결정을 분리시킬 수 있다. (A) 압축 거름 : 마그마는 지구조력에 의하여 작은 공간을 통하여 압착된다. 단지 기체만 통과하므로 새로 형성된 결정은 뒤에 남게 된다. (B) 결정 침전: 먼저 형성된 결정은 용융체보다 밀도가 크기 때문에 바닥으로 가라앉는다. (C) 결정 부유 : 먼저 정출된 결정이 용융체보다 밀도가 작을 경우 부유하여 마그마방의 상부에 농집된다.

석으로 고화된다. 분별 용융과 유사한 이 과정은 분별 정출작용이며, 지구에서 발견되는 매우 많은 화성암 종류 형성에 중요한 기여를 한다.

암석 순환, 지구조 순환과 지구의 지형

지구계의 중요한 요소는 육지 표면에서 만난다. 이곳은 암석 순환과 구조적 순환이 다음 장에서 다루어질 수문 순환과 기후 순환을 포함하는 다른 종류의 순환과 상호작용을 하는 특별한 장소이다. 지표의 진화와 지형은 지권, 기권, 수권과 생물권에 관계되어 일어나는 복잡한 과정들을 포함한다. 육지 표면의 통상적인 모습조차도 몇 가지 질문을 야기할 수 있다. 지구의 변화된 지형을 어떻게 설명할 것인가? 지구의 지형이 전 지질 시대 동안 변화했다면 무엇이 이런 변화를 조절하는가? 지금도 지형은 바뀌고 있는가? 이런 지형 변화를 일으키는 에너지의 근원은 무엇인가? 지형이 지구의 과거 환경에 대한 역사를 보유하고 있다는 실마리는 무엇인가?

이런 질문들에 대하여 답하기 위해서 다시 암석 순환과 구조적 순환으로 돌아가야 한다. 육지 표면의 변화를 일으키는 과정은 시간적 · 공간적으로 매우 다양하게 발생한다. 어떤 것은 매우 빠르게, 심한 경우 급격하게, 어떤 것은 매우 좁은 지역에 한정되어 발생한다. 이런 변화 중 일부는 인간에게 직접적이고 불리하게 작용한다(지진, 화산 분출, 태풍, 홍수, 사태와 많은 자연재해 등). 어떤 과정은 지질학적 시간으로 볼 때 매우 천천히 일어나기 때문에 직접 관찰하기 힘들다. 그럼에도 불구하고 그 영향은 남아 있는 고대 지형과 층서 기록 안에서 확인할 수 있다.

표면 작용이 인류의 일상생활에 영향을 미칠 뿐만 아니라 거기에서 살아가는 인류 역시 육지의 모양을 변화시킨다. 하천을 가로지르는 댐 건설, 건축물이나 폐기물 처리장 건설을 위한 굴착, 고속도로, 도시와 공항 건설은 모두 지형을 바꾼다. 이런 행위가 지구 규모로 볼 때 사소한 것처럼 보이지만, 여러 세대의 인류 역사 기간 동안 빠르게 합해지므로 지형을 바꾸는 효과는 매우 심대한 것이다. 그러므로 인간권 역시 지표 변화와 진화에 중요한 역할을 한다. 그 영향에 대해서는 제19장에서 다시 자세하게 취급할 것이다.

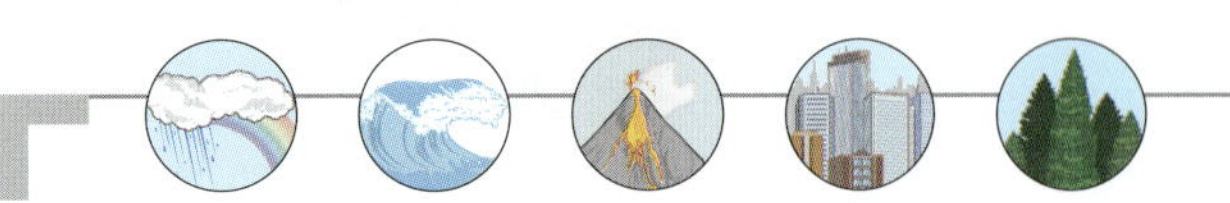

관련짓기

여러분이 살고 있는 지역 주변에서 인류가 지형을 변화시키는 것을 발견할 수 있는가? 큰 도로 절개지, 채석장, 터널이나 댐을 관찰해 보라. 여러분이 전에 알았던 것보다 더 섬세한 변형을 일으키는 것이 있는가?

지질학적 힘 사이의 경쟁

지표면에서 일어나는 지속적인 변화는 암석권을 밀어 올리는 내인적 힘과 암석권을 삭박하여 깎아 내리는 외인적 힘 사이의 계속적인 경쟁을 반영한다. 판구조 운동, 지각 평형 및 화산 활동에 의하여 상승하는 조산운동은 지구 내부의 열 에너지에 의하여 추진되며 중력에 의하여 조절된다. 중력은 태양 에너지와 결합하여 풍화와 침식, 산맥의 삭박, 고지대에서 저지대로 암석 부스러기의 운반과 같은 외인적 과정을 일으키기도 한다. 이러한 작용의 결과 육지를 점진적으로 조각하여 다양한 지형과 기복(가장 높은 곳과 낮은 곳 사이의 고도 차이)을 만든다. 지질학적 과정이 지역에 따라 차이가 나고, 암석의 종류와 구조가 달라지면 침식에 대한 저항도가 차이가 나기 때문에 기복은 지역마다 차이가 있다.

오랜 기간의 지형 변화율에 관한 신뢰할 만한 지질학적 정보를 획득하는 것은 단순한 일이 아니다. 대륙이 상승한다면 얼마나 빨리 상승하며, 시간에 따라 상승률 변화가 있는지를 알아야 한다. 다음으로 풍화, 침식과 중력사면이동에 의하여 파괴되는 **삭박률**(denudation) 변화를 계산해야 한다. 어느 지역의 상승률과 삭박률을 안다면 지형이 어떻게 진화하였고, 미래에 어떻게 바뀔 것인가를 예측할 수 있다.

융기율

활동적인 구조대에서 계산된 융기율과 측정된 융기율은 심한 차이가 있다. 수천 년에서 수백만 년 주기로 평균한 값이 1~10mm/년이다. 어느 지역에서 융기율은 대양저의 확장률과 섭입률이 변화하듯이 시간에 따라 변한다. 새로운 평형 상태에 도달하는 쪽으로 진화가 시작되는 것과 같은 이러한 변화는 지형에서 지각평형운동에 의하여 보상되는 것과 유사하게 발생한다. 히말라야 산맥 서부의 고지대의 현재 융기율은 5mm/년만큼 높다. 이런 식으로 과거 200만 년 동안 지속되었다면 전체 상승한 높이는 10km이다. 이런 높은 융기율은 급한 경사와 높은 기복을 수반하는데, 이것은 히말라야에서 실제로 일어나고 있다(그림 7.29). 급한 산 사면에서의 매우 높은 상승률은 이와 근접

그림 7.29 급한 경사, 빠른 침식

파키스탄 북부 히말라야 산맥 힌두쿠시의 깊은 협곡을 횡단하는 하천은 경사가 급한 주변 절벽으로부터 기원한 조립질 퇴적물을 운반한다. 이와 같이 활동적으로 융기한 협곡에서 침식 속도는 융기 속도와 거의 일치한다.

한 침식률 3~4 mm/년에 의하여 균형이 맞춰진다.

삭박률

산맥은 융기하자마자 삭박이 시작되어, 활발한 구조적 융기가 끝난 이후에도 오랫동안 지속된다. 애팔래치아 산맥과 같은 오래된 산맥들은 히말라야 산맥처럼 과거에는 높고 급하며 험준한 지형을 이루었지만, 활발한 융기가 끝나고 난 후 침식작용에 의하여 삭박되기 시작하여 현재까지 계속되고 있다.

장기간의 삭박률을 계산하기 위해서는 특정한 기간 동안 일정한 지역에서 운반되는 암석 쇄설물의 양을 알아야 한다. 산맥 지역으로부터 운반된 퇴적물의 총 양은 현재 운반 중인 것, 바다로 운반 도중 일시적으로 육지에 쌓인 것, 그리고 대륙붕 위나 인접한 해양분지에 퇴적된 것 모두를 포함한다. 총 퇴적물의 부피가 측정될 수 있다면 근원지로부터 침식되는 고체 암석의 양, 즉 이와 동등한 암석의 두께를 계산할 수 있다. 만일 침식 지속 기간을 계산할 수 있다면 평균 삭박률도 계산이 가능하다.

주요 하천이 흐르는 지역의 경우, 매년 바다로 운반되는 퇴적물의 양은 현재의 침식률을 나타낸다. 일정한 기간 동안 퇴적된 퇴적물의 양은 대양저 시추 암심과 지진파 기록을 이용하여 추정할 수 있다. 퇴적물의 양과 동등한 암석 부피의 계산과 퇴적물이 유래한 지역 전체에 대하여 계산

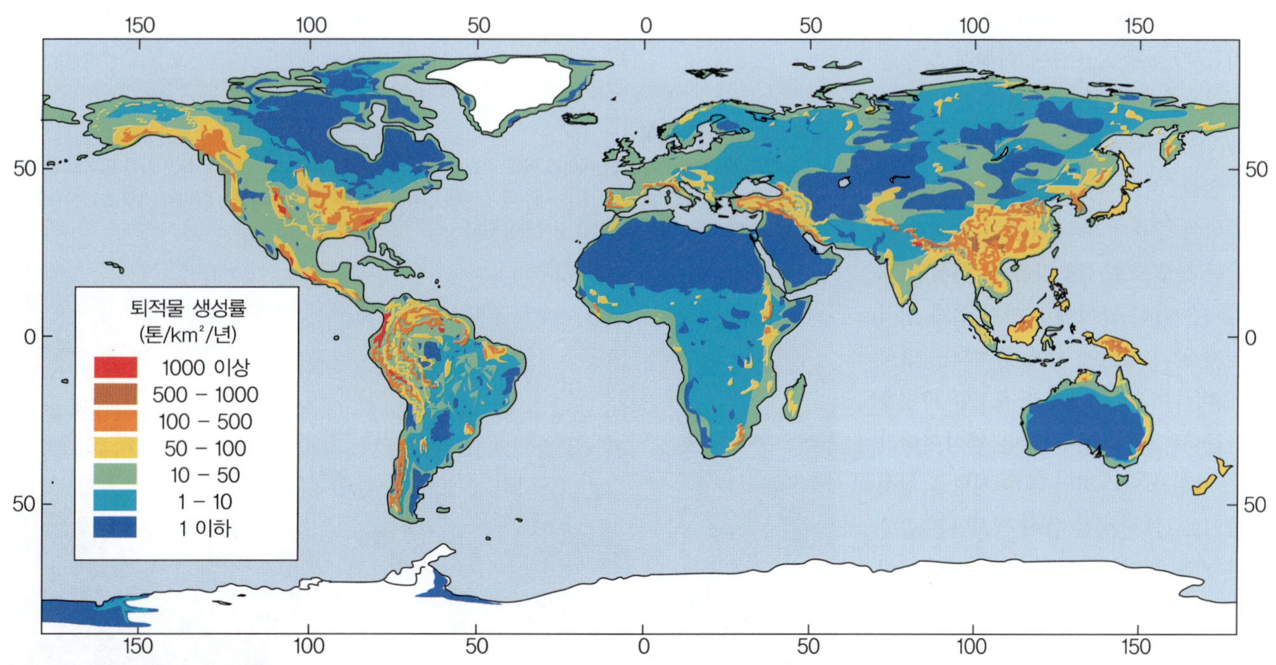

그림 7.30 대륙의 퇴적물 생성률

퇴적물 생성률이 가장 높은 곳은 높은 강수량을 가진 동남 아시아, 히말라야, 안데스, 알프스 산맥과 같이 급한 기복이 있는 산맥 지대, 알래스카와 브리티시 컬럼비아와 같은 해안지대로, 가장 높은 삭박률이 있는 장소와 비슷하지만 정확하게 일치하지는 않는다. 왜냐하면 식생 발달과 같은 요인들이 중요한 역할을 하기 때문이다.

한 평균값으로부터 기원 지역의 평균 삭박률을 추산할 수 있다. 측정된 것 중 퇴적물 생성률이 가장 높은 곳은 남부 아시아와 오세아니아의 습윤한 지역 및 히말라야, 안데스, 알프스 산맥과 같이 급하고 기복이 높은 젊은 조산대를 흘러나오는 분지이다(그림 7.30). 삭박 속도는 급한 경사면에서 크고, 특히 부드럽고 침식이 원활하며, 절리가 많은

기초 원리

지형 발달을 조절하는 요인

다섯 가지 중요한 요인, 즉 작용(process), 기후, 암상, 기복, 시간 등이 상호작용하여 어느 지역의 지형 특성을 결정한다.

작용. 독특한 지형 요소는 다양한 지표 작용의 활동에 의하여 형성된다. 사구는 개펄과 다르게 형성된 지형이다. 활동적인 작용과 퇴적 환경은 서로 결합하여 고유의 산물 또는 지형을 만든다. 그러므로 작용은 지형의 특성을 알아내는 데 도움을 주는 하나의 요인이 된다.

기후. 기후는 어느 지역에서 어떤 작용이 활발하게 일어날지를 결정하는 데 도움을 준다. 습윤한 기후의 경우 퇴적물의 운반과 퇴적에 하천이 가장 중요한 인자인 반면에 건조한 기후의 경우 바람이 가장 중요한 역할을 한다. 빙하 현상은 추운 기후가 우세한 고위도나 높은 고도로 제한된다. 기후는 식생을 조절하기 때문에 어떤 중요한 작용의 효율성을 조절할 수도 있다. 예를 들어 토양을 부착하고 있는 식물 뿌리에 의하여 안정되어 있는 사면은 식물이 죽을 경우 사면 사태가 일어나기 쉬워진다. 사면 침식은 식생과 연계되어 있고, 이것은 다시 기후에 의하여 조절된다. 기후는 기권, 수권 및 생물권 모두가 지표 작용이 지표면에 어떻게 영향을 미치는가를 결정하는 데 중요한 역할을 하는 복잡한 결합이다.

암상. 지표 작용은 **암상**(lithology)과 암석의 종류에 따라 노출된 암석과 다양한 방법으로 상호작용을 한다. 어느 암석은 다른 암석에 비하여 쉽게 침식되지 않기 때문에 쉽게 침식되는 암석에 비하여 높은 기복과 유명한 지형을 만든다(그림 B7.3). 같은 암석이더라도 기후가 달라지면 다른 지형을 형성하기도 한다. 예를 들어 석회암은 습윤한 기후 지역에서는 용해가 쉽게 일어나 낮은 계곡을 이루지만, 건조한 사막 지역에서는 가파른 절벽(bold cliff)을 형성한다. 차별 침식작용 때문에 습곡이나 단층이 발달한 지층은 뚜렷하게 두드러져 보이거나 독특한 형태의 지형을 만들어 배수를 조절한다.

기복. 지형 발달에 영향을 미치는 또 다른 요인인 지형의 기복은 지구조 환경과 관련되어 있다. 지구조적으로 활발한 지역은 높은 고도의 산 정상부와 가파른 경사면을 만드는 높은 융기율을 가진다. 이런 지형은 높은 침식률을 가지고 있으며 굉장히 역동적이다. 활동적인 구조운동과 먼 지역에서는 기복이 대체로 낮고, 침식률도 훨씬 낮으며 지형 변화도 점진적으로 일어난다. 지구조적으로 안정한 지역이더라도 해수면의 빠른 상승이나 하강이 있거나, 얼음이나 물 적재량 변화와 관계된 광역 지각 평행 운동은 지형에 심한 변화를 일으킬 수도 있다.

시간. 지형 진화의 개념은 필수적으로 시간이라는 요인을 포함한다. 지형이 빨리 발달하는 경우도 있지만 대부분의 지형은 격변설에서도 오랜 지질 시대에 걸쳐 발달한다. 지표 작용의 현재 속도를 측정하고, 특별한 지형이나 지표면의 나이를 결정하는 퇴적물의 연대를 측정함으로써 이런 사실을 알거나 최소한 유추할 수 있다.

그림 B7.3 차별 침식
오스트레일리아 울루루에 있는 에어즈 록은 주변의 침식되기 쉬운 암석보다 침식에 훨씬 강한 암석으로 이루어진 암괴로서 침식된 평탄한 지형과 대비되어 높은 기복을 이루고 있다. 울루루는 절리가 거의 발달하지 않기 때문에 침식에 매우 강한 사암으로 구성되어 있다.

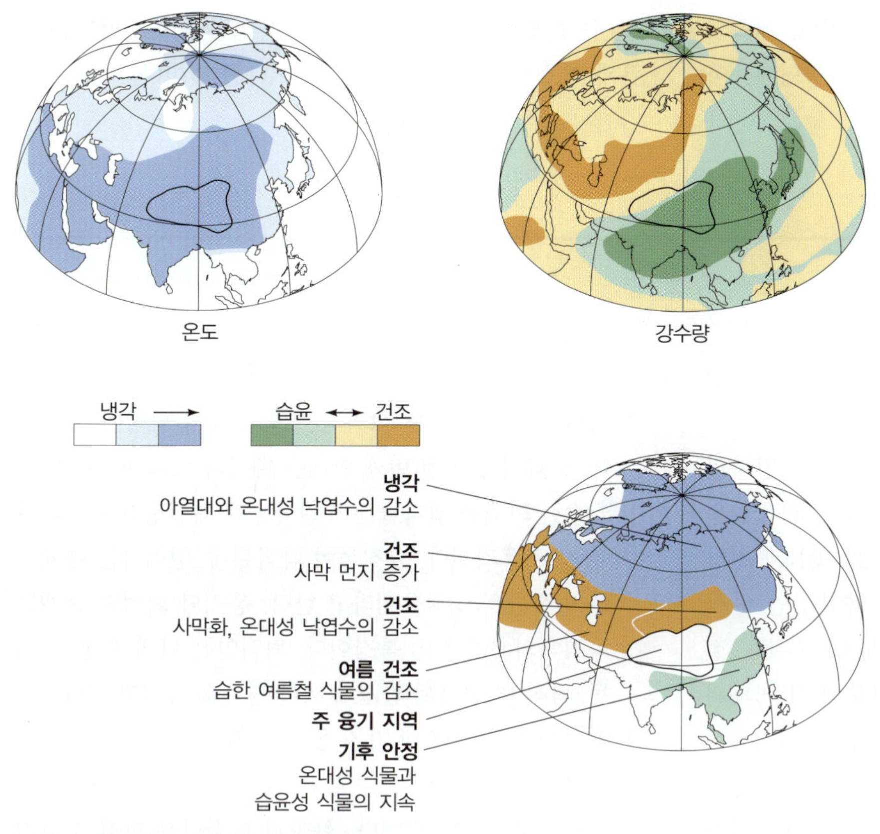

그림 7.31 환경 변화의 컴퓨터 모의실험

컴퓨터 모의실험의 결과 히말라야 산맥과 티베트 고원의 융기와 같은 지권의 변화는 기복의 변화를 초래할 뿐만 아니라 온도, 강수량, 식생에도 심한 변화를 일으킨다.

암석에서 매우 높을 것으로 추정된다.가장 많은 퇴적물을 바다로 유출하는 대륙은 아시아인데, 한국과 파키스탄 사이의 바다로 유입되는 하천은 바다로 유입되는 전 세계 퇴적물의 절반을 차지한다. 지표면이 식생에 의해 보호받지 못하는 일부 건조한 기후 지역에서 삭박률은 이상적으로 높을 수 있다. 식생과 다른 요인들의 삭박률에 대한 역할은 삭박률이 가장 높은 지역과 퇴적물 생성률이 가장 높은 지역이 비슷한 사실을 설명할 수 있다.

삭박률에 영향을 주는 중요한 요인은 삼림 벌목, 경작지 확대, 하천 댐 건설, 도시 건설과 같은 인간 활동이다. 이들 활동들은 모두 그 지역의 침식률과 퇴적물 생성률에 영향을 미친다. 때때로 그 결과는 상상을 초월하기도 한다. 건설과 채광 지역은 식생이 발달한 시골이나 자연지에 비하여 10~100배 많은 퇴적물을 생산한다. 한편 도시 지역에서는 지표면이 건축물, 인도나 차도로 덮여 있어 하부 암석과 퇴적물이 침식되는 것을 막아주기 때문에 퇴적물 생성률은 낮은 경향을 가진다.

지형 평행

지구의 중요 지형은 암석권이 진화하는 것처럼 오랜 기간에 걸쳐 발달하였으며, 대륙과 해양분지들은 계속적으로 다시 만들어진다. 조산대 형성을 유도하는 암석권 판의 수평 이동과 충돌은 수억 년에 걸친 지형 변화의 중요한 추진력을 제공하였다. 지형 진화에 대한 연구는 융기율과 침식율의 상대적인 중요성, 지구의 중요한 지형 요소의 특성과 진화에 영향을 미치는 기권, 생물권과 지권 사이의 복잡한 상호관계와 피드백에 관심이 집중된다. 변화는 지형 진화에 내포되어 있으며, 변화를 조절하는 요인 중 어느 하나의 변화가 발생하면 지형은 진화한다.

무엇이 지형 변화를 개시시키는가? 변화는 지괴의 상승을 일으키는 지구조적 사건 또는 하천이 새로운 요인으로 될 수 있는 해수면의 심한 하강에 의하여 시작될 수 있다. 다른 지표 작용의 상대적인 효율성을 변화시키는 기후의 변동에 의해서도 시작될 수 있다. 지표 작용의 크기와 세기는 자연스럽게 변동하므로 짧은 기간 동안 변화 속도는 변할 수 있다. 지구조적 상승 속도가 증가하거나 지표면이 해수면 높이까지 꾸준히 낮아짐에 따라 상승 속도가 점차 감소하면 오랜 기간 동안 평균 변화 속도가 변할 수 있다.

지권의 변화가 다른 요소의 변화를 어떻게 유도하는가에 대한 흥미 있는 예가 그림 7.31에 설명되어 있다. 컴퓨터 모의실험 결과 히말라야 산맥과 티베트 고원의 융기가 기복에 변화를 초래할 뿐만 아니라 기온과 강수량에도 심한 변화를 일으킴을 보여주고 있다. 이런 변화는 주요 지형대와 식생대의 변화를 유도하며, 지권, 수권, 기권, 생물권 사이의 복잡한 상호 관계를 잘 설명한다.

지형에 있어 아무런 변화가 없는 완전 평형 상태가 존재했을까? 정답은 '아니다' 이다. 지표면이 현재에도 그렇지만 거의 모든 지질 시대에 역동적인 표면이었음을 나타내는 증거가 매우 많다. 지형은 지권, 수권, 기권, 생물권, 심지어는 인간권(지구 역사의 가장 최근 시대)에서 일어나는 자연적인 작용에 상응하여 끊임없이 변하고 있다. 계속되는 장에서 생명체들에게 위험할 뿐만 아니라 생명체들이 살 수 있게 해 주는 지구의 표면을 역동적으로 만드는 작용과 상호작용에 대해서 자세하게 다룰 것이다.

요약

1. 암석 순환은 지권 전체에서 암석의 파괴, 재배열, 형성을 통하여 일어나는 물질의 순환을 포함한다.
2. 암석은 물리적 풍화작용, 화학적 풍화작용 또는 양자의 결합에 의하여 표토로 변한다. 화학적 풍화는 화학반응에 의하여 암석과 광물이 분해되는 것으로, 빗물과 지하수를 이산화탄소를 용해시켜 만드는 약산성인 탄산(H_2CO_3)이 주된 요인이다. 물리적(기계적) 풍화는 절리, 동결 쐐기작용, 틈 내 염의 침전, 산불에 의한 파괴와 식물 뿌리 쐐기작용 등에 의하여 암석이 물리적으로 부서지는 것이다.
3. 침식은 풍화된 물질이 중력의 영향 하에서 일련의 과정에 의하여 이동되어 퇴적 장소까지 이동하는 것으로, 물, 바람, 빙하에 의하여 이동되고 촉진된다. 퇴적물은 침식에 의해 이동되고 퇴적된 표토이다.
4. 쇄설성 퇴적물은 부서진 암석이나 광물 입자로 구성된다. 크기에 따른 네 가지 중요한 쇄설물은 자갈, 모래, 실트와 점토이다. 화학적 퇴적물은 용해된 물질이 용액에 의하여 운반된 후 증발과 같은 화학적 작용에 의하여 침전되어 만들어진다. 생물기원 퇴적물은 생화학적 과정에 의하여 생성된다.
5. 중력사면 이동은 이동시키는 매질의 존재 여부에 상관없이 중력의 영향 하에 표토가 사면 아래로 이동하는 것이다. 퇴적물의 조성과 조직, 공기와 물의 함량 및 사면의 경사도가 이동 형태와 속도에 영향을 미친다. 사태는 지진과 같은 자연 현상이나 경사면을 심하게 경사지게 만들거나 불안정하게 하는 인간 활동에 의하여 유발된다.
6. 쇄설성 퇴적물이 쌓이는 장소는 판구조론에 의하여 조절된다. 이 곳은 낮은 열곡, 산맥 내 구조 분지, 대륙 주변의 섭입대 내 깊은 해양성 해구 등이다. 화학적 퇴적물과 생물기원 퇴적물의 퇴적은 개방된 수성 환경 하에서 일어나기 때문에 판구조론의 영향을 심하게 받지 않는다.
7. 퇴적물이나 표토는 고화작용을 통하여 퇴적암이 되는데, 고화작용의 첫 번째 단계는 매몰과 다져짐작용이다. 느슨한 퇴적물 입자들은 교결작용과 재결정작용에 의하여 서로 응집된다. 퇴적물이 퇴적된 후 일어나는 총체적인 변화를 속성작용이라고 한다. 층리와 화석의 존재는 퇴적암의 전형적인 특징이다. 퇴적암은 퇴적물 형성, 이동, 퇴적 및 고화된 환경에 대한 정보를 가지고 있다.
8. 쇄설성 퇴적암의 네 가지 종류는 역암, 사암, 실트암(또는 이암)과 셰일인데, 이들은 각각 자갈, 모래, 실트 및 점토로부터 형성되었다. 화학적 퇴적암은 화학적 퇴적물의 고화작용에 의하여 생성되었다. 해양 생물의 고화된 껍질이나 분비물로부터 형성된 석회암은 생물기원 퇴적물의 고화에 의하여 만들어진 가장 중요한 암석이다.
9. 퇴적 층리는 퇴적층의 층상 배열을 나타내는 것이다. 퇴적물이 쌓이는 환경에서 발생한 변화 때문에 각 지층 또는 층은 인접 지층과 다르다. 층서학은 지층 수평의 원리, 지층 누중의 원리, 수평 연속의 원리에 기초를 두고 있다. 층서 대비는 둘 또는 그 이상 지역에서 발견된 층연속체의 지질연령의 동등성을 결정하는 것이다.
10. 층서학의 원리, 층서 대비, 단절의 법칙은 전 세계 암석 단위의 상대 연령과 지질사건의 상대 연령을 결정할 수 있게 해 준다. 지질주상도는 알려진 암석 단위를 연대순으로 요약한 것이다. 어느 암석 단위의 수치 연령을 결정하기 위한 방사성 연대측정법의 사용은 지질주상도를 수치 연령 척도에 맞출 수 있게 되었다.
11. 부정합은 층서 기록에서의 단절이다. 이것은 무퇴적, 침식 또는 두 가지 모두가 일어난 기간을 나타낸다. 부정합의 세 가지 중요한 종류는 난정합, 경사부정합, 평행부정합 등이다.
12. 화성암이나 퇴적암이 압력 상승과 온도 상승을 겪을

때 광물 조성이나 조직이 변화된 것이 변성암이다. 변성작용은 150°C 이상, 압력 300MPa 이상 고체 상태에서 광물조합과 조직의 변화를 일으킨다. 변성작용의 상한은 암석 용융이 시작되는 곳이다.

13. 화성암은 차등 응력을 유지하기 어려운 액체로부터 정출므로 화성암 조직은 균등 응력에서 형성된다. 이에 반해 변성암 조직은 판상이나 길쭉한 광물들이 배열되어 생긴 층상조직인 엽리와 같은 차등 응력의 증거를 기록하고 있다. 암석의 초기 성분은 변성 온도, 압력과 더불어 생성되는 광물 조합을 결정한다.
14. 가장 중요한 세 가지 변성작용은 매몰, 광역, 접촉 변성작용이다. 이들은 온도, 압력, 차등 응력, 역학적 변형과 화학적 재결정작용의 상대적 중요성 등에서 차이가 있다. 역학적 변형에는 연마, 파쇄, 그리고 엽리 발달 등이 포함된다. 화학적 재결정작용은 변성작용 동안 발생하는 광물 조성의 변화, 새로운 광물의 형성, H_2O와 CO_2의 상실 등이 포함된다.
15. 변성암은 조직과 광물 조합에 근거하여 이름을 붙인다. 셰일의 변성작용 산물은 변성도가 증가하는 순으로 점판암, 천매암, 편암 및 편마암이다. H_2O가 암석 내로 들어가 함수 광물이 형성되는 조건에서 현무암이 변성작용을 거치면 녹색편암, 각섬암, 백립암과 같은 변성암이 형성된다. 석회암과 사암의 변성암은 각각 대리암과 규암으로, 이들은 단일광물로 이루어져 있으며 엽리가 발달하지 않는다.
16. 변성상 개념은 일정한 암석 조성의 경우, 일정한 온도와 압력 범위에서 변성작용 동안 만들어지는 광물조합은 항상 동일하다는 것이다. 청색편암상과 에클로자이트상을 형성하는 변성 조건은 압력이 온도보다 훨씬 빨리 상승하는 지각 암석이 급히 섭입하는 판에 의하여 끌려 내려가는 경우 도달한다. 녹색편암상과 각섬암상 변성작용이 발생하는 독특한 변성 조건은 지각이 대륙 충돌에 의하여 두꺼워지거나 상승하는 마그마에 의하여 가열되는 곳이다.
17. 용융은 세 가지 중요한 현무암질, 안산암질, 유문암질 마그마의 발달을 유도하며, 이들의 성질은 주로 조성에 의하여 결정된다. 부분 용융과 분별 용융은 다양한 마그마 종류를 만든다. 냉각, 냉각되는 마그마로부터 결정이 핵화되고 성장하는 정출작용은 화성암의 특성을 결정하는 조성에 연계된다. 냉각 속도는 최종적으로 형성되는 개별 광물 입자의 크기에 영향을 미친다.
18. 일정한 조성의 마그마가 냉각되면 이로부터 형성되는 광물조합은 관입암이나 분출암에 관계없이 똑같고, 차이가 나는 점은 조직이다. 화산암은 미세한 입자나 유리질이 특징인 반면, 심성암은 마그마가 서서히 식어 만들어졌기 때문에 조립질이다. 현무암질 마그마는 염기성 화산암인 현무암과 심성암인 반려암을 생성한다. 안산암질 마그마는 중성 화산암인 안산암과 심성암인 섬록암을 만든다. 유문암질 마그마는 산성 화산암인 유문암과 심성암인 화강암을 형성한다.
19. 지구에 존재하는 매우 다양한 화성암은 냉각과 정출 동안 발달하는 조직의 차이, 다른 조성을 가지는 잔류 암석으로부터 용융체의 분리를 일으키는 부분 용융과 분별 용융 등에 의하여 발달한다. 분별 정출작용 역시 다양한 화성암 산출에 기여한다.
20. 다섯 가지 중요한 요인, 즉 작용, 기후, 암상, 기복, 시간 등이 상호작용하여 지형 특성을 결정한다. 지속적인 변화는 암석권을 밀어 올리는 판구조 운동, 지각 평형 및 화산 활동 등과 같은 내인적 힘과 암석권을 삭박하여 깎아 내리는 외인적 힘 사이에 계속 진행 중인 상호작용이 존재한다는 것을 반영한다. 삭박은 산맥의 융기와 더불어 시작되어, 활발한 구조적 상승이 끝난 이후에도 오랫동안 지속된다. 이 결과 육지를 지속적으로 조각하여 다양한 지형과 기복을 가진 표면을 발달하게 한다.

주요 용어

광역 변성작용(regional metamorphism)
교결작용(cementation)
기계적 풍화작용(mechanical weathering)
다짐작용(compaction)
매몰 변성작용(burial metamorphism)
모래(sand)
물리적 풍화작용(physical weathering)
변성 교대 작용(metasomatism)

변성상(facies)
변성암(metamorphic rock)
변성작용(metamorphism)
부정합(unconformity)
사태(landslide)
삭박률(denudation)
생물기원 퇴적물(biogenic sediment)
속성작용(diagenesis)
쇄설성 퇴적물(clastic sediment)
실트(silt)
암상(lithology)
암석 순환(rock cycle)
암석화작용(lithification)
엽리(foliation)
응력(stress)
자갈(gravel)
재결정작용(recrystallization)
절리(joint)
점토(clay)
접촉 변성작용(contact metamorphism)
정출작용(crystallization)
중력 사면 이동(mass wasting)
지질연대표(geologic time scale)
층리(bedding)
층서 대비(correlation)
층서학(stratigraphy)
침식(erosion)
퇴적(deposition)
퇴적물(sediment)
퇴적암(sedimentary rock)
표토(regolith)
풍화작용(weathering)
화성암(igneous)
화학적 퇴적물(chemical sediment)
화학적 풍화작용(chemical weathering)

복습 문제

1. 암석 순환이란 무엇인가? 암석 순환을 구성하는 주된 과정을 요약하라.
2. 화학적 풍화를 촉진하는 암석의 물리적 파괴에는 무엇이 있는가?
3. 퇴적물의 세 가지 중요한 종류는? 이들의 이름을 열거하고 이들이 어떻게 형성되고 이동하는지 기술하라.
4. 침식이란 무엇인가? 이것은 중력 사면 이동과 다른 것인가? 침식과 중력 사면 이동을 일으키는 주된 추진력은 무엇인가?
5. 느슨한 퇴적물 덩어리가 암석으로 변하는 두 가지 방법을 설명하라.
6. 층서학의 기본 원리를 열거하고 간단하게 설명하라.
7. 층서 연속에서 단절이 발생하는 방법과 원인은 무엇인가?
8. 응력이란 무엇인가? 압력과 어떻게 다른가?
9. 엽리란 무엇인가? 이것은 어떻게 형성되고, 왜 암석이 변성 기원이라는 가치 있는 증거로 여겨지는가?
10. 변성작용의 세 가지 중요한 종류는 무엇인가? 그 이름을 열거하고 간단하게 설명하라.
11. 정출작용이란 무엇인가? 어떻게 용융과 연관되는가? 재결정작용과 어떻게 다른가?
12. 화성암의 중요한 종류는 무엇인가? 적은 수의 마그마 조성으로부터 지구상에 존재하는 엄청나게 다양한 화성암 종류를 어떻게 설명할 수 있는가?
13. 무엇이 화성암과 변성암 내 광물 입자를 붙잡고 있는가? 퇴적암의 경우에는?
14. 광물 조합에 의하여 어떤 암석을 정확하게 판별할 수 있는가? 그렇지 않다면 어떤 정보가 더 필요한가? 퇴적암, 변성암, 화성암에 대하여 고찰해 보자.
15. 인간 활동은 어느 지역의 침식과 퇴적물 산출에 어떻게 영향을 미치는가? 지형에는 어떤 영향을 주는가?

연구와 토론 문제

1. 서로 다른 종류의 마그마와 화성암, 퇴적물과 퇴적암, 변성작용과 변성암 산출을 제어하는 판구조론의 역할에 대하여 토론해 보자.
2. 21세기 초반 동안 침식 지형은 연속적인 지형 순환과 지형 진화를 반영하여 궁극적으로는 지형 평행 상태에 도달한다고 믿어졌다. 이 개념은 데이비스(William Morris Davis)에 의하여 제안되었으며, 판구조론보다 먼저 발표되었다. 데이비스의 업적을 찾아 읽은 후 그의 지형 순환의 개념이 오늘날 우리가 이해하고 있는 판구조론과 일치하는지, 일치하지 않은지에 대하여 토론해 보자.

3. 지형은 오랜 시간에 걸쳐 융기력과 삭박력 사이의 균형을 맞추는 쪽으로 진화한다. 여러분은 활발한 융기가 일어나는 곳에 살고 있는가? 아니면 지형 진화에서 삭박력이 우세하여 손상되는 지역에 살고 있는가?

기초 원리 문제

1. 지각 물질과 사건의 상대 연령을 결정하는 데 적용되는 층서학의 원리는 무엇인가?
2. 지질 시간 규모의 주된 구분 단위는 무엇인가?
3. 지형 발달에 영향을 미치는 다섯 가지 요인은?

자세히 보기 문제

1. 왜 호상철광층은 모두 18억 년보다 오래되었는가?
2. 호상철광층에서 호층으로 나타나는 붉은색, 검은색, 하얀색 띠는 무엇으로 구성되는가?
3. 어떻게 호상철광층은 지구 대기와 수권의 화학적 진화 및 오늘날과 같은 산소가 풍부한 대기로의 점진적 변화를 나타내는가?

제 3 부

수권 : 물과 얼음으로 된 지구의 담요

수권(hydrosphere) : 물을 의미하는 그리스어 *hydro*와 지구, 공, 구를 의미하는 *sphaira*에서 유래
빙설권(cryosphere) : 차디 차다는 의미의 그리스어 *kryos*와 지구, 공, 구를 의미하는 *sphaira*에서 유래

제1장에서 우리는 수권을 대기의 수증기를 제외한 바다, 호수, 강, 지하수, 그리고 눈과 얼음을 포함하여 지구상의 모든 물의 총체로 정의하였다. 이 정의는 직접적이지만 엄밀히 얘기하면 정확하지 않다. 물은 지구계의 모든 권역에 존재하며, 심지어 지구 내부의 암석에도 존재한다. 즉 수권은 지권, 대기권, 생물권, 심지어 인간권과도 중첩된다. 지구 표면과 표면 가까운 환경에 있는 많은 양의 물이 수권에 있기 때문에 설명의 편의를 위해 수권을 구분한다.

지구 물의 97% 이상은 바다에 있다. 바다는 우리 행성의 표면에 존재하며 기후 변화와 생명체 유지에 매우 중요한 역할을 한다. 제10장에서는 세계의 바다를 다룰 것이다. 부피로 보았을 때 지구의 물은 바다 다음으로 얼어 있는 상태로 가장 많이 존재한다. 이는 (인간의 관점에서) 오랜 기간 눈이나 얼음의 형태로 존재하며, 높은 산이나 극지방에 있는 2개의 커다란 빙원을 차지하고 있다. 이것이 빙설권이며, 수권에서 가장 큰 담수의 저장소이다. 수권은 제9장에서 자세히 다룬다.

수권의 나머지 물(호수, 강, 대기, 흙 속의 수분, 생명체, 지하수)의 총량은 전체의 약 1%밖에 되지 않는다. 이것이 우리가 알고 있는, 우리 삶에서 의존하는 물이다. 제8장에서는 지상과 지하에 존재하는 물의 이동과 저장에 대해 알아본다.

제3부는 다음과 같은 장으로 구성되어 있다.

- 제8장. 물 순환
- 제9장. 빙설권
- 제10장. 세계의 해양

◀ **육지, 물, 얼음이 만나는 곳**
아르헨티나의 파타고니아의 안데스 산맥의 거대한 빙모는 많은 빙하를 만든다. 이 중 하나인 페리토모레노 빙하는 라고아르젠티노로 흘러가고, 이것은 부피가 줄어들기보다는 늘어나는 수개의 안데스 빙하 중 하나이다. 육지, 물, 얼음의 상호작용은 지구의 기후 시스템에 커다란 영향을 미친다.

CHAPTER

8

물 순환

개요

이 장에서 우리는

- 물 순환의 저장소와 경로, 그리고 수권이 지구계의 다른 권역과 어떻게 상호작용을 하는지 검토한다.
- 물의 수로에서 흘러가는 방법과 지표에 저장되는 방법을 설명한다.
- 범람, 예측, 그리고 인간에 미치는 영향에 대해 검토한다.
- 지하수의 발생과 이동에 대해 설명한다.
- 자원으로서 물에 대한 사회적 의존도를 다룬다.

◀ **지구 표면의 물**

흐르는 물의 에너지는 터키 아디야만 근처의 유프라테스 강에 세워진 아타튀르크 댐에서 격렬하게 흘러내리는 방류수에서 확실하게 볼 수 있다.

지구계에서 가장 익숙한 순환은 **물 순환**(hydrologic cycle)이다. 물 순환은 지구 표면과 그 아래에 있는 전체 수권의 다양한 저장소들에 있는 물의 움직임이다. 우리는 눈이나 비에 의해 도로가 젖고 증발에 의해 건조되는 것을 통해 이러한 흐름에 익숙하다. 또한 우리는 시냇물, 호수, 습지 등에서 물의 저장과 이동을 볼 수 있다. 물 순환을 통한 물의 이동과 지구 구조에 있어서 물의 중요한 역할이 이 장의 주요 내용이다.

물과 물 순환

대기와 지표수에서 물은 기온과 기후 조절에 있어서 중요한 역할을 한다. 물은 대기 중에서 수증기의 근원이며, 열을 교환하고 열 에너지를 저장한다. 또한 물 순환 작용은 지구의 모습을 형성하는 주된 요인이다. 지구조적 운동과 결부된 강물, 파도, 그리고 빙하의 침식과 퇴적 작용의 영향은 태양계의 다른 행성의 경관과 다른 지구 표면의 경관을 형성했다. 침식과 퇴적 작용의 결과를 통해 보면 물 순환은 암석 순환과 관련되어 있다(그림 8.1). 마지막으로 물은 대기 구성을 제어하고 지구상의 모든 생명체에 영향을 주는 생지화학적 순환의 핵심 구성 요소이다. 화합물로서 물의 독특한 성질은 지구에 물이 존재할 수 있게 한다.

그림 8.1 물 순환
물의 순환은 여기에 제시된 것처럼 암권, 지권, 생지화학권이 상호작용을 하며 지구 구조의 모든 측면과 서로 연결되어 있다.

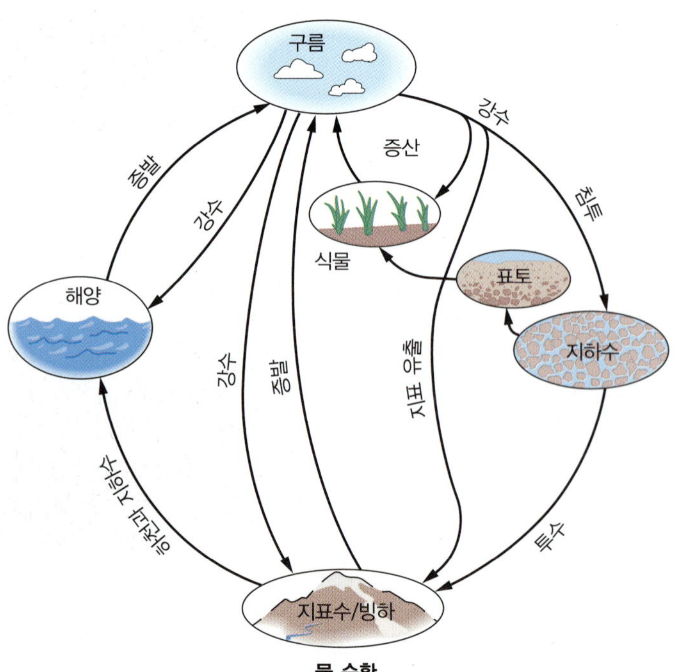

지구계의 모든 순환처럼 물 순환도 경로와 저장소로 구성되어 있다. 경로는 저장소 간 물 순환을 의미하며 저장소는 '저장 탱크'로서 연속적으로 변하는 시간의 길이를 의미한다. (저장소, 경로, 계 및 플럭스에 관련된 기본 개념은 제1장을 참조) 수권의 물의 총량은 고정되어 있지만 짧은 기간 동안에 지역적인 저장소에서는 큰 변동이 있을 수 있다. 예를 들어 가뭄이 발생한 지역과 인접한 다른 지역에서는 홍수가 날 수 있다. 그러나 전 지구 규모에서 보면 변동은 지구 전체 물의 양에 변화를 주지 않는다. 따라서 물 순환은 전 지구 규모에서는 균형을 유지한다고 말할 수 있다. 전반적으로 이것은 폐쇄된 순환이지만, 이 폐쇄된 순환 안에서 물은 개방된 하부 시스템의 네트워크를 통해서 다른 저장소로 지속적으로 이동한다.

비록 물이 지속적으로 한 저장소에서 또 다른 저장소로 이동하지만, 각 저장소의 물의 부피는 짧은 시간 간격 동안 거의 변함이 없다. 그러나 긴 기간에 걸쳐서는 저장소의 물의 양이 크게 변동될 수 있다. 예를 들면 빙하 시대 동안 물의 방대한 양은 바다로부터 증발했고 눈의 형태로 육지에 축적되었다. 눈은 서서히 두꺼운 빙하를 형성하며 축적된다. 그리고 오늘날 아무도 존재하지 않는 방대한 영역에 덮여 있다. 가장 최근의 빙하 시대의 절정기에 바다로부터 증발된 물의 양은 해수면을 120m나 낮출 정도로 많았으며 확장된 빙하는 얼음으로 덮인 지구 면적을 300% 이상 증가시켰다.

물 순환의 저장소

지구의 가장 큰 물 저장소는 97.5%를 차지하고 있는 바다이다(그림 8.2). 이것은 물 순환에서 대부분의 물이 짠물이고 담수가 아니라는 것을 의미한다. 우리는 담수를 이용하여 음료, 농업, 산업 용도로 사용하기 때문에 이것은 우리에게 중요한 의미가 있다. 담수의 가장 큰 저장소는 담수의 약 74%를 포함하고 있는 거대한 극지방의 대륙빙이다. 대륙빙은 장기적인 저장소이다. 재순환되기 전 물은 어쩌면 수십만 년간 이곳에 저장된다. 얼지 않은 나머지 물의 98.5%가 빙하 다음으로 많은 **지하수**(groundwater)로 지구의 지하에 저장되어 있다. 나머지 물의 매우 적은 양이 물 순환을 거쳐 호수나 하천과 같은 표면 담수에 저장된다. 더 적은 양이 토양의 공극 내에 존재한다. 심지어는 아주 적은 양의 물이 짧은 시간 동안 대기와 생물체의 몸 속에 저장된다.

담수 2.5%
해수
97.5%
얼지 않는
담수
얼어 있는
담수
(빙모와
빙하)
74%
지표수
지하수
98.5%
생물권
대기권
토양
수분
지표 담수
(호수, 하천)
지구의 물 저장소

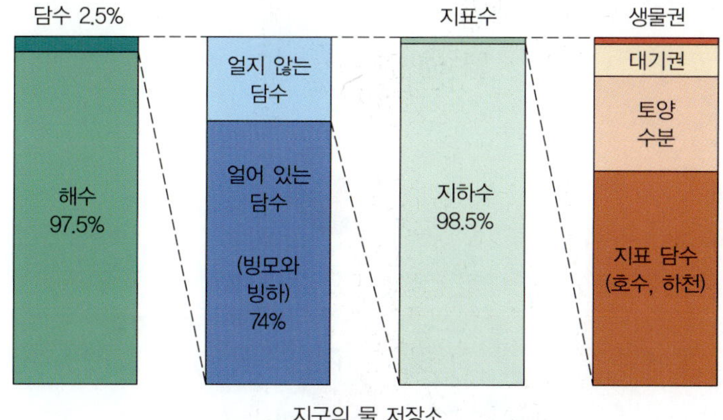

그림 8.2 물 순환 저장소
지구 물의 대부분은 해양에 있다. 1년 내내 얼어 있는 빙설권은 가장 큰 담수 저장소이다. 지하수는 얼지 않은 가장 큰 저장소이다. 지표수, 토양의 수분과 대기와 생물권이 가지고 있는 물의 양은 비교적 적다.

일반적으로 저장소의 크기와 물이 저장소에서 머무르는 평균 시간인 체류 시간 사이에는 상관관계가 존재한다(제1장). 해양과 빙모와 같이 규모가 매우 큰 저장소에서 물의 체류 시간은 수천 년이지만 대기에서는 수일, 하천과 강에서는 몇 주, 살아있는 생물체에서는 며칠 또는 몇 시간 정도로 작은 저장소의 체류 시간은 매우 짧다.

물의 순환 경로

지구에 있는 저장소들 사이의 물은 태양에 의해 이동된다(그림 8.3). 태양으로부터 오는 열은 바다와 육지 표면에서 물의 **증발**(evaporation)의 원인이 되고, 물이 액체에서 수증기로 변환된다. 이렇게 만들어진 수증기는 대기로 들어가고 공기 흐름을 따라 이동한다. 대기 상태 변화에 따라 수증기는 **응결**(condensation)되어 액체 또는 고체 상태로 변한다. 응결된 물(눈과 비) 은 작은 물방울이나 입자로 뭉쳐 중력에 의해 육지나 바다로 떨어진다. 제11장에서 우리는 증발, 응축, **강수**(precipitation) 과정을 좀 더 자세히 검토한다.

그림 8.3 물의 순환 경로
이 경로는 지구에서 물 순환 구조에 따른 물의 움직임을 보여준다.

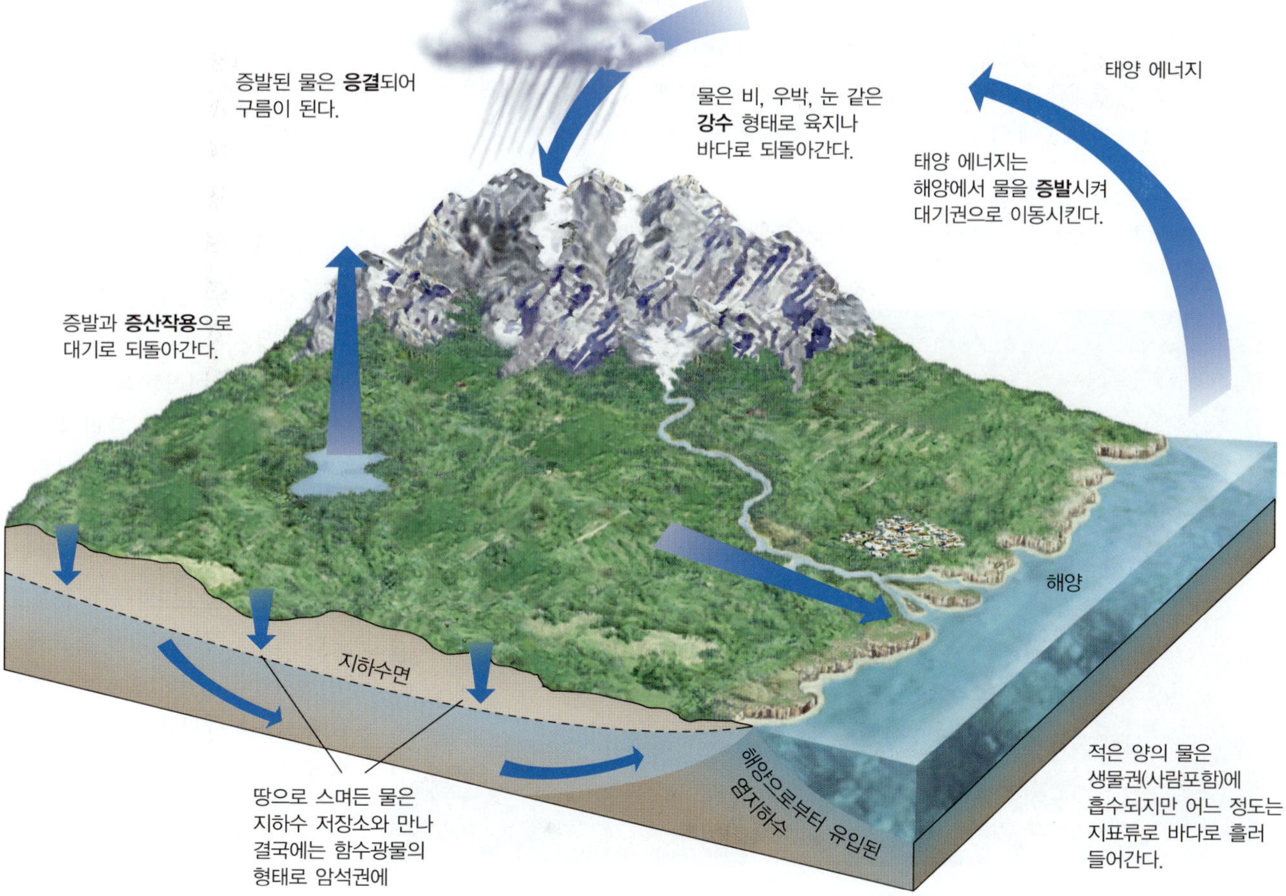

증발된 물은 응결되어
구름이 된다.
물은 비, 우박, 눈 같은
강수 형태로 육지나
바다로 되돌아간다.
태양 에너지
태양 에너지는
해양에서 물을 증발시켜
대기권으로 이동시킨다.
증발과 증산작용으로
대기로 되돌아간다.
해양
지하수면
해양으로부터 유입된
염지하수
땅으로 스며든 물은
지하수 저장소와 만나
결국에는 함수광물의
형태로 암석권에
적은 양의 물은
생물권(사람포함)에
흡수되지만 어느 정도는
지표류로 바다로 흘러
들어간다.

기초 원리

물, 보편적인 용매

우리는 지구 표면에서 물의 일반적인 상태—액체, 고체, 기체—가 물리적으로 다르다 하더라도 세 가지 형태 모두를 나타내는 단어 '물'을 사용한다. 물 또는 H_2O의 물리적 상태는 온도와 압력에 의해 조절된다. 높은 온도 또는 낮은 압력에서 수증기(또는 증기)는 H_2O의 안정적인 상태인 반면 낮은 온도 또는 높은 압력에서는 얼음을 만든다. 해수면에서의 대기압과 에베레스트 산 꼭대기에서의 대기압의 양극단을 나타낸다. 표면 온도는 −100°C~+50°C 범위에 있다. 이러한 온도와 압력의 범위 내에서 물은 자연적으로 세 가지 물질의 상태로 존재할 수 있다. 즉 고체 상태(얼음), 액체(물), 또는 기체(수증기)로 존재할 수 있다(그림 B8.1).

지표면 가까운 환경에서 고체, 액체, 기체 상태의 물의 존재는 행성과 달 중에서 지구가 유일하다. 우주에서 보면 지구는 물, 눈, 얼음, 그리고 구름으로 덮여 있기 때문에 대부분 파란색과 하얀색이다. 비록 어떤 형태의 물이 화성을 포함한 태양계의 다른 천체 표면에서 검출되었지만, 지구를 제외한 어떤 행성에도 액체 상태의 물이 존재하지는 않는다. 화성의 매우 낮은 온도와 압력은 물이 수증기 또는 얼음으로만 존재할 수 있다는 것을 의미한다. 그리고 금성은 너무 뜨거워 물이 단지 수증기 상태로만 존재할 수 있다. 목성의 위성 중 가장 큰 가니메데스는 몹시 춥기 때문에 얼음으로 된 두꺼운 '암석권'에 의해 덮여 있다. 목성의 또 다른 위성인 유로파와 토성의 위성인 타이탄에는 물로 된 거대한 지하 바다가 있을 수 있지만, 지금까지 이에 대한 증거는 찾기 힘들다.

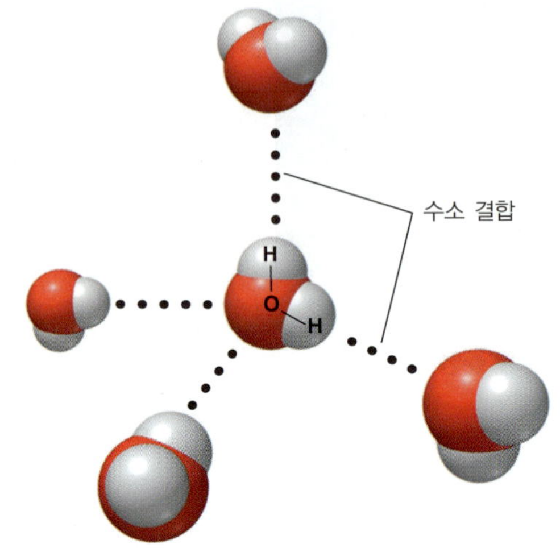

그림 B8.2 **물, 이극성 분자(쌍극 분자)**
물은 하나의 +극과 양끝에 −극을 가지는 이극성 분자이다. 이는 수소결합을 통해 다른 물 분자들과 결합할 수 있는 이유이다.

물은 단지 세 원자로 구성된 비교적 단순한 분자이다—두 개의 수소 원자와 하나의 산소 원자(H_2O). 그 결과 물 분자는 쌍극성(dipolar)으로 미약한 음전하가 한쪽에 있고 미약한 양전하가 다른 한쪽에 있는 비대칭이다(그림 B8.2). 이는 물 분자들이 수소결합으로(판 데르 발스 결합 방식) 서로 끌어당기게 한다. 수소결합과 물 분자의 쌍극성 특성은 물의 다양한 특성을 결정해 준다. 결국 이러한 특성은 물이 지구계에 있는 수많은 물리적·화학적·생물학적 과정에서 중재하거나 촉진하는 역할을 하게 한다.

서로 인접한 물 분자 사이에서 작용하는 쌍극점의 인력은 물 분자들을 강한 막으로 접합시키는 데 이를 표면 장력이라고 한다(그림 B8.3). 표면 장력은 물을 유리컵 상단 가장자리보다 좀 더 채울 수 있게 한다. 물의 표면 장력은 물이 컵 가장자리에서 넘쳐 흐르는 것을 방지한다. 지표 온도

그림 B8.1 **세 가지 상태의 물**
남극의 레미어 채널(Lemaire Channel)을 가로지는 사진에서 우리는 대기의 수증기로부터 응결된 구름, 빙하의 얼음, 해수까지 물의 세 가지 상태를 볼 수 있다.

그림 B8.3 표면 장력
표면 장력은 물의 가장 중요한 특징 중 하나이다. (A) 표면 장력의 결과로 물은 작은 물방울을 형성한다. (B) 소금쟁이는 물의 표면에서 이동하기 위해 표면 장력을 이용한다.

와 압력에서 물보다 높은 표면 장력을 가지는 흔한 액체는 액체수은이 유일하다. 표면 장력은 다양한 자연 현상을 만들어낸다. 이것은 작은 물방울을 만들 수 있게 하고 기름과 물처럼 혼합할 수 없는 액체를 서로 분리시키기도 한다. 심지어 호수 또는 연못의 표면에서도 물과 공기 사이의 경계면에서 표면 장력은 유지된다. 표면 장력은 그 자체보다 물질의 밀도를 좀 더 유지할 수 있도록 해 주며, 소금쟁이 같은 일부 수생 곤충이 물 표면을 이동할 때 가능하게 한다. 표면 장력은 바람에 의해 야기된 파도와 물결의 형성에도 중요한 역할을 한다. 이것은 바람의 분산력을 약하게 하는 물의 힘이다.

물의 쌍극성은 가는 관을 통해 이동하는 물 분자가 관의 측면으로 강력하게 끌어당겨지는 모세관 인력(capillary attraction) 또는 모세관 현상을 야기한다. 물 분자가 관 안으로 끌어당겨짐으로써 다른 물 분자도 함께 당겨진다. 이 속성이 없으면 식물과 나무들이 뿌리를 통해 영양분을 흡수하는 것이 불가능하며, 지하수의 침투는 천천히 낮아지고 토양 수분은 빨리 마르게 된다. 또한 모세관 현상은 눈물길의 흐름에 중요한 역할을 하기 때문에 사람도 우는 것이 불가능해질 수도 있다.

물 분자는 서로 접합하기 쉽기 때문에 다른 많은 물질에 쉽게 접착한다. 이것은 물이 매우 다양한 물질들을 쉽게 용해하거나 수송을 할 수 있도록 하며, 이는 물이 보편적인 용매(하지만 사실 많은 물질들이 물에 쉽게 용해되지 않는다. 기름이 그 예이다)라고 하는 이유이다. 물의 용매 성질은 지구에 있는 생명체에 많은 의미를 지닌다. 예를 들어 물은 암석과 토양에서 식물의 영양분을 녹여 식물의 뿌리로 운반한다. 대기에서 물방울은 이산화탄소를 용해해 지구 표면으로 이동시키고, 이를 통해 생성된 약한 산성 용액은 화학적 풍화에서 중요한 역할을 한다.

또한 수소결합은 비슷한 크기의 다른 어떤 분자보다 넓은 범위의 온도에서 물을 액체 상태로 유지한다. 물의 다중 수소결합을 깨기 위해서 많은 에너지가 요구되기 때문이다. 따라서 수소결합은 물에 높은 비열(주어진 양의 물질의 온도를 높이는 데 필요한 에너지)뿐만 아니라 높은 기화열(수증기로 변형시키는 데 필요한 에너지)을 제공한다. 알려진 물질 중에서 수소결합을 하고 있는 암모니아(NH_3)가 유일하게 물보다 높은 비열을 갖는다. 이들 특성은 물이 지구의 기후에 미치는 영향을 조절하는 중요한 역할을 한다.

물은 근본적으로 다른 많은 중요한 특징을 가지고 있다. 물은 밀도가 액체 상태보다 고체 상태가 작은 물질(원소 비스무트도 이런 물질이다) 중 하나이다. 얼음이 물 위에 뜨고 호수가 겨울에 단단히 얼지 않는 것은 이 때문이다. 물은 또한 투명하며 햇빛을 통과하게 하는 이런 특성이 없으면 대부분의 수생 생명체는 존재할 수 없을 것이다. 지구상의 모든 생명체는 근본적으로 물과 물의 독특한 속성에 의존한다.

지상에 내린 비는 증발되거나 또는 초목에 의해 차단된 후 이어서 앞으로부터 증발되어 대기 중으로 되돌아간다. 식물의 뿌리에 의해 흡수된 물은 또한 식물 내를 이동하여 결국에는 잎 표면에서 **증산작용**(transpiration)에 의해 대기로 되돌아간다. 땅바닥에 떨어져서 증발하지 않는 물은 지표로 유출되어 **유출수**(surface runoff)가 된다. 그중 일부는 호수 또는 습지와 같은 지표수로 한동안 저장되고, 다른 일부는 침투(infiltration)에 의해 토양 속으로 서서히 스며들어 결국에는 거대한 저장소인 지하수의 일부가 된다. 눈은 녹을 때까지 한 계절 또는 그 이상 지상에 남아 있을 수 있으며, 빙하에 공급된 눈은 훨씬 더 오랫동안—아마 수천 년 동안—갇혀 있지만 결국에는 이 눈 역시 녹거나 증발되어 바다로 되돌아간다.

육상의 물

만약 여러분이 비가 오는 동안 밖에 서 있다면 물이 지표류(overland flow)[또는 판상류(sheet flow), 흐르는 물이 얇고 넓은 판 형태로 흐르기 때문에]라고 하는 과정에 의해 아래로 이동하는 경향을 볼 수 있다. 짧은 거리를 이동한 후, 지표류는 윤곽이 뚜렷한 수로로 모이기 시작하고 이것은 하천류가 된다. **하천류**(streamflow)는 강수에 의해 지표류에서 유래되어 수로로 흘러가는 강우흐름(storm flow)과 지하수 공급에 의해 수로로 바로 흘러드는 기저유출(base flow)로 구성된다. 기저유출이 없는 하천은 계절에 따라 말라붙는데 이것을 건천이라고 한다. 기저유출이 있는 하천은 마르지 않으며 항시하천이라고 한다. 지표류와 하천류는 물 순환에서 가장 중요한 경로인 유출수가 된다(그림 8.4).

자연계에서 하천

모든 하천은 상호작용을 하는 여러 구성 요소로 이루어진 복잡한 자연계의 일부이다. **하천**(stream)은 윤곽이 명확한 자연 통로를 따라 경사가 낮은 곳으로 흐르는 물로 구성된다. 우리는 보통 매우 큰 하천을 강이라고 하며, 하천수가 흐름에 따라 하천의 물은 퇴적물 입자를 운반(쇄설물 제7장 참조)하고 물질들을 용해시킨다. **수로**(stream channel)는 하천의 경로이며 물이 흐르는 효율적인 통로이다. 하천의 **짐**(load)은 하천이 운반하는 모든 퇴적물과 용해된 물질의 총합이다. 지질학자들은 퇴적물 짐을 **충적토**(alluvium)라 한다.

모든 하천은 그의 **배수유역**(drainage basin, 때때로 분수계 또는 집수역이라고도 함)으로 둘러싸여 있으며, 이것은 하천으로 물을 공급하는 총 면적이다(그림 8.5A). 인접 배수유역을 구분하는 선은 지형이 높은 곳이나 또는 산등성이며 분수령이라고 한다. 배수유역의 크기는 1km^{2}보다 작은 크기부터 아대륙의 크기에 이르기까지 다양하다. 배수유역의 면적은 그 유역의 물이 배수되는 하천의 길이와 하계를 통해 이동하는 연평균 물의 양에 비례한다. 북아메리카에서 미시시피 강의 거대한 배수 유역은 강에 인접한 미국과 면적과 남부 캐나다 면적의 40%를 초과하는 면적을 포괄하고 있다(그림 8.5B).

그림 8.4 강수가 흘러가는 곳
(A) 강수의 58% 정도는 다시 대기로 되돌아간다. 적은 양은 지하수로 유입된다. 남은 양은 지표 위나 수로를 따라 흘러가 (B)에 제시된 것처럼 지표수가 된다. (B)는 캘리포니아에 있는 세쿼이아 국립공원의 모스키토크릭 사진이다.

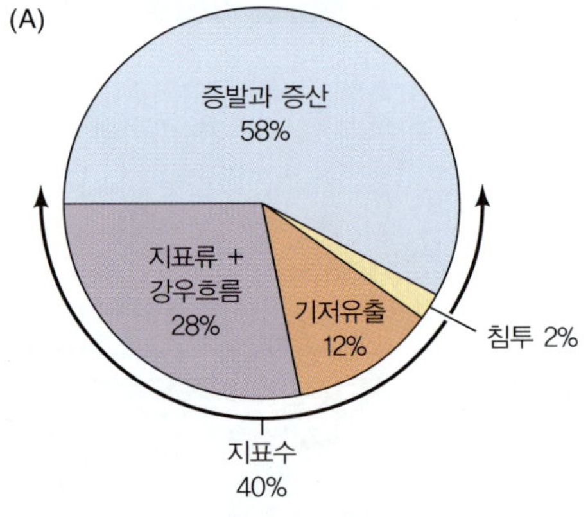

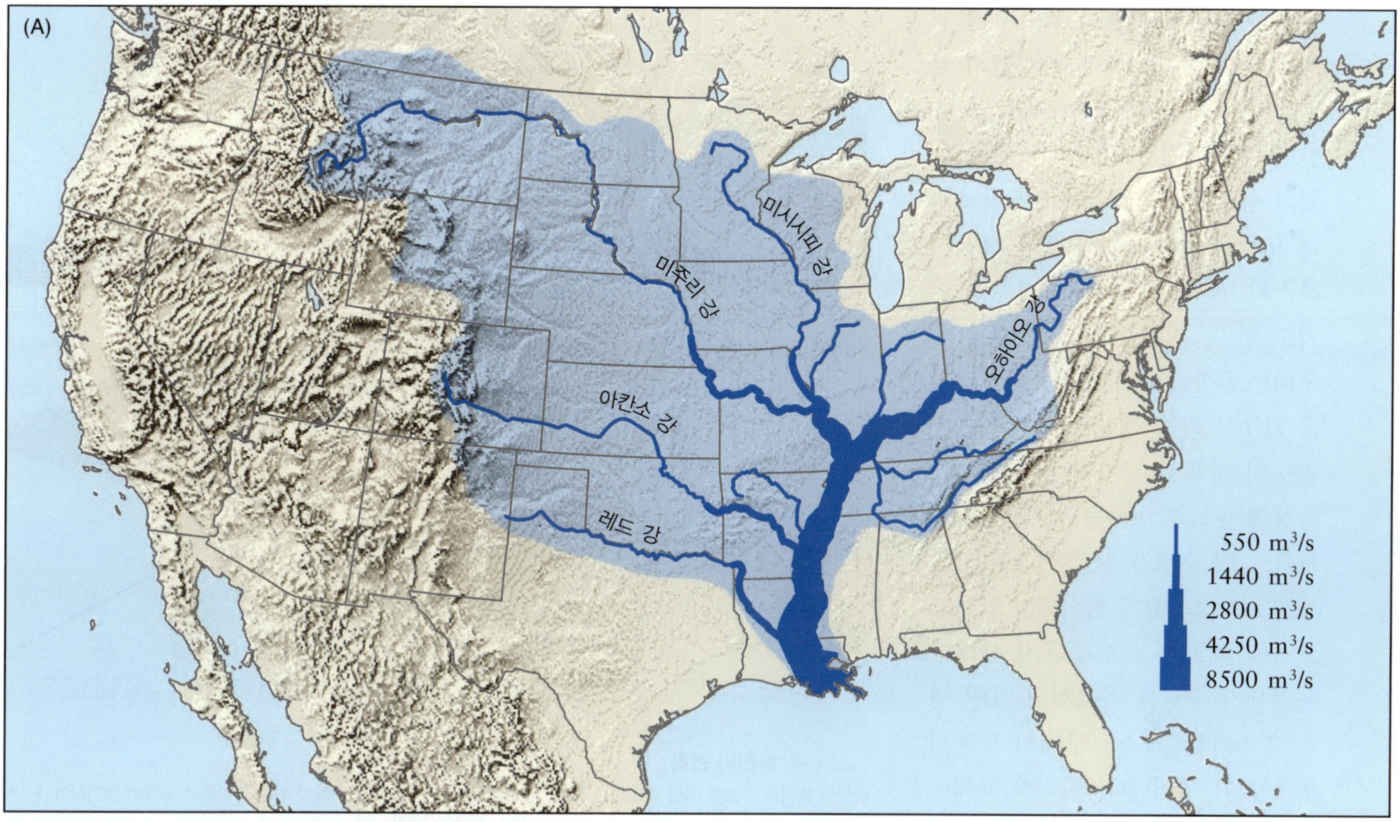

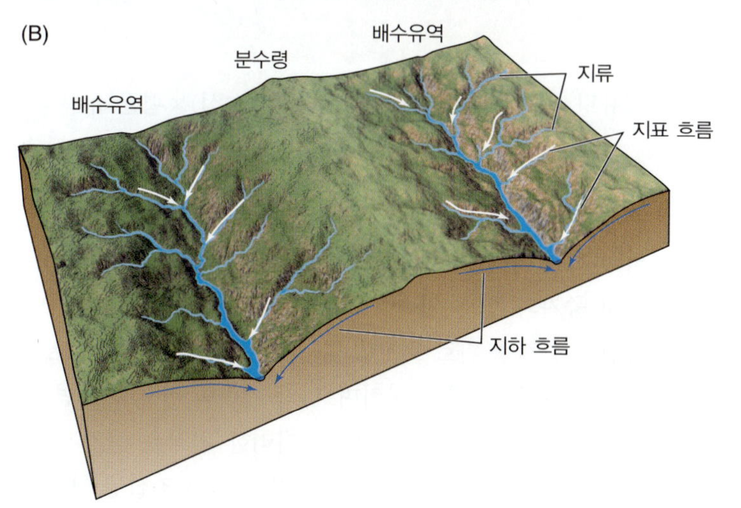

그림 8.5 배수유역
(A) 배수유역은 주어진 하천이 배수하는 전 지역이다. 미시시피 강의 배수유역은 미국 중서부의 대부분 지역을 포함하고 캐나다의 남부로 확장된다. 이 그림에서 강의 폭은 m^3/s 유량을 나타낸다. (B) 인접한 배수유역은 그림에서처럼 분수령에 의해 나눠진다. 각 지류들은 각자의 좀 더 작은 배수유역들을 가지고 있다.

하천 및 하계는 물 순환과 암석 순환에 있어 핵심 역할을 한다. 바다에서 대기로 물이 증발하게 되며, 그중 일부분은 강수로 지표에 내리고, 강수의 일부는 지표류와 수로 내 하천류를 통해 지표를 가로질러 바다로 흘러 들어가게 된다. 도중에 하천은 땅을 침식시키고, 퇴적물을 운반하여 퇴적시키며 신뢰할 만한 물의 공급에 의존하는 복잡한 생태계를 지지해 준다. 지구의 하천과 하계는(지구조적 순환 과정에 영향을 받는) 지형과 기복의 변화하는 조건뿐만 아니라 기후와 식생 변화에 따라 끊임없이 진화하고 있다.

수로와 하천류

하천 수로의 크기와 형태는 여러 가지 중요한 제어 요소에 의해 변한다. 이것은 강물이 가로질러 흐르는 암석 또는 퇴적물 침식 정도, 하천 하류의 가파름, 그리고 수로를 통해 흐르는 물의 평균 유량을 포함한다. 아주 작은 하천은 그의 너비만큼 깊은 반면에, 매우 큰 하천은 종종 그의 깊이보다 몇 배나 넓은 너비를 갖는다. 어떤 수로는 단순하고 일직선을 이룬다. 또 다른 것들은 복잡하게 굽이쳐 흐르며 갈라진 많은 지류를 가지고 있다.

만약 우리가 수로가 낮아지는 두 지점 간의 거리와 수직 높이를 측정한다면 그 하천의 **구배**(gradient)를 알 수 있다. 경사가 가파른 계곡 하천의 평균 구배는 60m/km에 달하거나 또는 초과하는 반면에 큰하천의 하구의 구배는 0.1m/km 미만이 되기도 한다. 전반적으로 볼 때 강의 구배는 급류를 래프팅하는 사람들이나 카누를 타는 사람들이 입증할 수 있듯이 하류로 갈수록 감소하지만 항상 완만하게 변하는 것이 아니다. 예를 들면 수로가 침식에 강한 암석에서 보다 더 쉽게 침식되는 암석으로 통과해가는 곳이라든지 사태나 용암류가 수로를 가로질러 자연 댐을 형성하는 곳에서 구배의 부분적인 변화가 일어난다. 이러한 곳에서 물은 급류의 한 구간을 통과하면서 빠르게 요동치거나 또는 경사가 가파른 절벽 위로 돌진하는 곳에서는 폭포를 형성한다.

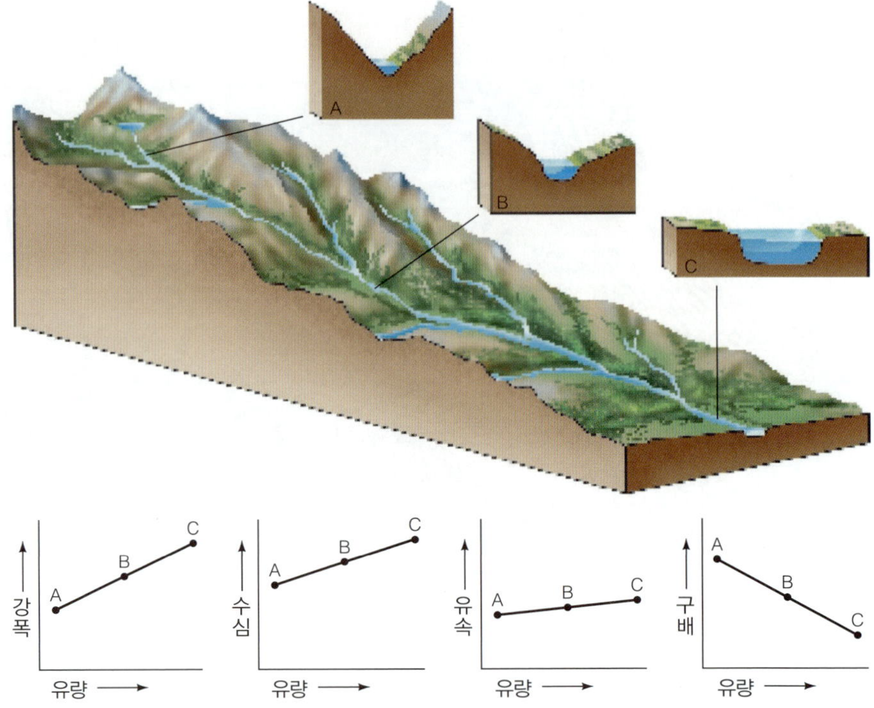

그림 8.6 **하천의 변화**

하천의 특징은 수로를 따라 이동하는 물의 움직임에 따라 변한다. 새 지류의 하천과 합류로 유량이 증가한다. 단면 A, B, C는 하천의 폭과 수심을 보여준다. 그래프는 하천을 따라 세 지점에서 강폭, 수심, 유속, 그리고 구배와의 관계를 보여준다.

하천을 결정하는 요인

하천은 이와 같이 복잡한 자연계이며, 다섯 가지 기본 요인이 하천의 기능을 좌우한다.

1. 수로의 평균 폭과 깊이
2. 수로의 구배
3. 평균 유속
4. **유량**(discharge), 주어진 시간 동안 하천 제방의 한 지점을 통과하는 물의 양
5. 퇴적물 짐(녹은짐의 성분은 다른 이유로 중요하지만 일반적으로 하천의 기능에는 거의 영향을 주지 않는다.)

모든 하천의 기능은 이러한 다섯 가지 요소들이 서로 연속적으로 상호작용을 하며 나타난다. 자연하천에서 조사해 보면 유량이 변할 때 유속 또는 수로의 모양 또는 이 두 가지 모두가 변한다. 이러한 관계를 다음과 같은 식으로 나타낼 수 있다.

$$\text{유량} = \text{수로 횡단 면적(강폭} \times \text{평균 수심)} \times \text{평균 유속}$$

위의 식에서 변수는 상호 의존적이며 하나의 변수가 변할 때 다른 하나도 변한다는 것을 알 수 있다. 예를 들면 하천의 변화는 폭풍 시 유량이 증가할 때 유속도 증가한다. 유량의 증가와 함께 일반적으로 속도 또한 증가한다. 만약 하천이 충적층 위로 흐르면 증가된 유량은 하천의 수로를 빠르게 침식시켜 확대시키며, 만약 기반암 위로 흐르면 수로를 훨씬 느리게 침식시킨다. 이러한 침식은 증가된 유량이 큰 하천 단면적과 빠른 유속에 의해서 조절될 때까지 계속된다. 유량이 감소할 때 짐의 일부가 가라앉기 때문에 수로의 단면적은 감소하고 따라서 유속도 또한 감소한다. 이러한 방식으로 수로의 폭과 깊이, 그리고 유속은 끊임없이 변하는 유량에 의해 조정되며, 이러한 요소 간의 개략적인 평형이 유지된다.

하천을 따라 상류(또는 근원지)에서 강 하구로 내려갈 때 수로는 대체적으로 어떤 법칙에 의해서 통제되는 것을 볼 수가 있다. 예를 들면 수로의 폭과 깊이가 증가하고 구배는 감소하며, 유속은 약간 증가하고 유량도 증가한다(그림 8.6). 하천의 하류에서 유속이 증가한다는 것은 경사가

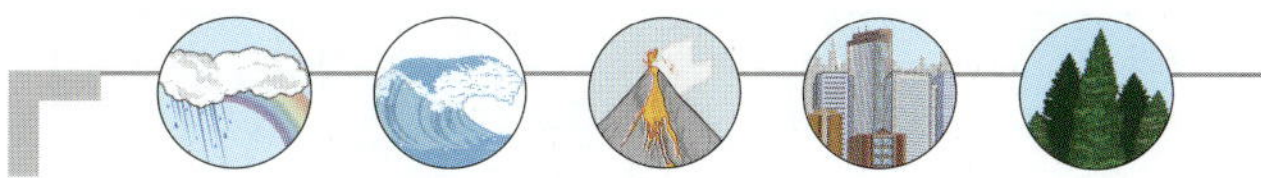

관련짓기

만약 비행기를 타고 여행하는 동안 일직선의 하천을 보았다면, 그것을 어떻게 해석할 것인가? 여러분은 어떤 증거를 볼 수 있으며 이 일직선의 하천은 자연적인 또는 인위적인 특징을 가진 모습인지 확인하기 위해 어떤 질문을 해야 할까?

급한 산지 계곡에서 물은 빨리 흐르고 하류 평야 지대에서는 다소 천천히 흐른다는 일반적인 관측 자료와 어긋나는 것처럼 보인다. 그러나 하천의 물리적 현상이 그 하천 유속의 정확한 지표가 되지는 않는다. 하천의 상류 구간에서는 거친 강바닥의 마찰 저항 때문에 유량은 적고 평균 유속 또한 낮다. 유수가 소용돌이치는(교란되거나 또는 무질서한) 곳에서는 물은 하류로 일정하게 흐르기보다는 많은 방향으로 갈라져 흐른다. 각 지류(tibutary, 큰 하천과 만나는 하천)가 더 많은 물을 유출시킴에 따라 유량은 하류로 갈수록 증가한다. 수로의 단면은 늘어난 수량을 받아들이기 위해 넓어진다. 하천 경사의 점진적인 감소에도 불구하고 유량의 점진적인 증가와 마찰 저항이 강바닥이 더 평탄해짐에 따라 감소한 결과 유속은 또한 하류로 갈수록 빨라진다.

수로의 곡류

비행기에서 내려다볼 때 하천은 크기와 모양이 상당히 변한다는 것을 쉽게 알 수가 있다. 직선 수로 구간은 드물며 구불구불한 수로가 나타나기 전에 짧은 구간에서 안 나타난다. 많은 하천—특히 구배가 낮은 하천—에서 수로는 일련의 완만하고 고리같이 굽은 모양을 형성한다(그림 8.7). 이러한 고리 형태의 굽은 모습을 **곡류하천**(meander)이라고 하며, 터키 남서부의 멘데레스 강은 구불구불한 코스로 유명하다. 곡류하천은 흔히 완만한 구배를 가진 세립질의 충적토를 가로지르는 수로에서 가장 흔하게 나타난다.

곡류하천의 고리 형태는 그 하천이 물의 흐름에 대한 저항력을 최소화시키고 흐름의 방향을 따라 균일하게 에너지를 소모하는 방식을 반영한다. 곡류하천을 걷거나 헤엄쳐 건너보면 물살의 세기가 일정하지 않다는 것을 곧바로 알 수 있다. 유속은 물의 흐름에 큰 마찰 저항을 일으키는 수로 주변부를 따라 가장 낮게 나타난다. 물이 휘며 흐르는 곳의 안쪽 속도는 최소이지만, 물이 휘는 수로의 바깥 부분에는 빠른 유속 지대가 나타난다.

휘어지는 속도가 빠른 곡류하천 고리의 바깥 제방에서 일어나는 침식작용에 의해 곡류의 거의 지속적인 변화나 이동이 일어난다. 곡류하천의 고리 안쪽은 수심이 얕고 유속과 에너지 흐름은 낮다. 그러므로 퇴적물은 안쪽으로 휘는 곳에 쌓이고 우각사주를 형성하게 된다(그림 8.7). 곡류하천의 바깥 부분에서는 하천제방의 붕괴가 일어나는데 이는 빠른 유속이 하천 제방을 침식하고 하부를 깎아내기 때문이다. 이러한 방식으로 곡류하천은 계곡을 따라 서서히 이동하며 제방을 따라 점진적으로 토지를 제거하기도 하고 더해주기도 한다.

때때로 하천은 상류와 하류 사이를 우회하는 수로고리

그림 8.7 곡류하천

캄보디아의 프놈펜 인근의 곡류하천. 밝은색 부분은 자갈이 많은 충적층으로 구성되어 있으며, 곡류 고리의 바깥쪽에 있는 가파른 제방 맞은편에 위치한다. 과거 곡류 잘림이 형성한 2개의 우각호는 현재 수로와 인접해 있다.

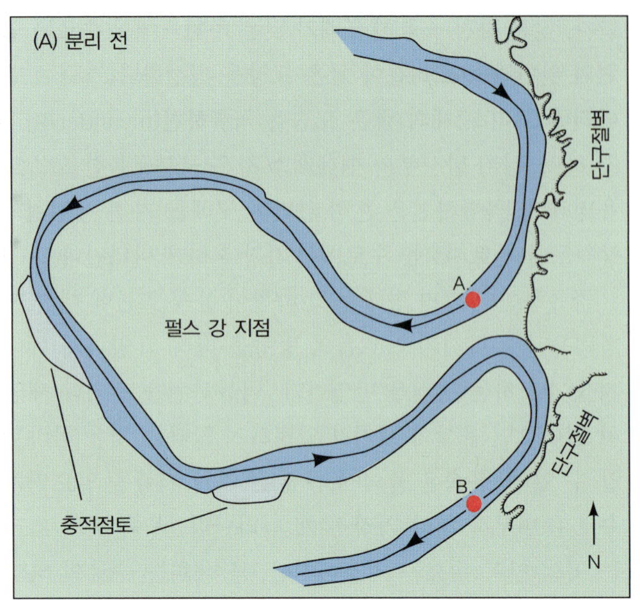

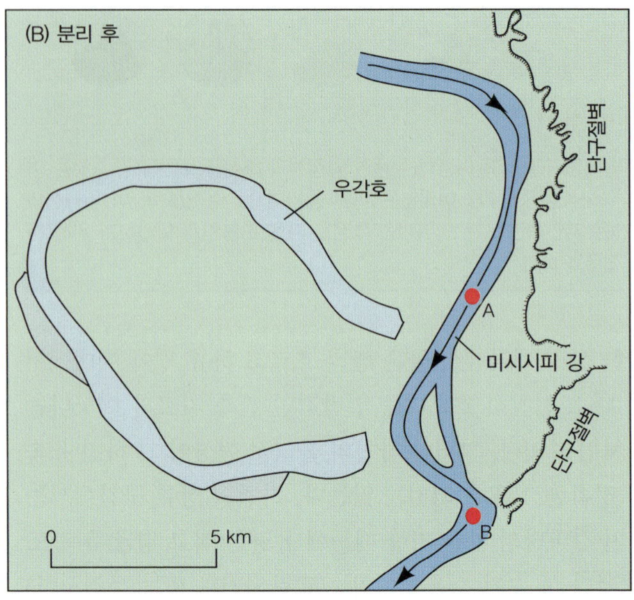

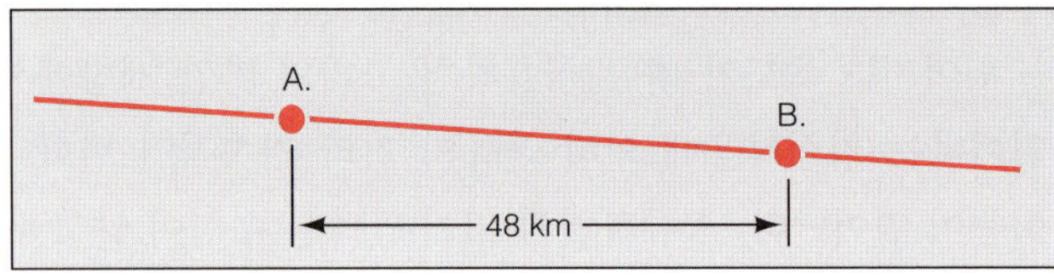

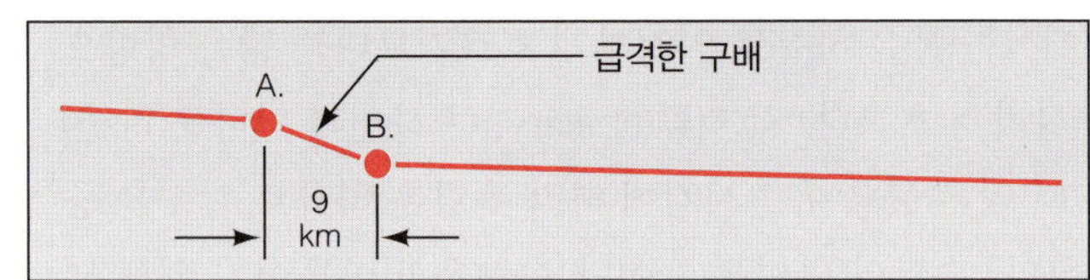

그림 8.8 우각호

루이지애나 주의 미시시피 강의 곡류하천 고리의 분리를 보여주는 그림. (A) 펄스 강 지점을 휘감고 있는 고리의 하류 이동은 고리의 남쪽에 있는 수로 부분이 저항성의 점토 퇴적층을 만나면서 멈추었다. 상류의 수로는 돌파할 때까지 계속 전진하여 더욱 똑바른 유수의 경로가 생성되었다. (B) 새로운 짧은 유로 위에 하천은 폐쇄된 수로 내의 구배보다 급한 구배를 갖는다.

를 곧바로 관통해서 지나가게 되고 곡류 부분을 분리함으로써 호 모양의 우각호를 형성한다(그림 8.8A). 새로 만들어진 통로는 이전 통로보다 짧기 때문에 수로 구배는 급하며 전체적인 하천의 길이는 짧아진다(그림 8.8B). 미시시피 강의 수로 길이의 약 600km가 1776년 이후 이와 같은 분리로 하천으로부터 떨어져 나갔다. 그러나 강의 길이가 그리 많이 단축된 것은 아니다. 왜냐하면 단절로 인해 짧아진 길이가 다른 사행작용으로 늘어난 길이와 균형을 이루기 때문이다.

망상하천

받아들일 수 있는 모든 퇴적물 짐을 다 운반할 수 없는 하천은 가장 조립질이며 밀도가 가장 큰 퇴적물을 퇴적시켜 모래톱을 형성하는 경향이 있으며, 모래톱은 수로의 깊은 구간에서 물의 흐름을 나누고 모래톱의 어느 한쪽에서 합쳐지게 한다. 모래톱이 형성됨에 따라 모래톱은 섬과 같이 하천 표면에 돌출되어 나타나거나 퇴적물을 부착시키고 침식을 방해하는 식생에 의해서 안정하게 된다. 엇갈리게 발달된 수로와 모래톱이 많이 발달된 하천을 **망상하천**

그림 8.9 망상하천

뉴질랜드 남쪽 알프스의 빙하로부터 유하하는 라카이아 강의 수로 이동은 끊임없이 변화하는 망상 형태를 형성하고 있다.

(braided stream)이라고 한다. 망상하천의 복잡한 구조는 2개 또는 그 이상의 유수가 서로 연결된 인접한 수로를 따라 흐르면서 반복적으로 갈라지고 다시 합류하기 때문에 땋은 머리카락 형상을 하고 있다(그림 8.9).

큰 망상하천은 보통 하천이 측방으로 침식을 일으키고 퇴적물을 퇴적시킴에 따라 크기가 변하고 위치가 달라지는 수많은 얕은 수로로 이루어져 있다. 비록 어떤 순간이라도 작용이 활발한 하천의 폭은 전체 하천 시스템 폭의 10%를 상회하지 못하지만, 단 한 계절 내에서 모두 또는 대부분의 표면 퇴적물은 측방으로 이동하는 수로에 의해 재동될 수 있다.

망상하천의 형태는 크게 변동하는 유량과 쉽게 침식될 수 있는 제방을 가진, 따라서 풍부한 퇴적물을 하천 시스템으로 공급할 수 있는 하천에서 형성되는 경향이 있다. 빙하가 녹은 물로 형성된 하천은 전형적으로 망상 형태를 갖는다. 그 이유는 하천의 유량이 일별 및 계절별로 변하고 또한 빙하가 하천에 많은 양의 퇴적물을 공급하기 때문이다. 따라서 망상 형태는 하천이 과대한 퇴적물을 운반하는 데 한층 더 능률적이 됨으로써 조정 과정을 나타내는 것으로 보인다.

하천의 짐

하천 내를 흐르는 물의 에너지는 하천이 가로질러 흐르는 암석을 침식시키고, 생성된 퇴적물을 하류로 운반하는 데 이용될 수 있다. 하천이 운반할 수 있는 쇄설물의 크기는 주로 유속과 관련이 있다. 그러므로 하류 방향으로 유속이 증가하면 쇄설성 퇴적물의 평균 입자 크기가 증가함을 예상할 수 있다. 하지만 사실은 그 반대이다. 퇴적물의 입자 크기는 일반적으로 하류로 가면서 감소한다. 큰 강의 산악 지역의 상류에서 지류는 지름이 1m 또는 그 이상인 자갈을 포함한 조립질 퇴적물이 바닥에 깔린 수로를 따라 주로 흐른다. 그러나 세립의 퇴적물은 쉽게 이동될 수 있으므로 조립의 퇴적물을 뒤에 남겨 놓고 하류로 운반된다. 큰 하천이 결국 바다에 도달하면 하천의 짐은 결코 모래보다 크지 않은 퇴적물로 주로 구성된다.

하천의 짐은 세 종류로 구성되어 있다. 이 중 두 종류—강바닥을 따라 이동하는 조립질 입자(밑짐)와 물에 떠 있는 세립질 입자(뜬짐)—는 퇴적물 짐으로 이루어진다. 또한 하천은 주로 물속에 부유되거나 떠 있는 생명체의 잔해 뿐만 아니라 노출된 암석의 화학적 분해 산물인 용해된 물질(녹은짐)을 운반하기도 한다. 하천은 이와 같은 세 가지 방법으로 퇴적물을 운반하는 일을 수행하며 이것은 그림 7.9에 제시되어 있다.

밑짐

일반적으로 밑짐의 대부분은 하천의 전체 퇴적물 짐의 5% 내지 50%를 차지한다. 밑짐 입자가 움직이는 평균 속도는 물의 평균 유속보다 느리며 이는 밑짐 입자가 일정하게 움직이지 않기 때문이다. 대신에 밑짐 입자는 불연속적으로 구르기도 하고 미끄러지면서 이동한다.

하상으로부터 밑짐의 입자를 들어올릴 수 있는 힘이 충분한 곳에서는 짧은 거리를 도약하며 이동한다. 도약(saltation)은 호 모양의 경로를 따라 짧고 간헐적인 점프로 앞으로 이동하는 입자의 점진적인 이동을 나타낸다(그림

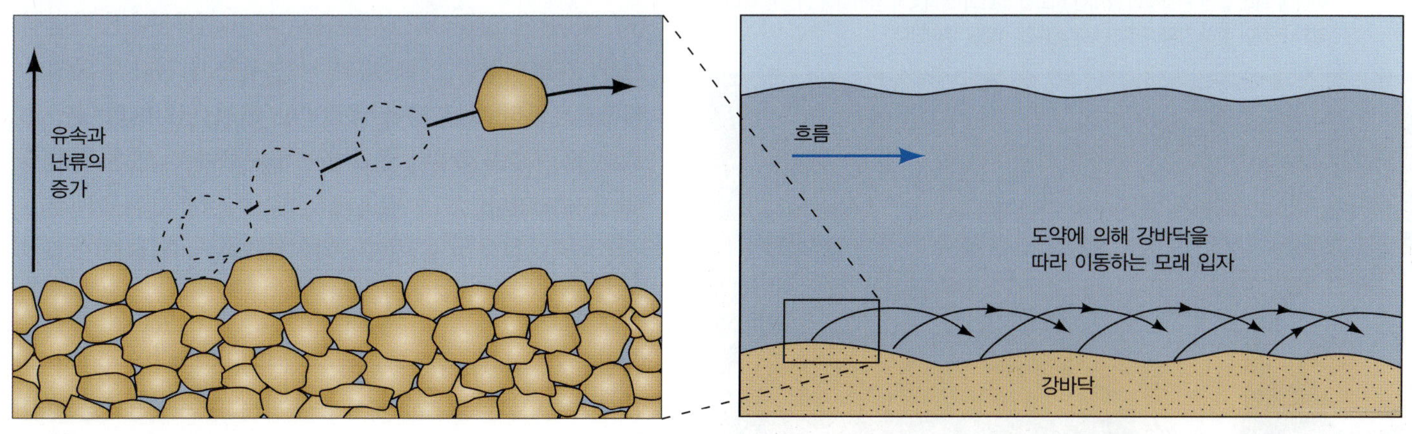

그림 8.10 밑짐의 도약
하천의 밑짐은 도약에 의해 의동한다. 쇄설물은 난류가 지역적으로 바닥에 도착하는 곳이나 또는 떠 있는 입자가 하상의 다른 입자와 충돌하는 곳에서 유수 속으로 뛰어오른다. 일단 흐르는 물속으로 떠올려지면 쇄설물은 중력이 끌어당겨 아크 모양의 궤적을 따라 강바닥을 향해 운반된다. 이곳에서 쇄설물은 다른 입자들을 차례로 움직이게 한다.

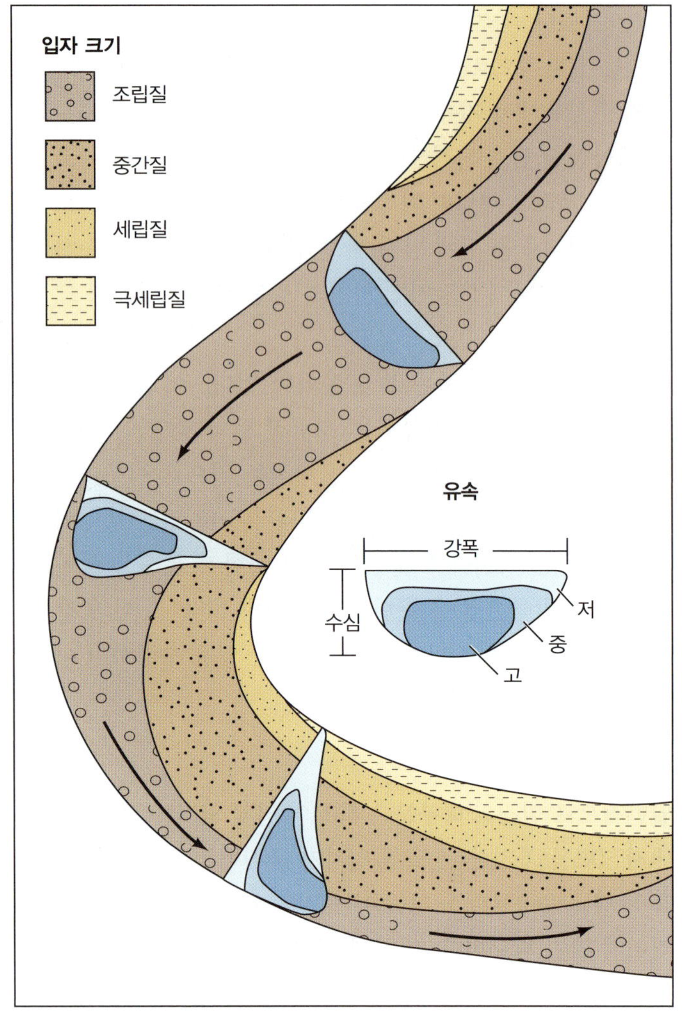

그림 8.11 밑짐의 입자 크기

하천의 밑짐의 쇄설성 입자 크기는 유속에 따라 변한다. 굴곡하는 이 수로에서 가장 조립의 퇴적물은 굴곡의 바깥쪽에 있는 최대 유속 지역과 관련되어 있다. 가장 세립의 퇴적물은 굴곡 안쪽에 있는 최소 유속 지역과 관련된다.

그림 8.12 뜬짐

바람에 의해 쌓인 황갈색의 광대한 미고결 실트의 퇴적층이 침식되어 생성된 막대한 양의 뜬짐이 황하 강의 특징인 누르스름한 색깔을 부여한다.

8.10, 그림 7.9와 비교). 도약은 유수가 입자를 들어 올려서 하류로 움직이게 할 정도로 충분히 빠르거나 난류가 있는 한 계속된다.

하천에 있어서 하상 퇴적물의 분포는 일반적으로 수로 내의 유속 분포와 관련된다(그림 8.11). 조립질 퇴적물은 유속이 비교적 빠른 곳에 집적되는 반면 세립질 퇴적물은 유속이 느린 지역에 쌓이게 된다.

뜬짐

많은 하천의 진흙 투성이인 특성은 부유 상태로 운반되는 실트와 점토 입자로부터 기인된다. 대부분의 뜬짐은 식생에 의해서 보호받지 못한 지역으로부터 씻겨 내려온 세립의 표토와 하천 자체 내의 제방으로부터 유수에 의해서 침식되어 재동된 퇴적물로부터 유래된다. 중국의 황하 강의 빛깔은 바람에 불려와 황하 강 유수역의 대부분을 덮고 있는 두꺼운 미고결 퇴적층을 황하 강이 침식하여 생성된 실트의 막대한 짐에서 비롯된 것이다(그림 8.12).

와류 하천 내에서 상승류는 실트와 점토 입자가 중력에 의해 강바닥으로 가라앉는 속도보다 빠르기 때문에 이와 같은 세립질 입자는 와류가 생성되지 않는 흐름에 있을 때보다 더 오래 부유 상태로 머물게 된다. 이러한 입자들은 호수나 해양과 같이 유속이 감소하고 와류가 멈춘 곳에서 가라앉아 퇴적한다.

녹은짐

가장 깨끗한 하천수도 하천 짐의 일부를 구성하는 용해된 물질을 포함하고 있다. 대부분의 하천에서 전체적인 용해된 물질의 구성은 중탄산염[$(HCO_3)^-$], 칼슘(Ca^{2+}), 황산염[$(SO_4)^{2-}$], 염소(Cl^-), 나트륨(Na^+), 마그네슘(Mg^{2+}), 칼륨(K^+)과 같은 일곱 가지 이온으로 되어 있다. 어떤 하천에서 녹은짐의 양은 전체 짐의 적은 부분에 지나지 않지만 지하수로부터 많은 양을 공급받는 하천은 일반적으로 주로 지표 유출수로부터 공급받는 하천보다 더 많은 녹은짐을 가지고 있다.

유수와 지형

지표 위의 거의 모든 곳에서 우리는 유수 작용의 흔적을 발견할 수 있다. 극단적으로 지금은 물이 흐르는 강이 없는 건조한 사막 같은 곳에서도 우리는 유수가 경관을 형성하는 수단이었음을 말해주는 퇴적암과 퇴적 지형들을 발견할 수 있다.

(A)

우각호 분리 후 실트와 모래는 유기된 수로의 끝을 가로질러 쌓여 우각호를 형성한다. 우각호는 세립 퇴적물과 수생식물에 의해 생상된 유기물질로 채워지며, 결국 늪으로 변한다.

범람원 곡류하는 강의 수로는 유기된 수로의 구간을 따라 범람원을 지배한다. 이들은 강이 곡류 고리를 가로질러 자르고 짧고 보다 직접적인 경로를 생성할 때 분리된 후에 떨어졌다.

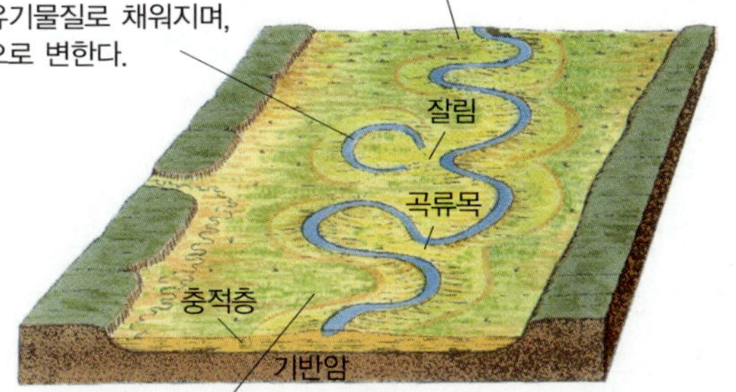

자연제방은 홍수 때 모래와 실트가 수로의 양쪽에 높은 토지의 띠를 만들며 수로 옆에 퇴적되는 경우에 생성된다. 퇴적 작용은 수로에 가까울수록 활발하기 때문에 제방 표면 경사는 수로에서 멀어질수록 완만해진다.

그림 8.13 유수와 지형

(A) 하천 계곡 내 퇴적물에 의해 형성된 몇몇 지형들은 범람원과 자연제방이다. (B) 뉴질랜드 케이브 강에 인접한 하안단구는 하천이 그의 수로를 자르고 새로운 높이에 달했을 때 유기된 이전 범람원을 기록한다. (C) 산에서 캘리포니아 데스밸리로 흘러나오는 곳에서 하천의 속도가 갑자기 느려지고 퇴적물 짐을 퇴적시킨다. 이것은 대칭적인 선상지를 형성하며 망상의 수로 시스템 표면에 발달되어 있다. 사진을 찍을 때 하천은 말라 있었다. (D) 나일 강이 지중해로 흘러 들어가는 곳에 퇴적물은 위성사진처럼 초목을 지탱해주는 삼각주를 형성한다.

퇴적 지형

하천의 퇴적층은 수로의 가장자리, 계곡 바닥, 산기슭 전면, 바다와 호수의 가장자리를 따라 형성된다. 이러한 지역은 지형이 급격히 변한 결과 하천 에너지가 바뀌는 지역이다. 미시시피 강의 하류와 그 밖의 크고 원활하게 흐르는 하천은 일반적으로 **범람원**(floodplain)이라고 하는 넓은 계곡을 가로질러 왔다 갔다 하며 조립과 세립의 입자들을 분급이 양호한 지층으로 퇴적시킨다(그림 8.13A). 범람원은 홍수기에 세립 퇴적물의 퇴적으로 형성된다. 퇴적물을 가득 포함한 물이 수로의 제방을 넘쳐 흐를 때 깊이, 속도 그리고 유수의 와류는 갑작스럽게 감소한다. 수로의 가장자리를 따라 가장 조립의 퇴적물이 퇴적되어 자연제방을 형성한다. 뜬짐을 이루는 세립의 실트와 점토는 훨씬 더 멀리 운반되어 결국에는 가라앉아 범람원을 형성한다.

대부분 하천에는 하천이 하부층까지 깎아 내려가면서 남겨진 범람원인 하안단구가 발달되어 있다(그림 8.13B). 일반적으로 이와 같은 아래 방향의 깎임은 지구조적 융기 또는 유량, 짐 또는 구배의 변화로 발생한다. 많은 하천 계곡에서 다양한 높이에 발달된 단구는 교대로 나타나는 퇴적작용과 침식작용의 복잡한 역사를 기록한다.

가파른 산악 계곡을 따라 빠르게 흐르는 큰 하천은 많은 양의 조립질 퇴적물을 운반할 수 있다. 그러나 계곡을 떠나 인접한 평야로 흐르는 하천은 구배, 속도, 또는 유량의 변화로 인하여 에너지가 감소한다. 따라서 하천의 운반 능력은 감소하며 하천은 퇴적물 짐의 일부를 퇴적시킨다. 계곡의 벽에 의해 더 이상 막혀 있지 않은 하천은 보다 완만한 지역을 가로질러 측방으로 앞뒤로 이동할 수 있다. 그 결과 생성된 퇴적층인 **선상지**(alluvial fan)는 고지대의 기저에 발달된 부채 모양의 충적층이다(그림 8.13C). 선상지는 가장 건조하거나 반건조한 산 기저를 따라 형성되는 흔한 지형이다. 일부 선상지는 매우 거대하고 가깝게 발달되어 있어 이들은 서로 합쳐져 산 기저에서 경사가 낮아지는 넓은 산록지대를 형성한다.

하천수가 물이 정체된 바다나 호수로 유입되면 유속이 급격히 감소하며, 퇴적물을 운반할 수 있는 능력이 감소한다. 하천수는 뜬짐의 퇴적물을 **삼각주**(delta) 형태로 퇴적시킨다. 퇴적층이 그리스 문자 델타(Δ)와 비슷한 삼각형 모양으로 발달할 수 있기 때문에 델타(삼각주)라고 부른다(그림 8.13D). 세계에서 가장 큰 강의 대부분, 그중에서도 나일 강, 갠지스-브라마푸트라 강, 황하 강, 아마존 강, 미시시피 강은 강 하구에 대규모의 삼각주를 형성하였다. 각각의 삼각주는 하천의 유량, 퇴적물 짐의 특징과 부피, 인접한 기반암의 해안선 모양, 앞바다의 지형, 해류나 파의 크기와 방향 등의 요인에 의해 결정되는 자체 특성을 가지고 있다.

분수령을 조정하는 지구조와 기후

얼음으로 덮인 남극대륙을 제외한 세계 모든 대륙은 대륙을 관통하여 주요 대양으로 흘러 들어가는 주요 강에 의해 넓은 지역으로 나눠질 수 있다. 이와 같은 어떤 두 지역을 분리하는 선이 분수령이다. 북아메리카에서 **분수령**(continental divide)은 태평양, 대서양, 북극해로 흘러 들어가는 주요 하천의 수원지에 위치한다(그림 8.14). 남아메리카에서는 하나의 분수령이 안데스 산맥의 산등성이를 따라 뻗어 있으며, 대륙을 크기가 서로 다른 2개 지역으로 분할한다. 안데스 산맥의 서쪽(태평양) 사면으로 흐르는 하천의 경사는 가파르고 짧은 반면, 동쪽으로 흐르는 하천은 훨씬 긴 수로와 보다 완만한 구배를 따라 대서양 해안에 다다른다.

분수령은 산맥의 산등성이 길이와 일치하고, 산맥은 지구조적 융기의 결과이기 때문에 판구조론과 하천 분수령의 위치, 그리고 배수유역 사이에는 밀접한 관련이 있다. 분수령의 위치는 한 지역의 기후를 결정짓는 데 중요한 역할을 하지만 반대로 기후는 분수령의 위치와 경관 자체의 진화에도 영향을 줄 수도 있다. 분수령이 대륙 가장자리 가까이 있을 때 전형적으로 강한 기후 구배가 분수령을 가로질러 존재한다. 불균형적인 강수 분포는 분수령을 가로질러 뚜렷히 비대칭적인 경관을 형성한다. 바람을 거슬러 흐르는 (습한) 하천은 일반적으로 바람을 따라 흐르는 (건조한) 하천보다 더 급한 구배를 가지며 침식률이 더 높다. 시간이 지남에 따라 순수한 영향은 습한 지역에서 수로의 발원지의 발달에 영향을 줄 것이며, 분수령이 더 건조한 곳으로 이동하는 것을 야기할 것이다.

분수령이 이동하는 한 예는 남아메리카 남부의 안데스 산맥에서 볼 수 있다(그림 8.15). 위도상으로 약 60°인 대륙의 북쪽 끝부분부터 칠레 산티아고의 남쪽까지 배수 분수령은 안데스 산맥의 지형적인 산등성이와 일치한다. 그러나 남위 45°에서 흐름이 동풍으로 인해 서쪽으로 흘러서 태평양으로 가는 지역에서는 대륙 분수령이 몇몇 지역에서 동쪽으로 이동하였다. 빙하기 동안에 안데스 산맥 남부의 빙모는 연안에서 부는 습한 서풍에 의해 강설이 많은 칠레 남부의 피오르드 지역에서 두께가 가장 두꺼웠다. 거대한 빙모의 빙하 배출은 안데스 산맥의 주요 산등성이의 안부를 가로질러 동쪽으로 흘렀고, 점차적으로 깊어졌고, 궁극적으로 이러한 지형적인 장애물을 제거하였다. 몇몇 구간에서 태평양과 대서양의 분수령은 빙퇴석—산맥의 동쪽 전면 근처나 끝난 빙하의 경계를 나타내는 빙하 퇴적물—의 마루를 따라 위치한다.

지표수 저장

물은 지표상에서 하수가 있는 하천류와 지표류를 거쳐 이동한다. 서로 다른 몇몇 종류의 자연적인 지표수의 저장소

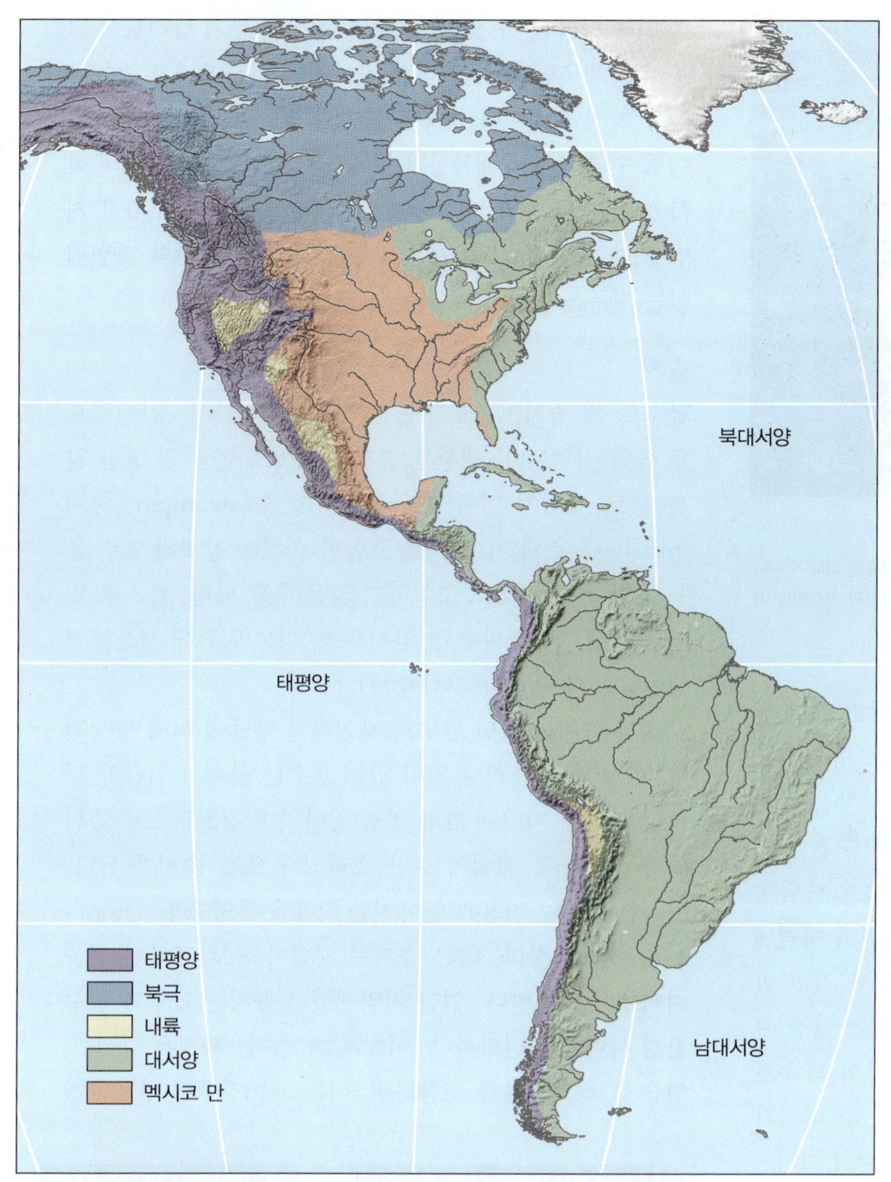

그림 8.14 대륙 분수령
여기 남북아메리카 지도는 배수유역과 분수령의 위치를 보여준다.

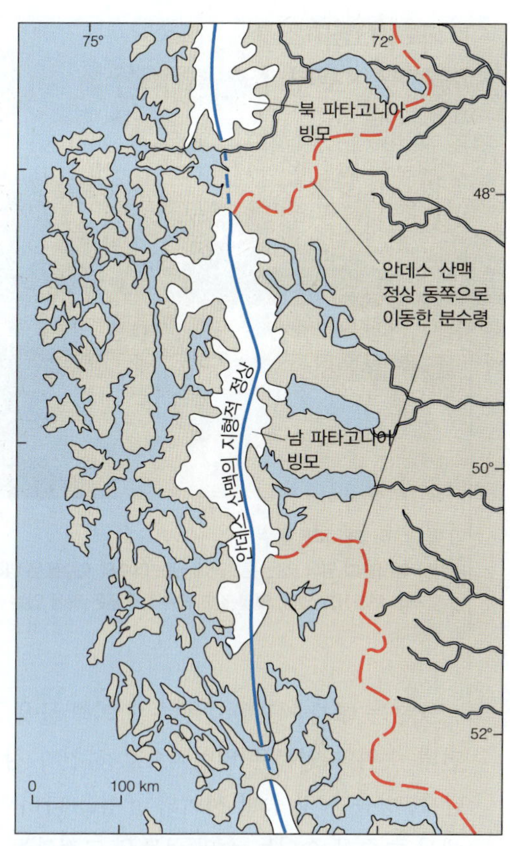

그림 8.15 기후 분수령
칠레 남부에서 분수령은 안데스 산맥의 지형적 산등성이와 일치한다. 그러나 어떤 지역에서는 배수 분수령(붉은 대시선)은 기후적인 영향으로 부분적으로 꽤 이동하여 산맥의 산등성이 동쪽에 위치한다.

의 어느 것에 한동안 저장될 수 있다. 이들 저장소 중 가장 큰 저장소는 연중 얼어 있는 빙설권의 빙모와 빙하, 그리고 해수가 있는 바다이다. 이는 제9장과 제10장에서 각각 자세하게 다룬다. 부피가 훨씬 더 작음에도 불구하고 지표수의 저장소는 호수나 습지와 같은 담수의 원천과 생태계의 지지물로서 매우 중요한 역할을 한다.

호수

호수(lake)는 열린 지표에서 상당한 규모로 내륙수를 구성하고, 지구 지표의 움푹한 곳을 차지한다. 규모가 좀 더 작은 고여 있는 물은 연못이라고 한다. 세계 호수의 대부분은 고위도 지역과 산맥에서 발견된다. 세계 호수의 거의 절반은 캐나다에 있다(그림 8.16). 왜냐하면 이전 대륙빙들이 노출된 암석을 깎아내어 움푹한 지형을 만들고 빙하에 의해 운반된 퇴적물 더미를 남겼으며 셀 수 없이 많은 우묵한 땅과 자연댐을 형성했기 때문이다. 빙하에 의해 형성된 호수 외에도 호수는 화산 활동(분화구와 칼데라 호수), 지구조운동(분지의 형성, 열곡, 그리고 그밖의 침하된 지역에 의한 것), 하천류와 퇴적물의 퇴적작용(우각호와 하천 계곡을 막는 지류의 선상지), 사태에 의한 댐의 형성, 동굴 시스템의 붕괴, 빙하로 된 댐의 붕괴나 영구동토층의 해빙, 그리고 다양한 연안 작용에 의해 형성될 수 있다.

그림 8.16 **캐나다 호수**
캐나다 북서부의 얼어 있는 툰드라에 있는 다수의 호수들은 빙하작용에 의해 깎여나간 분지를 차지하고 있다. 몇몇 길고 좁은 호수들은 밑에 있는 기반암의 단층들을 따라 흐른다.

호수는 대개 지표류와 강수에 의해 물을 공급받고, 호수면의 수위와 염분은 일반적으로 하천과 강수로 유입되는 담수, 방출량 및 증발 사이의 균형을 나타낸다. 작은 분지에서 호수의 수위는 수위 변동을 조절하는 지하수면의 변동과 함께 지하수면에 의해 결정된다. 대부분 호수는 담수이다. 그러나 증발률이 높은 건조한 지역과 반건조 지역에서 많은 호수들은 많은 양의 용해된 염류 성분을 갖고 있다(염호). 중앙아시아의 짠물이 있는 카스피 해는 가장 큰 면적(144,000km^2)을 가진 호수이며, 시베리아의 담수로 된 바이칼 호수는 그 깊이가 가장 깊다(1,742m). 미국과 캐나다 사이에 있는 5대호는 전 세계 표면 담수의 약 1/5를 차지한다.

호수는 경치에 있어 순간적인 모습이다. 많지 않은 호수는 100만 년 이상 되었지만, 대부분 호수는 마지막 빙하기 말기보다 오래되지 않아 약 12,000년도 되지 않는다(제13장). 호수는 배출구가 깊게 침식되면 물을 배출할 것이고, 만약 기후가 유입과 강수에 의해 들어오는 양보다 유출과 증발에 의해 나가는 양이 더 많은 음의 물균형을 야기시키면 호수는 사라질 것이다. 작은 호수는 지하수면의 하강으로 인해 사라질 수 있다. 호수는 유기 및 무기 퇴적물이 그 분지를 메우면 수심이 점점 얕아지다가 사라지고 습지나 늪을 형성할 것이다. 과학자들은 퇴적물의 암심을 연구하여 호수의 역사를 해독한다. 이들 암심은 변화하는 물의 화학, 퇴적물의 유입, 생물학적 생산량, 특히 시간에 따른 지방 또는 지역적 기후 변화 및 인간 활동의 변화와 관련이 있는 기록을 포함하고 있다.

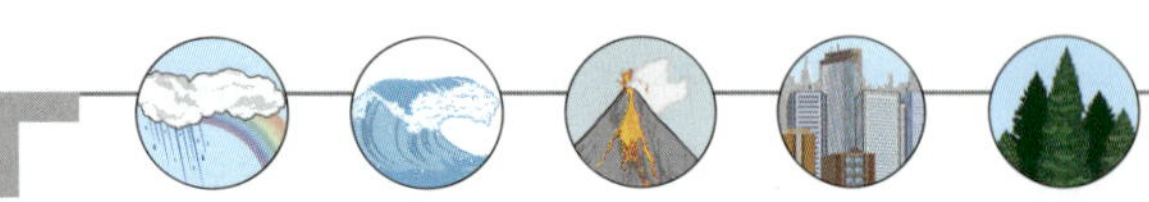

관련짓기
거대한 수력발전 댐이 건설된 후에 형성된 저수지는 천연호수와 유사한가? 이들은 어떤 차이가 있는가?

습지

담수로 된 **습지**(wetland)는 영구적이거나 또는 간헐적으로 습한 지역이다. 대부분 습지가 적어도 연중 몇 달간 얕은 물로 채워져 있음에도 불구하고 늪(swamps), 습지(marshes), 소택지(bogs)를 포함한 습지는 정체된 열린 물을 포함할 수도 있고 포함하지 않을 수도 있다. 습지는 밀집된 식생, 철새, 파충류, 양서류 및 어류와 함께 생물학적 생산량이 매우 높다(그림 8.17).

몇몇 습지는 표면 담수의 자연적인 발달에 의해 형성된다. 예를 들면 물의 유입이 없는 호수는 앞에서 언급한 것처럼 시간이 지남에 따라 점점 얕아지며 점진적으로 퇴적물과 유기물로 채워져 토탄 소택지나 또는 습지가 된다. 이러한 메우는 작용과 얕아지는 작용을 **부영양화**(eutrophication)라고 한다. 다른 습지는 지면이 물로 포화된 연안 지역에서 발생한다. 연안 지역에서의 습지는 담수와 염수 환경 사이에서 변화한다. 이렇게 변화하는 환경은 강어귀, 염습지, 맹그로브를 포함하며, 이는 제10장에서 자세하게

그림 8.17 **습지**
습지는 간헐적이거나 계절적으로 축축한 수역의 표면이다. 이들은 사우스캐롤라이나 찰스톤에 있는 사이프러스 늪과 같이 매우 다양한 소택지, 늪 및 연안습지를 포함한다.

다룬다.

습지는 한때 더럽고 모기가 만연하는 진창으로 여겨졌고, 배수하고 발전시켜야 할 주요 대상이었다. 그러나 아주 최근에 습지는 식물과 동물 종의 큰 다양성을 위한 자연의 보고로 인식되고 있다. 또한 습지는 지하수를 저장하고 토양으로부터 독성을 제거하는 것을 포함하여 환경적으로 중요한 많은 역할을 한다.

홍수 범람 : 물의 양이 너무 많을 때

연중 고르지 못한 강수는 수권의 저장소에 불균형을 가져온다. 이로 인해 많은 하천이 홍수기에 범람한다. **범람**(flood)은 하천의 유량이 매우 많아서 물이 수로의 수용력을 넘게 되어 물이 넘치게 되는 것이다(그림 8.18). 호수도 또한 주로 바람이 강한 폭풍 시기나 또는 자연 댐이나 건설된 댐이 붕괴될 때 범람한다. 연안 지역에서 범람하는 경우 육지로부터 유입되는 지표류보다 해양으로부터 유입된 물이 더 큰 피해를 준다. 2005년에 발생한 카트리나와 관련된 폭풍해일은 뉴올리언스 근처에서 해수면을 일시적으로 6m 이상 상승시켰고, 폭풍우의 주된 힘이 도시를 강타하기도 전에 제방을 무너뜨렸다(그림 8.19).

범람의 영향

범람의 피해를 입은 사람들은 사납게 돌진하는 물이 그들에게 준 피해에 종종 놀라기도 하고 심지어 절망한다. 그러나 범람은 일반적이고 지구의 역사—약 44억 년 된 수권—를 통틀어 발생한 사건을 통해 예측이 가능하다. 큰 규모의 범람은 자주 발생하지 않고, 100년 또는 그 이상 기간에 한 번 정도 발생하지만, 그 지역에 사는 사람들에게 막대한 피해를 줄 수 있다. 황하 강은 비극적인 범람의 긴 역사를 가지고 있다. 1887년에 황하 강은 130,000km^{2}를 침수시켰고, 범람원 주위의 수많은 마을을 파괴했다. 1931년에는 또 다른 황하 강의 범람이 극도로 놀란 370만 명의 인명을 앗아갔다. 하지만 이들 범람은 많은 양의 퇴적물을 운반하여 퇴적시켰으며, 범람원의 토양에 광물 성분을 보충해 주었다. 이는 토양을 비옥하게 만들었고, 왜 사람들이 다시 이 지역으로 계속하여 이동했는지를 잘 설명해 준다.

다행히 대규모 범람은 자주 발생하지 않지만, 역사적으

그림 8.18 미시시피 강의 범람

한 쌍의 인공위성 사진은 미주리 강이 미주리 주의 세인터루이스에서 미시시피 강과 합류하는 지역을 보여준다. 왼쪽 사진은 유량이 적은 건조한 여름의 모습이다(1998년 7월). 오른쪽은 같은 지역의 1993년 7월의 모습이다. 몇 주간의 비로 하천 제방이 범람했다. 9개 주의 44,000km^{2}에 달하는 농지를 따라 수많은 도시들이 3km^{3}의 홍수에 의해 침수되었다.

그림 8.19 허리케인 카트리나에 의한 연안 범람
2005년 8월 멕시코 만 연안의 루이지애나 해변에 카트리나 허리케인이 지나가고 난 후, 뉴올랜드 시의 방어둑이 만조에 의해 파괴되었다. 이 위성 영상으로 보면 허리케인이 통과한 일주일 후 어두운 지역은 범람했고 많은 물이 들어온 폰처트레인 호수는 수위가 높아졌다. 17번가 제방 중 하나가 붕괴된 스트리트 운하는 범람 지역의 서쪽 가장자리에서 확연히 볼 수 있다.

로 알려진 범람보다 훨씬 더 크고 범위가 넓은 고대 범람의 증거가 존재한다. 워싱턴 주의 동쪽에 위치한 채널드 스캐브랜드가 이에 대한 예이며, 이곳 경관에는 이전의 거대한 폭포의 위치를 나타내는 가파른 절벽과 용소, 현무암으로 된 기반암에 깎여 생성된 깊은 분지, 거대한 표력으로 된 대규모의 자갈층과 사주, 거대한 연흔 내에 있는 자갈 퇴적물, 그리고 수백 미터가 깎여나간 지표로 이루어져 있다. 이러한 특징을 남긴 거대한 양의 홍수 원천은 빙하가 가둬 놓는 호수이며, 이 호수는 마지막 빙하기 동안 캐나다 서부를 덮고 있는 대륙빙으로부터 유래된 2,000~2,500km^{3}의 녹은 물을 저수하였다. 얼음댐이 붕괴되었을 때 물은 저수지에서 빠르게 방출되고 컬럼비아 강을 거쳐 태평양으로 소용돌이치며 흘러갔다.

홍수 기간 동안 과학자들은 수위 기록계에 물의 이동 경로를 기록한다. 수위 기록계는 시간의 함수로 하천의 유량을 나타내는 그래프이다. 하천 홍수에서 가장 높은 또는 최대 유량은 일반적으로 홍수를 발생시킨 비가 온 후에 잘 발생한다. 폭우가 중단된 후에 지표류는 하천의 수로로 흘러들며, 그 결과 수로의 유량은 빠르게 증가한다(그림 8.20). 그 결과로 나타난 홍수의 최고 수위—최대 유량이 측정되고 있는 장소를 통과하는 시간—는 나중에 발생한다. 이 작용은 오랫동안 지속되는 넓은 지역의 홍수일 경우 며칠 또는 몇 주 뒤에 발생하고, 돌발 홍수보다 더 강하지만 지속 시간이 짧은 경우 몇 시간 또는 몇 분 뒤에 발생한다. 결과적으로 범람된 홍수 물은 수로를 통해 이동하고 유류는 정상적인 수준으로 되돌아간다.

홍수 기간 동안 하천의 유량이 증가하며 따라서 유속도 증가한다. 이는 하천이 많은 양의 짐뿐만 아니라 커다란 입자를 운반하는 것을 가능하게 한다. 1928년 남캘리포니아에 있는 세인트프랜시스 댐의 붕괴는 홍수의 예외적인 힘의 극단적인 예를 보여준다. 댐이 붕괴되었을 때 갇혀진 물이 방류되어 거대한 홍수로 계곡을 따라 돌진하며 흘러내려갔으며 무게가 자그마치 9,000톤이나 되는 콘크리트 덩어리를 750m 이상 이동시켰다. 홍수진 하천은 차량, 나무, 그밖의 파편을 매우 위험한 돌출된 무기로 만들 수 있다. 1993년에 발생한 미시시피 강의 대홍수 기간 동안 프로판 유조선이 몰려드는 강물에 의해 정박지에서 파손되었으며, 세인트루이스 지역을 큰 위험에 빠뜨렸다.

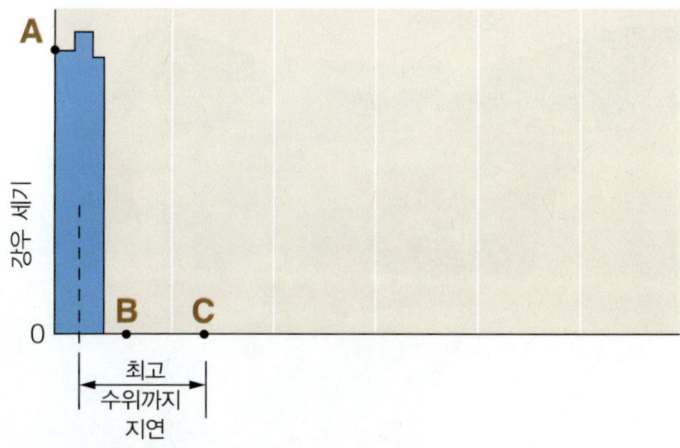

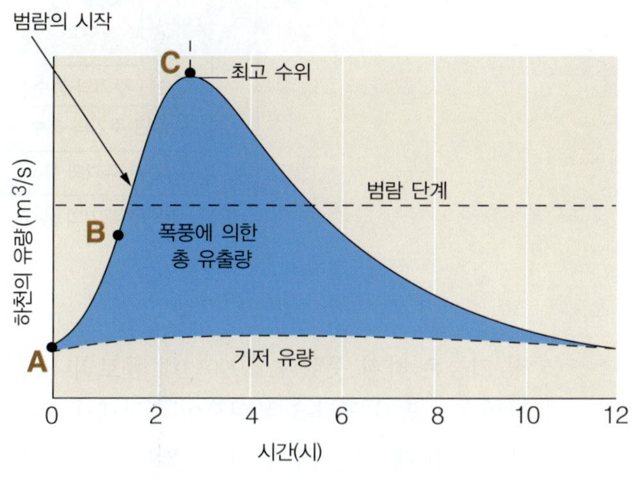

A 폭풍의 시작 : 최대 유량은 지표수가 모이고 수로를 따라 아래로 흐르기 때문에 지연된다.

B 1시간 후 : 폭우가 시작된 지 1시간 후, 하천은 여전히 증가된 물의 양을 저장할 수 있다.

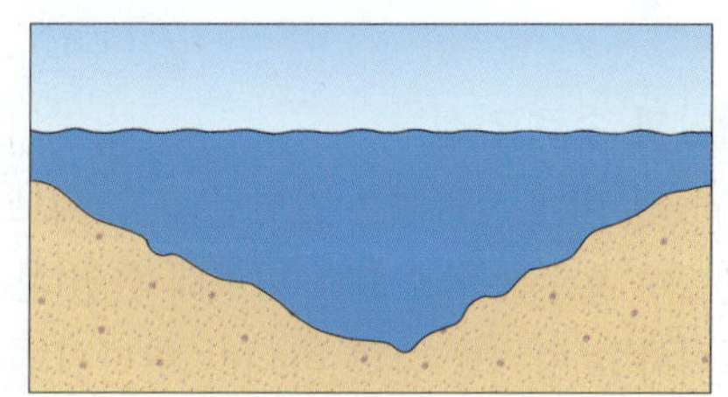

C 2시간 후 : 하천은 최고 수위에 도달하고 증가된 물의 양을 제방 안에 더 이상 저장할 수 없다.

그림 8.20 **홍수 수위도**

홍수 수위도는 과학자들이 유량의 변화를 보여줌으로써 홍수의 진행을 기록하고 예측하는 것을 가능하게 한다.

홍수의 예측

홍수는 피해가 크고 위험하기 때문에 이를 예측하는 것은 매우 중요하다. 과학자들은 과거의 홍수 주기를 크기에 따라 그래프에 표시하여 홍수–빈도 곡선을 만들었다. 같은 크기를 가진 두 홍수의 평균 발생 시간 간격을 재발 간격이라고 정의하였다(그림 8.21). 예를 들어 10년 주기의 홍수의 재발 간격은 10년이며, 이것은 10년에 홍수가 한 번 일어나는 것을 의미한다. 즉 주어진 어떤 해에 홍수가 일어날 확률은 10%이다. 유량이 훨씬 많은 재발 간격이 50년인 홍수는 이 특정 하천에 대해 50년 주기의 홍수라고 하며, 주어진 어떤 해에 홍수가 일어날 확률은 2%이다.

지역 개발자들은 범람원 위나 근처에 개발 계획을 세울 때 홍수의 재발 간격을 염두에 두어야 한다. 그러나 재발 간격은 순전히 통계에 근거한 것이며, 실제로 다음에 찾아오는 큰 홍수에는 영향을 미치지 못한다. 기상 조건에 따라 한 지역에서 50년 주기의 홍수가 일어날 수 있고 그다음 번 다른 50년 주기의 홍수는 그다음 우기에 나타날 수 있다. 사실 한 지역에서 큰 홍수가 한 번 일어나면 지면의 광범위한 포화 상태는 물이 침투하는 것을 훨씬 어렵게 하며 다음 홍수기에 홍수가 일어날 가능성을 증가시킨다.

홍수 예측의 다른 방법은 실시간으로 폭풍과 수면 높이를 감시하는 것이다. 과학자들은 홍수의 최대 높이와 최고 수위가 특정한 측정 지역을 통과할 시간을 예보하기 위하여 날씨에 관한 정보를 강 유역의 지질에 대한 지식과 조합할 수 있다. 원격 탐사 자료, 컴퓨터 모형 및 지리정보 시스템(Geographic Information System, GIS)이라는 통합된 지도 작성과 자료 처리 기술의 도움을 받아 작성한 예보는 대피 또는 방어 대책을 수립하는 데 매우 유용하다.

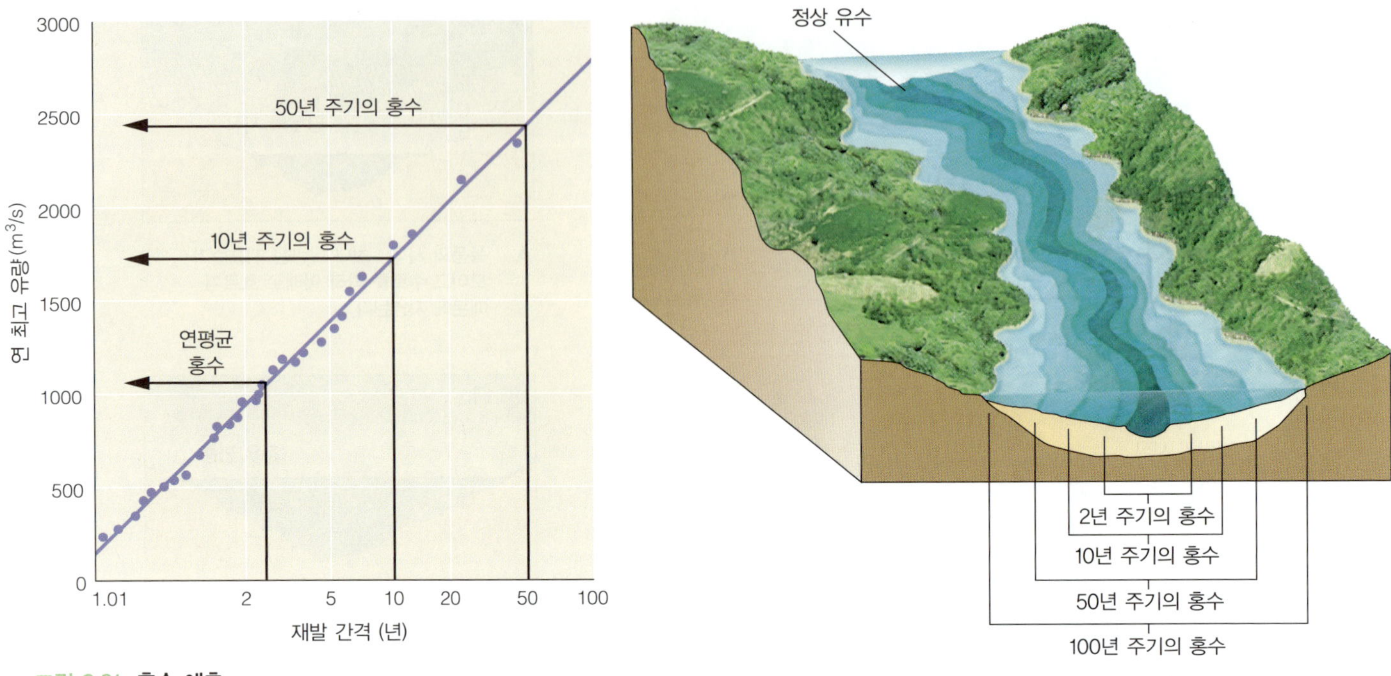

그림 8.21 **홍수 예측**

홍수의 예방과 수로 건설

오랜 역사 동안 내내 사람들은 간단한 홍수 예보에 만족하지 못하였으며 홍수를 막으려고 노력해 왔었다. 사람들은 홍수를 제어하고 방지할 뿐만 아니라 범람원과의 접근성을 좋게 하며 운송을 용이하게 하고 배수를 향상시키며 침식을 억제하기 위하여 강의 수로를 종종 인위적으로 변경하였거나 또는 '교묘하게 처리하였다(engineered).' 이러한 하천공사는 일반적으로 강폭의 확장, 바닥 굴착, 수로 직선화, 장애물 제거, 또는 수로의 판벽공사, 또는 하천 둑을 효과적으로 높히는 홍수방벽 혹은 제방공사의 어떤 조합으로 이루어진다. 이들 접근수단을 총괄하여 **수로공사**(channelization)라고 한다.

댐처럼 대규모 수로공사는 명백히 인류의 경제적 복리에 기여한다. 하지만 공사비가 너무 많이 든다. 수로공사는 자연적인 강의 심미적 가치를 떨어뜨리고 수질 오염을 악화시키기 때문에 많은 사람들은 자연 서식지와 생태계를 교란시키는 대규모 수로공사를 반대하고 있다. 부실하게 설계된 수로공사로 잘 알려진 예는 플로리다 주 남부의 키시미 강이 있다. 홍수 조절과 관개용 수로 건설을 위해 착수한 수로의 직선화와 굴착 및 콘크리트 판벽 설치 공사는 1962년에 시작하여 9년 걸렸으며 완공하는 데 2,500만 달러가 소요되었다. 그러나 이 수로 공사는 수생생물의 서식지와 수질에 막대한 피해를 입혔을 뿐 기대했던 홍수 조절 기능은 하지 못했다. 1990년대 플로리다 주는 키시미 강의 수로공사 구간을 복원하여 원상태로 복귀시키기 위해 야심찬 대규모 사업을 시작하였다. 결국 처음 수로공사보다 많을 비용을 들여 강은 복구되었다.

강의 토목공사와 다양한 인간 활동은 실제로 홍수가 일어날 가능성을 높여준다(홍수를 줄여주는 대신). 예를 들어 지하수를 뽑아내고 압축성의 퇴적물을 다진 후 그 위에 시행한 도시공사는 침강될 수 있으며 이는 홍수의 위험을 증가시킨다(예 : 2005년 뉴올리언스). 도시화로 인한 우수관의 설치와 불투수성의 도로 포장은 지표류가 포장된 지역에서 강의 수로로 훨씬 빠르게 흘러들게 하기 때문에 도시 지역의 범람을 일으킬 수 있다. 도시화가 진행된 지역은 미개발 지역보다 강의 최대 유량이 더 많고 홍수의 최고 수위가 되는 시간도 훨씬 빨라진다. 수위가 최고점이 되는 시간이 빨라지면 침수가 잘되는 지역에 사는 사람들은 더 빨리 대피하거나 또는 홍수가 언제 일어날지 예측할 수 있어야 한다. 홍수 방벽과 제방의 설치와 같이 홍수를 조절하기 위해 특별히 시행한 대규모 사업조차도 직접 관련된 지역의 범람은 조절할 수 있지만 하류에서는 오히려 훨씬 강한 범람을 일으킬 수 있다.

수로공사의 마지막 문제는 수로의 경로나 혹은 수로의 단면 변경은 과거에 그곳에서 수집한 수문학적 자료를 가치가 없게 만들어 버리는 것이다. 1973년과 1993년의 미시시피 강 범람 때 전문가들은 과거 자료에 근거하여 예측한 것보다 더 높은 수위를 설명할 수가 없었다. 이에 대한 그럴싸한 이유는 인간들이 수행한 상류에서의 대규모 강 수로의 변경이었다.

땅속의 물

수권에서 10% 미만의 물이 지표 아래에 분포하며 상부 지권의 물로 포화된 구간 내의 기반암과 표토의 공극을 채우고 있다, 지하에 있는 이 모든 물을 **지하수**(groundwater)라고 한다. 전체 수권에서 지하수 양의 비율은 적지만 담수 호수와 하천을 흐르는 물을 합친 모든 물의 양보다 35배 이상 많고 세계에 있는 방하와 극지방의 해빙에 갇혀있는 물의 거의 1/3이다. 사용 가능한 대부분의 물을 포함하여 지하수의 절반 이상이 지구 표면의 약 750m 이내에 존재한다. 이 구간에 있는 물의 양은 지구의 육지 면적 위에 펼쳐놓는다면 물의 두께가 약 55m 정도 될 것으로 추산되었다.

지하수는 지구의 물 순환에서 매우 중요한 부분을 차지하며 끊임없이 움직인다(그림 8.1, 8.3). 대양에서 증발된 물의 일부분이 강우의 형태로 지표에 떨어지면 이 물은 지하로 스며들어 지하수계로 들어가게 되며 중력에 의해 이동하게 된다. 이와 같이 천천히 이동하는 지하수의 일부는 하천 수로에 다달아 하천을 통해 바다로 흘러드는 물을 공급하는 한편 이것의 일부는 연안 해수로 직접 흘러들어간다.

지하수의 화학적 특성

많은 우물과 샘에서 채수한 물을 수질을 분석하면 지하수에 녹아있는 원소와 화합물은 염소, 황산염, 중탄산염, 마그네슘, 나트륨 및 칼륨으로 이루어져 있다. 우리는 이들 성분이 용해되어 빠져나온 암석을 구성하는 조암 광물까지 이들을 추적할 수 있다. 물이 더 많은 시간 동안 암석과 직접 닿아 있을수록 더 많은 광물 성분들이 용해되어 암석에서 물로 이동하기 때문에 물과 암석의 접촉시간은 지하수의 구성 성분을 결정하는 데 매우 중요하다.

지하수의 성분은 분포하는 암석의 종류에 따라 장소마다 다르다. 석회암과 같이 탄산염 암석이 많은 곳의 지하수에는 일반적으로 중탄산칼슘과 마그네슘이 풍부하게 녹아있다. 경수(센물)라고 하는 이러한 물로 목욕을 하면 비누거품이 잘 일지 않고 욕조에 물때 띠가 생기기 때문에 실망할 수 있다. 경수는 또한 수도관 내벽에 탄산염 찌꺼기를 침전시켜 물의 흐름을 방해하기도 한다. 반대로 용해 물질이나 칼슘이 거의 없는 물을 연수(단물)라고 한다. 이 물로 샤워를 할 때는 비누 거품이 잘 이는 것을 볼 수 있다.

많은 양의 비소나 납 성분을 함유한 암석을 통과하여 흐르는 지하수에는 독성 원소가 용해되어 있기 때문에 식수로 사용 할 수 없다. 황이 풍부한 암석을 통해 흐르는 물은 황화수소(H_2S)를 포함하고 있으며 마시는 데는 위험하지 않지만 달걀 썩는 역겨운 냄새가 난다. 건조한 일부 지역에서는 염소나 황산염의 농도가 매우 높아 이러한 지하수는 일반적으로 해롭다. 지하수에 플루오르 함유량이 자연적으로 높은 일부 지역에서 거주자들은 충치에 대해 타고난 저항력을 갖고 있다. 그러나 자연적인 플루오르의 함유량이 매우 높은 지하수는 치아의 에나멜에 나쁜 영향을 미친다.

지하수의 이동

지하수의 발생에 대한 대부분 지식은 수백만 개의 우물을 파거나 뚫은 여러 세대의 사람들의 누적된 경험에 의해서 배운 것이다. 이러한 경험은 지하를 관통하는 시추공이 처음에는 표토나 기반암에 발달된 공극이 주로 공기로 채워져 있는 구간을 지나가는 것을 말해준다(그림 8.22). 이 구간에는 물이 존재하기는 하지만 오직 광물 입자를 적시기만 하고 표토를 포화시키지 않기 때문에 이 구간을 **통기대**(aerated zone 또는 **불포화대**)라고 한다.

만약 계속 파들어가면 시추공은 모든 공극이 물로 채워져 있는 **포화대**(saturated zone)로 들어간다. 포화대의 상부 면을 **지하수면**(water table)이라고 한다. 우리는 지하수면을 그 아래에 있는 땅이 물로 포화된 면으로 생각할 수 있다. 따라서 우리가 우물을 파면 우물에서 물이 솟아나오는 물의 최상부 표면이 지하수면이다.

지하수면은 깊이와 상관없이 손쉽게 사용 가능한 지하수의 상한을 나타내기 때문에 중요한 수면이다. 습윤 지역에서 지하수면은 그 위의 지표면과 거의 같이 나타나며 언덕 아래에서는 높고 계곡 아래에서는 낮게 나타난다. 만약 모든 강우가 멈추면 땅속으로 스며드는 물의 양은 줄어들다가 중단되고 계곡의 하천은 마르게 되므로 지하수면은 천천히 편평하게 되며 점진적으로 계곡의 수위와 비슷하게 된다. 몇 주나 몇 달 동안 비가 오지 않은 갈수기에 지하수면이 우물 바닥 이하로 떨어지면 우물은 마르게 된다.

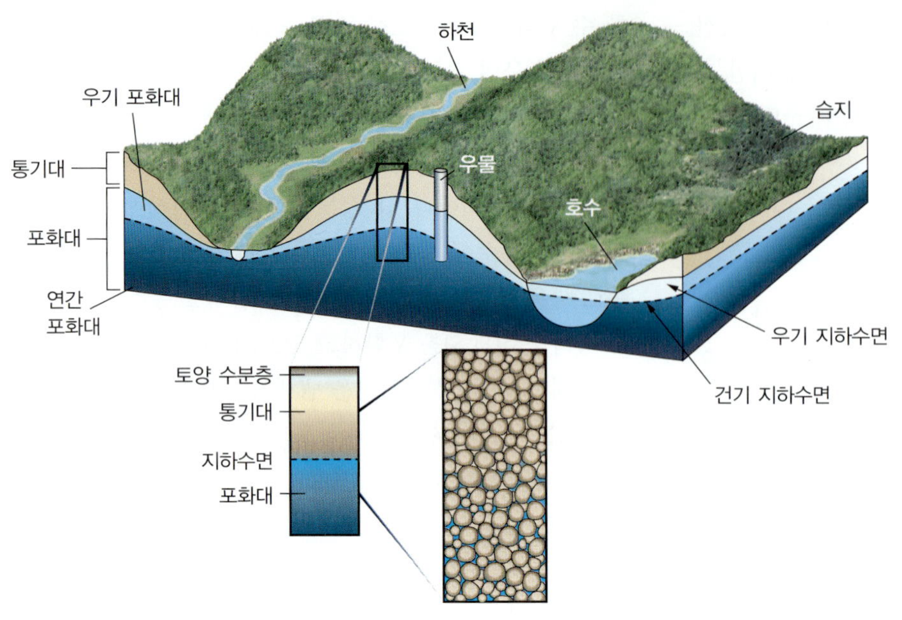

그림 8.22 **지하수**
우물은 토양의 공극이 공기와 물로 채워져 있는 통기대를 맨 먼저 통과한다. 결국 이 우물은 기공이 물로 완전히 가득 채워진 포화대에 도달한다. 지하수는 모든 곳에 존재하며 지표수는 지면이 포화대의 상부인 지하수면과 교차하는 곳에서 발생한다.

거듭된 강우는 새로 공급되는 물로 땅이 잠기게 하며 지하수면을 정상 수준으로 유지시켜 준다.

지표로부터 수백 미터 이내에 있는 지하수의 대부분은 이동한다. 지하수의 이동을 **침투**(percolation)라고 하며 지표에서 지하수면까지의 수직적인 물의 이동과 포화대에서 물의 수평 이동을 모두 포함한다. 강의 빠른 유수와 달리 지하수는 매우 느리게 이동한다. 이러한 차이의 원인은 하천의 물은 개방된 수로를 통해 방해받지 않고 흐르는 반면에 지하수는 셀 수 없이 많은 굴곡과 실같이 가는 경로를 따라 작고 제한된 통로를 통해 이동해야만 하기 때문이다. 일반적으로 지하수의 이동 속도는 하루에 0.5m에서 1년에 수 미터이며, 투수성이 예외적으로 좋은 물질에서는 아주 드물게 1년에 수백 미터에 달하기도 한다. 이와 반대로 표면수의 물의 이동 속도는 시간당 수 킬로미터의 단위로 측정할 수 있다. 지하수의 이동은 대체로 지하수가 통과하여 이동하는 암석과 퇴적물의 특성에 달려 있으며, 주위 매개체의 가장 중요한 특성은 공극률과 투수성이다(기초 원리 : 공극률과 투수율 참조).

재충전과 유량

지하수는 중력에 의해 지하수면이 높은 쪽에서 낮은 쪽으로 흐른다(그림 8.23). 다시 말해 지하수는 계곡을 흐르는 하천, 또는 낮은 지대의 호수와 습지 또는 바다로 흘러간다. 어떤 지하수는 정수압(hydrostatic pressure, 포화대에서 높은 곳에 있는 물의 무게 때문에 발생하는 압력)에 의해 지하 매우 깊은 곳까지 발달된 통로를 따라 흐르지만 어떤 지하수는 얕은 통로를 따라 지하수면 아래에서 멀리까지 이동하지 못한다.

지하수의 보충은 강우와 눈이 녹은 물이 **재충전**(recharge) 지역의 땅속으로 스며 들어갈 때 일어난다. 재충전 지역은 강수가 지면 아래로 스며들어가 포화대에 다다르게 되는 지역이다. 동시에 물은 지하수 시스템을 통해 유출 지역으로 이동한다. 이곳에서 지하의 물이 지표면으로 흘러나오거나 또는 하천, 호수, 못 또는 습지로 유출된다. 재충전 지역의 넓이는 유출 지역의 넓이보다 항상 넓다(그림 8.23). 습윤 지역에서 재충전 지역은

그림8.23 **지하수로 스며드는 이동 경로**
화살표는 충전지대에서부터 통수 단면적까지 수압과 중력에 의한 지하수의 흐름 방향을 나타낸다. 다양한 경로에 따른 이동 시간은 암석이나 표토의 투수성에 달려 있다.

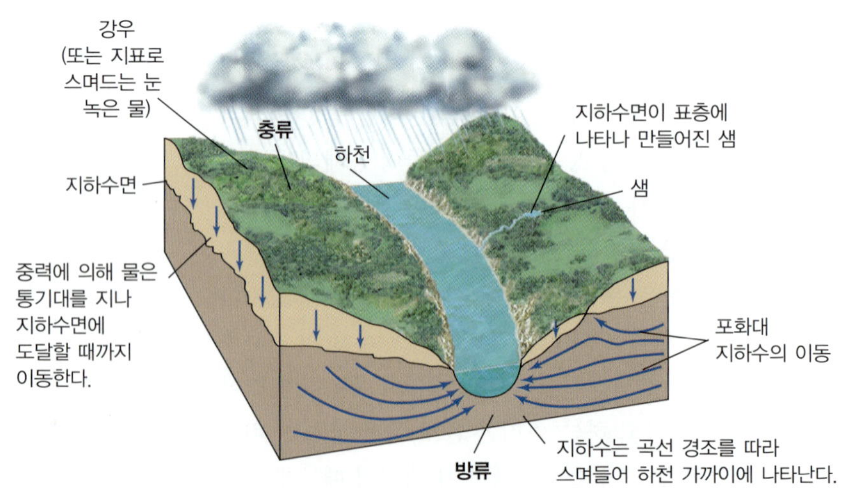

기초 원리

공극률과 투수율

일정 부피의 암석이나 퇴적물 내에 포함될 수 있는 물(혹은 다른 어떤 종류의 액체, 예를 들어 석유)의 양은 **공극률**(porosity)에 의해 결정되며, **공극률**은 암석이나 표토의 전체 부피 중 빈 공간, 즉 공극(그림 B8.4)이 차지하는 비율이다. 퇴적물과 퇴적암의 공극률은 이들을 구성하고 있는 광물 입자의 크기나 모양의 영향을 받는다. 이는 또한 입자 배열의 촘촘한 정도와 공극이 자연 광물 고결물로 채워져 있는 정도에 영향을 받는다. 분급이 양호한 일부 모래와 자갈의 경우 공극률이 20%를 넘는 반면, 공극이 많은 점토의 경우 공극률이 50%를 넘기도 한다. 사암은 전형적으로 공극률이 높은데, 이는 모래입자가 대체로 구형이며, 입자와 입자 사이에 빈틈 없이 구형입자들이 빽빽하게 쌓일 수 없기 때문이다. 하지만 사암에 입자들을 붙잡아주는 교결물이 생성되어 있으며 이것이 공극률을 감소시킨다. 단단히 결합된 결정으로 이루어진 화성암이나 변성암은 일반적으로 퇴적물과 퇴적암보다 공극률이 낮다. 균열이 있을 때 공극률은 현저하게 증가한다.

그림 B8.4 공극률

이 예시에서 이들은 포화되어 있기 때문에 모든 공극은 물로 채워져 있다. (A) 균일한 크기의 입자로 이루어진 이 퇴적물의 공극률은 약 30%이다. (B) 큰 입자 사이에 작은 입자로 채워진 이 퇴적물은 더 작은 공극률인 약 15%이다. (C) 퇴적암에서 입자와 공극을 결합해 주는 교결물 때문에 공극률은 줄어들 것이다.

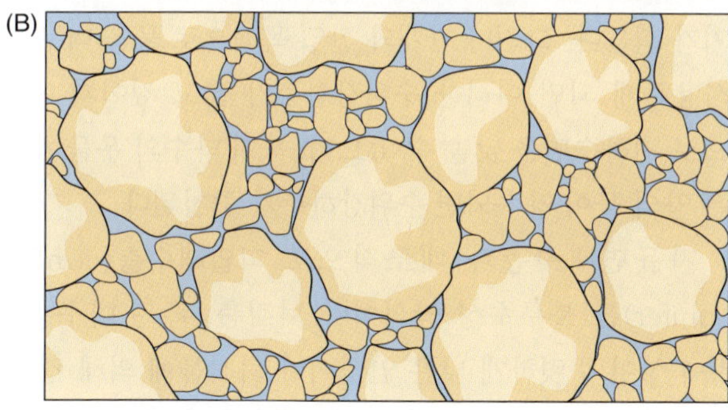

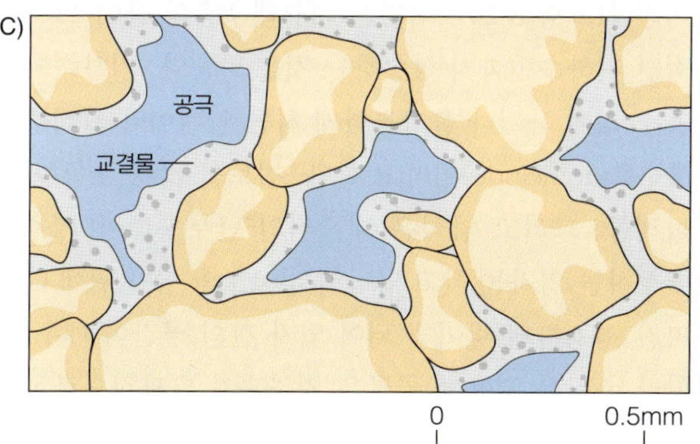

투수율(permeability)이란 고체가 얼마나 유체를 잘 흘려보낼 수 있는가를 가늠하는 척도이다. 어느 의미에서는 투수율은 공극이 얼마나 서로 잘 연결되어 있는가를 보여주는 척도이다. 큰 암편과 암편 사이에 크고 잘 연결된 공극을 가진 분급이 양호한 자갈층은 전형적으로 공극률과 투수율이 모두 높으며, 이는 많은 양의 물을 생산할 수 있다. 공극률이 낮은 암석이나 퇴적물은 상응하는 낮은 투수율을 갖는다. 하지만 공극률이 높다고 해서 반드시 상응하여 투수율이 높은 것은 아니다. 이는 공극의 크기와 연속성이 투수율에 매우 크게 영향을 미치기 때문이다. 예를 들어 점토를 많이 포함한 암석과 퇴적물은 종종 공극률이 높지만 투수율은 매우 낮다. 이는 작고 평평한 점토입자가 다른 점토입자 위에 규칙적으로 쌓여 촘촘하게 배열되어 있기 때문이다(그림 B8.5). 이 경우 입자와 입자 사이의 공간은 많지만, 공간의 크기가 매우 작고 서로 잘 연결되어 있지 않아 투수성이 감소하게 된다. 자갈, 모래, 사암, 석회암은 공극률과 투수율이 모두 높아 지하수를 잘 저장하고 이동할 수 있게 한다.

그림 B8.5 점토

점토는 공극률은 높으면서 투수율은 낮은 물질의 한 예이다. 여기에 보이는 각각의 작은 점토입자는 눈으로 식별하기에는 너무 작다. 점토입자의 납작한 모양 때문에 점토입자가 규칙적으로 쌓여 있는 것에 주목하라. 점토층에는 많은 공극(여기서는 물로 채워져 있다)이 있어 공극률은 높지만, 그 공간이 매우 작고 서로 잘 연결되어 있지 않아 투수율이 낮다.

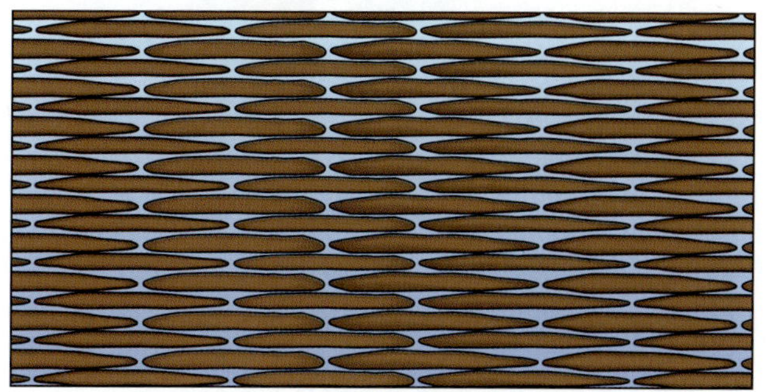

하천을 제외하고 거의 모든 지역을 포함한다. 보다 건조한 지역에서 재충전은 주로 산악지역과 간헐적으로 마르고 투수성이 좋은 충적층이 깔려 있는 큰 하천의 수로를 따라 일어난다. 재충전 지역의 물이 가까이에 있는 유출 지역으로 이동하는 데 걸리는 시간은 유속과 이동거리에 달려 있다. 이 시간은 단지 수 일 걸릴 수도 있고 또는 지하수 시스템의 깊은 부분을 통하여 이동할 때는 수천 년이 걸릴 수도 있다.

지표수와 같이 지하수도 중력에 의하여 지구의 가장 낮은 곳 즉 거대한 해양 분지를 향해 이동한다. 지하수는 세계의 해안선을 따라 다공성 암석과 표토를 통해 해저 지하수 유출에 의해 직접 바다로 유입된다. 다공성 석회암을 통해 매우 빠르게 일어나는 유출의 예는 지중해와 홍해에서 알려졌다. 또한 페르시아 걸프 해안에서는 지하수가 유출되어 해안가에 용승하는 물기둥은 고대 선원들에게 담수원이 되었다.

대수층, 우물, 그리고 샘

만약 우리가 믿을 만한 양의 지하수를 얻고자 한다면 우리는 **대수층**(aquifer, 라틴어로 물을 나르는 사람을 뜻함)을 찾아야 한다. 대수층은 지하수의 상당량을 저장하고 이동시킬 정도로 다공성과 투수성이 충분히 높은 암석 또는 표토층이다(그림 8.24). 지표수는 땅속으로 침투하고 다공성의 표토나 암석을 통해 지하수면으로 침투하여 물을 포함한 대수층의 물과 합쳐져 지하수가 된다. 반대로 지하수는 지표의 샘을 통해 지표로 물이 흘러나오거나 또는 사람들이 사용하기 위해 우물에서 지표로 양수하면 지표수가 된다.

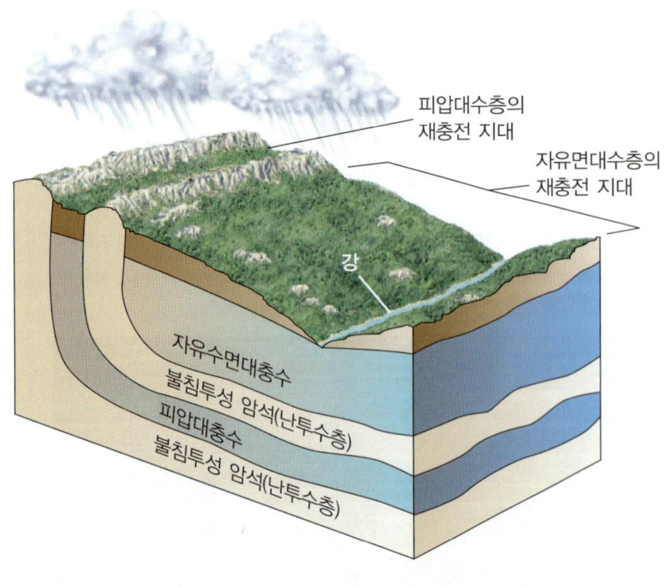

그림 8.24 대수층
자유면대수층은 종종 대수층 위의 암석과 흙의 공극을 통해 대기에 노출된다. 반면 피압대수층의 물은 불투성 암석층에 의해 갇혀 있다.

대수층과 우물

좋은 대수층은 물을 저장하기 위해 다공성이어야 하고 물이 잘 흘러들기 위해 투수성이 좋아야 한다. 자갈과 모래층은 일반적으로 공극이 많고 투수성이 좋으며 아주 광대하므로 대수층으로 알맞다. 많은 사암도 좋은 대수층이지만 일부 사암층에서는 입자 사이의 교결물이 공극의 크기를 감소시켜 투수성이 떨어지므로 대수층으로서의 가능성이 떨어진다.

지하수면을 가진 대수층이 **자유면대수층**(unconfined aquifer)이다(그림 8.24). 이 대수층에 우물을 파면 지하수면은 우리가 들여다 보는 우물의 표면이 된다. 자유면대수층의 물은 그 위에 놓인 암석 또는 퇴적물의 공극과 투수성을 통해 대기권과 접촉하게 된다. 자유면대수층에 있는 우물에서 물을 펌프로 뿜어올리면 지하수의 유출 속도는 국지적인 지하수 이동 속도를 초과할 수 있다.이러한 불균형은 우물 주위의 지하수면에 **수위강하추 또는 영향추**(cone of depres- sion)를 형성한다. 지역적인 지하수면의 급격한 경사는 결국 우물 안으로 들어오는 물의 속도를 증가시킨다. 대부분의 소규모 가정용 우물에서는 수위강하추를 식별하기가 힘들다. 그러나 관개와 산업 목적으로 물을 너무 많이 사용하게 되면 이러한 수위강하추가 넓고 깊어져 지역적으로 지하수면을 낮출 수 있으며, 특히 다수의 우물에서 많은 양의 물이 양수되면 수위강하추가 중첩된다.

자유면대수층과 대조적으로 **피압대수층**(confined aquifer)은 불투수성 암석이나 퇴적층, 혹은 대수층보다 투수성이 뚜렷하게 낮은 암석이나 퇴적물에 의해 경계 지어진다(그림 8.24). 이것은 피압대수층의 물이 그의 자연적인 지하수면까지 상승하는 것을 막는다. 지하수의 이동을 느리게 하거나 불가능하게 하는 암석이나 퇴적층을 **난투수층**(aquiclude)이라고 한다. 점토를 많이 포함한 토양, 퇴적물, 그리고 암석은 대표적인 난투수층이다. 이들을 구성하는 입자는 작고 납작해서 서로의 입자 위에 다른 입자가 평평하게 쌓이게 되어 입자 간의 공간이 매우 작다. 따라서 많은 경우에 공극은 지하수가 효과적으로 이동하기에는 너무 작고, 공극 사이의 연결이 너무 나쁘다. 화성암과 변성암은 균열이 크게 발달되어 있지 않는 한 대표적

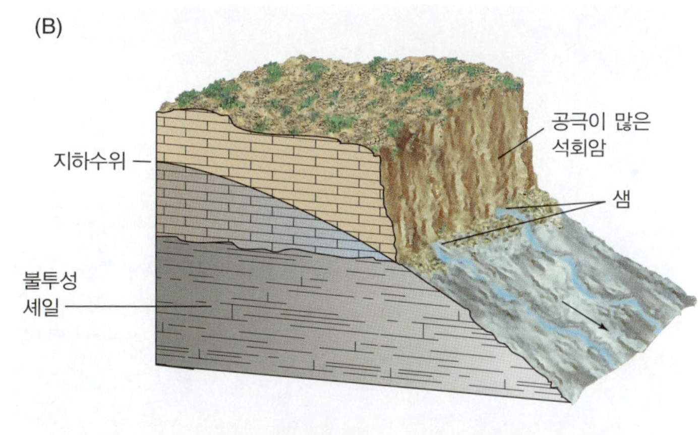

그림 8.25 **샘**

(A) 그랜드캐니언에 발달된 이 샘은 공극이 많은 레드월과 무아브 석회암에 의해 물을 공급받는다. 동굴이 많은 이러한 석회암은 많은 샘들의 수원이 된다. 이들 아래에 있는 불투성 셰일로 이루어진 난투수층은 브라이트앤젤셰일이다. (B) 석회암 대수층의 샘으로부터 물이 흘러나오며, 그 아래에는 불투수성의 셰일로 이루어진 난투수층이 있다.

으로 공극이 없고 불투수성이어서 이들은 난투수층의 기능을 할 수 있다.

고원의 재충전 지역으로 유입된 물은 중력에 의해 아래로 흐르게 된다. 물이 깊이가 더 깊은 곳에 도달하게 됨에 따라 물은 증가하는 정수압에 의해 흘러나온다. 만약 우물을 피압대수층까지 파고 내려 가면 재충전 지역의 지하수면과 우물 입구의 높이 사이의 압력 차에 의해 우물에서 물이 솟아오르게 된다. 이러한 대수층을 **자분정대수층**이라고 하며, 이때의 우물을 **자분정**이라고 한다. 마찬가지로 이러한 자분정대수층에서 자유롭게 흘러나오는 샘은 **자분천**(artesian spring)이라 한다. 아르투와(artesian)라는 용어는 이러한 물의 유동이 처음 연구된 프랑스 마을 Artois(로마어로 *Artesium*)에서 유래된 것이다. 드물기는 하지만 정수압은 지하수의 분수를 지면으로부터 60m 이상 솟구칠 수 있을 정도로 높다.

미국에서 관개에 사용되는 지하수의 약 30%는 하이평원(High Plains) 대수층에서 얻어지며, 이는 로키 산맥 동쪽으로 뻗어 있는 대평원 아래에 있는 자유면지하수시스템이다. 이 대수층에서는 약 170,000여 개의 우물로부터 지하수를 양수하며 대규모 농업 지역의 주요 수원이다. 이 대수대는 지하수가 쉽게 흐를 수 있는 모래와 자갈이 많은 지층으로 이루어져 있고, 이것의 포화대 평균 두께는 약 65m이다. 지하수면은 서쪽에서 동쪽으로 완만하게 기울어져 있고, 대수층에서 지하수의 평균 유속은 약 30cm/일이다. 하이평원 대수층에서 사용되는 물의 양은 강수에 의해 채워지는 양보다 훨씬 많으므로 장기간에 걸친 지하수면의 하강은 필연적인 결과였다. 그 결과 지하수의 생산량 저하와 채수 비용의 증가는 하이평원 지역의 향후 관개 농업에 큰 걱정거리가 되었다.

샘

샘(spring)이란 지표면에서 지하수가 자연적으로 흘러나오는 것이다. 가장 간단한 종류의 샘은 지표와 지하수면이 교차하는 곳에 생긴 것이다. 작은 샘의 경우 모든 암석에서 생성될 수 있지만, 거의 모든 큰 샘은 화산암, 석회암, 또는 사력층에서 생성된다. 투수율의 변화는 샘을 분리시키는 흔한 이유이며, 이것은 종종 난투수층의 분포에 의해 발생한다(그림 8.25). 공극이 많은 모래층이나 화산암이 투수율이 상대적으로 낮은 점토를 많이 포함한 난투수층 위에 있을 경우 아래쪽으로 침투하는 물이 난투수층에 다다르면 수평으로 흐르게 되고, 그 경계가 지표와 교차되는 지점에서 샘이 된다.

지하수와 풍경

천천히 흐르는 지하수는 지질학적으로 엄청난 양의 일을 할 수 있다. 용해작용과 화학적 풍화작용을 쉽게 받을 수 있는 암석이 지하에 분포하는 지역에서 지하수는 지구에서 가장 보기 힘든 독특한 최고의 풍경을 형성한다. 이러한 풍경은 대부분 지하수가 암석을 통과하여 흐르면서 암석을 용해시킬 때 형성된다.

빗물은 지면을 침투하자마자 표토와 기반암의 광물과 반응하여 이들을 화학적으로 풍화시킨다. 화학적 풍화작용의 중요한 부분은 광물과 암석 성분이 용액으로 직접 녹

그림 8.26 **동굴**
뉴멕시코 주의 칼스바드 동굴 지대의 석회암 동굴인 레추길라 동굴의 한 탐험가가 지난 천 년간 떨어지고 흐르는 물에서 탄산염으로 침전되어 만들어진 암석을 조사하고 있다.

아드는 과정으로 이를 **용해작용**(dissolution)이라고 한다. 흔한 탄산염 암석인 석회암, 백운암, 대리암은 쉽게 용해된다. 탄산염 광물은 순수한 물에는 거의 녹지 않지만, 용해되어 묽은 탄산 용액을 만드는 CO_2를 포함한 빗물에는 쉽게 녹는다. (자연의 물은 대기의 CO_2를 소량 포함하고 있어 약산성이다라는 제7장의 내용을 떠올려보라.) 탄산염 암석이 풍화될 때 이 암석은 흐르는 지하수에 의해 서서히 용해되고 운반된다.

동굴과 싱크홀

동굴(cave)은 순환하는 지하수가 탄산염 암석을 서서히 용해시켜 제거하여 지표로 연결된 작은 통로가 있거나 또는 통로가 없는 공동을 지하에 남겨놓을 때 생성된다. 이 과정은 서로 연결된 열린 절리와 층리면의 시스템을 따라 침투하는 지하수에 의해 일어나는 용해작용과 함께 시작되는 것으로 여겨지고 있다. 이 통로는 물이 흐르기 가장 좋은 유로를 따라 빈틈을 완전히 채운 물에 의해 점점 커진다. 이러한 확대 과정으로 동굴 통로가 완전히 발달하는 데는 수천 년에서 아마도 백만 년에 달하는 시간이 걸린다. 대부분의 동굴은 포화대의 가장 얕은 부분에서 계절에 따라 변동하는 지하수면을 따라 만들어지는 것으로 보인다.

석회 동굴은 크기와 모양이 매우 다양하며, 동굴의 벽, 천장 및 바닥에는 종류석, 석순, 석주를 포함하여 아주 아름다운 2차 동굴생성물이 발달되어 있다(그림 8.26). 이들 2차 동굴생성물은 지하수의 용해된 물질이 침전되어 생성된 것이다. 비록 대부분의 동굴은 작지만 어떤 동굴은 크기가 매우 크다. 베트남의 손둥 동굴은 길이 5km, 높이 200m, 폭 150m의 이상인 동방을 하나 가지고 있다. 켄터키 주의 매머드 동굴은 가장 긴 동굴 시스템이며, 일련의 동굴들이 서로 연결되어 동굴의 총 길이가 600km에 달한다.

동굴과는 아주 달리 **싱크홀**(sinkhole)은 용해작용에 의해 하늘을 향해 절구 모양으로 움푹 파인 커다란 구멍이다. 몇몇 싱크홀은 동굴의 지붕이 무너져서 형성된 반면 다른 것들은 지표에서 생성된다. 동굴 지붕이 무너져 생성된 싱크홀은 갑작스럽게 형성된다. 그래서 이러한 싱크홀은 지름이 수십 미터인 원추형의 넓은 움푹 파인 곳으로 집이나 토지가 갑자기 사라질 수 있는 잠재적인 위험성을 내포한다.

카르스트 지형

매우 쉽게 용해되는 암석이 분포하는 지역에는 싱크홀과 동굴의 수가 매우 많으며, 이들이 합쳐져 작은 비개방성의 분지와 그 사이에 발달된 능선이나 뾰족한 봉우리로 특징되는 매우 독특한 지형을 형성한다. 하천은 땅속으로 사라졌다가 어떤 다른 곳에서 결국 큰 샘으로 다시 나타난다. 이러한 지형은 슬로베니아의 전형적인 카르스트 지역(이곳에서는 '카르소' 라 부름)의 이름을 따서 **카르스트**(karst, 독일어로 불모의 돌이 많은 땅이라는 뜻) 지형이라고 한다. 이처럼 촘촘히 배열된 싱크홀과 지하의 배수로로 이루어진 놀라운 지형은 순수한 석회암의 용해에 의해 만들어진 것이다.

몇몇 요소가 카르스트 지형의 발달을 조절할 수 있다. 지형이 중력에 의해 용해될 수 있는 암석을 통해 지하수가 흐를 수 있게 해야 한다. 빗물은 지하수 시스템을 유지할 수 있을 정도로 충분해야 하며, 토양과 식생이 충분한 이산화탄소를 공급해 주어야 한다. 따뜻하고 습윤한 기후가 이산화탄소의 생산을 촉진하고, 따라서 암석의 용해작용을 증진시킨다. 비록 카르스트 지형이 매우 넓은 범위의 위도와 다양한 고도에서 나타나긴 하지만, 이것은 지하에 용해되기 쉬운 암석이 두껍고 넓게 분포하는 습윤한 온대와 열대 지역에 가장 잘 발달된다. 세계 카르스트 지역 중 유명

그림 8.27 카르스트
평탄하고 넓은 충적층으로 둘러싸인 200m 높이의 가파른 석회암 산봉우리는 중국 구이린 근방 리 강 주변에 발달된 장관을 이루는 카르스트 지형의 일부이다.

하고 독특한 것은 중국 남동부에 있으며, 석회암 최대 높이는 200m에 달한다(그림 8.27). 이러한 참으로 놀라운 풍경은 중국 전통 화가들과 현재의 사진작가들에게 예술적 영감을 불어넣고 있다.

물과 사회

인간의 생존과 건강뿐 아니라 산업, 농업, 기타 경제활동에서의 물의 역할과 생태계 유지, 오염물질 배출, 기후 조절과 같이 물이 기여하는 환경적 공헌 때문에 신뢰할 수 있는 물의 공급은 매우 중요하다. 양과 질 모두의 측면에서 보면 물은 세계 거의 어디에서나 위험에 처해 있다.

물과 관련된 법과 정책은 혼란스럽고 복잡하다. 지표수보다 지하수에 있어 더 그러하다. 지하수는 눈으로 볼 수 없는 곳에 있어 지하수의 이동을 감시하고 지하수 사용을 규제하기가 힘들다. 만약 여러분의 사유지에서 대수층으로 우물을 팠다면 여러분은 원하는 만큼 물을 끌어 쓸 수 있는 권리가 있는가? 자신만을 위한 목적으로 사용되는 것만을 허락해야 하는가, 또는 이것을 운송하여 다른 곳에 파는 것도 허락해야 하는가? 만약 물을 끌어다 써서 대수층을 고갈시키고 여러분 이웃의 우물이나 호수를 마르게 하면 어떻게 될까? 땅 주인이 하천이나 대수층을 오염시키면 비슷한 문제가 발생할 것이다. 만약 하천수나 지하수의 침투가 소유지의 경계를 넘어 오염물질을 운반한다면 어떻게 될까? 물의 순환에서 물의 이동을 조절하는 자연 과정을 이해하는 것은 이들 질문과 물관리와 관련된 다른 도전적 질문에 대한 답을 찾는데 있어 매우 중요하다.

수량

2009년 UN의 발표에 따르면 비록 지역마다 많은 차이가 있지만, 전 세계적으로 필요한 담수의 약 75%를 농작물 관개가, 산업이 약 20%를, 그리고 가정용 사용이 나머지 약 5%를 차지했다. 물에 대한 수요가 지난 수 십 년 동안 물의 채수량(즉, 강, 호수 및 지하수 유로 우회)을 극적으로 증가시켰다. 인구 증가가 물 수요 증가의 부분적인 원인이긴 하지만, 20세기 동안 인구가 3배 증가한 반면에 물 수요는 6배 증가했다. 이는 지난 수십 년 동안 생활 기준의 향상과 개선이 1인당 물 사용량의 큰 증가에 기여했다는 것을 의미한다. 우리는 우리가 소비하는 상품을 생산하고 우리의 현대 삶을 유지하기 위해 더 많은 물을 사용하고 있다. 전 세계 사람들이 사용하기 위해 채수한 물의 총량은 미시시피 강의 1년 유량의 8배 정도이다.

물 부족

오늘날 총 4억 5,000만의 인구를 가진 세계 29개 국가가 심각한 물 부족으로 고통을 받고 있다. 이들은 물 부족을 경험하고 있다고 말한다(그림 8.28). 이들 나라의 물 부족은 농업 생산, 경제 발전, 건강 및 환경보호를 제한한다. UN은 2050년까지 54개 국가의 총 400억 인구는 부분적으로 기후 변화가 물의 공급에 미치는 영향 때문에 물 부족에 직면하게 될 것이라 예상했다.

때때로 물의 수요가 가장 큰 지역은 쉽게 사용할 수 있는 풍부한 지표수를 갖지 못한다. 북아메리카에서 이러한 대표적인 예는 캘리포니아 주와 남서 지역에서 볼 수 있다. 이곳에서 집약농업과 많은 인구는 연합하여 자연적으로 건조한 기후 지역에서 압도적으로 많은 물의 수요를 발생시켰다. 그 결과 지표수는 어떤 배수유역에서 물의 수요를 만족시키기 위해 다른 배수유역으로 운반되고, 때로는

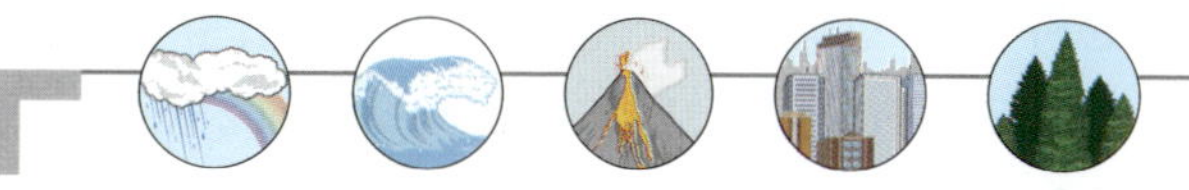

관련짓기

기후 변화가 세계 수자원에 어떠한 영향을 미칠까? 이것은 여러분이 사는 곳의 수자원에 영향을 미칠까?

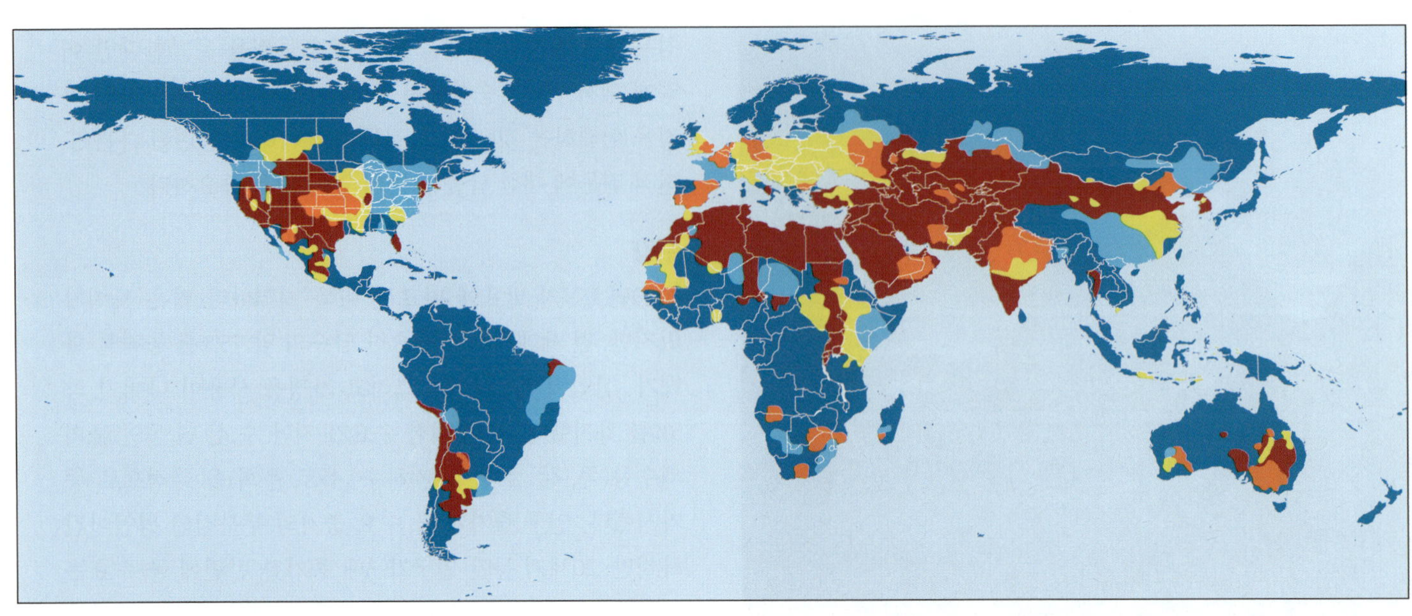

그림 8.28 **물 부족**
이 지도는 가능한 물 공급량을 초과하는 물의 소비로 물 부족을 경험하고 있는 세계 각 지역을 보여준다.

이 거리가 멀 수 있다. 이 경우를 분지 간 수송이라 한다. 예를 들어 캘리포니아 주와 남서 지역의 다른 주에서 사용하는 대부분의 식수와 관개수는 콜로라도 강에서 이송된 것이다.

강물의 방향 전환과 채수

물의 권리에 대한 정책적인 쟁점을 제기하는 것 외에도 유역 간 물을 옮기는 것은 환경적으로 부정적인 영향을 미친다. 예를 들어 콜로라도 강은 수로의 방향을 바꾼 결과 낮은 유량과 낮은 퇴적물 짐, 그리고 높은 염분으로 고통 받고 있다. 이는 콜로라도 강의 하구가 위치한 멕시코와 미국 간의 다소 긴장된 정치적 분쟁이 있게 하였다. 이러한 수로 변경에 의한 영향의 대표적인 예는 카자흐스탄과 우즈베키스탄 국경 사이에 위치한 아랄 해의 경우를 들 수 있다. 한때 세계에서 네 번째로 큰 내륙 호수였던 아랄 해는 유입되는 큰 두 강의 방향을 바꾼 결과 호수의 수량, 깊이 및 면적이 줄어들었다(자세히 보기 : 아랄 해의 사례 참조).

지하수 또한 지나친 채수로 나쁜 영향을 받을 수 있다. 만약 채수율이 자연적으로 물이 채워지는 속도보다 훨씬 빠르다면 저장된 물의 양은 점점 줄어들 것이다. 이를 지하수 채수(groundwater mining)라 한다. 고갈된 대수층을 다시 채우는 데는 수백 년 혹은 심지어 수천 년이 걸릴지도 모른다. 과도한 채수의 결과는 지하수면을 낮추고, 샘과 하천을 마르게 하며 대수층을 다져지게 하여 지반침하를 일으킬 수 있다. 때때로 대수층에 물을 주입하여 대수층을 다시 채울 수 있지만 물이 고갈된 결과는 계속 지속되기도 한다. 대수층이 줄어들면, 즉 광물 입자를 서로 분리시켜 주던 공극수가 제거되기 때문에 대수층의 광물 입자가 서로 무너져내릴 때 대수층은 원래 대수층이 가졌던 만큼의 물을 영원히 결코 다시 가질 수 없게 된다.

수질

북아메리카에서 안전하고 엄격하게 규제된 가정용 물을 공급받는 것은 다행이다. 비록 그렇다하더라도 사람들이 수돗물의 잠재적인 오염물질에 대해 걱정하기 때문에 가정용 정수기와 생수의 사용은 증가하고 있다.(하지만 주목할 점은 샘물이나 자분정 물은 다른 지하수와 근본적으로 동일하며, 보통 생수의 안정성은 수돗물만큼 면밀히 감시하지 않는다는 것이다.) 세계 다른 어느 곳도 사람들이 자신들의 식수에 대해 안심할 수 없다. 주로 개발도상국의 약 12억의 사람들은 수질이 관리되거나 또는 어떤 방법으로 개선된 식수를 사용할 수 없다.

집이나 사무실로 오는 물은 보통 비교적 깨끗한 지표수나 대수층의 지하수로부터 끌어오지만, 식수 기준을 충족시키기 위해 처리를 해야 한다. 수질의 개선은 경도 조절을 위한 처리, 플루오르 첨가(**플루오르 첨가법**), 그리고 필요한 경우 물에서 소금을 제거하는 **담수화** 작업을 포함한다. 담수화 작업은 에너지가 많이 들고 매우 비싸지만, 물이 특별히 부족한 나라에서는 그렇게 할 만한 가치가 있다. 무엇보다도 중요한 것은 가정용 물은 퇴적물과 기타 고형물들을 제거하기 위해 걸러져야 하고, 해로운 미생물들을 죽여 없애기 위해 염소처리를 해야 한다는 점이다.

수천 가지의 잠재적으로 해로운 오염물질이나 독성물질이 물의 순환 과정에 있는 많은 지점에서 물 공급지로 유입될 수 있다. 자연적으로 발생하는 수많은 화학물질(몇몇은 매우 독성이 강하다)뿐만 아니라 수백만 가지의 제조된 합성 화합물이 존재하며 이들 중 수만 가지가 사용된다. 과학자들은 이러한 모든 화합물들이 인간의 건강과 생물권에 존재하는 다른 생명체에 미치는 영향과 수권에 존재하는 물질과 어떻게 상호작용할 것인지에 대한 완벽한 정보를 갖고 있지 않다. 특별히 중요한 것은 몇몇 오염물질이 자연에서 긴 체류 시간을 갖는 것이다. 이를 영구적인 오염물질이라고 한다. 저장소에서 한 물질의 체류 시간은 오염물질의 화학적 · 물리적 특성, 이 물질이 통과하거나 또는 운반되는 매체의 성질, 그리고 이 물질과 반응할 수 있는 물질의 존재 여부에 의해 결정된다.

수질을 보장하는 것은 독성물질이 건강에 미치는 영향을 결정하고, 그 한계치를 결정하고 강요하는 것을 포함한다. 이것에 대한 중요한 관점은 독성물질이 지구계의 다양한 저장소를 통해 이동하고 사람을 포함한 생명체 내로 이동하는 경로와 과정을 이해하는 것이다.

지표수의 오염

지표수는 접근하기 쉽기 때문에 유용한 자원이 될 수 있지만 그로 인해 오염되기도 쉽다. 지표수의 오염물질은 주로 도시나 시외, 농업 지역의 배수 지역에서 유입된다. **산업 폐수**(오염된 배출수)는 지표수 오염의 주요한 원인이다. 그래서 채광이나 벌목, 석유사업과 같은 자원 추출과 관련된 배수는 중요하다. 시설이 좋지 않은 매립지에서 나오는 폐수는 지표수 오염의 또 다른 원인이다.

지표수를 오염시키는 물질이 모두 배수로부터 유래된 것은 아니다. 산을 생성하는 대기 중의 물질은 땅과 수면에 내리는 산성비의 원인이 된다. 이 산성비는 토양과 숲뿐만 아니라 호수와 수생 생태계에 피해를 입힐 수 있다. 산업 지역의 지표수 저장소는 열이나(보다 일반적으로) 뜨거운 물의 유출에 의해 열적 오염을 받기 쉬우며, 이는 물에 사는 생명체와 생태계에 해롭다. 이러한 경우 열 자체가 오염물질이 된다.

지표수 지역으로 떠내려온 수많은 쓰레기는 유기물질을 포함한다. 많은 도시의 경우, 심지어 부유한 나라에서도, 아직도 오수를 거의 또는 전혀 처리하지 않고 물로 흘려보낸다. 오수의 유기물질이 분해되면 그 과정에서 산소가 소모된다. 물속의 용존산소는 대부분의 수생생물이 사는 데 매우 중요하다. 용존산소의 고갈을 야기하는 폐수는 시스템에 **생물학적 산소요구량**을 발생시켰다고 말한다. 더 많은 양의 유기물질이 시스템으로 유입되면, 생물학적 산소요구량은 더 많아진다. 만약 오수가 바로 물로 유입되면, 오수 유입 지역 하류에 있는 물의 용존산소는 고갈될 것이다.

지표수 오염의 가장 일반적인 형태 중 하나는 과도한 식물의 영양염류에 의한 것이며, 이는 특히 비료와 인을 포함한 세제에 의한 인과 질소에 의해 발생한다. 수생 생태

그림 8.29 **부영양화 : 죽어가는 호수**
온타리오 주에 있는 이 호수는 과도한 영양염류에 의해 활성을 띤 조류의 성장으로 불쾌한 초록색으로 변했다. 결국 조류는 물속의 용존산소를 모두 소모하게 되고, 다른 수생 생물이 살아남을 수 없게 만든다. 부영양화라고 하는 이 과정은 자연적으로 일어날 수도 있지만 이 경우는 인간 활동에 의해 가속화된 것이다.

자세히 보기

아랄 해의 사례

카자흐스탄과 우즈베키스탄 경계를 따라 형성된 아랄 해는 한때 육지에서 네 번째로 거대한 호수였으며, 어업, 농작을 비롯해 지역적 이용에 있어 중요한 자원이었다. 1950년대 초 주로 농업용수로 이용하기 위해 아랄 해로 흘러드는 아뮤다리야와 시르다리야 두 강으로부터 상당한 양의 물의 흐름을 다른 곳으로 바꿨다. 관개 결과 수십 년간 구 소련에서 면 생산이 크게 증가했지만, 지난 긴 시간 아랄 해로 유입되는 담수의 공급이 감소하는 부정적인 영향이 나타나기 시작하였다.

1960년대에는 아랄 해가 줄어들기 시작했다(그림 C8.1). 이

그림 C8.1 줄어드는 아랄 해

(A) 1973년의 아랄 해는 세계에서 네 번째로 큰 호수였다. 그러나 1960년대부터 목화 재배에 물을 대기 위해 아랄 해로 유입되는 2개의 강으로부터 물길을 돌린 결과 호수가 줄어들었다. 현재 아랄 해는 2009년 촬영한 위성사진에서 볼 수 있듯 훨씬 작은 3개의 호수로 나누어졌다(B). 오늘날 아랄 해의 북쪽 지역에서 수면이 낮아지는 것을 역전시키기 위해 호수 복원 노력이 시작되고 있다.

(A)

(B)

계에 영양염류가 과도하게 많으면 조류, 플랑크톤, 그리고 해초의 성장을 통제할 수 없게 된다. 이것을 **조류 대번성**(algal bloom)이라 한다. 조류와 다른 수생생물이 죽으면 이들이 분해되면서 산소 고갈을 유발한다. 다른 수생생물들도 죽기 시작하고, 물은 불쾌하고 혐오스러운 초록색으로 변한다(그림 8.29). 이는 호수에 식물이 가득 차 늪처럼 되는 자연적 과정인 부영양화(앞에서 논의된)와 유사하다. 인간활동에 의한 오염물질이 더해져 부영양화가 가속화될 때 이를 **문화적 부영양화**라고 한다. 만약 물속의 산소가 완전히 없어지면 물은 맑고 투명하게 변할 것이다. 이러한 일이 1970년대의 이리 호에서 발생했으며, 이는 물이 건강에 좋다는 신호가 아니다. 이러한 물에는 아무것도 살 수 없다는 신호이다.

세균, 바이러스, 그리고 질병을 일으키는 생명체와 같이 전염성이 있는 병원체의 존재는 인간과 동물 쓰레기와 관련된 지표수 오염의 또 다른 형태이다. 세계 여러 지역에서 전염성이 있는 병원체로 오염된 물의 소비는 콜레라와 같은 질병의 발발로 이어진다. 북아메리카에서 콜레라와 다른 수인성 질병은 100년 전과 비교해 문제가 덜 된다. 여전히 배설물에서 흔히 발견되는 감염성이 있는 대장균(*E. coli*)의 높은 수치는 많은 해안 지역에서 해변의 폐쇄를 야기한다. 온타리오 주의 워커톤에서는 2000년에 갈라진 원천을 통해 이 지역의 지하수 수원에 치명적인 *E. coli*의 변종이 들어가면서 7명이 사망하고 여러 가지 심각한 질병이 발생했다. 세균의 기원은 근처의 농장에서 흘러들어온 배설물에 오염된 물로 생각된다.

지표수 물을 오염시키는 몇 가지 가장 심각한 독성 물질은 DDT와 미렉스(Mirex)(두 가지 모두 농약), 폴리염화바이페닐(PCBs), 다이옥신과 푸란(furan, 산업적 부산물)처럼 분해하기 어려운 염소화 유기화합물이다. 이와 같이 독

후 40년 동안 아랄 해의 수심과 면적은 극적으로 감소했고, 평균 수온과 염분은 높아졌으며, 새로이 노출된 제방 주위에 소금층이 생성되기 시작하였다. 결국 호수는 아랄쿰이라는 새로운 사막에 의해 이전보다 훨씬 작은 세 개의 호수로 나누어졌다. 2007년까지 호수는 원래 부피의 80% 이상이 상실되고 호수 표면적은 원래 면적의 10% 정도로 줄어들었다. 호수의 수중 생태계는 돌이킬 수 없을 만큼 변해버렸고 한때 활발했던 지역 어업도 크게 줄었다. 40,000여 개나 되는 어업 일자리가 사라졌고, 한때 호수 가장자리에 있던 어촌은 이제 호안선에서 수 킬로미터 떨어지게 되었다(그림 C8.2). 건조한 호수 바닥으로부터 농업에 적당하지 않은 농약과 염분을 많이 가진 먼지가 바람에 불려온다. 노출된 소금과 바람에 불려온 소금과 먼지는 근처에 사는 주민들의 건강 문제를 야기시켰다. 강수 감소를 비롯하여 겨울이 추워지고 여름은 더워지는 등 국소적인 기후에 영향을 받게 되면서, 큰 수체로서의 적절한 영향력을 잃게 되었다. 한편 물길을 바꾸어 관개한 토양조차 물에 잠기고 소금이 배어드는 문제가 발생했다.

2000년 들어 호수에서 흘러나가는 3개의 물줄기 흐름을 제한함으로써 수면이 낮아지는 것을 막고 적어도 아랄 해의 북쪽 호수만이라도 구하려는 중요한 시도가 시작되었다. UN이 지원한 프로그램은 과학자들과 지역 주민들을 이 운동으로 끌어들였다. 2006년까지 이 프로그램은 호수면이 높아지고 일부 물고기의 개체수가 회복되는 것을 포함하여 약간의 긍정적 신호를 보여주기 시작했다. 그러나 아랄 해 남쪽의 동부 지역은 회복이 불가능하였으며, 인공위성 사진은 이 지역이 2009년에 모두 사라졌음을 보여준다. 최근 평가에 의하면 서쪽 부분은 약 50년 혹은 그 이상 존재할 것이다. 한때 이 지역의 중대한 자원이었던 아랄 해는 환경 대참사이며 물줄기를 돌려 나타난 영향에 대한 불행한 사례연구이고 한 부분의 변화가 지구계의 다른 여러 부분을 얼마나 변화시키는지를 보여준 예가 되었다.

그림 C8.2 발이 묶인 배들
아랄 해의 물이 여태까지 매우 빠르게 감소하면서 어선들이 호숫가에서 멀리 떨어진 곳에 고립되어 있다.

특하게 쓰인 '유기'라는 표현은 '환경보호에 친화적'이라는 것이 아님을 알아두어야 한다. 이것은 유기분자(제3장)—즉 분자 구조의 기본 입자로 탄소와 수소를 포함한 분자—의 존재를 암시하며, 이들 대부분은 유독하다. 문제가 되는 또 다른 오염물질의 종류는 카드뮴, 납, 비소, 수은과 같은 중금속이다. 중금속은 채광과 광석 처리, 야금 처리, 제지 생산, 석유 정제 및 다른 산업 과정 등에서 방출된다. 아주 낮은 농도라도 이러한 물질들에 장기간 노출되면 신경질환(특히 어린이들에게), 신장 손상 및 다른 여러 가지 문제들이 나타난다.

충분한 행정적 의지와 재정을 투입할 수 있다면 오염된 지표수는 종종 정화되거나 또는 개선될 수 있다. 몇 가지 문제점들은 좋은 반응을 나타낸다. 예를 들어 이리 호—1970년대 산소가 고갈되면서 사실상 '죽었던'—는 미국과 캐나다의 동의로 5대호로 흘러드는 지표수의 인을 제한하여 그 이후 상당히 회복되었다. 다른 문제들—주목할 만한 것은 산성비에 의한 호수의 산성화—은 해결하기가 한층 더 어렵다는 것이 밝혀졌다. 여전히 인간 활동의 변화로 다른 문제점들이 일부 드러나고 있지만, 자연계의 반응을 기다리고 있다. 가장 상징적인 예는 DDT이다. 이 독성 유기염소계 농약은 1970년대에 북아메리카에서 생산과 사용이 대부분 금지되었다. 그러나 잘 분해되지 않는 탓에 인간을 포함한 동물의 조직과 모유뿐 아니라 자연 저장소에서도 여전히 검출되고 있다. 이는 수권과 생물권에서 DDT가 자연적 과정에 의해 제거되기까지는 수년이 걸릴 것이다.

지하수 오염

지표수와 토양에 영향을 미치는 많은 오염물질은 또한 지하수 오염도 일으킨다. 지하수는 보이지 않는 곳에 분포하는 본성 때문에 지하수 오염은 감지, 통제하고, 정화하기가 한층 더 어렵다. 지하 가솔린 저장탱크와 송유관, 부실하게 설계되거나 또는 유기된 쓰레기 매립지 및 독성 폐기물 처리시설에서 새어나오는 유해한 화학물질은 지하수 저장소를 오염시킬 수 있다.

지하수 오염물질에서 주요한 25가지 독성물질 중 20가지는 벤젠, 톨루엔, 에틸렌, 자일렌과 같은(총칭 BTEX라고도 하는) 휘발성 유기 합성물이다. 흔히 드라이클리닝 액체로 알려진 트리클로로에틸렌(TCE)과 같은 염화 유기 용매는 독성이 강하며 많은 지점에서 지하수 수질을 심각하게 위협한다. 지하수에서 가장 흔한 오염물질은 처리하지 않은 오수와 농약에서 유래한 질산염이다. 이 물질은 다른 오염물질보다는 덜 유독하지만 꽤 널리 퍼져 있기 때문에 역시 문제가 된다. 추가적인 지하수 오염 문제는 통상적으로 해수의 연안 대수층 침투에 의해 발생하는 지하수의 염류 오염이다.

지하수는 접근이 어렵기 때문에 한 번 오염되면 회복이 매우 어렵다. 지하수가 오염된 지역을 정화시키는 데는 기본적인 두 가지 방법이 있다. 첫 번째 **수동적 정화**는 오염 지역을 정화하는데 자연적인 환경 과정에 의존하는 것과 관련된 방법이다. 이 방법은 게으르거나 비효율적인 것으로 보일 수 있지만 때로는 이 방법이 실용적인 접근방법이기도 하다. 자연 환경은 물과 토양에서 오염물질을 제거하고 걸러내는 데 매우 효율적이다. 만약 오염 지역 근처에 사람들이 살거나 일하는 곳에 즉각적인 위협이 되지 않거나 또는 새로운 용도로 토지를 절박하게 준비할 필요가 없으며, 환경 자체가 적절하면 단순히 기다리고 자연의 과정을 따르게 하면 많은 돈과 노력을 절약할 수 있다. 하지만 수동적 정화는 약간 오염된 지역일지라도 수년 또는 수십 년이 걸리기도 한다. 만약 토지가 급히 필요하거나, 사람들이나 혹은 인접 환경에 대한 위험이 심각하면 오염 지역의 회복에 적극적으로 개입하는 **능동적 정화** 방법을 취하는 것이 바람직하다. 능동적 정화는 오염물질이 빠르게 분해되도록 산소나 여타 화학 물질을 지하수에 주입하거나 처리하여 최후에는 대수층으로 재주입하기 위해 오염된 지하수를 뽑아내는 접근 방법을 포함한다.

지금까지 지구의 전 생명체에 매우 중요한 수권, 물의 순환, 그리고 담수 저장소의 특성과 과정에 대해 학습하였다. 지구 표면 가까운 환경에 물이 고체, 액체, 기체 상태로 존재하는 것은 알려진 모든 행성과 위성 중에서 지구를 독특한 행성으로 만들었다. 물의 독특한 화학적 특성과 지구계의 저장소 사이의 물의 이동은 물리적 · 화학적 · 생물학적 과정의 거의 끝없는 다양성을 지지한다. 우리는 제19장에서 인간이 가장 중요한 소계, 즉 수권에 미치는 몇몇 영향에 대해 다시 검토한다.

다음 장에서 우리는 빙설권—지구 수권의 영구적으로 얼어 있는 권역—을 조사한다.

요약

1. 물의 순환은 대양, 호수, 강, 지하수, 눈과 얼음 등 지구 수권의 물 저장소 간의 물 흐름을 나타낸다. 물 순환은 암석 순환과 긴밀한 관계가 있으며 기후와 생지화학적 순환에서 중요한 역할을 한다.
2. 지구는 표면 환경에서 물이 고체, 액체, 기체 상태로 존재한다는 점에서 우리 태양계에서 특별하다. 물은 큰 표면장력, 모세관 현상, 용매로서의 기능, 높은 비열 및 증발열 등 독특한 성질을 많이 가지고 있다. 또한 이러한 성질들 때문에 물은 지구의 많은 물리적, 화학적, 생물학적 과정에서 중요한 역할을 한다.
3. 전 지구적 물 순환은 질량 균형을 포함한다. 수권에서 가장 큰 저장소는 염이 있는 해양이다. 가장 큰 담수 저장소는 영구적으로 얼어 있는 극지의 대륙빙이며, 얼지 않은 담수의 대부분은 지하수이다. 수권의 매우 낮은 비율만이 지구 표면의 담수와 토양 수분, 생명체에 존재한다.
4. 물 순환은 태양열에 의해 발생하고 중력에 의해 조절된다. 태양으로부터 받는 열은 해양과 지표에서 증발을 일으키고, 대기에서 응결된 수증기는 강수 형태로 떨어진다. 이 중 일부는 바로 대기로 돌아가고, 나머지는 식물에 흡수되거나 지표를 따라 흐른다. 지표의 물은 증산작용을 통해 대기로 돌아가거나 지하로 스며든다. 또한 눈은 녹을 때까지 지표에 남아 있거나 빙설권에 오랜

기간 남게 된다.

5. 육지에서 물의 흐름에는 지표류와 하천류가 있다. 하천은 자연적인 수로를 통해 낮은 곳으로 흐르는 흐름이며 퇴적물, 부유물질, 용해된 물질을 운반한다. 하천은 지형적으로 인접한 유역에 의해 분리되어 있다. 하천과 유역 체계는 꾸준히 지형, 기후, 식생을 변화시킨다.
6. 하천과 수로는 복잡한 자연계의 일부이며, 하천 단면적, 구배, 평균 유속, 유량, 퇴적물 짐의 상호 작용에 의해 조절된다. 하천의 유량이 변하면 유속이나 수로의 단면적 또는 두 가지 모두 변하게 된다.
7. 하천 흐름에서 최고 속력은 육지와의 경계에서 마찰에 의한 저항으로부터 떨어진 흐름의 중앙 부분에서 나타난다. 물이 방향을 바꾸면 최고 속력 구간 역시 수로의 바깥쪽으로 휘어지면서 구부러진 흐름을 형성한다. 이동하는 수많은 얕은 수로와 장애물에서 꼬여 있는 듯한 흐름 패턴은 유량이 크게 변화하고 퇴적물을 풍부하게 공급하는 하천에서 나타나는 전형적인 모습이다.
8. 하천의 짐은 하천 바닥에서 튀면서 운반되는 입자가 큰 밑짐과 물에 부유하여 운반되는 입자가 더 작은 뜬짐이 있다. 녹은짐은 용액으로 운반되는 물질로 이루어져 있다.
9. 물의 흐름은 지형을 변화시킨다. 하천 에너지가 변하면 하천을 따라 퇴적물이 운반되고 퇴적된다. 홍수 때 하천이 범람한 지역에 입자가 고운 퇴적물이 쌓이면서 범람원이 만들어진다. 하천이 낮은 지대로 흘러 갑작스럽게 에너지를 잃으면 고지대 경사의 끝에 부채꼴 모양의 퇴적지형인 선상지가 만들어진다. 또한 하천이 바다나 호수의 정체된 물과 만나면 퇴적물이 쌓여 삼각주가 형성된다.
10. 분수령은 남극을 제외한 대륙에서 대륙을 큰 영역으로 구분 짓는다. 분수령은 대륙을 가로질러 주요 대양으로 흐르는 강에 의해 나눌 수 있으며, 보통 거대한 산맥의 정상(침식과 지형을 조절하는 다른 요소들에 의해 산 정상의 위치가 영향을 받을 수 있음에도 불구하고)과 함께 나타난다. 대륙 분수령은 기후에도 큰 영향을 미친다.
11. 호수는 표면이 드러나 있는 내륙의 물이다. 호수의 염분은 하천으로부터의 담수 유입량, 강수량과 물의 유출량, 증발량의 균형을 반영한다. 호수는 담수 유입, 기후, 또는 지형 등의 변화로 사라질 수 있다. 늪, 습지, 소택지 등의 습지들은 영구적 혹은 간헐적으로 습한 지역이다. 이 지역은 뚜렷한 생물다양성이 나타나고 여러 생태적 기능을 한다. 하구, 염습지, 맹그로브와 같은 연안 지역의 습지는 담수와 염수 환경 사이의 점이적 환경이다.
12. 하천의 유량이 수로의 수용량을 초과하여 하천 제방을 넘치면 범람이 일어난다. 범람은 정상적이고 예상이 가능한 현상이다. 범람이 일어나면 넘친 물은 육지에 퇴적물을 운반하고 토양의 광물 함량을 보충한다. 과학자들은 재발 간격을 통계적으로 계산하기 위해 범람 빈도 곡선을 이용하여 계획과 예방의 근거를 제공한다. 폭풍우를 실시간 관찰하는 동안에는 범람의 최대치를 예측하기 위해 컴퓨터 모형과 GIS가 이용된다. 홍수 제어를 위해 수로를 건설할 수 있지만, 수로를 만드는 것은 수중 환경의 저하와 같은 예상치 못한 부작용을 일으킬 수 있다.
13. 암석과 토양 사이의 공극을 채우고 있는 지하수는 담수 중 1% 미만일 뿐이지만 지표상의 담수보다는 여전히 수배 많은 양이다. 육지에서의 강수 중 일부는 중력의 영향으로 지하에 스며들고 낮은 곳으로 흐르며 지하수와 만나게 된다. 지하수의 성분은 장소에 따라 다르다. 암석과 직접 접촉한 시간이 길수록 많은 광물이 물에 녹아들게 된다.
14. 물과 공기를 포함하고 있는 공극 표면은 공기가 통하는 이점이 있다. 공극이 모두 물로 차 있다면 이 영역은 포화대의 근저가 된다. 포화대의 표면은 지하수면이다. 지하수는 작고 압축된 통로를 따라 이동하기 때문에 지하수의 흐름이나 침투는 천천히 일어난다. 표면의 물이 지하수면으로 내려오는 수직적인 이동이나 포화대에서의 측면 이동 모두 침투에 해당한다.
15. 주어진 부피의 암석이나 퇴적물이 포함, 저장할 수 있는 물의 양은 다공성, 즉 암석이나 토양의 총 부피가 포함하는 공극에 의해 결정된다. 투수성은 공극 간 연결의 척도이며, 따라서 암석이나 퇴적물이 유체를 얼마나 전달할지를 조절한다.
16. 지하수 흐름은 복잡하지만 물은 지하수면이 높은 곳에서 낮은 곳으로 흐른다. 비가 내리거나 눈이 녹아 대수층에 도달하는 지역으로 흡수되면 다시 물이 차게 된다. 물은 지하수 시스템을 통해 하천, 호수, 연못, 습지 등으로 물이 빠져나간 곳으로 이동한다. 해안선을 따

라 지하수는 공극이 많은 암석과 토양을 통해 해저 유출의 방식으로 해양으로 흘러간다.

17. 대수층은 충분한 양의 지하수를 저장하고 전달하기 위한 효과적인 투수성이 있는 암석이나 토양의 형태이다. 지하수면에 따라 두께가 변할 수 있는 투수대를 자유면대수층이라 한다. 피압대수층은 위와 아래가 난투수층으로 된 경계를 가진다. 샘은 땅의 표면과 지하수면이 만나는 환경에서 발생한다.
18. 지하수가 탄산염암을 천천히 용해하고 운반하는 과정이 반복되어 지하에 지하 공동이 생기면 동굴이 만들어진다. 지하수가 스며들면서 서로 연결된 절리와 절리면을 따라 용해가 일어나고, 이 과정이 계속되면서 빈 공간이 점차 커지게 된다. 싱크홀은 하늘을 향해 열린 큰 구멍이다. 특히 용해되기 쉬운 암석 지역 등에서 싱크홀과 동굴이 매우 많이 존재하며, 카르스트 지형을 형성한다. 이 지형에서는 작고 닫힌 분지와 그 사이에 발달된 산등성이나 산봉우리가 많이 나타난다.
19. 담수는 사람들의 건강과 산업, 농업, 다른 경제 활동, 그리고 다양한 환경적 기능 때문에 안정적인 공급이 중요하다. 그러나 물의 양과 질 모두는 전 세계 어디에서나 위협받고 있으며, 기후 변화로 인해 다음 수십 년간 물 부족을 경험하는 국가가 증가할 것으로 예상된다.
20. 물 순환 과정에서 수천 가지의 잠재적 유해 오염물질들이 물에 들어갈 수 있다. 지표수는 접근성 때문에 도심, 부도심, 농경지 위를 흐르는 빗물, 산업과 매립지의 폐수, 대기 중 산성비 등에 의해 오염되기 쉽다. 폐수와 과도한 농약은 가장 흔한 지표수 오염물질이며, 부영양화 등의 문제를 일으킬 수 있다. 지하수는 지표수와 같은 수많은 오염물질에 오염되기 쉽지만 지하수 오염은 감지와 회복이 더 어렵다.

주요 용어

강수(precipitation)
곡류하천(meander)
공극률(porosity)
구배(gradient)
대수층(aquifer)
동굴(cave)
망상하천(braided stream)
물 순환(hydrologic cycle)
배수유역(drainage basin)
범람(flood)
범람원 (floodplain)
부영양화(eutrophication)
분수령(continental divide)
삼각주(delta)
샘(spring)
선상지(alluvial fan)
수로(stream channel)
수로공사(channelization)
습지(wetland)
싱크홀(sinkhole)
용해작용(dissolution)
유량(discharge)
유출수(surface runoff)
응결(condensation)
재충전(recharge)
증발(evaporation)
증산작용(transpiration)
지하수(groundwater)
지하수면(water table)
짐(load)
충적토(alluvium)
침투(percolation)
카르스트(karst)
통기대(aerated zone)
투수율(permeability)
투수층(aquiclude)
포화대(saturated zone)
하천(stream)
하천류(streamflow)

복습 문제

1. 물 순환에서 주요 경로와 물의 저장소를 설명하라.
2. 하천류와 지표류는 어떻게 다르고, 이 두 가지 지표수는 어떻게 관련이 있는가?
3. 하천 수로의 제원(깊이와 폭)과 유속은 유량의 변화와 어떻게 조정되는가?
4. 충적층, 퇴적물, 표토의 차이점은 무엇인가? (제7장 참조)
5. 왜 하천유속은 하천 구배가 감소함에도 불구하고 하류

로 갈수록 일반적으로 증가하는가? 하류로 갈수록 유속이 커질 때 퇴적물 입자 크기는 왜 작아지는가?

6. 홍수 예측은 어떻게 할 수 있으며, 사람들은 홍수를 예방하기 위해 어떤 노력을 하는가?
7. 제3장에서 혼합물과 용액의 차이를 배웠다. 용액의 구성 성분은 오직 화학적 방법에 의해서만 분리할 수 있는 데 비해 혼합물의 성분은 물리적으로도 분리할 수 있음을 상기하라. 그리고 여러분의 혼합물과 용액의 이해 정도에 따라 밑짐, 뜬짐, 녹은짐의 차이점을 논하라.
8. 호수와 습지의 차이점은 무엇인가? 호수는 어떻게 만들어지고 사라지는가?
9. 지하수 이동은 하천 수로에서 물의 흐름과 어떻게 다른가?
10. 재충전 지역에서 유출 지역으로 이동하는 지하수 유동 시간을 결정하는 것은 무엇인가?
11. 대수대와 난투수층의 차이점은 무엇인가? 피압대수층과 자유면대수층의 차이는 무엇인가? 지하수는 자분정 물 또는 샘물과 어떻게 다른가?
12. 용해는 무엇인가? 무엇이 싱크홀과 동굴을 만드는 역할을 하는가?
13. 분지 간 이동은 무엇이며, 이와 관련된 문제들은 어떤 것이 있는가?
14. 마시는 물의 수질을 보장하기 위해 어떤 처리 과정을 거쳐야 하는가?
15. 지하수와 지표수 모두 오염에 민감하지만 차이점이 존재한다. 이를 설명하라.

연구와 토론 문제

1. 만약 여러분들이 해마다 홍수를 겪는 큰 강에 인접한 30년 된 집을 구입한다고 가정하자. 다음 50년간 이례적인 대홍수가 그 집을 물에 잠기게 할 확률을 계산하기 위해서는 어떤 정보를 찾아보아야 할까?
2. 지하수는 지하에 함께 존재하는 초생수나 원시수와 어떻게 다른가(제1장)?
3. 여러분들이 살고 있는 공동체나 시는 어디서 담수를 공급받는지 찾아보라. 물 공급원은 오염에 민감한가? 다음 수십 년 동안 인구가 배로 늘어난다면 기존의 공급원은 물을 공급하는 데 적절한가? 전 지구적 기후 변화가 물 공급원에 미치는 영향은 무엇인가?
4. 여러분은 생수를 마시는가? 이 물은 어디에서 왔는가? 여러분은 이 물이 상수에 비해 깨끗하고 건강에 좋은지 어떻게 확신할 수 있는가?

기초 원리 문제

1. 물의 독특한 화학적 · 물리적 성질은 무엇인가? 그리고 지구에 영향을 미치는 과정은 어떠한가?
2. 다공성과 투수성의 차이는 무엇인가?
3. 낮은 다공성은 보통 낮은 투수성을 의미하지만 높은 다공성이 높은 투수성을 의미하지는 않는다. 이를 설명하라.

자세히 보기 문제

1. 아랄 해의 물의 양과 수심, 표면적이 줄게 된 원인은 무엇인가?
2. 아랄 해에서 물을 우회하면서 나타난 예상치 못했던 부작용은 무엇인가?
3. 아랄 해를 구제하기 위해 최소한 북쪽 영역에서 실시했던 프로그램은 무엇인가?

CHAPTER

9

빙설권

개요

이 장에서 우리는

- 빙설권의 주요 특징을 알아본다.
- 빙하가 어떻게 형성되고 왜 이동하는가를 배운다.
- 빙하와 얼음판이 어떻게 지형을 변화시키는가를 설명한다.
- 기후와 환경 변화가 어떻게 빙하에 흔적을 남기는지를 조사한다.
- 해빙이 형성되는 원인과 지구계에서 해빙의 중요한 역할을 다룬다.

◀ **육지에서 바다로 이어지는 얼음**

이것은 슈프빙하가 슈프만 주립해상공원의 물속으로 떨어져나가는 조수의 전면을 보여주고 있다.

태양계의 여러 행성 중에서, 지구만이 유일하게 푸른 빛깔을 띠고 있는데, 이는 광활하게 펼쳐진 바다 때문이다. 그럼에도 불구하고 대부분 눈과 얼음으로 덮여 있기 때문에 극지방은 대체적으로 하얀색으로 나타난다. 북반구에서 대부분의 얼음은 얇은 대륙빙으로 북극해를 떠다니고 있으나, 남반구에서의 얼음은 남극 대륙, 인접한 섬과 여러 해역에 펼쳐진 광활한 빙하 형태는 물론 바닷물에 떠다니는 해빙으로 구성되어 있다. 이러한 극지방의 얼음은 대기 및 해양과 밀접한 관계를 가지고 있다. 그들은 심층 순환을 유도하는 온도가 낮고 밀도가 높은 해수의 형성과 관련이 있을 뿐만 아니라 지구의 반사도와 지구 규모의 바람 순환, 지구의 기후에 영향을 미친다. 얼음의 분포는 매우 역동적인 특성을 가지며, 지질학적 시간 규모는 물론 계절적으로도 변화한다. 이 장에서는 이러한 얼음의 거대한 저장고에 관한 것을 다루기로 한다.

눈과 얼음으로 덮인 지구의 표면

빙설권(cryosphere)은 영구적인 얼음으로 덮인 지구 표면의 영역을 말한다(그림 9.1). (여기서 영구적이라는 말은 계절적인 변화가 없이 1년 내내 얼음 상태로 유지된다는 뜻이다.) 빙설권은 얼음과 눈뿐만 아니라 그 아래에 존재하는 동토까지 포함한다. 빙하는 지표면의 10% 정도를 차지하고, 동토까지 포함하면 무려 30%나 된다. 즉 육지 표면의 약 1/3은 항상 빙설권에 속한다고 할 수 있다. 빙설권의 구성물질은 온도가 낮은 경우에는 지표면 또는 지표면 근처에서 얼음이나 눈의 형태로 존재한다. 빙설권 구성물질의 일부는 강수의 형태로 지면에 떨어져 쌓이고, 다른 형태로 변화하기도 한다(기초 원리 : 눈과 얼음 참조).

눈

지구의 영구적 결빙체인 빙모, 빙하, 해빙은 빙설권의 주요 부분을 차지한다. 그러나 겨울철의 눈과 계절적으로 동결된 지표 또한 지구의 기후 시스템에 중요한 역할을 한다. 북반구의 겨울에는 비록 그 부피는 남극 대륙을 덮는 영구 빙설의 면적에 비해서 훨씬 작지만, 육지의 약 1/4은 눈과 동토로 덮여 있다(그림 9.2), 앞으로 배우게 되겠지만, 빙하와 빙모 면적의 증가에 가장 크게 기여하는 것은 녹아 사라지는 얼음의 양보다 많은 양의 눈이 내리기 때문이다. 눈은 반사도가 크기 때문에 지면으로 입사하는 태양광을 우주로 반사시키고, 결과적으로 지표 근처의 대기의 온도를 더욱 감소하게 한다. 눈은 녹으면서 주변 강과 토양에 물을 공급할 수 있는 공급원이 된다. 그러나 눈의 녹는 시기가 적절치 않으면 반대로 인간에게 좋지 않은 영향을 미치게 된다. 예를 들면 늦겨울의 대설은 홍수를 유발

그림 9.1 빙설권

(A) 빙설권의 주요 구성성분 및 지역적 분포. (B) 빙설권의 각 구성 요소의 형성 과정에 필요한 상대적인 시간 규모

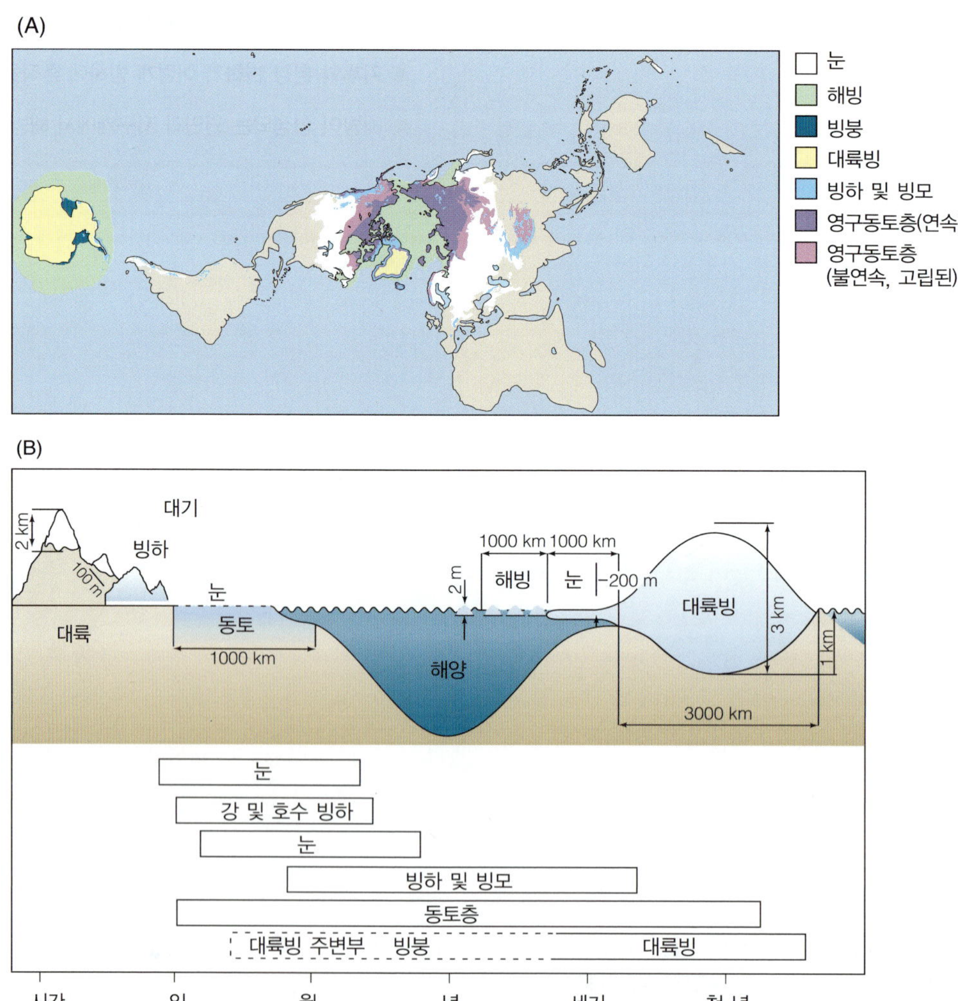

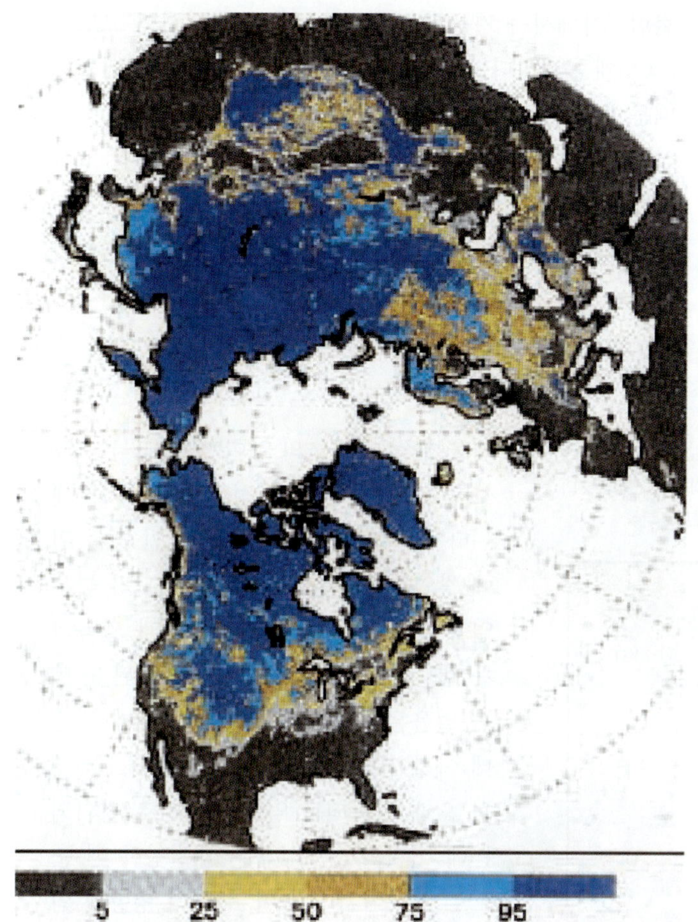

그림 9.2 **적설 지역**
이 그림은 인공위성에서 촬영한 것으로 12월 중의 북반구 평균 적설 지역을 나타낸 것이다. 적설량이 가장 많은 곳은 중고위도 지역(북아메리카 대륙의 북부와 아시아 북동부)과 중앙아시아 티베트 고원과 같은 고위도 지역의 대륙성 기후에 해당하는 곳이다.

시키고, 눈이 너무 적게 오면 이어지는 여름철에 물 부족을 겪게 된다.

적설의 연 변화

1960년대 중반 이전에는 대륙의 적설면적은 지상 관측에만 의존하여 추정되었다. 오늘날은 적설의 깊이와 면적은 위성에 의해서 관측된다. 북반구의 적설은 맨 먼저 9월 중순부터 10월 중순경에 알래스카 북부, 시베리아 북동부에 나타난다. 11월 중에 적설은 남쪽으로 확장되며 두꺼워지기 시작한다. 12월 적설은 남러시아, 중앙유럽, 미국 북부까지 확장되며, 눈은 티베트 고원의 고도가 높은 부분을 거의 다 덮게 된다. 12월부터 3월까지 대륙 내부에서도 적설은 두꺼워지나 기온이 상승함에 따라 남쪽한계선은 북상하게 된다. 늦은 봄이 되면 적설은 빠르게 북상하며 6월 중순경이 되면 눈은 고산지대나 추운 북극해 경계 부근까지 줄어들게 된다.

설선

만일 여름이 끝날 무렵에 높은 산을 보게 되면 고지대에 눈이 쌓여 있는 것을 볼 수 있다. 이 적설지대의 저지대 경계를 **설선**(snowline)이라고 하는데 빙모의 낮은 고도한계라고 할 수 있다(그림 9.3). 설선 위쪽으로는 지난 겨울에 내린 눈의 일부가 여름의 고온에도 녹지 않고 남아 있을 뿐만 아니라 그 전 해의 눈이 녹지 않고 쌓여 있다. 설선은 불규칙할 뿐만 아니라 그 모양이 겨울의 쌓인 눈의 두께 변화와 지형의 구조에 따라 바뀐다. 멀리서 보면 설선은 눈이 있는 지역과 그렇지 않은 지역을 구분하는 것을 알 수 있다.

설선의 고도와 수평 위치는 날씨에 따라 매년 변한다. 여기에는 비록 여러 가지 기후 요소가 관련되어 있기는 하지만 겨울의 강설량과 여름의 기온이 가장 큰 두 가지 요인이다.

극지방에서는 낮은 기온 때문에 공기 중에 포함된 수증기 양이 적은 이유로 연간 강설량이 일반적으로 매우 작다. 이것이 바로 극지방의 빙모(극 빙모)이 극지방의 사막이라 불리는 이유이다. 예를 들면 남극 대륙의 맥머도 관측소에서는 연간 강수량은 7.8mm에 불과한데, 이는 사막의 분류 기준(연간 강수량 250mm 이하)을 보면 사막에 속한다. 그럼에도 불구하고 여름에도 기온이 낮기 때문에 눈이 녹지 않고 그대로 유지된다. 그 결과 설선은 저고도에 놓

그림 9.3 **설선**
뉴질랜드 남알프스 최고봉인 마운트 쿡의 가장자리는 늦은 봄의 적설 지역 하단부의 예를 보여준다. 날씨가 따뜻해지고 눈이 녹음에 따라 설선은 높아지게 되고 여름이 끝날 무렵에 가장 높게 된다. 늦여름의 설선은 1년 동안의 평균적인 설선을 나타내게 된다. 설선 위쪽으로는 모든 표면이 거의 연중 눈으로 덮인 채로 남게 된다.

이게 된다.

여름의 평균 기온은 적도로 갈수록 높아지기 때문에 설선의 고도도 적도로 갈수록 증가하게 된다. 그러나 그 증가 비율은 일정하지 않다. 설선의 위치는 또한 강수량에 의존하게 되는데, 따라서 그 고도는 해안 가까운 곳과 내륙의 고지대에서는 일반적으로 낮다(그림 9.4). 예를 들면 알래스카 남부의 연안 지역과 대서양에 인접한 브리티시 컬럼비아에서는 겨울철 적설이 매우 높고, 설선의 고도는 600m에 불과하다. 그러나 강수량이 반 이상으로 줄어들기 때문에 그것은 내륙으로 갈수록 급격하게 증가하여 로키 산맥에서는 2,600m에 달한다. 설선은 중앙아시아의 고산지대에서 가장 높은데(지역에 따라 6,000m 이상), 그것은 다른 지역의 어떤 고산지대에 비하더라도 대양의 수증기원으로부터 멀리 떨어져 있다.

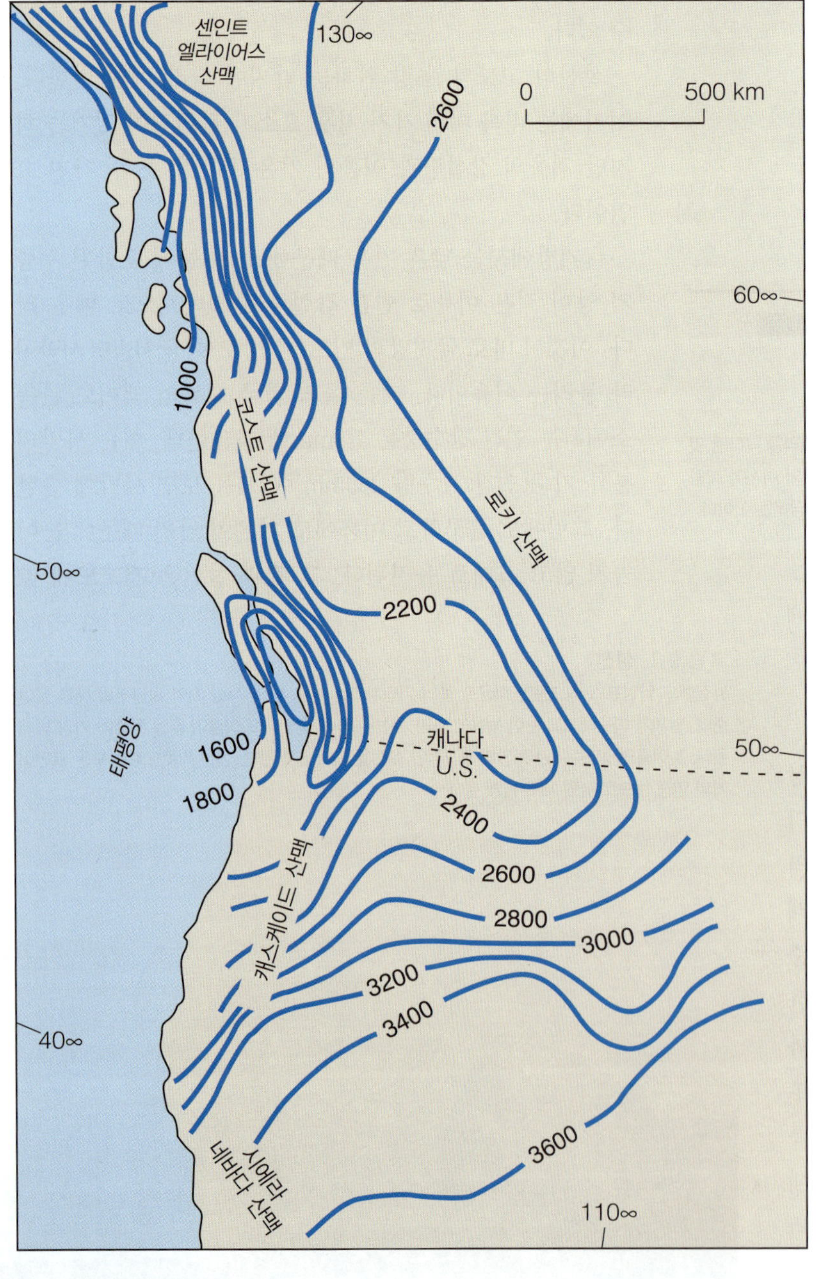

그림 9.4 설선에 대한 기후의 영향
지도의 등치선(단위 : m)은 미국 북서부, 캐나다 서부, 알래스카 남부의 설선의 평균적인 고도를 나타낸다. 설선의 고도는 건조한 기후로 인하여 태평양 연안으로부터 내륙으로 갈수록 급격하게 변화하며, 연평균 기온이 높기 때문에 태평양 연안에서 북에서 남으로 가는 방향으로는 비교적 완만하게 증가한다.

빙하

겨울에 쌓이는 눈의 양이 여름에 녹는 양보다 많게 되면 항상 적설량은 증가하게 된다. 점차적으로 아래쪽에 쌓인 눈은 위에 쌓인 눈의 무게에 의하여 밀도가 높은 얼음결정으로 바뀌게 된다. 눈과 얼음의 두께가 어느 이상 크게 되면 얼게 된 눈 또는 얼음은 중력에 의하여 움직이게 되는데 이것이 빙하이다. 따라서 **빙하**(glacier)는 오래 지속되는 얼음 덩어리로 정의되는데 이것의 상당부분은 재결정화 된 눈으로 이루어져 있으며, 중력의 영향에 의하여 경사면을 따라 천천히 이동한다.

빙하는 모양과 크기에 있어서 매우 다양하다. 그림 9.5에 나타낸 것처럼 빙하는 몇 가지 기본적인 형태가 있다.

1. 가장 작은 형태인 원형 빙하(그림 9.5A)는 그릇 모양의 움푹 패인 형태를 하고 있으며 빙하의 침식에 의해서 형성된 산록에 자리 잡고 있다.
2. 계곡을 따라서 아래쪽으로 길게 늘어선 원형의 빙하를 계곡 빙하라고 한다(그림 9.5B).
3. **빙모**(ice cap)는 고산지대를 덮고 있거나 고위도의 육지 위에 놓여 있게 되며, 일반적으로 중심으로부터 멀어지는 방향으로 움직이게 된다(그림 9.5C).
4. 고위도의 해안을 따라 거의 모든 계곡에는 큰 계곡 빙하가 깊은 **피오르드**(fjord)에 존재하며, 그 끝은 일부

그림 9.5 빙하

(A) 원형 빙하(사진은 몬태나 국립 빙하공원에서 촬영)는 산록지대에서 움푹 패인 그릇 모양을 하고 있으며, 종종 계곡 빙하를 만드는 요인이 된다. (B) 사진은 브리티시 컬럼비아의 웨딩턴 산에 있는 티드만 계곡 빙하를 촬영한 것이다. (C) 빙모는 산의 정상부분(또는 극지방의 낮은 지대)을 완전히 덮는 경우가 많으며, 중심에서 바깥쪽으로 흐르는 모양을 나타낼 때가 많다. 위의 항공사진은 누나탁 산의 그린란드 빙모를 보여준다. (D) 빙하 계곡의 한 부분이 바다를 둘러싸고 있으면 피오르드라고 불리며, 여기서 형성되는 빙하는 피오르드 빙하라고 부른다. 이러한 빙하는 부서져서 빙산이 되어 바다를 떠다니게 되는 경우가 많다. (E) 빙하가 산지대로부터 떨어져 나와 주변의 저지대로 흐르게 되면 산록 빙하라고 한다. 사진은 알래스카의 말라스피나 빙하인데 계곡 빙하로 시작하여 산록 빙하로 퍼져나가는 것을 알 수 있다.

가 바다 쪽에 잠겨 있다. 이러한 빙하를 피오르드 빙하라고 한다(그림 9.5D).

5. 계곡 빙하가 산을 따라 흘러내려 산을 둘러싼 저지대로 이동하게 되면 이를 산록 빙하라고 한다(그림 9.5E).

지구의 높은 산맥들에는 수만 킬로미터에 이르는 긴 빙하가 존재하는 경우가 많은데, 이들은 하나 또는 다수의 원형 빙하를 가지고 있다(그림 9.6). 그들의 주변부 내에서는 대륙규모의 거대한 **대륙빙**(빙상, ice sheet)이 거의 지표면을 다 덮게 된다(그림 9.7). 지구의 거대한 대륙빙은 현재는 그린란드와 남극에만 존재하는데, 전체 빙하의 약 95%를 차지하며 두께는 3,000m 이상이나 된다. 작은 규모의 대륙빙은 소수이기는 하나 캐나다령 북극 근처의 섬에 존재한다. 떠다니는 **빙붕**(ice shelf)은 수백 미터 두께를 가지며 남극 대륙 연안을 따라 존재하는 만에 자리 잡고 있는데, 로스 빙붕과 같은 일부의 빙붕은 그림 9.7에 제시되어 있다. 빙붕은 해빙의 형태로 존재하는데 제9장 마지막 부분에서 좀 더 자세히 다룰 것이다.

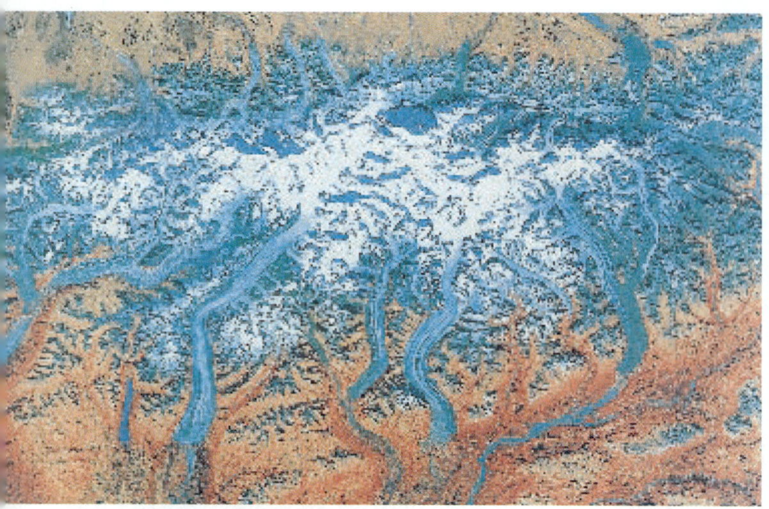

그림 9.6 **계곡 빙하**
이것은 남중부 알래스카에 있는 데날리 국립공원을 덮고 있는 계곡 빙하를 보여주는 위성 사진이다. 북아메리카의 최고봉인 맥킨리 산은 빙하로 덮인 지역의 중앙부에 위치하고 있다.

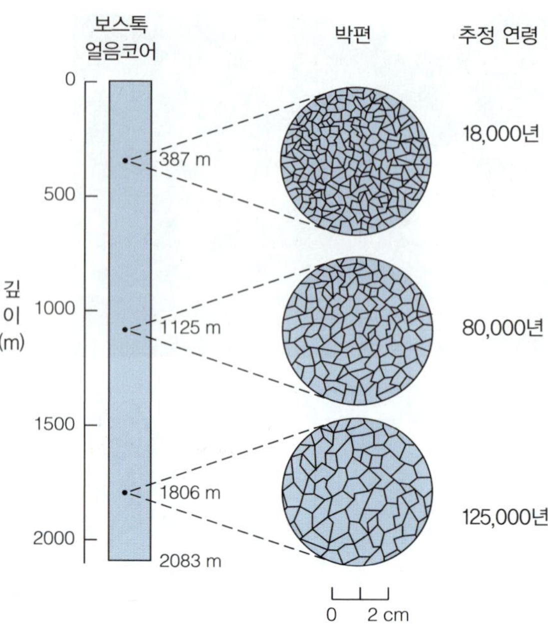

그림 9.8 **빙하의 재결정화**
러시아의 보스톡 기지에서 동부남극 대륙빙의 지하 2,083m 심부에서 채취한 얼음심. 서로 다른 곳에서 채취된 시료의 확대부분은 얼음 결정의 크기가 점차로 커지는 것을 보여주고 있는데, 이는 위에 쌓이는 얼음의 두께와 무게가 점차 증가함에 따라 서서히 재결정화가 일어났음을 의미한다.

빙하는 어떻게 형성되는가

'기초 원리 : 눈과 얼음' 에서 설명한 것처럼 최근에 쌓인 눈과 새롭게 형성된 얼음은 많은 공기를 포함하고 있다. 시간의 경과와 더불어 이들은 무게에 눌려 압축되기 때문에 쌓인 눈은 점점 더 밀도가 높아지게 되고 더 이상 공기가 통과할 수 없게 되어 빙하가 된다. 빙하는 비록 단단하긴 하나 암석에 비하여 용융점이 대단히 낮으며, 밀도가 약 0.9g/cm^3 밖에 되지 않아 물 위로 떠다니게 된다.

빙하 속의 얼음은 깊은 곳에 있을수록 다른 여러 가지 변화를 받게 된다. 그림 9.8은 러시아의 빙하 학자에 의하여 보스톡 기지의 동부남극 대륙빙에서 채취된 얼음심(icecore)를 보여준다. 두꺼운 빙하 위에 눈이 계속 쌓임에 따라 압력이 증가하게 되고 그 결과 빙하를 이루는 작은 입자들은 대륙빙의 가장 아래쪽에서 약 1cm 정도의 반경이 될 때까지 점점 크게 성장한다. 입자의 크기가 증가하는 것은 지각 내부의 퇴적암을 이루는 작은 알갱이가 성장하는 과정과 비슷하다. 암석이 오랜 기간 높은 압력을 받게 되면 재결정작용이 일어나고 그 안에 포함된 광물입자가 서서히 발달하게 된다(제7장). 빙

그림 9.7 **남극 대륙빙**
동부남극 대륙빙은 남극 대륙의 대부분을 차지하고 있으며, 서부남극 대륙빙은 호상열도와 주변의 해저에 형성되었다. 이 사진에서 대규모의 만을 차지하고 있는 4개의 빙붕을 볼 수 있는데, 이들은 대륙으로부터 흘러 내려온 빙하의 의해서 형성된 것이다.

기초 원리

눈과 얼음

눈(snow)은 고체 상태의 H_2O가 결정 형태로 존재하는 강수의 한 종류이다. 이것은 온도가 매우 낮은 구름 속에서 작은 물방울이 응결되고 깃털과 같은 형태로 결정화되는 것이다. 눈결정은 물이 어는 온도보다 훨씬 낮은 영하 15°C 내지 18°C 온도에서 과냉각된 물로부터 형성된다. 이러한 얼음 결정은 매우 작아서 결정핵이 있는 곳에서 여러 개가 합쳐져야만 하나의 큰 눈 입자로 성장할 수 있다.

다른 형태의 강수와 마찬가지로 눈은 어느 정도 무거워지지 않으면 지상으로 떨어지지 않는다. 고체 상태 H_2O는 우박과 같이 다른 형태로도 지상으로 떨어질 수 있다. 눈의 결정 구조는 육각형의 모양을 하고 있으며, 이것은 일반적으로 6개의 면과 또는(때때로) 3개의 면으로 이루어져 있음을 의미한다(그림 B9.1). 눈 결정은 구름속의 기온과 수분, 입자의 냉각 과정에 의하여 그 특성이 정해지기 때문에 그 형태는 매우 다양하다.

그림 B9.1 눈의 결정
눈의 결정은 매우 다양한데, 대부분은 가지 모양으로 열려 있고 많은 공기구멍을 포함하고 있으며, 육각형이나 삼각형 구조를 하고 있다. 모든 눈송이는 서로 다른 구조를 가진 것으로 알려져 있으나, 같은 조건에서 형성될 경우 서로 같은 구조를 가질 것으로 예상된다.

눈 입자의 결정구조는 끝이 열려 있으며 매우 가벼우며, 그 밀도는 대체적으로 물의 1/10도 되지 않는다. 눈이 내려 지상에 쌓이면, 그 자체의 무게 때문에 점차 눌리게 된다. 아래쪽에 있는 눈일수록 위에 쌓인 눈의 무게 때문에 마치 퇴적암처럼 압축된다.

눈은 여름이 되면 녹아 내려 사라지게 된다. 그러나 설선 위의 고산지대와 극 지역에서는 내린 눈이 녹지 않고 그대로 유지되는 경우가 많다. 위에 눈이 많이 쌓일수록 아래쪽의 눈은 점차 밀도가 높아지게 된다. 공기가 틈새로 빠져나가고 눈송이는 점차 증발하게 된다. 그 결과로 남는 수증기는 눈송이의 중앙부분에서 응결하게 된다. 깨지기 쉬운 결정은 점점 작아지고 둥글게 되며 또 밀도가 높아지게 된다. 그리고 결정 사이의 빈 공간이 점차 없어지게 된다(그림 B9.2). 깃털과 같은 형태의 눈은 빙하의 특징인 밀도가 높고 결정조직 구조를 가진 것으로 점차 재결정화 된다.

얼음(ice)은 H_2O의 고체 상태를 말한다. **빙하의 얼음**(glacier ice)은 일반적으로 눈의 축적, 압축, 재결정화에 의하여 생성되지만, 어떤 경우에는 대기 중의 물이 직접 재결정화되어 지상으로 낙하하여 생기기도 한다. 다른 형태의 얼음은 직접적으로 강수와 관련되지 않는데, 예를 들면 겨울철에 동결된 연못 위에 떠 있는 얼음은 연못의 물이 영하의 조건에서 결빙되어 형성된다. 마찬가지로 빙설권의 가장 중요한 부분을 이루는 해빙은 바닷물이 얼어서 형성되는 경우가 대부분이다. 해빙은 염분을 비롯한 다양한 물질을 포함하는 바닷물이 결빙하여 형성되는데 어는 과정에서 염분은 바닷물 속에 그대로 남게 된다.

얼음은 바닷물을 이루는 여러 성분 중에서 물보다 비중이 작은 고체들 중 하나이다. 이것이 바로 얼음이 물 위에 떠다니는 이유인 동시에 겨울철에도 호수의 물이 전체가 다 얼지 않는 이유이기도 하다. 즉 수면 근처에서 형성되는 얼음은 그 아래의 물이 얼지 않도록 열의 방출을 차단하는 단열재 역할을 한다. 눈과 마찬가지로 얼음은 대부분 육각형 구조를 하고 있으나, 실험을 통하여 다양한 형태를 가질 수 있음을 알 수 있다. 그러나 이런 육각형 이외의 구조는 지구상에서 발생되지 않는 것으로 알려져 있으나, 태양계의 다른 행성에서는 발견될 가능성이 있다.

그림 B9.2 눈이 얼음으로 변하는 과정
눈송이가 점차로 작은 눈덩이에서 점차로 최종적으로는 빙하의 얼음으로 변하는 과정에서, 융해와 증발을 통하여 눈의 본래 성질은 점차 변한다. 눈이 녹아 생긴 물이 다시 얼고 수증기는 결정의 중심에서 응결하여 점차 밀도가 높아지고 공기구멍의 수와 크기는 줄어들게 된다.

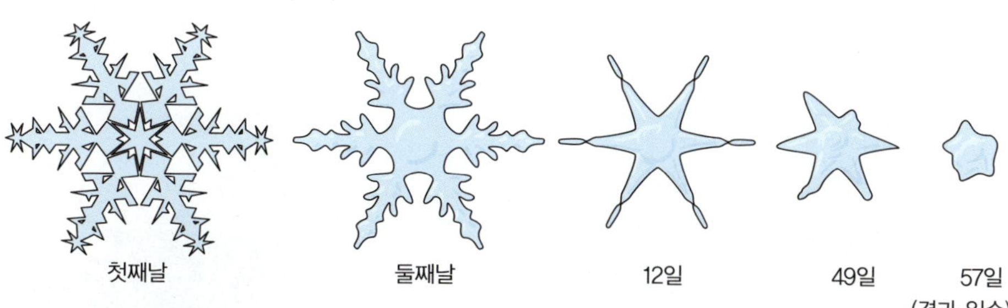

하가 겹겹이 쌓이게 되면, 이는 결국 영구적으로 동결되어 빙하 또는 대륙빙을 형성하게 된다.

빙하의 분포

빙하는 설선과 지형이 교차하는 곳이라면 어디에서든지 발달할 수 있고, 그 위에서 얼음은 계속 쌓여 갈 수 있다. 이것이 바로 왜 빙하가 설선이 낮은 극 지역의 해수면 고도뿐만 아니라 뉴기니아, 동아프리카, 안데스 지방과 같은 지역의 높은 산봉우리가 설선 위에 존재하는 적도 지역에서도 발견될 수 있는지에 대한 이유이다. 대부분의 빙하들은 지구상에서 가장 추운 지역인 고위도의 극 지역에서 발견된다. 그러나 중위도의 고산지대에서도 기온이 매우 낮기 때문에 빙하는 발견된다.

빙하가 형성되기 위해서는 온도가 낮아야 될 뿐만 아니라 지속적으로 눈이 쌓여야 한다. 그리고 수증기를 쉽게 공급받을 수 있는 조건 또한 필요하다. 예를 들어 북아메리카의 북서부의 연안 산악지대에 빙하가 많은 것은 알래스카 만으로부터 육지로 부는 바람에 의해 발생하는 풍부한 강수량과 직접 관련이 있다. 같은 위도이지만 보다 내륙에 위치한 로키 산맥은 건조한 기후 때문에 빙하의 크기와 차지하는 면적이 매우 작다. 따라서 빙하의 존재는 지구계 구성 요소 간의 상호작용과 관련이 되어 있다. 예로서 산악을 형성시키는 판구조론적 동력, 다량의 수증기를 공급하는 바다, 바다의 수증기를 육지로 수송하여 눈을 내리게 하는 대기의 운동 등을 들 수 있다.

온난한 빙하와 한랭한 빙하

빙하는 얼음과 눈으로 이루어져 있기 때문에 당연히 차다. 그러나 빙하의 시추코어 자료를 다양한 지역에서 채취해 보면 얼음의 온도가 매우 크게 다르다는 것을 알 수 있다.

그림 9.9 온대성 빙하와 극빙하

아래의 그래프는 온대성 빙하와 극빙하의 온도 구조를 나타낸다. (A) 온대성 빙하의 얼음은 표면부터 기저부분까지 압력용융점에 놓여 있다. 위에 놓인 얼음의 무게에 의한 온도의 하강은 매우 작아서 거의 1°C도 되지 않는다. 빙하의 끝자락은 이탈리아 알프스의 프레데 바 빙하에서 볼 수 있는 것처럼 둥그스름한데, 용융이 표면에서 일어나기 때문이다. (B) 극빙하의 얼음은 표면부터 기저부분까지 영하의 온도를 유지한다. 이 때문에 끝자락에서도 용융은 일어나지 않고, 남극의 커먼웰스 빙하에서 볼 수 있는 것처럼 매우 가파른 얼음절벽을 형성하게 된다.

(A)

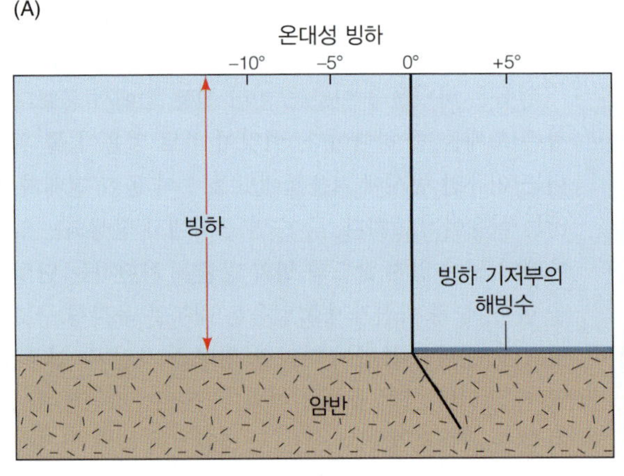

(B)

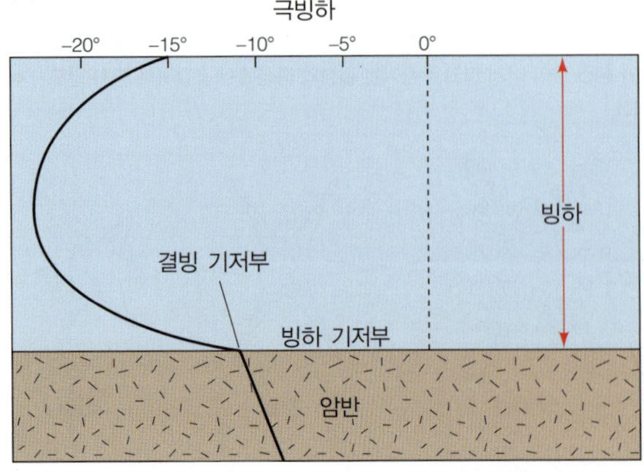

얼음의 온도로부터 빙하를 온난한 빙하와 한랭한 빙하의 두 가지 형태로 나눌 수 있다. 이 두 가지 형태의 차이는 매우 중요한데, 왜냐하면 빙하의 거동을 결정하는 주요 요인이기 때문이다.

온난한 빙하는 보통 **온대성 빙하**(temperate glacier)라고 하는데, 물과 평형 상태로 공존할 수 있다. 이때 얼음은 특정압력에서 얼음이 녹는 온도로 정의되는 **압력용융점**에 있다(그림 9.9A). 빙하의 아래쪽으로 내려갈수록 압력은 내려가나 온대성 빙하는 그다지 두껍지 않기 때문에 압력용융효과가 불과 섭씨 1°C를 넘지 않는다. 그런 빙하는 주로 저위도나 중위도에 국한되어 있다.

이와는 대조적으로 연평균 기온이 영하로 유지되는 고위도나 고산지대에서 빙하의 온도는 압력용융점보다 훨씬 낮아서 온난한 계절의 경우에도 용융이 거의 일어나지 않는다(그림 9.9B). 이러한 빙하는 흔히 **극 빙하**(polar glacier)라고 한다.

만일 온대성 빙하의 표면으로 떨어지는 눈결정의 온도가 영하인 경우에는 어떻게 빙하 전체의 얼음이 압력용융점에 도달할까? 그것은 기온이 계절에 따라 변동하고, 물이 얼음으로 바뀔 때 발생하는 현상으로 설명할 수 있다. 여름에는 영상으로 기온이 올라가게 되면 태양 복사 열은 빙하의 표면에서 눈과 얼음을 녹인다. 녹은 물은 아래로 침투하고, 거기서 영하의 조건에 놓이게 되어 동결하게 된다. 화학적인 상태가 액상에서 고상으로 바뀜에 따라 1g의 물은 335J의 열을 방출하게 된다. 이것이 주변의 얼음을 따뜻하게 하고, 빙하 아래의 고체 지구로부터 지표 위로 전달되는 지열과 함께 빙하의 온도가 압력용융점이 유지되도록 한다.

왜 빙하는 변하는가

최근 수십 년 동안 대부분의 고산지대의 빙하는 그 범위가 줄어들었고, 그 결과 100년 전만 하더라도 빙하 밑으로 흐르던 계곡류가 표면으로 드러나게 되었다. 어떤 빙하는 거의 변하지 않는 상태로 남아 있기는 하나 그 범위가 확장 된 것은 극히 소수이다. 왜 빙하가 넓어지고 또 면적이

그림 9.10 빙하의 특징

그림은 계곡 빙하의 예를 나타낸다. 평형선보다 위쪽인 빙하 지역의 상부에 축적 지역이 보이고, 끝자락 근처에 융제 지역이 존재한다. 빙하의 내부 구조를 쉽게 알 수 있도록 빙하의 중심선을 따라 단면을 자른 것이다. 화살표는 얼음이 흐른 방향을 나타낸다. 띠 모양의 암석쇄설물이 중간 정도의 빙퇴석을 형성하는데, 이는 주 빙하와 지류 빙하(주 빙하와 측면의 계곡을 연결하는 부분)의 경계를 이룬다. 크레바스(빙하의 균열부)는 빙하가 경사가 크게 변하는 곳을 흘러내리는 곳에 형성된다.

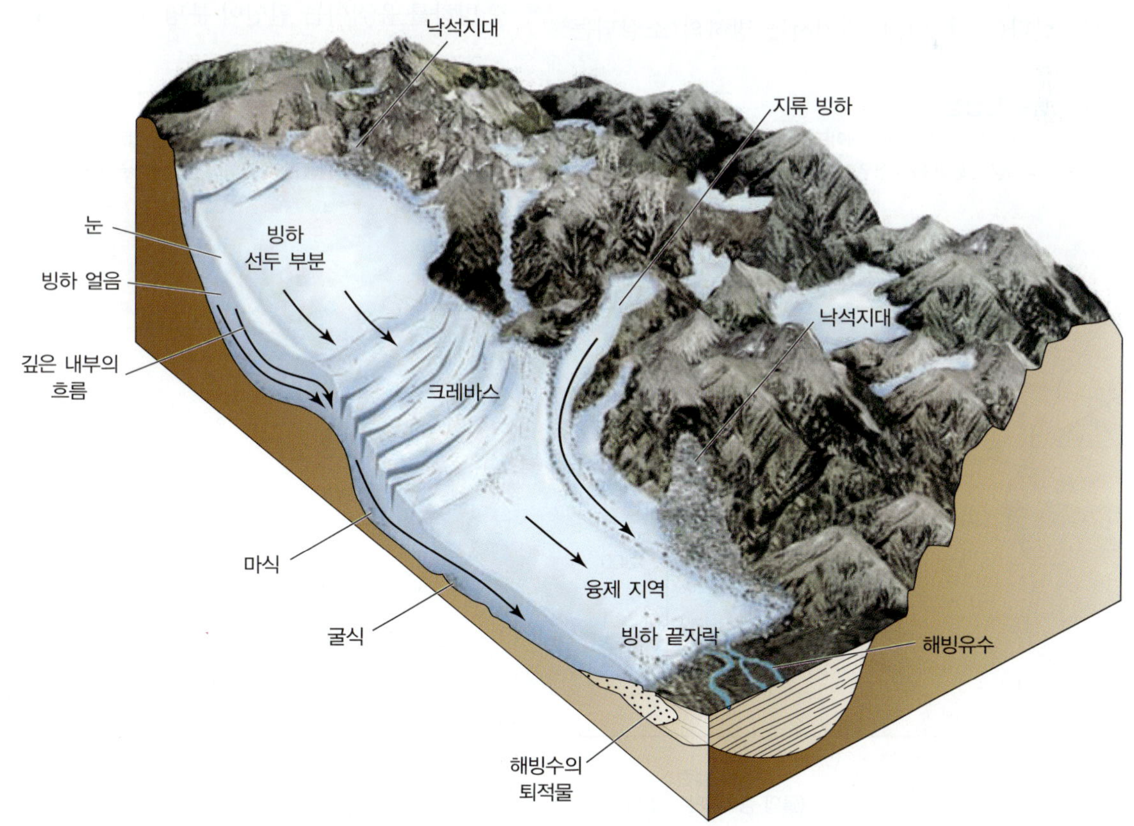

줄어드는지, 또 같은 지역에 있는 빙하라도 서로 다른 거동의 특성을 가지는지를 이해하기 위해서는 빙하의 질량이 늘고 줄어듦에 따라 빙하가 어떻게 반응하는지를 알아야 한다.

계절과 기후가 변함에 따라 빙하의 질량은 다양한 시간 규모로 끊임없이 변하게 된다. 우리는 빙하를 은행계좌에 남은 예금 잔고에 비유할 수 있다. 연말의 은행잔고는 연중 입출금된 금액의 총합과 같다. 마찬가지로 빙하의 질량은 겨울철에 내린 눈에 의해 증가한 것과 여름 기간 중에 녹아 없어진 눈과 얼음의 질량 차이만큼 늘거나 줄게 된다. 전체적으로 질량이 늘게 되면 **축적**(accumulation), 줄어들게 되면 **융제**(ablation)라고 불린다. 다시 말해서 연말의 증감량은 축적량과 융제량의 차이와 같은데, 증가하는 경우의 잉여(흑자), 감소하는 경우의 부족(적자), 전혀 변동이 없는 현상 유지의 세 가지로 나눌 수 있다.

만일 빙하를 여름의 융제 기간이 지난 다음에 관찰하면 크게 두 지역으로 나눌 수 있다(그림 9.10). 위쪽에 존재하는 축적 지역은 지난 겨울에 내린 눈으로 덮여 있고 질량이 증가한 곳이다. 그 아래쪽은 융제 지역으로, 지난 겨울의 눈이 내린 것보다 더 많은 양이 녹아서 그 밑의 얼음이 노출되는 곳이다.

평형선(equilibrium line)은 축적 지역과 융제 지역의 경계선에 해당한다(그림 9.11). 거기서는 빙하의 소실되는 질량과 생성되는 질량이 같다. 온대성 빙하의 평형선은 설선과 일치한다. 평형선은 기후에 매우 민감하기 때문에 평형선의 고도는 매년 변하며, 차고 습한 해보다는 따뜻하고 건조한 해에 높아진다. 이러한 민감성 때문에 설선의 고도 변동은 기후가 어떻게 변한지를 알려주며 또한 빙하의 질량 변화에도 영향을 미친다.

어떤 기간 동안에 빙하가 잃는 것보다 많은 질량을 얻게 된다면 빙하의 체적은 증가한다. 빙하의 전선(front) 또는 **끝자락**(terminus)은 빙하가 성장함에 따라 앞으로 뻗어나갈 것이다. 반대로 질량이 줄게 되면 전선이 후퇴할 것이다. 그리고 질량이 변화가 일어나지 않는다면 전선은 변동하지 않을 것이다.

빙하는 어떻게 움직이는가

빙하의 끝자락은 빙하 질량의 변동에 따라 이동되며, 빙하 그 자체도 중력의 영향을 받아 또한 움직인다. 빙하가 움직이는 것을 증명하는 한 가지 방법은 빙하의 여름이 끝날 무렵에 빙하 경계부분의 한 지점에서 표석의 위치를 조사하는 것이다. 그리고 1년 뒤에 그 위치를 다시 재보면 빙하가 이동한 방향으로 표석이 이동했음을 알 수 있을 것이다. 표석이 이동한 것은 이동하는 표석이 실려 있는 얼음 때문인 것이다.

빙하를 움직이는 원인이 분명치 않을 때도 있으나, 얼음

그림 9.11 이동하는 평형점

그림은 워싱턴 캐스케이드 산맥의 남부 캐스케이드 빙하의 지도를 나타낸 것으로, 평형점의 위치가 매년 변하는 것을 보여준다. 이 그래프는 질량 균형이 고도의 함수인 것을 보여준다. (A) 어느 해의 질량 균형이 음인 경우로 빙하의 질량이 줄어들고 평형선의 고도가 2,025m이다. (B) 그 다음해에 질량 균형이 양인 경우로 평형선의 고도가 1,795m로 내려온다.

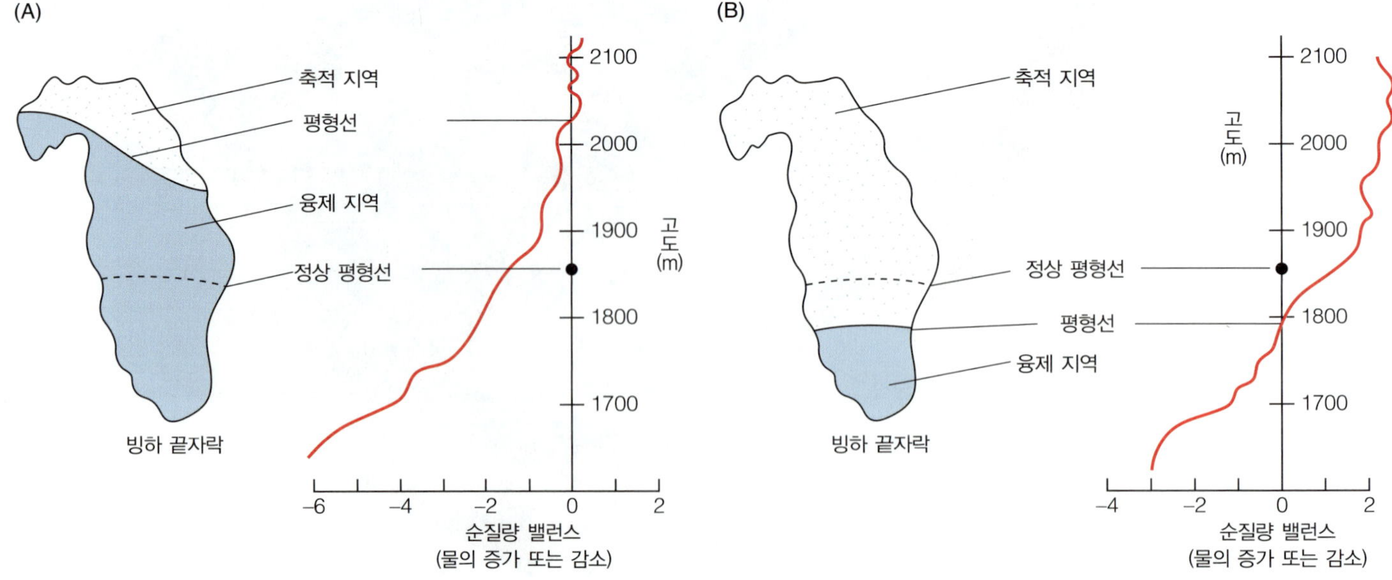

이나 얼음이 놓여 있는 지형을 잘 조사하면 단서를 발견할 수 있다. 이러한 단서로부터 얼음은 다음의 두 가지 방법에 의하여 움직인다는 것을 알 수 있다. 내부의 흐름과 암석이나 퇴적암 위에 놓인 기반 얼음의 미끄러짐이다.

내부의 흐름

얼음과 눈의 질량이 산 사면에 쌓여서 어느 두께에 도달하면 질량은 변형을 하기 시작하고 중력에 의하여 산 사면을 따라 흐르게 된다. 흐름은 개개의 얼음 결정 내에서의 움직임을 통하여 발생하게 되는데, 얼음 결정은 위에 덮인 눈과 얼음이 증가함에 따라 더 큰 스트레스를 받게 된다. 이러한 스트레스를 받게 되면 얼음 결정은 내부의 결정면을 따라 마치 쌓아놓은 카드팩이 옆으로 힘을 받으면 미끄러지듯 움직이는 것처럼 서서히 이동함(포행, creep)에 따라 변형된다(그림 9.12). 힘에 눌린 빙하가 움직이기 시작함에 따라 스트레스는 얼음결정이 병합되면서 보다 큰 결정으로 자라게 하며, 이 결과 생긴 큰 결정은 내부의 면이 모두 같은 방향으로 형성되게 한다. 이렇게 결정이 한 방향으로 늘어서게 되면 흐름의 효율을 높여주게 된다. 왜냐하면 결정 내부의 포행면(creep plane)은 다 평행한 것은 아니기 때문이다.

내부 포행에 의하여 얼음이 이동하는 심부에 비해서 빙하의 표면 부분은 위에 놓인 부분의 질량이 작고 부서지기 쉽다. 빙하의 경사가 기반암과 같은 급격히 변하는 곳을 지날 때 표면의 얼음은 장력에 의하여 균열이 발생한다. 균열이 좀 더 뚜렷해지고 틈새가 확연히 벌어지게 되면 **크레바스**(crevasse)를 형성하는데, 이는 빙하의 상부 표층에서 약 50m 아래쪽까지도 갈라지는 경우가 있다(그림 9.13, 그림 9.10 참조). 얼음의 흐름이 지속적으로 있는 경우에는 크레바스가 50m 이상 크게 발달하지 않는다. 왜냐하면 표면에서 균열이 생기나 깊은 곳에서는 흐름이 있게 되면 빙하는 지구 지권의 바깥쪽 부분과 매우 유사한데, 지권의 표층부는 균열이 발생하지만 그 아래쪽(상부 맨틀)은 서서히 움직이기 때문이다.

그림 9.12 빙하의 내부 포행
(A) 빙하 상부의 임의의 방향으로 배열된 얼음결정은 스트레스에 의해 재조직화되어 결정의 방향이 한 방향으로 정렬된다. (B) 얼음결정에 스트레스가 주어지면 내부 면을 따라 포행이 일어나고 빙하의 느린 변형과 움직임을 유발시킨다.

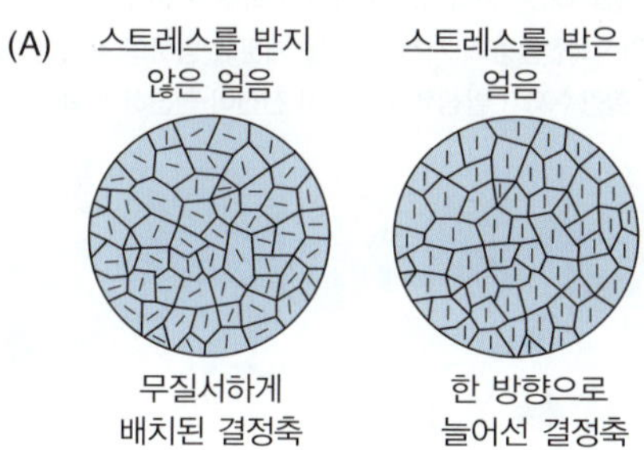

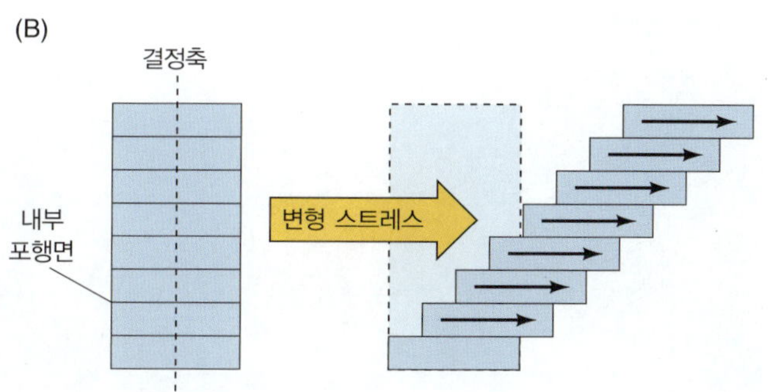

그림 9.13 크레바스
사진에서 나타낸 알래스카 멘델홀 빙하에서 보이는 것처럼 크레바스라고 하는 깊은 균열은 빙하 상부 측의 연약한 부분에 스트레스가 가해진 결과로 발생한다. 빙하는 크레바스와 직각 방향으로 이동한다.

기저부분의 미끄러짐

얼음의 온도는 빙하가 이동하고 그 이동 속도를 결정하는 중요한 요소이다. 온대성 빙하의 기저부분의 얼음이 녹아 생긴 물은 윤활유의 역할을 하여 얼음이 **기반부분**(bed, 빙하가 놓여있는 암석이나 퇴적암)에서 미끄러지도록 한다. 경우에 따라서는 온대성 빙하가 움직이는 요인의 90% 정도는 이러한 메커니즘에 의해 발생한다. 반대로 극 빙하는 너무 온도가 낮아서 기반암에 결빙되어 있다. 그래서 극빙

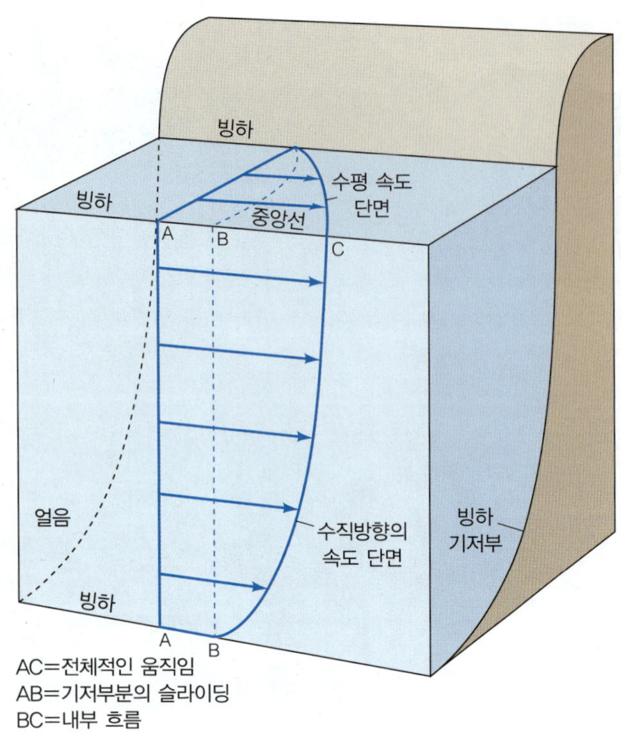

그림 9.14 온대성 빙하 내부의 움직임
온대성 빙하의 3차원 모식도는 내부의 수평 그리고 수직방향의 속도 단면을 보여준다. 빙하의 움직임은 내부 흐름에 의해 발생하거나 또는 기반암 위에서 빙하가 미끄러지는 것에 의하여 발생한다.

하의 움직임은 기반부의 미끄러짐보다는 대부분 내부의 변형에 의한 것이며, 따라서 이동 속도가 매우 작다.

얼음의 속도

계곡 빙하의 표면 속도를 측정해 보면 빙하의 중심부분의 가장 위쪽에 자리한 얼음은 옆에 위치한 얼음보다 빠르게 움직인다. 이것은 마치 강의 가운데 부분에서 유속이 가장 빠른 것과 유사하다(그림 8.11). 흐름 속도가 빙하의 가장 자리에서 줄어드는 것은 계곡과 접한 부분의 마찰에 의한 것이다. 이러한 마찰에 의한 감속은 연직속도 분포를 봐도 나타난다(그림 9.14). 대부분의 빙하에서 이동 속도는 하루에 수 센터미터에서 수 미터 정도인데, 이것은 암반의 지하수가 흐르는 속도와 비슷하다. 빙하 위로 쌓인 눈이 얼음이 되고, 이것이 점차 눌려서 아래쪽으로 밀려나고 그 결과 빙하의 끝자락으로 흘러내려 노출되기까지는 수백 년의 시간이 걸린다.

축적 지역에 매년 새로운 눈이 쌓이긴 하지만 빙하 표면은 그다지 바뀌지 않는다. 왜냐하면 얼음이 축적 지역에서 융제 지역으로 끊임없이 이동하기 때문이다. 축적 지역에서 쌓이는 눈과 얼음의 질량은 중력에 의하여 끌려 내려오게 되고, 따라서 이동의 주된 방향은 빙하의 기저부분으로의 이동이다. 그러나 얼음은 쌓이면 흘러내리기 때문에 어느 높이 이상 발달하지 않는다. 위에서 내려오는 빙하만큼 아래로 내려가 융제 지역에서 사라진다. 따라서 융제 지역에서 얼음의 이동 방향은 지표면을 향해서 위로 움직인다(그림 9.10). 눈송이로 빙하 위에 떨어지는 얼음결정은 긴 이동 거리를 오랜 시간에 걸쳐서 끝자락 지역에 도달하게 된다. 이와는 반대로 평형선 가까이까지 떨어지는 빙하는 다시 표면에 도달할 때까지 짧은 거리만큼만 이동한다.

빙하의 질량수지가 음이고 경계부분이 후퇴하는 경우에라도 얼음이 낮은 곳으로 흐르는 현상은 유지된다. 빙하가 후퇴한다고 해서 얼음의 흐름이 반대 방향으로 되는 것이 아니다. 단지 흘러내리는 속도보다는 끝자락 부분에서 얼음이 사라지는 속도가 빠르다는 것을 의미할 뿐이다.

시간지연 반응

빙하전선의 전진과 후퇴 과정을 안다고 해서 기후 변화와 이와 관련된 빙하전선의 반응이 어떠했는지를 반드시 알 수 있는 것은 아니다. 지연효과는 평형선 위의 쌓이는 눈과 얼음의 증감 효과가 빙하전선의 운동으로 나타나는 데 걸리는 시간을 말한다. 반응시간 지연의 길이는 빙하의 크기와 얼음이 움직이는 방법에 의존한다. 빙하가 클수록 반응시간의 지연이 크고 극빙하의 경우가 온대성 빙하의 경우보다 크다. 중간 정도 크기의 온대성 빙하(유럽 알프스

그림 9.15 빙하 위의 쇄설물
1964년 알래스카 지진이 발생했을 때 큰 산악지형의 붕괴에 의해, 셔먼 빙하의 낮은 융제 지역을 덮고 있는 검은 암석쇄설물층의 사진. 쇄설물 때문에 빙하의 용융이 일어나지 않았고 이로 인해 양의 질량수지가 발생했으며 빙하 전선이 전진하게 되었다.

에 있는 빙하 정도의 크기)의 지연시간은 수년 내지 10년이다. 이러한 지연시간은 한 지역에 여러 규모의 빙하가 존재할 때 어떤 빙하는 전진하고 또 어떤 것은 후퇴하거나 머물러 있는지를 설명하는 데 도움이 된다.

기후와 관련되어 있지 않은 다른 요인 때문에 한 빙하는 다른 인접한 빙하와 꼭 같은 변화의 위상을 가지는 것은 아니다. 예를 들면 빙하 아래쪽의 화산 폭발은 빙하에 열을 공급한다. 이것은 화산과 빙하가 공존하는 아이슬란드와 같은 곳에서는 흔히 발생한다. 한 예로서 2010년 봄에 폭발하여 항공운항을 저해한 이자파라재컬을 들 수 있다. 큰 지진은 대규모 산사태를 발생시키는데 빙하의 온도수지에 영향을 미친다. 예를 들면 프리스 윌리엄사운드에서 1964년 3월 27일의 그레이트 알래스카 지진은 셔먼 빙하 위에 있는 거대한 산을 붕괴시켰다. 그 결과로 생긴 산사태는 암석쇄설물을 빙하 위의 융제 지역 면적의 3분의 1에 해당되는 8.5km²나 되는 넓은 면적에 뿌리게 되었다(그림 9.15). 지진 전에는 빙하의 질량수지는 약간의 음값을 가졌으나 융제 지역의 얼음의 소실은 약 4m나 되었으며 끝자락(빙하경계선)은 1년에 25m씩이나 후퇴하였다. 지진이 있은 후 몇 년 동안 단열재 역할을 하는 쇄설물(1.3m의 두께) 때문에 매년 녹는 두께가 불과 수 센터미터밖에 되지 않았다. 이 때문에 질량수지는 양으로 바뀌었고 빙하의 경계선이 전진하게 되었다. 따라서 융제 지역에서 쇄설물이 갑자기 증가한 것은 똑같은 기후 조건 하에서도 왜 빙하들이 동시에 같은 거동을 보이지 않았는가를 설명해 준다.

빙하 분리

지난 1세기 반 동안 알래스카 연안 지역의 많은 빙하들이 다른 것들에 비해서 현저히 높은 비율로 후퇴하였다. 이러한 극적인 후퇴는 빙하전선의 분리 때문인데, **빙하 분리**(calving)는 심해 지역에 전선을 가진 빙하의 끝부분이 깨져서 떨어져 나가는 것이다(그림 9.16). 비록 피오르드 빙하의 기저부분은 해수면으로부터 상당히 떨어져 있으나 그 끝자락은 숄(얕은 해저 산릉)에 얹혀 있는 이상 안정되게 유지될 수 있다(그림 9.17). 그러나 숄로부터 끝자락이 후퇴하게 되면 얼음으로 채워져 있던 부분을 바닷물이 차지하게 된다. 빙하의 경계가 물속에 있게 되면 이러한 분리가 잘 일어난다. 한번 시작되면 분리는 빠르게 진행되는데, 물이 상당히 낮은 곳(일반적으로 피오르드의 앞부분)

그림 9.16 빙하 분리
알래스카 허버드 빙하로부터 얼음 덩어리가 떨어져 나오는 사진으로, 떨어져 나온 얼음은 빙산으로 바다를 떠다니게 된다.

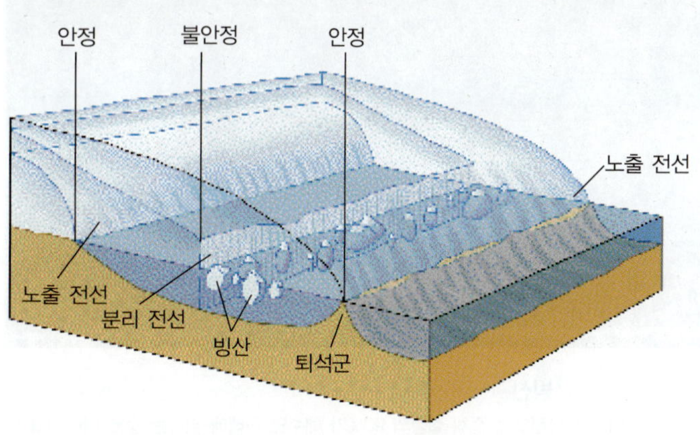

그림 9.17 피오르드 빙하
피오르드 빙하의 끝자락은 해저 산릉에 접해 있으면 안정한 상태로 남는다. 그러나 심해쪽으로 후퇴하면 빙하 분리가 일어나게 된다.

까지 후퇴하게 되어 더 이상 분리가 일어나지 않을 때까지 계속된다.

빙하의 분리에 의하여 만들어진 빙산은 극지방 근처를 항해하는 선박들에게는 항상 큰 위험이 된다. 1912년에 타이타닉이 북대서양에서 빙산에 부딪혀 가라앉았을 때 빙산이 접근해 오는지에 대한 여부는 항해사의 경험에 의존하였다. 그러나 오늘날에는 정교한 전자장치 덕분에 대규모 빙산은 자동적으로 탐지되어 충돌을 피할 수 있다. 그럼에도 불구하고 얼음은 비중이 0.9gm/cm³(물은 1gm/cm³)이기 때문에 90%는 물속에 잠겨 있고 이 때문에 탐지가 어렵다(그림 9.18). 알래스카 연안 지역에는 빙하의 분리가 자주 일어나고 있는데, 빙산은 유조선에 있어서 대단히 큰 위험 요소이다. 이러한 이유로 알래스카 원유 수송관의 남쪽에 위치한 발데스로부터 주요 수송로에 인

그림 9.18 **빙산**
빙산의 합성사진으로 전체 질량의 90%가 해수면 아래에 있다는 것을 나타내고 있다. 이러한 것은 빙산으로 인한 위험을 탐지하는 것을 어렵게 한다. 빙산은 불과 전체 질량의 10%만이 바다에 떠 있으므로 빙산이 녹아도 해수면 상승에는 그다지 큰 영향을 미치지 못한다.

접한 컬럼비아 빙하는 빙하 끝자락이 조금씩 밀려나고 다수의 얼음 덩어리가 떨어져 나오기 때문에 항상 조심스럽게 모니터링되고 있다.

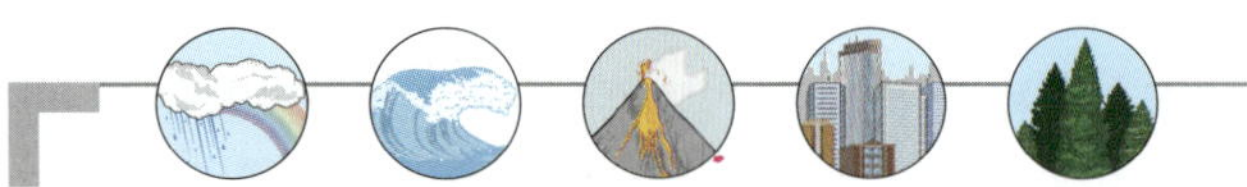

관련짓기

어떤 사람들은 빙산은 식수로서 좋은 자원이라는 의견도 있지만, 신선한 물을 얻기 위해서는 큰 빙산을 물이 부족한 곳으로 끌어와야 한다는 지적도 있다. 지구계와 해양 생태계에 잠재적으로 어떤 영향이 미칠 것이라고 생각하는가?

빙하 서지

대부분의 빙하는 천천히 흐르고 기후가 바뀜에 따라 확장되거나 축소되지만, 매우 빠른 이동과 크기나 형태가 갑자

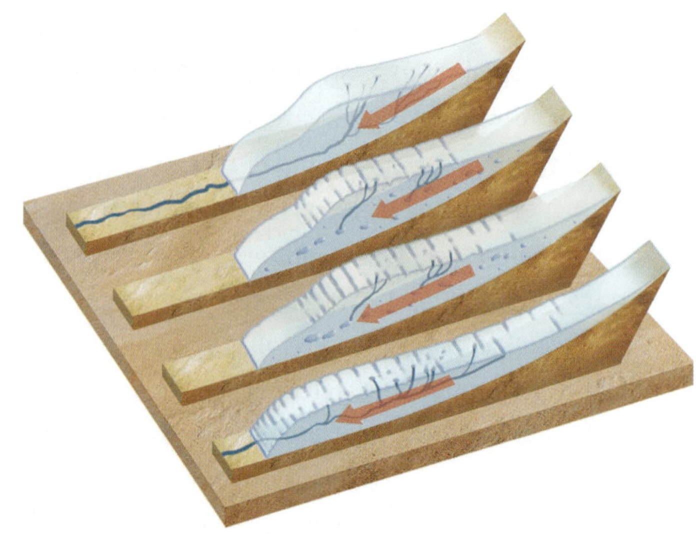

그림 9.19 **빙하 서지**
한 가설에 의하면, 빙하의 기저부분의 물이 흐르지 못하고 정체하는 경우에 빙하 서지가 발생한다고 한다. 압력이 증가하면 기저부분의 마찰이 감소하여 빙하는 매우 빠른 속도로 흐르게 되어 물은 다시 빠져나갈 수 있게 된다.

기 바뀌는 경우도 있다. 이런 것을 **서지**(surge)라고 하는데 기후와는 관련이 없거나 간접적으로 관련되어 있다. 서지가 일어나면 빙하는 비정상적인 거동을 보인다. 축적 지역의 얼음은 급속하게 빙하 아래쪽으로 이동하여 크레바스와 융제 지역에 깨지고 부서진 얼음 파편들을 많이 만들어 낸다. **중앙빙퇴석**(medial moraines)은 인접한 지류빙하들 사이의 경계를 이루는 암석쇄설물의 띠를 말하는데, 매우 다양한 패턴으로 변형된다. 어떤 경우에는 빙하 끝자락은 서지가 일어나는 동안에 수 킬로미터나 전진한다. 그렇지 않은 경우에 비해서 약 100배나 빠른 속도의 이동 속도를 가져오는 서지는 1년에 6km나 이동하는 경우도 있다.

서지의 원인은 아직까지 밝혀지지 않았으나 몇 가지 가설은 존재한다(그림 9.19). 얼음의 무게는 빙하 기저부분에 갇힌 물에 높은 압력을 가하게 된다. 오랜 시간에 걸쳐서 지속적으로 증가하는 압력은 빙하가 기저부분에서 분리되도록 한다. 이 결과로 나타나는 효과는 도로가 젖어 있을 때 발생하는 자동차 바퀴의 수막현상과 비슷하다. 이 가정에 의하면 얼음이 기저부분으로부터 떨어져 나올 때 전방운동성이 크게 증가하고, 물이 없어지기 전에 빠른 속도로 앞으로 나아가게 되고 서지가 중단된다.

빙하작용(빙하기)

빙하와 대륙빙이 크게 성장하려면 표면의 평균 온도가 한

두 계절 이상으로 장기간에 걸쳐 낮게 유지될 필요가 있다. 이렇게 지표의 평균 온도가 몇 도 이상이나 떨어지게 되고 그 상태로 오래 지속되면 대륙빙이 성장하게 되는데 이를 **빙하기**(glaciation)라고 한다(ice ages, glacial periods, glacial stages, glacial epochs). 빙하기 사이에 대륙빙의 면적이 줄고 해수면이 상승하는 기간을 **간빙기**(interglacial stages, interglacial periods)라고 한다. 현재 우리는 간빙기에 살고 있다.

제13장에서는 기후 변화의 역사와 기후 변화가 어떻게 빙하기와 관련되는지 자세히 살펴볼 것이다. 우선은 빙하기가 지구의 육지 형태와 서식동물에 미치는 영향을 알아보자.

빙하가 있는 자연경관

맘모스 또는 휘슬러 알타의 가파른 스키장을 질주하는 스키 타는 사람, 요세미티 계곡의 암벽을 오르는 암벽등반가, 몽블랑의 화강암으로 덮인 뾰족뾰족한 산 정상 안데스 남부의 얼음산 등은 옛날의 빙하가 산 지형을 조각한 듯 깎아내린 결과로 만들어진 덕택에 자연을 즐길 수 있는 것이다. 세계적으로 유명한 자연경관을 가진 고산지대는 대부분 빙하의 침식작용으로 만들어진 것이 많다. 북아메리카 중부와 북유럽의 광활한 지역에 걸쳐서, 농부들은 과거의 대륙빙에 의한 빙하퇴적물 위에 발달된 비옥한 토지로부터 먹을 것을 얻고 있다. 빙하로 덮여 있지 않은 지구 표면의 약 30%는 과거에 빙하의 작용에 의하여 지형이 형성된 것이다.

빙하에 의한 침식

빙하는 쟁기, 줄, 썰매 등과 같은 도구처럼 지표면의 모양을 변형시킨다. 쟁기 같은 역할로는 풍화된 암석과 토양을 걷어내고 기반암으로부터 암석 덩어리를 뜯어내는 일을 한다. 줄과 같은 역할로서는 암석 표면을 할퀴듯 자국을 낸다. 썰매와 같은 역할로는 쟁기질과 줄질에 의하여 형성된 퇴적물을 경사면에 떨어진 암석쇄설물과 함께 다른 곳으로 이동시킨다.

바람이나 물과 마찬가지로 빙하는 퇴적물을 이동시킨다. 얼음은 물과 바람과는 좀 다른데, 높은 점성을 가지고 있어서 매우 느린 속도로 움직이나 매우 무거움에도 불구하고 표면이나 측면이 이동할 수 있다는 특징이 있다. 빙하는 매우 큰 암석 덩어리를 수송할 수 있는데, 크기나 밀도에 따라 분급하지 않고도 그대로 이동시킨다. 따라서 빙하에 의해 쌓인 퇴적물은 분급이나 지층이 잘 이루어지지 않는다. 빙하의 무게는 기저부분과 옆쪽에 집중되어 있는데, 기반암과 빙하가 접촉을 하고 있기 때문이다. 큰 하중

그림 9.20 빙하의 침식 지형
(A) 오하이오의 빙하 홈은 최근의 빙하기(약 35,000년 전)에 위스콘신 빙하의 침식작용에 의해 석회암에 형성된 것이다. (B) 에베레스트 산 서쪽에 있는 깊은 원형 협곡인 서부 Cwm은 험준한 측면 협곡에 인접하고 있다. (C) 스위스의 로터부르넨 계곡은 빙하 계곡의 고전적 형태인 U자형을 나타내고 있다. 이 계곡을 만들게 된 빙하는 더 이상 존재하지 않는다.

의 일부분은 얼음 밑 노두의 풍하 방향(빙하가 흘러내리는 방향)으로부터 깨져서 떨어져 나온 암석에 의하여 발생한다. 이를 빙하굴식이라고 한다. 빙하의 무게의 상당부분은 암석 가루라고 하는 작은 알갱이의 모래와 실트로 구성되어 있다. 현미경으로 그 알갱이를 조사해 보면 충돌과 마모로 인해 형성되었기 때문에 모양이 매우 날카롭고 각진 것을 알 수 있다.

빙하 기저부분에 쌓인 작은 암석파편들은 기반암을 긁게 되고, 그 결과 길게 평행선으로 늘어선 흠집을 만들어 내는데 이를 **빙하조선**(striation)이라고 한다. 기반암 위의 빙하가 보다 큰 암석 파편을 가질 경우 빙하와 흐르는 방향으로 깊은 **빙하 홈**(glacial groove)을 남기게 된다(그림 9.20A). 기저부분 얼음의 암석 가루는 마치 매우 가는 사포처럼 작용하여 암석을 연마시켜 둥글고 빛이 반사될 정도로 매끄러운 표면을 갖게 한다.

산악 지역에서 원형 빙하 협곡은 빙하의 침식에 의해 만들어진 가장 일반적인 지형이다. 그릇 모양의 원형 협곡은 빙하 기저부분의 마모와 침식과 함께 진행된 서리쐐기(frost wedging) 작용의 결과이다. 산 반대편의 원형 협곡이 커질수록 그들은 서로 교차하여 매우 뾰족한 산등선을 만들어낸다. 산악지형에서 3개 이상의 원형협곡이 산을 침식하게 되는 곳에서는 아렛트(arete)라고 하는 날카로운 산봉우리가 형성되는데, 이것의 전형적인 예는 스위스와 이탈리아의 국경에 있는 마터혼이라는 지역이다(그림 9.20B).

빙하침식에 의해 형성된 계곡은 계곡류에 의해 형성된 계곡과는 달리 U자형의 모양을 하고 있고, 때때로 지류 계곡의 아래쪽에 놓이는 하상(floor)을 가지고 있다(그림 9.20C). 매우 긴 빙하 계곡은 때때로 계단 모양의 불규칙한 모양을 가지기도 하고 하상이 크게 가라앉은 구간을 가지기도 하는데, 빙하에 의한 침식을 완화시키기도 하고 계곡의 암석 종류를 변화시키는 역할을 하기도 한다. 이러한 계곡은 원형 협곡이나 또는 원형 협곡 무리에서 돌출된 형태를 띠는 경우가 많다.

빙하에 의해서 침식된 **피오르드**는 노르웨이, 알래스카, 브리티시 컬럼비아, 칠레, 뉴질랜드 서안의 산악 지역에 움푹 패인 지형을 만든다. 바다 쪽으로 물의 깊이가 얕아지는 곳에서 피오르드는 더 많은 침식을 하게 되어 깊은 협곡을 가지게 된다. 예를 들면 노르웨이의 소네 피오르드는 약 1,300m나 되는 깊이를 가지는데, 바다 쪽의 물 깊이는 150m 깊이에 불과하다. 또한 빙하 침식은 무수히 많은 빙하 지역 내의 호수를 만드는 요인이 되기도 한다. 그들 중에서 큰 호수의 예를 든다면 서부 캐나다의 남부와 서부에 호상으로 늘어선 것으로 그레이트 레이크, 레이크 위니페그, 레이크 아타바스카, 그레이트 슬레이브 레이크, 그레이트 베어 레이크 등을 포함한다.

그림 9.21 빙퇴구
동부 워싱턴의 빙퇴구는 배가 뒤집힌 모양을 하고 있는데, 대륙 빙하가 흘러간 방향으로 늘어서 있으며, 최근의 빙하기에 형성된 것이다.

대륙빙의 침식은 때때로 퇴적암과 기반암으로 이루어진 둥그스름하고 거의 평행한 산봉우리들을 형성하게 되는데, 이를 **빙퇴구**(drumlin)라 하고 얼음이 흘러가는 방향으로 늘어서게 된다(그림 9.21). 유선 방향으로 형성된 빙퇴구는 얼음이 흘러내려 가는데 저항을 크게 낮추어 주는 역할을 한다.

빙하 퇴적

움직이는 빙하는 육지에서 형성된 암석쇄설물과 주변의 절벽으로부터 떨어진 암석 조각을 운반하게 된다. 평형선 아래로 쇄설물이 이동함에 따라 마찰에 의해 얼음의 두께가 얇아지고 쇄설물은 퇴적하게 된다. 일부의 기저부분 쇄설물은 분급되지 않은 퇴적물인 **빙력토**(till)로 지면에 고착되어 버린다(그림 9.22A). 일부는 빙하의 끝자락에 도달되어, 녹은 빙하에 의해서 발생한 물에 의해 이동한다. 쇄설물은 거기서 축적되거나 빙하경계면 아래로 운반된 융해수의 작용에 의해 다시 운반되고 빙하기원 퇴적물(outwash)로 퇴적된다.

빙퇴석(moraine)은 산봉우리 같은 형태로 퇴적물이 축적된 것을 말하는데, 육지를 가로질러 이동하는 빙하에 의

(A)

(B)

(C)

(D)

그림 9.22 빙하의 퇴적

(A) 빙력토는 때때로 옐로스톤 국립공원에서 볼 수 있는 큰 암석 덩어리와 같은 것을 포함한다. 기반암과 다를 경우 그러한 암석 덩어리들을 표석이라 부른다. (B) 브리티시 컬럼비아의 롭슨 산 근처에 있는 수직 빙퇴석은 19세기와 20세기 동안에 가장 많이 이동한 빙퇴석이다. (C) 유콘에 있는 카스카울시 빙하의 중앙으로 새겨진 검은 줄무늬는 중간 지역 빙퇴석이다. (D) 모래와 자갈로 이루어진 곡선모양의 산등성은 위스콘신 케틀모레인 주립공원에 있는 에스커를 나타내는 사진이다.

해 밀려 이동한다. 느슨한 지표 쇄설물은 미끄러져 내리고 빙하의 끝자락에 쌓이거나 빙하가 녹음에 따라 생겨난 쇄설물은 빙하의 끝에 쌓이게 된다. 만일 쇄설물이 축적 지역에 떨어지면 얼음에 의해 쇄설물은 밑으로 흘러내려가고 융제 지역의 표층부로 밀려올라오게 된다. 만일 암석 입자가 융제 지역으로 떨어지면 쇄설물은 표면에 남게 되고 움직이는 얼음을 따라 이동된다. 빙퇴석은 수 미터에서부터 수백 미터 정도의 규모를 가진다. 두께가 큰 빙퇴석은 쇄설물로 덮인 빙하가 전진함에 따라 퇴적물이 반복적으로 쌓이는 과정에 의해 형성된다.

빙하의 끝자락을 따라 형성된 빙퇴석을 후미 빙퇴석이라고 한다. 후미 빙퇴석이 빙하의 끝자락에 형성되면 수직 빙퇴석(경사 빙퇴석)이라고 하고(그림 9.22B), 산악빙하의 옆을 따라 형성된 것을 수평 빙퇴석이라고 한다. 2개의 빙하가 합쳐지는 경우에 두 빙하의 경계부분에서 암석쇄설물은 합쳐지게 되는데, 이를 중빙퇴석이라 한다(그림 9.22C). 빙퇴석은 과거의 빙하 형성 기간 중에 빙하가 차지한 면적을 결정하는 데 매우 중요한 역할을 한다.

융제 지역에서 얼음이 매우 빠른 속도로 녹아서 얼음의 두께가 줄게 되면 얼음의 흐름은 실질적으로 중단된다. 이러한 이동이 멈춘 얼음 위에 녹은 물의 흐름에 의해 쌓인 퇴적물은 아래쪽의 얼음이 녹게 되면 자연이 무너져 내리게 되어 가파른 경사를 형성하게 된다. 이러한 지형 중에는 분급되지 않은 모래와 자갈로 이루어진 곡선형의 봉우리인 에스커(esker)를 들 수 있다(그림 9.22D). 케틀은 아래쪽에 놓인 빙하의 얼음이 녹아 없어진 결과 형성된 분지를 말한다. 여러 개의 결과로 구성된 지형들은 현재는 호수, 연못, 습지로 덮여 있는 경우가 많은데, 과거의 빙하작용과 빙하의 얼음이 움직이지 않고 정지한 상태였다라고 하는 것을 보여주는 증거이다(그림 9.23).

빙하 주변 지형과 영구동토

빙하 한계선 뒤의 육상 지역 또한 지형에 큰 영향을 미친

기초 원리

빙하기와 간빙기

지난 180만 년 동안 지구는 적어도 30번 이상의 빙하기와 간빙기를 거쳤다. 빙하기의 주기는 일정치 않으며, 기온의 극소치는 지난 100만 년 동안 약 10만 년의 주기로 찾아왔으며, 그 전에는 약 2만 년 내지 4만 년 주기로 찾아왔다. 플레이스토신세에는 특히 빙하기가 강했으나, 암석의 기록을 보면 24억 년 전의 빙하기에 대한 증거도 찾을 수 있다.

가장 최근의 빙하기는 약 7만 년 전에 시작되었다. 그때는 털이 많은 맘모스, 마스토돈, 긴 뿔의 아메리카 들소, 검치호 등이 북아메리카에 번성하던 시기였다. 초기의 인류는 아시아로부터 그 당시엔 육지로 노출되어 있던 알래스카의 베링해협을 걸어서 북아메리카로 이주하였다. 이러한 육지 교량은 빙하기에 형성되었는데, 많은 양의 해수가 빙하로 변하여 해수면이 낮아졌기 때문이었다. 그 당시에는 현재 남극과 북극의 해역에서 볼 수 있는 거대한 얼음 덩어리들이 바다를 떠다니고 있었다.

과학자들은 여러 가지 증거들을 이용하여 빙하기의 시점과 공간적 범위를 추정할 수 있다. 빙하의 끝자락을 따라 퇴적된 암석과 퇴적암 같은 빙하지형으로부터 육상빙하의 지리적 범위를 알 수 있다. 이동하는 얼음에 의해 기반암에 새겨진 할퀸 자국을 보면 빙하가 이동한 방향을 알 수 있다. 빙하에 포함된 나무의 나이테와 방사성 탄소 연령 측정으로부터 언제 빙하가 그 지역에 도달했는가를 알 수 있다.

최근 빙하기의 대륙빙은 약 24,000년 전에 북아메리카까지 그 영역을 넓혔다(그림 B9.3). 대략 12,000년 전에 기후가 따뜻해지기 시작하였고, 약 1만 년 전에 지구는 빙하기에서 벗어나 현재의 간빙기로 들어섰다. 우리는 현재 빙하기와 간빙기 사이클에서 기온의 극대치를 막 지난 시점에 살고 있다. 기온의 극대치는 약 6,000~7,000년 전에 있었는데, 홀로신 극대기라고 한다. 그로부터 기온은 서서히 낮아졌으며 소빙하기라고 하는 기온이 비교적 낮은 기간이 AD 1300년에서부터 AD 1900년까지 지속되었다.

빙하기는 장기간 지속하는 전 지구 규모의 기후 변동에 의해 발생한다. 자연 기후 변화에는 몇 가지 메커니즘이 존재한다. 예를 들면 대기권, 지권, 해양, 생물권의 복잡한 상호작용도 포함한다. 지난 10년 정도 동안에 인간 활동에 의한 방사성 기체의 배출이 기후 변동에 어느 정도 영향을 미쳤는지에 대한 과학적 · 정치적 측면의 논란이 많이 진행되어 왔다. 기후학자나 다른 분야의 학자들은 지구계의 서로 다른 부분이 어떻게 상호작용을 하여 빙하기가 시작되었으며, 또 어떤 과정으로 빙하기가 끝났는지를 밝히기 위하여 많은 노력을 하고 있다. 그러나 이러한 복잡한 시스템의 불확실성에 대한 이해는 아직까지 완벽하게 이루어지지 않고 있다. 우리는 제19장에서 기후 변화의 자연적 원인에 대하여 좀 더 자세히 살펴볼 것이며, 제19장에서는 기후 변화에 대한 인간 활동의 영향을 조사한다.

그림 B9.3 플레이스토신 빙하기
초기의 인류는 알래스카의 베링해협의 대륙붕을 따라 아시아에서 북아메리카로 이주하였다. 이러한 육지는 빙하기 기간 중에 많은 양의 물이 빙하 얼음에 갇히게 되어 해수면이 낮아졌기 때문에 노출된 것이다. 그림은 약 2만 년 전의 플레이스토신 빙하기의 해수면을 보여주는 것이다.

그림 9.23 **케틀**
사진은 중앙 칠레의 호소구의 빙퇴석군 위에 산재하는 호수로 채워진 케틀을 보여주는데, 이들은 최근의 빙하기가 끝날 무렵에 쇄설물로 덮인 정체된 얼음이 서서히 녹으면서 형성된 것이다.

다. 이러한 **빙하 주변 지역**(periglacial)에서는 기온과 서리의 작용은 지형의 특성을 결정짓는 중요한 요소이다. 빙하 주변 지역을 만들 수 있는 조건은 지구 표면의 약 25% 정도나 되는 넓은 지역에서 발견되는데, 주로 고위도의 환극 지역에 해당된다.

영구동토

빙하 주변 지역의 가장 중요한 특징은 연중 온도가 영하로 유지되는 **영구동토**(permafrost)가 존재한다는 것인데, 영구동토는 퇴적층, 토양 또는 기반암이 비교적 장기간(2년에서 수만 년까지) 동안 온도가 영하로 지속된다. 가장 큰 면적의 동토는 북아메리카, 북부 아시아, 기온이 낮고 고도가 높은 티베트 고원 등에서 볼 수 있다(그림 9.1). 또한 높은 산악지대에서도 많이 발견되는데, 열대나 아열대 지역의 고산지대에서도 볼 수 있다. 북반구에서 영구동토의 남방한계는 연평균 기온이 5°C에서 10°C 사이인 곳에 존재한다. 대부분의 영구동토는 최근의 빙하기에 형성되었거나 또는 그 이전에 형성된 것으로 믿어지고 있다. 털이 많이 난 맘모스와 다른 멸종된 빙하기 동물들의 잔해가 동토에서 잘 보존된 채로 발견이 되는데, 이는 그들이 죽었을 때 동토가 존재했다는 것을 의미한다.

영구동토의 깊이는 평균 기온과 지표로 전달되는 지열의 양뿐만 아니라 지표가 얼마나 오랫동안 동결된 상태로 유지되었느냐에 달려 있다. 영구동토 중 최대 깊이를 가지는 곳은 시베리아의 영구동토로 알려져 있다. 캐나다령 북극에서는 약 1,000m이고 북부 알래스카에서는 약 600m 정도로 알려져 있다. 고위도 지방의 두꺼운 영구동토는 대륙빙의 한계선 바깥쪽에서 발견된다. 대륙빙은 지표면을 단열시켰을 것으로 보이는데, 이는 대륙빙 아래에 놓인 지표면의 온도를 압력용융점까지 상승시켰을 것이다. 한편 영하 기온의 영향을 직접 받은 나대지는 낮은 온도가 오래 지속되는 동안 점점 깊은 곳까지 동결되었을 것이다.

영구동토에서의 주거

영구동토의 지형에서 여름에는 해동되지만, 겨울철에는 다시 동토로 되는 표층을 **활성층**(active layer)이라 한다. 여름철에 해빙된 층은 매우 불안정하게 된다. 그러나 아래쪽의 동토는 큰 하중에도 변형되지 않고 버틸 수 있다. 영구동토는 그 위에 사는 사람들에게는 매우 독특한 문제를 가져다준다. 빌딩이 바로 지표 위에 건설되면 빌딩에서 나오는 열에 의해 동토가 해빙되어 지표를 불안정하게 할 것이다(그림 9.24). 북극의 거주자들은 건축 시 단단한 지면을 유지하기 위하여 지중파일을 박아 건물 기초면을 닦거나 지지대 위에 건물을 세워 차가운 공기가 잘 순환하여 동토가 녹지 않도록 하였다.

식생률이 매우 낮은 영구동토가 갈라지게 되면 융해가 일어나기 시작한다. 동토가 녹게 되면 지면이 붕괴되어 호수와 연못을 포함하는 불투과성의 분지를 형성하게 된다.

그림 9.24 **영구동토에서의 주거**
사진의 중앙 알래스카 오두막은 영구동토의 지반이 녹아서 8년 동안에 약 1m나 가라앉았다.

융해는 인간의 활동에 의해서도 일어나는데, 그 결과는 환경재앙을 가져올 수 있다. 북극 툰드라 지역을 왕래하는 거대차륜과 트랙을 가진 자동차들은 동토를 쉽게 균열시킨다. 융해로 인한 직선 형태의 압력을 받은 자국은 물로 채워지게 되고, 이들은 수십 년 동안 지속된다.

1960년대 알래스카의 노스스로프의 유전이 발견됨에 따라 이를 부동 지역으로 수송할 송유관의 건설이 필요하게 되었다. 송유관 건설을 맡은 회사는 몇 가지 특이한 문제에 부딪혔다. 추운 지방에서 끈적끈적한 원유를 송유관을 통하여 흐르게 하기 위해서는 원유의 온도를 높여줄 필요가 있었다. 그러나 단열이 되지 않은 송유관이 열을 지면으로 전달하게 되어 동토를 녹이는 결과를 가져왔다. 만일 송유관이 지하로 매립되기 전에 단열이 되었다 하더라도 송유관 위의 지표 식생 피복은 손상을 입게 되어 결국 동토의 융해와 불안정을 초래하였을 것이다. 이러한 이유로 알래스카 송유관의 상당부분은 지상 위의 각주 위에 건설되어 지반침하를 예방하고 있다.

빙하 주변 지역의 지형

빙하 주변부의 주요한 지형적 특징 중 하나는 동결/융해의 순환에 의해 동반되는 활성층 내 표층토의 이동이다(그림 9.25 A, B). 이 결과로 발생하는 가장 대표적인 특징은 다각형 형태의 지표(patterned ground, 얼음 쐐기 다각형)인데, 규칙적인 원형, 다각형, 줄 모양, 계단 모양 등이 기공이 많은 지역에서 서리 제거 효과와 결합되어 결빙과 융해가 반복되면서 활성층에 형성된다(그림 9.25C). 서리 제거와 관계된 또 다른 하나의 지형적 특징은 물이 얼면서 부피가 팽창하는 결과로 발생하는 핑고(pingo)라고 하는 것이다. 핑고는 영구동토 환경에서 형성되는 작은 언덕인데, 아래쪽의 영구동토가 팽창할 때 증가하는 정수압의 결과로 활성층을 통하여 기공을 포함한 물이 배출되어 형성되는 것이다.

토양류(solifluction)는 융해된 활성층에서 물이 밴 표층토가 중력의 영향으로 흘러내려 크고 둥그스름한 퇴적 동산을 형성하는, 빙하 주변부에서 발생하는 매우 흔한 물질 이동 현상이다. [토양류는 물이 밴 표층토가 단단한 하부층 위에 놓이면 어디서나 발생할 수 있다. 하부에 놓인 단단한 지층이 얼음 또는 동토로 이루어진 경우에 발생하는 과정을 빙상동결융해침식(gelifluction)이라 한다.]

그림 9.25 빙하 주변부 지형

(A) 물이 지반의 갈라진 틈으로 들어가 얼게 되면 얼음 쐐기가 형성된다. (B) 여름에 균열이 열리게 되고 또는 부분적으로 녹게 되면 더 많은 물이 들어가게 된다. 겨울에는 얼음이 얼고 다시 팽창한다. 이렇게 얼음 쐐기는 수백 번 이상 반복되는 동결과 융해 사이클을 통하여 점점 커지게 된다. (C) 동결과 융해가 수년 이상 반복되면 캐나다의 Tuktoyaktuk 지역에서 보이는 것처럼 얼음 쐐기 다각형, 핑고를 형성하게 된다.

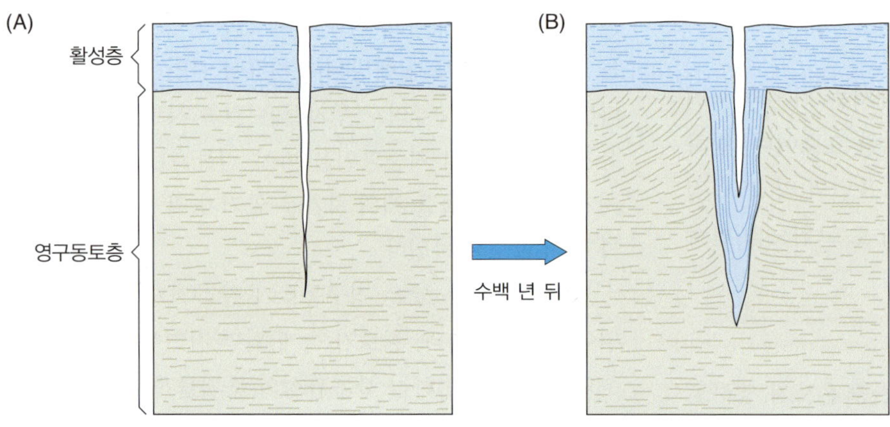

빙하 주변부 지역은 종종 뢰스와 관련되어 있는데, **뢰스**(loess)는 세립자의 두꺼운 담황색 퇴적물 층을 말한다. 뢰스는 암석 가루로 이루어진 풍성 퇴적물인데, 한랭 건조한 기간 동안에 퇴적되었음을 말해 준다. 모든 뢰스가 빙하로부터 형성된 것은 아니나 중국 북부, 유럽의 라인 계곡, 미시시피 강과 같은 빙하 주변부의 두터운 퇴적층에서 일어나고, 극히 유용하고 비옥한 토지를 만들어낸다.

빙하 주변부는 인간 이외의 서식동물에게도 매우 혹독한 환경을 제공한다. 동토 지역에 형성된 생태계를 툰드라라고 한다. 툰드라 지역의 동물과 식물들은 극지방의 극히 낮은 기온과 습도는 물론 이러한 지리적 특성을 만들어 내는 제한된 일사량에도 독특하게 적응을 한다. 툰드라 지역의 생태계와 그들의 특성은 제16장에서 자세히 논할 것이다.

빙하와 인간

영구동토는 현대의 서식자에게도 혹독한 환경임에는 틀림없으며, 빙하기는 인류 역사에 있어서 매우 중요한 요소로 작용하였다. 현대의 인류는 현재와 과거의 변동하는 기후 조건 하에서 빙하기 기간 중에 진화하였는데, 빙하기 동안 북반구의 대부분이 두꺼운 얼음으로 덮여 있었으며 기온

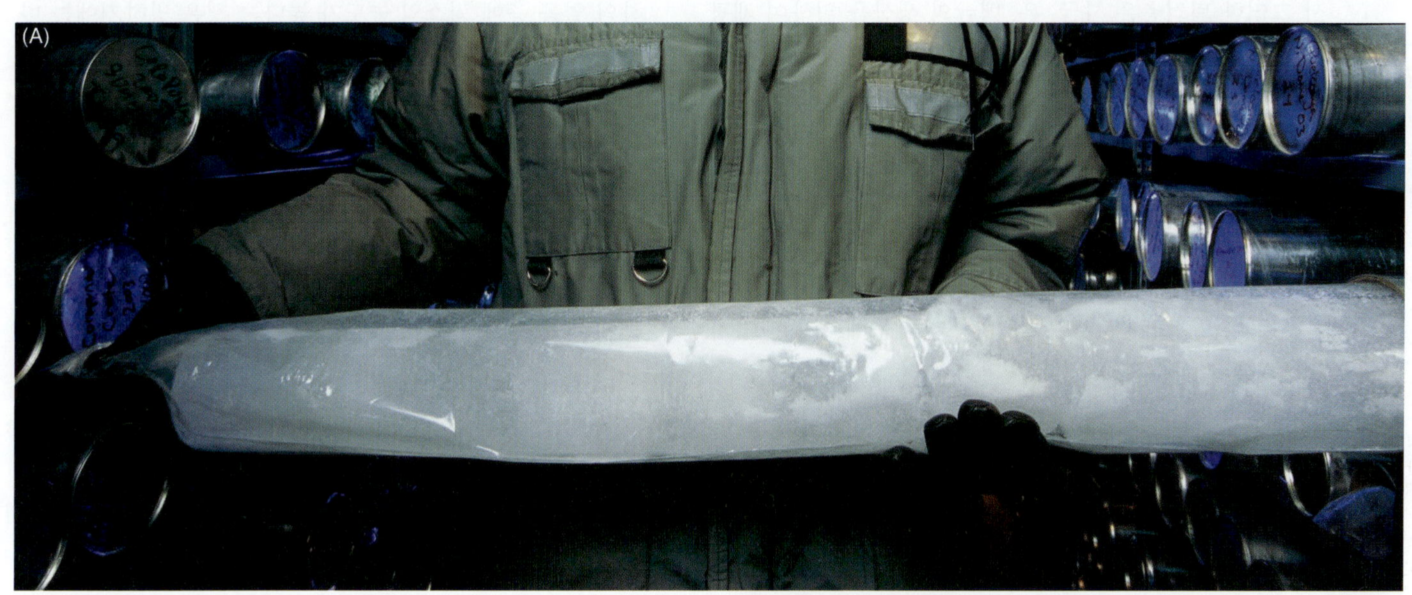

그림 9.26 자연환경 기록으로서의 얼음
(A) 이 얼음코어는 빠른 속도로 줄어들고 있는 페루의 쿠엘차야 빙모로부터 채취한 것이다. (B) 빙하 속의 얼음이 재결정화됨에 따라 결정 사이의 빈 공간을 얼음이 채우게 된다. 그러나 작은 공기방울은 사진에서 볼 수 있는 것처럼 미처 빠져나오지 못하고 얼음 속에 영구히 남게 된다. 실험실에서 매우 잘 제어된 조건에서 얼음을 녹이면 화석과 같은 공기의 화학적 성분을 알아낼 수 있다. 과학자들은 특히 온실기체인 이산화탄소의 농도에 관심이 많다. 남극 대륙과 그린란드에서 채취한 자료는 빙하기의 대기 중에 이산화탄소는 간빙기보다 농도가 낮았다는 것을 나타내준다.

은 매우 낮고 하늘은 먼지로 많이 덮여 있었다. 대륙빙이 후퇴함에 따라 인간은 그 전에 빙하로 덮였던 육지로 이동하게 되었다. 오늘날은 지구 인구의 상당부분이 과거의 대륙빙과 그 경계 지역에서 살고 있으며, 빙하기의 영향을 직접적으로 받고 있다. 미국 중서부와 중부 유럽의 풍부한 농토는 침식과 퇴적작용을 통하여 광물질이 풍부한 토양을 만드는 역할을 하는 빙하와 강한 바람의 산물이다.

지하수의 중요한 공급은 과거의 빙하가 녹아 형성된 하천을 따라 퇴적된 빙하기의 사력층으로부터 이루어진다. 미국의 북부와 유럽의 일부에서 빙하기의 사암과 자갈은 경제성이 높은 중요한 광물원이며, 알래스카와 러시아에서 그러한 퇴적층은 사금, 은, 백금의 생산을 위하여 채광된다. 등산이나 스키를 즐기는 사람들에게는 결빙된 산은 빼어난 경치뿐만 아니라 많은 휴식공간이 된다. 빙하로부터 물을 공급받는 지역 또는 지방에서 빙하는 연중 지속적으로 물의 흐름을 유지하기 위하여 따뜻하고 건조한 여름기간 동안에 녹은 물을 하천으로 공급한다. 이와는 반대로 빙하와 연결되지 않은 물 공급원으로부터 유입되는 하천은 수량이 일정하지 않고 크게 변하기 때문에 여름에는 가뭄이 드는 경우도 많다.

환경 기록의 보존으로서 빙하

빙하가 있는 곳에 매년 축적되는 눈 속에는 전구의 환경 상태를 나타내는 증거가 보존된다. 이러한 증거에는 실험실에서 추출 가능한 자연환경의 변화를 나타내는 물리적, 화학적, 생물학적 요소가 포함되어 있다. 대부분의 권곡과 계곡빙하의 가장 오래된 얼음은 수백 년에서 수천 년이나 되지만, 대규모 빙모와 대륙빙은 빙하기의 역사만큼이나 오래전에 형성되었다. 거기에 포함된 기록은 매우 독특한데 대기, 해양, 생물권 등이 수십만 년 동안 어떻게 변해왔는지를 알려주는 중요한 단서이다.

빙하 지역의 땅 밑을 파고 눈을 들여다보면 층 구조를 볼 수 있다. 각 층의 아래쪽에는 겨울철에 내린 깨끗한 눈으로 구성되어 있고 위쪽에는 먼지와 재동결된 물이 포함되어 있으며, 비교적 건조하고 따뜻한 여름에 만들어진 것이다. 축적률의 크고 작음에 따라 하나 또는 여러 개에 의존하는 연층이 노출되는 경우도 있다. 빙하의 구덩이를 파는 것은 층서학을 연구하기에는 비효율적이기 때문에 빙하 학자들은 분석을 위하여 실험실로 운반이 가능한 형태의 얼음코어를 채취한다(그림 9.26A). 어떤 얼음코어 채취 프로젝트에서는 두꺼운 그린란드 빙하와 남극 빙하의 기저부까지도 시료를 성공적으로 채취하였으며, 또 어떤 경우는 고위도와 고산지대의 빙하시료를 채취하였다.

얼음코어는 과거 대기의 이산화탄소와 메테인 같은 온실기체 농도가 어느 정도였었는지를 알고자 하는 과학자들에게는 대단히 좋은 연구 대상인데, 그들은 얼음의 공기방울 속에 갇혀 있으며(그림 9.26B), 기후 변화에 따른 농도의 변화를 기록하고 있다(제13장). 얼음의 화학적 성분을 조사하면 그 당시의 대기의 특성을 알 수 있다. 얼음코어는 이산화황을 분출하는 화산 분출의 기록도 제공해 주는데, 물과 결합하여 빙하에 산성의 눈을 축적시킨다. 빙하의 얼음 층에 뢰스의 농도가 높다는 것은 빙하기에는 바람이 강했을 뿐만 아니라 먼지도 많았다는 것을 알 수 있다. 얼음에 포착된 작은 유기물과 화석 화분 입자를 분석하면 빙하기 무렵 식생의 특성을 알 수 있으며, 방사성 탄소 원소의 분석을 통하여 빙하의 나이도 알 수 있다. 이러한 자연적 역사 기록은 매년 형성되는 얼음층에 포착되어 마치 책의 쪽수와 같이 연대 파악을 용이하게 해 주기 때문에 과거 지구의 지표 조건을 자세하게 나타내 준다.

해빙

눈과 빙하는 강수의 형태로 생성되지만 어떤 얼음은 표면에서 물의 결빙 과정에 의하여 형성된다. 지구상의 얼음 중 약 2/3는 극 해역의 얇은 **해빙**(sea ice)으로 떠다닌다(그림 9.27). 그것의 범위는 방대하지만 지구 전체 얼음 체적의 1/1,000에 불과하다.

해빙의 재밌는 특징 중 하나는 담수로 구성되어 있다는 것이다. 해수의 특징인 소금은 얼음으로 결빙되는 과정에서 제외된다. 따라서 해빙의 형성은 바닷물의 염분을 조절하는 중요한 해양학적 과정이다. 지구가 냉각되어 있는 기간 동안은 해빙이 더 많이 형성되고 바다는 더욱 염분도가 높아진다. 온난기에는 해빙이 녹고 해양은 염분도가

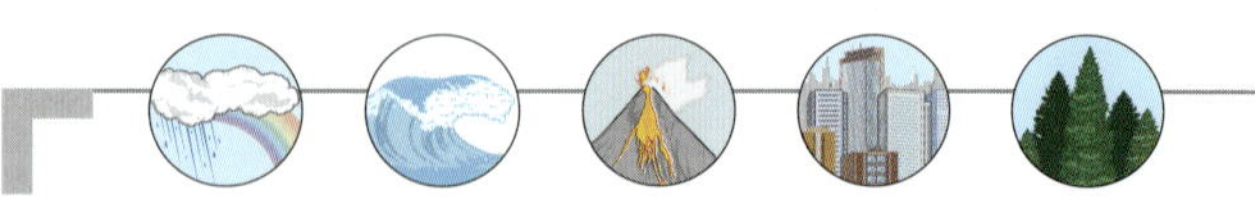

관련짓기

해빙이 형성되면 해수의 염분도는 높아지고 해빙이 녹게 되면 낮아지게 된다. 그 밖의 어떤 요소들이 해수의 염분도를 조절하는가?

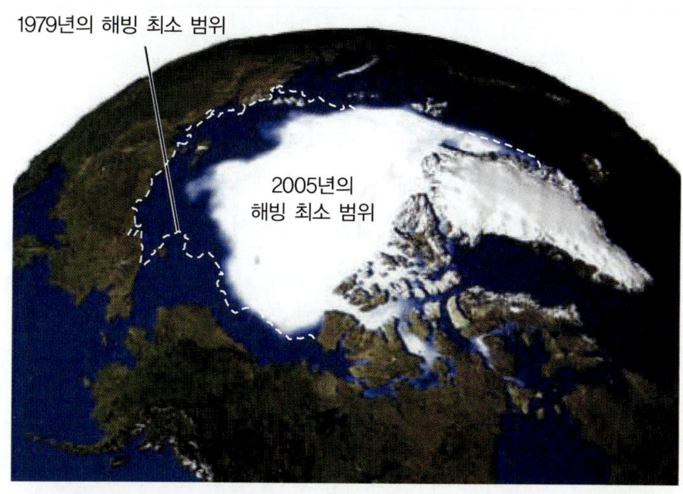

그림 9.27 **북극의 해빙**
북극의 해빙 양은 얼음이 녹는 계절인 마지막 달인 9월에 최소가 되며, 겨울 동안 다시 회복된다. 이 위성사진은 2005년 얼음 양의 극소기에 촬영한 얼음의 범위를 1979년(점선)의 극소기와 비교하여 나타낸 것이다.

낮아진다.

해빙은 어떻게 형성되는가

바다 표면이 바닷물의 어는점보다 낮아지면 얼게 된다. 맨 처음 형성되는 얼음은 지름이 약 3~4mm 정도인 작은 판상과 침상의 결정으로 구성되는데, 이들을 침상 결빙이라 한다. 더 많은 결정들이 형성됨에 따라 그들은 해양 표면에 반죽과 같은 혼합물을 생성한다. 파도나 난류가 없는 경우에는 결정들은 약 두께가 1~10cm 정도인 연속적으로 이어진 얼음 층을 형성하게 된다. 만일 파동이 존재하면 결정의 모양은 둥글게 되고 직경이 약 3m 정도인 팬케이크 같은 형태를 띠게 되어 최종적으로 서로 이어져 연속적인 얼음층을 형성하게 된다(그림 9.28).

일단 연속적인 얼음층이 형성되면 차가운 대기가 더 이상 해수와 접촉할 수 없게 되고 얼음은 아래로 성장하게 된다. 북극에서는 1년 사이클 동안 표면에서 약 45cm 정도의 얼음이 사라지고, 없어진 것과 같은 양의 얼음이 아래쪽으로 더 성장하게 된다. 결과적으로 해빙에 추가된 얼음 결정은 얼음 기둥을 통하여 약 45cm/년의 속도로 위쪽으로 이동하여 표면에 도달되어 녹게 된다.

해빙의 분포와 대상 분포

북반구와 남반구의 극 지역을 비교해 보면 해빙의 분포가 매우 다르다. 남극은 남극 대륙의 가운데에 놓여 있으며 방대한 두꺼운 대륙빙으로 덮여 있는 반면에 북극은 북극해의 중간에 자리 잡고 있다. 남극 대륙 주변의 바다는 대양으로 열려 있으나, 북극해는 지리적으로 거의 닫혀 있으며 오로지 작은 해협을 통하여 대양과 연결되어 있다. 남극 지역에서 해빙은 대륙 주위와 얼음으로 덮인 인접한 열도를 넓은 고리처럼 에워싸고 있는데, 고리의 넓이는 계절에 따라 변한다. 겨울철에 그 면적은 최대가 되는데 2,000만 km^2에 달한다. 그러나 여름에는 400만 km^2 정도로 줄어든다. 반대로 북극해는 거의 연중 얼음으로 덮여 있으며 주요 해역(예를 들면 동해, 오호츠크 해, 베링 해, 데이비스 해협, 허드슨 만)은 겨울에 부분 또는 전체가 얼음으로 덮인다. 9월의 극소기에는 북극 해빙의 면적은 600만 km^2이나 최성기인 3월에는 1,400만 km^2나 된다. 그러나 북극의 해빙의 최대 면적은 점차 줄어들고 있다. 그중 2007년과 2008년은 최악의 상태를 기록하였는데, 여름철의 면적

그림 9.28 **해빙**
계절에 따라 남극 대륙의 웨델 해는 거의 얼음으로 덮이게 된다. 남극의 봄에 얼음이 녹음에 따라 바람이 불어 얼음판들을 서로 밀고 밀리면 얼음판 사이의 압력돌출부가 형성된다.

자세히 보기

얼음이 없는 북서 항로?

포르투갈 탐험가인 바르톨로뮤 디아스(Bartolomeu Dias)는 1488년에 아프리카 남단을 돌아 항해하여, 유럽에서 아시아로 가는 항해로를 발견하였다. 1492년에 스페인으로 향하던 콜럼버스는 유럽으로부터 서쪽으로 항해함으로써 아시아로 가는 지름길을 발견할 목적으로 항해를 시작하였다. 대신에 그는 아메리카를 발견하였다. 무역분쟁을 중단하기 위하여 교황 알렉산더 6세는 그 당시 전 세계를 스페인과 포르투갈 2개로 나누었다. 모든 무역권은 물론, 케이프 버드 섬 서쪽으로 약 500km 지점, 남북선의 동쪽에 위치하는 신대륙은 포르투갈에 속했다. 그리고 서쪽은 스페인에 속했다. 1494년에 스페인과 포르투갈은 이 경계선을 46°37′ W로 변경하는 데 합의하였다. 북유럽의 국가들, 주로 영국, 프랑스, 네덜란드는 무역에서 제외되었고, 그들은 아시아로 가는 다른 길을 찾아야만 했다.

처음에 그들은 북아메리카 서쪽과 동쪽을 탐험하여, 대서양으로부터 태평양에 이르는 항로를 발견하기를 기대하였다. (파나마 운하는 그 당시 존재하지 않았다.) 그 희망이 좌절됨에 따라 얼음으로 덮인 북극해를 통과하는 북아메리카 서안을 가로지르는 길을 찾기로 하였다. 이런 우화 같은 통로는 파나마 운하가 개통됨으로써 생길 수 있는 통로보다 약 4,000km나 짧았으며, 북서 통로라 불리게 되었다(그림 C9.1).

탐험가들이 일찍이 깨달은 것처럼 북아메리카의 북서연안은 근사적으로 북극권과 일치하고(66°33′37″N), 그 북쪽으로는 많은 열도가 놓여 있다. 영국인 존 카보트(John Cabot)은 1497년에 이 섬을 통과하는 통로를 개척한 선구자였다. 그의 시도와 그 뒤의 다른 사람들의 시도(예를 들면 1845년의 프랭클린)는 모두 헛되이 끝나고, 1903년과 1906년 사이에 유명한 노르웨이 탐험가 아문젠이 성공을 거두기에 이르렀다(그림 C9.2). 탐험가들을 괴롭혔던 것은 해빙이었다. 섬 사이를 통과

그림 C9.1 북서 항로

이 지도는 대서양에서 태평양으로 통하는 전설적인 북서 항로를 개척하기 위하여 탐험된 항로의 몇 가지 예를 나타낸다.

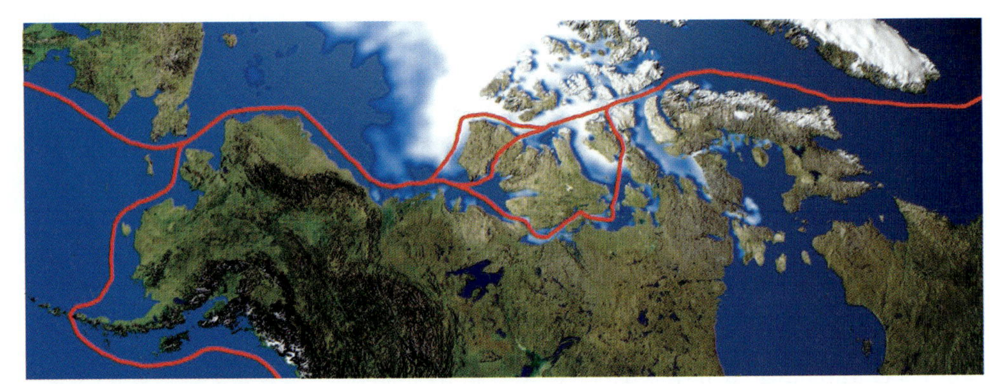

이 불과 400만 km²에 불과하였다(그림 9.29).

해빙 지역은 다년 지속형 또는 계절 변화형으로 분류한다. 다년 지속 결빙 해역은 적어도 수년 동안 지속되는 해빙을 포함한다. 북극해에서 이러한 지역은 북위 75° 이북에 존재하며 전체

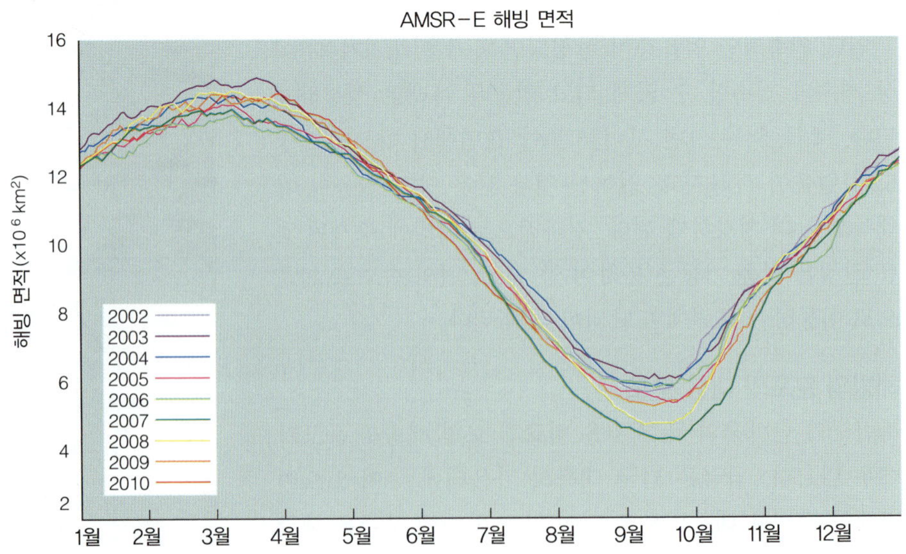

그림 9.29 변화하는 해빙

북극해의 해빙 면적(국제 북극 연구센터의 자료에 의함)은 계절에 따라 변한다. 여름철의 극소기는 2007년과 2008년에 가장 낮은 값을 기록하였다.

그림 C9.2 **초기의 북서 항로에 대한 탐험**

이 판화 작품은 윌리엄 에드워드 패리가 1824년부터 1825년 사이에 수행한 세 번째 항해 기간 중에 그려진 그림에 기초하여 제작된 것이다.

하는 바람과 해류는 얼음을 두껍게 쌓아서 통과하기 어려운 장애물로 만들었다. 아문젠(Amundsen)은 겨울에 증가한 얼음 때문에 통과하는 데 3년이나 걸렸다. 두 번째로 성공한 탐험가는 캐나다의 헨리 라센(Henry Larsen)으로 1940년에 그곳을 통과하였다.

북서통로는 여전히 쉬운 항로는 아니나 시간이 지남에 따라 항해는 더욱 용이해졌으며 많은 배들이 그곳을 통과하게 되었다. 쇄빙선 기술의 발달로 과거에 비하여 항해하기가 더욱 쉬워졌다. 더욱이 지구온난화 때문에 북극 열도를 통과하는 항로를 찾는 것은 더욱 쉬워졌다. 북극 해빙은 점차 얇아지고 있으며 범위도 줄어들고 있다. 2008년 여름 캐나다 탐험가들은 그 항로는 쇄빙선을 사용한다 하더라도 연속적인 항해는 불가능하다고 분석하였다. 그러나 위성을 이용하여 해빙 상태를 지속적으로 모니터링함으로써 머지않아 얼음이 없는 항로가 생길 것이며, 상선, 연구, 원유 탐사 등의 목적에 개방될 것이다.

전문가들은 미개발된 석유자원의 25~30% 정도는 북극 지역의 바다, 빙하, 암석의 아래에 매장되어 있다고 한다. 만일 해빙이 녹아 북서항로가 열린다면 이러한 석유 탐사가 매우 활발해질 것이다. 그러나 러시아, 캐나다, 미국은 이 지역(특히 각국의 경계와 국제적 공해 지역)에 대한 개발 방법에 대하여 의견이 엇갈린다. 얼음이 녹고 지형이 바뀜에 따라 이러한 분쟁은 더욱 커질 것임에 틀림없다. 또 다른 하나의 문제는 찬 바다에 기름이 유출될 경우 제거하는 것이 대단히 어렵다는 것이다. 이 때문에 많은 사람들은 북극의 석유를 현재 그대로 지하 깊은 곳에 남겨두는 것이 바람직하다고 생각한다.

다년 지속형의 약 2/3 정도를 차지한다. 북극해의 중앙 얼음의 두께는 약 3~4m 정도이며 수십 년간 지속된다. 남극에서는 다년 지속되는 얼음은 약 반 정도는 열린 해역(예를 들면 로스 해와 웨델 해. 그림 9.7 참조)에서 발견되는데, 그 두께는 약 5m 정도이며 지속시기는 약 5년 정도이다. 계절 지속 결빙 해역에서 얼음은 연중 계절적으로 변화한다. 북극에서 계절 지속 결빙 해역의 얼음은 두께가 2m 미만이며 바람과 해류에 의하여 변형되는데, 이러한 변형작용을 통하여 얼음의 두께가 현저하게 두껍게 성장한다. 남쪽 해역에서는 계절 지속 결빙의 한계선은 평균적으로 위도 10° 정도의 범위 내에서 변동한다. 여기서 얼음전선은 해수로부터 얻은 열 때문에 여름에 북극 쪽으로 후퇴하며, 반면에 북극에서는 따뜻한 대기와 접하게 되어 얼음이 녹으며 이에 따라 얼음전선이 후퇴한다.

해빙 운동

해빙은 바람과 해류에 의하여 끊임없이 움직인다. 해빙의 범위, 특성, 운동은 인공위성에 부착된 레이더 영상 시스템을 이용해서 연 변화를 조사할 수 있다. 북극해의 평균 표류율은 7km/일인 반면에, 그린란드와 베링해는 15km/일 정도이다. 매년 북극해의 약 10% 정도의 얼음이 그린란드 해역으로 흘러 들어가서 파쇄되고 융해된다. 해빙은 일반적으로 남극 대륙 주위를 시계 방향으로 운동한다. 그러나 남극 반도의 동쪽에 있는 웨델 해의 해빙운동이라고 하는 대규모 순환 시스템은 표류되는 얼음이 쌓이게 하여 수년 정도 지속되는 대규모 얼음 지역을 형성한다.

얇은 얼음층의 발산운동에 의한 스트레스는 얼음을 깨트리며, 그 아래의 해수를 노출시키게 된다. **리드**라고도 불리는 그러한 좁은 직선형태의 노출된 해수는 때로는 수 킬로미터에 이르기도 한다. 예외적으로 큰 리드가 발달되면 **빙호**(polynya, 그림 9.7에서도 볼 수 있는데, 그중 하나는 맥머도 기지의 왼편과 아래쪽에 있다)라고 하는 크게 노출된 해수역을 형성한다. 리드에서는 해수와 대기의 온도 차이가 크기 때문에 해수는 빨리 냉각되어 새로운 얇은 얼음층을 형성한다. 그 결과 부서진 작은 얼음 덩어리는 새로 형성된 것과 과거에 형성되어 있는 것이 어우러져 모자이크 형태의 대규모의 얼음 덩어리를 형성한다. 비록 표층의 해수가 대기에 노출됨에 따라 많은 양의 태양 에너지가 바다 표면으로 입사되긴 하지만, 그러한 노출된 표면은 전체 바다의 불과 1%도 안 된다.

일찍이 바다 위 얼음 위로 북극을 개척한 탐험가들은 그것이 매우 험난하다는 것을 알게 되었다(자세히 보기 : 얼음이 없는 북서 항로 참조). 얼음은 평탄하게 형성되지 않으며, 오히려 많은 **압력마루**(pressure ridge)를 가지게 되어 울퉁불퉁한데, 압력마루는 마치 암석판이 충돌에 의해 산맥을 만들어내는 것처럼 얼음 조각들이 부딪히고 깎이면서 쌓이게 된다. 압력마루 아래쪽에는 범선의 선체(용골, keel)와 같이 변형된 얼음이 잠겨 있는데, 크기가 노출된 마루의 약 5배 정도나 된다. 북극 해빙의 약 40% 정도는 그러한 변형된 형태로 존재한다고 추정된다. 남극에서 압력마루는 매우 드문데, 왜냐하면 탁월풍과 해류가 약 65km/일이나 되는 빠른 속도로 얼음 조각들을 대륙으로부터 멀어지게 하고 분산시키기 때문이다.

지구계의 얼음

해빙과 육빙은 모두 지구계에서 중요한 역할을 하고 있는데, 그들이 존재하는 지역뿐만 아니라 훨씬 먼 곳까지도 영향을 미친다. 바람, 날씨, 기후에 영향을 미치는 대기와 해양의 순환은 얼음에 의해 직접적으로 영향을 받는다.

해수의 염분과 순환에 미치는 영향

계절적으로 변하는 얼음띠 구역의 해수와 대기의 상호작용은 해양의 구조, 염분, 순환에 영향을 미친다. 해빙은 두께가 불과 수 미터에 지나지 않기 때문에 대기와 해수의 온도변화에 대단히 민감하다. 얼음층은 대기와 해양에 매우 중요한 영향을 미친다. 앞에서 언급한 것처럼 해빙의 성장은 해수의 혼합층 상부의 염분을 증가시키는데(제10장), 이는 해수가 얼 때 소금이 빠져나오기 때문이다. 역으로 얼음이 녹을 때는 해양 표층에 담수가 증가하기 때문에 염분은 낮아진다.

해수가 결빙할 때 소금이 빠져나옴으로써 찬 고염분(따라서 밀도가 큰)의 해수가 대륙붕에 형성된다. 이러한 고밀도의 해수는 대륙붕 아래로 가라앉아 심층수와 저층수를 형성하게 된다. 이러한 과정은 남극해 주변부에서 활발하게 발생하며, 그곳에는 먼바다 쪽으로 향하는 바람이 빙호를 생성시킨다. 여기서 기온이 매우 낮은 조건에서 급격히 성장하는 얼음은 남방 해역에 많은 양의 심층수(남극저층수)를 생성시키며, 그린란드와 노르웨이 해에서 일어나는 유사한 과정은 북대서양 심층수를 형성시킨다. 이러한 차고 밀도가 높은 해수는 **열염 순환**이라고 하는 해양 순환을 유지하는 데 매우 중요하다(제10장).

대기 순환과 기후에 대한 영향

해빙과 육빙은 지구 기후 시스템에서 중요한 역할을 한다. 떠다니는 해빙은 해수를 대기로부터 격리시키고 열 교환을 막아준다. 해빙의 면적이 넓어질수록 이 효과는 강해진다. 얼음은 높은 **반사도**(제2장)를 가지며, 이는 얼음으로 덮인 표면은 태양 에너지를 흡수하기보다는 반사하는 성질을 가지고 있음을 말한다. 이 때문에 얼음으로 덮인 지역은 알베도가 얼음보다 낮은 물이나 육지로 덮인 지역보다 온도가 훨씬 낮다.

저위도와 얼음으로 덮인 극 지역의 기온 구배는 전구 대기 순환과 풍계를 형성한다. 적도와 극지방의 온도 경도가 더 낮다면, 예를 들어 극지방의 온난화에 의해 이것은 대기 순환을 약화시키도록 작용할 것이다.

얼음 면적과 환경 변화

얼음 면적이 기후에 영향을 미친다는 사실은 다음과 같은 중요한 의문점을 상기시킨다. 육지로 둘러싸인 북극해의 얼음은 얼마나 안정할까? 그 많은 얼음 전체를 다 제거하려면 무엇을 어떻게 해야 하며 얼마나 걸릴까? 간빙기의 온난한 기후 시기에는 얼음이 갑자기 사라지고, 그 결과 어떤 인구 밀집 지역에 갑작스러운 기후 변화가 발생하는 것을 기대할 수 있을까? 해빙이 전부 녹아서 없어진다면 해수면과 염분에 어떤 영향을 미칠까? 만일 해빙과 육빙의 분포가 변한다면 어떤 생명체와 생태계가 영향을 받을까?

우리는 기후 모형화를 통하여 이러한 질문에 답을 제시할 수 있을지도 모른다. 이에 대한 자세한 것은 제13장에서 다룬다.

만일 기후가 더 추워지고 이 때문에 얼음 면적이 증가한다면, 그 결과는 양성 피드백 작용일 것이다(제1장). 얼음 면적이 증가하게 되면 지구의 반사도를 향상시키고 이는 더욱 냉각화를 가져올 것이다. 얼음 면적의 증가는 반사도를 더 크게 할 것이다. 이러한 연속적인 원인과 결과가 이어질 것이다. 한편 얼음 면적이 줄어들거나 얼음이 사라지게 되면 대기 순환 패턴이 크게 바뀔 것이다. 만일 북극의 얼음이 녹아서 육지나 해수를 노출시킨다면 더욱이 얼음 표면이 화산에서 발생한 먼지, 그을음, 재와 같은 검은 물질로 덮인다면 유사한 결과가 초래될 것이다. 검은 물질이 덮는 면적이 늘면 반사도는 줄어들게 되고, 이는 태양 에너지를 더 많이 흡수하게 한다. 결과적으로는 더 많은 양의 얼음의 융해, 얼음 면적의 감소, 저반사도의 표면 증가(해수 또는 육지) 및 양성 피드백 사이클이 확보될 것이다.

기후 모형을 통한 연구는 온난기에 고위도의 온난화가 저위도의 수배에 달할 것으로 예측하고 있다. 가능한 시나리오 중 하나는 북극이 따뜻해짐에 따라 얼음이 줄게 되고 얼음이 전혀 없는 상태로의 간헐적인 천이가 일어나는 것이다. 어느 정도의 변화가 다년간 지속된 북극의 얼음을 사라지게 하는지 쉽게 계산할 수 있다. 예를 들면 매년 온도가 3°C 내지 5°C 증가한다면, 얼음 표면으로 입사되는 태양 복사 에너지가 25% 내지 30% 정도 증가하고 여름철의 반사도를 약 20% 정도 낮추고(표면 얼음의 융해로 인하여), 구름 발생률을 현저히 증가시킬 것이다.

반사도는 여러 가지 요인에 의하여 바뀌나 모형화에 의하면, 일단 반사도가 매우 낮은 값에 도달되면 북극해는 급격하게 약 수년 동안에 얼음이 없는 상태로 천이될 것으로 예측된다.

흥미 있는 사실은 해빙이 녹는 것은 남극 대륙과 그린란드를 덮고 있는 육지의 빙하가 녹는 것에 비해 해수면에 미치는 효과는 훨씬 작다. 왜냐하면 해빙은 바다에 직접 떠 있기 때문이다. 아르키메데스의 원리를 생각해 보면 물에 떠 있는 물체는 그 물체가 잠겨 있는 부분에 해당되는 만큼의 부력을 받는다는 것을 알 수 있다. 떠 있는 물체는 물에 잠긴 부피만큼의 물이 수면의 높이를 증가시키게 된다(그림 9.18 참조). 만일 그 물체가, 예를 들면 빙산이 녹는다면 이때 생긴 물의 무게는 물속에 잠겨 있던 부분만큼의 해수 무게와 같으므로 해수면의 변동은 거의 없을 것이다. 그러나 담수로 이루어진 빙산은 비중이 해수보다 약간 작기 때문에 해수면의 높이는 녹기 전보다 약간 더 높아질 것이다.

그러나 육지의 얼음은 이와는 정반대이다. 대륙빙에 덮인 땅덩어리는 일반적으로 산악 지형인데, 지표면 위에 얼음이 두껍게 쌓여 있는 것이다. 해빙과는 달리 육지방하가 녹게 되면 녹은 물의 전부가 바다로 흘러들게 될 것이다. 어느 정도 녹는가에 따라 해수면의 상승이 대단히 클 수도 있다. 해빙과 육빙의 소실은 해수의 온도와 염분에 영향을 미치며, 현재의 상태에 적응하고 있는 생명체와 생태계는 물론 이러한 자원에 의존하고 있는 원주민들에게 매우 파괴적인 영향을 미칠 것이다. 제13장에서는 해빙과 육빙을 융해시키고 이에 따른 해수면 상승과 생태계 변화를 유발시키는 지구온난화의 가능한 시나리오에 대하여 자세히 조사한다.

요약

1. 빙설권은 지구 표면의 영구동토의 일부분이다. 북반구에서 대부분의 얼음은 북극해에서 떠다니는 얇은 층으로 존재한다. 남반구의 얼음은 대부분 남극 대륙과 인근 섬과 바다를 덮는 광활한 대륙빙으로 구성되어 있다. 빙설권은 또한 넓은 지역의 영구동토, 겨울철의 적설, 산악지대의 빙하 등으로 구성되어 있다.

2. 눈은 작은 물방울이 온도가 매우 낮은 구름 속에서 가벼운 얼음결정으로 결정화하여 형성된다. 눈의 결정 구조는 끝이 열려 있으며, 많은 기공 구조를 가지고 있으나 많은 양이 쌓이게 되면 밀도가 높고 단단해진다. 눈은 시간이 지나면서 더욱 단단해지고 가벼운 눈결정은 빙하얼음의 특징인 고밀도의 조직 구조로 바뀐다.

3. 북반구는 육지의 약 1/4이 동계에 내린 눈과 동결한 동토로 구성되어 있다. 설선보다 위쪽에서는 그동안 쌓여온 눈 위에 지난 겨울의 눈이 여름 동안 녹지 않고 축적된다. 설선의 고도와 위치는 온도와 강수의 영향으로 매년 바뀐다.
4. 빙하는 장기간 지속되는 얼음인데, 대부분 재결정화된 눈으로 구성되어 있으며 중력의 영향으로 서서히 아래쪽으로 이동한다. 빙하의 중요한 유형에는 원형 빙하, 계곡 빙하, 빙모, 피오르드 빙하, 산록 빙하 등이 있다. 그린란드와 남극 대륙의 거대한 대륙빙은 전체 빙하의 약 95%를 차지한다. 바다에 떠다니는 얼음은 남극 대륙 연안을 따른 만과 북극 섬 주변의 만의 대부분을 차지하고 있다.
5. 빙하는 눈과 얼음이 쌓이고 오랫동안 지속될 수 있으면 어디에서든지 발달할 수 있다. 빙하는 추운 극지방에서는 해수면에서도 발달할 수 있으며, 적도 지방의 고산지대에서도 형성될 수 있다. 빙하가 형성되기 위해서는 낮은 온도와 습도가 잘 공급되어야 한다. 따라서 빙하는 높은 산을 만들 수 있는 판구조론적 강제력, 수분을 공급할 수 있는 해양, 강설을 통하여 육지로 수분을 공급하는 대기의 존재를 필요로 한다.
6. 저위도와 고위도의 온난 빙하에서 얼음은 기저부분에서 표면까지 전 층에 걸쳐서 압력용융점에 가깝기 때문에 물과 같이 존재한다. 고위도와 높은 산에서 볼 수 있는 극빙하의 온도는 압력용융점보다 낮기 때문에 연중 거의 녹지 않는다.
7. 빙하의 질량 균형은 축적(겨울 동안 쌓이는 눈)과 삭마(ablation, 여름 동안 녹아 없어지는 눈과 얼음)의 차이에 의해서 결정된다. 빙하가 사라지는 양보다 많은 양을 얻게 되면 전체적인 부피는 증가하고, 빙하의 경계는 확장된다. 매년 양이 감소하게 된다면 빙하 종단부는 후퇴하게 될 것이다. 기후 변동과 빙하 종단부의 반응은 시간차를 가지고 있는데, 왜냐하면 평형점 위에서 일어나는 변화의 효과가 빙하 종단부까지 전달되는 데는 시간이 걸리기 때문이다.
8. 빙하의 얼음은 중력에 의하여 경사를 따라 흘러내려간다. 빙하의 내부에서는 각각의 얼음 결정은 위에 놓인 눈과 얼음에 의해 압력을 받는다. 내부의 결정면은 나란히 늘어서게 되어 변형되고 흐르기 쉬운 상태로 된다. 반면에 빙하의 표면부분은 부서지기 쉽다. 만일 경사가 급히 바뀌는 곳을 지나게 되면 깊게 파인 균열(crevass)을 만들게 된다. 빙하 기저부분의 용융된 물은 빙하가 잘 움직이게 하는 윤활유로 작용하며, 기반암 위로 미끄러져 내리게 한다. 대부분의 빙하에서 흐름의 속도는 하루에 수 센터미터 내지 수 미터 정도이나, 기저부분에 갇힌 물이 있는 경우는 이보다 약 100배나 빠른 속도로 움직인다(빙하 서지라고 함).
9. 연안 빙하의 후퇴는 빙벽붕괴(깊은 바다로 연결되는 빙하의 전면부에서 빙산이 점차적으로 떨어져 나가는 과정)로 특징지어진다. 빙산의 대부분은 물 아래에 잠겨 있다.
10. 빙하작용은 플레이스토세 기에서 활발히 발생하였는데, 약 24억 년 전에 빙하기–간빙기의 사이클이 있었다는 증거가 있다. 최근의 빙하기에는 인류는 바닷물이 얼어 빙하가 되고 해수면이 낮아짐에 따라 통로 역할을 하게 된 육상 연결부를 통하여 아시아에서 북아메리카로 이주하였다. 최근 빙하기의 대륙빙은 24,000년 전에 최대의 규모로 확장되었으며, 지구는 약 10,000년 전에는 빙하기로부터 나와서 현재의 간빙기로 접어들었다.
11. 지구상의 대부분 육지의 지형은 빙하에 의하여 형성되고 변형되었다. 얼음은 퇴적물을 운반하는 매개체로서 크고 작은 퇴적입자들을 밀도와 크기에 따라 분급하지 않고 운반할 수 있다. 빙하의 하중은 일반적으로 기저부분과 측면 부분에 집중되어 있는데, 거기서는 빙하와 기반암이 접하게 된다. 빙하의 기저부분 하중의 중요한 요소는 매우 작은 암석 가루들로 구성되어 있다.
12. 빙하 지대의 지형 구조는 빙하 얼음의 침식작용에 의한 것이다. 기저부분의 얼음에 포함된 작은 암석 파편들은 빙하가 움직인 방향으로 길고 나란한 줄무늬와 홈을 만들게 된다. 산악지대에서는 원형빙하는 서리쐐기 작용과 빙하 기저부분의 마모와 굴식이 함께 작용하여 형성된다. 빙하에 의하여 침식된 계곡은 매우 독특한 U자형 단면과 지류 계곡 아래쪽에 놓인 하상구조를 가지고 있다. 매끈하고 평행한 유선형의 빙퇴구는 얼음이 흐른 방향과 나란하고 길게 발달되어 있다.
13. 빙하지형은 빙하침식에 의하여 만들어진 암석파편의 퇴적을 통하여 형성된다. 빙력토는 분급되지 않고 층설을 이루지 않는 퇴적물이 쌓여서 형성된 것이다. 빙하의 끝자락에 도달된 암석파편들은 물의 작용에 의해

재분배되고 빙하기원 퇴적물로 쌓이게 된다. 빙퇴석은 빙하의 끝자락을 따라 또는 두 빙하가 만나는 경계선에 형성된다.

14. 빙하 주변부의 가장 중요한 특징은 영구동토이다. 영구동토 중 가장 큰 면적을 가진 것은 북부아메리카, 북아시아, 티베트 고원 등에서 발견된다. 현재의 영구동토의 대부분은 마지막 빙하기 또는 그와 가까운 시기에 형성된 것으로 알려져 있다. 영구동토는 계절에 따라 융해되는 경우도 있기 때문에, 매우 불안정하여 영구동토에서 사는 것은 쉽지 않은 일이다.
15. 빙하 주변부의 지형은 영구동토가 녹는 계절에 움직임이는 표토(regolith, 표층쇄설물)의 영향을 크게 받아 형성된다. 같은 모양이 반복되는 지형과 핑고는 결빙과 융해가 반복되는 과정에서 형성된다. 토양류는 빙하의 질량이 손실되는 가장 보편적인 것인데, 물에 잠긴 표토가 경사를 따라 흘러내려가는 과정에서 생긴 것이다. 빙하 주변부는 종종 세립질의 담황색 뢰스, 암석 가루로부터 떨어져 나와 바람에 의하여 운반된 퇴적물이 쌓여서 형성된다.
16. 빙하의 얼음은 지역적인 또는 전구적인 환경의 변화에 대한 물리적, 화학적, 생물학적 증거를 포함하고 있다. 극빙하와 산악빙하로부터 채취한 지하 심부의 얼음코어는 기후 변동과 더불어 대기 중 온실기체의 농도가 어떻게 변해왔는지를 알 수 있게 해 준다. 얼음코어의 화학성분으로부터 눈이 쌓였을 때의 기온을 추정할 수 있다. 얼음코어는 과거의 화산 폭발, 분진강하, 대기와 기후 변화에 대한 증거를 제공한다.
17. 지구상의 영구얼음의 약 2/3는 해빙이다. 해빙의 형성은 해수의 염분도에 중요한 영향을 미친다. 왜냐하면 얼음이 얼 때 소금이 빠져나오기 때문이다. 일단 바다 표면이 어는점 이하로 온도가 내려가면 얼음이 얼기 시작한다. 얼음은 처음에는 작은 침상결빙으로 형성되지만 나중에는 팬케이크와 같은 납작한 모양으로 성장하고 여러 개가 합쳐져 큰 얼음 덩어리를 이룬다. 이 상태로부터 얼음의 성장은 주로 물속에 잠긴 부분이 어는 과정을 통하여 이루어진다.
18. 남극은 남극 대륙에 위치하며 광활한 두꺼운 대륙빙으로 이루어져 있다. 북극은 깊은 북극해의 중앙에 위치하고 있다. 남극 대륙을 둘러싼 바다는 대양에 연결되어 있는 것에 반하여 북극해는 육지에 의하여 차단되어 있다. 이러한 차이는 얼음 분포에 영향을 미친다. 남극지역에서 해빙은 대륙을 둘러싼 링 모양으로 형성되는데 계절에 따라 변한다. 이와는 반대로 북극해는 연중 거의 얼음으로 덮여 있다. 다년간에 걸쳐 유지되는 얼음 지역은 수년간 지속되는 해빙을 포함한다. 계절적으로 얼음이 변하는 지역에서는 얼음으로 덮인 바다 면적도 매년 변한다.
19. 해빙은 바람과 해류에 의하여 계속 움직이고 있다. 움직일 때 발생하는 압력으로 인하여 얼음은 부서지고 얼음에 덮여 있던 해수가 대기에 노출된다. 선형으로 열린 부분은 점차 성장하여 빙호(얼음으로 덮여지지 않은 해수)를 형성한다. 빙호에서는 대기와 해수 사이에 온도경도가 대단히 크기 때문에 물은 급격히 열을 빼앗기게 되어 얇은 얼음층을 형성하게 된다.
20. 해빙과 육빙은 지구계에서 중요한 역할을 한다. 온도와 염분도 그리고 전 지구적 해양 순환은 얼음의 형성과 융해에 직접적인 영향을 받는다. 얼음은 높은 반사도를 가지는데, 이 때문에 얼음으로 덮인 극 지역은 물이나 토양으로 덮여 있는 경우에 비하여 온도가 훨씬 낮다. 기후가 따뜻해질 때 해빙은 녹게 되는데, 육지빙하에 비하여 해수면 상승에 미치는 영향은 훨씬 작다. 해빙과 육빙이 사라지게 되면 현재 상태에 적응하고 있는 생물, 생태계, 인간에게 매우 나쁜 영향을 미칠 것이다.

주요 용어

간빙기(inter glacial period)	대륙빙(ice sheet)	빙설권(cryosphere)
극 빙하(polar glacier)	뢰스(loess)	빙퇴석(moraine)
기반부분(bed)	빙모(ice cap)	빙하 분리(calving)
끝자락(terminus)	빙력토(till)	빙하 주변 지역(periglacial)
눈(snow)	빙붕(ice shelf)	빙하(glacier)

빙하기(glaciation)
빙하의 얼음(glacier ice)
설선(snowline)
얼음(ice)
영구동토(permafrost)
온대성 빙하(temperate glacier)
융제(ablation)
축적(accumulation)
크레바스(crevasse)
평형선(equilibrium line)
피오르드(fjord)
해빙(sea ice)

복습 문제

1. 빙하와 설선은 어떻게 연관되어 있는가?
2. 눈이 빙하로 변해가는 과정을 기술하라.
3. 온대성 빙하와 극 빙하의 차이점은 무엇인가?
4. 평형선으로부터 빙하의 질량수지를 대략적으로 추정할 수 있는데 그 이유는 무엇인가?
5. 기후 변화와 빙하 경계선의 변화는 동시적으로 발생하지 않고, 서로 시간차를 가지는 이유는?
6. 빙하는 어떻게 움직이는가? 빙하의 온도와 빙하의 움직임과의 관계는?
7. 빙하서지는 무엇인가? 또 그 원인은 무엇인가?
8. 빙하침식과 빙하퇴적에 의하여 형성된 빙하지형에 대하여 요약하라.
9. 영구동토층의 활성층은 무엇이며, 또 어떻게 형성되는가?
10. 주빙하와 관련된 지형에는 어떠한 것이 있으며, 이와 관련된 지질학적 과정은 어떠한가?
11. 영구동토는 무엇인가? 영구동토가 형성되는 곳은 어디인가?
12. 해빙은 어떻게 형성되는가?
13. 해빙은 어떠한 과정으로 기후에 영향을 미치는가?
14. 빙하기와 간빙기는 무엇인가? 빙하작용의 원인은 무엇인가?
15. 해빙이 녹게 되면 기후 변화에 어떠한 영향을 미치는가? 육빙이 녹을 때 기후에 미치는 영향은 해빙과는 어떻게 다른가?

연구와 토론 문제

1. 하천에 의하여 형성된 지형을 빙하에 의하여 형성된 지형과 구별하는 방법은 무엇인가?
2. 융기, 지진, 화산 등과 같은 지권의 변화가 빙하의 양과 분포에 미치는 영향을 제시하라.
3. 방대한 규모의 석유층이 알래스카, 캐나다, 러시아의 대륙붕 아래에 존재하는 것으로 추정된다. 이러한 자원을 탐사하는 데 있어서 해빙과 관련되어 발생하는 문제는 무엇인가?

기초 원리 문제

1. 눈은 광물인가? 또 얼음은? 광물의 정의와 눈과 얼음이 이러한 조건에 만족되는지는 제3장을 참고하라.
2. 눈과 얼음의 주요 차이점은 무엇인가?
3. 왜 최근의 플레이스토세 빙하가 인류의 역사에 있어서 중요한가?

자세히 보기 문제

1. 북서 항로는 무엇이며, 왜 중요한가?
2. 기후 변화는 북극의 지형, 나아가서는 북서 항로에 어떤 영향을 미치는가?
3. 북서 항로에 얼음이 사라지면 그곳은 어떻게 이용되고 관리되어야 할 것인가? 원유 탐사를 허용해야 한다고 생각하는가? 그렇다면 누가 관리와 규제를 해야 할 것인가?

CHAPTER

10

세계의 해양

개요

이 장에서 우리는

- 해양과 해양분지의 기원과 분포, 크기를 조사한다.
- 해양에서 심층 순환과 표층 순환의 패턴을 설명한다.
- 해파, 표층 해류, 쓰나미와 해안선에 영향을 미치는 요소를 다룬다.
- 조류를 생성하는 힘에 대해 설명한다.
- 왜 해수면이 천천히 변하는지 알아본다.

◀ **태평양에서 달이 지는 모습**

노던캘리포니아의 소노마 해안에 해가 뜰 때 태평양 너머로 달이 지고 있다. 샌앤드레이어스 단층은 이 해안선을 따라 발달되어 있다.

지구에 물이 없다고 상상해 보자. 지구 표면은 우리에게 낯익은 지금의 모습과는 전혀 다를 것이다. 우주선에서 볼 때 더 이상 푸른빛을 띠지 않을 것이다. 지구에 물이 없다면 지구 표면을 덮고 있는 구름은 사라지고 육지를 덮고 있는 식물대도 없이 표면이 암석으로 덮인 화성이나 달처럼 황폐해질 것이다. 몇 개의 높이 솟아 있는 육지가 대륙사면이 텅 빈 해저면과 만나는 곳에서 끝나는 것을 관찰하게 될 것이다. 지구를 돌아보면 우리는 몇 개의 광활하게 상호 연결된 분지를 관찰할 수 있으며, 이들은 밀도가 높고 얇은 해양 지각과 밀도가 낮고 두꺼운 대륙 지각에 둘러싸여 있다.

만약 이러한 거대한 분지들이 서서히 물로 채워지게 된다면 지구의 모습은 변하게 된다. 처음에 물은 가장 깊은 분지를 채워 몇 개의 얕은 바다를 만든다. 그러나 수위가 높아지면서 이런 바다들은 점점 더 큰 대양의 형태로 변하여 결국 대륙 가장자리의 경사를 조금씩 올라오게 한다. 이렇게 해양분지가 물로 가득 채워지게 되면 지구 표면의 2/3가 물로 뒤덮이게 된다. 그리고 액체, 고체, 기체 세 가지 상태의 물이 표면에 공존하는 태양계에서 매우 독특한 행성이 된다.

해양분지와 물

바다 밑에는 대륙사면 너머로 심해저라는 아득한 세계가 있다. 해양 물리학자와 해양 지질학자들은 해저 음파 측정과 해저 퇴적물 채취 등의 방법으로 해저를 탐구하여 바다 속에 관한 우리들의 지식을 크게 넓혀 주었다. 해양 학자들은 스쿠버다이빙을 통해 70m 깊이의 해저에 도달하여 사진을 찍고 지도를 만들었으며, 특별히 고안된 잠수 기구를 이용 수심 6km 이상까지 내려가 대양저의 가장 깊은 곳까지 관찰하였다. 최근 몇 년 유용한 수심 측정과 지구를 공전하는 인공위성으로부터 수집한 해상도가 높은 해저 중력 측정값을 조합하여 새롭고 정확하며 한층 더 자세한 해저 지형도를 작성하였다(그림 10.1). 이들 지도는 해수면 아래에 발달된 해저 지형의 차이에 의해 발생하는 해수 표면의 아주 작은 차이에 기초하여 작성된다.

인공위성뿐만 아니라 탐사선과 여러 나라의 과학자들의 집중적인 연구 활동을 통해, 우리는 점점 바다를 이해하게 되었다. 낭만적인 사람들은 과학적 지식이 늘어남에 따라 괴물, 해녀, 섬뜩한 바다의 신, 바닷속으로 가라앉은 전설적인 도시와 성곽과 같은, 지난 3,000년에 걸쳐 인간의 역사와 함께 축적되어 온 믿음과 전설들이 사라지는 것을 아

그림 10.1 세계의 해양
대양의 음영 입체지도는 인공위성 고도 측량과 선박 수심 측량으로 수집한 고해상도 해양 중력 데이터로 이루어졌고 크고 작은 세계 해양의 분지들을 보여준다.

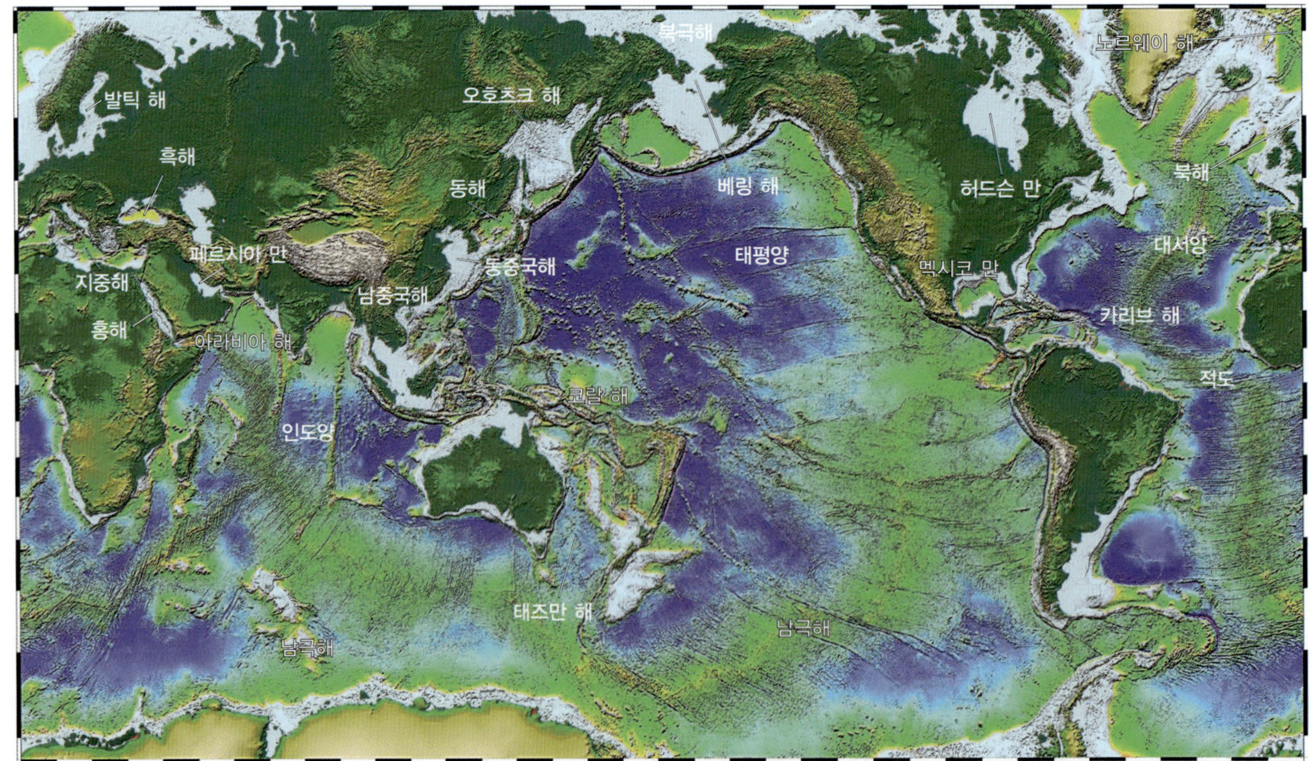

쉬워할지 모른다. 그 대신 과학적 지식은 지구의 생명체를 유지시켜 주는 바다를 이해하고 지켜줄 수 있게 한다.

바다 지형

해수는 전 지구 표면의 70.8%를 덮고 있다. 나머지 29.2%를 차지하고 있는 육지는 불균일하게 분포되어 있다. 이러한 불균일한 분포는 특히 영국과 지구 반대편에 있는 뉴질랜드를 비교해 보면 매우 뚜렷이 알 수 있다(그림 10.2). 영국을 중심으로 한쪽은 46%가 육지인 반면 다른 한쪽은 육지는 단지 12%뿐이고 나머지는 해양으로 되어 있다. 이러한 불균일한 육지와 해양의 분포는 외해와 연안해에서 해수가 순환하는 경로를 결정하는 데 중요한 역할을 한다.

지구의 물은 대부분 서로 연결되어 있는 3개의 거대한 분지인 태평양, 대서양, 인도양에 담겨져 있다(그림 10.1). 이 세 대양은 모두 남극을 완전히 한 바퀴 돌 수 있는 남위 50° 부근에서 서로 연결되어 있다. 전체적으로 이렇게 상호 연결된 4개의 바다를 종종 **대양**(world ocean)이라고 한다. 대서양에 이어져 있는 보다 작은 바다로는 지중해, 흑해, 북해, 발트 해, 노르웨이 해, 북극해, 카리브 해, 멕시코 만, 배핀 만, 허드슨 만 등이 있다. 페르시아 만, 홍해, 아라비아 해는 인도양과 연결되어 있으며, 캘리포니아 만, 베링 해, 오호츠크 해, 동해, 동중국해, 남중국해, 코랄 해, 태즈만 해 등은 태평양과 연결되어 있다. 이 모든 바다와 만들은 그 크기와 모양에서 큰 차이를 보이고 있다. 어떤 것은 육지로 완전히 둘러싸여 있는 반면, 어떤 경우에는 그 일부분만이 육지로 둘러싸여 있다. 각각의 지리적 특성은 판구조론과 밀접한 관계가 있다.

관련짓기

해양분지가 다르게 분포되어 있다면 지구는 얼마나 달라질까? 지구가 하나의 거대한 대양분지로 되어 있고 대륙들은 하나의 커다란 대륙으로 모여 있다고 상상해 보라. 그리고 작은 섬 같은 대륙들을 둘러싸고 있는 수많은 대양분지들로 이루어진 지구를 상상해 보라. 날씨와 생태계에 미치는 영향은 무엇일까? 이런 지구에서 사는 건 어떨까?

바다의 깊이와 부피

20세기 전까지는 바다의 깊이에 관해 아는 것이 거의 없었다. 무거운 추를 매단 줄이나 강한 철사를 배에서 내려 수심을 측정하였다. 천해에서는 비록 이 방법이 신속하고 어느 정도 만족스러운 결과를 제공했으나, 수천 미터의 심해에서는 추를 다시 올리는 데 8~10시간 걸린다. 이와 같은 방법으로 19세기 말경까지 2,000m 이상 깊이까지 7,000번 정도의 측정이 이루어졌으며, 9,000m 이상 깊이의 측정 횟수는 600번 미만이다. 1920년대에 음향측심기라는 수심을 측정하는 기구가 개발되었다. 음향측심기는 음파를 발생하여 그것이 해저면에서 반사되어 배로 되돌아오는 시간을 정확하게 측정하는 기기이다. 물을 통과하는 음파의 속도는 이미 알려져 있어, 배 밑의 수심을 측정할 수 있다.

전 세계 바다는 지난 70여 년 동안 음향측정기를 가지고 항해하는 배들에 의해 수천 번에 걸쳐 측정되었다. 그래서 해저면의 지형과 수심은 특별히 외딴 해역을 제외하곤 상당히 자세하게 알려지게 되었다. 현재까지 측정된 가장 깊은 곳은 서태평양 괌 섬 부근의 마리아나 해구이다(10,924m). 이 해구는 에베레스트 산의 높이보다 2km 이상 깊게 파인 곳이다. 최근 위성 측정에 의하면 육지의 평균 고도는 겨우 840m인 반면, 바다의 평균 수심은 약 3,970m이다.

그림 10.2 해양과 육지

지구를 영국 위와 뉴질랜드 위에서 보면 대륙과 해양이 불균일하게 분포되어 있음을 알 수 있다. 첫 번째 그림에서는 반구의 약 반이 육지이며, 다른 한쪽에서는 반구의 90% 이상이 바다이다.

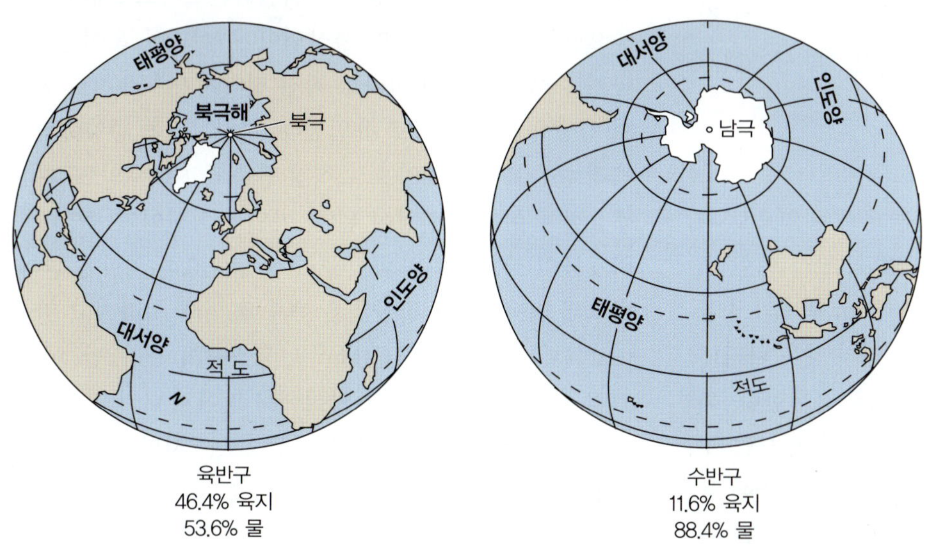

현재 바다의 부피는 $1.35 \times 10^9 km^3$ 이고, 그중 반 이상이 태평양에 있다. '현재' 라는 말을 쓴 까닭은 대륙 빙하와 대륙빙이 얼고 녹음에 따라 대양의 물의 양이 지난 수천 년간 오르락 내리락 해왔기 때문이다(제9장, 제13장).

바다의 나이와 기원

지구에서 가장 오래된 암석들 중에는 물에 의해 퇴적되는 것과 같은 방법으로 생겨난 퇴적암층이 있다. 이런 암석들은 풍화, 침식, 물에 의한 퇴적을 통해 훨씬 이전의 초기 화성암으로부터 기원되었다. 이를 근거로 40억 년 전에 이미 지구 표면에는 물이 존재했었다는 것을 확인할 수 있다. 따라서 바다는 지구가 생겨난 45억 6,000만 년 전과 지금까지 발견된 가장 오래된 퇴적암의 나이인 45억 년 전 사이에 생겨났다고 추측할 수 있다. 좀 더 간접적인 증거로는 지르콘을 포함하고 있는 퇴적암보다 더 오래된 지르콘의 입자들로부터 산소 동위원소의 측정값에 근거하면 대양은 적어도 44억 년 전부터 존재하였다.

바다를 이루었던 물이 어디서 왔는지는 아직 풀지 못한 문제이다. **탄소질 콘드라이트**(carbonaceous chondrites, 제4장)라고 하는 원시 운석들이 서서히 강착되어 지구를 형성하게 된 물질들의 표품으로 여겨지고 수산화 광물들의 형태로 결합되어 있는 물을 일부 포함하고 있다. 만약 지구가 이런 물질들로 형성되었다면 지구가 열을 받았던 생성기 초반에 부분적으로 녹았을 때 이 물은 방출되고 표면으로 노출되었을 것이다. 그래서 아마도 지구 표면의 물은 초창기 화산 활동에 의해 뿜어져 나온 수증기가 응결되어 생겨났을 것이다. 다른 가능한 답은 지구 생성 초창기에 얼음 행성의 충돌로 물이 생겼다는 것이다. 사실 두 과정 모두 가능하다. 왜냐하면 화산 활동은 지구의 역사 전반에 걸쳐 있었고, 대양의 부피는 시간이 갈수록 증가했기 때문이다.

짠 바다

질량으로 따지면 평균 해수의 약 3.5%는 용해된 염으로 되어 있다. 이 농도의 바닷물은 마실 수 없다. 만약 이런 소금이 모두 침전된다면 해저면 전체에 약 56m 두께의 층을 형성할 것이다. **염분**(salinity)은 해수 내 염의 양을 나타내는 단위로서 퍼밀(‰=parts per thousand)로 표현한다. 해수의 염분은 보통 33~37‰ 사이에 있다. 염을 만드는 주된 요소는 나트륨과 염소이다. 해수가 증발하면 침전된 용해물의 3/4 이상이 염화나트륨(NaCl)이다. 그러나 해수는

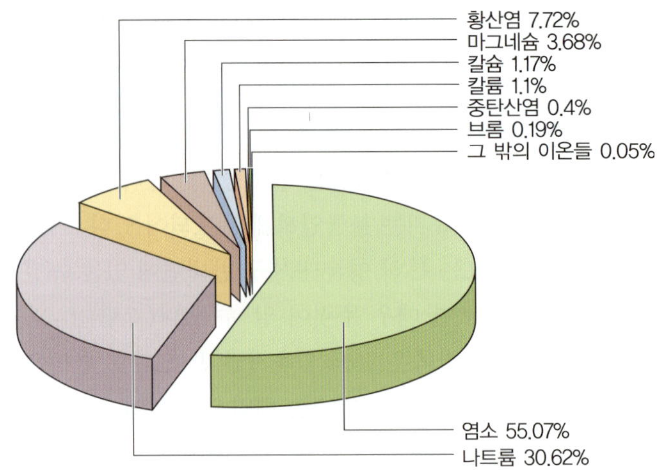

그림 10.3 **해수의 주된 이온**

해수 염의 99.9% 이상은 8개의 이온으로 구성되어 있으며, 가장 중요한 두 가지는 소금을 이루는 성분인 Na^+와 Cl^- 이다.

그 밖에 다른 천연 원소들도 포함하고 있으며, 많은 경우 그 농도가 너무 낮아 매우 정교한 분석 기구를 사용해야만 측정할 수 있다. 그림 10.3에서 보는 바와 같이 99.9%의 염은 오직 8개의 이온으로 이루어져 있다.

염의 기원

이러한 이온들은 어디서 왔는가? 매년 25억 톤의 용해물질이 하천에서 바다로 흘러들어온다. 지표면에 노출되어 있는 암석이 대기권 또는 수권(빗물)과 접촉할 때 나트륨과 칼륨 같은 양이온들이 빠져나와 바다로 흘러가는 하천의 용해물질이 된다. 반면 해수의 주된 음이온인 염소(Cl^-)와 황산염(SO_4^{2-})은 맨틀로부터 기원한 것으로 여겨진다. 화산 분출 시 방출된 기체의 화학분석을 통해 보면, 가장 중요한 휘발성 물질은 수증기와 이산화탄소이고 2개의 가장 중요한 음이온은 염소와 황산염이다. 이러한 음이온들은 공기 중에 용해되어 바다로 직접 떨어지거나 육지로 떨어져 강물을 통해 바다로 유입된다. 화산가스는 중앙해령의 해저 분출로부터 대양으로 직접 방출되고 해수의 또 다른 주요한 음이온의 원천이 된다. 가열된 화산암과 중앙해령 바닷물의 상호작용은 바닷물 구성에 중요한 역할을 한다. 마그네슘(Mg^{2+})과 황산염은 해수에 의해 사라지고 칼슘(Ca^{2+})과 철(Fe^{2+}), 망간(Mn^{2+}), 극소량의 구리, 납, 아연, 그리고 그 밖의 요소들은 암석에서 떨어져 나가고 해수에 더해진다. 그 밖의 이온 발생 요인으로는 사막으로부터 떨어져 나온 흙먼지가 바다로 불어온 경우와 인간 활동에 의한 기체, 액체, 고체의 오염물질들이 바다로 직접 들어오

거나 하천이나 공기를 타고 바다로 유입되는 경우를 들 수 있다.

수십억 년에 걸쳐 바다로 유입된 이온의 총량은 현재 바다에 용해되어 있는 양보다 훨씬 많다. 그러면 바다는 왜 더 많은 염분을 갖고 있지 못한 것일까? 그 이유는 화학물질들이 바다로 용해되어 들어올 뿐만 아니라 동시에 빠져나가기 때문이다. 규소, 칼슘, 인과 같은 원소들은 수생식물과 동물들의 껍데기와 골격을 만들기 위해 빠져나간다. 칼륨과 나트륨은 서서히 바다 밑으로 가라앉으면서 점토 입자와 그 밖의 광물들에 의해 흡수되어 제거된다. 구리와 납과 같은 또 다른 원소들은 침전하여 해양 지각의 암석과 해저 퇴적물 내에 황화광물을 형성한다. 이온들은 또한 해풍에 의해 내륙으로 이동되는 물거품의 중요한 성분이다. 이와 같은 화학물질의 추출량은 용해량과 기본적으로 일치하므로 해수 중의 화학성분은 거의 변하지 않고 유지된다.

바다는 항상 현재와 같이 염이 있어 왔을까? 과거 바다에서 염의 존재를 확인할 수 있는 가장 좋은 방법은 해양 퇴적층에서의 해수 증발에 의한 염의 침전 존재 유무이다. 염을 포함하고 있는 해양퇴적층은 최근의 퇴적층에서는 흔히 발견되지만 약 10억 년 이상의 퇴적층에서는 발견되지 않고 있다. 이것은 용해된 소금으로 구성된 고대 해양의 지질이 침투하는 지하수의 느린 흡수 과정이나 변성 과정을 통해 지질학의 기록에서 완전히 제거되었을 가능성이 있기 때문이다. 그러나 고대 지층에 10억 년 전에 증발잔류암들이 존재했던 증거들이 있다.

염분 변화

해수의 염분은 위도와 관계가 있다(그림 10.4). 염분에 영향을 미치는 가장 중요한 요인은 다음과 같다.

1. 증발—담수를 없애 염분을 더 높게 만듦
2. 강수—담수를 더해서 염분을 더 낮게 만듦
3. 강으로부터 담수의 유입—해수의 염분을 낮게 만듦
4. 해빙의 결빙과 융해 과정—해수가 어는 동안 얼음에서 염이 빠져나가 해수의 염분을 증가시킴

거대 사막이 있는 위도에서는 증발이 강수보다 훨씬 많아 염분이 높게 나타난다는 것을 쉽게 예상할 수 있다. 지중해와 같은 막힌 바다에서는 담수의 유입이 별로 없어 염분이 평균보다 높으며, 사막으로 둘러싸인 홍해는 염분이

그림 10.4 바다의 평균 염분 분포

고염분은 강수보다 증발이 많은 열대 및 아열대 해역에서 나타난다. 가장 높은 염분은 홍해, 지중해, 페르시아 만처럼 고립된 바다에서 나타난다. 염분은 대체로 적도에서 고위도로 갈수록 낮아지며, 하구에서 가장 낮은 값을 보인다.

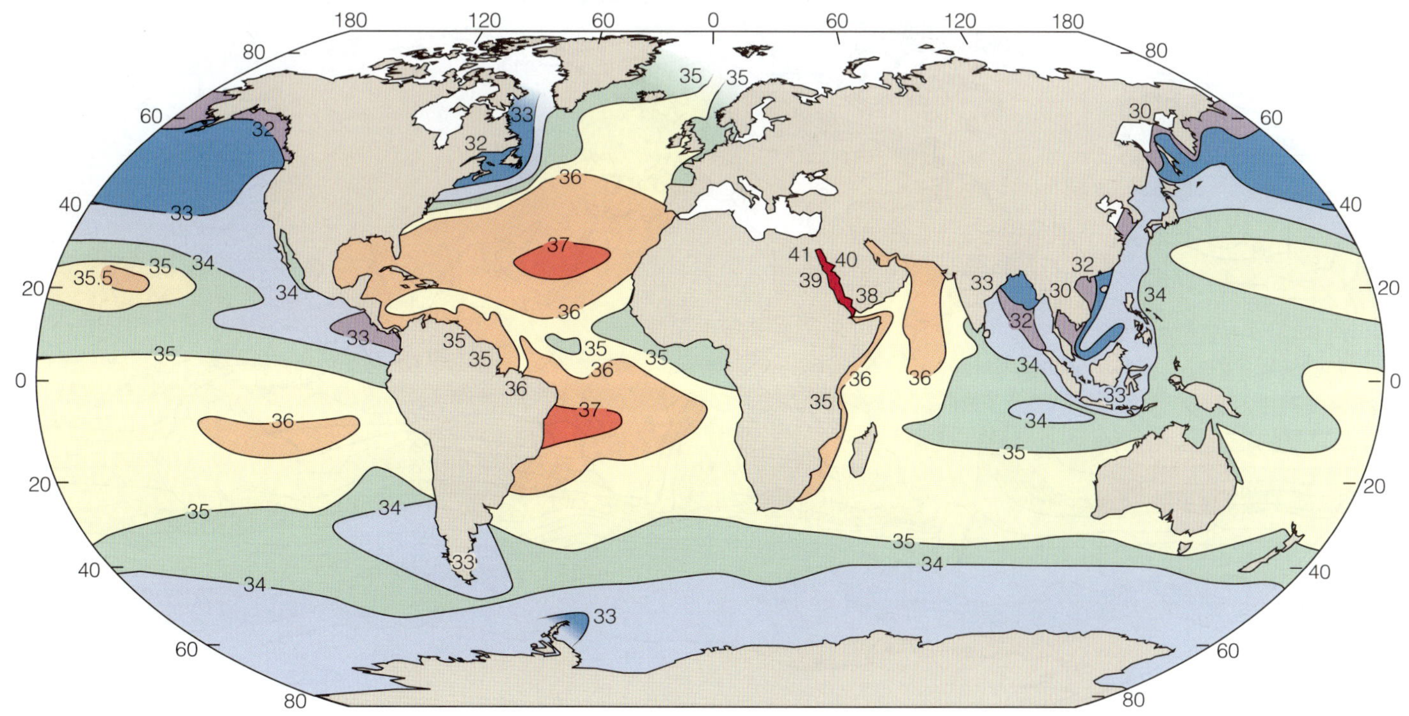

41‰에 달한다. 적도 부근에서는 강수가 많고, 태평양과 대서양의 동쪽 심층으로부터 올라와 서쪽으로 전진하는 차가운 해수의 존재로 인해 증발이 작아 염분이 낮다. 비가 많고 온도가 낮은 고위도 역시 염분이 낮다. 큰 강의 하구에서는 약 100km 정도까지는 우리가 마실 수 있을 정도로 염분이 낮다.

해수의 온도와 열용량

사전 지식 없이 영국의 북쪽 해안에서 수영을 하려 했던 플로리다의 관광객은 해수면의 온도가 얼마나 큰 차이를 가지고 있는지를 바로 알 수 있다. 전 지구의 여름철 해수면 수온의 분포를 보면 적도와 대체로 평행한 등온선이 동서 방향으로 나타난다(그림 10.5). 8월에 가장 따뜻한 해수면 수온은 28°C 이상으로, 태양 복사열의 값이 가장 큰 30°N ~ 10°S 사이의 비연속적인 구역에서 나타난다. 겨울철 최대 복사대는 남쪽으로 내려가 따뜻한 물의 분포대도 적도 남쪽으로 광범위하게 내려간다. 이 분포대로부터 멀어짐에 따라 해수면 수온은 하강하여 위도 남북 50° 이상 되면 10°C 이하로 떨어진다. 해수면의 평균 온도는 약 17°C이나, 홍해나 페르시아 만과 같은 갇혀 있는 적도 해양에서는 30°C 이상의 온도가 기록되기도 한다.

바다는 저장할 수 있는 열의 양이 육지와 매우 다르다. 물은 모든 물질들 중에서 비열이 가장 커서 같은 양의 열을 받았을 때 올라가는 온도가 가장 낮다. 물은 온도를 크게 변화시키지 않고 많은 양의 열을 받거나 방출할 수 있어 바다는 육지에 비해 온도 변화의 범위와 연교차가 매우 작다. 예를 들면 육지에서 기록된 최고 온도는 리비아 사막의 58°C이고 최저 온도는 남극 대륙 중앙 보스톡기지에서 관측된 −88°C로, 온도 편차는 146°C에 달한다. 반면 바다에서 기록된 최고 온도는 페르시아 만에서 기록된 36°C이고 최저 온도는 북극해에서 기록된 −2°C로 그 편차는 38°C에 불과하다.

해수면 온도의 연교차는 적도에서는 0~2°C, 중위도에서는 5~8°C, 극지방에서는 2~4°C이다. 반면 대륙에서의 연교차는 50°C를 넘기기도 한다. 해안 지방의 주민들은 이러한 자연의 온도 조절장치인 바다가 주는 온화한 기후의 혜택을 누리고 있다. 예를 들면 태평양 연안의 워싱턴주와 브리티시 컬럼비아는 겨울에 온도가 어는점 이하로 떨어지는 일이 거의 없다. 반면 조금 거리가 떨어진 연안 산맥의 동쪽은 온도가 −30°C 이하로 떨어진다. 내륙 지

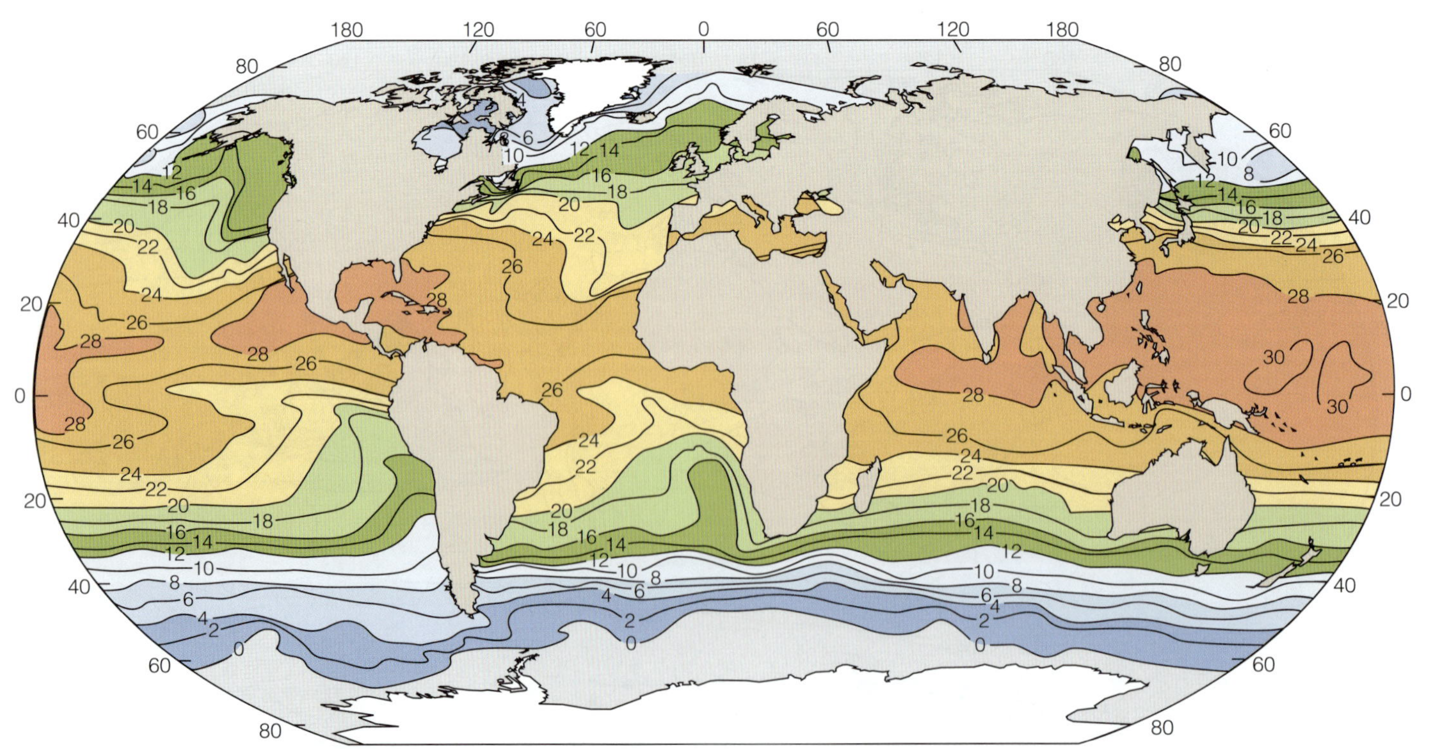

그림 10.5 **해수면 온도**

8월 동안 전 세계 해양의 해수면 온도. 가장 높은 온도(28°C 이상)는 태평양과 인도양의 적도해역에서 나타난다. 온도는 극쪽으로 갈수록 낮아지며 남 · 북극해에서는 결빙 온도까지 내려간다.

방에서는 여름철에 온도가 40°C 이상으로 올라가지만, 연안 지방에서는 대체로 25°C 미만으로 머물러 있다. 여기서 수권, 대기권, 지표면, 생물권의 상호작용의 좋은 예가 된다. 즉 해수면 온도는 대류과 해양의 기후에 영향을 미치며, 이러한 기후는 동식물의 분포를 결정짓는다.

해수의 수직 성층

해수의 물리적 특성은 깊이에 따라 달라진다. 해양은 해수의 밀도 차에 의해 층을 이룬다. 해수는 온도가 감소하고 염분이 증가할수록 그 밀도가 증가한다. 차갑고 염분이 높은 물은 따뜻하고 염분이 낮은 물보다 밀도가 크다. 중력에 의해 무거운 해수는 밀도가 같은 해수로 둘러싸일 때까지 밑으로 가라앉는다. 이러한 밀도 차에 의한 운동은 해양을 성층화시키고 심해에서 순환을 일으킨다.

해양학자들은 해양을 3개의 주요한 층으로 구분한다(그림 10.6). **표층**은 보통 수심 100~500m까지로 비교적 따뜻한 해수로 이루어진 층이다(극지방은 예외로, 표층이 없다). 또한 이 층은 바람, 파도, 온도 변화 등에 의하여 항상 강한 혼합이 일어나므로 **혼합층**이라고 한다.

표층 아래로는 깊어질수록 온도, 염분, 밀도가 급격이 변한다. 이 층은 각 특성에 따른 3개의 이름이 있다. 외해에서는 일반적으로 **수온약층**(thermocline)을 따라 온도가 급격히 감소하고 더 깊어지면 감소도가 느려진다(그림 10.6B). 해수 표면에 닿는 태양 복사열이 감소하는 북태평양이나 다른 고위도 해역과 강수가 비교적 많은 해역에서는 깊이에 따라 염분이 증가하는 **염분약층**이 존재한다(그림 10.6C). 깊이에 따른 온도의 감소, 염분의 증가 또는 이 두 성분의 증감에 의한 해수 밀도의 급격한 변화에 의한 **밀도약층**(그림 10.6A)을 들 수 있다.

이러한 수온약층, 염분약층, 밀도약층을 포함하는 층 밑에는 해수 총 부피의 약 80%를 차지하는 **심층**이 존재한다. 중 · 저위도에서는 밀도약층에 의해 심층과 대기의 직접적인 접촉이 이루어지지 않으나, 표층이 없는 고위도에서는 심층이 대기와 직접 접촉하고 있다.

생물존

해양에서 가장 상부의 표층수에 사는 식물과 동물들은 대양의 원양 지역을 차지하며 이들은 **원양성 생물**(pelagic organism)이라고 한다. 파충류, 오징어류, 어류, 해양 포유류 같은 동물들은 자유롭게 수영하여 이동한다. 저생 생물들은 바닥이나 바닥퇴적물 속에 산다. 부유하거나 떠다니는 생물들은 주로 단세포 식물인 **식물 플랑크톤**(phytoplankton)과 작은 동물인 **동물 플랑크톤**(zooplankton)을 포함한다. 가장 중요한 동물성 플랑크톤은 단세포 유공충과 방사충이다. 유공충은 석회질 껍데기를 가지고 있는 반면 방사충은 이산화규소로 구성되어 있고, 깊은 바다 퇴적물의 구성 요소를 결정하는 중요한 차이가 된다.

식물은 해양 표층의 200m 깊이에 주로 서식한다. 왜냐하면 이 수심(광합성대)은 광합성을 하기에 충분한 양의 빛 에너지가 있기 때문이다. 그러나 식물들은 주로 해안 지방과 얕은 대륙 가장자리를 따라 얻을 수 있는 영양분도 필요로 한다. 심해에서 식물의 삶은 양분 부족으로 제한된다. 그래서 주된 생산성(광합성에 의해 생산되는 유기 물질의 총량)은 낮다. 우리는 제16장에서 해양의 생물 분포대의 특성에 대해 자세히 배운다.

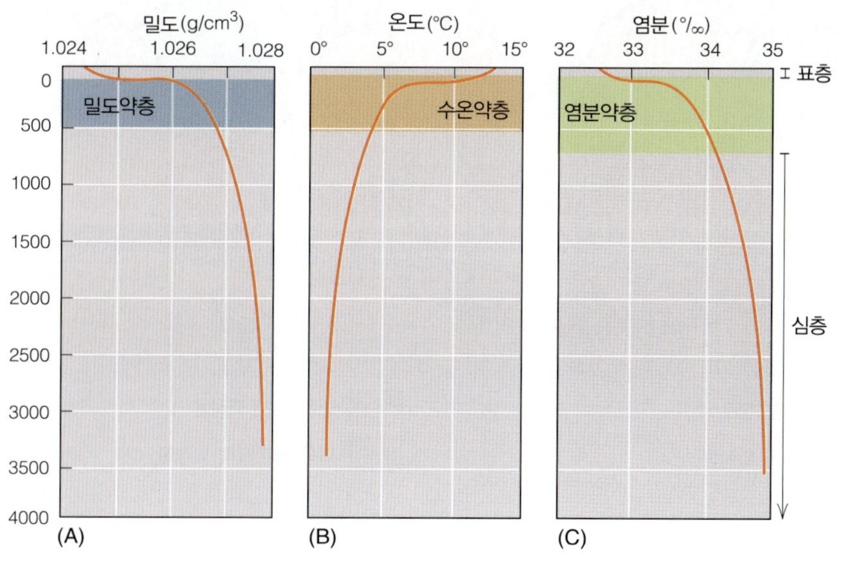

그림 10.6 해양의 수심대
표층 밑에는 해수의 특성이 깊이와 함께 급격히 변하는 층이 있다. (A) 밀도약층 : 깊이에 따라 밀도가 올라간다. (B) 수온약층 : 깊이에 따라 온도가 감소한다. (C) 염분약층 : 깊이에 따라 염분은 증가한다. 그 밑에는 해수의 낮은 온도와 높은 염분 때문에 밀도가 높은 심층이 존재한다.

해양 퇴적물

거대한 지역에 걸쳐 심해 바닥은 단세포 플랑크톤(자유롭게 떠다니는)과 저서성 동물(바다에 사는)의

그림 10.7 해양의 단세포 생물
석회질 유공충의 껍데기들과 규산의 방사충들과 깊은 바다에서 새어나온 규산의 막대기 모양의 해면 동물의 스피큘들은 주사형 전자 현미경을 사용하여 찍힌다. 화석들은 심해 굴착 계획 프로젝트 크루즈 동안 서인도양에서 수집된 침전물의 핵들로부터 나온다.

골격으로 이루어진 퇴적물로 덮여 있다(그림 10.7). 바닥 퇴적물의 30% 이상이 이와 같은 골격의 잔류물로 이루어져 있으면 주요 구성 물질의 화학 성분에 따라 석회질 연니(calcareous ooze) 혹은 규질 연니(siliceous ooze)라고 부른다. 석회질 연니는 따뜻한 표층수가 탄산염을 분비(carbonate-secreting)하는 생명체의 성장을 돕는 저 중위도 지역을 광범위하게 덮고 있다(그림 10.8). 이들의 아주 작은 껍데기는 많은 수량으로 해저에 가라앉지만 1,000년에 겨우 약 1~3cm 평균 속도로 쌓인다.

그러나 석회질 연니는 물이 매우 깊은 곳에서는 발견되지 않는다. 차갑고 깊은 해수에는 압력이 높아 얕은 물에서보다 더 많은 이산화탄소가 녹아 있다. 그 결과 깊은 곳의 물은 더 산성화되고 탄산염 입자를 용해시킬 수 있다. 태평양에서 이런 현상은 약 4,000~5,000m 정도 깊이에서 일어난다. 반면 대서양에서는 때때로 좀 더 얕은 곳에서 나타난다. 이것은 깊은 남북태평양의 광대한 지역에 걸쳐 석회질 연니가 없는 이유를 설명해 준다.

적도에서 먼 북태평양 지역, 인도양 영역, 남태평양 주

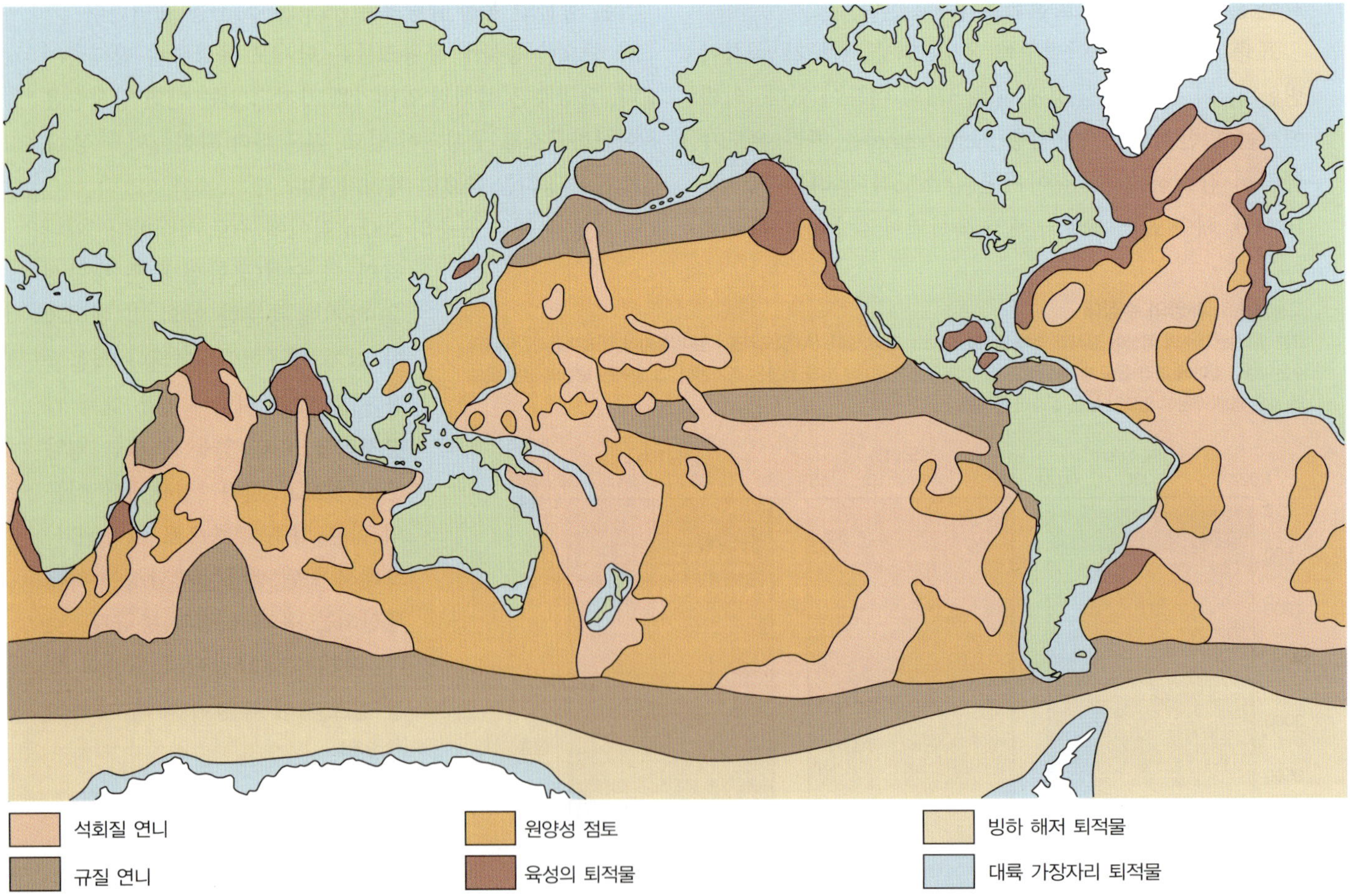

석회질 연니
규질 연니
원양성 점토
육성의 퇴적물
빙하 해저 퇴적물
대륙 가장자리 퇴적물

그림 10.8 해양 퇴적물
세계 해양 지도는 대양저의 퇴적물의 주된 종류들의 일반적인 분포를 보여주고 있다.

위 지대에서는 생물학적 생산성이 높다. 이 지역에서는 규질의 생명체가 두드러지게 많아 해저 퇴적물의 주된 구성요소가 된다.

대륙의 근원으로부터 유래된 암석 파편으로 구성된 암편 퇴적물은 대륙붕과 대륙사면을 덮고 있다. 이와 같은 퇴적물은 쇄설물이 포함된 빙하가 빙하 가장자리의 바다를 향해 퇴적물을 떠내려 보내는 빙산을 형성하는 곳에서는 중요하다. 아직도 육지에서 멀리 떨어져 있고 생산성이 낮은 그 밖의 광대한 심해저 지역은 일반적으로 적색 점토라고 하는 극세립의 적색 내지 갈색 점토가 우세하다. 점토의 대부분은 바람에 날린 미세한 먼지들로 구성되며, 그 색은 퇴적물에서 철이 풍부한 광물들의 산화에 의해 나타난다.

해양 순환

크리스토퍼 콜럼버스가 1492년 스페인으로부터 중국을 찾아서 서쪽으로 항해를 시작할 때 그는 우회 항로를 택하였다. 단순히 항로를 가장 짧게 할 수 있는 서쪽으로 향하는 대신에 보다 긴 항로인 카나리아 군도를 향하는 남서쪽 항로를 택했으며, 거기서부터 서쪽으로 향하여 그가 처음 본 육지인 카리브 제도에 이를 수 있었다. 이런 항로를 택함으로써 그는 탁월풍뿐만 아니라 해류를 타고 항해할 수 있었다. 편서풍과 싸워 나가는 대신에 그는 북동 무역풍을 타고 카나리아 군도까지 가서 북적도해류에 이를 수 있었다.

해류를 만드는 요인

콜럼버스가 따라간 것과 같은 표층 해류는 표면의 탁월풍에 의해 움직이는 넓고 느린 표층수의 흐름이다. 해수의 표면과 그 위로 부는 바람 사이에 마찰이 발생한다. 그 결과 해수 표면 위로 부는 바람은 해수를 서서히 앞쪽으로 이동시켜 바람의 폭만큼 넓은 해류를 일으킨다. 그러나 깊이는 50m 내지 100m를 좀처럼 넘지 못한다. 이 운동을 일으키는 궁극적인 힘의 원천은 지구를 불균일하게 가열하여 지구의 바람장을 만들어내는 태양이다. 이리하여 해양의 순환은 지구계의 몇 가지 중요한 요소들의 상호작용에 의하여 일어난다.

1. 태양으로부터의 복사는 대기에 열 에너지를 공급한다.
2. 불균일한 가열은 바람을 발생시킨다.
3. 한편 바람은 표층 해수의 운동을 유발시킨다.

심층수의 순환을 일으키는 힘은 다르다. 왜냐하면 깊이 100m 이상의 표층 아래의 물은 매우 깊어 바람이나 마찰력의 영향을 받지 않는다. 심층수의 이동은 기본적으로 물의 밀도, 부력을 야기하는 온도와 염분에 의한 물의 특성에 의해 결정된다.

해류의 방향에 영향을 미치는 요인

표층수나 심해수의 움직임에 영향을 주는 힘에 덧붙여, 해류의 방향에 영향을 미치는 몇 가지 중요한 힘이 있다. 두 가지 중요한 영향은 전향력과 에크만 수송이다.

전향력

바람은 표층 해류를 일으킨다. 그러나 해류의 방향은 또한 **전향력**(coriolis force)의 영향을 받는다. 전향력은 북반구에서 움직이는 모든 물체를 오른쪽으로 편향되게 하고 남반구에서는 왼쪽으로 편향되게 한다(기초 원리 : 전향력 참조).

비록 전향력이 해류를 일으키지 않았다고 하더라도 일단 움직이고 있는 해류의 방향은 휘게 한다. 북반구에서 적도를 떠나 북극을 향해 흐르는 물은 전향력에 의해 동쪽(오른쪽으로)으로 휜다. 북반구에서 북극에서 적도를 향해 흐르는 물은 서쪽(여전히 오른쪽으로, 지도나 지구본을 보면서 확인하라)으로 휜다. 남반구에서 적도를 떠나 남극으로 흐르는 물은 동쪽으로(왼쪽으로) 휜다. 남극을 떠나 적도를 향해 흐르는 물은 서쪽(여전히 왼쪽으로)으로 휘게 된다.

전향력의 크기는 위도에 따라 변한다. 이것은 '기초 원리'에서 설명한 바와 같이 극에서 최대값이 되고 적도에서 최소값이 되는 각속도의 변화가 원인이다. 그래서 전향력은 극지방에서 해류의 운동에 큰 영향을 미치게 되고 적도에서는 영향이 최소가 된다. 이것은 바람과 바람의 시스템, 그리고 전향력이 이들의 강도와 방향에 영향을 미치는 것을 다루는 제11장과 제12장에서 특히 중요하다.

에크만 수송

1893년 노르웨이의 탐험가 난센(Fridtjof Nansen, 1860~1930)은 유명한 탐사선 프램을 타고 얼어붙은 북극해로 역사적인 항해를 시작하였다. 배는 서서히 움직이는 빙산에 얼어붙은 채 표류하다 3년 만에 항해할 수 있는 바다로 빠져나올 수 있었다. 그동안 난센은 뜻밖의 현상을 발견하였다. 빙산은 바람의 주된 방향에서 약 20~40° 오른쪽 방향으로 휘어져 흐른다는 것을 발견하였다. 그 이유는 해수면

기초 원리

전향력

전향력 효과는 1835년 지구의 자전이 유체의 움직임에 어떻게 영향을 미치는지 최초로 설명한 19세기 프랑스 과학자인 코리올리(Gustav Gaspard de Coriolis)의 이름에서 따서 코리올리 힘이라고도 한다. 만일 지구본이나 지도를 보면서 읽어가면 전향력을 훨씬 이해하기 쉬울 것이다(그림 B10.1).

자전하는 지구에 놓여 있는 물체는 각속도(회전에 의한 속도)를 가진다. 이 각속도는 항상 회전의 방향을 향하고 있으며, 양극에서 최대값을 가지고 적도에서 최소값을 가진다. 각속도가 적도에서 최소값을 갖는 것이 조금 이상하게 들릴지도 모르겠지만 다음과 같이 쉽게 이해할 수 있다. 정확하게 북극점에 놓여 있는 석탑을 생각한다면 24시간마다 지구의 자전에 의해 한 바퀴를 완전히 자전하게 될 것이다(그림 B10.1A). 그러나 적도에 놓여 있는 석탑은 전혀 자전하지 않고 단지 공전만 하는 것을 알 수 있다. 적도와 양극 사이의 위도에서는 자전과 공전이 모두 어느 정도씩 일어나며, 따라서 자전에 의해 발생하는 전향력은 위도에 따라 결정되며, 양극에서 최대값을 갖고 적도에서 최소값을 갖는다.

지구상에서 자유롭게 움직이는 물체는 두 속도인 직진 속도와 회전하는 속도를 갖는다. 지구상에서 움직이는 물체가 같은 속도를 유지하기 위해서는 회전하는 속도를 계속 바꾸어 주어야 한다(그렇지 않으면 그것은 정확히 각속도가 0인 적도에 놓이게 될 것이다). 속도의 변화를 가속도라 한다. 전향력 가속도는 지구처럼 회전하는 구조 내에서 운동 방향을 유지하기 위해서 필요한 각가속도이다.

각가속도는 보통 없거나 부족하기 때문에 전향력이 생긴다. 앞서 말한것 처럼 이 힘은 북반구에서는 물체의 진로가 오른쪽으로 편향되게 하고 남반구에서는 왼쪽으로 치우치게 한다. 여기에는 그 이유가 있다. 만약 자유롭게 떠다니는 물체가 극지방에서 적도로 내려온다면(그림 B10.1B, a), 이 물체의 각속도는 주위의 바닷물 속도보다 낮으므로 회전에 뒤처지게 되어 이 물체는 시계 방향(오른쪽)으로 휘게 된다. 만약 이 물체가 적도에서 극지방으로 올라가는 경우에는 주위의 바닷물보다 더 빨리 회전하여 반시계 방향(역시 오른쪽)으로 휘게 된다(b). 즉 북반구에서는 물체가 움직이는 방향에 상관없이 오른쪽으로 휘게 되고(c, d) 적도에서는 전향력이 없어진다(e, f)

움직이는 모든 유체는 전향력의 대상이다. 이것은 물, 공기, 물이나 대기에서 자유롭게 움직이는 물체를 포함한다. 전향력이 가장 극적으로 나타난 것은 제1차 세계대전 중 독일군이 빅 베르타(Big Bertha)라는 대포로 약 120km의 거리에서 파리를 폭격할 때였다. 포격수들은 포탄이 표적으로부터 1~2km 오른쪽으로 빗나가서 떨어진 것을 발견하였다. 이러한 빗나감의 원인은 궤적을 계산할 때 전향력을 고려하지 않았기 때문이었다.

그림 B10.1 전향력

(A) 북극에서는 24시간마다 한 바퀴씩 돌던 물체가 적도에서는 지구를 따라 돌아가지만 스스로 회전하지는 않는다. 북극에 있는 탑의 정면은 외부의 관찰자로부터 돌아가지만 적도에서는 같은 면만 계속 보여준다. (B) 회전하는 지구에서는 북반구 바다에서 자유롭게 표류하는 물체는 오른쪽으로 휘고(a, b), 남반구에서는 왼쪽으로 휜다(c, d). 적도에서는 휘지 않는다(e, f).

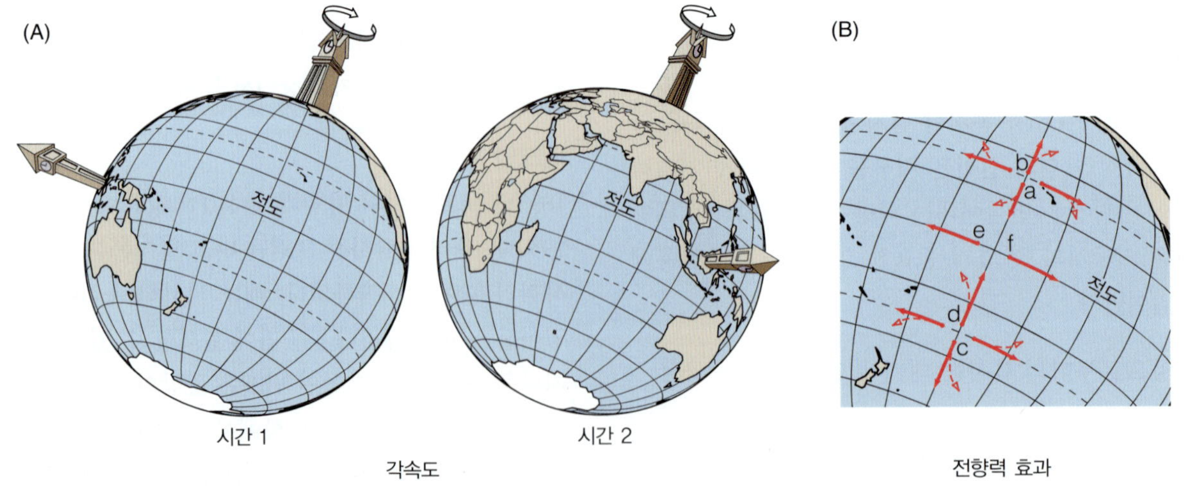

위에서 부는 바람은 해양의 표층에 영향을 주어 바람과 각도를 갖는 해수 수송을 발생시키기 때문이다. 표층을 가로질러 부는 바람에 의해 움직임이 결정되는 표층은 바로 아래에 있는 물을 끌고간다. 이것은 아래층의 움직임을 결정하고 아래로 내려가면서 이러한 작용은 계속된다. 그러나 내부의 마찰은 깊이에 따라 바람의 영향을 감소시키고, 그 결과 더 깊은 층에서의 흐름의 속도는 점점 감소한다.

바람의 영향과 바람이 유도하는 속도가 깊이에 따라 감소하면서 전향력은 점점 강해져서 천천히 움직이는 층은 더 많이 오른쪽으로 편향된다. 표면 근처에서 더 강하게 영향을 미치는 바람과 깊어질수록 바람의 끌어당기는 마찰력이 약해져 더 강해지는 전향력의 영향으로 **에크만 나선구조**(Ekman spiral)라고 하는 나선형의 해류 패턴이 나타나게 된다(그림 10.9). 약 100m의 깊이(표층의 맨 아래)에서 바람의 영향은 완전히 사라진다. 전향력이 반복해서 일어나고 바람의 속도는 표층 속도의 수십 분의 일로 떨어지게 된다. (전향력은 흐름을 유도하는 것이 아니라 오직 방향에만 영향을 미친다는 것을 기억해라. 이는 깊이가 깊어짐에 따라 전향력의 영향이 커짐에도 불구하고 유속이 감소하는 이유이다.) 이러한 나선구조를 통해서 생기는 해수 수송의 총량을 **에크만 수송**(Ekman transport)이라고 하며, 이는 바람과 직각 방향으로 발생한다.

그림 10.9 에크만 수송
북반구에서 부는 바람은 해수에 영향을 주어서 바람의 방향으로부터 20~45° 휜 해류를 발생시킨다. 표층의 해수는 바람에 직접 이끌려 운동을 시작하고 이를 그 밑으로 전파한다. 수심이 깊어짐에 따라 내부 마찰은 유속을 서서히 감소시키며, 전향력은 해류의 방향을 서서히 오른쪽으로 휘게 하여 에크만 나선 구조를 만든다. 전 깊이에 걸친 해수 수송의 총량인 에크만 수송은 바람의 방향과 90°를 이루고 있다.

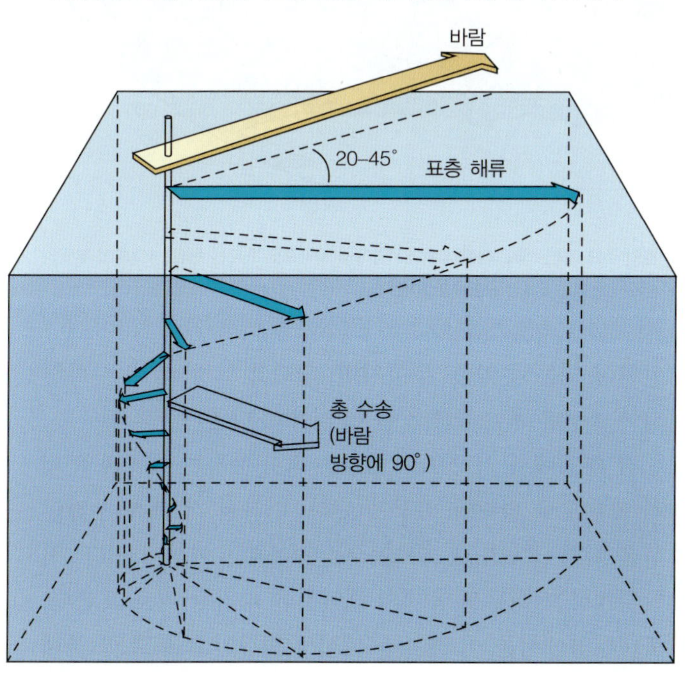

연안에서 에크만 수송은 해수의 연직 이동을 유발한다. 바람이 연안을 따라서 불게 되면 바람의 방향에 따라 수십 킬로미터 두께를 가진 해수가 해안에서 먼 쪽으로 이동하게 된다(그림 10.10). 이렇게 해수 수송이 해안에서 바깥쪽으로 발생하게 되면 이를 보충하기 위해 바다 밑에서 해수가 올라와야 하는데 이를 **용승**(upwelling)이라고 한다. 한편 해수 수송이 해안쪽으로 향하게 되면 반대 현상인 **침강**(downwelling)이 일어나게 된다. 중요한 용승 해역은 저위도의 대륙서안을 따라서 나타난다(예를 들면 캘리포니아/오리건 해안, 페루/에콰도르 해안). 여기서는 100~200m 수심에 있던 차고 영양분이 풍부한 해수가 올라와 중요한 어장을 이룬다.

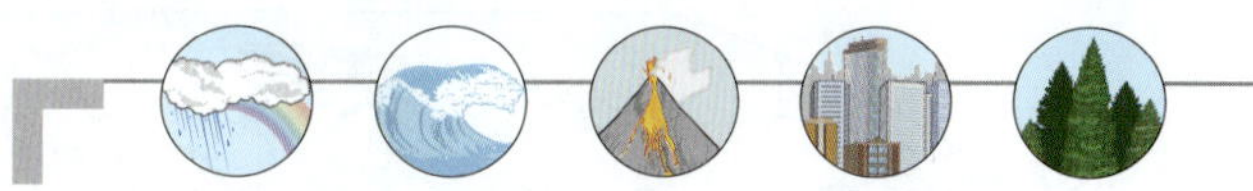

연결하기

만약 지구가 자전하지 않아 전향력이 없으면 해양 순환은 어떻게 될까? 해수의 운동, 날씨, 기후에 어떤 영향을 미치게 될까?

표층 해류 시스템

이제 이들 영향과 요인이 지형과 어떻게 결합하여 세계 바다에서 주요 표층 해류 시스템을 형성하는지 조사해 보자. 주요 해류의 각각은 **환류**(gyre)라고 하는 거대한 원형의 해류 시스템의 일부이다. 각 환류는 해역에 따라 다른 이름으로 부른다. 그림 10.11은 지구의 주요 환류 5개를 보여주고 있다. 태평양과 대서양에 각각 2개, 인도양에서 하나가 존재한다. 환류는 북반구에서 시계 방향으로, 남반구에서는 반시계 방향으로 돈다.

저위도의 무역풍대에서는 서쪽을 향해 흐르는 따뜻한 북적도 해류와 남적도 해류가 주된 해류이다(그림 10.11). 이 지역은 단지 동쪽에서 불어오는 적도 무역풍(동쪽에서 시작해서 서쪽으로 향하는)이 부는 적도의 북쪽과 남쪽 지역이다. (왜? 남반구와 북반구에서 극지방에서 적도를 향해 부는 바람의 움직임에 대해 생각해 보자. 어떻게 전향력에 의해 이들의 움직임이 영향을 받는가?) 무역풍은 해수 표면을 바람의 방향대로 끌면서 적도의 남북쪽에서 서쪽으로 분다. 이것은 콜럼버스처럼 초기 탐험가들이 항로

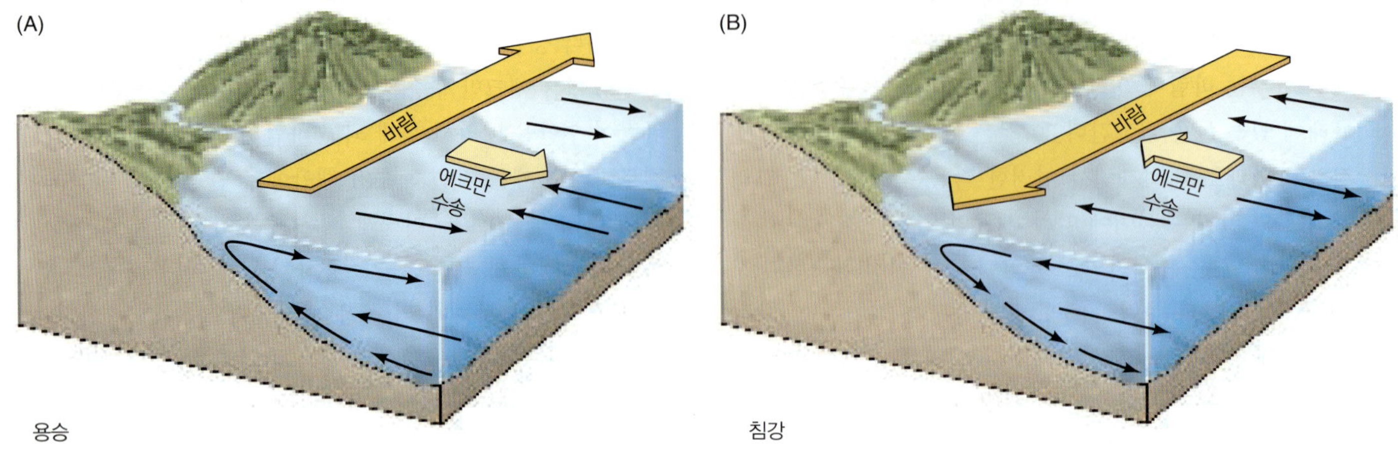

그림 10.10 용승과 침강
해안과 평행하게 부는 바람은 해수 운동을 일으켜 바람의 방향에 따라 육지에서 바다쪽으로 해수를 끌어낸다. 에크만 수송의 총량이 육지에서 바깥쪽으로 향한다면 먼 바다로 나가는 물을 보충하기 위해 해수는 밑에서 올라와야 한다. 또 총량이 육지로 향한다면 해수는 밑으로 이동해야 한다.

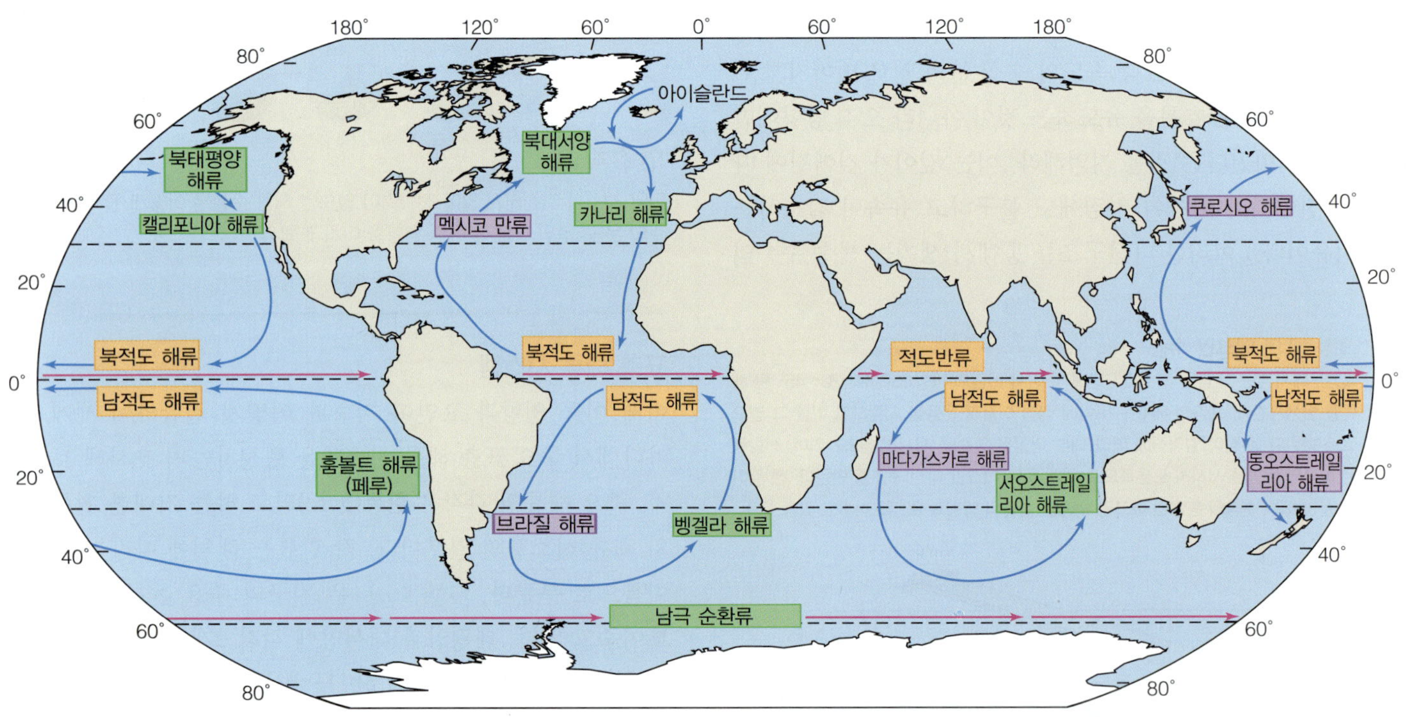

그림 10.11 표층 해류
북반구에서는 오른쪽(시계 방향)으로 휘고, 남반구에서는 왼쪽(반시계 방향)으로 휘는 표층 해류의 주요 패턴. 적도 태평양과 대서양에서 서쪽으로 흐르는 해류는 대륙에 부딪혀 극쪽으로 향한다. 이 해류는 극쪽에서 휘어져 동쪽으로 흐르는 해류가 된다. 이것이 중위도 해양에서 중요한 5개의 순환류를 이룬다.

를 계획하는 데 중요한 요소였고, 오늘날 대기와 바다를 통해 대양 저편으로 여행하는 데도 중요하다.

남북 적도 해류 사이에 대략 적도를 따라 동쪽으로 흐르는 적도 반류가 존재한다. 이 해류(반류라 부르는 이유는 서쪽으로 흐르는 보다 강한 남북 적도 해류 사이에서 동쪽으로 흐르기 때문이다)는 바람의 방향에 변화가 많고 약한 적도의 무풍지대와 연관되어 있다. 표층 해류를 일으키는 원인이 되는 무역풍, 무풍지대, 그리고 그 밖의 다른 바람의 시스템은 제12장에서 좀 더 자세히 다룬다.

각 대양에서 서쪽으로 흐르는 적도 해류는 대륙과 부딪혀 고위도로 방향을 바꾸게 된다. 따라서 각 해류는 해안선을 따라 고위도로 흐르는 서안경계류를 이루게 된다. 서안경계류는 대부분 육지의 해안선을 따라 극지로 흐른다. 북대서양에서는 이 해류를 멕시코 만류라고 부르고, 북태평양에서는 이를 쿠로시오 해류라고 부른다. 남대서양에서는 남아메리카 연안을 따라 흐르는 브라질 해류, 남태평양과 인도양에서는 각각 동오스트레일리아 해류와 모잠빅 해류가 있다. 이들 해류의 모든 시스템은 그림 10.11에 제시되어 있다.

그림 10.11을 보면 북위 40° 주변의 편서풍대에 이르게 되면 쿠로시오 해류는 북태평양 환류에서 방향을 바꿔 북태평양 해류를 형성하며, 대서양에서는 멕시코 만류가 동일하게 동쪽으로 더욱 나아가 동북쪽으로 흐르는 북대서양 해류로 흘러 들어가며, 결국에는 남쪽으로 방향을 바꿔 카나리 해류를 형성한다. 남반구에서는 극지로 향하는 브라질, 동오스트레일리아, 모잠빅 해류들이 남위 60° 부근에서 지구를 한 바퀴 도는 남극환류와 합류하게 된다. 이때 남반구의 남부끝에서의 환류는 시원한 남반구의 물이 서부 대륙의 해안을 따라 적도 쪽으로 이동하면서 동인도양의 훔볼트에서 서부 오스트레일리아 해류와 아프리카 해안의 남서부의 벵겔라 해류를 형성한다.

북인도양에서는 계절풍에 의해 계절과 함께 해류의 방향이 바뀌는 특이한 현상이 나타난다(제12장 참조). 여름 동안 강하고 지속적인 계절풍의 바람은 표층의 해류를 동쪽으로 흐르게 하고 겨울철에 아시아에서 불어오는 바람은 해류를 서쪽으로 흐르게 한다. 지역적인 표층 해류 시스템은 계절풍을 일으키는 바람과 같은 계절적인 변화와 좀 더 긴 시간에 걸쳐 나타나는 바람 시스템의 특성 변화의 큰 영향을 받는다. 예를 들면 무역풍이 약해지거나 방향이 바뀔 때 남북 적도류는 약해진다. 이런 현상을 엘니뇨라 부르며, 태평양을 가로질러 바다 표면 온도를 급격히 변화시켜 미국 남부 해안의 서쪽을 따라 상승류에 영향을 미치며 지구의 많은 지역의 기후 패턴에 영향을 미친다. 엘니뇨에 대해서는 제12장에서 자세히 다룬다. 계절풍과 엘니뇨는 모두 대기, 대양, 육지에 끊임없이 발생하는 작용의 상관성을 보여주는 좋은 예이다.

표층에서 바닥까지, 그리고 그 반대 : 주요 수괴

해수는 밀도에 따라 층을 이루는 수직적인 수괴(wata mass)로 나눌 수 있다. 이런 수괴의 특성과 기원은 여러 지역의 해수 염분과 수온 구조를 연구함으로써 결정되었다. (해수의 밀도는 주로 온도와 염분에 의해 결정되며, 차고 짠 해수는 따뜻하고 덜 짠 해수보다 밀도가 크다는 수직 성층에 대한 검토를 생각해 보자.) 대서양이 좋은 본보기이다(그림 10.12).

대서양에서는 표층역의 해수는 적도를 기준으로 남북 약 35° 지역에 중앙 수괴를 형성한다. 이 해수의 수온 범위는 6~9°C이고 염분 범위는 34~36.5‰이다. 더 찬 아북극

그림 10.12 수괴와 해양 순환

수괴와 해수 순환 패턴을 보여주는 대서양 서부의 단면. 북대서양심층수(NADW)는 북향하는 표층수가 차가워지고 염분이 높아지면서 수 킬로미터 깊이로 가라앉아 생긴다. NADW가 남대서양으로 이동함에 따라 더 무거운 남극저층수(AABW) 위로 올라간다. AADW는 남극 주위에 형성되어 평균 수심 1km 정도의 남극중층수(AAIW)로서 북대서양으로 흘러 들어간다.

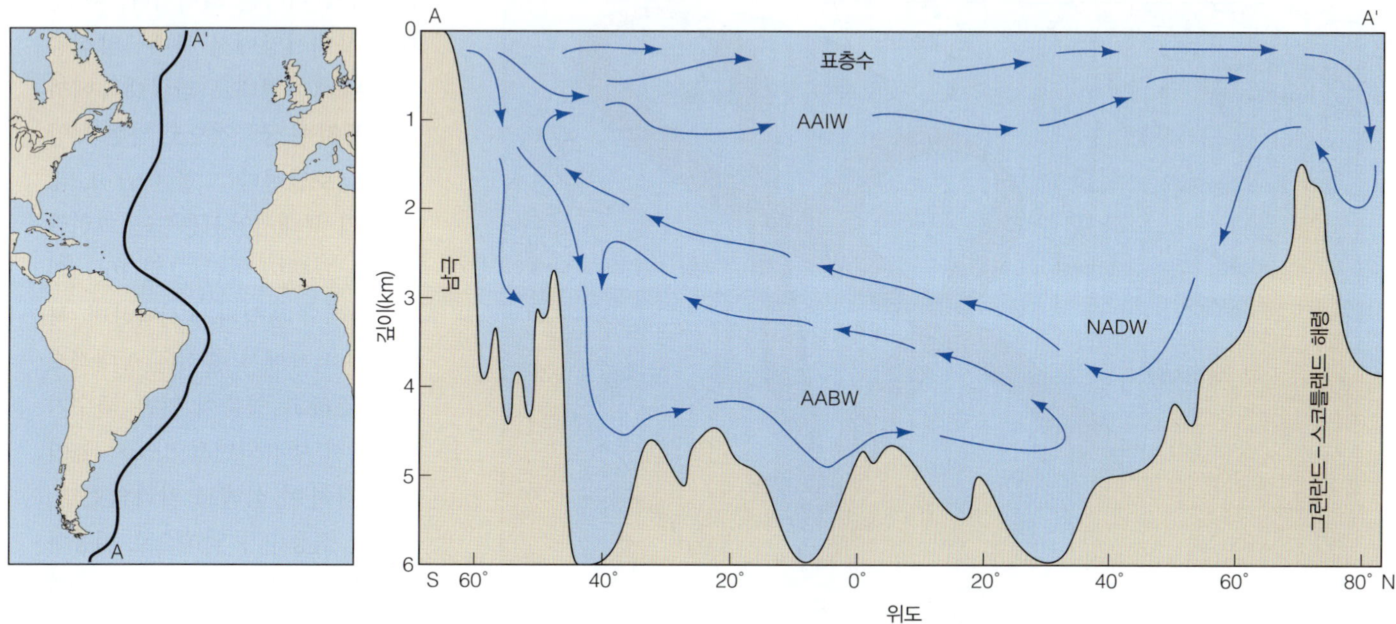

과 아남극 표층 수괴가 낮은 수온과 많은 강수, 즉 더 차고 덜 짠 해수를 만드는 고위도에서 발견된다. 남극환류(그림 10.11)로 알려진 흐름인 가장 큰 극 표층 수괴는 남극 주위를 시계 방향으로 흐른다. 이 수괴의 수온은 0~2°C, 염분은 34.6~34.7‰이다.

대서양의 중앙 수괴는 깊이가 약 1,500m까지 뻗어 있는 중층 수괴 위에 얹혀 있다. 남극중층수(AAIW)는 가장 광범위하게 존재하는 수괴로, 적도를 가로질러 약 20°N까지 북쪽으로 가라앉아 퍼지는 찬 아남극 표층수에서 기원한다. 수온은 3~7°C 범위에서 변하며, 염분은 33.8~34.7‰ 범위 이내에 있다. 지중해에서 대서양으로 유입되는 해수는 상당히 짜서(37~38‰) 지브랄타의 얕은 해협(2,400m)을 지나서 중간수 밑으로 수평으로는 분지의 대부분으로 퍼진다.

북대서양에서 심층수는 중층수에서 해저 밑바닥에 걸쳐 분포하고 있다. **북대서양심층수**(North Atlantic Deep Water, NADW)라고 하는 이 해수는 수온이 2~4°C 정도로 차갑고 염분이 34.8~35.1‰(퍼밀) 정도로 높게 나타난다. 이 해수는 북대서양 해면의 몇몇 지역에서 생성된 후 침강하여 남대서양을 향해 남쪽으로 흐른다(그림 10.13). 북대서양심층수가 생성되는 과정을 이해하는 것은 북대서양 부근의 기상과 기후를 이해하는 데 매우 중요하다. 제13장에서 북대서양심층수를 자세히 검토하고 이것이 기후에 미치는 영향을 다룬다.

대서양 가장 깊은 곳에는 밀도가 가장 크고, 매우 차가운 해수가 존재하며, 이것은 남극대륙 주변에서 생성되어 북쪽으로 이동한 것이다. 태평양에서는 이 해수는 30°N까지 도달한다. **남극저층수**(Antarctic Bottom Water, AABW)는 밀도가 매우 크기 때문에 북대서양심층수 아래에서 흐른다(그림 10.12와 10.13에서 확인할 수 있다). 남극저층수는 남극대륙에 인접한 웨델 해에서 해빙과 함께 생성되는 고밀도의 염수(brine)가 차가운 남극환류와 섞여서 심해로 침강하면서 형성된다. 이 고밀도 해수의 평균 온도는 −0.4°C이고 염분은 34.7‰이다. 남극저층수는 약 20×10^6~$30 \times 10^6 m^3/s$로 형성되며, 북대서양심층수는 15×10^6~$20 \times 10^6 m^3/s$ 비율로 형성된다(이는 아마존 강의 유출량보다 약 100배 정도 많은 양이다). 이들 해수에 의해 전 지구 해양의 심층수 전체가 순환하는 데는 약 1,000년이 걸린다.

전 지구 해양의 컨베이어 시스템

침강하는 차갑고 때론 염분이 많은 고밀도의 해수는 대기와 심해를 연결시켜주는 역할을 한다. 해수의 침강은 또한 전 지구 **열염 순환**(thermohaline circulation) 시스템이 움직이게 하는 추진력을 제공해 준다. 여기서 열염 순환이란 해수의 온도('thermo')와 염분('haline')이 포함된 순환이라는 의미이다. 이 순환은 북대서양에서 북대서양심층수(NADW) 형태로 남극대륙에까지 이동하여 궁극적으로 다른 해양에까지 도달한다(그림 10.14). 많은 양의 북대서양심층수는 그린란드와 노르웨이 바다(그림 10.14의 b지역)에서 생성되기 시작하며, 북대서양 서쪽에서 흘러온 상대적으로 따뜻하고 염분이 많은 해수가 이곳에서 냉각되면서 밀도가 높아져 침강하여 심해로 가라앉는다. 침강한 심층수가 남쪽으로 이동하면, 이것을 보충하기 위해 표층과

그림 10.13 **북대서양심층수**

북대서양심층수(NADW)는 멕시코 만류/북대서양 해류가 점점 차가워지고, 증발에 의해 점점 짜지게 됨에 따라 해저로 가라앉아 생겨난다. 가장 무거운 물은 스코틀랜드–그린란드 해령으로 들어가 남쪽으로 흐르며 하층 NADW를 이루고, 보다 가벼운 물은 그린란드와 북아메리카 사이로 들어가 남쪽으로 흐르며 NADW를 이룬다. 이들은 모두 남극저층수(AABW)보다는 가벼워 그 위로 올라간다.

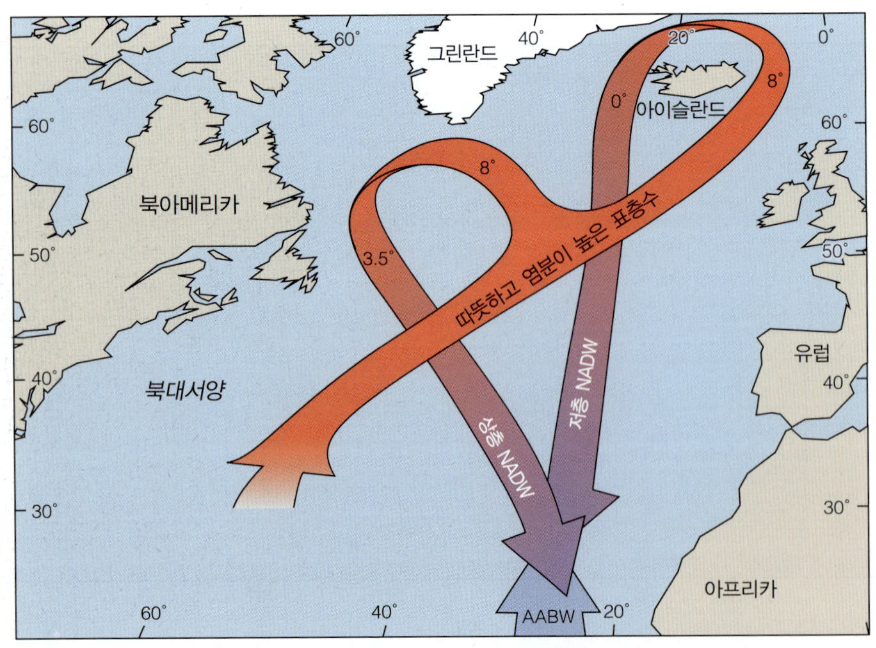

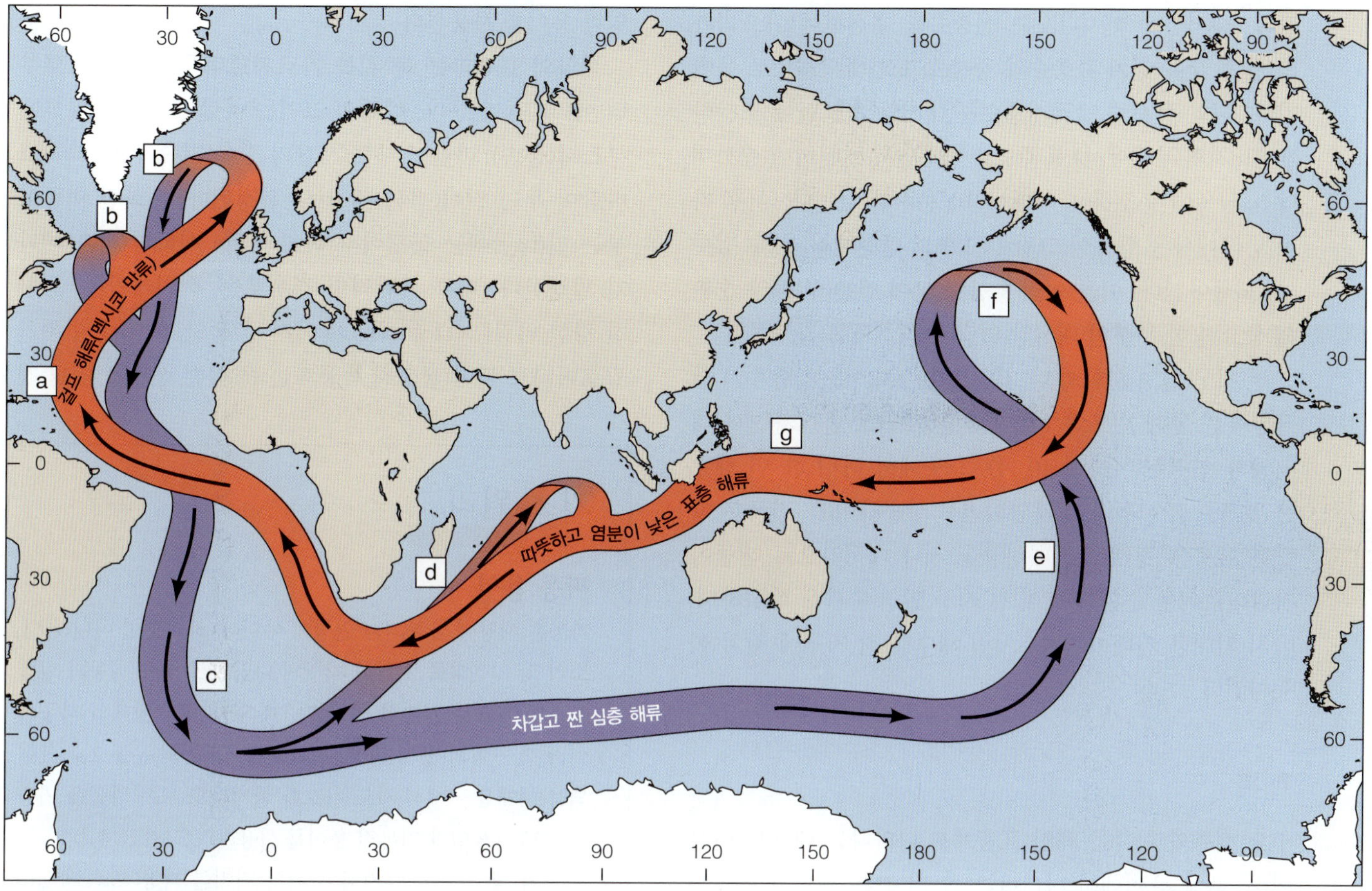

그림 10.14 열염 순환

해양의 열염 순환은 대기와 해양 사이에서 열과 수분을 교환함으로써 형성되는 해양수의 밀도 차이에 의해 움직인다. 걸프 만(a)에서 오는 따뜻한 물은 북대서양 지역에서는 차가워지고 가라앉는다(b). 북대서양심층수(NADW)는 천천히 남대서양으로 퍼져간다(c). 동시에 천천히 용승(f)되어 열염 순환 지역으로 들어가기 전에 인도양(d)과 태평양(e)으로 들어간다. 반면 남극저층수(AABW)는 (c 근처의) 남극 대륙 근처에서 형성되어 북으로 염분이 낮고 차가운 순환을 하며 염분이 높고 따뜻한 남대서양과 남태평양 층 아래에 위치한다(그림 10.12). 태양 에너지로 가열된 표층수는 서태평양과 대서양 분지로 흘러들어가 거대한 열염 순환과 만나게 된다.

중층에서는 따뜻하고 염분이 높은 해수가 북대서양으로 흐르게 된다. 따뜻한 표층류인 멕시코 만류(a)에 의해 열이 대기로 공급되어 북아메리카의 북동부 지역과 유럽의 북서부 지역은 상대적으로 온화한 기후가 나타난다(그림 10.15).

남쪽을 향해 흐르는 북대서양심층수는 남대서양에 도달하고(c) 이후 남반구 해양의 남극환류와 만나 인도양과 태평양으로 퍼져나

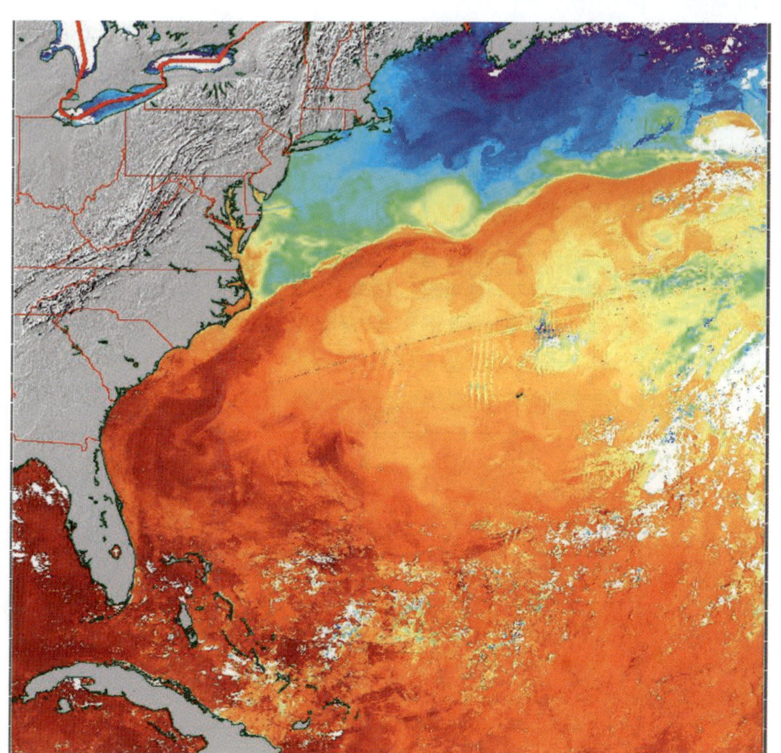

그림 10.15 멕시코 만류

멕시코 만류는 열염분 대류에 의한 얇고 따뜻한 해류로 북대서양으로 흐른다. 이 위성 사진은 바다 표면 온도를 나타내는데 빨강이나 주황은 높은 온도를 나타내고 파랑이나 초록은 낮은 온도를 나타낸다. 따뜻한 멕시코 만류는 카리브 해에서 소용돌이 치면서 북아메리카 동부해안을 지나 북대서양의 차가운 해수로 흘러 들어간다.

간다. 대서양을 빠져나오는 심층수를 대신하여 아프리카의 남쪽 끝을 걸쳐 표층수와 중층수가 남대서양으로 들어간다. 이와 동시에 남극저층수는 대서양 최남단에 도달한 후에(c지역 부근에서) 북쪽으로 향하면서 천천히 용승하여 약간 위쪽에 분포하는 북대서양심층수와 섞인다. 이후 다시 남극대륙을 향하여(그림 10.12B의 단면에서 볼 수 있듯이) 되돌아간다. 이들 여러 흐름이 모여 전 지구 해양 순환의 중요한 한 부분인 대서양 열염 순환 세포를 완성한다.

전 지구 열염 순환의 나머지 부분은 차가운 심층수가 남극환류를 통해 인도양 (d)와 태평양 (e)로 들어가면서 대서양과 연결된다(그림 10.14). 그곳에서 다시 한 번 해수는 북쪽으로 이동하여 가열되면서 상승하여(f), 결국은 따뜻한 표층수 형태로 서태평양을 지나 대서양으로 되돌아간다(g). 이들 순환이 모여 전 지구 열염 순환을 형성하며, 마치 거대한 컨베이어벨트처럼 해수를 전 지구에 걸쳐 이동시킨다.

해파

주요 해류와 환류는 해양 표층에서 나타나는 대규모 현상이다. 해양 표면에서 나타나는 좀 더 작은 규모의 운동은 대기와 해양의 상호작용, 그리고 일부 특별한 경우에는 지권의 운동에 의해 발생한다. 이들 과정에서 나타나는 강제력은 해파를 생성시킨다. 과학자들은 해파, 광파, 음파, 지진파 등과 같은 여러 종류의 파동(wave)을 기술하는데 동일한 용어를 사용한다.

해양의 표면파는 물 위를 가로지르며 부는 바람으로부터 에너지를 얻는다. 해파의 크기는 바람이 얼마나 빠르게 부느냐(풍속), 바람이 부는 시간의 길이(지속시간), 그리고 바람이 부는 길이(범위)에 의해 결정된다. 온화한 미풍이 부는 만(bay)에는 물결이나 파고가 1m 이하의 작은 해파가 발생한다. 다른 극단적인 경우로는, 허리케인을 동반한 강한 바람(>115km/h)이 여러 날 동안 수백 내지 수천 킬로미터로 불어 생성된 폭풍파는 운 나쁜 선박을 덮칠 정

그림 10.16 파

심해파의 원운동 해수 입자 운동. 해수 표면의 유체입자 운동을 추적하기 위하여 왼쪽에서 오른쪽으로 큰 원에 있는 화살표를 따라가시오. 결과적인 운동은 왼쪽에서 오른쪽으로 전파되어 나가는 파도의 마루 운동과 같다. 표면 밑의 유체입자 운동도 연직선으로 나타나듯이 이에 상응하는 운동을 한다. 점선은 주기의 1/8마다의 유체입자의 위치와 파도 모양을 나타낸다.

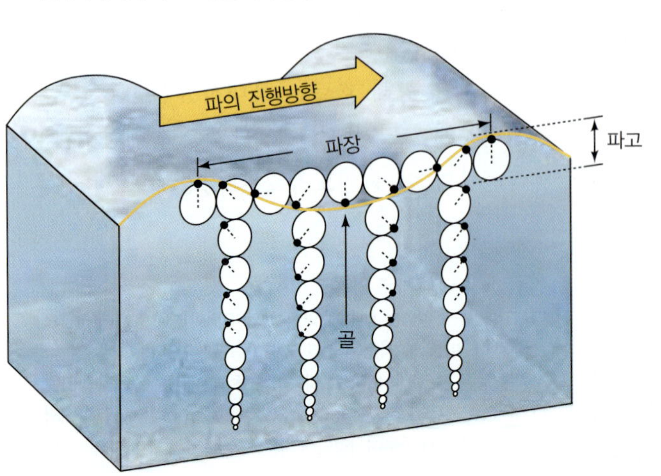

기초 원리

파동 용어

파동은 해양에 국한되는 현상이 아니다. 해파뿐만 아니라 빛, 소리 및 지진파를 포함한 지구의 다양한 현상을 파동의 형태로 수학적으로 기술할 수 있다. 비록 다양한 형태의 파동이 여러 면—파의 생성 과정, 전파 속도, 파동의 운동으로 표현되는 매개물—에서 서로 다르다 할지라도 모든 파동을 기술하는 데는 동일한 기본적 용어를 사용한다(그림 B10.2).

파의 상응하는 두 지점 사이의 거리를 **파장**(wavelength)이라 하며 대문자 L로 나타낸다(또는 때때로 그리스 문자 λ를 사용한다). 이때 마루와 마루 혹은 골과 골 등을 이용하면 편리하지만, 상응하는 임의의 두 지점도 무방하다. 파의 골의 바닥부터 마루 혹은 꼭대기까지의 거리는 파고(H)이다. 파의 진폭 (amplitude)는 A로 표시하며 파고의 절반이 된다. 진폭은 (그림 B10.2의 수평선으로 나타난) 기준선에서 골 혹은 마루까지의 거리이다.

해파, 광파, 그리고 지진파의 S파는 모두 횡파(transverse

그림 B10.2 파동 용어

비록 종류가 다른 파들은 그것의 성질과 형성 방법이 상당히 다르지만, 파동 용어는 물결파, 광파, 음파, 또는 지진파와 같은 분야에서 근본적으로 같다.

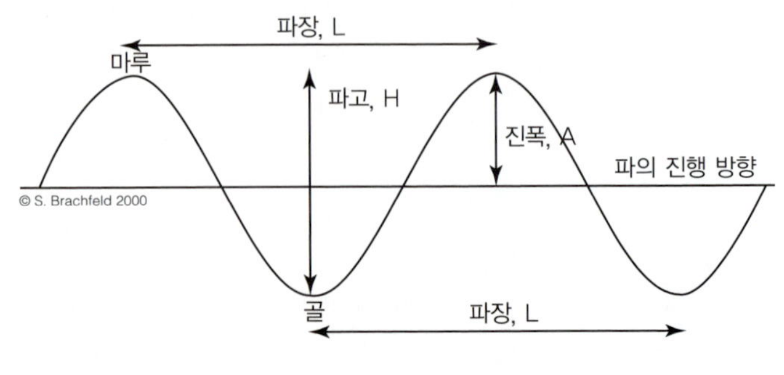

도로 매우 큰 파로 발달한다.

파도의 운동과 파저

그림 10.16은 해저 바닥의 영향을 받지 않으면서 깊은 바다 위에서 전파하는 파의 특징을 보여주고 있다. 파가 전진하면서 (그림 10.16에서 작은 점으로 나타나는) 작은 해수 덩어리는 고리를 따라서 회전하며, 파가 지나갈 때마다 이전과 거의 같은 위치로 되돌아온다. 해수 덩어리가 고리 모양의 운동을 하면서 파동이 만들어진다. 이것은 해수면에서 나타나는 고리의 지름(그림 10.16과 B10.2에서 H로 표시되는)이 파고와 정확히 일치한다는 것을 의미한다. 바람의 영향을 덜 받는 해수면 아래에는 깊이가 증가할수록 에너지를 점차로 잃게 되어 고리의 지름이 작아진다. 수심의 깊이가 파장의 절반(L/2)인 지점에서는 고리의 지름이 매우 작아 해수의 운동이 거의 나타나지 않는다.

따라서 파장의 길이가 1/2인 파동이 나타날 수 있는 한계가 되는데, 이것을 **파저**(wave base)라 한다. 태평양에서

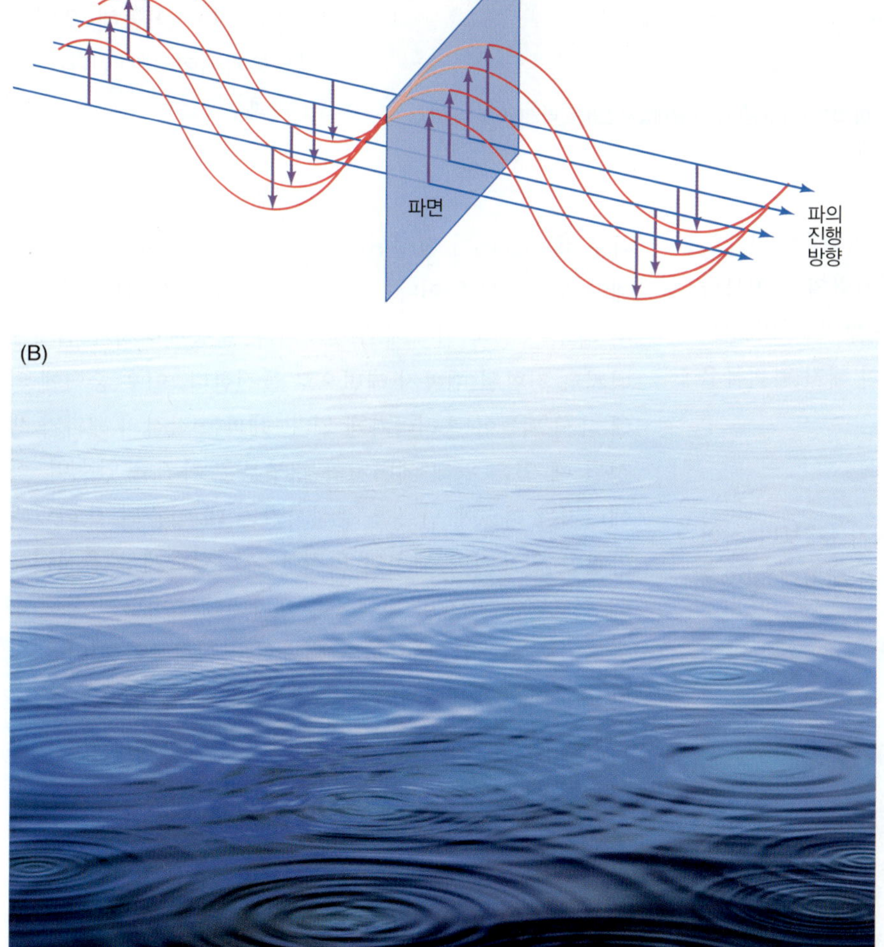

그림 B10.3 **파면**
파의 집단이 같은 방향으로 진행할 때(A), 모든 진행파들이 마루를 통과할 때의 면을 파면이라 한다. 물결파를 보여주는 사진(B)에서 파면의 위치를 알아내 보자.

waves)의 일종이다. 횡파에서는 파동을 만드는 진동이 파동이 진행하는 전파방향과 각을 이룬다. 이런 특징은 그림 B10.3A에서 볼 수 있으며, 작은 화살표들이 파동 형태를 만드는 진동을 나타낸다. 이들 화살표는 파의 전파 방향에 대해 직각으로 향하고 있다. 여러분은 아마 제6장에 설명한 P파가 이 파와 다르다는 것을 떠올릴 수 있을 것이다. 음파도 마찬가지이며, P파와 음파 모두는 종파(longitudinal waves)이며, 파동을 생성하는 진동이 파의 진행 방향과 평형하게 앞뒤로 움직인다.

다양한 파동이 동일한 방향으로 움직이거나 서로 조화를 이루어 진행할 때, 마루를 연결하는 평면을 파면(wavefront)이라 한다(그림 B10.3 참조). 만약 어떤 파면이 진행을 방해하는 장애물을 만나면, 파면은 반사하게 된다. 만약 파면이 어떤 물질에서 전파 속도가 같지 않은 다른 매개물로 들어가면 굴절(휘어짐)이 일어난다. 이들 과정은 모든 형태의 파동에서 동일하게 나타난다. 예를 들어 제6장에서 우리는 지진파가 지구 내부의 다양한 층을 통과하면서 굴절되는 것을 논하였다.

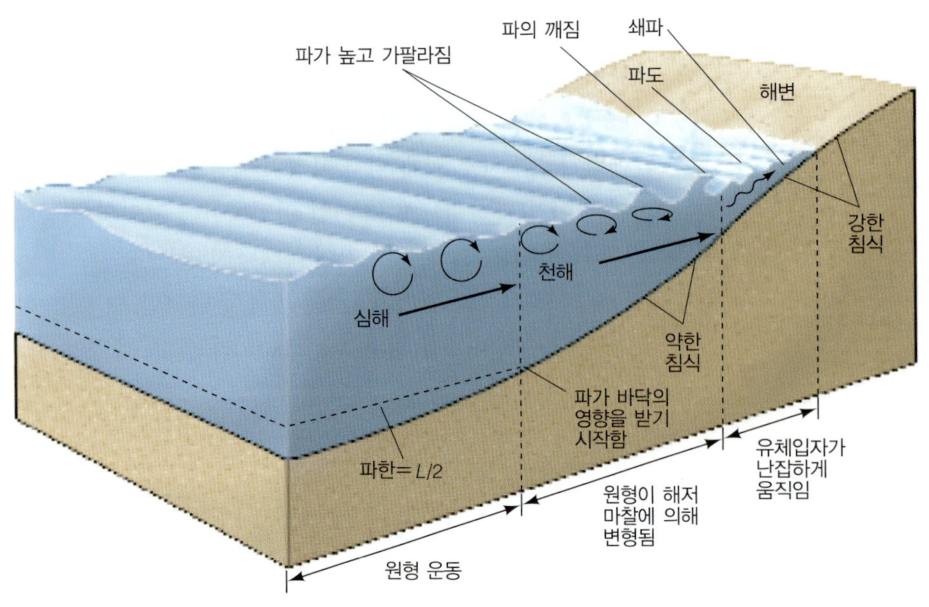

그림 10.17 해안가에서 파의 움직임
심해로부터 해안의 천해로 들어옴에 따른 파도의 모양 변화. 이 과정에서 원형이었던 유체입자 운동은 타원형으로 바뀌며, 앞으로 나아가는 데 저항을 받게 된다. 연직 규모는 과장되었다.

는 파장이 600m인 해파가 관측되는데, 이 파의 경우 L/2는 300m가 되어 약 200m 정도인 대륙붕 끝자락의 깊이보다 더 크다. 대부분 해파의 파장은 600m보다 짧지만, 이 정도로 큰 규모의 해파는 대륙붕 바깥 경계면의 해저 퇴적물을 이동시키는 것이 가능하다.

쇄파

해파가 육지를 향해 이동할 때 물의 깊이가 L/2보다 작아지게 되어 가장 깊은 곳의 원운동이 얕아진 해저의 영향을 받게 되면서 해수의 연직운동이 억제된다. 바다의 깊이가 얕아지면서 해수 덩어리의 고리가 점점 편평해져 해저의 해수가 빠르게 앞뒤로 움직이게 된다. 해양의 깊이가 감소하면 파고가 증가하고 파장이 짧아져 파의 모양이 변형된다. 이와 동시에 파면(파의 마루)이 가파르게 커진다. 결국에는 가파르게 커진 파의 마루가 더 이상 전진하지 못하고, 후면에서 오는 파가 이동해 오면서 파는 붕괴되어 쇄파된다(그림 10.17과 10.18).

파가 파쇄되면 파를 이루고 있는 해수의 운동은 거칠고 사나운 **쇄파**(surf)가 형성된다. 쇄파는 파가 부서지는 경계와 해안 사이에서 일어나는 파의 활동으로 정의한다. 쇄파에서 파도는 결국 암석에 부딪치거나, 운동에너지가 위치에너지로 전환될 때까지 해변으로 돌진한다. 이후 중력에 의해 다시 되돌아 흘러나가게 된다. 쇄파는 각각의 해파가 생성될 때 얻은 원래 에너지의 대부분을 가지고 있으며, 이 에너지는 빠르게 난류를 생성시키는 데 이용되고, 바닥과 마찰을 일으키며 해저의 퇴적물을 격렬하게 부유시키는 데 소모된다. 미세한 퇴적물은 쇄파대에서 바다를 향해 수송되기도 하지만, 대부분의 해파의 침식작용은 해안을 향한 쇄파의 경계에서 멈춘다.

해파는 보통 바다의 깊이가 파고와 파고의 1.5배 정도 사이일 때 부서진다. 파고가 6m보다 더 큰 해파는 거의 없으므로, 쇄파에 의해 심하게 침식되는 깊이는 6m의 1.5배인 9m가 된다. 이런 이론적인 결과는 쇄파와 그 밖의 해안 구조물의 관측에 의해 확인되었으며, 7m 수심보다 더 깊은 곳에서는 쇄파에 의한 영향이 거의 없다.

해파의 굴절과 이안류

파도가 해안에 다가오면서 해파의 전체 길이는 일반적으로 바닥의 영향을 동시에 받지 않는다. 파의 어떤 부분이 먼저 바닥에 닿게 되면, 이 부분의 이동 속도는 느려지며, 파장은 짧아지고 파고는 높아진다. 일반적으로 해파의 형

그림 10.18 파도 타기
하와이의 오아후 해변에서 부서지는 파도를 서퍼가 즐기고 있다.

그림 10.19 **파의 부서짐**

캘리포니아 주의 오션사이드 부근 해안에 비스듬히 밀려오는 파도가 바닥의 영향을 받아 방향을 바꾼다. 그 결과 각 파도의 전면은 바다 지형에 평행하게 들어온다. 들어오는 파도는 이 사진에서는 왼쪽에서 오른쪽으로 흐르는 이안류를 발생시킨다.

태는 해저의 등심선에 평행하게 된다. **해파의 굴절**(wave refraction)이라 하는 이 과정은 천해에서 해안선에 각도를 갖고 밀려오는 일련의 해파의 방향을 바뀌게 한다(그림 10.19). 이런 원리로 수심이 깊은 만을 향하여 40° 혹은 50° 각도로 접근하는 해파는 굴절에 의해 5° 내지 더 작은 각도로 해안에 도달하게 된다.

해안에 밀려오는 해파의 경로는 해안에 수직인 성분과 해안에 평행한 성분으로 분해할 수 있다. 수직인 성분은 붕괴하는 쇄파를 발생시키며, 평행한 성분은 쇄파 지대에서 해안에 평행하게 흐르는 **이안류**(longshore current)를 발생시킨다(그림 10.20). 이안류 방향은 계절에 따라 변하며, 그 때문에 해안에 도달하는 해파의 방향이 바뀌게 된다.

그림 10.20 **이안류**

파도가 해안으로 밀려들어오면서 굴절함에 따라 이안류가 발생한다. 밀려오는 파도의 전면에 수직한 방향의 화살표 (a)는 쇄파를 이루는 해안선에 평행한 성분 (b)와 이안류를 발생시키는 해안선에 수직한 성분 (c)로 나뉜다.

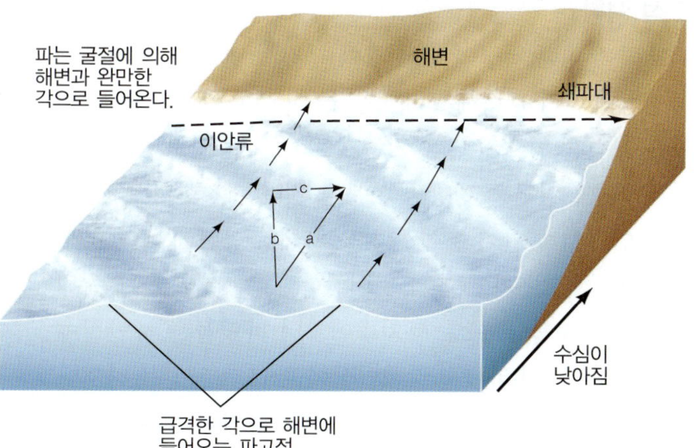

쓰나미 : 또 다른 형태의 파

쓰나미(전문용어로는 지진성 해일)는 평범한 물의 파동과 전혀 다른 기원과 특징을 가진 파의 한 종류이다. 쓰나미는 종종 해일이라 부르는데, 사실 해일과 전혀 관계가 없고 해저의 갑작스런 움직임에 의해 발생한다. 이런 움직임은 해저와 해안의 사태, 큰 화산 폭발에 의해서도 일어나지만 주로 해저 지진에 의해서 발생한다. 오직 움직임에 중요한 수직적인 요소가 있는 경우에만 갑자기 해저바닥의 이동이 일어날 때 겹쳐 있는 해수가 위나 아래로 밀쳐진다. 그림 10.21처럼 높아진 해수가 퇴각할 때 2개의 요소로 갈라져 쓰나미가 생성된 곳으로부터 양쪽 반대 방향으로 이동하게 된다.

지진성 해일은 일반적인 해파와 매우 다른 물리적 특징을 가진다. 일반적인 해파가 30~100km/h 속도임에 비해 지진성 해일은 950km/h 속도로 움직인다. 일반적인 해파는 10m 이하의 파장을 가지고 있는 반면, 쓰나미는 일반적으로 km 단위의 파장을 가지고 있다. 반대로 쓰나미의 파고는 1~2m 정도이다(매우 큰 태풍의 파고의 높이는 대체로 적어도 30m 이상이다). 낮은 파도의 높이는 거대한 부피의 물이 광범위하게 긴 거리까지 뻗어나갈 수 있는 전형적인 쓰나미의 매우 긴 파장과 관련이 있다. 결국 외해에서 쓰나미파의 높이는 매우 낮아서 거의 보이지 않거나 느껴지지 않는다. 외해에서는 해수 높이를 측정할 수 있도록 고안되어 쓰나미를 탐지할 수 있는 믿을 만한 특별한 기계장치가 필요하다. 그런 장치는 현재 쓰나미 예측 경보 시스템의 필수적인 부분이다.

그림 10.21 **쓰나미**

쓰나미는 해양 바닥이 수직적으로 급격하게 움직일 때 발생한다. (A) 물을 위로 밀어 올린다. (B) 물의 부피가 재배치될 때 2개의 요소로 나뉘어 서로 반대 방향으로 갈라져 이동한다.

(A)

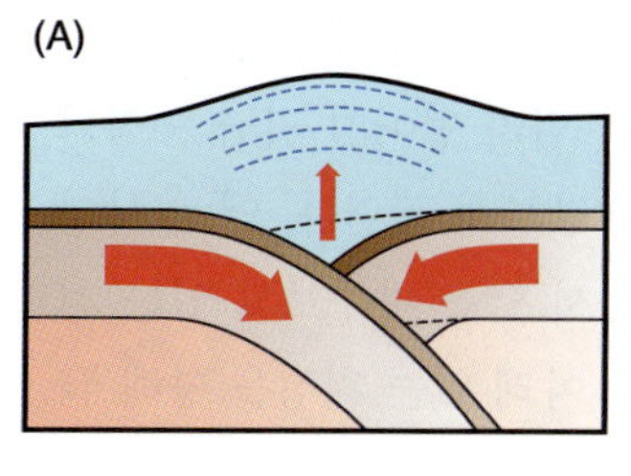

(B)

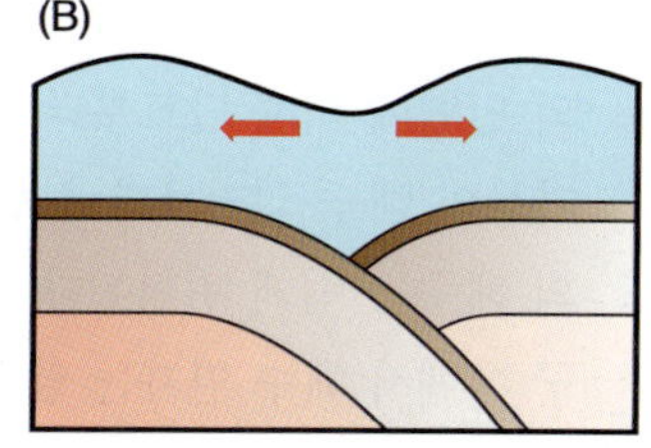

쓰나미와 일반적인 파도의 다른 특징은 연속적인 파도사이의 시간 차인 주기이다. 해양에서 일반적으로 관측되는 주기는 수 초에서 수십 초 사이이다. 반대로 쓰나미는 거대한 파장 때문에 주기 범위가 20분에서 1시간 사이이다. 그래서 어떤 경우에는 1시간 이상 쓰나미의 연속적인 물마루가 해변으로 뻗는다.

쓰나미가 해변에 다가올 때 막대한 부피의 물의 영향이 분명해진다. 특히 낮은 해안 지형에서는 파도의 마루가 해변으로 올 때 물은 30m 이상 높이로 빠르게 쌓아 올려져 육지 쪽으로 어마어마한 거리를 이동하게 된다. 쓰나미가 해안에 들이닥칠 때 수위 저하라고 하는 특이한 현상이 발생한다. 수위 저하가 일어날 때 파도가 지나가는 동안 해수면은 낮아지고 물의 가장자리는 후퇴하게 된다. 연속적인 쓰나미의 파와 파 사이의 시간 간격 동안 호기심 많은 구경꾼이 특이한 현상을 구경하기 위해 물의 가장자리에 머무를 때 매우 빠르게 진행하는 쓰나미로 인해 많은 사람들이 생명을 잃을 수 있다.

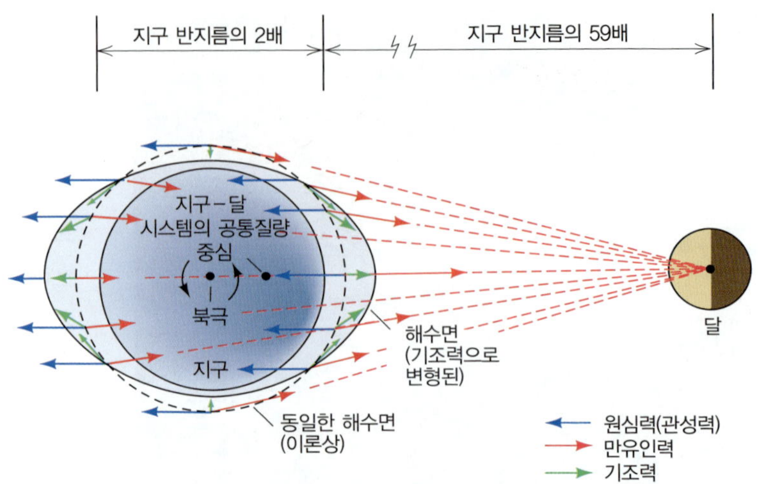

그림 10.22 **기조력**

달의 인력과 지구-달의 회전에 의한 원심력에 의해 기조력이 발생한다. 달을 향한 쪽에서는 두 힘의 합이 해수면을 구형으로부터 부풀게 한다. 원심력이 달의 중력보다 큰 반대 방향에서는 해수면이 또한 부풀게 된다.

조석

조석(tide)은 하루에 두 번씩 주기적으로 달과(그리고 보다 더 작게 태양과) 지구 사이의 인력에 의해 해안선을 따라 바닷물이 오르고 내리는 현상이다. 바다의 선원에게는 조석이 아마도 느껴지지 않겠지만, 연안에서 조석의 효과는 증대되며 지질학적으로 중요하다.

기조력

제2장에서 논한 바와 같이 달과 고체 지구 사이에 작용하는 인력은 지구-달 시스템의 질량 중심에 대해 회전하는 지구에 의해 생성된 힘과 같고 작용 방향이 반대인 원심력(저자는 관성력이라고 함-역주)과 균형을 이룬다(그림 10.22). 지구의 중심에서는 인력과 원심력이 균형을 이룬다. 그러나 이들은 지구 표면의 위치에 따라 균형을 이루지 못한다. 달을 바라보고 있는 지구 쪽의 해수 입자는 달의 인력에 의해 달로부터 좀 더 멀리 떨어진 지구 중심의 가상의 해수 입자보다 훨씬 더 강하게 끌린다. 액체 상태의 해수는 쉽게 변형된다. 따라서 달을 마주보고 있는 지구 쪽에서 해수 입자는 달 바로 아래 있는 지점을 향해 끌려간다. 이와 같이 기조력은 해수면을 부풀어 오르게 한다. 지구의 반대쪽에 있는 해수면의 해수 입자는 달로부터 더 멀리 떨어져 있어서 작용하는 달의 인력이 훨씬 작다.

한편 원심력(관성력)은 물체(해수를 포함하여)를 지구-달 시스템의 질량 중심으로부터 똑바로 움직이게 한다. 원심력은 지구 표면의 모든 지점에 동일한 세기를 갖는다(우리들에게는 다행스럽게 인력은 같은 세기의 원심력에 의해 물이 바깥 공간으로 쉽게 날아가는 것을 막아준다). 달에 가장 가까운 지구 쪽에서 인력의 크기는 원심력보다 크며 달 방향으로 초과된 기조력이 발생한다. 지구의 반대 쪽에서는 원심력의 크기가 달의 인력보다 크고 그 결과 발생한 기조력은 달로부터 먼 쪽을 향하게 된다(그림 10.22). 이와 같은 힘의 불균형은 매일매일 일어나는 조석의 원인이 되는 2개의 해수 팽창을 만들어 낸다.

조석 팽창

기조력에 의해 지구의 반대 쪽에 생긴 조석 팽창은 지구가 자전함에 따라 계속해서 지구를 돌게 된다. 실제로 조석 팽창은 조석을 일으킨 달을 기준으로 보아 원래 고정되어 있다. 그런데 지구는 팽창된 부분을 지나 자전한다. 대부분의 해안에서 해안이 조석 팽창을 차례로 만남에 따라 하루에 두 번씩 고조와 저조를 맞이한다. 실제로 고조 때는 해안선이 바닷물 속으로 빠져들어가며 바닷물은 해안선에 쌓이게 된다. 이 바닷물은 해안선이 각 조석 팽창을 빠져나옴에 따라 다시 먼바다로 밀려나간다. 조석이 세계 해안선을 계속하여 세게 강타함에 따라 지구의 자전 속도가 서서히 감소하고 있다. 하나의 조석 주기가 갖는 영향은 매우 작더라도 오랜 기간에 걸쳐 합쳐진 총 영향은 크다. 50억 년 전 지구는 오늘날보다 훨씬 더 빠르게 자전해서 하루의 길이는 22시간이었다.

태양과 지구 사이의 인력도 또한 조석에 영향을 미치며, 때로는 태양이 달과 수직으로 위치해서 달에 의한 기조력을 약화시키며, 때로는 달과 평행하게 놓여서 기조력을 강화시킨다(그림 10.23). 음력으로 한 달에 두 번씩 지구는 달과 태양과 일직선상에 놓이게 되며, 이때 인력은 강화되어 고조는 더욱 높아지고 저조는 더욱 낮아지게 된다. 이들의 극단적인 위치의 중간 위치에서 태양의 인력은 달의 인력을 부분적으로 상쇄하며, 따라서 조석 범위를 감소시킨다. 그러나 태양은 조석을 일으키는 데 있어 달에 비해 46%의 힘만 미치므로 두 천체의 조석 효과는 서로를 완전히 상쇄하지는 못한다.

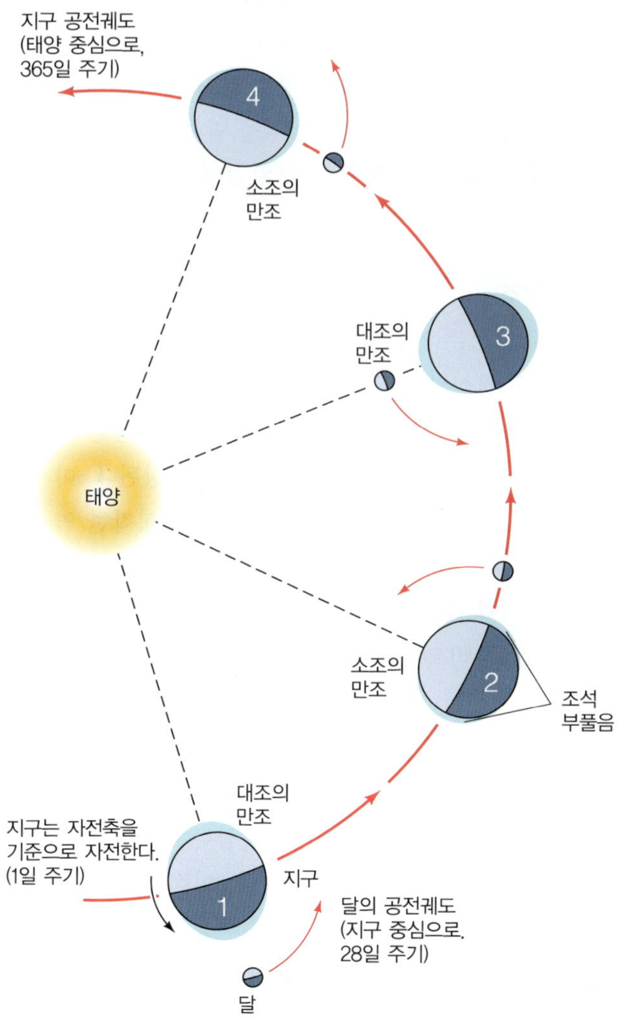

그림 10.23 조석 팽창

지구와 달과 태양이 나란히 되었을 때(위치 1, 3) 가장 큰 진폭의 조석이 관측된다. 달과 태양이 각각 직각 방향에서 끌어당길 때(위치 2, 4) 조석의 진폭은 가장 작아진다.

그림 10.24 조차

캐나다 동부 펀디 만의 조차는 세계에서 가장 크다. (A) 밀물 때 뉴브런즈윅 알마의 연안항. (B) 같은 곳의 썰물 때 광경

외해에서 조석의 영향은 적고(1m 이하) 대부분의 연안을 따라 일어나는 영향은 보통 2m 이상을 넘지 않는다. 그러나 만, 해협, 하구 및 그 밖의 해안을 따른 좁은 지역에서는 조석 변동이 증폭되어 조차가 16m 또는 그 이상에 달할 수 있다(그림 10.24). 합쳐진 조류는 종종 매우 빨라서 시속 25km에 달할 수 있다.

육지와 바다가 만나는 곳

바다는 침식과 새로운 생성, 운반 및 퇴적물의 퇴적작용에 의해 특징되는 역동적인 활동 구간에서 육지와 만난다. 외해에서 방해받지 않고 이동하는 파도는 수백에서 수천 킬로미터를 가로질러 더 전진하다가 이들을 방해하는 요소와 만나게 된다. 그들은 암석과 퇴적층을 침식시키고 이동시킨다. 쇄파 지역에서, 기반암들은 떨어져나와 멀리 운반되고 움직이는 암석들의 연속적인 쓸림과 갈려져 차츰 닳게 된다. 해안은 종종 천천히 때론 매우 빠르게 변한다. 어떤 순간에 해안선의 기하학적 배열은 생성(퇴적)과 파괴(침식)의 힘의 적절한 균형을 나타낸다.

해변과 그밖의 연안 퇴적

해변은 대부분 해안의 주된 지형이다(그림 10.25). 비록 가파른 암석 투성이의 절벽이 우위를 차지할지라도 해안은 일반적으로 암석으로 된 곳이 산재하는 해변으로 이루어져 있다. **해변**(beach)은 해안을 따라 파도에 의해 생성된 퇴적물로 이루어지며 끊임없이 움직이는 연안 쇄파대의 퇴적물을 포함한다. 몇몇 해변의 퇴적물은 인접한 절벽이나 오래된 해변의 퇴적물의 침식으로 만들어졌다. 강물을 따라 도달한 대부분의 퇴적물은 바다로 운반된다. 폭풍우 동안 거친 파도는 해안의 노출된 부분을 침식시키고 해변을 좁게 만든다. 고요한 날씨에는 노출된 해안은 퇴적되는 양이 손실되는 양보다 많아서 점점 더 넓어진다. 폭풍우는 계절에 따라 다르므로 해안도 이에 따라 특성이 달라진다.

그림 10.25 **해변**

프렌치 폴리네시아의 화산섬인 보라보라 해안의 모래 해변은 파도에 의해 운반된 산호와 조개껍데기의 파편과 침식되는 화산의 용암 파편들의 혼합물로 이루어졌다.

모래나 자갈의 긴 능선은 사취라 하며, 육지부터 외해 끝까지 돌출되어 있는 뚜렷한 해안지형이다. 대부분의 사취는 바다를 향하는 해안의 연속이다(그림 10.26A). 많은 사취는 이안류에 의해 운반되고 해류가 더 깊은 물을 만나 속도가 감소하는 만의 입구에 쌓인 퇴적물에 의해 형성된다. 해안과 평행하게 발달되며 석호에 의해 격리된 길고 좁은 모래 섬인 보초도(barrier islands)는 대부분 저지대 해안을 따라 발견된다(그림 10.26B). 노스캐롤라이나 주의 해안의 몇몇 보초도들은 때론 이런 임시 지형을 침식하고 바꾸는 파괴적인 허리케인의 공격을 받는다. 이런 해안지형들은 북아메리카의 동쪽 해안처럼 수동적이거나 길게 늘어진 대륙 주변부(제5장)가 대표적인 예이다.

해양 삼각주

파도와 해류가 큰 하천에 의해 바다로 운반된 새로운 모든 퇴적물들을 침식하지 못하는 곳에서 퇴적물은 해양 삼각주를 형성한다(그림 10.27). 삼각주의 크기와 모양은 해안에서 일어나는 퇴적과 침식의 균형에 의해 형성된다. 미시시피 강의 삼각주와 같은 몇몇 삼각주는 길고 복잡한 역사를 지시하는 여러 시대에 형성된 삼각주들의 복잡한 시스템으로 이루어져 있다.

삼각주들은 비옥한 육지와 해안 지역과 인접한 곳에 발달된다. 세계에서 가장 큰 삼각주 중 몇 개는 특히 농사에 적합한 토지로 수백만 사람들의 주거지가 되고 있다. 이집트의 나일 강 삼각주, 중국의 황하 강과 양쯔 강의 삼각주, 미국의 멕시코 만에 있는 미시시피 삼각주, 방글라데시의 갠지스 삼각주들이 대표적인 예이다. 이런 삼각주들은 각각 최근의 빙하기 이후의 해수면 상승 동안 만들어진 지질학적으로 젊은 지형이다. 이들 각각의 표면은 현재 해수면으로부터 몇 미터 이내에 놓여 있으며 농지를 침수시키고 도시와 마을을 파괴하며 지역 공동체를 완전히 파괴시킬 수 있는 해안 폭풍에 특히 취약하다.

그림 10.26 해안 지형

(A) 메사추세츠 주의 길고 휘어진 케이프코드 사취는 케이프코드 만의 동남부 반도를 이루고 있는 빙하 퇴적물을 재동시킨 이안류에 의해 생성되었다. (B) 텍사스 주의 코르푸스 크리스티(거대한 만의 남쪽을 따라)에서 떨어져 있는 이들 보초섬은 인공위성에서 촬영한 것이다. 코퍼스 크리스티의 오른쪽은 멕시코 만이다. 파드리섬 국립해안은 코퍼스 크리스티 만으로부터 남으로 확장된 보초도를 가지고 있다.

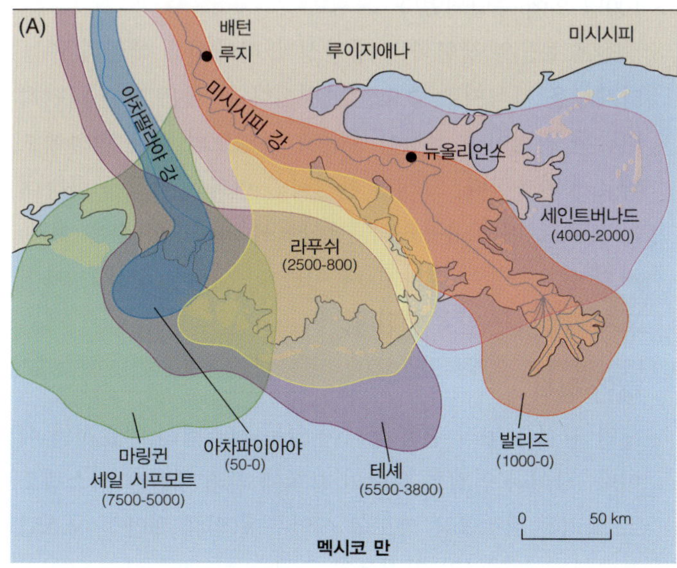

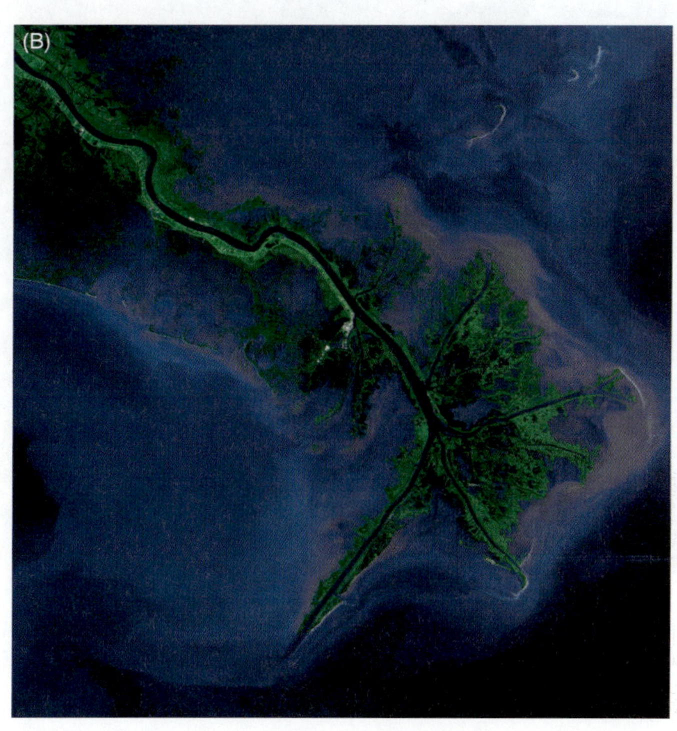

그림 10.27 삼각주

(A) 미시시피 강은 지속적으로 멕시코 만에 퇴적물들을 쌓아 일련의 중첩된 삼각주를 만든다. 삼각주의 연령은 방사성 탄소를 이용한 연대 측정법으로 추정할 수 있다. (B) 위성 영상에서 소용돌이 치는 퇴적물들을 미시시피 삼각주(발리즈)에서 볼 수 있다.

하구

하구(estuary)는 보통 하나 또는 그 이상의 유입되는 하천에 의해 희석된 담수를 가진 반 폐쇄형의 해양 만이다. 하구의 몇 가지 형태는 그들 내부 순환과 염분 분포에 따라 인식되고 구분된다. 가장 단순한 형태는 강이 곧장 바다로 흘러가는 곳이다. 밀도가 작은 담수는 밀도가 큰 해수 위 바다로 바로 흘러 들어간다. 강의 빠른 흐름은 바닷물의 유입을 지체시키며 상류 방향으로 유입되는 해수 쐐기와 그 위에 놓인 하천수의 얇은 쐐기 사이에 상류 방향으로 기울어진 경계를 형성한다. 흘러가는 강물은 점점 염분이 증가하면서 염을 바다 방향으로 이동시킨다. 그러나 강물이 적은 하구는 수직적으로 혼합이 잘 이루어지지 않는다. 반대로 강한 조류와 적은 강물의 유출로 만들어진 강 하구는 수직적으로 잘 섞이는 경향이 있는 반면, 약한 조류에 의해서는 부분적으로 섞이는 경향이 나타난다.

그림 10.28 하구

이 그림은 샌프란시스코 만 하구의 위성 영상이다. 습지를 매립하여 농지를 만들고, 주거지와 산업지 발달로 1850년대 이전에 2,200km²였던 면적이 현재는 130km²로 줄었다.

하구와 이와 관련된 연안 습지들은 다수의 식물과 식물에게 중요한 서식지를 제공한다. 이 곳은 많은 종류의 상업용 어류와 패류의 산란장이고 가끔 커다란 새의 개체군을 유지시킨다. 산업적인 도시, 상업 항, 하구의 낚시꾼들은 그곳의 인구 증가를 가져왔다(그림 10.28).

초

세계의 따뜻한 해수 지역의 해안선 대부분은 산호와 그 밖의 탄산염을 분비하는 생명체의 군체로 이루어진 거대한 석회암 **초**(reef)로 특징된다. 초에는 세 가지 주요 유형이 있다. 거초(fringing reef)는 인접한 육지에 붙어 있거나 또는 아주 가까운 가장자리에 있다(그림 10.29A). 보초(barrier reef)는 석호에 의해 육지로부터 분리된 초로 상당한 길이와 폭을 가진다(그림 10.29B). 그리고 환초(atoll)는 열대 화산섬이 거초와 함께 천천히 가라앉을 때 형성된 얕은 석호를 둘러싸고 있다(그림 10.29C). 찰스 다윈이 1830년대에 비글 호 여행에서, 느린 침강이 초에 사는 생명체들을 위로 자라게 해서 해수면 근처에 살아 남을 수 있다고 최초로 추론하였다. 화산섬이 침강하면서 거초는 연안의 보초들로 변형되어 결국 환초가 된다. 일반적으로 환초는 외해의 깊은 바다에 있고 지름이 130km 정도로 크다. 다윈의 가설은 고대 암초의 두꺼운 단면을 관통한 후 화산암에 도달한 시추공을 환초에 뚫음으로써 그가 제안한 지 100년 후에 증명되었다.

산호초들은 생물학적 생산성과 다양성을 제공해 주는 다채로운 서식지로 중요한 환경이다. 이들은 또한 대단히 민감한 환경이며 심지어 수온과 투명도의 작은 변화에도 빠르게 반응한다. 그래서 환경적인 변화와 악화를 나타내는 지표로 매우 유용하다. 광산에서 카나리아(젊은 여자)처럼 산호초들이 악화될 때 이는 더 심각한 사태는 아직 오지 않았다는 신호가 된다.

해안 침식

해안 침식은 동적 평형 상태에 있는 시스템의 대표적인 예이다. 강이나 인접한 절벽의 침식에 의해 해안선 시스템으로 밀려온 퇴적물은 파도와 이안류에 의해 해안선 시스템으로부터 쓸려나간 퇴적물과 균형을 이룬다. 이런 국지적인 시스템이 균형을 잃게 되자마자—즉 운반된 퇴적물이 씻겨나간 퇴적물보다 많거나 또는 그 반대일 때—해안선

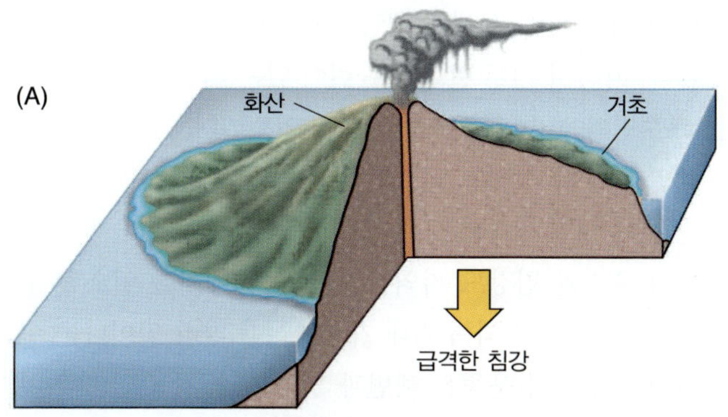

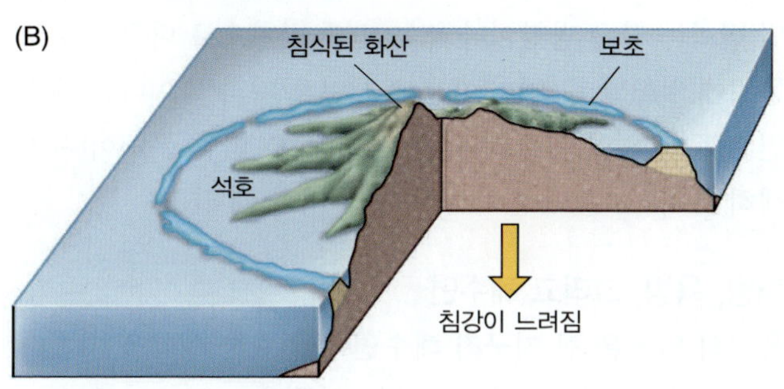

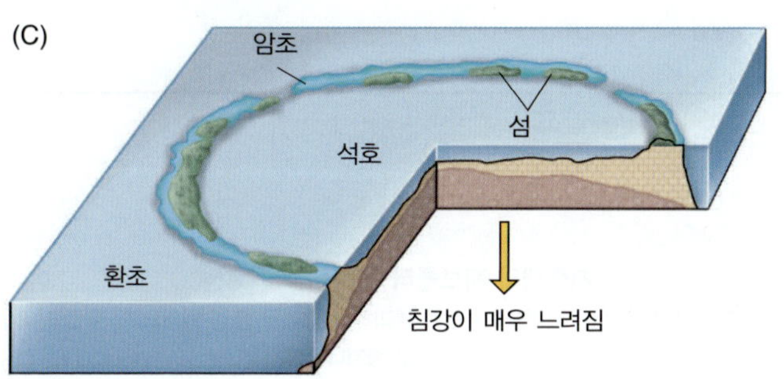

그림 10.29 환초
하강하는 화산섬에서 환초의 발전. (A) 용암의 빠른 분출은 화산관의 성장으로 해양 지각이 이동하면서 침강하는 화산을 형성한다. 해양섬 주변에 발달하는 산호초들은 지속적으로 위로 올라간다. (B) 화산이 비활성화되면서 침강은 계속되고 산호초들은 석호에 의해 분리된 보초를 형성하게 된다. (C) 계속되는 침강과 보초의 성장으로 화산암의 마지막 잔여 부분들은 가라앉고 중앙 보초 주변을 둘러싼 환초만 남는다.

의 변화는 뚜렷해진다. 간헐적인 강한 폭풍파가 도달해 거대한 양의 퇴적물을 해변으로부터 쓸어갈 때까지, 때때로 꽤 오랫동안 해안선 시스템은 균형을 이룬 상태에 있다. 몇몇 해변은 그런 훼손으로부터 매우 빨리 회복된다. 균형된 그 변화는 영구적(즉 사람 기준의 시간 척도)이며, 해변 시스템은 퇴적물의 균형된 유입과 유출의 새로운 상태를 형성하게 된다.

해안선은 인간 사회의 많은 면—예를 들면 수송, 낚시, 여행 등—에서 중요하기 때문에 해안 침식은 인류의 삶에 중요한 영향을 미치게 된다. 해변 침식이 나타날 때 사람들은 해안선을 보호하려 한다. 그러나 만약 그런 행동이 시스템 내에서 퇴적물의 자연적인 침식과 퇴적작용의 균형 시스템에 대한 고려 없이 행해지게 되면 해변을 지키는 것은 실패하거나 어떤 경우엔 오히려 침식 속도를 가속화시킨다. 해안 침식에 대한 반응은 세 가지 범주로 나눌 수 있다.

1. **경성 안정화** : 방조제, 부두, 방파제 같은 구조적인 반응을 포함한다. 이러한 구조물은 일반적으로 시스템의 어떤 부분에서 침식을 느리게 한다(밀려오는 해파를 약화시킴으로써). 그러나 바로 인접한 지역에서는 침식을 가속화되기도 한다.
2. **연성 안정화** : 모래들의 이동과 해안의 보충, 해변 자양분의 이동, 모래를 연안으로부터 퍼 올려서 해안으로 재배치하는 것 같은 안정화시키는 비구조적 접근 방식을 포함한다.
3. **후퇴** : 해안 시스템에 인간의 간섭을 제한시키는 것이 가장 좋고 해안 침식과 파괴가 일어나는 지역은 포기하는 것을 전제로 한다.

오늘날 해안 침식을 다루는 대부분의 과학자들은 비용이 많이 들고 큰 해안선 시스템에 차질을 일으키는 경성 안정화보다는 후퇴 또는 연성 안정화 방식을 선호한다.

변화하는 해수면

대부분의 해안에서 해수면은 육지에 대하여 변하고 있다. 국지적이든 또는 지역적이든 빠른 변화는 지각의 재구조적 또는 지각 평형적인 운동에 의해 일어날 수 있다. 훨씬 느린 변화—분명히 전 세계적이며 아마 전 지구적 온난화와 관련된(제13장)—는 현재 해수면은 약 2.4mm/년 상승시키고 있다.

세계 해수면의 가장 큰 변화는 대륙 빙하가 성장하고 축소됨에 따라 해수의 부피가 변하고 암석권의 판이 이동함에 따라 해양분지의 위치가 변하기 때문에 오랜 시간에 걸쳐 일어났다. 우리는 이와 같은 변화를 장기에 걸친 세계 규모의 해수면 변동—전 지구적으로 해양에 영향을 미칠 정도로 해수면이 상승하거나 또는 하강함을 뜻함—이라고 말한다. 인간 수명의 기간 관점에서 이들의 느린 변화는 감지할 수가 없다. 그러나 지질학적인 시간 규모에서 이들은 세계 해양의 진화에 중요한 수단을 부여하였다.

침수와 융기

어떤 경우에서건 거의 모든 해안은 지난 10,000년 동안 육지에 대해 해수면이 올라가는 **침수**(submergence)를 겪은 적이 있다. 이 침수는 빙하기 말에 빙하가 녹으면서 막대한 양의 물을 바다로 되돌려 보내면서 해수면이 전 세계적으로 상승한 결과이다(그림 10.30). 이러한 침수 때문에 빙하 시대 동안 낮은 해안선은 거의 대부분 현재의 해안선보다 바다 쪽으로 100m 또는 그 이상 나아가 있었음을 보여주고 있다. 이와 대조적으로 빙하기 사이의 간빙기 동안의 해안선 위치는 종종 내륙 내에서 발견되며 현재 해안선 위치보다 더 높았다. 이러한 증거는 높은 해수면의 지형이 형성된 이후 육지에 대해 상대적으로 해수면이 낮아지는 **융기**(emergence)를 암시한다. 세계의 해안을 따라 반복되는 융기와 침수의 순환은 빙하기의 거대한 빙하 시스템의 성장과 쇠퇴와 관련되어 있다. 지구계의 세 가지 요소가 상호작용을 하여 이와 같은 변화를 일으켰다. 전 지구 기후 시스템(대기권)은 육지 위의 빙하의 부피(빙설권)를 조절하며 이것은 차례로 세계 해양(수권)에 있는 물의 양을 결정한다. 따라서 기후 변화와 관련이 있는 해수의 부피 변화는 해수면의 상승이나 또는 하강을 일으킨다.

해안 침수나 상승을 일으키는 전 지구적 해수면의 변화는 동시에 세계 해양의 모든 부분에 영향을 미친다. 동시에 대륙의 융기와 침강도 지역적인 침수와 융기를 일으킬 수 있다. 예를 들면 판의 수렴대 가장자리를 따라 일어나는 수직적인 지구조적 운동은 해변과 열대 초를 해수면의 위치보다 훨씬 높은 곳까지 융기시켰다. 지구조적 운동과 해수면 변화는 같은 방향이나 또는 반대 방향으로 다른 속도로 동시에 일어날 수 있기 때문에 해안을 따라 일어나는 해수면 변동의 역사를 푸는 것은 도전해 볼 만한 문제이다(자세히 보기 : 지중해 물이 모두 말라 버릴 때 참조).

해빙, 육빙, 그리고 해수면

육지의 얼음은 전 지구적 해수면에 중요한 영향을 미친다(제9장에서 논한 것처럼). 남극 대륙과 그린란드를 덮고

자세히 보기

지중해 물이 모두 말라 버릴 때

지중해는 거의 완전히 육지로 둘러싸여 있다. 지중해라는 이름은 '육지의 중심 바다'를 뜻한다. 지중해와 대서양을 잇는 지브롤터 해협은 얕고 14km 정도의 폭으로 되어 있다(그림 C10.1). 지중해는 남쪽으로 덥고 건조한 북아프리카의 나라들과 접경하고 있으며, 북쪽으로는 따뜻한 물과 화창한 해안가로 유명한 남유럽의 나라와 경계를 이루고 있다.

이 지역의 따뜻한 날씨는 물이 지중해로부터 지속적으로 증발해 없어지는 것을 의미한다. 증발되어 사라지는 물의 양은 나일, 론, 포, 아르노 및 (흑해의 유출을 통해) 다뉴브 강을 포함하여 큰 강으로부터 흘러 들어오는 양보다 훨씬 많다. 대서양 물이 지브롤터 해협을 통해 흘러 들어가는 강한 해류는 증발되어 손실되는 물을 보충한다. 차가운 대서양의 해수가 동쪽으로 흘러감으로써 온도가 높아지고 증발하여 염분이 높아진다. 결국 동지중해에서는 점점 밀도가 높아져 가라앉게 되고 지브롤터 쪽으로 역류하게 된다. 지브롤터 해협에서는 밀도가 높고 염분이 높은 역류는 차가운 대서양 해수 아래로 흘러나간다.

만약 아프리카나 혹은 유럽의 지구조적 운동이 지브롤터 해협을 차단하면 어떤 일이 일어날까? 우리는 이 질문에 대한 답을 알고 있다. 왜냐하면 이러한 현상이 이미 590만 년 전에 일어났기 때문이다. 이 해협이 닫히자 대서양 해수의 유입은 중단되었으며 지중해는 바다가 아닌 사막이 되었다. 1,000년 이내 물은 증발하여 지중해의 동, 서, 중앙 지역에 위치한 3개 얕은 분지로 줄어들었다(그림 C10.2). 각 분지 내에는 증발 광물

그림 C10.1 지중해와 지브롤터 해협
대서양의 해수는 지브롤터 해협을 통과해 지중해로 흘러 들어오고, 무겁고 고염의 해수가 되어 깊은 곳에서 반대로 빠져나간다.

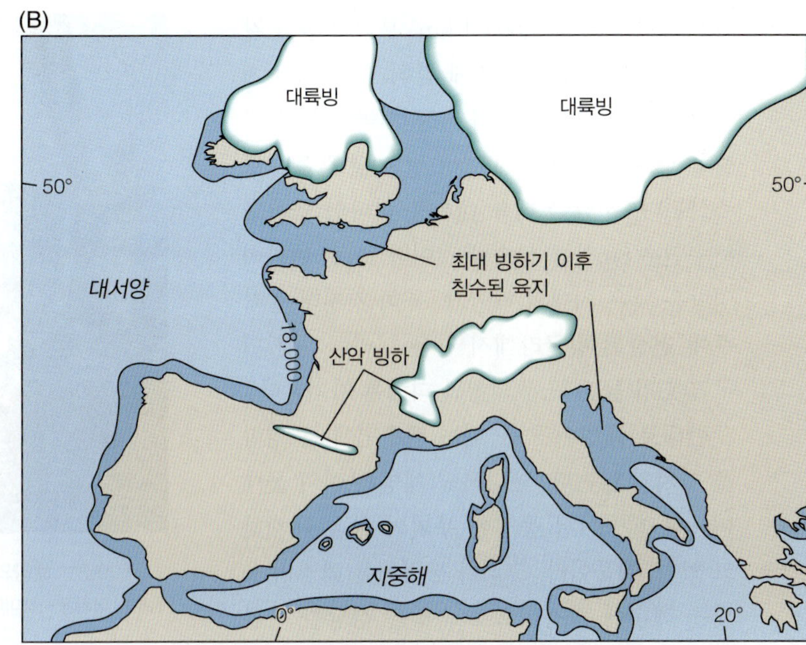

그림 10.30 연안 침수

북아메리카 동부 지역과 유럽 서부 지역의 연안 침수는 빙하기가 끝나는 시기에 대륙빙이 녹으면서 나온 해빙수가 대양으로 돌아가게 되면서 발생하였다. (A) 마지막 최대 빙하기 시기에 북아메리카 북동부 지역에 빙하로 덮인 지역과 대략적인 해안선, 그리고 빙하기가 끝난 후 해수면 상승으로 인해 침강된 연안 지역을 나타낸 것이다. (B) 마지막 최대 빙하기 시기에 유럽 서부 지역에 빙하로 덮인 지역과 빙하기가 끝난 후 해수면 상승으로 인해 침강된 연안 지역을 나타낸 것이다.

석고($CaSO_4 \cdot 2H_2O$)가 침전되었으며, 이어서 암염(NaCl)이 침전되었다. 과학 탐사선에 의한 시추 결과는 곳에 따라 증발 소금 광상의 두께가 3km에 달하는 것으로 밝혀졌다. 이와 같은 두께는 단 한 번의 증발작용에 의해 생성되기에는 너무 두꺼우며 시추 결과는 지중해가 완전히 마르고 증발작용이 일어난 각각의 시간에 이어 지중해 내 분지들은 여러 번에 걸쳐 해수로 채워졌음을 보여준다. 심지어 현재 해수면보다 훨씬 아래 있는 분지로 들어오는 고대 강 계곡의 증거도 있다. 이들 계곡은 현재 지중해에 잠겨 있지만 수위가 훨씬 더 낮아질 때를 겨누고 있다.

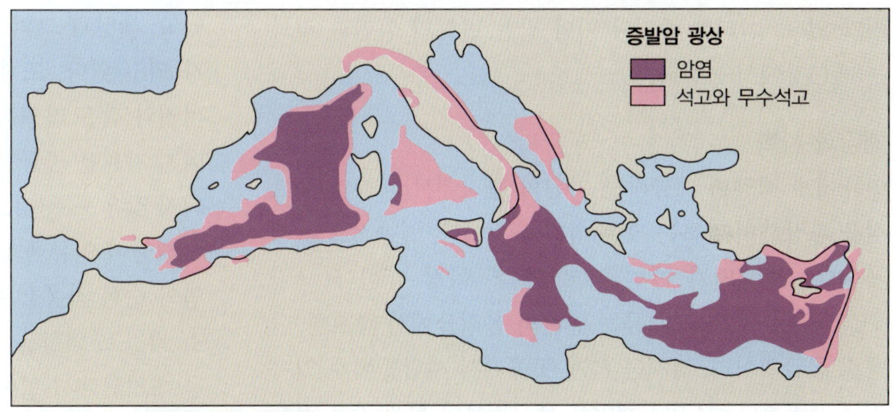

그림 C10.2 지중해 증발 퇴적물

증발 퇴적물은 마이오신기에 지중해가 반복적으로 마르고 채워지면서 3군데의 작은 분지에서 형성되었다.

아직까지 밝혀지지 않은 것은 지중해 분지에 있는 물이 왜 반복적으로 홍수처럼 밀려들어온 후 차단되었느냐는 것이다. 한 가지 가능성은 작은 지구조 운동이 연속적인 육지의 상승과 하강을 일으켰으며 그 결과 지브롤터 해협에 있는 육지 장벽을 높아지거나 낮아지게 했다는 것이다. 가장 그럴듯한 시나리오는 1,400만 년 전에 형성된 남극 대륙의 거대한 대륙빙이 성장하고 쇠퇴한 결과 해수면이 변동하였다는 것이다. 지중해가 마지막으로 다시 채워진 시기는 마이세와 플라이오세의 경계인 533만 년 전이다. 장벽에 도달한 대서양 해수는 좁은 해협을 통해 수백 년 동안 계속 넘쳐 흘렀으며 그 규모는 빅토리아, 나이아가라, 이과수 폭포를 합친 것보다 더 컸을 것이다.

지중해가 다시 말라 버릴 수 있을까? 아프리카와 유럽 모두는 지질 구조적으로 활발하다. 이 사례를 연구한 과학자들은 가까운 지질학적 미래에 지브롤터 해협이 다시 한 번 닫히게 될 가능성이 높다고 말한다.

있는 대륙빙은 약 2,800만 km^3 부피의 물과 같다. 이 물이 모두 빙설권에 갇히게 되면 전 지구 해수면은 육지의 빙하가 모두 녹아 물을 방출할 때보다 65m 내지 80m 정도 낮을 것으로 추산된다. 서남극 대륙 대륙붕 하나만 녹아도 해수면은 8m만큼 상승할 것이다. 이런 변화의 영향은 낮은 지대의 해안가, 특히 저지대 삼각주에 건설된 방글라데시 같은 나라들처럼 인구 밀도가 높은 곳에 엄청난 피해를 가져온다.

반대로 해빙이 녹을 때는 해수면에 큰 영향을 미치지 않는다. 왜냐하면 해빙은 이미 물에 떠다니고 있어서 동일한 부피의 물을 대체하고 있기 때문이다. 그러나 광범위한 해빙의 융해는 해수에 잠정적으로 수많은 상당한 다른 영향을 미치게 된다. 예를 들면 북태평양심층수의 형성은 매우 차갑고 염분이 높은(따라서 밀도가 큰) 해수의 존재에 의존한다. 만약 북극 해빙의 융해로부터 이것은 북대서양과 인접한 나라들의 기후에 심각한 재앙이 될 것이다. 급격한 변화가 지질학적 과거에 일어났다는 증거가 있다. 이러한 증거와 이와 같은 변화의 원인과 결과는 제13장에서 논한다.

그림 10.31 **해양의 부유함**
풍부한 어획량 — 해마다 8,000만 톤 이상 — 은 바다가 인간에게 주는 많은 혜택 중 하나일 뿐이다.

해양과 사회

인류에게 해양이 제공하는 자원의 관점에서 해양의 중요성을 과장하여 말하는 것은 어려울 것이다. 일반적으로 세계 바다 물고기가 매년 8,000만 톤 이상 잡힌다(그림 10.31). 물고기와 조개류는 인간의 음식물에서 중요한 단백질 공급원이며, 낚시는 세계 곳곳에서 사람들에게 일자리를 제공한다. 그러나 해양은 물고기보다 훨씬 많은 것을 제공한다. 해안의 퇴적암은 생산성이 가장 뛰어난 석유 광상이다. 석유를 얻기 위해 연안에서 시추를 하는 것은 세계 곳곳에서 수행되는 흔한 활동이다. 비록 해저에서의 채광은 시작 단계이지만 해양의 깊은 곳에서는 이미 소금, 모래, 자갈, 망가니즈, 구리, 철, 주석, 니켈, 코발트, 심지어 다이아몬드를 포함한 다양한 광물 자원들이 채광되거나 또는 탐사되고 있다. 많은 인류 역사를 통해 해양은 세계를 여행하고 탐험하는 수단들을 제공해 주었다. 상품은 여전히 거대한 원양 화물선을 통해 세계적으로 운송되고 있고, 해양과 그의 해안 지역은 여행과 여가산업의 중심지가 되고 있다. 또한 해양은 해수, 조력 에너지 및 파력 에너지와 같은 자연적인 열 에너지의 개발을 통해 유용한 에너지 자원을 공급할 수 있는 잠재력 — 아직 대규모로 실현되지 않은 — 을 갖고 있다.

해양이 인류에게 주는 가장 중요한 공헌은 전 지구적 열염의 순환 작용을 통해 기후를 조절하고 대기의 이산화탄소 저장소 역할을 하는 것이다. 이제 우리는 우리의 관심을 대기권에서 일어나는 대기의 순환으로 돌린다. 비록 대기는 해수보다 점성이 훨씬 작고, 따라서 더 강하게 소용돌이 치지만 해수와 같은 유체이다. 대기는 해양으로 덮여 있는 지구 면적의 70% 위에서 해양과 접해 있으며, 이들의 상호작용은 지구계의 상호작용 중 가장 중요하다.

요약

1. 해수는 지구 표면의 거의 70.8%를 덮고 있고, 대부분 태평양, 대서양, 인도양에 담겨져 있다. 각 대양은 남반구 해양으로 연결되어 남극을 둘러싸고 있다. 해양에서 가장 깊은 곳은 11km 이상이며 평균 수심은 4.5km이다. 바다의 현재 부피는 태평양의 해수가 전체 해수의 반 이상을 차지한다.
2. 퇴적층의 증거에 의하면 최소한 40억 년 전에 해양이 존재했다. 가장 그럴듯한 설은 세계의 바다는 원시 시대에 분출한 화산 가스 중 수증기가 응결하여 형성되었다는 것이다.
3. 해수의 염분은 보통 33~37‰이거나 무게당 약 3.5% 정도이다. 염분에 기여하는 주요 요소는 나트륨과 염소이다. 이들과 그 밖의 이온은 화산 활동, 대기 중에 떠 있는 먼지 및 인간에 의한 오염물질뿐만 아니라 해수의 염은 육지 암석의 풍화작용에 의해 생긴 이온들에 의한 것이다.
4. 해수 표면 온도는 위도와 연관성이 강하며 적도에서 가장 높다. 표면 염분 또한 위도와 연관성이 높으며 주로 증발, 강수량, 담수(강)의 유입과 해빙의 녹고 어는 것에 의해 영향을 받는다.
5. 해수는 밀도의 다양성으로 인해 수직적으로 성층화되어 있다(차갑고 염분이 높은 물은 따뜻한 담수보다 밀도가 높다). 따뜻하고 담수로 이루어져 있는 얇은 표층은 수온약층에 의해 깊어짐에 따라 온도가 급격히 떨어지는 더 차갑고 깊은 층과 구분된다. 수온약층은 대체로 깊이에 따라 급격하게 밀도가 변하는 밀도약층과 염분이 급격하게 변하는 염분약층과 일치한다.
6. 해수의 가장 위쪽은 유광대이다. 가장 깊은 해수나 바닥 퇴적물은 저서성 구역을 이룬다. 해양에서 식물은 충분한 빛 에너지로 광합성이 가능한 광합성대에 있다.
7. 석회질 연니와 규질 연니는 부유하는 플랑크톤 같은 생명체와 저서성 동물과 식물의 존재를 가능하도록 하는 해양 퇴적물이다. 다른 중요한 해양 퇴적물은 암편 퇴적물과 적색 점토이다.
8. 해류는 북반구에서는 움직이는 물체를 오른쪽으로, 남반구에서는 왼쪽으로 편향시키는 전향력과 해수 표면에 작용하는 바람의 마찰력과 깊이에 따른 전향력에 의해 형성된 에크만 수송의 영향을 받는다. 해안 가까운 곳에서 만약 순 이동이 해안에서 멀어지면 에크만 수송은 용승을 일으키거나 또는 순 이동이 해안 쪽으로 이루어지면 하강이 일어난다.
9. 표층 해류는 해수면 위로 지속적으로 부는 바람의 마찰적 끌림에 의해 움직이는 표면 해수의 넓고 느린 이동이다. 주요 표층 해류의 각각은 커다란 환류의 일부이며 태평양과 대서양에 각각 2개, 그리고 인도양에 1개가 있다. 북반구의 대양성 해류에 있는 해류는 시계 방향으로 순환하는 반면 남반구에 있는 해류는 반시계 방향으로 순환한다.
10. 북인도양은 계절풍과 함께 계절적으로 해류의 방향이 바뀌는 독특한 순환 형태를 보여준다. 또 다른 중요한 지역적 바람-해류 시스템인 엘니뇨가 있다. 엘니뇨는 무역풍과 이들과 관련된 해류가 약해지거나 또는 심지어 해류 방향이 반대일 때 매 수년마다 발생한다.
11. 해수는 밀도에 따라 층을 이루는 주요 수괴로 나눌 수 있다. 남극중층수(AAIW)가 가장 규모가 큰 수괴이다. 밀도가 높고 차가우며 염분이 높은 북대서양심층수(NADW)는 북대서양 표면부 근해의 여러 곳에서 발생하며, 아래로 침강하면서 심해 순환 시스템의 커다란 '컨베이어벨트' 인 전 지구적 열염 순환을 일으키면서 남대서양으로 퍼져나간다.
12. 해양의 표면파는 해수 표면을 가로질러 부는 바람으로부터 에너지를 얻는다. 바람의 영향이 작은 해수 표면 아래에서는 깊이가 깊어짐에 따라 에너지가 점점 감소한다. 해파 파장의 1/2 깊이인 파저에서는 물의 운동은 무시할 수 있을 정도이다. 해수의 깊이가 얕아지며 육지에 가까운 곳에서는 파저는 바다 밑바닥과 상호작용을 시작한다. 이와 같은 간섭은 결국 해파를 붕괴되어 파쇄될 때까지 변형시키며 격렬하게 요동치는 쇄파가 된다. 쇄파는 해파가 일으키는 대부분의 침식작용의 원인이다.
13. 해파의 굴절은 해파가 해안선 가까운 얕은 바다로 들어올 때 해파의 방향이 재조절될 때 일어난다. 들어오는 해파의 성분 중 해안선에 수직인 성분은 쇄파를 일으키고, 해안선에 평행한 성분은 이안류를 형성한다.
14. 쓰나미 또는 지진성 해파는 해저지진, 해저 또는 해안 사태, 또는 대규모 화산 분출에 의해 해저 지각의 수직적인 이동이 갑작스럽게 일어날 때 생성되는 바다 물결이다.

15. 조석은 지구, 달, 그리고 (더 적은 정도로)태양 사이에 작용하는 기조력에 의해 일어난다. 기조력에 의해 지구의 반대편 양쪽에 생기는 해수의 조석 팽창은 원래 고정되어 있는 한편 지구는 자전하면서 이들을 통과하게 된다. 바다 가장자리의 대부분 지역에서 해안 지역이 각 조석 팽창속과 부닥침에 따라 매일 2개의 고조와 저조를 볼 수 있다.
16. 해빈, 사취, 보초섬 및 삼각주는 해안지대에 흔한 퇴적 지형이다. 하구와 이와 관련된 염수 내지 기수의 바다 습지는 담수와 해수가 혼합되는 해안 환경에 발달된다. 산호와 그 밖의 탄산염을 분비하는 생명체로 구성된 거대한 군체들로 이루어진 열대의 석회암 초와 환초는 변화가 많은 중요한 생태학적 환경이다.
17. 해안선 시스템에서 퇴적물의 유입과 유출은 국지적으로 균형을 이룬다. 만약 퇴적물의 공급이 변하면 해안선의 변화(침식 또는 퇴적)는 뚜렷해진다. 해안 침식에 대한 사람들의 반응은 경성안정화, 연성안정화 또는 후퇴의 형태를 취한다.
18. 지질학적으로 빠른 해수면의 변화는 국지적 또는 지역적인 지각의 지구조 운동 또는 지각균형 운동이다. 세계 규모(전 지구적 규모)의 해수면 변화는 대륙 빙하의 증대와 쇠퇴에 따른 해수 부피의 변화와 암석권 판의 유치 변동에 따른 해수 부피의 변화와 암석권 판의 위치 변동에 따른 해양분지 내 해수 부피의 변화에 의해 일어난다. 거의 모든 해안은 과거에 일어난 침수와 융기에 대한 약간의 증거를 보여준다.
19. 육상의 얼음은 전 지구적 해수면에 큰 영향을 미친다. 만약 육상의 모든 얼음이 녹는다면 해수면은 약 65~80m 정도 상승할 것이다. 해빙의 융해는 해수면에 급격한 영향을 미치지는 않을 것이다. 그러나 이는 NADW 형성을 억제하는 것과 같은 잠정적으로 중요한 다른 영향을 미칠 수 있다.
20. 인류 역사를 통해 해양은 어류와 패류, 수송 및 휴양의 기회를 포함하여 풍부한 자원을 공급해 왔다. 보다 최근에는 석유, 광물자원 및 에너지 추출의 기회를 제공하고 있다. 그러나 해양의 가장 중요한 공헌은 기후를 조절해 주는 영향이다.

주요 용어

남극저층수(AABW)
대양(world ocean)
동물 플랑크톤(zooplankton)
북대서양심층수(NADW)
수온약층(thermocline)
쇄파(surf)
식물 플랑크톤(phytoplankton)
쓰나미(tsunami)
에크만 수송(Ekman transport)
열염 순환(thermohaline circulation)
염분(salinity)
용승(upwelling)
융기(emergence)
이안류(longshore current)
초(reef)
침강(downwelling)
침수(submergence)
전향력(coriolis force)
조석(tide)
파장(wavelength)
파저(wave base)
하구(estuary)
환류(gyre)
해변(beach)
해파의 굴절(wave refraction)

복습 문제

1. 판구조론의 입장에서 태평양 분지가 지구의 주요 3개 해양분지 중에서 가장 큰 이유를 설명하라.
2. 지구 표면에 최소한 40억 년 동안 액상의 물이 존재했다는 지질학적 증거는 무엇인가?
3. 지질 시대 동안에 하천에서 해양으로 흘러든 용해된 이온의 양이 현재의 해수에 있는 이 물질의 알려진 양보다 훨씬 많다면 왜 해수가 지금보다 훨씬 더 짜지 않은가?
4. 표층 해수의 수온과 염분은 어떻게 그리고 왜 위도와 연관이 있는가?
5. 어떤 요소들이 해수를 수직적으로 층상 구조를 이루게 하는가?
6. 북아메리카의 서안에서 수온의 계절 변화 범위가 이곳

에서 수백 킬로미터 떨어진 내륙 안쪽 지역보다 작은 이유를 설명하라.

7. 어떤 작용이 해안 지역의 융기와 침수를 일으키게 하는가?
8. 적도의 남북 양쪽에 커다란 중앙해양 환류의 존재에 대해 설명하라.
9. 해안지형의 세 가지 형태에 대해 기술하라.
10. 에크만 수송을 일으키는 2개의 상호작용하는 힘은 무엇인가?
11. 대륙 주변부의 용승과 침강을 일으키는 대조적인 해양 조건은 무엇인가?
12. 부두에 매어둔 배는 왜 매일 두 번씩 고조와 저조를 만나게 될까?
13. 북대서양심층수의 생성과 전 지구적 해양 순환계에서 이것의 역할을 기술하라.
14. 해양에서 주요 생물대는 무엇인가?
15. 어떻게 산호초가 형성되고 발달하는가? 그리고 산호초는 왜 그와 같이 생물학적 생산성과 다양성이 막대한 지역일까?

연구와 토론 문제

1. 찰스 다윈이 동식물 연구가이고, 영국에서 남아메리카의 남동 해안을 향해 항해를 시작하는 비글 호에 여러분이 항해보조사로 승선한다고 가정하자. 포츠마우스(50.8° N)에서 몬테비데오(35° S)로 가는 동안 바람과 해류를 이용하기 위해 피츠로이 선장이 따를 수 있는 항로를 제시하라.
2. 해양의 열염 순환계가 계속 작동하지 않고 가끔 멈추었다고 가설을 세워보자. 무엇이 그러한 중단을 초래했을 수 있으며, 과거에 이러한 것이 일어났다면 어떤 증거를 찾아야 할까?
3. 여러분은 해안가에 살거나 근처 학교에 다니는가? 만일 가능하다면 해안 지역으로 여행을 가거나 방문할 계획을 세워라. 해안 구조의 퇴적물의 근원은 무엇인가? 밀려오는 파도를 관찰하자. 파의 주기는? 파가 처음 쇄파를 형성하기 시작할 때 해안에서 얼마나 멀리 떨어져 있는가? 어떤 방향에서 파는 해안가로 접근하는가? 파는 해안가에 닿을 때 굴절하는가? 해안가 침식을 제어하려는 인간의 개입에 대해 적어 보자. 경성안정화 혹은 연성안정화 접근인가?

기초 원리 문제

1. 지중해의 현재 지리적인 환경은 무엇인가?
2. 590만 년 전에 지중해가 말라붙고 다시 채워짐이 반복된 이유는 무엇인가? 그런 일이 또 일어날 수 있을까?
3. 지중해가 말라버릴 때 지중해가 마이오세 시기 동안 반복적으로 마르고 다시 채워지는 일을 겪었다는 것을 보여주는 주요한 두 가지 증거에 대해 논하였다. 그것은 무엇인가? 만일 여러분이 이런 현상에 영향을 주거나 원인을 제공한다면 어떤 종류의 증거를 찾을 수 있을까? 과학자들이 발견한 다른 증거들은 찾아보기 위해 몇 개의 연구를 보라. (이런 사건의 기술적인 이름은 메시니안 염분 붕괴 혹은 메시니안 사건이다.)

자세히 보기 문제

1. 전향력은 무엇이고 어떻게 해양 흐름의 움직임에 영향을 주는가? 싱크대나 변기의 물에 전향력은 남반구와 북반구에서 반대 방향인가?
2. 전향력은 왜 위도에 따라 다양한가? 어디가 가장 강하고 약한가?
3. 그림 B10.3A는 횡파를 보여준다. 입자의 이동은 전파 방향에 수직이다. 여러분은 종파를 그리기 위해 이 그림을 어떻게 바꿀 수 있나? (힌트 : 제6장 지진파의 P파).

제 4 부

대기 : 지구를 둘러싸고 있는 기체

대기(atmosphere) : 수증기, 김을 의미하는 그리스어 *atmos*와 지구, 공, 구를 의미하는 *sphaira*에서 유래

지금까지는 지구의 특성 중 고체 지구의 여러 과정이나 지구계에서 물이 차지하는 독특한 의미 등과 같은 행성으로서 지구를 고려하였다. 그러나 행성에 사람이 살 수 있으려면 다른 중요한 특징이 충족되어야 하는데, 대기가 호흡할 수 있어야 하며, 호흡에 필요한 가장 중요한 원소인 산소가 포함되어야 한다. (전부는 아니지만) 많은 생명체처럼 인간의 육체는 산소를 필요로 하며, 지구를 둘러싸고 있는 기체인 대기로부터 산소를 얻는다. 우리가 잘 알고 있듯이 대기는 생명이 지구상에서 살수 있는 데 필요한 적당한 양의 산소를 공급해 주고 있다. 이런 특징은 암석권의 역동적인 특성, 생물권의 존재, 표면에 액체 상태의 물의 존재와 더불어 지구를 태양계에서 유일한 특성을 갖는 행성이 되도록 한다. 제11장에서는 대기의 역사와 기본적인 특성을 살펴보려 한다.

대기는 화학적 과정에 의해 생명체가 존재할 수 있게 해 주는 것뿐만 아니라 지구계가 태양 에너지를 저장할 수 있게 하는 중요한 매개체가 된다. 대기에 의해 저장된 태양 에너지는 바람과 대기 순환 등을 통해 열(heat)이 적도에서 극으로 수송되면서 재분배되고, 전구 규모나 지역 규모의 날씨 시스템이 생성된다. 바람과 날씨와 관련된 여러 과정들은 제12장에서 다룰 것이다.

대기는 지구계와 우주 공간을 연결해 주는 경계면이 되며, 지구로 입사하는 태양 에너지와 우주로 방출되는 지구 복사 에너지가 이곳에서 여러 과정을 거치게 된다. 따라서 대기는 지구계 내부에서 일어나는 과정뿐만 아니라 행성 지구의 궤도 특성 등과 같은 외부의 여러 조건에 의해서도 영향을 받는다. 이들의 작용으로 우리 기후 시스템 특성이 유지되는 과정을 제13장에서 주로 다룰 것이다.

제4부는 다음과 같은 장으로 구성되어 있다.

- 제11장. 대기
- 제12장. 바람과 날씨 시스템
- 제13장. 기후 시스템

◀ **구름 위의 모습**
지구 대기는 얇지만 절대적으로 중요한 방어막 기능을 한다. 사진 속의 구름을 형성하고 있는 물은 대기를 이루는 중요한 성분 중 하나이다.

CHAPTER

11

대기

개요

이 장에서 우리는

- 지구가 진화하면서 대기는 어떤 변화를 거쳤는지를 배운다.
- 대기의 구성과 구조에 대해 이해한다.
- 대기 중 수증기의 특성과 그 역할을 조사한다.
- 구름의 종류와 생성 과정을 조사한다.
- 최근 대기 변화의 원인과 영향에 대해 알아본다.

◀ **지구 대기**

이 멋진 사진은 태평양 상공을 지나는 국제우주정거장에서 2003년 7월 21일에 찍은 것으로, (대기의 맨 아래 부분인) 대류권이 수평선 위에 얇고 푸른 띠로 나타나 있다. 모루처럼 보이는 구름은 뇌우 꼭대기에서 발생한 것인데, 구름이 이런 독특한 형태를 띠게 된 이유는 따뜻한 공기가 구름을 만들면서 상승하다가 대류권 상층 경계에 막혀 더 이상 상승할 수 없기 때문이다.

지구는 공기로 둘러싸여 있다. 우리는 흔히 대기와 공기를 구별하지 않고 사용하지만, 이 둘은 서로 다른 의미를 갖고 있다. **대기**(atmosphere)는 행성이나 천체를 둘러싸고 있는 기체를 말한다. 지구는 대기를 갖는 여러 행성 중 하나이다. 반면에 **공기**(air)는 지구라는 한 특별한 행성을 감싸고 있는 무색무취의 기체들과 여러 부유 물질의 혼합물이다. 다시 말하면 지구 대기는 공기로 이루어져 있다.

우리가 살아가기 위해선 산소가 필수적이므로 손쉽게 공기 중의 산소를 호흡할 수 있는 것이 운 좋은 일이라 생각할 수 있다. 비록 우리 몸은 공기 중의 산소 농도 변화에 약간 적응할 수는 있지만, 견딜 수 있는 농도의 변화폭은 그리 넓지 않다. 우리가 견딜 수 있는 산소 농도의 하한선은 높은 산들을 탐험하거나 고지대에서 살고 있는 사람들에 대한 연구로 알 수 있으며, 여분의 산소를 필요로 하는 심해 잠수부나 병원 환자들에 대한 연구를 통해 산소 농도의 상한선을 알 수 있다. 이런 연구를 통해 인간이 생존하기 위해선 행성 대기의 산소량은 현재의 공기 중 산소량보다 40% 정도 높거나 44% 낮은 범위에 있어야 한다는 것을 알 수 있었다. 어떤 생물들은 대기의 산소 농도 변화에 더욱 잘 견디거나, 심지어 산소를 필요로 하지 않는 것도 있는가 하면 산소 변화에 민감하게 반응하는 것도 있다.

대기는 산소를 제공하는 등의 화학적 역할뿐만 아니라 지구상에 생명체가 살아갈 수 있게 하는 여러 가지 기능을 제공하고 있다. 대기는 수증기와 에너지를 저장하거나 흡수하여, 그것들을 열의 형태로 전 지구로 재분배하면서 바람과 날씨 시스템을 만든다. 대기는 여러 물질들을 이곳저곳으로 옮기며 해류도 흐르게 한다. 대기는 또한 유해한 복사 에너지로부터 인류와 지구상의 다른 생물체를 보호한다. 이 장에서 이러한 지구 대기의 기본 특징과 기능을 살펴보려 한다.

생명체가 살 수 있는 행성

지구의 긴 역사 속에서 대기는 항상 오늘날과 같은 화학적 구성을 갖고 있지 않았고, 인간과 같은 생명체로 호흡을 위해 필요한 산소 또한 적합하지 않았다. 지질학적 자료를 통해서 알 수 있는 것은 지구 대기의 산소량은 계속 변해 왔지만, 적어도 지난 수억 년 동안에는 사람이 생존할 수 있는 범위에 있었다는 것이다. 그럼 지구 역사 속에서 대기는 어떤 변화를 거쳤는지, 그리고 오늘날의 대기 구성이 어떻게 만들어졌는지 살펴보자.

과거의 지구 대기

제4장에서 배웠듯이 지구는 (수성, 금성, 화성 등과 같이) 밀도가 큰 암석과 금속 물질, 그리고 가볍고 휘발성의 물질로 이루어진 태양 성운이 응집하여 생성되었다. 초기 지구를 구성했던 휘발성 물질들은 중력에 붙잡혀 지구의 원시대기 혹은 일차 대기라 일컫는 기권을 구성하였다. 그런데 이 초기 대기는 강력한 태양풍에 의해 지구 밖으로 날아가 버렸다. 다행스럽게 그때까지도 지구 내부에는 휘발성 물질들이 많이 존재하여 화산 활동과 함께 조금씩 분출되었다. 이와 같은 화산에 의한 가스 배출은 초기 지구보다는 훨씬 약하지만, 오늘날까지도 지속되고 있다. 시간이 지나면서 화산에 의한 가스들이 모여 지구의 이차 대기를 구성하였다.

가벼운 기체로 이루어진 대기가 우주 공간으로 날아가 버리지 않고 유지되기 위해선, 행성은 (중력이 충분히 클 정도로) 무겁거나 아니면 (기체 분자들의 운동 에너지가 중력을 벗어나지 못할 만큼) 차가워야 한다. 태양계의 거대한 외행성인 목성, 토성, 천왕성, 해왕성 등은 무겁고 차갑기 때문에 매우 두꺼운 대기를 가지고 있다(그림 4.12B 참조). 반면에 지구는 그렇게 무겁지 않고 초기 지구의 온도가 매우 높았다. 때문에 초기 지구가 처한 상황에서 대기가 유지되기는 어려웠을 것이다. 그런데 화산 활동에 의해 지구 내부에 있던 휘발성 물질이 분출되어 2차 대기를 형성할 무렵 지구는 대기권을 유지할 만큼 차가워졌고, 이런 환경에서 오늘날 우리가 볼 수 있는 대기로 진화할 수 있었다.

대기의 화학적 진화

초기에 생성된 2차 대기는 오늘날 대기와는 사뭇 달랐다. 한가지 예로 (최초 지구 생성부터 38억 년 전 기간 동안으로 지옥을 의미하는 그리스어 *Hades*에서 유래한) 태초대(Hadean Eon) 동안 지구는 꽤 뜨거웠다. 태초대의 대기 구성은 화산 분출 가스에 의해 결정되었는데, (오늘날과 비슷하게) 수증기가 전체 부피의 97%를 차지하고, 메테인(CH_4), 수소(H_2), 질소(N_2), 이산화탄소(CO_2), 아르곤(Ar) 같은 불활성기체 등으로 이루어졌다.

이들 중 많은 기체들이 적외복사 에너지를 흡수하는 온실기체이므로 지구 표면을 뜨겁게 만들었다. 이때 지구는 액체 상태의 물이 존재하기에는 너무 뜨거웠고, 대기 중의 수증기는 이산화탄소, 황, 질소, 수소화합물 등과 결합하

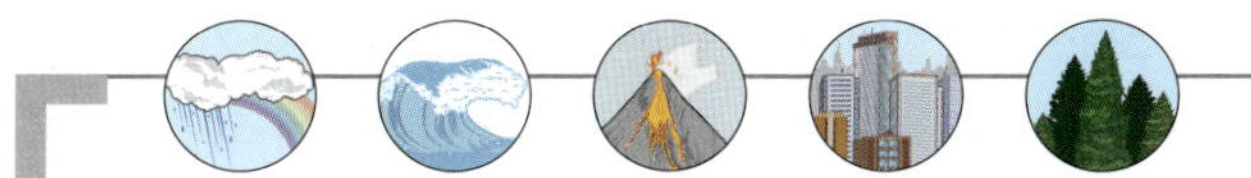

관련짓기

초기 지구에 내렸던 산성비는 지표면에 지각의 암석이 고결되는 데 어떤 역할을 했을까? 또한 산성비가 물이 모여 최초의 바다를 형성하고 초기 생명이 탄생하는 데 기여한 점은 무엇일까?

여 산성물질을 만들었다. 이 결과로 초기 지구에는 산성비가 내리게 되었다. 그때의 지구 대기에는 산소 분자(O_2)나 오존(O_3)이 존재하지 않았는데, 이는 그나마 2차 대기에 있던 미량의 산소 원자들이 이산화탄소(CO_2) 등과 같은 화합물로 결합되었기 때문이다. 이 무렵 초기 지구 대기의 밀도는 오늘날보다 높았으며, 지표면의 대기압 또한 매우 높았다.

요약하면 오늘날과는 다르게 초기 지구는 생물이 살기 어려운 대기로 둘러싸여 있었다. 태초대의 지구 표면은 아마도 토성의 가장 큰 위성인 타이탄과 비슷한 환경이었을 것이다. 이러한 이유로 오늘날 과학자들이 타이탄 탐사에 관심을 가지고 있다(그림 11.1). 대기는 지구 수권과 함께 지질학적 시간 동안 커다란 변화를 거쳐왔다(그림 11.2). 더욱 놀라운 것은 지구상에 발생한 생명 그 자체가 지구 대기의 화학적 조성을 바꾸는 주요한 원인이 되었다는 점이다. 생물은 대기 중에 산소를 공급하고 이산화탄소를 제거하는 등의 두 가지 중요한 변화를 이끌었다.

산소의 생성

한가지 매우 중요한 기체인 산소를 제외하면, 현재 대기를 구성하고 있는 대부분의 원소들은 지난 40여 억 년 동안 분출된 화산 가스로부터 유래되었다. 산소는 40억 년 동안 지구 대기에 거의 존재하지 않았지만, 현재는 대기의 약 21%를 차지하고 있다. 무엇이 이런 변화를 초래했을까?

그림 11.1 타이탄(토성의 위성)과 태초대의 지구
이 그림은 토성의 가장 큰 위성인 타이탄 표면을 상상하여 그린 것이다. 탄화수소가 가득하고, 얼음과 암석투성이인 지표와 고밀도의 대기는 태초대의 지구 대기와 비슷할 것이다.

그림 11.2 시간에 따른 지구 대기 조성 변화
지구 대기의 조성은 시간에 따라 변해왔다. 특히 산소와 이산화탄소의 변화는 광합성 등과 같은 생명체 활동에 의해 나타난다.

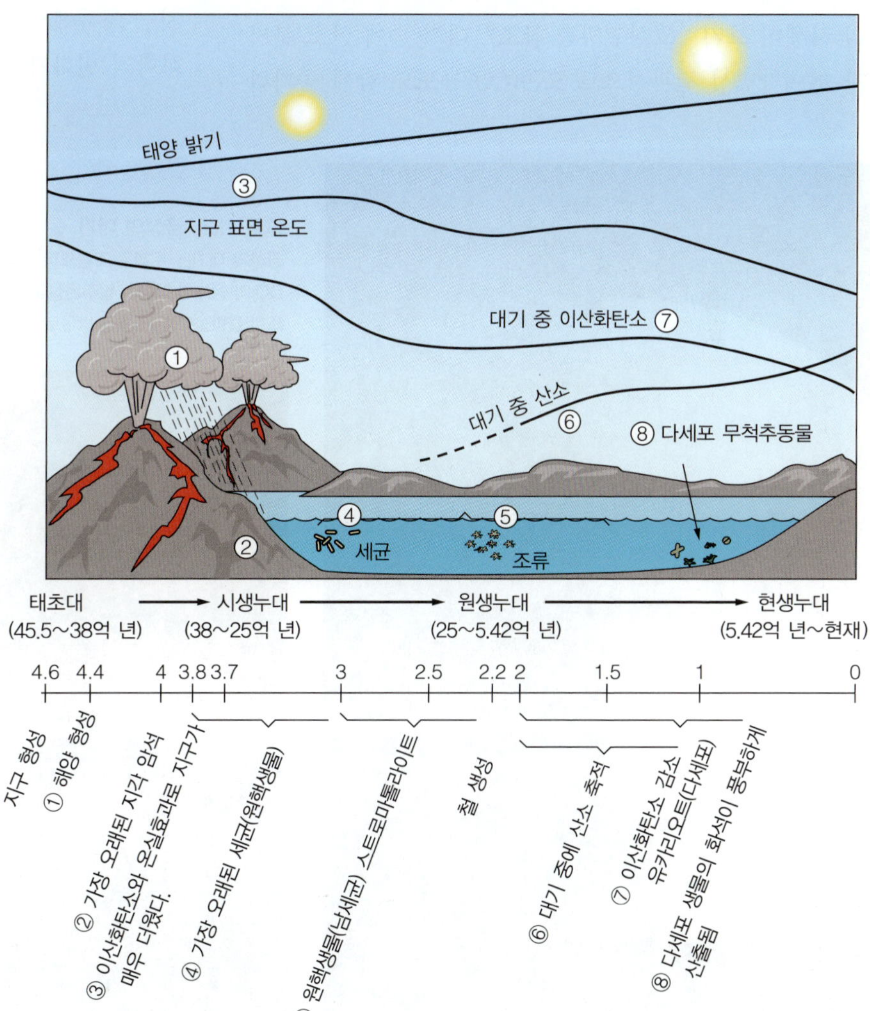

초기 대기에서도 적은 양이지만 산소는 자외선에 의해 수증기가 산소와 수소로 광분해되는 과정에서 발생하였을 것이다. 그러나 이 과정에 의해 발생한 산소량은 현재 대기중의 산소량에 비해 턱없이 모자라는 수준이었다. 오늘날 대기 중의 대부분의 산소는 식물의 **광합성**에 의해 만들어졌는데, 지구 생물권을 이루는 **일차 생산자**인 식물은 빛 에너지를 이용하여 이산화탄소와 물로부터 탄수화물을 합성하면서 부산물인 산소를 배출한다. 광합성과 일차 생산자들의 역할에 대해서는 제15장에서 다루고 있다.

최초 광합성에 의해 생성된 산소는 곧바로 철과 같은 다른 원소들과 쉽게 결합하여 산화물을 만들었다. 따라서 식물에 의해 배출된 산소가 산소분자(O_2)로서 대기 중에 축적되기 시작할 때까지는 꽤 오랜 시간이 걸렸다. 이 일은 지금으로부터 약 25억 년에서 18억 년 전쯤에 시작되었으며, 대기 구성의 이런 변화는 (환원되어 산소가 적은) 검은 색과 (산화되어 산소가 풍부한) 붉은 색이 띠 모양으로 번갈아 나타나는 해양저의 퇴적물을 통해 알 수 있다(제7장의 자세히 보기 : 호상철광층 참조). 대기 중에 산소 분자가 쌓여가면서 결과적으로 오존(O_3) 농도도 함께 증가하였다. 오존은 생물에게 유해한 자외선을 흡수하기 때문에 생물이 얕은 물속과 육지 전역에까지 번성하게 되었다. 지구 진화에 주목할 만한 이 단계는 11억 년 전~5억 4,200만 년 전에 나타났다. 흥미롭게도 화석 기록은 현생 누대가 시작되는 때인 5억 4,200만 년 전부터 생물의 형태가 폭발적으로 다양해졌다는 것을 보여주고 있다.

그 이후 대기 중 산소 농도는 조금 변동이 있었다. 지난 2억 년 동안 산소 농도는 10%에서 25%까지 상승하였고, 이후 현재 수준인 21% 정도로 유지되었다(이것도 영구 불변의 수치는 아닐 것이다). 이런 산소 농도의 변동은 생명체에 중요한 영향을 주었다. 예를 들면 고에너지의 온혈 물질대사를 위해 많은 산소를 필요로 하는 인간과 포유동물에게는 풍부해진 산소가 좋은 조건이 되었다. 이 내용과 대기가 생명에 미치는 다른 영향을 제14장과 제15장에서 살펴볼 것이다.

이산화탄소 농도의 감소 과정

지구 역사에서 산소 농도의 증가뿐만 아니라 중요한 대기 화학적 변화가 또 있었다. 수십억 년 전의 지구 대기에는

그림 11.3 금성의 대기
금성의 대기는 두꺼운 구름으로 덮여 있기 때문에 망원경으로 볼 때 밝고 하얗게 나타난다(A). CO_2가 풍부한 대기는 탈주온실효과를 일으켜 표면 온도를 납이 녹을 정도로 뜨겁게 만들고, 구름 또한 물방울이 아닌 황산 방울로 이루어지게 만들었다(B).

매우 높은 수준의 이산화탄소가 있었다. 그러나 현재는 0.05% 미만의 매우 적은 양만이 남아 있을 뿐이다. 만약 지구가 초기 고농도의 이산화탄소를 계속 지니고 있었다면 현재 대기의 97%가 이산화탄소인 금성과 비슷한 행성이 되어 버렸을 것이다(그림 11.3). 지구와 금성은 서로 크기, 내부 구성, 태양계에서의 위치(금성이 태양에 더 가까운 서로 인접한 궤도를 가진 내행성이다) 등과 같은 많은 비슷한 점이 있다. 그러나 금성 대기가 대부분 이산화탄소로 이루어진 점이 지구와 다른 점이다. 이런 고농도의 이산화탄소는 탈주온실효과를 낳아 금성의 표면을 납이 녹을 정도로 뜨겁게 만들었다. 따라서 액체의 물이 금성 표면에 존재할 가능성은 없다. 금성과는 다르게 지구 대기에서 이산화탄소를 사라지게 한 과정은 무엇일까? 다시금 이 과정도 지구조 순환과 암석 순환과 함께 생명이 중요한 역할을 하였다.

초기 대기에서 광합성을 통해 산소를 생산한 것에 덧붙여 생물권의 등장은 탄소 순환에 큰 영향을 주었다. 이것은 산소 순환과 이산화탄소 순환이 상호 연결되어 있기 때문이다. 식물은 탄소 유기물을 생산하면서 대기에서 탄소를 제거함과 동시에 산소를 배출한다. 이후 탄소 유기물은 부패하면서 산소를 소비하고, 이산화탄소를 배출함으로써 탄소를 대기로 돌려보낸다. 이 과정은 생명과 산소, 이산화탄소 간의 상호 관련성을 말해 주고 있지만, 아직도 지구의 자매격인 금성과는 다르게 어떤 과정으로 그토록 많은 탄소가 대기에서 사라지게 됐는지에 대한 답을 주지는 못한다.

대기에서 탄소가 사라지기 위해서는 생명 현상과 암석 순환과 지구조 순환 간의 상호작용이 필수적이다. 해양 생물의 껍질이 주로 탄산칼슘($CaCO_3$)으로 만들어지는 것을 고려하면, 이것으로 이산화탄소가 저장될 것임을 알 수 있다($CaCO_3 = CaO + CO_2$ 과정을 통해). 이 생물이 죽은 후에 껍질은 해저로 퇴적되어 결국 고화작용(lithification)을 통해 석회석으로 변할 것이다. 탄소 순환에서 석회암은 탄소를 장기간 저장하는 저장소 역할을 한다. 탄소 기반의 유기체들 역시 완전히 분해되기 전에 대륙 주변부를 따라 퇴적층으로 쌓이게 된다. 석회암이나 탄소를 포함하는 퇴적암 그리고 유기 퇴적물이 묻히게 되면, 그것들이 담고 있는 탄소가 대기나 수권으로부터 오랫동안 효과적으로 격리된다. 이런 작용을 탄소격리라 한다. 지구와는 달리 금성에는 탄소격리 과정이 발생하지 않아서 현재까지 탄소가 대기 중에 남아 있게 되었다.

그렇다면 탄소를 포함하는 퇴적물이나 암석들이 묻히는 과정을 살펴보자. 여기서 지구조 순환이 등장하게 된다. 판이 발산하고 해저가 확장하여 새로운 해양분지가 만들어질 때 대륙 주변부도 함께 새롭게 생성된다. 이것의 예로 트라이아스기와 쥐라기 사이에 초대륙인 판게아가 갈라지면서 대서양이 생성된 것을 들 수 있다. 방대한 양의 퇴적물이 새롭게 생성된 대륙 주변부에 쌓이게 되어, 유기물이 매장되는 비율이 더욱 가속되었다. 지구조 순환은 섭입 과정을 통해 석회암과 해저 퇴적물을 맨틀로 운반하여 그 속에 포함되어 있던 탄소를 지표 부근에서 일어나는 생화학 순환으로부터 제거하며, 대기권과 수권으로부터 고립시킨다.

탄소가 생물체로 흡수되는 것을 포함하여 탄소가 포함된 암석과 퇴적물의 생성 그리고 유기물이 매장되는 과정은 지구의 오랜 역사 동안 지속되었다. 그러므로 암석권, 수권, 생물권 모두의 상호작용으로 오늘날 우리가 호흡하는 대기로 진화되었다고 할 수 있다. 만약 석회암과 유기 퇴적물, 그리고 탄소를 포함한 다른 퇴적암 속의 이산화탄소가 모두 대기 중으로 배출되어 금성의 대기처럼 된다면 우리가 알고 있는 생명은 더 이상 존재하지 못할 것이다.

지구 대기의 성분과 구조

이제 우리의 관심을 오늘날 대기의 성분과 구조로 돌려보자(그림 11.4). 기체로 이루어진 대기를 두고 '구조'라는 말을 사용하는 것이 이상할지도 모르지만, 대기 관측에 의하면 고도가 높아질수록 대기의 성분, 기온, 기압, 수증기량 등이 크게 변하고 있다. 인간은 대기의 맨 아래 부분인 바닥에서 살고 있기에 대부분의 변화들은 우리 머리 위에서 일어나고 있다. 발 밑의 암석권에 대한 지식과 마찬가지로 여러 관측 기구를 이용한 조사를 통해 대기 상층부까지의 특징을 알 수 있다.

대기 성분

공기(지구 대기를 이루고 있는 물질)는 여러 기체들과 미세한 부유 입자들이 섞여 있는 혼합물이다. 기압은 고도에 따라 감소하므로 단위 부피당 공기의 질량(밀도)도 고도에 따라 감소한다. 밀도 변화에 의한 성분 변화를 고려하지 않기 위해 공기 조성에 대한 논의는 항상 구성 성분의 절대량보다는 상대적인 양을 이용한다. 지표면 공기의 상대

그림 11.4 지구와 하늘

대기는 지구와 우주 사이의 경계를 이루고 있다. 대기에서 일어나는 여러 과정은 암석권과 생물권의 과정과 밀접하게 연관되어 있다. 그림에서 스위스 알프스의 나무들이 낮게 드리워진 구름층을 뚫고 솟아 있는 것을 볼 수 있다.

적 구성 성분은 장소에 따라 다르고, 같은 장소라 하더라도 시간에 따라 다르게 나타난다(그림 11.5). 이런 변화가 나타나는 두 가지 주된 요소는 에어로졸과 수증기인데, 이 둘은 매우 큰 변화를 보이고 있다.

그림 11.5 공기는 무엇으로 구성되어 있나?

공기는 그 농도가 장소와 시간에 따라 변하는 두 물질을 포함하고 있다(수증기와 에어로졸). 나머지는 주로 질소와 산소로 이루어져 있으며, 미량의 다른 기체들이 섞여 있다.

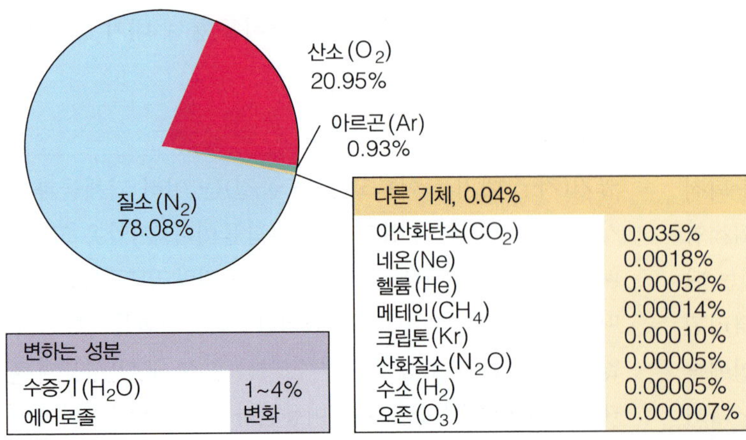

다른 기체, 0.04%	
이산화탄소(CO_2)	0.035%
네온(Ne)	0.0018%
헬륨(He)	0.00052%
메테인(CH_4)	0.00014%
크립톤(Kr)	0.00010%
산화질소(N_2O)	0.00005%
수소(H_2)	0.00005%
오존(O_3)	0.000007%

변하는 성분	
수증기(H_2O) 에어로졸	1~4% 변화

1. **에어로졸**(aerosol)은 매우 작아서 공기 중에 떠 있을 수 있는 액체 방울이나 고체 입자를 말한다. 에어로졸은 대기 중 어느 곳에서나 있으며, 특히 지면 가까운 공기일수록 더 많이 존재한다(자세히 보기 : 대기 중의 에어로졸).
2. 수증기는 대기 중에 늘 존재하는데 이것은 물의 증발을 통해 대기에 수증기를 공급해 주는 수권이 있기 때문이다. 우리가 **습도**(humidity)라고 하는 공기 중 수증기의 양은 큰 변화를 보이고 있다. 열대 지역에서 뜨겁고 습기가 많은 날에는 공기 부피의 4% 정도 수증기가 차지하고 있으며, 반면에 상쾌하고 차가운 날에는 대략 공기의 0.3%가 수증기일 것이다.

공기가 포함하는 수증기와 에어로졸 양은 매우 크게 변동하기 때문에 다른 기체들의 상대적인 양을 이야기할 때는 건조하고(즉 수증기가 없고), 에어로졸이 없는 상태를 기준으로 한다. 일단 이 두 기체를 제외하면 다른 기체들의 상대적 비율은 고도에 상관없이 일정하게 나타난다. 그림 11.5에 볼 수 있듯이 질소, 산소, 아르곤의 세 기체가 전체 공기 부피의 99.96%를 차지하고 있다.

이들 세 기체를 제외한 나머지는 대기의 매우 작은 부분을 차지하는 미량 기체지만, 지구를 따뜻하게 유지시켜 주는 담요 역할을 하거나 치명적인 자외선을 막아 주는 방패 역할을 하기 때문에 지구상의 생명체에게는 매우 중요한 기체들이다. 이산화탄소, 수증기, 메테인, 오존, 산화질소 등과 같은 미량 기체가 지구의 생명을 유지시키는 담요를 구성한다. 이들 다섯 가지 온실기체는 적외복사 에너지를 흡수하여 온실기체가 없는 경우보다 지표를 더 따뜻하게 만든다(그림 11.6). 대기 중 온실기체의 농도가 변하면 대기가 흡수하는 복사열의 크기가 바뀌게 되어 기온이 바뀌고, 결과적으로 기후가 변하게 된다. 제13장에서는 온실기체와 이들이 전 지구 기후에 미치는 영향에 대해 좀 더 자세히 살펴볼 것이다.

미량 기체들도 또한 인간과 생명체를 자외선과 같은 태양 스펙트럼의 고에너지 부분인 단파로부터 보호하고 있다. 이러한 치명적인 복사는 대부분 지면에 도달하기 전에 세가지 산소 화합물[O, O_2, O_3(오존)]에

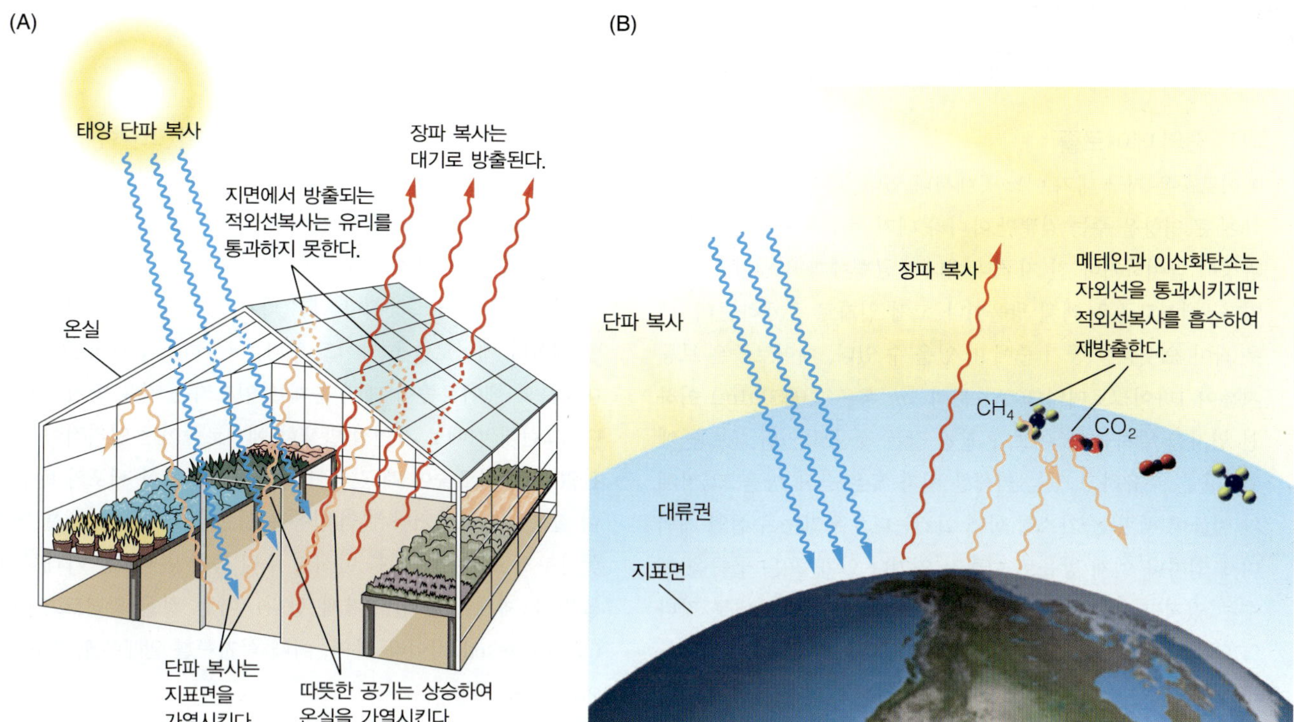

그림 11.6 **온실의 원리**

실제 온실의 유리(A)와 대류권의 '온실기체'(B)는 비슷한 역할을 한다.

의해 흡수된다(그림 11.7). 지구를 보호하는 이들 세 기체 중 오존이 가장 중요하다. 비록 대기 중에 매우 적은 양이 있지만, 오존은 대부분의 치명적인 자외선을 흡수한다. 흡수는 태양 빛이 대기를 통과하여 기체 분자나 에어로졸을 만났을 때 발생되는 여러 과정 중 한 과정이다.

80km보다 더 높은 고도에서는 에어로졸을 제외한 건조 공기의 구성 성분이 지구 표면과 약간 다르게 나타난다. 이곳의 공기는 아르곤과 네온 같은 무거운 기체가 거의 없고, 수소와 헬륨처럼 가벼운 기체가 주로 존재한다. 그러나 지구계와 관련된 대부분의 논의에서 이와 같은 고층의 변화를 고려할 필요가 없는데, 이는 날씨나 기후 현상들이 대부분 대기 구성비가 변하지 않는 하층에서 일어나기 때문이다.

기온

대기를 가열시키는 데는 태양 에너지와 지구 자전이 함께 영향을 주고 있다. 태양 에너지는 전자기 복사 형태로 지구에 도달한다. 태양 복사는 지구 대기를 따뜻하게 하며, 구름, 비, 눈보라, 바람, 다른 많은 날씨가 만들어지는 근본적인 에너지가 된다. 지구 자전축이 기울진 것은 지구 대기를 가열시키는 태양 복사량의 변화를 초래하여 계절 변

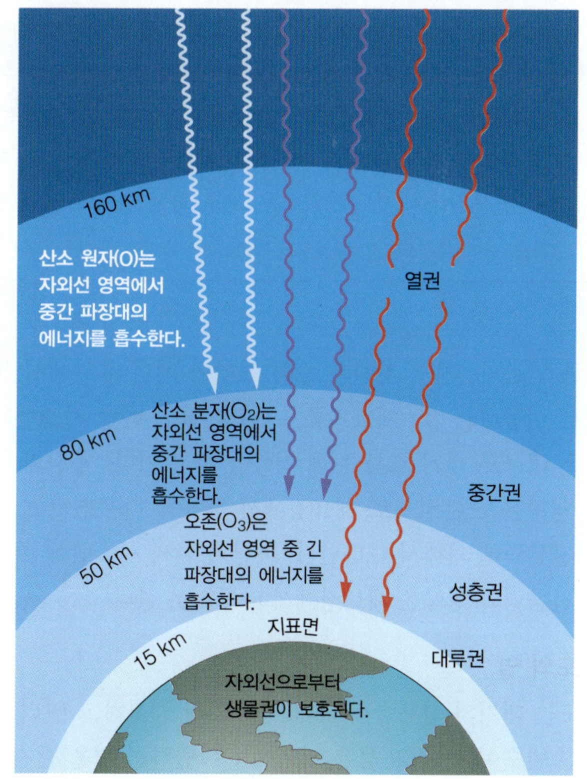

그림 11.7 **유해 복사 에너지를 차단하는 대기**

태양에서 오는 자외선은 유해하거나 치명적이다. 대체적으로 복사 에너지의 파장이 짧을수록 더 위험하다. 다행히도 대기는 이런 해로운 복사 에너지로부터 우리를 보호해 주는데, 세 종류의 산소 화합물[O, O_2, O_3(오존)]이 이들을 흡수하기 때문이다.

자세히 보기

대기 중의 에어로졸

에어로졸은 지구 대기 어느 곳에서나 있다. 에어로졸은 인간 건강에 큰 영향을 주는 것뿐만 아니라 대기 환경과 관련한 수많은 과정에 참여하거나 전 지구의 에너지 균형에까지 영향을 주고 있다. 에어로졸은 액체 방울이나 고체 입자로 존재하는데, 매우 작아 오랫동안 공기 중에 떠 있을 수 있다. 에어로졸은 보통 지름이 1마이크로미터(100만 분의 1m 혹은 0.000001m) 이하인 입자를 말하는데, 이보다 훨씬 작은 것들도 있다. (보통 에어로졸은 부유하고 있는 미세한 입자 혹은 액체 방울 그 자체와 이들이 떠 있는 가스를 함께 일컫는다.) 우리는 수십억 개의 미세 입자나 액체 방울로 이뤄진 연기나 안개 혹은 구름을 볼 수는 있지만, 개개의 입자는 눈으로 식별하기에는 너무 작다(그림 C11.1A).

에어로졸은 자연적으로 생성되기도 하며, 인간 활동에 의해서도 생성된다. 흔히 볼 수 있는 안개나 구름은 액체 상태 에어로졸의 대표적 예이다. 때때로 분진(particulates)이라 하는 고체 에어로졸 입자로는 화산재나 산불 연기, 해양에서 날려온 소금 입자(해염), 바람에 날리는 먼지나 흙먼지, 그리고 꽃가루 등이 있다. 또한 기온이 매우 낮은 환경에 있는 고층운 내부에서 빙결되는 작은 얼음 결정도 고체 에어로졸 입자라 할 수 있다. 연무(haze)는 보통 안개와 연기가 혼합된 상태를 말하는데, 오염 물질에 의해 더 짙은 연무가 나타나기도 한다. 인간 활동에 의한 분진은 대체로 산업활동, 교통, 화석 연료의 연소, 발전소 등에서 발생된다(그림 C11.1B). 폐기물 소각이나, 나무나 농업 쓰레기를 태울 때 발생되는 입자도 대기 중의 에어로졸이 된다. 이런 대기 오염 물질과 태양 빛의 작용으로 우리가 알고 있는 스모그를 발생시킨다.

에어로졸은 어느 곳이나 널리 퍼져 있기 때문에 우리가 호흡할 때마다 에어로졸을 마시고 있다. 다행히도 인간의 호흡계는 대부분의 에어로졸이 폐에 문제를 일으키는 것을 방지하고 있다. 그런데 때때로 자연적 발생한 에어로졸이든 인위적이든 상관없이, 에어로졸이 폐 깊숙이 들어와서 민감한 세포와 반응하여 질병을 일으키거나 면역 반응을 일으키기도 한다. 예를 들면 꽃가루가 포함된 공기를 마시면 우리 몸의 면역계는 가래를 만들거나 재채기를 일으키게 한다. 이런 것을 알레르기 반응(allergic reaction)이라 하며, 이때 꽃가루를 알레르겐(allergen)이라 한다.

에어로졸은 지구계에서 많은 역할을 한다. 예를 들면 파도가 작은 물방울들로 부서지는 물보라(sea spray)는 염화나트륨(NaCl, 소금, 미네랄 암염) 형태로 바다에 녹아 있는 나트륨이 육지로 수송되는 중요한 과정 중 하나가 된다. 에어로졸은 물방울이나 빙정을 형성할 수 있는 응결핵으로 작용하기 때문에 대기에서 매우 중요하다. 에어로졸은 또한 빛을 잘 산란시키기 때문에 전반적으로 기온을 떨어뜨리는 역할을 한다. 구름이 태양 빛을 반사시키는 정도는 구름 속의 에어로졸 농도에 따라 달라진다. 에어로졸의 개수가 많아질수록 좀 더 많은 물방울

화를 만든다. 지구 자전은 중위도 날씨 패턴이 서에서 동으로 이동하는 것, 제트기류, 그리고 전구 바람 시스템과 같은 대규모 대기 흐름 등에 영향을 주고 있다. 자전의 이런 영향은 근본적으로 제10장에서 해류를 다루면서 소개한 전향력에 의해서 나타난다. 바람과 날씨 시스템에 미치는 전향력의 영향은 제13장에서 다루기로 한다.

온도와 열

온도는 대기의 상태를 나타내는 데 가장 중요하고 널리 알려진 변수이다. 우리 몸은 기온이 1°C 변하는 것을 감지할 만큼 민감하다. 그러므로 사람들은 시간과 장소에 따라, 낮과 밤의 변화에 따라, 그리고 계절 변화에 따라 나타나는 기온 변화를 느낄 수 있다.

대기의 기온 변동을 살펴보기 전에 열과 온도의 차이점을 이해하는 것이 중요하다. 제2장에서 살펴본 바와 같이 열과 열 에너지(이 둘은 정확히 같은 것을 의미한다)는 물질이 포함하고 있는 모든 분자들의 총 운동 에너지를 의미한다. 여기서 모든 분자들이 같은 속력으로 운동하고 있지 않기 때문에 분자들 간에 운동 에너지의 크기는 어떤 범위를 갖게 된다. 반면에 온도는 물체의 평균 운동 에너지를 나타낸다. 따라서 물 한 컵과 물 한 양동이와 같이 동일한 물질로 이루어진 두 물체에 대해 온도가 같으면(예를 들어 25°C), 담고 있는 물 분자 수가 훨씬 많은 양동이의 물이 컵보다 열 에너지가 많다. 만약 컵 속의 물의 온도를 25°C에서 끓는점(100°C)까지 올린다면, 물 분자의 평균 운동 속력은 증가할 것이다. 그러나 온도는 낮지만 물의 양이

(혹은 빙정)이 응결되어 결국 개개의 물방울 크기는 작아질 것이다(구름이 담고 있는 전체 물의 양은 변하지 않는 것을 고려하면 쉽게 이해할 수 있다). 구름 속의 물방울이 많을수록 그리고 물방울 크기가 작을수록 구름은 더 많은 태양 빛을 반사시켜 색깔이 더욱 하얗게 되고 지표 온도를 감소시킨다.

대규모 화산 폭발에서 분출되는 황 함유 에어로졸은 또한 전 지구 기후에 영향을 주어, 때론 오랜 시간 기온을 감소시키기도 한다.

(A)

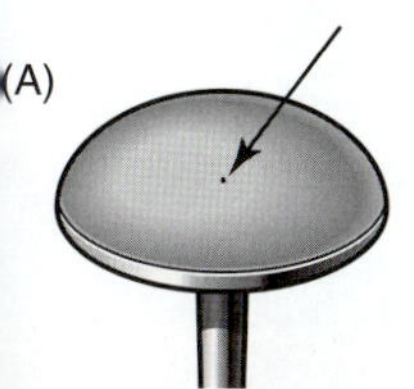

핀 머리 위에 놓인 수 마이크론 크기의 먼지 입자

(B)

(C)

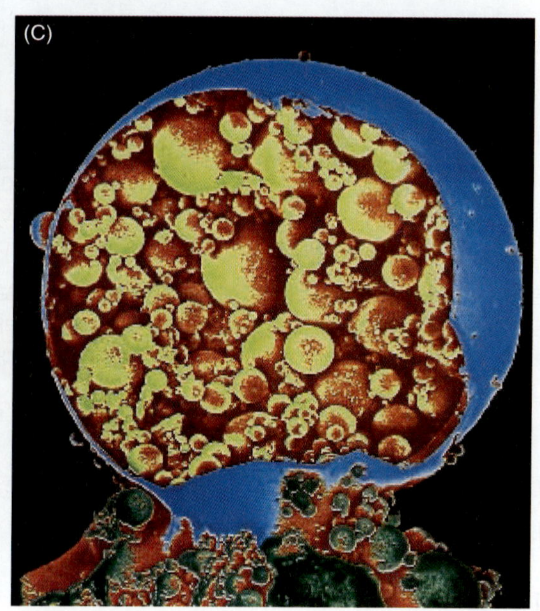

그림 C11.1 에어로졸
(A) 에어로졸 입자는 매우 작아 눈으로 보기에는 어려운데, 보통 지름 1마이크로미터 이하인 입자를 에어로졸이라 한다. (B) 비록 에어로졸의 개개의 입자를 눈으로 구별하기엔 불가능하지만, 안개, 구름, 연무, 스모그, 연기 등과 같이 수십억 개의 입자들이 함께 뭉쳐진 현상은 볼 수 있다. 그림은 1991년 캘리포니아 산불을 찍은 것으로 연기가 발생되고 있다. (C) 그림은 고체 상태 에어로졸의 한 예인 비산회(fly ash)의 적외선 전자현미경 사진이다. 비산회는 발전소나 다른 연소 과정에서 발생된다. 각 입자의 크기는 0.5~100 마이크로미터 정도이다.

많은 양동이가 온도는 높지만 양이 작은 컵보다 열 에너지는 더 클 것이다. 왜냐하면 속도가 느린 수많은 분자들의 총 열 에너지가 빠르지만 개수가 적은 분자보다 더 크기 때문이다.

일사

대기는 태양으로부터 열 에너지를 얻는다. 제2장에서 설명한 것처럼 태양에서 오는 에너지 플럭스의 크기는 1,370W/m^{2}이다. 이 에너지 플럭스는 대기권 밖에서 지구를 돌고 있는 인공위성에서 측정한 값이다. 지면에 도달하는 에너지를 일사(insolation)라 하는데, 이것은 1,370W/m^{2}보다 훨씬 작은 값을 갖는다. 일사가 1,370W/m^{2}보다 작은 이유는 세 가지 중요한 이유가 있다. 먼저 두 가지 이유는 대기와 관련이 되는데, 대기는 입사되는 복사 에너지 일부를 우주 공간으로 반사하거나 필터와 같이 흡수하기 때문이다. 세 번째 이유는 지구 모양과 관련이 있는데, 대기가 없다 하더라도 정확히 1,370W/m^{2}가 도달하는 곳은 태양이 바로 머리 위에 있는 장소인 단 한 곳밖에 없다(그림 2.5 참조). 다른 곳은 지구 곡률 때문에 입사되는 복사 에너지 1,370W/m^{2}가 1m^2 보다 더 넓은 면적에 골고루 퍼지게 된다.

대기의 기온 분포

그림 11.8은 고도에 따라 대기의 기온 변화를 나타내고 있다. 대기는 온도에 따라 4개 층으로 구분되며, 이들 층은 **계면**(pause)이라고 하는 경계로 나뉘진다. 이들 층은 지면

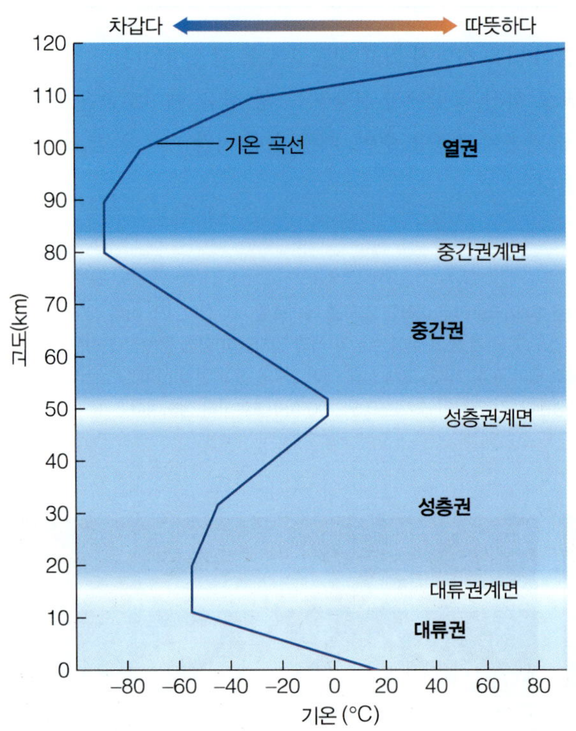

그림 11.8 **대기의 연직 기온 분포**

기온은 높이에 따라 다르게 나타난다. 가장 아래에 있는 층인 대류권은 고도에 따라 기온이 급격히 감소한다. 다음 층인 성층권인 대류권과 반대로 높이에 따라 기온이 증가한다. 중간권과 열권도 서로 반대로 나타난다. 열권 상층으로 갈수록 대기는 매우 희박해지며 결국 외기권에 이르게 된다.

에서부터 차례로 대류권, 성층권, 중간권, 열권으로 구분된다.

대류권

대기의 최하층은 **대류권**(troposphere)이라 하며, 지면에서부터 고도 10~16km에 걸쳐 있다. 대류권의 어원은 변한다 혹은 바꾼다라는 의미를 갖는 그리스어 *tropos*에서 유래하였는데, 대류권에서 끊임없이 대류활동이 나타나서 따뜻한 하층의 공기가 상승하고 찬 공기는 상층에서 하층으로 하강하는 것을 반영하고 있다. 대류권에서 기온은 고도에 따라 감소한다. 이것은 지면이나 해수면에서 재방출되는 장파가 밀도가 큰 대기 하층에서부터 흡수되기 때문이다. 대부분의 날씨 현상은 대류권에서 발생하는 열이 골고루 분배되는 운동의 결과로 나타난다.

대류권의 상층 경계를 대류권계면(tropopause)이라 한다. 단위 면적당 지면에 도달하는 열이 극지방보다 열대가 더 크기 때문에, 적도 부근에서 대류권계면의 높이는 16 km이며, 양 극에서는 10km 이하에서 나타난다. 대류권계면이 나타나는 높이는 적도에서 극으로 갈수록 천천히 감

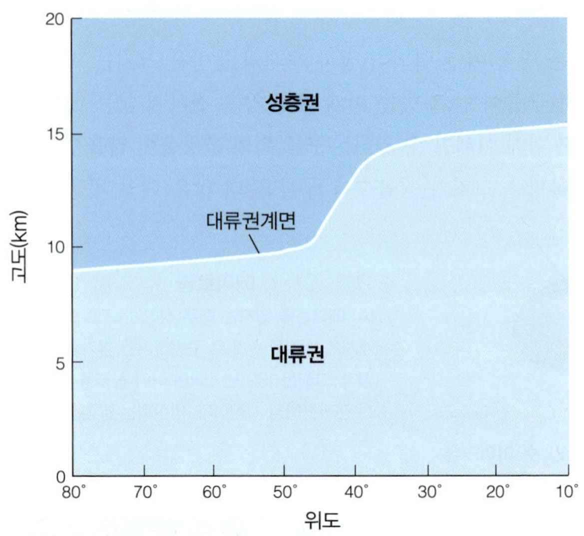

그림 11.9 **대류권계면이 나타나는 고도**

대류권계면의 고도는 위도에 따라 다르다. 적도부터 위도 40°까지는 고도가 높다가, 40° 부근에서 급격히 낮아지고 다시 극까지 완만하게 감소하는 형태를 보인다. 대류권계면의 고도가 40° 부근에서 급격히 낮아지는 것은 이 지역에서 제트기류를 발생시키는 작용을 한다.

소하지 않는다. 예를 들어 적도에서 양극 방향으로 가면서 대류권계면의 높이가 천천히 변한다. 그러다가 40°N 혹은 40°S 부근에서 갑자기 10km 정도까지 감소하며 다시 극까지는 거의 일정한 값을 갖는다(그림 11.9). 제12장에서 다루겠지만, 대류권계면의 고도가 급격히 변하는 것이 제트기류를 생성시키는 원인으로 작용한다.

성층권

성층권(stratosphere)은 대류권계면 바로 상층에 놓여 있는 층이다. *Strato*는 층을 의미하며, 퇴적층을 의미하는 라틴어인 *stratum*에서 기원된 단어이다. 성층권에서 기온은 고도에 따라 증가하여, 고도 약 50km에 있는 성층권의 상층 경계인 성층권계면에서 최대가 된다. 다시 말하면 성층권은 차갑고 밀도가 큰 공기가 아래에 놓여 있고, 따뜻하고 밀도가 작은 공기가 상층에 있는 형태로 성층화되어 있다. 이 층에서 고도에 따라 기온이 증가하는 이유는 오존 때문이다. 대기 중 오존의 대부분은 성층권에 분포한다. 오존은 또한 태양에서 오는 자외선을 잘 흡수하는 물질이다. 이 흡수는 자외선의 에너지를 장파 복사로 바꾸어 결국 대기를 가열시킨다. 자외선이 흡수되는 정도는 성층권 상부에서 최대가 되어 여기서 기온의 최대가 나타난다. 태양광선이 성층권을 통과하면서 오존에 흡수될 수 있는 자외선의 세기가 성층권 하부로 내려오면서 작아지므로 성층

기초 원리

태양빛과 대기

태양빛이 대기를 통과할 때 많은 일들이 일어난다. 앞의 제2장에서 다룬 그림 2.8을 보면, 지구 표면에서 측정한 태양 광선의 스펙트럼은 우주 공간에서 구한 것과 다르다는 것을 알 수 있다. 이것은 태양빛이 대기와 상호작용하면서 영향을 받았다는 것을 의미한다.

태양빛이 대기권에 도달할 때 나타날 수 있는 몇 가지 가능한 시나리오는 다음과 같다. 먼저 태양빛이 아무런 변화를 겪지 않고 지표면에 도달할 수 있다. 다음으로는 반사되어 우주 공간으로 되돌아갈 수 있다. 또한 경로가 휘어질 수 있고 때때로 공기 중의 분자나 입자에 의해 산란될 수 있다. 끝으로 대기 중의 여러 기체에 의해 흡수될 수 있다. 이들 중 특히 산란과 흡수는 지면과 우주 공간에서 각각 측정한 스펙트럼이 서로 다른 이유를 이해할 수 있도록 한다.

투과와 대기의 창

투과(transmission)는 태양 광선의 어떤 파장이 방해받거나 변하지 않고 대기를 통과하여 결국 지표면에 도달하는 것을 말한다. 그림 2.8은 대기를 투과하여 지표면에 도달한 태양 광선의 스펙트럼을 나타내고 있다. 이 스펙트럼은 가시광선 영역에서 최대값을 나타내고 있다. 이를 다시 말하면 대기 중에 가시광선 파장대의 빛을 흡수할 수 있는 기체가 없기 때문에 가시광선이 쉽게 대기를 통과하고 있다는 것을 의미한다. 따라서 대기 중에서는 가시광선을 통과시키는 **대기의 창**(atmospheric window)이 있다고 말할 수 있다(그림 B11.1).

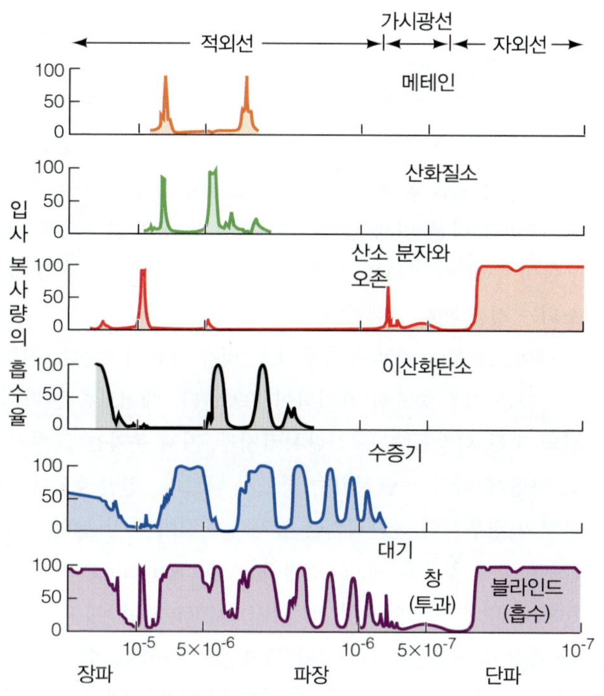

그림 B11.1 대기의 창과 블라인드

전자기 복사의 어떤 파장들은 쉽사리 대기를 통과한다. 즉 이 파장에 대해서 대기의 창이 있는 경우이다. 예를 들면 스펙트럼의 가시광선 영역에는 대기의 창이 존재한다고 말할 수 있다. 다른 파장의 전자기 복사는 대기 중 여러 기체에 의해 흡수되기 때문에 대기를 쉽게 투과하지 못한다. 이 경우 블라인드가 존재하는데, 오존은(다른 몇몇 기체도 그렇지만) 전자기 복사 스펙트럼의 자외선 영역을 흡수하여 대기의 블라인드를 만들고 있다.

반사, 굴절, 그리고 산란

태양 광선이(혹은 다른 형태의 파가) 통과할 수 없는 장애물이나 어떤 경계를 만나면 반사가 일어난다(제10장의 기초 원리 : 파랑 용어 참조). 음파가 반사될 때는 메아리가 생성되며, 지진파가 반사되는 것을 분석하면 지구 내부의 여러 층과 경계부의 구조를 이해할 수 있게 된다(제6장). 빛의 반사를 볼 수 있는 간단하고 친숙한 것으로 거울을 들 수 있다. 이 경우는 유리 뒷면에 입혀진 금속이 빛을 반사시킨다.

어떤 물질에 의해 빛이 얼마나 많이 혹은 적게 반사되는 정도를 알베도(반사도)라고 한다. 물질마다 알베도가 다르며, 어떤 한 물질이라도 빛의 파장에 따라 알베도가 약간 다르게 나타난다. 따라서 제9장에서 배운 것처럼 얼음이나 눈 덮인 지면은 물, 육지, 혹은 풀이나 나무로 이루어진 지역보다 태양 광선을 더 많이 반사시킨다. 수목으로 덮인 지역은 태양 스펙트럼 중 근적외선 영역을 주로 반사시킨다. 다시 말하면 숲은 일반적으로 높은 적외선 알베도를 갖는다. 반면에 물은 적외선을 거의 반사시키지 못한다. 따라서 물의 적외선 알베도는 거의 0에 가깝게 나타난다.

장애물을 만난 빛이 경계를 통과할 때면 일반적으로 반사가 어느 정도 발생하게 된다. 게다가 경계를 통과하면서 약해진 빛이 새로운 물질을 통과할 때에 경로가 휘어지게 된다. 제6장에서 우리는 지진파가 어떤 한 매질에서 다른 매질로 통과할 때 휘어지는 것을 배웠다. 이것과 비슷하게 광파도 경계를 통과하여 다른 매질로 들어가면서 경로가 구부러진다. 이렇게 광파, 지진파, 해파, 음파 등의 경로가 휘어지는 것을 굴절이라 한다.

대기 중에서 발생하는 빛의 반사나 굴절은 장애물과 경계가 될 수 있는 수많은 물질(미세입자, 물방울, 기체 분자)들로 인해 매우 복잡하게 나타난다. **산란**(scattering)은 그림 B11.2에서 보듯이 빛을 여러 방향으로 분산시키는 것을 의미한다.

(계속)

기초 원리

[때론 직선으로 오는 빛을 전 방향으로 고루 산란시킨다는 의미로 **구형산란**(spherical scattering)이라 부르기도 한다.] 태양에서 오는 복사는 직사광선 형태를 갖는다. 만약 태양 복사의 일부가 산란된다면 지표면에 도달하는 복사 에너지의 양은 작아질 것이다. 구름 속에 떠 있는 물방울이나 얼음 알갱이, 에어로졸, 그리고 다른 미세 입자 들이 태양 빛을 산란시키게 된다. 구름이 우리 머리 위를 지날 때 지표에 도달하는 태양 빛이 감소되는 것을 흔히 경험한다.

에어로졸이나 기체 분자들 또한 빛을 산란시키는데, 이들의 산란에는 매우 중요한 차이점이 존재한다. 에어로졸은 가시광선의 모든 파장을 고루 산란시키지만, 기체 분자는 그렇지 않고 파장에 따라 산란시키는 정도가 다르다. 일반적으로 기체 분자의 경우처럼 산란시키는 입자의 직경이 파장(λ)의 10분의 1보다 작은 경우를 **레일리 산란**(Rayleigh scattering)이라 한다. 1881년 영국 물리학자인 레일리(Lord Rayleigh)에 의해 발견된 파장에 따른 레일리 산란 관계식에 의하면, 산란 강도는 $\frac{1}{\lambda^4}$ 에 비례한다. 여기서 λ이 작을수록 $\frac{1}{\lambda^4}$ 는 커지므로 파장이 짧을수록 장이 짧을수록 산란이 더 잘된다는 것을 알 수 있다. 만약 산란되는 빛의 파장보다 산란시키는 입자가 더 크다면—대기에서 흔하지는 않지만—미 산란(Mie scattering)이라고 하는 현상이 나타난다.

태양 스펙트럼의 가시광선 영역에서 레일리 산란이 가장 잘 일어나는 색은 파란색인데, 이것은 파란색의 파장이 가시광선 중에서 가장 짧기 때문이다. 하늘이 파랗게 보이는 이유는 태양 광선 중 산란되지 않는 하얀색 빛은 직진하지만, 파란색 빛은 모든 방향으로 산란되기 때문이다. 하늘을 볼 때 우리는 산란되는 파란색 복사를 보는 것이다. 비슷하게 스펙트럼의 끝에 있는 파란색이 산란되어 그 세기가 작아지므로, 지구에서 볼 때 태양은 우주 공간에서 볼 때보다 약간 노란빛을 띠게 된다.

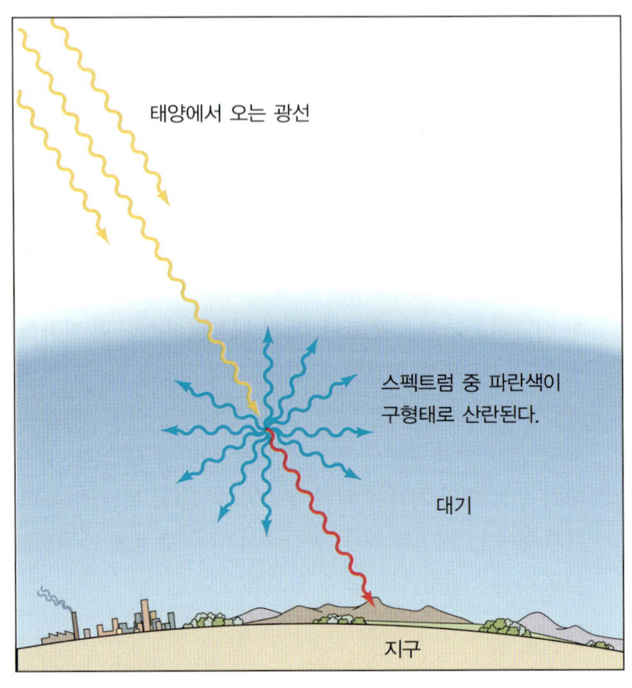

그림 B11.2 산란
태양에서 오는 빛이 산란되는 것을 나타낸다. 공기 분자는 매우 작기 때문에 긴 파장인 붉은색보다 짧은 파장인 파란색을 더 강하게 산란시킨다. 산란된 파란색으로 인해 전체 하늘이 파랗게 보인다. 만약 공기 분자에 의한 산란이 전혀 일어나지 않는다면 하늘은 검은색(pitch black)으로 보이며 낮에도 별이 보일 것이다.

물방울에 의해 빛이 복잡하게 굴절되고 반사되면서 우리에

권 하부에서 기온의 최소가 나타난다.

중간권

대기의 다음 층으로 **중간권**(mesosphere, *meso*는 그리스어로 중간을 의미한다)이 있으며, 여기서는 다시 고도에 따라 기온이 감소한다. 중간권은 지구 대기에서 가장 차가운 층으로, 고도 약 85km 상공에 나타나는 상층 경계인 중간권계면의 기온은 약 −100°C 정도에 다다른다. 중간권에는 오존이 없기 때문에 태양 복사가 이곳에서 흡수되지 못한다. 따라서 태양 복사가 중간권의 대기를 가열하지 않고 그냥 통과한다.

열권

열권(thermosphere, *thermos*는 그리스어로 따뜻하다를 의미한다)은 고도 약 500km까지 도달하는 영역이며, 고도에 따라 기온이 증가하는 층이다. 열권은 지구 대기층 중에서 가장 기온이 높은 곳까지 도달한다. 우리는 보통 고도에 따라 기온이 감소하는 것으로 알고 있으므로, 열권의 이런 특징은 약간 이상하게 느껴질 수 있다. 그러나 열권이 태양 복사에 직접 노출되어 있는 것을 고려할 필요가 있다.

그림 B11.3 무지개
무지개는 대기 중의 물방울에 의해 빛이 굴절과 반사되면서 생성된다.

게 잘 알려진 무지개가 생성된다(그림 B11.3). 태양 빛이 빗방울들을 통과할 때에는 굴절, 반사, 그리고 차등 산란 등이 일어나 빨간색(무지개의 바깥쪽에 위치)부터 파란색(무지개의 안쪽에 위치)의 스펙트럼이 호 모양으로 나타난다.

흡수와 블라인드

흡수(absorption)는 전자기파의 에너지가 어떤 물질을 통과할 때 물질에 의해 붙들리면서 나타난다. 빛이 어떤 물질을 통과할 때 흡수되면서 그 세기가 작아지는 것을 감쇠라 한다. 이때 감쇠되는 비율은 빛을 흡수하는 물질에 따라 달라진다. 빛의 흡수와 반사는 우리 눈이 색을 구별할 수 있도록 하는 과정이다. 만약 붉은색을 제외하고 다른 모든 색을 흡수하는 물질에 빛을 비추면, 오직 붉은색 빛만이 반사되고(이때 다른 파장의 빛은 흡수된다), 우리 눈에는 이 물체가 붉은색으로 보일 것이다.

흡수가 일어나는 과정을 두 종류로 구분할 수 있다. 흡수의 첫 번째로는 다음과 같다. 태양 복사 중 어떤 특정 파장의 빛은 원자나 분자를 빛과 같은 진동수로 진동하게 만든다. 이때 원자나 분자들은 복사 에너지를 흡수하고, 이어서 흡수된 빛과 같은 파장의 복사 에너지를 재방출한다. 그러나 이때 모든 방향으로 골고루 복사에너지가 재방출되므로 관측자에게는 그 파장의 에너지의 세기가 작게 관측될 것이다. 그림 B11.1에 나타낸 대기 중 H_2O, CO_2, N_2O, CH_4 등이 태양빛을 흡수하는 과정은 이런 식으로 나타난다.

두 번째 형태의 흡수는 분자가 복사 에너지를 흡수하고 원자나 좀 더 작은 분자로 분리되는 과정으로 나타난다. 이것을 광해리(photodissociation)라 하며, 오존이 성층권에서 형성되는 과정에서도 일부 나타난다. 자외선 영역에서 매우 짧은 파장의 (3×10^{-7}m 분의 1) 복사는 대부분 산소나 오존에 의해 흡수되면서 이들 분자를 광해리시킨다. 산소 분자(O_2)는 자유 산소 원자(O)와 결합하여 오존(O_3)을 생성한다. 광해리되어 분리된 분자들이 다시 결합할 때 분자들에 따라 다양한 파장의 복사에너지가 방출된다. 또한 성층권에서 염화불화탄소가 광해리되어 염소가 만들어진다. 염소는 성층권 오존을 파괴하는 중요한 요소이며, 제19장에서 좀 더 자세히 살펴볼 계획이다.

대기에 의해 흡수되는 파장대의 빛은 대기를 통과하지 못하기 때문에 우리는 이 파장에 **대기 블라인드**(atmospheric blind)가 있다고 말할 수 있다(그림 B11.1). 예를 들어 성층권 오존에 의해 전자기파 스펙트럼 중 파장이 짧은 자외선 영역에 대기 블라인드가 존재하게 된다. 오존에 의해 UVA와 UVB의 대부분이 흡수되므로 대기가 유해광선으로부터 지구 생명체를 보호하는 역할을 하고 있다.

열권에서 기온이 증가하는 원인으로 기체가 태양 복사 에너지를 흡수하는 것과 태양에서 방출되는 양성자와 전자들이 기체 분자를 충격하는 것을 들 수 있다. 태양 흑점 활동이 활발하게 나타나는 시기에는 양성자와 전자 플럭스가 커져 이들이 기체 분자와 매우 활발하게 충돌하기 때문에 열권의 온도가 1,500°C까지 상승하게 된다. 열권의 기온이 매우 높지만, 기체 분자의 개수가 매우 적기 때문에 열권이 갖는 전체 열 에너지는 매우 작다. 약간 이상하게 들리겠지만, 우리가 만약 열권처럼 매우 얇고 기온이 1,500°C인 대기에 노출된다면 매우 춥게 느낄 것이다.

지구에서 가장 경이적인 장관 중 하나로 열권에서 발생하는 오로라를 들 수 있다(그림 11.10). 태양 복사가 열권의 기체 분자에 흡수될 때 일부 분자들이 해리되어 전하를 띤 이온이 된다. 이들 이온화된 기체들은 고도 100km에서 400km 영역 있는 **이온층**(ionosphere)을 형성한다. 오로라는 태양에서 온 전자들이 이온화된 기체와 결합하여 중성 원자가 되면서 빛을 방출하는 데서 생성된다.

열권의 가장 바깥에서는 지구 대기가 매우 얇고 희박해지면서 우주 공간과 맞닿아 있다. 대기의 가장 바깥인 이곳을 **외기권**(exosphere)라고 한다. 외기권에는 매우 적은

그림 11.10 **오로라**
태양에서 오는 양성자가 이온층에 도달할 때 오로라라고 하는 아름다운 전기적 현상을 만들게 된다. 이 오로라는 북반구 고위도에서 관측된 것으로, 유성이 하늘을 가로지르는 모습을 함께 촬영한 것이다.

수의 기체 원자가 있으며, 그 대부분이 수소나 헬륨 같은 가장 가벼운 원소이다.

기압

누구나 해면보다 더 높이 올라갈수록 산소량이 적어지면서 호흡하기 힘들어진다는 것을 알고 있다. 이 때문에 객실 기압을 유지하기 어려울 때를 대비하여 비행기에 비상 산소 마스크를 비치하거나, 산악인이 높은 산을 등반할 때에 종종 산소 탱크를 지닌다. 고도에 따라 산소가 적어지는 이유는 대기를 구성하는 기체의 조성비가 변했기 때문이 아니라 기압이 감소하기 때문이다. 어떤 고도에서 기압은 그보다 더 높은 곳에 있는 공기의 무게에 의해 나타난다. **기압**(air pressure)의 감소는 공기 밀도의 감소를 낳는다. 즉 고도에 따라 어떤 부피의 공기가 포함하는 분자 수가 적어진다. 우리 폐의 크기는 고정되어 있기에, 밀도가 작은 공기를 호흡할 때는 더 적은 양의 산소를 얻는다는 의미가 된다. 해수면에서나 에베레스트 산 정상과 가까운 9,000m 고도의 공기는 서로 같은 비율(부피비로 20.9%)의 산소를 갖는다. 그러나 에베레스트 정상의 공기를 가득 들이마신다 하더라도 이곳의 압력은 단지 해수면의 38% 정도이므로 결과적으로 해수면 산소량의 38%만을 호흡하게 된다.

기압의 측정

기압은 **기압계**(barometer)를 이용하여 측정할 수 있다. 지상 기압 변화는 지역적으로 조밀하게 관측되는데, 이는 대기압의 변화로 곧 다가올 날씨 변화를 알 수 있기 때문이다. 자세한 내용은 다시 제12장에서 다루기로 한다. 날씨 예보관이 흔히 말하는 '고기압' 혹은 '저기압'은 어떤 지역의 기압이 주위보다 높거나 낮다는 것을 의미한다.

기압계에는 크게 수은 기압계와 아네로이드 기압계 등 두 종류로 구분할 수 있다. 수은 기압계는 1644년 이탈리아 물리학자인 토리첼리(Evangelista Torricelli, 1608~1647)가 발명하였다. 그는 다음과 같은 실험을 실시하였는데, 먼저 한쪽이 막힌 1m 유리관에 수은을 가득 채웠다. 이후 수은이 쏟아지는 것을 방지하기 위해 유리관 입구를 손으로 막고 그것을 수은이 담긴 접시에 거꾸로 세웠다(그림 11.11). 그가 손가락을 뗐을 때 유리관에서 수은이 조금 접시로 흘렀지만 대부분의 수은은 거꾸로 세운 유리관 속에 남아 있었다. 토리첼리는 거꾸로 세운 유리관의 수은이 유지되지 위해선 접시에 담긴 수은에 대기압이 작용해야 한다는 것을 깨달았다. 곧바로 과학자들은 토리첼리가 발견한 이 대단한 현상을 연구하였다. 유리관 속의 수은 기

그림 11.11 **수은 기압계**
간단한 수은 기압계를 스케치한 것이다. 그릇 속 수은 표면에 작용하는 대기압이 유리관의 수은 기둥이 흘러내리지 않게 유지시켜 주고 있다. 공기에 의해 나타나는 압력이 수은 기둥에 의한 압력과 정확히 평형을 이루고 있다. 만약 대기압이 변한다면 수은 기둥의 높이도 새로운 평형을 이루면서 적절히 변하게 된다.

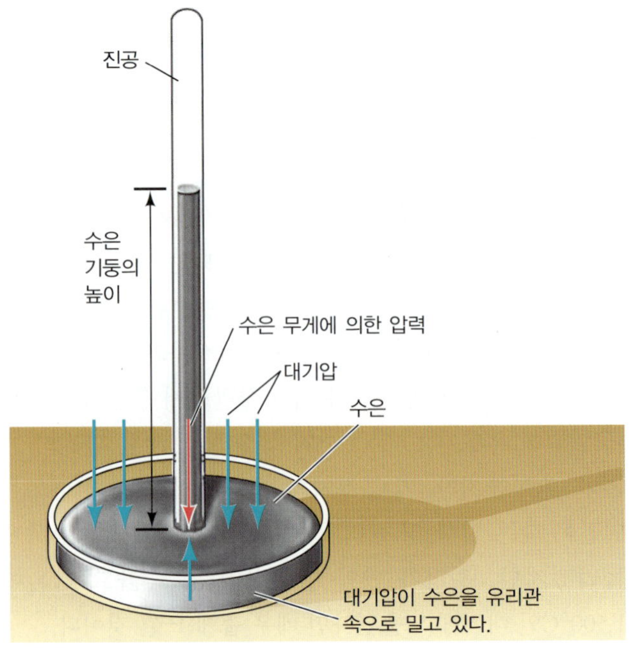

그림 11.12 대기압의 측정
(A) 프랑스의 퓌앙벌레이에서 파스칼은 기압이 고도에 따라 감소함을 증명하였다. 등반가들이 오래전에 생성된 화도(volcanic neck)인 Puy을 오르면서 가지고 간 기압계로 기압을 측정하였다. (B) 오늘날에는 고도에 따른 기압 변화를 측정하기 위해 라디오존데를 띄운다. 헬륨이 채워진 풍선은 대기의 고층에서 터진 후 측정 결과를 포함한 기구를 지상으로 낙하시킨다.

둥의 높이는 매일 조금씩 변하는데, 이는 기압이 시간에 따라 변동한다는 것을 의미한다.

수은 기압계는 오늘날에도 널리 사용되고 있다. 자주 볼 수 있는 다른 형태 기압계로 아네로이드(그리스 문자인 *a*와 *neros*은 함께 쓰여 액체가 없다라는 뜻을 의미한다) 기압계가 있는데, 기압 변화에 따라 팽창과 수축할 수 있도록 만들어진 밀폐된 금속 주름상자를 이용한다.

고도에 따른 기압 변화

1658년 젊은 프랑스 과학자인 파스칼(Blaise Pascal, 1623~1662)은 매우 중요한 실험을 실시하였다. 그는 암반 등반가들로 하여금 높이 솟아 있는 화산암인 프랑스 퓌드돔(그림 11.12A)을 오르면서 기압을 측정하도록 하였다. 등반가들은 1m 정도의 유리관과 수은이 담긴 플라스크를 지니면서 가파른 퓌드돔을 올라야 하는 불편함 속에서도 이 실험을 성공적으로 수행하였다. 그들이 측정한 결과를 토대로 파스칼은 기압이 고도에 따라 감소한다는 것을 보여주었다.

오늘날 기상학자들은 헬륨을 채운 풍선에 기압계를 매달아 고층을 관측한다. 관측 기구를 매단 풍선을 라디오존데(그림 11.12B)라 부른다. 라디오존데는 약 30km까지 상승하고, 풍선이 터진 후에는 관측 결과와 함께 기기를 낙하시킨다. 30km 이상의 고층을 관측하기 위하여 기상학자들은 로켓을 이용하고, 최근 들어 지구 주위를 도는 기상 위성을 주로 이용한다.

어떤 높이에서의 기압은 그보다 상층 공기의 무게에 의해 나타난다. 해면에서의 평균 기압은 약 10^5 Pa[1] 이다. 이

1) 최초의 기압은 수은 기압계로 측정되었기 때문에, 기압의 단위로 여전히 수은 기둥의 높이를 사용하기도 한다. 모형화된 혹은 평균 연직 기압 분포를 의미하는 **표준 대기**(standard atmosphere)에서 해면 기압은 수은 760mm에 해당한다. 널리 사용되는 또 다른 단위는 bar인데, 이것은 $1cm^2$에 1kg의 물체가 만드는 압력이다. 표준 대기에서 해면 기압은 1013.25밀리바(mbar)이다. 이 책 전체에 걸쳐 SI 단위가 사용된다(부록 A 참조). 압력의 SI 단위는 파스칼(Pa)이다. 따라서 표준 해면 기압은 101,325Pa이나 101.325킬로파스칼(kPa)이 된다.

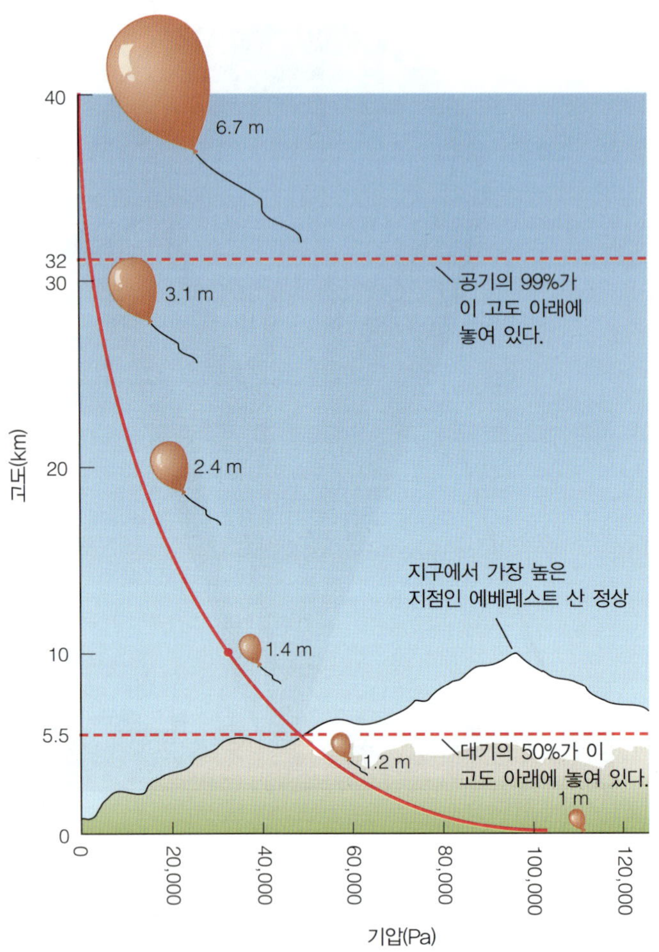

그림 11.13 높이에 따른 기압의 변화
기압은 높이에 따라 곡선 형태로 감소하는 것을 알 수 있다. 지름 1m인 헬륨 풍선을 해수면에서 띄운다면, 대기압의 감소로 풍선이 위로 올라가면서 팽창한다. 이 풍선이 터지지 않는다면 40km 고도에서는 지름 6.7m로 팽창할 것이다.

것은 10m 높이의 물 기둥이 만드는 압력과 같다. 왜 이 압력이 우리들 몸과 살고 있는 집을 납작하게 무너뜨리지 못할까? 그렇지 않는 이유는 압력은 모든 방향, 즉 위나 아래로 그리고 안쪽으로나 바깥쪽으로도 작용하기 때문이다. 집 안에서 바깥으로 작용하는 기압은 바깥에서 안으로 작용하는 것과 정확히 같다. 따라서 집 건물에 작용하는 기압에 의한 힘의 크기는 0이 된다.

그림 11.13에서 볼 수 있듯이 기압은 고도에 따라 부드럽게 감소한다. 기체는 잘 압축되는 성질을 가지므로 높이에 따른 기압 변화 곡선은 직선으로 나타나지 않는다. 이것은 지면 부근에 있는 공기가 그 위에 있는 공기의 무게로 인해 압축된 상태라는 것을 의미한다(그림 11.14). 만약 공기가 압축성이 없다면(예를 들어 공기가 물과 비슷하다면), 그림 11.13에 보인 기압–고도 곡선은 직선으로 나타날 것이다.

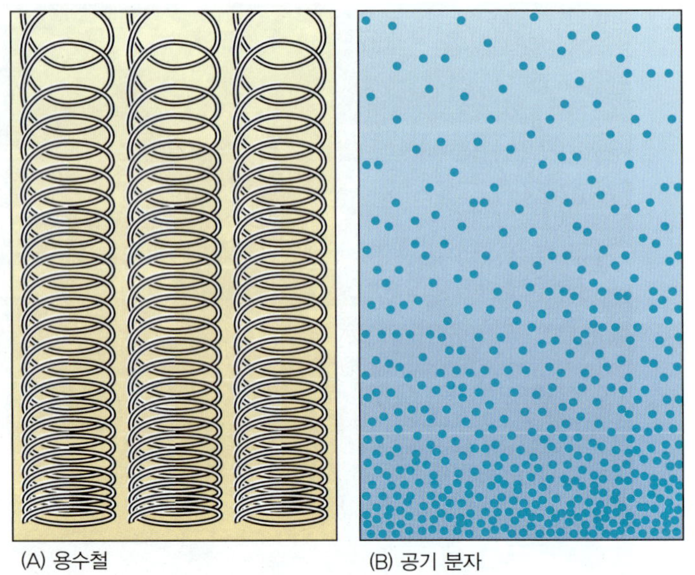

그림 11.14 공기의 압축성
공기는 압축성이 있기 때문에 용수철과 비슷한 성질을 나타낸다. (A) 밑부분의 용수철은 위에 있는 용수철 무게로 압축된다. (B) 용수철과 비슷하게 공기 무게로 인하여 대기 아래 층이 압축된다. 지면 가까이에서 공기 분자들은 상층에 비해 서로 가깝게 압축된 상태에 있다. 압축성은 또한 그림 11.13에 보이는 곡선의 모양을 결정짓는 요인이다.

공기가 압축성을 가지고 있기 때문에 대기 전체의 질량의 절반은 고도 5.5km 아래에 분포하며, 공기의 99%는 32km(대류권 전체와 성층권 하부) 밑에 놓여 있다. 성층권 중간 지점인 고도 32km에서는 실험실에서 만드는 진공과 비슷하게 공기가 희박한 상태이다. 나머지 1% 공기는 고도 32km에서 약 500km까지 넓게 분포하며, 공기는 점점 더 희박해져서 외기권이 우주 공간의 진공과 맞닿게 된다.

대기 중의 수증기

수증기는 대기의 구성 성분 중 여러 면에서 매우 중요하기 때문에 자세히 살펴볼 필요가 있다. H_2O는 우리 주위에 있는 것 중에서 가장 경이로운 물질이다. 그리고 지구계에서 일어나는 수많은 현상들이 H_2O의 성질에 의존하고 있다. 가장 중요한 성질 중 하나는 H_2O가 지구 표면에서, 고체(얼음), 액체(물), 기체(수증기) 세 가지 물리적 상태로 존재한다는 것이다. 자연에서 만들어지는 여러 물질들 중 오직 H_2O만이 지구 표면의 온도와 압력에서 고체, 액체, 기체로 존재할 수 있다. H_2O가 이들 중 한 상태에서 다른 상태로 변하는 것은 근본적으로 날씨 변화를 일으키는 중

기초 원리

상태 변화

물질이 어떤 상태에서 다른 상태로 변할 때는 에너지가 흡수되거나 방출된다(그림 B11.4). 분자들이 규칙적으로 배열된 상태(고체)에서 약간 덜 규칙적인 상태(액체)로 변하거나, 아니면 완전히 무질서한 상태(기체)로 바뀔 때는 에너지가 흡수된다. 반대 방향의 변화, 즉 덜 규칙적인 상태에서 좀 더 규칙적인 상태로 가면서는 열이 방출된다.

상태변화 과정에서 단위 질량당 흡수되거나 방출되는 열을 숨은열(latent heat)이라 하는데, 여기서 *latens*은 라틴어로 '숨어 있는' 을 의미한다. 예를 들면 응결이 일어나면(무질서 상태인 수증기에서 분자들이 상대적으로 더 규칙적인 상태인 물로 바뀐 결과로) 2,260J/g의 숨은열이 방출된다. 얼음이 얼 때에는(마찬가지로 덜 규칙적인 상태에서 좀 더 규칙적인 상태로 바뀌면서) 330J/g의 열이 방출된다. 증발할 때는(상대적으로 규칙적으로 배열된 물 분자들이 무질서 운동 상태인 수증기로 기화되면서) 2,260J/g이 흡수된다. 또한 얼음이 녹을 때는(더 규칙적 상태인 얼음이 덜 규칙적인 물로 바뀌면서) 330J/g을 흡수한다.

흔히 볼 수 있는 상태 변화 현상은 증발을 들 수 있다. 1g의 물이 증발하기 위해선 2,260J의 열이 어디선가 공급되어야 한다. 뜨거운 여름날 세수를 하거나 등목할 때 시원하게 느끼는 것은 물이 피부에서 열을 흡수하면서 증발하여 체온을 떨어뜨리기 때문이다. 아이스박스나 냉장고가 발명되기 전에는 더운 날씨에서 음식을 시원하게 보관하는 가장 좋은 방법은 증발을 통해 온도를 낮추는 '차가운 상자(cool safe)' 이었다.

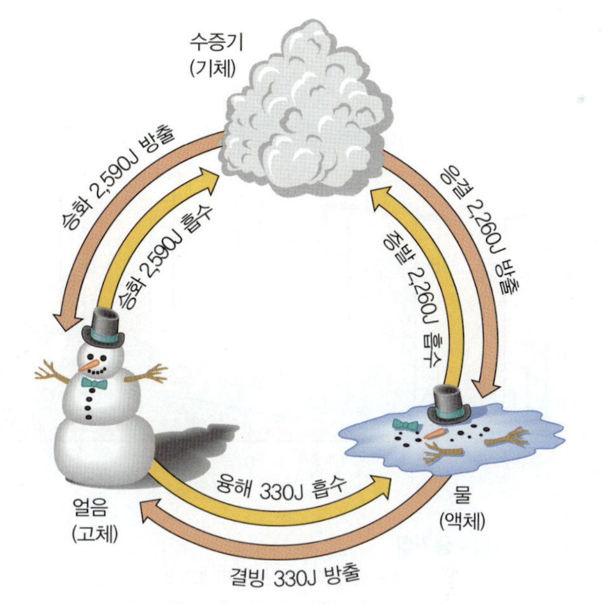

그림 B11.4 **상 변화와 숨은열**
1g의 H_2O가 상 변화를 할 때 열이 흡수되거나 방출된다.

그림 B11.4에서 날씨에 영향을 주는 여섯 가지 변화(화살표)를 볼 수 있는데, 이 중 증발과 응결이 다른 과정보다 더 중요하다. 증발과 응결은 날씨 변화가 나타나는데 정말 없어서는 안 될 중요한 과정이다. 이 두 과정을 통해 구름, 안개, 비 등이 만들어지며, 또한 엄청난 양의 열이 열대에서 극지방으로 옮겨지는데 큰 역할을 하기 때문이다.

요한 과정이면서 증발, 응결, 강수와 같은 물 순환을 이루는 과정이 된다.

상대습도

수증기는 물에서 **증발**(evaporation)하여 공기 속으로 이동한다. 증발이란 빠르게 움직이는 분자가 액체를 탈출하여 증기(기체)가 되는 현상이다. 증기 속의 분자들은 모든 방향으로 불규칙적으로 움직이고 있으므로 일부 증기 분자는 다시 액체 속으로 돌아오게 된다. 증발(액체에서 기체로 향하는)하는 분자 수와 응결(기체에서 액체로)하는 분자수가 같은 상태를 포화되었다라고 한다. 포화상태에서는 어떤 온도에서 기체 상태로 존재할 수 있는 H_2O의 최대 분자 수가 결정된다.

일반적으로 수증기에 대한 성질은 수증기압을 통해 이해할 수 있다. 기체의 중요한 성질 중 하나는 혼합기체의 압력은 덧셈으로 구할 수 있다는 것이다. 돌턴의 분압 법칙이라 알려진 이 성질은 혼합기체의 총 압력은 각 기체가 나타내는 분압의 합이라는 점이다. 분압은 다시 각 기체의 부피 비로 얻을 수 있다. 예를 들면 건조공기 속의 산소는 전체 부피의 20.9%를 차지하고 있다. 이것은 표준대기의 해면 기압(101.325kPa) 중 산소가 기여하는 압력은 101.325kPa×0.209=21.2kPa임을 의미한다.

기체 압력의 이런 성질은 왜 공기 중의 수증기량을 백분

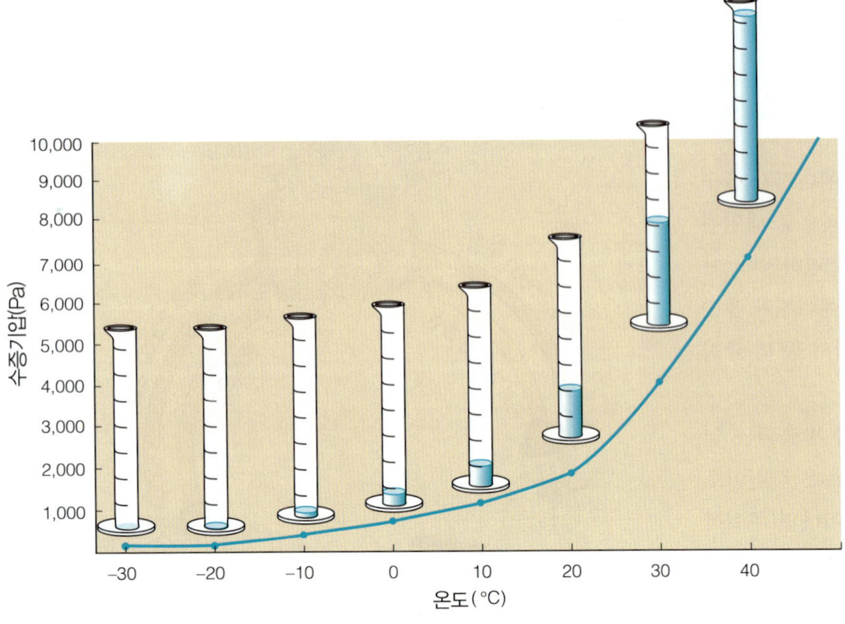

그림 11.15 포화수증기압
이 그래프는 온도에 따른 포화수증기압의 변화를 나타내고 있다. 실린더 안의 물은 해면에서 1kg의 포화 공기 속의 H_2O가 응결된 것을 의미한다. 이것은 기온이 증가함에 따라 1kg 속의 공기에 포함될 수 있는 물의 양이 증가한다는 것을 보여준다.

율이 아니라 압력으로 흔히 나타내는지 이해할 수 있게 해준다. 어떤 온도에서 공기가 포함할 수 있는 수증기의 용량이 되는 포화수증기압은 매우 중요한 변수이다. 만약 수증기압이 이 용량을 초과하게 되면 H_2O 분자들이 기체 상태에서 액체로 변하는 과정인 **응결**(condensation)이 발생하여 수증기압이 포화수증기압이 되도록 작아질 것이다. 수증기압은 포화수증기압보다 커지기 어렵다. 예를 들면, 포화된 공기를 수증기 공급 없이 가열한다면 수증기압은 포화 수준보다 작아지며 결국 공기는 불포화 상태에 이를 것이다. 여러 온도에 따른 물의 포화수증기압은 그림 11.15에 나타냈다.

불포화 공기의 수증기량을 이야기할 때 기상학자들은 **상대습도**(relative humidity)를 사용하는데, 상대습도는 불포화 공기의 수증기압과 그 공기 온도에 해당하는 포화수증기압 간의 비를 백분율(%)로 표현한 것이다. 예를 들면 온도 20°C일 때 포화수증기압은 2.338kPa이다. 어떤 공기 덩어리의 수증기압이 1.403kPa이라면 상대습도는 (1.403 ÷ 2.338) × 100% = 60%가 된다.

상대습도는 공기가 포함하는 수증기량 그 자체를 가리키지 않는다는 것에 주의해야 한다. 이것은 주어진 온도의 공기가 포함한 수증기압과 같은 온도의 공기가 가질 수 있는 최대 수증기압의 비이다. 상대습도가 어떤 비율이라는 사실이 가끔 사람들을 혼란케 하여 잘못된 개념을 갖게 한다. 오개념의 한 예는 다음과 같다. 사람들은 만약 공기가 습하여 축축하게 느껴진다면 그 공기는 건조한 공기보다 더 많은 H_2O를 포함한다고 오해한다. 공기가 포함할 수 있는 수증기 양이 기온에 크게 의존한다는 사실이 이런 혼란을 불러일으킨다. 예를 들면 사막에서 온도 30°C이고 상대습도가 25%인 공기는 1kg당 6.62g의 H_2O을 포함하고 있지만 매우 건조하게 느껴진다. 반면에 온도와 상대습도가 각각 10°C, 80%인 공기는 축축하고 습하게 느껴지지만 5.60g/kg의 H_2O만을 포함하고 있을 뿐이다.

상대습도가 바뀌는 과정은 수증기가 공급되거나 기온이 변하는 등 두 가지가 있다. 상대습도가 100% 미만이 공기가 물과 만나면 증발이 발생하여 상대습도가 증가한다. 따라서 해양 위의 공기는 상대습도가 일반적으로 높게 나타나며, 해상에서 주로 수증기가 대기로 공급된다(그림 11.16). 또한 온도가 변하면 수증기 공급과 상관없이 상대습도가 변한다. 공기 중의 수증기 양이 일정하게 유지되면서 기온이 감소하면 상대습도는 상승할 것이다.

공기의 상대습도가 100%가 되어 응결이 시작되는 온도를 **이슬점 온도**(dew point)라 한다. 따뜻한 공기가 차가운 지면에 의해 냉각되어 이슬점에 도달하면, 작은 물방울인 이슬이 응결된다. 이때 지면 온도가 어는점 이하라면, 이슬이 아닌 서리가 생성된다. 반면에 기온이 상승하면 상대습도는 감소한다. 중앙난방 시스템을 갖춘 집에 사는 사람들은 이런 현상을 자주 경험하게 된다. 겨울철 바깥에서 유입

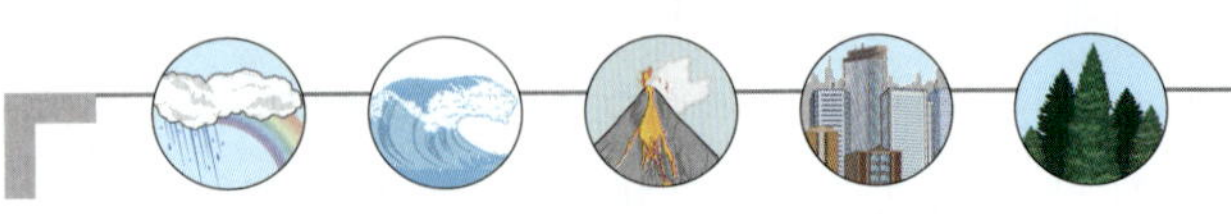

관련짓기
지구온난화의 결과로 해양 수온이 증가한다면 증발률과 공기의 상대습도는 어떻게 될까? 이것으로 날씨 현상에는 어떤 변화가 나타날까?

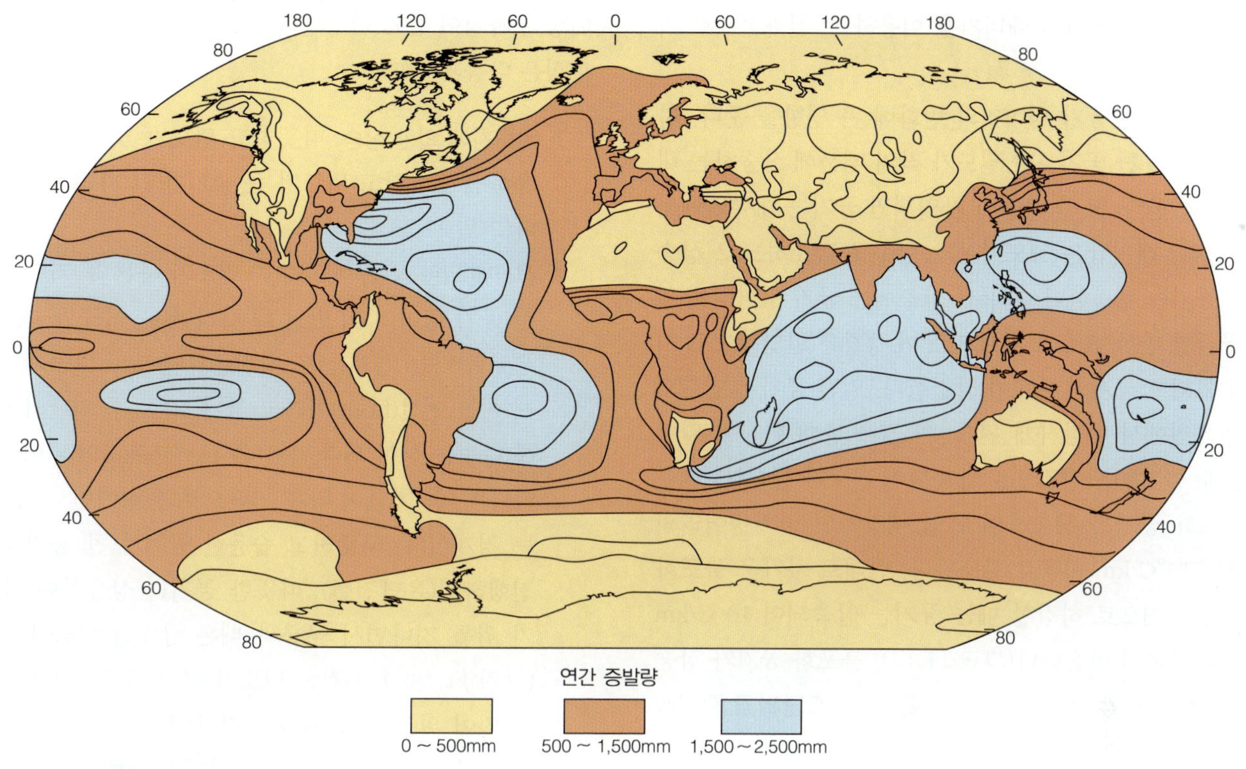

그림 11.16 증발과 대기 중의 수증기압

이 그림은 1년 동안 대기로 공급되는 수증기의 분포를 나타내고 있다. 연간 증발하는 물의 양을 밀리미터 단위로 나타냈다. 증발량이 많은 지역(하늘색)은 열대나 중위도 바다에서 나타난다. 증발량이 적은 지역(노란색)은 증발할 물이 많지 않은 사막에서 나타난다.

된 공기는 보일러에서 가열되면서 상대습도가 감소하고 실내의 공기는 건조해진다. 예를 들어, 실외 기온이 −10°C 이고 상대습도가 생활하기에 좋은 60%라 가정해 보자. 이 공기가 수증기 공급 없이 25°C로 가열되어 실내로 유입된다면, 상대습도는 많은 사람들이 불편함을 느끼는 수준인 6%로 감소하게 된다. 습도가 낮아지는 것을 막기 위해 사람들은 가열된 공기에 수증기를 공급하는 가습기를 사용한다.

단열감률

자전거 타이어에 바람을 넣을 때면, 공기가 압축되면서 펌프가 뜨거워지는 것을 알 수 있다. 비슷하게, 타이어의 압축된 공기를 나오게 하면, 공기는 팽창하면서 냉각되는 것을 느낄 수 있다. 이와 같이 압축에 의한 가열과 팽창에 의한 냉각을 **단열**(adiabatic) 과정이라 한다. 여기서 *adiabatic*은 출입이 없다는 그리스 문자 *adiabatos*에서 유래하였다. 따라서 단열과정이란 외부에서 공기 덩어리로 열이 들어가거나 나가지 않고 이뤄지는 과정을 의미한다. 공기가 펌프에 압축되면 기계적 에너지가 열로 바뀌고 결과적으로 온도가 증가한다. 압축된 공기가 팽창할 때는 팽창에 필요

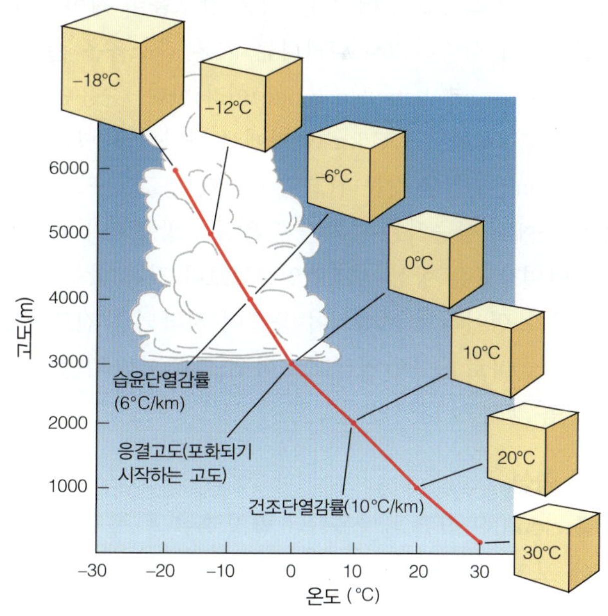

그림 11.17 단열감률

상승하는 불포화 공기는 팽창하면서 건조단열감률(10℃/km)로 냉각된다. 공기가 포화될 때까지 냉각되면 응결이 발생하고 숨은열이 방출된다. 공기가 좀 더 상승하면, 온도는 습윤단열감률(6℃/km)로 감소한다. 그림은 또한 모서리가 1km인 육면체가 상승하면서 나타나는 부피 변화를 함께 보여주고 있다.

한 에너지로 기체의 열에너지를 이용하며, 결과적으로 기온이 감소한다.

단열 과정은 공기 덩어리의 변화에 큰 영향을 준다. 따뜻한 공기는 찬 공기보다 밀도가 작기 때문에 상승하는 대류활동을 한다. 또한 하층이 가열되면 공기는 대류권에서 상승한다. 대기압은 고도가 증가할수록 감소하므로 상승하는 공기는 팽창한다. 대류권 상층에는 공기 덩어리에 열을 공급할 만한 요소가 없으므로 이 팽창은 단열적으로 이뤄지게 되고 공기의 온도가 감소한다. 일단 공기가 냉각되면 대류권에서 하강하게 된다. 이 경우 반대 현상이 일어나는데, 공기는 단열적으로 압축되어 온도가 상승한다.

불포화 공기가 상승하여 단열 팽창하면 공기덩어리의 온도는 10°C/km 비율로 감소한다. 반대로 차가운 불포화 공기가 지면으로 하강할 때는 공기는 압축되어 10°C/km 비율로 기온이 상승한다(그림 11.17). 불포화 공기가 상승하거나 하강할 때 기온 변화율을 **건조단열감률**(dry adiabatic lapse rate)이라 한다.

공기가 상승하여 포화되면 응결이 발생하는데 이때 수증기 응결에 의한 숨은열은 단열냉각을 조금 약화시킨다. 다시 말하면 숨은열이 방출되면서 공기가 냉각되는 비율을 지연시킨다. 방출되는 숨은열이 클수록 (즉 응결이 활발할수록), 고도에 따른 기온 감소율이 작아진다. 포화공기가 상승하면서 나타나는 기온 감소율을 **습윤단열감률**(moist adiabatic lapse rate)이라 한다. 습윤단열감률은 4°C/km에서 9°C/km 범위에서 나타나며 평균적으로 6°C/km 크기를 갖는다(그림 11.17). 응결고도보다 더 높은 곳에서 상승하는 공기는 숨은열이 방출되기 때문에 습윤단열감률은 항상 건조단열감률보다 작은 값을 갖는다. 공기 덩어리가 포화되어 응결이 시작되면 건조단열감율은 곧바로 습윤단열감률로 바뀌는데, 이런 과정이 바로 구름 생성 시 나타난다.

구름 형성

구름(cloud)은 작은 물방울이나 빙정 혹은 두 물질 모두가 눈에 보이도록 뭉쳐진 것이다. 구름은 수증기를 포함한 공기가 상승하면서 단열 냉각되어 응결이 발생하면서 생성된다.

상승을 일으키는 힘

공기가 상승할 수 있는 네 가지 주요한 상황이 있는데, 이들은 모두 구름을 생성시킨다. 그런데 일반적으로 두 가지 이상의 과정이 함께 발생한다. 공기를 상승시키는 네 가지 과정은 다음과 같다.

1. **밀도차에 의한 상승**, 따뜻하고 밀도가 낮은 공기가 상승하면서 차갑고 밀도가 큰 공기가 그 자리를 대신한다(그림 11.18A).
2. **전선에 의한 상승**, 이 경우는 밀도가 다른 두 기단(커다란 공기 덩어리)이 만날 때 나타난다. 이들 두 기단이 서로 만나는 경계는 또한 기온과 습도도 나누게 되는데 이를 **전선**(front)이라고 하며, 결국 두 기단의 밀도를 나누는 선이 된다. 전선은 10~150km의 넓이로 나타나며, 한 기단이 다른 기단으로 움직이면서 나타나는 경계이다. 따뜻하고 습윤한 공기가 찬 공기 위로 진행하면(온난전선), 따뜻한 공기는 상승하여 찬 공기 위를 지나면서 구름과 때론 강수를 만들게 된다(그림 11.18B). 차갑고 밀도가 큰 공기가 따뜻한 공기를 밀어 위로 올릴 때(한랭전선)에도 이와 비슷한 과정이 나타나는데, 구름이 생성되며 때론 강수가 생성된다(그림 11.18C). 한랭전선이 온난전선을 따라 잡아 두 찬 기단이 만날 때는 **폐색전선**이 생성된다.
3. **지형적 상승**, 공기가 산처럼 경사진 지형을 넘을 때 상승하게 된다(그림 11.18D). 세계적으로 가장 비가 많이 내리는 지역은 오스트레일리아의 태즈메니아, 뉴기니의 오언스탠리 산맥, 그리고 워싱턴의 올림픽 반도 등인데, 이들 지역은 지형적 상승에 의해 강수가 생성된다는 공통점이 있다. 바다에 인접한 산맥을 중심으로 내륙쪽 지역(다른 말로 풍하측이라 한다.)에는 종종 사막이 형성되는데 이런 지역을 **비그늘**(rainshadow)이라 한다. 공기가 산맥을 넘으면서 수증기를 잃고 건조해지기 때문에 풍하측에 비그늘이 생성된다.
4. **수렴에 의한 상승**, 이것은 공기가 수렴하면서 상승하는 것을 의미한다(그림 11.18E). 미국 플로리다 반도에서 이 현상이 잘 나타나는데, 이곳에서는 동쪽과 서쪽의 바다로부터 공기가 모여들어 부딪치고 상승한다. 공기가 상승하면서 구름이 생성되므로 플로리다에서는 공기가 수렴하는 오후에 빈번하게 뇌우가 발생한다.

응결, 핵 형성, 그리고 강수

공기 중의 수증기가 포화되면(즉 이슬점에 도달하면), 물이 응결되어 물방울(수적)을 형성하거나 온도가 얼음이 얼

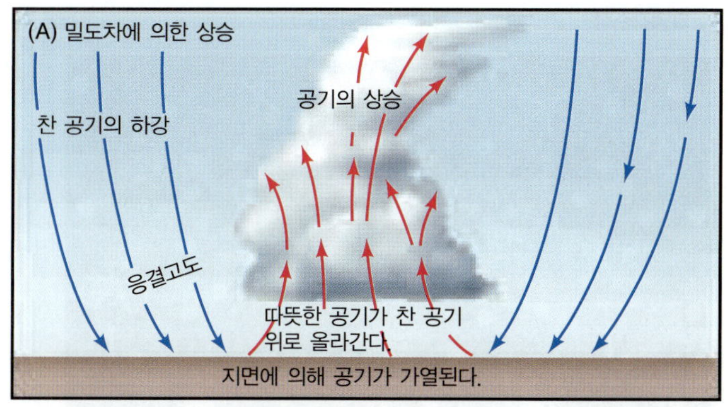

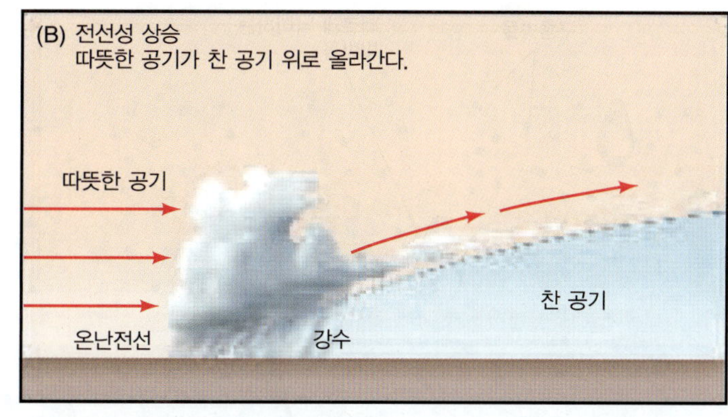

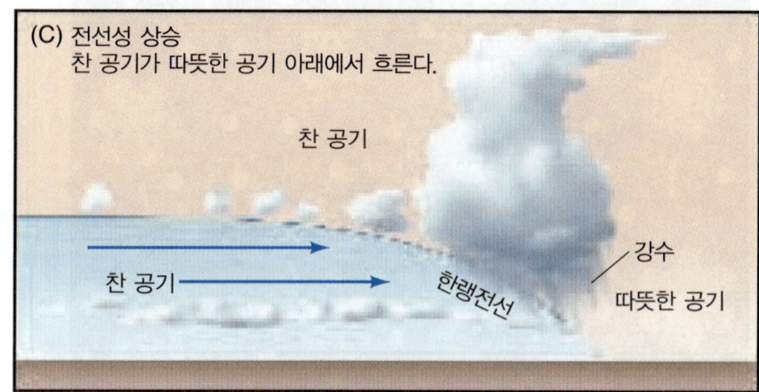

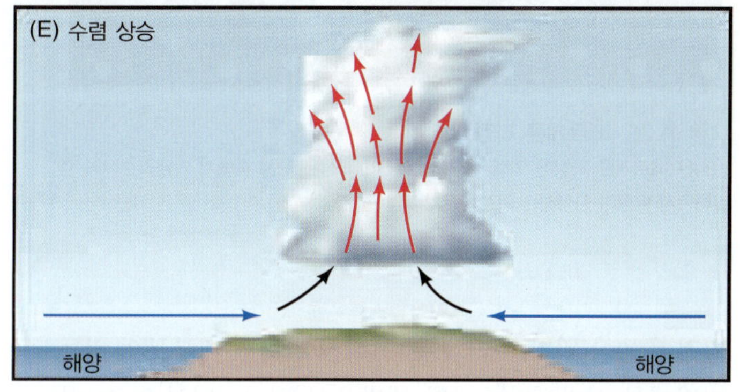

그림 11.18 공기를 상승시키는 과정
구름이 생성되는 주요한 상승 과정을 나타낸 것이다. 대부분의 경우 동시에 두 가지 이상의 상승 요인들이 작용한다. (A) 밀도 차이에 의한 상승은 따뜻하고 밀도가 작은 공기가 상승하고, 차갑고 밀도가 큰 공기가 하강하는 대류 세포를 유도한다. (B) 온난전선에는 따뜻한 공기가 찬 공기를 타고 상승한다. (C) 한랭전선에는 찬 공기가 따뜻한 공기 밑을 파고들면서 따뜻한 공기를 상승시킨다. (D) 지형성 상승은 공기가 산이나 다른 경사진 지형에 의해 상승되는 것을 말한다. (E) 공기가 모여들어 수렴이 발생하면 상승운동이 유도된다.

정도로 낮을 때는 얼음알갱이(빙정)가 형성된다. 여기서 수적이나 빙정이 성장하여 중력에 의해 낙하하면 우리가 잘 알고 있는 **강수**(precipitation)가 된다. 이 과정은 언뜻 간단해 보이지만, 사실은 꽤 복잡한 과정들이 숨어 있다. 수적이나 빙정이 형성되기 위해서는 에너지가 필요하다. 에너지는 수적과 빙정을 구성하는 새로운 표면을 형성하는 데 필요하며, 수적과 빙정이 최초로 만들어지는 과정을 핵 형성(nucleation)이라 한다. 이미 존재하는 표면에 핵 형성이 되는 경우에는 필요한 에너지가 작지만, 표면이나 핵 형성을 위한 물질이 없는 상태에선 꽤 큰 에너지가 필요하다. 예를 들어 포화된 공기가 지표면과 만났을 때는 지표가 핵 형성에 필요한 표면으로 작용한다. 이 경우 온도에 따라 이슬이나 서리가 생성된다.

상승하면서 냉각되는 공기 덩어리 내부에서 응결이 일어날 때는 에어로졸이 핵 형성 표면이 된다. 응결이 시작되면 수적은 약 1분 안에 지름 20~25μm 정도로 빠르게 성장한다. 이후로는 물방울의 성장이 느리게 일어나는데, 이것은 남아 있는 수증기가 수십억 개의 수적과 빙정에게 나눠지면서 응결되기 때문이다.

구름방울은 구름 속 난류에 의해 공중에 떠 있을 정도로 매우 작다. 부피 1cm^3 당 구름방울 개수가 1,000개 정도(1 drop/mm^3) 있을 때는 서로 떨어져 거리를 유지하면서 존재한다. 구름 알갱이 수가 이보다 더 증가한다면 서로 병합되어 결국 공중에 떠 있을 수 없을 정도의 물방울로 성

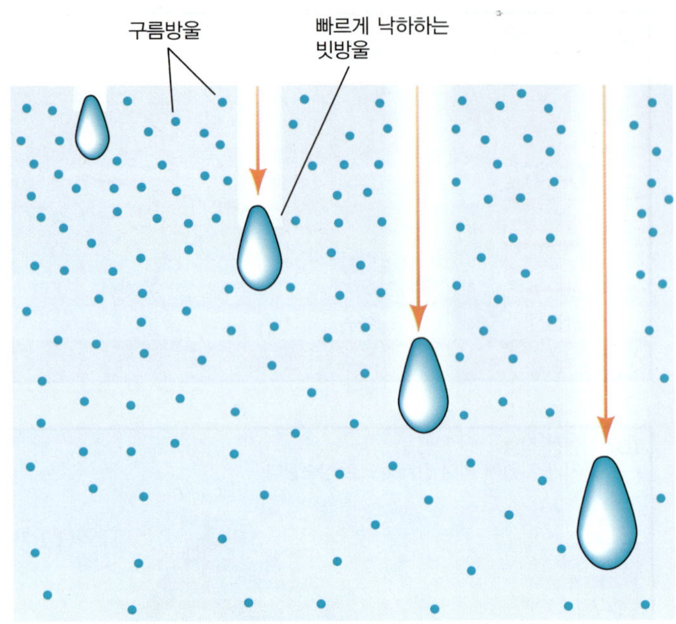

그림 11.19 빗방울
빗방울은 작은 구름방울이 병합되어 생성된다. 빗방울이 낙하하면서 만나는 다른 작은 물방울과 결합한다.

그림 11.20 베르게론 과정
빙정은 베르게론 과정에 의해 성장하는데, 이 과정은 구름 속에서 과냉각수적이 증발하면서 빙정이 성장하는 과정을 말한다.

장한다. 물방울이 낙하하면 다른 물방울과 충돌하고 합쳐지면서 빗방울이 형성된다(그림 11.19).

구름 온도가 0°C 이하일 때는 물방울이 0°C 이하에서도 얼지 않고 과냉각수적으로 존재할 수 있으므로 강수과정이 좀 더 복잡해진다. 구름 속에서 비가 형성되는 과정에서 과냉각수적의 역할을 최초로 발견한 사람은 스칸디나비아 과학자인 베르게론(Tor Bergeron)이고, 이 발견을 기리기 위해 이 과정을 **베르게론 과정**이라 한다. 베르게론은 구름 속 빙정이 과냉각수적을 이용하면서 성장하는 것을 발견하였다.

온도가 0∼−9°C인 구름은 오직 과냉각수적만이 존재한다. 온도가 −10∼−20°C일 때는 빙정도 생성되므로 이때 구름 속은 과냉각수적과 빙정이 함께 존재한다. −20°C 이하에서는 물방울(수적)은 사라지고 구름은 오로지 빙정으로 구성된다. 그러므로 공기가 냉각되어 구름이 성장하면서 과냉각수적과 빙정이 혼합된 처음 상태가 점차적으로 빙정만 존재하는 상태로 변한다. 베르게론은 과냉각수적과 빙정이 혼합된 경우에 수적은 점차 증발하여 수증기를 방출하고, 이 수증기가 빙정에 침적되면서 빙정이 성장하는 것을 발견하였다. 결과적으로 빙정은 커져 지면으로 낙하한다(그림 11.20). 만약 지면 기온이 0°C이 이하라면, 눈발이 날리게 된다. 지면의 기온이 0°C 이상일 때는 빙정이 녹아 비가 내리게 된다(다시 말하면 대부분의 비는 빙정에서 시작된다). 만약 빗방울이 떨어지면서 0°C보다 낮은 곳을 통과하면, 빗방울이 얼어 진눈깨비(sleet)—언비—가 내린다.

구름의 형태

구름은 수증기 응결에 의해 생성되므로 대다수의 구름들은 수증기가 많이 분포하는 대류권에서 만들어진다. 구름은 모양이나 형태, 그리고 구름의 높이에 따라 크게 적운, 층운, 권운 세 종류로 나눌 수 있다(그림 11.21과 11.22).

적운형 구름(cumulus clouds, 그림 11.22A)은 덥고 습한 날 공기가 대류활동에 의해 상승하여 응결고도를 지나 상승하면서 만들어지고 부풀어오른 공 모양으로 보인다. 이 구름은 응결고도를 명확히 보여주는 편평한 바닥과 어린이들이 자주 그리곤 하는 꽃양배추 모양을 하고 있다. 적운형 구름들이 뭉치면서 부풀어오른 층처럼 보이는 구름

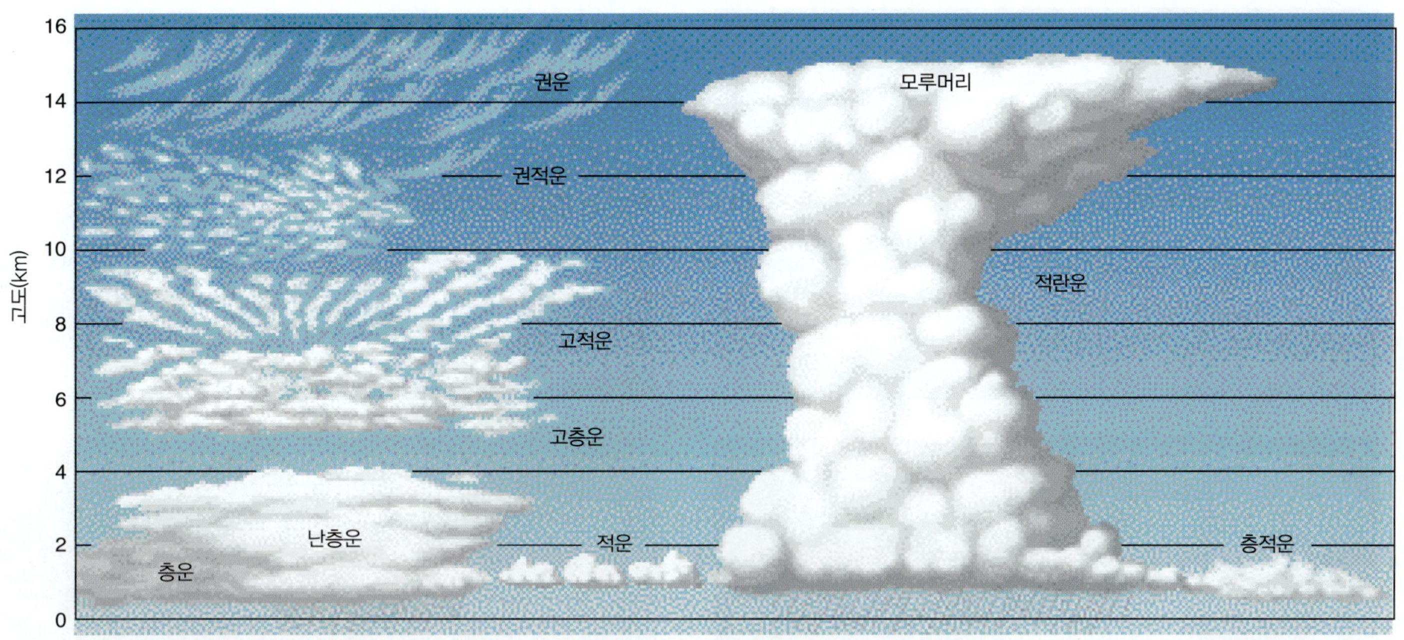

그림 11.21 고도에 따른 구름 형태
이 그림은 여러 종류의 구름이 특징적으로 갖는 모양을 고도에 따라 나타내고 있다.

은 층적운이라 한다(그림 11.22B). 적운형 구름이 대류권 꼭대기까지 상승하여 수평으로 퍼지는 구름은 적란운이다(그림 11.22C). 적란운은 여름에 볼 수 있는 모루 형태의 뇌우 구름 혹은 소나기 구름으로 우리에게 친숙한 구름이다. 적란운 내부에는 엄청난 양의 에너지와 난류가 발생하고, 일부 에너지가 천둥이나 구름—구름 사이 혹은 구름—지면에 번개를 유발하기도 한다.

고도 2~6km에서 생성되는 적운을 고적운이라 하며, 권적운은 고도 6~15km에서 생성된다. 때때로 고적운과 층적운은 사이사이에 구름이 없는 하늘이 있는 규칙적 형태의 줄이나 덩어리로 나타난다. 직경 수백 미터 정도 크기를 갖는 대류세포들이 이런 형태의 구름을 만든다.

층운(stratus clouds, 그림 11.22D)은 고도 2~15km에서 이불처럼 생긴 구름이며 보통 하늘 전체를 덮는다. 층운은 공기가 전선에 의해 상승하여 응결고도에 도달하면서 만들어지는데, 구름이 연직 방향이 아닌 수평 방향으로 넓게 퍼진다. 만약 이 담요처럼 생긴 구름의 두께가 수 킬로미터에 달하면 낮도 어둡고 음산하게 변한다. 이런 구름은 난층운(그림 11.22E)이라 한다. 적운과 마찬가지로 층운도 생성 고도에 따라 고층운(6~8km)과 권층운(8~12km)으로 나뉜다.

권운(cirrus clouds, 그림 11.22F)은 대류권에서 가장 높은 곳에서 생성된다. 권운은 6km보다 더 높은 곳에서 가늘고 연약하게 보이는 실이나 깃털처럼 나타나며, 전체가 빙정으로 구성돼 있다.

드물지만 성층권에 생성된다고 알려진 두 종류의 구름이 있다. 진주운은 20~30km 상공에서 빙정으로 된 아름답게 빛나는 (서리가 서려 있는 창유리처럼) 반투명 층으로 나타난다. 보다 더 드물게 성층권에서 생성되는 구름으로 야광운이 있는데, 이 구름은 거미줄로 된 면사포처럼 매우 얇다. 이것은 미세한 빙정으로 구성되어 있으며 90km 상공에서 생성된다. 아직까지 90km보다 더 높은 고도에서는 관측된 구름은 없는데, 수증기가 턱없이 부족하기 때문에 구름이 생성되기 어렵다.

지구계 내에서의 대기

제1장에서 우리는 지구상의 네 가지 권역이 세밀하게 상호작용하면서 생명체의 존재와 유지할 수 있게 하는 의미로서 지구의 **생존권**(life zone)을 소개하였다. 이 좁은 범위에서 알려진 모든 생명체가 존재할 수 있는데, 그 이유는 이 범위내에서만 지권, 수권, 대기권이 상호작용하고 생물권에 의해서 변화되면서 생명체가 생존할 수 있는 환경을 만들기 때문이다. 대기는 생존권에서 생명체에 알맞은 온도와 대기 조성과 같은 환경을 유지시키는 데 중심적인 역

그림 11.22 여러 가지 구름

몇 가지 주요한 구름을 나타냈다. (A) 적운, (B) 층적운, (C) 적란운, (D) 층운, (E) 난층운, (F) 권운할을 한다.

대기권과 생존권

우리는 이 장의 처음 부분에서 어떤 행성에 사람이 살 수 있으려면 산소 농도가 어떤 특정 범위에 있어야 함을 알았다. 거주할 수 있는 행성이 되기 위해선 대기의 산소뿐만 아니라 다음과 같은 다른 두 가지 필수적 조건이 필요하다. 먼저 수증기가 있어야 하고 기온이 너무 높거나 낮지 않아야 한다.

사람은 수증기가 전혀 들어 있지 않는 완전하게 건조한 공기만으로 오래 생존할 수 없다. 왜냐하면 우리 폐가 올바른 기능을 하기 위해선 수증기가 필요하기 때문이다. 따라서 생존 가능한 행성은 수증기를 대기에 공급해 주는 수권 (hydrosphere)이 반드시 있어야 한다.

기온에 관해서는 생존 가능한 행성의 온도 한계는 생명체에 따라 다양하다. 어떤 생물은 극한 온도에서도 적응할 수 있다. 그러나 인간을 포함한 대부분 생물은 살아가는 데 다소 안정적이고 온화한 온도 조건이 필수적이다. 우리 몸 중에서 뇌, 심장, 폐, 간, 그리고 소화기관 등은 기온이 변할 때 보호해야 할 핵심 기관들이다. 이들 기관의 온도는 37°C로서, 여기서 ±2°C 이상 변하지 않아야 정상이다. 이 핵심 기관의 온도를 안정적으로 유지하기 위해서 우리 몸은 열을 발산하여 몸을 냉각시키는 두 가지 과정인 땀을 흘리고 피부 혈관을 확장하는 기능과 반면에 열을 가둬 몸을 따뜻하게 하는 두 과정인 몸을 떨고 피부 혈관을 수축하는 기능을 지니고 있다.

물론 체온을 적절하게 유지하기 위한 가장 효과적인 방법은 온화한 연평균 기온이 나타나는 지역에 사는 것이다. 인류의 90% 이상이 연평균 기온이 6~27°C인 지역에서 살고 있다. 따라서 사람이 살 만한 행성에는 반드시 기온이 이 범위에 들어가는 지역이 존재해야 한다. 지구의 많은 지역이 6~27°C의 기온을 유지하는 것은 대기가 담요처럼 지표 기온을 따뜻하게 유지하고 안정시키는 역할을 하기 때문이다.

최근 대기권의 변화

우리가 전적으로 공기를 필요로 하고, 생존을 위해선 지구를 따뜻하게 하는 대기가 필수적인 것을 고려하면 모두가 대기에 대해서 잘 알고 많은 관심을 가질 것으로 생각할지 모른다. 그런데 불행하게도 이는 사실이 아닌 것 같다. 사람들은 이 귀중한 필수 요소를 너무도 당연한 듯이 여기며, 대기가 오염물질을 무한정 처리할 수 있는 것처럼 행동한다. 대기 하층은(특히 도시 중심은 더욱 더) 인간 활동에 의한 많은 오염 물질로 오염되어 있다. 몇몇 대기 오염물질은 오염원 부근에 머무르지만, 일부는 다른 지역으로 넓게는 전지구로 대기를 통해 수송되기도 한다. 대부분 대기 오염물질은 인간이나 생태계에 부정적인 영향을 준다.

대기 중으로 배출된 오염물질은 여러 조건에 의해 영향을 받는데, 이 조건에는 오염물질의 물리화학적 특성, 지형, 대기 상태 등이 있다. 오염물질의 (에어로졸 형태인가 그렇지 않는가와 같은) 특성은 얼마나 오랫동안 대기 중에 부유하거나 또 멀리 수송되는가 등을 결정한다. 바람과 강수는 오염물질이 대기에서 수송되는 데 중요한 영향을 준다. 공기가 정체되어 있을 때는 오염물질은 멀리 이동되지 못하고 배출원 주위에 집중돼 분포한다. 강수가 있을 때는 오염물질이 빗방울에 붙어서 공기 중에서 씻겨 사라진다.

오늘날 인류가 배출하는 오염물질로 인해 복사적으로 활발히 반응하는 기체의 농도가 증가하는 것을 우려하는 목소리가 커지고 있다. 이 기체는 온실효과를 강화시켜 결국 전지구 기후 변화를 초래한다. 이런 상황에서 구름은 중요한 요소가 되는데, 이유는 구름은 기후 시스템에서 상반된 두 가지 역할을 하기 때문이다. 먼저 구름은 하부 대기의 열을 가둬 지표를 따뜻하게 할 수 있다. 반면에 입사하는 태양 복사를 반사, 산란하거나 흡수하여 지표를 냉각시킬 수 있다. 만약 온난화로 증발량이 많아지고 그 결과로 구름량이 많아지면 지구 온도는 증가할까? 아니면 감소할까? 이 질문이 현재 우리가 지구 기후 시스템을 이해하는 데 가장 불확실한 점 중 하나이다.

다음 제12장에서는 여기서 논의한 대기의 대표적 특성인 바람과 날씨 시스템에 대해 자세히 살펴볼 것이다. 이후 제13장에서 장기적 기후 변화의 원인과 그 결과를 다룰 것이다.

요약

1. 거주가 가능한 행성은 호흡할 수 있는 대기가 있어야 하며, (인간을 포함한 생물들에게) 가장 필수적인 기체는 산소다. 화산 폭발로 지구 내부에서 분출된 기체가 진화하여 형성된 지구 대기는 (우리가 잘 알듯이) 생명에게 꼭 알맞은 양의 산소를 함유하고 있다.
2. 지구 탄생 초기의 대기는 뜨거운 상태로 수증기와 다른 온실기체로 가득 차 있었다. 이때 강수는 산성을 띠고 있었고, 대기에는 호흡할 수 있는 산소가 존재하지 않았다. 대기의 밀도는 컸으며 지면 기압은 매우 높았다. 오늘날과는 전혀 다르게 초기 지구의 대기는 생물체에게 적합하지 않았다.
3. 현재 대기의 여러 성분 기체 중 산소를 제외한 다른 기체들은 지난 40억 년에 걸친 화산 기체 분출에 의해 생성되었다. 산소는 전적으로 광합성에 의해 생성된 것이다. 과거 20억 년 전쯤 대기에 산소가 천천히 쌓이기 시작하였다. 산소 분자가 축적되면서 오존이 증가하였다. 이후 대기 중 산소 농도는 지속적으로 증가하여 현재의 20.9%에 이르게 되었는데, 산소의 증가는 포유류가 출현하는 데 도움을 주었다.
4. 지구계의 탄소 순환을 통해 오랜 시간에 걸쳐 탄소가 대기로부터 제거되었다. 석회암의 생성이나 유기 퇴적물의 매장은 탄소가 장기간 머무를 수 있는 저장소 역할을 한다. 해양분지가 새롭게 생성되면서 유기 퇴적물의 매장이 활발해지며, 섭입 과정을 통해 석회암이나 해양저 퇴적물이 맨틀로 되돌아간다. 이 두 과정을 통해 탄소는 지표 부근의 생지화학 순환으로부터 벗어나 더 이상 대기권 혹은 수권과 접촉하기 어렵도록 격리된다.
5. 지구 대기를 이루고 있는 공기는 여러 기체의 혼합물과 떠다니는 입자들로 구성된다. 공기의 상대적 조성은 시간과 장소에 따라 약간 달라진다. 이에 대한 두 가지 주요한 원인은 대기 중 에어로졸과 수증기가 크게 변하기 때문이다.
6. 에어로졸은 공기 중에 떠 있는 매우 작은 액체 입자나 고체 입자를 말한다. 에어로졸은 자연적으로 생성되기도 하는데 안개, 구름, 화산재, 산불에 의한 연기, 해염입자, 먼지나 황토, 꽃가루 등이 있다. 인간 활동에 의한 에어로졸은 산업활동, 교통, 화석 연료의 연소, 발전 과정 등에서 나온다.
7. 질소, 산소, 아르곤은 에어로졸과 수증기를 고려하지 않은 건조 공기의 99.96%를 차지한다. 나머지 미량 기체들은 지구의 생명체에 매우 중요한 역할을 한다. 이산화탄소, 수증기, 메테인, 오존, 그리고 산화질소 등은 지구상의 생명체가 생존케 하는 온실효과를 만든다. 오존은 유해한 자외선으로부터 생명체를 보호하는 매우 중요한 역할을 한다.
8. 태양 광선은 대기로 입사하면서 투과, 굴절, 반산, 산란, 흡수 등의 과정을 거친다. 대기의 창은 특정 파장의 복사를 통과시키며, 반면에 대기의 블라인드는 특정 파장의 복사를 기체가 흡수하도록 한다. 대기 중에서 반사와 굴절은 꽤 복잡하게 나타나며, 빛은 미세 입자, 액체 방울, 기체 분자에 의해 산란된다.
9. 대기는 태양으로부터 열 에너지를 얻는다. 태양 복사는 구름, 비, 눈보라, 바람, 날씨 등을 만드는 에너지원이다. 지구 자전축의 경사로 계절 변화가 나타나며, 지구 자전으로 인한 전향력 효과로 대규모 대기현상과 전지구 바람 시스템이 유지된다.
10. 대기의 열적층으로 지면에서 상층으로 가면서, 대류권(지면에서 16km이고, 꼭대기에 대류권계면이 있다.), 성층권(이후 50km까지, 꼭대기에 성층권계면), 중간권(이후 85km까지, 꼭대기에 중간권계면), 열권(이후 500km까지)이 있다. 이후에 대기는 우주와 맞닿게 된다. 대류권은 지면에 의해 가열되므로 기온은 고도에 따라 감소한다. 성층권은 오존이 태양 복사를 흡수하면서 가열되므로 고도에 따라 기온이 증가한다.
11. 대기압은 기압계로 측정한다. 고층 기압은 헬륨을 채운 풍선에 매달아 띄우는 라디오존데를 이용하여 측정한다.
12. 어떤 고도의 기압은 그보다 더 상층 공기의 무게에 의해 나타난다. 해면 기압이 우리를 짓눌러 납작하게 만들지 않는 것은 기압이 모든 방향으로 작용하기 때문이다. 기압은 높이에 따라 부드럽게 감소하는데, 기체가 압축성을 띠고 있기 때문에 선형적이지 않고 곡선형태로 감소한다. 공기의 압축성으로 대기 질량의 절반은 고도 5.5km 아래에, 질량의 99%는 32km 아래에 존재한다.
13. 수증기 양을 나타내는 습도는 대기 중에서 크게 변동

한다. 증발, 응결 등과 같이 H_2O가 (고체, 액체, 기체 중) 어떤 한 상태에서 다른 상태로 변하는 과정은 날씨와 연관되어 매우 중요한데, 이 가운데 숨은열을 흡수하거나 방출하기 때문이다.

14. 증발이란 빠르게 운동하는 분자가 액체 상태에서 벗어나 수증기로 변하는 것이다. 포화는 어떤 주어진 온도에서 공기가 포함할 수 있는 최대의 수증기 양을 결정한다. 만약 어떤 온도에서 가능한 수증기 용량이나 포화수증기압을 넘어선다면 응결이 발생한다. 상대습도는 공기의 수증기압과 공기의 온도에서 최대로 포함할 수 있는 포화수증기압의 비이다. 수증기가 공급되거나 기온이 바뀌면 상대습도가 변하게 된다.
15. 단열 과정은 외부에서 열이 공급되거나 외부로 열이 빠지지 않으면서 나타나는 과정을 말한다. 따뜻한 불포화 공기가 상승하여 팽창하면 단열 냉각되는데(혹은 차가운 불포화 공기가 침강하면, 압축되어 단열 가열된다), 이때 기온은 건조단열감률을 따라 일정하게 변한다. 공기가 상승하여 어느 정도 냉각되어 포화되면 응결이 발생한다.
16. 구름은 미세한 수적(물방울), 작은 빙정(얼음알갱이), 혹은 이 둘이 섞여 모인 것이다. 구름은 상승하는 공기가 단열 냉각되어 포화될 때 수증기가 응결되어 생성된다. 공기의 상승을 유도하는 네 가지 기본적인 과정은 밀도차에 의한 상승, 전선성 상승, 지형성 상승, 수렴에 의한 상승이 있다.
17. 이슬점에서는 수증기가 물로 응결되는데, 더 낮은 온도에서는 빙정이 생성된다. 물이 응결되거나 빙정이 생성되기 위해선 표면을 새롭게 만들기 위한 에너지가 필요하다. 구름방울이 어느 정도 많아지면 병합되어 빗방울이 되어 강수로 낙하한다. 만약 지면으로 낙하하는 동안 기온이 0°C 이하라면 눈이 내린다. 지면 부근의 기온이 0°C보다 높다면 눈이 녹아 비가 되어 땅에 떨어진다.
18. 일반적으로 구름은 대기 중에 수증기가 충분한 대류권에서 생성된다. 구름은 크게 세 가지, 즉 적운, 층운, 권운으로 구분할 수 있다. 이에 고층운, 권적운 등과 같이 구름의 생성을 나타내는 용어를 덧붙인다. 드물지만 대류권보다 더 높은 곳에서 생성되는 구름들도 있다.
19. 대기는 생존권의 조건을 생명체에 적절한 기온과 구성이 되도록 유지하는 중심적 역할을 수행한다. 어떤 행성에 생명체가 살기 위해선 산소뿐만 아니라 수증기가 있어야 하며, 기온이 너무 높거나 낮지 않아야 한다. 지표의 기온을 큰 변동 없이 따뜻하게 만들어 주는 담요와 같은 대기가 있기 때문에 지구의 많은 지역이 온화한 기온을 갖는다.
20. 인간의 여러 활동이 대기 하층에서 대기오염을 유발한다. 일부 대기오염은 국지적으로 나타나지만, 어떤 것은 좀 더 넓은 지역으로 혹은 전 지구로 수송되기도 한다. 대부분 대기오염 물질은 인간과 생태계 건강에 부정적 영향을 준다. 대기로 배출된 오염물질은 물리화학적 특성, 배출된 곳의 지형, 그리고 탁월풍과 같은 대기 조건의 영향을 받는다.

주요 용어

강수(precipitation)
계면(pause)
공기(air)
구름(cloud)
권운(cirrus clouds)
기압(air pressure)
기압계(barometer)
단열(adiabatic)
대기(atmosphere)
대기 블라인드(atmospheric blind)
대기의 창(atmospheric window)
대류권(troposphere)
산란(scattering)
상대습도(relative humidity)
성층권(stratosphere)
습도(humidity)
에어로졸(aerosol)
열권(thermosphere)
응결(condensation)
이슬점 온도(dew point)
적운형 구름(cumulus clouds)
전선(front)
중간권(mesosphere)
증발(evaporation)
층운(stratus clouds)
투과(transmission)
흡수(absorption)

복습 문제

1. 대기에 에너지를 주는 두 가지 주요한 힘은 무엇인가?
2. 화성과 금성의 대기를 공기라 부를 수 있는가? 왜 그런지 혹은 왜 그렇지 않은지 설명하라.
3. 공기에 가장 많은 기체는 질소이다. 두 번째로 많이 있는 기체는 무엇인가? 이 기체가 차지하는 부피 비는 얼마인가?
4. 습도와 상대습도의 차이를 설명하라.
5. 사막의 공기가 북극의 공기보다 더 많은 수증기를 포함할 가능성이 있다면 왜 그런지 설명하라.
6. 인간이 태양으로부터 오는 자외선으로부터 치명적인 해를 입지 않고 생활할 수 있는지를 설명하라.
7. 에베레스트 산 정상의 공기와 해면의 공기가 대기 조성은 서로 같지만, 호흡할 수 있는 산소는 에베레스트 산 정상이 훨씬 적은 이유를 설명하라.
8. 기압은 고도에 따라 비선형적으로 곡선 형태로 감소하는 이유를 설명하라.
9. 지구 대기를 연직으로 구분하는 4개 열적층을 아래층부터 순서대로 써 보라. 이때 각 층이 나타나는 고도와 경계의 이름을 나타내 보라.
10. 왜 대류권에서는 기온이 고도에 따라 감소하고 성층권에서는 증가하는지 설명하라.
11. 공기가 자전거 타이어 펌프를 이용할 때처럼 빠르게 압축되면 뜨거워지는 이유를 설명하라. 기체가 압축되거나 팽창되면서 각각 가열과 냉각되는 과정을 의미하는 용어를 써 보라.
12. 베르게론 과정은 무엇이고, 이것이 빗방울을 만드는 데 어떤 역할을 하는지 설명하라.
13. 공기가 상승할 수 있는 네 가지 방법을 설명하라. 왜 이들 상승 과정이 구름이 생성되는 데 중요한지 설명하라.
14. 한랭전선과 온난전선의 차이점은 무엇인가? 보통 비는 이들 두 전선과 함께 나타나는데, 왜 그런지 설명하라.
15. 구름을 구분하는 세 가지 주요한 형태를 그 특징과 함께 써 보라.

연구와 토론 문제

1. 마지막 빙하기 때인 25,000년 전에 구름이 지구를 지금보다 더 넓게, 혹은 더 적게, 아니면 현재와 같은 넓이로 덮었을 것인지 설명하라. 빙하기 때 강수는 지금과 다른 특징을 가졌을 것인지? 아니면 강수는 같고 오직 온도만 다른 것인지 설명하라.
2. 지구온난화가 해양의 증발량을 증가시켜 더 많은 구름을 생성할 것인지를 설명하라. 구름은 기후에 두 가지 역할을 하는데, 구름량이 증가하면 지구는 냉각될 수도 혹은 더 따뜻해질 수도 있다. 기후 시스템 내에서 구름이 하는 다른 역할들을 찾아 설명하라. 지구온난화로 인하여 어떤 종류의 구름이 생성되며, 이 구름이 지구를 냉각시킬 것이지 아니면 더 뜨겁게 만들 것인지 설명하라.
3. 대기압은 보통 모든 방향으로 같다. 그런데 토네이도나 태풍(허리케인)이 통과할 때 닫혀 있는 유리창이 깨지곤 하는데 왜 그런지 설명하라.

기초 원리 문제

1. 산란이란 무엇인가? 이것이 굴절과 반사와 다른 점은 무엇인가?
2. 대기의 블라인드와 대기의 창은 서로 어떻게 다른가?
3. 숨은열이란 무엇인가? 숨은열이 방출되는 두 가지 상변화의 예를 설명하라. 비슷하게 숨은열을 흡수하는 두 가지 상 변화의 예를 설명하라.

자세히 보기 문제

1. 에어로졸이란 무엇인가? 에어로졸 입자(혹은 방울)의 크기는 어느 정도인가?
2. 에어로졸이 생성되는 자연적 과정과 인위적 과정을 각각 두 가지 써 보라.
3. 에어로졸이 전 지구 기후에 영향을 미치는 과정을 설명하라.

CHAPTER

12

바람과 날씨 시스템

개요

이 장에서 우리는

- 날씨와 기후가 어떻게 다른지, 이들이 대기 특성 변화에 따라 어떤 영향을 받는지 배운다.
- 공기를 움직이게 하는 힘들과 바람의 방향을 결정하는 요인을 조사한다.
- 전 지구 규모와 지역 규모의 대기 순환을 설명한다.
- 중요한 국지적 바람들과 날씨 시스템을 설명한다.
- 악기상이 발생하는 원인과 영향을 소개한다.

◀ **가뭄을 해갈해 주는 비**

악기상은 다양한 면에서 우리 삶에 영향을 준다. 여기 접근하는 악뇌우가 2006년 극심한 가뭄으로 바싹 말라버린 오클라호마의 선더버드 호에 희망을 주고 있다.

날씨는 모든 문화권에서 가장 인기 있는 대화 주제이다. 날씨는 입는 옷차림, 먹는 음식, 종사하는 일 등 우리 일상에 중요한 역할을 하므로 이처럼 많은 사람들이 이야기 거리로 삼는 것이 놀랄 일이 아니다.

날씨에 관하여 많은 대화를 나눠도 말하면서 약간 혼란을 느낄 때가 자주 있다. 혼동을 피하기 위해 **날씨**(weather)를 어떤 주어진 시간과 장소에서 나타난 대기의 상태로 정의하는 기상학자들(날씨 과학자)의 의견을 따르기로 하자. 대기의 상태를 결정하는, 즉 날씨를 기술하는 데 사용되는 다섯 가지 변수는 다음과 같다.

1. 기온
2. 기압
3. 습도
4. 운량
5. 풍향과 풍속

제11장에서 우리는 처음 4개 기상변수를 포함한 대기의 여러 특성을 배웠다. 제12장에서는 여러 요인들이 어떻게 상호작용하여 대기순환에 영향을 주고, 바람 시스템을 만들어 날씨를 결정하는지 다룬다.

앞의 5개 기상변수는 또한 기후를 측정하고 나타내는 데도 사용된다. 그런데 날씨와 기후는 서로 중요한 차이점이 있다. 날씨는 단기간 상태를 의미하지만, 기후는 장기간 상태를 나타낸다. 날씨는 짧은 기간에 걸쳐 변할 수 있다. 예를 들면 어떤 한 장소에서 아침에는 춥고 축축했지만 오후에는 따뜻하고 건조해질 수 있다. 대기의 빠르고 큰 변화가 어떤 지역이나 아니면 전 지구의 날씨 변화를 초래할 수 있다. 예를 들어 대규모 화산 폭발은 며칠 안에 전 세계의 날씨에 영향을 줄 수 있다.

반면에 **기후**(climate)는 어떤 장소의 **평균적** 날씨 상태를 나타내므로 기후를 알기 위해서는 수년 동안 관측해야 한다. 예를 들면 캐나다 북부 지역에 때론 따뜻하고 건조한 날들도 있지만 이곳의 기후는 차갑고 습하다. 이것은 수년 동안에 차고 습한 날이 따뜻하고 건조한 날보다 많기 때문에 어떤 날이나 한 주 혹은 한 달의 날씨에 상관없이, 이 지역의 (기후를 나타내는) 평균 날씨는 차고 습하다고 말한다. 이와 반대 상황은 북아프리카의 사하라 사막에서 찾을 수 있는데, 여기는 뜨겁고 건조한 날이 차갑고 습한 날보다 훨씬 자주 나타나기에 사하라의 기후는 뜨겁고 건조한 것으로 간주된다.

기후를 결정하는 여러 요인들은 또한 암석권, 수권, 생물권, 대기권, 그리고 최근에 들어와서 인간권 등에서 나타나는 장기적 변화에 영향을 받는다. 이런 특징은 따로 제13장에서 소개될 것이다.

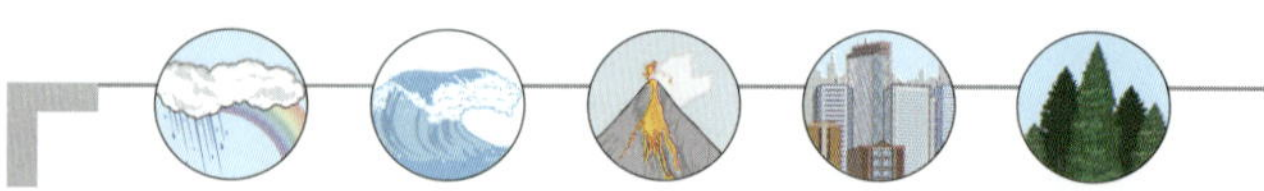

관련짓기

기후는 날씨보다 좀 더 장기간에 걸친 현상이지만, 반드시 큰 규모를 의미하지는 않는다. *미기후*(microclimates)는 산 경사로 인한 태양 고도각 혹은 탁월풍에 의한 수증기에 의해 어떤 작은 지역이 갖는 주위와 다른 (단지 날씨가 아닌) 기후를 말한다. 여러분이 사는 근처에서 주위와 다르게 나타나는 미기후는 어떤 것이 있고, 이 미기후를 만드는 요인들은 무엇인지 찾아보자.

공기는 왜 움직이는가

바람(wind)은 지역적으로 기압이 다르기 때문에 발생하는 공기의 움직임이다. 자연은 항상 기압차를 줄이는 방향으로 움직이며, 바람은 기압이 높은 곳에서 낮은 곳으로 공기가 흐르면서 생성된다. 제11장에서 배웠듯이 기압이 지면 부근에서 높고 고도에 따라 낮아지는 것을 의미하는 연직 기압경도는 항상 존재한다. 더구나 기압은 공기의 밀도와 관련되어, 고기압이란 공기가 좀 더 압축되어 밀도가 크다는 것을 의미한다. 이런 상황은 찬 공기가 하강하여 지면에 쌓일 때 나타난다. 저기압은 압축이 덜된 것과 저밀도를 의미하며, 따뜻한 공기가 지면에서 상승할 때 나타난다.

그러므로 기압차로 인한 공기의 운동은 기온과 밀도에 밀접하게 연관되며, 수평 운동은 대체로 공기의 연직 운동과 연관되어 나타난다. 어떤 지점의 풍속은 그 지역의 기압차에 좌우되며, 풍향은 기압차와 다른 요인들이 함께 작용하여 결정된다.

바람의 속력

풍속 20km/h[1)]인 바람은 상쾌한 기분이 들게 하며, 나무에

1) 수 세기 동안 바람은 뱃사람에게 동력원이 되었기에 종종 풍속의 단위로 해상 단위를 사용한다. 신문, 라디오, TV의 날씨 예보에서 노트가 사용된다면, 이를 다음과 같이 다른 단위로 변환할 수 있다. 바다에서 거리는 해리(항해마일, nautical mile)를 사용하고, 속력의 단위로 노트(knot)를 사용한다. 1노트는 1해리를 1시간 동안 가는 속력(1nautical mile/hour)이다. 1해리는 1.1508land mile 혹은 1.852km이다. 따라서 30노트는 30×1.852 혹은 55.56km/hr이다.

기초 원리

바람냉각 인자

겨울철이 되면 일기예보에서 기온과 풍속에 함께 고려하여 야외에서 실제로 느끼게 되는 추위를 의미하는 바람냉각에 대해 듣곤 한다. 바람냉각을 어떻게 계산하는 것일까? 사람 몸이나 다른 단단한 물체 표면에는 경계층이라고 하는 얇은 층이 있는데, 이곳에서는 바람의 흐름이 정지하게 된다(그림 B12.1). 경계층에서 바람이 없는 이유는 마찰 때문이다. 몸에서 발산하는 열은 전도를 통해 경계층을 지나게 된다. 공기는 전도 효율이 좋지 않으므로, 경계층은 효과적인 단열재 역할을 한다. 그런데 풍속이 커지면 경계층 두께가 얇아져 단열재의 효율이 떨어지고 결국 몸에서 열이 잘 빠져나갈 것이다. 따라서 바람이 불면 좀 더 춥게 느껴지는데, 그렇다고 바람에 의해 기온 자체가 떨어지는 것은 아니다. 풍속이 더 강할수록 경계층은 얇아지고, 더 빨리 피부의 열을 잃게 된다. 피부 온도가 어는점에 도달하면 동상을 입게된다.

사실 바람냉각인자는 바람냉각 상당 온도(windchill equivalent temperature)로 불러야 하는데, 왜냐하면 바람냉각인자는 어떤 기온과 풍속에 노출된 몸이 잃게 되는 열을 비율과 같게 되는 바람이 없을 때의 온도이기 때문이다. 예를 들면 기온이 −3°C이고 풍속이 32km/h일 때 바람냉각 상당 온도는 −18°C이다. 바람냉각 지수는 차가운 날씨에서 우리 활동에 영향을 미치는 유일한 요소는 아니지만 안전을 고려할 때는 가장 중요한 변수이다.

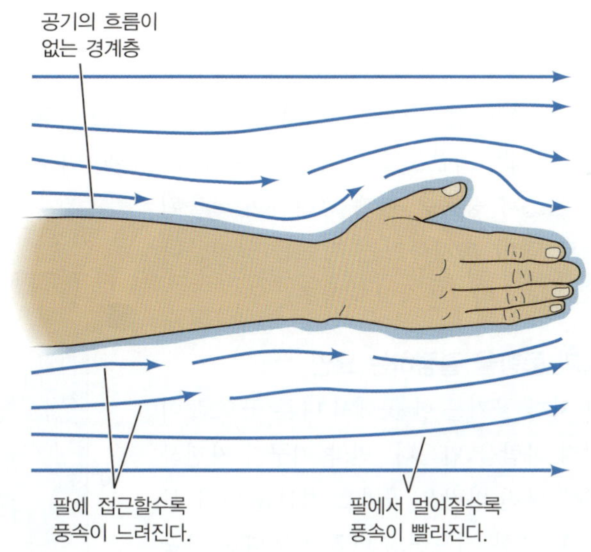

그림 B12.1 바람냉각
인간의 팔과 같이 단단한 물체 부근에는 마찰에 의해 공기의 흐름이 없는 얇은 층이 존재한다. 그림의 화살표 길이로 알 수 있듯이, 물체에서 멀어질수록 마찰이 작아져 풍속이 빨라진다. 풍속이 빠를수록 경계층의 두께가 얇아지며, 단열 효과를 감소시켜 몸의 열이 더 쉽게 대기 중으로 빠져나간다.

매달린 잎들이 바스락 거리며 이리저리 움직이고, 호수에 하얀 물결을 만든다. 풍속이 45km/h가 되면 나무의 모든 가지가 흔들거리기 시작하고, 바다나 호수에 물보라가 생긴다. 풍속이 65km/h에 도달하면 연약한 잔가지들은 떨어져 나가고, 파고가 높고, 파도 마루에 거품이 생긴다. 90 km/h에는 나무들이 뽑히고, 우리는 바람에 서 있지 못한다. 180km/h가 되면 사람들이 바람에 날아간다. 다행히도 이렇게 강한 바람은 드물고, 보통 토네이도나 허리케인과 함께 나타나며, 심각한 피해를 야기하지만 좁은 영역에 한정된다.

지금껏 기록된 것 중 가장 강한 지상 풍속은 1934년 4월 뉴햄프셔의 워싱턴 산에서 관측된 372km/h이다. 허리케인으로는 325km/h가 기록됐으며, 그린란드의 폭풍에서는 335km/h까지 보고되었다. 이렇게 강한 바람은 큰 피해를 초래한다(그림 12.1). 예를 들어 풍속이 센 토네이도 바람은 주택을 움직이며, 트랙터-트레일러를 날려보내며, 물건들을 나무 기둥에 박히게 하며, 닭이나 오리의 깃털을 모두

그림 12.1 바람
강풍은 큰 피해를 가져오는데, 이 사진은 1992년 허리케인 앤드류가 플로리다에 입힌 피해를 보여주고 있다.

뽑을 수 있다.

전 세계 대부분 지역의 풍속은 평균적으로 10~30km/h 정도다. 가장 바람이 센 곳은 남극의 케이프 데니슨으로 이곳의 평균 풍속이 70km/h이다. 가장 강한 바람이 기록된 워싱턴 산의 평균 풍속은 55km/h 정도다.

기온이 어느점 이하로 내려가면, 기상캐스터는 **바람냉각**(windchill, 체감온도)을 추가로 이야기하는데, 이것은 낮은 기온과 풍속을 함께 고려하여 노출된 피부로 열이 빠져나가는 정도를 알려준다(기초 원리 : 바람냉각인자 참조).

풍속과 풍향을 결정하는 요인

기압 차가 공기를 한 곳에서 다른 곳으로 이동시켜 바람을 만든다. 만약 지구가 자전하지 않는다면 바람은 곧바로 직선을 따라 불 것이다. 또한 지표면의 마찰이 없다면 바람은 현재보다 더 오랫동안 불고 더 강할 것이다. 지구의 자전과 마찰을 고려할 때 바람은 다음 세 가지 요소에 의해 영향을 받는다.

1. 단위 길이당 기압의 감소율로 나타나는 **기압경도력**(pressure-gradient force)은 공기를 흐르게 한다.
2. 제10장에 소개된 전향력은 지구 자전의 결과로 움직이는 물체가 직선에서 벗어나게 한다.
3. 마찰은 두 물체가 접촉할 때 움직임을 방해한다. 바람과 육지(혹은 물)의 표면 사이의 마찰은 기류를 느리게 하고 파도나 표면 해류를 만든다.

이 힘들에 대해 더 자세히 살펴보자.

기압경도력

공기는 항상 고기압 쪽에서 저기압 쪽으로 움직인다. 기압경도가 클수록 공기의 흐름은 더 강할 것이다. 기압은 기압계로 측정하면(제11장), 기압경도는 일기도에 그려진 기압 관측 결과를 토대로 구할 수 있다. 일기도에선 기압[2]이 같은 지점을 **등압선**(isobar)이라고 하는 선으로 연결한다(그림 12.2). 등압선은 지도의 고도가 같은 장소를 연결한 등고선과 비슷하다. 등고선들의 간격으로 지형의 가파른 정도와 산의 위치를 알 수 있는데, 비슷하게 일기도의 등압선들의 간격으로 기압경도의 경사도를 알 수 있다. 등압선들이 가까이 있으면 경사가 급하고 멀리 떨어져 있으면 경사가 작다. 등압선들이 가까이 있는 경우에는 공기는 기압경도가 급히 작

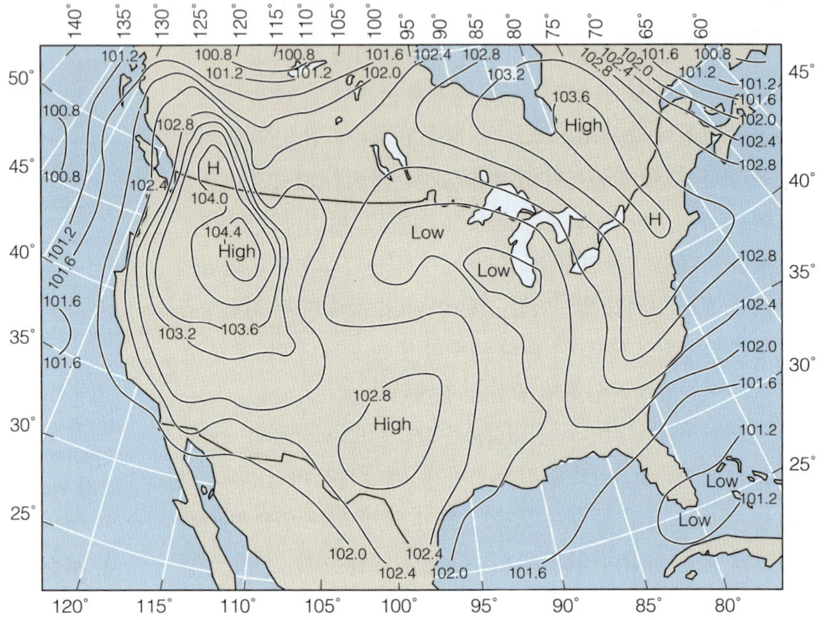

그림 12.2 **등압선**

미국과 캐나다 지역의 지상 기압 분포를 나타낸 그림이다. 파란색 선들이 등압선으로, 기압이 같은 지점을 연결한 선으로 숫자는 kPa 단위의 기압이다. [대부분 일기도에서 기압을 hPa(혹은 mb) 단위로 사용하는데, kPa에 10을 곱하면 hPa로 변환할 수 있다.]

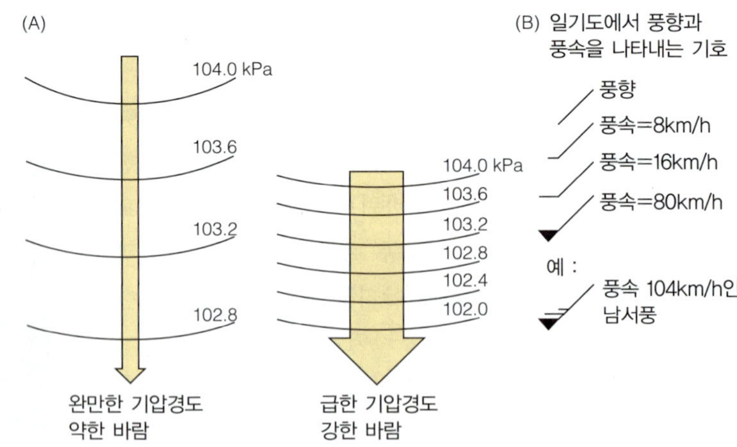

그림 12.3 **바람과 기압경도**

(A) 등압선이 넓게 퍼지면 기압이 긴 거리 동안 천천히 감소하여 기압경도가 작고 약한 바람이 생성된다. 등압선이 조밀하면 기압경도가 가파르고 강한 바람이 나타난다. (B) 그림의 기호는 일기도에서 풍향과 풍속을 나타낸다. 선의 방향은 풍향을, 깃은 풍속을 나타낸다. 깃이 하나 이상인 경우는 각각이 나타내는 속력을 더해 풍속을 구한다.

---

2) 기압의 SI 단위는 Pa이지만, 일기도는 때론 기압의 예전 단위인(mb 혹은 mbar)를 사용한다. 1mb는 0.001kg/cm^2이다. mb 단위를 kPa로 바꾸기 위해서는 mb를 10으로 나누면 된다.

아지는 방향으로 빠르게 흐른다(그림 12.3).

이 장 앞에서 언급했듯이 기압차는 대기의 수평 방향과 연직 방향 모두에서 나타난다. 기압은 고도에 따라 일반적으로 감소하고, 대류권에서 밀도가 다른 공기는 상승하거나 하강하므로 연직 기압경도는 어디에나 존재한다. 수평 기압경력에 의한 결과를 이해하기 위해선 연직 기압경도를 배제해야 한다. 이를 위해 동일한 고도에서 기압을 측정해야 하는데 일반적으로 평균 해수면 높이를 이용한다. 일기도에 해면 기압을 그리기 위해선 해수면보다 더 높은 곳에서 측정한 기압은 해면의 값으로 바꿔야 한다. 해면 보정이 끝난 후에 보통 0.4kPa 간격으로 등압선을 그린다.

전향력

제10장의 해류 단원에서 소개된 전향력은 자전하는 행성 표면에서 자유롭게 움직이는 모든 물체에 작용한다. 바람은 자유롭게 운동하는 공기이므로 모든 바람의 풍향은 모든 해류와 마찬가지로 전향력의 영향을 받는다. 전향력은 북반구에서 움직이는 물체의 경로를 오른쪽으로 비껴가도록 만든다. 남반구는 왼쪽으로 휘어진다(그림 B10.1 참조).

전향력 효과의 크기는 운동하는 물체의 속력에 영향을 받는데, 이유는 빠른 물체는 느린 것보다 주어진 시간 동안 더 긴 거리를 이동하기 때문이다. 이동 궤적이 길수록 각속도가 더 크게 변하여 결국 더 크게 휘어진다. 바람에 작용하는 전향력은 무역풍과 같은 대규모 바람 시스템에서 매우 중요한 역할을 한다. 그러나 뇌우와 같은 소규모, 국지 규모 바람 시스템에서는 큰 영향을 미치지 않는다.

마찰

바람이 지면 위를 가로지르면서 나무들이나 혹은 어떤 단단한 물체 위를 지나면 마찰이 작용하여 바람을 느리게 한다. 마찰은 소규모 대기 운동에 중요한 영향을 주며, 땅이나 물 위에 접하는 공기층에서 크게 작용한다. 다시 말하면 마찰은 지표에서 1km 이하에서 부는 바람에 가장 큰 영향을 주며, 제트류와 같이 이보다 더 높은 곳에서 부는 바람에 미치는 영향은 미미하다.

마찰은 또한 전향력 효과에 영향을 주기 때문에 기류의 방향에도 영향을 준다. 여기서 우리는 전향력 효과의 크기가 운동하는 물체의 속력에 비례하는 사실을 기억해야 한다. 마찰의 작용으로 속력이 감소하면 따라서 코리올리 치우침(deflection)도 작아질 것이다. 이 효과로 북반구에서 바람은 약간 왼쪽으로 남반구는 오른쪽으로 방향이 변한다.

지균풍

바람은 늘 두 가지 이상 요소에 영향을 받는다. 가장 간단한 바람의 예는 상층에서 지면과 접촉하지 않아 마찰이 작용하지 않는 바람을 들 수 있다. 이 바람은 먼저 기압 경도

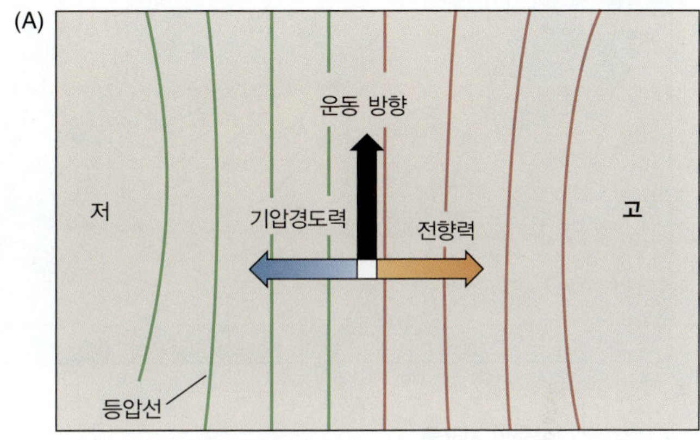

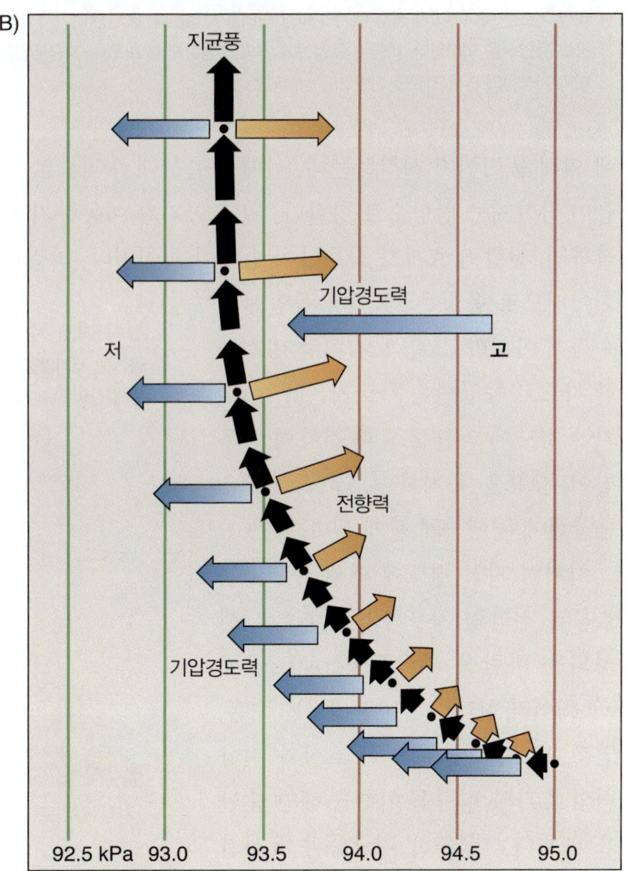

그림 12.4 지균풍
(A) 어떤 공기 덩어리에 기압경도력과 전향력이 작용하고 이 두 힘의 작용으로 공기 덩어리의 운동 방향이 결정된다. (B) 기압경도에 의해 공기 덩어리가 움직이며, 이와 동시에 기압경도력과 전향력이 평형을 이룰 때까지 점차적으로 방향이 옆길로 휜다. 결과적으로 등압선에 평행한 지균풍이 형성된다.

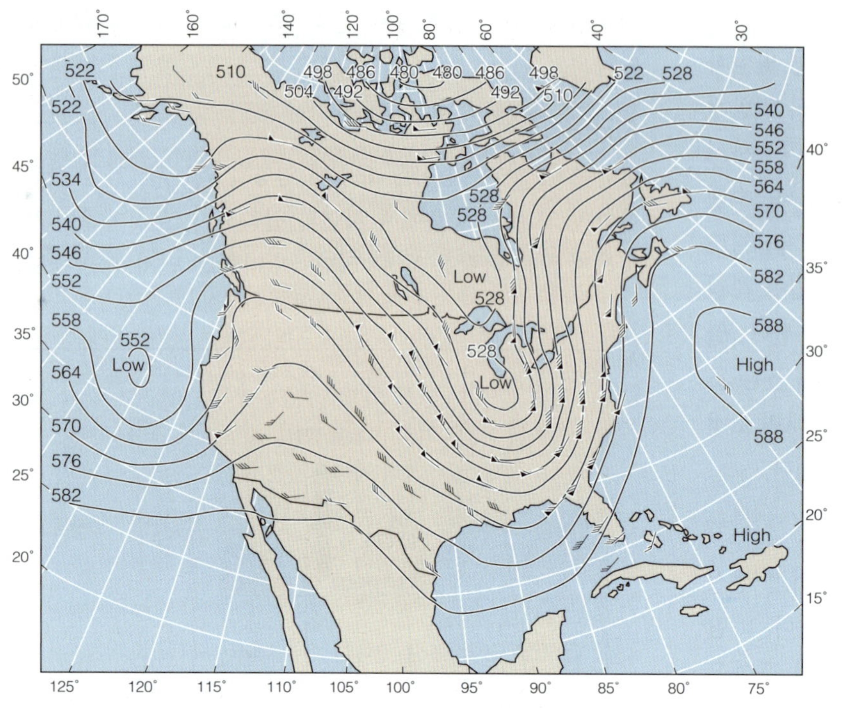

그림 12.5 **상층의 지균풍**
이 일기도는 북아메리카 상층 대기의 바람 형태를 보여준다. 등치선(여기서 mb 단위)은 해발 5.5km 상공의 등압선을 의미한다. 바람은 등압선에 거의 평행하게 불고 있어 지균풍임을 나타낸다. 이 일기도는 미국 기상청의 관측 자료를 기반으로 생성되었다.

에 의해 움직이기 시작하는데, 이때 등압선에 수직으로 기압이 작아지는 방향으로 향한다. 일단 공기가 이동하기 시작하면, 전향력 효과가 작용하여 방향이 휘어진다. 바람이 휘어지므로 풍향은 더 이상 등압선에 수직이 아니라, 그림 12.4처럼 비스듬한 각으로 등압선을 가로지른다. 이후 기압 경도에 의한 흐름과 전향력 치우침이 평형을 유지하여, 결국 바람은 등압선에 평행하게 불게 된다.

이처럼 기압 경도에 의해 유도되는 흐름과 전향력 치우침의 평형으로 생성되는 바람을 **지균풍**(geostrophic wind)이라 한다. (제10장에서는 수온, 염분, 밀도, 마찰로 인한 흐름과 전향력의 효과와 평형을 이루는 해양 순환을 배웠다. 이 또한 지균풍과 유사한 흐름이다. 그림 10.9를 참조하시오.) 대류권 상층의 바람은 항상 지균풍이 분다. 그림 12.5는 마찰이 미치는 영역보다 더 높은 곳인 5.5km 상공의 북아메리카 일기도이다. 여기서 등치선의 단위는 hPa(mb)이다. 가장 높은 등치선은 588hPa이며 그림 오른쪽에 위치한 대서양 위의 고기압을 나타낸다. 그림 위쪽에 있는 가장 작은 값인 480hPa은 캐나다 북극 제도 상공에 있는 저기압대에서 나타난다. 바람의 방향이 등압선에 평행 (혹은 거의 평행)하게 나타나며, 이 그림은 대륙 규모의 지균풍 시스템을 나타내고 있다.

지상 1km 정도의 고도에서는 마찰이 기압경도에 의해 유도되는 흐름과 전향력 치우침이 이루는 평형을 깨뜨리면서 바람을 복잡하게 만든다. 마찰은 바람을 느리게 만들어 전향력 치우침을 작게 한다. 따라서 기압경도 흐름, 전향력 치우침, 마찰에 의한 느려짐 간의 평형이 이뤄진다. 이 결과로 지면 가까이서 부는 바람은 등압선에 비스듬한 각을 유지하며 흐른다. 이때 각의 크기는 지형 거칠기에 의해 좌우된다. 만약 지표가 매우 거칠다면 기류와 등압선 간의 각이 50° 정도로 크고, 표면이 바다에서와 같이 매끄럽다면 10~20° 정도로 나타난다.

그림 12.6 **수렴과 발산**
공기는 저기압을 향하여 나선으로 들어가고 고기압에서 나선으로 나온다. 저기압은 수렴의 중심이 되며, 고기압은 발산의 중심이 된다. 저기압과 고기압 모두 기류의 방향은 마찰에 의해 등압선과 비스듬히 향한다.

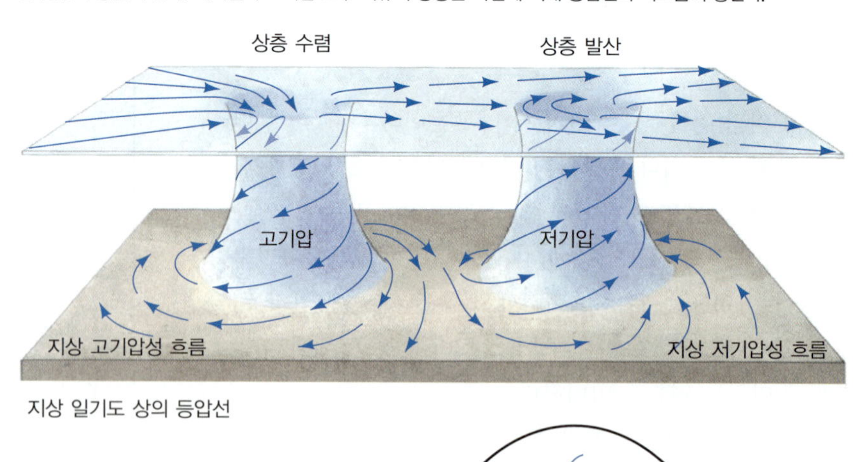

수렴과 발산 흐름

세 가지 균형을 이루는 효과—기압경도력과 전향력 효과, 지면 가까이에서 마찰에 의한 영향—로 저기압 주위에서는 회전하면서 중심으로 들어가는 흐름이 생성된다(그림 12.6). 같은 과정으로 고기압에서는 바람이 회전하면서 밖으로 흐른다. 북반구에서는 안으로 흐르는 저기압 소용돌이가 반시계 방향으로 돌며, 고기압성 소용돌이는 시계 방향으로 회전한다. 남반구에서는 반대로 나타난다. 이런 소용돌이 흐름은 스웨덴 과학자 발프리드 에크만(Valfrid Ekman, 1867~1954)에 의해 설명되었고, 이 때문에 소용돌이를 에크만 나선이라 부른다. 에크만은 사실 제10장에서 언급한 것과 같이 해양 연구를 통해 나선에 대한 이야기를 하였지만, 대기현상은 원리적으로 해양과 같은 작용으로 나타난다.

하층 대기의 나선 모양의 기류는 일기도에서 거의 매일 볼 수 있고 구름 위성사진에서 근사하게 나타난다(그림 12.7). 일기도에서 L(Low을 의미)로표시되며 저기압 중심을 나선으로 들어가는 흐름을 저기압성 바람(**사이클론**, cyclone)이라고 한다. 일기도에서 H(High를 의미)로 표시되며 고기압 중심에서 밖으로 나선으로 향하는 흐름을 **고기압성 바람**(anticyclone)이라고 한다.

저기압에서 안으로 향하는 흐름은 **수렴**(convergence)을 만들어 저기압 중심에서 공기가 상승하도록 유도한다. 11장에서 논의했듯이 상승 운동은 단열냉각, 포화, 응결을 유도하여 구름과 비를 만든다(그림 12.8A). 반면에 고기압에서 밖으로 향하는 소용돌이 흐름은 **발산**(divergence)을 유도하여 공기가 중심에서 밖으로 흐르게 한다. 이것은 중심에서 상층 공기가 하강하는 것을 의미한다(그림 12.8B). 찬 공기가 하강하면 압축되어 단열 가열되어 상대 습도가 작아지고 맑고 쾌청한 하늘을 만든다.

그림 12.7 저기압 수렴
저기압 중심(저기압 시스템)이 아일랜드 상공에 위치하며 유럽을 향하여 동쪽으로 이동하고 있다. 나선 모양의 구름은 북반구 저기압과 관련된 반시계 방향으로 부는 바람을 잘 보여주고 있다.

그림 12.8 저기압성 바람과 고기압성 바람
(A) 저기압에서의 수렴은 공기의 상승 운동을 유도하여 구름과 경우에 따라 강수를 생성한다. (B) 고기압은 건조한 상층 공기를 하강시켜 맑은 하늘과 좋은 날씨를 유도한다.

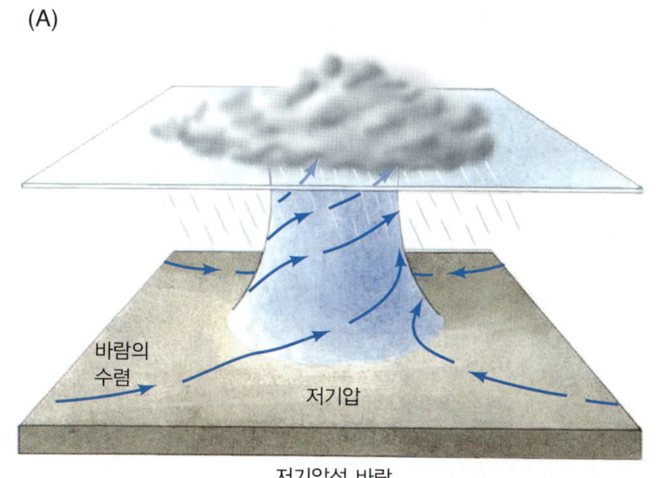

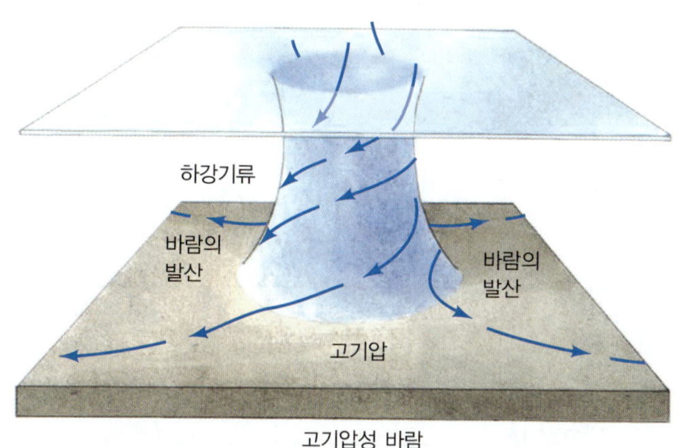

따라서 저기압 중심은 구름 끼고 좋지 않는 날씨가, 고기압 중심은 맑고 건조한 날씨가 나타날 것이다. 이것 때문에 기상 예보관은 항상 고/저기압의 위치와 이동을 강조한다. 또한 이런 특징은 왜 기압계를 이용하여 날씨 변화를 잘 예측할 수 있는지를 알려준다. 기압계의 기압이 감소하면 저기압이 접근하고 있어 구름 낀 날씨를 예보할 수 있다. 기압계의 기압이 증가하면 고기압이 접근하고 건조하고 화창한 날씨가 예측된다.

전 지구 대기 순환

기압경도력과 전향력이 함께 작용하여(거대 공기의 이동, 수렴, 발산, 상승, 하강, 땅과 물의 표면과 상호작용 효과를 포함한) 행성 규모의 순환 시스템이 만들어진다. 이 거대한 공기 양은 수백 아니 수천 제곱킬로미터를 덮을 만하고, 기온과 습도가 균일하여 밀도가 일정한 값을 갖는다. 이 공기 덩어리를 기단(기초 원리 : 기단 참조)이라 하며, 지구 규모의 바람과 날씨 시스템을 생성한다.

선원들은 오랫동안 큰 기단이 움직이면서 생성되는 지구 규모의 바람 시스템을 알고 이용해 왔다. 예를 들어 고대 폴리네시아 제도의 용감한 뱃사람들은 북동무역풍과 남동무역풍을 이용하여 항해하여 1,300년 전에 하와이 제도를 발견하고 정착하였다. 콜럼버스 또한 1492년에 탐험을 하면서 그가 알고 있었던 지구 규모의 바람을 이용하였다. 그는 이전에 스페인에서 아메리카까지 가는 길의 3분의 1 거리와 위도 37°N에 있는 아조레스 섬까지 항해한 적이 있었다. 지속적으로 부는 편서풍으로 아조레스까지 여정은 느릴 수밖에 없었고, (다른 이전에 시도했던 뱃사람들과 마찬가지로) 콜럼버스는 더 이상 서쪽으로 갈 수 없었다. (편서풍은 서쪽에서 동쪽으로 불고, 편동풍은 동쪽에서 서쪽으로 분다.) 그런데 콜럼버스는 포르투갈 선원들의 보고를 통해, 아프리카 해안을 따라 남쪽으로 항해하면 편동풍을 만나게 될 것을 알고 있었다. 그는 1942년 8월 3일

기초 원리

기단

중위도에 거주하는 사람들은 일반적으로 어떤 한 날씨가 며칠 동안 지속된다는 것을 경험한다. 이것은 날씨가 너비가 2,000km이고 높이 수 킬로미터에 달하는 거대한 기단에 의해 지배되고, 기단이 대륙을 지나는 데 수일이 걸리기 때문이다. **기단**(air mass)은 비교적 균질한 기온과 습도를(간단히 말하면 균질한 밀도를) 갖는 거대한 공기 덩어리다.

기단은 대체로 균질한 지표면 위에서 생성되므로 기단 내에선 기온이나 습도 변화가 그리 크지 않다. 기단은 지표와 상호작용하면서 생성되므로 기단은 아래에 있는 지표면 기온과 습도와 비슷한 특성을 갖게 된다. 비슷한 이유로 허리케인(태풍)이 따뜻한 바다 위를 지나면 바다로부터 열과 수증기를 공급받아 더 강해지는 것이다.

따라서 기단을 특징짓는 데는 4개 변수가 영향을 주는데, 이 변수는 먼저 기단이 대륙 위에서 생성되는지(c) 아니면 해양에서 생성되는지(m), 그리고 열대 지역(T) 혹은 극 지역에서(P) 생성되는지로 나타난다. 이를 통해 분류한 기단의 네 가지 기본 형태는 표 B12.1에 제시되어 있다. 온난전선은 대체로 mT 기단과, 고기압성 흐름과 연관된다. 한랭전선은 일반적으로 cP와 mP 기단과 저기압성 흐름과 관련이 있다. 북아메리카의 날씨가 cP와 mT에 좌우되므로 기단이 어떤 특성을 갖는지를 아는 일은 매우 중요하다. cP 기단은 캐나다와 알래스카를 제외한 북극권에서 생성된다. mT 기단은 멕시코 만, 대서양, 카리브 해, 태평양 등에서 생성된다(그림 B12.2).

제11장에서 다룬 것처럼 기온과 습도가 다른 기단들 사이

표 B12.1 기단의 특성

기단의 기원	기온	습도
대륙성 한대기단	한랭	낮다
해양성 한대기단	한랭	높다
대륙성 열대기단	열대	높다
해양성 열대기단	온난	높다

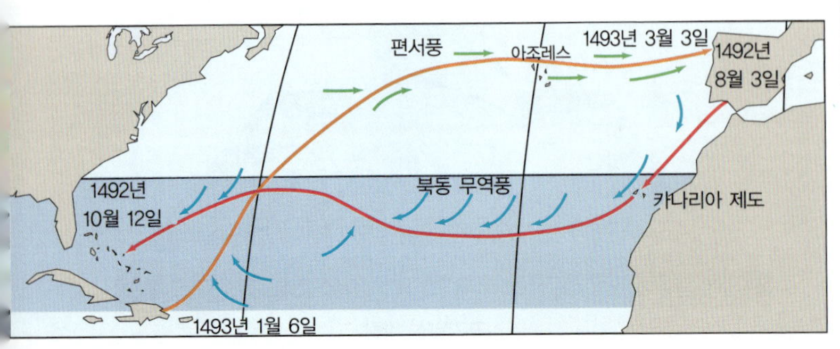

그림 12.9 콜럼버스와 무역풍
이 지도는 콜럼버스가 아메리카를 발견한 그의 첫 번째 여정에서 이용한 바람들을 나타낸 것이다. 1942년 8월 12일부터 9월 8일까지 카나리아 제도를 방문한 후 그는 뒤에서 불어오는 북동무역풍을 이용하여 서쪽으로 항해하였다. 다시 되돌아올 때는 북쪽으로 이동하여 편서풍을 탔는데, 이 편서풍은 오래전부터 유럽의 뱃사람들이 아조레스보다 더 서쪽으로 항해하는 것을 방해했다.

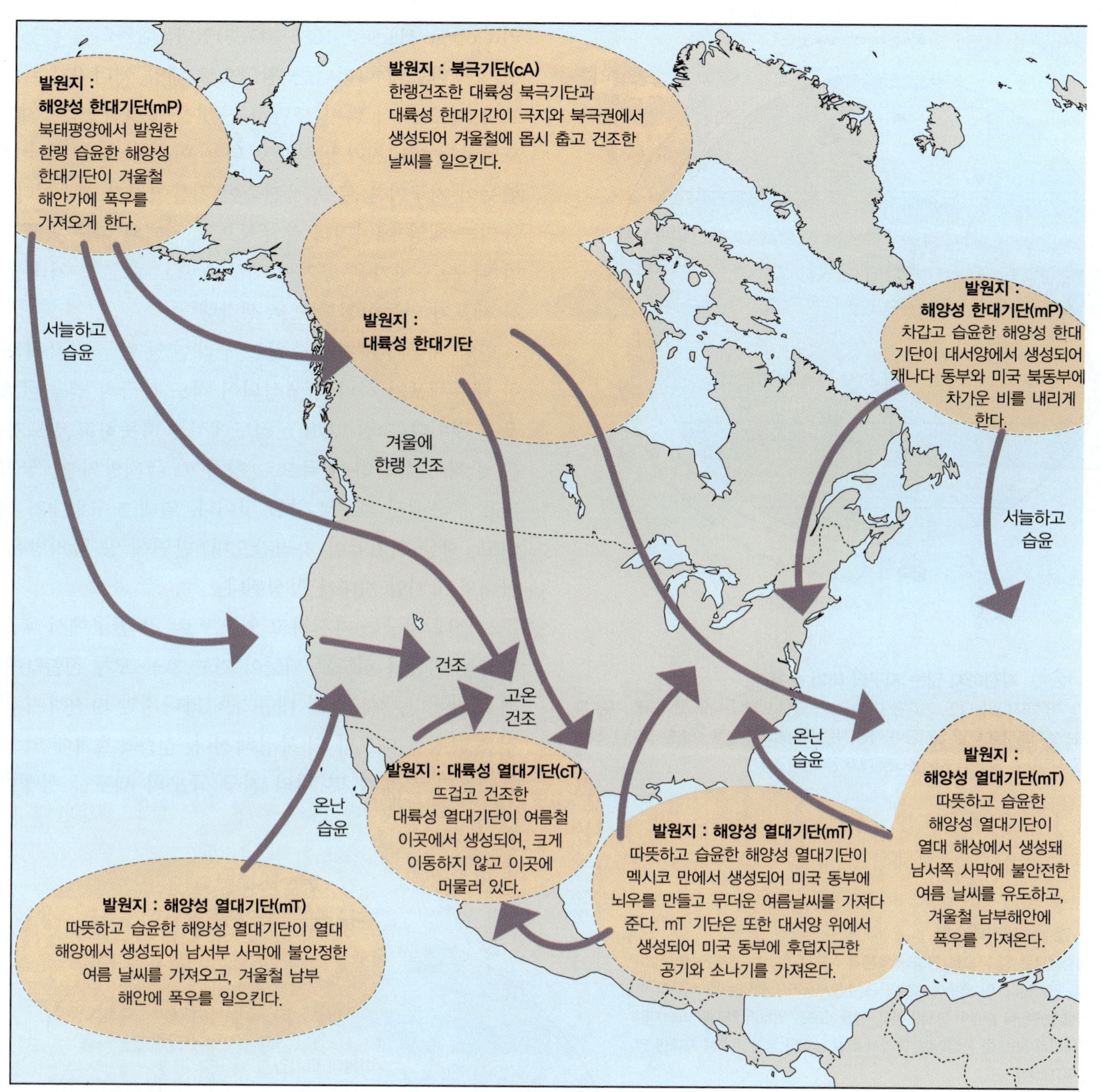

그림 B12.2 여러 가지 기단
이것은 북아메리카 날씨를 지배하는 주요한 기단의 발원지를 나타낸 그림이다.

의 경계(좀 더 간단히 밀도가 다른 기단들이 이루는 경계)를 전선이라 한다. 전선은 일반적으로 10~150km 너비를 가지며, 한 기단이 다른 기단 쪽으로 진행하면서 만들어지는 경계이다. 성질이 서로 크게 다른 기단이 만나 전선을 이루므로 전선은 보통 바람, 비 또는 눈, 그리고 기온의 급격한 변화 등의 날씨 변화를 동반한다.

에 스페인을 떠나 카나리아 제도까지 남쪽으로 내려가(그림 12.9) 편동풍의 무역풍을 만나 역사에 기록된 것과 같은 업적을 남겼다. 그는 뒷바람으로 작용하는 무역풍을 이용하여 대서양을 건널 수 있었고, 유럽인들이 아메리카를 정복하는 데 이용한 새 항로를 개척하였다. 콜럼버스가 유럽으로 되돌아올 때는 북쪽으로 올라가 북대서양에서 부는 편서풍을 이용하였다.

선원들을 통해 알게 된 지속적인 편동풍과 편서풍의 발

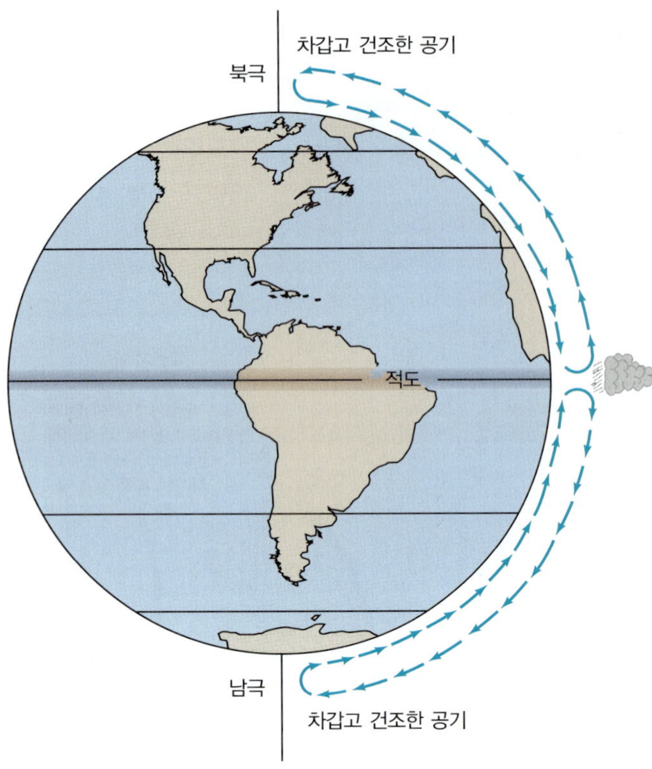

그림 12.10 자전하지 않는 지구의 대기 순환
지구가 자전하지 않는다면, 거대한 대류세포가 단위 면적당 태양 에너지를 가장 많이 받는 열대로부터 태양 입사량이 가장 적은 극지방으로 열을 수송할 것이다. 열대 지역은 저압대가 되며 극 지역은 고압대가 된다.

생 과정을 최초로 설명한 사람은 영국 수학자인 조지 해들리(George Hadley, 1685~1768)였다. 해들리는 1735년에 전지구 바람이 나타나는 원인으로 태양 에너지가 극지방보다 적도에 더 많이 도달하는 것을 주장하였다. 지표에 도달하는 에너지가 남북으로 다른 이유는 제2장에서 설명했듯이 지구가 둥글고 자전축이 기울어졌기 때문이다. 해들리는 태양 에너지의 불균형으로 열대의 따뜻한 공기가 양 극으로, 차가운 공기는 적도 쪽으로 흐르는 거대한 대류 세포가 만들어질 것으로 생각했다.

만약 지구가 자전하지 않는 구라면 양 반구 각각에 단순한 대류세포가 하나씩 생성되어 적도 부근의 열을 극으로 옮길 것이다(그림 12.10). 적도에서는 따뜻하고 밀도가 낮은 공기가 상승하여 극으로 향하고, 극지방의 찬 공기는 지표 부근에서 적도로 향할 것이다. 열대는 수렴대가 생성되고, 지상 저기압이 자리잡으며, 반면에 양 극지방은 발산대와 고기압 지대가 형성된다.

그런데 지구는 자전하고 있으므로, 양 반구에서 극으로 향하는 기류나 적도로 되돌아 가는 흐름 모두 전향력에 의해 편향된다. 적도에서 대류가 나타나지만 자전하지 않는 것을 가정할 때보다 더 복잡해진다. 전향력 효과에 의해 대류세포가 쪼개져 몇 개의 전구 규모의 세포를 형성한다(그림 12.11).

그림 12.11 대기대순환
지구 자전으로 양 극으로 향하는 흐름과 적도로 향하는 흐름은 끊임없이 옆으로 편향된다. 이 때문에 3개의 큰 순환세포가 나타나는데, 해들리 순환, 페렐 순환, 극 순환이 그것들이다. 이들 세포는 위치가 약간씩 바뀌지만 지구 대기가 갖는 큰 특징이며, 따라서 매일 날씨와 장기 기후에 지대한 영향을 주고 있다.

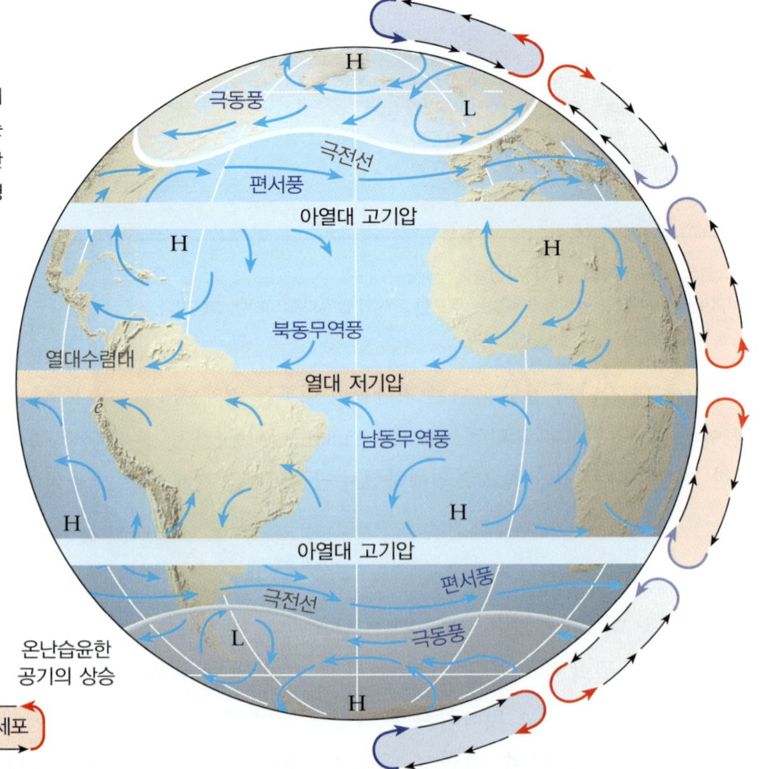

그림 12.12 **무역풍과 ITCZ**

(A) 북반구와 남반구의 무역풍이 만나는 열대수렴대는 위성사진에서 매우 선명하게 나타난다. 적도 부근에서 고온 다습한 공기가 상승하여 ITCZ의 위치를 알려주는 구름대를 만든다. (B) 동에서 서로 지속적으로 부는 무역풍으로 인해 하와이 남부의 한 나무가 한쪽으로 기울어져 자라고 있다.

해들리세포와 열대수렴대(ITCZ)

적도에서 출발하는 첫 번째 순환세포는 대략 30°N과 30°S까지 걸쳐 나타난다. 자전하는 지구에서는 자전이 없을 때와 같이 열대의 따뜻한 공기는 상승하여 지상에 수렴하는 저압대를 만드는데 이 수렴대를 **열대수렴대**(intertropical convergence zone, ITCZ)(그림 12.12A)라 한다. 열대수렴대에서 수렴, 가열, 그리고 따뜻한 공기의 상승은 이곳의 지속적인 기압 하강을 유도한다.[3] 이때 대류권 상층에서 극으로 향하는 공기는 위도 30°N 혹은 30°S에 이르러 전향력 효과에 의해 편향되어 결국 지균 편서풍(즉 동쪽으로 부는)이 된다. 의심할 여지 없이 정동쪽으로 부는 기류는 극에 도달할 수 없으므로 공기는 30°N 와 30°S에서 쌓이게 되어 이들 위도를 중심으로 전구에 걸친 2개의 고압대를 형성시킨다. 이들 고압대에서 공기는 지표로 하강하여 발산대(zone of divergence)를 생성시킨다. 여기서 발산하는 일부 공기는 극으로 향하지만, 대부분 기류는 적도로 되돌아가서 열대 양쪽에 대류세포를 만들고, 이 세포가 열대와 적도 지역의 바람을 지배한다. 그림 12.11에 보인 것처럼 이 세포를 **해들리세포**(Hadley cell)라 부르는데, 이 순환의 존재를 설명한 해들리의 업적을 기리고 있다. ITCZ와 남북 반구의 두 고압대의 정확한 위치는 계절에 따라 달라진다. 이것은 태양이 머리 바로 위에 위치하게 되는 위도, 즉 지구가 복사 에너지를 가장 많이 받는 위도가 계절에 따라 달라지기 때문이다.

해들리세포에서 상층 바람은 편서풍이고 하층 바람은 '대체로' 편동풍으로서 공기를 열대로 다시 불러온다. 이때 하층에서 부는 바람을 **무역풍**(trade winds)이라 하며, 초기 탐험가들이 대서양을 동에서 서로 건널 때 이용한 바람이다(그림 12.12B). 여기서 무역풍을 이야기할 때 '대체로' 편동풍이라 표현한 것은 마찰이 작용하여, 북반구의 하층에는 북동무역풍, 남반구는 남동무역풍이 불기 때문이다(그림 12.11).

페렐세포

해들리세포의 북쪽에는 양 반구 모두 중위도 순환 시스템이 자리잡고 있다(그림 12.11). 이 중위도 세포를 미국 기

3) 열대 지역에서 해면 기압은 일반적으로 표준 해면기압인 101.3kPa보다 더 낮다. 열대에서 해면 기압은 100.0~101.1kPa 정도인데 극지압은 103.0kPa 정도로 높게 나타난다.

상학자인 윌리엄 페렐(William Ferrel, 1817~1891)의 이름을 따서 **페렐세포**(Ferral cell)라 한다. 페렐세포의 지상 바람은 편서풍인데, 이것은 30°N과 30°S에서 발산하는 고압대에서 극으로 향하는 흐름에서 일부 생성된다. 이들 편서풍이 콜럼버스 이전 탐험가들이 아조레스 제도를 지나 더 서쪽으로 항해하는 것을 막았던 바람이다. 페렐세포는 때때로 지구의 2개의 큰 순환인 열대 해들리 순환과 반대편 극 순환 사이에서 '볼 베어링(ball-bearing)' 처럼 작용한다고 설명하기도 한다.

극전선과 제트류

대기대순환의 세 번째 세포는 페렐세포의 양극 방향 경계에서 극지방까지 걸쳐 있는 **극세포**(polar cell)이다(그림 12.11). 극세포에서는 극 부근의 차갑고 건조한 고위도 공기가 하강하여, 극 부근에 발산하는 고기압을 생성한다. 이후 공기는 극동풍이라 부르는 지상에서 적도로 향하는 바람 시스템을 생성한다. 느리게 적도로 움직이는 공기는 중위도 페렐세포의 하층을 구성하는 편서풍과 만난다. 이 두 바람 시스템이 만나는 위도대를 **극전선**(polar front)이라 부르며 열대수렴대와 비슷한 수렴하는 저기압대를 형성한다. 극전선을 따라서 강한 대기 요란이 발생하는 대기 불안정성이 나타난다.

극세포의 상층에서 편서풍이 나타난다. 사실 해들리세포의 상층 공기의 일부가 중위도 페렐세포로 흘러 건너가기 때문에 30°N과 30°S의 극지방 상층을 지배하는 바람은 전적으로 편서풍이다. 그런데 상층 대기의 흐름은 균일하게 불지 않는다. 오히려 기류는 **로스비 파**(Rossby wave)라 고 하는 커다란 파동으로 나타난다. 이 파동은 하천이나 강이 굽이쳐 흐르는 모양과 비슷하다.

그림 12.13 제트류
제트류는 극전선 상공의 대류권 꼭대기에 나타나는 강한 풍속의 지균 편서풍이다. 이곳에는 차가운 극 공기와 따뜻한 아열대 공기 경계에서 매우 큰 기압경도가 존재한다. 또한 여기서는 대류권계면의 고도가 급격히 기울어져 나타난다.

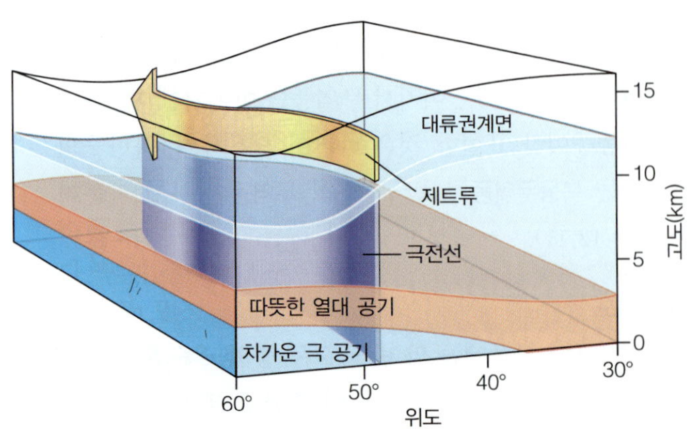

(A) 파동의 기복이 작은 제트류

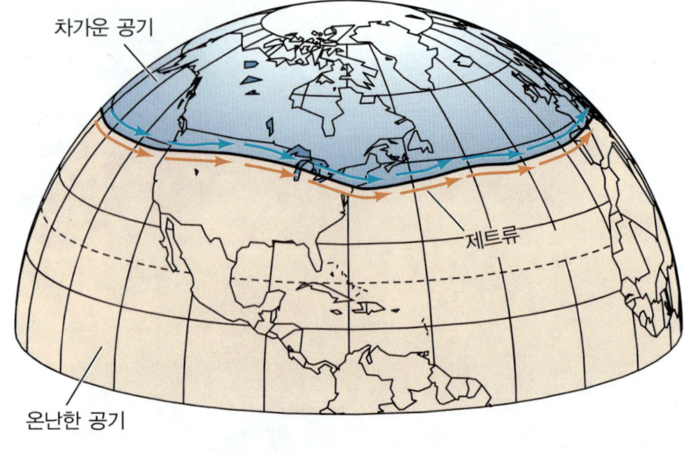

(B) 거대한 파동을 형성하는 로스비 파

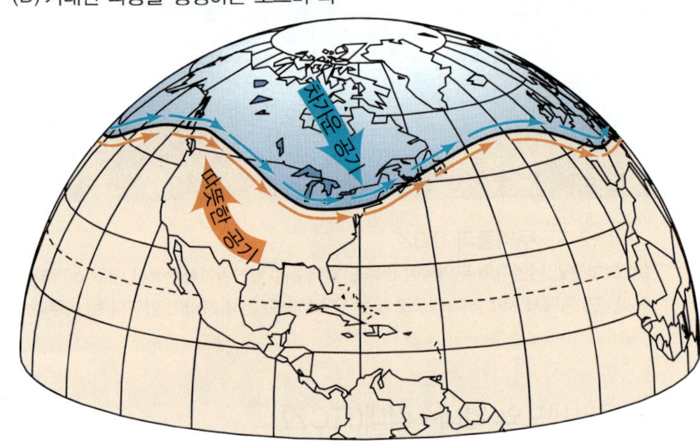

(C) 강하게 발달한 파동이 한랭 기압골을 남쪽으로 잡아 당긴다.

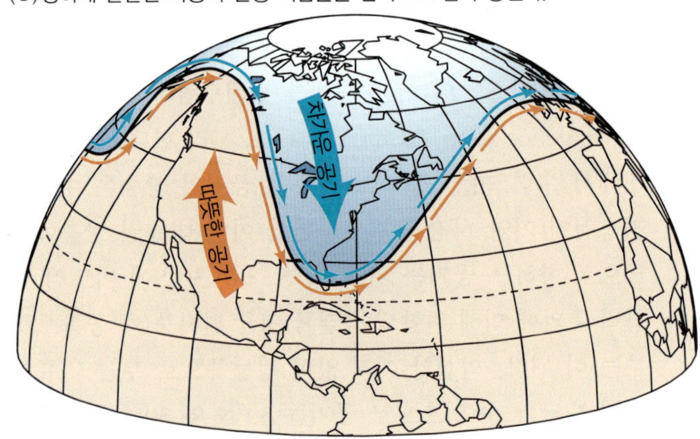

그림 12.14 로스비 파
로스비 파는 극전선 제트류를 파동치게 만든다. (A) 제트류가 거의 직선을 따라 동쪽으로 흐르기 시작한다. 파동이 점차 성장하여 한랭한 극 공기를 남쪽으로 잡아끌고 있다(B, C).

우리는 제11장에서 지구 표면의 불균등 가열로 인해 대류권 꼭대기(대류권계면)의 높이가 고위도가 저위도보다 훨씬 낮다는 것을 알았다(적도에서는 16km이고 극에서는 10km). 대류권계면의 높이가 가장 급격히 변하는 곳은 바로 극전선 상공이다(그림 11.10 참조). 거대한 부피의 한랭한 극지방의 공기가 극전선에서 극방향 대류권에 분포하고, 반면에 따뜻한 아열대 공기가 열대 지역을 향한 쪽에 분포한다. 그런데 대류권 꼭대기에서는 어디서나 같은 기압을 가지고 있다. 다시 말하면 대류권계면은 등압면이 된다. 따라서 극전선 상공의 성층권에는 매우 경사가 큰 기압경도가 있음을 알 수 있다. 이때 고기압은 성층권의 적도 방향 쪽에서, 저기압은 극 방향 쪽에 나타난다. 급한 기압경도는 강한 풍속을 의미하고, 상층에는 마찰을 고려하지 않으므로 바람은 지균풍으로 나타난다. 이처럼 강한 기압경도에 의해 나타나는 편서풍을 **제트류**(jet stream, 이 경우에 **극전선 제트류**라고 한다)라 하고, 매우 강한 풍속이 나타난다(그림 12.13). 고공비행하는 비행기 관측에 의하면 제트류 풍속이 460km/h에 달한다고 한다.

로스비 파는 극전선 제트류를 크게 남북으로 굽이치게 만든다(그림 12.14). 제트류가 굽이치면서 극전선을 밀거나 당기는데, 이 과정으로 위도 45°와 60°의 날씨 변화에 중요한 영향을 미친다.

아열대 제트류라고 하는 부르는 두 번째 제트류도 역시 지균 편서풍인데, 위도 20~30°의 해들리세포 위 대류권계면에서 생성된다. 아열대 제트의 편서풍 속력은 380km/h에 달하며, 저위도의 대류권계면 높이가 높기 때문에 극전선 제트보다 더 높은 고도에서 나타난다. 아열대 제트는 극전선 제트에 의해 생성된 날씨에 그다지 큰 영향을 주지 않는다.

지역 바람과 날씨 시스템

앞서 다룬 전 지구 대기 순환 시스템에선 육지와 해양의 불균등 분포에 대한 언급이 거의 없었다. 사실 육지 분포와 고도는 지역과 국지 바람 형태와 날씨 시스템에 큰 영향을 미친다. 가장 중요한 두 가지 지역 날씨 시스템으로는 계절풍과 엘니뇨–남방진동(El Niño–Southern Oscillation)을 들 수 있다. 이들 두 지역 시스템에 대해 좀 더 자세히 살펴보자.

계절풍

계절풍(monsoon)은 계절에 따라 바람의 방향이 반대로 바뀌는 바람 시스템을 말한다. 이 현상이 두드러지게 나타나는 지역은 아시아와 아프리카이고, 북아메리카의 동부와 중부에도 약한 계절풍이 존재한다.

아시아 계절풍은 지구의 가장 두드러진 현상 중 하나이다. 적도가 인도 끝의 바로 남쪽에 있기 때문에 보통 이 지역의 지상풍은 바다로 향하는 북동무역풍으로 인도에서 인도양 쪽을 향하여 분다. 1년의 절반을 차지하는 겨울에는 앞에서 말한 북동무역풍이 나타나는데, 이는 중앙아시아의 높고 차가운 고원에 자리잡은 고기압과 태양이 바로 머리 위에 있게 되는 적도 남쪽에 위치한 열대수렴대 저기압이 있기 때문이다(그림 12.15A). 따라서 인도의 겨울에는 이 북동풍에 의해 차갑고 건조하며 구름이 거의 없는 날이 지속된다. 2000년이 넘도록 아랍의 뱃사람들은 인도에서 고향으로 되돌아갈 때 이 북동풍을 이용하였다.

그러나 여름철에는 아시아의 바람 분포가 반대로 나타난다(그림 12.15B). 태양이 북반구를 바로 비추면서 열대수렴

(A) 겨울

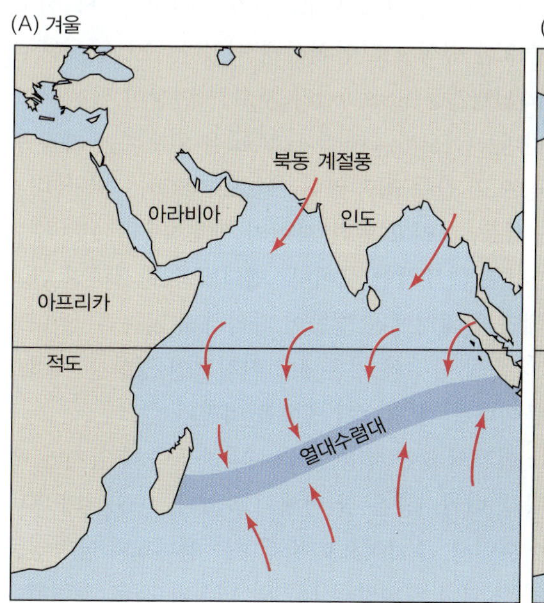

(B) 여름

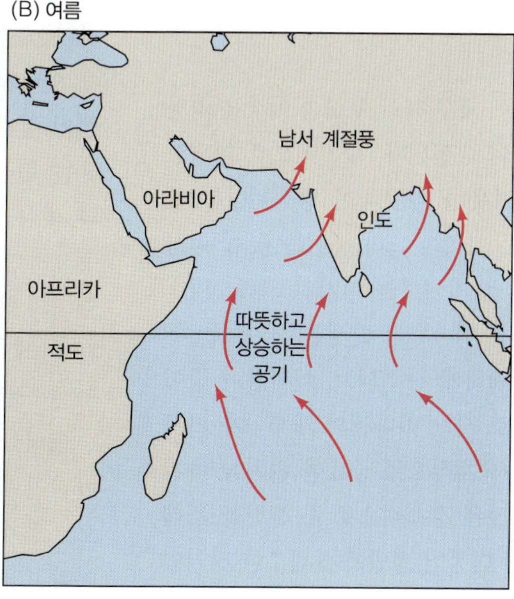

그림 12.15 계절풍
계절풍은 계절에 따라 바람 방향이 반대로 바뀌는 것이 특징인 지역 날씨 시스템이다. (A) 태양이 남반구에 위치하는 겨울에는 바다로 향하는 바람이 북서쪽에서 열대수렴대로 불게 된다. 바람이 적도를 가로지르면서 방향이 동쪽으로 변하고 있다. (B) 여름에는 육지가 가열되어 남서풍의 바람이 아시아로 향한다. 태양이 육지를 직접 가열하면서 열대수렴대가 북쪽으로 이동하여 아시아에 위치한다. 이 시기 열대수렴대는 겨울에 비해 명확하지 않고, 뚜렷한 저압대가 생성되지 않는다.

대가 적도 북쪽으로 치우쳐 나타난다. 결과적으로 아시아 대륙은 가열되고 저기압이 발달한다. 이제 바람은 남서풍으로 바뀌고, 따뜻하고 수증기를 머금은 바람이 인도양에서 대륙으로 분다. 그러므로 여름에는 무덥고 습한 날씨와 폭우가 나타난다. 인도 남부와 스리랑카의 여름 계절풍은 늦은 5월에 시작하여 6월 중순에는 인도 중부까지 진행하며 7월 하순에는 중국에 도달한다. 아랍 선원들은 이 시기에 아랍에서 인도까지 항해를 한다. 그들은 바람 방향이 바뀌는 것을 아랍어로 변화를 의미하는 *mausim*이라 불렀고, 여기서 계절풍(몬순)이 파생되었다.

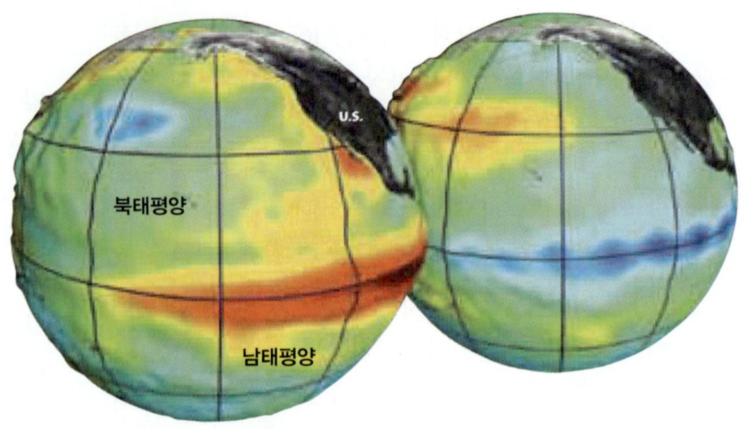

그림 12.16 **엘니뇨 시기의 해수면 온도**
이 그림은 위성에서 관측한 해수면 온도를 나타내며, 따뜻한 지역을 붉은색으로, 차가운 지역을 파란색으로 나타냈다. 평년에는 남극에서 생성된 차가운 물이 적도 남아메리카 서해안을 따라 용승한다. 엘니뇨 시기(왼쪽)에는 편동무역풍이 약화되어 서태평양의 따뜻한 해수가 동태평양으로 이동하여 적도 동태평양에 혀처럼 생긴 따뜻한 바다를 형성한다. 이와 반대 현상을 라니냐(오른쪽)라 하는데, 적도 동태평양에 차가운 해수면 온도가 특징으로 나타난다.

인도에 영향을 주는 계절풍 시스템은 아프리카 북부와 서부에서도 나타난다. 여기서도 계절풍이 나타나는 주요 원인은 열대수렴대의 계절적 변동이지만, 인도 계절풍과 지역적인 차이점이 있다. 북아메리카에도 약한 계절풍 시스템이 발달한다. 여름에는 지상 바람이 멕시코 만의 따뜻하고 습윤한 공기를 미국 중부와 동부로 이동시키면서 습한 날씨와 여름 강수가 나타난다. 겨울에는 바람이 반대로 바뀌어 찬 공기가 캐나다에서 멕시코 만으로 이동한다.

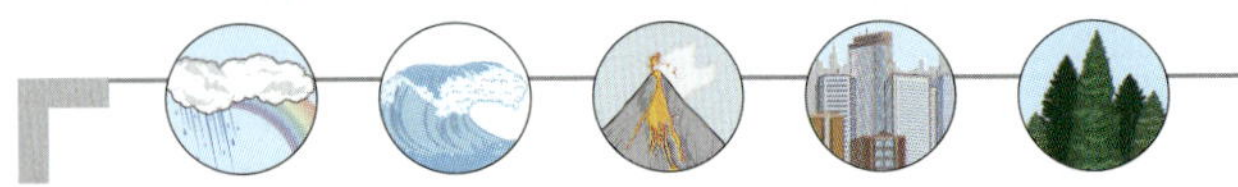

관련짓기

아시아 계절풍과 엘니뇨와 같은 지역 날씨 시스템은 우리의 관심을 끄는 현상임에 틀림없다. 그런데 이런 현상이 발생할 때 지구 전체와 동물, 토양, 해양, 그리고 이들 현상이 나타나는 지역의 생태계는 어떤 영향이 있을까?

엘니뇨와 남방진동

세계 여러 풍부한 어장 중에 페루 해안 부근의 어장은 영양이 풍부한 냉수가 용승하여 생성된다. 주기적으로 태평양 쪽 연안에 평소와 다른 따뜻한 바닷물이 생성된다(그림 12.16). 페루인들은 이를 두고 엘니뇨라 불렀는데, 이 현상이 아기예수(엘니뇨) 탄생을 기념하는 시기인 크리스마스 무렵에 나타나기 때문이다. 엘니뇨가 발생한 시기에는 무역풍이 약해져 용승이 현저하게 감소되고, 어획량이 줄어들게 되어 물고기를 먹이로 사는 바다새의 개체수가 크게 감소한다. 페루의 어업은 세계적으로 중요한 위치를 차지하므로 강한 엘니뇨의 발생은 경제적으로 큰 혼란을 초래할 수 있다. 엘니뇨 발생과 더불어 평년에는 건조한 지역인 페루나 에콰도르에 강한 비가 내리며, 오스트레일리아는 가뭄을 경험하고, 하와이와 프렌치 폴리네시아에 비정상적인 폭풍우가 발생하고, 브라질 북동쪽의 우기가 사라지며 인도 계절풍이 약화된다. 과거 엘니뇨가 예외적으로 강한 해는 아프리카, 동아시아, 북아메리카의 날씨 패턴이 영향을 받았다. 북아메리카의 변화로는 미국 북부는 평년보다 더 추운 겨울을 보냈고, 이에 반해 남동지역은 습윤했으며, 캘리포니아 주는 많은 강수량으로 홍수와 큰 산사태가 발생하였다.

대기–해양 접합 현상

페루인들은 여러 세대에 걸쳐 오랫동안 엘니뇨를 경험해 왔지만, 최근에야 엘니뇨가 대기권과 수권이 접합되어 나타나는 중요한 현상으로 인식하게 되었다. 오늘날에는 이제 **엘니뇨/남방진동**(ENSO)이라 부르는 현상이 날씨 시스템의 경년변동(year-to-year variation)을 일으키는 가장 중요한 현상으로 간주되고 있다. 엔소(ENSO)는 지구 대기와 해양, 생물, 그리고 인간 사이의 상호작용을 보여주는 중요하면서도 대표적인 예이다. 엘니뇨가 발생하면 단지 열대의 해양과 대기에만 영향이 나타나지 않는다. 엘니뇨는 여러 대륙의 강수와 기온에도 직접적인 영향을 미치므로 동식물이나 인간 경제에 영향을 미친다.

엘니뇨 현상의 많은 부분들이 아직 연구 중에 있지만, 일반적인 발생 메커니즘은 잘 이해되고 있다. 1960년대 후반으로 들어오면서, 주기적으로 발생하는 엘니뇨와 남방진동이라고 하는 열대 태평양의 대기압 변화가 서로 관련됨을

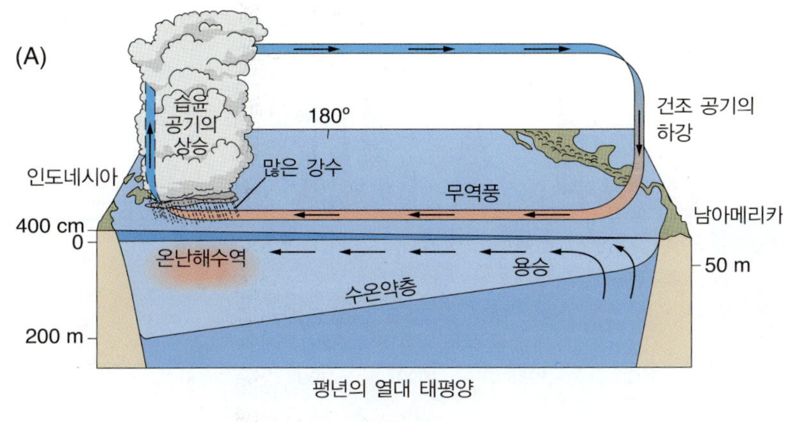

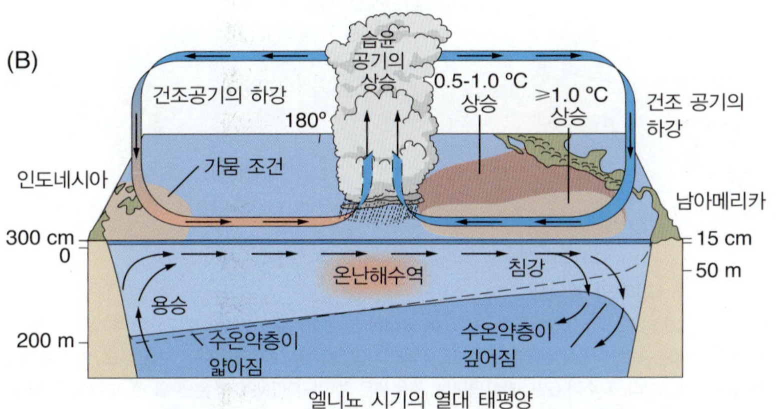

그림 12.17 워커 순환과 엘니뇨
평년에는 (A), 태평양의 동쪽과 서쪽의 기압 차이로 무역풍이 열대 태평양에서 동에서 서로 향하면서 따뜻한 해수를 남아메리카 해안에 서쪽으로 이동시킨다. 이것으로 남극에서 생성된 차가운 해수가 동태평양에서 용승한다. 서태평양의 따뜻한 해수는 습윤 공기를 상승 냉각하여 인도네시아에 풍부한 비를 내린다. 상층에선 더 건조하고 차가워진 공기가 동태평양으로 이동하여 워커 순환을 완성한다. (B) 엘니뇨 시기에는 무역풍이 약화되거나 심지어 방향이 반대로 되며, 따뜻한 해수가 동태평양과 중태평양에서 축적된다. 강한 엘니뇨는 지구상의 많은 지역의 날씨를 변화시킨다.

알게 되었다. 남방진동은 열대 태평양을 가로질러 나타나는 기압차가 주기적으로 변동하는 현상이다. 평상시에는 열대 동태평양에 고기압(보통 타히티 부근에서 측정)과 서태평양의 저기압(보통 오스트레일리아의 다윈 부근에서 측정)으로 생성되는 기압경도로 무역풍이 서쪽으로 분다. 이와 더불어 서태평양에서 따뜻하고 습윤한 공기가 상승하여, 구름을 생성하고 인도네시아 지역에 비를 내린다. 상승한 후에 냉각되고 건조해진 공기는 상층에서 동태평양으로 되돌아 간다(그림 12.17). 열대 태평양에서 나타나는 이와 같은 바람을 워커 순환이라 한다. 열대 태평양에서 동서로 나타나는 기압차를 남방진동지수(Southern Oscillation Index, SOI)라 한다. 기압차가 클 경우, 즉 SOI가 높을 때는 워커 순환과 무역풍이 강하며, 반면에 기압차이가 작을 때는 SOI도 작고, 워커 순환이나 무역풍이 약해진다.

평년에는 워커 순환에 의한 편동무역풍이 열대 태평양에 걸쳐 온난한 표층 해수를 서쪽으로 이동시켜 서태평양에 쌓이게 한다. 이와 함께 남반구 해양에서 기원한 심해의 차가운 해수가 동태평양의 남아메리카 해안을 따라 해수면으로 용승된다(그림 12.17A). 해수의 용승은 앞서 제10장에서 논의한 바 있다. 남극의 찬 해수가 동태평양 해수면으로 용승되기 위해서는 무역풍에 의해 온난한 표층수가 적도 남아메리카 해안에서 서쪽으로 이동해야 한다. 그렇지 않다면 용승은 억제될 것이다.

엘니뇨는 동태평양과 서태평양의 기압 차이가 약해지면서 시작된다. 다시 말하면 SOI가 작아진다. 이로 인하여 워커 순환이 약해지고 무역풍이 약해지거나 심지어 반대 방향으로 불게 된다. 무역풍의 약화로 평년과 다른 따뜻한 표층 해수가 중태평양이나 남아메리카 부근의 동태평양에 쌓이고, 결국 영양이 풍부한 한랭 해수의 용승이 멈추게 된다(그림 12.17B). 평년에 인도네시아 부근에 있는 높은 강수량이 나타나는 영역도 중태평양 쪽으로 치우치고, 동시에 인도네시아는 가뭄이 나타난다. 엘니뇨가 절정에 도달할 때는 서에서 동으로 이동한 적도 표층 해수가 극 방향으로도 흐르게 된다. 이 흐름은 적도의 온난 해수를 천천히 감소시켜 무역풍의 강화를 유도하고 결국 평년의 상태로 돌아간다.

ENSO의 이해

엘니뇨의 발생 주기는 일정하지 않지만, 평균적으로 약 4년마다 발생해 왔다(그림 12.18A). 엘니뇨는 적어도 전 세계의 절반이 넘는 지역의 날씨에 영향을 준다. 그러므로 엘니뇨를 발생시키는 요인을 찾거나, 적어도 엘니뇨의 시작을 가능한 빨리 감지하는 연구가 매우 큰 관심을 끌어왔다.

미래 엘니뇨 발생을 예측하는 능력을 향상시키고 가능한 먼 과거의 엘니뇨 발생 기록을 얻고자 과학자들은 살아있는 산호의 나이테를 조사해 왔다. 이는 산호의 나이테에 매년 해수 상태가 기록되기 때문이다(그림 12.18B). 산호는 엘니뇨의 영향을 가장 크게 받는 지역에 걸쳐 풍부하게 퍼져 있으며, 개개의 군체는 800년 가까이 생존할 수 있다. 해수 온도와 화학적 성분이 바뀌면 산호 골격을 만드는 물질의 동위원소나 미량금속의 변화가 함께 나타나기 때문

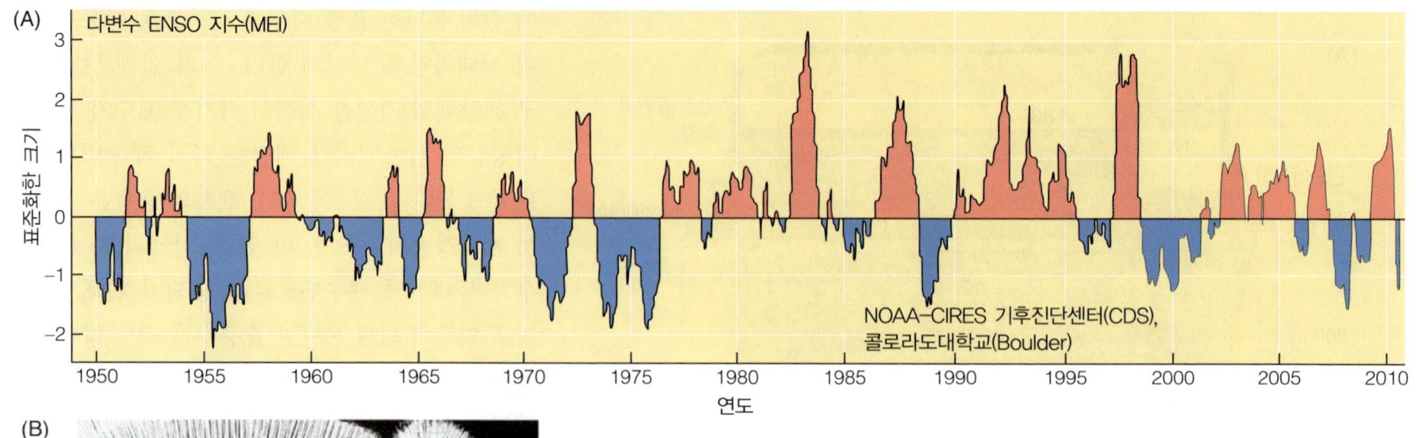

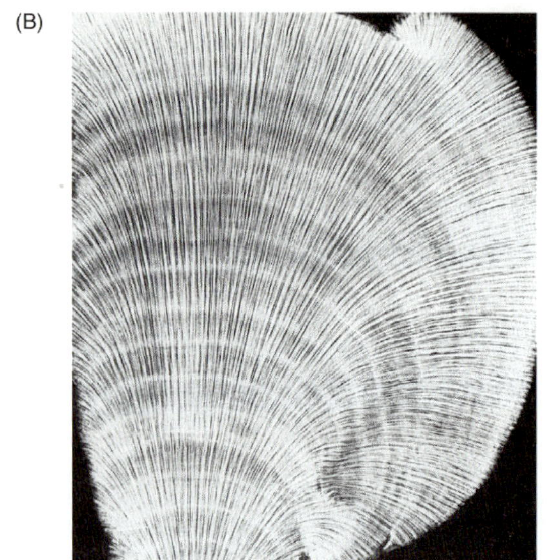

그림 12.18 **과거의 엘니뇨**

(A) 반 세기가 넘는 기간 동안(1950~2010)에 발생한 엘니뇨 기록으로부터 불규칙한 주기와 크기를 볼 수 있다. Y축은 대변수 ENSO 지수(MEI)로서 해면기압, 지상풍, 해수면 온도, 지상 온도, 전운량 등을 이용하여 계산한다. 지수가 0일 때는 평년을, 붉은색은 엘니뇨를(ENSO의 온난 위상), 파란색은 라니냐(ENSO의 한랭 위상)를 나타낸다. 가장 강력한 엘니뇨는 1982~1983년과 1998~1998년에 나타났다. (B) 갈라파고스 제도의 산호를 얇게 자른 단면으로 (밝고 어두운 구간이 번갈아 있는) 나이테를 볼 수 있다. 이 층들은 표면 해수 상태가 변하는 것을 반영하여 성장하므로, 이것으로 시간에 따른 해수면 온도와 엘니뇨 사건들을 추정할 수 있다.

에, 산호 골격의 화학 성분은 주위 환경 상태를 잘 반영한다. 매년 성장하는 산호층의 화학 성분을 분석하여 역사시대뿐 아니라 이전의 선사시대에 발생한 엘니뇨 기록을 해양의 여러 장소에 따라 재구성할 수 있고, 각 엘니뇨의 발생 역학을 분석할 수 있다. 역사적 기록으로 남아 있는 엔소는 단지 반 세기 이전으로 올라갈 뿐이지만 산호를 이용한 연구는 보다 훨씬 이전까지 시간을 거슬러 갈 수 있다. 궁극적으로는 이런 자료를 이용하여 신뢰할 수 있는 미래 엘니뇨 예측이 가능해질 것이다.

심지어 암석권의 과정들도 엘니뇨를 발생시킬 수 있다. 해수의 온도는 그 위에 있는 대기의 온도, 밀도, 기압을 결정하는 데 큰 역할을 한다. 몇몇 증거에 의하면 해저 화산이 분출할 때 제한된 영역의 해수 온도의 변화를 초래할 만한 열이 방출된다고 한다. 만약 이때 생성된 온도 편차가 위에 있는 대기로 열을 전달한다면, 열대 워커 순환을 이루는 기단의 특성에 영향을 미칠 가능성이 있다. 만약 이런 일이 발생한다면 엘니뇨는 지구 시스템의 다른 권역들이 상호작용하고 서로 영향을 미치고 받으면서 발생하는 현상임에 틀림없다.

국지바람과 날씨 시스템

지역에 따라서는 전 지구 규모 바람보다 국지 규모 바람이 일상의 날씨 변화에 더 중요하게 작용하기도 한다. 전구 바람에 포함되는 수천 킬로미터 규모보다 더 작은 10~100km의 국지 바람은 국지적 지형과 공기를 움직이는 여러 힘 사이의 상호작용 결과로 생성된다.

결합 국지바람 시스템

국지바람 시스템의 가장 단순한 예는 해안가에 살고 있다면 누구에게나 친숙한 육풍과 해풍이 결합된 바람이다. 이들 바람이 생성되는 과정을 그림 12.19에 나타냈다. 낮에는 바다보다 육지가 더 빨리 가열되어 육지 위의 공기를 가열 팽창시킨다. 이로서 기압경도가 발달하여 하층 공기가 육지로 이동하면서 해풍이 생성된다. 대기 상층은 반대

(A) 낮

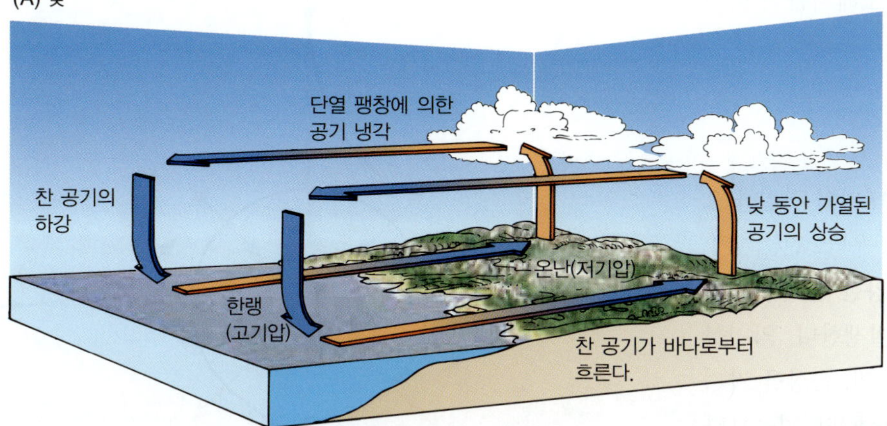

(B) 밤

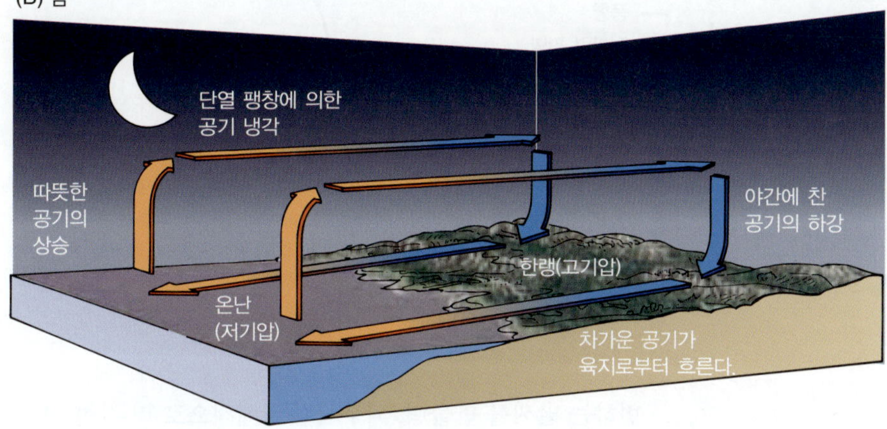

그림 12.19 해풍과 육풍
(A) 낮 동안 육지는 바다보다 더 빠르게 가열된다. 공기는 육지에서 상승하면서 저기압이 생성된다. 차가운 공기가 바다로부터 육지로 이동하면서 해풍이 생성된다. (B) 밤에는 육지가 바다보다 더 빨리 냉각되어 반대로 바람이 부는 육풍이 만들어진다.

로 흐르는 흐름이 유지되는데, 육지에서 상승하고 바다에서 하강하는 흐름은 함께 모여 대류 세포를 형성한다.

밤에는 육지의 열이 바다보다 더 빨리 방출되어 앞의 상황과 반대가 된다. 바다는 이제 육지보다 더 따뜻하고, 공기는 육지에서 바다로 이동하면서 육풍을 생성한다.

산풍과 곡풍은 이와 비슷하게 하루 동안 변동하는 바람이다. 낮에는 태양에 의해 산사면이 가열되어 바람이 계곡에서 비탈면을 따라 위쪽으로 분다. 밤에는 산사면은 빠르게 냉각되어 바람이 계곡 쪽으로 분다. 해륙풍과 비슷하게 산곡풍은 하층 대기의 가열과 냉각으로 생성되는 국지 기압경도에 의해 나타난다.

활강바람과 치눅

차갑고 밀도가 높은 공기가 중력의 작용으로 이동하는 바람을 활강바람(katabatic wind)이라 한다. 이 바람은 높은 고원이나 산맥 사이의 높은 분지에서 많은 양의 차가운 공기가 축적되어 발생한다. 한랭한 공기가 축적되면서 공기 일부가 새어 낮은 곳으로 흐르거나 나눠지고, 계곡을 따라 주위의 저지대로 차갑고 빠른 속도를 갖는 바람으로 불게 된다.

활강바람은 세계의 대부분 산악지대에서 발생하며 대개의 경우 지역적으로 부르는 이름이 따로 있다. 미스트랄이 대표적 예인데, 차고 건조한 바람이 프랑스의 론 계곡에서 불어 내려와 마세이를 지나 지중해로 분다. 또 다른 예로 보라가 있는데, 크로아티아, 보스니아, 허처고비너, 몬테네그로의 차가운 고지대에서 트리에스터 부근의 아드리아 해로 몰아치는 바람이다. 보라가 불 때 트리에스터에서 돌풍의 속력은 150km/h에 달한다.

활강바람의 가장 놀라운 예는 그린란드와 남극 가장자리에서 나타나며, 이곳의 바람은 대륙빙 하위에 매우 차가운 고기압 기단이 발달하여 쏟아 붓듯이 빙벽 경사면을 타고 내려와 주변 해양으로 분다. 빙벽의 경사가 급하면 활강바람의 속력은 두려울 정도로 높다. 이 활강바람 때문에 남극의 케이프 데니슨에는 지구의 다른 지역보다 더 큰 연평균 풍속을 갖는다.

활강바람과 비슷하게 경사면을 내려오는 또 다른 종류의 바람은 부르는 이름이 여러 개인데, 로키 산맥 동쪽 사면에는 치눅, 독일은 푄, 캘리포니아 남부는 산타아나가 있다. 간단히 하기 위해 이제부터 치눅만을 고려할 것이데, 이들 바람 시스템은 부르는 이름과 관계없이 서로 비슷한 특징을 갖는다. 치눅은 따뜻하고 건조한 바람이다. 따뜻하고 건조한 공기는 밀도가 낮기에 자연적으로 침강하지 않으므로 대규모 바람과 기압 분포에 의해 치눅이 강제적으로 하강해야 한다. 이 강제력은 흔히 고기압성 바람과 연관된 강한 국지풍이 산맥을 넘어가면서 상승하여, 풍하측에서 산 아래로 내려갈 때 나타난다. 결과적으로 산을 넘어 내려오는 공기는 단열 가열되어 건조해지는데 이것이 치눅이다.

악기상

'악기상(severe weather)' 은 일반적으로 대기의 격렬한 요란을 일컫는데, 강풍과 함께 흔히 비, 눈, 우박, 진눈깨비, 천둥과 벼락 등을 동반한다. 악기상은 다양한 원인으로 발생하는데, 대표적으로 한랭전선을 따라 발생한다. 악기상은 해마다 전 세계에 많은 피해와 경제붕괴, 손상을 가져오고 생명을 앗아간다. 블리자드(Blizzards)와 얼음보라(ice storm)는 지역사회를 마비시키기도 한다. 그런데 전 지구 규모에서 가장 피해가 큰 악기상은 열대성 저기압과 가뭄이다.

사이클론(저기압)

사이클론은 저기압성으로 회전하는 바람을 의미하며, 기압경도력과 전향력이 작용하여 저기압 중심을 북반구에서는 반시계 방향으로 남반구에서는 시계 방향으로 회전한다(그림 12.20).

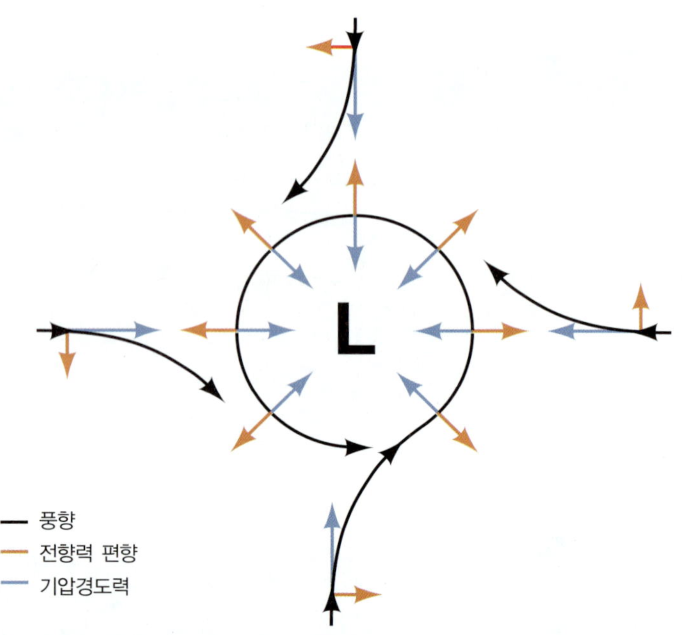

그림 12.20 **북반구의 저기압(저기압성 회전)**
이 그림은 북반구에서 전향력과 기압경도력이 함께 작용하여 북반구에서 반시계 방향으로 회전하는 저기압성 바람 시스템을 생성하는 과정을 나타내고 있다. 검정 화살표는 풍향을 나타낸다. 파란 화살표는 바람이 저기압 중심을 향하도록 하는 기압경도력을 의미한다. 붉은 화살표는 오른쪽으로 작용하는 전향력 편향을 의미한다. 이들 두 힘의 결합으로 반시계 방향으로 회전하는 바람인 사이클론이 형성된다.

저기압의 종류

사이클론에는 여러 종류가 있는데, 생성되는 장소, 발달 과정, 그리고 기온과 기압, 풍속, 수평규모 등에 따라 구분된다. 가장 강하고 일반적으로 피해가 큰 것은 (때론 온난핵 저기압이라고 하는) 열대성 저기압이다. 보통 태평양에서 생성되는 열대성 저기압을 사이클론이라고 하며, 북태평양이나 인도양에서는 태풍, 대서양에서는 허리케인이라 일컫는다.

파동저기압(wave cyclones)은 극전선을 따라 차가운 공기와 따뜻한 공기의 상호작용의 결과로 대체로 위도 30~60°에서 생성되는데, 다른 말로 온대 혹은 중위도 저기압이라 부르기도 한다. 파동저기압은 크기가 2,000km에 이르기도 한다(그림 12.21). (기상학에서는 수백에서 수천 킬로미터의 크기를 갖는 시스템을 종관 규모 날씨 시스템이라 하며, 여기서 *synoptic* 은 그리스어로 함께 본다는 의미를 갖는다.) 파동저기압은 수일 동안 지속되며, 전 세계 중위도 지역에서 소나기, 눈보라, 그리고 다른 형태의 강수 등과 같은 매일 변하는 날씨를 만들며, 뇌우처럼 국지적으로 더 강한 날씨 시스템을 유도한다.

그림 12.21 **중위도 파동저기압**
파동저기압은 중위도 종관 규모 날씨 시스템으로 극전선을 따라 차가운 극 공기와 따뜻한 열대 공기의 상호작용으로 생성된다. 그림은 GEOS-7위성이 촬영한 적외선 영상으로 북아메리카 동부 해안 밖에서 발달하는 중위도 저기압을 볼 수 있다.

열대성 저기압

허리케인(hurricane)은 정의에 의하면 최고 풍속이 119km/h

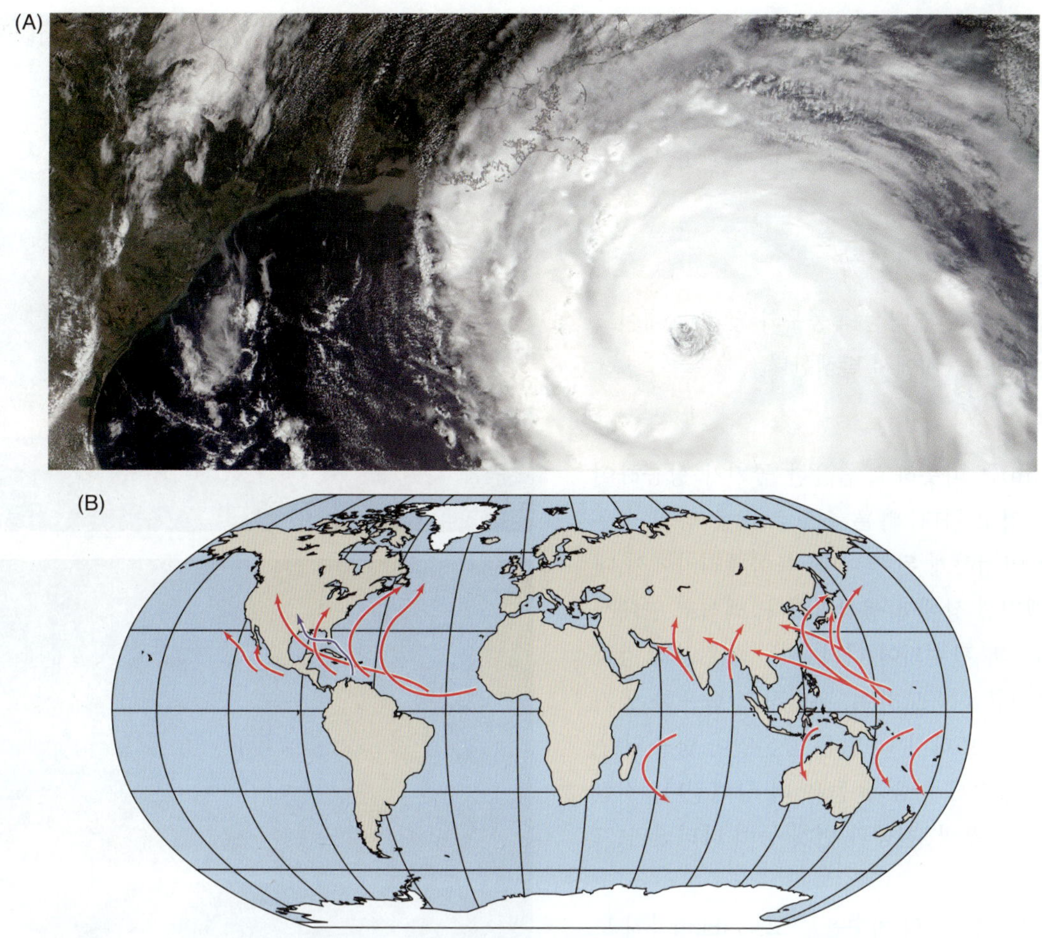

그림 12.22 열대성 저기압

(A) 허리케인 카트리나가 2005년 8월 루이지애나의 멕시코 만 연안을 강타하고 있다. 그해 여름 멕시코 만의 비정상적으로 따뜻한 해수면 온도가 매우 활발한 허리케인 활동을 가져왔다. (B) 적절한 해수 온도와 전향력 효과가 나타나는 지역에서 태풍(사이클론)과 허리케인이 발생한다. 화살표는 태풍이 발생한 후 따르는 전형적 이동 경로이다. 대서양의 전형적인 허리케인은 아프리카 연안에서 발생한 열대 저압부에서 발달하여 생성된다. 허리케인 카트리나의 경로는 파란색으로 나타냈다.

를 넘는 열대성 폭풍을 가리킨다(**그림 12.22A**). 이것은 먼저 아프리카 부근인 대서양 동부의 따뜻한 해양 위를 천천히 회전하는 바람 시스템으로 시작되며(**그림 12.22B**), 이렇게 발달하기 위해서는 해수면 온도가 최소 26.5°C가 되어야 한다. **저압부**(depression)라고 하는 저기압 중심에서 따뜻한 해수가 증발하고 상승하여 결과적으로 응결이 발생한다. 이 과정에서 숨은열이 방출되어 더 강한 저기압으로 성장하며, 이후 **열대성 폭풍**(tropical storm)을 거쳐 궁극적으로 허리케인으로 발달한다. 허리케인이나 다른 저기압성 폭풍은 전향력이 저기압성 순환을 유도할 만하게 큰 위도(즉 5°N나 5°S보다 고위도)에서 발달한다. 적도에서 전향력의 크기는 0이므로 적도를 따라서는 허리케인이 발달하지 않는다.

허리케인은 자신의 에너지를 따뜻한 바닷물에서 얻기 때문에 일단 육지에 상륙하면 에너지를 공급받지 못하게 되어 풍속이 감소하고 이내 소멸한다. 이런 이유로 허리케인에 동반된 대부분의 바람 피해는 해안에서 250km 이내에서 발생한다. 바람에 의한 피해뿐만 아니라 허리케인에 의한 다른 두 가지 피해도 파괴적인 결과를 초래한다. 그중 하나는 **폭풍해일**이며, 해수가 국지적인 큰 홍수를 일으키는 것을 말한다. 허리케인 중심은 기압이 매우 낮게 나타나는데—가장 강한 허리케인에서 92kPa 미만—기압이 이처럼 낮으면 국지 해수면 높이는 상승하여, 해수면이 위로 부풀어 오른 형태로 나타난다. 강한 허리케인의 눈에서는 해수면이 8~9m 상승하고, 허리케인에 의한 바람이 이렇게 높아진 바다를 해안 쪽으로 밀면 넓은 지역에 홍수를 초래한다. 폭풍해일과 더불어 제방이 무너지면 2005년 뉴올리언스에서 허리케인 카트리나가 입힌 것처럼 엄청난 재난을 초래한다. 허리케인에 동반된 다른 피해로는 강수를 들 수 있다. 대부분 허리케인은 보통 25cm를 넘는 폭우와 그에 따른 홍수가 동반되며, 심지어 풍속이 허리케인 기준보다 더 약해지더라도 맹렬한 비가 지속되는 경우도 있다.

뇌우와 토네이도

허리케인과 그 밖의 다른 열대성 폭풍우와 달리 토네이도와 뇌우는 해양이 아닌 육지에서 발생한다.

뇌우

뇌우(thunderstorm)는 따뜻하고 습윤한 공기가 상승하여 [이것을 세포(cell)라고 한다] 빠른 속도로 많은 양의 숨은열을 방출하여 불안정하게 된 것이다. 북아메리카에서 대부분 뇌우는 한랭전선 상에서 생성되거나, 멕시코 만에서 형성되는 mT 기단과 관련되어 나타난다. 숨은열의 방출은 더 강한 상승기류를 유도하여, 온난하고 습윤한 공기를 더 많이 끌어들여 또다시 더 많은 숨은열이 방출되며, 이런 과정이 지속될수록 상승 운동은 더 강해진다. 적란운이 형성되어 폭우, 우박, 천둥과 번개 등이 나타난다(그림 12.23).

뇌우에 동반되는 적란운의 치솟음은 고도 18km까지 도달되며, 풍속은 100km/h 이상으로 나타난다. 이 상승 기류에서 커다란 우박이 생성될 수 있으며, 우박은 초기의 작은 빙정에 과냉각수적이 얼면서 층을 형성하고, 갑자기 하강기류에 의해 지면으로 떨어질 때까지 구름에 머무른다. 번개와 천둥은 뇌우 내에서 전기 방전으로 나타난다. 적란운이 성장하는 동안 전하들이 만들어진다. 구름 내부의 난류 운동에 의해 구름 상부는 양전하로, 구름 하부는 음전하로 대전된다. 정확히 어떻게 전하가 생성되는지는 알지 못하지만, 뇌우 내에서 수억 볼트의 전압차가 만들어진다. 전하는 땅이나 다른 구름을 때리는 번개를 통해 방전된다. 번개의 불꽃이 지나면서 주위의 공기를 급속히 가열시키기 때문에 공기가 폭발적으로 팽창하는 것이 천둥으로 들리게 된다.

그림 12.23 **뇌우**
(A) 애리조나 투손 상공의 뇌우로 모루 모양의 적란운이 진한 어두운색으로 보이며, 강수와 번개를 동반하고 있다. (B) 악뇌우가 발달하면서 오클라호마 농장 벌판에 번개가 내리치고 있다.

토네이도

토네이도(tornado)는 적란운에서 아래로 뻗어 있는 격렬한 소용돌이 기둥이다(그림 12.24). 토네이도는 보통 초대형 세포 뇌우라 하는 다중 상승기류가 있는 거대 뇌우에서 발달한다. 토네이도는 보통 깔때기 모양으로 보이며 여기에는 구름, 먼지, 깔때기에 빨려가는 파편들이 함께 모여 나타난다. 관습적으로 깔때기 모양의 토네이도가 상공에 머무를 때는 깔때기 구름(funnel cloud)이라 부르고, 지면에 닿으면 토네이도라 한다.

토네이도는 보통 뇌우와 연관되어 발달하며, 뇌우에 비해 상대적으로 작은 규모를 갖는다. 토네이도는 매우 격

그림 12.24 토네이도
2003년 네브라스카 평원을 지나는 깔대기 모양의 전형적인 토네이도

렬하기 때문에 발달 과정의 많은 내용은 아직 자세히 알지 못한다. 깔때기 구름은 뇌우 안에서 소용돌이치는 상승기류의 결과로 발달한다. 이 상승기류는 대체로 지름 10~20 km 크기로 나타난다. 아직 명확히 이해할 수 없지만 어떤 뇌우의 소용돌이치는 상승기류는 좁게 발달하고, 토네이도 깔때기가 지름 0.1~1.5km 정도로 나타난다. 흥미롭게도 토네이도 회전은 전향력에 직접 영향을 받지 않지만 전형적으로 저기압성으로 회전하며, 이는 폭풍 시스템의 다른 요소의 영향을 받은 것이다. 뇌우와 토네이도는 둘 다 규모가 매우 작아 전향력이 직접적인 영향을 주지 못한다.

다행스럽게도 대부분의 토네이도들은 **강하**게 발달하지 않고 큰 피해를 입히지도 않는다. 반면에 이동 경로에 있는 모든 물체를 완전히 파괴하는 강력한 토네이도도 있다. 토네이도의 강도와 그에 따른 풍속은 토네이도가 일으키는 전형적인 피해와 풍속의 관계를 통해 추정할 수 있다(표 12.1). 최초로 이것을 고안해낸 시카고대학의 교수 푸지타(Theodore Fujita)의 이름을 따서 F-scale(최근에는 Enhanced Fujita Scale 혹은 EF scale)이라 부른다.

매년 미국에서는 수백 개의 토네이도가 발생한다. 토네이도는 모든 주에서 1년 12달 동안 발생되는데, 4월에서 8월까지 토네이도 활동이 활발하며 그중 5월에 가장 많이 발생한다. 토네이도를 유도하는 뇌우는 한랭전선을 따라 발생하고 가장 강력한 한랭전선은 캐나다 북극권에서 유입된 cP 기단과 멕시코 만에서 온 mT 기단이 만나면서 생성되므로, 이 두 기단이 만나는 미대륙 중부 지역에서 발생 빈도가 높다.

가뭄과 먼지폭풍

사막(desert) 혹은 건조 지대는 연평균 강수량이 250mm 이하인 지역을 말하며, 지구상에서 가장 거대한 육상 생물군계(terrestrial biomes) 중 하나다. 제16장에서는 사막을

표 12.1 토네이도 강도를 나타내는 강화 Fujita Scale

EF-Scale	추정 풍속(km/h)	피해
EF0	105~137	작은 피해. 일부 지붕 표면이 벗겨짐. 처마의 낙수 홈통 혹은 판자 벽에 피해가 있음. 나무에서 가지가 떨어지고, 뿌리가 얕은 나무는 뽑힘.
EF1	138~178	중간 수준 피해. 지붕이 심각하게 손상됨. 이동식 주택이 전복되거나 심하게 손상됨. 바깥 출입문이 떨어져 나가고, 창문이나 유리가 부서짐.
EF2	179~218	상당한 피해. 잘 지어진 집의 지붕이 찢겨짐. 목조 가옥의 기초가 틀어짐. 이동식 주택은 완전히 파괴됨. 큰 나무들이 부러지거나 뿌리가 뽑힌다. 가벼운 물체는 위험하게 날아다님. 차가 지면에서 들어올려짐.
EF3	219~266	심각한 피해. 잘 지어진 집의 모든 층이 파괴됨. 쇼핑몰과 같은 큰 건물은 심각한 피해를 입음. 기차가 전복됨. 나무가 뽑히고, 중형차가 땅에서 들어올려져 던져짐. 기초가 약한 건축물은 멀리 날아감.
EF4	267~322	재난 수준의 피해. 잘 지어진 집과 목조 가옥이 완전히 무너짐. 자동차가 미사일처럼 날아다님.
EF5	>322	극심한 피해. 튼튼한 목조 가옥이 무너져 날아감. 자동차가 100m/s 속력으로 날아다니며, 철골 철근 콘크리트 구조물이 심하게 피해를 입음. 고층 빌딩에 심각한 구조적 변형이 나타남.

한 생태계로 간주하여 다룰 것이다. 그런데 여기서 주목할 점은 지구상의 사막 분포는 기본적으로 전 지구 대기 순환 시스템에 의해 지배되며, 국지적 지형과 수증기 공급원까지 떨어진 거리 등에 영향을 받는다. 또한 사막과 가뭄은 중요한 차이가 있는데, 가뭄은 어느 지역에서 일정 기간의 강수량이 평균보다 낮게 나타나는 극한 날씨 현상이다. 따라서 가뭄은 강수량이 평균 이하여야 하므로 평상시 매우 적은 양의 강수량이 있는 지역을 가뭄 상태라고 말하지 않는다.

건조 지대와 대기 순환

사막은 극지방을 제외한 전 세계 면적의 약 25%를 차지하고 있다. 이보다 작지만 여전히 넓은 지역이 연강수량 250~500mm인 반건조 지역이다. 이들 사막과 반건조 지역은 전구 지구상에 독특한 특징을 보이는데(그림 12.25), 이들의 위치는 전 지구 대기 순환과 국지적 지형 특징에 직접적으로 관련되어 있다.

그림 12.25와 그림 12.11을 비교하면, 두 그림 사이에 뚜렷한 관련성이 보인다. 전 지구에는 비가 많이 오는 3개의 위도대와 비가 적게 오는 4개의 위도대가 있다. 강수량이 많은 위도대는 3개의 전구 수렴대(열대수렴대와 2개의 극전선대)에 위치한다. 비가 적게 오는 4개 위도대는 발산 지역에 있으며, 2개는 위도 30°N, 30°S를 중심으로 한 아열대 고기압 영역에, 다른 2개는 극 지역에 있다. 비가 적은 위도대의 분포는 사막의 위치를 결정하는 데 중요한 역할을 한다. 전체를 합하여 5개 종류의 사막이 있다(그림 12.26, 표 12.2).

가장 넓은 사막은 사하라, 칼라하리, 그레이트 오스트레일리아 룹알할리(그림 12.26A) 등이다. 이들 거대한 사막은 지구를 둘러싸고 있는 2개의 발산대와 연관되어 나타난다. 이곳은 건조한 공기가 하강하며, 위도 20~30°의 해들리세포의 하강하는 가지가 나타난다. 이들 사막과 다른 아

그림 12.25 사막과 대기 순환
이 지도는 건조 기후와 반건조 기후 지대의 위치와 관련된 주요 사막들을 함께 보여주고 있다. 세계의 큰 사막들은 대부분 30°N과 30°S 부근에 위치한 건조한 공기가 하강하는 위도대에서 나타난다. 한랭한 공기가 하강하는 영역 또한 양 극지에서 나타나고 있다. 극 지역은 얼음으로 덮여 있지만 강수량이 매우 적기 때문에 한대사막으로 분류한다.

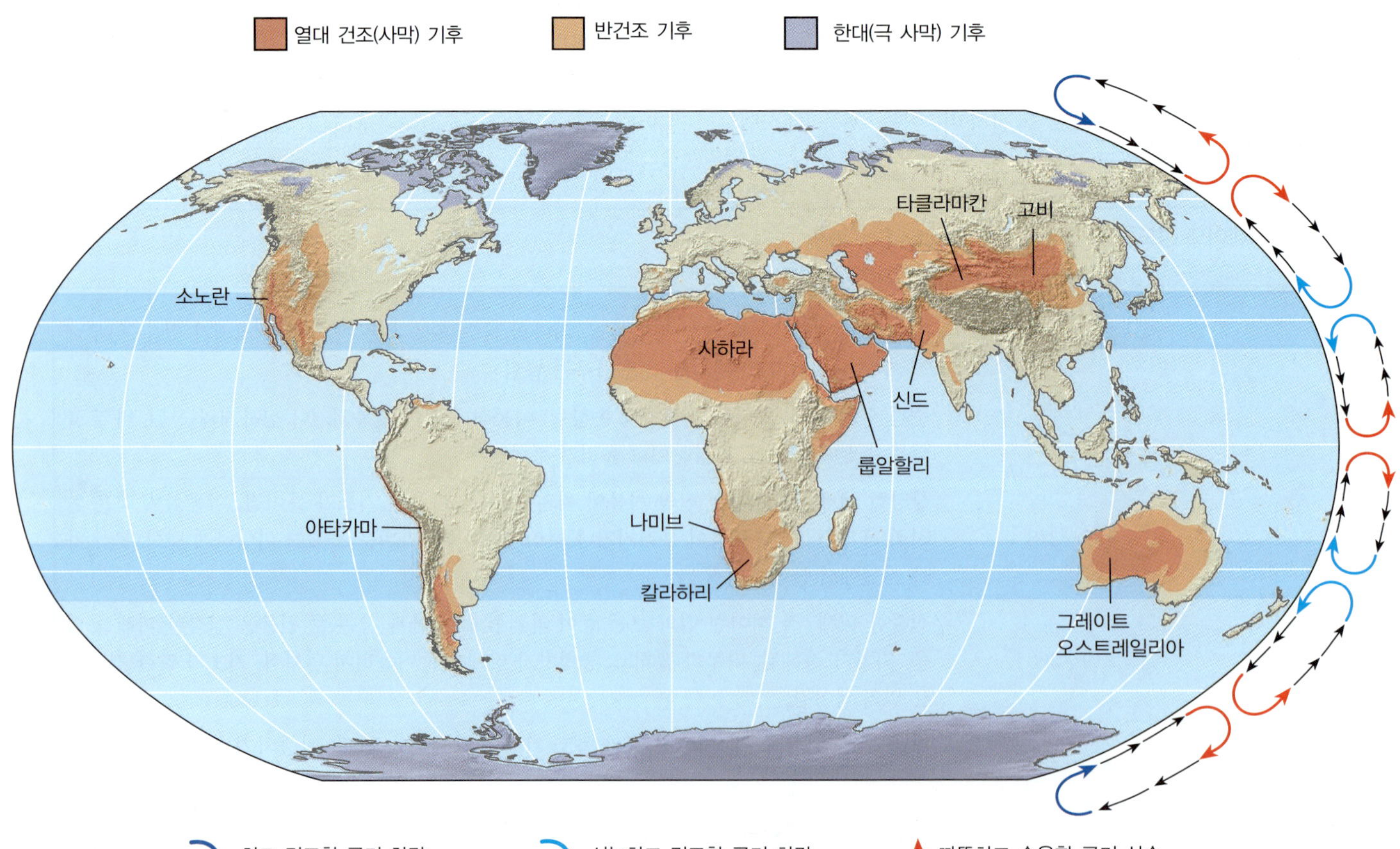

그림 12.26 사막

(A) 사하라 사막은 지구상에서 가장 큰 아열대 사막이다. 사진은 리비아의 사막을 건너는 한 무리의 낙타 대상이다. (B) 몽골 유목민들이 고비 사막 경계에 있는 알타이 산맥을 지나 짐을 옮기고 있다. 여기는 바다에서 멀리 떨어져 있기 때문에 강수량이 적어 생기는 전형적인 대륙 내부 사막이다. (C) 비그늘 사막은 산맥이 습윤 공기를 차단하여 풍하측에 적은 강수량 지대를 유도하여 생성된다. 여기 보이는 데스밸리는 시에라 네바다 산맥의 바로 동쪽에 놓여 있다. (D) 바자(캘리포니아)는 미국 서부와 이루는 국경 바로 남쪽에 위치한 멕시코의 길고 좁은 반도로 대부분 해안 사막으로 이루어져 있다. 해안 사막은 대륙 서쪽 끝을 따라 국지적으로 나타나는데, 이곳은 차가운 해수가 용승하여 육지로 향하는 해양성 공기를 안정화시켜, 강수가 내리지 못하게 한다. (E) 심지어 이 사진의 그린란드처럼 한랭한 지역도 연간 강수량이 매우 적기 때문에 학술적 사막으로 분류된다.

표 12.2 사막의 종류와 발생 원인

사막의 종류	발생 원인	예
아열대	위도 20~30°의 건조한 공기가 하강하는 지역에 위치	사하라, 신드, 칼라하리, 그레이트 오스트레일리아
대륙	대륙 내부에 위치하여 수증기 공급원과 멀리 떨어져 있음	고비, 타클라마칸
비그늘	산맥의 비그늘 지역에 위치하여 바다에서 오는 습윤공기가 차단됨	시에라 네바다나 캐스케이드, 안데스 산맥의 차단된 곳에 위치한 사막들
해안	찬 해수가 용승하는 대륙 경계부에 위치하여 육지로 향하는 해양성 공기가 냉각됨	페루 해안과 남서 아프리카
극지	차갑고 건조한 공기가 하강하는 지역에 있어 강수량이 매우 적음	그린란드 북부, 얼음이 덮여 있지 않은 남극 대륙

열대 사막들도 고기압 지대와 연관되어 있다.

두 번째 종류의 사막은 대륙 내부에서 찾을 수 있으며, 수증기 공급원에서 멀리 있고, 뜨거운 여름과 추운 겨울이 특징이다. 중앙아시아의 고비와 타클라마칸 사막이 여기에 해당된다(그림 12.26B). 이들 사막은 공기가 육지 위에서 매우 긴 거리를 이동하고, 특히 높은 고지대를 통과하면서 강수가 내릴 만큼 수증기를 거의 포함하지 못하기 때문에 생성된다.

세 번째 종류의 사막은 산맥이 습윤 공기의 장애물로 작용하여 지형적 상승으로 풍상층에는 강한 강수를, 풍하측은 비그늘이라고 하는 강수량이 적은 지대를 유도하는 데서 생성된다(그림 11.19D 참조). 미국 서부의 캐스케이드 산맥과 시에라 네바다가 이런 장애물로 작용하고, 이들 산악지대의 바로 동쪽에 사막지대를 만든다(그림 12.26C).

해안사막은 네 번째 종류에 속하는데 대륙의 서쪽 끝을 따라 국지적으로 형성된다. 이 부근의 표층 해류는 차가운 심해의 해수를 용승시키는데, 이 찬 해수가 바다에서 육지로 향하는 공기를 냉각시켜 공기 중에 포함되는 수증기 양을 감소시킨다. 공기가 육지에 도달하면서 적은 양의 수증기가 응결되어 해안안개(coastal fog)가 생성된다. 안개에도 불구하고 공기 속의 수증기는 많은 강수를 내릴 만한 수증기가 없기 때문에 해안 지역에 사막이 형성된다(그림 12.26D). 이와 같은 해안사막은 페루와 아프리카 남서부에 있는데 지구상에서 가장 건조한 지역에 속한다.

이상 이야기한 네 가지 사막은 모두 뜨거운 사막으로 강수량은 적고 여름철 기온은 높게 나타난다. 다섯 번째 사막은 극지의 거대한 사막인데, 이곳은 차갑고 건조한 공기가 하강하여 강수량이 극히 적다(그림 12.26E). 우리는 앞서 극지는 대류권 상층에서 차가운 공기가 하강하여 고기압이 발달하는 것을 배웠다. 그러나 차가운 사막은 뜨거운 사막에 비해 중요한 한 점이 다르다. 극지사막의 표면은 따뜻한 위도의 표면과는 달리 거의 모두가 얼음 형태인 H_2O가 풍부하게 존재한다. 강수량이 극단적으로 적은 곳이지만, 강수는 항상 눈으로 내리고 이 눈이 녹지 않으므로 이곳 얼음은 계속 축적된다. 심지어 태양이 24시간 내내 지평선 위에 있는 한여름에도 기온은 영하에 머물러 있다. 극지사막은 그린란드, 캐나다 북극권 지역, 그리고 남극에서 나타난다(그림 12.26E).

가뭄

위에서 언급했듯이 **가뭄**(drought)은 어떤 지역에서 일정 기간 동안 강수량이 평균 이하로 나타나는 극한 날씨 현상이다. 가뭄을 정의하는 보편적 기준은 없는데 이것은 하와이나 인도네시아처럼 어떤 지역에서 매우 적은 듯이 보이는 강수량이지만 그 지역에서는 평균적인 값일 수 있고, 피닉스나 예루살렘처럼 어떤 지역에는 계절풍 강수처럼 많지만 평균보다 적은 것일 수 있기 때문이다. 그러므로 가뭄은 전형적으로 어떤 특정 장소에서 정의되며, 강수량의 부족이 추수에 영향을 주는지 등과 같은 물 공급의 기능적인 면이 강조된다.

사막에는 대체로 비가 매우 적게 오거나 오지 않는다. 사막에 사는 인간이나 동물 등은 이런 환경에 적응하여 가뭄은 큰 문제가 되지 않는다. 그러나 사막 주위에 있는 반건조 지역은 가뭄에 매우 민감하다. 예를 들면 사하라 사막 남쪽에는 사헬이라 알려진 가뭄이 자주 나타나는 목초지 지대가 있다. 여기의 연강수량은 10~30cm이고, 대부

그림 12.27 사막화

니제르 사헬 지역에서 한 무리의 염소 떼가 사막 가장자리의 목초지에서 풀을 뜯고 있다. 염소가 남아 있는 풀과 덤불을 먹어버리면 사막의 모래가 확장될 것이다.

분이 우기에 내린다. 1970년대 초반에 사헬은 20세기 들어 가장 심각한 가뭄을 겪었다. 수년에 걸쳐 연평균에 미치지 못하는 강수량으로 남쪽으로 150km나 사막이 확장되었다. 가뭄에 휩싸인 지역은 대서양부터 인도양까지 확장되었고, 적어도 2,000만 명이 피해를 입었다.

사막 가장자리는 기후가 변함에 따라 자연적으로도 앞뒤로 왔다갔다 하는데, 사하라 사막과 사헬도 지난 수천 년 동안 그래 왔다. 그러나 1935년부터 1970년까지 이 지역의 인구가 2배로 늘고, 기르는 가축수가 엄청나게 증가하면서 가뭄이 더욱 심화되었다. 심각한 가뭄과 과도한 방목으로 목초지가 황폐화되었다(그림 12.27). 가축이 죽고 수확이 줄어들어 수백만 명이 굶주림과 목마름으로 고통을 받았다. 오늘날 사헬 지역은 여전히 많은 사람들이 거주하고 집약적으로 가축을 기르며 농업을 하고 있어 가뭄의 위험을 늘 안고 있다.

위에 설명한 사헬의 경우와 같이, 사막이 인접한 곳으로 확장되는 것을 사막화라 한다. 사막화는(기후 변화와 같이) 자연적 원인 혹은(위에서 언급한 과도한 방목처럼) 인위적 원인에 의해 발생한다. 사막화에 가장 민감한 지역은 세계적으로 거대한 사막 주변에 있는 반건조 지대다. 사막화로 가장 잘 알려진 예는 1930년대 북아메리카 더스트볼인데, 이 시기 먼지폭풍이 대평원을 휩쓸어 많은 농민들이 농장을 떠나게 되었다. 사헬의 기근처럼 더스트볼도 수년에 걸친 가뭄에 의해 유발되었지만, 수십 년간 땅을 황폐화시킨 것이 사태를 악화시켰다. 더스트볼은 현재 미국과 캐나다에서 적용되는 많은 토지보호법과 관행을 제안하는 계기가 되었다.

먼지폭풍

사막과 가뭄과 관련된 가장 두드러진 특징 중 하나는 먼지폭풍이다. '기초 원리 : 바람냉각인자'에서 논의한 것처럼 바람이 어떤 물체를 지날 때면 공기의 흐름이 없는 경계층이 생긴다. 경계층 위는 기류가 부드럽게 층(laminar)처럼 흐르고, 층류층 위에는 기류가 무질서해지는 난류가 나타난다(그림 12.28A). 잔잔한 층류 위로 불쑥 나온 큰 입자는 바람에 구르면서 튀거나 난류에 의해 씻겨 공기 중으로 올라간다. 미세한 퇴적층을 따라 굴러 튀어 오르는 큰 입자는 난류에 의해 위로 올라가는데, 이런 식으로 먼지폭풍

그림 12.28 **먼지폭풍**

(A) 미세한 모래와 실트의 입자가 풍속이 매우 낮게 나타나는 경계층 내에 놓여 있다. 따라서 이들 입자가 바람에 의해 움직이거나 침식되기 어렵다. 난류는 퇴적물의 미세입자를 날려 뜬짐으로 이를 운반한다. (B) 말리의 가오에서와 같이 강한 먼지폭풍이 발생하면 시정이 크게 감소된다.

이 발생한다(그림 12.28B).

일단 공기 중으로 올라가면 먼지는 바람의 뜬짐이 된다(하천의 뜬짐과 유사하게, 제8장 참조). 난류로 요동치는 하천에 떠 있는 입자와 같이 먼지 입자는 에디(eddies)에 의해 계속적으로 공중으로 떠 오르고, 반면에 중력은 땅으로 떨어뜨리는 작용을 하는 가운데 바람을 타고 계속 수송된다. 바람에 떠 있는 대부분의 토양 입자는 비교적 먼지가 발생한 곳과 가까운 지역에 침적된다. 그런데 거대한 먼지폭풍을 일으킬 만한 강한 바람은 미세 먼지를 대류권 상층까지 옮기고, 먼지는 지균풍에 의해 수천 킬로미터까지 수송되기도 한다.

먼지폭풍은 오스트레일리아, 중국 서부, 중앙러시아, 카자흐스탄, 중동, 북아프리카 등의 광활한 건조 지역과 반건조 지역에서 빈번히 발생한다. 북아메리카에서는 특히 대평원의 남부, 캘리포니아와 애리조나 사막 지역에서 일반적으로 발생한다. 먼지폭풍의 빈도수는 가뭄 주기와 연관되는데, 심한 가뭄일 때 대기 중 먼지 농도가 크게 증가한다. 또한 먼지폭풍은 특히 반건조 지역에서 농업 활동이 활발해질 때 자주 발생한다.

날씨와 지구계

지구상의 모든 생명체는 비단 산소공급원으로뿐만 아니라 전적으로 대기권에 의존하고 있다. 전구 규모의 대기 순환은 우리 생존에 필요한 수증기를 공급해 준다. 대기 순환은 또한 대기권의 열을 재분배하여 균형이 되도록 한다. 따라서 대기 대순환은 산소와 수증기를 전달해 주고, 온화한 지상 기온을 유지시키는데, 이 세 가지는 생물이 살 수 있는 행성이 갖춰야 할 근본적인 조건이다.

대기 순환은 기온과 수증기량을 조절하면서 또한 지구상의 주요 생태계 분포에 영향을 주고 있다. 또한 생물권의 변화는 대기에 중요한 영향을 미친다. 예를 들면 계절에 따른 식물의 성장은 광합성에 사용되는 대기 중 이산화탄소 농도를 변동하게 만든다. 이것은 온실효과를 통해 지상 기온을 변화시키는 대기의 영향이 계절에 따라 달리 나타남을 의미한다.

날씨와 기후는 대기권, 생물권, 그리고 지구계 전체의 변화에 민감하게 반응한다. 대기대순환 시스템과 같이 복잡한 시스템에서는 보기에 작은 요소의 변화라도 날씨를 지배하는 과정에 극적인 영향을 줄 수 있다(자세히 보기 : 나비효과 : 카오스 이론과 일기예보 참조).

피드백 작용

작은 변화에 의한 영향이 빠르게 퍼져 지구의 멀리 떨어진 곳에 영향을 줄 수 있는 이유는 지구계와 대기권 등의 구성 요소가 여러 피드백 과정을 포함한 복잡한 역학 시스템이기 때문이다. 제1장에서 논의했듯이 양성 피드백은 시스템의 변화가 계속 증폭되는 것이고, 음성 피드백은 자기억제 과정으로, 시스템의 변화가 작아지는 경향을 나타낸다.

지구 날씨 시스템에는 여러 양성 피드백과 음성 피드백 과정들이 있다(그림 12.29). 예를 들어 가뭄이 지속되면 나무나 땅 위의 다른 식물들이 죽어 황량하고 건조한 토양이 드러나게 된다. 건조한 토양은 물과 바람에 의해 쉽게 침식되기 때문에 먼지폭풍이나 심각한 침식 등이 발생한다. 침식이나 표토의 유실로 식물이 자라기 더 어려워져 침식이 지속되고 식물은 더욱 줄어든다. 이런 과정, 즉 양성 피드백 사이클이 지속되면 초기에 나타난 변화는 더욱 악화된다. 가뭄과 다른 기후 조건은 산불이나 페스트가 창궐할 수 있는 환경을 조성하여 상황을 더욱 악화시키기도 한다. 인간 활동은 앞서 언급한 사헬의 과도한 방목의 예처럼 자연적 환경 변화와 상호작용을 하거나 때론 변화를 더욱 강화시키므로 상황을 더욱 복잡하게 만든다.

반면에 심각한 가뭄은 동물이나 사람이 살기 어렵게 만들어 다른 지역으로 이주하게 하여, 식량 부족 문제가 완화되고 식물이 자랄 수 있는 환경을 만들어 회복하게 할 수 있다. 이것은 자기 제한 과정 혹은 음성 피드백 과정의 예이다.

문턱값

양성 피드백 상황에서 어떤 지역에 가뭄이 지속된다면 이전 상태로 회복되는 것이 불가능한 시점에 도달할 것이다. 토양은 씻겨 사라지고, 호수는 말라버리고, 나무들은 죽어 대신 모래 언덕이 생겨나고, 강은 메마르고, 풀이나 다른 가뭄에 잘 견디는 생물종조차 거의 사라진다. 이 지역은 이전에 비해 건조한 상태가 새로운 '평균 혹은 평년 상태'가 될 것이다. 과학자들은 이런 상황을 문턱값(threshold) 상황이라 일컫는다. 이것은 시스템에 변화가 주어질 때 어떤 시점에 도달하기 전까지만 변화에 반응하여 처음 상태로 되돌아 갈 수 있다는 것을 의미한다. 이 시점—문턱값—을 넘어서면 시스템은 이전 상태로 돌아갈 수 없고, 새로운 다른 평형 상태에 도달한다. 사막화는 문턱값 과정의 한 예이다. 일단 사막화가 진행되어 어떤 점을 지나면 가뭄에 약한 생물이 살아가기 적합한 환경으로 돌아가기란 극히 어렵다.

대기와 지구계 전체가 작용하면서 자연적으로 환경 변화가 나타난다. 그러나 오늘날 대기과학자들 사이에는 인간의 활동이 지구계, 특히 대기권의 변화가 문턱값을(혹은 좀 더 여러 개의 문턱값을) 지나 이전 상태로 되돌아 갈 수 없게 만들지 않았나 하는 걱정이 있다. 제13장에서는 우리는 지구의 기후 시스템에 대해 좀 더 자세히 살펴보고, 인간 활동이 영향과 문턱값에 얼마나 접근했는지를 다룰 것이다.

그림 12.29 기후 시스템의 피드백 작용
지구 날씨와 기후는 셀 수 없이 많은 피드백 작용의 상호작용에 영향을 받는데 그중 일부만을 여기 나타냈다. 인간 활동은 이들 피드백 작용에 중요한 역할을 한다. 예를 들면 도표에서 볼 수 있듯이 법과 정치, 조직, 기술, 경제체제 등은 대기 구성 성분에 영향을 준다. 이것은 다시 기후와 날씨에 영향을 주며 또다시 생태계에 영향을 미친다.

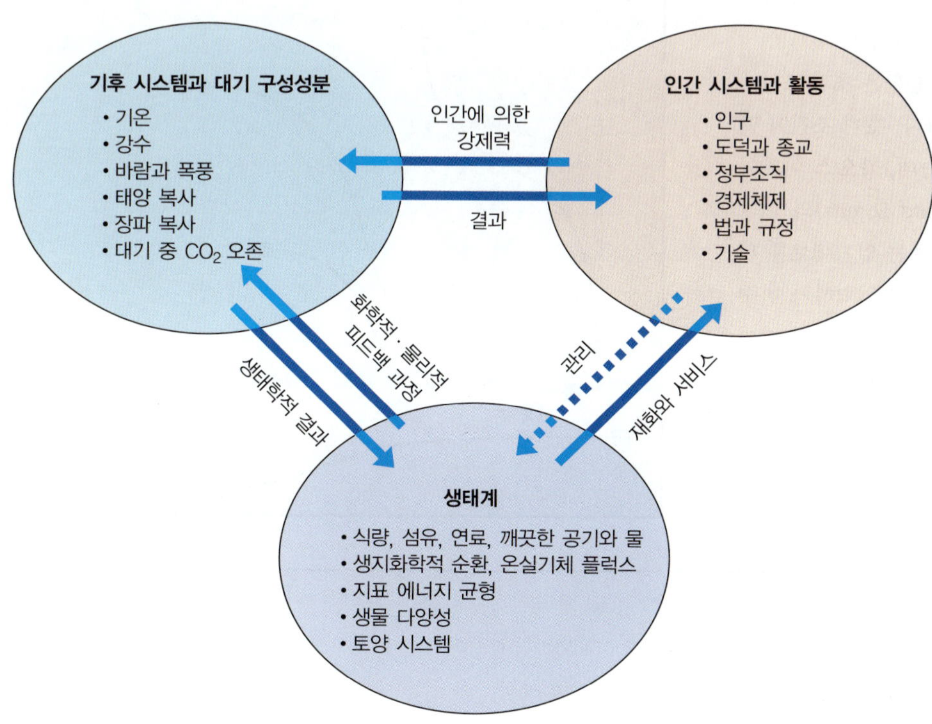

자세히 보기

나비효과 : 카오스 이론과 일기예보

날씨는 의심할 여지 없이 인간의 삶과 지구의 모든 생명체에게 매우 중요하다. 그런데 왜 날씨를 정확히 예보하는 것이 그렇게도 어려울까? 특히 3일 이상 앞서 예보하는 것은 더욱 힘들다. 우리는 대기권은 매우 복잡한 역학 시스템으로 대기 중의 현상은 특히 수권이나 암석권과 같은 지구계의 다른 부분에서 에너지를 주고받으면서 성장과 진화, 그리고 변화와 상호작용한다는 것을 배웠다. **복잡한 시스템**은 많은 상호작용을 하는 요소들로 이뤄진 시스템으로, 내부의 여러 과정들은 종종 접합되어 있고(서로 연결되어 있는 것을 의미) 비선형성을 띠고 있다. 다시 말하면 복잡 시스템 A는 항상 반드시 B를 유도하지는 않는다. 대신 C가 될 수도 있고 아니면 D일 수도 있다. 날씨는 복잡 시스템의 전형적인 예이다.

복잡 시스템에 가장 성공적인 접근법은 **카오스 이론**인데, 복잡한 역학 시스템을 연구하는 수학의 한 영역이다. 특히 카오스 이론은 초기 조건의 조그만 변화에 매우 민감한 시스템에 적용될 수 있는 이론이다(그림 C12.1). 예를 들면 공 하나가 언덕을 내려오는 것은 꽤 간단한 과정인 듯하다. 그러나 언덕 경사면의 조그만 지형 변화와 같은 많은 요인에 의해 결과가 달라진다. 혹은 아주 미미한 초기의 변화가 전혀 다른 두 결과를 초래하기도 한다. (초기 조건의 민감도는 유명한 영화 〈쥐라기 공원〉에서 수학자로 등장하는 제프 골드블럼이 잘 설명하는데, 그는 손등을 흐르는 물방울을 예로 들었다.)

날씨를 지배하는 전 지구 대기 순환은 초기 조건에 매우 민감한 복잡 시스템 중 하나다. 초기 조건이 민감도는 나비효과로 널리 인용되는데, 카오스 이론의 선구자인 에드워드 로렌츠(Edward Lorenz)의 연설 제목에서 유래한 용어이다. 로렌츠는 일기예보를 위한 컴퓨터 모형 실험을 하면서, 초기 입력하는 변수에 매우 작은 차이가 있을 때 모형이 전혀 다른 날씨 상태를 예보하는 것을 발견하였다. 로렌츠는 나중에 연구 결과를 발표하면서 제목이 '브라질에 있는 나비의 날개짓이 미국 텍사스 토네이도를 발생시킬 수 있을까' 였다. 나비의 날개짓이 만드는 미세한 바람 소용돌이는 초기 조건의 작은 변화를 의미한다. 지구 날씨 시스템과 같은 복잡 시스템에서는 초기값에 날개짓이 있는 경우와 없는 경우가 텍사스에 맑고 화창한 날과 토네이도의 발생처럼 매우 다른 결과를 만들 수 있다. 여기서 기억할 점은 나비의 날개짓이 토네이도를 만드는 것이 아니라, 날개짓은 궁극적으로 토네이도를 발생하게 하는 일련의 복잡한 과정을 만드는 중요한 초기 조건이라는 점이다.

빠른 컴퓨터의 등장과 대기대순환 시스템에 대한 과학적 이해가 깊어지면서, 일기예보는 지난 몇십 년 동안 극적으로 개선되었다. 여기서 카오스 이론은 한 중요한 부분을 차지한다. 그러나 카오스 이론으로 알 수 있는 하나의 결론은 우리가 전지구 날씨 예보를 위한 완전한 수치 모형을 개발한다 하더라도 초기 조건의 미세한 변화는 여전히 예보에 큰 변화를 가져온다는 사실이다. 이런 이유로 일기예보는 앞으로도 수년 동안 도전해야 하는 분야로 남을 것이다.

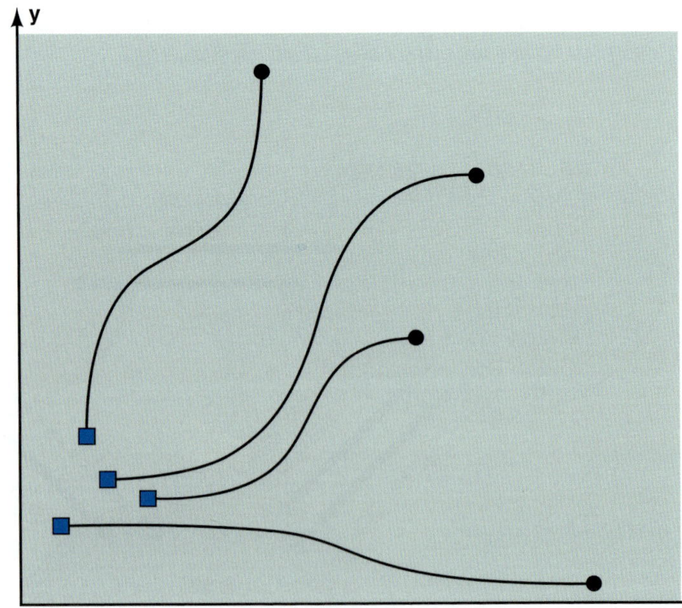

그림 C12.1 초기 조건에 대한 민감도
작은 사각형은 초기 조건에 민감하게 의존하는 복잡한 과정에서 4개의 서로 다른 시작점을 가리킨다. 시작 조건은 서로 작은 정도만 차이가 나는데, 민감도에 의해 네 결과는 매우 다르게 나타나고 있다(검은색 점).

요약

1. 대기의 상태를 나타내는 5개 변수는 기온, 기압, 습도, 운량, 풍향과 풍속이다. 이들 변수는 또한 기후를 설명하는 데 사용되는데 날씨는 단기간, 반면에 기후는 장기간 상태를 의미한다.
2. 바람은 기압의 차이로 나타나는 공기의 운동으로 기압차는 공기를 기압이 높은 곳에서 낮은 곳으로 흐르게 한다. 공기의 운동은 기온과 밀도에 밀접하게 연관되며, 수평 운동은 항상 연직 운동과 연관되어 나타난다. 어떤 지점에서 기압차의 크기는 풍속을 결정하며, 다른 힘과 상호작용하여 기류의 방향을 결정한다.
3. 바람냉각은 노출된 피부에서 열의 손실 정도를 측정하는데, 낮은 기온과 풍속의 효과를 함께 고려한 것이다. 풍속이 클수록 바람이 없는 경계층이 더 얇아져 피부가 열을 더 빨리 잃게 된다.
4. 바람은 3요소에 의해 지배를 받는다. 기압경도력은 고기압에서 저기압으로 공기를 움직이게 한다. 전향력은 지구 자전에 의해 나타나는데 기류의 궤적을 편향시키며, 대규모 바람 시스템에서 가장 중요하다. 마찰은 육지나 바다 위의 거친 표면에서 기류를 느리게 하며, 소규모 운동에서 가장 중요하게 작용한다.
5. 마찰이 없이 기압경도력과 전향력이 평형을 이룰 때 부는 바람은 등압선에 평행하게 부는데 이를 지균풍이라 한다.
6. 저기압 중심 주위의 바람은 안으로 향하는 소용돌이 형태로 나타나며, 이를 저기압성 바람(사이클론)이라고 한다. 사이클론은 북반구에서는 반시계 방향으로 회전하며, 남반구에서는 반대로 회전한다. 중심을 향하는 바람은 수렴을 유도하여 공기 상승, 냉각, 응결, 구름, 강수를 만든다. 고기압 주위에서 바람은 소용돌이치며 중심 밖으로 나오는데 이를 고기압성 바람(안티사이클론)이라 한다. 북반구에서 안티사이클론은 시계 방향으로 회전하며, 남반구는 반대로 나타난다. 중심에서 밖으로 부는 바람은 발산을 유도하여 상층의 공기가 하강하게 하며, 압축, 단열가열, 구름이 없는 맑은 날씨를 만든다.
7. 기단은 기온, 습도, 밀도가 균질한 커다란 공기 덩어리를 말한다. 기단의 중요한 특징은 그것이 대륙 위에서 만들어졌는지(c), 아니면 해양에서인지(m), 열대에서 만들어졌는지(T) 아니면 극지인지(P) 등에 의해 결정된다. 기단들이 만나며 전선이 형성되는데, 전선에는 활동적인 날씨와 기온의 빠른 변화가 나타난다.
8. 적도와 극지 사이의 열적 불균형으로 적도의 따뜻한 공기는 극쪽으로, 차가운 공기는 적도쪽으로 움직인다. 만약 지구가 자전하지 않는 구라면, 각 반구에 하나씩 간단한 대류 세포가 생성돼 열을 적도에서 극으로 수송할 것이다. 실제로는 전향력이 대기의 대류 세포를 몇 개 영역으로 나눈다.
9. 열대에서 상승한 따뜻한 공기는 열대수렴대를 만든다. 상층에서 공기는 극쪽으로 방향을 바꿔 이동한다. 위도 30°N과 30°S에서 공기는 전향력에 의해 편향되어 지균 편서풍이 된다. 이것으로 공기가 지표면으로 하강하여 다시 적도로 향하는 2개의 고압대가 형성된다. 적도의 양쪽에 있는 이 대류 순환을 해들리세포라 한다. ITCZ와 두 고압대의 위치는 계절에 따라 변한다. 해들리세포에서 다시 적도로 향하는 하층 바람은 편동풍이 되어 적도를 따라 부는데 이를 무역풍이라 한다.
10. 양반구에서 해들리세포에서 극 방향으로는 중위도 순환 시스템이 존재한다. 페렐세포에서 지상 바람은 편서풍이 되는데, 이는 바람이 30°N과 30°S의 고압대에서 극쪽으로 향하는 공기에 의해 부분적으로 생성되기 때문이다. 페렐세포는 두 커다란 순환 시스템인 적도쪽의 해들리세포와 다른 쪽의 극세포 사이의 '볼 베어링' 처럼 움직인다.
11. 극세포에서 차갑고 건조한 공기는 극 부근에서 하강하여 고기압의 발산 영역을 생성한다. 이후 공기는 극동풍이 되어 적도 쪽으로 향하여, 극전선을 따라 페렐세포와 만난다. 등압면인 대류권계면은 극전선 상공에서 나타나는데, 이곳의 대류권계면 고도는 매우 큰 경사가 나타난다. 결과적으로 제트류라 하는 매우 강한 지균 편서풍이 나타난다. 로스비 파는 극전선 제트류를 저위도로 당겨 변형시키면서 중위도 날씨 패턴에 영향을 준다.
12. 계절풍은 계절에 따라 바람 시스템이 반대로 바뀌는 현상이다. 아시아 계절풍이 가장 두드러지게 나타난다. 겨울에는 고기압이 중앙아시아의 기온이 낮은 고원 위에 자리잡고 있고, 저기압성 열대수렴대는 태양

이 바로 머리 위에 위치하는 적도 인도양 남쪽에 위치한다. 결과적으로 생성되는 북동풍에 의해 인도 대륙에는 차고 건조하며 맑은 날이 지속된다. 여름에는 바람 분포가 반대로 변한다. 열대수렴대는 태양이 머리 위에 있는 적도 북쪽으로 이동하고, 아시아 대륙이 가열되어 저기압이 생성된다. 결과적으로 유도되는 남서풍이 따뜻하고, 수증기를 포함한 공기를 인도양에서 대륙으로 이동시켜 무덥고 습한 날씨와 폭우 등을 만든다.

13. 엘니뇨는 열대 태평양의 대기–해양 접합 과정의 결과로 생성되는 평년과 다른 기후를 유도하는 현상이다. 평년에는 워커 순환에 의해 편동무역풍이 불어 따뜻한 표층 해수를 서태평양으로 이동시킨다. 이것으로 남반구 해양의 차가운 해수가 동태평양에서 용승하고, 서태평양과 인도네시아는 강수 활동이 활발하다. 엘니뇨는 남방진동지수가 작아지면서 시작되는데, 이 지수는 동태평양과 서태평양의 기압의 차로 계산된다. 이상적으로(anomalously) 따뜻한 표층해수가 중앙태평양과 동태평양에 축적되어, 동태평양의 찬 해수의 용승이 멈추게 된다. 강수가 많은 지역이 평상시에는 인도네시아 부근에 있었는데, 엘니뇨 발달과 함께 중태평양으로 옮겨지고, 인도네시아 지역은 건조한 상태가 나타난다. 엘니뇨 시기는 전 지구 많은 지역에서 평년과 다른 날씨가 나타난다.

14. 국지풍은 공기를 움직이게 하는 힘들과 지형과의 상호작용에 의해 생성된다. 중요한 과정은 육지와 해양의 차등 가열과 냉각, 그리고 산 경사면에서 낮과 밤에 따라 기류가 번갈아 생성되는 등이다. 접합 해륙풍, 활강바람, 치눅형 바람 등이 국지바람 시스템의 예이다.

15. 서로 다른 여러 저기압(사이클론)이 생성 지역, 발달 과정, 기온과 기압, 풍속, 규모 등에 의해 분류된다. 온대 저기압 혹은 중위도 저기압은 일반적으로 극전선을 따라 따뜻한 공기와 찬 공기의 상호작용의 결과로 생성된다. 이들은 종관 규모 날씨 시스템으로 수일 동안 지속되며, 중위도 지역에서 매일의 날씨 변화를 일으킨다.

16. 허리케인은 대서양에서 저기압의 중심으로 시작하여, 매우 강한 풍속을 갖는 열대성 저기압 폭풍으로 발달한 것이다. 허리케인(또한 사이클론 혹은 태풍으로도 불린다)은 해양 표면에서 증발한 수증기를 상승시킨다. 수증기는 냉각되어 응결하면서 숨은 열을 방출하여 에너지를 공급한다. 저기압이 회전하는 데는 전향력 편향이 필요하므로 전향력이 없는 적도를 따라서는 열대성 저기압이 생성되지 않는다. 열대성 저기압은 따뜻한 해수에서 에너지를 공급받기 때문에 해안에 상륙하면 바로 풍속이 급격히 느려진다. 전형적으로 열대성 저기압에 의해 강풍, 폭풍해일, 폭우 등의 피해가 나타난다.

17. 뇌우는 수증기를 포함한 따뜻한 공기가 상승하면서 매우 빠르게 숨은 열을 방출할 때 생성된다. 방출된 열은 더 강한 상승기류를 유도하고, 더욱 온난한 습윤공기를 끌어당겨 더 많은 숨은열이 방출되도록 유도한다. 치솟는 모루 형태의 적란운이 생성되고 폭우와 우박, 천둥과 번개 등이 나타난다. 토네이도는 격렬한 깔때기 모형의 바람폭풍인데, 적란운에서 소용돌이치는 공기 기둥이 지면으로 뻗어나오면서 생성된다. 보통 다중 상승기류가 있는 초거대세포 뇌우에서 발달한다.

18. 사막의 분포는 근본적으로 전 지구 대기 순환에 의해 좌우된다. 거대 아열대 사막들은 해들리세포의 건조한 공기가 하강하는 두 위도대와 연관되어 나타난다. 대륙 내부의 사막은 수증기 공급원에서 멀리 떨어진 내륙에서 생성된다. 비그늘 사막은 습윤공기가 산맥에 의해 차단되면서 상승하여 풍상측에 비를 뿌리고, 풍하측에 사막 조건을 유도하면서 형성된다. 해안사막은 대륙 주변을 따라 생성되는데, 이곳은 찬 해수가 용승하여 공기가 냉각되어 공기에 포함된 수증기 양이 적어진다. 극지사막은 차고 건조한 공기가 하강하여 강수량이 매우 적다.

19. 가뭄은 어떤 지역의 강수량이 일정 기간 동안 평균 이하로 지속되는 극한 날씨 현상이다. 사막과 인접해 있는 반건조 지대가 가뭄과 사막화에 민감한데, 이 두 현상은 자연적으로 발생하지만 집약적인 토지 이용에 의해 악화될 수 있다. 거대한 먼지폭풍은 미세한 퇴적층이 난류에 의해 올려져 바람의 뜬짐으로 수송되어 발생한다.

20. 전 지구 대기 순환은 산소와 수증기를 공급하며, 온화한 기상의 기온을 유지시킨다. 이들 3요소는 생존 가능한 행성이 갖춰야 할 조건들이다. 대기는 양과 음성 피드백 과정들이 포함된 복잡한 역학 시스템이다.

주요 용어

가뭄(drought)
계절풍(monsoon)
고기압성 바람(anticyclone)
극세포(polar cell)
극전선(polar front)
기단(air mass)
기압경도력(pressure-gradient force)
기후(climate)
날씨(weather)
뇌우(thunderstorm)
등압선(isobar)
무역풍(trade winds)
바람(wind)
바람냉각(windchill)
발산(divergence)
사막(desert)
사이클론(cyclone)
수렴(convergence)
엘니뇨/남방진동(ENSO)
열대수렴대(intertropical convergence zone, ITCZ)
제트류(jet stream)
지균풍(geostrophic wind)
토네이도(tornado)
파동저기압(wave cyclone)
페렐세포(Ferral cell)
해들리세포(Hadley cell)
허리케인(hurricane)

복습 문제

1. 밀도와 기압이 어떤 관련이 있는지 설명하라.
2. 날씨와 기후를 기술하는 데 사용되는 다섯 가지 요소는 무엇인가?
3. 바람이 불 때 풍속과 풍향을 결정하는 세 가지 요소를 쓰고, 이들이 어떻게 작용하는지 간단히 설명하라.
4. 등압선 간격이 0.4kPa인 일기도에서 한 지역의 등압선은 20km 떨어져 있고, 다른 지역은 200km 떨어져 있다. 어떤 지역에서 풍속이 더 강하게 나타나겠는가?
5. 지균풍이란 무엇이며 어떻게 발생하는가? 잘 알려진 지균풍 한 종류를 써 보라.
6. 해들리세포와 열대수렴대의 관계를 설명하라.
7. 무역풍이 어떻게 생성되는가?
8. 페렐세포란 무엇이며, 어떻게 발생하는가?
9. 극전선이란 무엇인가? 극전선 제트류는 어떻게 생성되는가?
10. 평년과 비교하여 엘니뇨 해의 특징은 무엇인가? 엔소(ENSO) 현상에 대해 설명하라.
11. 계절풍이란 무엇인가? 아시아 계절풍이 어떻게 발생하는지 설명하라.
12. 온대 저기압이란 무엇인가? 보통 중위도 저기압은 종관 규모 현상이라 하는데 무엇을 의미하는가?
13. 바람이 저기압 폭풍 시스템 주위에서 회전하는 데 전향력이 어떤 역할을 하는가?
14. 활강바람이란 무엇을 말하는가? 잘 알려진 활강바람의 예를 들어라.
15. 사막의 다섯 가지 종류는 무엇인가? 전 지구 대기 순환과 관련된 사막은 어떻게 생성되는가? 사막과 가뭄이 다른 점은 무엇인가?

연구와 토론 문제

1. 만약 지구가 자전하지 않는다면 당신이 살고 있는 지역의 날씨는 어떻게 될까? 여기서 고려할 점은 비록 대기 대류는 좀 더 단순해지겠지만, 지형과 해륙의 분포는 여전히 지역적 혹은 국지적 바람과 날씨 시스템에 영향을 준다는 것이다.
2. 사헬이나 다른 지역의 현재 가뭄 상태에 대해 조사하라. 가뭄을 초래한 날씨 변화에 대한 자료를 찾을 수 있는가? 가뭄에 적응하거나 농장과 생태계에 미치는 피해를 최소화하기 위해 지역민들은 무엇을 해야 하는가?
3. 여러분이 살고 있는 지역에서 가장 빈번한 격렬한 날씨 현상은 무엇인가? 이 격렬한 날씨 현상을 초래하는 좀 더 큰 규모의 날씨 시스템은 무엇인지 찾아 보라.

기초 원리 문제

1. 왜 기상 캐스터는 날씨가 추울 때 바람냉각인자를 이야기하지만, 따뜻한 시기에는 이야기하지 않는가?
2. 경계층이란 무엇이며, 바람냉각에 어떤 역할을 하는가?
3. 기단의 주요한 네 가지 분류를 특징과 함께 나열하라.

자세히 보기 문제

1. 복잡한 시스템의 특징은 무엇인가?
2. 카오스 이론이 일기예보에 어떻게 이용되는가?
3. 나비효과란 무엇인가?

CHAPTER

13

기후 시스템

개요

이 장에서 우리는

- 지구의 기후 요소를 소개한다.
- 지구의 기후가 바뀌었다는 증거를 생각해 본다.
- 판구조론이 지구의 지형들을 만드는 방식을 조사해 보자.
- 과학자들이 어떻게 과거의 기후를 연구하는지를 배운다.
- 지구 기후 변화의 역사를 기술한다.
- 기후 변화의 자연적인 원인을 조사한다.

◀ **기후 대리 자료**

히말라야 삼목의 단면에 나타난 하나하나의 나이테는 한 계절 동안에 성장한 부분을 나타낸다. 나이테의 두께와 밀도는 나무가 어떤 조건에서 자라는가에 따라 달라진다. 나이테와 같은 자연 자료는 과거의 기후 변화에 대한 중요한 대리 자료를 제시한다.

지구의 기후 시스템은 매우 동적이다. 그것은 상당히 많은 재미있는 요소를 가지고 있을 뿐만 아니라 변화라고 특징지을 수 있는 피드백도 포함하고 있다. 여기서는 기후 변화에 대한 자연적 원인을 조사하는데, 지구계에 대한 외적 요소와 더불어 내적 요소를 다룰 것이며, 기후는 지구가 생긴 이래 계속 변해 왔다는 증거를 조사하게 될 것이다. 또한 과거의 기후를 연구하는 데 필요한 방법과 도구도 공부할 것이다. 제19장에서는 인간 활동이 어떻게 대기와 기후를 변화시키는가를 살펴볼 것이다.

지구의 기후 시스템

우리는 제12장에서 기후가 어느 지역의 장기간의 평균적인 날씨의 상태를 나타내는 척도라는 것을 배웠다. 그림 13.1에서 볼 수 있듯이 지구의 기후 시스템은 복잡하고 여러 가지 주요 구성 요소의 상호작용에 의해 변화하는데, 구성 요소로는 대기권, 수권(주로 해양), 빙설권, 지권, 생물권(그리고 최근에는 인간 활동권) 등이 있다. 기후 시스템의 구성 요소는 매우 밀접하게 상호작용을 하기 때문에 어느 한 요소의 변화는 다른 한 요소 또는 여러 가지 요소를 변화시킨다. 그중에서 지권만은 태양 에너지에 의하여 변화한다. 지구로 들어오는 태양 복사열의 일부분은 제2장의 지구 에너지 순환에서 배운 것처럼 구름, 대기 오염물질, 얼음, 눈, 그 외의 반사체에 의하여 우주로 되돌아간다. 그 나머지는 지구에 흡수되고, 다시 장파의 형태로 대기, 해양, 육지로부터 에너지를 방출하게 된다.

대기권은 여러 구성 요소 중 외부 조건의 변화에 대하여 가장 빠르게 반응을 하며, 그 시간 규모는 보통 한 달 또는 그보다 작다. 해양 표층은 이보다 늦게 반응하며(보통 한 달 내지 수년), 심해의 변화는 적어도 수백 년의 시간을 요한다. 비록 육지는 기후 시스템을 구성하는 다른 요소의 국지적인 변화에 빨리 반응을 하는 편이지만, 지권은 특히 수백 년의 시간 규모의 변동에 있어서 중요하다. 이러한 긴 시간에 걸쳐서, 지권의 변화 과정은 대륙과 대양저의 분포, 대규모 산맥의 위치와 높이에까지도 영향을 미친다. 이러한 변화는 대기권과 해양의 순환에 영향을 미치며, 이 순환은 다시 해빙과 빙하의 범위와 위치, 식생 분포에 영향을 미친다. 식생은 지표면의 반사도를 결정하는 데 중요한 요소로 작용하기 때문에 기후를 변화시키는 중요한 요소이다. 식생은 또한 대기 중의 이산화탄소를 흡수하고 습

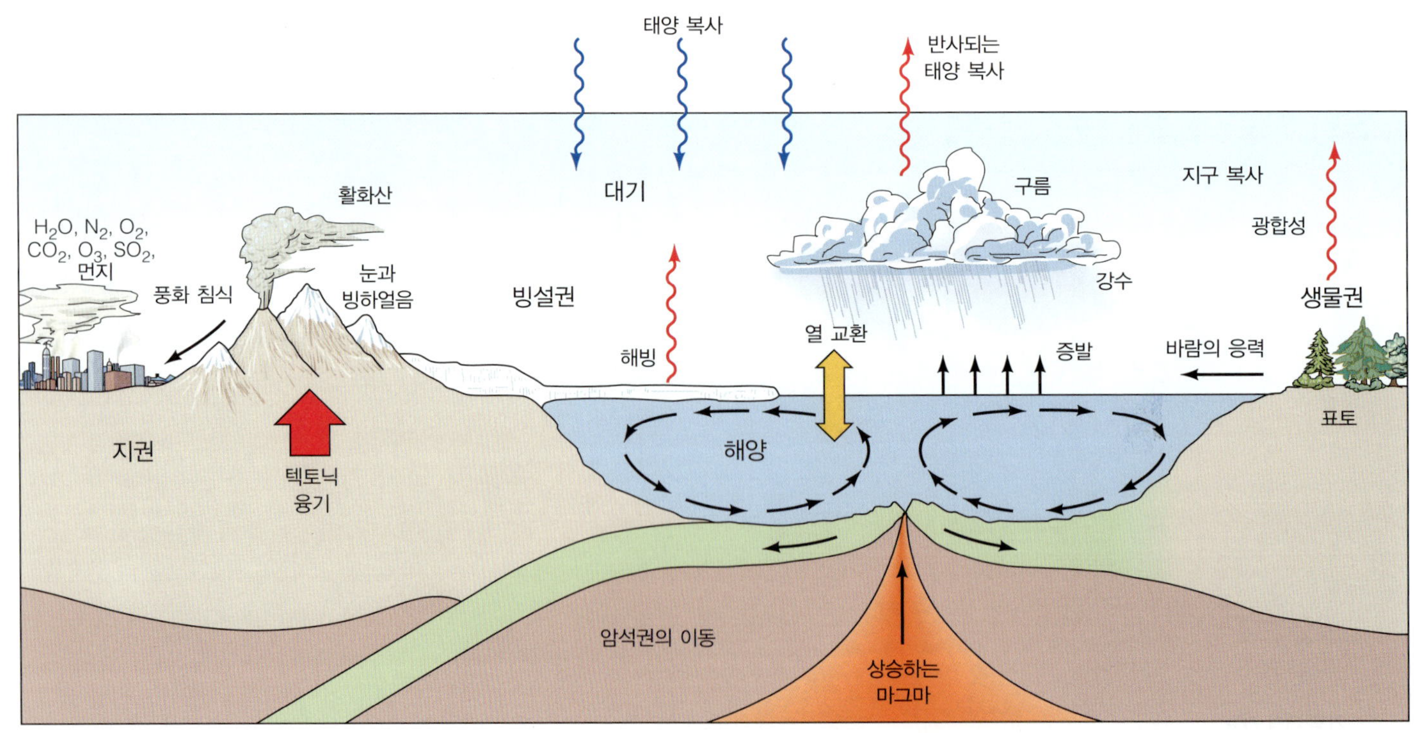

그림 13.1 지구의 기후 시스템
지구의 기후 시스템은 상호작용하는 5개의 구성 요소로 이루어져 있다. 지권(지형을 포함함), 대기권(기체와 대기입자의 역할을 포함), 수권(주로 해양), 빙설권(극 빙모의 반사도를 포함), 생물권(식생, 토양, 광합성을 포함)이 그것이다. 인간 활동권은 최근 들어서 기후 시스템에 영향을 미치는 요소가 되었다.

도에 영향을 미치며, 따라서 지역적인 구름 분포에도 영향을 미친다. 식생이 없으면 바람에 의한 침식이 증가하고, 이것은 대기의 먼지 농도를 변화시킴으로써 기후에 영향을 미친다.

대양은 에너지를 흡수하고 그것을 열의 형태로 저장하기 때문에 열 에너지의 저장고 역할을 하며, 기후 변화를 조절하는 기능을 가진다. 대양의 효과는 해양성 기후(계절의 변화가 작음)를 가진 연안지역과 대륙성 기후(계절의 변화가 큼)를 가진 내륙 지역을 비교함으로써 잘 설명할 수 있다. 해양은 대기의 성분을 조절하는 데 있어 대단히 중요하며 이는 해수가 용해된 이산화탄소를 많이 포함하기 때문이다. 만일 이산화탄소의 저장고인 해양과 대기권의 균형이 약간이라도 깨어지게 되면 대기권의 복사균형이 영향을 받고 지구의 기후 변화를 초래하게 된다.

'기초 원리 : 쾨펜의 기후 구분'에서 현재 지구의 기후대에 대한 개관을 제시하였다. 제16장에서 이러한 기후대를 다시 알아볼 것이며, 기후대에 존재하는 생물과 생태계를 좀 더 자세히 살펴볼 것이다.

기후 변화의 증거

지난 겨울은 그전보다 추웠을 수 있고 지난 여름은 더 습도가 높았을 수 있다. 그러나 이러한 사실은 기후가 변화하고 있다는 것을 나타내진 않는다. 기후 변화는 장기간에 걸친 평균 상태가 변하는 것에 근거를 두고 있다. 단 몇 년간의 이상기상 현상은 기후 변화가 일어나고 있다는 증거로 볼 수 없으며, 10년 이상 지속되는 경향만이 새로운 기후 형(climate regime)으로 변화하였음을 나타낼 수 있을 것이다.

기후는 보통 평균 기온과 평균 강수량으로 표현된다. 정기적으로 지속적인 관측이 이루어지지 않지만 습도, 바람, 맑고 흐림과 같은 것들도 물론 기후를 결정짓는 중요한 요소이다. 오늘날 날씨와 기후를 결정짓는 대기 조건의 변화는 많은 지역에서 연속적으로 관측이 이루어지고 있다. 그러나 기계적인 관측 자료가 축적된 것은 불과 최근의 한 세기밖에 되지 않는다. 과거 기후 변화 기록을 살펴보고, 과학자들이 어떻게 자료를 유사시대 이전까지 확장하였는지를 살펴보기로 하자.

기후의 역사적인 기록

우리의 경험에 의하면 날씨는 매년 변한다 하더라도 기후는 수년 동안의 평균적인 상태를 나타내기 때문에 과연 기후가 변하고 있는지를 판단하기는 쉽지 않다. 우리 선조들은 50년 전 겨울이 지금보다 훨씬 추웠을 것으로 생각할지도 모르지만, 과연 이러한 단편적인 기억이 기후 변화를 지칭한다고 할 수 있을까? 일부 지역에서는 기후의 기계적인 관측기록이 100년 이상 지속되어 왔는데, 이런 경우 평균적인 상태가 정말로 천이되었는지를 알 수 있을 만큼 자료의 기간이 충분히 길다고 할 수 있다.

지구상의 가장 긴 기후 관측은 스위스와 이탈리아의 국경 지역에 있는 알프스의 한 봉우리에 위치한 세인트 베나드 호스피스에서 이루어졌다. 아우구스투스 교파의 수사들이 1820년부터 이 지역의 기온을 기록하기 시작했으며, 1850년부터는 적설량을 기록하였다. 이 기록에 의하면 기온과 적설량은 거의 같은 위상으로 변동하고 있음을 알 수 있는데, 기온이 낮을 때 평균 이상의 적설량을 나타내고 있다. 단기간의 편차는 10년 또는 20년 정도 지속되는 경우도 있는데, 전체적으로 보면 대체로 기온이 증가하는 경향을 나타낸다.

알프스 지역의 기계적 관측에 의한 기온 변화는 북반구 다른 지역을 대표한다고 볼 수 있는데, 1880년 이후 기온은 증가하는 경향을 보이고 있으며, 1940년대에 최고점을

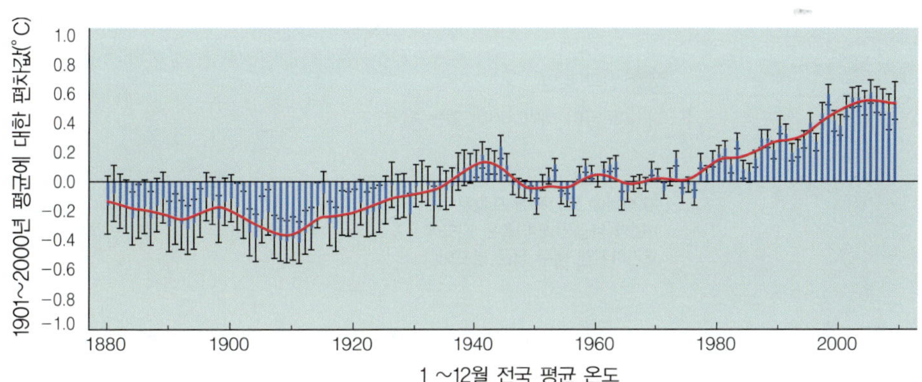

그림 13.2 지표 기온의 변동
이 그래프는 NOAA의 기후 자료를 이용하여 그린 것으로 1880년부터 2010년까지의 지표면 온도의 편차를 보여주고 있다. 온도 편차는 장기간의 평균값으로부터의 차이를 나타내는데, 이 경우는 평균값은 20세기의 평균 지표 온도를 의미한다. 양의 편차는 기준값보다 관측된 기온이 높은 것을 의미하고, 음의 편차는 관측된 기온이 낮은 것을 의미한다.

기초 원리

쾨펜의 기후 구분

오스트리아 기후학자인 쾨펜에 의하여 처음 개발된 **쾨펜 시스템**(Köppen system)은 가장 많이 쓰이는 기후 구분체계이다. 그것은 최근에 루돌프 가이거에 의하여 수정되었는데, 이를 쾨펜–가이거 기후 시스템이라고 한다. 이러한 구분은 자생하는 식생 종류의 분포에 의거한 것인데, 식생이 기후를 가장 잘 나타낼 수 있다고 보기 때문이다. 이 시스템은 기온과 강수량의 평균는 물론 계절변동까지 고려하여 크게 다섯 가지 기후계를 정의하고 있다.

이 시스템에 의한 기후대의 분포(그림 B13.1)는 기후 유형과 대기 순환의 주풍 방향을 연관 지어 분류한 것이다(그림 12.11). 예를 들면 사막은 주로 30°N와 30°S 사이에 주로 분포하고 있는데, 이곳의 기압은 높고 하강하는 기류는 건조하다. 아프리카와 남아메리카의 열대정글은 적도 가까이 분포하고 있는데, 여기서는 기압이 낮고 습도가 높다.

주요 기후 유형

쾨펜 시스템에 의하면 A, B, C, D, E로 표기하는 다섯 가지 기후 유형과, H라고 표시하는 고산지대 유형이 있다. 이러한 유형은 소문자를 사용하여 상세분류를 하는데, 강수와 기온 때로는 계절 변동성 등의 특성을 나타내게 된다.

A. 적도 기후

이들은 적도 지역의 습한 기후를 나타내며, 고온기후라고도 한다. 가장 기온이 낮은 달이 18°C 이상이다. 하와이의 힐로, 오스트레일리아의 다윈, 브라질의 리우데자네이루가 여기에

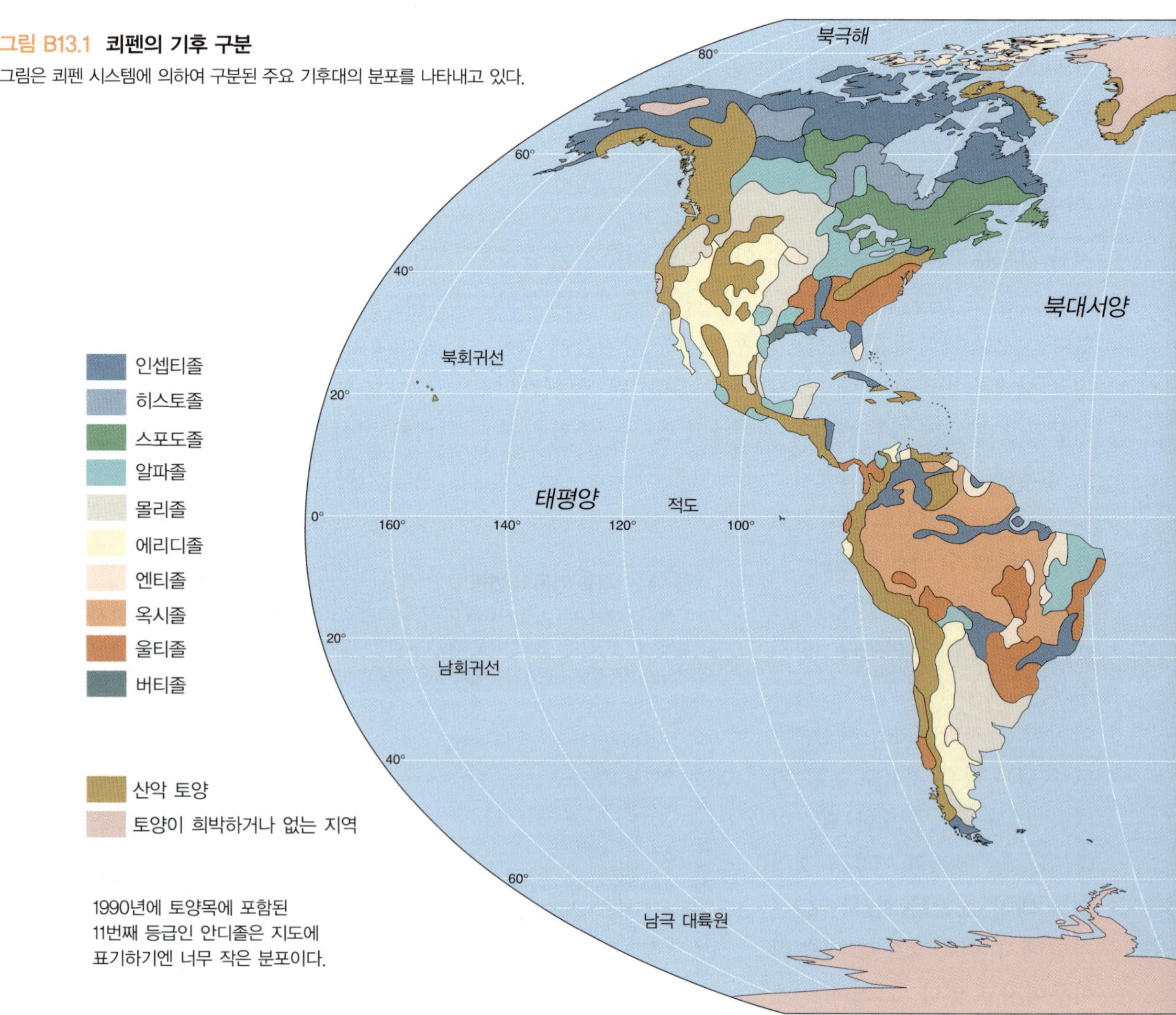

그림 B13.1 쾨펜의 기후 구분
그림은 쾨펜 시스템에 의하여 구분된 주요 기후대의 분포를 나타내고 있다.

속한다.

소분류

Af—열대 우림 지역, 건조 기간이 없음, 가장 건조한 달에도 최소 6cm 이상의 강수가 있음

Aw—열대 다습 또는 건조 사바나, 겨울과 같이 건조한 계절에도 한 달에 최소 6cm 이상의 강수가 있음

Am—열대 몬순, 계절적으로 반전되는 계절풍이 있음, 가장 건조한 달에도 최소 6cm 이상의 강수

B. 건조 기후

강수량을 기준으로 정의하기 어려운데, 증발과 강수량의 상대적인 비율이 식물의 성장에 영향을 미치기 때문이다. 기온을 나타내기 위한 세부분류를 사용할 수 있다. 애리조나의 유마, 앨버타의 메디슨 햇이 여기에 속한다.

소분류

Bw—사막, 건조 지역

Bs—준건조 지역 또는 스텝

C. 온난 기후

습하고 온난한 기후를 말하는데, 가장 추운 달의 기온이 −3~18°C 사이에 있다. 가장 따뜻한 달의 평균 기온은 10°C 이상이 되어야 한다. 쾨펜 시스템에 대한 비판 중 하나는 온난 기후에 대한 범위가 지나치게 넓다는 것이다. 여기에는 홍콩, 스페인의 마드리드, 노르웨이의 베르겐, 영국의 프린스루퍼트 등이 속한다.

소분류

Cf—건기 없음, 연중 극전선에 의한 날씨가 지배적임

Cw—겨울철에는 건조함, 가장 습한 달의 강수량은 건조한

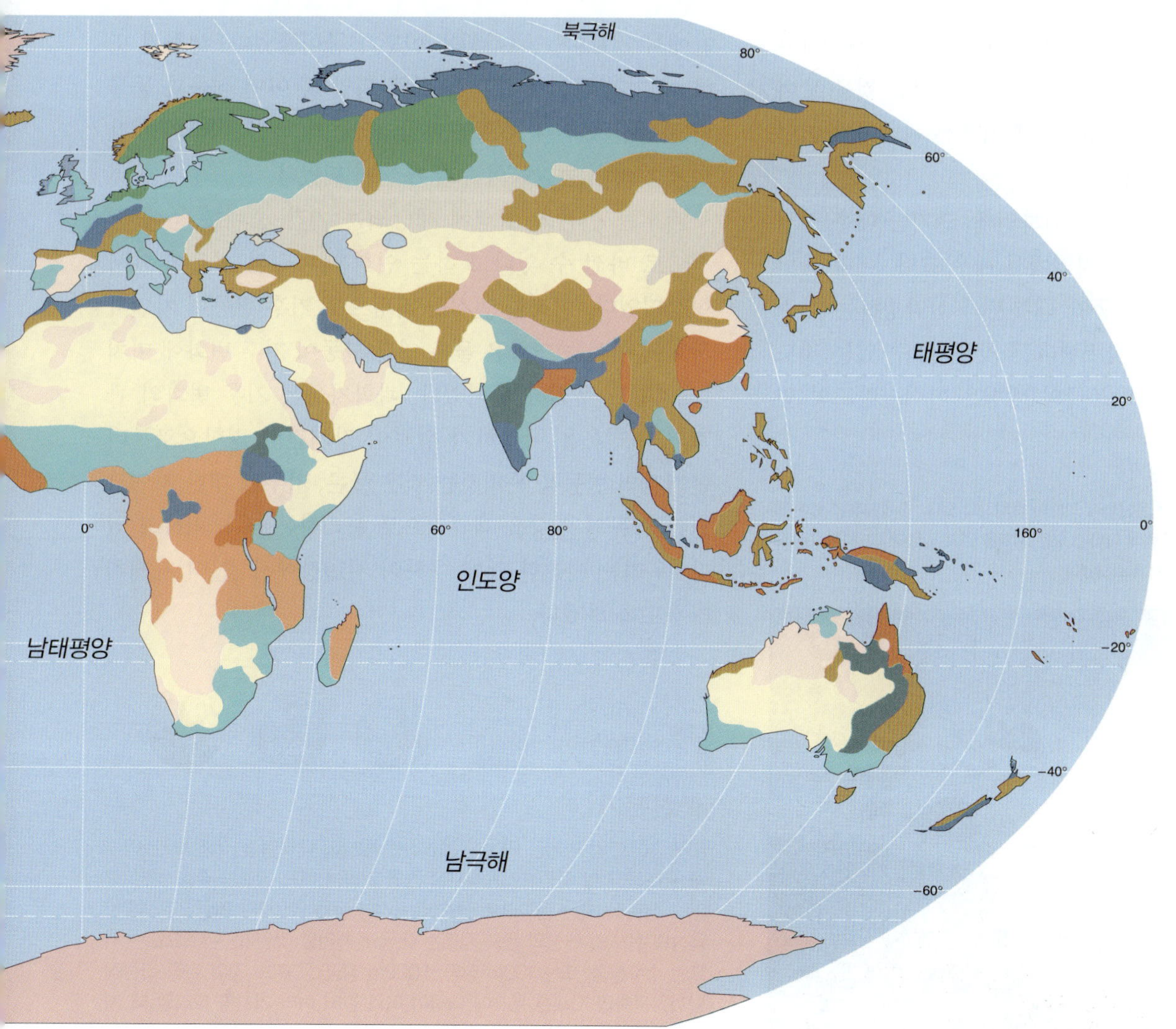

(계속)

기초 원리

달의 강수량의 적어도 10배 이상이 되어야 한다.

Cs—지중해 기후, 여름의 건조함, 가장 습한 달의 강수량이 건조한 달의 최소 3배 이상, 가장 건조한 달에도 최소 3cm 이상의 강수량

D. 대륙 기후

이 유형의 특징은 겨울철에는 눈이 오고 주로 내륙 지역에 해당한다. 가장 추운달의 기온이 −3°C 이하이며, 가장 따뜻한 달의 기온은 10°C 이상이다. 일리노이의 시카고, 알래스카의 앵커리지, 노스다코다의 파고가 여기에 속한다.

소분류

Df—고온 또는 온난한 여름 대륙 기후, 건기 없음

Dw—대륙 아극 또는 북반구(타이가) 기후, 중간 정도 또는 극한의 겨울, 겨울의 건기

E. 극 기후

가장 따뜻한 달의 기온이 10°C 이하이다. 누나부트의 이카루이트, 남극의 스코트베이스가 여기에 속한다.

소분류

ET—툰드라, 가장 따뜻한 달의 평균 기온이 0°C와 10°C 사이

EF—얼음으로 덮여 있음. 1년 내내 0°C 이하

H. 고산 기후

고산 지역의 기후를 나타낸다.

보여준다(그림 13.2). 그 이후에는 평균 기온은 1970년까지 약간 감소하였으며, 그때부터 다시 증가하는 것을 보여주고 있다. 1990년대와 2000년대에 기온은 지금까지 어떤 값보다 큰 값을 나타난다.

최근의 기온 상승폭은 1°C 이하인데, 크기는 매우 작지만 그 영향은 특히 고위도 지역에서 매우 크다. 예를 들면 1880~1940년까지 60년 동안 대부분의 산악빙하는 감소했는데, 매우 뚜렷하게 감소했다는 것을 알 수 있는 것도 있는가 하면(그림 13.3), 북극의 해빙은 아이슬란드의 연안에서 전보다는 관측되는 빈도가 줄어들었다. 생물권 또한 이 기간 동안에 영향을 받게 되었다. 어떤 식물과 동물의 북방한계가 극 쪽으로 확장되었는가 하면, 여름의 기간이 증가하여 농작물의 수확이 늘게 되었다.

그림 13.3 후퇴하는 빙하

많은 산악 지역의 빙하가 지구 온난화에 의하여 후퇴하고 있다. 19세기에 스위스 알프스 지역의 핀델렌 빙하는 그림에 나타난 모든 지역을 덮고 있었다. 그 시점 이후로 빙하의 끝자락은 계곡 위쪽까지 후퇴하였다.

기후는 인간의 일생에 해당되는 기간 중에도 눈에 띌 정도로 바뀔 수 있다고 하는 인식은 비교적 최근에 와서 형성되었다. 이러한 인식을 바탕으로 기후 변동이 자연과 사회에 미치는 영향은 물론 인간 활동이 기후 변화에 미치는 영향도 우려하게 되었다. 과학자들은 기후 변화의 관측의 어려움을 극복하기 위하여 장기간의 경향으로부터 단기간의 변동을 분리하는 것은 물론, 기후에 대한 자연과 인간 활동의 영향을 객관적으로 분리하는 데 노력하고 있다. 우리는 이러한 것에 대하여 제19장에서 좀 더 자세히 다루도록 하겠다.

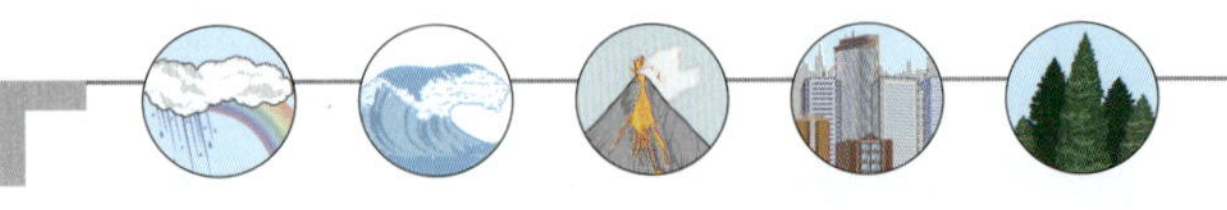

관련짓기

지구 지표면의 연평균 기온을 계산하는 방법에 대하여 생각해 보자. 어디서 관측해야 할 것인가? 관측지점 간의 거리는 어느 정도가 좋을 것인가? 어느 정도의 시간 간격으로 관측하는 것이 좋을 것인가? 매일? 매 시간? 육상의 온도와 해상의 온도 차이는 어떻게 처리할 것인가? 관측고도는 지표면, 1m 상공, 또는 100m 상공, 1,000m 상공 중 어느 것이 가장 바람직할까? 관측의 자세한 문제에 대하여 이와 같이 여러 가지를 고려할 때 지구의 평균 기온은 좀 더 정확하게 측정될 것이다.

기온, 강수량, 계절 변동성을 나타내는 소분류 문자

다음에 나오는 소문자는 주요 기후대 분류를 나타내는 문자에 추가되어 세부 분류에 사용된다. 예를 들면 Dfa는 고온 여름 대륙 기후를 나타내는데, 시카고, 서울 등이 여기에 속한다고 할 수 있다. Dfb는 온난 여름 대륙 기후를 나타내는데, 헬싱키, 몽크튼이 여기에 속한다.

a—고온의 여름. 가장 더운 달의 기온이 22°C 이상.
b—서늘한 여름. 가장 더운 달의 기온이 22°C 이하. 적어도 4개월 이상 10°C 이상이 유지됨.
c—짧은 기간의 서늘한 여름. 10°C 이상인 달이 4개월 이하
d—가장 추운달의 평균 기온이 −38°C 이하
I—연평균 기온이 5°C 이하
g—하지 전에 가장 고온의 달이 오게 됨
h—고온, 연평균 기온이 18°C 이상임
k—한랭, 연평균 기온이 18°C 이하임
k′—가장 따뜻한 달의 기온이 18°C 이하임
m—계절풍, 건기가 있음에도 불구하고 우림식생이 유지될 정도로 총 강수량이 많음
n—빈번한 안개
s—여름의 건기. 가장 습한 달이 건조한 달에 비하여 3배 이상의 강수량
w—겨울의 건기. 가장 습한 달이 건조한 달에 비하여 10배 이상의 강수량
w′—가을에 강수량의 최대치가 있음
w″—1년에 두 번의 건기가 있음
x—늦은 봄, 초여름에 강수량의 최대치가 있음

기후 변화의 지질학적 기록

기후 변화를 제시하는 역사적인 기록은 매우 드물다. 대부분의 이러한 기록은 지질학적인 기록이다. 과학자들은 현재 기후 환경에서는 일어나기 힘든 지질학적인 특징에 매우 의아하게 생각해 왔다. 예를 들면 뼈의 화석이나 하마의 이빨—현재의 동아프리카에 서식하는—등이 영국 남동부에서 발견이 되었다. 이러한 퇴적물은 약 10만 년 전에 쌓인 것이며, 그 당시 영국 남동부는 현재의 아프리카와 같은 기후였다는 것이 밝혀졌다. 한편 화석화된 식물들이 온난한 미국 북부–중앙 지역에서 발견이 된다는 사실은 이 지역이 현재 북부 캐나다에서 보이는 것과 같은 북극 지형과 유사하였다는 것을 나타낸다. 이러한 것들은 국지적인 기후가 일어났다는 것을 말해 주는데, 이런 이유로 현재 살고 있는 생물들은 과거의 지질학적 시대에 형성된 후 보존되어 온 화석과는 매우 다르다(그림 13.4).

우리는 옛날의 기후를 **고기후**(paleoclimate)라고 한다. 화석 이외의 다른 증거들로부터 고기후는 현재의 기후와 현격하게 다르다는 것을 알 수 있다. 이러한 증거들로는 과거의 빙하가 현재는 척박한 사막 지역으로, 건조한 사막 대지 위의 넓은 호수, 현재는 물이 흐르지 않는 수로, 산악 지역의 수목한계선 위에서 발견되는 고사목의 잔해, 현재의 토양 단면 구조와는 근본적으로 다른 이질적인 토양 등을 들 수 있다. 현재 빙하의 외곽 구조로부터 과거의 영구동토의 범위가 어느 정도이었는지를 짐작할 수 있다. 현재는 영구동토는 주로 연평균 기온이 −5°C 이하인 곳

그림 13.4 북극의 열대 화석
현재의 아극 지방에서 발견되는 열대 생물의 화석은 지구의 기후가 변하였음을 나타낸다. 사진은 캐나다 북부 브리티시 컬럼비아에서 발견된 1억 2,500만 년 된 거북 등껍질 화석이다.

에 존재한다. 만일 과거의 영구동토의 증거가 연평균 기온이 4°C인 곳에서 발견된다면 그 당시의 빙하 주변부의 기후는 그 지역보다 기온이 적어도 9°C나 더 낮았을 것이다. 지질학적인 기록으로 보존이 된 이러한 유형의 증거들은 기후가 지구 역사를 통하여 끊임없이 바뀌어 왔음을 말해 준다.

기후 대리 기록

고기후를 파악하려고 하는 과학자들은 기후의 영향을 받은 또는 기후와 유사한 특징을 보이는 자연현상의 기록에 의존한다. 이를 **기후 대리 자료**(climate proxy record)라고 한다. 화석 기록이 오랜 시간에 걸친 대체적인 기후 변화에 대한 증거를 제시한다면 기후 대리 기록은 종종 어느 특정 지역에 연년 계절변동의 증거를 제시한다. 비록 기계적으로 수집한 자료가 부정확하긴 하지만, 여러 지역에서 수집된 기후 대리 자료는 분석 및 종합을 통하여 국소적, 지역적, 전구적 기후 변화 경향을 파악하는 증거 자료로 쓰일 수 있다.

기후 대리 자료를 통하여 기후 변동에 관한 정보를 얻는 방법에는 주로 다음의 두 가지가 있다. 첫 번째는 기후에 의하여 컨트롤되는 과정이나 사건과 관련된 인간에 의하여 유지되는 역사적 기록을 살펴보는 것이다. 이것은 기후 변동에 의하여 발생한 사건의 기록이 오래될수록 먼 과거의 기후를 알 수 있게 해 준다. 또 하나의 방법은 매년 또는 계절에 따라 바뀌는 성장테의 축적 과정과 같은 기후 변동의 자연 기록을 조사하는 것이다. 첫 번째 접근방법에서는 이미 알고 있는 역사적인 기록을 참고하게 된다. 두 번째 방법에서는 자연기록의 연대(시간)를 결정하는 방법을 필요로 한다. 이러한 방법 없이는 단지 기후 변화의 기록만을 가지고 있는데 그칠 것이며, 그 변화가 언제 일어났는지를 결코 알 수 없다.

기후 대리의 인간에 의한 기록

농사, 어업, 추수를 포함한 인간의 활동은 기후에 영향을 받고 또 기후에 의하여 컨트롤 된다. 이러한 활동은 인류

그림 13.5 인간의 기록에 의한 기후 대리

어떤 기후 대리 자료는 1,000년 이상 거슬러 올라간다. (A) 중국에서 대규모 강하분진의 발생 빈도로부터 당시의 춥고 먼지가 많은 대기 환경을 짐작할 수 있다.(출처 : zhang, 2982) (B) 영국의 혹한 겨울의 기록은 온화한 또는 혹한의 기간이 몇 달인가를 나타낸다.(출처 : Lamb, 1977) (C) 아이슬란드 해안 지역까지 해빙이 확장된 기간이 몇 주인가를 나타낸 기록은 어부에 의하여 1,000년 이상 지속되어 왔다.(출처: Lamb, 1977) (D) 일본 수와 호수의 결빙 일수(출처 : Lamb, 1966)

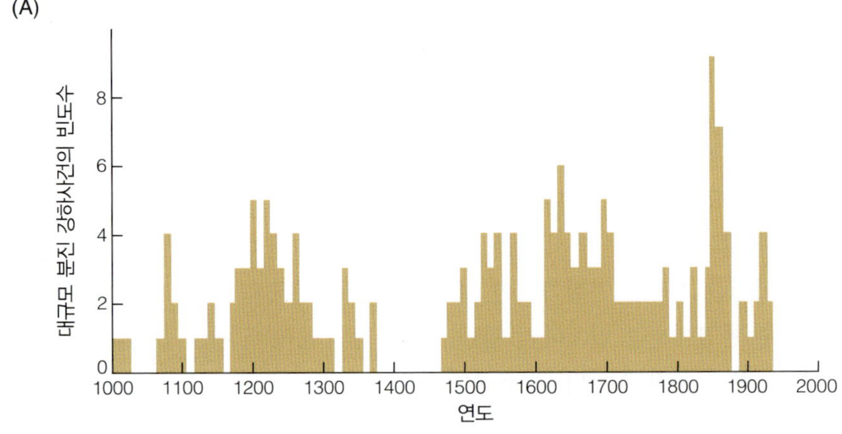

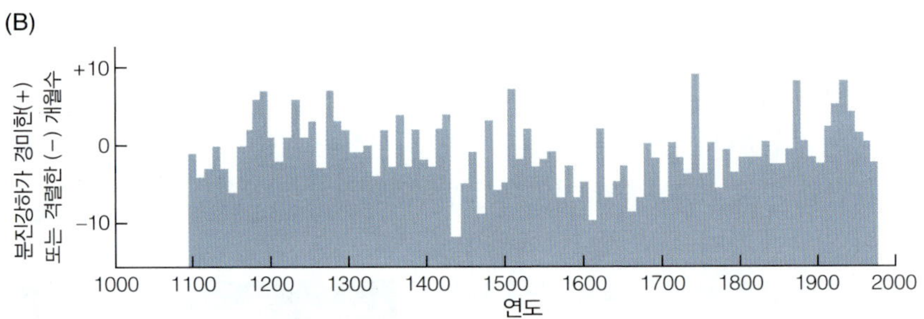

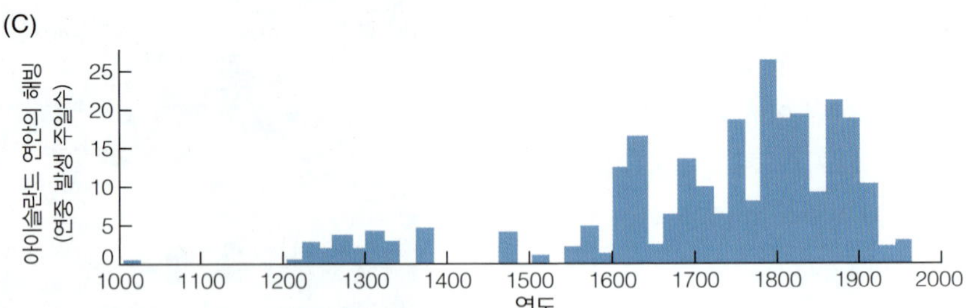

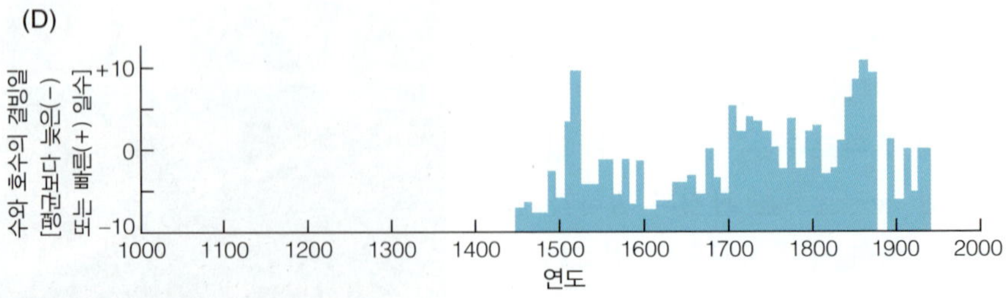

의 복지에 매우 중요하다. 따라서 어떤 경우에는 적어도 1,000년 이상 그러한 영향을 잘 인지하며 살아왔다. 그러나 이것은 앞에서 언급한 것처럼 날씨와 연관된 요소를 직접 관측한 기계적 관측 기록과는 다르다. 기후 대리 요소의 경우는 기록을 유지하는 것이 날씨를 직접 추적하는 것과는 다르며, 날씨에 의해 영향을 받은 과정이나 사건을 추적하는 것이다.

인류의 역사 기록에 남아 있는 가장 유용한 네 가지 기후 대리 계열(Climate proxy series)은 그림 13.5에 제시되어있다. 중요한 예의 하나는 중국에서 발생한 황사의 빈도에 관한 것인데, 1,000년 이상에 걸쳐 중국 역사가에 의해서 기록되어 온 것이다. (제9장에서 뢰스라고 하는 바람 먼지가 많은 것은 춥고, 빙하가 지배적인 기후를 의미함을 상기할 것) 또 다른 유용한 기후 대리 자료를 들자면 다음과 같은 것들이 있다. 영국에서 발생한 혹한의 겨울의 빈도에 관한 자료, 카이로 나일 강의 수위, 아이슬란드 지방의 해안가에 얼음이 몇 주 얼었는가에 대한 기록(약 1200년 전부터 아이슬란드의 어부에 의해서 기록됨), 독일 포도주의 품질, 교토의 벚꽃 개화일수, 영국, 프랑스, 네덜란드, 북부이탈리아의 밀가루 가격 변동(기후에 의한 작황 변동의 반영) 등이다.

이러한 현상들은 기후가 밀접한 관계를 가지고 있으며 수백 년 동안 기록이 남겨져 왔기 때문에 기후 변동을 파악하는 중요한 대리 요소로 활용되고 있다. 그러나 그러한 기록은 길어야 1,000년밖에 되지 않는다. 기후 대리 요소를 과거로 확장하기 위해서는 자연의 기록 유지 과정에 의존하는 수밖에 없다.

얼음심(ice core)과 동위원소 연구

제9장에서 배운 것처럼 고기후에 대한 중요한 정보는 극지방이나 고산 지대의 빙하에서 채취한 얼음심이다(그림 13.6A). 그린란드와 남극 빙상은 물론 저위도의 소규모 빙모로부터 채취한 얼음심은 빙하의 표면 근처 날씨에 관한 연속적인 기록을 제시한다. 이러한 기록의 일부는 현재로부터 수만 년 전으로 거슬러 올라간다.

빙하 속의 두 가지 산소 동위원소(^{18}O와 ^{16}O)의 비율을 측정하면 과거에 내린 눈이 빙하의 표면에서 얼음이 된 시점의 대기의 온도를 알 수 있다. 동위원소 측정법 중에 어떤 것은 빙하가 생성될 당시 물이 얼마나 많이 얼음에 포함되었는지를 알 수 있게 해 준다(자세히 보기 : 동위원소를 이용한 과거 기후의 연구 참조). 얼음심 분석이 특히 유용한 이유는 제9장에서 눈이 되었던 것처럼 눈이 얼음으로 변환될 때 작은 공기방울이 얼음 속에 남게 된다는 것이다. 이렇게 남게 된 공기방울은 눈이 내릴 당시의 공기의 시료를 제공하게 되는데, 화학적인 분석을 통하여 여러 가지 기체가 어떤 비율로 포함되었는지를 알 수 있다. 동위원소 분석을 통한 과거 기온에 대한 정보와 얼음층의 분석을 통한 얼음의 연대 파악과 더불어 얼음 속의 공기방울은 대단히 유용한 자료로 활용된다. 과거의 기후와 대기의 화학조성이 어떠했는가를 알 수 있게 해 준다.

얼음심 분석의 매우 중요한 특징은 빙하의 얼음이 나이테처럼 매년 겹겹이 쌓인 층을 이룬다는 것이다(그림 13.6B). 이러한 층이 몇 개인가를 조사하면 어느 시기의 기온이 어떠했는가를 알 수 있다(그림 13.6C). 만일 이러한 층 구조가 없다면 얼음심 자료는 덜 유용한데, 왜냐하면 기온변화가 일어났던 당시의 연대를 알 수 없기 때문이다. 얼음심 연대측정방법이 확립됨으로써 서로 다른 지역에서 채취된 자료의 상관성을 조사할 수 있으며, 이렇게 함으로써 지구 규모의 고기후를 이해하는 데 도움이 된다.

동위원소 측정법을 적용할 수 있는 것은 비단 얼음뿐만이 아니다. 바다의 표면에 떠다니는 해양 미생물 또한 그들이 생존했던 당시의 온도를 알 수 있게 해 준다. 왜냐하면 이들의 껍데기에 포함되어 있는 산소 동위원소의 비율은 온도에 따라 바뀌기 때문이다. 이러한 미생물이 죽게 되면 해저에 가라앉아 퇴적물로 쌓이게 되며, 결과적으로 해수 표층의 당시 기온의 정보를 제공한다. 지하수, 토양, 호수퇴적물, 동굴 2차 생성물은 물론 서식환경의 기온을 보존할 수 있는 물질, 또한 시간적인 연속성을 보존하는 물질 등은 고기후의 복원에 활용될 수 있다.

연년 나이테

많은 생물들은 매년마다 나이테를 남기며, 이는 고기후의 정보를 제공하게 된다. 예를 들면 중위도 지방에 서식하는 나무는 매년 나이테를 형성하는데(제9장 표지 사진), 그 넓이와 밀도는 그 당시의 기후를 짐작하게 해 준다. 어떤 종은 수명이 수백 년 이상이다. 캘리포니아의 세코이아와 브리슬콘 소나무와 같은 것은 수명이 수천 년이다. 나이테 분석 전문가들은 나이테로부터 광범위한 지역에 걸쳐 과거 특정 시기의 기온과 강수량을 추정할 수 있다. 나이테

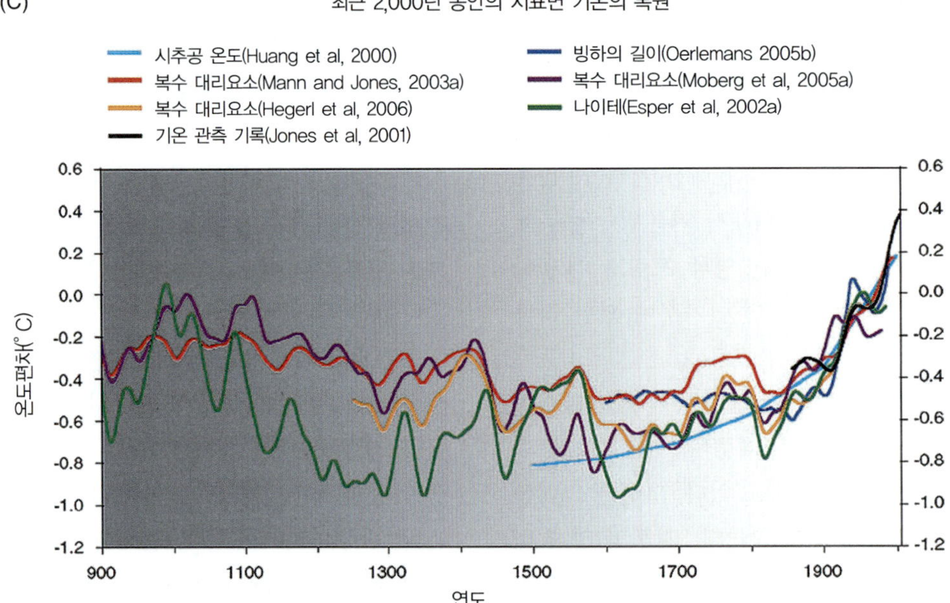

그림 13.6 기후 프락시로 온도 기록의 복원

(A) 빙하나 빙모으로부터 채취한 얼음심의 화학분석을 통하여 얼음이 형성될 당시의 기온을 추정할 수 있다. (B) 매년 거듭되는 적설로부터 형성되는 빙하의 얼음(알라스카 글래이셔 베이 국립공원) (C) 19세기부터 직접 측정한 북반구의 기온 자료(검은색). 나이테로부터 추정한 기온은 초록색, 빙하의 길이로부터 추정한 기온은 짙은 파란색, 얼음심으로부터 추정한 것은 밝은 파란색으로 나타내었음. 노란색, 빨간색, 보라색은 다른 대리 자료로부터 복원한 기온을 나타냄. 기온 변화선을 보면 지난 수십 년 동안의 기온은 과거 1,000년 전에 비하여 높은 것을 알 수 있다.

자체가 시간 규모를 제공한다. (나이테로부터 연대를 파악하는 기술을 수목연대학이라고 한다.) 이렇게 복원된 기온과 강수량은 지역적 날씨 패턴과 장기적 기후 변화 경향을 알 수 있게 해 준다.

산호 또한 매년 나이테를 남긴다(그림 13.7). 제12장에서 이러한 나이테의 분석을 통하여 엘니뇨/남방진동과 같은 지역 기후 변화와 관련된 수온의 변동을 파악할 수 있다는 것을 배운 바 있다(그림 12.18). 산호는 서식환경에 잘 적응하기 때문에 바닷물의 온도와 화학적 성분이 변하는 것을 알 수 있다. 이러한 성장테는 매년 축적되기 때문에 수천 년에 걸친 수온의 변화를 매우 상세하게 알 수 있다.

산호는 원래 열대 해역의 고기후를 조사하는 데 유용하지만, 다른 해양 생물을 이용하면 열대 이외의 바다에서도 고기후의 역사를 조사할 수 있다. 예를 들면 산호 홍조류는 북대서양과 북태평양의 찬 해수에서 서식한다. 산호와 마찬가지로 그들은 매년 성장테를 남기며, 환경에 잘 적응

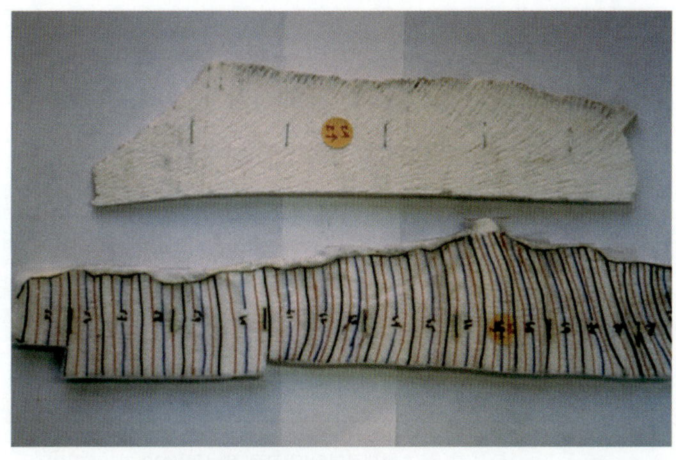

그림 13.7 **기후 대리로서의 성장테**
산호는 성장하면서 나이테와 같은 성장테를 만들어낸다. 산호의 화학적 성분을 분석하면 과거의 온도를 알 수 있다. 그림의 아래쪽에 그려진 검은 선은 1년의 간격을 나타내고, 붉은색과 파란색은 분기를 나타낸다.

하기 때문에 성장테는 물의 화학성분과 온도를 보존한다. 수온이 매우 낮고 파고가 높기 때문에 북쪽의 해양에서 산호 홍조류를 채취하는 것은 매우 어렵다. 그러나 고기후에

그림 13.8 **호상점토 : 호수 퇴적물의 계절층 구조**
그림은 시애틀 근처의 빙하기 호수에서 퇴적된 계절층 구조를 보여준다. 2개의 층으로 이루어진 한 쌍은 1년 동안에 축적된 것을 나타낸다.

대한 정보를 제공할 수 있기 때문에 대단히 유용한 것은 틀림없다.

퇴적물의 증거

호수의 퇴적물은 서로 다른 크기의 쇄설암의 수평층으로 이루어져 있다(제7장). 1년 동안에 이루어진 수평층들을 **호상점토**(varve, 스웨덴어로 순환을 의미, 그림 13.8)라고 한다. 이러한 층 구조는 퇴적에 영향을 미치는 기후 순환에 기인한다. 퇴적물은 기후 변동의 기록을 보존하고 있다. 계절에 따라 서로 다른 층 구조를 가지기 때문에 그 퇴적층의 연대를 파악할 수 있다.

호상점토는 고위도 또는 고산지대 호수의 퇴적물에서 가장 흔히 발견된다. 봄에는 주변의 빙하가 녹기 시작함에 따라 퇴적물의 운반이 증가하며 큰 입자의 퇴적물이 봄과 여름에 잘 쌓이게 된다. 가을에 추운 계절이 시작됨에 따라 유입되는 퇴적물이 줄게 되고 호수 표면에 얼음이 얼게 된다. 가을과 겨울 동안 물 위에 떠다니던 세립자의 퇴적물은 서서히 가라앉아 여름에 쌓인 굵고 밝은색의 층 위에 얇고 어두운색의 층을 형성하게 된다. 이러한 호상점토는 후퇴하는 빙하기 빙하의 끝자락 부근에 형성되는 스칸디나비아와 뉴잉글랜드에서 흔히 발견된다.

심해 퇴적물심(sediment core)은 고기후에 대한 최상의 간접적인 증거를 제시한다. 해저 퇴적물은 유공충이라고 하는 매우 작은 바다생물의 화석을 많이 포함하는데, 이들은 한때 표층수에 살았던 것들이다. 이러한 미화석(그림

그림 13.9 **기후 대리로서의 심해 미화석**
시추로 얻은 해저 퇴적물은 한때 표층수에 서식했던 유공충을 포함한다. 이러한 미화석은 해수의 화학 성분과 온도에 대한 풍부한 정보를 가지고 있다. 유공충은 산소를 포함하는 탄화칼슘의 껍데기를 가지고 있다. 산소-18에 대한 산소-16(가벼운 산소 동위원소비)의 동위원소 비율로부터 이들이 살았던 해수의 온도를 알 수 있다.

자세히 보기

동위원소를 이용한 과거 기후의 연구

고기후, 특히 고기온에 대한 정보는 극지방이나 고산지대의 빙하로부터 추출된 물 분자(H_2O)에 포함된 안정 동위원소의 분석을 통하여 얻을 수 있다. 동위원소(제3장)는 자연적으로 발생하는 원소의 서로 다른 형태이며, 질량은 약간씩 다르나 화학적 조성은 같다.

예를 들면 듀테리엄(^2H, 또는 '무거운 수소')은 수소의 자연 동위원소로서 수소와는 질량은 약간 다르나 화학적 성질은 같다. 그러나 수소보다 약간 무겁기 때문에 질량에 의해 영향을 받는 화학적 과정에 의해 수소로부터 분리되어 지구물질(예를 들면 눈)에 축적된다. 산소는 세 가지 동위원소인 ^{16}O, ^{17}O, ^{18}O가 있다. ^{18}O은 가장 무거우며, 다른 동위원소와 화학적 거동은 같으나 질량에 영향을 받는 과정에서 축적된다. 다른 안정된 동위원소나 물질들도 고기후 분석에 유용하나, 물은 어디서나 존재하고 기후 과정에 밀접하게 관계가 있기 때문에 산소 동위원소가 가장 널리 쓰인다.

동위원소의 분리

강수 과정을 예를 들어 보자. 구름 속의 수증기가 응결된 물방울은 비가 되어 내리는데, 여기에는 산소의 무거운 동위원소(^{18}O)가 많이 들어 있다. 한편 구름 속에 수증기로 남아 있는 물은 가벼운 동위원소(^{16}O)를 상대적으로 많이 포함한다. 서로 다른 농도와 질량을 가진 동위원소를 추출해내는 것을 **동위원소 분리**(fractionation)라고 한다. 자연적인 분리 과정은 온도에 따라 크게 달라진다.

얼음뿐만 아니라 다른 지구물질들, 예를 들면 지하수, 퇴적물, 생물의 껍질, 뼈 등은 환경의 다른 요소들과 화학적으로 평형을 이루기 때문에 환경을 짐작할 수 있는 독특한 동위원소의 흔적(isotopic signature)을 보존하게 된다. 온도에 의존하는 동위원소 분리 과정에 영향을 받는 물질의 채취와 분석을 통하여 과거 온도에 대한 역사를 알 수 있다.

동위원소와 지구 기후

빙하 속 동위원소의 시간적인 변화를 조사하면 빙하 표면의 기온이 어떻게 변해왔는지를 알 수 있는데, 기온은 눈 속에 포함된 산소와 수소–듀테리엄의 분리에 영향을 미치기 때문이다(그림 C13.1). 해양 퇴적물과 산호의 동위원소 연구는 물론 얼음심의 다양한 분석을 통하여 빙하의 전 지구 규모적 양의 변화가 어떠했는지를 알 수 있다.

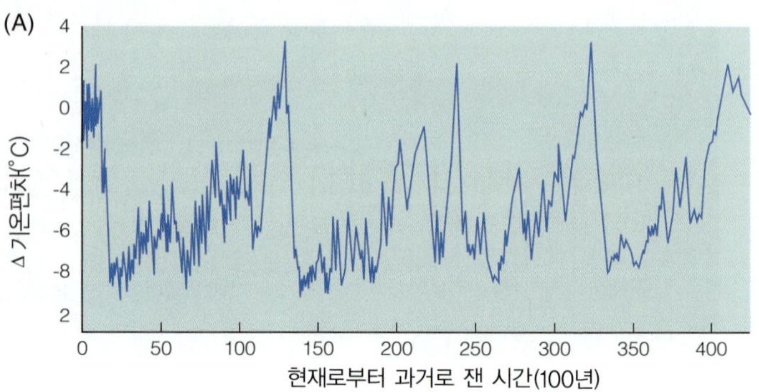

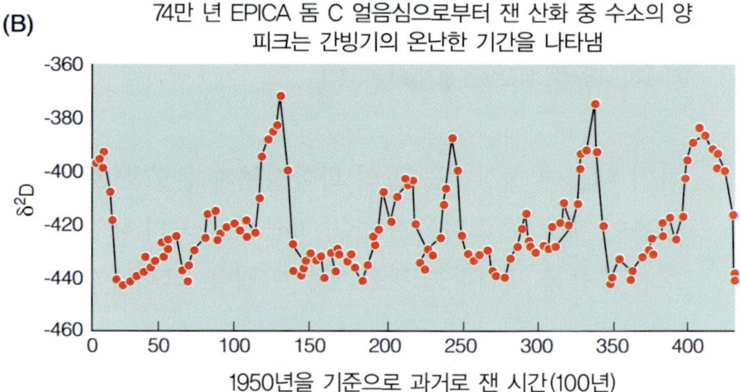

그림 C13.1 얼음심 자료를 이용한 기온의 복원
(A) 남극의 얼음심 자료로부터 복원된 과거 42만 년 전까지의 기온. 그림 (A)의 Δ는 현재 기온으로부터의 편차를 나타낸다. 기온 복원에는 산소 동위원소 복원법이 사용되었다. (B) 기온의 복원은 듀테리엄 동위원소 분석을 통하여 얻어졌으며, 자료는 과거 74만 년 전까지의 기온을 나타낸다.

빙하기 동안 물은 바다에서 증발하여 육지에서 비를 내리게 되고 이것이 빙하로 변하게 되는데, 이 과정에서는 ^{18}O보다 가벼운 ^{16}O이 훨씬 쉽게 증발할 수 있다. (증발은 액상으로부터 물 분자를 분리시키기 위해서는 에너지를 필요로 한다. 따라서 기온이 낮고 열 에너지가 적을 때에는 무거운 물 분자의 증발이 어렵다.) 그 결과 플레이스토세 빙하는 가벼운 동위원소를 많이 포함하는 반면에 해수에는 무거운 동위원소가 많이 남게 된다. 이러한 해수에서 서식하는 해양 생물 역시 무거운 동위원소를 많이 포함하게 된다. 해양 퇴적물과 생물로부터 유도된 동위원소 곡선으로부터 지구상의 얼음의 부피가 어떻게 변해왔는가를 알 수 있다(그림 C13.2). 빙하는 기후 변화에 따라 발

13.9)은 주변 환경에 잘 적응하기 때문에 과거의 해수가 어떠한 화학적 성분을 가졌는지를 잘 기록하고 있다.

화분 화석 연구

빙상 외 지역의 고기후에 대한 지식은 식물 화분 화석을

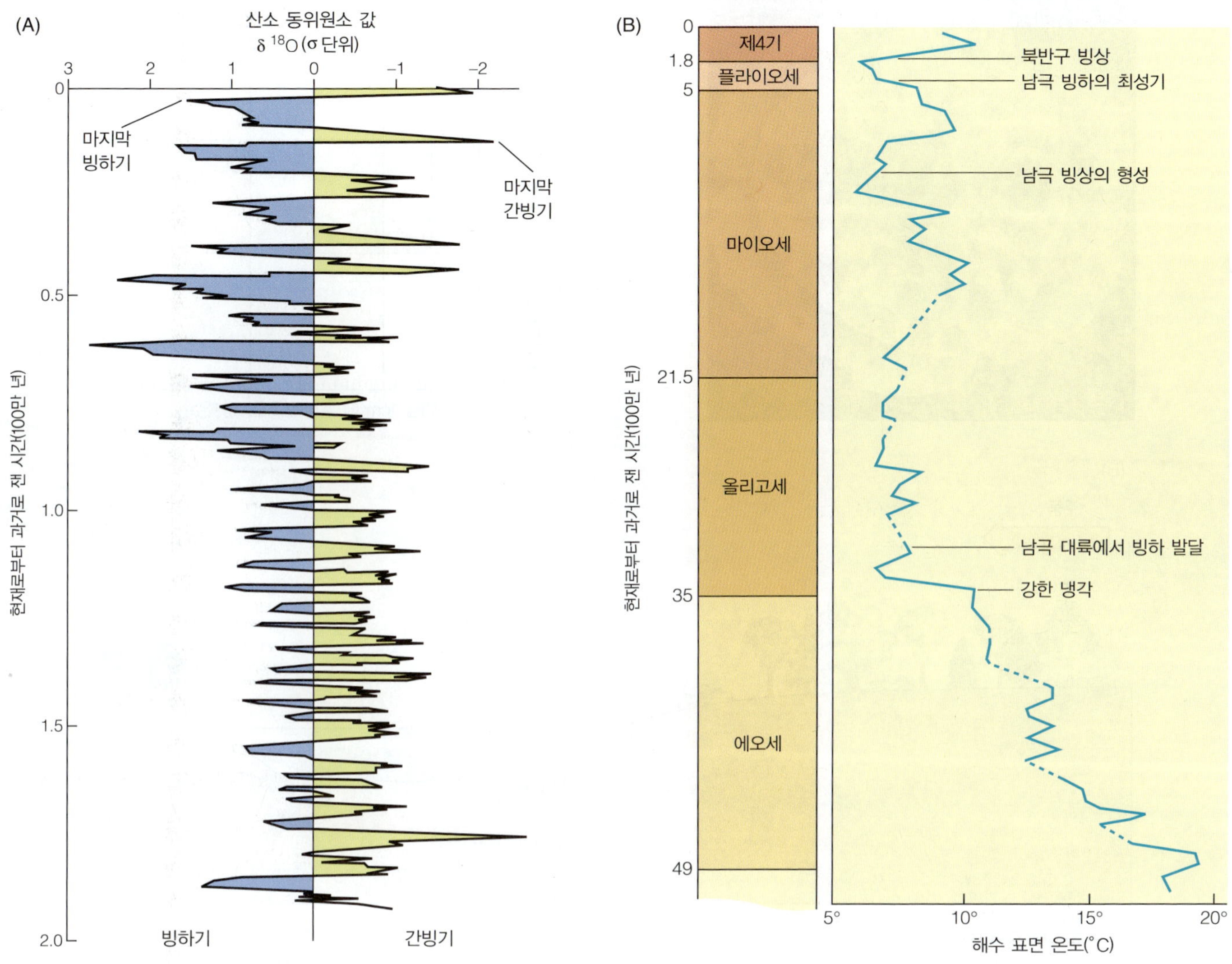

그림 C13.2 심해 퇴적물을 이용한 온도의 복원

(A) 심해 퇴적물의 분석을 통하여 얻은 과거 200만 년 동안의 평균 산소 동위원소의 변화를 나타낸 곡선. 빙하기와 간빙기가 반복되는 동안 지구의 얼음 양이 변했음을 알 수 있다. (B) 서태평양의 퇴적물심에 포함된 산소 동위원소 분석을 통하여 얻은 해양 표층 온도의 기록. 약 3,500만 년 전에 비교적 따뜻한 해수가 갑자기 냉각되었음을 알 수 있는데, 남극 대륙에 빙하가 형성되는 급격한 변화가 있음을 나타낸다. 수온이 더 내려감에 따라 남극 대륙에 빙상이 발달하였고, 약 250만 년 전에 북반구 빙상이 형성되었다.

달하고 쇠퇴하기 때문에 동위원소 또한 지구 규모적 기후 변화에 대한 단서를 제공한다.

좀 더 지구 전체적인 변화를 알기 위해서 과학자들은 다양한 지역으로부터 여러 종류의 기록을 종합 분석할 필요가 있다. 전통적으로 얼음심은 주로 남극과 그린란드에서 채취되었는데, 최근에 와서는 점점 사라지고 있는 고위도의 온난빙하(temperate glacier)에서도 얼음심을 많이 채취하게 되었다. 안정 동위원소를 이용한 고기후에 대한 연구 중 매우 흥미 있는 것 중 하나는 남극과 그린란드 얼음심에 기록된 각각의 기후 변화가 시간적으로 일치하지 않는 것(*asynchronicity*)을 설명하고자 하는 것이다. 오래된 과거일수록 얻을 수 있는 자료가 적기 때문에 먼 과거보다는 가까운 과거에 대한 지구 기후의 추정이 더욱 신뢰도가 높다.

연구함으로써 알 수 있다. 큰 나무의 조각은 종을 식별하는 데 활용될 수는 있으나, 화학적 풍화에 견딜 수 있도록 단단하고 매끈매끈하게 코팅된 화분 종자 화석에 비하여 그 숫자가 훨씬 적다(그림 13.10A). 체계적 조사를 통하여

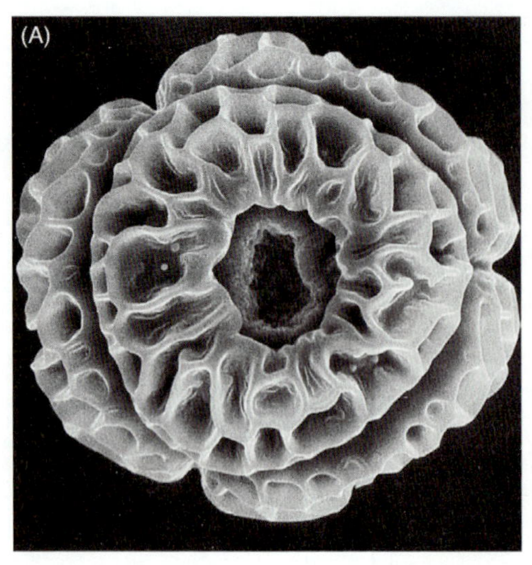

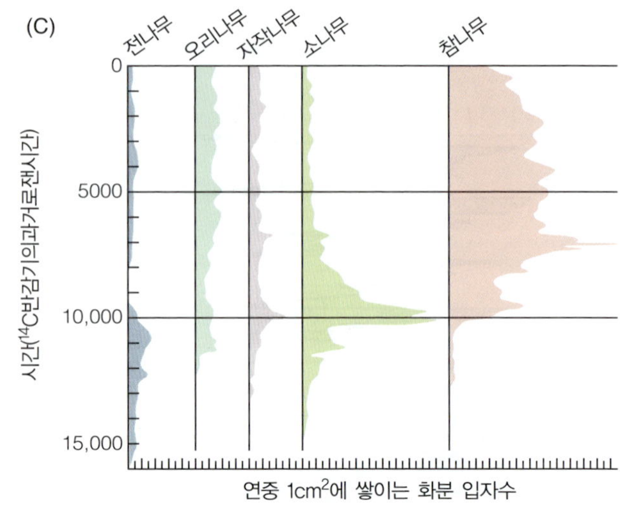

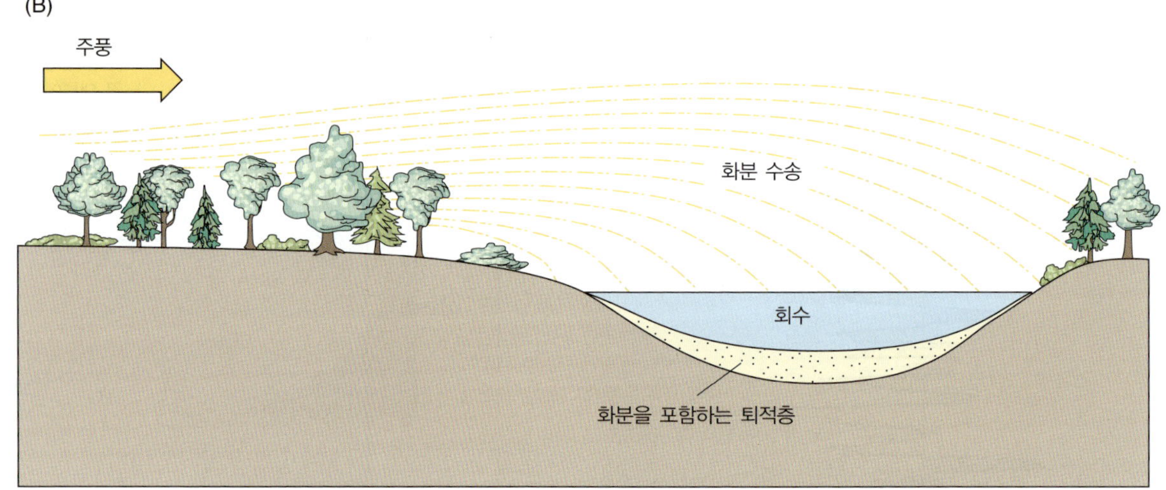

그림 13.10 **기후 대리로서의 꽃가루 입자**

화분 화석은 과거의 기후나 식생을 복원하는 데 사용된다. (A) 드라이미스 윈터리의 알갱이(지름이 42마이크로미터)를 주사현미경으로 촬영한 것이다. 껍질이 왁스로 코팅되어 있어 상하지 않고 오래 보존된다. (B) 나무와 관목에서 생겨나 공기 중에서 운반되는 화분이 근처의 호수에 떨어져서 퇴적물에 섞이는 과정의 모식도. (C) 코네티컷의 로저스 호수에서 채취한 자료에 기초한 모식도로서, 화분 입자의 시간에 따른 변화를 나타낸다. 약 10,000년 전(최근 빙하기의 말기 무렵)에 숲의 조성이 크게 바뀌었음을 보여주는데, 이 시기는 나무의 대표적 서식 종이 소나무/전나무의 숲이 낙엽송(주로 참나무)으로 바뀐 시기이다.

화분은 어떤 식물에서 나온 것인지를 식별할 수 있는데, 이를 연구하는 전문가를 화분 화석학자(palynology)라고 한다. 대부분의 화분은 바람에 의하여 운반되어 호수, 연목, 습지 등에 정착되는데, 왁스코팅 때문에 환경으로부터 보호될 수 있어서 그 양은 계속 축적된다(그림 13.10B). 습지나 호수에서 채취한 시료는 대체적으로 많은 양의 화분 알갱이를 포함하는데, 통계적 분석을 통하여 어떤 종인지를 알 수 있다. 퇴적물심의 어느 층에서도 화분 알갱이는 최종 퇴적층이 쌓이기 전에 그 장소에 번성했던 식물군집을 알 수 있게 해 준다(그림 13.10C). 현재의 식생군집이 화석화분으로 추정된 것과 같은 성분을 가진다면 과거의 화석군집이 생성될 당시의 기후 조건을 추정할 수 있다.

지구의 과거 기후

지질학적 기록에 보존된 과거 기후의 증거나 기후 대리의 연구를 통하여 과학자들은 지구의 기후에 대한 자세한 역사를 확립할 수 있었다(그림 13.11). 가장 최근의 1,000년 기간으로부터 시작하여 그 이전까지의 변화를 좀 더 자세히 살펴보기로 하자.

최근 1,000년간의 기후

다양한 기후 대리 기록을 통하여 최근 1,000년 동안의 기후 변화에 대한 많은 사실이 밝혀졌다. 북반구의 여러 가지 증거 자료는 약 800년 전에 중세 기간의 온화한 기후(**중세 온난기**, Medieval Warm Period)가 좀 더 추운 기후로

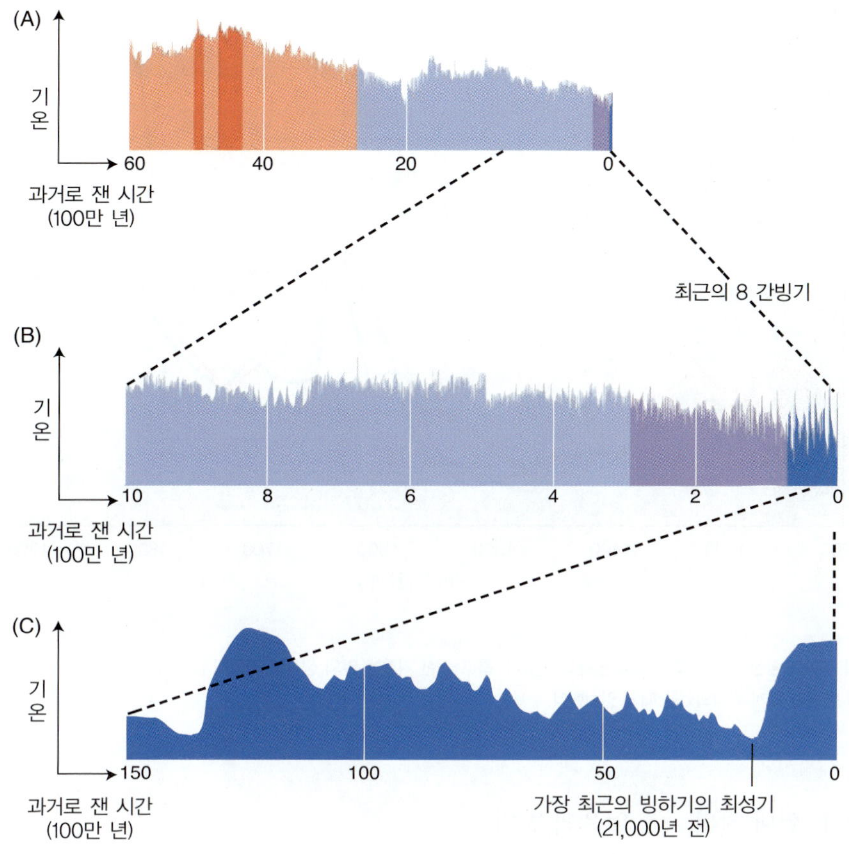

그림 13.11 과거의 기후 변화
심해퇴적물을 이용하여 추정한 과거 6천만 년 전부터 현재까지의 전구기온(A). 신생대의 초기에는 지구의 표면에는 거의 얼음이 존재하지 않았다. 당시는 해수면이 높았고 해수의 순환도 활발히 이루어졌었다. 지구판의 이동이 현재 위치에 가까운 육지를 이동시킴에 따라, 기온이 하강하고 극지방에는 얼음이 생겨나기 시작했다(B). 최근 80만 년 전에는(푸른색으로 표시된 부분) 기후가 온난기와 간방기를 8번이나 반복하였다. 최근 빙하기의 절정에서는 빙하가 북미 대륙을 모두 덮을 정도로 넓었다(C). 현재의 기온은 과거 10만 년 전의 어느 때보다 높은 편인데 약 12만 년 전의 간빙기의 기온과 같은 수준이다.

바뀌었다는 것을 보여주는데, 그때 서유럽의 기온은 평균적으로 1~2°C 낮아졌다. (이 사실은 그림 13.6C의 온도 복원에서도 알아볼 수 있다.) 이 서늘한 기후 때문에 설선은 약 100m 정도 낮아졌으며, 이로 인해 빙하도 더욱 확장되었다. 과학자들은 이런 기온이 낮아진 기후의 기간을 **소빙하기**(Little Ice Age)라고 부른다.

서유럽 전반과 인근 섬에 소빙하기의 기후는 혹독한 환경을 초래하였는데, 눈이 많은 겨울, 습하고 서늘한 여름, 북대서양 해빙의 확장, 강한 폭풍의 빈번한 발생, 유럽 중앙부의 해수 범람과 같은 현상이 발생하였다. 여름이 서늘하고 습해짐에 따라 곡식의 성장이 좋지 않았으며, 밀가루의 값은 상승하고(그림 13.12), 기아가 증가하게 되었다. 영국에서는 약 100년 동안에 인간의 수명이 10년이나 단축되었다.

17세기 초 빙하가 확장함에 따라 알프스 지방, 아이슬란드, 스칸디나비아의 농토를 덮쳤다. 그 당시의 최악의 기간 동안에는 아이슬란드는 전부 해빙으로 둘러싸이게 되었고, 패로우 섬의 대구의 어획량은 현격히 줄어들었다. 1810년과 1819년 사이에는 알프스 지역의 빙하는 더욱 확장되게 되었다. 변덕스러운 날씨는 농작물의 황폐, 곡물가의 상승, 전염병의 만연, 기아가 증가하여 많은 유럽 사람들이 이민을, 특히 북아메리카로 떠나게 되었다. 따라서 많은 캐나다와 미국 사람들은 소간빙기에 이주한 사람들의 후손이다.

소간빙기의 조건은 19세기 중반까지 계속 되었는데, 그때부터는 온난화 추세가 나타나서 산악빙하의 후퇴는 물론 북대서양 연안부의 해빙은 북쪽으로 후퇴하였다. 비록 기후의 변동은 그 이후로도 작은 폭으로 계속 되었지만(그림 13.2와 13.6C), 중위도 지역의 전반적인 온난화 추세는 인구가 급증하고, 산업시대로 접어들던 시기에 농작물 생산을 증가시켰다.

최근의 빙하기

빙하의 면적이 현재보다 상당히 넓었던 최근 **빙하기**(glacial period)의 지구 기후는 현재와는 상당히 달랐다. 약 7만 년 전에 시작되어 만 년 전에 끝난 빙하기는 가장 최근의 빙하기로서 플레이스토세에 발생한 것이다(그림 13.11B, C). 이 시기의 기후를 복원하기 위해서 과학자들은 빙하기의 증거가 되는 화석과 동위원소를 포함하는 퇴적물과 빙하에 의존하게 되었다.

온도

많은 사람들이 생각하는 것처럼 빙하기는 기온이 매우 낮고 아마도 현재의 남극 대륙과 같은 한랭한 기후였을 것이다. 물론 지역에 따라서는 그렇게 혹독한 추위가 유지되는 곳도 있었지만, 그 외의 지역은 빙하기의 절정기

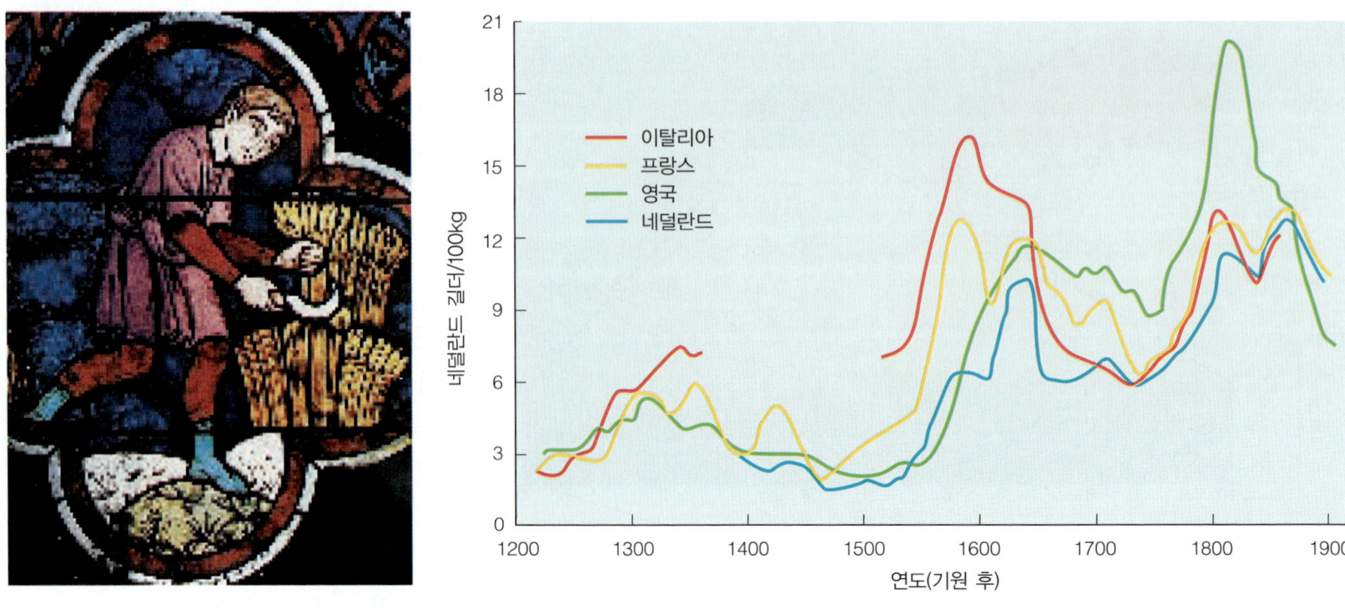

그림 13.12 기후 대리 요소인 밀 가격의 변동
13세기에서 19세기까지 서유럽의 밀 가격 변동(네덜란드의 화폐 단위로 환산된)은 기후 변화와 연관되어 있다. 춥고 습한 기후는 밀의 생산에 적절치 않으며 가격 상승을 초래한다. 17세기 초와 19세기 초 두 피크는 소빙하기 동안 알프스에서 빙하가 크게 확장되었을 때와 일치한다.

에 있어서도 현재의 기후와 큰 차이가 없었다. 열대 지역에서는 기온은 거의 현재와 같았다. 중위도 지역의 연안 지역에서는 육지 온도는 지금보다 약 5~8°C 낮았으나 내륙 내부는 약 10~15°C나 낮았다(그림 13.13). 과학자들이 최근 빙하기의 기온을 추정하는 방법은 빙하기의 설선을 현재의 빙하의 그것들과 비교하는 것이다(그림 13.14). 기온의 추정은 현재의 대기 고도에 따른 기온감률(6°C/km)과 비교하는 것이다. 이러한 평균 감률이 계산된 설선의 차이에 적용이 되면 온도 변화를 추정할 수 있다.

플레이스토세 빙하의 온도를 복원하는 또 다른 방법은 빙하 주변부의 특징 조사, 화분 화석의 연구, 심해 퇴적물의 미생물의 분석 등을 조사하는 것이다. 얼음심과 퇴적물로부터 동위원소를 측정해 보면, 최근의 가장 상층의 코어에 기록된 온화한 간빙기 기후로부터 암심 아래쪽의 플레이스토세의 추운 빙하기로 접어들 때 동위원소 값이 크게 바뀌는 것으로 나타난다(그림 C13.1 참조).

바다와 육지의 다른 증거자료로부터 한 가지 중요한 사실이 드러났다. 간빙기로부터 빙하기로 천이할 때 지구 전체적으로 똑같은 영향이 나타나는 것은 아니다. 어떤 지역의 변화는 거의 미미한데 비하여 어떤 지역은 대단히 큰 변화가 일어난다.

얼음의 범위

최근의 빙하기 동안에 북반구의 중 · 고위도 지방의 기후는 너무 추웠기 때문에 중부 및 동부 캐나다는 물론 남쪽으로는 미국, 서쪽으로는 로키 산맥까지 빙상이 확장되었다(그림 13.13). 과학자들은 얼음의 이동 방향을 기반암에 새겨진 빙하 홈과 줄무늬(제9장)를 조사함으로써 알아낸다.

성장하는 빙상이 오대호 지역을 가로질러 지나갈 때 빙하 주변부의 숲에서 자라는 가문비나무는 얼음에 밀려 쓰러지게 되었다. 그 시기의 오래된 통나무들이 휘어지고 비틀린 채로 계곡 측면에 노출되어 있는데, 빙하기에 그곳에 서식하고 있던 사실을 말해 준다. 어떤 것들은 나무껍질 그대로 남아 있고 또 어떤 것들은 마치 화살처럼 얼음이 지나간 방향으로 늘어서 있다. 나무 표피의 탄소방사선 원소분석을 통하여 언제 빙하가 쓸고 지나갔는지를 추정할 수 있다. 빙상의 남방한계 근처에서 발견된 나무의 나이로부터 약 24,000년 전에 빙하가 가장 넓은 지역까지 확장되었다는 것을 알 수 있다. 나무의 나이로부터 얻을 수 있는 또 다른 사실은 빙하가 약 1년에 25~100m 정도 이동한다는 사실인데, 현재 관측되는 빙하의 속도와 거의 유사한 정도이다.

다른 대규모 빙상들도 서부캐나다의 산악지대, 북유럽과 서북아시아에 동시에 형성되었다. 바닷물이 증발하여 눈이 되어 빙상 위에 쌓이게 됨에 따라 해수면은 낮아졌다. 해수면이 낮아짐에 따라 그린란드와 남극 대륙의 빙상은 크게 성장하여 인접한 대륙붕까지 확장하였다. 또 다른 대규모 빙하가 알프스, 안데스, 히말라야, 로키 등에서 형성되었으며, 작은 규모의 빙하들도 세계 곳곳의 작은 산맥과 고립된 산봉우리 등에 발달하였다.

우리는 빙하기의 최성기에는 해빙붕(sea-ice shelf)도 존재했을 것으로 생각되는데, 그들의 규모와 분포는 알기 어렵다. 어떤 과학자들은 빙붕이 북극 전체를 덮었으며, 남으로는 북부 대서양까지 확장되어서 북쪽의 빙상이 북극과 아북극의 대부분을 덮어서 하나의 큰 빙상을 이루었을 것으로 주장한다.

북반구 대륙의 빙상이 남으로 확장함에 따라 빙하 주변부는 저위도와 산맥의 낮은 고도까지 옮겨졌다. 러시아에서 영구동토는 빙하의 끝에서 남쪽으로 1,000km 이상 된 곳까지 더 확장되었다. 그러나 북아메리카의 빙하 최성기의 영구동토는 알래스카, 북부 대평원과 오대호 지역의 남방한계 근처의 좁은 벨트 지역, 로키 산맥 같은 서부 아메리카의 고산지대에 국한되었다. 이러한 대조적인 사실은 대규모의 유라시아 빙하는 북위 50° 이상에 존재한 것에 반해서, 중앙 북부 아메리카 빙상은 좀 더 온난한 지역인 위도 40°까지도 확장되었다는 것을 반영한다. 따라서 미국 지역의 빙하 주변부는 매우 협소하였는데, 남북 방향의 기후 경도가 매우 컸기 때문이다.

비산먼지가 많았던 빙하기

빙하기 최성기는 중위도 지역은 바람이 강했고, 오늘날보

그림 13.13 최근 빙하기 동안의 북아메리카

그림은 최근 빙하기의 약 2만 년 전 북아메리카의 지리적 특성을 나타낸다. 해수면이 약 120m 정도나 낮아짐에 따라 해안선은 바다 쪽으로 확장되었다. 해수면 온도는 심해 암심의 미화석을 분석하여 얻어진 것이다. 원 안의 숫자는 기후 대리 자료 분석을 바탕으로 얻은 현재의 기온에 대하여 얼마나 낮았는가를 추정한 것이다.

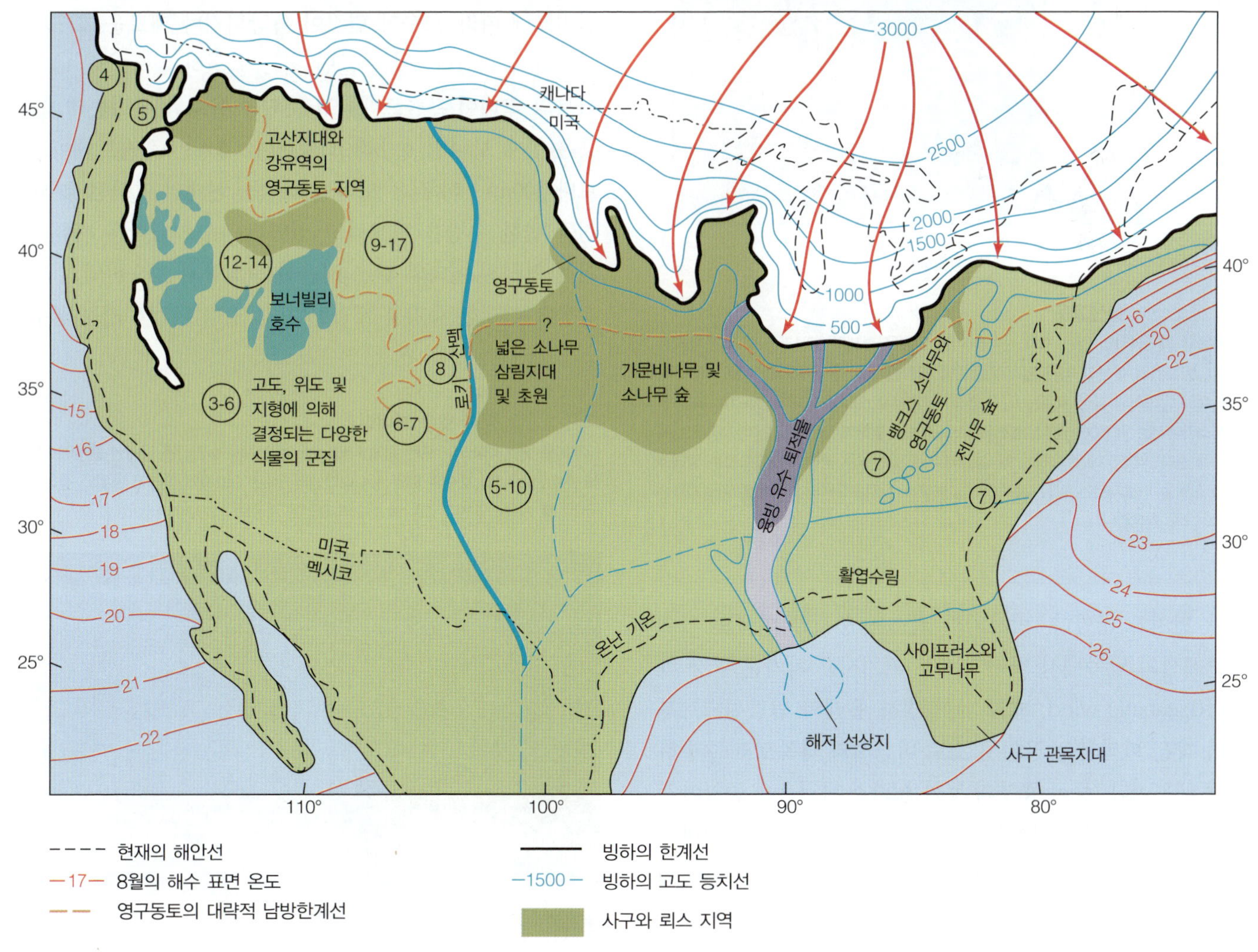

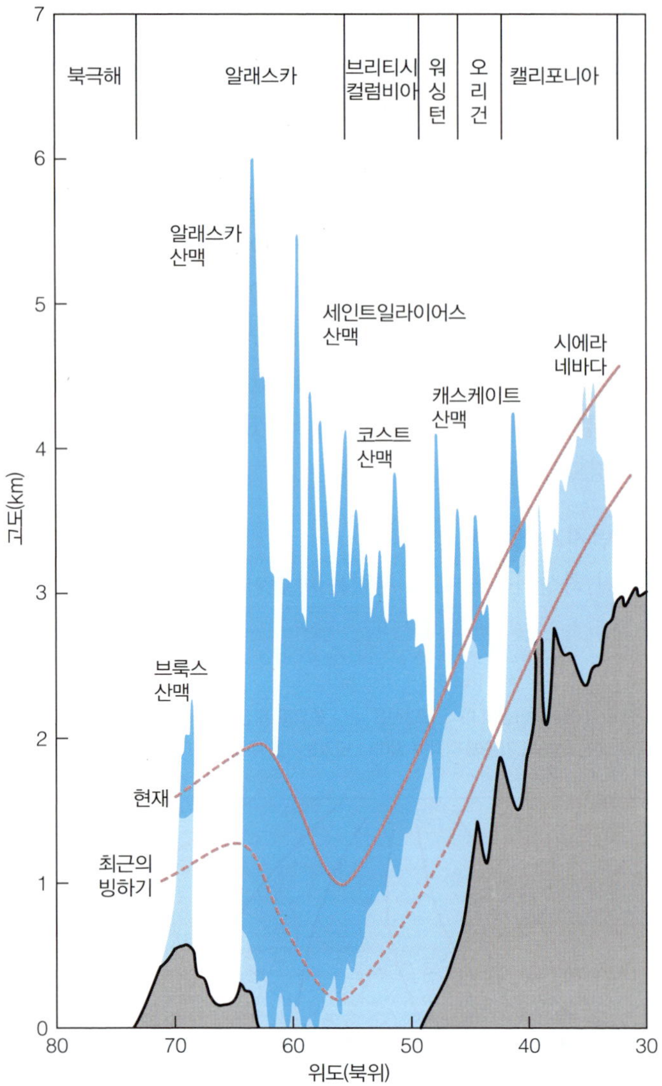

그림 13.14 설선고도

서북부 아메리카의 연안 지역 산맥을 따른 단면은 현재의 설선과 빙하의 관계(파란색), 빙하기의 설선과 최근 빙하기 동안에 확장된 빙하의 관계(하늘색)를 나타낸다. 현재와 빙하기의 설선 차이는 이 단면의 남쪽에서는 900~1,000m였으며, 북부 알래스카에서는 약 600m였다. 설선의 고도 감소는 빙하기 동안에 기온이 내려갔음을 말해 준다. 약 55° 에 존재하는 두 설선의 기울기 변화는 단면이 내륙으로는 알래스카 산맥을 가로지르는 방향, 북쪽으로는 브룩스 산맥으로부터 북극해를 가로지르는 방향으로 발생한다.

다 먼지가 많았다. 빙하기의 뢰스는 중서부 미국의 얼음한계선의 남쪽에서 발견되는데, 거기서는 차가운 활강 바람(katabatic wind, 제12장)이 빙하 유래의 범람원으로부터 작은 퇴적물을 공기 중으로 비산시켜 남쪽으로 수송하기 때문이다. 중국 중부의 두꺼운 뢰스 퇴적층은 중앙아시아의 사막분지 근처에서 많이 발견되는데, 이들은 빙하기 동안에 차고 건조한 바람에 의해 운반된 것이며, 동부유럽의 뢰스 퇴적층은 대규모 유럽 빙상의 남방한계 근처의 퇴적물로부터 바람에 의해 운반된 것이다. 이러한 퇴적물 속에는 차고 건조한 기후에 서식했던 식물과 동물의 화석이 발견된다. 이러한 지역에서는 토양에 의해 뢰스의 층이 분리되어있는데, 각각은 기후와 빙하의 분포가 현재와 유사한 **간빙기**(interglacial period)에 형성된 것이다. 빙하기 동안에 먼지가 많았던 사실은 그린란드 빙상의 얼음심 분석으로도 뒷받침된다. 빙하기에 해당되는 암심의 부분에서 먼지의 비율이 현격하게 증가한다.

수위와 강수

빙하가 발달함에 따라 내려간 해수면이 내려가고 낮은 대륙붕이 노출됨에 따라 대륙의 해안선 모양을 바꾸게 되었다(그림 13.13). 현재에 비해 약 120m나 내려간 해수면은 주요 하천의 하류부분의 경사를 바꾸게 되었고, 결과적으로 계곡을 더욱 깊게 만들어 새로운 평형 상태를 유지하게 되었다.

사하라, 중동, 남부 오스트레일리아, 남서아메리카를 포함한 건조 또는 준 건조한 많은 지역에서는 빙하기 기후로 접어듦에 따라 호수의 면적이 확장되거나 새로운 호수가 생겨나게 되었다. 예를 들면 최근의 빙하기 동안에 미국 서부의 그레이트 솔트레이크 분지는 물로 채워졌는데, 그곳은 현재 보너빌 호수라고 불린다. 그레이트 솔트레이크보다 300m나 더 깊은 보너빌 호수는 현재의 미시건 호 와 견줄 만한 수량을 확보하고 있었다. 옛날의 작은 지류에 의해 형성된 델타와 같은 해안선 퇴적물과 호수바닥의 퇴적물은 이러한 증거를 제공한다(그림 13.15). 우리는 강수

그림 13.15 빙하 호수 보너빌

그레이트 솔트레이크의 표면 위에 나타나는 여러 층의 수평선은 광대한 플레이스토세 호수인 보너빌 호수의 해안선을 나타낸다. 최근의 빙하기 동안에 범위와 깊이가 극대치를 기록하였는데, 보너빌 호수의 표면은 지금보다 300m나 높았다.

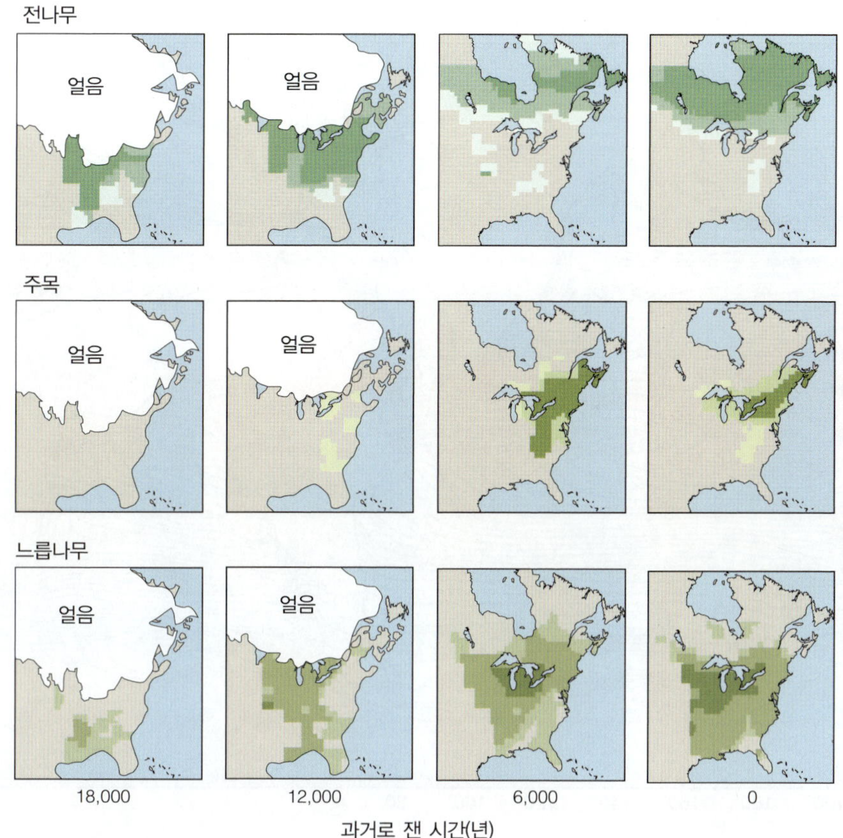

그림 13.16 변화하는 숲

화분 화석에 기초한 이 지도는 북아메리카의 가문비나무, 솔송나무, 느릅나무의 분포가 18,000년 전부터 현재까지 어떻게 바뀌고 있는지를 6,000년 간격으로 보여준다. 색의 농도는 각종의 상대적 풍부함을 의미하는데, 어두운 푸른색은 가장 큰 값을, 옅은 색은 낮은 값을 나타낸다.

의 증가에 의해 호수가 커졌을 것으로 생각할 수도 있는데, 사실은 빙하기에 강수는 감소하였다. 호수가 확장한 것에 대한 또 다른 설명으로는 빙하기의 기온이 낮아서 증발이 줄어들었기 때문이다.

식생

빙하기에는 빙설권, 수권, 대기권뿐만 아니라 생물권에도 큰 변화가 있었다. 화분 연구를 통하여 빙하기의 식생 분포는 현재와 크게 달랐다는 것을 알 수 있다. 약 2만 년 전에 툰드라는 빙하경계의 바로 남쪽에 존재했는데, 이는 기온이 훨씬 낮았음을 의미한다. 대평원의 초원지대는 당시에 소나무를 주종으로 하는 삼림 지역이었다. 화분의 연구를 통하여 빙상의 전진과 후퇴에 따른 식생의 변화는 매우 동적이며 복잡한 것으로 들어났다(그림 13.16). 식물의 종은 다양한 방향으로 흩어지게 되었으며, 현재의 지형으로는 알 수 없는 새로운 식물군집을 형성하게 되었다. 딱정벌레와 같은 동물화석을 이용해서도 비슷한 결론을 내릴 수 있다.

유럽에서 빙하에 대한 반응은 유사하나 한 가지 큰 차이가 있다. 북아메리카에서 확장되는 얼음에 의해 남쪽으로 밀려간 식물 종은 멕시코 만까지 확장된 비교적 따뜻한 저지대에서 살 수 있었다. 그러나 유럽에서는 길이 약 800km 폭 약 150km의 얼음으로 덮인 알프스는 지중해의 고산한랭 지역의 북쪽한계를 형성하였다. 많은 종들이 북쪽으로는 빙상, 남쪽으로는 산악빙하에 의해 고립되어 멸종하기에 이르렀다. 따라서 빙하기 전에는 풍부한 나무 종을 가졌던 서유럽은 현재 단지 30개 정도의 자연적으로 발생한 종이 존재할 뿐이다. 반면에 북아메리카에는, 그레이트 레이크(오대호)와 멕시코 만 사이를 가로지르는 경계역할을 하는 산이 없는데, 무려 130개의 나무의 종이 존재한다.

플레이스토세와 그 이전의 빙하기

수십 년 전만 하더라도 지구상에는 플레이스토세 기간 중에는 4차례만의 빙하기가 있었다고 생각되어 왔다. 심해 퇴적물이 플레이스토세 기간 중의 오래 지속된 빙하기라는 증거가 발견된 후부터는 이러한 전통적인 관점이 사라지게 되었다. 심해 코어의 고지자기(제4장) 분석을 통하여 최근 약 80만 년 동안에도 적어도 8차례의 빙하기가 있었던 것으로 나타났다. 해저 퇴적물은 기후 변화의 연속적인 역사 기록을 제공하는 데 반해서 육상의 빙하에서 얻어진 증거는 완전하지 않을 뿐만 아니라 여러 가지 부정합에 의하여 끊겨져 왔다. 모든 증거를 종합해 볼 때 플레이스토기(약 180만 년) 동안에는 전체적으로 약 30번의 빙하기가 있었다.

빙하기

플레이스토세 기간 중에 반복되는 빙하기에 대한 많은 증거는 해저 퇴적물과 거기서 발견되는 미화석에 의해서 추출된 것이다. 퇴적물심의 깊이가 증가할수록 생물학적인 구성 요소는 온난한 간빙기 생물상으로부터 추운 빙하 생물상으로 바뀌었다는 것을 알려준다. 심해 미생물의 껍질

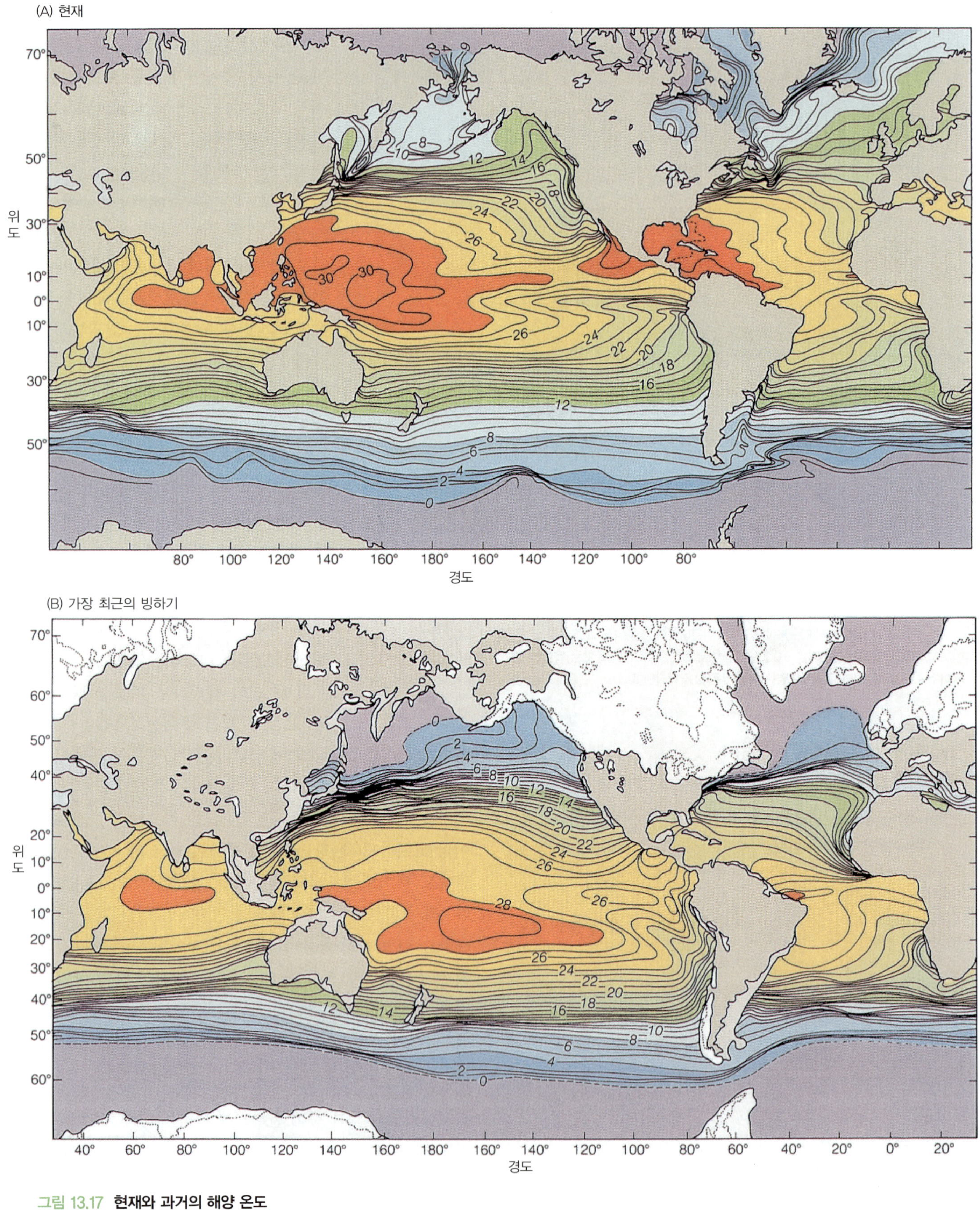

(A) 현재

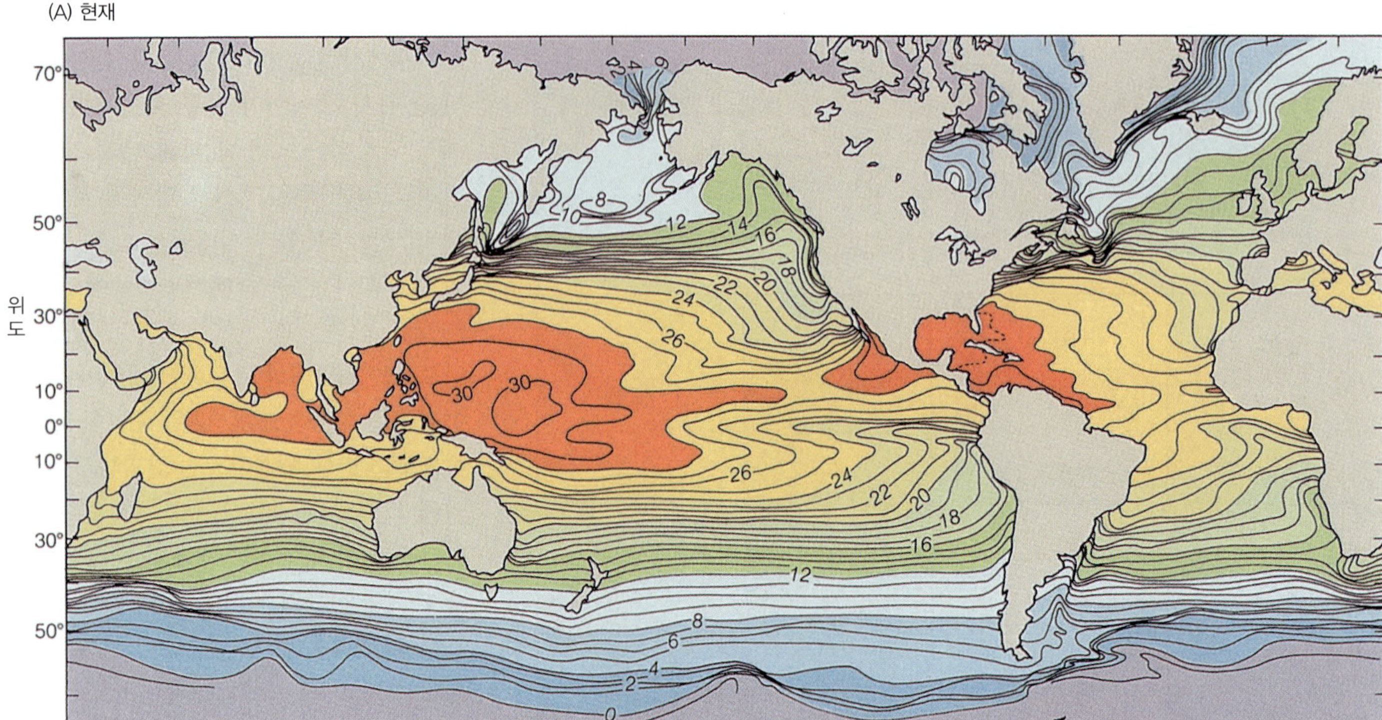

(B) 가장 최근의 빙하기

70°
60°
50°
40°
20°
위도
10°
0°
10°
20°
30°
40°
50°
60°
0
2
4
6
8
10
12
14
16
18
20
22
24
26
28
26
26
24
22
20
18
16
14
12
10
8
6
4
2
0
40°
60°
80°
100°
120°
140°
160°
180°
160°
140°
120°
100°
80°
60°
40°
20°
0°
20°
경도

그림 13.17 현재와 과거의 해양 온도

(A) 현재의 8월 평균 해수 표면 온도(℃). (B) 약 18,000년 전 최근의 빙하기 기간 중 복원된 8월의 평균 해수 표면 온도. 차가운 극지방의 수괴가 북대서양의 현재 남방한계선 이남으로 확장되어 있고, 찬물의 플륨이 적도태평양의 남아메리카와 대서양의 아프리카에서 서쪽으로 확장되어 있다.

에서 발견되는 산소^{18}O 과 ^{16}O 동위원소의 비는 유사한 패턴으로 시간 변동을 하는데, 추운 시기에 지구상의 얼음의 양이 많았다는 것을 식물 상으로부터 알 수 있다. 얼음심의 동위원소의 변화는 빙하 표면의 기온의 변동을 나타내는 반면에, 해양 퇴적물은 지구 전체의 얼음의 양의 변화를 나타내는 것으로 생각된다(자세히 보기 : 고기후를 측정하는 동위원소법, 그림 C13.1과 C13.2 참조)

동위원소 분석 결과는 육상의 얼음의 양은 각각의 빙하기에는 약 지난 80만 년 동안 거의 같았으며, 빙하기-간빙기의 주기는 약 10만 년임을 알려준다(그림 C13.2A). 그러나 그 이전에는 각각의 빙하기 동안의 육상의 얼음의 양은 더 작았던 것으로 나타나고, 각각의 주기는 약 4만 년에 불과하다. 왜 이러한 주기가 변하는지 아직은 확실히 알 수 없으나, 지구의 기후 시스템의 기본적인 변동을 나타냄에는 틀림없다.

심해 퇴적물심의 산소 동위원소 값에 의거하여 측정한 해수면 온도의 기록으로부터 바다는 최근 5,000만 년 동안 좀 더 차가워진 것으로 나타난다(그림 C13.2B). 약 3,500만 년 전의 큰 폭의 냉각화 기간 동안 해수 표면 온도는 10만 년 동안 약 8°C나 내려갔다. 빙하는 남극 대륙의 고지대로부터 바다에 이르기까지 넓게 확장되었다. 온도가 계속 내려감에 따라 남극 대륙에는 빙상이 (가장 최근의 빙하기 중에) 약 1,000만~1,200만 년 사이에 형성되었다. 그러한 대규모의 극빙의 존재는 평균 기온을 한층 감소시켰으며, 해수면의 높이를 크게 낮추었다(그림 13.17). 그때 이후부터 대규모의 빙하가 알래스카와 남부안데스 지방의 산악 계곡을 차지하게 되었다.

고대의 빙하기

빙하 속의 바위와 빙하에 의해 연마되고 긁힌 바위에 의해 밝혀진 고대의 빙하기는 상당히 오래전까지 거슬러 올라간다. 가장 오래된 빙하 현상은 원생대인 약 2억 4,000만 년 전으로 거슬러 올라간다. 다른 빙하 현상도 초기 원생대와 후기 원생대에서 발견되어 왔다(그림 B7.2의 지질연대기 참조). 이러한 것들 중에서 가장 최근의 기간 중에 50번 이상의 빙하의 전진과 후퇴가 있었던 것으로 믿어진다. 지질학적인 기록은 단편적이기 때문에 해석하기가 쉽지만은 않으나 남부아메리카, 아프리카, 오스트레일리아, 인도, 남극대륙과 같은 오늘날의 저위도 지역에서 발견되는 증거에 따르면 육상 지역은 후기 원생대 빙하기 동안 서로 현재와는 상당히 다른 관계를 가지고 있었음에 틀림없다. 중생대에는 빙하에 대하여 이와 같은 정도의 큰 변화는 없었는데, 이는 장기간의 온화한 기온이 육상과 바다에서 있었다는 지질학적인 증거와 잘 일치된다.

그림 13.18 따뜻한 백악기 중엽

(A) 백악기 중엽 기간 중에 해수면은 지금보다 100m 내지 200m 높았으며 해수는 대륙의 곳곳에서 범람하여 얕은 바다를 형성하게 되었다. 따뜻한 물에 서식하는 동물군(W로 표시), 증발암 퇴적물(E로 표시)은 저위도와 중위도에 존재하였다. 석탄 퇴적물(C로 표시)은 북반구의 열대 습지에서 발달하였는데 연중 따뜻한 기온이 유지되었음을 의미한다. (B) 이 복원 자료는 대기 중 이산화탄소의 양과 과거 1억 년 동안 평균 지구 기온이 변하였음을 보여준다. 백악기 중엽 고농도의 이산화탄소와 높은 평균 기온은 현재의 낮은 값과 대조를 이룬다. 이와 같은 고농도와 고온은 에오세와 플라이오세 기의 기간 중에도 나타났다.

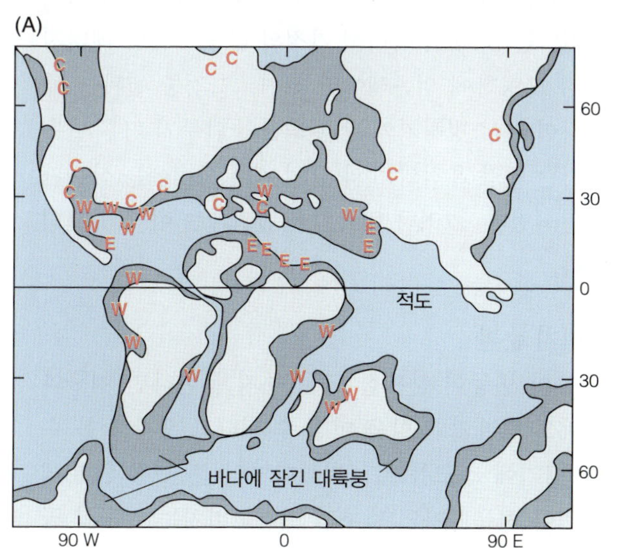

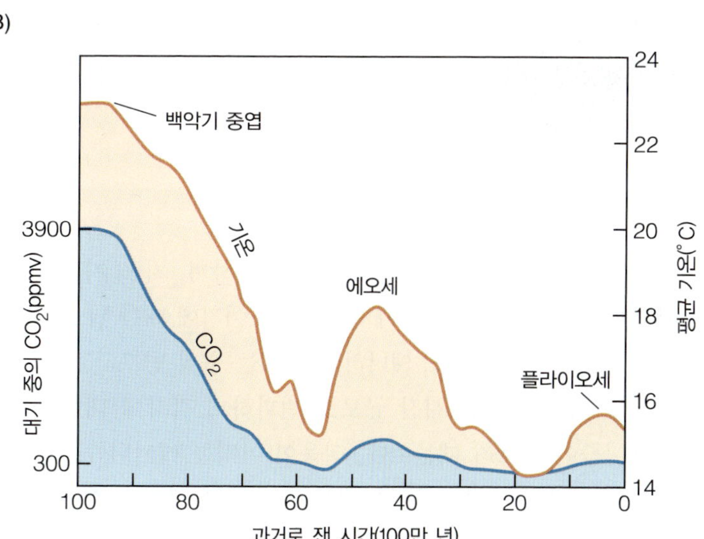

따뜻한 백악기 중엽

우리가 후기 중생대의 백악기 중엽인 약 1억 년 전에 살지 않았던 것이 다행인지 모른다. 이 기간 중에는 거대한 육식성 공룡이 번성했을 뿐만 아니라 지구의 역사상 기온이 가장 높았던 때이다. 그 당시 지구가 지금보다 더웠다는 증거는 매우 확실하다(그림 13.18A).

따뜻한 물에 서식하는 해양생물군이 널리 퍼졌으며 산호는 현재보다 북쪽으로 5°~15° 이상 확장되었으며, 식생대 또한 15° 정도나 북쪽으로 이동하였다. 열대의 늪지대를 나타내는 토탄 퇴적물은 고위도 지역에서 형성되었으며, 따뜻한 기후를 선호했던 공룡은 북극권 이북까지도 번창하였다. 해수면은 지금보다 100~200m 높았는데, 극빙상이 없다는 것을 의미하며, 심해퇴적물의 동위원소 분석으로부터 심해가 지금보다 15°C~20°C나 따뜻했다는 것을 나타낸다. 그러한 증거에 의하면 평균 지구온도는 지금보다 6°C나 더 높은 약 14°C였을 것으로 추정되며, (그림 13.18B) 가장 큰 차이는 극 지역에서 나타난다. 현재 극지방과 적도의 온도의 차이는 41°C 차이인 데 반하여 백악기 중엽에는 26°C 이상은 차이가 나지 않았으며 아마도 약 17°C 정도인 것으로 판단된다.

과거 기후에 대한 컴퓨터 시뮬레이션을 통하여 백악기 중엽의 기후를 이해할 수 있는데, 지리, 해양 순환, 대기 구성 물질 간의 상호작용이 그 당시의 그러한 따뜻한 조건을 만들었을 것으로 생각된다. 그러나 지리적인 특징만 가지고는 고위도의 연중 따뜻한 기온을 설명할 수 없으며 부가적인 요소를 필요로 한다. 이 부가적인 요소는 아마도 대기의 구성 성분과 관련이 있는데, 구체적으로는 대기 중의 온실기체 농도일 것이다(그림 13.18B). 백악기 중엽의 따뜻한 기후에 영향을 미친 요소를 생각하는 만큼 기후 변화를 초래하는 요소들에 대하여 개괄적으로 살펴보기로 하자.

기후는 왜 변하는가

어떤 요소가 기후가 더워지고 추워지게 하며, 지구 지표 과정과 환경에 큰 변화를 가져 오는가? 여기에 대한 답을 찾는 것은 쉽지 않은데, 왜냐하면 기후는 수십 년부터 수백 년까지의 다양한 시간 규모로 변화하며 각각에 대한 메커니즘이 다르기 때문이다. 더욱이 이러한 메커니즘은 대기뿐만 아니라 지권, 해양, 생물권, 지구 외적인 요소를 포함하며, 이들이 매우 복잡하게 상호작용을 하기 때문이다. 따라서 기후 변화의 원인을 탐구하는 것은 매우 중요한 일이다.

기후 변화의 외적인 요소

빙하기와 간빙기의 주기적인 변화에 대한 원인을 찾는 것은 기후에 대한 종합적인 이론의 발전에 매우 중요한 요소로 인식되어 왔다. 기후 변화와 빙하기의 주기성에 대한 원인을 찾기 위해서는 우선 지구계 이외의 외적인 원인에 대해서 살펴볼 것이다. 그러한 원인은 **기후 강제력**(climate forcing)으로 작용하는데, 이는 지구 대기권 바깥으로 입사되는 태양 복사량의 변화를 말한다. 양의 강제력은 태양 에너지 입사량의 증가를 말하며 온난화를 가져올 것으로 예상된다. 음의 강제력은 입사량을 줄이게 되고, 냉각화를 가져올 것으로 예상된다.

태양의 변화

외적인 강제력으로서는 우선 태양 자체를 꼽을 수 있다. 우리는 태양이 복사 에너지의 크기가 여러 가지 시간 규모로 변동한다는 것을 알고 있다. 태양 변동성의 주된 주기는 11년의 태양 흑점 주기이다. (흑점은 태양의 광구 표면의 온도가 낮고 어두운 점이다 — 제4장 참조 — 이는 태양 전체의 밝기에 영향을 미친다.) 이보다 길고 짧은 태양 복사 에너지의 변화도 이미 알려져 있다.

따라서 빙하기의 원인에 관한 한 가지 가설은 태양 에너지가 크고 작을 때 각각 지구 기후의 온난화와 냉각을 가져온다는 것이다. 이러한 생각은 매우 타당한데, 왜냐하면 관측되는 몇 가지 기후 변동의 주기를 설명해 주기 때문이다. 이러한 가정의 한 가지 문제점은 지구가 빙하기였을 때 태양 에너지가 어느 정도 강했는지를 측정할 직접적인 방법이 없다는 것이다. 따라서 가정의 검증은 태양 에너지의 컴퓨터 모형화에 의존해야만 하며, 그 검증 결과는 매우 반론적이다. 소빙하기와 같은 최근의 단주기 기후 변동에 대해서는 태양 흑점의 수와 날씨 패턴 사이에는 상관관계가 제안되었다. 그러나 명확한 상관관계는 아직 확인되지 않았다.

밀란코비치 순환

만일 태양의 변동이 분명한 답을 주지 못한다면 지구와 태양의 궤도 관계가 영향을 미칠 수 있다고 생각해 볼 수 있다. 19세기에 스코틀랜드 지질학자인 존 크롤과 20세초 세르비아 천문학자인 밀루틴 밀란코비치는 지구의 공

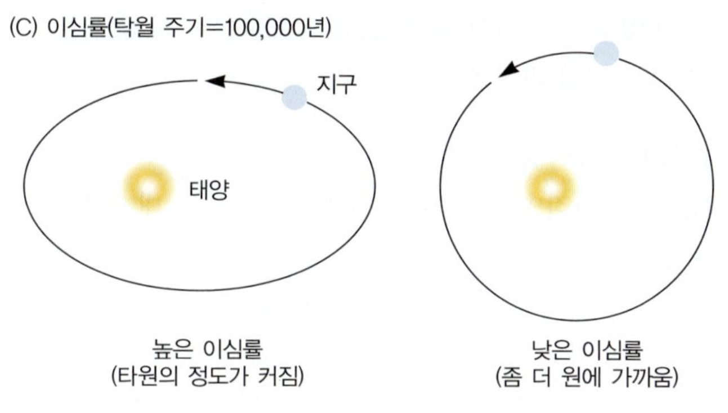

그림 13.19 밀란코비치 순환
지구 공전 궤도와 자전축의 기울기는 태양 에너지의 입사량에 영향을 미치고, 결과적으로 기후와 빙하기에 영향을 미친다. (A) 지구는 회전하는 팽이처럼 약 26,000년의 주기로 자전축이 회전한다. 이를 세차운동이라 한다. 지구의 공전 궤도 또한 회전하는데, 느리기는 하지만 세차운동과는 반대 방향이다. 이 두 가지 운동은 약 23, 000년 주기로 춘분점과 추분점을 서서히 이동시킨다. (B) 지구 자전축의 기울기는 현재 23.5°이며 21.5°에서 24.5°의 범위에서 변한다. 각 사이클은 41,000년 동안 지속된다. 자전축의 기울기가 증가한다는 것은 여름과 겨울에 입사하는 태양 에너지의 차이가 크다는 것을 의미한다. (C) 공전 궤도의 모양은 타원이며 태양은 두 초점 중 하나의 초점에 해당하는 위치에 있다. 약 10만 년에 걸쳐 궤도의 모양은 거의 원형(작은 이심률)으로부터 긴 타원형(큰 이심률)으로 변한다. 이심률이 클수록 지구상에서 한 점에 받는 태양 에너지의 계절 변화는 크다.

전 궤도와 지구 자전축의 기울기의 작은 변동이 지구에 입사되는 태양 에너지의 변동을 초래한다는 사실을 인식하였다. 그 변동은 작지만 중요한데, 밀란코비치는 이 두 가지 효과가 빙하기–간빙기의 출현에 영향을 미친다고 제안하였다.

여기에는 세 가지 운동이 포함되어 있다(그림 13.19). 우선 현재는 북극성을 향하고 있는 지구 자전축은 회전하는 팽이처럼 시간에 따라 변한다(워블, 그림 13.19A). 이러한 변화는 북극이 우주상에서 큰 모양의 궤적을 그리게 하는데, 약 26,000년에 제자리로 돌아오게 된다. 동시에 지구의 타원궤도의 축 또한 회전을 하는데, 이는 매우 느린 속도이며 워블과는 반대 방향이다. 이 두 가지 운동은 지구 궤도상의 춘분점, 추분점, 하지점, 동지점의 위치를 점차 이동시키는 결과를 가져온다. 춘분점이 궤도를 따라 천천히 움직임에 따라 약 23,000년의 주기를 가지는 춘분점의 세차운동이 일어난다.

두 번째로 지구 자전축의 기울기가 변하는데, 어떤 시각에 태양 에너지를 직접 받는 지구상의 표면 위치가 변하게 한다. 만일 자전축이 황도와 수직이라면 자전축의 기울기는 0이 된다. 그러나 자전축은 수직이 아니며, 약 23.5°로 기울어져 있으며, 약 41,000년 동안에 약 1.5° 양 옆으로 벌어지게 된다(그림 13.19B).

마지막으로 지구 궤도의 이심률인데, 궤도가 정확한 원과 얼마나 차이가 있는가를 나타내는 것이며, 약 10만 년을 주기로 변화한다. 약 5만 년 전에는 궤도가 약 10만 년 전보다는 원에 가까웠다(작은 이심률, 그림 13.19C). 이심

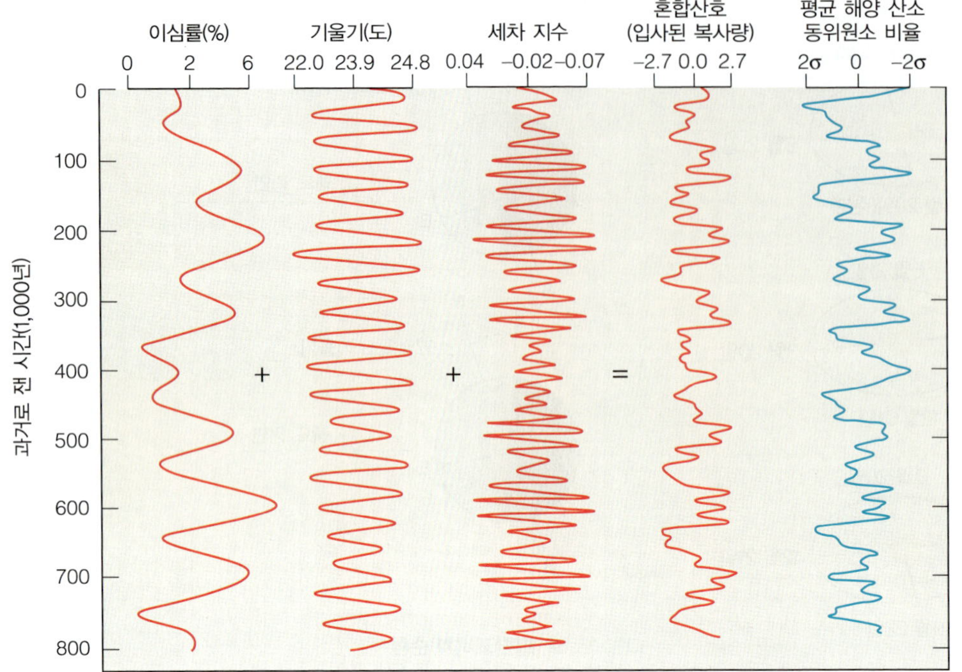

그림 13.20 빙하 사이클에 대한 궤도의 영향
이 곡선은 지난 80만 년 동안의 이심률, 기울기, 세차의 변화를 나타낸다. 이러한 요소들이 동시에 작용하여 지구상의 태양 에너지 입사량의 전체적인 변화를 나타낸다(그림에서 혼합신호라고 표시됨). 세 가지 요소의 변화 주기와 진폭은 해양 산소 동위원소(기온 대리 자료)를 나타낸 곡선과 매우 일치한다. 이러한 자료는 지구 궤도의 변화가 빙하기–간빙기 사이클의 시기에 영향을 미친다는 이론을 뒷받침한다.

률은 **근일점**(태양과 가장 가까운 위치)과 **원일점**(태양으로부터 가장 먼 위치)에 영향을 미친다. 지구 궤도의 이심률이 커지면 근일점은 태양으로부터 더 가까워지고 원일점은 더 멀어진다.

세차, 자전축의 기울기, 이심률은 매우 작지만 예측이 가능한데, 어떤 계절에 지구 표면의 어느 위치에 들어오는 태양 에너지의 10%에 해당하는 양이 장기적으로 변동하는 것에 영향을 미친다(그림 13.20). 수만 년에 걸친 기후 변동의 역사를 복원함으로써 해양학자와 기후학자들은 빙하기–간빙기 순환에 해당되는 기후 변동이 지구 공전궤도와 자전축 기울기의 주기적 변화와 일치한다는 것을 보여주었다. 이러한 설득력 있는 증거는 천문학적인 요인이 빙하기–간빙기의 순환에 영향을 미친다는 이론을 뒷받침한다. 이러한 효과를 맨 처음 주장한 과학자를 기리는 의미에서 이러한 기후에 대한 천문학적인 요인을 **밀란코비치 순환**(Milankovitch cycle)이라 한다.

기후 변화의 내적 요인

비록 공전 궤도의 요인이 빙하기–간빙기 순환의 시기를 잘 설명하지만, 고기후 증거에 의해 밝혀진 4~10°C에 해당하는 평균 지구 온도의 변화를 설명하기에는 너무 작다. 어쨌든 궤도의 변화에 의한 작은 폭의 기온감소는 플레이스토세 빙상을 형성하고 유지할 만큼 매우 크게 증폭되었음에 틀림없다. 그 외의 다른 요소도 포함되어 있었는데, 이들은 지구계의 내적 요소이다.

대기권의 여과작용

기후에 대한 내적인 영향의 첫 번째 후보로서는 대기권을 들 수 있다. 태양 복사 에너지는 대기권을 거쳐 지구 표면으로 도달되며, 지표에서 우주로 나갈 때에도 대기권을 거친다. 대기권의 기체는 반사, 회절, 산란과 같은 태양 복사와 상호작용을 하며, 어떤 특정한 파장의 태양 복사를 흡수한다(제11장). 복사와 밀접한 관계가 있는 기체는 주로 대류권에 존재하며, 적외선을 선택적으로 흡수하여 지표 근처에 따뜻한 공기를 형성하게 한다.

따라서 지구의 대기는 특정 파장 영역대의 태양 복사에 대한 선택적인 필터로 작용하는데, 온실효과에 의한 온난화를 유발한다. 빙하기–간빙기 순환에 대한 영향을 분별해내고자 할 때 대기의 필터가 지구의 역사상의 어느 시점에서 얼마나 효과적이었는지를 조사하는 것은 흥미 있을 것이다. 이를 파악하기 위해서는 그 시기에 온실기체 또는 복사적으로 매우 영향이 큰 기체가 얼마나 많이 존재했는지를 먼저 알아야 한다.

우리는 다행스럽게도 이러한 분석에 필요한 빙하에 포착된 과거의 공기에 대한 시료를 가지고 있다(그림 9.26C). 얼음에 포착된 공기방울의 화학적 성분으로부터

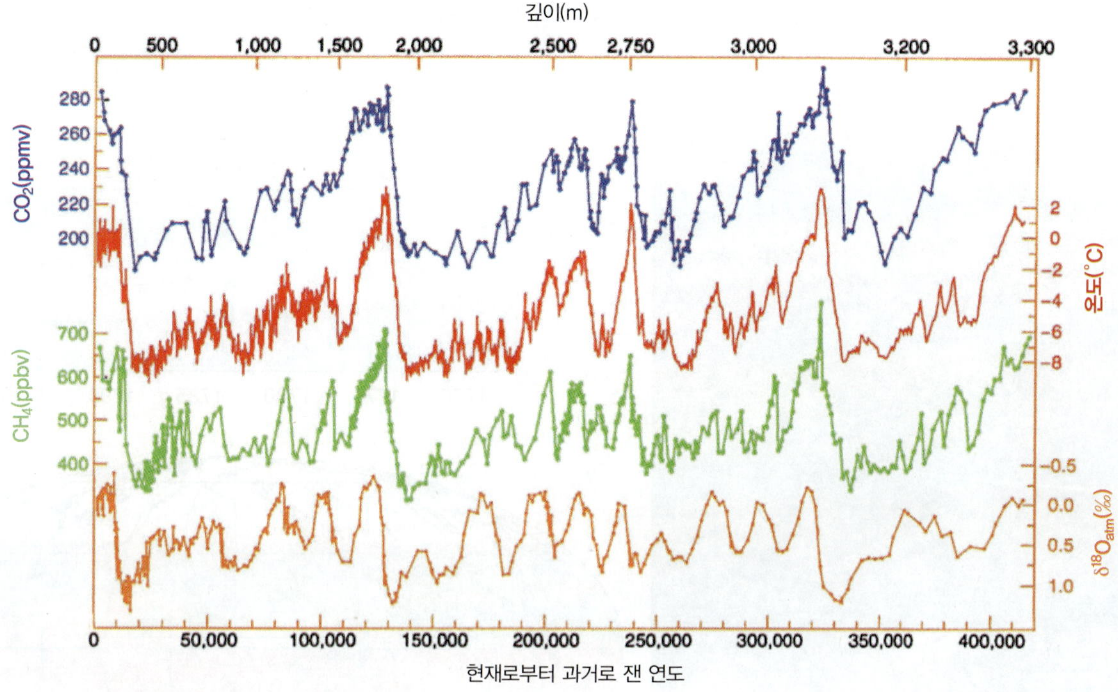

그림 13.21 대기 중의 이산화탄소와 메테인의 시간 변화
이 그림은 남극 대륙의 보스톡 기지에서 채취한 지하 심부 얼음심의 자료로 분석한 대기 중 이산화탄소와 메테인의 시간 변화를 온도 변화와 비교하여 나타내고 있다(얼음에서 채취한 산소 동위원소 분석). 현재의 간빙기와 마찬가지로 마지막 간빙기의 초기에 온실기체의 농도가 높았으나 빙하기에 비해서는 낮았다. 이러한 자료는 온실기체 농도가 따뜻한 간빙기와 추운 빙하기에 영향을 미친다는 이론을 뒷받침하고 있다.

대기가 빙하기 동안에는 현재보다 이산화탄소와 메테인을 적게 포함하였음을 알 수 있다(그림 13.21). 이산화탄소와 메테인은 온실기체로서 매우 중요하다. 빙하기처럼 그들의 농도가 낮았을 때는 온실효과가 감소하여 지표 기온이 낮았을 것이다. 연구에 의하면 빙하기 동안 기온이 내려간 것의 원인 중 일부는 이 두 가지 기체의 농도가 내려간 것과 깊은 관련이 있다는 것을 알 수 있다(기온 하강 폭의 약 절반 정도는 이것으로 설명 가능함).

비록 빙하기 동안 온실기체의 농도가 낮다는 사실은 잘 알려져 있지만 그 원인이 무엇인지는 알 수 없다. 그것은 마치 닭과 달걀의 문제와도 같다. 온실기체의 농도가 낮았기 때문에 온도가 낮아진 것인지 아니면 온도가 낮기 때문에 온실기체의 농도가 낮아진 것인지? 여기에 대한 과학적인 답은 아직 내려져 있지 않으나 두 가지 모두 어느 정도 일리가 있다. 왜냐하면 지구 기후 시스템에는 양적인 피드백 작용이 존재하기 때문이다. 여기에 대해서는 뒤에서 좀 더 자세히 언급하기로 한다.

반사도의 변화

태양 에너지의 어느 정도가 지표에 도달하는지를 결정하는 또 다른 원인은 대기의 반사도이다. 에어로졸—대기 중에 떠 있는 미세한 먼지 입자, 화산재, 그 외 물질—은 대기의 반사도를 극적으로 변화시킨다. 앞에서 우리는 얼음심 연구를 통하여 중위도 기후가 건조하고 바람이 강했던 빙하기 동안에는 대기 중의 먼지 농도가 비정상적으로 높았다는 것을 배웠다. 미세한 대기 먼지 입자는 태양 복사 에너지를 우주로 되돌려 보내어 지구 표면 온도를 낮추는 역할을 한다.

대규모의 화산 폭발은 거대한 양의 먼지를 대기 중으로 분출하여 전 지구에 걸쳐 먼지층을 형성한다(그림 13. 22). 이 작은 먼지 입자는 태양 복사 에너지를 산란시키고, 그 결과 지구를 냉각시키게 된다. 화산재는 비교적 빨리 지표면으로 떨어지는데 일반적으로 수 개월에서 1년 정도 시간이 걸린다. 그러나 화산에서 분출된 이산화황 가스와 수증기가 상호작용하여 생겨난 작은 황산 입자는 상층 대기에 수년 이상 잔류한다. 그들은 태양 에너지를 산란시키고 구름의 반사도를 증가시킨다. 따라서 황산이 많이 포함된 대규모의 화산 폭발은 지구 냉각과 관련 있다. 인도 동부에서 발생한 1883년의 크라카타우와 1815년의 탐보라의 화산 폭발, 1991년의 필리핀 피나투보 화산 폭발은 북반구의 기

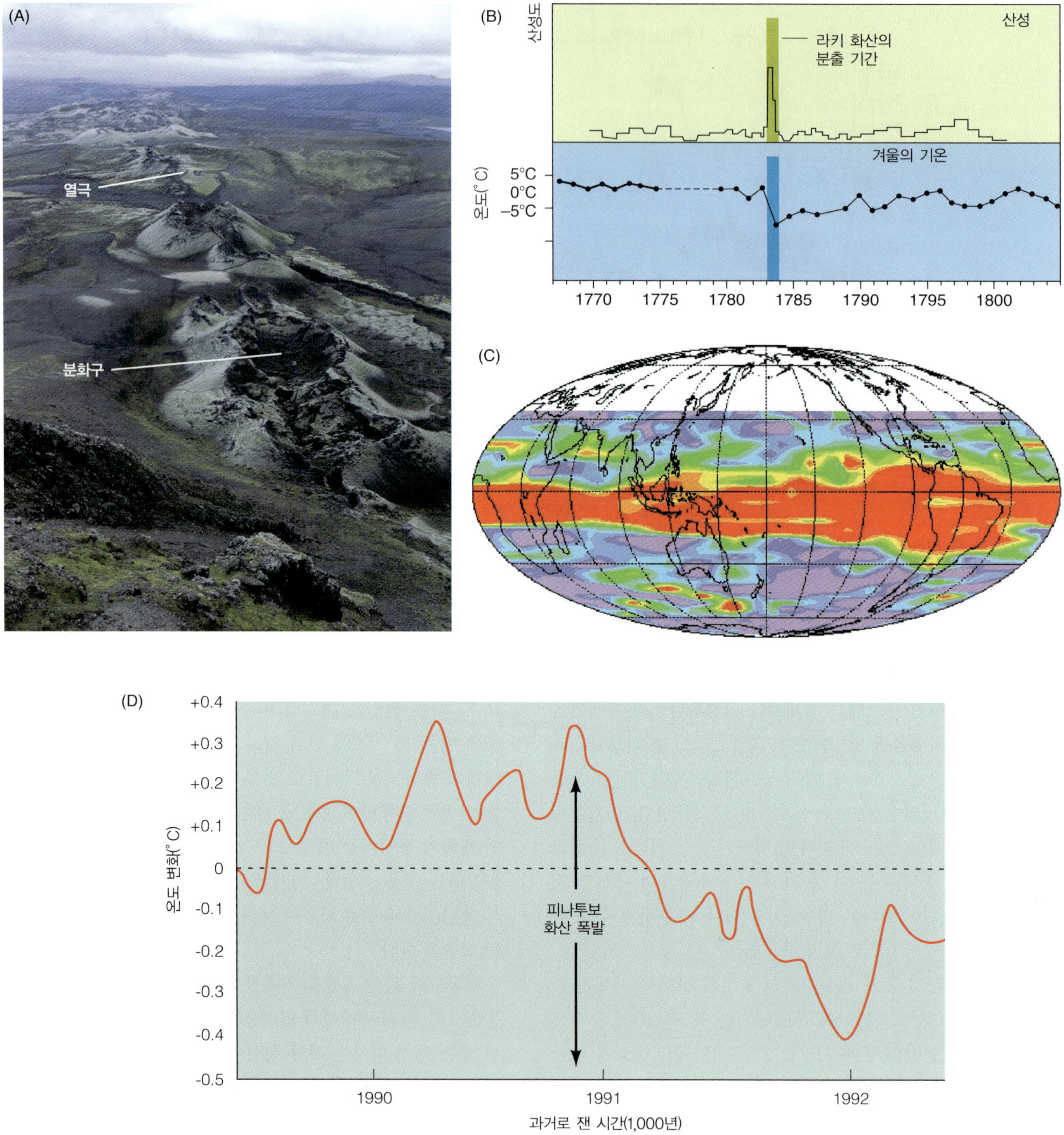

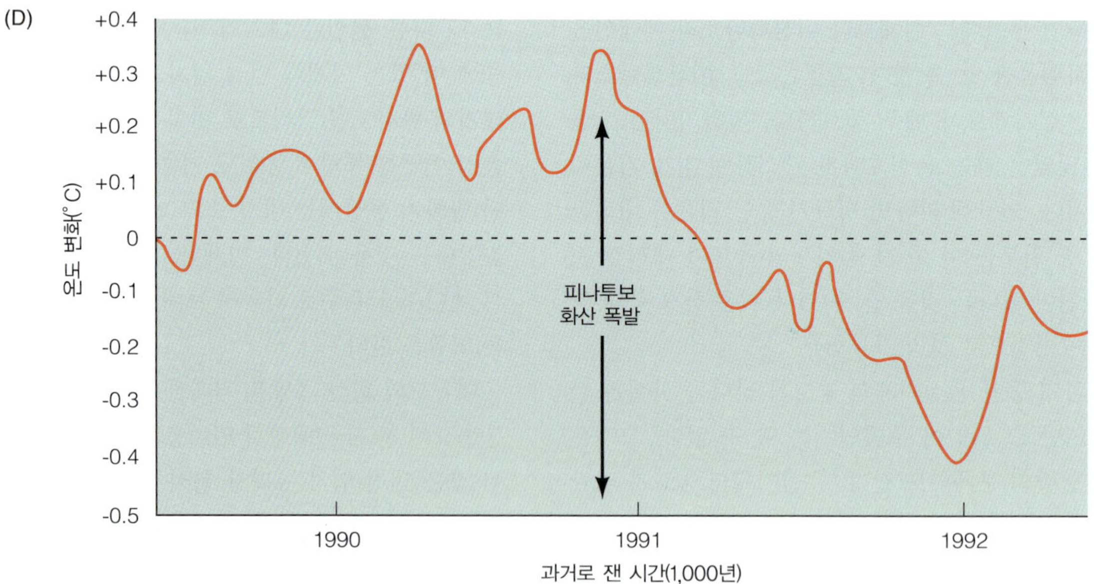

그림 13.22 화산과 기후

대규모 화산 폭발은 지구를 냉각시킨다. (A) 아이슬란드의 화산인 라키의 열구 분출은 1783년부터 1784년까지 지속되었는데, 역사상 가장 많은 양의 용암이 분출되었다. (B) 라키분출이 일어난 다음 겨울에 북반구는 평년보다 기온이 1°C 정도 내려갔으며, 미국 동부에서는 약 2.5°C나 내려갔다. 동시에 그린란드에서 채취한 얼음심은 산성도에 있어서 급격한 증가를 보여주고 있는데, 이는 분출된 화산물질이 대기 중의 수증기와 반응하여 생성된 것이다. (C) 필리핀의 피나투보 산은 성층권으로 화산재를 분출했는데(1991년 6월), 황이 많이 포함된 에어로졸 연무가 지구를 에워쌌다. 이 그림의 색은 이산화황의 농도를 ppb로 나타낸 것인데, 상층 대기에서 1991년 9월 극초단파 림 사운더(MLS)로 관측된 자료이다. 따뜻한 색깔로 표시된 곳은 이산화황의 농도가 높은 것이다. (D) 피나투보 화산 폭발에 의한 황산염 에어로졸은 지구의 온도를 0.4°C나 낮추었는데, 특히 북반구에서는 이보다 더 큰 폭으로 내려갔다.

온을 수년 만에 0.3~2.0°C나 낮추었다. 선사시대의 가장 강렬한 화산 폭발로 알려진 약 74,000년 전의 토바 화산 폭발은 북반구의 기온을 약 3~5°C 내려가게 하였다.

지표의 반사도 또한 지구계에서 중요한 역할을 한다. 지구가 빙하기에 들어섰을 때마다 지표의 많은 면적이 점차 눈과 빙하로 덮이게 되었으며, 고위도의 해빙 또한 증가하였다. 지표에 의해서 태양 에너지가 흡수되는 대신에 반사도가 높은 눈과 얼음은 태양 복사 에너지를 우주로 되돌려 보내게 되어 하층 대기가 더욱 냉각되었다. 온실기체의 농도 증가와 부유먼지의 증가와 더불어 이러한 부가적인 냉각이 빙하의 면적을 넓히게 되었다.

화산 분출 이산화탄소

빙하기의 사이에 백악기 중엽과 같이 때때로 예외적으로 온난한 기후도 간혹 있었다. 백악기 중엽의 온난화는 이산화탄소의 양이 중요한 역할을 하게 되었다. 그러나 이러한 온실기체의 농도 증가가 어떻게 발생했는지는 설명해야 될 문제로 남아 있다. 비록 폭발적인 황이 많이 포함된 화산 폭발이 냉각을 초래할 수 있으나, 화산 분출 시에는 이산화탄소도 다량 분출된다는 것이다. 그렇다면 대기 중 고농도의 이산화탄소와 백악기 중엽의 온난화는 화산에 의한 것일까?

그 당시의 대륙과 해양의 분포, 현재보다 6~8배나 높은 이산화탄소 농도를 가정하여 백악기 중엽에 대한 모형 시뮬레이션을 한다면 그때의 온난한 기후가 설명되어질 수 있을 것이다. 과거 1억 년 동안의 이산화탄소 양을 복원해 보면 백악기 중엽에 약 10배 정도나 이산화탄소의 양이 늘었다는 것을 알 수 있다(그림 13.18B). 그러한 온실기체의 조건을 생각해 보면 지구의 얼음 양이 왜 그렇게 비정상적으로 낮았고 해수면이 높았는지를 쉽게 알 수 있다.

이산화탄소는 어디서 왔을까? 지질학적 증거에 의하면 백악기 중엽에 화산 활동이 매우 높았다는 것이다. 방대한 양의 용암이 남태평양을 가로질러 해저의 화산 대지를 형성하게 되었다. 이들 중 하나인 남서태평양의 온통자바 대지는 알래스카의 2배의 면적과 약 40km의 두께를 가지고 있다. 이러한 대량의 용암 분출 시 다량의 이산화탄소가 분출되었을 것이다. 어떤 계산에 의하면 이산화탄소의 농도가 현재보다 약 20배나 높았고, 기온은 10°C나 더 높았다.

지질학자들은 대규모의 용암 분출이 슈퍼플룸—지구 핵과 맨틀경계로부터 대류에 의해 상승한 거대한 고온의 바위—과 관련이 있다고 가정하고 있다. 슈퍼플룸은 지구 내부의 열을 밖으로 분출하는 매우 효과적인 메커니즘일 것이다. 만일 이러한 가정이 옳다면 지구 핵과 대기는 역학적으로 연결되어 있는 것이며, 백악기 중엽의 기후는 지구 내부 깊은 곳의 냉각과 관련 있다.

이동하는 대륙

지구 역사를 통하여 위치, 모양, 육지의 고도는 시간과 함께 변해 왔으며(제5장), 지역과 전 지구의 기후에 영향을 미쳤다. 이러한 변화는 암석권 판의 이동과 함께 움직이는

그림 13.23 판게아와 판탈랏사

(A) 약 2억 2,5000만 년 전에 대륙은 판게아라고 하는 하나의 초대륙으로 존재했는데, 이 때문에 수증기 공급원인 동시에 온도 조절 기능을 가진 해양(거대한 하나의 해양, 판탈라사)의 영향을 덜 받았다. (B) 백악기 초기에 판게아는 서로 분리되기 시작하여 바다와 접하는 대륙의 면적이 증가하게 되었는데, 이 결과 기온과 강수량의 증가와 극심한 온도 변화의 완화 등이 일어났다.

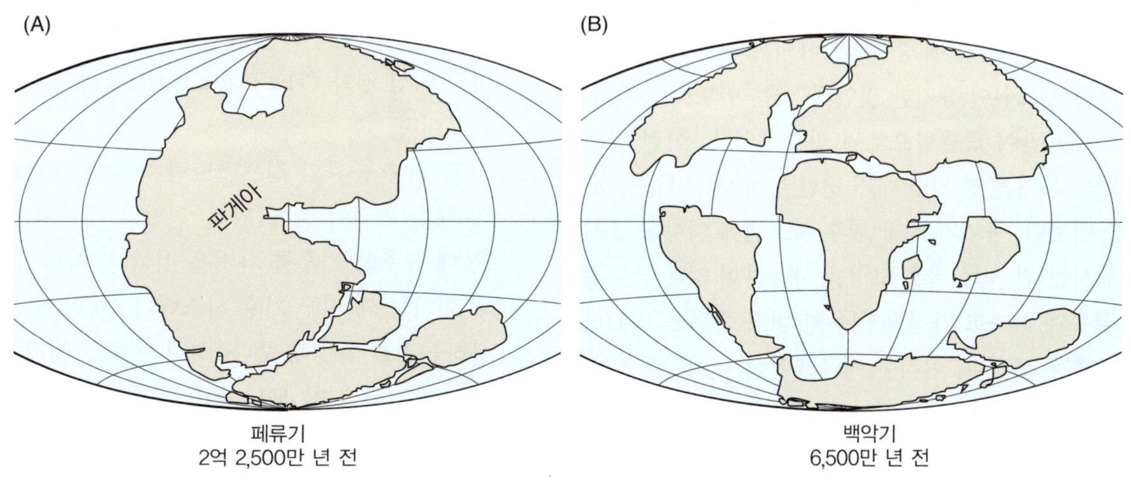

대륙, 암석판이 충돌하는 곳에서의 산맥과 평원의 형성, 움직이는 대륙 사이의 대양저와 해로의 확장과 폐쇄 등과 같은 현상을 포함하고 있다. 이런 과정에서 해양과 대기의 순환 경로가 바뀌게 된다. 이런 효과는 해양과 대기 순환이 육지나 산과 같은 장애물에 의해 바뀌기 때문에 발생한다. 다른 효과는 물과 육지에 저장된 열이 다른 방식으로 방출되기 때문인데, 대기의 흐름까지도 바꿔 놓는다.

제5장에서 배운 것처럼 약 2억 2,500만 년 전에 대륙은 판게아라고 하는 하나의 거대한 초대륙으로 존재하였다(그림 13.23A). 이 때문에 판게아의 중심은 수증기의 공급원이며 대기의 온도를 조절하는 기능을 가진 해양(전 지구적으로 연결된 거대한 하나의 해양임, 판탈라사라고 함)으로부터 상당히 먼 곳에 위치한다. 따라서 판게아 내부의 대부분은 사막과 같이 온도 변화가 심하다. 백악기 초기에 판게아는 서로 분리되기 시작했는데(그림 13.23B), 해저의 확장과 극심한 화산 활동을 동반하였다. 이 결과 바다와 접하는 육지의 경계면이 늘어나게 되었고, 기온과 강수는 증가했으며 극심한 온도 변화는 다소 완화되었다.

오늘날 지구상에 존재하는 가장 큰 빙하는 남극에 위치하고 있는데 항상 영하의 온도이다. 적도 또는 적도 근처에 존재하는 빙하는 고산지대에서만 발견된다. 육지와 해저가 위치를 바꿈에 따라 고위도 지방의 빙상이 넓게 퍼질 수 있는 최적의 조건을 만든 것으로 생각된다. 오래전에 형성된 빙상 빙하에 대한 증거는 저위도 지방에서 발견되는데, 이것은 그러한 육지가 그 당시에 고위도 지역에 있었다는 것을 말해 준다. 예를 들면 판게아의 남극 환경에서 형성되는 빙하퇴적물은 현재는 극에서 훨씬 멀리 떨어진 남아메리카, 아프리카, 마다가스카, 아라비아, 인디아, 오스트레일리아 등에서 발견된다.

현재의 기후 시스템에 있어서 가장 중요한 지질학적 현상은 약 5,000만 년 전에 중앙아시아의 중위도 지역 히말라야와 티베트 고원이 융기한 것인데, 이는 인도 대륙판과 아시아의 대륙판이 충돌함으로써 발생하였다. 이런 광범위한 지역의 융기는 전 지구 대기 순환과 아시아의 기후에 큰 영향을 미쳤다. 융기가 지구 기후 시스템에 영향을 조사하기 위해서는 전 지구 기후 모형을 사용하여 티베트 고원이 있는 경우와 없다고 가정한 경우의 대기 순환을 비교하는 방법이 종종 쓰인다. 이러한 시뮬레이션은 지질학적 증거에서 발견되는 것과 같이 몇 가지 전 지구적 변화를 제시하는데, 거기에는 중위도 고원지대의 냉각, 강한 편서풍, 제트기류의 강화, 찬 기류의 남하, 강수의 변화, 아시아 계절풍의 강화, 해양 염분과 온도의 변화 등이 포함된다.

비록 가장 중요하긴 하지만 중앙아시아는 최근의 지질학적 연대에서 지역적 융기가 일어난 유일한 대륙은 아니다. 그 외의 지역으로는 서부아메리카의 고원지대와 고산지대, 남아메리카의 안데스와 알티플라노의 고산지대, 평균 고도가 1,000m 이상인 아프리카의 동부 및 남부의 광활한 대지 등이 포함된다. 이러한 환경 변화의 다양성과 규모를 보면 지구계의 요소들이 얼마나 복잡하게 상호 연관되어 있는지를 알 수 있다. 2개 이상의 대륙이 충돌하여 발생하는 지질학적 사건은 충돌이 일어난 지권뿐만 아니라 대기권, 수권, 빙설권, 생물권까지도 영향을 미친다.

해양 순환의 변화

제10장에서 배운 것처럼 해양 순환은 지구 기후에 중요한 역할을 한다. 열 염분 순환 시스템(그림 10.14)은 대기와 해양이 하나의 연관된 순환계를 이루게 한다. 따뜻한 표층 해수는 북으로 이동하여 걸프 스트림 권에 속하는 북대서양으로 이동하여, 증발에 의하여 대기 중으로 열을 공급하게 되고 북서유럽의 기후를 온난하게 유지한다. 증발의 결과 해수는 냉각되고 염분이 높아지며, 따라서 밀도도 높아진다. 이렇게 냉각된 고염분의 해수는 북대서양의 심해수를 형성한다(NADW, 그림 10.13).

그러나 만일 이 시스템이 닫혀버린다면 어떤 일이 벌어질까를 생각해 보자. 열 염분 순환은 심해수가 형성되는 곳에서 해수면 온도와 염분도에 민감하다. 만일 북대서양의 해수 염분도가 떨어진다면 NADW는 형성되지 않을 것이며, 해류는 대서양의 북부를 통과하게 되어 열 염분 순환도 중단될 것이다. 이것은 곧바로 걸프 스트림을 차단하게 되어 서유럽과 북아메리카의 해안 지역을 얼게 만들 것이다. 이것은 여러분들이 알다시피 2004년도에 개봉된 과학 픽션 영화 〈The Day after tomorrow〉에 나오는 시나리오이다.

열 염분 순환의 걸프스트림 통로가 차단되면 북대서양의 해빙 면적이 늘게 되고, 인접한 대륙의 광범위한 빙상은 매우 추운 기후를 가져올 것이다. 따라서 열 염분 순환의 변화는 왜 지구 기후 시스템이 2개의 안정한 상태를 반복하는지를 설명해 준다. 하나는 해양 컨베이어 시스템이 작동하는(간빙기) 모드이고, 또 하나는 이것이 닫히는(빙하기) 모드이다. 영화 〈The Day after tomorrow〉에서 이

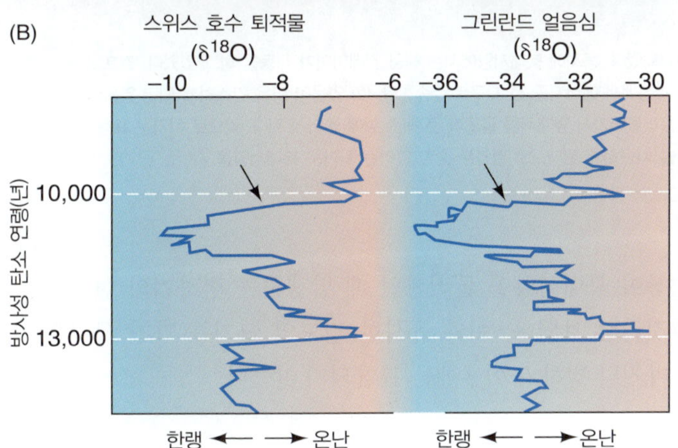

그림 13.24 영거드라이아스 사건

(A) 빙하가 최성기일 때, 현재는 극지방이나 고위도에만 서식하는 식물들이 북서유럽까지 이동하였다. 이러한 식물 중에는 드라이아스 악토페탈라(사진 참조)가 있다. 많은 양의 드라이아스 화분이 영거드라이아스 사건이 있었던 추운 기간 동안에 축적된 퇴적물에서 발견된다. (B) 스위스의 어느 호수에서 채취한 퇴적물의 산소 동위원소 측정(왼쪽)과 그린란드 빙상에서 채취한 얼음심(오른쪽)으로부터 영거드라이아스 사건의 시작과 종료는 매우 급격하게 일어났음을 보여준다. 이 사건이 끝날 무렵에 그린란드의 기후는 약 40년 동안에 7°C나 따뜻해졌다.

러한 변화는 불과 4일 만에 일어나는데, 이는 도저히 불가능한 시간규모이다. 그러나 지난 10년 정도에 걸쳐 급격히 시작되고 또 급격히 끝나는, 불과 수백 년 또는 1,000년 정도 밖에 지속되지 않는—빙하기와 관련된 수만 년 정도의 시간규모에 비하면 상당히 짧은—기후 변동에 많은 관심이 생겨나게 되었다. 하나의 기후 상태에서 또 다른 상태로 천이하는 것은 수십 년 또는 인류의 평균 수명보다 짧은 기간 동안에도 일어날 수 있다.

이렇게 급격한 냉각 현상은 지구가 가장 최근의 빙하기로부터 빠져나오는 기간인 약 11,000년과 10,000년 사이에 일어난 것으로 보인다. 기후는 서서히 따뜻해졌으며, 빙상은 후퇴했으며 식물과 동물들은 얼음 밑에서 생겨나는 새로운 육지에서 서식하기 시작하였다. 북아메리카의 기온은 급격하게 하강하였다. 빙상은 후퇴를 멈추었고 다시 확장되기 시작하였다. 이 추운 기간은 약 1,300년 동안 지속되었는데, 과학자들은 이를 **영거드라이아스 사건**(Younger Dryas event)이라고 한다(그림 13.24와 13.25).

영거드라이아스는 유일한 것이 아니다. 최근의 빙하기 동안에 기후는 빙하기 최성기의 기후 상태에서 벗어나고 또다시 들어가는 것을 반복했던 것으로 보인다. 이러한 온난-한랭의 변동은 **단스가드-에시거 사건**(Dansgaard-Oeschger event, 또는 D/O 사건으로 불린다). D/O 사건은 심해 퇴적물심의 동위원소 기록에서도 잘 드러나며 또한 화분, 뢰스, 호수 퇴적물, 육상의 빙하 기록 등에서도 잘 나타난다. 증거에 의하면 D/O 사건은 약 1,500년을 주기로 일어나며 최근의 빙하기 동안에 약 50번 정도나 있었다. 영거드라이아스는 지구가 최근의 빙하기 끝 무렵에 동반된 일련의 변동 중 그 첫 번째였을 것이다. 흥미 있는 것은 약 65,000~70,000년 정도 전에도 이와 유사한 일련의 기후 변동이 있었고, 이것이 마지막 빙하기의 시작으로 이어졌다. 이 급격한 변동에 대한 이유는 확실치 않으나 지구 기후 시스템을 이해하기 위해서는 이러한 변화에 대해 좀 더 자세히 알 필요가 있다.

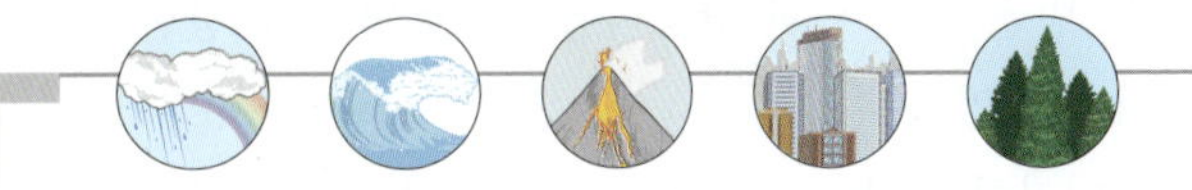

관련짓기

현생 인류에 가장 가까운 네안데르탈인은 아마도 빙하기로 인하여 멸종하였을 것이다. 네안데르탈인은 28,000년 전쯤에 사라졌는데, 약 15,000년 정도는 현생 인류와 공존하였다. 그러나 네안데르탈인은 추운 기후에 적합하였고 빙하기의 조건에서도 생존이 가능하였다. 네안데르탈인이 사라진 것은 빙하기의 추운 기후보다는 마지막 빙하기의 시작쯤에 있었던 기후 변화였었다고 하는 가설도 있다. 어떻게 기후 변화가 네안데르탈인의 생존을 위협하였을까? 기온의 급격한 변화가 그들의 생활 패턴과 식량 등의 자원 조달에 어떤 영향을 미쳤을까?

급격한 온난-냉각의 기후 변화의 본질에 대한 중요한 단서는 북대서양의 심해 암심의 상부에서 채취한 퇴적물층으로부터 얻어질 수 있을 것이다. 이것을 기술한 최초의

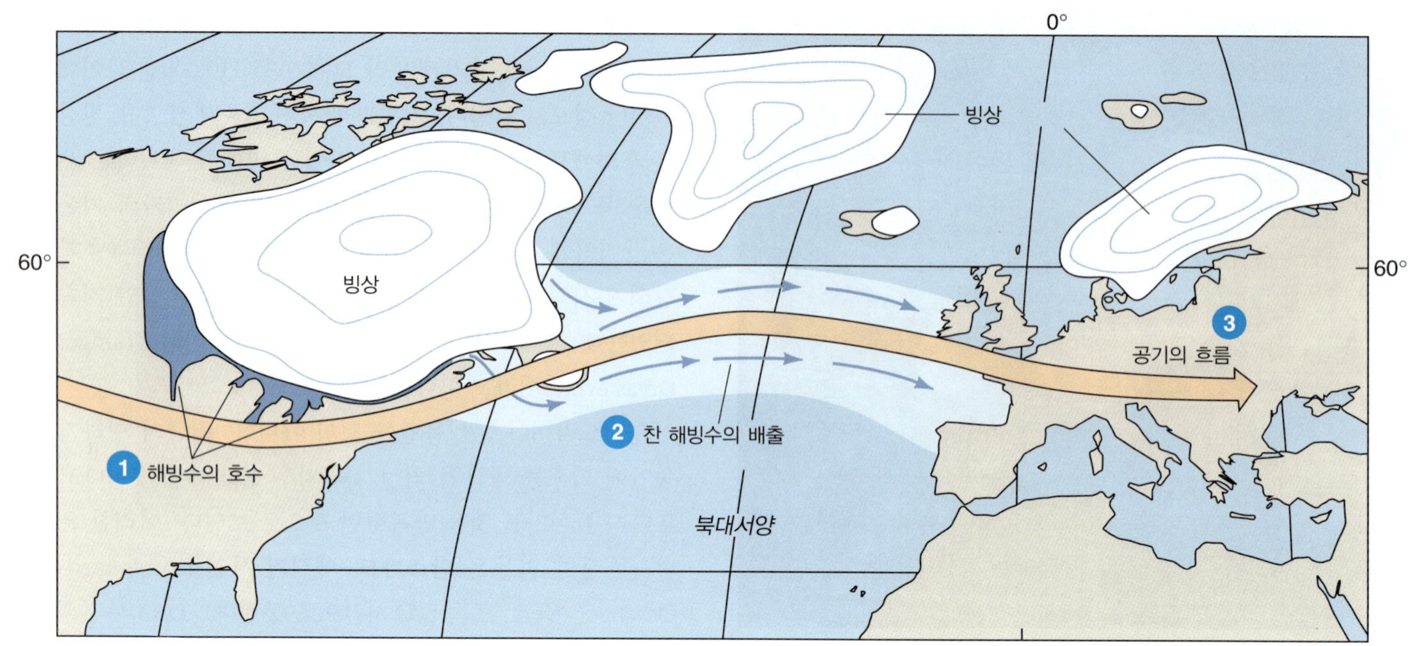

그림 13.25 **영거드라이아스와 하인리히 사건**

(1) 동부 북아메리카의 빙상이 후퇴함에 따라 많은 양의 얼음이 녹아 형성된 찬 호수물이 형성되었다. 동시에 북대서양에서는 해양 컨베이어가 작동을 하고 있었다. 걸프 스트림과 같이 바람에 의해 형성된 표층류는 극 쪽으로 흘러 들어가 고위도에서 가라앉는데, 이 과정에서 에너지를 전 지구로 수송한다. (2) 얼음이 더욱 감소하게 되면 얼음이 녹아 형성된 호수와 북대서양 사이의 자연적 배수로를 열게 된다. 녹은 물은 빠르게 해양으로 흘러들어가서 덮개처럼 밀도가 큰 해수 위에 놓이게 된다. 역으로 차가운 표층수는 해수의 염분도와 해수 표면으로부터의 증발을 감소시키게 되어 정상적인 해양 열염분 순환을 차단하게 된다. (3) 열염분 순환 없이는 차가운 북대서양을 지나는 공기는 북서 유럽에 차가운 공기를 유입시켜 빙하의 발달과 식생의 변화를 유발하게 된다.

과학자 이름을 따서 하인리히 층이라고 하는데, 이것으로부터 주변의 빙상에서 떨어져 나온 많은 빙산과 이에 실려온 퇴적물이 갑자기 북대서양으로 유입되었음을 알 수 있다. 대륙빙상이 녹으면서 저염분의 찬 해수가 이 시기에 해양으로 유입되었다(그림 13.25). 이들이 기후에 미친 영향은 상당히 컸을 것이며, 지구계의 다른 중요 요소인 대기권, 수권, 빙권, 생물권과 상호작용함으로써 더욱 강한 영향을 미치게 되었다.

하인리히 사건(Heinrich event) 동안에는 빙산으로 덮인 저염분의 찬 해수가 염분이 높은 북대서양의 심해수의 형성을 방해하고, 결과적으로 해양 컨베이어 시스템을 막게 되었을 것이다. 그 시스템은 전 지구의 해양에게 영향을 미치기 때문에 기후 또한 영향을 받았을 것이다. 광범위한 빙산과 이와 관련된 저염분의 찬 해수를 지나는 공기는 냉각되어 주변 대륙의 기온을 떨어지게 하였다. 같은 시기의 유사한 기후 천이가 서유럽의 호수 퇴적물, 플로리다의 화분 기록, 중국의 뢰스 퇴적물, 서부의 남아메리카와 북아메리카의 고산지대 빙하 퇴적물에서도 발견되는데, 하인리히의 사건이 전 지구 규모로 발생했음을 시사한다. D/O와 하인리히 사건에 관계된 큰 진폭의 변화는 대규모의 빙상이 북대서양을 둘러싸일 때 발생하는 빙하기의 현상인 것처럼 보인다. 이와 유사한 정도의 크기를 가진 사건은 마지막 빙하기 이후에는 관찰되지 않는다.

지구 기후 시스템의 피드백과 복잡성

하인리히, 단스가드-에시거 사건, 그 외의 강도와 기간이 다른 갑작스러운 기후 변동을 보면 우리 과학자들은 지구 기후 시스템의 작용에 대해서 아직 많은 연구를 해야 한다. 이 시스템은 다양한 시간 규모를 가지고 상호작용하는 많은 구성 요소와 과정으로 이루어져 있기 때문에 매우 복잡하다. 그러나 지구 규모 시스템을 더 어렵게 만드는 것은 이렇게 상호작용을 하는 대기권, 수권, 지권, 생물권, 빙설권이 양성과 음성 피드백 작용으로 맞물려 있다는 것이다. 이것은 한 구성 요소의 변화가 다른 구성 요소의 변화를 가져옴을 의미할 뿐만 아니라 기후 시스템의 양성 피드백 작용이 있을 때는 증폭된다는 것이다. 그 반대의 현상도 일어날 수 있다. 어떤 구성 요소가 변화했다 해도 기후 시스템의 음성 피드백 작용이 있다면 즉각 변화가 없던 원래 상태로 돌려질 수 있다.

피드백

시스템이 안정하며 변화 정도에 한계가 있고 항상성 유지의 특성이 있다면 피드백이 일어날 수 있다는 것을 상기하기 바란다(제1장 참조). 이 경우에 변화에 대한 시스템의 반응은 초기 변화와 반대 방향이다. 예를 들면 전 지구 지표 온도가 높아지면 증발 또한 증가한다. 이것은 대기 중의 수증기 양을 증가시켜서 더 많은 구름이 발생한다. 구름은 입사되는 태양 에너지를 차단한다. 따라서 지표의 온도는 다시 냉각된다. 이 시스템의 반응은 초기에 주어진 변화와는 반대이다.

이와는 대조적으로 양성 피드백 작용은 자력강화(self-reinforcing)와 자기 유지의 특성을 가진다. 이 경우에 시스템의 반응은 주어진 초기 입력에 대하여 같은 방향으로 작용한다. 예를 들면 지표 온도가 높아지면 증발이 증가할 것으로 예상된다. 이것은 대기 중의 수증기량을 늘릴 것이다. 수증기는 매우 효과적인 온실기체이다. 자연 상태로 존재하는 가장 중요한 온실기체이다. 대기 중의 수증기량이 증가하면 기온이 더욱 높아지고 수증기 증발량이 증가하여 대기 중의 수증기량이 늘어나고 결과적으로 온난화가 더 강해질 것이다. 이것은 기후 시스템에서 볼 수 있는 가장 중요한 양성 피드백 작용으로 여겨진다.

앞에서 본 것처럼 피드백은 지구의 기후 과정에 대한 이해를 매우 어렵게 한다. 대기 중의 수증기량이 증가한다면 온실효과에 의해 기온이 증가할 것인가? 아니면 구름의 양이 증가함으써 기온이 내려갈 것인가? 아니면 어느 한쪽이 다른 쪽보다는 강하기는 하나 두 개가 동시에 일어나는가? 이 이외에도 더욱 복잡한 것들이 있다. 예를 들면 어떤 구름은 그 밑에 열을 가두어서 지표면의 기온을 상승시키지만 어떤 구름들은 태양 입사 에너지를 차단하여 지표의 온도를 낮추게 된다. 만일 지구온난화가 대기 중의 습도를 높인다면 어떤 종류의 구름이 더 많이 형성될 것인가, 온난화 유형 아니면 냉각화 유형? 이러한 것들이 기후 학자들이 지구계에 대한 여러 가지 과정의 이해를 높이기 위하여 해결하려고 하는 문제이다.

앞에서 언급한 것 이외에도 기후 시스템에는 다른 종류의 피드백도 있다. 지구 기후 시스템에 영향을 미치는 탄소 순환의 피드백 작용에 대하여 알아보기로 하자.

탄소 순환의 피드백

지난 약 1억 년 동안 기후의 장기 경향은 대기 중의 이산화탄소 농도 경향과 대체적으로 일치한다(그림 13.18B, 그림 13.21). 장기 경향을 설명하는 것은 지구 기후 시스템이 어떻게 변해 왔는가를 이해하는 데 매우 중요하다. 그중에서도 기후가 어떻게 평형 상태를 유지해 왔는가를 설명하는 것은 매우 흥미 있는 일이다. 왜 지구에서는 대기의 이산화탄소량이 금성과 같이 높아지지 않는 것일까? 왜 이산화탄소량이 화성과 같이 혹한의 상태를 가져올 정도로 낮아지지는 않는 것일까?

탄소 순환의 음성 피드백

대기 중의 이산화탄소의 양을 조절하는 것은 탄소 순환의 음성 피드백을 필요로 한다. 스스로의 한계 조절이 가능한 음성 피드백, 또는 그 시스템의 한계 조절 용량을 넘어서는 양성 피드백이 없다면 금성처럼 지구는 폭주 온실효과가 있었을 것이다. 지권, 대기권, 생물권은 지구에 음성 피드백, 한계 조절 가능한 피드백을 만들기 위하여 매우 흥미 있는 방식으로 상호작용한다.

지구조적 순환은 대양저 확장과 섭입을 통하여 대기 중의 이산화탄소양을 조절하는 데 중요한 역할을 한다. 대양저 확장은 화산 활동을 제한함으로써 대기 중의 이산화탄소의량을 조절하는데, 화산 폭발에 의하여 분출되는 이산화탄소량을 제어하기 때문이다. 섭입대로 운반된 탄소가 풍부한 퇴적물의 변성암은 대기 중 이산화탄소의 양에 대한 또 다른 생성원인 동시에 주된 생성원이며 지구조적 순환에 의해서 조절된다. 탄소는 탄소를 많이 포함하는 석회석과 심해 연니와 같은 퇴적물이 가열되고 변성작용에 의해 깨어질 때 방출된다. 강한 지구조적 활동 기간 중에 화산 분출은 대기의 이산화탄소량을 늘리는 데 기여한다. 지구조적 활동이 약할 때는 화산 분출은 덜 활발하다.

동시에 이산화탄소는 지표암석의 풍화에 의해 대기로부터 제거된다. 제7장에서 배운 것처럼 빗물은 이산화탄소와 결합하여 탄산(H_2CO_3)을 형성하고, 이것은 다음의 반응식처럼 규산염질 암석를 풍화시킨다.

$CaSiO_3$	+	H_2CO_3 →	$CaCO_{3+}$ + SiO_2	+	H_2O
(규산염질 암석)		(탄산)	(풍화산물)		(물)

풍화산물(탄산염 광물과 실리카)은 하천수에 의해 바다로 운반된다. 거기서 해양 플랑크톤은 탄산염과 실리카를 섭취하여 껍질과 골격을 형성한다. 그들이 죽게 되면 그들

의 잔해가 해저에 쌓이고 묻히게 되어 퇴적물로 남는다. 따라서 규산염 암석의 풍화는 기후 시스템에서 음성 피드백에 해당하는데, 이것은 지구의 기후가 평형 상태를 유지하도록 해준다.

해저확장이 가속됨에 따라 더 많은 이산화탄소가 대기로 유입되면, 지구는 따뜻해지고 대기 중의 수증기량은 증가하게 되며 식생 밀도가 높아진다. (왜냐하면 이산화탄소는 식물에 있어서 비료와 같은 역할을 하는데, 광합성에 필요하기 때문이다.) 이산화탄소의 증가는 규산염 암석의 풍화를 가속하며, 이것은 대기로부터 이산화탄소를 제거함으로써 기후가 평형 상태를 유지하도록 해준다. 만일 해저확장이 느려진다면 대기 중으로 들어가는 이산화탄소의 양이 줄어든다. 기후는 냉각되고 풍화율은 감소하며 기후 시스템은 균형점에 가까운 상태에 머물게 된다.

좀 더 중요한 음성 피드백은 유기 탄소가 대륙붕에 묻힐 때 발생한다. 침식률이 클 경우 대륙붕을 따라 퇴적분지와 해저 선상지의 퇴적률이 증가하게 된다. 탄소는 지표의 풍화환경으로부터 고립되어 대기 중으로 다시 돌아가는 대신에 퇴적층에 저장된 채로 남는다. 이와 같은 탄소의 저장은 장기간의 탄소 저장에 있어서 규산의 풍화보다 훨씬 중요하다.

또 다른 가설은 대륙의 융기가 대기 중 이산화탄소 농도를 조절한다는 것이다. 융기는 대기 이산화탄소의 제거율을 증가시키는데, 왜냐하면 단층과 산사태가 암석을 풍화시키기 좋은 조건에 노출시키기 때문이다. 빙하에 의한 물리적 침식은 식생이 없는 고위도의 경사 지역에서 잘 일어난다. 물리적 침식의 산물은 하천수에 의해 낮은 지대로 이동된다. 범람원과 삼각주 지역의 평탄하고 온난한 습윤 기후는 화학적 풍화가 잘 일어나게 한다. 화학적 풍화는 약한 음성 피드백이 아니며, 오히려 대기 중의 이산화탄소 농도의 장기적 변동을 지배하는 주요 요소로 볼 수 있는데, 속도가 빠른 융기 지역은 지구의 탄소 순환에 가장 중요한 지역으로 꼽힌다.

탄소 사이클에 있어서 양성 피드백 작용

얼음심 자료로부터 고기온과 대기 중의 온실가스(특히 이산화탄소)는 양의 상관관계를 가진다는 것을 배웠다(그림 13.21 참조). 여기서 중요한 것은 둘 중 어떤 하나가 다른 것에게 어느 정도의 영향을 미치는 것인가이다. 양성 피드백에서는 기온이 높을 경우 대기 중 이산화탄소의 양이 증가하며, 이는 자력강화 순환 고리를 통하여 다시 온난화를 강화시킬 것이다. 그러나 이것이 실제로 발생할까?

탄소 순환의 불확실성은 기후 온난화에 대한 생태계의 반응 불확실 때문이다. 앞에서 언급한 것처럼 대기 중의 이산화탄소의 농도 증가는 식생을 증가시키며, 이는 대기로부터 이산화탄소를 제거하게 된다—음성 피드백. 그러나 이와 동시에 따뜻한 조건은 토양의 호흡을 증가시켜 이산화탄소와 메테인이 대기 중으로 많이 방출되게 한다. (이것은 열대지방의 토양이 왜 적은 양의 탄소를 포함하는 이유이다. 즉 탄소가 풍부한 토양 기체들이 더 쉽게 빠져나간다.) 평형 상태에서 따뜻한 기후는 육지가 탄소의 흡수 및 저장 능력을 감소시킬 수 있는데 이는 양성 피드백이다.

바다 역시 이산화탄소의 흡수 및 저장고로서 매우 중요하다. 해양의 표층수는 대기와 화학적 평형에 있다. 만일 대기의 이산화탄소의 농도가 증가한다면 해양에 의한 이산화탄소의 흡수 또한 증가한다. 그러나 따뜻한 기후에서는 해양이 대기 중 이산화탄소의 흡수 능력을 감소시킨다. 온난화가 발생하면 해수의 영양분은 감소한다. 이것이 대기 중의 이산화탄소를 흡수하는 해양 미생물의 증식에 가장 효율적인 제한적 요소로 작용한다. (똑같은 맥락에서 해양의 식물 플랑크톤을 증식시켜 해양이 이산화탄소를 흡수하는 능력을 늘리자는 제안을 하는 학자도 있다.)

또 다른 하나의 복잡성은 대기의 이산화탄소 농도가 증가하고 해양이 이산화탄소를 흡수함에 따라 해수는 더욱 산성화된다($CO_2+H_2O=H_2CO_3$, 탄산염). 산성화된 해양은 이산화탄소 흡수 능력이 떨어져서 오히려 이산화탄소의 생성요인으로 작용한다.

해저 퇴적물에 형성된 탄화수소의 방대한 저장소 또한 중요한 요소이다. 탄화수소 분자(주로 CH_4)는 퇴적물에 있는 얼음 분자에 의해 해수의 0°C에 가까운 온도로 포착되어 있다. 기체-얼음의 조합은 얼음 분자로 구성된 작은 우리 안에 탄화수소가 포착되어 있는 화학적 형태를 띤다. 이는 **탄화수소 가스 하이드레이트**(hydrocarbon gas hydrate) 또는 클라스레이트 하이드레이트라고도 한다. 방대한 양—아마도 6조 톤 이상—의 메테인이 해저 퇴적물의 형태로 존재한다. 해수가 약간이라도 따뜻해지면 탄화수소 분자를 가두고 있는 동결된 클레스레이트는 녹게 되어 방대한 양의 메테인 기체가 해수 위로 방출된다. 이것은 중요한 양성 피드백을 유발할 수 있다. 메테인은 매우 잠재력이 큰 온실기체이며, 대기 중으로 방출될 경우 온난화를 유발시키고 이는 다시 해수 온도를 높일 것이다.

인간 활동에 의한 기후 변화

지구계의 모든 요소는 상호작용을 하여 기후 시스템을 조절한다. 기후 변화에는 기본 메커니즘이 포함되어 있을 뿐만 아니라 양성과 음성 피드백도 중요한 역할을 하기 때문에 기후 변화 연구에 대해서 어떠한 방법을 취할 것인가는 쉽지 않은 문제이다. 기후 변화의 자연적인 원인을 이해하기 위해서는 인간에 의한 영향도 포함시켜야 한다.

지난 두 세기 동안에 이산화탄소의 양은 산업혁명 이후 과거 1만 년 동안의 어느 때보다도 빠른 속도로 증가하였다. 여기에 새로운 현상이 벌어지고 있는데, 그것은 화석연료의 연소에 의한 인위적인 요소이다. 인간은 화석연료 연소를 통하여 매년 약 8억 톤의 탄소를 대기 중으로 배출하는데, 대부분이 이산화탄소의 형태이다. 다른 인위적인 요인을 고려하지 않고, 오로지 이것만으로도 관측된 탄소의 증가량을 충분히 설명할 수 있다.

이산화탄소와 그 외 온실기체는 대기층의 하부에서 열이 방출되는 속도를 늦추기 때문에 과거의 기록으로부터 이산화탄소의 증가는 곧 온난화로 이어진다는 것을 알 수 있다. 이러한 증거는 매년 더욱 확실해지고 있다. 전 지구의 온도 기록을 보면 지난 1세기 동안에 약 0.6°C나 증가하였고, 지난 10년간 매년 평균 기온은 과거 가장 기온이 높았던 25개 년 중 하나에 속한다.

기후 시스템이 어떻게 작용하는가를 이해하는가는 매우 중요한 문제이며, 아직까지 분명한 답을 가지고 있지 않다. 과거 기후의 연구를 통하여 중요한 결론을 얻을 수 있었는데, 기후 변화의 증거는 지질학적 기록에 보존되어 있다. 그러한 증거들은 기후 변화의 원인이 무엇이며, 지구의 물리적·생물학적 시스템이 어느 정도 시간 규모로 기후 변화에 어떻게 반응하는지에 대한 중요한 단서를 제공한다. 이런 모든 단서는 인간 활동이 기후 변화에 어떤 기여를 하는지, 어떻게 또 얼마나 빠르게 기후 변화가 이런 변화에 반응하는지, 지구 공동체가 기후 변화를 멈추거나 완화시키기 위하여 무엇을 해야 하는지를 밝히는 데 매우 중요하다. 이에 대한 대답은 한 분야의 연구만으로는 이루어질 수 없으며, 지구과학의 여러 분야의 공동 연구를 통하여 얻어질 수 있다. 우리는 제19장에서 기후 변화에 있어서 인간의 역할과 지구계에 대한 인간 활동의 영향을 조사할 것이다.

요약

1. 지구 기후 시스템은 동적이며, 상호작용을 하는 여러 요소로 구성되어 있다. 지권을 제외한 모든 시스템은 태양 에너지에 의하여 유지된다.
2. 쾨펜의 기후 분류는 일반적으로 널리 사용되며, 자생하는 식생 유형의 분포에 근거하여 정해진다. 이 시스템은 평균 기온, 강수량, 계절 변화 등을 종합하여 5개의 기후 유형으로 분류한다—적도, 건조, 온난, 대륙, 극 또는 고산 기후.
3. 기후는 평균 기온, 강수량, 습도, 바람, 흐름 정도로 표현된다. 기계적 관측에 의한 기후 변화의 기록은 과거 100년 정도에 불과하다. 이러한 기록에 의하면 북반구의 평균 기온이 1940년대에 최고점에 있었으며 1970년까지 감소하다가 다시 증가하였다. 1990년대와 2000년대는 역사상 기온이 가장 높았다.
4. 기후 조건에 적응한 생물의 화석은 오늘날의 그것과 매우 다르다는 것은 그 지역의 기후가 바뀌었다는 것을 추정할 수 있다. 다른 고기후의 증거로는 빙하의 흔적, 온난 지역에 빙하 주변부가 발견됨, 현재 식생으로 덮여 있는 사막과 모래언덕, 사막에 있는 과거의 호수 흔적 등이 있다. 현재 물이 없는 하천의 수로, 현재 수목한계선 위에 존재하는 고사목의 잔해, 현재의 기후와 맞지 않는 토양단면 등이 있다.
5. 기후 대리 기록은 기후에 의하여 제어되고, 기후의 흔적을 볼 수 있는 자연 현상의 기록이다. 그들은 역사적 기록일 수도 있고, 연년 또는 계절 성장테의 축적과 같은 과정에 의해 얻어진 기후 변동의 자연적인 기록일 수도

있다. 기후 대리 인자가 유용하려면 기록 속에 포함된 기후 변화와 관련된 연대를 결정할 수 있는 메커니즘이 필요하다. 기후 변화에 관련된 사건의 가장 오래된 역사적 기록은 농사, 어업, 수확 등과 관련이 있는데 약 1,000년 정도 전까지 거슬러 올라간다.

6. 빙하에 포함된 산소 동위원소의 측정(^{16}O 과 ^{18}O)을 통하여 빙하 위에 눈이 쌓일 당시의 기온을 측정할 수 있다. 어떤 기록은 약 수십만 년 전까지 또 거슬러 올라간다. 다른 동위원소 측정을 통하여 빙하기의 해수면은 지금보다 낮았다는 것을 알 수 있다. 지하수, 토양, 호수 퇴적물, 동굴 퇴적물 등은 주변 환경과 화학적으로 평형을 이루고 있으며, 연대기를 보존하고 있기 때문에 동위원소를 분석하면 고기후를 복원할 수 있다.
7. 나무, 산호, 그 밖의 많은 생물들은 매년 성장테를 남겨서, 고기후의 증거를 제공하게 된다. 단단한 껍질의 생물 화석을 포함하는 호수 퇴적물과 심해 퇴적물 또한 고기후의 복원에 유용하다. 화분 입자 화석은 퇴적물이 쌓일 당시에 번성했던 식물군을 나타낸다. 그와 유사한 식물군이 서식하는 현재의 기후 조건은 화석이 만들어질 당시의 기후를 추정하는 데 사용된다.
8. 풍부한 역사적 기후 대리 자료는 지난 1,000년 동안의 기후 변화에 대한 포괄적 특징을 제공한다. 중세 온난기는 약 700년 전에 소빙하기로 바뀌었으며 약 19세기 중반까지 계속되었다. 그 뒤로는 작은 진폭의 변동은 있었지만 중위도 지역은 대체적으로 온난화의 경향이 유지되었다.
9. 최근의 플레이스토세 빙결은 약 7만 년 전에 시작되어 1만 년 전에 끝났다. 중위도 해안 지역의 기온은 약 5~8°C나 낮아졌다. 대륙의 중앙부는 무려 10~15°C나 기온이 하강하였다. 이러한 변화는 간빙기로부터 빙하기로 접어들게 하는 요인인데, 그 영향은 지역적으로 고르게 나타나지는 않았다.
10. 최근의 빙하기 동안에는 캐나다의 동부 및 중부와 미국의 북부에 거대한 빙상이 형성되었고, 그 범위는 약 24,000년 전에는 최고조에 달했다. 평균 해수면은 지금보다 약 120m나 낮았으며, 대기는 건조하고 바람이 강했다. 식물종의 군집은 현재와는 사뭇 다른 분포를 가졌다.
11. 해저 퇴적물은 기후 변화의 연속적인 기록을 제공하지만 육상의 빙하는 그렇지 않다. 플레이스토세에는 약 30번의 크고 작은 빙하기가 있었다. 이를 뒷받침하는 증거는 해저 퇴적물과 이에 포함된 미화석으로부터 얻을 수 있다. 이러한 증거는 온난한 간빙기의 식물 상으로부터 한랭한 빙하기 식물상으로 천이되었음을 보여주며, 산소 동위원소 ^{18}O와 ^{16}O의 비를 조사해 보면 한랭기에 빙하 얼음의 부피가 매우 컸음을 알 수 있다.
12. 과거 80만 년 동안의 빙하기-간빙기 순환의 평균 주기는 약 10만 년 정도이다. 그 이전에는 빙하기 동안에도 육상 얼음의 양은 그다지 많지 않았으며, 각 순환의 평균 기간도 약 4만 년에 불과하였다.
13. 가장 오래된 빙하기의 기록은 약 24억 년 전으로 거슬러 올라간다. 다른 빙하기의 기록도 선캄브리아기와 초기 및 말기 고생대의 암석에서 발견된다. 중생대에는 그 정도 강한 빙하기는 발생하지 않았는데, 온난한 기후가 장기간 지속되었다는 지질학적 증거와 일치하며, 대기 중의 온실기체의 농도가 높았다.
14. 지구 궤도 이심률, 자전축 기울기, 궤도의 세차운동에 약간의 변화만 생기더라도 어느 위도에 입사되는 태양 에너지의 양은 변한다. 궤도 변화에 대한 이러한 요소들의 복합적 작용(밀란코비치 순환이라고 함)은 기후 변화를 초래하고 빙하기-간빙기의 시기에도 영향을 미친다. 흑점의 변화 등과 연관된 태양 복사 에너지의 변화도 기후에 영향을 준다.
15. 지구의 대기는 태양 복사의 서로 다른 파장대에 대하여 선택적인 필터로 작용하는데, 온실효과에 의한 지구 온난화를 유발시킨다. 빙하에 포착된 과거의 공기 방울은, 대기 중의 온실기체(CO_2와 CH_4)의 농도 온난기에 높았고 한랭기에는 낮았음을 제시한다.
16. 화산재와 세립자의 먼지와 같은 에어로졸은 대기의 반사도를 극적으로 변화시키는데, 지구의 온도를 낮추는 역할을 한다. 지표면의 반사도 또한 기후 변화에 영향을 미친다. 육지의 많은 면적이 얼음이나 눈으로 덮이게 되면, 표면의 반사도가 커지고 복사 태양 에너지를 우주로 되돌려 보내게 되어 더욱 지구를 냉각시킨다. 화산 폭발도 온실기체인 이산화탄소를 방출함으로써 기후 변화에 영향을 미친다.
17. 대륙의 위치, 모양, 고도는 기후에 큰 영향을 미친다. 이러한 효과 중 하나는 대기나 해양 순환을 가로막는 지형이 있는 경우에도 나타나며, 대륙과 해양이 열을 방출하는 정도가 다르기 때문이기도 하다. 티베트 고

원과 같은 대륙의 융기는 제트기류의 강화, 강수량의 증가, 계절풍의 강화, 해양의 염분과 온도의 변화를 가져온다.

18. 열 염분 순환은 대기와 심해를 하나의 역학적 시스템으로 관련짓는데, 기후에 있어서 매우 중요한 역할을 한다. 지구 기후 시스템은 열염분 순환이 활발한 경우(간빙기)와 차단되는 경우(빙하기)로 나눌 수 있다. 영거 드라이아스기는 이러한 일련의 변동의 첫 번째인데, 단스가드-에시거 사건이라 불리며, 결빙으로부터의 지구가 출현하게 하는 사건이었다. 대규모 빙상으로부터 빙산과 차고 염분이 낮은 해수가 대서양으로 갑자기 유입됨에 따라 고염분도의 북대서양 심해수의 생성이 중단되었고 열 염분 순환이 차단되어 지구의 기후에 영향을 미쳤다.
19. 지구 기후 시스템은 양성(자력 강화하는)과 음성(자기 제어의) 피드백으로 특징지어진다. 탄소 순환의 제어 능력은 해저 확장률, 섭입, 변성작용, 융기, 화학적 풍화, 탄소가 풍부한 퇴적암의 형성, 토양의 기체 방출, 해양의 이산화탄소 흡수, 광합성과 식물 호흡의 단기적 메커니즘에까지도 미친다.
20. 기후 변화에 대한 인류의 영향은 기후 시스템의 복잡성에까지도 영향을 미친다. 인간의 화석 연료의 연소를 통하여 매년 8억 톤의 탄소가 대기 중으로 방출되는데, 궁극적으로는 대기의 기온을 높이는 데 기여할 것이다.

주요 용어

간빙기(interglacial period)
고기후(paleoclimate)
기후 강제력(climate forcing)
기후 대리 자료(climate proxy record)
단스가드-에시거 사건(Dansgaard-Oeschger event)
동위원소 분리(fractionation)
밀란코비치 순환(Milankovitch cycle)
빙하기(glacial period)
소빙하기(Little Ice Age)
영거드라이아스 사건(Younger Dryas event)
중세 온난기(Medieval Warm Period)
쾨펜 시스템(Köen system)
탄화수소 가스 하이드레이트(hydrocarbon gas hydrate)
하인리히 사건(Heinrich event)
호상점토(varve)

복습 문제

1. 과거의 기후를 연구할 수 있는, 인간에 의하여 남겨진 기록의 두 가지 형태를 기술하라.
2. 자연적인 기후 대리 기록을 서술하고 이들이 어떻게 기후에 영향을 미치는지를 설명하라.
3. 과학적 증거에 의하면 빙하기는 현재보다 건조했다고 한다. 만일 사실이라면 빙하기에 호수의 면적이 늘어났다는 것은 어떻게 설명할 수 있는가(설명이 가능한 두 가지를 들어라)?
4. 어떻게 화분입자의 화석으로부터 빙하기의 지표면 온도를 추정할 수 있는가?
5. 빙하로부터 채취한 동위원소 자료가 어떻게 온도의 복원에 쓰이는가? 또 심해의 산소동위원소는?
6. 심해의 퇴적암심으로부터 얻을 수 있는 어떤 자료가 플레이스토세 기간 중에 빙하기-간빙기 순환이 반복적으로 발생했다는 것을 뒷받침하는가?
7. 플레이스토세보다 더 오래된 결빙 증거가 있는가?
8. 백악기 중엽의 기후가 현재보다 온난했던 것은 무엇 때문인가?
9. 지구로 입사되는 태양 에너지의 변화에 영향을 주어 빙하기-간빙기 순환에 제어하는 지구 궤도의 세 가지 운동에 대하여 설명하라.
10. 대규모 화산 폭발의 어떤 요소가 기후에 영향을 미치는가?
11. 과학자들은 어떤 방법으로 과거의 지구 대기에 포함된 온실기체의 양을 추정하는가?
12. 영거드라이아스 사건에 대해서 기술하고 그 원인에 대

하여 설명하라.

13. 단스가드-에시거 사건은 무엇인가?
14. 하인리히 사건은 무엇인가? 하인리히 사건이 발생 중인 기후 상태에 대하여 설명하라.
15. 지구의 기후에 영향을 미칠 수 있는 탄소 순환의 양성과 음성 피드백에 대하여 설명하라.

연구와 토론 문제

1. 해저에 퇴적되는 퇴적물이 어떻게 표층수에 대한 정보를 제공할 수 있는가?
2. 산소와 수소 이외의 동위원소도 고기후의 연구에 쓰일 수 있다. 황의 동위원소 분석에 관한 연구를 수행하고, 고기후에 관한 정보를 제공할 수 있는 다른 물질(예를 들면 동굴 2차 생성물과 지하수)도 조사하라.
3. 최근 빙하기의 최성기에 해수면 온도는 현재와 어떻게 다른가? 어떤 해양은 다른 것에 비하여 더 변화가 더 크다고 생각하는가? 이들의 변화 중 어떤 요소가 대기의 순환과 날씨에 영향을 미쳤다고 생각하는가?

기초 원리 문제

1. 쾨펜의 기후 시스템 분류는 어떤 특성에 기초하는가?
2. 쾨펜의 기후 시스템 분류의 다섯 가지 유형은 무엇인가?
3. 기온, 강수량, 계절성에 대한 변동은 어떻게 나타내지는가?

자세히 보기 문제

1. 동위원소는 무엇인가?
2. 자연적으로 존재하는 산소 동위원소의 종류 세 가지는? 또 수소의 두 가지는?
3. 심해 퇴적물의 동위원소 분석이 어떻게 전 지구의 얼음의 양에 대한 정보를 제공하는가?

제 5 부

생물권 : 지구상의 생명체

생물권(biosphere) : 생명체, 생활양식, 수명을 의미하는 그리스어 *bios*와 지구, 공, 구를 의미하는 *sphaira*에서 유래

사람들은 생명체 – 이들의 복잡성과 동식물들이 그들의 필요에 응하는 놀라운 적응력 – 에 매료되었다. 과학자들은 이들의 엄청난 양의 복잡성과 적응력을 배웠다. 우리는 생명체의 형태, 체형 및 기능이 한 세대에서 다음 세대로 전달되게 하는 유전 정보를 이해한다. 우리는 개개의 세포가 어떻게 기능을 하고, 세포를 구성하고 있는 복잡한 화학성분과 이 화학성분들의 기능에 대하여 많은 것을 알고 있다. 우리는 특정 환경에 적합하게 설계된 농작물과 심지어 동물들의 잡종을 만들어낼 수 있다. 우리는 많은 질병에 대한 치료 방법을 배웠다. 생명체가 영속하기 위해 무엇이 필요하고 생명체가 어떻게 지구상에 처음 출현하였는가를 이해한다 하더라도 우리는 여전히 답을 찾고 있다.

다음 3개 장에서 우리는 생명체와 이들의 환경 – 생물권(biosphere) – 에 대하여 우리가 알고 있는 것을 조사한다. 오늘날 우리가 이들을 이해함에 따라 우리들은 몇 가지 답을 제공한다. 또한 우리들은 해결되지 않은 몇 가지 문제에 대하여 논한다. 제14장에서는 생명체의 가장 근본에 초점을 맞춘다. 생명체 자체의 특징과 세포 – 근본적인 생물학적 기본 입자 – 를 조사한다. 생명체가 어떻게 출현하였으며 진화 과정을 통해 오늘날 우리를 둘러싸고 있는 풍부한 다양성까지 이들이 지구상에서 초기부터 어떻게 발전하였는지 다룬다. 제15장에서는 생명체를 지지하는 계들, 특히 생명체를 부양하는 기본적인 환경 단위인 생태계를 한층 더 자세히 조사하며 생태계 내에서 생지화학적 순환을 검토한다. 제16장에서는 개개 생명체가 상호 간에 작용하는 몇 가지 방법과 자원의 입수 가능성, 그리고 환경 변화가 개체, 종, 개체군 및 군집에 어떻게 영향을 미치는지를 다루기 위해 확장하였다. 마지막으로 지구의 생물학적 다양성을 검토하고 왜 어느 종은 위험에 처해 있는가를 논한다.

제5부는 다음과 같은 장으로 구성되어 있다.

◀ **곤충의 세계**

이 동물은 보르네오의 열대 우림 지역에서 관찰할 수 있는 *Duliticola*속의 딱정벌레(net-winged beetle)이다. 이곳에는 딱정벌레가 다른 곤충들보다 많이 있으며, 동물들보다도 곤충이 많다. 이에 대해 진화생물학자 할데인(J.B.S. Haldane)은 "신은 딱정벌레에게 과도한 사랑을 보여주셨다."고 말했다.

CHAPTER

14

생명, 죽음, 그리고 진화

개요

이 장에서 우리는

- 생명체의 기본적인 작용과 특징을 소개한다.
- 생명체의 분류체계에 있어 기본적인 단위를 설명한다.
- 생명체가 지구 역사의 변천 과정 동안 어떻게 지구계에 적응했으며 지구계를 어떻게 변화시켰는지 학습한다.
- 지구상에서 생명, 죽음 및 진화 과정을 요약한다.

◀ **생명은 영속한다**

생명체는 매우 혹독한 환경에서도 지구에 뿌리를 내리고 산다. 그림은 하와이 주의 화산국립공원 내의 고화된 용암에서 자라고 있는 양치식물의 일종(plucky fern)을 보여준다.

비록 생명체는 많은 점에서 신비할지라도, 우리가 알고 있는 한 생명체는 행성과 연관된 현상—범위는 광범위하지만 특별히 우리 지구에 독특한—이다. 따라서 지구계는 생명체에 대한 근본적인 물음을 숙고하는 데 적당하고 중요한 주제이다. 화성으로부터 유래하고 세균과 같은 생명체의 화석일 가능성이 있는 구조를 포함한 것으로 밝혀진 운석의 발견은 이 물음을 더욱 흥미롭게 한다(그림 14.1).[1] 생명체가 화성에 한때 존재했으나 물과 산소가 부족해지면서 죽어 없어졌는가? 생명체, 즉 생물권은 오직 지구의 현상이 아니라 오히려 생명체가 출현하고 존속하기 위해 아주 적당한 행성의 크기, 복잡성 및 환경 조건을 필요로 하는 한층 더 보편적인 현상이 될 수 있는가? 많은 복잡한 쟁점이 이 물음과 결부되어 있으며, 가장 근본적인 물음은 '생명체란 무엇인가?' 이다.

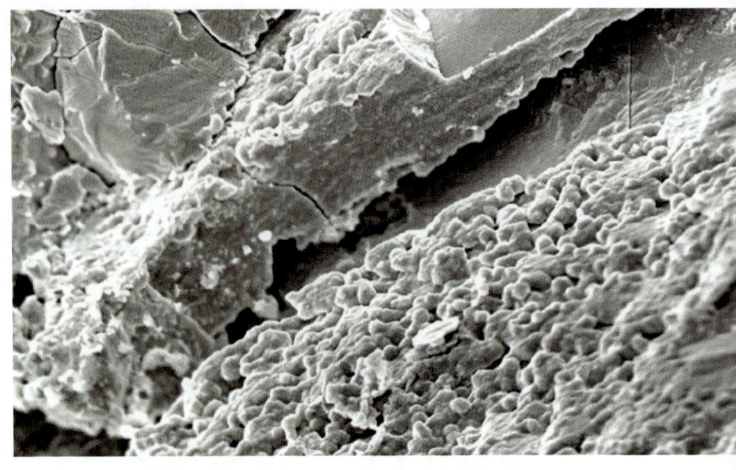

그림 14.1 화성의 생명체?
과학자들은 화성에서 유래된 운석 ALH84001의 표면을 2009년에 촬영한 주사전자 현미경 사진이 지구의 세균이 남긴 침전물과 비슷한 울퉁불퉁한 표면을 보여준다고 말한다. 생물 기원으로 봐줄 만한 구조는 지름이 겨우 20nm 내지 100nm이다(1nm는 10억 분의 1m이다).

생명체란 무엇인가? 근본적인 생물 작용에 대한 개요

어떤 사물이 살아있다고 말할 때 이것은 무엇을 뜻하는가? 살아있는 물체와 생명이 없는 물체 사이의 본질적인 차이는 무엇인가? 우리들 대부분은 이 질문을 하는 데 거의 머뭇거리지 않는다. 개(살아있는)는 뛰어 돌아다니며 짓는 반면에 돌(생명이 없는)은 움직이지 않는 채 놓여 있으며 말이 없다. 그렇다면 개와 감자는 어떠한가? 그 차이는 달리고 짓는 능력 외에 어떤 다른 것이 분명히 있어야만 한다. 그러면 어떤 사물이 살아있을 때 우리는 어떻게 알 수 있는가?

생명체의 필요 조건

물질대사, 생식, 성장, 진화라는 네 가지 본질적인 특성으로 생명이 없는 사물로부터 살아있는 생명체를 구별한다. 어떤 경우에는 생명이 없는 사물도 이들 특성 중 어떤 것을 가질 수 있다. 결정(생명이 없는)은 자랄 수 있다. 그러나 가장 큰 차이는 살아있는 생명체는 이들 모든 특성을 갖는다는 것이다. 본질적인 이들 작용의 각각을 한층 더 자세히 조사해 보자.

1) 이 운석 자체는 1984년 남극 대륙에서 발견되었다. 생명체 기원일 가능성이 있는 구조를 최초로 기술한 논문은 1996년 NASA의 과학자 데이비드 맥케이 박사와 그의 동료들에 의해 발표되었다(David S. McKay, Everett K. Gibson Jr., Kathie L. Thomas-Keprta, Hojatollah Vali, Christopher S. Romanek, Simon J. Clemett, Xavier D. F. Chillier, Claude R. Maechling, and Richard N. Zare, 1996. *Search for Past Life on Mars: Possible Relic Biogenic Activity in Martian Meteorite AL84001*. Science 273: 5277, 924-930). 비록 이 운석 자체가 화석에서 유래하였다는 것이 널리 받아들여질지라도 이 운석에서 생명체의 활동에 대한 증거는 여전히 논의의 여지가 있다.

물질대사

생명체의 결정적인 특징 중 하나는 **물질대사**(metabolism)이다. 이것은 생명체가 생명 작용에 필요한 에너지를 얻는 전체적인 화학 반응의 세트를 말한다. 어떤 생명체는 그들의 고유한 음식 에너지를 주위 환경에서 얻을 수 있는 무기 물질로부터 만든다. 그 밖의 생명체들은 다른 생명체를 먹음으로써 음식 에너지를 얻는다.

독립영양생물 무기적인 화학 물질로부터 생명체의 고유한 유기 음식 에너지를 생산하는 생명체를 **독립영양생물**(autotroph)이라고 한다. 대부분의 독립영양생물은 무기적인 이산화탄소가 햇빛 에너지에 의해 물과 결합하여 당(탄수화물 형태)을 생성하는 **광합성**(photosynthesis)을 통해 음식 에너지를 생산한다. 광합성의 부산물로 생성되는 산소는 지구상의 생명체에 있어 매우 중요하다. (광합성과 독립영양생물은 제15장에서 다시 설명한다).

광합성은 지구상에서 매우 중요한 독립영양 작용이다. 그러나 수종의 독립영양생물은 산소가 없거나 혐기성 환경에서 **화학합성**(chemosynthesis)을 통해 그들의 고유한 음식 에너지를 생산한다. 이와 같은 생명체들이 번성하고 있는 환경의 예는 해저 지각이 활발하게 갈라지는 해저확장

경계(제5장)에 있다. 지구조적인 이들 환경에서 해수는 지하에 있는 뜨거운 맨틀과 아주 가깝게 접하고 있다. 해수는 열곡에 발달된 많은 갈라진 틈을 따라 순환하며 **흑색 열수구**(black smoker)라고 하는 비등점 이상으로 가열된 물기둥으로 해저 바닥에 다시 분출한다. 흑색 열수구에는 검은 광물질의 물질이 잔뜩 들어 있다. 화학독립영양생물은 이들 지역에서 햇빛 없이 무기적인 광물로부터 유기적인 화합물을 합성할 수 있다.

종속영양생물 다른 생명체를 먹거나 또는 다른 생명체에 의해 생성된 유기 화합물을 섭취함으로써 음식 에너지를 얻는 생명체를 **종속영양생물**(heterotroph)이라고 한다. 종속영양생물이 다른 생명체를 먹으면 유기 화합물 내에 저장된 에너지는 두 가지 물질대사 작용 중 하나에 의해 방출된다. 산소에 내성이 없는 생명체는 혐기성의 발효 작용을 통해 에너지를 얻는다. 발효 작용에서는 탄수화물이 부분적으로 분해되어 알코올, 이산화탄소 및 물을 생성함에 따라 탄수화물 분자가 에너지를 방출한다. 산소에 내성이 있는 종속영양생물은 호기성(산소가 있는)의 **호흡**(respiration, 또는 세포 호흡) 과정을 통해 에너지를 얻는다. 이것은 종속영양생물이 탄수화물을 분해하는 데 산소를 이용하며 이산화탄소, 물 및 에너지를 방출한다는 것을 의미한다. 물질대사 작용으로서 호흡은 발효보다 몇 배 이상 효율이 높다.

생식

생명이 없는 물체로부터 생명체를 구별하는 또 다른 중요한 특성은 생명체 자신이 생식을 할 수 있다는 것이다. 살아있는 생명체의 유전 계획은 그의 DNA(디옥시리보핵산) 내에 암호화되어 있다. DNA는 유전 정보를 저장한 유기분자에 의해 결합된 사슬 같은 2개의 분자로 구성된다(기초 원리 : DNA와 RNA 참조). DNA 내에 저장된 정보와 명령은 **RNA**(리보핵산)에 의해 해독되고 실행된다. RNA는 세포를 구성하고 있는 단백질의 정확한 복제물을 구성하는 데 필요한 정보를 포함하고 있기 때문에 세포는 RNA 없이 생식을 할 수 없다.

단세포 생명체에서 생식은 세포가 분열할 때 일어난다(그림 14.2A). 다세포 생물에서 생식은 유성 또는 무성 생식을 통해 일어난다. 무성생식의 한 예는 땅에 꽂아둔 어떤 나무의 살아있는 잔가지가 뿌리를 내리고 새로운 나무로 태어나는 것이다(그림 14.2B). 유성생식은 2개의 서로 다른 개체로부터 유래된 유전 정보의 결합을 포함한다. 이 유전 정보는 동시에 새로 태어난 자손에 전달되며(그림 14.2C) 유전적인 재결합으로 끝난다. 유성생식이 어떻게 그리고 왜 정확히 시작하는지는 지구상의 생명체 역사를 이해하려는 우리들의 노력 속에 존재하는 해결해야 할 큰 문제 중 하나이다.

성장

성장은 살아있는 생명체의 근본적인 특성이다. 성장은 커다란 분자를 형성하기 위한 원자와 작은 분자의 배열과 조직화를 포함한다. 미시적인 수준에서 원자와 분자의 배열은 중합과 결정화 작용이라는 두 가지 방법으로 일어날 수 있다. 제3장에서 설명한 바와 같이 중합은 커다란 사슬 또

그림 14.2 생식

(A) 단세포 생물은 유사 분열 과정을 통해 생식을 한다. 여기에 제시된 것은 HaCaT라고 하는 사람 피부의 한 형태로 배율은 약 1,000배이다. (B) 선인장(*Cylindropuntia fulgida*)은 어린 선인장이 모체 선인장으로부터 떨어진 후에 뿌리를 내리고 개체로 성장할 때 무성생식을 한다. (C) 유성생식에서 이들 황제 펭귄(*Aptenodytes forsteri*)과 같이 교배한 한 쌍은 이들의 자손에게 이들의 유전 정보를 전달한다.

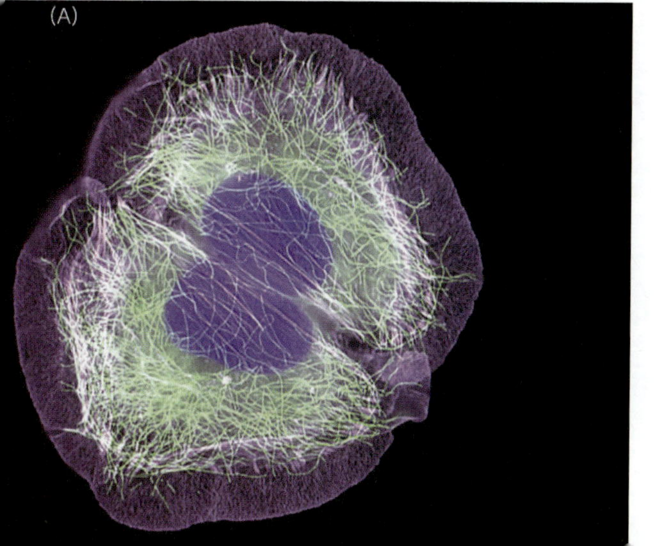

는 판상의 분자를 만들기 위해 작은 분자들이 목걸이의 구슬처럼 서로 연결되는 것이다. 제7장에서 설명한 바와 같이 결정화 작용은 원자 또는 분자들을 정연하게 기하학적인 배열로 채워 넣는 것이다. 결정화 작용은 수증기 내에서 불규칙하게 배열된 H_2O 분자가 차가운 창유리에 얼음 결정을 형성하거나 또는 냉각되는 마그마 내에서 원자들이 모여 광물 입자를 형성할 때 일어나는 것이다.

중첩과 결정화 작용 모두에서 원자나 분자가 규칙적으로 배열된 패턴은 구조 전체에 걸쳐 반복된다. 그러나 이들에는 중요한 차이가 있다. 중합은 에너지를 흡수하는 반면 결정화 작용은 에너지를 방출한다. 살아있는 생명체 내에서 모든 성장은 큰 유기적인 분자를 형성하기 위해 작은 유기 분자의 중합을 포함한다(제3장의 **생체고분자 물질**이며 예는 DNA이다). 따라서 살아있는 생명체에서 성장은 에너지가 필요하며, 이 에너지는 물질대사를 통해 얻는다.

생명이 없는 결정은 성장은 할 수 있으나 생식을 하고 음식 에너지를 변화시킬 수 있는 능력을 포함한 생명체의 다른 특성들이 없다. 또한 바이러스도 성장할 수 있으며, 이들의 원자는 생체고분자 물질로 배열되어 있다. 그러나 바이러스는 자신을 복제하기 위해 다른 생명체의 생식 방법을 이용하며, 물질대사를 할 수 있는 능력이 없다. 그러므로 바이러스는 살아있는 생명체와 생명이 없는 물질 사이의 어딘가에 위치한다.

진화

우리는 생명이 없는 물체로부터 살아있는 생명체를 구별하는 세 가지 특성—물질대사, 생식, 성장—을 설명하였다. 살아있는 생명체는 또한 생명체를 특징짓는 네 번째 특성을 갖는다. 이것은 진화하여 새로운 생명체 형태 또는 종으로 발전하는 잠재력이다.

종(species)이란 용어를 정의하는 것은 생각보다 훨씬 더 어렵다. 몇몇 과학자들은 생명체의 형태, 즉 생명체의 겉모습에 바탕을 둔 정의를 선호한다. 따라서 서로 비슷하게 보이고 동일한 구조적 특징을 많이 공유한 생명체는 같은 종에 속하는 것으로 말한다. 다른 과학자는 오히려 생명체의 생물학적 특성에 바탕을 둔 정의를 좋아한다. 보다 엄밀히 말하면 서로 성공적으로 교배할 수 있으며, 생식 능력이 있는 자손을 낳을 수 있는 생명체를 같은 종이라고 말한다.

화석화된 과거 식물과 동물의 잔류물을 연구하는 고생물학자들은 화석을 같은 또는 다른 종의 구성원으로 정의할 때 선택의 여지가 없이 생명체의 형태에 의존한다. 수백만 년 전에 살았던 두 생명체가 성공적으로 교배할 수 있었는지는 결정할 방법이 없다. 그러나 때때로 형태적인 연구 방법은 잘 맞지 않는다. 집에서 기르는 개를 생각해 보자(그림 14. 3A). 비록 이들은 크기와 형태에서 아주 다양하지만 모두 같은 종에 속한다. 비록 이것이 논리적으로 도전을 받을지라도 모든 개는 생물학적으로 교배를 해서 생식력이 있는 자손을 낳을 수 있다. 아주 비슷하게 보이는 말과 얼룩말은 교배는 할 수 있지만 이들의 자손은 생식력이 없다(그림 14. 3B). 그러므로 이들은 다른 종에 속한다.

그림 14.3 종의 정의
종은 형태의 비슷함이나 또는 성공적으로 자식을 낳을 수 있는 가능성에 근거하여 정의한다. (A) 그림에서 두 마리 개는 완전히 다르게 보인다. 그러나 이들은 성공적으로 새끼를 낳을 수 있으며, 그러므로 이들 모두는 같은 종(*Canis lupus familiaris*)에 속한다. (B) 말(*Equus ferus caballus*)과 얼룩말(*Equus zebra*, *Equus grevyi* 및 *Equus burchellii*는 현생 얼룩말의 세 가지이다)은 매우 비슷해 보인다. 그러나 이들의 자손은 생식력이 없다. 이들은 다른 종에 속한다. 그림에서 소코(N' Soko)라고 부르는 어린 '조스(zorse)'는 얼룩말 수컷과 암말 사이에서 태어난 자손이다.

(A)

(B)

새로운 생명체와 종을 출현시킬 수 있는 이런 잠재력이 생명체를 특징짓는 네 번째 특성이다. 이것을 **진화**(evolution)라고 한다. 진화는 종의 유전적인 구성이 시간이 지남에 따라 변하며 새로운 종이 출현하는 과정이다.

기초 원리

DNA와 RNA

살아있는 생명체의 유전 계획은 그의 DNA 내에 암호화되어 있다. DNA는 생체고분자 물질로 생명체의 유전 정보를 저장한 유기 분자에 의해 결합된 2개의 사슬 같은 분자로 구성되어 있다(그림 B14.1). 사다리 같이 꼬인 DNA 분자의 구조는 '이중 나선(double helix)' 이라고 하며, 사다리를 이루기 위해 열을 이룬 구조 단위는 뉴클레오티드이다.

살아있는 생명체의 특유한 특성 중 하나인 성장은 따라서 DNA로부터 입력 암호를 필요로 하는 새로운 세포의 구성을 포함한다. 세포 성장은 특유한 계획을 따른다. 세포 각각의 종류는 이들의 고유한 특수한 계획을 가지며, 이들 계획의 자세한 명령은 세포에서 세포로, 세대에서 세대로 계속하여 전달된다. 성장 계획에 대한 정보는 DNA의 구조적인 기초를 형성하는 유기적 분자인 뉴클레오티드 내에 저장되어 있다. 각각의 뉴클레오티드는 인산염기, 당 분자 및 질소 염기로 이루어져 있다. 염기에는 구아닌(G), 시토신(C), 티민(T) 및 아데닌(A)이 있으며, 서로 연결되어 염기 쌍을 형성한다. G는 항상 C와 쌍을 이루며, T는 A와 쌍을 이룬다. 따라서 DNA의 두 가닥의 각각은 네 종류의 염기 쌍을 가지며, 사슬을 따라 배열된 염기 쌍의 순서는 거의 무한히 변한다.

유전자(gene)는 생명체의 자손에게 전달하는 고유한 특성에 관한 정보 또는 명령이 암호화된 뉴클레오티드 서열, 즉 기다란 DNA 분자의 일부이다. 슈퍼마켓에서 사용하는 바코드처럼 유전자 내의 염기 배열은 유전 정보와 명령을 저장하는 암호이다. 유전되는(또는 보다 정확하게는 유전할 수 있는) 고유한 특성의 형질 발현을 암호화한 유전자의 변형을 대립 유전자라고 한다. 예를 들면 유전자는 머리 색깔에 대한 명령을 가진다. 독특한 대립 유전자나 흑색 머리 또는 빨간 머리 또는 금발 머리에 관한 명령을 가진 유전자의 변종이 있다. 개체 생명체에서 유전될 수 있는 특성의 형질 발현을 결정하는 대립 유전자의 독특한 조합은 생명체의 유전자형이다.

저장된 유전 정보는 세포에게 단백질의 중합을 포함하여 생식, 성장 및 항상성과 같은 생명체의 활동을 어떻게 수행하는지에 대한 참고자료를 제공한다. DNA 안에 암호화되어 있는 정보와 명령은 생명체의 RNA에 의해 해독되고 실행된다. RNA(또는 리보핵산)는 DNA의 이중 가닥의 절반과 비슷한 외가닥 분자이다. 세포는 RNA 없이 생식을 못한다. 왜냐하면 RNA가 세포를 구성하는 단백질을 정확히 복제하는 데 필요한 명령을 해독하고 실행하기 때문이다.

그러나 단백질 합성에 대한 명령의 실행은 생명체의 물리적인 외형을 결정하는데 이것이 마지막 단계가 아니다. 이것은 생명체의 일생에 걸쳐 생명체의 유전자형과 환경 사이의 상호작용의 결과로 나타난다. 결합된 결과는 생명체의 총체적인 신체의 겉모습, 즉 생명체의 표현형이다.

그림 B14.1 DNA와 RNA

그림은 DNA의 사다리처럼 꼬인 분자를 도식적으로 나타낸 것이다. DNA의 두 가닥은 염기라고 하는 유기 분자에 의해 연결되어 있다. 염기에는 네 가지 형태가 있다. 아데닌(A), 시토신(C), 구아닌(G), 티민(T)이다. 결합하는 분자들은 항상 염기쌍으로 연결된다. A는 항상 T와 결합하고, C는 항상 G와 결합한다. 염기 서열은 세포 활동을 명령하는 암호이며, 명령의 특정 형태를 암호화한 DNA의 분절을 유전자라고 한다.

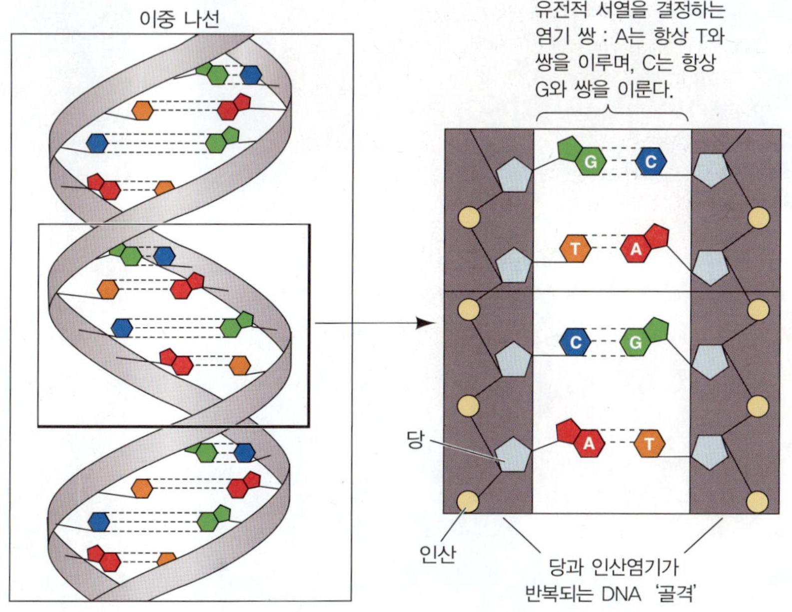

진화의 기초는 한 세대에서 다음 세대로 유전 정보의 전달이다. 이것은 눈의 색깔, 꼬리 길이, 발가락 수 또는 모피의 두께와 같은 자손에게 물려줄 수 있는 특성의 형질 발현이 된다. 개체군 안에서 이들의 특성이 그들을 살아남게 하고 성공적으로 생식을 하며, 제약에 적응하고 그들의 환경에서 변하는 개체들은 다른 개체들보다 더 많은 자손을 남긴다. 물려줄 수 있는 그들의 특성은 결국 개체군에서 우위를 차지하며, 점점 총괄적인 유전 성분을 변화시키고, 따라서 총괄적으로 개체군의 특성을 변화시킨다. 만약 개체군의 한 부분의 특성이 생명체들이 개체군의 나머지 생명체와 더 이상 성공적으로 교배할 수 없을 정도로 변하면 그때는 새로운 종이 생겨난다.

'변화'는 지구계의 모든 권역의 전형인 반면에 생물학적인 진화 과정은 오직 살아있는 생명체에서만 일어난다. 따라서 이것은 생명체의 근본적인 특성이다. 우리는 이 장의 후반과 제5부의 나머지 장에서 진화와 관련된 과정을 훨씬 더 많이 다룬다. 판구조론(제5장)이 지질학에서 통일 이론이었던 것과 마찬가지로 진화는 생물학에서 통일 이론으로 증명되었다. 이것은 지구의 생물권 조사에 있어 우리가 고려할 과거와 현재의 모든 다른 생물 작용에 대한 배경과 중심 주제이다.

생물의 분류 단계

지구 생명체의 다양성을 연구함에 있어서 생물학자들은 분류 체계로 종을 편성하려는 노력을 기울여 왔다. 이것은 복잡하고 힘든 일이며, 생명체들 사이에서 유전적인 연계와 관계를 조사하는 생물학자들과 생화학자들에 의한 폭발적으로 많은 발견에 의해 한층 더 복잡해졌다. 세포—생명체

그림 14.4 세포 : 생명체의 기본 구성 입자

(A) 이 세균에서처럼 원핵세포는 세포 소기관이 없다. 원핵세포의 DNA는 막에 의해 원형질로부터 분리되지 않은 경계가 불완전한 영역 내에 모여 있다. (B) 식물 뿌리의 한 세포와 같이 진핵세포는 막으로 둘러싸인 경계가 뚜렷한 핵과 여러 세포 소기관을 갖는다. 이들 세포는 잘 보이게 하기 위해 착색하였기 때문에 채색되어 있다.

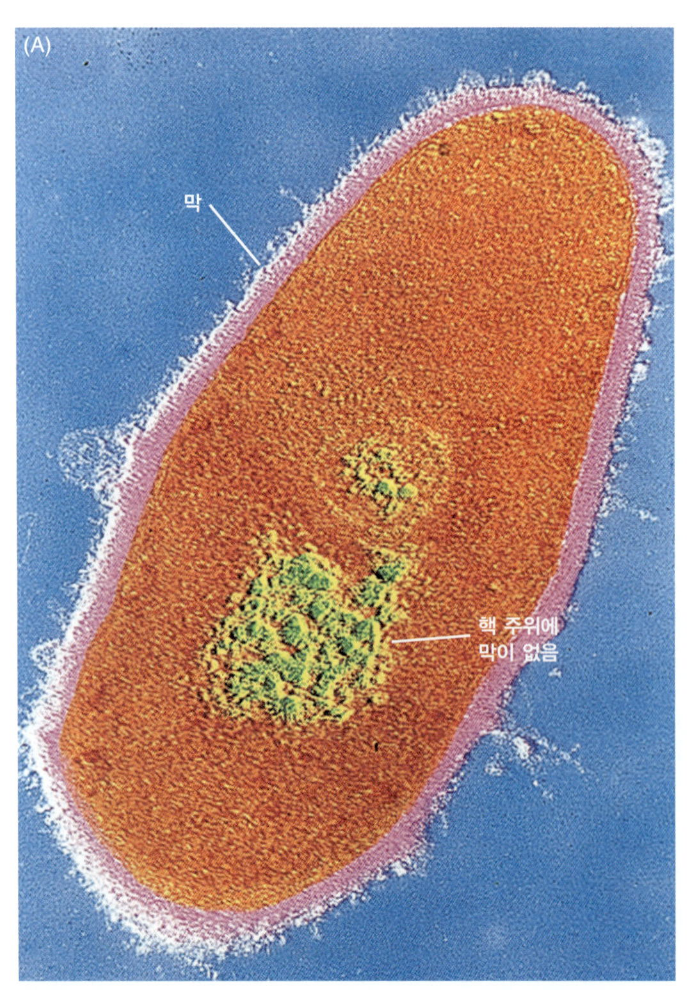

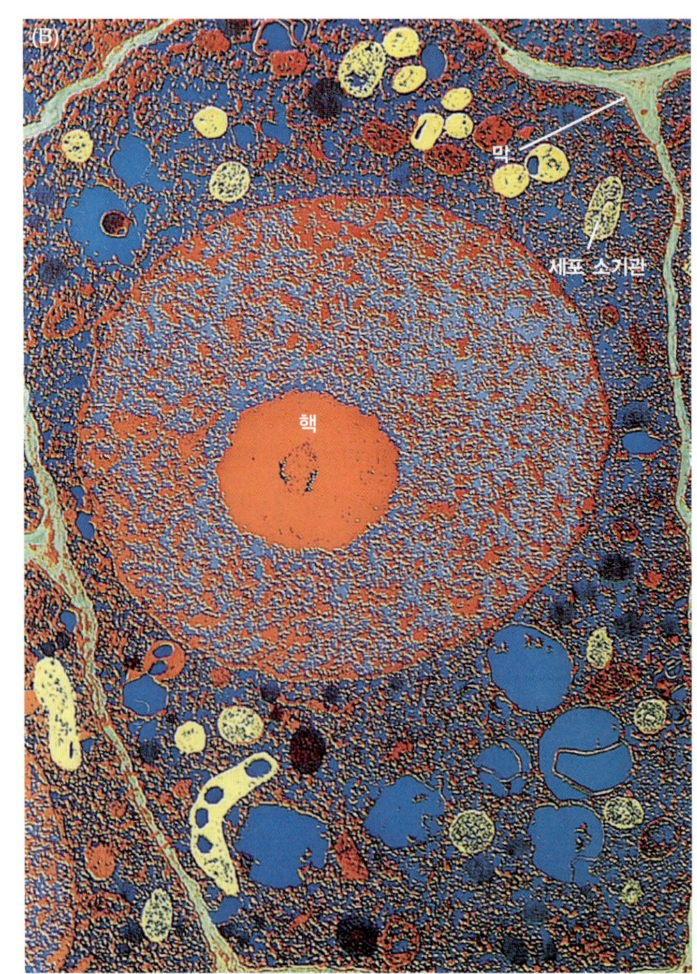

의 기본적인 구조적 기본 단위이며 기본 입자—를 조사함으로써 생명체를 분류해 보자.

생명체의 구조적 기본 단위로서 세포

살아있는 모든 생명체의 구조적 기본 단위이며 기능적인 기본 단위인 **세포**(cell)는 막으로 둘러싸인 화합물의 복잡한 그룹이다(그림 14.4). (세포는 단백질과 핵산을 포함한 유기 분자와 생체고분자 물질로 구성된다. 이들과 다른 기본적인 유기물은 제3장에서 설명하였다.) 세포막(단백질을 함유한 얇은 지질층)은 내부에 있는 물질을 바깥 환경으로부터 분리시키며 세포와 그 환경 사이의 물질과 에너지의 제어된 교환을 용이하게 한다. 많은 세포는 단세포(오직 하나의 세포로만 구성됨) 생물이나 대부분의 생명체는 다세포 생물이며 수백 내지 수조의 세포로 이루어져 있다.

원핵생물과 진핵생물 세포는 작거나(0.01mm 내지 0.02mm) 또는 클(0.05mm 내지 수 센티미터, 드문 경우에는 더 큼) 수도 있다. 그러나 크든 작든 모든 세포는 두 종류로 구분한다. 원핵세포 또는 진핵세포이다. **원핵세포**(prokaryotic cell)는 일반적으로 크기가 작고 구조가 비교적 단순하다. 이 세포는 이들의 모든 유전 정보와 함께 DNA를 불완전하게 분리된 세포의 부분 내에 저장한다(그림 14.4A). 세포질이라고 하는 원핵세포의 본체 내에는 다양한 세포 기능을 수행하는 부분이 뚜렷이 구분되어 있지 않다. 가장 중요한 것은 유전 정보를 저장하는 세포 부분이 막에 의해 세포질로부터 분리되어 있지 않다. 원핵생물에는 세균과 이와 관련된 고세균과 마이코플라스마스(mycoplasmas)라고 하는 생명체가 있다.

진핵세포(eukaryotic cell)는 원핵세포보다 더 크고 한층 더 복잡하다. 이 세포의 유전 정보는 막에 의해 세포질로부터 분리된 뚜렷한 핵 내에 저장되어 있다(그림 14.4B). 진핵세포 내에 있는 세포질은 세포 소기관이라는 뚜렷하고 다양한 세포 부분을 포함한다. 세포 소기관 각각은 세포의 작용에 있어 특유의 기능을 갖는다. 사람과 모든 다른 동물들은 식물과 균류와 함께 진핵생물이다.

세포에서 생물권까지

생명체는 단세포에서 시작하여 생물권의 범위에 이르기까지 많은 종류의 구성 단계 내에 편성된다(그림 14.5). 기초적인 수준에서 세포는 결합하여 기관을 형성하며, 기관

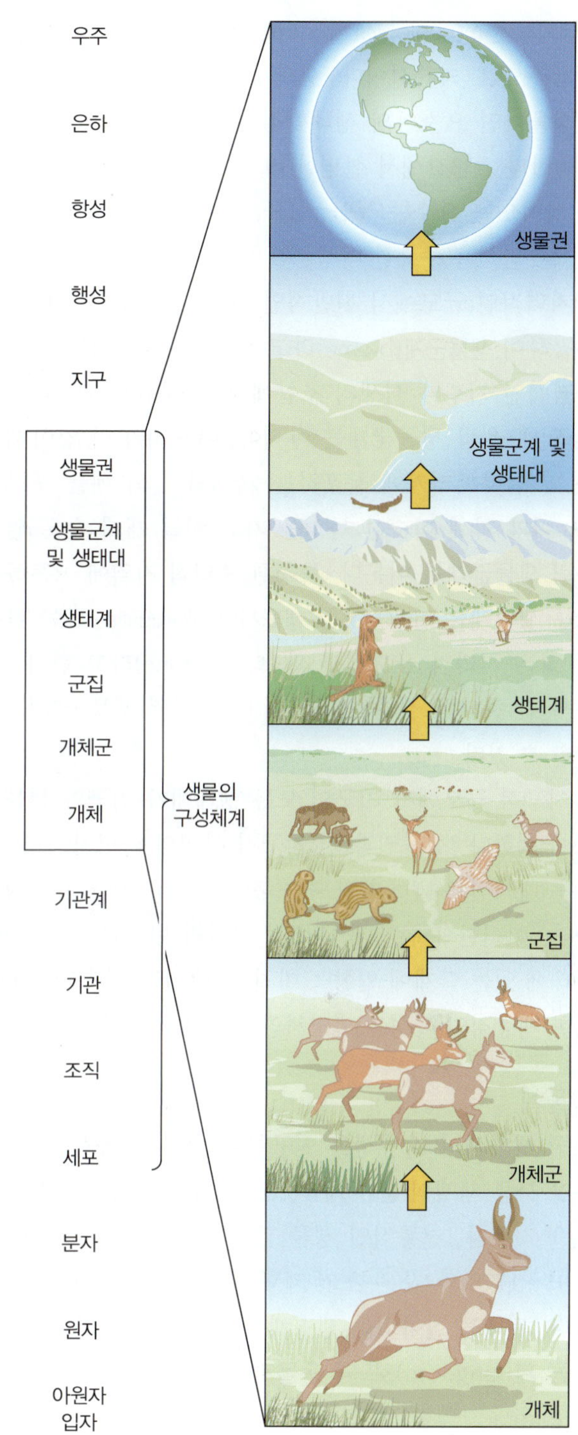

그림 14.5 생물의 구성 단계
생물의 구성체계는 위계 구조로 조직되며 세포에서 생물권까지의 범위를 갖는다.

은 결합하여 개개의 다세포 생명체를 형성한다. 유전 정보를 공유하는 동일한 종류의 생명체 무리가 개체군이다. 동일한 형태의 모든 생명체의 개체군은 종을 이루며, 종은 개체의 무리로서 교배와 유전자 교환이 가능하다.

지역적인 규모에서 한 종의 개체군은 상호작용을 하며

생태학적 군집(ecological community) 안에서 다른 종의 개체군과 상호 의존적이다. 생태계는 그의 지역적인 환경의 비생물적인 요소와의 생태학적 군집의 모든 상호작용을 포함한다. 제3장에서 설명한 바와 같이 생태계의 생명 또는 살아있는 요소는 동물, 식물, 균류 및 미생물이다. 공기, 물, 암석은 주요한 비생물적 요소들이다.

지역적인 규모에서 전반적인 한 형태의 모든 생태계를 총괄하여 **생물군계**(biome)라고 한다. 생물군계는 그들의 특징적인 기후와 식생의 조합에 따라 분류한다. 예를 들면 열대 우림 생물군계는 아시아, 아프리카, 중앙아메리카 및 남아메리카에 분포하는 개개의 숲의 예를 포함한다. 이와 함께 비슷한 특성을 가진 이들 개개 숲은 열대 우림 생물군계를 이룬다. 특정한 지리적 지역에 공존하는 모든 생태계는 전체적으로 **생물지역**(bioregion) 또는 한층 더 넓은 지리적 규모에서 **생태대**(ecozone)라고 한다. 따라서 단 하나의 생태대는 서로 다른 몇몇 생물군계를 포함할 수 있다.

지구적 규모에서 지구의 모든 생태대가 지구의 생물권을 구성한다. 생물권과 전 지구적 환경의 나머지 구성 요소—대기권, 수권, 지권—는 전체적으로 지구계를 형성한다. 이러한 분류체계 내에서 각각의 단계는 그의 위와 아래에 있는 단계에 영향을 미친다. 행성적인 관점에서 이러한 계층적인 특성은 생명체의 중요한 특징이다.

생물계

지구 생명체의 다양성을 연구함에 있어서 생물학자들은 종을 분류 체계의 **분류 계급**(taxonomic rank)에 편성하려 했을 것이다. 전통적인 생물 분류는 린네(Carl Linnaeus, 1701~1778)와 같은 초기 과학자들의 연구에 바탕을 두었다. 린네는 살아있는 생명체를 두 종류의 부류(classes) 또는 **계**(kingdom)로, 즉 **동물계**(Annimalia, 동물)와 **식물계**(Plantae, 식물)로 분류하였다. 이러한 2계 분류안의 개선은 오늘날에도 여전히 사용되고 있는 린네 분류체계에 이르게 되었다. 살아있는 생명체에 대한 수십 및 수백 년의 지속적인 연구를 통해 단순한 이 분류안은 살아있는 생명체의 다양성과 이들의 복잡한 진화 역사와 유전 관계를 한층 더 잘 설명할 수 있게 크게 확대되고 개선되었다.

오늘날 생물학자들 사이에서 생명체를 분류하는 데 가장 좋은 방법에 대해 아직도 상당한 논의가 있을지라도 생물의 6계 분류안에 바탕을 둔 분류안은 린네에 의해 제안된 2계 분류안보다 가장 널리 채택되는 분류체계이다. 6계 분류체계에서(그림 14.6) 모든 원핵생물은 2계 중 하나에 속한다. 즉 **고세균**(Archaea, 전에는 Archaebacteria라고 함) 또는 **세균**(Bacteria, 전에는 Eubacteria라고 함)이다. 원핵생물이 아닌 살아있는 모든 생명체는 진핵생물이고 모든 진핵생물은 4계, 즉 **원생생물**(Protista, 단세포 진핵생물과 단순한 다세포 진핵생물), **균계**(Fungi, 버섯, 효모, 곰팡이 및 이들의 친척들), **동물계**(Animalia, 동물, 다른 생명체를 먹음으로써 음식을 얻는 다세포 진핵생물) 또는 **식물계**(Plantae, 자기 자신의 영양분을 생산하고 유성생식을 하는 다세포 진핵생물이며 조류보다 한층 더 복잡하다) 중 하나이다. 계는 전통적인 린네의 분류안에 따라 작은 분류 계급으로 연속적으로 더 나눌 수 있다.

많은 생물학자들은 6계를 3개 **영역**(domain) 또는 **초계**(superkingdoms)—생물의 가장 큰 분류 계급—로 분류한다(그림 14.6A). 생물의 3영역은 생각한 것처럼 식물, 동물 및 그 밖의 모든 생물이 아니다. 오히려 이들은 고세균영역, 세균영역 및 진핵생물영역이다. 이것은 지구상의 생명체의 전체적인 맥락에서 일반적으로 미생물과 특히 원핵생물의 상대적인 중요성에 대한 어떤 시각을 제공한다. 동물, 식물, 균류 및 원생생물 모두는 영역 수준에서 하나의 분류 그룹(진핵생물)에 배치되는 반면에 원핵생물을 설명하기 위해서는 2개의 동등한 분류 계급(고세균과 세균)을 필요로 한다.

형태적인 유사성에 대한 전통적인 연구에 근거하여 생명체를 분류 계급에 지정한 대다수는 오늘날 생명체들 사이에서 복잡한 유전 관계에 대한 새로운 연구 결과가 알려지면서 개선되고 있다. 유전과 진화 관계에 따라 생명체를 그룹으로 계통을 세우는 분류학을 **계통수**(phylogenetictree, *phylogeny*는 '진화적인 관계'를 뜻하며, 이러한 그룹은 나뭇가지 형태, 즉 '나무' 형태를 갖는 경향이 있다) (그림 14.6B)라고 한다. 계통수는 1800년대에 찰스 다윈에 의해 설명된 생명의 나무 개념의 현대적인 확장이다.

전통적인 분류학과 현대적인 계통발생학적 분류는 생물의 분류에 있어 독립적이며 전혀 다른 연구 방법이다. 그러나 이들은 서로 정보를 제공하고 의존한다. 예를 들면 오래전에 멸종한 화석으로부터 유전 정보를 끌어내는 것은 대개는 불가능하다. 따라서 이들의 분류는, 심지어 계

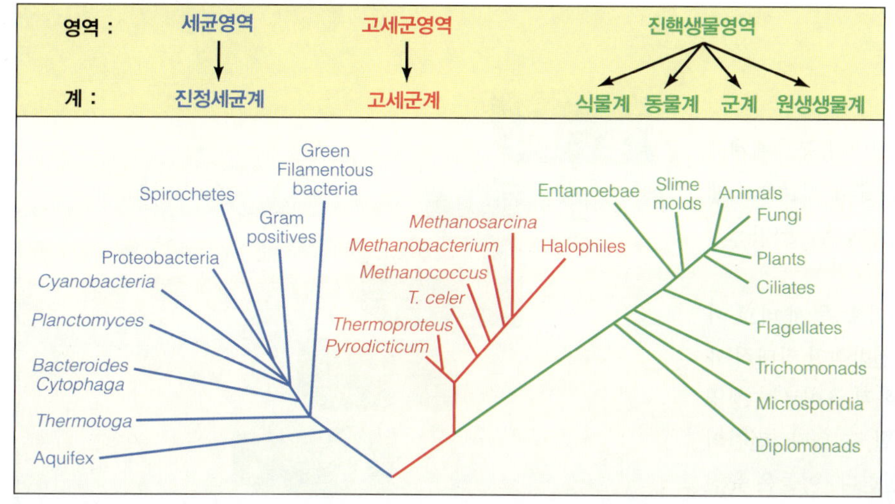

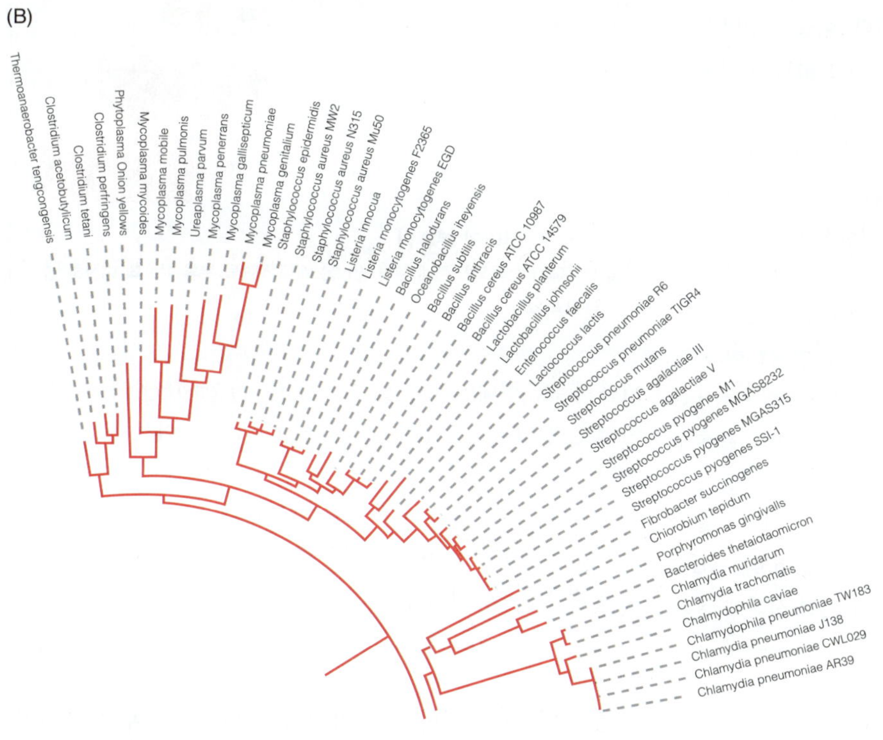

그림 14.6 생물의 계

(A) 6계 분류 체계는 오늘날 널리 채택되고 있으나 진화 생물학자들과 분류학자들에 의해 여전히 끊임없이 수정 · 개선되고 있다. (B) 계통수는 그림과 같이 매우 상세한 일부분처럼 생물들의 발생과 진화 관계에 의해 생물들을 나타낸다.

통발생학적 분류 방법에서도 전통적인 분류학에 의존한다. 다른 한편 분자 생물학자들과 생화학자들이 살아있는 생명체의 유전체 또는 전체적인 유전 암호를 가려냄에 따라 유전 정보는 한층 더 많이 이용할 수 있게 되었다. 이들 연구 결과는 자연적으로 전통적인 분류학의 개선과 개량에 기여한다.

행성의 관점에서 생명체

우리는 이제 지구상의 생명체에 대해 주요한 다른 물음들을 생각할 수 있다. 이를테면 생명체는 지구상에 어떻게 생겨났는가? 생명체는 어떻게 오늘날 존재하는 복잡한 생물권으로 진화했는가? 지질 시대 동안에 변화하는 생물권은 지구계 전체의 진화에 어떤 영향을 미쳐 왔는가?

이와 같은 논의에서 우리는 다시 한 번 동일과정의 원리(제4장)에 의지한다. 우리는 오늘날 일어나고 있는 생물학적인 진화 과정이 또한 과거에도 작동했다는 것과 환경의 변화와 새로운 제약 및 생명체의 발달에 제공된 새로운 기회 또한 전 지질 시대에 걸쳐 존재했다는 것을 가정한다. 그러나 동일 과정의 원리와 맞지 않는 것으로 여겨지는 것이 하나 있다. 바로 생명체의 기원이다. 알고 있는 바와 같이 새로운 생명체는 무기적인 물질로부터 자연발생적으로 발생하지 않는다. 그러나 물리학과 화학의 근본적인 법칙은 오늘날처럼 과거에도 적용되었다. 따라서 생명체의 기원은 오늘날 존재하는 현상으로도 반드시 설명할 수 있어야 한다. 비록 생명체의 기원을 가능하게 한 조건들은 지구상에서 더 이상 입수할 수 없을지라도 말이다.

우선 생명체 유지를 가능하게 하는 지구의 행성적 특성을 조사해 보자. 그러고 나서 우리는 생명체가 지구상에서 어떻게 출현할 수 있었는지 그리고 지질 시대 동안 생명체가 지구계에 어떻게 영향을 미쳤는지를 다룬다.

생물존재가능구역과 생물 분포대

제1장에서 상세히 논한 바와 같이 지구의 4개 저장소(대기권, 수권, 지권, 생물권)는 생물존재가능구역 또는 **생물 분**

기초 원리

생물 분류 : 린네 분류체계

오늘날 여전히 널리 이용되는 전통적인 린네의 분류체계에서 생물의 계는 계층적인 방법으로 더 작은 분류 계급으로 계속적으로 나뉜다. 이들 계급은 문, 강, 목, 과, 속, 종이다(그림 B14.2).

우리가 이미 간단히 논한 용어 종과 같이 문 — 계 바로 아래에 있는 분류 계급 — 은 생명체 집단의 전반적인 형태적 유사성에 근거하거나 또는 유전적 혹은 진화적 용어로는 생명체의 근친성(closeness)에 근거하여 정의할 수 있다. 전자의 한 예는 절지동물문이며 게와 거미를 포함한다. 이들은 유전적으로 관련이 없으나 이들 몸의 기본 형태와 특징은 다소 비슷하다. 후자의 한 예는 벌레에서 볼 수 있다. 이들은 일반적으로 몸의 기본 형태(원추형의 긴 몸과 다리가 없는 무척추동물)은 비슷하나 선형동물문, 편형동물문, 환형동물문 및 몇몇 다른 문을 포함하는 다수의 다른 문의 어떤 하나에 속할 수 있다. (식물학자들은 일반적으로 식물의 분류에서 문을 영어 phylum 대신 division을 사용함을 유의하자.)

생물 분류 계급에서 기본 단위의 다른 끝은 종이다. 우리는 이것을 성공적으로 교배할 수 있는 생명체의 집단 또는 비슷한 형태적 혹은 유전적 특성을 갖는 집단으로 정의하였다. 종은 때때로 아종, 변종 및 유형(type)으로 더 세분할 수 있다. 강, 목, 과, 속의 분류 계급은 문과 종의 중간에 있는 분류군이다. 예를 들면 현대인은 다음과 같이 분류된다. 계 : 동물계, 문 : 척삭동물문, 강 : 포유동물강, 목 : 영장목, 과 : 사람과, 속 : 사람속, 종 : *Homo sapiens*, 아종 : *Homo sapiens sapiens*이다. 비록 사람속의 다른 종이 과거 지질 시대에 살았을지라도 현대인의 아종(*H. sapiens sapiens*)은 여전히 살아 있는 사람속의 유일한 구성원이다. 또 다른 예는 보통 초파리이며, 다음과 같이 분류한다. 계 : 동물계, 문 : 절지동물문, 강 : 곤충강, 목 : 파리목, 과 : 초파리과, 속 : *Drosophila*, 종 : *funebris*이다(비록 몇몇 다른 종들이 초파리(Drosophila) 속에 속할지라도 말이다).

그림 B14.2 린네의 분류법
생물 분류에서 전통적인 린네 분류 방법은 개체 생물을 분류하는 데 여전히 널리 이용되고 있다.

포대(life zone)라고 할 수 있는 좁은 지대에서 가장 활발하게 작용한다. 왜냐하면 생물 분포대의 가장 중요한 특징은 생명체를 유지하고 지구상에 이 분포대가 존재할 수 있게 해 주기 때문이다. 생물 분포대는 지구 표면에서 상부로 10km에서 표면 아래로 10km까지 변한다(그림 1.8 참조). 이 좁은 분포대 안에서 알려진 모든 종류의 생명체가 살아가며, 생물권의 유지에 적합한 조건들이 암석권, 수권, 대기권의 상호작용과 지구 내부와 태양으로부터 공급된 에너지에 의해 이곳에서 형성된다.

지구는 생명체가 살기에 적합하며 태양과 지구의 특수한 관계에 의해 생명체를 지탱하는 구역을 제공할 수 있다. 우리 지구는 아주 적당한 크기와 성분을 가지며 태양으로부터 아주 적당한 거리에 위치한다 — 너무 가깝지도 않고(너무 뜨거운 곳) 너무 멀지도 않다(너무 차가운 곳). 이는 공전하는 행성과 이들의 위성 내에 액체 상태의 물이 존재할 수 있게 하는 아주 적당한 거리이며, 따라서 생명체를 유지시켜 줄 수 있는 별 주위의 지대를 **생물존재가능구역**(ecosphere)[2]이라고 한다. 오늘날 다른 태양계 내의 생물존재가능구역 안에서 공전하는 행성을 가진 별들이

2) 어떤 사람들은 생물존재가능구역을 생물권(biosphere)과 동의어로 사용한다. 다른 사람들은 이것을 지구 표면의 모든 생태계의 총체와 관련하여 사용한다. 천문학자들은 일반적으로 용어 생물존재가능구역을 여기서 정의한 것처럼 사용한다. 별 주위의 궤도 지대로 이 지역에서 행성은 잠정적으로 생명체를 유지할 수 있다.

있다는 것이 밝혀졌다. 우리는 물을 가진 다른 행성과 위성—심지어 우리의 고유한 태양계 안에서도—을 알고 있다. 그러나 지금까지 우리가 아는 한 지구를 제외하고는 행성 표면 가까이에 생물 분포대를 제공할 수 있는 온도와 물질의 아주 적당한 조합을 가진 어떤 행성도 없다. 이 장의 처음에서 언급한 바와 같이 화성이 수십억 년 전에 생명체에 적합한 조건을 가졌을지도 모르는 몇몇 증거가 있다. 그러나 지구만이 지금까지 우리가 과거나 현재의 생명체의 존재를 확인한 유일한 행성이다.

초기 지구와 생명체의 기원

지구상의 생명체 기원과 역사 관점 중에서 주목할 만한 것은 생명체는 거의 39억 년 전 지각이 고화되기 시작한 바로 후에, 그리고 지구 자체가 형성된 후 아주 초기에 출현하였다. 과학자들은 초기 지구의 환경이 어떠했는지에 대해서 그리고 지질과 화석 기록으로부터 뒤이은 수십억 년의 지구 역사 동안에 생명체에 무슨 일이 일어났는지에 관해 상당히 많은 것을 알아냈다. 그렇지만 실제로 생명체의 기원은 생물학과 지구계 과학에서 가장 큰 수수께끼 중 하나로 남아 있다. 이것은 부분적으로 가장 초기 시대의 지질 기록이 불완전하기 때문이며, 또한 부분적으로 생명체와 관련된 작용이 우리가 알 수 있고 관찰과 연구가 가능한 현대의 유사 과정을 전혀 갖지 않기 때문이다.

초기 지구의 환경

태초대(Hadean Eon, 지구가 탄생한 약 46억 년 전에서 약 38억 년 전까지, 그림 14.7, 그림 4.25 참조) 동안 지구와 지구의 대기는 오늘날의 그것과 어떤 식으로든지 매우 달

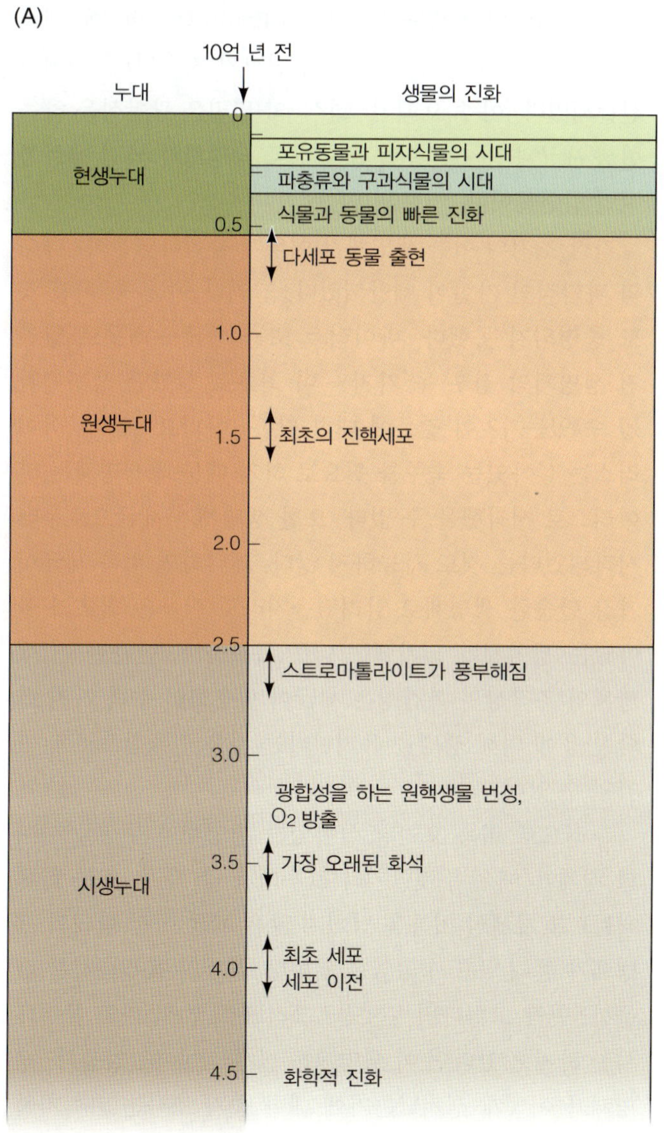

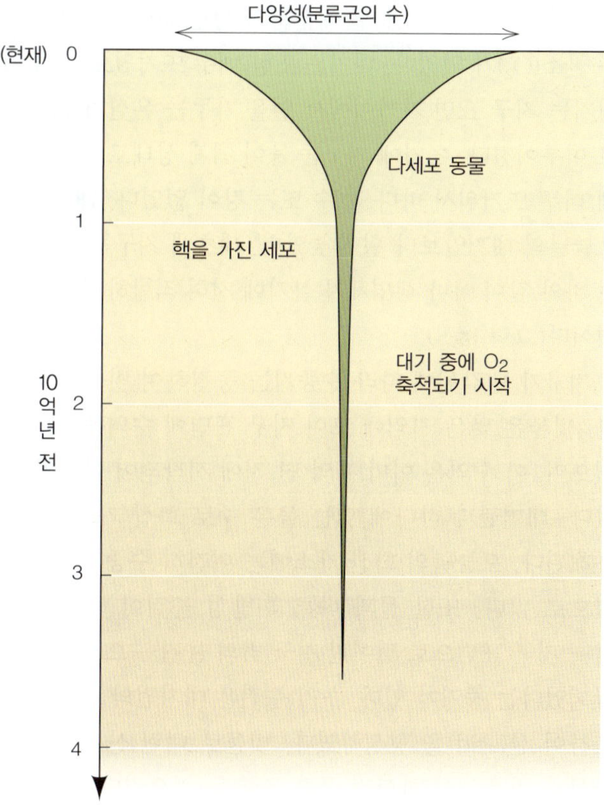

그림 14.7 지구상의 생물의 역사
(A) 이 그림은 46억 년 전부터 현재까지의 지구상의 생물의 역사를 도식적으로 나타낸 것이다. (B) 새로운 생물이 출현했던 속도와 서식했던 생물의 다양성 모두는 시간과 함께 증가한다. 캄브리아기의 폭발은 약 6억 년 전에 시작되었다.

그림 14.8 초기 지구
이 그림이 보여주는 것처럼 초기 지구는 풍부한 온실기체 및 산성 강수와 함께 높은 표면 온도와 대기압을 가졌다.

랐다. 대기 중에는 오늘날 대부분의 생명체에 필수적인 자유 산소(O_2)가 없었다. 대기는 또한 매우 뜨거웠으며, 초기 대기는 지구 표면 가까이에서 열을 가두는 온실기체로 주로 이루어졌다. 초기에 지구는 물이 액체 상태로 존재하기에 너무 뜨거워서 바다, 호수 또는 강이 없었다. 대기압은 오늘날의 대기압보다 훨씬 높았다. 태초대 지구는 알고 있는 바와 같이 아마 생명체가 살기에 전혀 적합하지 않았을 것이다(그림 14.8).

지구가 냉각됨에 따라 수증기는 응결하여 빗물로 내렸다. 빗물은 낮은 지역에 모여 지구 표면에 수역을 형성하였으며, 이 수역은 이미 44억 년 전에 시작되어 바다가 되었다. 대기권과 바다에 있는 물은 주로 화산 가스로부터 유래된다. 오늘날의 화산 가스에는 여전히 수증기가 지배적으로 많다. 또한 물과 다른 휘발성 물질이 혜성과 운석—지구 표면으로 떨어진 지구 밖의 물질—으로부터 공급되었다는 증거가 있다. 초기 수권은 대기권의 기체와 반응하여 산(acid)을 형성하였다. 빗물로 내린 산은 지각의 암석과 반응하여 화학적 풍화 작용을 일으킨다. 대기권, 수권 및 지권의 구성 성분은 각 권 사이에서 물질들이 순환함에 따라 역동적으로 변화하기 시작하였다.

제11장을 통해 알 수 있는 바와 같이 현재 지구 대기는 약 21%의 산소를 포함한다. 화산 가스(전형적으로 산소가 결핍된)와 혜성으로부터 공급된 물질은 산소 모두를 공급하지 못했을 것이다. 산소는 어디서 왔을까? 일부 산소는 초기 대기권 내에서 **광해리**(photodissociation)라는 태양 복사와의 상호작용의 결과로 물분자(H_2O)가 수소와 산소로 분해되면서 생성되었다. 이것은 중요한 작용이다. 그러나 이것은 대기권 내의 현재 산소 수준을 설명할 수 없다. 산소를 생산하는 또 다른 과정이 필요하며, 우리는 생명체 자체로부터 산소가 생성된다를 것을 알게 될 것이다.

생명체의 기원

비록 생명체가 어떻게, 언제 그리고 어디서 시작되었는지에 대한 상세한 내용은 알려지지 않았을지라도 과학자들은 관련된 화학적이고 생물학적인 작용에 대한 이해에 점점 더 가까이 다가가고 있다. 지금까지 발견된 가장 오래된 화석의 나이는 약 35억 년이다(그림 14.9). 비록 생물학적인 작용의 '화학적 흔적'이 심지어 이 암석보다 더 오래된 암석에서 검출되었을지라도 말이다. 이들 화석은 선캄브리아 시대의 **시생누대**(Archean Eon)(그림 14.7에 제시된 것과 같이 38억 년에서 25억 년까지 지속된) 암석에서 산출되었다. 아주 오래된 '화석'의 몇몇은 광합성을 하는 현생 세균과 비슷한 단순한 단세포 생명체가 남긴 생화학적인 침전물이다.

가장 초기의 이들 생명체가 어떻게 출현하였을까? 다수의 과학적인 가설이 제안되었다. 그러나 이들 중 어떤 것도 증명되지 못했다. 바이러스 또는 세균—최초로 알려진 생명체의 징후 두 가지—이 최초로 살았던 생명체가 될 수 있는가? 이 질문에 대한 답은 '아니요' 같다. 바이러스는 살아있는 숙주를 필요로 하기 때문에 생명체는 바이러스로 시작했을 수 없다. 또한 생명체가 세균으로부터 시작되었다는 것도 가능하지 않다. 왜냐하면 비록 세균이 가장 단순한 생명체로 알려졌을지라도 이들은 최초의 살아있는 생명체가 되기에는 너무 복잡하다. 단순한 이 생명체의 조작상의 복잡성은 세균이 필수적인 수백 가지 화학 반응에 의해 생명을 유지한다는 것을 인지함으로써 파악될 수 있다.

그러므로 비록 오늘날 살아있는 생명체와 무생물 사이의 경계가 매우 뚜렷할지라도(우리가 말 할 수 있는 한에서는) 그 자체의 기록을 남기지 않은 세균 이전 형태의 생명체가 한때 반드시 있었을 것이다. 이것은 물질대사를 했을까? 만약 그렇다면 무엇을? 그리고 어떻게? 만약 물질대사를 하지 않았다면 이 생명체는 실제로 살아있었을까? 생명체가 어떻게 생겨났는가에 대한 증거 조사는 과학자들

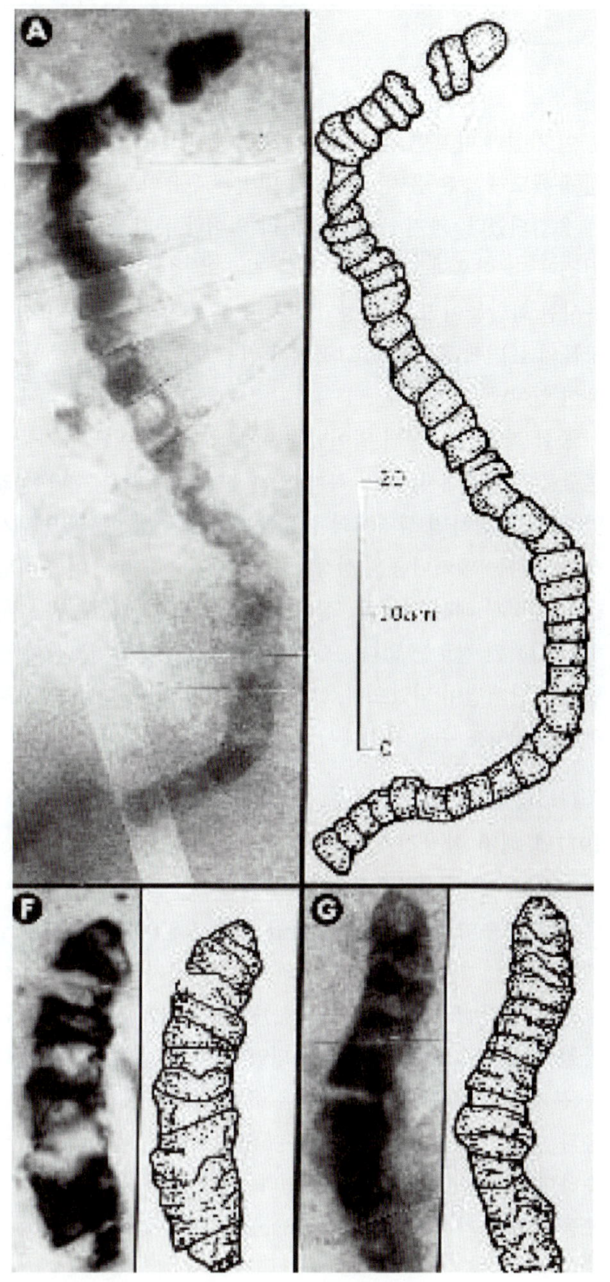

그림 14.9 가장 오래된 화석
이들은 지금까지 발견된 가장 오래된 몇몇 화석의 예이다. 이들은 서부 오스트레일리아에서 발견된 약 35억 년 된 미화석이다. 각각의 사진 옆의 그림은 화석을 스케치한 것이다. 배율은 척도로 표시되어 있다. 10μm는 0.1mm와 같다.

에게 호기심을 끄는 도전적인 탐구 대상이다. 초기 생명체의 전조였을 유기 분자의 생성에 대한 합리적인 메커니즘을 지시하는 것으로 여겨지는 수많은 가설이 있다(자세히 보기 : 생명체의 기원에 대한 가설들 참조).

살아있는 생명체가 되기로 정해진 물질의 초기 상태가 무엇이었든지 오늘날의 복잡한 생명체 형태로 진행하는 동안 완수되었을 세 단계는 다음과 같다. (1) 무기적인 원시물질로부터 아미노산과 같은 작은 유기 분자의 합성인 **화학합성**이다, (2) 작은 유기 분자의 중합이 생체고분자 물질, 특히 단백질을 생성하는 **생합성**이다, (3) DNA와 RNA를 포함하여 물질대사와 복제에 필요한 복잡한 모든 화학적인 기관의 발달이다. 무기적인 원시물질로부터 유기 분자(탄화수소 화합물)의 화학합성과 심지어 더 큰 유기 분자(제3장의 단백질과 탄수화물과 같은)의 생화합에 대한 설명과 실험실 내의 검증이 가능하다. 그러나 생명체의 복잡한 과정의 진전을 일으킨 특정한 경로의 발견은 여전히 알기 어렵다.

지구계에 대한 생명체의 영향

생물권의 변천사는 대기권, 수권 및 지권의 변천 과정과 밀접하게 연결되어 있다. 알다시피 적당한 대기권과 수권 없이 생명체는 살아남을 수 없었다. (실제로 생명체의 기원에 대한 일련의 가설들은 생명체들이 뿌리를 내리고 번성할 수 있는 적당한 환경을 최종적으로 찾을 때까지 수많은 여러 지역적인 환경에서 생겨났다가 소멸되었다고 여겨지고 있다.) 따라서 생명체 없이 대기와 바다는 현재의 형태로 존재할 수 없을 것이다. 일단 생성된 생명체는 지구의 역사에서 지구계의 화학적인 진화에 주요한 두 가지 방법으로 기여하였다. 첫째, 산소의 축적에 기여하고 둘째, 탄소를 포집 · 저장하는 메커니즘을 제공하였다.

산소의 축적 앞에서 논한 바와 같이 현 대기의 화학 성분과 관련된 한 가지 문제는 대기의 풍부한 '자유' 산소 분자(O_2)의 기원이다. 산소는 광합성의 부산물로 생성되며, 대기 중 자유 산소의 대부분은 광합성을 통해 생성된다. 그러나 산소 자체는 특수화된 효소가 존재하지 않는 한 대부분의 생명체에 유독하다. 따라서 광합성을 하는 초기 생명체는 이들이 폐기물로 생성한 산소로부터 벗어날 필요가 있었을 것이다. 이것은 대기 중 산소의 초기 축적은 아마 상당히 느렸다는 것을 의미한다(그림 11.3).

아주 적은 양의 산소가 방출되었을 때는 모든 산소는 철과 황과 같은 대기 중에 있는 다른 원소들과 결합함으로써 소모되었다. '자유' 산소, 즉 다른 원소와 결합되어 화합물 내에 있지 않는 분자 상태의 산소는 높은 농도로 존재한 이후에야 대기 중에 존속할 수 있었다. 마침내 광합성을 통해 분자 상태의 산소가 축적될 정도로 충분한 산소가 생성되었다. 이러한 변화는 오랜 기간에 걸쳐 일어났다. 그러나 대기 중의 산소 축적의 시작은 약 25억 년 전을 **원**

자세히 보기

생명체의 기원에 대한 가설들

초기 지구계의 환경에 대해 알려진 사실로부터 몇몇 가설들이 지구상의 생명의 기원에 대한 필요조건을 다루는 것을 시도하였다. 보다 잘 알려진 몇몇 가설들의 장단점을 검토해 보자.

'원시 수프' 가설

생명의 기원에 대한 한 가설은 무기 화합물의 화학합성으로부터 생성된 물질이 원시 지구의 지표수 내에 원시 유기물의 '수프'로 쌓였다. 이 가설은 물리화학자 우레이(Harold Urey)와 (당시) 그의 대학원생 밀러(Stanley Miller)에 의해 1950년대 전반기에 수행된 일련의 실험에 의해 상당한 비중을 차지했다.[3)] 유명한 이들 밀러-우레이(Millr-Urey) 실험에서 물과 지구의 초기 대기 성분을 나타낼 것으로 생각되는 기체(메테인, 암모니아 및 수소)의 혼합물이 들어 있는 멸균된 플라스크에 전기 스파크(번개를 흉내내어)를 일으켰다. 그 결과 생성된 화합물을 추출하여 분석하였다. 플라스크 내의 탄소 대부분이 아미노산, 당 및 지질을 포함하는 유기물 형태로 전환된 것이 발견되었다. 이들 유기물은 생명체의 가장 중요한 기본 구성 물질이다. 비록 일련의 이들 실험에서 문제점과 결점이 확인되었을지라도(예를 들면 사용된 기체 혼합물은 아마 지구의 초기 대기의 전형이 아니었을 것이다), 이들은 지금까지 생명체의 기원에 대해 수행된 실험 중 가장 설득력 있는 실험으로 남아 있다.

3) 이들은 초기의 지구 조건이 무기적인 원시 물질로부터 유기 화합물의 합성을 촉진했다고 말한 아렉산더 오파린(Alexander Oparin)과 할데인(J.B.S. Haldane)이 주장한 가설을 검증하기 위해 이 실험을 수행하였다.

이 가설에 따르면 일단 원시 '수프'가 생성된 다음에는 수프의 용해도가 낮은 유기 화합물의 몇몇은 우유의 유지방처럼 한데 응집되었다. 과거 해안선을 따라 일어난 유기적인 '수프'의 건조와 그 이후의 태양열과 화산 작용의 열에 의해 단백질과 유사한 화합물이 또한 생성되었다. 또한 유기물의 분자가 점토 광물의 표면에 흡수되고 그곳에서 반응이 일어났다면 중합 작용이 일어날 수 있었다.

중합 작용이 어떻게 일어났는지에 상관없이 이들 유기물의 혼합물은 물질대사, 자기 복제 또는 진화의 명백한 수단이 없었다. 다시 말하면 생명체의 중요한 유기물 구성성분의 일부가 생기게 하는 메커니즘을 상상하는 것은 가능하지만 이들 화합물이 어떻게 해서 진정한 '살아있는 생명체'가 되었는지 명확하게 이해된 경로는 없다. 또 다른 문제는 언제 아미노산이 중합되어 단백질이 되었으며, 물은 언제 없어졌는가이다. 불가능하지 않더라도 수중 환경에서 이것은 어려운 일이다.

'흑색 열수구' 가설

1977년 해저 확장경계의 해저 열곡에서 뜨거운 용출수(hot springs)와 흑색 열수구(black smokers)가 발견된 이래(그림 C14.1), 다수의 과학자들은 이들을 생명 기원의 적절한 장소로 제안하였다. 이 가설에서 최초의 유기물 분자(황철석과 함께 농축시키는 메커니즘 역할을 하는)는 해저 열곡 근처에 생기는 황철석 입자들의 표면에서 생성되었다. 생물 발생 이전의 진화는 분자 하나의 두께 정도로 얇은 유기물 층 내에서 일어난 반응과 함께 시작되었다. 유기물 층 내의 반응은 물질대사와 비슷하며, 생성물은 최초의 세포였다. 반응이 완결되었을 때 세포들은 광물 기질(mineral substrate)로부터 분리되었다.

생누대(Proterozoic Eon)의 시작으로 정의한 것과 대체로 잘 일치한다(그림 14.7). 대기 중 산소의 증가 역사는 암석 내에 기록되어 있다. 특히 호상철광층 내에 가장 뚜렷하게 기록되어 있다. 철이 풍부한 산화된 광물과 환원된 광물이 번갈아 쌓인 층으로 이루어진 층상의 철층은 대부분 25억 년에서 18억 년 전에 생성된 해성 기원의 화학적 퇴적암이다(제7장 자세히 보기 : 호상철광층 참조).

대기 중의 산소 축적과 함께 오존(O_3)이 증가하게 되었다. 오존이 충분히 축적되었을 때 오존은 해로운 자외선 복사를 흡수하여 제거하는 막의 역할을 하기 시작했다. 우리는 이 막을 성층권이라고 한다(제2장). 일단 오존층이 해로운 강력한 단파 복사로부터 지구 표면을 보호하기 시작하면서 생명체는 얕은 물과 마침내는 육지에 살아남아 번성할 수 있게 되었다. 중대한 이 단계는 **현생누대**(Phanerozoic Eon, 그림 14.7에 제시된 바와 같이 5억 4,200만 년 전)의 시작 바로 전인 약 6억 년 전에 이루어졌다.

대기 중의 산소량은 지질 시대 동안 변동하였으며, 이것은 지질 시대의 생물권에 중요 영향을 미쳤다(그림

'흑색 열수구' 가설은 매우 추론적이다. 가장 초기의 이들 '세포'는 오늘날 흑색 열수구 주위에 서식하며 낯선 이 생태계에서 현재 먹이사슬의 토대 역할을 하는 화학합성 독립영양 생물인 단세포 세균과 혼동해서는 안 된다. 이 가설의 강점은 흑색 열수구로부터 방출되는 황을 포함한 뜨거운 가스가 유기 화합물의 생산 속도를 빠르게 하는 에너지원을 공급한다는 것이다.

'배종 배달' 가설

생명체의 기본적인 유기 분자는 지구상에서 합성되기가 어렵다는 논쟁 때문에 일부 과학자들은 이미 만들어진 유기 분자(또는 심지어 생명체 자체)가 태양계의 어떤 다른 부분 또는 심지어 태양계 너머 은하로부터 도달하였다는 것을 가정하였다. 이것은 배종 배달 가설(panspermia hypothesis, 그리스어로 '우주'와 '씨앗'을 뜻함)로 알려져 있으며, 두 가지 이유 때문에 관심을 끈다. 첫째 천문학자들이 많은 작은 유기 분자가 성간 공간에서 분포하는 것을 증명하였다. 둘째 지구에 떨어진 많은 종류의 운석 중 2종류–혜성과 탄소질 콘드라이트(제4장)–는 다양한 작은 유기 분자를 포함한 것으로 밝혀졌다. 만약 성간 먼지, 탄소질 콘드라이트, 혜성 또는 이들 지구 밖의 물질 모두가 초기 지구의 표면이나 바다로 떨어졌다면 이들은 아마 생명체의 출발 분자를 공급하였을 것이다. 큰 문제는 다음 단계이다. 초기 분자가 어떻게 중합되어 '생명체' 분자가 되었을까? 심지어 생체고분자 물질은 공간 내에서 작은 분자로부터 성장했으며 그곳에서 생명체를 형성했다는 것을 가정하였다.

그림 C14.1 **생명체의 근원지?**
'흑색 열수구' 가설은 생명체는 캐나다의 서부 해안에서 멀리 떨어진 태평양 내의 엔데버 열수 열곡에 발달된 해저 온천 근처에서 기원되었다는 것을 암시한다. 그림의 사진에서 관벌레는 해수면 아래 2,250m에 발달된 5m 높이 암석 굴뚝에서 분출되는 끓는점 이상으로 가열된(400℃) 물에 노출되어 있다.

가장 초기의 생체고분자 물질의 생합성에 이용할 수 있는 시간을 수십억 년까지 늘렸기 때문에 배종 배달 가설은 생명체가 태양계 형성 이전에 생겨날 수 있었다는 것은 매력적이다. 그러나 성간 공간 내에 있는 조건이 생합성에 유리했다는 것을 상상하기가 어렵다. 성간 공간에서 생명체가 생겨나기에 짧은 시간에 아주 가망 없는 이들 화합물이 어떻게 충분한 농도로 생성되었을까? 에너지원은 무엇이었을까? 적당한 온도 범위를 가진 지역은 복사를 여과하여 제거하는 대기를 가진 행성 지역이 아닌 한 밀집된 전자기 단파 복사 영향을 받았을 것이다. 이러한 복사는 생체고분자 물질에 치명적이다. 또한 우주 공간에서 물질의 분산은 매우 희박하여 어떤 경우든 중합체의 형성은 불가능하다. 따라서 이 가설은 매우 추론적이며 가능할 것 같지 않다.

14.10). 예를 들면 호박(나무 송진 화석) 내에 보존된 공기의 표품은 1억 년 전 백악기 동안 대기 중의 산소량이 오늘날의 대기 중의 산소량보다 40% 더 많았음을 말해 준다. 백악기가 끝남에 따라 산소 함량은 감소하기 시작하였다. 백악기 말에 공룡은 아마 커다란 운석의 충돌 결과로 갑자기 멸종하였다. 그러나 이들의 수는 백악기 말 이전에 오랫동안에 걸쳐 감소하였다. 공룡 감소에 대한 한 가설은 대기가 매우 많은 산소를 포함하였기 때문에 공룡은 작은 폐를 가졌다는 것이다. 산소의 양이 감소함에 따라 공룡의 작은 폐는 높이 나는 기구를 탄 사람처럼 조정할 수 없었으며, 그들은 호흡에 대한 스트레스 때문에 멸종되었을 것이다.

탄소의 포집 · 저장과 다른 영향 생물권의 출현은 또한 생지화학적 순환, 특히 탄소 순환에 매우 큰 영향을 미쳤다. 바다 생명체의 껍데기는 주로 탄산칼슘($CaCO_3$)으로 구성되며, 이는 이산화탄소의 저장소를 공급한다($CaCO_3 = CaO + CO_2$). 만약 이들 생명체가 죽으면 이들의 껍데기는 가라앉아 해저 퇴적물로 덮히고 결국에는 석회암이 된다.

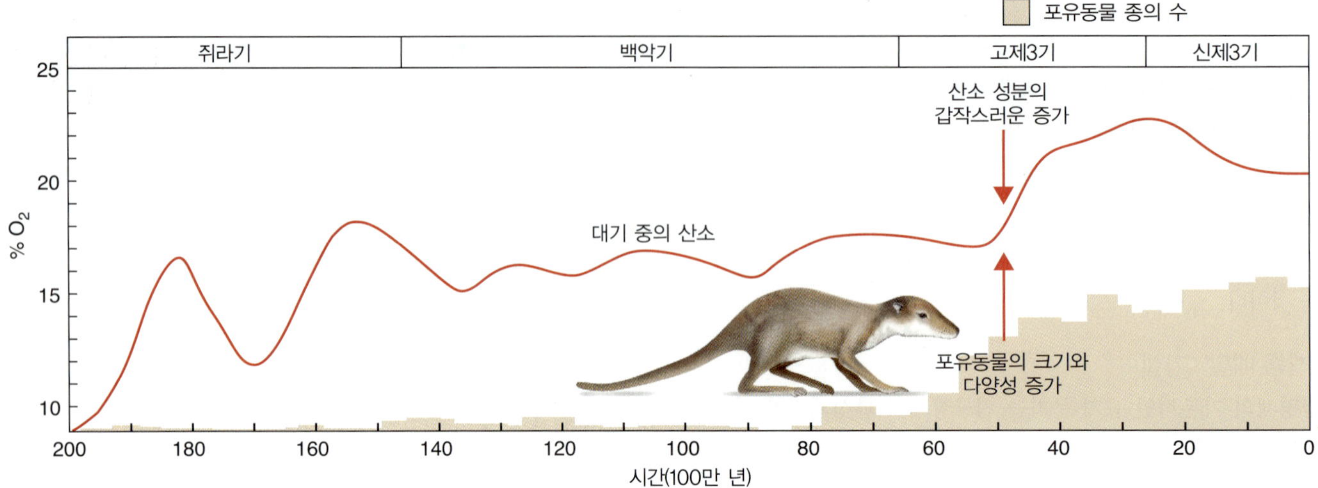

그림 14.10 변화하는 지구
지난 2억 년 동안 대기 중의 산소 함량은 증가하였다. 6,500만 년 전 공룡의 멸종에 따른 포유동물의 증가는 또한 풍부한 산소의 공급에 부분적으로 기인되었을 수 있다.

탄소 순환에서 석회암은 이산화탄소를 장기간 보관하는 저장소이다. 유기 물질을 포함한 다른 퇴적물, 주로 해저 퇴적물도 또한 탄소를 대기권과 수권의 접촉부로부터 포집하여 저장한다. 이것을 탄소 포집과 저장이라고 한다(제1장). 만약 현재 석회암과 다른 퇴적암 내에 저장된 모든 이산화탄소가 방출된다면 지구 대기권의 CO_2는 금성 대기권의 CO_2만큼 많아질 것이다. 금성은 강력한 온실효과로 표면 온도가 480°C에 달한다.

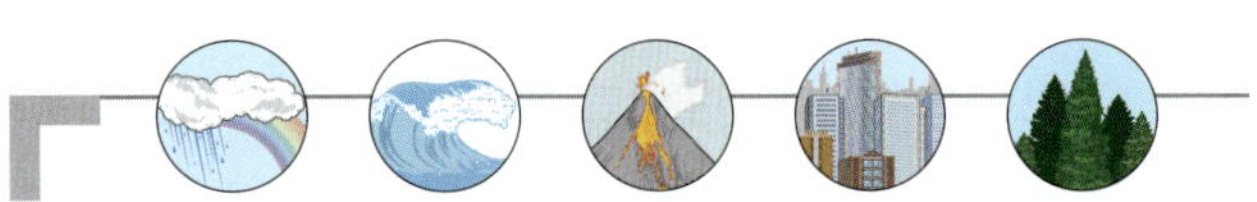

관련짓기

바다에서 암염 광물은 어디에서 생성되는가? 이들 암염은 바다 생명체에 의해 어떻게 이용되는가? 이것은 해수와 대기의 화학 성분에 어떻게 영향을 미쳤는가?

오늘날 생명체는 전 지구적 수준에서 다양한 방법으로 환경의 물리적 현상과 화학적 성질에 계속해서 영향을 미치고 있다. 광합성을 하는 생명체—특히 육상 식물뿐만 아니라 바다에서 조류와 광합성을 하는 세균—는 지구의 표면 색깔을 변화시키며, 그 때문에 반사율 특성과 저장되고 반사되는 에너지의 양이 변한다. 육상의 식생 구조는 표면의 기복에 영향을 미치며, 다시 이것은 바람의 흐름을 감소시키고 그 때문에 날씨와 기후에 영향을 미친다. 생명체는 또한 육지, 식물 및 대기권 사이에서 물의 교환을 통해 대기권에 영향을 미친다. 식물은 토양으로부터 물을 흡수하고 잎을 통해 물을 방출한다. 이 작용은 식물의 생존에 필요하다. 이와 같은 결과는 식물이 물의 증발을 증가시키며, 따라서 지표수를 감소시킨다. 이것은 토양을 안정화시키는 식물 뿌리의 역량과 함께 침식 속도에 영향을 미치며, 그 때문에 강과 하천을 통해 육지에서 바다로 운반되는 용해된 물질과 부유된 미립 물질의 유입 속도에 영향을 미친다. 따라서 바다에 서식하는 생명체는 바다와 대기 사이뿐만 아니라 바다와 해양 퇴적물 사이에서 화학적인 이동 방법에 영향을 미친다. 해양 퇴적물의 대부분은 생물학적인 생성물이거나 또는 생명체에 간접적으로 영향을 받은 것이다.

가이아 가설

생명체가 변화시키는 전 지구적인 환경의 범위에 대해 호기심을 돋우는 몇몇 물음이 생겼다. 예를 들면 이들 변형이 생명체의 존속에 필요한가? 만약 필요 없다면 이들은 생물권에 이로운가?—만약 생명체에 의한 이들 변화가 일어난다면 생명체가 한층 더 성공적으로 또는 아주 풍부하게 존재할 수 있을까?

이들 질문에 대한 몇몇 답은 화학자 러브록(James Lovelock)과 생물학자 마굴리스(Lynn Margulis)가 제시한 가이아 가설(Gaia Hypothesis, 그리스어로 *Gaia*는 지구의 어머니를 뜻한다)이란 한 마디로 표현된다. 이 가설은 생명체가 지구상에서 생물의 역사 내내 전 지구적 규모로 환경을 변화시켰으며 계속하여 그렇게 한다는 것, 이들 변화는 지구상에서 생지화학적 안정성—**항상성** 또는 **평형 상태**의 조건으로 표현되는(제1장)—에 기여한다는 것, 그리고 변화는 생명체의 존속 확률을 증가시킴으로써 생명체에 이익이 된다는 것을 말한다. 생명체가 전 지구적 환경에 영향을 미친다는 많은 증거가 있으며, 그래서 가이아 가설의 첫 번째 부분은 일반적으로 받아들여진다. 그러나 다른 부분은 쟁점으로 남아 있다. 유명한 작가 토머스(Lewis Thomas)는 러브록의 근본적인 기여는 지구계는 "민감한 생명체의 계이며, 스스로 조절하고 스스로 변하는 거대한 생명체의 한 종류[4)]이다."라는 견해로 피력하였다. '초생명체(superorganism)' 아이디어는 가이아 가설을 인기 있게 만들었으나 논의의 여지가 남아 있다.

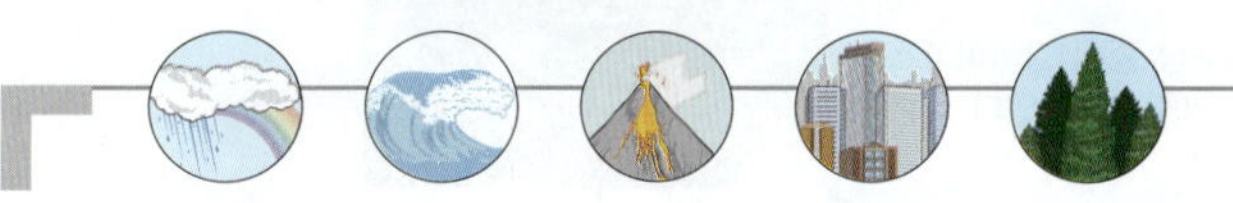

관련짓기

지구계는 시간에 따라 생물권 내에서의 변화에 반응하면서 진화한다고 여겨지고 있다. 생물권 내 어떤 종류의 변화가 지구계의 다른 권역 내에 변화를 일으키는가?

진화 : 생명체의 변천 과정

진화는 무생물 세계로부터 생명체를 구별하는 특성을 생명체에게 부여한다. 오늘날 성장하고 있는 석영 결정은 30억 년 전에 성장한 석영 결정과 본질적으로 동일하다. 그러나 살아있는 생명체는 시간에 따라 변한다. 오늘날의 생명체는 변화의 결과로 발생하였다. 이 변화는 개개의 생명체 탄생, 물질대사, 성장, 번식 및 죽음의 생활사에서 이 생명체뿐만 아니라 이 생명체가 속하는 개체군에 영향을 미친다. 개개의 생명체는 항상 환경 변화에 반응하고 때때로 새로운 종을 출현시킬 수 있는 한층 더 급진적인 변화를 겪는다.

지질 시대 동안 초기의 단순한 단세포 생명체는 결국 오늘날 지구에 살고 있는 막대한 수의 종으로 다양화하였다. 진화론은 새로운 종은 오래된 종으로부터 진화한다고 말한다. 지구상의 생명체 역사에 적용할 때 이것은 현대의 모든 생명체는 유전적인 변화의 점진적인 과정과 환경 조건의 적응을 통해 과거에 살았던 다양한 종류의 생명체로부터 진화한 자손이다라는 것을 뜻한다.

진화의 메커니즘

진화는 **자연 선택**(natural selection)의 과정을 통해 이루어진다. 자연 선택에서 환경에 잘 적응하는 개체는 살아남으며 번식에 있어 성공적인 반면에 환경에 불완전하게 적응하는 개체는 번식에 있어 성공할 수 없으며 그 결과 개체군에서 소멸되는 경향이 있다.

자연 선택은 유전자를 통해 개체의 특성이 한 세대에서 다음 세대로 전달되기 때문에 일어난다. 주어진 어떤 환경에서 어떤 특성은 다른 특성보다 한층 더 유리하다. 예를 들면 어떤 특성은 개체로 하여금 부족한 자원에 보다 효율적으로 경쟁할 수 있게 하며 포식자로부터 보다 쉽게 도피할 수 있게 한다. 만약 환경 조건이 변하면 특정한 특성의 소유는 일부 개체에게 생존을 위한 새로운 유리한 점을 제공한다. 만약 개체들이 환경 조건의 변화에 효율적으로 반응하는 특성을 가지고 있다면 이들은 보다 더 성공적이며, 그 결과 자손에게 이들의 유전자를 보다 쉽게 전달할 수 있다. 결국 전체 개체군의 특성은 시간의 경과에 따라 변하며, 자연 선택은 환경에 특별히 잘 적응하는 개체에게는 호의를 보이며, 환경에 충분히 적응하지는 못하는 개체는 도태시킨다. 환경의 압박에 반응하여 일어나는 변화의 과정을 **적응**(adaptation)이라고 한다.

만약 한 개체군 또는 개체군 일부의 특성이 시간 경과에 따라 극적으로 변하여 개체들이 원래 개체군의 개체들과 더 이상 성공적으로 교배를 할 수 없으면 그때 새로운 종이 출현한다. 이것을 **종분화**(speciation)라고 한다. 종분화는 개체군이 동일한 종의 다른 개체군으로부터 번식에 있어 격리되는 것을 필요로 한다. 이것은 개체군의 일부가 지리적으로 격리되면 일어날 수 있다. 예를 들면 산맥의 융기 또는 해수에 의한 침수는 두 집단을, 또는 커다란 강이나 섬을 가로질러 이동할 수 있는 일부 개체를 분리시키는 물리적 장벽을 제공할 수 있으며, 이 때문에 주된 개체군으로부터 격리된다.

이와 같은 경우에 격리된 집단은 새로운 다른 환경에 적응해야만 한다(그림 14.11). 격리가 일어나기 전에 두 집단은 단일 종의 구성원이었다. 격리 후에 자연 선택을 통

4) Thomas, Lewis (1995) in the *Foreword* to *The Ages of Gaia: A Biography of Our Living Earth*, by James Lovelock. W.W. Norton & Company, Inc., NY; p. x.

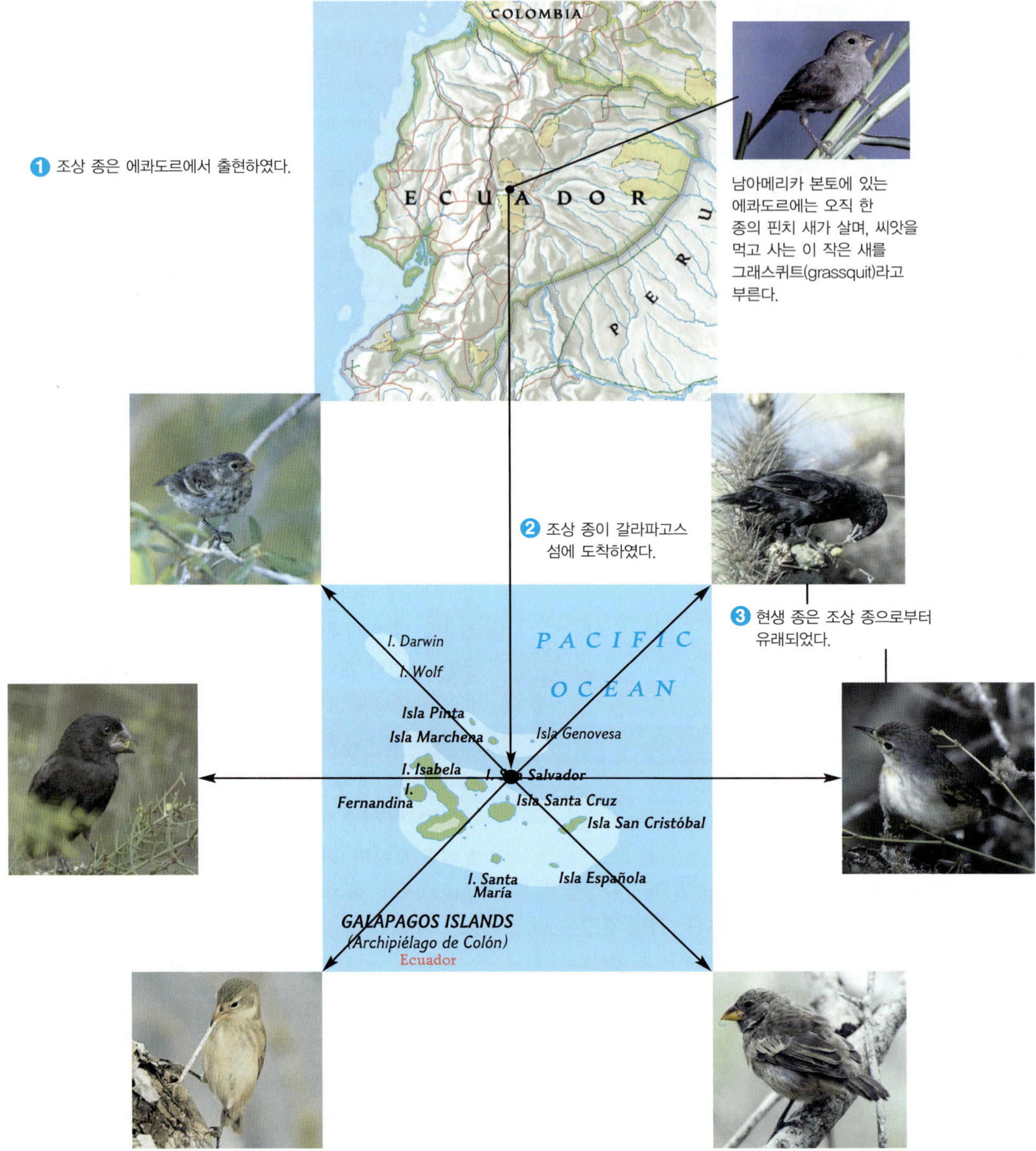

그림 14.11 적응에 의한 자연 선택
찰스 다윈이 갈라파고스 섬을 탐방하였을 때 그는 외관상으로 서로 연관되어 있으나 부리 모양과 먹이가 다른 13종의 새를 발견하였다. 지리적으로 짧은 거리에 있는 생물다양성에서 그와 같은 현격한 차이를 어떻게 설명할 것인가? 대륙에서 이주해 온 핀치 새는 섬들을 점령하였으며 새로운 환경에 적응해야만 한 결과로 그 이후 계속하여 변화하였다. 새로운 환경은 서로 다른 환경에서 새들이 생존하고 생식하는 데 특유한 이점을 제공하기 때문에 다양한 부리 모양이 발달되었다. 이것은 이지역성 종분화와 적응에 의한 자연 선택의 한 예이다.

한 적응의 결과로 이들은 서로 달라져 더 이상 성공적으로 교배할 수 없다. 지리적인 격리에 의한 종분화의 과정을 이지역성 종분화(allopatric speciation)라고 한다. 지리적인 장벽 없이 개체군이 분리되고 생식이 격리될 때에는 동지역성 종분화(sympatric speciation)가 일어난다.

자연 선택에서 어떤 유전적인 변형(대립 유전자)은 변형이 주는 생존과 관련된 유전적 특성의 유용성의 결과로서 다소 흔해진다. 어떤 대립 유전자가 개체군 내에서 다소 흔해지거나 혹은 심지어 모두 사라질 수 있는 또 하나의 메커니즘은 **유전자 부동**(genetic drift)이다. 이것은 한 세대에서 다음 세대로의 유전자의 무작위 표본 추출 결과로 생긴다(그림 14.12). 만약 생식이 개체군 내에서 이용할 수 있는 대립 유전자의 종류를 표본 추출한다면 순전히 우연하게 자손에게 전달되는 대립 유전자의 빈도(또는 통계적인 분포)는 모체 개체군 내의 대립 유전자와 정확하게 동일하지 않을 수 있다. 따라서 다음 세대는 약간 다른 유전자 풀(genetic pool)로부터의 표본 추출이다. 시간이 경과하면 이것은, 특히 작은 개체군(한 변이가 큰 개체군 내보다 비례적으로 더 큰 영향을 미치는 개체군) 내에서 의미 있는 영향을 미친다. 그리고 유전자 부동은 진화에 중요한 공헌자로 여겨진다.

생명체의 유전자 서열은 또한 **돌연변이**(mutation)를 통해 변할 수 있다. 돌연변이는 부모로부터 자손으로 유전자가 이동하는 동안 자연적으로 일어나며 또한 환경 요소에 의해 일어날 수 있다. 돌연변이는 개체군 내에서 새로운 유전자 변형의 주된 근원이다.

자연 선택은 무작위가 아니다. 이것은 환경 변화에 의해 일어난다. 그래서 적응에 유익하고 생식적인 성공에 건설적인 대립 유전자는 선택되고 시간의 경과에 따라 지배적인 경향이 있다. 그러나 돌연변이와 유전자 부동은 대체로 무작위적인 과정이다. 따라서 이들이 창출한 유전적 변이는 생명체와 그의 생식적 성공에 이롭거나 해가 되며 또는 중립적이다. 그러나 이들은 완전히 관계가 없는 과정이 아니다. 예를 들면 돌연변이는 자연 선택이 활동할 수 있는 유전적 다양성을 제공한다.

그림 14.12 유전자 부동
유전자 부동은 한 세대에서 다음 세대로 유전자의 무작위한 표본 추출의 결과로 일어난다. 시간이 경과함에 따라 이것은 개체군의 유전자 풀의 이동으로 귀결될 수 있으며, 심지어 대립 유전자의 소멸이 일어나게 할 수도 있다.

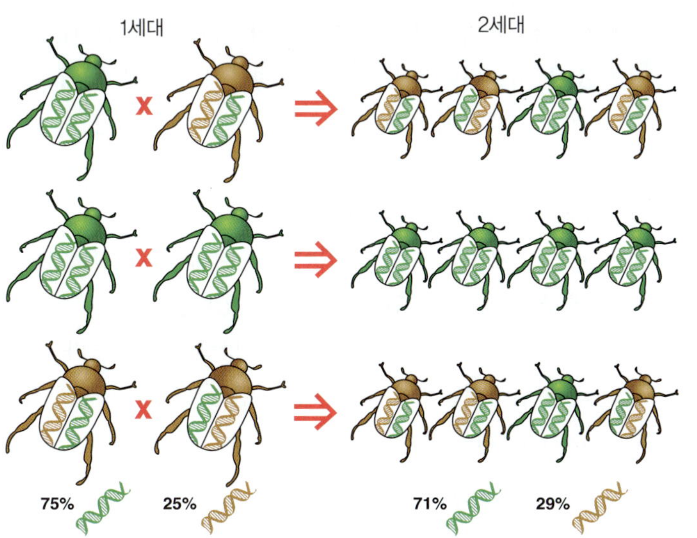

초기 생명체

지금까지 발견된 가장 오래된 화석의 나이는 35억 5,000만 년이다. 시생누대 암석에서 발견된 가장 오래된 화석의 일부는 현미경적인 원핵생물의 잔류물이다(그림 14.9 참조). 그 밖의 다른 화석은 해수의 화학 성분에 영향을 미치는 어떤 세균(또한 원핵생물)에 의해 침전된 얇은 탄산칼슘층이 층층이 쌓여 형성된 구조이다(그림 14.13A). 스트로마톨라이트라고 하는 층을 이룬 구조는 실제 생명체의 화석은 아니다. 그러나 이들은 생명체가 존재했던 뚜렷한 증거를 제공한다. 왜냐하면 우리는 살아있는 생명체에 의해 오늘날 형성되고 있는 비슷한 구조를 관찰하고 연구할 수 있기 때문이다(그림 14.13B).

원핵생물의 세계

원핵생물의 기원이 무엇이든 초기 생명체는 원핵생물이었다. 이것은 또한 틀림없이 혐기성이었을 것이다(즉 산소 없이 살았다). 왜냐하면 초기 대기는 자유 산소를 거의 또는 전혀 포함하지 않았기 때문이다. 생명체 역사에서 혐기성 시기 동안 살았던 생명체는 오직 발효에 의해 에너지를 얻을 수 있었다. 앞에서 논한 바와 같이 CO_2 발효로부터 생성된 에너지는 낮으며, 부산물은 CO_2와 알코올을 포함한다. 알코올은 에너지가 높은 화합물이며, 세포에 대해서는 반드시 제거되어야 할 폐기물이다. 알코올 내에 포함된 에너지를 이용할 수 없음은 혐기성 세포의 한계이다.

1. 빠른 확산을 통해 음식물이 유입되고 폐기물이 방출되기 위해서는 생명체의 부피에 대한 표면적의 비율이 커야 한다. 따라서 혐기성 세포는 반드시 작아야만 한다.
2. 혐기성 세포는 그들 자신을 보호하는 데도 부족할 정도의 작은 에너지만을 생산한다. 따라서 이들은 핵을 포함한 특수화된 세포 소기관을 유지하는 데 에너지 자원을 배치할 수 없다.
3. 원생생물은 그들 주위에 자유 공간을 필요로 한다. 빽빽하게 군체의 형태를 이루면 물이 세포 안과 밖으로 이동하는 것을 방해하기 때문이다. 이들은 또한

그림 14.13 스트로마톨라이트

스트로마톨라이트는 광합성을 하는 박테리아가 용해된 염을 침전시킬 때 따뜻하고 얕은 바다에서 형성된 층을 이룬 석회암이다. (A) 그림의 스트로마톨라이트는 남오스트레일리아의 북부 플린더스 레인지에서 산출된 15억 년 이상 된 스트로마톨라이트이다. (B) 그림의 현생 스트로마톨라이트는 서부 오스트레일리아 샤크 베이의 조간대에서 생성되고 있다.

독성 폐기물—알코올 그리고 초기 광합성을 하는 생명체에서는 산소—을 제거하는 데 공간이 필요하다. 따라서 이들은 단독으로 살거나 또는 끝과 끝이 사슬로 줄줄이 이어져 있다. 이들은 3차원적인 구조를 형성할 수 없다.

지구의 산소 절대저장소(sink)가 채워지는 데 약 20억 년이 걸렸다. 이 시간 전체 동안—지구 역사의 거의 절반—에 원핵생물은 전성기를 맞이하였다. 원핵생물들이 지배적이었던 20억 년 동안 몇몇의 서로 다른 종류의 원핵생물이 발생하였다. 이들 중 최초의 원핵생물은 아마 **남세균**(cyanobacteria, 비록 잘못된 이름일지라도 또한 남조류라고도 부름. 남세균은 세균영역 내의 원핵생물인 반면 조류는 진핵생물영역의 진핵생물이다). 근본적인 의미에서 현재 대기는 남세균의 광합성 혜택을 받고 있다.

마침내 산소를 포함한 대기가 형성되었다. 대기가 산소를 포함하였을 때 생명체는 치명적인 폐기물인 산소를 이용하는 데 시간을 거의 소비하지 않았던 것 같다. 어떤 원핵생물이 산소에 대한 내성을 발달시키는 동안에 진핵세포가 출현함으로써 주요 변화가 실제로 일어났다.

진핵생물의 출현

적어도 20억 년 동안에 지구상의 유일한 생명체는 원핵생물이었다. 그러고 나서 약 14억 년 전 원생누대 동안에 중요한 변화가 일어났다. 바로 진핵생물의 출현이다. 어떻게 그리고 언제 최초의 단순한 진핵생물이 생겨났는지는 추론의 문제이다. 그러나 우리는 진핵생물이 원핵생물로부터 출현하였다는 것을 합리적으로 확신할 수 있다. 두 종류의 생물 세포(원핵세포와 진핵세포)의 화학적인 경로가 매우 비슷하여 이들이 틀림없이 관계되어 있다는 것은 분명하다. 게다가 진핵생물 내의 세포소기관은 작은 어떤 원핵생물을 매우 밀접하게 닮아서 대부분의 전문가들은 세포소기관이 한때 원핵생물인 세균이었고 작은 세포를 둘러싸고 있는 커다란 원핵생물에 의해 진핵생물이 출현했으며, 그 때문에 그들의 화학적 생산물을 이용할 수 있다고 가정한다.

진핵세포의 일부 특성은 다음과 같다.

1. 이들은 호기성 생물이다. 즉 이들은 호흡하는 데 산소를 이용한다. 산소 호흡은 발효보다 훨씬 더 효율적이기 때문에 진핵생물은 혐기성 세포처럼 표면 대 부피의 높은 비율은 필요로 하지 않는다. 따라서 이러한 세포는 전형적으로 크다.
2. 호기성 세포는 그들의 뛰어난 물질대사의 효율 때문에 핵과 세포소기관을 유지할 수 있다.
3. 호기성 진핵생물은 응집에 의해 방해받지 않는다. 따라서 원핵생물과 달리 진핵생물은 3차원적인 세포 집단(colony)을 형성할 수 있다.

진핵생물의 출현은 산소를 포함한 대기권의 형성과 함께 생물권을 빠르게 변화시켰으며 지구상의 보다 많은 과정에 영향을 미치기 시작하였다. 우리는 암석 기록을 조사함으로써 생물권의 진화 역사를 연구할 수 있다. 이 역사는 주로 암석 내에 보존된 과거 생명체의 변질된 잔류물인 **화석**(fossil)을 통해 밝혀진다. 지구상에서 초기 20억 년의 생명체를 지배했던 원핵생물과 같은 미생물은 쉽게 화석으로 보존되지 않는다. 이들은 부서지기 쉽고 매우 작아 연구하기가 매우 힘들다. 그러나 원생누대 후반기에 한층 더 복잡하고 큰 진핵을 가진 생명체가 출현하기 시작하였으며, 이들의 일부가 암석 기록 내에 화석으로 보존되어 있다.

에디아카라 동물군

가장 오래된 동물 화석은 남오스트레일리아의 에디아카라 언덕에 분포하는 6억 년 된 암석에서 처음 발견되었으며, 에디아카라 동물군으로 알려졌다. 거의 똑같은 화석들이 세계 다른 곳의 비슷한 연령의 암석에서 이어서 발견되었다. 에디아카라 동물군은 조용한 해양의 만에 살았으며, 어떠한 단단한 골격도 없는 동물이다. 이들은 외피에 어떠한 물리적인 방호 기관이나 또는 방어물이 없는 젤리 같은 동물이었을 것으로 생각된다. 이들은 크게 세 종류로 구분한다. (1) 오늘날의 해파리를 닮은 원반 같은 형태(그림 14.14A), (2) 오늘날의 바다조름이나 또는 연산호를 닮은 펜 같은 형태, (3) 넓고 납작한 벌레를 닮은 형태이다(그림 14.14B). 이들 동물은 오늘날의 비슷한 동물과는 다소 다른 특이한 형태를 띤다. 예를 들면 원반 비슷한 화석은 실제로 해파리가 아니다. 왜냐하면 이들은 진짜 해파리의 중앙의 방사상 구조와 주변의 동심원 구조가 없기 때문이다.

비록 에디아카라 동물군이 진화하는 첫 번째 동물이거나 또는 동물 중 하나였을지라도 이들은 복잡성에 있어서는 8억 년 앞서 출현한 최초의 단세포 진핵생물로부터 매우 큰 도약을 하였다. 과학자들은 원생누대 후반기의 8억 년 동안 진행된 생물의 진화에 대하여 아직도 많은 것을 발견할 수가 없다.

현생누대의 생물

현생누대는 5억 4,200만 년 전부터 현재까지의 모든 지질학적인 역사를 포함한다(그림 14.15). 따라서 고생대, 중생대, 신생대를 포함한다. 현생누대란 용어는 '볼 수 있는 생명체'를 뜻하는 그리스어에서 유래하였으며, 전 세계적인 지질 주상도 작성을 시도한 초기 지질학자들이 지질시대의 시간에 있어 이 시점에 주요 경계를 긋는 것은 우연이 아니다. 이들 지질학자들은 초기의 암석에서 생명체의 증거를 거의 찾지 못하였다(비록 오늘날 우리는 초기

그림 14.14 에디아카라 동물 화석군

이들 화석은 지금까지 발견된 가장 오래된 다세포 동물들 중 하나이다. (A) *Mawsonia spriggi*는 원반 모양의 부유 동물로 해파리와 비슷하다. 이 화석 표품의 지름은 13cm이다. (B) *Dickinsonia costata*는 기묘하게 납작한 벌레 모양의 생물이다. 이 화석 표품의 지름은 약 7.5cm이다.

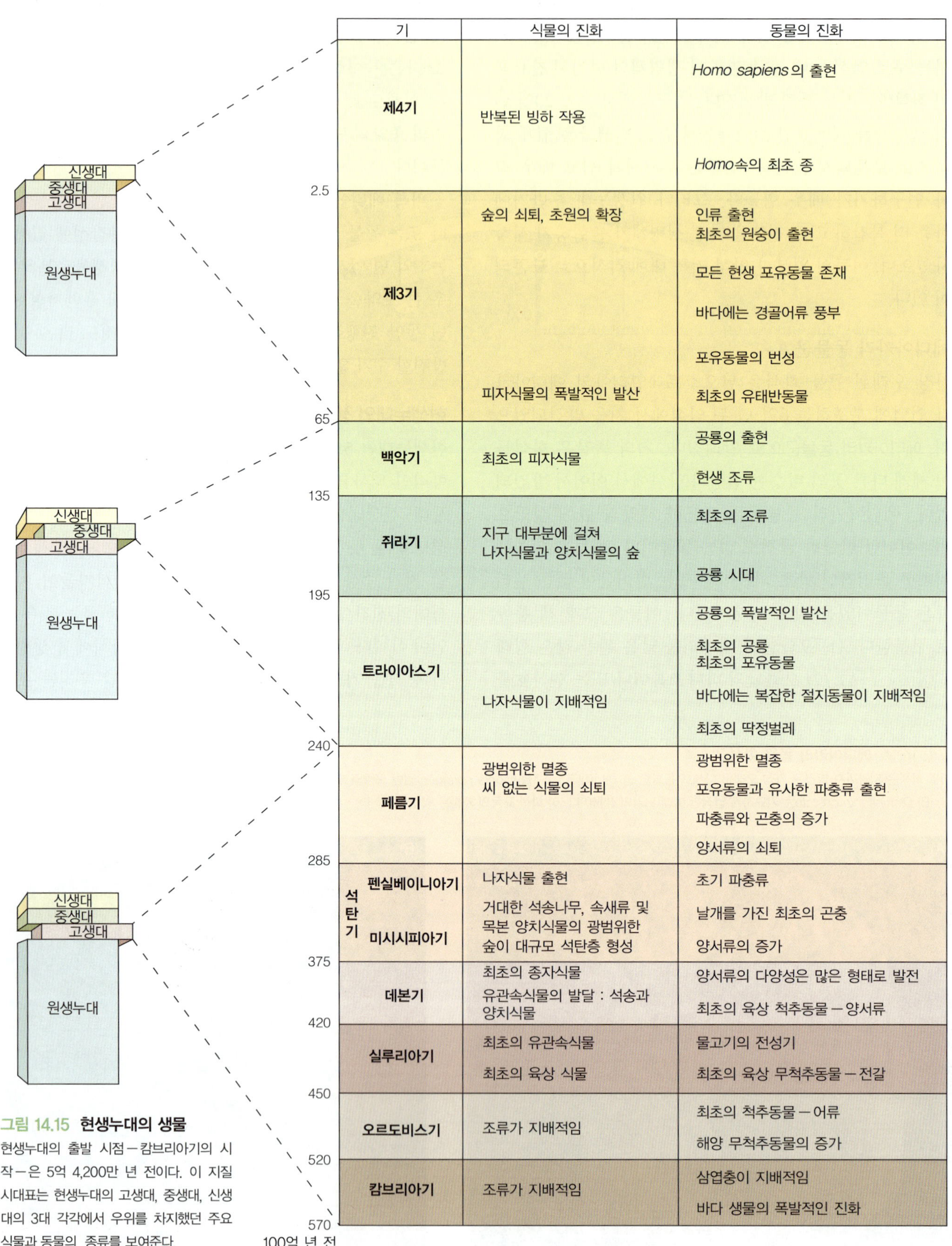

기	식물의 진화	동물의 진화	
제4기	반복된 빙하 작용	*Homo sapiens*의 출현 *Homo*속의 최초 종	2.5
제3기	숲의 쇠퇴, 초원의 확장 피자식물의 폭발적인 발산	인류 출현 최초의 원숭이 출현 모든 현생 포유동물 존재 바다에는 경골어류 풍부 포유동물의 번성 최초의 유태반동물	65
백악기	최초의 피자식물	공룡의 출현 현생 조류	135
쥐라기	지구 대부분에 걸쳐 나자식물과 양치식물의 숲	최초의 조류 공룡 시대	195
트라이아스기	나자식물이 지배적임	공룡의 폭발적인 발산 최초의 공룡 최초의 포유동물 바다에는 복잡한 절지동물이 지배적임 최초의 딱정벌레	240
페름기	광범위한 멸종 씨 없는 식물의 쇠퇴	광범위한 멸종 포유동물과 유사한 파충류 출현 파충류와 곤충의 증가 양서류의 쇠퇴	285
석탄기: 펜실베이니아기 미시시피아기	나자식물 출현 거대한 석송나무, 속새류 및 목본 양치식물의 광범위한 숲이 대규모 석탄층 형성	초기 파충류 날개를 가진 최초의 곤충 양서류의 증가	375
데본기	최초의 종자식물 유관속식물의 발달 : 석송과 양치식물	양서류의 다양성은 많은 형태로 발전 최초의 육상 척추동물 – 양서류	420
실루리아기	최초의 유관속식물 최초의 육상 식물	물고기의 전성기 최초의 육상 무척추동물 – 전갈	450
오르도비스기	조류가 지배적임	최초의 척추동물 – 어류 해양 무척추동물의 증가	520
캄브리아기	조류가 지배적임	삼엽충이 지배적임 바다 생물의 폭발적인 진화	570

100억 년 전

그림 14.15 현생누대의 생물
현생누대의 출발 시점 – 캄브리아기의 시작 – 은 5억 4,200만 년 전이다. 이 지질 시대표는 현생누대의 고생대, 중생대, 신생대의 3대 각각에서 우위를 차지했던 주요 식물과 동물의 종류를 보여준다.

미화석을 연구할 수 있는 보다 좋은 장비를 가지고 있을지라도 말이다). 그러나 이 시점으로부터 분명히 볼 수 있는 과거 생명체의 증거가 대형 화석의 형태로 풍부하게 발견된다.

캄브리아기 폭증

5억 4,200만 년 전에 시작된 캄브리아기는 동물의 내부와 외부에 골격이 처음 생성되기 시작한 시대이다. 캐나다 브리티시 컬럼비아의 버제스 셰일 내의 유명한 천해 화석 군집(그림 14.16)에는 골격이 없는 많은 동물 화석과 골격을 가진 수 종의 동물 화석이 보존되어 있다. 5억 500만 년 전에 쌓인 버제스 셰일 내의 화석 군집은 우리가 동시대의 저서성 바다 동물군에서 더 이상 볼 수 없는 풍부한 종류를 보여준다.

그림 14.16 버제스 셰일에서 산출된 화석
5억 500만 년 된 버제스 셰일에 보존된 화석의 대부분은 단단한 골격이나 뼈가 없는 동물들이다. 그림에 묘사된 25종의 다른 화석 중 오직 원으로 표시한 다섯 가지 생물만 단단한 골격을 갖는다. 버제스 셰일은 지금까지 발견된 캄브리아기 동물 화석군 중 가장 완전한 군집이다. 단단한 골격이나 뼈가 없는 동물들의 풍부함은 바다 어디엔가 있는 생물들의 서식처를 나타낸다는 것을 추정할 수 있다. 초기 척삭동물 *Pikaia*(그림 14.20에도 제시됨)는 작은 물고기를 닮았다. (B) 이 삼엽충은 올레노이데스(Olenoides) 속의 한 종으로 버제스 셰일에서 산출된 것이다. 다른 삼엽충은 더 클 수도 있지만 이 삼엽충의 길이는 10cm에 달한다.

(A)

(B)

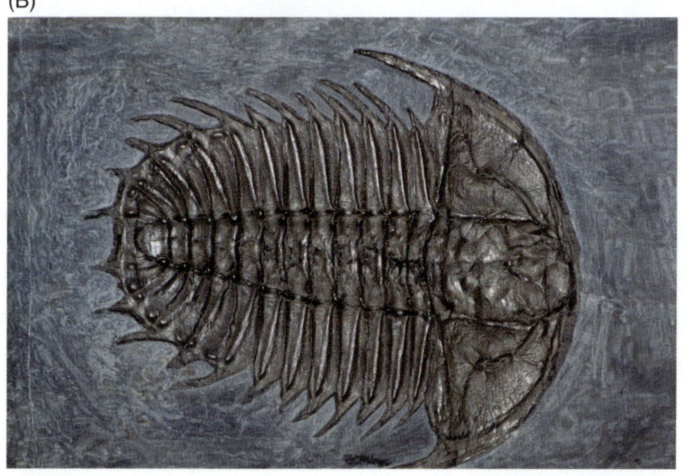

버제스 셰일과 동일한 시대의 다른 지역에서 비슷한 다른 화석 군집으로부터 초기 캄브리아기는 생명체들이 바다 환경에 거의 구속받지 않는 성장과 변화의 시기였음을 알 수 있다. 지구 역사에서 비교적 짧은 기간 동안에 진화 속도가 급격히 증가하였으며, 이것을 **캄브리아기 폭증**(Cambrian radiation 또는 Cambrian explosion)이라고 한다(그림 14.7B 참조). (폭발적 진화는 동일한 조상으로부터 진화된 생명체의 다양성이 빠르게 증가하는 것이다.) 대부분의 현생 주요 집단의 생명체는 이 시기에 출현하였으며, 이들의 기본적인 몸 형태가 이때 확정되었다. 이 결과 많은 생명체의 복잡성이 빠르게 증가되었다. 골격을 가진 작고 튼튼한 동물들은 진화하여 에디아카라 시대의 약한 동물들을 대체하였다. 삼엽충, 연체동물(조개), 극피동물(성게) 및 바다 달팽이, 이들 모두(삼엽충을 제외하고)는 현재까지 존속하는 동물들을 대표하며, 모두 아가미, 여과기관, 능률적인 창자, 순환계 및 다른 복잡한 구조를 갖추고 있다.

생물다양성(biodiversity) 또는 생물 종류의 전체적인 다양성은 초기 캄브리아기에 왜 그렇게 급격히 증가하였는가? 이것은 생물권에 대한 또 다른 커다란 대답 없는 물음이다. 많은 가설이 제안되었으나 지금까지 어떤 것도 확실한 증거에 의해 뒷받침되지 않았다. 한 가설은 유성생식이 한층 더 빠른 진화를 가능하게 하였다는 것이다. 원핵생물은 무성생식이며 유사분열 과정을 통해 생식한다. 유사분열에서 세포는 새로운 세포를 만들기 위해 그의 DNA가 동일한 크기 2개로 나누어진다. 새로운 세포는 모체의 세포와 동일하다. 진핵세포는 유성생식으로 생식하며 두 개체가 그들의 유전 정보를 똑같이 제공한다. 따라서 형성된 유전적 다양성은 성장하는 개체군 사이에서 빠르게 퍼진다. 또 다른 가설은 산소의 활용이 인산칼슘과 탄산칼슘으로 구성된 골격의 발달을 가능하게 하여 더욱 복잡한 형태가 생성되는 것을 가능하게 했다는 것이다. 마지막 가설은 성층권의 오존층(이 시기 무렵에 자외선을 차단하는 기능

그림 14.17 **지구상의 초기 생물?**
육지를 개척한 최초의 식물은 사진에서 보는 것과 같은 녹조류와 비슷했을 것이다.

을 시작했을 것으로 생각된다)으로 인해 바다 깊은 곳에 사는 생명체가 얕은 바다와 땅 위의 다양한 새로운 여러 환경에 출현하게 되었다는 것이다.

육상 생물

캄브리아기는 약 3억 3,000만 년 지속된 고생대의 6개 기 중 첫 번째이다. 캄브리아기는 오르도비스기, 실루리아기, 데본기, 석탄기, 페름기로 이어진다. 중생대와 신생대의 5개 기가 그 뒤를 잇는다. 각각의 기는 그림 14.15에 요약된 것처럼 주요 집단의 식물과 동물의 출현에 의해 특징지어진다. 초기 지질학자들은 이들 기의 경계를 주로 주요 화석 층준과 전 세계에 적용되는 암석의 층서 대비(제7장)에 근거하여 설정하였다.

캄브리아기에 일어난 생명체의 매우 빠른 급증은 완전히 바다에 한정되었다. 그러나 5억 년 전까지 동물들의 주요한 기본 형태는 확립되었다. 생명체들에게 남아 있는 큰 단계 하나는 바다를 떠나 육지를 점령하고 최종적으로는 대기권을 차지하는 것이다.

마침내 식물, 곤충과 그 밖의 동물들, 세균 및 균류 모두가 육지에 기반을 둔 형태로 진화하였다. 다세포 생명체들이 육지에 생존하기 위한 몇 가지 필요조건은 다음과 같다.

1. 수중 생물은 물로 받쳐져 있으나 육지에서 중력은 극복해야 할 실재하는 힘이기 때문에 구조적인 지지물(골격이나 강한 줄기 같은)이 필요하다.
2. 생명체의 모든 부분에 닿을 수 있는 관시스템(plumbing system)과 주위 대기로 빠져나가는 물에 대비하여 물을 저장하는 장치를 가진 내부 물 기관이 필요하다.
3. 물(아가미와 같이) 대신 대기와 기체(허파와 같이)를 교환하는 메커니즘이 필요하다.
4. 유성생식하는 모든 생명체에 있어서는 생식 시스템에 물기가 많은 환경이 필수적이다.

이들 필요조건의 선택은 대부분 육상 생명체를 오늘날 우리가 알고 있는 친숙한 형태로 발달하게 한 것이다.

식물 초기 육상 식물은 아마 가장 초기로 알려진 진핵 생물인 녹조류로부터 진화하였을 것이다(그림 14.17). 결국에는 **관속식물**(vascular plants, 또는 고등식물)이 출현하였다. 이들은 구조 지지물(필요조건 1)로서 목질로 된 줄기뿐만 아니라 뿌리에서 잎으로 물을 전달하고 광합성 산물을 잎에서 뿌리로 전달하는 수관 시스템인 관다발조직계(필요조건 2)을 갖고 있다. 유관속식물에서 필요조건 3(기체 교환)은 확산에 의해 일어나며 잎에 발달된 기공(stomata, 그리스어로 '입'을 나타냄)이라는 조절할 수 있는 통로에 의해 통제된다. 잎 내의 이산화탄소의 압력이 높을 때는 기공이 열리며 압력이 낮을 때 기공은 닫힌다. (기공은 또한 식물이 물이 부족할 때 닫히며 그 때문에 식물이 말라죽는 것으로부터 막을 수 있다.) 데본기의 식물에 의한 기체 교환은 오늘날 식물에 의해 이루어지는 것과 거의 같은 방법으로 이루어졌다.

가장 초기의 식물—이들의 현생 예는 이끼와 잎 모양의 우산이끼이다—은 씨가 없는 식물이었다(그림 14.18A, B). 씨가 없는 이들 식물의 대부분은 상당한 가뭄을 견딜 수 있다. 예를 들면 이끼는 수분이 되돌아올 때까지 휴지 상태에 놓여 있는 포자를 방출함으로써 건조기를 살아 남을 수 있다. 그러나 이들 고대 식물은 생식 순환의 유성생식기에 여전히 수분에 의존한다. 수분 없이 성세포는 그 안에서 서로 만나 융합할 매개물을 갖지 못한다. 따라서 씨가 없는 식물들은 적어도 성장기의 일부 동안이라도 수분이 확실히 존재하지 않는 서식지를 결코 점령할 수 없다. 씨가 없는 식물들은 석탄기에 절정을 이루었으며, 이때 이들은 열대 범람원과 북아메리카, 유럽 및 아시아의 삼각주에 발달된 거대한 숲을 형성하였다.

중기 데본기까지 수종의 식물이 이미 필요조건 4를 만족시키는 과정에 있었다. 즉 유성생식을 용이하게 하기 위해 그들의 고유한 수분 환경을 제공하였다. 진화한 식물은 대륙의 유명한 글로솝테리스와 같은 **나자식물**(gymnosperms, 겉씨식물)이었다(그림 5.4 참조). 암컷 세포는 관속 시스템에 달라붙어 있으며, 따라서 수분의 공급처를 가진다. 수컷 세포는 단단한 피막을 가진 화분 입자 내에서 운반된다. 두 세포가 융합하면 씨가 생긴다. 씨는 단순히 식물이 광합성에 의해 스스로 양분을 공급할 때까지 어린 식물의 초기 성장을 유지시켜 주는 수분과 영양분의 공급물이다. 겉씨식물은 오늘날까지 살아남아 있다. 예는 은행나무(그림 14.18C)와 침엽수이다.

나자식물은 큰 성공을 거두었다. 늪 환경으로부터 자유로워졌으며, 석탄을 형성한 숲의 씨가 없는 거대한 나무와 경쟁할 필요가 없었다. 하지만 이들은 새로이 형성된 초대륙 판게아의 건조한 고지 지방을 점령하였다. 석탄기 말까지 이들은 대부분 전 세계에 널리 퍼졌으며, 트라이아스기까지 이들은 크기에서 늪의 이전 친척들과 맞먹었다.

그러나 나자식물은 하나의 약점을 갖는다. 수컷 세포 운반자—화분—는 공기를 통해 분산된다. 공기 중에 흩어진 화분 입자가 암컷 세포를 만날 가능성은 얼마나 될까? 성공을 확실하게 하기 위해 나자식물은 막대한 양의 화분을 생산해야만 한다. 꽃을 피우는 **현화식물**(angiosperms, 속씨식물)은 화분의 무작위적인 분포의 문제점을 해결하였다. 작은 자극(화밀 또는 화분의 공유)을 통해 곤충들을 유혹하여 화분을 운반하게 한다(그림 14. 18D). 현화식물이 진화하는 데는 나자식물이 진화하는 것보다 오래 걸렸다. 하지만 백악기 말까지 현화식물은 지배적인 육상 식물

그림 14.18 식물의 진화

(A) 셰일 내에 보존된 이 양치식물의 화석(*Pecopteris*속)은 약 3억 년 되었다. 이것은 씨가 없는 식물의 한 예이다. (B) 양치식물 화석을 현생 양치식물과 비교하라. 이 사진은 잎 뒷면에 발달된 검은 점으로 보이는 포자를 생산하는 기관을 보여준다. (C) 나자식물은 데본기 후기에 씨가 없는 식물로부터 진화하였다. 그림의 사진은 현생 은행(*Gingko biloba*, 오른편)과 은행 화석(*Gingko adiantoides*, 왼편)의 잎이다. (D) 꽃과 과일은 식물에 있어 유리한 진화를 상징한다. 왜냐하면 꽃과 과일은 곤충들이 화분을 퍼뜨리는 일을 하는 데 대한 욕구를 만족시켜 주기 때문이다. 아이다호 주에서 발견된 1,500만 년 된 화석(왼편)은 이 식물과 같은 현생 소향합의 과일(*Liquidambar*속) 옆에 제시되어 있다.

이 되었다. 이들의 생활사는 나자식물의 생활사와 크게 다르지 않다. 그러나 이들은 동물과 특수화된 관계를 발달시켰다. 곤충은 수분 작용을, 그리고 새와 포유동물은 씨를 분산시킨다.

식물에 있어 마지막 미개척 영역—적어도 오늘날까지—은 건조한 스텝 지대(steppe), 사바나, 프레리이다. 이들 지역은 최초의 풀이 출현한 제3기까지 개척되지 않았다. 제3기가 시작되었을 때 육상에는 또한 동물이 최고조에 달했으며, 남극 대륙을 제외하고 모든 대륙의 고지 평원에서 풀을 뜯어먹고 사는 거대한 동물군이 절정에 달했다.

곤충 캄브리아기 바다에 살았던 다수의 생명체 중 대부분은 절지동물문에 속한다. 마디로 된 다리를 갖고 있기 때문에 절지동물이라고 부른다. 이들은 게, 거미, 지네 및 곤충뿐만 아니라 삼엽충도 포함한다. 이들은 지구상에서 가장 다양한 문(phylum)이다. 이들 동물은 바다에서 육지로 서식지를 옮긴 최초의 동물이다(우리 인류가 유래한 물고기가 아니다).

수종의 예외와 함께 초기 절지동물들은 상당히 작았고 몸무게가 가벼운 구조를 가졌으며, 구조적인 지지를 제공하기 위해 키틴질이라는 단단한 물질로 구성된 외골격으로 덮여 있었다. 따라서 이들은 구조적인 지지와 물의 저장에 있어 감탄할 정도로 육상 생활에 미리 적응하였다. 육지에 가장 최초로 출현한 절지동물은 아마 실루리아기의 지네와 노래기였을 것이다. 석탄기에 곤충은 풍부하였으며 날개 길이가 60cm에 달하는 잠자리가 포함된다(그림 14.19). 육상 생물로서 이들의 모든 성공을 위해 절지동물들은 항상 매우 원시적인 호흡계와 혈관계를 가졌다. 이들은 외피막을 관통하고 있는 작은 관을 통해 호흡한다. 호기성 생명체의 호흡량은 호흡계 길이의 세제곱에 따라 증가하고 반면에 기체 공급이 이용할 수 있는 면적은 다만 길이의 제곱에 따라 증가하기 때문에 이러한 방식의 호흡은 생명체의 크기를 심하게 제한한다. 이것이 대부분의 곤충이 작은 이유 중 하나이다.

절지동물은 열려 있는 혈관계를 갖는다. 즉 이들의 '혈액'은 닫혀 있는 혈관 내를 순환하지 않는다. 다만 이것은 내부 기관을 감싸고 있으며, 일반적으로 수축성의 관에 지나지 않는 '심장'에 의해 느린 운동을 계속하고 있는 단순한 체액이다. 처음에는 이와 같이 원시적인 배열을 가진 절지동물이 100만 종 이상의 육상 종으로 다양화했다는 것은 이상해 보인다. 절지동물의 혈관계는 크지 않지만 분명히 작동한다. 그리고 이것은 파괴할 수 없다. 도대체 누가 심장마비를 일으키는 바퀴벌레에 대해 들어보았는가?

등뼈를 가진 동물들 캄브리아기의 버제스 셰일 화석 중에서 뚜렷하지 않은 것은 피카이아(*Pikaia*)라는 아주 작은 화석이다(그림 14.20과 그림 14.16 참조). 피카이아는 또한

그림 14.19 지질 시대의 곤충
거대한 잠자리 *Megatypus schucherti*의 한쪽 날개 길이는 16cm이다. 오늘날 가장 큰 잠자리의 전체 폭은 단지 15cm이다. 전기 페름기의 이 표본은 캔자스의 딕킨슨 카운티에서 산출되었다.

그림 14.20 피카이아(Pikaia), 최초의 척삭동물
버제스 셰일에서 발견된 단단한 골격이 없는 동물 *Pikaia*는 가장 초기 척삭동물(척삭동물문)로 알려진 것 중 하나이다.

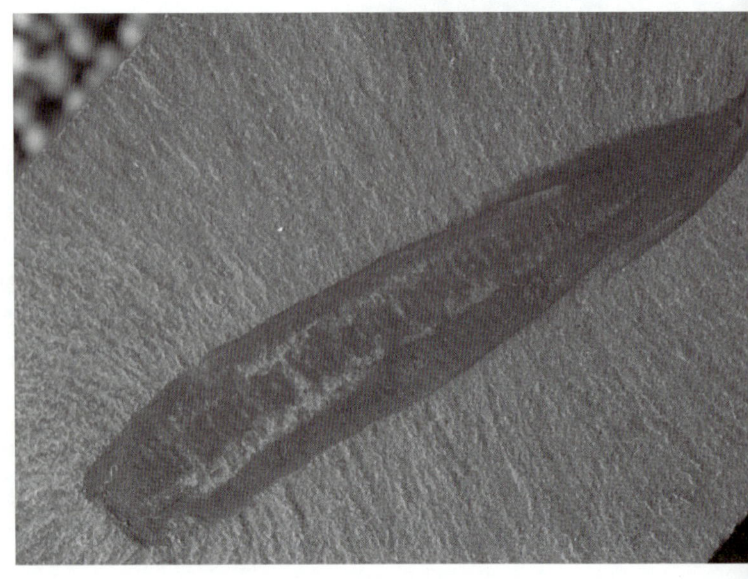

그림 14.21 선구자 물고기?
1938년 인도양에서 살아있는 실러캔스가 잡혔을 때 이것은 화제를 불러일으켰다. 왜냐하면 이 물고기의 종뿐만 아니라 전체 목이 멸종한 것으로 믿었기 때문이다. 육상으로 서식처를 옮긴 최초의 물고기는 실러캔스의 친척이었을 것이다. 남아프리카의 먼 바다에서 촬영한 이 물고기(*Latimeria chalumnae*)와 같은 오늘날의 실러캔스는 심해 생물이며 다시 한 번 멸종의 위기에 처해 있다.

인류가 속한 척삭동물문의 일원인 **척삭동물**(chordate)의 초기 예이다. **척삭동물**은 동물의 등 쪽에 발달된 연골로 된 막대 모양의 척삭(notochord)을 갖고 있다. (인류와 그 밖의 **척추동물**—등뼈를 가진 동물—은 나중에 등뼈로 대체되는 배아로서 척삭을 갖는다.) 피카이아와 그 밖의 캄브리아기의 물고기는 턱뼈가 없으며, 아마 해저로부터 유기물질을 훑어 먹고 살았을 것이다. 그 후에 턱뼈를 가진 물고기로 진화하였으며, 이들의 진화와 함께 다양성이 폭발적으로 증가하였다. 길이가 단지 수 센티미터인 최초의 턱뼈 없는 물고기는 훨씬 큰 갑피어류와 빠르게 합류하였다. 이들은 상어와 다른 뼈가 없는(연골) 물고기뿐만 아니라 오늘날의 사냥감과 식용 물고기로 친숙한 조기어류의 거대한 목(order)을 포함한다.

위험을 무릅쓰고 육상에 진출한 최초의 물고기는 아마 **총기어**(crossopterygians)라는 분명하지 않은 집단에서 유래하였으며 데본기(약 4억 년 전)에 육상 진출이 감행되었다. 이들은 양서류를 탄생시켰다. 총기어류[오늘날 전형적으로 육기어강(Sarcopterygii)으로 분류된다]는 육지로의 이동을 용이하게 하는 데 도움이 되는 몇 가지 특징을 갖는다(그림 14.21). 노 같은 지느러미는 사지를 형성할 수 있는 작은 뼈를 완전히 갖춘 사지동물 다리의 (축소된) 요소를 포함하기 때문에 이들의 노 같은 지느러미는 다리로 미리 적응하였다. 이들은 또한 공기로 호흡하는 동물의 특징인 내부 콧구멍을 가졌다. 물고기이기 때문에 총기어류는 이미 육지 생활을 시작하기에 적당하고 편리한 혈관계를 갖고 있었다. 그러나 물의 저장은 양서류에 있어서는 결코 강점이 될 수 없다. 이들은 오늘날 투과성의 피부를 갖는다. 이것은 양서류가 수성환경으로부터 결코 독립할 수 없는 이유 중 하나이다.

이러한 제한에도 불구하고 양서류는 데본기에 수백만 년 동안 육지를 지배하였다. (이러한 양서류가) 그들의 생태적 지위를 다양하게 확장시키는 데에는 커다란 문제점이 하나 있는데, 즉 이들은 많은 생태적 적소로 이들의 확산을 제한하는 어려움을 하나 갖는다. 이들은 육상 생활을 위한 생식적인 필요조건을 결코 만족시킬 수 없었다. 대부분의 종에서 암컷 양서류는 물에 알을 낳고, 수컷은 구애의식 후에 알을 수정하며, 새끼들이 수중 생명체로 부화한다. 씨가 없는 식물처럼 양서류는 번식을 위해 물에 묶여 있었다. 비록 일부 양서류는 상당히 커졌을지라도 양서류는 크게 다양하지 않다. 한 분파가 진화하여 파충류가 되었다. 살아남은 나머지는 개구리, 두꺼비, 영원(newt, 도룡농목 영원과의 동물), 도롱농 및 다리 없는 물 '뱀'이다.

파충류는 물이 통과하지 못하는 피부와 물 밖에서 부화될 수 있는 껍데기를 가진 알을 발달시킴으로써 물로부터 자신들을 자유롭게 하였다. 이들 두 가지 '창안물'은 양서류의 물에 대한 속박 때문에 이들이 점령하지 못한 육상의 생태적 지위를 파충류가 차지할 수 있도록 다양한 능력을 제공하였다. 양막이 있는 알은 턱뼈가 물고기에게 다양성을 제공한 것과 같은 다양성을 파충류에게 부여하였다. 파충류는 3억 7,500만 년 전 석탄기의 늪에서 처음 출현하였다. 약 1억 8,500만 년 후인 쥐라기에 파충류는 육지와 대기 중으로 이동하였으며 일부는 물로 되돌아갔다. 파충류는 지금까지 지구 표면을 걸어다녔던 동물 중 가장 큰 사지동물인 두 목(order)의 공룡과 새로운 두 종류의 척추동물—포유동물과 조류—을 발생시켰다(그림 14.22).

포유동물은 많은 점에서 육상의 생태적 지위를 차지하는데 거대한 파충류보다 더 잘 채비를 하였다. 포유동물은 세밀히 조정된 사지동물이며 파충류보다 더 빠르고 한층 더 다재다능한 생명체로 더 잘 적응하였기 때문에 물고기의 턱뼈나 또는 파충류의 알에 비길 만한 포유동물의 '창출물' 하나를 고르는 것은 어렵다. 태반이 있는 자궁은 때때로 포유동물의 성공의 비결로 생각된다. 자궁은

그림 14.22 초기 조류와 포유동물

(A) 시조새(*Archaeopteryx*)의 골격과 이빨은 공룡의 골격 및 이빨과 매우 비슷하다. 그러나 이 화석에서 매우 정교한 깃털의 인상은 시조새를 초기 새로 확인시켜주었다. (B) 2002년 중국에서 발견된 뾰족뒤쥐 크기의 *Eomaia scansoria* 화석 표본은 유태반류(즉 살아있는 자손을 낳는 포유동물)의 가장 오래된 화석으로 알려져 있다. 이 화석 몸체의 길이는 약 8cm이며, 이 화석은 공룡 시대의 절정인 1억 2,500만 년 전에 살았다.

그 안에 있는 태아의 정교하고 복잡한 행위, 특히 뇌의 명령을 받는다. 포유동물의 진짜 '창출물'은 아마 바로 포유동물이 한층 더 능력이 있는 뇌에 의해 조종되며 빠른 물질대사에 의해 뒷받침되는 일련의 서로 의존하는 개선점을 갖는 것이다.

인류의 과 찰스 다윈은 '인류가 유인원류로부터 유래하였다는 것을 믿는다'고 종종 고발당했다. 실제로 사람과(Hominidae)와 유인원과(Pongidae) 모두는 사람도 아니고 유인원도 아닌 초기 공동 조상으로부터 유래하였다. 부분적으로 화석 기록이 부족하고 과도기적인 형태가 없기 때문에 신생대 동안에 인류가 출현한 것은 고생물학에서 가장 복잡하고 쟁점이 되는 분야 중 하나이다. 그러나 인류(hominids)—사람 같은 생명체—는 아주 최근의 진화적인 발생이라는 것은 분명하다.

분명히 직립보행(일반적으로 똑바로 서서 걸었던)을 했던 최초의 인류는 오스트랄로피테쿠스(*Australopithecus*)이다. 이 인류의 예는 유명한 화석 '루시(Lucy)'이다(그림 14.23). 이들 인류는 키가 약 1.2m였지만 뇌의 용량은 침팬지의 뇌 용량보다 컸다. 이들의 화석 산출 시기의 범위는 약 390만 년에서 300만 년 사이이다. 이 인류의 골반 형태와 미고결 화산쇄설성 이암에 찍힌 발자국(그림 14.23 참조)으로부터 오스랄로피테쿠스가 똑바로 서서 걸었다는 것을 알 수 있다. 루시의 후손들은 결코 아프리카를 넘어 퍼지지 못했으며, 이들 모두는 약 110만 년 전에 멸종하였다.

호모 에렉투스(*Homo erectus*)—아마 인류 속(*Homo*)의 최초의 종—는 오스랄로피테쿠스보다 훨씬 멀리 이동하였다. 약 180만 년 전까지 거슬러 올라가는 호모 에렉투스의 화석은 아프리카, 유럽, 중국 및 자바에서 발견된다. 이보다 한층 더 앞서 호모 하빌리스(*Homo habilis*)라는 확실치 않은 종은 돌로 만든 도구를 사용하였다. 도구제작은 *Homo*속의 두드러진 특징이기 때문에 일부 전문가들은 *habilis*를 *Homo*속에 포함시킨다. 다른 전문가들은 이 종의 기술은 오스랄로피테쿠스 인류의 기술과 한결 비슷하다고 주장한다.

호모 에렉투스는 멸종하였으며 23만 년 전에 이미 호모 네안데르탈렌시스(*Homo neanderthalensis*, 독일의 '네안데르 계곡 사람')으로 대체되었다. 불행하게도 40만 년 전에서 10만 년 전 사이의 불완전한 화석 기록은 과학자들이 이 변화가 어떻게 일어났는지 결정하는 것을 어렵게 한다. 무덤으로부터 네안데르탈인들은 어떤 형태의 신앙 의식을 행했을 것으로 가정할 수 있다. 이빨과 뇌의 크기(우리의 고유 것보다 약간 큼)의 유사성 때문에 일부 전문가들은 네안데르탈인이 우리의 고유 종의 일부라고 주장하였다. 그러나 최근의 DNA 연구는 호모 사피엔스(*Homo sapiens*)는 네안데르탈인의 직접적인 후손이 아니라는 것을 암시한다. 네안데르탈인은 약 3만 년 전에 멸종하였으며, 생물학적으로 현대인—우리의 고유 종인 호모 사피엔스의 최초의 명백한 구성원—으로 매우 갑자기 대체되었다.

그림 14.23 인류 가족

(A) 로스만(Michael Rothman)이 그린 이 그림은 *Astralopithecus afarensis*란 종의 엄마와 아기를 묘사한다. 사람을 닮은 이들은 작은 무리를 이루어 함께 살았으며, 배우자와 지속적인 유대를 갖고 유아기 동안 내내 그들의 아기를 보살폈다. (B) 330만 년 된 이 화석은 아마 그림의 아기를 아주 많이 닮은 것처럼 보이는 *A. afarensis* 아기의 두개골 화석이다. (C) 미고결된 화산재에 보존된 그림과 같은 발자국 화석으로부터 과학자들은 오스트랄로피테쿠스 인류가 두 발로 똑바로 서서 걸었음을 알게 되었다. 70m에 이르는 발자국 보행열에는 성인 두 사람의 발자국과 그중 한 명의 발자국 위를 걸었던 아이의 발자국을 포함하고 있다. 오른편에는 발가락이 3개인 멸종된 말의 발자국이 보인다.

(A)

(B)

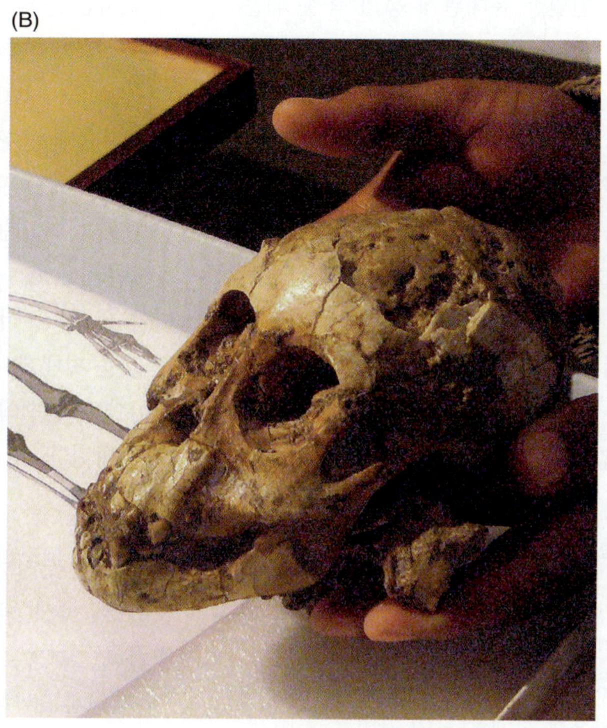

(C)

호모 사피엔스가 네안데르탈인으로부터 진화하였는가? 혹은 이들은 별개의 종인가? 두 종류의 인류 모두가 살았고 유럽에서 지리적으로 중첩되었던 5,000년의 기간 동안 무슨 일이 일어났을까? 네안데르탈인은 매우 빠르게 — 아마 시간 규모로 거의 1만년 이내에 — 멸종하였다. 현대의 호모 사피엔스가 네안데르탈인을 멸종시켰을까? 또는 일부 과학자들이 말한 것처럼 네안데르탈인들은 단순히 빠르게 추워진 당시의 기후에 적응할 수 없었던 것일까? 고생물학자들이 화석 기록에서 단서를 계속 찾아감에 따라 이들 물음과 그 밖의 물음들이 답을 기다리고 있다.

환경 변화와 생물다양성

생명체의 생물학적인 다양화의 역사는 한편으로 새로운 환경의 이용 가능성과 다른 한편으로는 성공적인 생명체의 진화적인 혁신에 의해 이루어진다. 빠른 다양화는 새로운 '창출물' (물고기의 턱뼈, 파충류에서 양막을 가진 알)이 생명체에게 생물이 새로운 또는 변화하는 환경에 적응할 수 있는 이점을 제공할 때 일어난다.

생명체는 환경 변화에 적응할 뿐만 아니라 환경 변화를 일으킨다. 광합성을 하는 초기 생명체에 의한 대기 중의 산소 증가는 다양화에 많은 새로운 기회를 제공한 주요 환경 변화의 예이다. 작은 공간 규모의 예는 나무가 만들어 낸 수직적인 구조의 복합성이다. 예를 들면 열대 우림에서 나무의 꼭대기는 많은 빗물이 내리고 햇빛을 받는 환경을 제공하는 반면에 가지의 기저에 가까운 하부는 그늘이 질 수 있고 상대적으로 건조한 서식지이다. 이러한 구조적인 복잡성은 생명체들에게 다양하고 변화가 많은 환경에 적응할 수 있는 기회를 제공하며, 이것은 근본적으로 오늘날 열대 우림을 특징짓는 막대한 생물학적 다양성의 진화에 공헌하였다. 다른 복잡한 환경도 또한 생물학적으로 다양화하려는 경향이 있다. 예를 들어 산호초나 또는 맹그로브 늪을 생각해 보자.

그러나 이미 점유된 생태적 지위(기능적 역할, 제16장)에 종을 적응시키는 변형은 즉각적인 이점을 거의 제공할 수 없다. 비록 새로운 종이 적응 면에서 이미 점유한 종보다 뛰어나다 할지라도 말이다. 포유동물의 경우가 그렇다. 트라이아스기에 출현한 포유동물은 시작부터 오늘날 그들이 점유하고 있는 생태적 지위에 이미 정착한 선점자인 공룡보다 한층 더 잘 적응하였다. 한층 더 우수한 뇌, 빠른 물질대사, 태아를 보호하는 자궁, 생후 영양공급을 위한 젖 및 자식과 부모 간의 긴밀한 유대관계 등의 특징 때문에 함께 초기 포유동물들은 공룡의 생태적 지위를 개척하는 데 공룡 자신들이 가진 잠재력보다 더 큰 잠재력을 가졌었다. 그러나 커다란 공룡은 먹이 공급을 마음대로 할 수 있었으며, 포유동물은 크게 성장하는 대신에 더 작아지게 되었다. 아마 이들은 육식 공룡이 관심을 갖지 않을 정도로 충분히 작았다. 그래서 이들은 백악기 말까지 1억 5,000만 년 동안 살아남았다. 공룡이 멸종하였을 때 포유동물들은 팔레오세에 시작되고 에오세까지 계속된 다양화의 폭발과 함께 비워진 생태적 지위로 이주해와 이를 차지하였다. 포유동물은 시간이 지남에 따라 계속하여 적응하였다. 예를 들면 초기와 현대의 파충류와 포유동물의 몸과 뇌의 무게비를 비교함으로써 포유동물의 뇌 크기가 증가했다는 것이 증명될 수 있다. 포유동물의 경우 이러한 현상이 지속적으로 일어나는 반면 파충류에서는 이와 같은 증가가 일어나지 않았다. 현생 파충류에서 뇌 대 체구의 비율은 초기 파충류의 비율과 크게 다르지 않다.

멸종 : 죽음의 역사

캄브리아기 초기에 살았던 종이 후기까지 생존한 경우는 매우 드물다. 캄브리아기 동안 종들은 죽어 없어지거나 멸종하였으며, 새로운 종들이 출현하여 비워진 생태적 지위를 차지하였다. 왜, 그리고 어떻게 동물들의 커다란 집단이 갑자기 죽어 없어지고 새로운 종이 출현하여 그 자리를 차지하는가? 19세기에 고생물학자들이 화석 기록을 체계적인 방법으로 연구하기 시작했을 때 이들 학자들은 **멸종**(extinction) — 종의 영구적인 소멸 — 이 일반적이라는 것과 지금까지 지구상에 살았던 종의 대부분 — 아마 이들의 99% — 은 오늘날 멸종하였다는 것에 대한 증거를 인지하였다.

자연 멸종률

생명체의 역사를 통해(종분화에 의해) 새로운 형태의 생명체가 출현했던 것과 마찬가지로(멸종에 의해) 생명체들이 사라졌다. 우리는 진행 중인 멸종을 자연 멸종률(background rate of extinction)이라고 한다. 자연 멸종률을 측정하는 데는 몇 가지 방법이 있다. 한 가지 방법은 한 종이 존속할 것으로 기대되는 수명의 평균 길이를 계산하는 것이다. 예를 들면 바다 동물들의 화석 기록에서 멸종의 증거는 매우 자세하다. 이러한 기록으로부터 과학자들은 바다에 사는 종의 평균 생존 기간은 약 400만 년임을 추산하였다. 이것은 종에 따라 달라진다. 예를 들면 무척추동물의 종은 약 1,100만 년 존속하는 것으로 추정되는 데 반하여 포유동물 종은 단지 평균 약 100만 년이다. 자연 멸종률을 정량화하는 또 다른 방법은 1년에 일어난 멸종의 평균 종수로 나타내는 것이며, 이것은 일반적으로 약 100만 종-년(species-years)당 1종 멸종으로 나타낸다. 이것은 만약 100만 종이 살아있다면 매 100만 년당 1종이 멸종되는 것을 기대할 수 있다는 것을 의미한다. 만약 오직 1종만 살아있었다면 약 100만 년이 지나면 이 종은 멸종할 것으로 기대된다.

대량 멸종

그러나 멸종은 지질 시대에 걸쳐 일정한 비율로 일어나지 않았다. 화석 기록으로부터 얻은 증거는 또한 아주 짧은 기간에 걸쳐 많은 종류의 생명체가 죽어 없어진 일련의 멸종 사건을 분명히 지시한다. 이러한 사건을 **대량 멸종**(mass extinction)이라고 한다. 이것은 전형적으로 적응방산, 급속한 다양화 기간과 많은 새로운 종의 출현으로 이어진다. 화석 기록의 분석은 적어도 5개의 주요 멸종과 아

그림 14.24 **대량 멸종**
종의 자연 멸종은 다수의 주요 대량 멸종 사이 사이에 나타난다. 백악기와 페름기 말에 있었던 대량 멸종을 포함하여 가장 큰 대량 멸종 몇 개를 여기서 볼 수 있다.

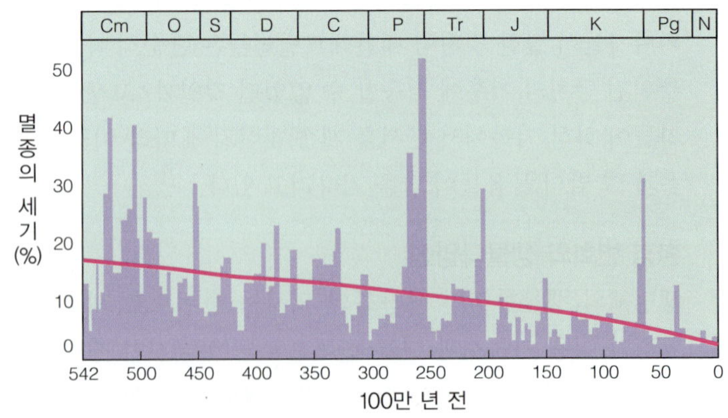

마 19개 정도의 작은 멸종에 대한 증거를 보여준다(그림 14.24). 이들 중 2개의 주요 멸종은 중생대 말의 백악기-제3기 경계와 고생대 말의 페름기-트라이아스기 경계에서 일어났다.

무엇이 이들 주요 멸종 사건을 일으켰는가? 점진적인 환경 변화와 이와 관련된 기후 변화가 대량 멸종의 주요 원인으로 여러 해 동안 생각되어 왔다. 그다음에 어떤 대량 멸종에 기여하는 독특한 요소가 있을 수 있다는 증거가 나타나기 시작하였다.

예를 들면 인기 있는 가설은 백악기 말의 거대한 운석 충돌이 멸종을 일으킨 전 지구적인 영향을 미쳤다는 것이다(그림 14.25). 거대 운석의 충돌 시기와 정확히 일치하는 운석 충돌구가 멕시코에서 발견되었다. 이 충돌이 일으킨 재앙은 대규모였을 것이며, 전 지구적인 영향을 지시하는 증거가 이 시기의 세계 여러 지층 내에 존재한다. 한 가지 대안적인 설명은 백악기-제3기 대량 멸종이 대규모 용암 분출에 의한 전 지구적인 영향에 의해 일어났다는 것이다. 인도의 데칸 용암 대지(Deccan Traps)—세계에서 가장 큰 용암 대지 중 하나—는 6,500만 년 전에 생성되었으며 백악기 말의 멸종과 일치한다.

지구 역사에서 모든 멸종 중 규모가 가장 큰 것—이때에 약 95%의 알려진 화석 종이 사라졌다—은 고생대 말의 페름기-트라이아스기 경계를 구분하는 사건이다. 페름기-트라이아스기 경계의 멸종이 지구 밖의 원인에 의해 일어났다는 설득력 있는 증거는 없다. 비록 백악기-제3기 멸종이 육상 생물과 바다 생물 모두에게 혹독한 영향을 미쳤지만, 페름기-트라이아스기 경계의 멸종에서는 주로 바다 생물 종들이 멸종되었다. 백악기-제3기 멸종보다 앞서 일어난 이 멸종은 후기 페름기에서 후기 트라이아스기 시대까지 일시적으로 존속한 초대륙 판게아의 형성과 관련이 있다. 이 멸종은 또한 해수면의 두드러진 하강과 관련되어 있다. 이들 사건—대륙들의 한데 뭉침과 해수면의 하강—이 대륙붕에 미치는 영향을 생각해보자. 만약 대륙들이 서로 달라붙어 하나의 초대륙을 형성하게 되면 해안선의 상당한 감소와 그 결과로 대륙붕의 감소가 있게 된다. 해수면의 100m 하강은 남아 있는 대륙붕의 면적을 반으로 줄게 하며, 대륙붕의 총면적을 이전에 존재했던 면적의 약 25%로 감소시킨다. 이것은 대륙붕에 사는 생명체에 대해서는 서식 공간의 급격한 감소를 뜻한다. 이것과 그 밖의 다른 이유 때문에 많은 과학자들은 판구조 운동이 보다 엄밀히 말하면 초대륙의 형성이 페름기-트라이아스기의 대량 멸종에 큰 공헌을 했다는 결론을 내렸다.

그림 14.25 공룡이 멸종했던 날은?
6,500만 년 전 공룡의 멸종은 그림과 같이 아마 멕시코의 유카탄 반도 근처의 바다에 떨어진 지름이 약 10km인 운석의 충돌에 의해 일어났었다는 증거가 있다. 이 충돌은 대규모 쓰나미를 일으켰을 것이며, 암석 파편을 지구 반을 가로질러 분산시키고 전체 대륙에 걸친 숲을 불태웠을 것이다. 불길에서 나온 그을음은 아마 대기 중에 수개월 또는 심지어 수년 동안 머물렀으며, 햇빛을 차단하고 실제로 광합성을 멈추게 하였을 것이다.

제6의 대멸종

멸종은 자연적인 과정이며, 지구에 사는 모든 종의 궁극적인 운명은 멸종이다. 그러나 인간은 멸종 속도를 크게 가속시켰다. 특히 산업 혁명 이래 아마 멸종의 자연 비율을 수천 배 가속시켰다. 이러한 매우 빠른 멸종 속도는 전 지구적으로 영향을 미칠 수 있으며, 일부 학자들은 이를 '제6의 대멸종'이라고 부른다.

사람들이 어떻게 불을 사용하는지 학습한 이래 지표의 광대한 지역에 주요한 영향을 미쳤으며 참으로 많은 동물과 식물의 종에 영향을 끼쳤다. 산업 혁명 이전의 수렵-채집인들까지도 사냥뿐만 아니라 토지 개간을 위해 불을 사용함으로써 생물다양성에 영향을 미쳤다. 인류 역사 동안에 생물다양성에 가장 큰 영향을 미친 활동은 사냥과 남획, 삼림 벌채, 토지 개간 및 사막화, 경쟁에서 토착 종을 이기는 새로운 종의 도입이다. 오늘날 오염이 서식지 파괴와 생물다양성 감소의 다른 주요 원인에 합류하였다.

북아메리카에서 가장 큰 일부 포유동물의 멸종은 사람들이 시베리아에서 북아메리카로 이주한 빙하기 말 무렵에 일어났으며, 많은 인류학자들은 이들 멸종이 지나친 사냥에 의해 일어났다고 믿는다. 이와 비슷하게 뉴질랜드의 폴리네시안 이주자들은 이전에 사람들과 접해본 경험이 없는 날지 못하는 커다란 새들의 일부를 멸종시켰다. 산업혁명 이전 사람들이 세계 곳곳으로 퍼져나감에 따라 이들은 사냥, 서식지의 변경과 파괴 및 외래 종과 새로운 농작물의 도입을 통해 생물다양성을 달라지게 하였다. 이들 영향은 특히 태평양에 있는 섬들에서 분명히 나타난다. 왜냐하면 토착 동물과 식물들은 오랫동안 격리되어 있었고 이전에 사람을 직접 체험하지 못했기 때문이다. 오늘날 가장 주요한 대량생산 어장들은 남획 때문에 큰 감소를 겪었으며, 이들은 경쟁과 포식에 영향을 끼침으로써 먹이사슬에 영향을 미칠 수 있다.

인간에 의한 유전적 다양성의 빠른 감소는 앞으로 지구계가 많은 종류의 생물학적 특성을 잃게 될 것이라는 것을 뜻한다. 우리는 현재 이들에 대해 소수만을 이해한다. 그러나 이것은 생태계의 역동성에 중요하거나 또는 인간에게 실용적인 쓸모가 있었을지 모른다. 우리는 제16장과 제19장에서 이들을 아주 자세하게 다룬다.

요약

1. 네 가지 본질적인 특성인 물질대사, 생식, 성장 및 진화가 살아있는 생명체와 살아있지 않은 물체를 구별짓는다. 물질대사는 생명체가 생명 작용을 위한 에너지를 얻는 일련의 화학 반응이다. 독립영양생물은 이들의 고유 음식 에너지를 거의 대부분 광합성을 통해 생산한다. 종속영양생물은 다른 생명체를 먹음으로써 음식 에너지를 얻는다. 산소에 대해 내성을 가진 종속영양생물은 호흡을 통해, 즉 탄소화합물을 산소를 이용하여 분해하여 에너지를 얻는다.
2. 단세포 생명체에서 생식은 세포 분열에 의해 일어난다. 다세포 생명체에서 생식은 유성생식 또는 무성생식으로 일어난다. 살아있는 생명체의 유전 계획은 DNA 내에 암호화되어 있다. DNA는 이중 나선 구조 내에 있는 생체고분자 물질로 구성되며 염기에 의해 서로 연결되어 있다. 유전자는 어떤 특성이 암호화된 DNA의 서열이며, 대립유전자는 그 특성의 특유한 변형이다. RNA는 세포를 구성하는 단백질을 복제하기 위하여 명령을 해독하고 실행한다.
3. 성장은 큰 분자를 만들기 위해 원자와 작은 분자의 배열과 조직화이다. 이것은 중합작용 또는 결정화에 의해 일어날 수 있다. 살아있는 생명체에서 모든 성장은 생체고분자 물질을 형성하기 위한 작은 유기 분자의 중합작용이다. 중합작용은 에너지를 흡수한다. 따라서 살아있는 생명체에서 성장은 물질대사에 의해 얻어지는 에너지원을 필요로 한다.
4. 살아있는 생명체는 적응하고 새로운 생명체 형태 또는 종으로 발전할 수 있는 잠재력을 갖는다. 종의 형태적인 정의는 서로 비슷하게 보이고 많은 구조적 특성을 공유하는 생명체는 한 종에 속한 것으로 여긴다. 대안적인 종의 정의는 서로 성공적으로 교배할 수 있으며 생식력 있는 자손을 낳는 생명체는 동일한 종에 속한다는 것이다. 종은 시간이 지남에 따라 진화를 통해 유전적으로 변한다.
5. 살아있는 생명체의 구조적이며 기능적인 단위인 세포는 막에 의해 둘러싸인 화학적인 화합물의 복잡한 집단이다. 원핵세포는 일반적으로 작고 구조가 비교적 단순하다. 이들은 세균 및 관련된 생명체로 나타난다. 진핵세포는 크고 보다 더 복잡하다. 이들의 유전 정보는 윤곽이 뚜렷한 핵 안에 들어 있다. 진핵세포는 특유한 기능적인 역할을 하는 다양한 세포를 포함하고 있다. 모든 동물(사람 포함), 식물 및 균류는 진핵생물이다.
6. 생명체는 계층적인 조직이다. 세포는 기관을 형성하며,

이들은 결합하여 다세포 생명체를 형성한다. 교배할 수 있는 동일한 종류의 생명체 집단이 개체군이다. 특정한 생명체의 모든 개체군은 종의 구성 요소가 된다. 서로 다른 종은 생태학적인 군집 내에서 서로 상호작용을 한다. 군집 내, 그리고 환경의 생물과 무생물적인 구성 요소 사이에서의 상호작용은 생태계를 구성한다. 생물군계는 주요 생태계의 형태이다. 특정한 지리적 지역 내에서 모든 생태계는 생태대를 형성하며 지구의 생태대는 연대하여 생물권을 형성한다. 생물권, 대기권, 수권, 지권은 지구계를 형성한다.

7. 6계 분류체계에서 모든 원핵생물은 2계 중 하나에 속한다. 고세균계 또는 세균계이다. 모든 다른 생명체는 진핵생물이며 4계 중 하나에 속한다. 4계는 원생생물계, 균류계, 동물계, 식물계이다. 6계는 3영역으로 무리지을 수 있다. 3영역은 고세균영역, 세균영역, 진핵생물영역이다. 린네 분류체계에서 계는 연속으로 더 작은 분류 계급으로 나눈다. 문, 강, 목, 과, 속 및 종이 그것이다. 형태적인 유사성에 근거하여 생명체를 분류 계급에 지정하는 전통적인 방법은 생명체들 사이의 복잡한 유전 관계에 대한 새로운 연구 결과가 알려지면서 개선되고 있다. 계통수는 생명체의 형태를 그들의 유전적인 진화 관계에 따라 조직화한 분류학이다.

8. 태초대 동안 대기 중에는 오늘날 지구상의 대부분의 생명체에 필수품인 자유 산소가 없었다. 이 시대의 지구는 물이 액체로 존재하기에는 너무 뜨거웠으며, 대기권의 압력은 오늘날보다 훨씬 높았다. 지구가 식어감에 따라 수증기가 응결되어 빗물로 내려 지표수로 집적되었다. 초기 수권은 대기권의 기체와 반응하여 산성물질을 형성하였으며, 이 산성물질은 지각의 암석과 반응하였다. 따라서 대기권, 수권, 지권의 성분은 물질들이 이들 사이를 순환함에 따라 역동적으로 변화하였다.

9. 지구는 과거 또는 현재 생명체의 존재를 확인한 유일한 행성이다. 생명체는 약 39억 년 전에 지구상에 출현하였다. 오늘날의 복잡한 생명체의 형태로 발전하는 데는 3 단계가 반드시 단계적으로 일어났음에 틀림이 없다. (1) 무기적인 원시물질로부터 작은 유기 분자의 화학합성, (2) 작은 유기 분자의 중합이 생체고분자 물질, 특히 단백질을 형성하는 생합성, (3) 물질대사와 복제에 필요한 복잡한 화학 기관의 발달이다. 생명체가 기원한 독특한 메커니즘은 여전히 가설로 남아 있다.

10. 생명체는 산소의 축적과 탄소의 포집 · 저장을 통해 지구계의 화학적인 진화에 기여하였다. 산소 축적은 오랜 시간에 걸쳐 일어났으나 본격적인 산소 축적의 시작은 대략 원생누대의 시작과 일치한다. 일단 오존층이 해로운 단파 복사를 흡수하기 시작하면서 생명체들은 얕은 물속에 살아남을 수 있게 되었다. 이러한 결정적인 단계는 현생누대 시작 바로 직전인 약 6억 년 전에 시작되었다. 새로 생겨난 생물권은 탄소 순환작용에 큰 영향을 미쳤다. 석회암과 유기적인 퇴적암은 탄소의 장기적인 저장소를 제공하였으며 탄소를 대기권과 수권으로부터 포집 · 저장시켰다.

11. 진화론은 오늘날의 모든 생명체는 유전적인 변화와 적응의 점진적인 과정을 통해 과거에 존재했던 여러 종류의 생명체로부터 발생한 후손들이라는 것을 말해 준다. 진화는 환경에 잘 적응하고 생식적으로 성공한 개체들은 살아남는 반면에 환경에 잘 적응하지 못한 개체들은 도태되는 경향이 있는 자연 선택을 통해 이루어진다. 만약 한 집단의 유전적 특성이 개체들이 원래 개체군의 개체들과 더 이상 성공적으로 교배할 수 없을 정도로 변하게 되면 새로운 종이 탄생한다. 종분화는 개체군이 같은 종의 개체군들로부터 생식적으로 격리되는 것을 필요로 한다.

12. 가장 오래된 것으로 알려진 화석은 시생누대 암석에서 발견된 35억 5,000만 년 된 것이다. 일부 초기 화석들은 현미경적인 원핵생물의 잔류물이다. 그 밖의 것은 세균이 해수의 화학 성분에 영향을 미쳐 침전되어 생성된 스트로마톨라이트이다. 지구를 약 20억 년 동안 지배한 가장 초기의 생명체는 원핵생물이며 혐기성이었다. 혐기성 세포는 발효를 통해 에너지를 얻으며, 이것은 이들을 작은 크기로 제한하였고(빠른 확산을 통해 음식을 흡수하고 폐기물을 배출하기 위해서) 이들의 구조적인 복잡성을 한정하였다(에너지를 절약하기 위해). 최초로 광합성을 한 원핵생물은 아마 남세균이었을 것이다.

13. 산소를 포함한 대기권의 발달과 함께 생명체들은 치명적인 폐기물인 산소를 이용하였다. 약 14억 년 전인 원생누대에 호기성의 진핵생물이 출현하였다. 이들은 원핵생물로부터 출현한 것 같다. 그러나 이들은 대체로 크기가 크고, 한층 더 효율적인 산소호흡을 하기 때문에 핵과 세포 소기관을 부양할 수 있다. 진핵생물은 응

집에 의해 제지받지 않는다. 그래서 이들은 3차원적인 군집을 형성할 수 있다.

14. 생물권의 진화 역사는 암석 내에 보존된 과거 생물의 변화된 잔류물인 화석을 통해 밝혀진다. 가장 오래된 동물 화석 중에서 6억 년 된 에디아카라 동물군은 조용한 바다의 만에 살았던 젤리 같은 동물이었다. 에디아카라 동물군은 8억 년 앞서 출현한 최초의 단세포 진핵생물에 비해 복잡성에서 대단히 큰 도약을 나타낸다. 그러나 과학자들은 그 중간 기간에 일어난 생명체의 진화에 대하여 아직도 많은 것을 발견하지 못하였다.
15. 현생누대는 고생대, 중생대, 신생대로 나눈다. 버제스 셰일 화석군과 다른 화석 군집으로부터 초기 현생누대는 바다 환경에서 빠른 진화가 일어나는 시기였음을 알 수 있다. 바다 생명체 주요 현생 집단의 대부분은 이 시기에 출현하였다. 이것은 골격(내부 및 외부), 아가미, 여과기관, 효율적인 소화계, 순환계 및 다른 복잡한 구조를 포함한 복잡성의 빠른 증가를 동반하였다. 캄브리아기 폭증은 유성생식의 출현 또는 오존층에 의한 보호에 응하여 일어날 수 있었다. 또는 골격 형성을 유리하게 하는 산소의 이용에 의해 일어났다.
16. 다세포 생명체가 육상에 살아남을 수 있는 필수조건은 구조적 지지, 내부의 물 환경, 공기와 기체를 교환하는 수단 및 생식을 위한 습기가 많은 환경을 포함한다. 이러한 필수조건의 선택은 오늘날 우리가 알고 있는 육상의 생명체 형태로 만들었다.
17. 최초의 육상 식물은 씨가 없었다. 이들은 겉씨식물(나자식물), 속씨식물(피자식물), 그리고 풀로 진화하였다. 절지동물은 아마 바다에서 육지로 이주한 최초의 동물이었다. 최초의 척삭동물로 알려진 피카이아는 턱뼈가 없었다. 턱뼈를 가진 어류는 나중에 출현하였다. 육상으로의 이주를 과감히 시도한 최초의 물고기는 총기어류이며, 이는 양서류로 진화하였다. 양서류는 투과성의 피부를 가지며 생식을 위한 습기가 많은 조건은 갖추지 못한다. 따라서 이들은 물이 있는 환경에 의존하게 된다. 파충류는 물이 들어오지 못하는 피부와 껍데기를 가진 알을 진화시킴으로써 물로부터 자유로워졌다. 이들은 2목의 공룡과 2강의 새로운 척추동물 — 포유동물과 조류 — 로 진화하였다.
18. 분명히 똑바로 서서 걷는 최초의 인류는 **오스트랄로피테쿠스**이며, 이들의 화석이 보존된 지층의 지질 시대 범위는 390만 년에서 300만 년 전이다. 아마 우리의 고유 속의 최초의 종인 **호모 에렉투스**의 화석은 약 180만 년 전부터 산출된다. 30만 년 전에 사라졌으며 **호모 네안데르탈렌시스**로 대체되었다. 40만 년 전에서 10만 년 전 사이의 불완전한 화석 기록은 과학자들이 어떻게 변천이 일어났는지를 결정하는 것을 어렵게 한다. 그러나 DNA 연구는 **호모 사피엔스**가 네안데르탈렌인의 직접적인 후손이 아니라는 것을 말해 준다. 약 3만 년 전에 네안데르탈렌인은 사라졌으며, 우리의 고유 종인 **호모 사피엔스**의 명백한 최초의 일원에 의해 대체되었다.
19. 생명체의 다양화는 새로운 환경의 이용 가능성과 성공적인 생명체에서 진화적인 변이에 의해 일어난다. 빠른 다양화는 새로운 '창출물'이 새롭거나 또는 변화하는 환경에서 생명체가 생활에 적응할 수 있는 장점을 제공할 때 일어난다. 생명체는 환경 변화에 적응할 뿐만 아니라 환경 변화를 일으킨다. 광합성을 하는 초기 생명체에 의한 대기권의 산소 축적은 다양화에 대하여 많은 새로운 기회를 제공하는 주요 환경 변화이다. 작은 공간적인 규모에서 예는 나무에 의해 제공되는 수직적인 구조적 복잡성이다. 수직적인 구조적 복잡성은 생명체들이 복합적이고 변화가 많은 환경에 적응할 수 있는 기회를 제공한다.
20. 지구상에 살았던 종의 약 99%는 오늘날 멸종하였다. 멸종은 자연 과정이다. 그러나 이것은 지질 시대 동안에 일정한 속도로 일어나지 않았다. 자연 멸종과 더불어 적어도 5개의 대량 멸종 사건이 있었다. 이 멸종 사건 때 많은 종류의 생명체가 짧은 기간 동안에 죽었다. 이들 멸종 사건은 기후와 다른 환경 변화에 의해 일어날 수 있으며, 아마 커다란 운석의 충돌, 대규모의 화산 분출 또는 초대륙의 형성에 의해 가속된다. 인간은 종의 멸종 속도를 크게 가속시켰다.

주요 용어

계(kingdom)
계통수(phylogenetic tree)
관속식물(vascular plants)
광합성(photosynthesis)
나자식물(gymnosperms)
남세균(cyanobacteria)
대량 멸종(mass extinction)
독립영양생물(autotroph)
돌연변이(mutation)
멸종(extinction)
물질대사(metabolism)
분류 계급(taxonomic rank)
생물권(biosphere)
생물다양성(biodiversity)
생물 분포대(life zone)
생물존재가능구역(ecosphere)
세포(cell)
시생누대(Archean Eon)
영역(domain)
원생누대(Proterozoic Eon)
원핵세포(prokaryotic cell)
유전자(gene)
유전자 부동(genetic drift)
자연 선택(natural selection)
적응(adaptation)
종(species)
종분화(speciation)
종속영양생물(heterotroph)
진핵세포(eukaryotic cell)
진화(evolution)
캄브리아기 폭증(Cambrian radiation)
태초대(Hadean Eon)
현생누대(Phanerozoic Eon)
현화식물(angiosperms),
호흡(respiration)
화석(fossil)
화학합성(chemosynthesis)
흑색 열수구(black smocker)
DNA
RNA(리보핵산)

복습 문제

1. 생명체의 본질적인 특성은 무엇인가?
2. 생명체는 바이러스로서 출발할 수 있는가? 또한 생명체는 세균으로서 출발할 수 있는가?
3. 원핵세포와 진핵세포의 차이는 무엇인가?
4. 독립영양생물과 종속영양생물의 차이는 무엇인가? 각각의 예를 들어라.
5. 진화는 무엇인가?
6. 자연 선택은 어떻게 작동하는가?
7. 종은 무엇인가? '종' 을 정의하는 것이 왜 어려운가?
8. 종분화는 무엇인가? 종분화가 일어날 수 있는 메커니즘 하나를 설명하라.
9. 지구 역사에서 4개의 주요 누대는 무엇이며, 어떤 환경과 생물 종류가 이들 각각을 특징 짓는가(일반적으로)?
10. 에디아카라 동물군과 버제스 셰일의 화석으로부터 과학자들은 어떤 종류의 생명체를 알았는가?
11. 생명체가 언제 바다를 떠나기 시작하였으며 육지에 살기 시작하였는가? 동물, 곤충 및 식물이 어떤 순서로 육상에 정착하게 되었는가?
12. 생명체가 바다를 떠나 육상에 살기 위해서 4개의 어떤 필요조건이 만족되어야 하는가? 이들 필요조건은 식물, 곤충 및 동물에게 동일한가?
13. 육지로 이주한 이래 식물은 어떤 방법으로 그들의 생식 순환을 변형시켰는가?
14. 양서류는 물에 얽매여 있다. 파충류는 물의 의존으로부터 자신들을 자유롭게 하는 어떤 특성을 발달시켰는가?
15. 화석 기록에서 어떤 증거가 빠른 멸종이 지질 시대에 여러 번 일어났다는 것을 말해 주는가? 멸종에 대한 두 가지 가설을 기술하라.

연구와 토론 문제

1. 왜 캄브리아기 폭증 동안에 생물다양성은 폭발적으로 증가하였는가?
2. 생물은 우주 내의 다른 현상과 어떻게 다른가?
3. 지구상의 생명체 기원에 대한 가설 중 어떤 것이 과학적인 증거에 의해 가장 지지를 받는다고 생각하는가? 이 가설에 근거하여 다른 행성에서 생명체가 출현하여 뿌리를 내리고 살 가능성은 어떻다고 생각하는가?

기초 원리 문제

1. DNA는 무엇인가? RNA는 무엇인가? 이들은 왜 생명체에 그렇게 근본적인가?
2. 6계 분류체계는 무엇이며, 전통적인 린네의 분류체계와 어떻게 연관되어 있는가?
3. 계통수란 무엇인가?

자세히 보기 문제

1. '원시 수프' 가설이란 무엇인가? 화학 합성은 어디서 어떻게 일어나며, 가설의 이 부분은 오늘날 왜 의심을 받는가?
2. 생명체의 기원에서 '흑색 열수구' 환경의 특유한 역할은 무엇인가?
3. '배종 배달' 가설은 무엇인가? 이 가설에 대한 몇몇 찬반 양론을 설명하라.

CHAPTER

15

생태계, 생물군계, 그리고 생명의 순환

개요

이 장에서 우리는

- 생태계에서의 에너지 흐름과 기능을 조사한다.
- 생태계에서 물질 순환의 기본적인 중요성을 다룬다.
- 생명체를 지지하는 시스템의 최소한의 특징에 대하여 정의한다.
- 주요 생지화학적 순환과 이들 순환이 인간 활동에 의해 어떤 영향을 받는지 알아본다.
- 육상과 해양의 주요 생물군계 특징을 요약한다.

◀ **습지 생태계**

초록 개구리(*Rana clamitans*)는 무한히 많은 생지화학적이고 생태적인 과정과 경로에 의해 그들이 사는 얕은 습지의 생물 요소와 무생물 요소 모두와 연결되어 있다.

우리는 제14장에서 생명체와 무생명체를 구분하는 특징에 대하여 요약했으며 또한 지구상의 오래된 생명의 역사에 대하여 돌아봤다. 생명의 탄생에서 시작하여 진화와 자연 선택 및 멸종이 어떻게 현재의 이러한 다양성을 이끌었는지에 대하여 생각해 보았다. 제15장에서는 이제 생명체를 유지하고 이들을 지탱해 주는 시스템에 대하여 알아볼 것이다. 살아있는 생물 시스템을 지탱하는 데 필수적인 물질 및 에너지의 흐름과 이들의 상호작용에 대하여 조사하고, 이러한 시스템의 다양성에 대하여 정리할 것이다.

생태계에서의 물질과 에너지

애리조나 사막에는 미래 양식의 건축물이 하나 솟아 있는데 이것이 바로 서식 가능한 폐쇄계를 만들려는 인류의 야망적인 시도로 건설된 바이오스피어 II(Biosphere-II)이다(그림 15.1). 이 건물은 총 건설비가 120만 달러에 이를 정도로 최고의 물질들로 건축된 건축물이며 2년 동안 8명(남자 4명과 여자 4명)의 인간과 3,800여 종의 동식물을 포함하여 수많은 미생물들이 이 폐쇄된 건물에서 살아왔다. 이 계획의 목표는 외부와의 물질교환이 완전히 차단된 '통제된 시스템' 에서 인간이 음식을 스스로 생산하고 음식물 쓰레기를 순환시켜 자급자족할 수 있는 건강한 환경을 유지할 수 있는가를 증명하는 것이었다.

그들의 목표는 거의 달성된 것처럼 보였다. 하지만 두 번째 해에 바이오스피어 II의 산소 함량은 감소하기 시작했다. 결국 산소 분압이 해발 약 4,500m 정도 수준으로 떨어졌을 때 의료진들은 거주자들의 건강을 위해 환기구멍을 열어 건물에 산소를 공급하기로 결정하였다. 이 실험의 전 과정에서 — 계획이 제안되고, 계획되고, 가동되기 시작한 초기에 — 많은 과학자들은 각각의 이유를 들어 이 계획이 실패할 것이라고 예측하였다. 어떤 과학자는 이산화탄소의 수준이 너무 높아질 것이라고 했으며, 어떤 과학자는 질산염이 박테리아에 의해 충분할 정도로 빨리 제거되지 않아 물이 오염될 것이라 했으며, 몇몇 과학자는 농작물이 질병에 걸리거나 곤충들의 돌발 상황으로 인간이 자급자족할 수 없을 것이라고 예측하였다.

그림 15.1 바이오스피어 II
바이오스피어 II는 지구와 같은 닫힌 생명 유지 시스템을 건설하기 위한 시도였다. 이 시도는 박테리아가 시멘트벽을 소화하여 산소가 결핍되는 예견하지 못했던 사건으로 실패하였다.

하지만 아무도 산소의 감소를 예측하지는 못했다. 산소 함량 감소의 원인은 대기 중의 박테리아였다. 박테리아들은 시멘트로 된 건물 벽의 성분들을 분해시켜 대기 중의 이산화탄소 함량을 증가시켰고 이렇게 함으로써 박테리아들은 공기 중의 산소를 소모하였다. 초기의 목표에 비추어 볼 때 이 계획은 실패했지만 바이오스피어 II는 인류의 미래에 대한 중요한 통찰을 제공했으며 인류를 지원하는 최초의 장기적인 폐쇄 시스템의 예가 되었다.

폐쇄된 바이오스피어 II 건물 안에서 8명의 인간은 그들이 키우고 기른 동식물로 식량을 조달했다. 그들은 호흡 과정에서 배출되는 이산화탄소를 제거하고 동물의 호흡에 필수적인 산소를 얻기 위하여 식물과 조류 및 박테리아의 광합성에 의존하였다. 사용하는 모든 물들은 식용과 세척 및 농사를 위해 재사용했다. 간단히 말해서 밀폐된 구조 속에서의 그들의 생존은 두 가지 중요한 과정, 즉 (1) 에너지의 흐름과 (2) 화학원소의 순환에 달려 있었다. 이것이 바로 어떠한 생명체든 생명을 지속하기 위한 최소한의 요구 조건이며, 바로 생태계 논의에 기본적 틀을 제공한다. 즉 **생태계**(ecosystem)는 생명체가 살아가는 환경에서 생명체와 그들을 둘러싼 물리화학적 요소의 상호작용에 의해서 생명체를 유지시키는 시스템이다.

계에서의 에너지 흐름

제2장에서 우리는 에너지에 관한 몇 가지 기본 개념에 대하여 논의하였다. 이 장에서 우리는 생명이 유지되는 시스템에서의 에너지 흐름과 역할 및 중요성에 대하여 다시 논할 것이다. 에너지 흐름이란 외부 환경(태양)으로부터 생명체를 거쳐 다시 외부 환경으로 되돌아가는, 즉 생태계를

통한 에너지의 이동을 말한다. 이것은 모든 생태계에 있어서 가장 근본적인 과정이다.

에너지 흐름은 일견 단순해 보인다. 하지만 생태계에서 에너지의 역할을 고려한다면 에너지 흐름이 생명체와 생명체를 유지시키는 시스템을 그 나머지와 구분한다는 것을 알게 된다. 모든 생명체는 에너지를 필요로 한다. 우리 몸을 구성하는 물질은 음식을 섭취해서 얻는 에너지와 활동을 통해 소모하는 에너지 사이에서 정교하게 균형을 이

기초 원리

열역학 재고

제2장에서 우리는 열역학 법칙과 에너지의 기본 개념을 소개했으며 이 장에서는 생명체에 대한 그들의 중요성을 강조하기 위해 몇 가지 개념을 다시 살펴보려 한다.

물질과 에너지는 모두 열역학 제1법칙의 주제로 에너지의 형태는 변할 수 있지만 그 양은 언제나 일정하다는 사실에 중점을 둔다. 어떤 물리적 또는 화학적 변화에서도 물질은 창조되거나 파괴되지 않고 단지 형태를 바꿀 뿐이다. 이러한 열역학 제1법칙은 다소 단순해 보이는 의문을 한 가지 제기한다. 에너지의 총량이 언제나 일정하다면 왜 우리는 우리 몸속의 에너지를 재순환시킬 수 없는가? 비슷한 질문으로 왜 에너지는 생태계와 생물권에서 화학원소가 순환되듯이 순환되지 않는가?

이 질문에 답하기 위해 우선 하나의 단순한 생태계, 즉 개구리와 모기로 구성된 가상의 생태계를 생각해 보자. 개구리는 모기를 포함한 곤충을 먹는다. 모기는 개구리 등 척추동물의 피를 빨아 먹는다. 물과 공기, 개구리가 앉을 수 있는 돌, 그리고 개구리와 모기로 구성된 가상의 닫힌계를 생각하자. 이 시스템에서 개구리는 모기를 잡아먹음으로 에너지를 얻고 모기는 개구리를 물어 에너지를 얻는다(그림 B15.1). 왜 이 시스템은 시스템 자체로서 무한히 지속될 수 없는가? 그런 닫힌계는 생물학적 영구기관일 것이며 그 시스템은 새로운 물질이나 에너지의 유입이 없어도 무한히 지속될 수 있을 것이다. 근사해 보이지만 불행히도 이러한 시스템은 불가능하다.

왜 이런 시스템이 지속되지 않는가에 대한 일반적인 해답은 에너지가 겪는 형태의 변화에 중점을 둔 열역학 제2법칙에서 찾을 수 있다. 제2법칙은 에너지는 언제나 좀 더 유익하고 정리된 형태에서 다소 쓸모없고 덜 조직화된 형태로 변한다는 사실을 말해 준다. 어떤 시스템이라도 질서가 유지되기 위해서는 에너지가 사용되기 때문에 에너지를 조직화하고 고도의 이용 가치가 있는 초기 상태로 완벽하게 순환시킬 수는 없다. 생명체도 예외는 아니다. 생명체는 무질서하고 단순한 분자로부터 규칙적이고 복잡한 탄수화물 분자를 만드는 과정에 에너지가 사용된다. 이러한 이유 때문에 에너지의 원천이 없다면 모기-개구리 시스템은 기능이 위축되어 궁극적으로는 가동을 멈추게 될 것이다. 즉 이 시스템을 유지하기 위한 에너지는 소진될 것이다.

따라서 생명 유지 시스템에는 이용 가능한 에너지의 공급원과 열의 형태를 띤 노후된 에너지의 배출구가 반드시 있어야만 한다. 이러한 세 가지 요소, 즉 에너지 공급원 + 생명 과정이 일어나는 시스템(생명체, 좀 더 넓게는 생태계) + 에너지 배출구가 열역학 시스템을 형성한다. 지구는 닫힌 열역학 시스템이다. 즉 지구에서 물질은 추가되지도 소멸되지도 않으며 에너지는 지구계 외부와 내부 사이를 자유롭게 흐른다. 제1장에서 봤듯이 닫힌계든 열린계든 모든 시스템은 입력에 반응하여 결과물로 답한다. 똑같은 원리가 더 작은 규모의 생태계들로 구성된 지구계에도 적용된다. 생명을 유지하기 위하여 지구는 에너지의 공급원과 에너지의 배출구가 있어야 한다. 지구에게 에너지의 공급원은 태양이며 노후된 열 에너지의 배출구는 광대한 우주이다.

그림 B15.1 불가능한 생태계
불가능한 생태계에서 에너지는 계속적으로 반복하여 순환된다. 현실 세계에서는 에너지는 노후되어 궁극적으로 소실되고 그 시스템은 가동을 멈춘다.

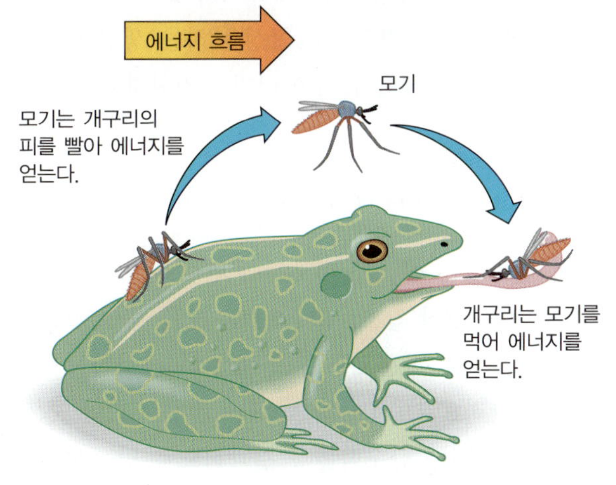

루고 사용되지 않는 에너지는 저장된다. 이것은 인간에게 있어서뿐만 아니라 모든 다른 생명체와, 개체군, 생물 집단, 생태계, 생물군계 및 생물권 전역에 걸쳐 사실이다.

에너지의 두 가지 측면과 생태계에서 에너지의 역할은 생명체와 에너지를 이해하는 데 있어서 핵심 요소이다. 첫 번째 측면은 살아있는 생물계에서의 에너지의 기능이다. 특히 생태계에서 유기물을 생산하는 과정에서 에너지의 역할을 이해하는 것은 생태계에서 생물 풍부도를 궁극적으로 제한하는 요소가 무엇인지를 우리에게 알려줄 것이다. 두 번째는 에너지 흐름의 경로와 에너지 사용의 효율성 및 다양한 생명 작용에서의 역할이다.

에너지 기능 : 생물생산력

생명 유지 시스템에서 에너지의 기본적인 기능은 유기물질을 만드는 데 관여한다는 것이다. 따라서 시스템 안에서 사용 가능한 에너지의 양이 곧 총 유기물 양의 상한선을 결정하여 궁극적으로 어떤 생태계나 혹은 전체 지구계가 수용할 수 있는 전체 생물의 총량을 결정한다.

생물량과 광합성 특정한 생태계에서 유기물의 총량을 그 생태계의 **생물량**(biomass)이라 하며, 생태계의 모든 생물체와 그들의 생산물을 포함한다(식물의 생물량은 식물량, 동물의 생물량은 동물량이라 한다). 대부분의 생명체는 지표 부근에서 살아간다. 따라서 생물량은 일반적으로 단위 지표 면적당 생물량으로 측정된다(예를 들어 g/m^2).

생물량은 **생물학적 생산**(biological production)의 결과, 즉 생물학적 작용에 의해 에너지가 물질로 변환되는 과정을 통하여 증대된다. 우리는 제14장에서 유기물을 스스로 만드는 생물체가 독립영양생물(autotrophs)이라는 것을 알았으며 이들은 일반적으로 광합성을 하는 생명체이다. 광합성을 통해 태양 빛을 음식 에너지로 전환하는 과정은 다음과 같다.

$$CO_2 + H_2O + \text{에너지} \rightarrow CH_2O + O_2$$

광합성의 결과물은 산소를 비롯하여 탄수화물의 형태를 띤 유기물이다(제3장 참조). 탄수화물은 모든 생명체에 존재하는 설탕, 녹말, 셀룰로즈 등을 포함하는 화학물질의 통칭으로 일반적으로 $C_x(H_2O)_y$로 표시된다. 독립영양생물에 의해 만들어지는 탄수화물과 결과적으로 만들어지는 생물체 구성 물질을 **일차 생산**(primary production)이라 한다. 화학합성(제14장 참조)은 물(H_2O) 대신 황화수소(H_2S)를 이산화탄소(CO_2)와 결합시켜 탄수화물을 생산하는 일차 생산의 경우를 일컫는다. 다른 생물을 포식함으로써 유기물질을 얻는 종속영양생물(heterotrophs)에 의한 유기물의 생산은 **이차 생산**(secondary production)이라 한다.

순일차 생산 일차 생산자는 에너지와 무기물을 유기탄화물질의 형태로 유기물로 전환한다. 독립영양생물이 에너지 자원을 이용하여 생물량을 생산하는 과정에는 세 가지 단계가 있다. 우선 독립영양생물은 몸 내부에서 일반적으로 광합성 또는 드물게 화학합성을 통해 유기물을 생산한다. 독립영양생물은 이렇게 만들어진 유기물의 일정 부분을 신진대사나 호흡의 연료로 사용하여 에너지를 열의 형태로 다시 외부 환경으로 방출한다. 나머지 유기물의 일부는 나중에 사용하기 위하여 탄화물질의 형태로 저장된다(제14장 참조).

첫 번째 단계에서 생산된 유기물을 **총 생산**(gross production)이라 한다. 생명의 과정을 지속하기 위해(두 번째 단계) 유기물이 사용된 후에 총 생산에서 남겨진 생물량을 **순생산**(net production)이라하며 간단히 아래와 같이 표시된다.

$$\text{순생산} = \text{총 생산} - \text{호흡}$$

이것이 기본적인 생산관계로 총 생산과 순생산의 차이는 총 수입과 순수입의 차이와 같다. 총 수입은 당신이 벌어들이는 수익이고 순수입은 세금이나 고정지출 등을 뺀 나머지이다. 신진대사를 구동하고 생명체를 살아 움직이게 하는 호흡은 에너지를 외부 환경으로 다시 되돌려 주는 역할을 한다. 이것이 바로 당신이 일을 하고 살아가는데 당연히 지불해야 하는 비용이다.

에너지 경로 : 영양 역학

독립영양생물체는 에너지를 유기물로 전환하고 생산된 유기물을 사용하며 그중 일정 부분을 저장한다. 하지만 생명체는 태양 에너지나 화학 에너지를 유기물 형태의 에너지로 전환하는 데 100%의 효율성을 나타내지는 않는다. 한 생명체에서 다른 생명체로 연결되는 먹이사슬 과정에서 에너지의 전환은 비효율적이기까지 하다. 생태계에서 에너지 흐름의 몇몇 과정을 좀 더 자세히 살펴보자.

먹이사슬 에너지는 생물들이 서로 먹고 먹히는 먹이사슬을 통하여 흐른다. 기본적인 의미에서 **먹이사슬**(food

그림 15.2 모노 호수

시에라 네바다 산맥 동쪽의 모노 호수는 상대적으로 단순한 먹이사슬 구조를 나타내며 매우 적은 종이 살고 있는 소금호수지만(그림 15.3 참조) 높은 생물생산력을 나타낸다. 그림의 암석(투파)은 화산가스가 고염의 알칼리성 호수 물을 통과할 때 형성된 것이다.

chain)이란 생태계에서 에너지(먹이 형태로)가 움직이는 경로이다. 우즈베키스탄의 아랄 해를 비롯하여 미국 캘리포니아 주의 모노 호수 및 유타 주의 그레이트 솔트레이크 등의 소금호수는 자연생태계에서 이러한 먹이사슬의 기본 개념을 간단히 살펴볼 수 있는 지역들이다.

모노 호수는 시에라 네바다 산맥 동쪽의 고지대 사막에 160km^2 정도를 덮고 있다(그림 15.2). 경관이 아름다운 호수로 유명한 이 호수는 또한 해양의 두 배에 이르는 염분도와 호수의 작은 동물들을 잡아먹기 위해 몰려드는 많은 새들로 유명하다. 그림 15.3은 모노 호수의 먹이사슬을 간단히 도식화한 것이다. 조류나 광합성 박테리아 등의 수많은 독립영양생물들이 고염의 알칼리 성분인 이 호수에 살

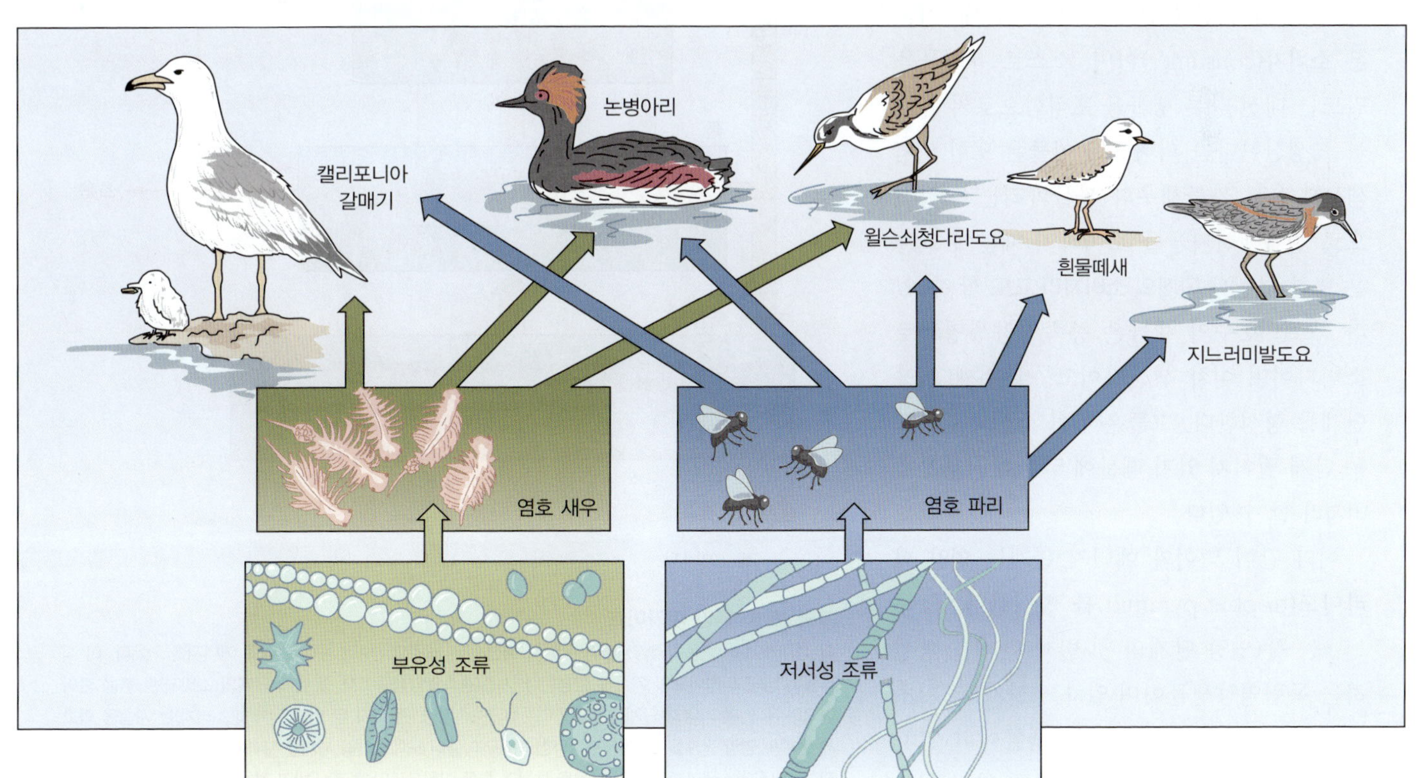

그림 15.3 모노 호수의 먹이사슬

이 그림은 모노 호수 생태계에서 먹고 먹히는 먹이 관계를 보여준다. 대부분의 생태계와 비교할 때 모노 호수에 서식하는 종은 매우 적으며 먹이사슬은 상대적으로 단순하다.

고 있으며, 두 종류의 종속영양생물(염호새우와 염호파리의 유생)만이 이 호수의 일차 생산자인 조류를 먹이로 살아간다. 호수물의 이러한 특이한 화학성분은 다른 생물들에게는 적합하지 않은 환경을 만들지만, 이것이 또한 호수 생명체들이 필요로 하는 풍부한 화학영양소들을 제공한다. 다섯 종의 새가 염호새우와 염호파리를 잡아먹는다. 즉 염호새우와 파리는 호수에 서식하는 조류나 박테리아를 먹고 새들은 이들을 잡아먹는다. 이것이 모노 호수의 기본적인 먹이사슬 구조이다.

영양 피라미드 그림 15.3에서 각각의 생물 그룹들은 최초의 에너지원으로부터 몇 단계 떨어져 있음을 주목할 필요가 있다. 염호새우와 염호파리는 초기 에너지원으로부터 한 단계 떨어져 있으며 새는 두 단계 떨어져 있다. 최초의 에너지원으로부터 같은 단계 떨어져 있는 생물 종들을 **영양 단계**(trophic level)라 한다.

모노 호수의 독립영양생물(조류와 박테리아)들은 첫 번째 영양 단계에 있고 이들이 모노 호수의 **일차 생산자**(primary producer)이다. 짠물새우나 짠물파리 및 종속영양생물들은 두 번째의 영양 단계를 구성하는데, 이들은 **소비자**(consumer)이며, 스스로 유기물을 만드는 대신 다른 생물을 포식함으로써 유기물을 생산한다는 의미에서 이들은 또한 이차 생산자이다. 짠물새우와 짠물파리는 직접적으로 일차생산자들을 소비하기 때문에 그들은 또한 첫 번째 단계의 소비자라고도 할 수 있다. 모노 호수의 새들은 종속영양생명체로 소비자이며 이차 생산자이고, 세 번째 영양 단계를 형성한다. 그들은 일차 생산자로부터 두 단계 떨어져 있기 때문에 두 번째 단계의 소비자라 할 수 있다.

이와 같이 먹이와 에너지 단계는 **영양 피라미드**(trophic pyramid)를 형성한다. 그림 15.4는 풀(영양 단계의 첫 번째 단계를 형성하는 독립영양생물이며 일차 생산자)을 기초로, 이 풀들을 사슴(종속영양생물이며 일차 소비자이고 두 번째 영양 단계를 형성하는)이 먹으며, 사슴을 늑대(또 다른 종속영양생물로 두 번째 단계의 소비자이며 세 번째의 영양 단계를 형성하는)가 포식하는 영양 단계의 예를 보여준다. '영양(trophic)' 이란 용어는 일반적으로 에너지를 의미하는 것으로 해석된다. 하지만 사실 이 단어는 '음식' 이나 '영양분' 을 의미하는 그리스어에서 기원된 것으로 생태계에서 음식 및 에너지와 동등한 의미를 내포한다.

다시 한 번 모노 호수의 먹이사슬을 생각해 보자. 에너지는 태양빛 형태로 생태계에 들어간다. 이 에너지는 영양 피라미드의 하부 단계에 있는 일차 생산자에 의하여 유기물로 전환되고 다시 먹이의 형태로 한 단계 더 위의 영양

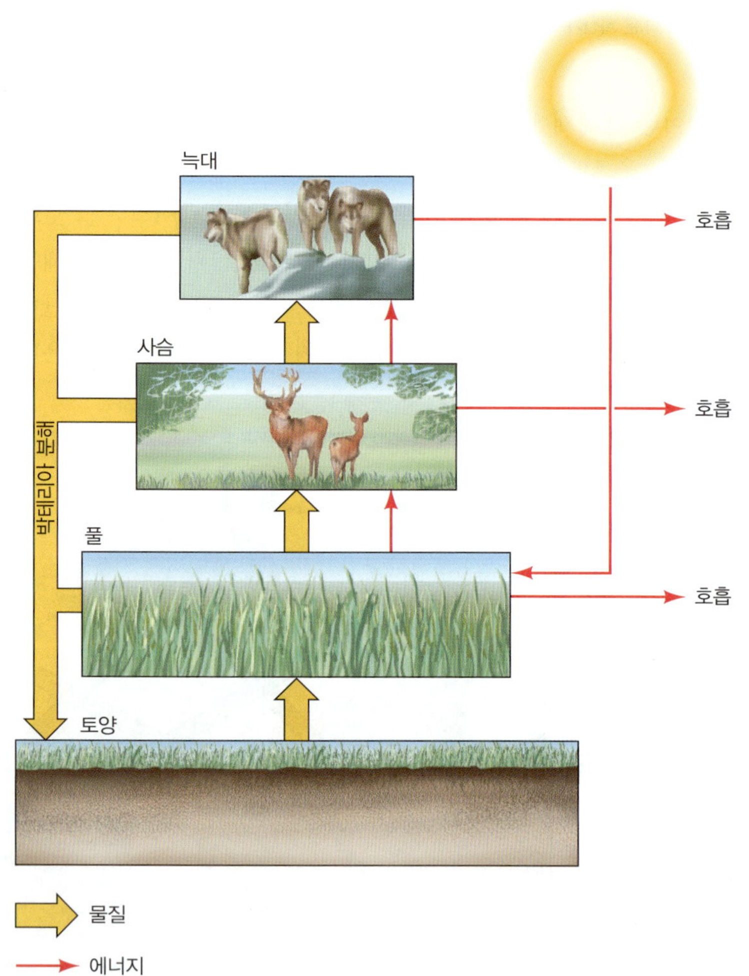

그림 15.4 영양 피라미드
이 생태계에서 풀(독립영양생물이며 일차 생산자)은 태양으로부터 음식 형태로 에너지를 가둔다. 이 식물들이 영양 피라미드의 기초를 형성한다. 사슴(종속영양생물이자 첫 번째 단계의 소비자)은 풀을 뜯어 먹으며 두 번째의 영양 단계를 형성한다. 늑대(종속영양생물이자 두 번째 단계의 소비자)는 사슴을 먹고 세 번째의 영양 단계를 형성한다. 다양한 박테리아들이 노폐물이나 사체를 분해하여 구성 물질을 순환시킨다. 에너지는 생태계의 영양 단계를 통하여 한쪽 방향으로만 흐르는 반면 화학원소는 순환한다(늑대는 사슴을 먹고 배설물을 배출한다). 에너지는 소멸되고 저장된 생물량은 영양 피라미드의 위 단계로 갈수록 감소한다.

단계로 흘러간다. 하지만 일차 생산자인 광합성 생물은 에너지의 관점에서 비효율적이다. 그들은 태양으로부터 얻을 수 있는 에너지의 약 1%만을 전환하거나 저장할 수 있다. 이렇게 저장된 에너지도 상위의 영양 단계로 이동될 때 약 80~90%의 또 다른 에너지가 유실된다. 부분적으로 이러한 에너지의 소실은 각 단계의 소비자들이 일차 생산자들이 생산한 모든 유기물을 완전하게 또는 효율적으로 소비하지 못한다는 사실에 기인한다. 하지만 에너지 유실의 많은 부분은 각 영양 단계의 생물에 의한 호흡 때문이다. 생물들이 호흡을 할 경우 상당한 양의 에너지 손실이 발생한다. 이는 호흡이 저장한 에너지를 사용하여 생존에 필요한 모든 일을 가능하게 만들기 때문이다. 여기에는 에너지를 필요로 하는, 즉 움직이고 성장하며 번식하는 모든 과정이 포함된다. 에너지의 일정 부분은 또한 배설물과 함께 방출된다.

이렇게 사용된 에너지는 먹이사슬의 다음 영양 단계로 이동되거나 재생되지도 않으며 순환하지도 않는다. 일단 에너지가 생명 활동에 사용되면 사용된 에너지는 열의 형태로 외부환경으로 방출된다. 따라서 그림 15.4에서처럼 생태계와 영양 단계를 통한 에너지의 흐름은 한 방향으로만 진행되는 일방통행의 흐름이다. 결국 에너지는 생태계에 들어오고 생명체에 이용된 후 다시 외부로 방출된다. 비슷한 정도의 에너지 손실은 두 번째와 세 번째의 영양 단계 사이에서도 발생한다. 첫 번째 단계의 소비자에게 이용 가능한 에너지의 약 10~20%만이 다음 단계의 소비자에게 전달된다. 동일 시스템 안에서 더 높은 영양 단계가 있다면 동일한 양의 에너지 손실이 또 발생할 것이다. [예를 들어 모노 호수에 새를 잡아먹는 코요테가 서식한다면(현실은 그렇지 않음) 코요테는 네 번째의 영양 단계가 된다].

이것이 왜 영양 피라미드와 먹이사슬이 한계가 있는지를 설명한다. 이론적으로 영양 피라미드의 단계 수에 대한 한계는 없다. 하지만 먹이사슬에서 실질적인 영양 단계의 수는 전형적으로 약 4단계이며 어떤 경우에도 6단계 이상의 영양 단계를 보유한 먹이사슬을 발견할 수는 없다. 여섯 단계를 가진 영양 피라미드의 경우 전체를 지원해야 하는 일차 생산자에서부터 방대한 양의 에너지가 한 단계씩 이동할 때마다 손실된다. (이러한 제한에는 또 다른 이유가 있다. 예를 들어 생명체가 너무 복잡하면 너무나 많은 단계로 구성된 먹이 구조를 유지하는 것이 어려울 것이다. 수성 생태계는 종종 육상 생태계보다 더 많은 영양 단계를 보이는데 물이 물고기 같은 소비자에게 먹이자원을 증폭시키는 것이 육지에서보다 용이하게 하기 때문인 듯하다.)

영양 피라미드의 한 단계에서 다음 단계로 에너지가 이동되는 것을 볼 수 있는 또 다른 방법은 생물량(저장된 에너지)은 단계가 높아질수록 감소한다는 점을 고려하는 것이다. 예를 들어 우리는 모노 호수 체계에서는 생물량이 새나 새우 및 파리의 형태보다 조류나 박테리아 형태에 훨씬 많이 있다고 결론지을 수 있다. 전형적으로(언제나 그렇지는 않지만) 각각의 영양 단계에서 생물 개체의 숫자는 피라미드의 아래에서 위 단계로 감에 따라 감소한다.

생태계에서의 물질 순환

지금까지 우리는 에너지의 기능과 영양 피라미드에서의 에너지 흐름에 대하여 살펴보았다. 그림 15.4에서 붉은색 화살표는 태양으로부터 생태계의 생명유지 과정을 통하여 외부 환경으로 방출되는 일방통행의 에너지 흐름을 나타낸다. 그림에는 화학원소들의 흐름을 나타내는 하나의 화살표가 더 있다는 것을 주목해야한다. 이 화살표는 순환한다. 그들은 에너지와는 달리 생태계를 통해 계속적으로 순환될 수 있다. 이제 이러한 과정이 어떻게 일어나는지 알아보자.

분해생물

모노 호수와 '풀-사슴-늑대'로 구성된 먹이사슬의 경우에서(그림 15.3과 15.4), 우리가 아직 논하지 않은 또 다른 경로가 있다. 영양 피라미드의 각 단계에서 생물들은 노폐물을 배출한다. 그들은 또한 죽기도 한다. 생물들은 이러한 과정을 통해 유기물로 구성된 물질, 즉 생물량을 남긴다. (생물량은 현재 살아있는 것만을 의미하지 않으며 생물 사체나 살아있는 생물의 유기노폐물도 포함된다는 것을 주목할 필요가 있다.) 이처럼 남겨진 물질들은 영양 피라미드의 다음 단계로 통과되지 않는 에너지의 중요한 부분이다. 에너지는 열의 형태로 외부 환경으로 방출된다. 하지만 노폐물과 사체의 유기물에 포함된 화학원소들은 어찌 되는가? 그들은 순환한다. 우리는 화학원소들의 이러한 순환이 생명을 지탱해 주는 시스템의 근본적인 특징 중 하나라는 것을 돌아볼 것이다.

어떠한 생명체도 무기물로부터 그들이 필요로 하는 모든 영양분을 생산할 수는 없으며, 또한 모든 유기물이 재사용될 수 있도록 본래 무기물의 형태로 전부 분해할 수도 없기 때문에 화학원소의 순환은 필요하다. 그러므로 최소

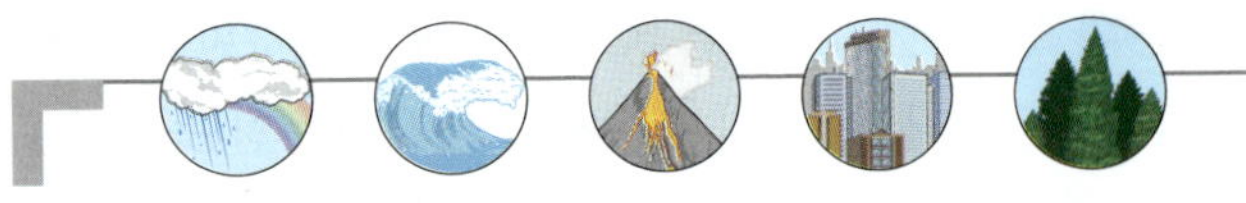

관련짓기

지구상에 만약 분해생물이 없다면 생명체에게는 무슨 일이 일어났겠는가? 분해생물과 기권, 수권, 생물권, 지권 사이를 연결하는 것은 무엇인가?

한 생명을 유지하는 시스템에는 적어도 두 가지 종류의 생명체가 있어야 한다. 첫 번째 형태의 생명체(독립영양생물)는 에너지와 무기물로부터 스스로의 영양분을 만드는 생명체이다. 또 다른 형태는 화합물들이 재사용될 수 있도록 복잡한 유기물을 분해하는 생명체이다. 이러한 생물을 **분해생물**(decomposer)이라 하며, 그들은 생명 유지 시스템에서 매우 중요한 역할을 한다.

복잡한 유기물을 분해하는 생물은 다른 생물이 만든 유기물에서 에너지를 얻기 때문에 종속영양생물이다. 박테리아와 균류가 여기에 속한다. 예를 들어 모노 호수에는 셀 수 없을 정도로 많은 박테리아가 새우나 파리, 새의 배설물이나 이들의 사체 등을 분해한다. 하지만 우리가 아는 한 어떤 종류의 박테리아나 곰팡이도 독립영양생물의 모든 화합물을 다 분해하지는 못한다. 어떤 화합물은 대단히 복잡하고 또한 분해에 강한 내성을 보이기 때문이다. 나무의 주요 구조 성분인 목질소(lignin)가 좋은 예다(제3장 참조). 목질소는 동물들에 의해 소화될 수 없으며 특정 박테리아나 곰팡이의 특별한 효소에 의해서만 분해된다.

먹이그물

에너지와 물질은 모두 생태계를 통하여 먹이 관계의 형태로 순환한다. 하지만 대부분 생태계의 먹이 관계는 생물이 한 영양 단계에서만 기능을 하는 단순한 먹이사슬을 가진

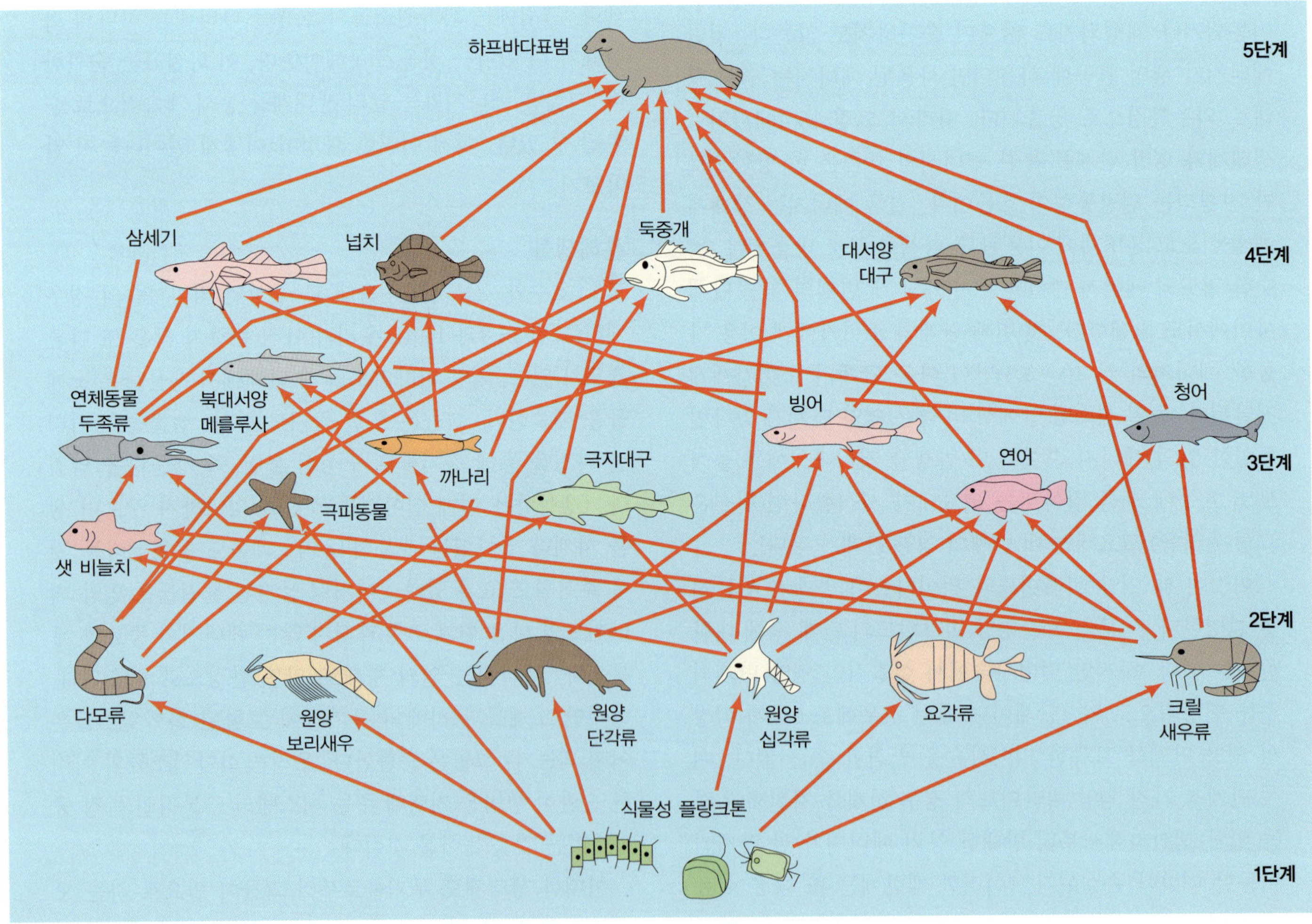

그림 15.5 먹이그물

이 그림은 하프바다표범의 먹이그물이다. 화살표는 먹고 먹히는 관계를 나타낸 것으로 물질과 에너지의 이동 경로를 나타낸다. 하프바다표범은 하나의 영양 단계 이상에서 먹이를 섭취한다.

모노 호수에서보다는 훨씬 복잡하다. 복잡한 먹이관계를 가진 생태계에 서로 연결되어 있는 몇 개의 먹이사슬이 있는 경우를 **먹이그물**(food web)이라 한다.

예를 들어 5개의 영양 단계에 속해있는 하프바다표범의 먹이그물을 생각해 보라(그림 15.5). 미세 부유성 식물인 식물성 플랑크톤은 독립영양생물로, 첫 번째 영양 단계에서 일차 생산물을 만든다. 미세 부유성동물인 동물성 플랑크톤은 첫 번째 단계의 소비자로, 두 번째 영양 단계에서 식물성 플랑크톤을 잡아먹는 종속영양생물이다. 세 번째 영양 단계에는 동물성 플랑크톤을 잡아먹는 물고기와 연체동물 등이 있다. 네 번째 단계에는 다른 물고기를 잡아먹는 물고기가 포함된다. 동물성 플랑크톤을 포함하여 물고기를 잡아먹는 하프바다표범은 두 번째부터 네 번째 단계 모두에서 먹이를 섭취한다. 바다표범은 자기들의 먹이를 포식하는 다른 포식자까지도 먹이로 하기 때문에 포식자들 사이에서 먹이를 두고 경쟁을 한다(포식자와 먹이 및 생물 개체 사이에서의 관계는 제16장에서 논의할 것이다). 한 단계 이상의 영양 단계에서 먹이를 구하는 종은 보통 최고의 영양 단계에 속하는 것으로 분류하기 때문에 우리는 하프바다표범을 다섯 번째 영양 단계에 있는 것으로 간주한다.

먹이그물은 단순한 먹이사슬보다는 보다 현실적이며 복잡한 먹이 관계의 상호작용을 통한 물질과 에너지의 이동 관계를 나타낸다. (하지만 아무리 복잡하더라도 하프바다표범의 먹이그물은 여전히 다섯 개의 영양 단계를 포함하며 북극곰이 바다표범을 잡아먹는다고 가정하면 크게는 6개의 영양 단계를 포함하게 된다.) 에너지는 복잡한 먹이그물을 통해 회전하며 결국은 한 방향으로 이동하지만 물질은 모든 단계의 생물들에게 영양분을 제공하며 지속적으로 순환된다. 이러한 물질의 순환 또한 손실 없이 100% 순환되지 않는다. 생태계의 한 부분으로부터 또는 지역의 한 생태계에서 다른 생태계로 물질이 이동되는 다양한 경우를 생각할 수 있다. 예를 들어 독수리가 들쥐를 물어 서식지에서 멀리 이동시키거나, 강물이 노폐물이나 퇴적물을 바다로 이동시키는 경우이다. 이것은 자연환경의 기본적인 시스템이 열려 있기 때문에 에너지가 자유롭게 흐르도록 하고 물질이 순환하게 하는 한 부분이다.

영양소, 독소 및 제한 요인

생태계를 통하여 끊임없이 순환하며 생명을 유지하게 만드는 물질은 무엇인가? 단지 24개의 원소만이 생명을 유지하는데 사용되는 **필수영양소**(essential nutrient)로 알려져 있다(그림 15.6). (어떤 영양소 목록은 아미노산과 지방산 및 비타민 같은 화합물을 포함하기도 하지만 이들의 기본 원소 또한 24개의 원소들이다.) 영양소는 **미량영양소**(micronutrient)와 **다량영양소**(macronutrient)의 두 그룹으로 구분된다. 미량영양소란 모든 생물에게 필요한 소량의 원소나 또는 몇몇 특정 생명체에게만 적당량 필요한 원소를 말하며, 다량영양소란 모든 생명체에게 다량으로 필요한 원소를 말한다. 다량영양소에는 생물의 기본 구조를 형성하는 소위 '6대 영양소' 라 알려진 탄소, 수소, 질소, 산소, 인, 황을 포함한다.

각각의 다량영양소는 생명체에 있어서 그들만의 특별하고 기본적인 역할을 수행한다. 탄소는 유기화합물 구조의 기본 요소로 산소 및 수소와 함께 탄수화물을 형성하며 질소는 산소, 수소 및 탄소와 함께 단백질의 기본 단위인 아미노산을 만든다. 인은 세포 안에서 에너지의 사용과 전달에 핵심적인 ATP와 ADP 등에 관여하는 에너지 원소다. 황은 몇몇 아미노산과 단백질 및 효소를 구성하는 필수 원소이며 화학합성을 하는 생명체의 화학 에너지 원료로 사용된다. 다량영양소에 속하는 칼슘은 척추동물의 뼈와 패각동물의 패각 및 식물의 세포벽을 구성하여 소위 '골격 구조 원소' 로 알려져 있다. 소듐(나트륨)과 포타슘(갈륨)은 주요 신경전달 물질이고, 마그네슘은 식물 성장과 광합성에 필수적이다.

어떠한 생명체든 생존에 필요한 원소들은 적당한 양과 적당한 농도로 즉시 충족되어야 한다. 그렇지 않을 경우, 부족한 원소는 개체나 개체군 및 종의 성장을 저해하고 심지어는 멸종을 초래할 수 있는 **제한요인**(limiting factor)이 될 수 있다. 우리는 생태계에서 어떤 화학원소가 제한되는지를 특정 원소의 자연 환경과 생물체 내에서의 농도를 비교함으로써 결정할 수 있다. 다른 원소들과 비교하여 가장 낮은 농도의 원소가 성장을 제한하는 요소로 작용할 것이다. 이처럼 생명체의 성장은 이용 가능한 자원의 총량에 의하여 제한되는 것이 아니라 가장 부족한 원소에 의해 제한을 받으며, 이를 **리비히의 법칙**(Liebig' s law)[1] 또는 **최소량의 법칙**(law of the mininum)이라 한다.

1) 유스투스 리비히는 1800년대에 유기화학 발전에 커다란 공헌을 한 독일 화학자이다.

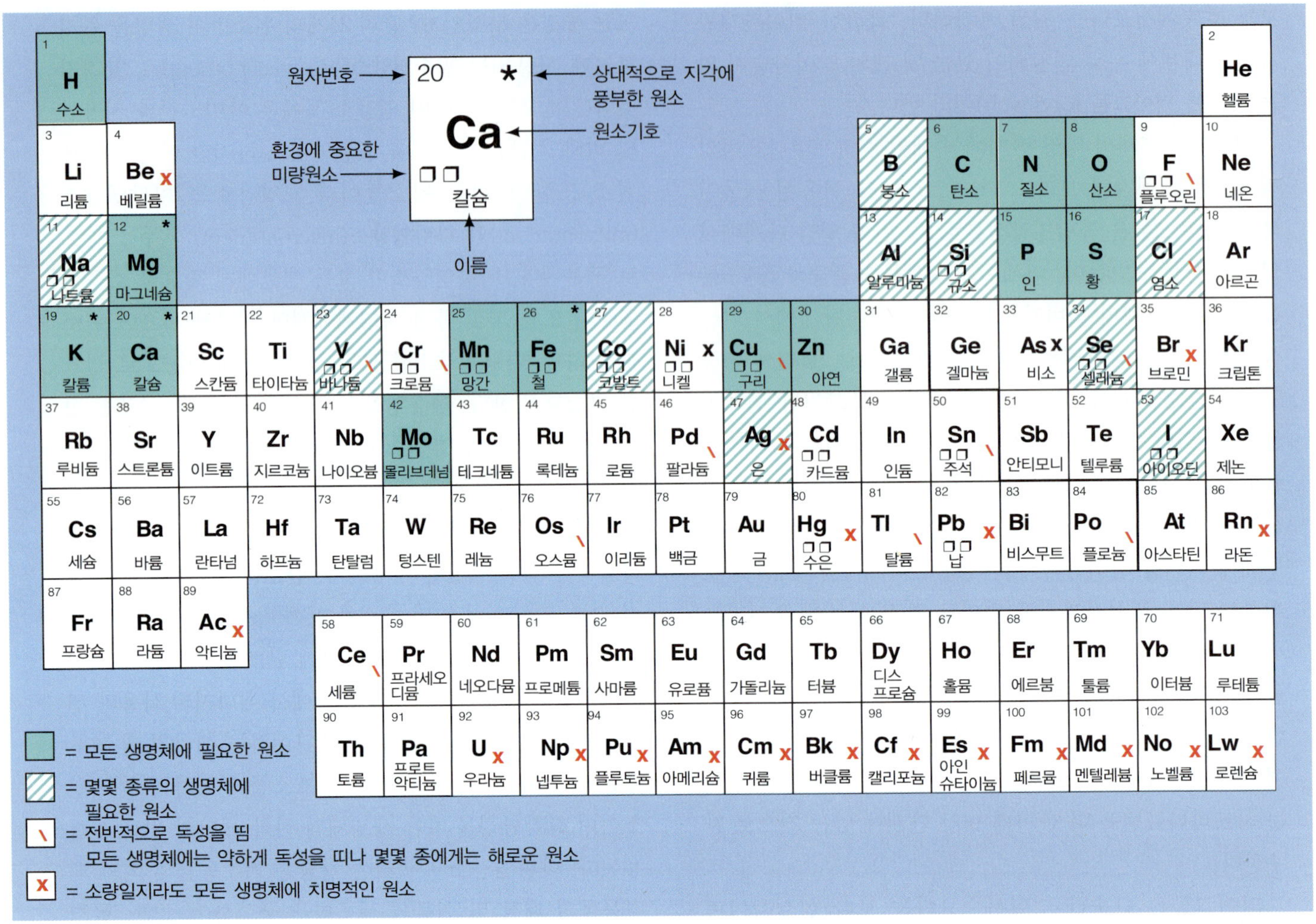

그림 15.6 생명체의 영양소
그림의 원소 주기율표에는 생명체에게 필요한 원소와 독이 되는 원소 등이 나타나 있다.

어떤 원소는 생명체에게 필수적이지만 또 어떤 원소는 생명체에게 해롭고 또한 독성을 띤다. 수은 같은 원소들은 매우 낮은 농도라도 독성을 띠지만 구리 같은 원소는 소량의 경우 생명체에 필요하지만 농도가 증가하면 독이 될 수 있다. 모든 화학원소들은 생명체에게 효과를 미치는 농도의 특정 범위를 가진다. 예를 들어 셀레늄은 생명체에게 소량만이 필요하며 과도한 양이 토양에 스며들면 소나 야생동물에게는 독이 될 수 있다. 의학에서 화학의 역할을 정립한 15세기 물리학자인 파라셀수스(Paracelsus)는 "모든 원소가 독성을 띠며 어떤 원소도 독성을 가지고 있지 않다."라고 기술했다. 이 문장에서 그가 의미한 것은 어떤 원소든 너무 많은 양을 섭취하면 위험할 수 있는 반면 극히 소량이라면 어떤 원소라도 상대적으로 안전할 수 있다는 것이다.

어떤 원소들은 생명체에 중립적이다. 이러한 원소들은 대부분 다른 원소들과 반응하지 않는 불활성 원소로 헬륨과 네온 등이 그렇다. 몇몇 원소는 지표에 극히 소량만 분포하며, 금이나 백금 같은 이러한 원소는 생명 과정에 별다른 역할을 하지 않는 것으로 알려져 있다.

원소의 생체 농축

생명체는 필요한 화학원소를 선택적으로 취해서 세포 내에서 특별한 화합물이 합성되도록 한다. 이것은 생명체의 특별한 능력이며 매우 중요하다. 이러한 선택적 섭취 능력의 결과, 특정 원소들은 외부 환경보다 생명체 내에서 농도가 더 높게 된다. 외부 환경의 농도에 대한 체내에 농집된 원소의 양을 **농축계수**(concentration factor)라고 한다. 예를 들어 해양 조류의 철에 대한 농축계수는 약 100,000이다. 즉 조류에 있어서 철의 내부 농도는 주변의 해수보다 10만 배 많다는 것이다(그림 15.7). 해양 식물성 플랑크톤의 경우 질소, 인과 망간의 농축계수는 10,000에서

그림 15.7 **생체 농축**
그림과 같은 해양 조류는 환경으로부터 필요한 원소를 선택적으로 섭취하여 생체에 농축한다.

100,000 사이이며, 납, 니켈, 구리, 카드뮴과 알루미늄은 1,000에서 10,000 정도이다. 해양 조류는 해수로부터 염소와 소듐(해수에 가장 풍부하게 녹아 있는 원소) 및 불소와 마그네슘(농축계수는 약 1)을 제외한 모든 원소들을 농축시킨다.

육상식물 또한 뿌리를 통하여 필요한 원소를 농축시킨다. 농축계수는 식물에 따라 또는 원소에 따라 다르다. 예를 들어 양배추의 일종인 케일은 인을 토양수의 농도보다 1,600배 더 많이 함유하고 있으며, 포타슘의 경우 1,100배이다. 칼슘과 마그네슘은 낮은 농축계수(20보다 낮은)를 보이는데, 몇몇 식물들은 적극적으로 소듐을 거부하기도 한다. 어떤 식물은 금을 농축시키기 때문에 토양의 기원(궁극적으로는 암석)을 추적하여 금광석을 찾으려는 생화학 추적자로 사용되기도 했다. 인간이나 동물에게 독이 되는 물질을 농축하는 식물은 이러한 물질들을 오염된 토양으로부터 제거하는 데 사용될 수 있는데, 이러한 방법을 식물처리법(phytoremediation)이라 한다.

생체 농축의 기작 세포 조직에 원소를 농축하는 생물은 그 원소를 뿌리나 표피를 통해 주변 환경으로부터 직접적으로 흡수하여 섭취한다. 또한 호흡을 통하기도 하고 그 원소를 함유한 다른 생물이나 물질을 먹음으로써 농축시키기도 한다. 생물이 배출하는 것보다 더 빠른 속도로 원소를 섭취할 때 **생체 농축**(bioconcentration)이 일어난다. 생체 농축의 두 가지 기본 기작은 생체 축적과 먹이사슬 축적이다.

어떤 원소가 아주 적은 양만 배출되고 섭취된다면, 그 원소는 시간이 흐름에 따라 생명체의 조직에 쌓이게 되는데 이를 **생체 축적**(bioaccumulation)이라 한다. 축적된 물질은 시간이 지남에 따라 체내에 점점 더 농축된다(그림 15.8). 예를 들어 참치나 상어 및 갈치 등은 오래 사는 물고기로 성체는 매우 크다. 이 물고기들은 평생 동안 생체 내에 수은을 축적한다. 생명체가 오래 살고 몸집이 크면 클수록 좀 더 많은 양의 수은이 축적된다. 따라서 이러한 동물들을 너무 많이 먹는 것은 인간에게 위험할 수도 있다.

생체 축적은 하나의 영양 단계 안에서 생물의 일생 동안 계속된다. 생체 축적은 또한 그림 15.8의 먹이사슬에서 볼 수 있듯이 하나의 영양 단계에서 다음 단계로 물질이 전달될 때도 일어난다. 만약에 독립영양생물이 어떤 원소나 화합물을 함유하고 있다면 그 생물을 먹는 포식자는 그 화합물을 먹는 것이다. 포식자가 더 많은 먹이를 섭취하게 되면 좀 더 많은 원소가 축적된다. 두 번째 단계의 포식자가

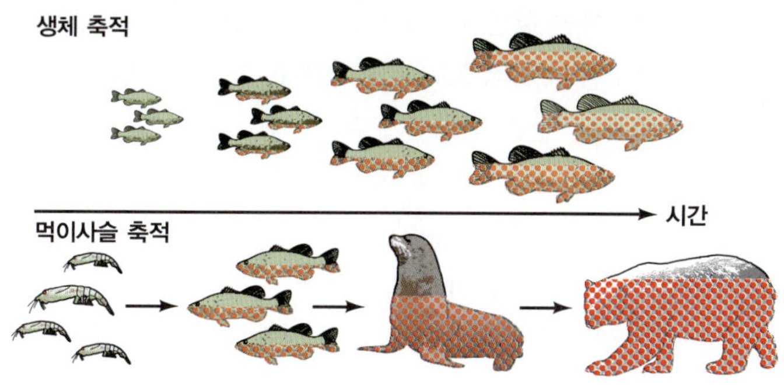

그림 15.8 **생체 축적과 먹이사슬 축적**
화학원소의 섭취가 배출보다 빠르면 시간이 흐름에 따라 환경으로부터 섭취된 화학원소들(독성 물질을 포함하여)이 생명체 안에 축적된다. 물질은 또한 소비자가 그 물질을 가지고 있는 하위 단계의 생물을 먹는 먹이사슬 축적을 통하여 생물체 안에 축적된다.

첫 번째 단계의 포식자(이 경우 포식자는 피식자가 된다)를 먹게 되면 원소는 다시 다음 영양 단계로 이동된다. 이것이 **먹이사슬 축적**(biomagnification)이다. 일반적으로 먹이사슬 축적과 생체 축적은 병행하여 일어난다. 그 결과 몸집이 크고 오래 살며 영양 단계의 맨 위에 있는 생물들은 체내에 농축된 물질들을 가장 많이 함유하게 된다. 이러한 현상 때문에 생체 농축은 생물체뿐만 아니라 주변 환경의 모든 화학작용과 인간의 건강에도 영향을 미친다(자세히 보기 : 인체와 원소 순환 참조).

주변 환경에 미치는 영향 생물체는 주변 환경으로부터 화학물질의 섭취를 통하여 그들 내부에서의 화학작용뿐 아니라 주변 환경의 여러 화학작용을 변화시킨다. 이러한 관점에서 볼 때 생명체는 생태계에 있어서 하나의 능동적인 화학적 존재이다. 생체 농축은 각각의 생물체에서 지역적으로 일어나지만, 신진대사 활동을 통하여 생물체에서 농축되는 원소는 그 원소의 전 지구적 분포와 농집에 영향을 미친다.

유기물은 일정한 구성 성분을 가진다. 따라서 살아있는 생물체의 화학원소 비율(상대적 비율) 또한 대부분 일정하다. 예를 들어 해양성 플랑크톤은 평균적으로 인 하나의 원자에 대해 16개의 질소 원자와 106개의 탄소 원자를 가진 화학조성을 나타낸다. 결국 해양 플랑크톤의 탄소 : 질소 : 인 비율은 106 : 16 : 1이 된다. 생명체의 이러한 일반적 속성을 이를 처음 발견한 알프레드 레드필드(Alfred Redfield)의 이름을 따서 **레드필드 비율**이라고 한다. 능동적 섭취를 통해 플랑크톤은 해수의 탄소나 질소 및 인 농도를 일정하게 유지한다. 만약에 질소가 과다하게 존재하면 조류나 박테리아는 광합성을 통해 탄소 농도를 높이고, 대기로부터 질소를 추가적으로 고정시킨다. 그 후 박테리아는 다시 초과분의 인을 섭취하게 된다. 탄소 : 인의 비율이 106 : 1이 되고, 질 소 : 인의 비율이 16 : 1이 될 때에야 비로소 추가적인 성장을 멈춘다. 이러한 방식으로 해양 생물들은 해수의 화학조성비를 일정하게 유지시킨다. 레드필드 비율은 생명체가 화학적 환경에 영향을 미치는 기작의 중요한 예이다.

생명 유지 시스템의 최소 요구 조건

에너지 흐름과 물질 순환에 대한 논의를 기초로, 우리는 생명체를 지탱하고 유지하기 위한 최소 요구 조건의 시스템에 대하여 생각해 볼 수 있다. 그것은 끊임없이 에너지원이 재생되는 시스템이며 열 에너지는 방출된다. 다시 말해서 에너지는 시스템을 통하여 한 방향으로 흐르게 된다. 100% 차단된 시스템을 생각하는 것은 어려울지라도 물질은 시스템에서 반복하여 순환될 것이다. 따라서 이 시스템은 이론적으로는 폐쇄계지만 에너지가 자유롭게 이동하고 물질이 시스템의 경계 부근에서 다소 유실되며 순환하는 열린계의 성격을 띠게 된다.

이 같은 시스템이 최소한으로 유지되기 위해서는 적어도 하나의 독립영양생물(일차 생산자)과 하나의 종속영양생물(분해자)을 포함해야 하지만, 독립영양생물뿐만 아니라 종속영양생물을 잡아먹는 또 다른 종속영양생물 또한 같은 수로 존재할 것이다. 이러한 생물체 외에도 다양한 생물들 사이에서 화학원소들의 이동을 용이하게 해 주는 기체나 액체 상태의 매개체도 있어야 한다. 이 시스템은 또한 무기영양소를 공급하기 위한 광물질과 더불어 적어도 유체(물이나 공기)로 구성된 무생물 환경을 가져야만 한다.

생태계(생물 간의 상호작용뿐만 아니라 무생물 환경과 생물의 상호작용을 포함하는 하나의 시스템)의 정의를 되돌아본다면 우리가 설명했던 것이 단순히 생태계라는 것을 알 수 있다. 다시 말해서 **생명을 지속시킬 수 있는 최소의 시스템은 바로 생태계**이다. 여기서 우리는 생명체에 대한 근본적인 시각을 견지할 수 있다. 우리는 생명체를 일반적으로 그들이 살아있다는 이유로 인간이나 나무, 버섯, 또는 단세포 박테리아 등의 생물 개체로 생각해 왔다. 하지만 어떠한 개체도 생명을 스스로 지탱할 수는 없다. **생명을 유지하는 능력은 생물 개체나 개체군의 특성이 아니라 바로 생태계의 능력**이다. 생명이란 다양한 종류의 생물들이 살아가고 주변 환경과 상호작용하는 하나의 시스템 속에서만 유지될 수 있는 것이다.

생명의 전 지구적 순환

생명체는 진화하기 때문에 생물권 그 자체도 시간에 따라 변하며 오늘날도 여전히 변하고 있다. 지구계 또한 적어도 부분적으로는 생명 과정의 결과로 변화를 겪어 왔다. 이러한 변화를 볼 수 있는 하나의 방법은 지구의 4개 하부 권역, 즉 지권, 수권, 기권, 생물권 사이에서의 원소의 주기적 이동이다. 어떤 원소의 순환은 지구의 역사를 통해 극적으로 변화해 왔으나, 가장 현저한 변화는 생물학적으로 중요한 원소인 탄소, 산소, 질소, 인 등에서 관찰된다. 생물권에 필수적이며 유기물에서 무기물의 형태로 전환되기도

하고, 생물권 저장고와 무생물권 저장고 사이를 이동하는 모든 원소들은 바로 생지화학적 순환을 통하여 저장되고 순환된다고 할 수 있다.

생지화학적 순환의 기본 원리

가장 일반화된 형태로 볼 때 **생지화학적 순환**(biogeochemical cycle)은 지구계를 통하여 원소들이 이동하는 하나의 완벽한 경로이다. 즉 원소가 지권에서 생물권, 기권, 수권으로 이동되고, 또 다시 되돌아가는 형태의 순환 경로이다. 순환하는 물질들은 다양한 화학적 형태를 띠고 화학적 변형 과정을 거치기 때문에 이런 순환은 일종의 화학 순환이다. 또한 모든 과정에 생물들이 깊이 관여하기 때문에 생물학적 순환이기도 하며 이러한 순환에 토양과 암석이 포함된다는 의미에서 지질학적 순환이기도 하다. 생지화학적 순환은 원소의 수만큼이나 다양하지만, 이러한 모든 순환 과정에 공통적으로 적용되는 일반적 특징이 하나 있다. 그것은 생지화학적 순환을 하나로 통합하는 핵심에 지구계의 주요한 4개 요소, 즉 암석, 공기, 물, 생물이 관여한다는 것이다.

생지화학적 순환 모형

생지화학적 순환을 들여다 볼 수 있는 가장 간단한 방법은 상자 모형(제1장 참조)을 보는 것이다. 상자는 화학원소들이 들어 있는 저장고를 나타내며 화살표는 원소 이동의 경로를 나타낸다(그림 15.9A). 생지화학적 순환은 일반적으로 화학원소 하나에 대해 설명하지만 물(H_2O)의 경우처럼 화합물로 그려질 수도 있다. 그림 15.9B는 물을 예로 생지화학 순환의 기본 원소들을 보여준다. 물은 잠정적으로 대기(A) 중의 구름에 존재한다. 물은 강수의 형태로 호수(B)로 이동하며 또는 빗물 형태로 육지로부터 호수로 유입된다(C). 물은 다시 증발에 의해 호수에서 대기로 이동하며 또는 지하수로 유입된다.

우리는 생지화학적 순환에 속해 있는 각각의 권역을 열린계로 간주할 수 있으며, 전체의 생지화학적 순환을 각각의 권역들이 물질의 이동에 의해 연결되어 있는 하나의 커다란 열린계로 볼 수 있다. 지구는 그 자체로서 하나의 폐쇄계로 기능을 하기 때문에, 서로 연결된 하부의 시스템들(권역)은 물질의 균형을 유지한다. 즉 물질이 한 권역에서 다른 권역으로 이동할 때 그 물질은 연결된 어느 하나의 권역에 나타나게 된다. 이것이 전 지구적인 생지화학적 순환에 의해 유지되는 물질의 예산인 셈이다.

따라서 생지화학적 순환의 중요한 측면은 한 권역에서 다른 권역으로의 물질 유입과 비율을 조절하는 일련의 과정이다. 예를 들어 그림 15.9B에서처럼 호수에서 물이 증발되는 비율은 공기의 온도와 바람의 속도에 의해 영향을 받고, 호수로 유입되는 물의 비율은 지형과 토양의 투수성에 의하여 영향을 받는다. 강수의 비율은 또한 대기의 습도와 온도 조건에 의해 영향을 받는다.

생지화학 순환의 또 다른 중요한 면은 특정한 물질이 한 권역에 존재할 수 있는 기간, 즉 거류 기간(residence time)을 조절하는 일련의 요소들이다. 거류기간은 물질의 특성 그 자체와 권역의 주변 매개체의 특질에 영향을 받는다. 지구계의 하부 4개 권역은 각각의 본질적 특징에 따라 평균 거류 기간에 다른 영향을 미친다. 일반적으로 화학원소의 거류 기간은 지권에서는 길고 기권과 생물권에서는 짧으며, 수권에서는 중간 정도의 기간을 보인다.

한 권역에서 특정 물질의 거류 기간에 영향을 미치는 중요한 요소는 그 물질이 얼마나 쉽게 생물체에 의해 흡수되고 이용되는가의 척도인 **생물 이용도**(bioavailability)이다. 따라서 생물 이용도는 특정 물질이 얼마 만큼 용이하게 생

(A)

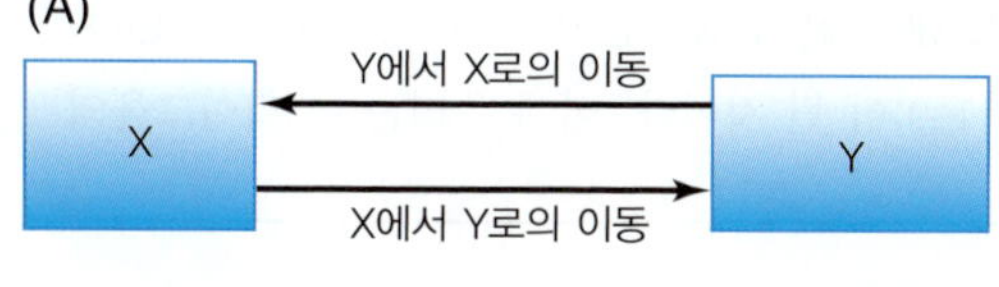

(B)

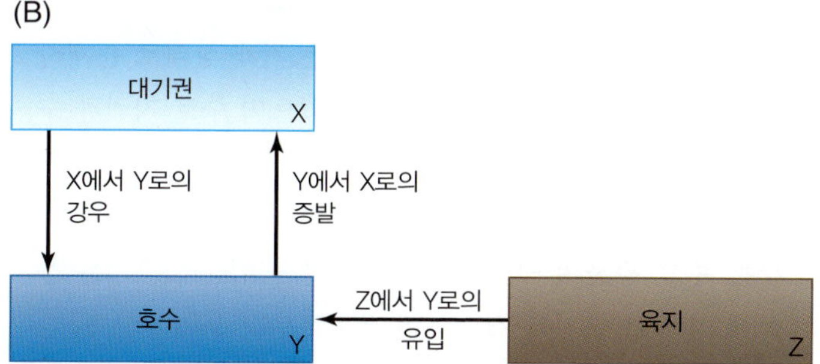

그림 15.9 생지화학적 순환 상자 모형
(A) 상자 모형은 물질이 생지화학적 순환의 저장고를 따라 이동하는 것을 보여주는 편리한 방법이다. (B) 물의 경우를 예로 들어 기본 원소들의 생지화학적 순환을 나타낸 것이다. X, Y, Z는 저장고이고 화살표는 저장고 사이의 물질 유입과 이동 경로를 나타낸 것이다.

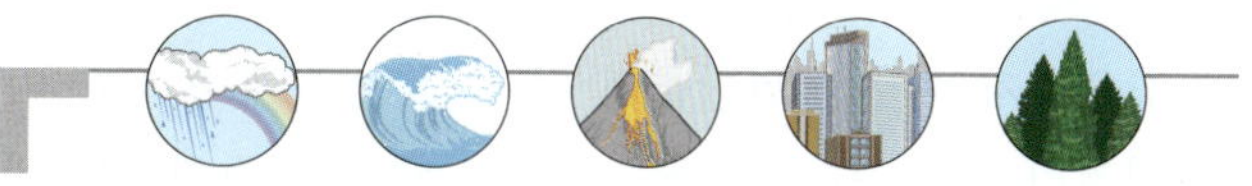

관련짓기

생지화학적 순환에서 화산 활동의 역할은 무엇인가?

자세히 보기

인체와 원소 순환

1956년 의사들은 미나마타 만 근처에 살고 있는 사람들에게 나타난 이상한 증상을 보고하였다(그림 C15.1). 그 증상은 중추신경계에 심각한 약물 중독을 나타내는 것이다. 이 병으로 고통을 겪는 환자들은 모두 어부와 그들의 가족이었으며 그들은 정기적으로 미나마타 만에서 잡은 물고기를 먹었다는 것이 곧 밝혀졌다. 계속된 연구는 수은이 문제였음을 밝혀냈다. 즉 미나마타 만에는 플라스틱 산업의 기본 화학물질을 생산하는 화학공장이 있으며 이 공장은 생산 과정에서 수은염제를 사용했고 이것이 문제의 원인이었다. 사용된 수은의 양은 매우 적었지만 의문은 계속 되었다. 왜 주민들의 체내에서 그토록 많은 수은이 발견되는가? 답은 먹이사슬 축적으로 판명되었다.

생물들은 세포 내 독성 물질의 농도에 따라 일정 비율로 독을 제거한다. 한 생물 개체가 독의 일회 복용량 M_0를 섭취할 경우, 시간에 따른 M(생물체내의 독 함량)의 그래프는 그림 C15.2A와 같게 된다. M은 정상적으로 감소해서 100일 후에는 처음 양의 반 정도만이 남고, 다시 100일이 지나면 M은 또 다시 남은 양의 반으로 줄어든다. 반으로 줄어드는 기간, 즉 100일을 생체 독의 '반감기'라 한다(제14장 참조).

생물 개체가 일회 분을 섭취하는 대신, 매일 일정한 양을 먹는다고 가정하자. 처음에 생체 내의 독 함량 M은 상당히 빠르게 증가한다. 독이 축적됨에 따라 독 제거율도 증가한다. 궁극적으로 제거율과 섭취율이 같아지는 안정 상태에 도달한다(그림 C15.2B). 엄격히 말하면 안정 상태는 무한한 시간이 지난 뒤에야 도달되지만, 독이 그 생물을 죽이지 않는다고 가정한다면 약 6번의 반감기가 지난 후에도 현실적으로는 충분히 안정 상태에 도달한다.

그림 C15.1 미나마타병
이 사람은 미나마타병이라고 하는 신경증후군으로 고생하고 있다. 이 병은 수은에 오염된 물고기를 먹어서 생긴 수은 중독에 의해 발병한다.

표 C15.1의 처음 두 세로줄처럼 음식과 무게의 영양 단계를 보이는 생물 개체의 생태계를 생각해 보라. 이제 소량의 수은이 생태계에 투입되고 조류가 수은을 섭취하여 조류의 수은 함량이 $1/10^8$로 되는 것을 생각하자. 매일 조류 10g을 먹는 초식동물은 10×10^{-8} 또는 10^{-7}g의 수은을 함유하게 된다. 안정 상태에서 초식동물은 $10^{-7}/0.007$ 또는 1.4×10^{-5}g의 수은을 함유하게 되며, 세포 내 수은의 농도는 $1.4 \times 10^{-5}/100$ 또는 1.4×10^{-7}(10억 분의 140)이 될 것이다. 이제 우리는 이 먹이그물의

물권으로 유입되느냐에 영향을 미친다. 생물체가 이용하기 어려운 형태로 나타나는 원소들은 생물권에 들어갈 수 있도록 중간 단계를 거쳐서 좀 더 용이한 형태로 변형된다.

금속과 비금속 물질의 생지화학적 순환

서로 다른 원소들은 지구계의 4개 하부 권역을 지날 때 다른 경로를 거친다. 순환의 세부 사항은 관련된 원소의 특징과 원소가 이루는 화합물의 형태 및 변형 과정 등에 따라 다르다. 칼슘 순환(그림 15.10)은 금속 원소의 전형적인 경우이고 황 순환(그림 15.11)은 비금속 원소의 전형적인 예이다.

칼슘 순환 대부분의 금속처럼 칼슘은 기체 상태로 존재하지 않기 때문에 기권에서의 과정은 없으며 주로 지권과 수권 및 생물권 사이를 순환한다(그림 15.10). 칼슘은 칼슘의 주요 저장소인 지권의 화성암과 변성암 및 퇴적암을 이루는 주요 광물의 구성 원소이다. 칼슘 이온(Ca^{++})은 풍화에 의해 물 분자와 결합하여 광물로부터 분리된다. 물은 칼슘을 대양으로 이동시키며 대양에서 꽤 오랜 기간 동안(약 100만 년 동안) 머무른다.

해양에서 칼슘은 용존 이온의 형태로 존재하거나 또는 무기기원 광물(석고나 황화광물)의 형태로 침전될 수 있

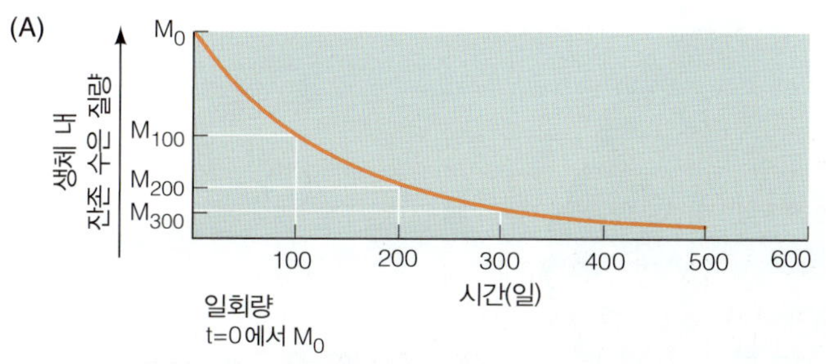

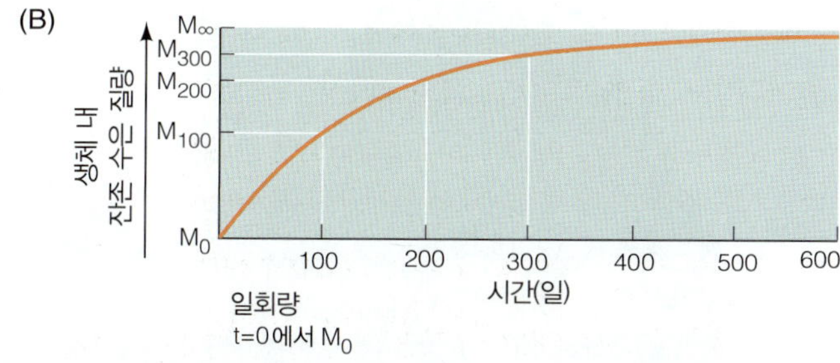

그림 C15.2 수은의 먹이사슬 축적

(A) 이 그래프는 매 100일마다 1회 피폭량의 반이 배출되는 생명체의 몸속에서 수은이 감소하는 것을 나타낸다. (B) 이 그래프는 매일 수은을 꾸준하게 섭취하는 생물의 몸속에서 수은이 축적되는 것을 나타낸다. 몸속에 수은의 양이 쌓임에 따라 제거율은 증가한다. 섭취율과 배출률이 같을 때 균형에 도달한다.

표 C15.1 먹이그물에 따른 수은 농도의 증가

영양 단계	개체의 질량	일일 섭취량	일일 수은 섭취량	정상 상태의 수은 함량	수은농도/조직(1/109)
조류	–	–	–	–	10
초식동물	100g	10g의 조류	10^{-7}g	1.4×10^{-5}g	140
일차 육식동물	1000g	1 초식동물	1.4×10^{-5}g	2×10^{-3}g	2000
이차 육식동물	10,000g	1 일차 육식동물	2×10^{-3}g	0.29g	29,000

다음 영양 단계에 있는 종들의 수은 농도를 계산하여 위와 같은 방법으로 표 C15.1을 완성할 수 있을 것이다.

조류로부터 먹이그물의 세 번째 영양 단계까지 이동하면 수은은 거의 3,000배($2.9\times10^{-5}/10^{-8}$) 정도로 증가하게 되고, 결국 이차 육식동물의 몸에는 북아메리카 식용 기준을 몇 배 초과하는 양인 29/106 만큼의 수은이 축적된다.

이처럼 단순화된 모형에는 몇 가지 약점이 있다. 예를 들어 반감기는 생체의 조직에 따라 다르다. 게다가 모든 먹이들이 안정 상태에 이를 정도로 오래 살아남지 않는다. 어떤 개체는 수은의 함량이 적은 상태에서 잡혀 먹히기도 한다. 결국 생태계가 닫혀 있지 않다는 것이다. 먹이를 섭취한 후 자유로이 헤엄을 치는 물고기는 수은이 없을 수도 있다. 그럼에도 불구하고 미나마타 만의 최상위 육식동물의 생체에는 50ppm 정도의 수은 함량이 있음이 알려졌다. 하루에 그러한 물고기 200g을 먹는 60kg의 사람은 해를 끼치기에 충분한 양인 24ppm의 수은을 체내에 축적시킨다.

다. 칼슘은 해양에서 또한 생광물작용(biomineralization)이라고 하는 과정에 의해 침전된다. 그러한 과정을 통해 해양 생물들은 탄산칼슘($CaCO_3$)을 이용하여 그들의 패각을 만든다. 이러한 생물이 죽게 되면 패각은 해저 바닥에 퇴적물을 형성하고, 패각들은 석회암을 구성하게 된다. 이것이 칼슘과 이산화탄소를 수권에서 암권으로 이동시키는 주요 기작이다.

칼슘을 해양으로부터 육지로 되돌려 보내는 주요 경로는 판구조운동과 대륙의 융기다. 이 과정은 매우 긴 시간 동안 이루어지기 때문에 석회암이 가장 효과적이고 장기간 동안 지속되는 칼슘의 저장고가 된다. 상대적으로 적은 양의 칼슘이 인간과 육식동물들이 패각 동물들과 물고기를 포식함으로 육지로 되돌려진다. 칼슘은 또한 토양의 중요한 원소 중 하나로 토양 속의 칼슘은 암석의 풍화에서 기인한다. 토양의 칼슘은 식물에 의해 섭취되고, 식물을 먹이로 삼는 동물로 전달된다. 결국 인간은 식물과 동물(예 : 우유)로부터 칼슘을 섭취하게 된다. 칼슘은 뼈나 치아 및 알 껍질 등 생물 구조를 형성하는 중요한 원소이며 세포 내의 많은 과정에서 중요한 역할을 한다.

황 순환 대부분의 황은 지권에서 암석의 형태로 또는 해

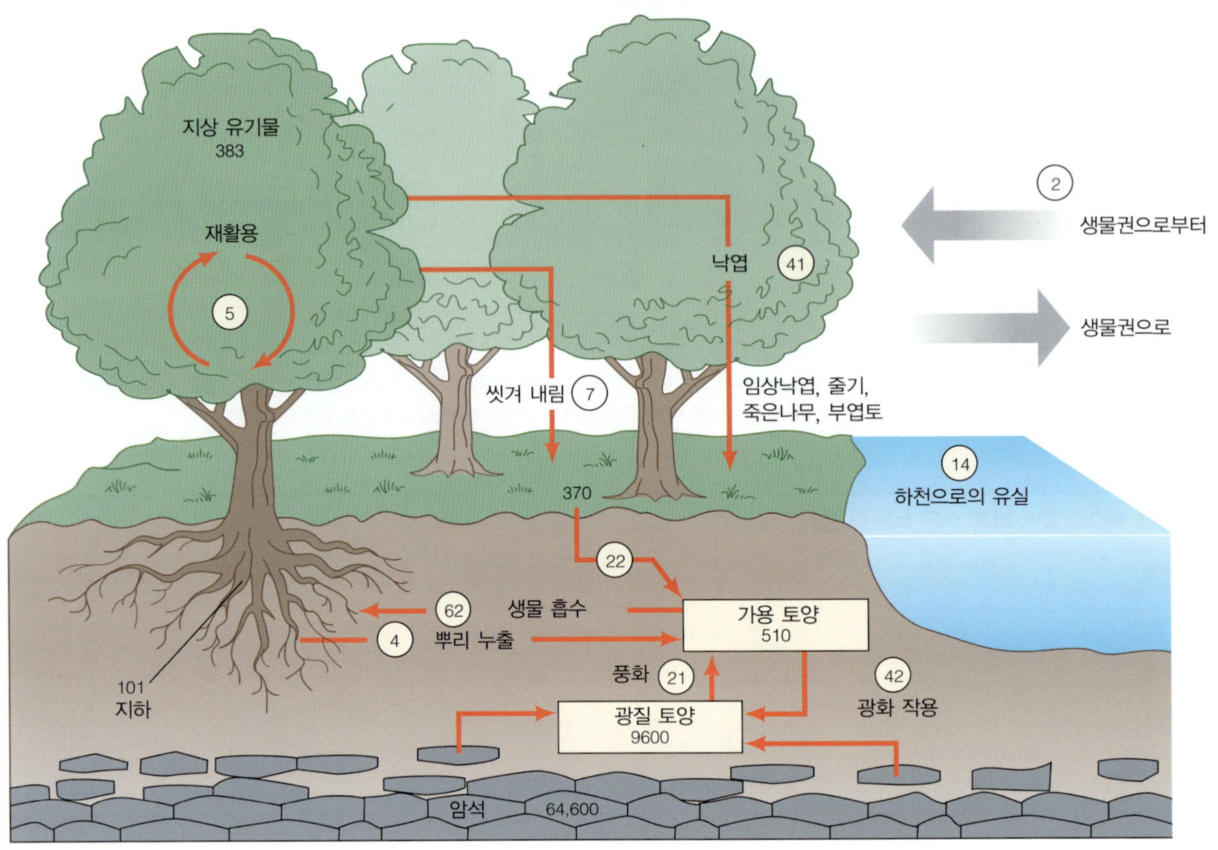

그림 15.10 칼슘 순환
이 그림은 숲 생태계에서의 연간 칼슘 순환을 나타낸 것이다. 단위 시간당 전달되는 양(연간 유동률, $kg/10^4m^2$)은 원 안에 숫자로 표시되었다. 그림 속의 다른 숫자들은 저장된 량이다($kg/10^4m^2$). 황과는 달리 칼슘은 기체 상태로 존재하지 않는다. 그림의 모든 정보는 후바드 브룩 생태계(Hubbard Brook Ecosystem)에서 제공받은 것이다.
출처 : G. E. Likens, F. H. Bormann, R. S. Pierce, J. S. Eaton, and N. M. Johnson, 1977, *The Biogeochemistry of a Forested Ecosystem*, Springer-Verlag, New York.

저 퇴적물의 형태로 장기간 존재한다(그림 15.11). 황과 칼슘의 중요한 차이는 황은 원소 상태 또는 산화물 형태로 존재한다는 것이다. 이것은 황이 생물기원의 다양한 화합물을 비롯하여 산화물질과 환원물질 두 형태를 모두 형성할 수 있음을 의미한다. 또 다른 차이는 황은 이산화황(산성비와 공기오염을 일으키는 주요 산화물)과 황화수소(썩은 달걀 가스, 생물학적으로 만들어지는 환원성 물질) 같은 기체 화합물을 이룬다는 점이다. 황은 지구 내부로부터 화산을 통해 대기 중으로 방출된다.

대기권에서 황은 몇몇 중요한 역할을 한다. 예를 들어 황산염 에어로졸은 대기를 흐리게 하여 지구 알베도(반사율)를 증가시킨다. 식물은 몇몇 기본 작용에 황을 필요로 한다. 그들은 잎을 통하여(이산화황의 형태로) 대기로부터 황을 직접적으로 흡수하거나 또는 토양수로부터 뿌리를 통하여(용존 황산염의 형태로) 흡수할 수 있다. 동물들은 그들에게 필요한 황을 식물을 통해 얻는다. 황은 기체 형태로 존재하기 때문에 칼슘보다 훨씬 빠르게 기권을 통해 생물권으로 되돌아 갈 수 있다. 1년 동안 대기로부터 숲 생태계로 유입되는 황의 양은 칼슘보다 10배나 많은 것으로 측정되었다. 이러한 이유 때문에 일반적으로 기체 상태로 존재하지 않는 원소는 생명체의 성장에 더 쉽게 제한요소로 작용하는 것 같다.

탄소 순환

탄소는 생명의 집을 건축하는 기초 재료이며 유전 정보를 전달하는 DNA를 비롯하여 모든 유기물을 고정하는 원소다. 이처럼 탄소는 생명체에 매우 중요한 원소임에도 불구하고, 지각을 구성하는 풍부한 원소 중 하나는 아니다. 지각 구성 원소의 14번째 원소로 약 0.032% 정도만 분포하며 산소, 규소, 알루미늄, 철, 칼슘, 마그네슘보다도 그 양이 훨씬 적다.

탄소 순환의 주요 경로와 저장고는 그림 15.12에서 볼

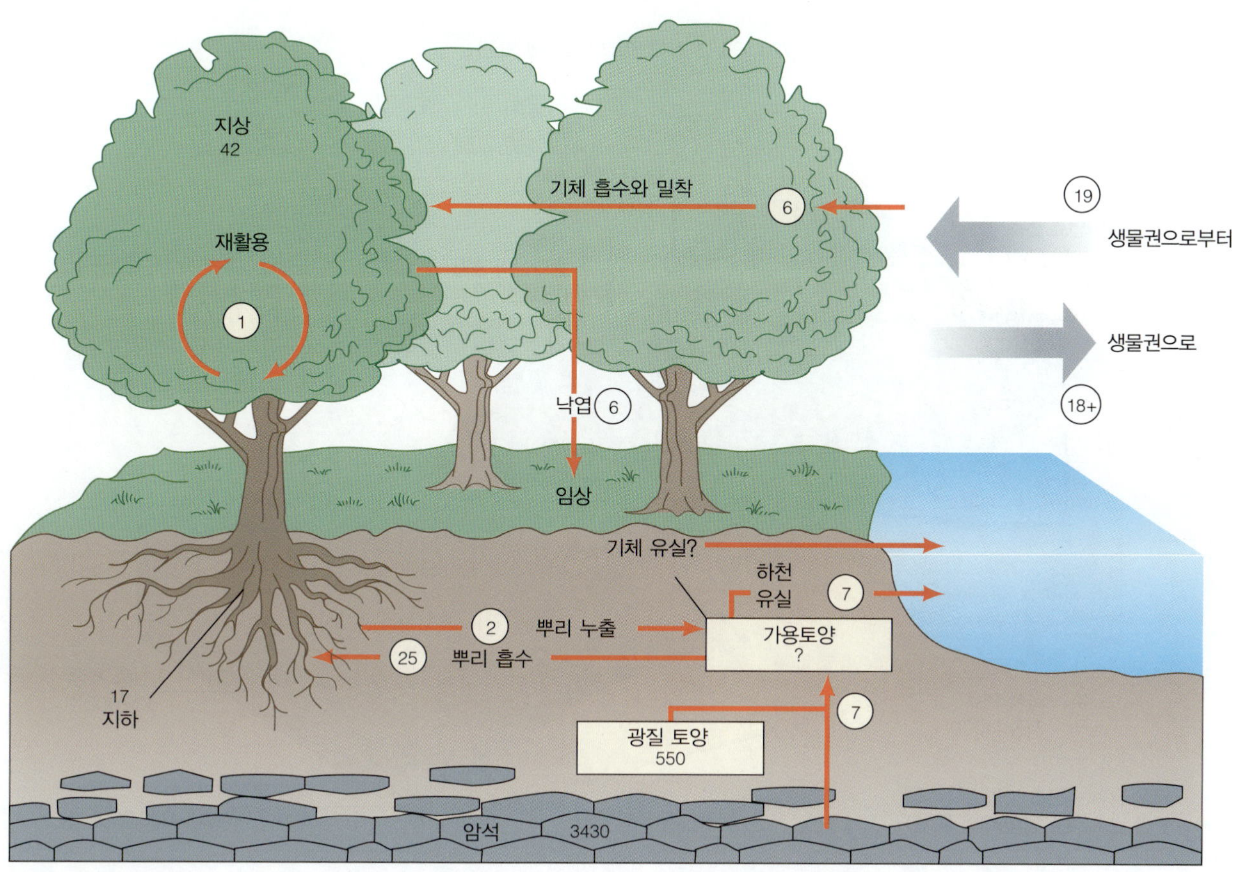

그림 15.11 황 순환

이 그림은 숲 생태계에서의 연간 황 순환을 타나낸 것이다. 원의 숫자는 단위 시간당 전달되는 양(연간 유동률, $kg/10^4m^2$)이다. 다른 숫자는 저장된 양이다($kg/10^4m^2$). 황은 H_2S, SO_2와 같이 기체 상태로 존재한다. 이 그림은 후바드 브룩 생태계의 연구를 기초로 한 것이다.

출처 : G. E. Likens, F. H. Bormann, R. S. Pierce, J. S. Eaton, and N. M. Johnson, 1977, *The Biogeochemistry of a Forested Ecosystem*, Springer-Verlag, New York.

수 있다. 탄소는 기체 상태로 존재가 가능하여 온실기체인 이산화탄소(CO_2)와 메테인(CH_4)을 포함하여 다양한 형태로 기권에 존재한다. 탄소는 생물체의 호흡이나 유기물을 태울 때, 화산 폭발의 경우 또는 습지에서 식물질의 분해와 해양에서의 확산 등을 통해 기권으로 유입된다. 이러한 탄소는 식물과 조류 및 박테리아의 광합성에 의해 기권에서 제거된다. 지구 역사를 통해 보면 기권에서 생물학적 과정에 의해 이산화탄소가 제거되는 비율은 유입되는 비율을 초과했다. 그 결과 현재 지구의 대기권에는 생명체가 살지 않던 때의 지구보다 대기 중 이산화탄소 농도가 훨씬 낮으며 이산화탄소가 주요 기체인 금성과 수성보다도 낮다. 이산화탄소는 또한 물방울에 용해되어 탄산(H_2CO_3)을 형성하고 강우를 통해 지표로 들어간다. 이렇게 형성된 탄산은 지표에서 암석을 풍화시키는 데 매우 중요한 역할을 한다.

탄소는 기권에서 용존 이산화탄소의 형태로 해양으로 유입되어 용해를 통해 탄산 이온$(CO_3)^{-2}$과 중탄산 이온$(HCO_3)^-$으로 변환된다. 해양성 조류와 광합성 박테리아는 이 둘 중 하나의 형태로 이산화탄소를 흡수한다. 탄소는 또한 용존 탄소나 유기물의 형태로 강이나 하천을 따라 육지에서 바다로 이동된다. 작은 유기물질들은 바람에 날려 바다로 이동되기도 한다. 강이나 하천에 의한 지역적으로 또한 광역적으로 유입되는 탄소는 매우 중요하여 인근 바다의 생물학적 생산성을 높게 한다.

생물체가 죽으면 대부분의 유기물들은 이산화탄소를 포함하여 무기화합물로 분해된다. 산소가 결핍된 환경이나 너무 낮은 온도의 환경에서는 몇몇 유기물들은 분해되지 않고 퇴적물에 묻히기도 한다. 이러한 경우 유기물은 저장될 것이다. 시간이 흐르면 범람원과 호수 바닥, 늪지, 습지, 심해저 등은 이러한 유기물의 저장소가 된다. 좀 더 오랜 시간이 지나면 유기물들은 퇴적물에 묻히게 되고 결국은 퇴적암에 포함되어 궁극적으로 화석 연료로 전환된다(제18장 참조). 많은 양의 탄소는 또한 해양 생물의 생광물

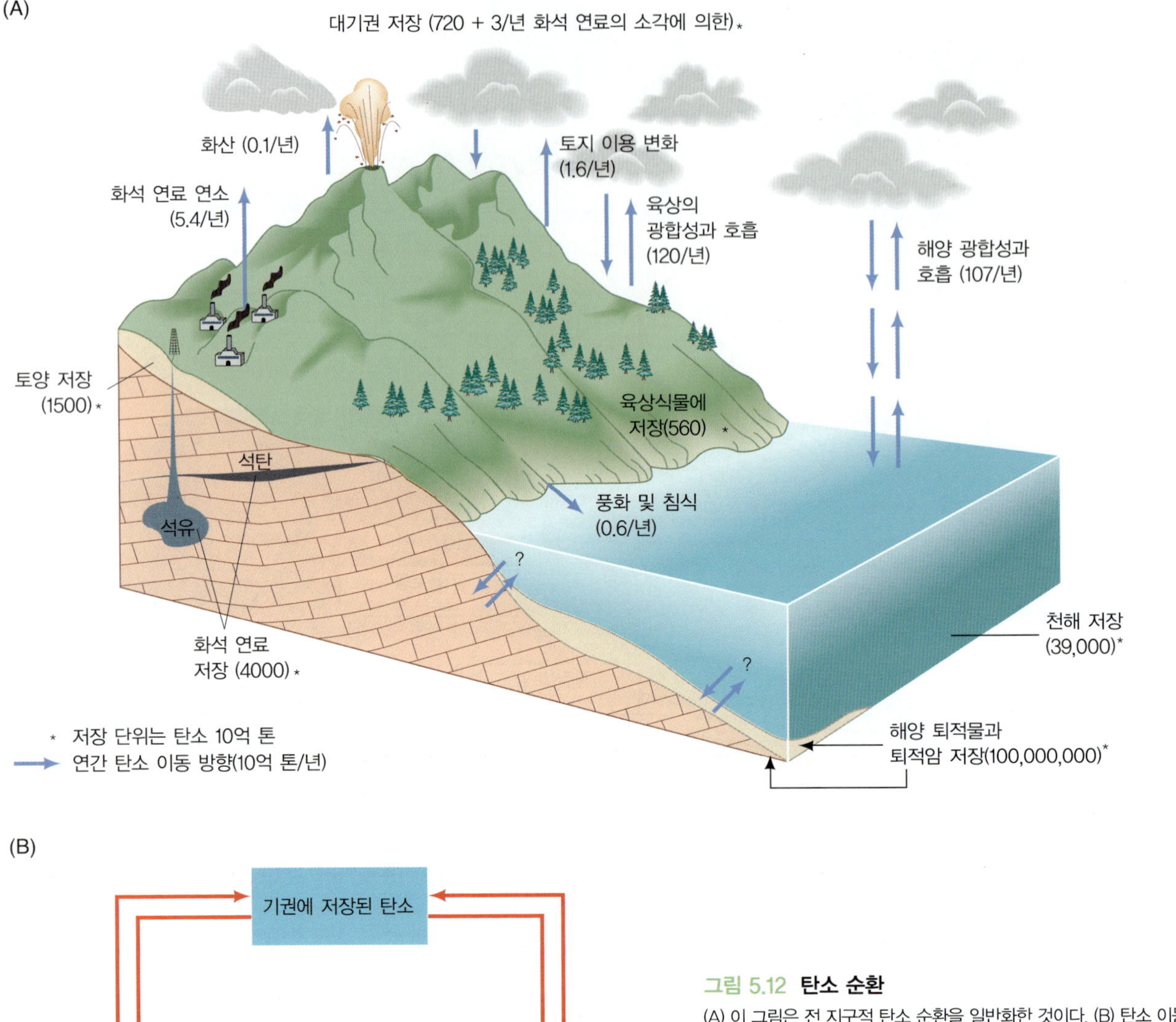

그림 5.12 탄소 순환
(A) 이 그림은 전 지구적 탄소 순환을 일반화한 것이다. (B) 탄소 이동의 순환적 특성을 설명하기 위해 탄소 순환의 일부를 상자 모형으로 단순화한 것이다.
출처 : "R. Houghton, 1993, *Bulletin of the Ecological Society of America*, 74(4), pp. 355-356."의 자료와 "G. Lambert, 1987, *La Recherche*, 18, pp. 782-783."을 변형하여 작성

작용에 의해 형성된 패각으로 구성된 석회암 형태로(칼슘과 함께) 빠져나간다. 사실 지각에 저장된 거의 모든 탄소는 퇴적암으로 존재한다. 탄소는 또한 다이아몬드나 흑연과 같은 무기물에도 존재한다.

탄소 순환은 시간 규모의 관점에서 이해될 수도 있다. 단 기간의 순환(10년까지)은 식물의 광합성을 비롯한 생물학적 과정에 의해 주도된다. 중기적 순환(1,000년까지)은 나무의 목질부나 숲의 토양 및 유기 퇴적물이 유기화합물을 저장하는 과정에 의해 주도된다. 장기적인 순환(100만 년까지)은 탄산염암의 형성, 풍화, 변성작용, 판의 섭입 및 화산 활동 등의 지질학적 과정에 의해 주도된다.

탄소는 가장 중요한 유기화합물이며 온실기체를 만드는 중요한 원소이기 때문에 탄소 순환에 대하여는 많은 연구가 진행되어 왔다. 하지만 전 지구적 수준에서의 핵심 문제는 아직 해결되지 않은 상태이다. 예를 들어 과학자들은 매년 20억 톤 정도의 탄소가 전 지구의 탄소 예산에서 계산되지 않고 있다고 한다. 그림 15.12에서 볼 수 있듯이 인간의 활동은 주로 화석연료를 사용하고 숲을 개간하는 등의 토지 경작을 통해 대략 매년 70억 톤의 탄소를 대기 중으로 방출한다(산림 제거는 나무와 토양의 분해를 야기하여, 결국 유기탄소를 이산화탄소로 변환시킨다). 이 중 약 30억 톤은 대기권에 존재하며 20억 톤은 해양으로 흡수

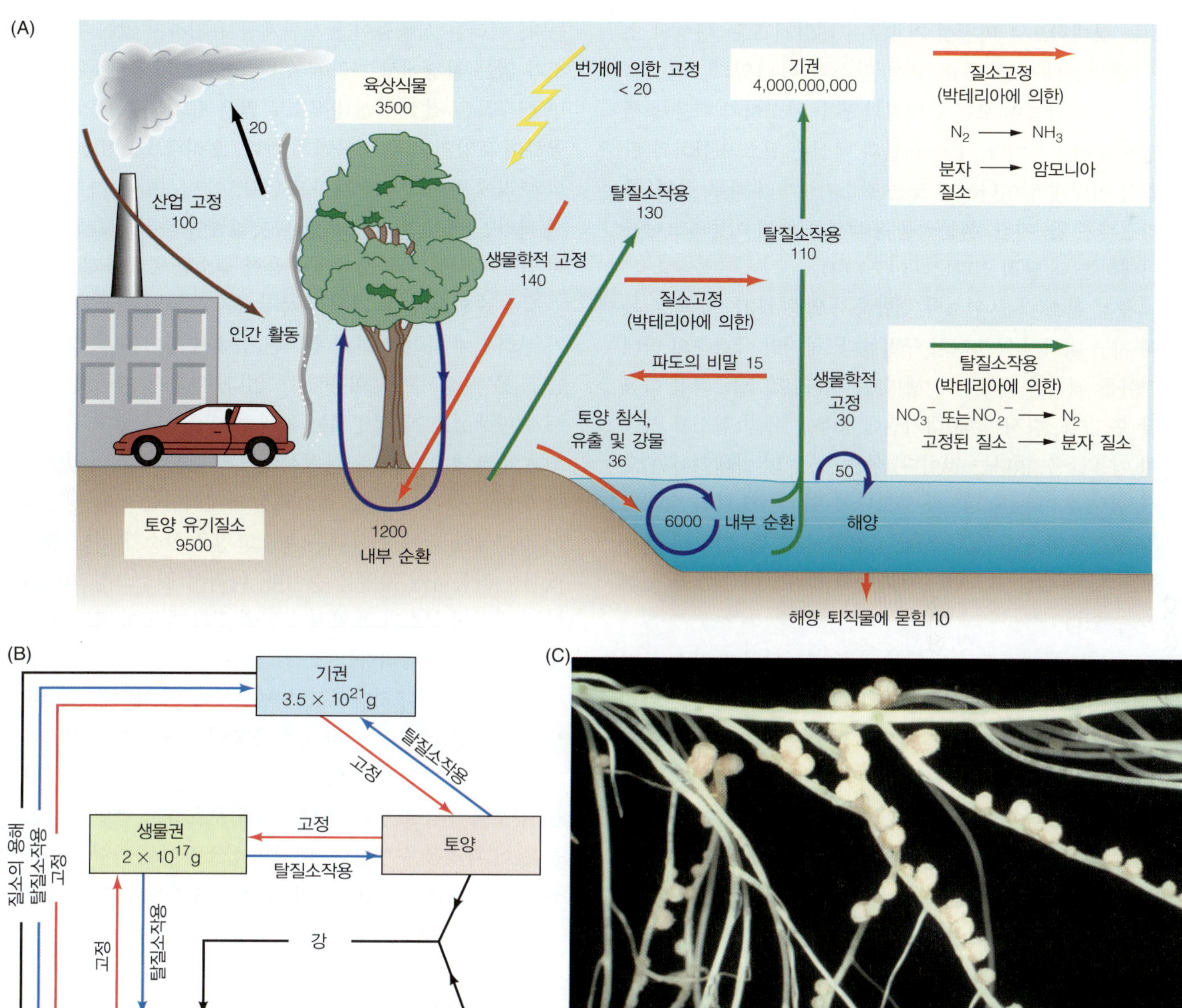

그림 15.13 질소 순환

(A) 이 그림은 전 지구적 질소 순환의 기본 경로를 나타낸 상자 모형이다. (B) 이 그림은 전 지구적 질소 순환의 세부 사항을 나타낸 것으로 질소 저장고와 내용은 상자 안에 표시되었다. 화살표는 이동 경로이고 연간 유동량은 $10^{12}gN_2$이다. 산업 과정에서의 질소고정과 전 지구적인 생물의 질소고정은 거의 동일하다는 사실에 주목하라.
출처 : R. Söderlund and T. Rosswall, 1982, in O. Hutzinger (ed.), *The Handbook of Environmental Chemistry*, Vol. 1. Pt. B, Springer-verlag, New York.
(C) 하얀색클로버에 붙어 있는 뿌리혹은 질소고정 박테리아 군체에 의해 형성된 것이다.

된다. 따라서 약 20억 톤의 탄소가 어디엔가는 존재한다. 무기적 과정은 이와 같은 '잃어버린 탄소'의 운명을 설명할 수 없다. 육상이나 해양에서, 또는 두 곳 모두에서의 광합성 작용이 탄소를 육상 저장고(숲과 토양)나 수성 저장고(해양) 등으로 추가적으로 유입시켜야만 한다. 과학자들은 어떠한 과정이 주도하는지 또는 '잃어버린 탄소'의 유입이 지구상의 어느 지역에서 일어나는지 등에 대하여 완전히 이해하지 못하고 있다. '잃어버린 탄소'의 문제는 생지화학적 순환의 복잡성, 특히 생물이 탄소 순환에 주도적 역할을 하는 그런 지역에서의 복잡성을 나타낸다.

질소 순환

질소 순환은 가장 중요하고 복잡한 생지화학적 순환의 하나이다(그림 15.13A). 산소는 그 자체로 생명체의 선물이지만 질소는 기권이 생명체에게 주는 중요한 선물이다. 질소는 상대적으로 비활성 기체로서 태양계 모든 행성의 초기 대기권에서는 주요 구성 원소가 아니었다. 질소는 DNA를 포함하여 모든 단백질의 필수 원소이기 때문에 생명체에 필수적이다. 질소 순환의 핵심은 질소의 산화와 환원이 어떻게 일어나느냐 또는 질소가 4개의 하부 권역, 즉 기권과 수권, 지권, 생물권을 통해서 어떻게 이동하느냐를 이해하는 데 달려 있다(그림 15.13B).

유리 질소(다른 원소와 결합하지 않은 N_2)는 부피로 볼 때 지구 대기의 약 78%를 구성한다. 하지만 극소수의 박테리아를 제외한 대부분의 생명체는 유리 질소를 직접 사용할 수 없다. 다시 말해 대기권에 풍부한 유리 질소를 생물이 이용할 수 없다는 것이다. 식물, 조류 및 박테리아는 오직 질산염 이온$(NO_3)^{2-}$과 암모니아 이온$(NH_4)^+$의 형태로 질소(식물의 주요 영양소)를 섭취할 수 있다. 따라서 동물들은 일차 생산자가 만든 유기물의 형태로만 질소를 섭취할 수 있다.

질소는 상대적으로 비활성 원소이고 이러한 질소 분자를 생명체에게 유용한 화합물로 변환시키는 과정은 극히 드물다. 자연 상태에서는 약 90%의 질소 분자가 박테리아에 의해 생물에게 유용한 화합물로 전환되며 나머지는 대기 중 질소를 산화시키는 번개에 의해 변환된다. N_2를 NO_3로 변환시키는 과정을 **질소고정**(nitrogen fixation)이라 한다. 어떤 박테리아는 질소 분자를 암모니아 이온으로 변환시킬 수 있다. 질소는 질산염이나 암모니아 이온의 형태로 식물에 의해서 육지로 또는 조류에 의해 바다로 이동된다. 박테리아, 식물, 조류는 이러한 무기 질소 화합물을 유기물의 형태로 전환시키고, 질소는 유기화합물의 형태로 먹이사슬을 통해 생명체에게 이용 가능하게 된다. 생물이 죽으면 다른 박테리아가 이러한 유기화합물을 다시 질산염과 암모니아로, 결국은(일련의 화학과정을 거쳐) 질소 분자로 변화시킨다. 이러한 형태로 질소는 다시 대기권으로 되돌려질 수 있다. 고정된 질소를 다시 질소 분자로 전환시키고 대기 중으로 되돌리는 것을 **탈질소작용**(denitrification)이라 한다.

결국 모든 육상 생물들은 질소를 고정하는 박테리아에 의존한다. 어떤 생물은 박테리아와 상호 의존적이며 특별한 공생관계(제16장)를 이루며 진화해 왔다. 예를 들어 클로버와 콩과 식물은 그들의 뿌리에 혹을 만들어 박테리아에게 서식지를 제공한다(그림 15.13C). 박테리아는 식물로부터 유기물을 제공받고 식물들은 질소화합물을 제공받는다. 이러한 식물들이 공생관계를 유지하지 않는다면 질소가 없는 환경에서 자라게 된다. 이런 식물들이 죽게 되면 식물들은 질소가 상대적으로 많은 유기물을 토양에 제공하여 토양의 질을 비옥하게 한다. 오리나무도 또한 그들의 뿌리에 박테리아를 가지고 있다. 이 나무들은 하천가에서 자라는 데 질소가 풍부한 나뭇잎들이 하천으로 떨어져서 담수에 사는 동물들에게 유용한 원소를 공급하게 된다.

질소 순환은 순환 과정의 복잡성과 순환의 일부가 대기가 산화됨에 따라 진화해 왔다는 점에서 흥미롭다. 생물체는 N_2를 직접적으로 이용할 수 없다. 따라서 지구에 생명체가 탄생했을 때 생명체는 환원성 N_2를 이용했거나 또는 최초의 생명체가 N_2를 환원시키는 능력을 가지고 있었음에 틀림이 없다. 무산소 질소고정 박테리아는 고대 생명체이고 그들과 함께 진화해온 질소고정은 산소가 있는 환경에서는 작동하지 않았을 것이다. 따라서 질소고정 박테리아는 대기에 산소가 채워지기 전에 진화한 것이 분명하다. 오늘날 이런 박테리아는 오직 산소가 없는 환경에서만 산다. 질소고정 박테리아의 소수 종은 그들이 아직은 오래된 형태의 무산소 고정 기작을 이용함에도 불구하고 산소에 대한 내성을 발전시켜 왔다. 세포에서 질소고정이 일어나는 장소를 산소로부터 조심스럽게 보호하는 방법으로 그들은 이 과정을 수행한다. 대기의 산소량이 증가함에 따라 토양으로 유입되는 질산염의 양 또한 증가했다. 이러한 현상이 NO_3를 NH_3로 변환하는 방법을 터득한 생물들에게 새로운 생태적 지위를 제공하였다. 많은 고등 식물들 또한 이 능력을 보유하고 있다.

질소는 일단 환원 상태가 되면 이러한 환원 상태를 유지하려는 경향이 있고, 생물권에 남아 다른 생물에 의해 재사용되거나 또는 N_2로 변하여 대기권으로 돌아간다. 질소가 기권으로 되돌아가는 주요 기작은 질산염 환원이다. 이 방법은 탄소화합물을 산화시키기 위하여 질산염에 포함된 산소를 이용하는 박테리아에 의해 시작되었고 유지되어 왔다. 그러므로 탈질소 박테리아는 생물권의 역사에서 산소가 대기 중에 축적되기 시작한 후로 매우 늦게 진화된 것이 분명하다. 따라서 초기 지구의 단순한 질소 순환은 변화하는 대기에 대응하여 오늘날의 복잡한 순환으로 진화하였다.

인 순환

인은 생물권에서 두 가지 기본적인 역할을 한다. 즉 인은

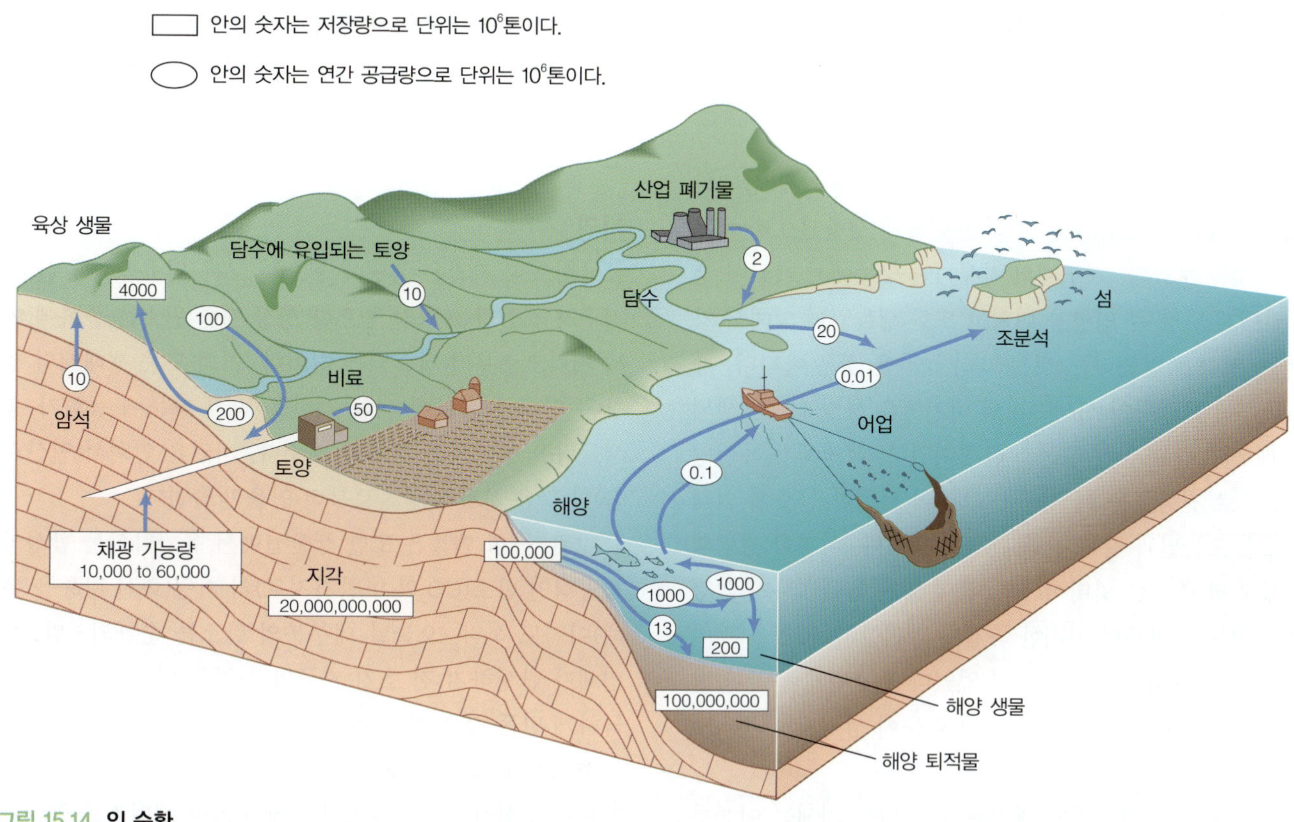

그림 15.14 인 순환

인은 육지의 융기나 침식 등의 지질학적 과정과 조분석을 만드는 조류 및 인간에 의해 토양과 육상 생물체로 순환된다. 지각은 광대한 양의 인을 함유하고 있지만 극히 소량의 인만이 전통 방식에 의해 채굴되고 있다. 따라서 인은 귀중한 자원 중 하나이다. 이동되거나 저장된 인의 양은 다양한 기원으로부터 취합하여 만들어진 것이다. 추정치는 근사값이다.

출처 : C. C. Delwiche and G. E. Likens, 1977, "Biological Response to Fossil Fuel Combustion Products" in W. Stumm, ed., *Global Chemical Cycles and their Alternations by Man*, Abakon Verlagsgesselschaft, Berlin, pp. 73-88, and U. pierrou, 1976, "The Global Phosphorus Cycle", in B. H. Svensson and R. Soderlund (eds.), "Nitrogen, Phosphorus and Sulfur-Global Cycles, *Ecological Bulletin*, Stockholm, pp. 75-88.

당-인 단위의 형태로 DNA 분자의 나선구조를 형성하고 또한 모든 생명체의 에너지 거래를 용이하게 한다. 인은 일반적으로 산화된 인산염으로 존재하며 칼슘, 포타슘, 마그네슘 및 철 등과 결합하여 토양이나 물속에서 광물질을 형성한다. 칼슘처럼 인은 기체 상태가 드물고 대기 중에 오직 아주 작은 양만이 먼지 입자의 형태로 존재한다. 기체 상태로 존재할 수 없는 특징은 전 지구적 순환에서 인의 행동에 주요한 영향을 미친다(그림 15.14).

대륙 지각에 함유된 인은 매우 느리게 풍화되어 간헐적으로 육상 생물에 의해 사용되며 강이나 하천을 통해 바다로 들어간다. 해양에서 인은 플랑크톤에게 일시적으로 이용되지만 궁극적으로는 심해에 해저 퇴적물로 가라앉는다. 해양의 인이 무기적 과정에 의해 단기적으로 육지로 되돌아가는 경우는 없다. 생명체가 없는 경우에 인이 육지로 되돌아가는 경우는 매우 긴 시간이 요구되는 지각의 융기에 의해서만 가능하다. 인은 또한 상대적으로 물에 잘 용해되지 않는 화합물을 형성하기 때문에 수리학적 순환 과정으로 쉽게 풍화되지 않는다. 결국 인의 이동 비율은 탄소와 질소에 비해 느린 경향이 있다.

인은 종종 식물과 조류의 성장을 제한하고 기체 형태로 존재하지 않는 전형적인 원소이다. 인은 식물이나 조류 및 박테리아 등의 독립영양생물이 섭취함으로써 생물권에 들어간다. 식물은 산화된 형태인 인산염(PO_3^{-4})의 형태로 인을 섭취한다. 인은 토양 속에 있는 암석이나 암편의 풍화를 통해 질산염의 형태로 매우 느린 속도로 식물에게 섭취된다. 상대적으로 안정된 환경에서는 식물에게 섭취되는 인의 많은 양은 토양으로 되돌려진다. 하지만 어느 정도는 바람과 물에 의해 용존 상태로 토양에서 제거되고 결국 강이나 하천을 따라 바다로 돌아간다.

각 권역의 생지화학적 연결

이 장에서 논의하고 있는 것을 바탕으로 우리는 생명체가 생지화학적 순환을 통해 지구계의 주요 구성 요소들에게 영향을 미치는 주요한 방법들을 추론할 수 있다.

기권

우리는 기체 상태로 존재할 수 있는 원소가 기체 상태를 가지지 않은 원소보다 훨씬 더 용이하게 생물권으로 이동되는 것을 보았다. 지구계의 하부 4권역 중에서 기권이 생물권에게 가장 큰 영향을 미치고 또한 생물권에 의해서 가장 큰 영향을 받는다는 것은 그리 놀라운 것은 아니다. 제14장에서 보았듯이 시생누대의 대기권은 생명체가 탄생되는 데 필요한 조건인 무산소 환경이었다. 생명체가 독립영양생물로 진화했을 때 지구는 그들이 생성한 산소에 의해 비로소 오늘날과 같은 산화 환경이 되었다. 이것이 생명체에게 가장 중요한 의미이다. 호흡에 의한 물질대사가 없었다면 고등 생명체의 어떠한 특질도 발전할 수 없었을 것이다. 대기 상층부에 오존(O_3)이 없었다면 생명체를 단파 방사 에너지로부터 보호할 수 없기 때문에 생명체가 육지로 진출하는 것은 어려웠을 것이다.

생명 유지에 필수적인 대기권의 또 다른 기체는 이산화탄소(CO_2)로, 광합성을 통해 탄수화물을 만드는 독립영양생물이 사용하는 탄소의 원료이다. 모든 이산화탄소의 근원은 맨틀이다. 오늘날 화산에서 방출된 이산화탄소의 어느 정도가 지표 물질의 섭입에 의해 순환되고 얼마나 많은 이산화탄소가 새로이 추가되는지는 확실하지 않다. 하지만 아마도 오늘날 화산에서 방출되는 대부분의 이산화탄소는 순환될 것이다. 생물권을 통해서 순환하는 총 탄소량 중 대부분은 현재 탄산염암(석회암)과 유기퇴적물에 갇혀 있다. 대기 중에 있는 소량의 이산화탄소는 전 지구 먹이그물의 기저를 이루는 독립영양생물에게 필수 원소이다. 또한 이산화탄소는 온실기체로 기후를 따뜻하게 한다.

수권

물은 생물권에 필수적인 물질이다. 화합물로서 물은 생명체에게 근본적으로 중요하며 물만의 독특한 성질을 지닌다(제3장). 수권은 수성 생태계 생물이 살아가는 매개체를 제공한다. 전 지구적으로 물은 모든 환경과 생물들의 상호작용에 직접적으로 참여하거나 이러한 작용을 용이하게 돕는다. 수성 생태계와 기권 사이에서의 대부분의 기체 교환은 물에 의해 중재된다. 물은 또한 영양소가 토양으로부터 식물의 뿌리로 이동되는 매개체로 작용한다. 필수 원소들은 물의 흐름을 따라 토양으로부터 수성 생태계로 이동되거나 용액이나 뜬짐의 형태로 전달된다. 필수 자원 물질들은 수심이 낮은 환경(강, 호수 및 대륙붕)에서는 매우 빠르게 순환되지만 수심이 깊은 환경에서의 물의 순환은 다소 길고 느리다.

지권

궁극적으로 지권은 생명에 필요한 모든 원소를 제공한다. 지구가 제공하는 가장 중요한 성장 제한 원소는 풍화에 의해 지각으로부터 방출되는 인이다. 거의 모든 생태계의 성장은 인의 이용도에 의해 제한을 받기 때문에 풍화가 총 생물량을 통제하는 중요한 요소다. 지권은 인회석(인산칼슘)과 같은 불용성 광물로부터 인을 방출한다.

지권, 특히 맨틀은 또한 생물권에서 유기화합물 합성의 시발점인 탄소(CO_2와 마찬가지로)의 기원(화산 활동을 통해)이기도 하다. 오늘날 대부분의 탄소는 순환되지만, 생명체가 탄생하기 전 초기 지구의 환경을 이산화탄소로 가득하게 만든 것은 맨틀 때문이다.

생명체에 대한 맨틀의 또 다른 공헌은 화학합성으로 유기물을 생산하는 독립영양생물에게 화학 에너지를 공급한다는 것이다. 1977년 갈라파고스 단층대의 원정에서 소형 연구용 잠수함 앨빈 호에 탑승한 지질학자들은 '검은 굴뚝'이라 불리는 해저열수를 발견했다. 이러한 심해 지역에는 햇빛이 도달되지 않기 때문에 독립영양생물들이 태양을 이용한 광합성으로 에너지를 얻을 수 없다. 대신 뜨거운 물에 떠다니는 화합물을 이용하여 에너지를 얻을 수는 있다. 해저 열수 주변의 생태계에서는 박테리아가 일차 생산자다. 햇빛이 완벽히 차단된 이 암흑의 생태계에 살아가는 그들은 화학독립영양생물로 검은 연기 속의 황화수소(H_2S)를 산화하여 에너지를 얻는다.

토양 : 생지화학적 연결 고리

토양(soil)은 분해 생물체에 의해 암석이 풍화를 받아 변질된 물질로 식물의 뿌리를 지지하는 데 필수적이다. 토양은 또한 기체, 액체, 고체 형태로 존재하는 유기물과 광물질을 함유하고 있어서 지권과 수권, 기권, 생물권을 연결하는 고리 역할을 한다. 수용액의 물처럼 토양은 지구를 독특하고 유일한 행성으로 만드는 요소 중 하나다(그림 15.15). 토양은 거의 모든 육상 생태계의 기반으로 토양의 무기질 화합물들은 토양에 사는 생명체에게 서식지를 제공하고 수많은 생물 종들에게 다양한 생태계를 제공한다. 그 외에도 토양의 무기질 화합물은 물, 영양소 및 미량원

그림 15.15 토양 : 지구의 유일한 특징 중 하나
지구의 토양(A)과 달의 표토(B)를 비교한 현미경 사진. 지구의 토양은 유기물과 점토 같은 수화물을 포함하는 반면 달의 표토에는 없다.

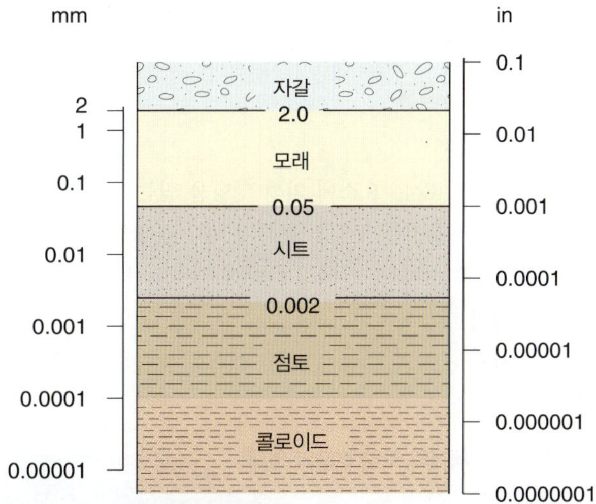

그림 15.16 토양의 입자 크기
광물 입자는 크기에 따라 모래, 실트, 점토(콜로이드 포함)로 구분된다. 자갈은 토양 조직에서 제외된다. 입자의 크기 등급은 미터법을 사용하여 매기고 척도의 각 단위는 10의 거듭제곱을 나타낸다.

소 등과 함께 보다 큰 생태계(숲이나 대초원 등)를 위한 기질로 작용한다.

토양의 특성과 형성 현미경이나 확대경을 이용하여 토양을 관찰하면 토양은 작은 암편과 광물을 포함하여 다양한 물질들로 구성되어 있음을 알게 된다(그림 15.16). 가장 작은 것이 **콜로이드**, 즉 0.0002mm보다 적어 물에 쉽게 뜨는 미세입자다(제3장 참조). 그다음으로 큰 입자는 점토 입자로 지름이 0.002mm보다 작은 광물 파편이다. 실트 입자는 이들보다 다소 크며(0.002~0.005mm) 가장 큰 것은 모래 입자(0.05~2mm)로 쉽게 관찰된다. 간혹 암석편과 자갈 등도 포함한다. 토양은 또한 분해된 유기물인 **부식질**(humus)도 함유하며 지렁이, 거미, 진드기, 곰팡이 및 박테리아 등의 다양한 생물이 살고 있다.

구성 요소들의 상대적 비율, 즉 **토양 조직**(soil texture)이 토양의 많은 성질을 결정한다. 예를 들어 **양토**(loam)는 유기물이 풍부한 토양으로 작물을 키우는데 특히 적합하다. 부식질을 제외하면 양토는 약 40%의 모래 입자와 40%의 실트입자 및 20%의 점토 입자로 구성되어 있다. 토양이 뿌리에 영양분을 공급하고 습기를 유지하기에 가장 적합한 구조로 만들어주는 것은 이러한 구성 때문이다. 성분이 서로 다른 토양들은 물리적 · 화학적 · 생물학적 특징 또한 다르다.

토양의 색깔도 주요한 특징 중 하나로서 토양의 색깔은 토양의 화학 조성을 나타낸다. 예를 들어, 붉은 토양은 철성분이 풍부한 반면 검은 토양은 유기물 함량이 높은 것이다. **토양 구조**(soil structure)는 토양의 '뭉침'의 정도를 측정하는 또 다른 중요한 특징이다. 전기저항도, 열 특성, 물 함량 및 다양한 특성들도 토양의 전단강도 같은 공학적 특성을 결정하는데 중요하다. 토양은 형성 과정을 비롯하여 형성 환경, 토양 특성 및 특정 **토양층**의 존재 유무 등에 의해 구분한다(아래 참조).

모암으로부터 토양이 형성되기까지는 수천 년이 걸릴 수도 있으며 토양이 형성되는 속도는 다양한 요소에 따라 다르다. 가장 중요한 것은 풍화율이며, 이는 토양을 형성하는 **모암**(parent rock) 성분에 영향을 받는다(제7장 참조). 높은 온도와 풍부한 강수는 광물의 화학적 붕괴를 촉진하여 화학적 풍화를 빠르게 한다. 따라서 풍화는 춥고 건조한 북극과 알프스 기후(고산성 기후)에서보다는 따뜻하고 습윤한 열대 기후에서 좀 더 강력하고 깊은 곳까지 확장되어 진행된다. 춥고 건조한 고산지대에서의 풍화는

기초 원리

토양의 분류

토양의 형성은 많은 요소에 의해 영향을 받는다. 따라서 토양 과학자들이 사용하는 토양의 분류가 매우 복잡한 것은 그리 놀랄 일은 아니다. 미국 및 여러 나라에서는 최상위 단위로서 토양을 11개의 토양목(soil order)으로 분류한 단계적 분류방법을 사용한다(표 B15.1, 그림 B15.2). 각각의 등급은 잘 발달된 토양층의 존재 유무, 특정 광물의 농집도, 색깔 또는 산성도 같은 특징에 따라 구분된다. 토양목은 하위 등급으로 나누어지며 세부 사항이 증가함에 따라 군(group), 아군(subgroup), 과(family), 통(series), 형(type)으로 세분된다. 최소한 17,000가지 형태의 토양이 정의되었고, 이 들 각각에는 명칭이 있다.

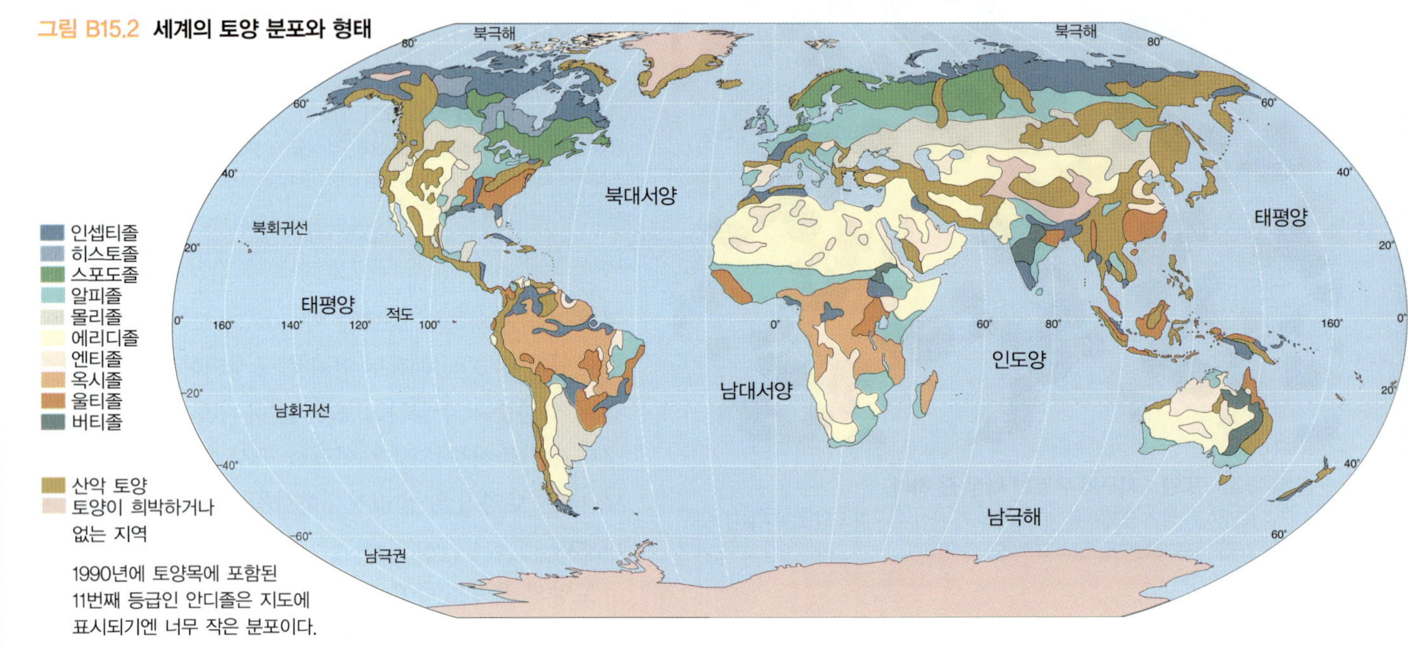

그림 B15.2 **세계의 토양 분포와 형태**

암석의 갈라짐과 쪼개짐을 일으키는 기계적 풍화에 의해 매우 천천히 진행되며 일반적으로 지표 아래 얕은 부분까지만 진행된다. 가파른 경사면은 식물로 덮인 지역보다 풍화의 속도가 빠르다.

모암의 풍화가 진행되면 토양의 형성은 지표 아래까지 확장된다. 성숙한 토양은 겹겹이 쌓인 수평층으로 구성되는데, 이러한 각각의 수평층을 **토양층**(soil horizon)이라 한다(그림 15.17). 각각의 층은 색깔이나 조직, 화학 성분, 유기물 함량 및 함수량 등에 있어서 분명한 특질을 나타낸다. 토양은 지표면에서 기저암까지 연속된 토양층으로 구성된 **토양 단면**(soil profile)을 형성한다. 토양 단면은 지역에 따라 매우 다르다. 대부분의 토양 단면에서 보면 최상부 층은 분해된 유기물이 집적된 층이며 아래에는 검은 색의 부식질이 풍부한 층이 나타난다. 이 두 층을 합하여 **표토**(topsoil)라 한다. 표토 아래에는 토양을 형성하는 다양한 조건(물리적, 화학적 및 생물학적 조건)과 토양의 화학 특성 및 기후에 따라 다양한 광물로 구성된 층이 형성될 수도 있다. 맨 아래 층은 일반적으로 토양의 모암인 기반암 암편들을 포함한다.

토양의 정의는 '살아있는 생명체의 존재'를 의미한다. 이것이 토양을 일반 퇴적물과 구분하는 주요 요소다. 실질적으로 토양 속에는 식물과 동물을 비롯하여 수많은 미생물들이 살고 있기 때문에 토양의 형성과정에서 생명체의 중요성이 간과될 수는 없다. 식물이 토양 유기물의 주요 근원이다. 박테리아나 균류와 같은 미생물들은 유기물을 부식질로 분해하고, 지렁이나 들쥐 및 두더지 등의 동물들은 토양 속에 구멍을 내거나 돌아다니면서 토양 물질들을 뒤섞어놓아 공기나 물이 토양 속으로 들어갈 수 있는 통로

표 B15.1 토양목*

I 군 **토양의 온도와 수분 조건이 오래 지속된 결과 풍화광물이 풍부하고 토양층이 잘 발달된 토양**	
옥시졸	저위도 지방의 오래되고 풍화가 심한 토양으로 지표 아래의 토양층에 산화광물이 집적되어 있고 매우 높은 침출을 나타내는 토양
울티졸	적도, 열대, 아열대지방의 토양으로 지표 아래 토양층에 점토가 많고 매우 높은 침출을 나타내는 토양
버티졸	아열대와 열대지방의 점토가 많고 낮은 침출을 나타내는 토양으로 지표 아래 깊이까지 발달하며, 건조하면 균열이 발달하고 토양 조각들이 균열을 따라 움직임
알피졸	습윤한 지방의 토양으로 지표 아래 토양층에 점토가 많고 낮은 침출이 특징. 적도에서 아북극 지방까지 넓게 나타남
스포도졸	춥고 습윤한 지방의 토양으로 높은 침출과 B 토양층이 발달
몰리졸	반건조 및 반습윤한 중위도 지방의 대초원에 발달, 검은색의 부식질이 풍부하고 침출이 매우 낮은 토양
에리디졸	건조한 지방의 토양으로 유기물 함량이 낮고, 지표 아래 토양층에 탄산염 광물과 용존 염류가 집적
II 군 **유기물 함량이 풍부한 토양**	
히스토졸	유기물 함량이 매우 높은 두꺼운 상부층이 있는 토양
III 군 **토양층의 발달이 빈약하거나 없는 토양**	
엔티졸	모암의 풍화가 최근에 시작되어 토양층이 발달하지 않은 토양
인셉티졸	매우 약하게 발달된 토양층으로, 풍화로 변질될 광물을 포함
안디졸	매우 약하게 발달된 토양층을 가짐, 화산 폭발에 의한 유리질 화산재 물질이 다량 포함

* 기저 상태는 침출의 정도를 나타냄, 낮은 기저 상태는 침출이 높고 높은 기저 상태는 최소의 침출을 나타냄

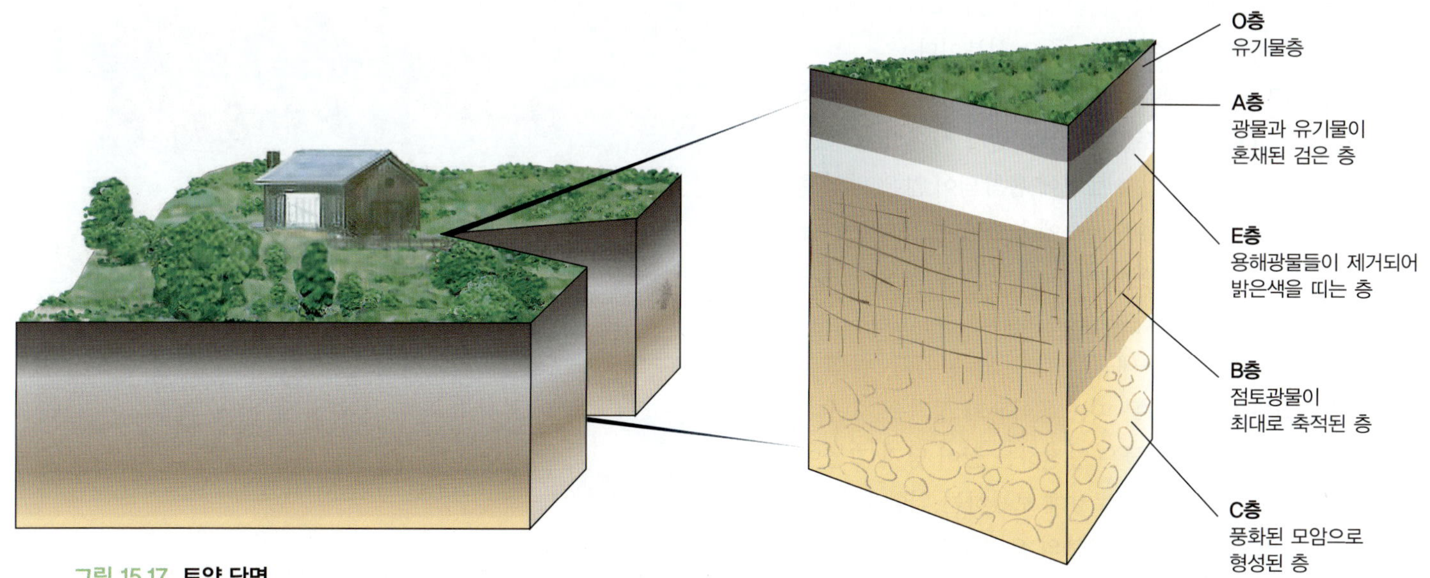

그림 15.17 토양 단면

그림은 온대 습윤 기후대에 발달하는 전형적인 토양층의 순서를 나타낸 것이다. 식물의 뿌리가 도달하는 깊이까지 발달하는 A 토양층을 표토라 한다.

그림 5.18 **경작토**
비옥한 경작토는 지구의 식량안보에 중요하다. 현대의 농부들은 그림에 나타난 것과 같이 풍화를 지연시키고 표토를 보호하는 등고선식 경작을 한다.

를 제공한다.

토양 비옥도 토양은 모든 육지 생태계(인간이 속한 생태계를 포함하여)에 영양분을 제공하는 토대로서 역할을 한다. 경작할 수 있는 토양, 즉 농작물을 심기에 적합한 토양을 찾는 것은 인류의 지속적인 식량 확보 차원에서 절대적이다(그림 15.18). **토양 비옥도**(soil fertility)란 식물이 자라는 데 필요한 인이나 질소 및 포타슘 등의 영양소를 공급할 수 있는 토양의 능력을 일컫는다. 부식질은 생명체의 분해와 풍화된 광물에서 나온 몇몇 화학 영양소를 저장하기 때문에 토양 비옥도를 결정하는 주요 성분이다.

토양 습기(soil moisture, 또는 **토양수**) 또한 토양 비옥도에 중요한 요소이다. 토양 속 광물 입자 사이의 공극을 채우고 있는 물은 광물 입자 표면에 흡착되어 얇은 막의 형태로 나타난다(그림 15.19). 물속에 녹아 있는 대부분의 원소는 양전하를 띠는 양이온이다. 이들 중 식물 성장에 매우 중요한 양이온은 K^+(포타슘), Ca^{2+}(칼슘), Na^+(소듐), NH_4^+(암모니아), Mg^{2+}(마그네슘) H^+(수소) 등이다. 반면 토양의 점토 입자는 음전하를 띠는 음이온의 성격을 지닌다. 음전하를 띠는 점토 입자들은 양전하를 끌어 당겨 그들이 식물에 의해 흡수될 때까지 토양에 보관하는 역할을 한다. 지하수와 토양 속에 있는 대부분의 오염물질과 중금속(수은, 카드뮴, 납) 또한 양전하를 띤다. 그러한 오염물질들도 점토 입자의 표면에 달라붙어 토양에 축적될 수 있다.

수소 이온(H^+)은 토양수에서 특별히 중요하다. 왜냐하면 토양 속 수소 이온의 농도가 토양의 pH와 수소 이온 활성도 및 산성도와 알칼리도를 결정하기 때문이다. 토양의 pH는 광물 영양소의 용해도(광물이 물속에 녹을 수 있는 정도)에 영향을 미치기 때문에 중요하다. 예를 들어 식물과 동물 모두에게 잠재적 독성을 지닌 알루미늄은 낮은 pH(산성)의 토양에서 용해가 잘된다. 반면 식물 성장에 필수적인 몇몇 광물 영양소들은 높은 pH(알칼리) 토양에서는 용해도가 적어 식물이 이용하는 데 어려움이 있다.

제15장 앞부분에서 살펴보았듯이, 최적의 성장을 위해서 식물은 각각의 영양소에 대해 정해진 양만큼의 영양소를 필요로 한다. 따라서 한 식물이 오랜 기간 똑같은 토양에서 자라게 되면 토양에는 그 식물이 필요로 하는 특정 영양소의 결핍이 일어난다. 만약 대부분의 영양소가 충분히 공급된다면 한 영양소의 부족(필수 영양소가 아니더라도)이 식물 성장에 제한 요소가 된다. 이러한 이유 때문에 농부는 특정한 영양소의 결핍을 막기 위하여 경작지 토양에 식물 비료나 광물 영양소(질산염, 인산염, 포타슘)를 적당한 비율로 섞은 영양소를 첨가한다.

토양은 지권의 구성 성분으로 풍화나 침식에 취약하다. 인류가 집중적인 경작과 목축을 하기 전에 토양의 평균 침

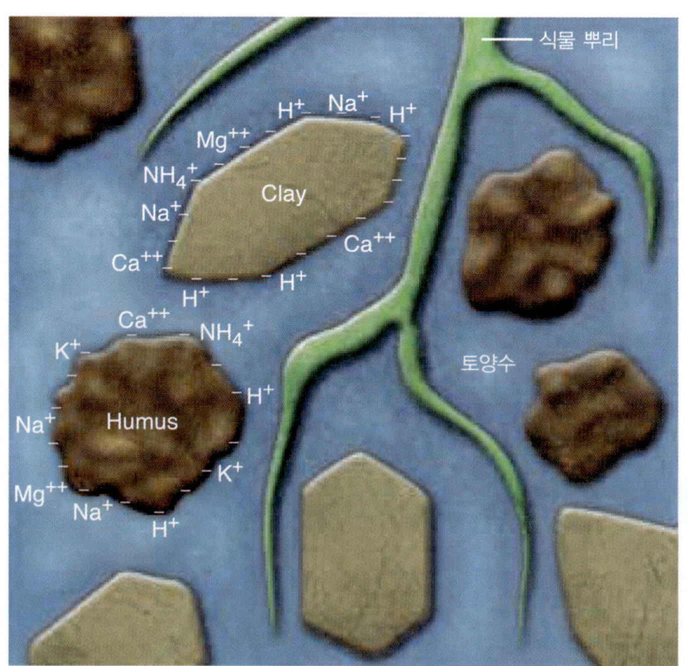

그림 5.19 **토양수**
토양 광물 입자 사이의 공극을 채우는 토양수는 광물 입자의 표면을 감싸는 얇은 막의 형태를 띤다. 토양수에 녹아 있는 대부분의 성분은 양이온으로 오염 물질 및 비료 화학물질을 비롯하여 식물에 필수적인 영양소를 포함할 수 있다.

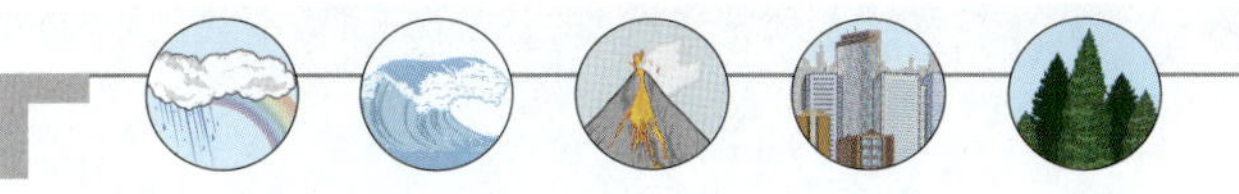

관련짓기

토양은 전 지구적으로 식량 공급을 지원한다. 토양은 또한 환경에서 우리의 몸으로 들어가는 영양분의 통로를 제공한다. 인류가 소비하는 작물의 형태로 토양으로부터 인간의 몸으로 들어가는 원소 – 이로운 원소든 해로운 원소든 – 에는 무엇이 있는가? 이러한 물질들의 이동 경로를 추적해 보자.

식률은 1년에 약 100억 톤이었으며 토양 생성율과 토양 유실 속도는 균형을 이루었다. 현재의 토양 침식률은 1년에 약 250억 톤 규모다. 평균 토양 생성률이 연간 약 100억 톤 정도이기 때문에 현재의 토양 침식률로 추정한다면 전 세계 대부분의 표토가 1세기 안에 모두 제거될지도 모른다. 다소 설익은 계산일지는 모르지만 이런 속도라면 앞으로 전 세계의 곡창지대에서 적절한 경작지를 찾는 것이 매우 어려워질 것이다. 현재 토양의 침식과 마모가 이미 많은 나라에서 심각한 영향을 끼치고 있지만 희망이 없는 것은 아니다. 효과적이고 때로는 가공할 만한 통제 수단을 이용한다면 이러한 영향을 실질적으로 줄일 수 있기 때문이다.

인간권 : 생지화학 순환에 미치는 영향

인간의 활동은 지구계의 하부 권역 사이의 **균형**을 변화시킴으로써 전 지구적인 생지화학 순환에 영향을 미친다. 즉 권역들 사이로의 물질 유입의 변화와 자연 과정에서 일어나는 비율의 변화 등이 그것이다. 이러한 영향에 대하여 좀 더 자세히 살펴보자.

탄소 순환에 미치는 영향 인간 활동이 탄소 순환에 미치는 가장 분명한 영향은 아마도 화석연료를 태워서 탄소를 재가동시키는 것이다. 석탄, 석유, 천연가스 등의 화석연료(제18장 참조)는 열적 압축을 받아 변질된 탄소 유기물을 가장 오랜 기간 저장하는 저장소이다. 이러한 연료들이 연소하면 탄소는 장기간의 격리 상태에서 방출하게 된다. 시멘트 공장도 비슷한 결과를 보인다. 즉 이산화탄소를 장기간 보관해 온 석회암은 시멘트를 생산하기 위하여 분쇄되고 연소되는데, 이것이 화석 연료와 마찬가지로 이산화탄소를 오랜 격리로부터 해방시킨다.

삼림 제거, 특히 토지 경작을 위해서 나무를 소각하는 일 등도 또한 탄소를 대기 중으로 되돌려 보낸다. 산불은 자연스럽게 발생하지만, 산불에 따른 변화는 인간의 영향이 생지화학적 순환에 미치는 주요한 특징 중 하나를 강조한다. 인간의 활동이 자연에 이미 존재하는 물질을 다른 자연 환경으로 이동시키는 과정일 경우에도 그것은 거의 언제나 그 과정이 일어나는 비율을 변화시킴으로써 **저장고 사이의 균형을 변화시킨다**. 예를 들어 나무가 죽어 숲 바닥에 쓰러지면 나무는 분해되고 탄소를 기권으로 되돌려 보내게 된다. 이러한 현상은 매우 자연적인 것으로 물리적이고 화학적인 환경에 따라 언제나 그리고 어디서나 일어날 수 있다. 하지만 경작 등을 위하여 숲이 의도적으로 소각되는 경우라면 탄소는 순간적으로 방출될 것이다. 숲이 사라지게 되면 대기권에서 생물권으로 이동되는 탄소를 저장할 수 있는 곳이 줄어들게 되고, 결국 토양은 노출되어 토양의 습기나 기체들이 유실되어 토양은 메마르게 되고 침식된다.

황 순환에 미치는 영향 인간 활동은 또한 황의 생지화학적 순환을 변화시킨다. 인간 활동은 자연에서 일어나는 모든 과정보다 더 많은 황을 이동 시키는 것 같다. 지구의 광물자원(금속 광물과 석탄)은 산소가 결핍된 지하에 존재한다. 채광에 의해 광물이 기권이나 수권에 노출되면 어떤 성분(주로 황화광물인 황철석, FeS_2)은 산화되어 산을 형성하여(예 : 황산) 주변 환경을 산성화 시킨다(그림 15.20A). 하천 생태계는 특히 이런 **산성 배수**에 의해 영향을 받는다. 이 외에도 산성화된 물은 납이나 카드뮴 같은 암석 속의 독성 원소의 이동성을 증가시켜 그러한 독성 물질들을 물속으로 방출한다.

석탄의 연소도 황 순환에 영향을 미친다. 과거 지질 시대에 해안 근처 범람원 주변의 늪지대에 형성된 석탄은 황(해수의 황산염에서 기원한)을 함유하는데 이러한 황이 연소되면 이산화황으로 변한다. 이산화황 화합물은 물과 결합하여 아황산을 만든다. 결국 산성 물질은 산화되고 비가 내리면 석탄 연소 장치로부터 바람이 부는 아래쪽 방향으로 황산을 뿌리게 된다. 산성광산 배수처럼 산성비는 물을 산성화시켜 수성 생태계에 충격을 가하고 육상 생태계 또한 심각한 영향을 받는다.

질소와 인 순환에 미치는 영향 질소와 인 순환 또한 인간의 활동에 영향을 받는다. 질소는 고온 환경에서는 산소와 결합한다. 디젤과 가솔린 엔진에서 화석 연료를 태우는 것을 포함하여 현대 산업의 대부분 연소 과정은 질소 산화물을 생성하며, 이러한 산화물들은 도시 지역의 스모그 형성에

그림 15.20 **생지화학적 순환에 미치는 인류의 영향**
인간의 활동은 전 지구적 생지화학적 순환에 커다란 영향을 미친다. (A) 동독의 석탄 채광으로 야기된 산성광산 폐수에 의해 황폐화된 숲. (B) 플로리다 재스퍼 근처의 인산염 광산. 인류의 채광과 같은 산업활동은 인산염 같은 물질들의 자연적 흐름을 변화시킨다.

중요한 역할을 한다.

인류는 또한 많은 양의 쓰레기를 배출한다. 쓰레기를 처리하여 배출할 경우라도 폐수가 형성되며, 이런 쓰레기 폐수는 상당량의 질소와 인을 포함하게 된다. 영양소를 함유한 폐수를 수성 생태계에 방출하면 부영양화를 일으킬 수 있다(제8장 참조). 부영양화 호수에는 영양분의 함량이 매우 높기 때문에 질소와 인의 함량이 평균적인 호수에서보다 조류가 급속히 성장한다. 조류들이 죽게 되면 그들의 분해물이 빠르게 산소와 결합하여 호수를 무산소 환경으로 만들어 호수에서 살아가는 산소 생물들을 질식시킨다.

농장지대로부터 근처의 수성 생태계로 식물 영양소를 함유한 폐수가 유입되는 것도 부영양화를 일으킬 수 있다. 현대 농장은 질소, 인, 포타슘 등의 비료에 의지한다. 인과 포타슘은 암석으로부터 채광되어 비료로 만들어진 후 토양에 뿌려진다(그림 15.20B). 하지만 질소는 일반적으로 대기에서 토양으로 들어가고 토양에서 식물로 흡수된다. 이러한 이동이 일어나기 위해서는 질소 고정 박테리아가 기권의 질소를 생물이 이용 가능한 형태로 변환시켜야 한다. 20세기 초에 과학자들은 산업화 과정의 전기 불꽃이 질소 분자를 식물이 이용할 수 있는 화합물로 변형 시킬 수 있다는 것을 발견했다. 이러한 현상을 발견하는 과정에 참여한 두 과학자의 이름을 따서 하버–보슈 과정(Haber-Bosch process)이라고 하는 이 과정은 비료에 질소를 이용하는 것을 획기적으로 증가시켰다. 이와 같은 비료 생산이 오늘날 상업 질소 비료를 만드는 것과 질소 순환에서 질소를 고정시키는 주요한 원천이다. 황 순환처럼 전 지구적인 질소 순환은 인간 활동에 의해 좌우되며 자연에서 일어나는 질소 순환 과정의 비율을 크게 변화시켜 왔다.

생물군계 : 지구의 주요 생태계

우리는 지금까지 생명체를 유지하는 시스템의 기본적 특징에 대하여 정리했다. 우리는 또한 생태계를 생명체를 유지시키는 근본적인 시스템으로 정의했다. 그리고 물질과 에너지가 이러한 시스템을 통하여 흘러가는 과정을 조사했다. 이제 주요 생태계의 지리적 분포와 특징에 대하여 알아보자.

생물지리학

생명체의 지리적 분포 및 생물군집과 생태계의 특징이 생물지리학의 주요 관심 대상이다. 생물지리학의 가장 중요한 단위는 **생물군계**(biome)로 이는 특정 지역의 식물, 동물 및 토양뿐만 아니라 그 지역의 온도나 강수량 등의 환경 특징에 의해 구분되는 지리적으로 넓은 지역을 말한다. 생물군계는 지구의 주요 생태계 형태이다(그림 15.21).

생물군계와 생태구역

제14장에서 우리는 비슷한 특징을 가진 하나의 생물군계가 여러 지역에 분포하는 것이 가능하다는 것을 보았다. 예를 들어 사막은 사막일 뿐이지만 사실 또한 다양한 종류의 사막이 있다. 하지만 모든 사막은 어느 지역에 있더라도 공통의 특징을 가진다. 사막은 현저하게 낮은 강수량을 보이며 생물들은 이처럼 건조한 환경에 적응하며 살아간다. 예를 들어 모하비 사막은 강수량이 매우 적고 토양은 건조하다. 이러한 조건이 모하비의 식물들이 잎 대신에 표면이 밀랍으로 덮인 가시(넓은 잎을 통한 수분 유실을 최소화하기 위해)를 갖게 했다. 사하라 사막과 고비 사막 또한 비슷한 특징을 보인다. 두 지역에는 모하비 사막에 서식하는 식물과는 유연 관계가 없는 식물들이 서식하지만 이 식물들도 건조 환경에 적합한 특징을 보인다.

특정 지역에 공존하는 서로 다른 생물군계는 하나의 생물구(bioregion)를 구성하거나 또는 보다 넓은 지리적 규모의 경계를 갖는 **생태구역**(ecozone)을 구성한다. 따라서 하나의 생태구역은 몇몇 다른 생물군계를 포함한다. 비록 생태구역에 대한 연구는 연구자마다 다양하지만, 일반적으로 대략 8개의 생태구역이 지구의 생물권을 구성하는 것

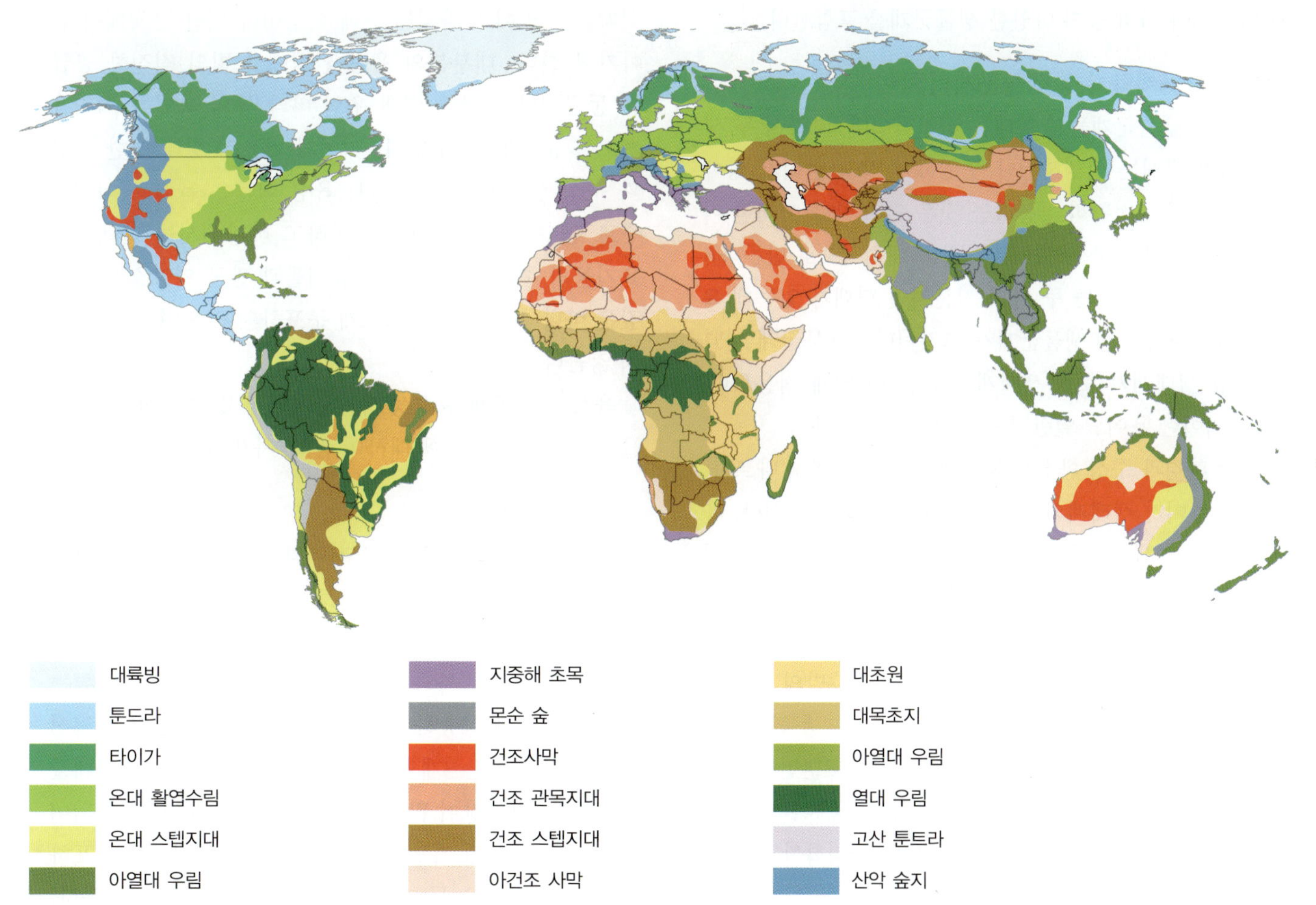

그림 15.21 세계 육상 생물군계 분포
생물군계의 위치는 온도, 강수량, 대기의 순환 및 다양한 요소에 의해 영향을 받는다.

으로 알려져 있다.

이 용어들은 조금 혼란스러울지도 모른다. 생물군계와 생태구역의 정확한 차이는 무엇인가? 생물군계 개념은 비슷한 특징과 유사한 동식물상을 가진 생태계가 서로 멀리 떨어진 지역에서 다르게 진화해 왔을 수도 있다는 사실을 인정한다. 그렇기 때문에 비슷한 특징을 보이는 열대 우림 지역은 서로 다른 대륙의 여러 지역에서 발견된다.

한편 생태구역 개념은 다른 특징을 보이는 생태계도 같은 진화 역사를 공유할 수 있음을 인정한다. 왜냐하면 서로 다른 생태계들이 주어진 지리적 지역 안에서 공존하기 때문이다. 브라질의 열대 우림은 인도네시아의 열대 우림과 비슷한 특징을 보일지도 모른다. 하지만 두 지역(두 지역 모두 열대 우림 생물군계의 전형이다)은 공통의 지리적 특징이나 진화의 역사를 공유하지 않기 때문에 그들은 서로 다른 생태구역에 속하는 것이다. 한편 아프리카 열대지방의 생태구역은 마다가스카르와 중앙아프리카의 열대림 및 사헬의 대초원과 사바나 지역을 비롯하여 사하라 사막과 나미비아 사막 등의 다양한 생물군계를 포함한다.

육상 생물군계와 수성 생물군계의 차이

서로 다른 생물군계들의 형태는 점진적이다. 따라서 두 생물군계의 경계는 선명하거나 분명하지 않고 변이가 많아서 생물군계를 정확히 구분하는 것은 쉽지 않다(이러한 이유가 생물군계를 구분하는 것을 다소 매력적으로 만든다). 하지만 생물군계에는 두 가지 기본적인 형태가 있는데 **육상 생물군계**와 **수성 생물군계**가 그것이다. (생물군계 개념은 육상 생태계가 수성 생태계보다 좀 더 넓게 적용되며, **생물구역**이란 용어도 일반적으로 널리 사용된다.)

육상 환경과 수성 환경은 물리적 특징이 분명히 다르다. 이러한 차이가 생태계의 특징과 생물에 영향을 미친다. 육상 환경에서 생물군계를 정의하는 가장 중요한 속성은 일반적으로 온도와 강수량이며 이런 특징이 토양의 형태에 영향을 미친다. 물리적 환경의 또 다른 요소(예 : 바람의 세기, 수분의 함량, 토양의 화학성분과 태양빛의 이용도 등)들도 또한 생물군계와 그 속에서 살아가는 생물을 정의하는 데 매우 중요하다. 수성 환경에서는 온도뿐만 아니라 수심과 염분도도 생물군계를 구분하는 데 중요한 속성이다. 물의 산성도와 파도의 세기와 같은 물리화학적 특성 또한 매우 중요하다.

육지에서 식물과 동물은 중력에 대항하여 살아남기 위하여 구조적 지지가 필요하고 이러한 지지대들의 대부분은 뼈나 목질부의 형태를 띠고 있다. 육상 동물들은 이러한 지지대를 형성하는 특수한 조직을 만들기 위하여 상당한 양의 에너지를 투자한다. 한편 물속에서는 동식물들의 지지대가 다소 부드럽고 느슨한 형태를 띠는데, 이는 물이 공기보다는 좀 더 지지력이 강한 매개체이기 때문이다. 중력 때문에 생물이 움직이기 위해서는 물속보다는 육지에서 더 많은 에너지가 요구된다. 대신 물속에서는 쉽게 수영을 하거나 떠다닌다. 수성 생물들—특히 힘차게 수영을 하는 생물—은 항력(진행을 방해하는 힘)을 최소화하기 위하여 유선형으로 수영하는 경향이 있다.

육상 환경과 수성 환경 사이에는 또한 생물이 이용하는 자원에도 차이가 있다. 육지에서 생물들은 물가 근처에 머물러야 하기 때문에 물이 제한자원이 된다. 수성 환경에서는 빛 부족 현상이 나타날 수도 있다(특히 수심이 깊은 곳에서는). 따라서 해저 바닥에 뿌리를 내리고 살아가는 식물뿐만 아니라 광합성 생물과 그들을 먹이로 살아가는 포식자들은 빛이 투과되는 천해 환경이나 연안 근처에서 살아가야 한다. 대부분의 육상 환경에서 빛의 적절한 공급은 동굴이나 울창한 열대 우림 바닥 등의 특별한 지역을 빼고는 문제될 것이 없다. 먹이의 기본적 형태 또한 육상과 수성 생물군계는 다르다. 육상 식물은 음식 에너지를 주로 탄수화물의 형태로 생산하고 바다에서는 단백질이 유기물의 주요한 형태이다. 유기물과 광물 영양소는 또한 깊은 바다 환경에서는 고르게 분포하지 않으며 잘 순환되지 않는다.

육상 생물군계와 수성 생물군계의 몇몇 중요한 예와 그들을 정의하는 특징에 대하여 좀 더 자세히 살펴보자.

육상 생물군계

육상 생물군계의 분포는 그 지역의 기후와 밀접하게 관련되어 있으며 기후는 근본적으로 지구의 열과 수분을 이동시키는 공기 덩어리에 의해 영향을 받는다. 제12장에서 보았듯이 전향력 효과와 결합하여 나타나는 대기의 대류는 공기 덩어리가 상승하고 하강하는 큰 구역(cell)을 만들어서 강수량이 많은 3개와 강수량이 적은 4개 등 총 7지대를 형성한다. 강수량이 많은 지대는 적도를 따라서 형성되어 있어 습윤한 열대 기후를 형성하고, 극지방 전선에 분포하는 강수량이 많은 두 지대는 습윤한 온대 기후를 만든다. 강수량이 적은 지대는 극지방에 두 곳과 아열대 지방(남위

30°와 북위 30° 사이에)에 두 곳이 분포하며 건조 기후를 만든다. 건조하고 습윤한 지대가 생물군계의 생물지리학에 미치는 영향은 전 세계의 사막 분포에서 명확하게 입증된다. 큰 규모 사막의 대부분은 건조 기후 지대에 존재한다(그림 12.25 참조).

주요 육상 생물군계

주요한 육상 생물군계를 요약해 보자. 어떤 육상 생물군계는 **고산대**(alpine) 변이를 가진다(그림 15.22). 이는 고도가 온도와 강수량, 결과적으로 식생과 동물의 분포 등을 결정하는 주요 통제요인으로 작용하기 때문이다.

툰드라 **툰드라**(tundra) 또는 북극 툰드라는 북쪽 지방의 고도가 높은 지역에 나타나는 육상 생물군계다(그림 15.23A). 산악지대를 의미하는 알파인 툰드라는 적도 부근의 고산지역에 나타난다. 툰드라는 나무가 없는 평야와 여름에만 잠깐 녹는 얇은 표층을 제외하고는 연중 내내 얼어 있는 영구동토층으로 특징된다. 겨울은 길고 추우며 가혹하다. 여름은 짧고 서늘하며 강수량은 거의 없다. 일 년의 대부분 기간 동안 태양빛이 비추지 않아 성장 기간이 짧기 때문에 식물들은 전형적으로 키가 작고, 이끼, 작은 풀, 사초, 지의류 및 난장이관목 등이 분포한다. 들쥐, 마르모트(땅에 구멍을 파고 사는 설치류의 일종), 북극여우 및 눈신산토끼 등의 작은 포유류와 사향소과 순록 등의 몸집이 큰 포유류 등도 있다. 툰드라는 민감한 환경이다. 성장 기간이 짧고 척박한 조건이기 때문에 툰드라 생태계는 파괴되거나 교란되었을 때 회복하는 것이 쉽지 않다.

한대 침엽수림 숲은 주요 생물군계 중에서 가장 넓은 변이를 가진다. 타이가(taiga) 또는 북쪽의 **한대 침엽수림**(boreal forest)(그림 15.23B)은 북아메리카와 유라시아의 툰드라 남쪽에 자리 잡고 있다. 남반구에는 비슷한 위도에 그만큼 넓은 지역의 육지가 없기 때문에 툰드라와 한대 침엽수림에 해당되는 지역이 없다. 타이가는 추운 겨울(툰드라만큼은 춥지 않다)과 짧은 성장 기간 그리고 낮은 강수량이 특징이다. 한대 침엽수림은 이끼와 지의류를 비롯하여 주로 가문비나무, 전나무, 소나무 등의 침엽수들(솔방울을 가진 상록수류)로 구성되어 있다. 소나무는 적은 강수량 조건에 잘 적응되어 있다. 그들은 표면적이 작은 바늘형태의 잎으로 수분이 증발되는 것을 최소화시킨다. 타이가 지역에는 순록, 무스(moose, 북아메리카산 사슴) 등의 몸집이 큰 동물과 토끼, 여우, 늑대 등의 작은 포유동물 및 다양한 설치동물, 새, 곤충 등이 있으며 양서류와 파충류는 매우 적다(물이 충분하지 않기 때문에).

온대 우림 **온대 우림**(temperate rain forest)은 주로 소나무 숲이다(그림 15.23C). 북아메리카의 북서 해안(워싱턴 주 오리건과 브리티시 컬럼비아)에 전형적으로 발달되어 있지만, 오스트레일리아 남동부 지역에서도 발견된다. 겨울은 북쪽보다는 온화하고 강수량은 많기 때문에 상록수 숲이 두껍고 높게 자란다. 이러한 울창한 숲 때문에 온대 우림은 언제나 환경 보호주의자들과 벌목업자들 간의 논쟁이 끊이지 않는 지역이다. 온대 우림의 전형적인 나무로는 소나무, 전나무, 미국 삼나무, 삼나무 등이 있다. 착생식물(*epiphytes*, 양치류, 덩굴식물, 나뭇가지에 부착하여 자라는 이끼류) 또한 풍성하게 자란다. 곰, 산악사자, 늑대, 엘크(북유럽의 큰 사슴류) 등도 일반적이며 작은 설치류, 조류, 양서류, 파충류 등도 많다.

온대 낙엽수림 **온대 낙엽수림**(temperate deciduous forest)은 사계절의 변화가 뚜렷한 미국의 북동쪽, 유럽, 동 중국 지역에 주로 분포한다(그림 15.23D). 이 숲은 주로 단풍나무, 참나무, 자작나무와 느릅나무처럼 다음 해에 새로운 잎이 나는 활엽낙엽성 나무들로 구성되어 있다. 토양은 유기물이 풍부하여 농작물을 키우는 데 적합

그림 15.22 고산지대 생물군계
고도가 증가함에 따라 생물군계는 극지방에서 적도 지방으로의 변화에서 관찰된 것과 비슷하게 변한다.

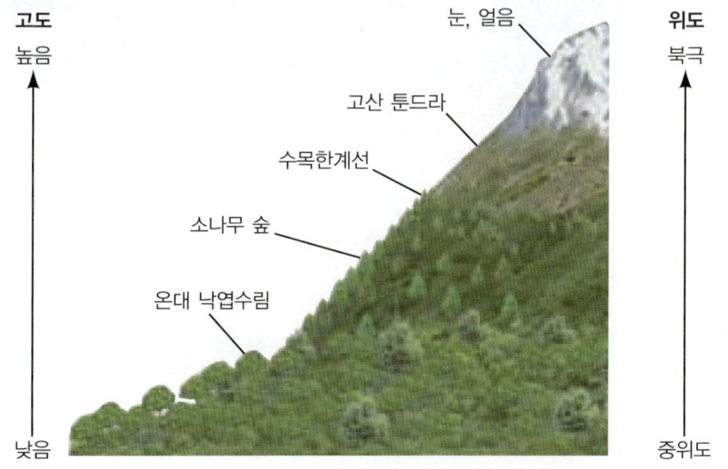

그림 5.23 주요 육상 생물군계

(A) 툰드라(캐나다 유콘 영역), (B) 한대 침엽수림(미국 미네소타 주), (C) 온대 우림(미국 워싱턴 주), (D) 온대 낙엽수림(미국 뉴잉글랜드), (E) 열대 우림(미국 조지아 주), (F) 사바나(남아프리카 크갈리가디), (G) 대초원(미국 콜로라도 주), (H) 사막(미국 유타 주)

하다. 도시나 농경지 개발 때문에 벌목이 이루어지지 않은 지역에 국한되지만 사슴, 곰, 늑대 등의 동물들이 일반적이다.

열대 우림 적도 지역의 거대한 **열대 우림**(tropical rain forest)에는 매우 다양한 생물들이 살고 있다(그림 15.23E). 기온이 높고 강수량이 많으며 식물들은 1년 내내 성장하고 크게 자라 울창한 숲을 이룬다. 이러한 열대 우림은 닫힌 숲으로 식물들의 키가 크고 잎이 넓기 때문에 숲의 최상부는 마치 지붕 덮개처럼 되어 있다(그림 15.24). 그 결과 숲의 바닥은 다소 어둡다. 이 숲에는 새, 곤충, 포유류, 양서류, 파충류, 착생식물, 난초 같은 개화식물 등을 포함하여 놀라울 정도로 다양한 종류의 식물과 동물들이 살고 있다. 원숭이나 여우원숭이(lemur) 같은 포유류는 숲의 상층부(카누피)에서 살고 숲 밑바닥으로는 거의 내려오지 않는다. 열대 우림의 토양은 풍화 정도가 매우 높고 유기물 함량이 낮은 경향을 보인다. 대부분의 유기물이 토양 속보다는 풀이나 무성한 식물에 존재하기 때문이다. 따듯하고 충분히 습하기 때문에 유기물 조각들이 지면으로 떨어지자마자 먹거나 분해시키는 박테리아, 균류 및 곤충과 같은 분해생물들도 매우 많다. 이처럼 열대 우림의 토양은 유기물을 거의 함유하지 않기 때문에, 개발에 의해 숲이 제거되어 토양이 노출되면 그들은 말라버리고 쉽게 침식된다. 이것이 열대 우림 지대가 개발되어 훼손되었을 때 왜 문제가 되는지를 설명하는 이유 중 하나이다.

열대 낙엽수림 적도 지역에는 또한 몬순 숲 또는 열대 계절 숲이라 불리는 거대한 규모의 **열대 낙엽수림**(tropical deciduous forest)이 있다. 이곳의 나무들은 건조한 기간에는 그들의 넓은 잎을 떨어트린다. 열대 우림보다 온도의 변화가 큼에도 불구하고 낙엽수림 지대의 주요한 계절적 변화 요인은 강우량이다. 열대 우림과 열대 낙엽수림을 합해 열대 습윤 숲계라고 한다. 가장 규모가 큰 열대 습윤 숲계는 남아메리카의 아마존 지역이지만, 동남아시아(인도네시아)와 아프리카 적도 부근에도 몇몇 열대 습윤 숲이 있다. 열대 습윤 숲은 지구 생물 다양성의 대부분을 보유하고 있는 것 외에도 전 지구적 탄소 순환의 거대한 탄소 저장소다.

사바나 열대와 아열대 지역의 **사바나**(savanna)는 전형적인 열린 숲(그림 15.24)으로 넓은 초원에 수목들이 듬성듬성 자라기 때문에 연결된 카누피가 부족한 지역이다(그림 15.23F). 기온은 높지만 강수량은 적고, 특히 건기가 장기간 계속된다. 가장 잘 알려진 사바나는 아프리카의 사헬(아랍어의 경계라는 뜻을 지닌 *sahel*에서 유래)로 사하라 사막의 남쪽 주변부를 따라 발달되어 있다. 아프리카 사바

그림 15.24 열린 숲과 닫힌 숲

닫힌 숲에서는 식물들이 형성하는 숲의 최상부층이 카누피라 알려진 연속된 덮개를 구성한다. 열린 숲에서는 연속된 카누피가 없기 때문에 태양빛이 숲의 바닥까지 도달한다.

나에는 엄청난 규모의 이동성 포유동물(예 : 영양, 얼룩말, 코끼리)과 포식동물(사자와 호랑이)들이 있다. 하지만 강수량이 너무 적기 때문에 이곳의 환경은 다소 불안정하다. 따라서 농경지 개발과 목축업 등의 개발 압력이 가해지면 사바나는 쉽게 사막으로 변할 수도 있다.

지중해성 덤불지대 지중해성 기후의 전형적인 생물군계는 덥고 건조한 여름과 춥고 습한 겨울을 보이는 **지중해성 덤불지대**(chaparral)로 키가 작은 잡목이나 관목 및 가뭄에 잘 견디는 키 작은 나무들이 분포한다. 일반적으로 덤불지대는 지중해를 둘러싼 지역의 특징이지만, 미국 남서부와 오스트레일리아, 아프리카 및 남아메리카에서도 나타난다. 이러한 지역에는 종종 불이 나기 때문에 몇몇 식물들은 불이 난 후에 다시 생존할 수 있도록 지표 아래에서 성장하는 등으로 산불에 적응하였다.

대초원 온대 **대초원**(grassland) 지대는 미국 중서부와 캐나다 및 우크라이나에 전형적으로 나타나는 넓은 초원지대다(그림 15.23G). 초원 지대의 목초들은 광범위하게 서로 연결된 뿌리 구조를 가지고 있으며 토양의 유기물 함량이 풍부하기 때문에 농사에 특히 적합하다. 두 가지 기본적인 초원지대 형태가 있다. 대목초지로 알려진 온대 습윤초원 지대에는 거대한 규모의 들소와 사슴 및 포식동물인 늑대들이 있다. 두 번째 형태는 작은 풀지대로 기후는 더 건조하여 가뭄에 내성을 보이는 키가 작은 풀들로 구성되어 있다. 작은 풀지대에 사는 전형적인 동물은 들개, 뱀, 도마뱀 등이다.

사막 적은 강우량을 보이는 육상 생물군계의 극단은 사막(그림 15.23H)에서 마무리된다. 우리는 종종 사막을 더운 지역으로 생각하지만, 사실은 강우량 결핍이 사막을 정의하는 주요 특징으로 **사막**(desert)이란 용어는 연간 강우량이 250mm보다 적은 건조한 땅을 일컫는다. 제12장에서 논의 했듯이 다음과 같은 네 종류의 더운 사막과 한 종류의 추운 사막이 있다.

- 아열대 사막 : 2개의 아열대 건조대에 있는 사하라 사막, 칼라하리 사막, 대 오스트레일리아 사막
- 대륙 내부 사막 : 물로부터 멀리 떨어진 곳에 있는 중앙아시아의 고비 사막과 타클라마칸 사막
- 비그늘 사막 : 산맥이 습윤한 공기의 흐름을 막아 낮은 강수량을 보이는 지역에 있는 캐스케이드 산맥 동쪽 사막과 미국 서부의 시에라네바다 사막
- 해안 사막 : 페루, 칠레 및 남서아프리카의 서부 해안 사막
- 극지 사막 : 춥고 거대한 극지방의 사막으로 차갑고 건조한 공기의 하강 때문에 강수량이 극히 적은 지역에 나타나는 사막

모든 사막에는 대지를 덮고 있는 식물이 매우 적으며 사막 식물은 물 부족에 잘 적응되어 있다. 다양한 선인장과 다육식물 등은 잎이 거의 없기 때문에 많은 양의 물을 식물에 보관할 수 있다. 동물들도 물을 저장하거나 낮 동안에는 몸을 숨기고 밤 동안에만 사냥을 하거나 먹이를 찾아 돌아다니며, 건조 기간 동안에는 지하 구멍에 몸을 숨기거나 하는 등으로 극심한 온도와 건조 환경에 적응한다.

수성 생물군계

수성 생물군계는 기본적으로 염분을 기준으로 구분한다. 따라서 수성 생물군계는 담수와 해수 및 기수 생물군계의 세 그룹으로 구분되며 온도, 수심, 빛 투과율 및 해안과의 거리 등을 기준으로 보다 자세히 세분할 수 있다. 해수와 담수 생물군계는 염분 이외에도 몇 가지 근본적 관점에서 서로 다르다. 예를 들어 바다는 육지의 가장 큰 호수보다도 조수에 의한 영향이 훨씬 크다. 일반적으로 파도와 심층수의 흐름은 호수보다 바다에서 강하고 수심도 훨씬 깊다. 따라서 적은 빛 투과량, 낮은 온도, 높은 압력 등은 호수 생물보다 바다 생물들에게 심각한 장애로 작용한다.

수성 환경에 서식하는 생물들은 부유성이거나 유생동물 또는 저서생물의 형태로 살아간다. 부유생물(plankton, 제10장)은 크기가 매우 작고 자유롭게 떠다니는 생물이다. 이들 중 식물성 플랑크톤은 수생 식물과 조류로, 수성 생태계 먹이사슬의 바닥을 형성하는 일차 생산자이고 동물성 플랑크톤은 다소 큰 동물의 유생을 포함한 매우 작은 수성 동물들이다. **유영생물**(nekton)은 물고기, 고래, 바다거북과 돌고래 등의 활동적으로 수영하는 몸집이 큰 수성 동물들이다. 마지막으로 **저서생물**(benthos)은 해저 밑바닥에서 살아가는 동물에 대해 집합적으로 사용되는 용어로 따개비와 홍합처럼 암석에 부착되어 살아가는 동물, 퇴적물에 뿌리를 내리고 살아가는 식물, 해저 바닥에 구멍을 내거나 갑각류처럼 바닥을 기어 다니며 사는 생물들을 포함한다.

담수와 기수 생물군계

담수 생물군계는 흐르는 물(유수)과 고여 있는 물(정수)에서 살아가는 두 가지 형태의 생물군계로 나눌 수 있다. 육지의 수성 환경(강, 호수, 하천, 연못, 습지)은 또한 전이 형태를 띠는 생물군계에 의해 해수 환경과 분리된다.

유수 환경 제8장에서 이미 공부했듯이 강과 하천은 역동적인 환경이다. 강은 발원지로부터 새로운 환경으로 들어가는 강어귀에 이르기까지 역동적으로 변한다. 하천이나 강의 상류는 규모는 작고 물은 차가우며 매우 빠르게 흐른다. 반면 하류는 넓으며 깊고 탁하고 차지 않다(그림 15.25A). 지형의 변화 또한 강의 성격에 영향을 미친다. 가파른 지형은 강바닥을 깊이 패고 물의 흐름을 빠르게 하는 반면 평야 지역에서 강은 천천히 구불구불 흐른다. 강은 어느 계절에는 물이 고갈되고 어느 계절에는 물이 넘치는 등으로 계절에 따라 변한다. 유속이 빠른 강에서 사는 생물은 빨판을 가진 물고기처럼 바위에 붙거나, 강을 거슬러 올라가기 위한 근육을 발달시키는 등으로 빠른 유속에 적응하였다.

정수 환경 호수나 연못, 습지 등이 고인 물이 정수 환경이다. 호수는 다소 큰 분지에 담수가 고여 있는 것이고 연못은 규모가 다소 작은 것을 일컫는다(그림 15.25B). 호수는 깊이, 온도 및 육상으로부터의 거리 등에 의해 세 구역으로 나뉜다. 수심이 얕고 따듯한 호숫가 부근 지역을 **연안대**(littoral zone)라 한다. 이곳이 호수에서 생물학적으로 가장 풍부한 지역으로 식물(부들과 사초속 식물들)과 조류(오리와 물새류), 곤충, 양서류 및 파충류 등이 풍부하다. **조광대**(limnetic zone)라고 하는 호수 물 내부에는 동물성 플랑크톤과 식물성 플랑크톤을 비롯하여 그들을 잡아먹는 덩치 큰 물고기 등이 있다. 조광대는 빛이 통과되는 깊이까지 확장된다. 그 아래 구역은 **심연대**(profundal zone)로 넓고 깊은 호수에서만 나타난다. 심연대 유기물의 대부분은 죽어서 바닥으로 가라앉은 생물들로 그들은 박테리아에 의해 분해된다.

큰 호수의 수온은 표층으로부터 깊어짐에 따라 변하는데 태양열에 의해 데워지는 표층수는 따뜻하고 깊은 곳의 물은 매우 차다. **온도층상화**(thermal stratification)라고 하는 이러한 현상은 다양한 지역에서 서식할 수 있는 생물군들에게 큰 영향을 미친다. 차가운 물은 밀도가 높아서 호수의 깊은 곳으로 가라앉는다. 태양열이 호수를 데우면 호수 표면의 물은 따뜻해지고 가벼워진다. 따라서 밀도가 작은 표층의 물은 위에 있고 차갑고 무거운 물은 아래에 있

(A)

(B)

(C)

그림 15.25 주요 담수 생물군계
(A) 강(캐나다 뉴펀들랜드), (B) 호수(남부 독일), (C) 습지(베네수엘라 만테칼)

게 되는데, 이것이 안정된 온도층상화이다. 따뜻한 곳에서 차가운 곳으로 온도가 급격히 변하는 곳을 **수온약층**(thermocline)이라 한다(제10장 참조). 열대 지방에서는 표층수가 계절적으로 차가와지지 않기 때문에 표층과 심층 사이의 온도 차이는 덜하다. 따라서 열대 호수에서의 온도층상화는 온대 호수에서보다 뚜렷하지 않다.

육상 습지대는 영구히 또는 간헐적으로 물이 고이는 지역이다(그림 15.25C). 소택지, 습지, 늪 등을 포함하는 습지대는 대부분의 기간 동안 얕은 물로 고여 있지만 개방되어 다른 곳으로 흐를 수도 있다. 습지대는 생산력이 높고, 수목이 울창하며, 철새, 양서류, 파충류 및 물고기 등이 많이 서식한다. 어떤 습지대는 담수 수명의 발달 단계를 보여준다. 예를 들어 유입되는 물의 근원이 차단된 호수는 시간이 지남에 따라 수심이 얕아지고, 점차적으로 퇴적물이나 유기물로 채워져서 습지나 이탄 늪지대로 변한다. 이것이 자연스러운 부영양화의 과정이다. 습지대는 한때 모기가 들끓는 수렁처럼 더러운 것으로 여겨져서 물을 빼서 개발해야 할 대상으로 인식되었다. 하지만 최근에는 습지대를 식물과 동물 종의 다양성이 풍부한 자연저장고로 인식한다. 습지대는 또한 지하수를 저장하고 토양에서 독성 물질을 제거하는 등의 매우 중요한 역할을 한다.

점이 환경 해안 지역의 수성 환경은 담수와 해수 환경의 전이지대이다. 담수의 물이 해양으로 연결되는 곳인 **강어귀**가 대표적인 예다. 해수와 담수는 강어귀에서 혼합되며 수위와 염분 및 온도는 조류의 상승과 하강에 따라 변동된다. 강어귀에 서식하는 생물들은 이러한 변이를 견딜 수 있도록 적응해야만 한다. 온대 강어귀의 공통적 특징은 염분에 내성이 있는 풀들이 많이 자라는 **해수 소택지**이다. 해안 습지에는 전형적으로 연안 새들이 많다. 열대 지방에서 이에 해당하는 곳은 **맹그로브 숲**으로, 이곳은 세계에서 생물생산력이 가장 높은 어장들이 있는 해안 습지다. 일반적인 습지대처럼 강어귀나 해수 소택지 및 맹그로브는 토양을 정화하고, 많은 생물 종들에게 서식지를 제공하는 등의 다양한 생태적 기능을 수행한다. 연안 습지대는 또한 태풍의 강력한 에너지로부터 해안선을 보호한다. 불행하게도 현재 세계 각지에서 자행되는 연안 개발이 많은 지역의 맹그로브 숲과 연안 습지대를 위협하고 있다.

해양 생물군계

우리는 제10장에서 바다의 구역에 대하여 간단히 살펴봤

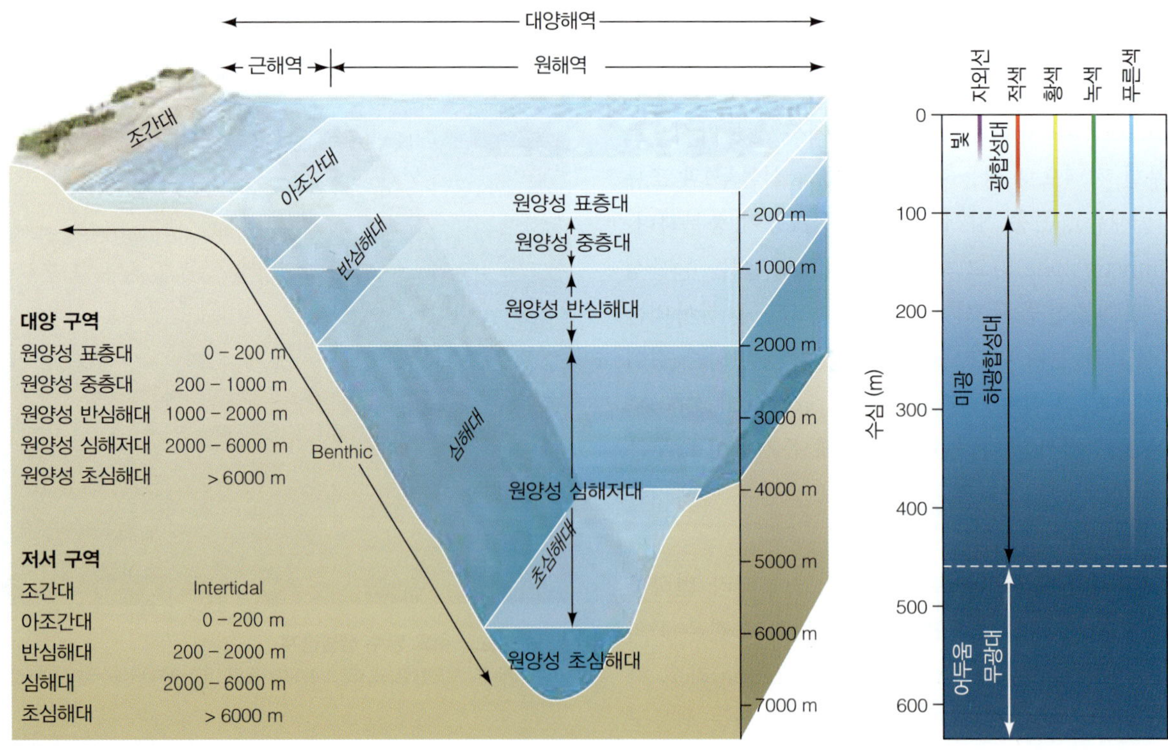

그림 15.26 원양역
이 해역과 생물군계는 수심, 해안으로부터의 거리 및 빛의 투과량에 의해 세분할 수 있다.

지만, 이제 우리는 생물학적 관점에서 다시 살펴보고자 한다. 해양 생물 구역을 세분하는 기본적 요소는 수심과 수심에 따른 빛의 투과량이다(그림 15.26). **광합성대**(photic zone) 또는 수광대는 바다의 최상부 층으로 빛이 투과되고 광합성이 일어나는 지역으로 해수면으로부터 아래로 최대 약 150~200m까지다. 광합성대 아래에는 빛의 투과가 거의 없는 **무광대**(aphotic zone)가 있다(때때로 투과되는 빛의 양이 적은 전이지대가 있는데 이를 저투과대라 하며 광합성대와 무광대 사이에 형성된다). 해양 환경과 생물 구역은 해안선으로부터의 거리, 수심 및 해저 바닥과의 관계를 기준으로 좀 더 자세히 세분된다.

연안 환경 호수에서처럼, 해안선 근처 지역을 연안대라 한다. 해양의 연안대는 수위가 변화하는 특징을 나타내기 때문에 조간대라 부르기도 한다. 이곳은 역동적인 환경으로 조류의 변화에 영향을 받고, 파도의 힘이 매우 큰 곳이다. 암석 절벽의 해안선 지역에는 홍합이나 조류와 같이 바위 표면에 붙어 살아가는 고착성 생물이 많이 서식하고 조금 기간 동안 주기적으로 공기에 노출되어 마르게 되는 것을 견딜 수 있는 생물들도 포함된다(그림 15.27A). 해안 바위에서 사는 어떤 생물들은 암석에 구멍을 파거나 그 속에 몸을 숨기면서 살아간다. 해안선 근처의 또 다른 일반적인 형태는 모래 해변으로 게 등의 동물들이 모래에 구멍을 파고 파도나 조류를 피한다.

공해 환경 **대양해역**(pelagic zone)은 바다의 개방된 공해 환경으로(그림 15.26과 15.27B) 근해역과 원해역으로 구분된다. 근해역은 해안선으로부터 수심 200m까지의 해역이며, 원해역은 근해역을 뺀 나머지 부분으로 공해 바다의 대부분을 차지한다. 수심에 따라 좀 더 세분하면 최상부층에서 200m까지를(광합성대와 일치한다) 원양성 표층대라 하고, 1,000m까지를 원양성 중층대, 4,000m까지를 원양성 반심해대, 6,000m까지를 원양성 심해저대라 한다. 수심이 가장 깊은 지역을 원양성 초심해대라 하며 수심 6,500m 이상의 해구에서만 나타난다.

대양해역의 생명체는 부유하며 떠다니거나 스스로 유영하는 생물들이다. 연안의 광합성대는 해수의 온도가 상대적으로 따뜻하고 빛의 투과량이 많기 때문에 바다의 구역 중에서 생물생산력이 가장 큰 곳이다. 이러한 환경 조건 때문에 광합성대에는 식물성 플랑크톤이 풍부하며 이에 따라 동물성 플랑크톤과 그들을 먹고사는 유영동물들

그림 15.27 주요 해양 생물군계
(A) 조간대(캘리포니아 몬테레이만), (B) 공해역(대서양), (C) 저서대(캐나다 브리티시 컬럼비아의 클레요코트 해협)

또한 풍부하다. 유영동물들도 작은 물고기를 포함하여 상어, 헤엄치는 연체동물, 고래와 같은 해양 포유류 등 매우

다양하게 분포한다.

원해역은 상대적으로 따뜻하고 밝은 표층 아래에서 아주 깊은 곳까지 확장된다. 원양성 반심해대와 심해저대의 깊이까지는 빛은 투과되지 않는다. 온도는 낮고 일정하며 압력은 높다. 이곳에 사는 생물들은 이러한 극심한 환경 조건에 적응해야만 한다. 따라서 깊은 바다에 사는 많은 물고기들은 먹이나 배우자를 쉽게 찾을 수 있도록 빛을 발광하는 기관을 보유하고 있다. 연체동물들이 풍부하며 물고기는 빠르게 헤엄치기보다는 천천히 떠다니는 경향이 있다. 빛이 투과되지 않기 때문에 광합성은 매우 제한적이어서 일차 생산력은 매우 낮다. 생물들은 위에서 내려오는 유기물 조각들을 먹는다. 따라서 대부분의 대형 물고기들은 국자처럼 떠먹는 형태의 잘 적응된 턱으로 무장되어 있다.

해저 환경 **저서대**(benthic zone)는 해양의 바닥 환경을 의미한다(그림 15.27C). '저서(benthic)'란 용어는 종종 '깊다'는 뜻으로 잘못 해석되기도 하지만, 그 의미는 단지 해저 '바닥'을 의미한다. 따라서 저서 환경은 공해에서는 수심이 매우 깊을 수도 있고, 연안 해역에서는 낮을 수도 있다. 수심이 깊은 곳(반심해대와 심해저대)에 서식하는 저서생물은 주로 구멍을 파고 살아가는 동물과 박테리아들이다. 깊은 해저 바닥의 퇴적물은 비처럼 떨어져 해저 바닥에 축적된 동물성 플랑크톤의 작은 패각들이 대부분이다. 저서생물의 가장 깊은 환경, 즉 심해 해구는 검은 연기가 뿜어져 나오는 열수공이 많이 분포하는 곳으로 이곳에서 살아가는 생물들은 빛이 완벽히 차단된 환경에 적응되어 있으며, 일차 생산력은 광합성이 아닌 화학합성에 의해서 만들어진다.

깊은 해저 바닥의 극심한 환경과는 반대로 천해 저서대는 따뜻하고 빛이 있으며 생산력이 높은 환경이다. 수심 약 10m까지의 해저 바닥에는 염분에 내성이 있는 해초 등이 있다. 이러한 해초들은 물고기, 갑각류, 파충류, 진흙새우 등의 광범위한 동물들에게 먹이와 은신처를 제공한다. 조금 더 깊은 곳(약 25m까지)에는 물은 차고 켈프(kelp, 다시마 같은 갈조류의 해초)가 바닥에 군집을 이루고 있으며 이러한 해초들은 해면동물, 해삼, 조개, 게, 물고기, 해달 같은 포유동물 등을 포함하여 수많은 동물들의 먹이사슬의 기초가 된다. 생산력이 특히 높은 저서 환경은 산호초다. 산호초는 특별한 관심을 기울일 가치가 충분하다. 생산력이 높은 생물군계일 뿐 아니라 환경 변화에 민감한 환경지시자이기 때문이다(제19장 참조). 산호초는 또한 천해 연안 환경에서의 영양소 순환과 파도의 힘을 분산시키는 물리적 장벽을 제공하는 등의 중요한 역할을 수행한다.

요약

1. 에너지 흐름은 모든 생명 유지 시스템에 있어서 기본적인 필수 요건이다. 생명 유지 시스템에 있어서 에너지의 기본적인 기능은 생물생산력, 즉 생물학적 작용에 의해 에너지를 유기물로 전환하는 것이다. 한 시스템에서 이용 가능한 에너지량이 생물량의 상한선을 결정하고, 결과적으로 특정 생태계가 지탱할 수 있는, 더 나아가서는 전 지구계에 의해 유지될 수 있는 생물량을 결정한다.
2. 총 생산량은 독립영양생물이 일반적으로 광합성을 통해 유기화합물을 합성할 때 형성된다. 독립영양생물은 생산한 유기물의 일정 부분을 신진대사와 호흡의 연료로 사용하는데, 이때 에너지가 열의 형태로 방출된다. 또한 일정 부분의 유기물은 미래를 위해 탄소화합물의 형태로 저장된다. 순생산량은 총 생산량에서 생명의 모든 과정을 가동시키기 위해 사용한 후 남은 생물량이다.
3. 에너지는 먹이사슬을 따라 생태계 속으로 전달된다. 일차생산자인 독립영양생물이 첫 번째 영양 단계이다. 첫 번째 등급의 소비자인 종속영양생물은 두 번째 영양 단계를 형성하고, 두 번째 등급의 소비자는 세 번째 영양 단계를 형성한다. 음식과 에너지 단계가 함께 영양 피라미드를 형성한다. 하지만 생명체들은 에너지를 사용하거나 전환하는 데 있어서 그리 효율적이지 않고 모든 영양 단계에서 에너지의 상당 부분이 호흡에 사용되기 때문에 저장된 에너지와 생물량은 하나의 영양 단계에

서 다음 단계로 이동할 때 급격하게 감소한다. 영양 피라미드를 통한 에너지의 이동은 일방통행의 흐름을 보인다. 즉 에너지는 생태계로 들어와서, 사용되며, 외부 환경으로 방출된다.

4. 재생되지 않는 에너지와는 달리 물질은 생태계를 통하여 끊임없이 순환된다. 어떠한 생명체도 무기 화학물질로부터 모든 음식을 스스로 만들 수 없으며, 따라서 모든 복잡한 유기화합물은 분해되어 다시 원래의 무기물 형태로 되돌아간다. 배출된 노폐물이나 사체의 화학 원소들은 균류나 박테리아 같은 분해생물에 의해 분해되고 재순환된다.
5. 대부분의 생태계는 복잡한 먹이관계로 서로 연결되어 있는 몇몇 먹이사슬을 가지고 있으며 이것이 먹이그물을 형성한다. 에너지는 복잡하고 우회하지만 궁극적으로는 일정한 방향(일방통행)으로 흐른다. 하지만 물질은 계속하여 반복적으로 순환하여 모든 영양 단계의 생물들에게 영양소를 제공한다.
6. 어떤 원소는 생명체에게 필수적이지만 또 어떤 원소는 독성을 띠며 몇몇 원소는 중립적이다. 다량영양소는 모든 생명체에게 많은 양이 요구되는 원소로 탄소, 수소, 질소, 산소, 인과 황이 포함된다. 각각의 다량 영양소는 생명체에게 있어서 그들만의 특별하고 근본적인 역할을 수행한다. 어떤 형태의 생명체든지 간에 생명을 유지하려면 필요한 화학원소들이 적당한 양만큼 적당한 때에 적당한 농도로 사용되어야만 한다. 부족한 원소들은 제한요소가 된다.
7. 생명체는 화학원소를 선택적으로 섭취한다. 그 결과 특정 원소의 농도가 주의의 환경보다도 생물체 내에서 더 높게 된다. 두 가지 기본적인 생체 농축 기작이 있는데 생물체가 성장함에 따라 특정 원소가 생물체의 조직에 쌓이는 생체 축적과 먹이사슬 축적이 그것이다. 살아있는 생명체는 그들 주변의 환경으로부터 적극적으로 화학원소를 섭취하여 그들 스스로 뿐만 아니라 환경의 화학조성을 바꾼다.
8. 생명체를 유지하고 지탱하는 시스템은 끊임없이 새로운 에너지의 수원지와 열 에너지의 탈출구를 가져야 한다. 즉 이러한 시스템은 에너지를 흐르게 하고 물질을 순환시키는(비록 시스템의 경계 부근에서 물질의 손실이 있긴 하지만) 열린계이다. 이러한 시스템에는 적어도 하나의 독립영양생물(일차 생산자)과 하나의 종속영양생물(분해자)이 있어야 한다. 서로 다른 생물들뿐만 아니라 무기영양소를 제공하는 무생물 환경 사이에서 화학원소의 이동을 용이하게 하는 유체의 매개 수단 또한 분명히 있어야 한다. 생명체를 지지하는 최소의 시스템은 결국 생태계이고 생명을 유지하는 능력이 생태계의 특징이다.
9. 원소들은 생물에 의해 유기물의 형태에서 무기물의 형태로 또는 무기물에서 유기물로 전환되어 생물저장고와 무생물저장고 사이를 이동하며 생지화학적 순환 과정을 겪는다. 생지화학적 순환에 대한 상자 모형에서 상자는 화학원소가 저장되는 저장소를 나타내며 화살표는 원소의 흐름과 이동 경로를 나타낸다. 각 저장고는 열린계이다. 따라서 전체 생지화학적 순환은 물질 전달에 의해 서로 연결된 열린계의 묶음이다.
10. 저장고에서 특정 물질의 거류 기간은 물질 그 자체의 특성과 주변 매개체의 성격에 의해 영향을 받는다. 일반적으로 거류 기간은 지권에서는 길며, 기권과 생물권에서는 짧고, 수권에서는 중간 정도를 보인다.
11. 서로 다른 원소는 지구계의 4개 권역을 지날 때 원소들의 특성에 따라 서로 다른 경로를 따라 흐른다. 대부분의 금속 원소는 가스 상태를 형성하지 않기 때문에 기권에는 존재하지 않는다. 따라서 그들은 지권과 수권 및 생물권 사이에서만 순환한다. 비금속 원소는 보다 용이하게 기체화합물을 형성하기 때문에 대기권을 통해 생물권으로 빠르게 유입될 수 있다.
12. 탄소와 질소 및 인의 순환은 가장 중요한 생지화학적 순환들이다. 탄소 순환은 단기적으로는 생물학적 과정, 즉 광합성과 호흡에 의해 우세하게 진행되지만 중기적으로는 나무나 토양 등의 유기퇴적물에 유기화합물을 저장하는 것에 의해 지배를 받는다. 장기적인 관점에서 탄소는 탄산염암을 형성하고, 화산 활동이나 섭입, 변성작용, 풍화작용을 거쳐 이산화탄소를 기권으로 돌려보내는 과정에 의해 순환한다. 질소 순환은 대기권의 질소 분자를 토양 속의 질소고정 박테리아가 생물이 이용할 수 있는 형태로 전환하는 것을 포함한다. 이러한 질소는 탈질화작용을 거쳐 다시 기권으로 돌아간다. 인은 기체 상태로 존재하지 못하기 때문에 인의 순환은 주로 지권과 수권 및 생물권에서 일어난다. 인은 종종 식물과 조류의 성장에 제한 요소로 작용한다.

13. 지구계의 하부 권역들은 생지화학적 순환을 통해 상호작용한다. 기권은 생물권에 커다란 영향을 미쳐왔고 다시 생물권에 의해 영향을 받아왔다. 수권의 물은 거의 모든 환경과 생물의 상호작용에 직접적으로 참여하거나 이를 돕는다. 지권, 특히 맨틀은 생물권이 유기화합물을 합성하는 시작점인 탄소의 근원(화산을 통해)이다. 인간권의 활동은 자연 현상이 일어나는 속도와 각 권역 사이의 균형을 변화시킴으로써 전 지구적인 생지화학적 순환에 영향을 미친다.
14. 생지화학적 순환의 연결 고리인 토양은 생물에 의해 변형된 암석의 풍화 물질로 뿌리를 내리고 살아가는 식물들을 지지한다. 토양은 암편과 물, 토양기체, 부식질 및 혼합된 광물질로 구성되어 있다. 토양의 생성 속도는 풍화의 속도에 달려 있으며, 따라서 온도와 강우량, 지형 및 모암의 성분에 의해 영향을 받는다. 잘 발달된 토양 단면은 색깔, 조직, 화학성분, 유기물 함량 및 수분 함량이 서로 다른 토양층들로 구성된다.
15. 생물군계에는 두 가지 기본 형태가 있는데, 육상 생물군계와 수성 생물군계가 그것이다(육상 생태계에서는 생물군계 개념이 좀 더 폭 넓게 적용되지만). 육상 환경에서 생물군계를 구분하는 특질은 기온과 강수량으로 이러한 요소들은 토양의 형태와 식물상에 영향을 미친다. 수성 환경에서는 온도, 염분 및 수심이 주요 요소이다.
16. 육지에 서식하는 생물은 수성 환경에서 살아가는 생물들과 근본적으로 다르다. 육지에서 살아가는 식물과 동물은 중력에 대해 버틸 수 있는 지지 구조가 필요하며 또한 그들은 중요한 제한요소인 물가 근처에서 살아야만 한다. 수성 환경에서는 빛이 부족해질 수도 있다. 특히 수심이 깊은 곳에서는 그렇다. 하지만 이것은 대부분의 육상 생물들에게는 문제가 되지 않는다.
17. 생물군계의 분포는 지구 전역에 열과 습도를 이동시키는 공기 덩어리의 영향을 받는 기후 지리와 관련이 있다. 육상 생물군계의 주요 종류로는 툰드라, 숲지대(한대 침엽수림, 온대 우림, 온대 낙엽수림, 열대 우림, 열대 낙엽수림), 사바나, 덤불지대, 대초원과 사막 등이 있으며 고산 지대 등을 포함하여 각각 생물군계의 다양한 변이를 포함한다.
18. 수성 생물군계는 담수, 해수 및 중간 형태의 생물군계가 있으며, 각각은 온도, 수심, 빛의 투과량 및 해안이나 해저로 부터의 거리 등에 따라 세분된다. 수성 생물은 플랑크톤(매우 작고 자유롭게 떠다니거나 유영을 하는 생물)과 유영동물(능동적으로 수영하는 몸집이 큰 동물) 및 저서생물(밑바닥에서 살아가는 생물) 등으로 구분된다.
19. 담수 생물군계는 흐르는 물(강이나 하천)과 고인 물(호수, 연못 및 습지)의 생물군계로 나눌 수 있다. 육상 담수 환경은 강어귀나 해수 소택지 및 맹그로브 등의 중간 형태의 생물군계에 의해 염수의 해양 환경과 분리된다.
20. 광합성대는 해수의 가장 상부층으로 빛이 투과되어 광합성이 일어나는 구역이다. 그 아래는 무광대로 빛은 거의 투과되지 못한다. 해양 환경과 생물 구역은 해안선으로부터의 거리, 수심, 해저면의 관계 등에 의해 세분된다. 연안대 또는 조간대는 해안 가까운 지역이고, 천해 광합성대는 생산력이 가장 높은 해양 환경이다. 대양해역은 공해 환경으로 근해역과 원해역으로 구성된다. 저서대는 해저 바닥 환경으로 공해에서는 깊고 조간대에서는 얕다.

주요 용어

고산대(alpine)
광합성대(photic zone)
농축계수(concentration factor)
다량영양소(macronutrient)
대양해역(pelagic zone)
대초원(grassland)
먹이그물(food web)
먹이사슬 축적(biomagnification)
먹이사슬(food chains)
모암(parent rock)
무광대(aphotic zone)
미량영양소(micronutrient)
부식질(humus)
분해생물(decomposer)
사막(desert)
사바나(savanna)
생물 이용도(bioavailability)
생물군계(biome)
생물량(biomass)
생물학적 생산(biological production)

생지화학적 순환(biogeochemical cycle)
생체 농축(bioconcentration)
생체 축적(bioaccumulation)
생태계(ecosystem)
생태구역(ecozone)
소비자(consumer)
순생산(net production)
심연대(profundal zone)
연안대(littoral zone)
열대 낙엽수림(tropical deciduous forest)
열대 우림(tropical rain forest)
영양 단계(trophic level)
영양 피라미드(trophic pyramid)
온대 낙엽수림(temperate deciduous forest)
온대 우림(temperate rain forest)
유영생물(nekton)
이차 생산(secondary production)
일차 생산(primary production)
일차 생산자(primary producer)
저서대(benthic zone)
저서생물(benthos)
제한요인(limiting factor)
조광대(limnetic zone)
지중해성 덤불지대(chaparral)
질소고정(nitrogen fixation)
총 생산(gross production)
탈질소작용(denitrification)
토양 구조(soil structure)
토양 단면(soil profile)
토양 비옥도(soil fertility)
토양 습기(soil moisture)
토양 조직(soil texture)
토양(soil)
토양층(soil horizon)
툰드라(tundra)
표토(topsoil)
필수영양소(essential nutrients)
한대 침엽수림(boreal forest)

복습 문제

1. 장기적으로 생명을 유지하는 시스템의 기본적인 두 가지 필수 요건은 무엇인가?
2. 최소 생명 유지 시스템의 특징에 대하여 서술하라.
3. 생물생산력이란 무엇인가? 총 생산력과 순생산력의 차이를 설명하라.
4. 먹이사슬과 먹이그물의 차이는 무엇인가? 먹이사슬에서 인간의 위치와 영양 단계는 어디인가?
5. 생태계를 통하여 에너지는 어떻게 이동하는가? 이러한 에너지의 이동은 생태계를 통한 물질의 이동과 어떤 차이가 있는가? 또한 어떤 점에서 비슷한가?
6. 생태계에서 분해생물의 역할은 무엇인가?
7. 생물들에게 사용되는 관점에서, 다량영양소와 미량영양소의 주요한 차이는 무엇인가?
8. 인 순환은 다른 원소의 생지화학적 순환과 어떤 차이가 있는가?
9. 인간 활동이 전 지구적 생지화학적 순환에 미치는 주요 영향은 무엇인가?
10. 화학원소의 거류 기간이 지권에서는 왜 길며 기권에서는 왜 짧은가?
11. 토양이란 무엇인가? 토양은 어떤 방법으로 지구계의 각 권역을 이어주는 생지화학적 순환의 연결고리 역할을 하는가?
12. 수성 생물군계와 육상 생물군계의 기본적 차이는 무엇인가? 육상 생물군계와 수성 생물군계를 구분하는 주요 특징은 무엇인가?
13. 중요한 육상 생물군계 하나를 들어 설명하라.
14. 담수 생물군계와 전이 생물군계를 예를 하나 들어 설명하라.
15. 해양 생물군계 하나를 선택하여 설명하라.

연구와 토론 문제

1. 소위 '6대 영양소' 라 알려진 다량영양소 중 하나를 선택하여 그 원소의 생지화학적 순환을 자세히 설명하라. 만약 이 원소의 순환이 지구 역사를 통하여 급격하게 변했다면 지구계의 진화가 어떻게 영향을 받아 왔겠는가?
2. 왜 탄소 순환이 기권의 화학조성에 그토록 중요한 영향을 미치는가?
3. 물 순환(수권 순환)이 다른 생지화학적 순환과 다른 점은 무엇이며 또 무엇이 비슷한가?

기초 원리 문제

1. 우리는 왜 우리 몸 내부의 에너지와 서로 다른 종 사이의 에너지를 재사용할 수 없는가?
2. 세계 토양 지도를 기초로 당신이 살고 있는 지역의 토양 형태와 토양의 특성에 대하여 설명하라.
3. 토양의 11등급은 무엇인가?

자세히 보기 문제

1. 수은과 같은 독성 원소가 영양 단계를 통하여 이동하는 과정에서 왜 동물의 조직에 농축되는가? 이 과정과 이러한 과정이 일어나는 장소에 대하여 설명하라.
2. 여러분이 정기적으로 섭취하는 물고기의 평균 수은 농도를 알 수 있는 방법을 연구해 보라. 이런 물고기의 추천 소비량은 어느 정도인가? 즉 일주일에 몇 킬로그램이 적당한지 설명하라. 여러분은 계산된 추천 소비량보다 더 섭취하는가 덜 섭취하는가?
3. 수은 외에 인체에 축적되는 것으로 알려진 다른 원소들에는 무엇이 있는가?

CHAPTER 16

개체군, 군집, 그리고 변화

개요

이 장에서 우리는

- 개체군의 건강에 영향을 미치는 요소들을 조사한다.
- 개체군의 성장을 제한하는 요소와 수용력에 대하여 알아본다.
- 생태학적 군집의 개체들 사이의 상호작용을 설명한다.
- 생태적 지위와 서식지의 개념에 대해 조사한다.
- 생물다양성의 형태, 중요성 및 생물다양성을 위협하는 요소들을 요약한다.

◀ **꿀벌 집단**

전 세계 여러 지역에서 꿀벌의 개체군은 지난 몇 년 동안에 알 수 없는 이유로 급격하게 감소하였다. 이 사진은 벌들(*Apis mellifera*)이 서로 협동하여 벌집을 수리하고 있는 벌 군집의 모습이다. 인간은 많은 농작물을 수분하는 데 벌에 의존한다.

제14장에서 우리는 지구의 생명체에 대한 몇몇 관점, 즉 "생명이란 무엇이고, 그들의 기원은 어찌되며, 이러한 생명체가 지구의 역사를 지나오면서 지구계에 어떠한 영향을 미쳐왔는지" 등에 대하여 다소 폭넓게 다루었으며, 제15장에서는 생명체를 지탱하는 체계—생명체와 무생명체를 넘나드는 에너지와 영양소의 순환체계 및 그들의 특징—등에 대하여 좀 더 상세히 고찰하였다. 우리는 이제 제16장을 통하여 지구 생태계의 핵심 구성 요소인 생물 개체와 개체군 및 군집에 대하여 알아보고자 하며, 특히 생태적 군집에서 서로 다른 종 간(또는 동종 간)의 개체에서 벌어지는 상호작용과 이러한 개체군의 성장과 쇠락을 야기하는 요소들에 대하여 다룰 것이다. 이러한 고찰을 통하여 우리는 어떻게 이러한 모든 과정들이 지구에 이토록 풍부하고 복잡한 생물의 다양성을 야기하여 지구에 이토록 상상하기 어려울 정도의 다양한 생물종들을 이끈 생물권을 조사함으로써 이 장을 마칠 것이다.

개체군

개체군(population)이란 유전정보를 공유하고 상호 교배하는, 즉 같은 종의 개체들로 구성된 집단이다. 일반적으로 개체군은 동일한 물리적 공간에 서식하는 생물들, 즉 동일한 숲에 둥지를 틀고 살아가는 새의 개체군, 또는 그 숲에서 자라는 동일종의 나무들, 하나의 군체를 이루며 살아가는 개미의 집단들이다. 하지만 개체군 내의 생물 개체들은 특정 종의 행동 및 생활양식에 따라 서로 근접하여 또는 멀리 떨어져서 살아간다. 예를 들어, 고래는 소규모의 집단을 형성하여 수천 킬로미터를 이동하고, 짝짓기의 경우에만 간혹 소규모의 다른 집단들이 함께 뭉쳐서 하나의 집단을 이룬다. 이러한 형태의 지리적 분포는 이동하는 육상 생물 종들의 전형적인 특징이다.

그림 16.1 개체군에 영향을 미치는 외부 요인
캐나다 유콘 지역의 이글 포인트 근처에서 산불이 일어난 후 검게 그을린 가문비나무 숲 사이에 야생 바늘꽃(*Epilobium anqustifolium*)이 다시 소생하고 있다.

개체군의 변화를 일으키는 요인

개체군을 이해하기 위해서는 우선 개체군을 건강하게 유지하는 요소와 이들의 성장에 미치는 요소에 대하여 이해해야한다. 이를 위해 우리는 내부적 요인과 외부적 요인을 모두 고려해야 한다. 내부적 요인이란 특정 종이나 개체군에만 국한되는 요소로서 낮은 출산율 또는 특정 먹이나 생활공간에 대한 의존 등을 포함한다. 외부적 요인은 개체군에 영향을 미치는 외적인 또는 부가적인 요소들로 개체군의 건강과 생존에 영향을 미친다. 예를 들어 기후의 변화, 숲의 화재(그림 16.1) 또는 포식자의 계절에 따른 풍부도 등이 포함된다.

우리는 또한 개체군 내에서 개체들끼리의 상호작용이 개체군 전체의 건강과 성장에 어떠한 영향을 미치는지도 고려할 필요가 있다. 이러한 것에는 동종 개체들 사이에서의 먹이나 배우자들에 대한 경쟁이 포함된다. 이것이 동일종 개체들 사이에서의 상호작용으로 종내 상호작용이라 한다. 또한 어떠한 개체군도 독립적으로 고립되어 살아갈 수 없기 때문에 이종 간 상호작용도 중요하다. 개체군이란 일반적으로 상호작용하고 서로 의존하는 수많은 종들로 구성된 군집 안에서 살아가기 때문이다. 개체군의 성장에 영향을 미치는 이종 간 상호작용에는 종간 경쟁, 포식관계 및 기생관계 등이 포함된다. 종내 상호작용과 이종 간 상호작용 및 생물 개체의 특징이나 행동 습성 등은 개체군 성장의 근본적 요소인 출생률, 사망률 및 생존율에 영향을 미친다.

궁극적으로 지구계는 먹이, 물, 공간, 피난처, 태양빛 및 생식에 적절한 환경 등의 유용 가능한 물리적 자원을 공급하며, 이러한 모든 것들이 개체군과 그 구성원인 개체들의 건강에 분명한 영향을 미친다. 특정한 개체군이나 또는 개체들이 살아가는 물리적인 환경인 서식지와 그 환경에서의 종의 생태적 지위에는 중요한 차이가 있다.

생태적 지위라는 개념은—이장의 후반부에 다시 언급됨—특정한 서식지에서 살아가는 개체군들 사이의 상호작용과 개체군 안에서의 가능한 모든 상호작용에 관한 모든 종류의 질문을 가능하게 한다. 예를 들어 상호작용에 있어서 종들의 역할은 무엇인가? 한 개체군에 속한 서로 다른 개체들은 자원 확보를 위해 서로 경쟁을 하는가? 다른 종의 개체들과도 경쟁을 하는가? 종은 서식지 내에서 특별한 역할을 달성하기 위하여 상호 협력할 수 있는가? 우리는 개체군과 군집에 대한 이러한 질문들에 대한 가능한 해답들을 조사할 것이다.

개체군 동태론

개체군 동태론(population dynamics)이란 개체군의 성장과 변화를 연구하는 것으로 개체군 동태론의 기본적 질문은 지구상의 생명의 다양성과 풍부성을 무엇이 조절하는가이다. 우리는 이러한 질문을 생명체 조직의 다양한 단계에서, 즉 하나의 개체군 단계에서부터 한 생태계의 모든 종 단계까지 또는 지구의 주요 지역에 서식하는 모든 생명체의 단계까지 물어볼 수 있다. 빠르게 성장하는 개체군은 좀 더 넓은 서식공간을 차지하여 물리 · 화학적 환경을 변화시키며, 궁극적으로는 다른 개체군과 더불어 지구의 전체적 시스템에 영향을 미치기 때문에 이러한 질문은 매우 중요하다. 우리가 지금 배우고 있듯이, 생물권 전체의 평형은 서로 다른 종 사이의 미묘한 균형에 달려 있기 때문에 이러한 질문은 또한 중요하다. 개체군이나 종의 멸종은 예견하지 못했던 결과를 일으킬지도 모르기 때문에 우리는 개체군을 건강하고 안정되게 유지시키는 요소에 대하여 가능한 한 많은 것들을 이해할 필요가 있다.

시간이 지남에 따라 개체군들이 어떻게 변화하는지부터 시작해 보자. 하나의 개체군에서 시간에 따른 개체수의 변화를 **성장률**(growth rate)이라 한다. 성장률(r)은 주어진 기간 동안 개체군내의 개체수의 증가 또는 감소 비율의 단순한 함수로 아래와 같이 표시할 수 있다.

$$\text{성장률}(r) = \frac{N(\text{특정 기간 종점에서 개체군의 개체수} - \text{특정 기간 시점에서 개체군의 개체수})}{N_0(\text{특정 기간 시점에서 개체군의 개체수})}$$

개체군에서 특정 기간에 증가한 개체수가 사라진 개체수보다 많으면 개체군은 증가한 것이며 양의 성장률을 나타낸다. 반대로 증가된 개체수보다 사라진 개체수가 많으면 음의 성장률을 나타내며 이 경우 개체군은 감소한다.

만약 충분한 에너지와 영양분이 공급된다면 개체군의 성장률은 지속적으로 증가할 것이고 짧은 기간에 개체군은 기하급수적으로 성장할 것이다. 예를 들어, 한때 멸종된 것으로 여겨진 북반구의 코끼리사자는 실질적으로는 20세기에 들어설 즈음에는 약 20마리만이 생존했으나 1970년대에는 약 60,000마리의 개체까지 증가했으며 현재는 120,000마리보다 많고 매년 9%의 성장률로 증가하고 있다(그림 16.2). 하지만 개체군은 영원히 기하급수적으로 성장할 수는 없다. 왜냐하면 유한한 자원의 세계에서 개체군의 성장은 다양한 요소에 의해서 제한을 받기 때문이다.

그림 16.2 코끼리바다표범 개체군의 역사

1890년경에 북반구 코끼리바다표범(A, *Mirounga angustirostris*)은 거의 멸종 수준이었다. 아마도 인간의 사냥 때문으로 그 당시 살아남은 개체는 겨우 20~200마리에 불과했다. 그 후 멸종 위기종으로 지정하고 보호한 결과 코끼리바다표범의 개체군은 연간 성장률이 9%에 이를 정도로 기하급수적으로 증가하였다. (B) 현재의 개체군은 약 127,000마리에 이르기 때문에 그들은 더 이상 위험군은 아니다. 하지만 현재의 모든 코끼리바다표범은 초기의 소수 생존자들의 자손이기 때문에 질병에 매우 취약할 수 있다. 이것이 유전자 병목현상의 예이다.

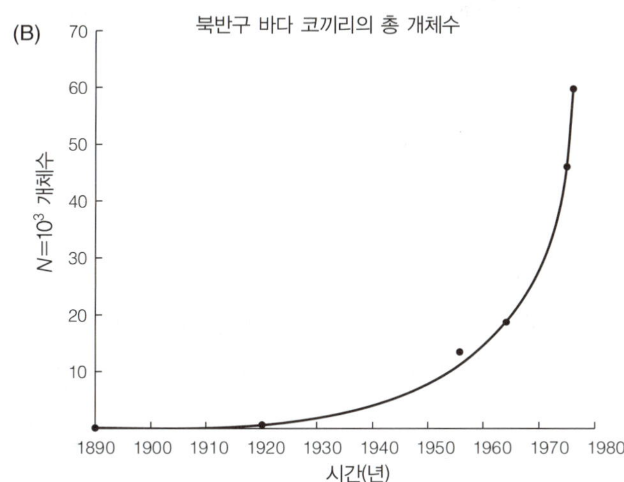

기초 원리

개체군 성장

생명체의 성장과 번식은 생명체를 지지하는 자원의 유용성에 달려있다. 무한한 자원이 가능하고 성장과 번식을 저해하는 요인이 없는 환경에서는 그림 B16.1A와 같이 기하급수적 성장이 가능하다(그림 B16.1A). **기하급수적 성장**(exponential growth)은 기하학적 성장으로, 이는 단위 시간당 주어진 비율(성장률)에 따라 성장하는 것을 의미한다. 예를 들어 당신이 현재 1페니를 가지고 있고 매일 그것의 2배를 가질 수 있다고 하자. 다음날 당신은 총 2페니를 가지게 되며, 3일째는 4페니, 4일째 당신은 8페니를 갖게 된다. 이러한 비율로 당신이 돈을 번다면 21일째에는 100만 페니가 넘는 돈을 벌게 될 것이고, 22번째 날에는 200백만 페니 이상의 돈을 벌 것이다. 이것이 기하급수적 성장이다.

기하급수적 또는 기하학적 성장은 단위 시간당 성장하는 양이 언제나 일정한 산술적 성장 또는 **선형 성장**(linear growth)과는 다르다(그림 B16.1B). 당신이 다시 1페니로 시작하여, 다음날 처음의 두 배를 버는 대신 1페니만을 더 번다면 그 성장은 산술적이다. 둘째 날 당신은 2페니를 벌게 되고, 셋째 날은 3페니, 넷째 날은 4페니가 되어, 21번째 날에는 21페니가 되고, 22번째 날에는 22페니가 될 것이다. 따라서 기하급수적 성장을 보인 처음의 경우와는 달리 당신이 벌어들인 돈의 양은 매우 적을 것이다.

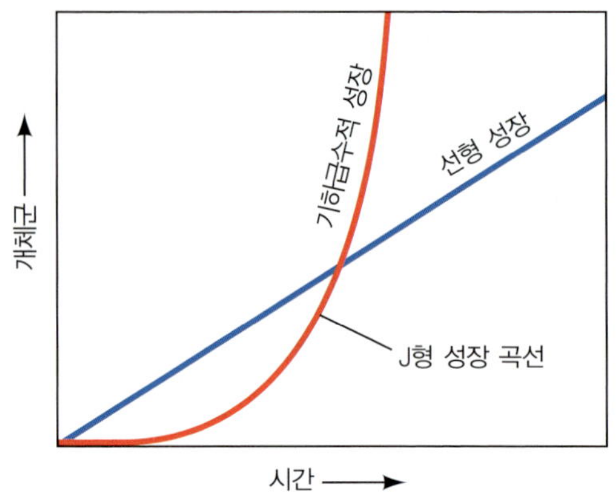

그림 B16.1 **기하급수적 성장과 선형 성장**
기하급수적 성장은 기하학적 성장으로 단위 시간당 성장률은 일정하다. J곡선이 이러한 기하급수적 성장의 특징이다. 선형 성장은 산술적 성장으로 단위 시간당 성장량이 일정하다.

기하급수적 성장의 수식은 다음과 같다.

$dN/dt = rN$(N=개체수, t=단위 시간, r=성장률)

d는 변화라고 표현될 수 있는 수학적 기호다. 따라서 이 방정식은 "단위 시간의 변화에 따른 개체수의 변화는 개체수와 성장률을 곱한 값과 같다."라고 표현할 수 있다.

성장의 제한

개체군이 실질적으로 기하급수적 성장을 할 수 없다면 개체군은 어떻게 성장할까? 이에 대한 초기 현대 과학의 제안은 단순하다. 즉 일정하게 먹이가 공급되는 등의 안정한 환경 조건에서 개체군은 환경요소에 의해 제한받을 때까지는 지속적으로 순조롭게 성장한다는 것이다. 그러한 성장은 기하급수적 성장을 나타내는 J자 형태와는 달리 S자 형태를 띠며 이를 **로지스틱 성장 곡선**(logistic growth curve)이라 한다(그림 16.3).

로지스틱 곡선의 기본 아이디어는 단순하다. 개체군이 이용할 수 있는 자원에 비해 규모가 작을 경우는 개체군의 모든 개체들은 충분히 먹이를 섭취하게 되고 필요한 모든 자원을 이용할 수 있기 때문에 개체군은 기하급수적으로 성장할 수 있다는 것이다. 초기의 개체수 증가율은 크지 않다(그림 16.3A). 왜냐하면 새끼를 낳을 수 있는 개체가 적기 때문이다. 개체들이 증가하게 되면 좀 더 많은 개체들이 새끼를 낳을 수 있으나 개체수의 과잉에는 아직 도달되지 않았고 자원은 여전히 풍부하다. 결과적으로 개체군의 성장은 초기보다 빠르게 된다(그림 16.3B). 하지만 궁극적으로 **개체군 밀도**(population density) 또는 단위 면적당 개체수가 증가하게 되면 환경은 좀 더 조밀하게 된다. 따라서 개체들이 이용할 수 있는 자원과 먹이의 양은 감소하게 되고 결국 개체의 성장과 번식은 감소한다(그림 16.3의 C 지점). 이때는 먹이의 고갈과 개체수 과잉으로 사망률이 증가할 수도 있다. 결국 개체군은 개체들에게 충분한 먹이가 공급되는 지점까지의 수준에 도달한다. 이때 사망률과 출생률은 평형을 이루며 개체군의 성장은 멈춘다.

계산기를 이용하여 30분마다 분열하여 번식하는 박테리아와 같이 매우 빠르게 번식하는 생명체의 예를 들어 이 방정식으로 계산해보자. 우선 N은 1이며, t는 0.5hr이고, r은 1.0이다(100%). 처음의 값은 다음 계산의 새로운 N으로 사용된다. N은 언제 1,000에 도달하는가? 언제 N값이 백만 또는 10억을 넘는가? (비교를 위해 과일파리(r=1.5/day)나 코끼리(r=1.0/decade)처럼 느리게 번식하는 생명체를 예로 다시 계산을 해보라.)

당신은 매우 빠르게 번식하는 박테리아의 경우, 5시간이 경과할 즈음에 N은 1,000을 넘어서며, 10시간 후에는 100만, 14.5시간 후에는 10억보다 커진다는 것을 알 수 있다. 페니의 경우나 박테리아의 경우에서 N과 t를 각각 수직축과 수평축에 놓고 그래프에 표시해 보라. 당신은 기하급수적 성장의 그래프가 처음에는 매우 느리게 증가하지만, 시간이 갈수록 증가량이 많아져서 영어 알파벳의 'J'와 유사하게 됨을 알 수 있다. 그림 B16.1에서 보듯이 이러한 J곡선이 기하급수적 성장의 전형적인 모습이다. 당신이 산술적 성장을 그래프에 표시한다면 그림 B16.1의 직선 형태를 얻을 것이다.

무제한적인 기하급수적 성장에는 분명 문제가 있다. 한 마리의 박테리아가 15시간 이내에 10억 개체를 가진 박테리아 개체군으로 성장한다면 왜 전 세계가 완전히 박테리아로 뒤덮이지 않는가? (바퀴벌레와 과일파리 및 모기처럼 빠른 번식을 보이는 생명체는 말할 것도 없이) 정답은 물론 현실 세계에서는 생물 개체군의 성장이 제한을 받기 때문이다. 사실 야생 생물의 번식은 너무나 다양한 요소에 의해 제한을 받는다.

우리가 계산 초기에 간과한 것은 우리는 성장을 단지 **출생률**(birth rate, 단위 시간당 출생한 개체수)의 함수로만 고려했다는 것이다. 생명체는 죽기도 한다. 개체군에서의 **사망률**(death rate)은 동일 기간 동안 죽은 개체수를 나타내며 일반적으로 전체 개체군에 대한 비율로 표현한다. 자연 상태에서 생명체는 또한 이주를 통하여 하나의 개체군에 들어가기도 하고 개체군을 떠나기도 한다. 이러한 개체군에서의 변화도 고려되어져야 한다. 그러므로 성장률은 출생률(또는 이입)과 사망률(이동)의 차이이다.

개체군의 성장에는 환경적 제한 요소도 작용한다. 우리는 이 논의의 초기 단계에서 생명체에 필요한 자원이 무제한으로 공급되는 상황을 설정하였다. 하지만 현실의 야생에서는 전혀 그렇지 않다. 개체군이 야생에서 폭발적으로 성장을 할 수 있음에도 불구하고 실질적으로 개체군의 성장이 다른 것은 개체군의 성장이 궁극적으로 다양한 환경 요소에 의해 제한을 받기 때문이다. 전통적으로 생태학자들은 개체군을 제한하는 세 가지 과정을 제안해 왔다. (1) 개체군 스스로 제한한다. (2) 종 간의 상호작용은 자원에 대한 경쟁을 유발하여 종의 풍부도를 제한한다. (3) 물리・화학적인(생물에 의하지 않은) 환경이 개체군의 성장을 제한한다. 물리・화학적 제한은 먹이와 영양소의 제한, 물이나 빛의 부족 또는 혹독한 기후 등을 포함한다.

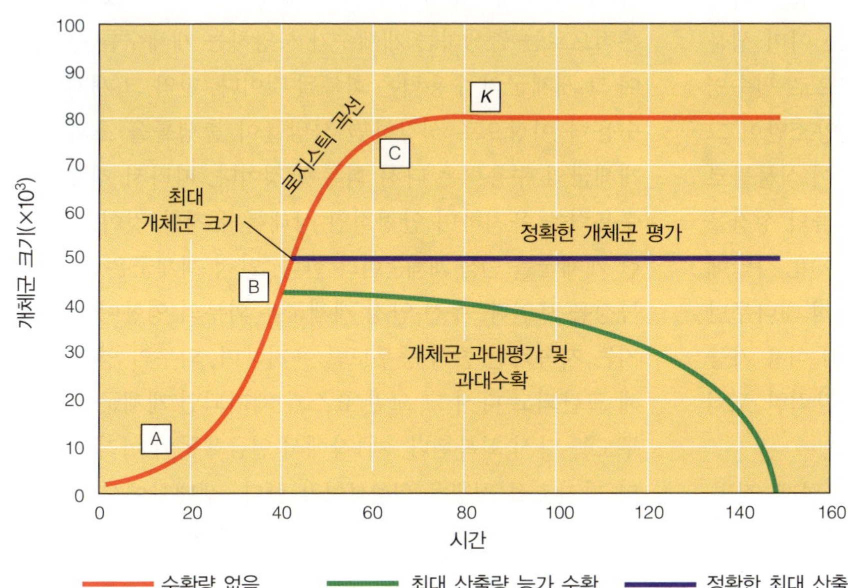

그림 16.3 로지스틱 성장 곡선
로지스틱 곡선은 자원이나 다른 요소의 부족으로 성장이 제한되는 기하급수적 성장을 기초로 한 개체군의 성장 모형이다. 개체수가 적을 때는(A) 자원과 공간이 풍부하더라도 자손을 번식할 수 있는 개체수가 적기 때문에 개체군의 성장은 느리다. 자원은 아직 부족하지만 번식할 수 있는 개체들이 많은 (B)에서 개체군의 성장은 최대에 이른다. 자원의 부족과 과밀 현상 및 포식자의 증가 등의 제한 요인 때문에 (C)에서 개체군의 성장은 느려진다. 개체군이 안정되는 지점이 수용력(K)을 나타낸다.

성장 잠재 능력과 제한요소

자원의 제한이 없는 최적 환경 조건에서의 개체군의 성장을 그 개체군의 **성장 잠재 능력**(biotic potential)이라 한다. 하지만 우리가 이미 알고 있듯이 야생에서의 번식, 생존 및 개체의 성장—궁극적으로 개체군의 성장—은 자원의 유용성에 의해 제한을 받는다. 개체군이 성장하게 되면 많은 요소들이 성장을 제한하는 요소로 작용하게 된다. 만약 어떤 개체군의 밀도가 증가하게 되면 개체들은 서식 공간, 물, 먹이 등 그들에게 필요한 자원을 얻는 데 어려움을 겪게 된다. 자원들은 궁극적으로 고갈될지도 모른다. 두 종 이상으로 구성된 군집에서는 또 다른 요소들이 성장에 영향을 미칠 수도 있다. 예를 들어 밀도가 증가하는 개체군의 개체들은 포식자를 만날 확률이 높아진다. 가뭄, 추운 겨울, 강력한 폭풍, 또는 포식자 집단의 폭발적 증가 등의 위험 환경 요소 등도 또한 개체군 성장에 영향을 미칠 수 있다.

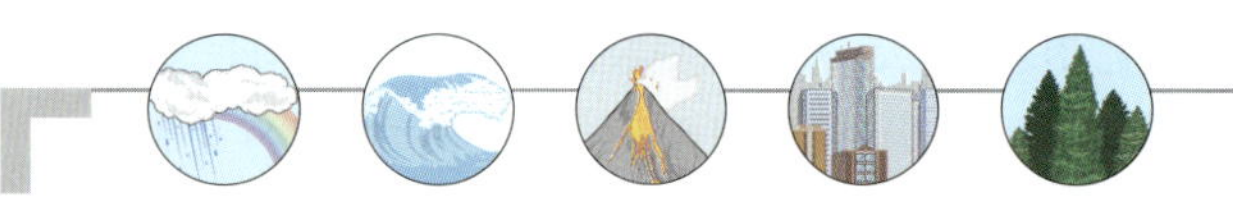

관련짓기

곤충, 곰, 세균 또는 야생 민들레 개체군을 생각해 보라. 이들의 성장에 영향을 미치는 요소에 대하여 얼마나 많은 목록을 만들 수 있겠는가? 이러한 제한요소들이 수권에서 오는지, 기권인지, 지권인지, 생물권인지, 인간권인지 구분해 보라.

개체군의 성장을 멈추게 하거나 조절하는 역할을 하는 요소를 제한요인이라 한다. 제15장에서 우리는 이미 생물 생산력과 생물 개체의 성장에 대한 제한요인으로 필수영양소의 역할을 논의했으나 이러한 화학적 영양소만이 그들의 성장을 제한하는 요인은 아니다. 예를 들어 식물들로 가득 찬 열대 우림의 지표면에는 태양빛이 그들의 성장을 제한하거나 생존을 좌우하는 요인이 될 수 있으며, 사막에서는 물이 가장 중요한 제한요인일 것이다. 오직 대나무만을 먹는 판다에게는 서식지 주변에서 대나무의 이용 가능성이 제한요인이다. 눈신산토끼에게는 가장 강력한 포식자인 스라소니의 개체수가 제한요인일 수 있다.

이러한 모든 제한요인들(먹이, 물, 공간, 빛, 경쟁, 질병, 기후 변화 등)은 끊임없이 증가하며 성장하려는 개체군에 저항적 요소로 작용하여 개체군의 성장을 조절한다. 다시 말해 기하급수적으로 성장하려는 개체군의 성장을 제한하여 개체군의 일반적인 성장 형태인 로지스틱 성장 곡선을 따르게 한다.

수용력

그림 16.3의 로지스틱 곡선에서 개체수가 평형상태에 도달하는 점이 바로 모든 제한요인(내적이든 외적이든)의 영향을 나타낸다. 이것이 또한 특정 생태계에서 개체군이 수용할 수 있는 이론상의 최대 개체수이다. 이를 **수용력**(carrying capacity)이라 하며 *K*로 나타낸다. 수용력은 개체군과 개체군이 속한 생태계에 매우 중요한 개념으로 두 개의 정의가 일반적으로 알려져 있다. (1) 개체군의 이론적 성장 모형인 로지스틱 곡선 정상부에서 지속되는 생물개체 풍부도로 정의되기도 하며, 좀 더 일반적으로 알려진 정의는 (2) 장기간 동안 한 지역에서 외부의 영향에 무관하게 유지될 수 있는 한 종(또는 개체군)의 최대 개체수다. 이러한 수용력은 종에 따라 다르고 동일종일지라도 그 종이 속한 환경에 따라 다르다. 다시 말해 동일한 숲 생태계에서 살아가는 북아메리카 서부의 회색곰과 꿀벌은 전혀 다른 수용력을 나타낸다. 수용력 개념은 또한 개체군을 유기하기 위한 생태계의 미래의 지속적인 능력과도 명백히 관련이 있다. 이와 연관된 개념인 **지속성**(sustainability)은 생태계에 심각한 손상을 초래하지 않고 장기간 동안 특정한 수준으로 개체군을 유지하려는 능력을 말한다.

개체군 안정

수용력은 한 개체군의 안정 상태 또는 평형 상태를 나타낸다. 만약에 개체군이 수용력 아래의 수준으로 축소되면 이론적으로는 출생하는 개체수가 사망하는 개체수를 능가하여 그 개체군의 수용력은 회복될 것이다. 만약 그 개체군이 수용력 이상으로 성장하면 사망률이 출생률을 초과하여 개체군의 수용력은 다시 회복될 것이다. 따라서 개체군은 수용력을 유지하며 안정적인 상태를 유지할 것이고 이러한 개체군을 안정 개체군이라 한다. 안정 개체군은 두 가지 특징을 보인다. 우선 안정 개체군은 외부의 영향이 있기까지는 지속적인 종의 풍부도를 유지하며, 외부의 영향에 의해 교란되고 다시 그 교란 요소가 제거되면 개체군의 종풍부도는 다시 회복된다. 제1장에서 언급했듯이 이러한 형태의 자기조절 평형을 항상성이라 한다. 생태학에서 오랫동안 이어져온 한 가지 의문은 야생의 개체군이 이러한 안정성을 실질적으로 나타내느냐이다.

오늘날의 증거들은 현재의 야생 개체군들은 시간이 흐

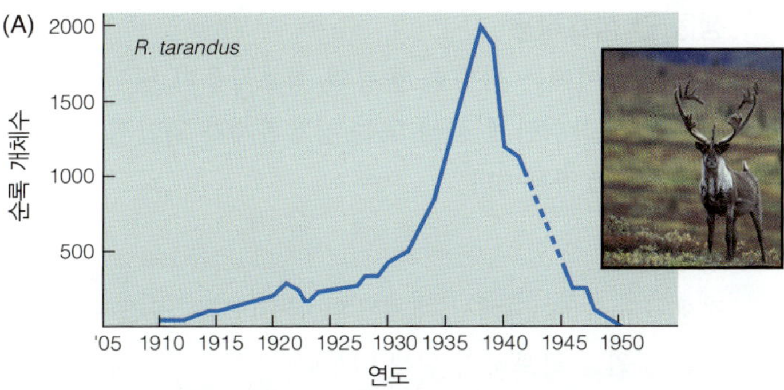

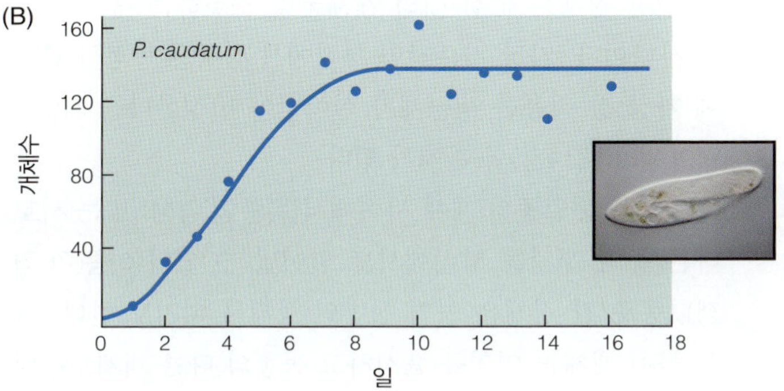

그림 16.4 야생 개체군의 성장

(A) 1911년에 베링 해의 세인트 폴 섬에 순록(*Rangifer tarandus*)이 유입되었을 때, 그 섬에 순록의 포식자는 없었다. 순록은 2,000마리에 이를 정도로 개체수가 빠르게 증가했으며 이 숫자는 섬의 수용력을 넘어선 것으로 너무 많은 순록이 방목되었다. 1940년과 1941년 사이의 겨울은 혹독했고 따라서 많은 순록이 굶어 죽었다. 개체수의 변동은 더 있었지만 현재 순록의 개체군은 약 450~500마리 정도로 안정되었다. (B) 1930년대에 가우스는 박테리아를 잡아먹는 단세포 동물인 짚신벌레(*Paramecium*) 개체군에 대한 고전적인 실험을 수행했다. 그래프는 포식자가 없고 먹이와 다른 환경 조건이 일정하게 유지된 실험실 환경에서의 짚신벌레 개체군(*P. caudatum*) 변화를 보여준다. 개체군은 증가하여 다소 과다하게 많아졌으며 변동을 거쳐 안정을 유지하게 되었다.

름에 따라 이보다는 다소 복잡한 변화 형태를 보임을 제시한다. 즉 야생 개체군은 단순한 로지스틱 곡선을 따라 성장하지 않고, 안정 상태가 외부의 영향으로 혼란을 겪을 경우에도 안정 상태로 쉽게 돌아가지 않는다. 실질적으로 개체군은 환경 변화, 다른 종과의 상호관계, 불규칙하게 발생되는 사건, 개체들 사이의 영향 및 시간의 경과 등에 대하여 매우 복잡한 방법으로 영향을 받는다.

개체군의 빠른 성장은 어떤 의미에서는 종종 그 개체군이 건강하다는 의미로 받아들여진다. 하지만 오랫동안의 빠른 성장은 개체군에 해가된다. 이러한 현상은 제19장에서 논의한 것처럼 성장을 위한 인류의 잠재력으로 묘사된다. 인구의 성장에 대하여 왕왕 회자되는 관심사 중 하나는, 인구가 끊임없이 지속적으로 증가하면 인류는 자원 고갈과 서식지가 파괴되는 위험에 이르게 되며 궁극적으로 이러한 인류의 성장이 인류의 멸망을 이끌지도 모른다는 것이다. 따라서 종이나 개체군들은 장기간 동안 통제되지 않고 빠르게 성장하지는 않을 것이다.

급증-급감 주기

매우 빠르게 개체군이 증가하는 기간을 개체군 '급증'이라 한다. 급증하는 개체군은 개체군이 속한 생태계의 수용력을 능가한다. 급격히 성장하는 개체군은 갑작스러운 자원의 고갈을 일으키거나, 그들을 먹이로 하는 포식자의 수를 증가시켜 종종 개체군 '급감'을 야기한다(그림 16.4A). 이러한 갑작스러운 급감은 수용력까지 회복되기도 하지만 과도하게 급감할 경우 간혹은 회복되지 못한다. 어떤 개체군은 극적인 '급증-급감' 주기를 나타내지 않고 증가와 감소가 반복하여 느리지만 생태계의 수용력에 도달한다(그림 16.4B).

잘 알려진 급증-급감 진동의 경우는 맥클루리히(MacLulich, 1937)의 북부 캐나다에 서식하는 스라소니와 눈신산토끼의 개체군 변이에 대한 연구에서 잘 나타난다. r-전략가인 눈신산토끼는 포식자가 없는 환경에서는 빠르게 번식한다(그림 16.5). 토끼의 증가 속도가 너무 빨라 생태계의 수용력을 능가한다.

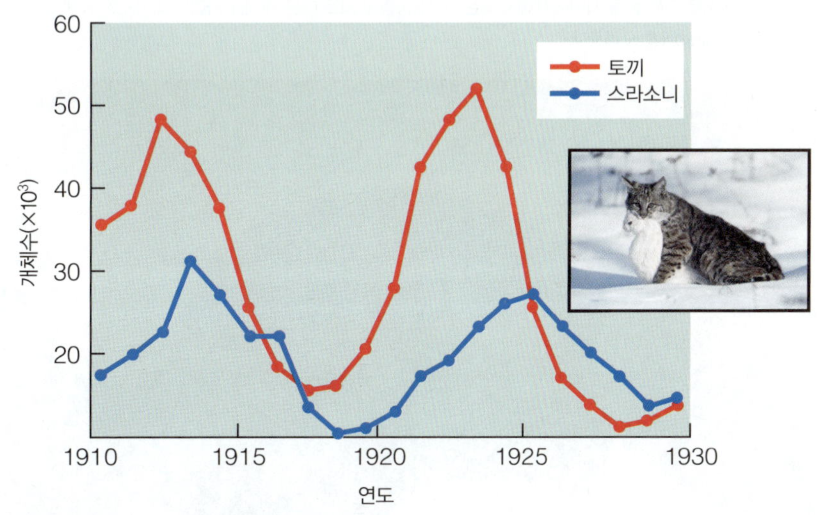

그림 16.5 급증-급감 주기

맥클루리히의 고전적 연구(1937)에 기초한 이 그래프는 캐나다 스라소니가 주요 먹이인 눈신산토끼의 이용도에 따라 개체수가 변하는 것을 나타낸다.

개체수가 폭발적으로 증가한 후 산토끼 개체군은 환경적 저항과 죽음을 경험하게 된다. 추위나 먹이의 부족 및 그림에서 보듯이 포식자(스라소니)의 증가 등이 제한요인으로 작동한다. 산토끼 개체군이 감소함에 따라 스라소니 개체군 또한 먹이가 줄어들기 때문에 감소한다. 그 후 개체군의 이러한 급증과 급감 주기는 스스로 반복한다.

불변성보다는 가변성이 자연의 법칙인 것은 자명하다. 문제는 이제 변이를 일으키는 요소가 무엇인지를 어찌 알 수 있으며, 미래 개체군의 변화를 예측하기 위해 무엇을 배우느냐이다. 개체군, 특히 멸종 위기종의 운명을 예측하는 것은 환경의 변화가 생물의 다양성에 어떠한 영향을 미치고, 이러한 변화가 또 전 지구적 환경에, 가령 에너지 흐름, 지구 표면의 색깔, 자원 이용의 가능성 등의 요소를 어떻게 변화시키는지를 이해하는 데 매우 중요하다.

군집

개체군은 고립되어 독립적으로 살 수 없으며 생태적 군집 안에서 살아간다. **군집**(community)이란 동일한 환경을 공유하고 상호작용하며 의존하는 서로 다른 종에 속한 개체들의 집단이다. 개체군이 동일종 개체의 집단이라면 군집은 서로 다른 종의 개체들을 포함한다. 군집 내의 개체들 사이에서 일어나는 상호작용은 개체군과 생태계 전체에 근본적인 영향을 미친다.

생물 간 상호작용

생물들 사이에는 다양한 종류의 상호작용이 일어나지만, 경쟁관계, 착취관계 공생 또는 상호관계가 일반적으로 일어나는 상호작용이다.

경쟁관계

경쟁(competition)에서 개체들은 먹이나 물, 공간 등의 부족한 자원을 확보하기 위해 다툰다(그림 16.6). 자원 확보를 위한 경쟁은 군집 내의 개체군을 조절하는 주요 요소 중 하나이다. 가장 기본적인 형태에서 경쟁은 특정한 환경에 가장 잘 적응한 생명체가 살아남아 번성한다는 자연선택의 원리(제14장)와 관계가 있다.

경쟁은 동일종의 개체 사이에서(동종 간 경쟁) 또는 서로 다른 종의 개체들 사이에서도 일어날 수 있다(이종 간 경쟁). 동종 간 경쟁은 영역 침범의 형태를 띠기도 한다. 예를 들어 개체는 영역을 표시하고 동종의 다른 개체로부터 자기 영역을 방어한다. 이러한 현상은 늑대와 같은 포식자나 새의 경우에 흔히 관찰되는 현상이다. 식물도 또한 영양소, 물, 햇빛을 얻기 위해 경쟁한다. 정원에 너무 촘촘히 씨앗을 파종할 경우 이러한 현상은 쉽게 관찰된다. 어느 순간에 특정 나뭇잎이 너무 커져서 다른 식물은 햇빛을 받기 어렵게 된다. 결과적으로 크고 넓은 잎을 가진 식물은 빛을 차단하여 주변 식물의 성장을 방해한다.

그림 16.6 **경쟁**

경쟁은 종 간(서로 다른 종들 사이에서)에서 또는 종 내(동종의 서로 다른 개체들 사이에서)에서도 발생할 수 있다. 그림은 옐로스톤 국립공원에서 영역 다툼을 하고 있는 수컷 아메리카들소(*B. bison*)를 보여준다.

자세히 보기

K-전략가와 r-전략가

다른 생명체는 다른 번식 전략을 취한다. 이러한 전략을 조사하는 것은 내부적 요소와 외부적 요소의 상호작용과 그런 전략이 개체군의 성장과 어떤 연관이 있는지를 이해하는 데 도움이 된다.

어떤 생명체는 매우 적은 수의 개체만 생존할지라도 많은 수의 자손을 생산하는 데 그들의 생식 에너지를 투자한다. 그런 전략을 구사하는 생명체를 **r-전략가**(r-strategists)라고 한다(그림 C16.1A, B). *r*은 번식의 영어 첫 문자를 나타내며 r-전략가들은 불안정하거나 변화가 심한 환경에서 일반적이다. 이러한 환경에서는 빠른 번식이 종의 생존에 유리하다. 예외가 없는 것은 아니지만, 대부분의 r-전략가는 몸의 크기가 작으며 성숙기에 일찍 도달하고 수명은 짧다. 그들은 자손을 만드는 데 많은 투자를 하지만 번식 후 자식을 성체로 기르거나 돌보는 데는 적은 에너지만을 소비한다. 따라서 그들은 많은 수의 알이나 씨를 자주 생산하여 널리 퍼트리는 능력을 보인다. 여러 종류의 들풀과 곤충들이 좋은 예이다. 특히 민들레는 공기로 운반되는 면모를 이용하여 씨앗을 멀리까지 이동시키며 곤충은 하나의 알에서 수천 마리의 새끼를 낳을 수 있다.

K-전략가(K-Strategist, K는 수용력을 의미한다)의 번식 전략은 r-전략가와는 매우 다르다. K-전략가와 r-전략가는 유한한 자원을 확보할 수 K-전략가의 능력에 의해 구분된다. 이들은 대체로 몸집이 크며(물론 예외는 있다) 수명이 길고 성숙기에 늦게 도달한다. 이들은 적은 수의 자손을 낳지만 새끼가 성체까지 생존할 가능성은 매우 높다. 따라서 K-전략가들은 많은 에너지를 양육과 자손을 키우는데 소비한다(그림 C16.1C, D). 코끼리, 올빼미, 고래와 인간들이 이러한 전략을 구사하는 예다. 인간을 제외한 K-전략가들은 매우 낮은 번식률과 환경 변화의 민감성 때문에 멸종에 더 취약하다. r-전략가들은 수많은 개체를 생산함으로써 변화하는 환경에 적응할 수 있는 반면(많은 수의 자손을 낳는 것은 복권의 경우처럼 많은 수의 새끼가 성체로 성장할 가능성이 높으므로), K-전략가들은 매우 적은 수의 자손 생산과 필요한 자원 획득을 위하여 많은 에너지를 소모하기 때문에 그들에게는 환경의 안전성과 예측 가능성이 매우 중요하다.

그림 C16.1 r-전략가와 K-전략가
민들레와 많은 잡초 및 토끼는 r-전략가이다. 고릴라와 인간은 적은 수의 새끼를 낳지만 그들을 돌보는 데 상당량의 에너지를 투자한다. 따라서 그들은 K-전략가이다.

(A)

(B)

(C)

(D)

착취관계

경쟁관계에서는 언제나 한 쪽은 손해를 보며 종종 두 개체 모두에게 손해가 된다. 이는 각각의 개체가 취하게 되는 자원이 그의 상대가 이용할 수 있었던 자원이기 때문이다. 착취관계에서 한 개체는 목적을 이루기 위하여 다른 개체를 이용한다. 결과적으로 이러한 관계는 한쪽에는 이익을 주지만 상대에게는 필수적으로 해가 된다. 이러한 예의 가장 일반적인 경우가 기생과 포식이다.

기생 파트너는 이익을 보지만 상대편 개체는 해를 보는 관계를 **기생**(parasitism)이라 한다(그림 16.7A). 이익을 보는 쪽이 기생생물이고 그 반대가 숙주이다. 일반적으로 기생생물은 숙주에 가까이 산다. 어떤 기생생물은 숙주의 몸 표면에서 살아간다. 예를 들어 진드기는 숙주인 포유류의 몸에 붙어 숙주의 피를 먹이로 살아간다. 또한 어떤 기생생물은 숙주의 몸 안에서 사는데 인간이나 개의 내장에서 살아가는 촌충류가 그들이다.

인간의 질병을 비롯하여 많은 질병들은 기생생물에 의해 발생한다. 예를 들어 선페스트는 쥐나 벼룩에 기생하는 세균에 의해 발병하여 인간에게 전해진다. 인간 숙주에게 전해지기까지 모기의 장에서 생의 일부를 보낸 후 인간의 숙주로 전달되어 병을 유발하는 말라리아도 좋은 예다. 숙주에게 병을 유발시키거나 병을 전달하거나 혹은 숙주의 죽음을 유발하는 기생생물을 **병원균**이라 한다. 숙주를 죽이는 것은 그리 좋은 전략은 아니다. 특히 특정한 숙주에서만 기생하는 기생생물의 경우 그렇다. 따라서 대부분의 경우 기생생물은 숙주를 죽이지 않고 숙주로부터 영양분만을 착취하여 숙주를 약하게 만든다. 숙주가 죽는다면 그들은 또한 새로운 숙주에게 이동할 수 있는 새로운 전략을 구사할 수도 있다.

포식 **포식**(predation)은 착취관계의 한 형태로 **포식자**는 피식자를 먹이로 살아간다(그림 16.7B). 단순하게 정의한다면 먹이를 죽이든 아니든 다른 생명체를 먹이로 살아가는 모든 생명체는 포식자이다. 따라서 숙주를 죽이지 않고(서서히 죽음에 이르게 하더라도) 영양분만을 갈취하는 기생생물조차도 특별한 형태의 포식자라 할 수 있다. 하지만 일반적으로 포식자는 먹이를 죽이거나 상처를 입혀 살아가는 생명체로 간주한다.

여우, 사자, 올빼미, 악어 등의 대형 포식자는 **육식동물**(carnivore)로 다른 동물만을 먹이로 하며 살아간다. 오직 곤충만을 먹이로 하는 새, 양서류 및 파충류 등의 **식충동물**(insectivore)도 특별한 형태의 육식동물이다. 식물은 기본 에너지를 광합성을 통하여 얻지만, 곤충을 잡아 용해시켜

그림 16.7 기생과 포식
(A) 피를 빨아먹는 강 칠성장어(*Lampetra fluviatilis*, 이름과는 달리 바다에 서식한다)는 무지개송어(*Oncorhynchus mykiss*)에 기생한다. (B) 무당벌레(Coccinellidae과)는 진딧물(Aphidoidea아과)을 잡아먹기 때문에 정원사에게 유익하다. (C) 많은 종들은 포식자로부터 그들을 보호할 수 있는 특질을 개발한다. 그림은 게거미(Thomisidae과)와 나방 애벌레(종명은 확인되지 않은)가 대치하고 있는 것으로 애벌레의 길고 딱딱한 털이 포식자로부터 애벌레를 보호하는 역할을 한다.

화학적 영양분을 섭취하는 식물들도 일종의 식충식물이다. 쐐기벌레와 판다 등의 몇몇 동물들은 식물을 먹고사는 **초식동물**(herbivore)이며, 또 어떤 동물(예 : 사람, 돼지, 까마귀, 너구리)들은 식물과 동물 모두를 먹이로 살아가는 **잡식동물**(omnivore)이다.

야생에서 포식자의 개체군은 그들의 주요 먹이의 유용성에 달려있다. 이러한 예는 그림 16.5와 같이 눈신산토끼를 주요 먹이로 살아가는 캐나다 스라소니 개체수의 주기적 변화에 잘 나타난다. 맥클루리히(1937)는 스라소니의 풍부도가 눈신산토끼의 유용성과 직접적으로 관계가 있음을 보여주었다. 이처럼 개체군이 정기적으로 증가와 감소를 보이는 것을 포식자–피식자 주기라 한다. 그 외의 많은 환경 요소들도 개체군의 변동에 영향을 미친다. 따라서 야생에서는 맥클루리히의 고전적 연구와 일치하는 경우는 매우 드물다.

포식자들은 자연선택과 진화를 통해 효율적인 포식자가 될 수 있도록 속도, 독을 가진 공격, 위장, 또는 피식자를 유인하는 영리한 전술 등의 특성을 발달시킨다. 피식자 또한 도망가거나 방어하는 법을 개발한다. 식물의 경우 침이나 가시 또는 포식동물의 식욕을 저해하는 독성물질 등을 발달시킨다. 동물들도 경고색, 경고음, 몸짓 등 다양한 행동을 통해 스스로를 방어한다. 경고색은 그들이 독을 품고 있다거나 맛이 지독히 없다고 알리려는 의도이다. 위장색과 위장 형태 또한 배경색이나 배경의 형태와 어울리게 하여 몸을 숨기게 해 준다. 어떤 동물은 몸을 불려 무섭게 보이도록 하고, 또 어떤 동물은 갈고리가 있는 침이나 냄새나는 화학물질을 발사한다(그림 16.7C). 방어적이든 공격적인 것이든 이러한 모든 전술들은 유전적 적응에 기인한다. 따라서 포식은 그 자체로서 생물 다양성의 진화를 이끌어 왔다.

상호관계

때때로 종들은 서로에게 해를 입히지 않고 한 쪽에게 이익이 되거나 또는 모두에게 이익이 되는 방법으로 작용한다.

공생과 상리공생 엄밀한 의미에서 **상리공생**(mutualism)이란 모두에게 이익이 되는 관계를 말한다. 여기에는 매우 가까이 접촉하면서 살아가는 다른 종의 개체들에서 일어나는 관계인 **공생**(symbiosis, 그리스어로 '함께 살아가는'의 의미를 가진)[1]도 포함한다. 기생생물과 숙주는 매우 가까이 살기 때문에 공생은 기생과 깊은 관계가 있다. 상리공생과의 차이는 모든 파트너가 이익을 얻는 것이고, 반면 기생과의 차이는 한쪽 파트너는 해를 입는다는 것이다.

공생은 인간을 포함하여 모든 생명체의 관계에서 흔하게 나타난다. 예를 들어 인간은 무수히 많은 미생물들의 숙주다. 어떤 미생물은 장에서 살면서 음식을 소화하는 데 도움을 주듯이 인간에게 이롭다. 또 다른 예는 산호와 그 안에서 살며 광합성을 하는 적조생물의 일종인 족산텔레(zooxanthellae)와의 관계이다. 이 조류는 산호 안에 살면서 광합성을 통해 얻은 먹이에너지를 제공하고 산호는 이 조류의 필수영양소인 질소를 제공한다.

공생관계에서의 상호 이익은 먹이나 서로에게 제공하는 서비스의 형태로 나타난다. 상리공생은 때때로 피난처를 제공하고 다른 종을 보호하는 관계로 표현된다. 예를 들어 어떤 개미는 진디를 기른다(그림 16.8A). 그들은 작은 진디를 잡아, 그들의 포식자로부터 보호처를 제공하고 그 대가로 진디가 생산하는 당액을 제공받는다.

산호와 족산텔레의 관계처럼 어떤 경우에는 그들의 공생관계가 상호 이익이 되지만, 그들은 서로가 없어도 살 수 있다. 한쪽 또는 두 쪽 모두의 파트너가 공생관계에 의존하며 그런 관계가 없이는 살 수 없는 경우도 있다. 네개의 위장을 가지고 있는 소, 사슴, 무스(미국산 큰 사슴), 순록과 같은 반추동물이 그렇다. 초식동물인 이들은 소화하기 어려운 섬유소가 함유된 풀들을 먹는다. 그들의 장에 서식하는 박테리아가 섬유소의 소화를 도와 반추동물들이 식물을 먹을 수 있도록 한다. 동물들은 그 대가로 박테리아에게 먹이를 제공하는 셈이다. 이러한 형태의 상리공생은 서로 다른 두 종이 서로에게 의존하며 함께 진화하는 **공진화**(coevolution)의 예다.

편리공생 상대 쪽 파트너에게 해를 끼치거나 이득을 주지 않고 한쪽 파트너만 이익을 보는 관계를 **편리공생**(commensalism)이라 한다. 예를 들어 인간의 몸속에서 살아가는 몇몇 종류의 미생물들은 우리의 몸에 미치는 영향에 있어서 중립적이다. 그들은 우리의 속눈썹에서 사는 진드기처럼 단지 탑승자일 뿐이다. 소 등위에 앉아 있다가 소의 발굽질에 솟아오르는 곤충을 잡아먹는 새들은 소에

1) 어떤 과학자들은 공생을 두 파트너가 모두 이익을 보는 관계, 즉 상리공생의 관계에만 국한한다. 어떤 과학자는 공생을 상리적인 관계뿐만 아니라 기생과 편리공생을 포함하는 것으로 정의한다. 어떤 정의이든 분명한 것은 공생관계에서의 파트너들은 근접한 곳에서 살아가는 다른 종의 생명체라는 것이다.

그림 16.8 공생
(A) 개미(왕개미 속)가 박주가리(*Asclepias lanceolata*)의 꼬투리에 있는 진딧물(*Aphid nerii*)을 모으고 있다. 개미는 포식자로부터 진딧물을 보호하고 그 대가로 진딧물이 분비하는 감로를 제공받는다. 이것이 공생, 즉 상리공생 관계이다. (B) 붉은부리 찌르레기(*Buphagus erythrorhynchus*)가 남아프리카의 아프리카물소(*Syncerus caffer*) 등에 있는 진딧물을 잡아먹고 있다. 이는 편리공생 관계이다.

게는 어떠한 영향도 끼치지 않고 이득만을 본다(그림 16.8B). 편리공생의 또 다른 예는 열대 우림 지역에 일반적인 착생식물에서 찾아볼 수 있다. 착생식물은 다른 나무의 가지에 부착하여 살아가는 나무나 이끼, 고사리, 지의류 등을 포함한다. 착생식물은 나무를 마치 닻처럼 사용하며 나무로부터는 어떠한 영양분도 섭취하지 않는다. 따라서 나무들도 어떠한 피해를 입지 않으며 이익을 보지도 않는다. 다른 식물들에게 그늘을 제공하여 서늘하고 습한 환경을 제공하는 사막 식물들도 편리공생의 또 다른 예이다.

핵심 종

경쟁이나 공생, 편리공생, 기생, 포식 등의 생물 간의 상호작용을 설명하는 데 사용된 예들은 매우 단순하고 직설적일 수도 있다. 야생의 생물 군집과 생태계에서의 종 간 상호작용은 물론 단순하지 않다. 생태계는 생명체가 서로 다른 생명체뿐만 아니라 그들을 둘러싼 환경과도 무한히 복잡한 방법으로 상호작용하는 개방된 시스템이다. 어떤 종은 거미줄 같은 복잡한 시스템에서 벗어나서 독립적으로 살아갈 수 있는 그들만의 역할을 찾는 것이 더 매력적이라고 생각할지도 모른다. 가령 두꺼비나 어떤 특별한 곤충 또는 개화식물의 생태계에서의 역할은 무엇인가?

어떤 경우에는 생태계에 속한 한 종을 생태계의 나머지에 영향을 미치지 않고 생태계에서 단기간 동안 제거하는 것이 가능할지도 모른다. 하지만 생태학자들은 하나 이상의 종이 제거될 경우 생태계가 긴 기간의 관점에서 어떻게 반응하는지를 충분히 이해하지 못하고 있다. 이것이 바로 **보존**(conservation)의 중요성, 즉 종과 자연환경을 보존하는 것이(때때로 보존은 인간이 나중에 사용할 수 있는 자원 확보의 의미도 지니며, 우리는 이 개념을 다시 논할 것이다) 얼마나 중요한지를 말하는 것이다. 생태계에서 한 종이 사라질 경우에 우리는 장기적으로 나머지의 생태계에 미치는 영향에 대하여 확신할 수 없다.

어떤 경우에는 특정 종이 그 생태계의 생태학적 균형을 유지하는 데 핵심 역할을 하는 것으로 알려져 있다(그림 16.9). 예를 들어 악어는 아열대 지방의 습지 바닥을 파고

그림 16.9 핵심 종
해달(*Enhydra lutris*)은 성게(*Strongylocentrotus purpuratos*) 개체군을 통제하기 때문에 핵심 종이다. 해달이 없다면 성게는 연안 환경에 발달하는 켈프 해초 생태계에 심각한 영향을 끼치게 된다. 그림은 캘리포니아 몬테레이 만에서 성게를 잡아먹는 해달의 모습이다.

들어감으로 가뭄 동안에 물이 고일 수 있도록 웅덩이를 만든다. 이러한 '악어 구멍' 들은 악어의 건강뿐 아니라 아열대 습지대에서 서식하는 생물 집단의 건강에 매우 중요하다. 악어 구멍은 수성 생물에게 그러한 구멍이 없으면 살 수 없는 서식지를 제공한다. 따라서 악어나 악어 구멍이 없다면 전체 생태 군집과 생태계의 먹이사슬에 변화가 야기될 것이다.

늑대같이 몸집이 큰 포식자나 다소 작고 별로 눈에 띄지 않는 비버와 같은 작은 포식자도 그들의 생태계에서 비슷하게 중요한 역할을 한다. 생태계에서 근본적인 역할을 하거나 그들의 영향이 집단의 규모에 비해 상상 이상으로 큰 종을 **핵심 종**(keystone species)이라 한다. 핵심 종은 크지 않아도 되며 모든 핵심종이 동물일 필요도 없다. 핵심 종의 변화는 집단과 생태계 전체의 기능에 불균형을 초래하는데, 이것이 핵심 종의 중요한 특징이다.

우리는 생태계에서 핵심 종을 제거하는 것이 생태계에 손해이거나 심지어는 재난이라는 것을 안다. 조금 덜 중요한 종을 제거했을 때의 궁극적인 효과에 대해서는 다소 덜 알려져 있다. 이러한 불확실한 상황에서는 유명한 생태학자 알도 레오폴드(Aldo Leopold)가 제안했듯이 "모든 톱니와 바퀴를 지키려고 노력함으로써"[2] 생태계에 미치는 우리의 영향을 경감시키는 것이 현명할지도 모른다.

서식지와 생태적 지위

생물 개체 또는 개체군이 살고 있거나 살 수 있는 물리적 환경을 **서식지**(habitat)라 한다. 생태학적 군집에서 서로 다른 종들은 서식지를 공유해야만 한다. 이것이 필연적으로 종과 종 사이에 경쟁과 상호작용을 유도한다. 군집 평형에 있어서 한 가지 눈여겨 볼 점은 생물 종들은 물리적 서식지를 공유하지만 그들에게 필요한 자원과 경쟁관계를 잘 구분한다는 것이다.

이것이 어떻게 작동하는지를 이해하기 위하여 우리는 군집에서 생물 개체의 기본적인 역할, 즉 생태적 지위란 개념을 다시 사용한다. 1927년에 출간된 고전적인 책[3]인 『동물 생태학』에서 생태학자 찰스 엘튼(Charles Elton)은 서식하고 있는 위치에서 생물 개체의 역할을 강조하였다. 이 개념은 저명한 생태학자인 화워드(Howard)에 의해 확장되었으며 유진 오둠(Eugene Odum)은 "생물학적으로 말한다면 서식지는 주소이며 생태적 지위는 직업이다."[4] 라는 유명한 문구를 남겼다. 예를 들어 다람쥐의 서식지, 즉 주소는 숲이나 삼림지대이며 직업, 즉 생태적 지위는 특정 나무의 열매를 먹는 것이다. 시간이 흐르면 종은 경쟁을 피하기 위하여 다른 생태적 지위에 적응하면서 진화하게 되고, 이것이 같은 서식지에 살면서도 그들이 번성할 수 있게 해 주는 이유이다.

기본 생태적 지위와 실현 생태적 지위

생태적 지위는 경쟁자가 없는 환경에서 한 종이 살아가는데 필요한 모든 환경 조건의 묶음을 나타낸다. 그림 16.10은 온도와 수심 및 염분의 관점에서 초를 형성하는 산호의 생태적 지위를 기하학적으로 나타낸 것으로 생태적 지위를 표현하는 좋은 예다. 이 도표에서 생태적 지위는 언제나 선이 아닌 공간으로 나타난다. 왜냐하면 생명체는 각각의 변이 값의 범위를 견뎌내기 때문이다. 견딜 수 있는 범

그림 16.10 생태적 지위의 기하학적 표현
이 그림은 특정 해양 생물의 생태적 지위에서 온도–염분–수심의 내성 범위를 나타낸 것이다. 그래프에서 이 생물이 견딜 수 있는 이론적 수온 범위는 16~40°C까지지만 실질적으로 이 생물은 20~36°C의 범위에서 번성하는 것을 알 수 있다. 이 생물은 또한 20~45‰의 염분 범위에서 살 수 있지만 실질적으로는 29~41‰의 염분 범위에서만 살 수 있다. 기본 생태적 지위는 생물이 견딜 수 있는 환경 조건의 모든 범위이다. 만약 이 생태계에 경쟁이 존재한다면 이 생물은 생태적 지위의 일부분만을 점령하게 되고, 이것이 그림에서 나타난 실현 생태적 지위이다(최소 환경 범위들의 묶음).

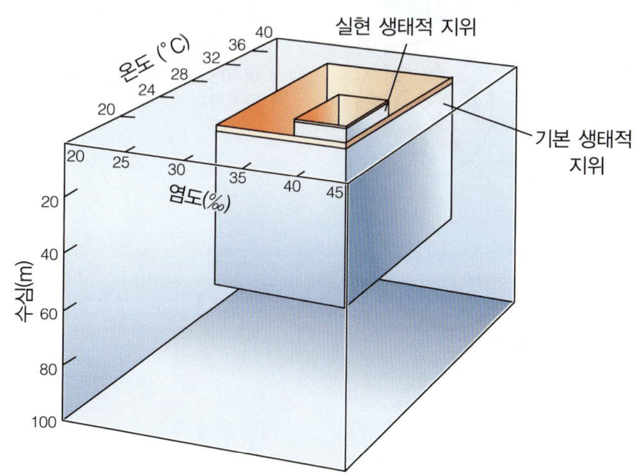

2) "To keep every cog and wheel is the first precaution of intelligent tinkering." Leopold, Aldo (1966). *A Sand County Almanac*, Ballatine Books, 195pp.

3) Elton, C.S. 1927. *Animal Ecology*. Sidgwick and Jackson, London, UK.

4) Odum, Howard, and Odum, Eugene, 1953. *Fundamentals of Ecology (1st edition)*. W.B. Sauders, Philadelphia. 이 책은 아마도 생태학의 주제를 다룬 최초의 교재이다.

위가 좁을수록 생태적 지위는 작아지고 생물 개체의 조건도 점점 더 전문화된다.

우리는 야생 연구와 실험실 연구 모두로부터 생태적 지위가 겹치게 될 때 어떤 일이 일어나는지 실증할 수 있다. 첫 번째 예는 밀가루 갑충에 대한 실험 연구이다. 밀가루 갑충의 한 종은 따뜻하고 습윤한 환경을 선호하며 다른 종은 차갑고 건조한 환경을 선호한다(그림 16.11A). 일률적으로 따뜻하고 습윤한 환경이거나 또는 춥고 건조한 환경에서는 언제나 한 종만이 번성했다(그림 16.11B). 하지만 일정 범위의 환경에서는 종들은 생태적 지위를 공유할 수 있었으며 같이 공존했다(그림 16.11C). 모든 경우에서 나

그림 16.11 생태적 지위의 중복

생태적 지위가 중복된다면 무슨 일이 일어나는가? 밀가루갑충(*Tribolium*)의 실험은 환경 조건이 일정할 경우에는 한 종이 우세하게 됨을 보여준다. 하지만 환경 조건에 변화가 생길 경우 생태적 지위는 나눠질 수 있다.

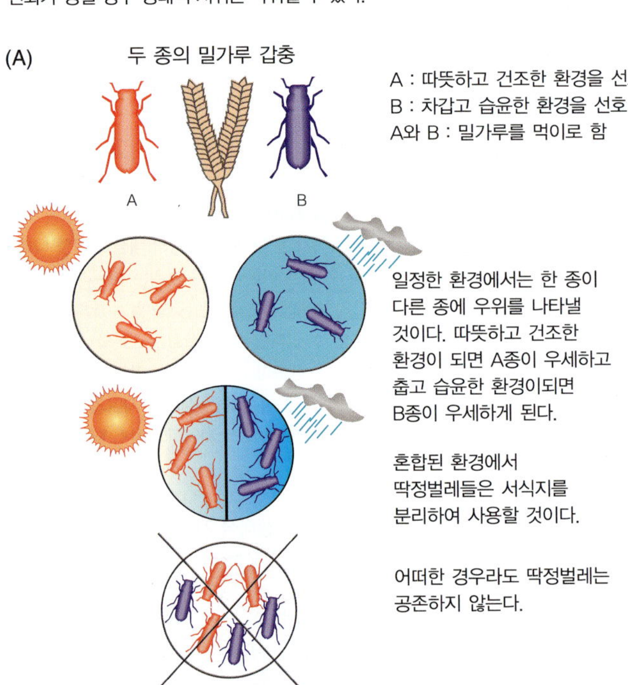

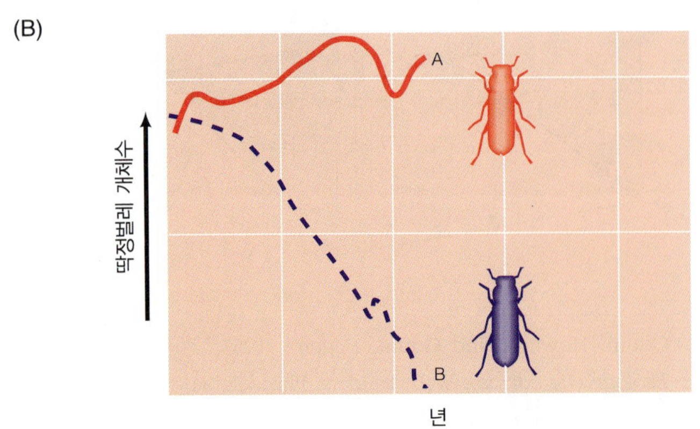

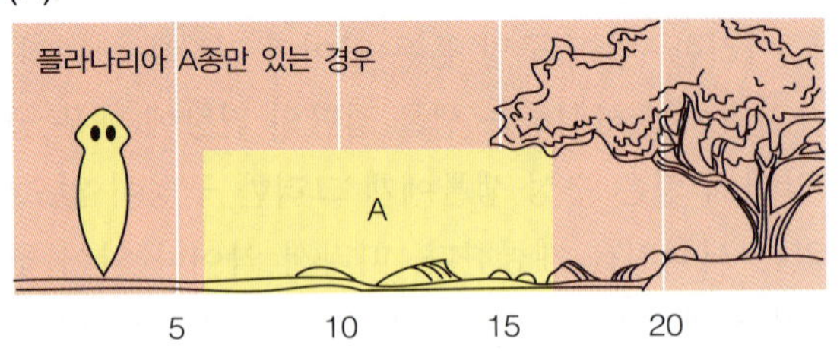

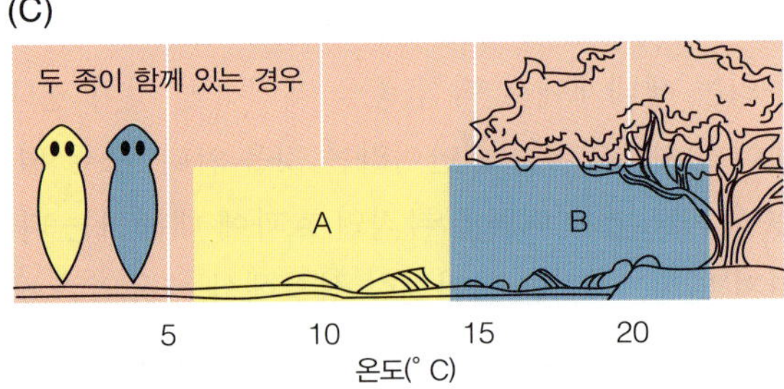

그림 16.12 기본 생태적 지위와 현실 생태적 지위

영국의 추운 산악지방 하천에 사는 담수 편형동물(플라나리아)의 온도 범위. (A) A종은 적당한 온도 범위를 보이며 차가운 하천에서 단독으로 산다. (B) B종은 보다 넓은 온도 범위를 나타내며 다른 하천에서 단독으로 산다. (C) 두 종이 같이 나타나는 하천에서는, 두 종의 온도 범위는 다소 제한되고 온도 구배에 따라 생태적 지위를 공유한다. (A)와 (B)는 각 종의 기본 생태적 지위이고, (C)는 좀 더 제한된 실현 생태적 지위를 나타낸다.

타났듯이, 정확히 똑같은 생태적 지위에서는 두 종은 공존하지 않는다는 것을 주목할 필요가 있다(그림 16.11D).

생태적 지위가 중첩되는 두 번째 경우는 편충의 일종인 플라나리아가 서식하는 작은 개천의 자연 환경에서 연구되었다. 영국에서 수행된 이 연구 결과 어떤 개천에서는 한 종만이 발견되었으며 다른 개천에서는 다른 종이, 또 다른 개천에서는 두 종이 모두 발견되었다. 개천의 물은 개천이 시작되는 산 상부에서는 차가왔으며 아래로 흐르면서 온도가 점차 올라갔다. 각각의 편충 종은 특정한 온도 범위에서 나타난다. A종만이 나타나는 개천의 온도 범위는 6~17°C이고(그림 16.12A), B종만이 나타나는 개천의 온도 범위는 6~23°C이다(그림 16.12B). 하지만 두 종이 같이 나타나는 개천의 경우 온도 범위는 두 종 모두 감소하

였다. 즉, A종은 개천의 상류에서 나타나는데 온도범위는 6~14°C인 반면, 하류에서 나타나는 B종의 온도 범위는 14~23°C이다(그림 16.12C). 종 B와의 경쟁이 없을 때 A종이 나타나는 온도 조건을 **기본 생태적 지위**(fundamental niche)라 한다. B종이 있을 경우에 A종이 견뎌낼 수 있는 일련의 조건들의 묶음을 실현 생태적 지위라 한다. **실현 생태적 지위**(realized niche)는 결국 기본 생태적 지위의 일부분이다. B종은 그림 16.12C에서처럼 실현 생태적 지위를 점령하고 있으며 그 종의 기본 생태적 지위는 그림 16.12B처럼 실현 생태적 지위보다 더 크다.

위에서 살펴본 편충의 예는 종들은 자연 환경의 변화에 따라 자원을 나눈다는 것을 보여준다. (여러분은 편충이 말을 할 수 있다면 논의가 어떻게 진행될지 상상할 수 있다. "봐라, 한 개천에서 우리 두 종은 같이 산다. 우리 둘 모두는 개천의 어느 환경에서도 살 수 있다. 하지만 우리는 똑같은 생태적 지위를 공유할 수는 없다. 나는 조금 따뜻한 이곳이 더 편안하고 너는 차가운 곳을 더 좋아한다. 따라서 각각의 위치를 지킨다면 모든 사람이 행복할 것이다."라고) 물론 온도는 단지 하나의 환경 요소일 뿐이다. 편충은 물의 산성도나 다른 요인에 대해서는 다른 조건을 필요로 할 것이다. 우리는 이러한 각각의 요인들을 이용하여 그림 16.12와 같은 그래프를 만들 수 있다. 각각의 요인들에 대한 모든 그래프를 합친 것이 바로 각 종의 완전한 기본 생태적 지위와 실현 생태적 지위가 된다.

경쟁배타

주어진 서식지에서의 자원 경쟁에 대하여 생각할 수 있는 또 다른 방법은 **경쟁배타 원리**(competitive exclusion principle)를 고려하는 것이다. 경쟁배타 원리는 "정확히 똑같은 요구조건을 가진 두 종은 똑같은 생태적 지위나 서식지에서는 살 수 없다는 것이다. 그런 상황에서 한 종은 좀 더 크고 풍부한 생태적 지위를 가지게 되거나 다른 종을 서식지 바깥으로 몰아내는 등으로 언제나 상대편 종에 대하여 승리할 것이다. 러시아 생물학자인 가우스(G. F. Gause)는 1934년 짚신벌레 두 종(*Paramecium caudatum*과 *Paramecium aurelia*)에 대한 고전적 연구에서 이러한 이론을 증명하였다(그림 16.4 참조). 연속된 실험에서 *P. aurelia*는 *P. caudatum*를 멸종에 이르게 했는데 이유는 두 종이 정확하게 똑같은 자원을 가지고 경쟁했기 때문이다.

경쟁배타가 어떻게 작동하는지에 대한 또 하나의 예가

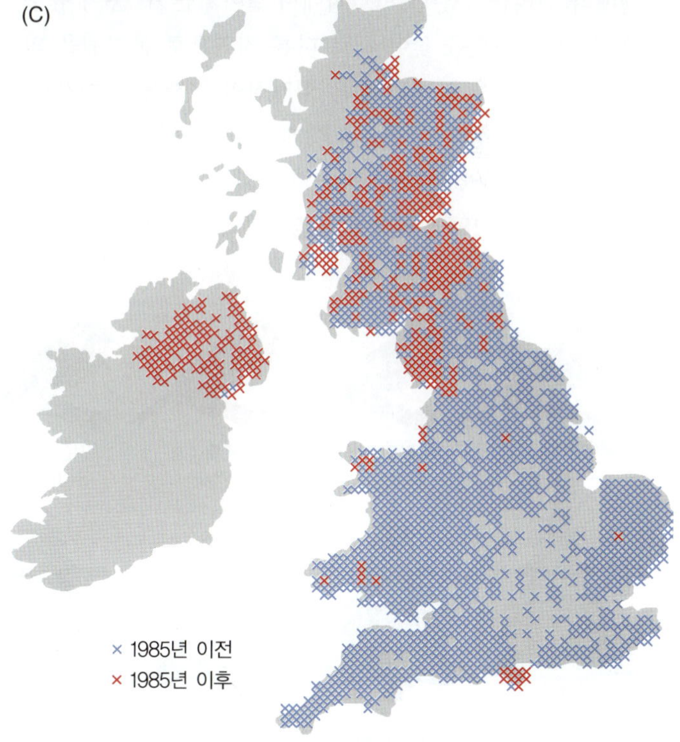

그림 6.13 경쟁배타
동부 회색다람쥐(A, *Sciurus carolinensis*)가 영국으로 유입된 후 영국 토종의 붉은 다람쥐(B, *Sciurus vulgaris*)는 영국 본토와 아일랜드에서 개체수가 감소하였다. 이것이 경쟁배타가 현실적으로 나타난 예이다. 붉은다람쥐의 현재 분포(C)는 원래보다 훨씬 더 줄어들었으며 서식지는 잘게 분할되었다.

있다. 북아메리카 동부의 회색다람쥐는 도시와 공원의 경치를 위해 영국으로 이주되었다(그림 16.13A). 1830년 초에 시작되어 약 12번의 이주가 시도되었으며 1920년대 쯤 회색다람쥐는 영국에 성공적으로 정착하였고, 1940대와 1950년대에 이르러 개체군이 확장되었다. 하지만 회색다람쥐는 오늘날 영국에서 골칫거리다. 이주된 북아메리카의 회색다람쥐는 크고 강인하여 영국의 토종 붉은다람쥐와 먹이를 놓고 직접 경쟁한다(그림 16.13B). 회색다람쥐가 경쟁에서 승리해왔다(그림 16.13C). 이것이 경쟁에서 이겨 토속 종을 몰아낸 이주 종, 즉 **침입 종**(invasive species)의 예다. 회색다람쥐의 수가 증가하여 영국 전역으로 퍼져감에 따라 토속 종인 붉은다람쥐는 사라져갔다. 현재 영국에서 붉은다람쥐는 오직 기존의 몇몇 지역에서만 서식한다. 현재의 추세가 계속된다면 붉은다람쥐는 영국 본토에서 영원히 사라질지도 모른다.

당신은 경쟁배타를 극도로 성공적인 몇몇 종만이 경쟁에서 다른 종들을 이기는 의미로 생각하지도 모른다. 하지만 경쟁배타와 생태적 지위의 개념은 지구상에 어떻게 그렇게 많은 종들이 있는지를 이해하는 데 도움을 준다. 경쟁배타 원리는 동일한 서식지에서 살아가는 두 종이 유용할 수 있는 자원을 찾아 서로 다른 지역으로 분리됨을 의미한다. 이 경우 분리된 종은 직접적인 경쟁을 피하기 위해 다소 다른 생태적 지위를 갖게 되는데, 이를 **생태적 지위의 분화**(niche differentiation)라 한다.

경쟁배타는 또한 우리에게 경쟁배타가 다른 환경에서 일어날 경우에는 서로 다른 종들도(한 종 이상이거나 때로는 더 많은 종) 똑같은 생태적 지위를 가질 수 있음을 알려준다(그림 16.11의 갑충과 그림 16.12의 편충의 경우처럼). 생태적 지위는 또한 시간에 의해서 분화될 수도 있다. 예를 들어 동일한 서식지에 살며 똑같은 곤충을 먹고사는 두 종의 쥐의 경우 어떤 쥐는 낮 동안에만 곤충을 잡아먹고 다른 종의 쥐는 동일한 곤충을 밤에 먹는다. 생태적 지위의 분화는 생태학자 로버트 맥아더(Robert MacArthur)의 벌레잡이 새에 대한 고전적 연구에서 입증되었다. 그는 한 나무에 사는 다섯 종의 벌레잡이 새를 조사하였다. 그는 새들이 먹이를 구함에 있어서 서로 다른 시간에 먹거나 다른 나뭇가지의 곤충을 먹는 등의 지리적으로 또는 시간적으로 간격을 둠으로써 그들이 먹이를 나누고 있음을 발견하였다(그림 16.14).

이러한 공유는 종들에게 자원을 효율적으로 이용하게 하고 직접적인 경쟁을 피하게 한다. 이것이 **자원 분배**(resource partitioning)다. 동물들만이 자원 분배를 하는 유일한 생명체는 아니다. 예를 들어 봄에 활엽수 숲에서 지표면 식물들의 새싹이 먼저 나는 현상은 흔한 일이다. 이러한 방법을 이용하여 큰 나무들이 새잎의 싹을 틔어 빛을 가리기 전에 숲 바닥의 식물들은 광합성을 위한 빛을 이용하고 자원을 잘 이용하여 성장한다.

전문가와 만능가

이러한 모든 것들은 환경의 복잡성이 크면 클수록 다양한 생태적 지위가 더 많이 형성될 수 있고 생물체들이 자원을 좀 더 세분하여 전문화할 기회가 많아진다는 것을 의미한다. 그래서 좀 더 다양한 환경을 가진 행성은 더 많은 종들을 보유하게 되며, 각각의 종들은 서로 다른 환경의 범위에서 적응하게 된다. 종합적인 관점에서 볼 때 이것은 생물권에게 환경 변화에 대비한 일종의 보험을 제공한다. 왜냐하면 좀 더 다양한 생태적 지위의 종들이 많아질수록 장기간에 걸친 대재앙에도 살아남을 가능성이 많아지기 때문이다.

일반적으로 환경 범위가 넓은

그림 16.14 **생태적 지위의 분화**

맥아더는 같은 나무에 사는 다섯 종의 휘파람새들이 그들의 생태적 지위를 나무의 공간에 따라 잠정적으로 분화시켰기 때문에 그들은 동일한 먹이 자원을 공유할 수 있었다는 것을 발견했다. 그림에서 검은색으로 표시된 부분은 각각의 종들이 먹이 잡는 데 적어도 50%의 시간을 보내는 공간을 나타낸다. 그는 또한 휘파람새들은 먹이를 잡으려 한 지역에서 다른 지역으로 이동할 때 서로 다르게 이동한다는 것을 알았다. 몇몇은 나무 주위를 동심원 상으로 돌며 이동하고 다른 종은 수직으로 이동하는 등으로 이들은 먹이 자원을 나무의 위치에 따라 분리할 수 있었다.

곳에서 사는 종은 더 큰 생태적 지위를 가지게 된다. 이들을 **만능가**(generalist)라 한다. 반면, 좁은 범위의 환경에서 살아가는 종들은 작은 생태적 지위를 가지며 생존을 위한 그들의 조건은 좀 더 전문적이다. 이들을 **전문가**(specialist)라 한다. 넓은 범위에 걸쳐 빠르게 변하는 환경에서는 전문가가 생존하기는 어렵다. 예를 들어 페어뱅크 근처의 알래스카 중부 지역의 기온은 한여름에는 20°C이고 한겨울에는 −40°C까지 내려간다. 20~25°C 온도범위에서만 살 수 있는 종들은 이 지방에서는 살 수가 없다. 결과적으로 북쪽의 숲에는 매우 적은 종(전 세계적으로 약 20여 종)의 나무만이 산다. 어떤 종은 습지에 살며 어떤 종은 건조한 모래토양에 산다. 온도에 대한 내성의 관점에서 이들은 모두 만능가다.

우리는 환경 변수(하나 또는 그 이상)에 대하여 넓은 범위를 가지고 있다는 의미에서 북극 지방의 생태적 지위는 높다고 여길 수 있다. 이러한 형태의 환경에서 번성하는 종은 그리 까다롭지 않다. 그들은 분명히 넓은 범위의 환경 조건을 견딜 수 있는 만능가임에 틀림이 없다. 생태적 지위가 지리적으로 크면 클수록 만능가가 많아지고, 종의 수는 전체적으로 적어지고, 생태계의 종 다양성은 떨어지게 된다.

반대로 주어진 지역에서 생태적 지위가 낮으면 낮을수록 생물들은 좀 더 전문화되어 다양한 생물이 많아지고 결국 다양성은 증가할 것이다. 기후 조건이 1년 내내 다소 일정한 저위도 지방의 생태적 지위는 다소 협소할 것이라고 예상할 수 있다. 즉 좁은 범위의 변이를 가지는 생태적 지위가 높은 생물다양성을 야기할 것이 예상된다. 실질적으로 이러한 현상은 육지와 바다 모두에서 사실이다. 최고의 다양성을 지닌 육상 생태계는 1년 내내 성장이 가능할 정도로 습도와 열에 대하여 최적 조건을 지닌 열대 우림이며 바다의 경우는 대륙붕이 최고의 다양성을 보이는 생태계다.

종분화

종과 그 종의 생태적 지위를 조사하면 자연선택과 진화가 현재의 생존 전략을 선택하게 했다는 것을 알 수 있다. 제14장에서 종 분화—새로운 종이 생겨나는 과정—는 원래의 개체군으로부터 생식적으로 격리된 집단에 달려 있다는 걸 알았다. 종분화를 서식지와 생태적 지위의 개념으로 연관시킬 수 있다.

생식적으로 격리된 개체군을 가정하는 가장 간단한 방법은 지리적 관점에서 생각하는 것이다. 지질학적 사건(용암의 흐름 등)이나 커다란 강줄기의 유입에 의해 서식지가 나누어져 개체군이 지리적으로 분리되는 경우를 생각해 보자. 현재 분리되어 살고 있는 두 개체군은 그들이 여전히 똑같은 개체군에 속해 있다면 서로가 교배하는 데 커다란 문제는 없을 것이다. 하지만 시간이 흐르면 각각의 개체군은 자연선택을 통하여 그들이 현재 살아가고 있는 환경 조건에 적응할 것이다. 시간이 더욱더 지나면 각각의 개체군들은 유전적으로 분리되어 더 이상 서로가 성공적으로 교배할 수 없게 될 것이다. 이러한 생식적 격리는 비록 두 개체군을 격리시켰던 장벽이 제거될지라도 지속될 것이다.

이와 같이 완벽한 지리적 격리에 의하여 새로운 종이 분화되는 현상을 **이지역성 종분화**(allopatric speciation)(그림 16.15A)라 한다. 이지역성 종분화란 용어는 '분리된(separate)'과 '영토(territory)'라는 의미의 두 단어에서 기원한 것으로 이 용어는 특별히 두 개체군(결국은 두 종)이 완전히 분리된 서식지에서 살아가고 있음을 의미한다.

그림 16.15 종분화

이지역성 종분화에서는 개체군의 일정 부분에 지리적 장벽이 생기고 그 결과 생식적으로 격리된다. 넘어지역성과 주변지역성 종분화에서는 소규모의 개체군이 환경이 다소 다른 주변에 서식지를 형성하게 되고 그 결과 자연 선택이 다소 다른 결과를 초래한다. 동지역성 종분화에서는 특별한 장벽이 없음에도 불구하고 행동 양상의 차이나 유전적 변이의 결과로 개체군내에서 변이가 발생한다. 따라서 모든 장벽이 제거된다 하더라도 새로운 종은 본래의 종과 차이를 띠게 되고, 결국 두 종은 생식적으로 격리된다.

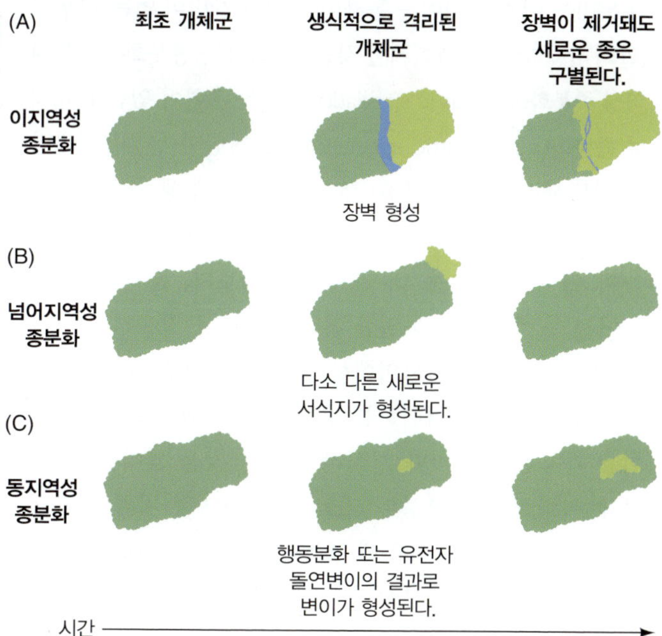

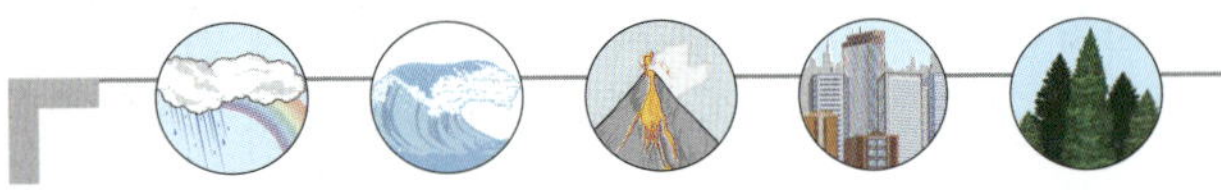

관련짓기

이지역성 종분화는 한 개체군의 어떤 부분이 지리적으로 고립될 때 일어날 수 있다. 지리적 고립을 일으키는 요인으로는 강이나 용암의 흐름 등을 들 수 있다. 개체군의 일정 부분이 나머지 부분으로부터 분리되어 고립되는 것에는 어떠한 것들이 있는가? 지구를 구성하는 각각의 권역으로부터 가능한 방법을 생각해보자.

우리는 또한 한 서식지에서 생태적 지위가 분화되면 생물들은 자원의 이용 측면에서 좀 더 전문화된다는 것을 보았다(벌레잡이 새들이 서로 다른 나뭇가지의 벌레를 잡아먹듯이). 그처럼 작고 전문화된 개체군들은 자연선택을 통하여 궁극적으로는 생식적으로 또는 유전적으로 점점 더 격리될 수도 있다(그림 16.15B). 설령 그들이 아직은 커다란 지리적 장벽 없이 원래의 개체군과 똑같은 지역에서 살고 있을지라도 그들은 아마도 조금은 다른 서식지에 살며 따라서 다소 다른 생태적 역할을 수행하게 된다. 이러한 상황에서 자연선택은 그들에게 다소 다르게 작용할 것이다. 이러한 과정으로 새로운 종이 탄생하는 경우에 새로운 서식지가 원래의 개체군 서식지로부터 지리적으로 분리되었지만 가까이 있는 경우는 넘어지역성 종분화(peripatric speciation)라 하며(*prei*는 '주변' 또는 '벗어남'을 뜻함), 새로운 서식지가 원래 서식지의 바로 옆에 붙어있는 경우는 주변지역성 종분화(parapatric speciation)라 한다(*para*는 '가까이', '근처' 또는 '곁에'를 의미함).

우리는 이 아이디어를 통하여 지리적 장벽이 없는 경우에 (완벽히 중첩되는 서식지를 갖는) 나타나는 종분화, 즉 **동지역성 종분화**(sympatric speciation)[다소 관련이 있는 타지역성 종분화(heteropatric speciation)의 개념과 함께]의 개념을 설명하려 한다(그림 16.15C). 이 경우에 생식적 격리와 종분화는 행동학적 전문화와 특수화의 결과로 나타난다.

이 아이디어를 좀 더 자세히 살펴보자. 동지역성이란 용어는 두 개체군이 동일한 지리적 영역을 점유하고 있다는 '똑같은 영역'의 의미에서 기원했다. 한편 '다양한 또는 다른 영역'을 의미하는 용어에서 기원한 타지역성은 이용 가능한 자원이나 서식지가 다른 것을 의미한다. 만약에 서식지의 복잡성과 다소 다른 생태적 지위가 특정 지역의 생물들에게 특화된 행동을 이끈다면 사실은 동지역성과 타지역성 종분화 모두가 동시에 작용할 수도 있다. 이 경우 어느 정도는 동지역성 종분화가 발생하려면 분화된 생태적 지위가 가능해야 한다. 즉 타지역성 종분화가 일어난다.

종 취약성

개체군의 성장과 안정에 영향을 미치는 내부적 또는 외부적 요인 그리고 생태적 지위 및 서식지의 개념을 바탕으로, 우리는 환경 변화로 인해 종들에게 위험이 닥칠 수 있는 가능성에 대하여 몇 가지 예측을 할 수 있다.

예를 들어 곰과의 일종인 자이언트 판다를 생각해 보자. 판다는 오직 대나무만을 먹이로 살아가는 극단의 전문가다(그림 16.16). 그들은 대부분의 체지방(내부적 요소)을 저장하지 않는다. 따라서 판다는 예상 가능한 음식을 끊임없이 요구한다. 이것이 그들을 위험에 처하게 한다. 왜냐하면 전 세계적으로 보호되고 있는 대나무 숲 서식지가 그리 많지 않기 때문이다. 판다는 서식지의 지형이나 온도

그림 16.16 자이언트 판다 : 전문가와 K-전략가
많은 요인이 중국 자이언트 판다의 취약성에 영향을 미친다. 판다의 개체군은 작고 흩어져 있다. 그들은 오직 특정한 형태의 대나무만을 섭식하는 극단의 전문가이다. 서식지는 변화하기 때문에 이러한 전략은 매우 위험하다. 그들은 또한 매우 늦게 성적성숙도에 이르며 매우 청결하고, 새끼를 돌보는 데 엄청난 에너지를 소모하는 등의 극단의 K-전략가이다.

및 고도(외부적 요인)에 대하여도 꽤 다양한 방법으로 전문화되어 있다. 왜냐하면 이러한 특징들의 대부분이 그들이 먹는 대나무의 성장과 대나무의 형태에 영향을 미치기 때문이다.

판다는 또한 극단의 K-전략가로 그들은 매우 적은 수의 자식을 낳으며(일반적으로 2년에 한 마리) 새끼를 양육하고 보호하는 데 많은 양의 에너지를 쏟아붓는다. 번식률이 너무 느리고 서식지 또한 매우 제한적이기 때문에 그들의 서식지 환경이 파괴된 후에 판다 개체군을 적응시켜 복원하는 것은 매우 어렵다.

생물다양성

우리는 경쟁, 포식, 여러 종류의 상호작용, 자원분화, 생태적 지위의 분화, 서식지의 복잡성 및 전문화 등이 지질학적 시간 동안 줄곧 종의 풍성함과 다양성을 이끌어 왔음을 보아왔다. 이러한 생명체들의 다양한 형태들을 **생물다양성**(biodiversity, biological diversity)이라 한다. 지구상의 어떠한 시기에 어떤 종은 매우 풍부했으며, 어떤 종은 매우 적었다. 이미 제 14장에서 공부했듯이 지구의 역사를 통하여 생물종의 다양성과 풍부성은 변해왔다.

생물다양성의 정의와 측정

높은 생물다양성은 생물 군집을 보다 탄력적으로 만들고, 변화에 보다 잘 적응할 수 있도록 하여, 주요한 생물들이 격변적인 환경 변화에도 견딜 수 있게 한다. 따라서 인간이 생물다양성을 정량적으로 계산할 수만 있다면 커다란 도움이 될 것이다. 이를 통하여 인간은 생물다양성을 모니터할 수 있고, 따라서 생물 종을 좀 더 잘 보호할 수 있기 때문이다. 하지만 생물다양성은 사실 얼핏 생각되는 것과는 달리 더 복잡한 개념이다. 생물다양성의 종류에는 몇 가지가 있으며(표 16.1) 이를 측정하는 방법도 다양하다. 우리는 유전자 다양성, 서식지 다양성, 종 다양성을 논할 것이다. 각각의 개념은 우리에게 생물의 다양성과 지구상에서 그들을 지지하는 환경에 대하여 다른 무엇인가를 말해준다.

유전자 다양성

유전자 다양성(genetic diversity)은 종이나 개체군에 속한 생물 개체의 DNA 변이와 관계된 것이다. 제14장의 자연선택에서 논의했듯이 이것은 매우 중요하다. 유전적 변이는 변화하는 환경에서 살아가는 종들에게 경쟁에서 살아남을 수 있는 더 좋은 기회를 제공하기 때문이다. 개체군의 유전자 풀에 있는 유전자의 다양성은 자연선택의 원료로서 이러한 다양성이 거의 무한할 정도로 유전자 조합을 가능하게 하여 궁극적으로 진화적 발전을 이끈다. 한 개체군이 위기에 직면하면 매우 적은 개체만이 살아남게 되어 결국은 멸종에 이를지도 모른다. 만약에 그 개체군에 여전히 교배 가능한 짝들이 살아있다 하더라도 개체군의 유전자 다양성은 매우 낮아져서 변화하는 환경에 적응할 수 없을 것이다.

표 16.1 생물다양성의 종류

생물다양성은 세 가지 서로 다른 개념을 포함한다.
(1) 유전자 다양성－유전자 특질의 총 수 또는 특정 종, 아종 및 종 그룹의 총 수
(2) 서식지 다양성－주어진 단위 지역당 서식지 다양성
(3) 종 다양성－아래와 같은 세 가지 개념을 포함한다.
(a) 종 풍부도－종의 총 수
(b) 종 공평도－종의 상대적 개체수
(c) 종 우세도－가장 풍부한 종

우리는 이러한 예를 한때 겨우 20마리 정도로 줄어들었던 코끼리사자의 개체군에서 보아왔다. 코끼리사자의 개체군은 현재 12,000마리보다 많은 개체를 유지하고 있다. 하지만 현재의 개체군은 20여 마리의 적은 개체군에서 유래했기 때문에 현재는 개체군이 매우 클지라도 유전자 다양성은 극히 적으며 이러한 사실이 코끼리사자를 매우 취약하게 만들고 있다. 이것은 **유전자 병목**(genetic bottleneck)의 일종이다. 개체군은 살아남았지만 자연선택과 적응을 이끌 유전자의 다양성이 극심하게 줄어드는 병목현상을 겪게 된 것이다(그림 16.17).

유전자 다양성을 측정할 수 있는 몇몇 다른 방법도 있다. 하지만 이러한 내용은 대부분 이 책의 영역을 벗어나기 때문에 자세히 다루지 않는다. 예를 들어 유전자 다양성은 다양한 대립유전자를 가지고 있는 개체들로 구성된 개체군에서는 높다. 대립유전자(allele)는 동일 유전자(DNA의 특정 부분)와 대립되는 형태로 염색체(DNA의 구조 단위)의 특정 위치에 자리한다. 대립유전자는 단백질 생산을 암호화한다. 따라서 대립유전자는 모든 종류의 유전적 특질이 발현되는 것을 통제한다. 다양한 대립유전자를 갖는다는 것은(이형접합) 이러한 특질들의 발현이 좀 더 다양하다는 것을 의미한다. 이것이 어떤 개체가 특별한

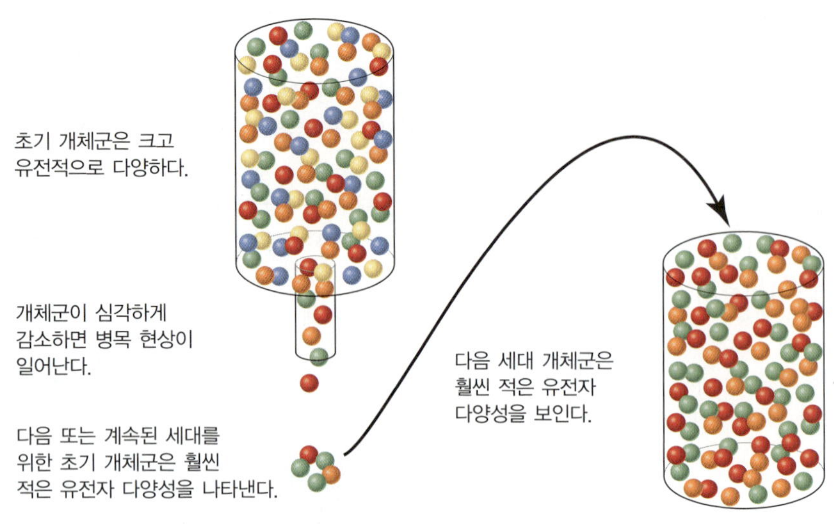

그림 16.17 유전자 병목
개체군은 크게 감소한 후 다시 회복할 수도 있다. 하지만 유전자 병목이 감소된 개체군에서 회복한 새로운 개체군의 유전자 다양성을 심각하게 감소시킬 수 있다.

환경에서 생존하는 데 유리한 형질을 가질 기회를 증가시킨다. 반면 대립유전자의 변이가 적거나 같다는 것은 (동형정합) 유전적으로 전달된 특질의 변이가 적다는 것을 의미하고, 따라서 변화하는 환경에 적응할 수 있는 능력이 부족하다는 것을 의미한다.

서식지 다양성

서식지 다양성(habitat diversity) 또는 **생태계 다양성**(ecosystem diversity)은 생태계에서 가능한 서식지의 다양성과 생물학적 풍부함 및 서식지의 복잡성을 말한다. 일반적으로 대부분의 전문가들은 서식지 다양성을 보존하는 것이 생물다양성 보존의 핵심이며, 한 종의 생존에 집중하는 것보다 서식지 다양성을 보존하는 것이 훨씬 더 중요하다고 생각한다.

우리는 좁은 생태적 지위와 더 큰 생태적 지위의 다양성이 행동과 서식지의 전문화, 자원 이용의 다양화 및 궁극적 종분화를 야기함으로써 생물다양성을 촉진한다는 것을 보아왔다. 장기간 동안 안정적으로 유

그림 16.18 생물다양성과 위도
(A) 모기 속의 수는 위도의 함수로 변하여 저위도 지방에서 최대를 이룬다. 이와 유사한 형태가 조개, 거북이, 앵무새, 유공충, 흰개미, 달팽이, 개구리, 뱀, 도마뱀, 산호, 양서류, 나비와 야자수에서도 나타난다. (B) 연중 기후가 예상 가능하며 안정적인 저위도 환경은 복잡한 서식지와 좁은 생태적 지위를 많이 제공하기 때문에 높은 생물다양성을 나타낸다. (C) 한대 침엽수림과 같은 고위도 환경은 기후나 다른 환경 조건의 변이가 넓다. 생태적 지위도 매우 넓기 때문에 전체적인 생물다양성을 제한하는 경향이 있다.

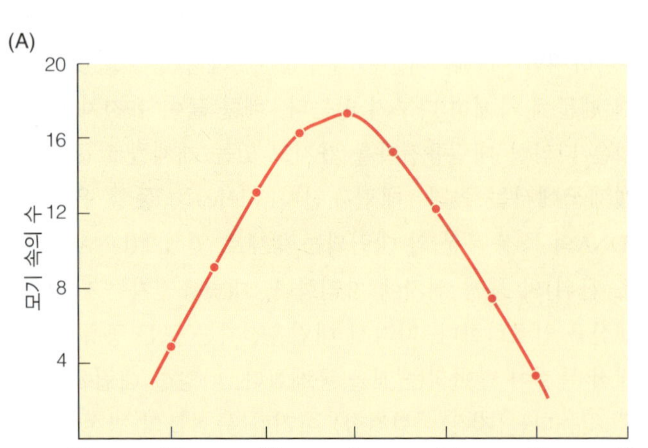

그림 16.19 지역적 특색과 생물다양성

전 세계 다른 지역에 분포하는 개미핥기(일반적으로 그들은 개미를 먹는다)는 종이 서로 다르다. 그들은 동일한 생태적 지위를 보이지만 접촉하지 않기 때문에 서로 경쟁하지 않는다. (A) 오스트레일리아의 짧은 부리 바늘두더쥐(*Tachyglossus aculeatus*), (B) 중앙아메리카의 작은 개미핥기(*Tamandua mexicana*), (C) 베네수엘라의 큰개미핥기(*Myrmecophaga tridactyla*), (D) 말레이시아의 천산갑(*Manis javanica*).

지되는 생태계만이 많은 수의 종들을 유지하는 데 필요한 생태적 지위의 다양성과 복잡성을 제공할 수 있다. 다양성은 생태계의 안전성에 달려 있고, 그것은 또한 생태계의 안정성을 촉진한다(양성 피드백 순환). 이러한 이유로 다양성은 오랜 기간 환경이 변하지 않고 안정적 기후를 나타내는 저위도 지방(열대)에서 가장 크며, 주기적으로 빙하를 겪으며 예견하기 어려운 기후를 보이는 고위도 지방(극지방 주변)에서는 가장 낮다(그림 16.18).

만약 열대 기후가 전 지구적으로 확산된다면 다양성은 오늘날보다 더욱 커질 것이다. 고위도 지방도 새로운 열대 식물들로 무성해질 것이다. 하지만 이러한 추론은 열대 기후가 극지방 쪽으로 확장될 때 적도 지역의 서식지가 새로운 종들을 지원하지 않고 단지 현재 열대 지방에 살고 있는 동일한 종들만을 지원할 가능성을 고려하지 않은 것이다. 북극곰, 펭귄, 도둑갈매기, 순록들처럼 현재 추운 지역에서 살고 있는 종들은 아마도 존재하지 않을 수도 있으며, 그들이 존재하지 않음으로써 전 지구의 종 다양성은 더 황폐해질지도 모른다.

전 지구의 이곳 저곳에서 또 다른 요소들이 다양성에 영향을 미친다. 생물 이동의 장벽으로 인해 지구계는 지역적 특색을 가진 몇몇 하부 영역으로 나누어진다. 이러한 장벽들은 기후 변화, 물길, 두 지역을 가르는 산, 바다에 의해 나누어진 육지의 형태 등을 띨 수 있다. 이런 장벽의 결과 현재의 지역적 특색은 높고 전 지구적 다양성 또한 그러하다. 예를 들어 개미핥기의 몇몇 종들(그들은 진짜로 흰개미들을 먹는다)은 지리적 장벽으로 분리되어 서로가 경쟁할 수 없었기 때문에 남아메리카, 남아프리카, 남서 아시아 및 오스트레일리아 등 멀리 떨어진 각각의 지역에서 살고 있다(그림 16.19). 따라서 지리적 분리에 의해 더 많은 생태계가 형성된다면, 이지역성 종분화의 가능성은 더욱 커지고 결국 전 지구의 생물다양성도 증가할 것이다.

서식지와 생태계 다양성은 온도차, 지형, 토양의 형태, 강수량 및 태양에너지 수준 등 다양한 환경 요소의 변이에 달려있다. 만약에 복잡한 물리적 환경이 생물다양성을 선호한다면, 높은 생물다양성은 다시 서식지의 복잡성에 공헌 할 것이다. 다시 말해서 이용 가능한 나무 종들이 많으면 많을수록 나무에서 살아가는 생물들의 서식지는 더욱 복잡해질 것이다.

종 다양성

생물다양성을 완전히 정량화하기 위하여 우리는 생물권과 특정 생태계에 얼마나 많은 종이 살고 있는지를 측정하는 방법에 대해 접근하고자 한다. **종 다양성**(species diversity)은 생물다양성의 세 번째 중요한 측면이다.

종 풍부도 종 다양성에 대하여 생각할 수 있는 몇 가지 방법이 있는데 이러한 방법들이 정략적으로 종의 수를 측정할 수 있는 가능성에 접근하게 해 준다. **종 풍부도**(species richness)는 생태계나 군집에 살고 있는 종의 수를 측정하는 매우 기본적인 방법이다. 생태학자들은 종 풍부도와 서식지 다양성 사이의 근본적인 관계를 밝혀 왔다. 예를 들어 서식지가 넓으면 넓을수록 많은 종들이 살 수 있다. 이를 종-공간 관계라 한다(그림 16.20).

생태계의 종 풍부도를 측정하는 것은 생각보다 다소 어렵다. 예를 들어 당신이 종이나 속, 목의 수를 세야만 하는가? 종의 수를 센다는 것은 매우 이상적이다. 하지만 그보다 상위의 분류군을 세는 것은 보다 쉬울 것이다. 종 풍부도를 측정하는 것은 또한 표본추출 과정에 좌우된다. 추출할 표본이 너무 많아서 많은 시간을 소모해야 한다거나 또는 생태계가 극단적으로 단순하다면 당신은 생태계에 흔하지 않은 종들을 놓칠 것이다.

종 공평도 일반적으로 종 풍부도가 높은 것은(종의 수가 많은) 생태계의 안정에 좋은 일이지만, 이것이 생물다양성을 나타내는 완벽한 지표는 아니다. 똑같은 수의 종으로

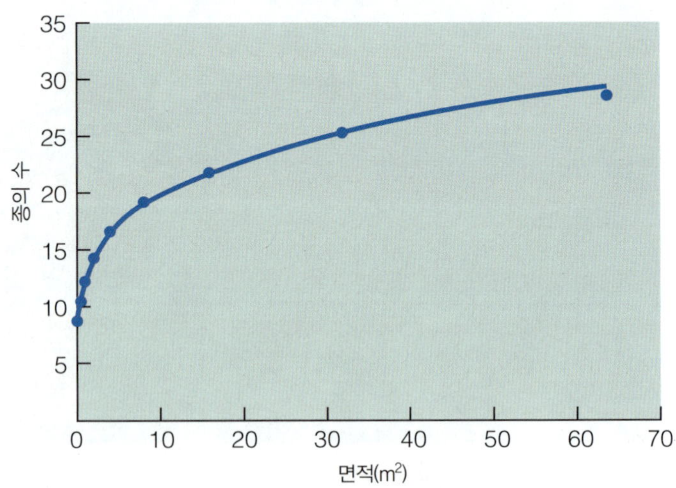

그림 16.20 종-공간 관계
일반적으로 넓은 서식지가 더 많은 수의 종을 지지할 수 있다.

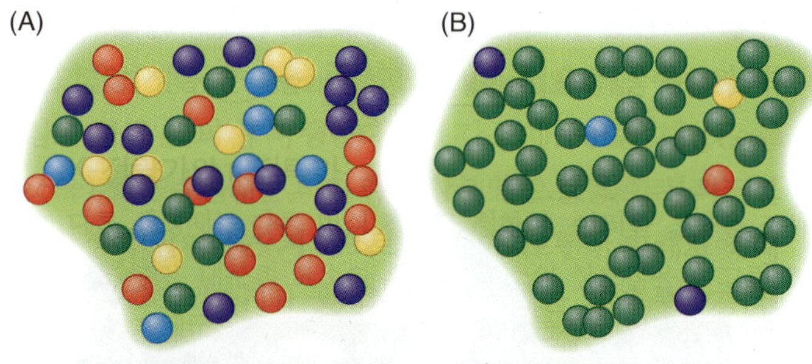

그림 16.21 **풍부도, 우세도, 공평도**
서식지 (A)와 (B)는 생물의 개체수와 종의 수(종 풍부도)가 똑같다. 하지만 서식지 (B)에는 한 종이 매우 우세하여 서식지 (A)보다 낮은 종 공평도를 보인다.

구성된 두 군집을 생각해 보자. 한 군집은 90% 이상의 개체가 하나의 종으로 구성되어 있고, 다른 군집에는 모든 종이 같은 수의 개체들로 구성되어 있는 경우를 가정해 보자(그림 16.21). 어느 군집의 다양성이 더 큰가? 한 군집에는 한 종이 절대적으로 우세하고 나머지 종들은 군집의 주변부에만 존재할 것이다. 이런 현상은 그 군집의 전체적인 종 다양성을 제한한다. 당신이 만약 그 군집의 생태계 속으로 걸어들어 간다면 당신은 오직 우점종만을 만나게 될 것이다.

두 번째 군집의 경우, 종 풍부도(종의 수)는 첫 번째 군집과 같다. 하지만 **종 공평도**(species evenness)는—종 개체들의 상대적 풍부도—두 번째 군집이 훨씬 높다. 이번에 여러분이 두 번째 군집의 생태계속을 걸어간다면 다양한 종을 만날 기회는 훨씬 많을 것이다. 따라서 생태계의 종합적인 종 다양성은 두 번째 군집이 클 것이다. 종 공평성을 측정하기 위해 많은 지표들이 제안되었다. 샤논 지표(Shannon Index)가 하나의 예로, 이는 군집의 모든 종이 공평한 상황을 최대로 나타낸 지표다.

생물다양성에 대한 위협

종의 멸종이 새로운 현상은 아니지만, 오늘날 우리는 자연환경의 격변이 아닌 인간 행동에 의해 야기되는 멸종의 중심에 서 있다. 우리는 이러한 '제6의 대멸종'과 인류의 원인에 대하여 제19장에서 다시 살펴볼 것이다.

멸종 위기종

멸종의 위기에 직면한 종을 **멸종 위기종**(endangered species)이라 한다. 코뿔소, 시베리아호랑이, 자이언트 판다, 마운틴고릴라 등등이 이에 속한다. 몇몇 종들은 잘 알려져 있으며 또 몇몇 종들은 널리 알려져 있지 않다(그림 16.22). 현재 북아메리카 지역에서만 약 1,500종이 멸종 위기 종으로 알려져 있으며 전 세계적으로는 16,000종 이상이 위험에 직면한 것으로 알려져 있다. 이 중에서 가장 수가 많은 생물은 양서류로, 몇몇 종은 물에 접근하는 것

그림 16.22 **멸종 위기종**
(A) 아프리카의 검은 코뿔소(*Diceros bicornis*), (B) 물수리(*Pandion haliaetus*), (C) 마우나카우 실버스워드(*Argyroxiphium kauense*) 등은 멸종 위기종 보호 목록에 있는 종들이다.

기초 원리

지구상에는 얼마나 많은 종이 있는가

오늘날조차도 우리는 지구상에 얼마나 많은 생물 종이 살고 있는지 정확히 알지 못한다. 날마다 새로운 종이 발견되고 있으며 특히 열대 우림 지역이나 심해처럼 아직 인류의 손길이 덜 미친 곳에서는 더욱 그렇다. 대략 1,500만 종들이 발견되어 이름을 가졌으나, 지구상에 존재하는 종의 총 숫자는 아마도 이보다는 훨씬 많을 것이고, 추산에 의하면 3,000만에서 많게는 1억 종 이상일 것이다.

알려진 종들의 대부분은 곤충과 식물들로 약 50만의 곤충 종과 40만의 식물 종이 알려져 있다. 열대 우림 지역에는 딱정벌레류 곤충들이 많이 살고 있는데, 사실 딱정벌레류의 곤충이 알려진 곤충 종수 중에서 그 수가 가장 많다(약 35만 종이 알려져 있으며 이를 빗대어 무신론자이며 저명한 진화생물학자인 할데인은 "만약에 신이 계시다면 그는 딱정벌레에게 과도한 사랑을 보여주셨다."라고 언급했다).

인간의 탐사가 계속된다면(특히 열대 지방에 대한), 무척추동물이나 식물 종의 숫자는 끊임없이 증가할 것이다. 인류가 속한 포유류는 비교적 작은 생물 그룹으로 4,000종 이상이 알려져 있다. 하지만 포유류는 상대적으로 숫자가 적은 동물임에도 불구하고 포유류의 신종은 계속하여 발견되고 있다. 1990년 이래 400여 종이 넘는 신종 포유류가—총 포유류 목록의 약 10%—새로이 발견되어 이름을 가졌다. 이 중에는 새로운 영장류 속[1998년 브라질의 숲에서 발견된 루스말렌 명주원숭이(*Callibella*)]과 쥐, 들쥐, 뒤지 등의 작은 설치류 동물들이 포함된다(그림 B16.2).

그림 B16.2 최근에 발견된 신종
신종은 항상 발견된다. 검은 꼬리를 가진 사진 속의 난장이 명주원숭이(*Callibella humilis*)는 현재까지 발견된 영장류 중 두 번째로 작은 종으로 성인 개체도 10cm를 넘지 못한다. 이 종은 1998년에 브라질의 열대 우림에서 발견되었다.

조차 어려울 정도로 환경 변화에 시달리고 있다. 멸종 위기 종 보호 국제 협회의 목록(1948년부터 시작되어 현재까지 가장 오래 축적된 자료)에 따르면 대략 포유류 네 종 중 한 종이 현재 야생에서 멸종 위기에 처해 있는 것으로 알려져 있다.

개체군의 크기가 심각하게 감소하는 종, 발견되는 지역의 범위가 매우 좁은 종, 또는 국지적으로 멸종의 징후를 보이는 종을 **멸종 가능성이 있는 종**(threatened species)이라 한다. 어떤 지역에서는 풍부하게 서식하지만 국지적으로 위험에 처해 있는 회색여우와 해달 등이 그렇다.

자이언트 판다의 경우에서 논의했듯이 선택적 먹이 습관과 제한된 자연 서식지 등의 생활방식은 종의 취약성을 유발할 수 있다. 규모가 작은 개체군은 또한 유전자 다양성이 작고(코끼리사자의 경우처럼) 교배할 짝을 찾기 어렵기 때문에 더욱 멸종에 취약하게 된다. 캘리포니아 콘도르가 이런 경우로, 콘도르는 인간의 노력(포획하여 교배하는 계획)으로 멸종에서 벗어날 수 있었다. 현재 야생에서 콘도르의 개체수는 매우 적고 그 어떤 놈도 아직 교배에 성공한 것 같지 않기 때문에 여전히 위기에 처해있는 것으로 여겨진다. 극단적으로 선택적 번식을 고집하는 습관 또한 멸종을 유도한다. 예들 들어 초록바다거북은 오직 특정한 형태의 모래 해변에서만 번식을 하고 연어는 원래 그들이 부화되었던 장소가 아닌 곳에서는 번식하지 않는다.

인간의 행동은 종과 생물다양성을 다양한 방법으로 위기로 몰아넣고 있다. 생물다양성 감소의 주요한 원인은 인간의 이익과 야생동물의 부족에서 오는 갈등으로, 이러한 갈등은 인구의 성장과 함께 증가되었다. 인구의 증가에 따른 생물자원의 남획, 공해와 환경의 변화, 고유종을 위협하는 외래종의 수입 등도 주요 원인이다. 우리는 이러한 원인들에 대하여 제19장에서 다시 살펴볼 것이며 인간의 행동이 지구계에 영향을 미치는 다양한 방법들을 고려할 것이다. 멸종을 일으키고 생물다양성을 파괴하는 무엇보다도 중요한 원인은 서식지의 파괴이다. 우리는 이 장에서 서식지에 관한 개념들에 집중해 왔기 때문에 이제는 서식지의 유실이 생물다양성에 어떻게 영향을 미치는지를 살펴볼 것이다.

서식지 유실과 서식지 분할

약 85% 정도의 멸종 위기종이 서식지의 파괴로 영향을 받고 있다고 추정된다. 심각한 문제 중 하나는 **서식지 분할**(habitat fragmentation)로 자연 지역이 도로 등에 의해 작은 구역으로 나누어지는 것을 뜻한다. 서식지 분할은 서식지의 실질적 공간을 그리 크게 줄이지는 않을지라도 서식지의 질에 회복될 수 없는 해를 끼칠 수 있다(그림 16.23).

예를 들어 어떤 종은 숲의 한가운데에 서식지가 필요하다. 숲의 중심에서 가장자리로 가면 생태계의 특징들은 인접 지역의 생태계 특징으로 점차 변해 가는데, 이것을 **가장자리 효과**라 한다. 따라서 숲 지역이 나눠져서 새로운 가장자리가 생기게 되면 숲 내부의 서식지는 타격을 입게 된다. 이동하는 종들은 한 지역에서 다른 지역으로 자유롭게 이동할 수 있는 서식지를 필요로 한다. 코끼리 같은 이동성 종은 매우 먼 거리를 이동한다. 따라서 코끼리의 이러한 습성이 토지를 개발하려는 인간과 직접적인 충돌을 일으켜 코끼리를 위험에 처하게 만든다. 만약에 야생동물들이 자유롭게 이동할 수 있어서 서식지들을 연결해주는 작은 소로들이 함께 개발된다면 이동성 동물들과 개발은 공존할 수가 있을 것이다.

서식지 분할에 관하여 알려진 대부분은 **섬 생물지리학**(island biogeography)으로 알려진 섬의 생물다양성 연구에서 유래되었다. 섬 생물지리학의 기본 전제는 고립된 지역의 종 다양성은 멸종에 의한 종의 유실과 이주를 통한 새로운 종의 유입 사이의 균형이다. 육지로부터 멀리 떨어진 작은 섬은 새로운 종이 이주하여 군집을 이룰 기회가 매우 적다. 반면 큰 섬은 더 큰 서식지 다양성을 가지며 좀 더 많은 종을 지원할 수 있다. (우리는 이것을 종과 공간의 관계로부터 알 수 있다.) 육지와 가까운 섬은 군집을 이룰 좀 더 좋은 기회를 가진다. 따라서 육지에 가까운 큰 섬들은 육지에서 먼 작은 섬들보다 훨씬 더 큰 종 다양성을 보인다(그림 16.24).

섬 생물지리학의 기본 개념은 실질적으로 섬의 종 다양성을 관찰한 연구에 의해 지지되어 왔다. 이 개념을 확장하면 육지의 작게 분할된 서식지를 크기가 작고 주변의 서식지와 고립되어 있다는 점에서 마치 섬과 같다고 생각할 수 있다. 섬에서와 마찬가지로 분할된 서식지의 크기나 연

그림 16.23 서식지 분할
오늘날 생물다양성에 가장 큰 위협이 되는 것은 분할을 통한 서식지의 유실이다. 서식지 분할은 서식지의 크기와 연결성을 감소시킬 뿐만 아니라 가장자리와 중심의 비율을 변형시킴으로써 생태계의 특징을 변화시킨다.

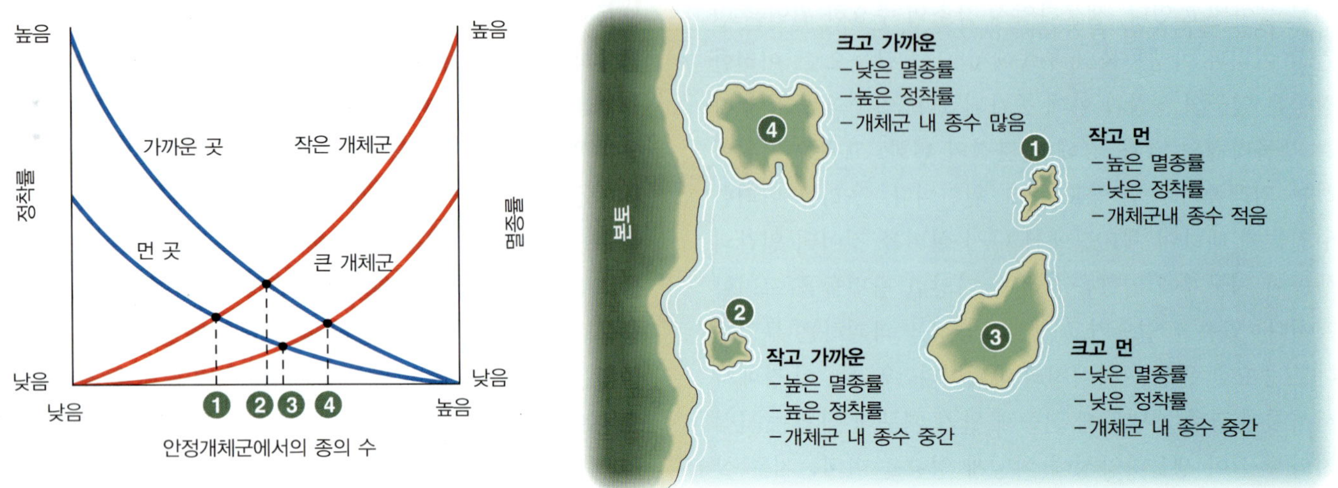

그림 16.24 섬 생물지리학

섬 생물지리학 연구는 종 다양성 유지의 관점에서 조각난 서식지의 특징에 대하여 몇 가지 중요한 점을 말해 준다. 작고 고립된 섬(또는 조각난 서식지)은 가장 적은 수의 종을 부양하는 반면 본토에서 그리 멀지 떨어져 있지 않은(비슷한 서식지와 연결된) 큰 섬은 가장 많은 수의 종을 부양할 것이다. 이 고전적인 연구는 본문에서 언급했듯이 맥아더와 윌슨(1967)에 의해 수행된 것이다.

결성은 서식지와 종 다양성에 영향을 미친다. 이것이 서식지를 보호하는 것이 중요할 뿐만 아니라 가능한 한 서식지를 크게 그리고 연결되게 하는 것이 중요하다는 결론에 이르게 한다.

서식지와 생물다양성 보호

자연 서식지와 황무지는 산업 발전과 도시화 및 자원 개발을 촉구하는 경제적이며 정치적인 힘의 압력에 놓여 있다. 오늘날 남극을 제외하면 전 세계의 오직 6.4%의 육지만이 보호를 받고 있으며(7.2%는 선진국의 땅이며, 5.8%는 개발도상국의 땅), 약 2%의 토지만이 국제협약에 의해 보호받고 있는 실정이다(그림 16.25). 불행하게도 보호되고 있는 지역이 언제나 생물다양성이 가장 높은 지역과 일치하지는 않는다.

보호는 국가의 관리 · 감독 하에서 자연보호 지역, 야생 지역, 국립공원, 종 관리 구역 및 보호경관 구역 등으로 지정되어 관리될 수 있다. 보호를 받고 있는 바다경관과 해양생태계 등은 육지의 보호 구역보다는 덜 알려져 있으며 그 숫자도 매우 적다. 생물 종과 자연을 보호하려는 법률이나 그의 집행에 대한 정도도 국가에 따라 각양각색이다. 종이나 서식지 및 생태계를 보호하기 위하여 우리는 무엇을 어떻게 할 수 있는가? 한 가지 방법은 생물 종과 그들에게 무엇이 필요한지에 대한 과학적 이해를 늘리는 것이다. 인간의 활동에 의해 위험에 처해지는 종들은 몇몇 공통적인 특징을 보이는 경향이 있다. 이러한 공통적인 특징에 대한 지식이 인류가 그들을 보호하고 관리하는 데 도움이 될 것이다. 쉽게 위험에 처해지는 종, 특히 식물 종들은 일반적으로 크고 오래 사는 종들이다. 그런 종들은 매우 낮은 출생률을 보이며 개체군의 크기가 작아지면 회복되기 어려운 특징을 가지고 있다. 이러한 취약성의 또 다른 요인은 가장 크고 거대한 동물은 가장 큰 영역과 엄청난 양의 먹이를 필요로 한다는 것이다. 따라서 육식동물과 덩치가 큰 초식동물들은 특히 멸종에 취약하다. 자이언트 판다의 경우에서 보았듯이 매우 좁은 범위의 환경 조건과 매우 전문화된 서식지에서 사는 전문가 종 또한 멸종에 매우 취약하다. 인간이 토지를 경작하고 환경을 변형시킴에 따라 서식지의 다양성은 줄어들고 전문가 종들은 영향을 받게 된다.

이것이 일깨워 주는 하나의 주요한 교훈은 개체군이 적을지라도 좋은 환경의 생태적 조건에서 사는 것이 개체군이 큰 경우라도 나쁜 환경에서 살아가는 것보다 훨씬 좋다는 것이다. 또 다른 교훈은 진화의 아이러니를 지적한다. 환경이 일정하여 변함이 없을 때 진화에서 승리하는 방법은 더욱 더 전문화되는 것이다. 하지만 생물 종이 전문화되면 될수록 환경적 변화나 포식자 또는 먹의 변화 등에

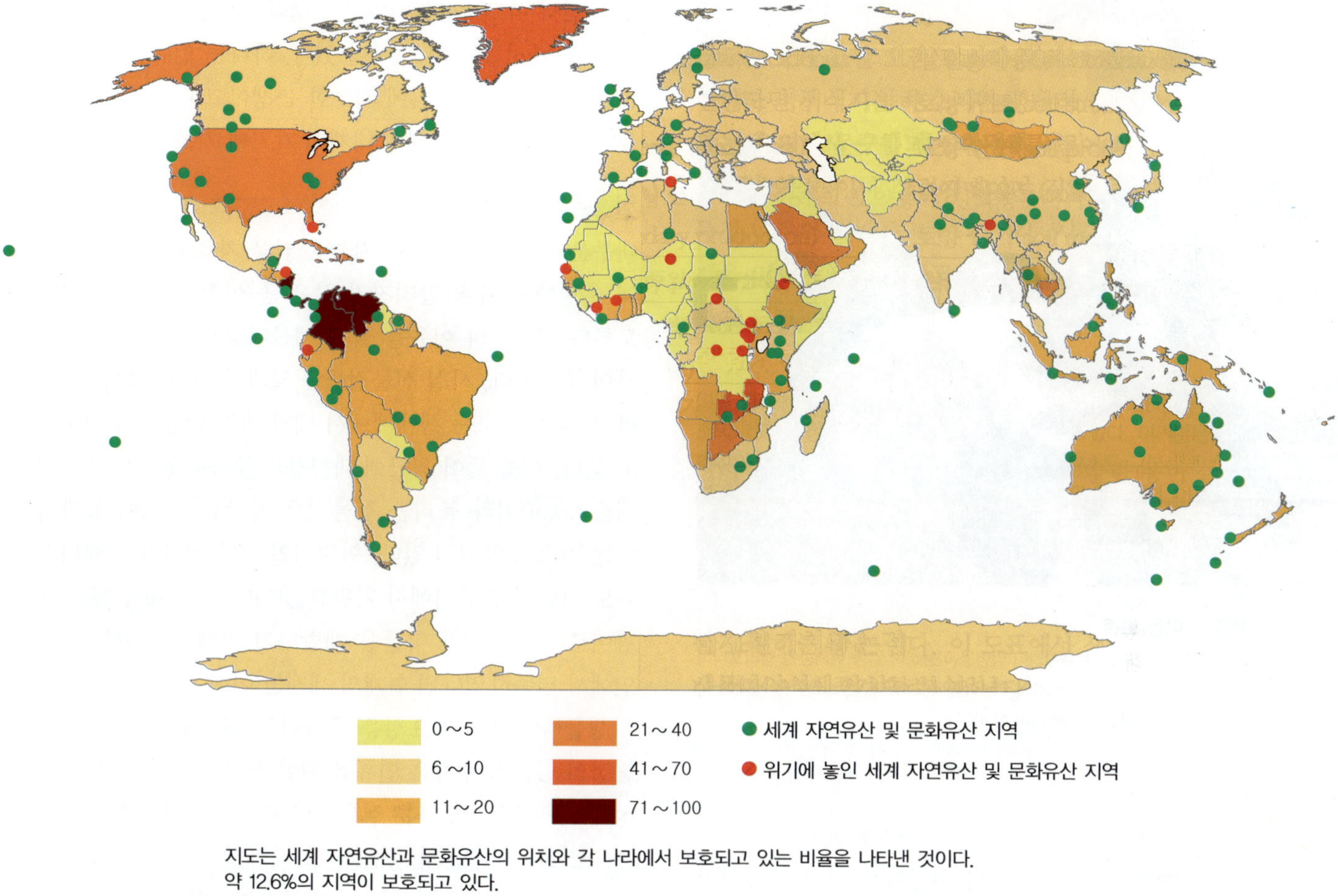

0 ~ 5
6 ~ 10
11 ~ 20
21 ~ 40
41 ~ 70
71 ~ 100
● 세계 자연유산 및 문화유산 지역
● 위기에 놓인 세계 자연유산 및 문화유산 지역

지도는 세계 자연유산과 문화유산의 위치와 각 나라에서 보호되고 있는 비율을 나타낸 것이다. 약 12.6%의 지역이 보호되고 있다.

그림 16.25 세계 보호구역의 분포
전 세계의 아주 작은 부분(약 2%)만이 국제적 협약 아래 보호되고 있다. 다행스럽게도 UN 환경계획의 지도에 나타난 것과 같이 서식지와 생물다양성을 보호하려는 국가 수준의 기구들이 있다.

취약하게 된다.

멸종 위기종의 개체군 크기가 너무 작아지거나 또는 그들의 서식지가 너무 심하게 파괴되거나 분할되면, 생물 종들은 그들 본래의 자연 환경에서 견뎌내는 것이 불가능할지도 모른다. 그런 경우에 종을 보존하는 유일한 방법은 생물 종들을 그들의 서식지에서 동물원이나 수족관 등으로 이동시켜 보호하는 것일지도 모른다(그림 16.26). 이와 같이 가두어서 번식시키는 것은 생물 종이 야생에서 살아가기 위한 바람직한 방법은 아니다. 어떤 종들은 동물원 같은 곳에서 번식시키는 데 어려움이 있다. 또 어떤 종들은 사육에 성공했을지라도 사육 후에 자연으로 결코 돌려보낼 수 없을지도 모른다. 그들의 자연 서식지가 영원히 파괴되었거나, 그들이 야생에서 살아가는 데 필수적인 생존 능력을 이미 상실했기 때문이다. 만약에 한 종의 개체군이 너무 작다면 그 종의 유전자 다양성도 동물원이 아닌 자연에서는 스스로를 지탱할 수 없을 정도로 이미 매우 낮을 것이다.

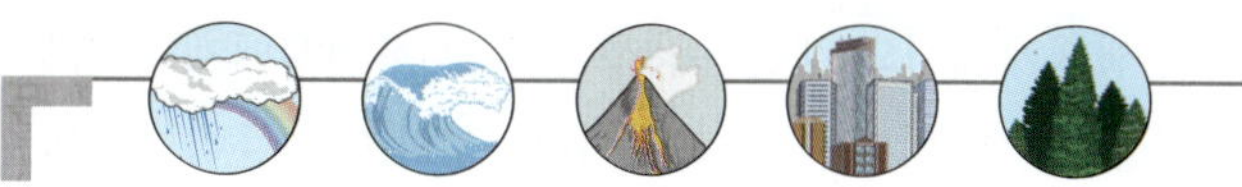

관련짓기

우리에서 번식된 동물과 야생에서 태어난 동물들이 생물권에서 같은 역할을 할 수 있을까? 이동 보호의 궁극적 가치는 무엇인지 생각해 보라.

식물의 다양성을 보존하기 위한 이동보호 수단으로는 식물원과 씨앗은행이 있다. 식물 유전자의 다양성에 관심이 많은 농부나 식물학자들은 수년 동안 많은 표본들을 저장해왔다. 현재 전 세계에 약 100개 이상의 씨앗은행이 있으며 약 300만 종 이상의 씨앗 표본이 말린 상태로 보호되고 있다. 대부분의 씨앗들은 오랫동안 농작물로 이용되

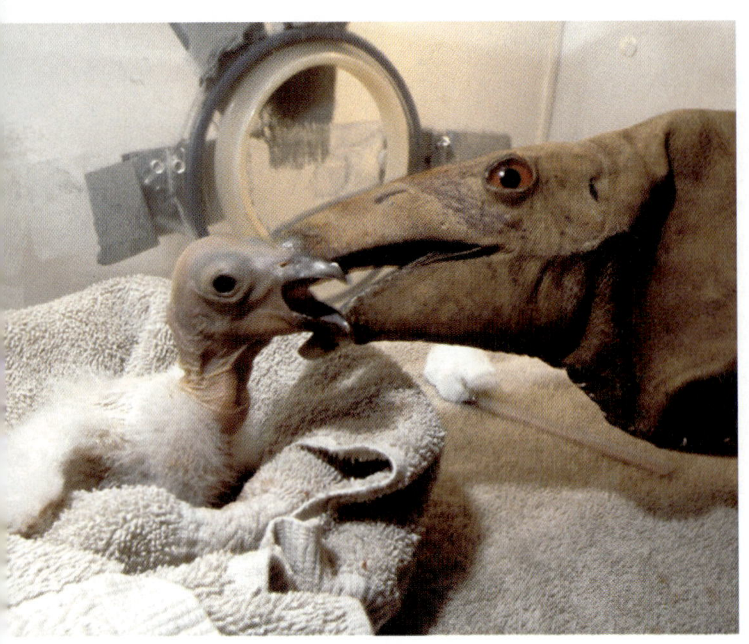

그림 16.26 이동 보존
샌디에이고 야생동물원에서 사육사들이 인형을 이용하여 멸종 위기종인 캘리포니아 콘도르(*Gymnogyps californianus*)에게 먹이를 주고 있다. 콘도르는 전 세계에 야생의 188마리를 포함해서 384마리만이 살아있다.

어 유전자 다양성을 잃어버린 작물의 야생 변종들이다.

동물원, 수족관, 식물원 등의 환경들은 사실 길들여진 또는 **관리되는 생태계**(managed or domesticated ecosystem)이다. 정원, 식물재배농장, 양식장 및 공원 등도 이러한 예이다. 이러한 곳들도 생물학적 요소와 무생물학적 요소가 상호작용하는 하나의 생태계이다. 하지만 이러한 곳들이 유지되기 위해서는 인간의 간섭과 관리가 요구된다. 이처럼 관리된 생태계가 인간의 필요와 여흥을 위해 생물 종들이 살아있도록 보호하는 하나의 방법이다. 하지만 관리된 생태계에서의 생물다양성은 결코 자연생태계의 생물다양성에는 미치지는 못할 것이다. 숲의 나무들이 잘려나갈 때, 토양을 내버려두는 것보다는 나무를 심는 것이 분명히 더 좋은 방법이다. 하지만 이렇게 하는 것은 우리가 식물 재배농장을 만드는 것이지 숲을 만드는 것은 아니다. 따라서 우리 인간은 이런 차이에 대한 견해를 결코 간과해서는 안 된다.

생물다양성은 왜 중요한가

이제 우리는 생물다양성을 연구하는 것이 왜 가치가 있는지, 특히 생물다양성을 보호하고 보존하는 데 우리의 관심을 집중시키는 것이 왜 중요한지 등 지구의 생물권에 중점을 두면서 이 장을 마치려한다. 생물다양성의 가치에 대하여는 두 가지 흐름의 논쟁이 있다. 하나는 인류를 위한 생물다양성과 종의 이익에 기초한 논쟁이고 다른 하나는 생물다양성과 종 그 자체의 내재적 가치에 기초한 논쟁이다.

실용주의적 논점

대부분의 사람들은 "과학자들은 암을 치료하기 위하여 열대 우림에서 아직 알려지지 않은 종을 찾을 수 있을지도 모른다."는 등의 이유를 들며 생물다양성의 중요성에 대하여 주장한다. 사실 신물질들은 열대 우림 지역뿐만 아니라 전 세계의 모든 생태계에서 매일 매일 발견되어 연구되고 있다. 예를 들어 최근에 태평양의 주목나무에서 추출된 택솔(taxol)이라 불리는 신물질은 자궁암 치료에 효과가 있는 것으로 알려져 있다. 혁명적인 의약 치료제인 페니실린도 자연의 곰팡이에서 기원한 것이다. 만약에 인류가 곰팡이로부터 이러한 약들을 개발하기 전에 곰팡이들이 자연에서 멸종하였다면 현재의 세계는 어찌 되었겠는가?

생물다양성의 중요성을 주장하는 **실용주의**(utilitarian) 관점의 근본적 주장은 인류를 위한 생물 종의 잠재적 유용성에 기초한다. 또 다른 실용주의 관점은 의약학적 목적과는 별도로, 대부분의 종들이 그 자체로 직접적인 경제적 가치를 지닌다는 것이다. 사실 우리가 먹는 모든 음식과 우리가 생산하는 많은 것들은 자연에서 온 것이다. 예를 들어 열대 우림을 보호하려는 사람들의 주장은 경제적 관점에서부터 시작됐다(그림 16.27). 그들은 열대 우림에서 목재를 생산하는 대신에 열대 우림을 파괴되지 않고 열대 우림의 생산품들을 팔 수 있다고 홍보함으로써 인간의 때가 묻지 않은 열대 우림의 경제적 가치를 강조한다.

또 다른 경제적인 논점은 생물다양성의 여가 또는 관광사업적 가치에 기초한다. 사냥, 낚시, 하이킹, 보트 타기 등의 자연에서 다양한 야외활동은 전 세계 경제에 중요한 공헌자이다. 자연환경은 또한 미학적 가치를 가진다. 본질적 아름다움의 가치에 대한 감상, 즉 미학적 관점은 다소 애매해 보일지도 모른다. 하지만 정원에는 작은 새와 동물들이 뛰어놀고 뒤에는 아름다운 산이 있으며 협곡이 내려다보이는 집을 생각해 보라. 자 이제 쇼핑몰이 보이는 집을 떠올려보자. 어떤 집이 경제적 가치가 높겠는가? 우리는 산의 아름다움의 진가를 인정한다. 하지만 장기적으로 생물다양성을 보호하기 위하여 훨씬 더 중요한 것은 그러한 것들에 특별한 경제적 가치를 부여하는 것이다.

그림 16.27 생물다양성의 가치
아마존 열대 우림에서 지속적으로 경작될 수 있는 새로운 식물 중 하나인 아사이 종려나무(*Euterpe oleracea*) 열매가 바구니에 담겨 아마존 강 입구 아베테투바 근처의 시장으로 옮겨진다.

정량적으로 평가하는 것이 좀 더 어려운 것은 바로 자연환경에 대한—특히 토착 원주민들에게—정신적 또는 문화적 중요성이다. 많은 토착 원주민들은 그들의 정신과 존재성 등 모든 것을 자연에 기대어서 살아간다. 전 세계에서 살아가는 토착 원시부족이 그들의 땅과 자원에 접근하기가 어려워지면 질수록 그들의 전통적 지혜는 영영 잃어버리게 된다.

생물다양성은 또한 생태적 이익과 서비스를 제공한다. 예를 들어 습지는 지하수를 저장하거나 토양으로부터 독성물질을 제거하는 등의 다양한 환경적 서비스를 수행한다. 산호초는 많은 생물의 보금자리 역할을 하는 것 외에도 태풍으로부터 해안을 보호한다. 열대 우림은 방대한 양의 탄소를 저장하기 때문에 만약에 열대 우림이 없다면 지구는 극심한 기후 변화로 몸살을 앓을 것이다. 벌들은 작물들이 수분되는 데 없어서는 안 된다. 박테리아와 분해생물들은 인류가 쓰레기 더미에 덮이는 것을 막아준다. 그 외에도 너무나 다양하기 때문에 우리 인간은 생물 종과 생태계에 의해서 수행되는 환경적 서비스의 가치를 이해하기조차 어렵다.

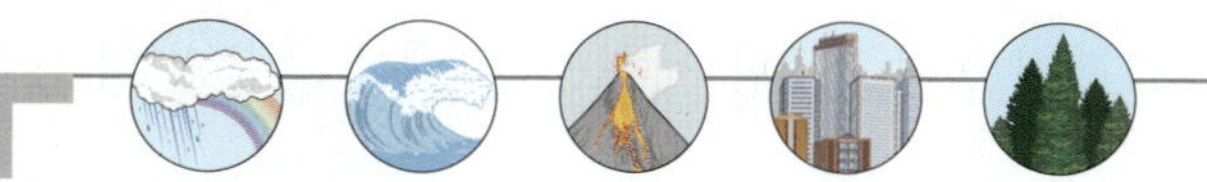

관련짓기

몇몇 경제학자들은 아름다운 자연경관의 가치와 같은 지구계의 심미적 요소의 가치를 정량화하는 문제에 관심을 가지고 있다. 여러분은 지구계의 각각의 하부 권역에서 심미적으로 가치 있는 요소를 구분해낼 수 있는가 보라. 우리는 이미 산 풍경(지권)의 심미적 가치를 언급했다. 아름다운 일출(기권)은 어떤가?

내재적 가치의 논점

생물다양성에 가치를 부여하는 실용주의적인 모든 이유는 직접적이든 간접적이든 인간의 욕구와 연관되어 있다. 이것은 생물다양성의 가치에 대한 **인간중심적 관점**(anthropocentric)이다. 경제적이고 실용적인 관점을 정당화하는 것은 분명히 인간중심적이지만, 정신적이며, 심미적 · 생태적 서비스의 관점 또한 궁극적으로는 인간의 관점을 대변하는 것이다. 하지만 많은 사람들은 생물다양성은 도덕적 이유로 반드시 보호되고 보존되어야 한다고 믿는다. 생물 종은 그들이 인간에게 제공하는 어떠한 가치와도 다른 그 존재 자체로 가치—**내재적 가치**(intrinsic value)—가 있기 때문이다.

인간을 포함한 모든 종들은 내재적 가치를 가지고 있고 따라서 영원히 존재할 권리를 가진다는 철학, 그리고 인간은 모든 종을 보호해야 하는 도덕적 의무를 가진다는 철학을 심층생태론(deep ecology)이라 한다. 인간의 이익과 상충될 때 이 철학은 갈등을 유발할 수 있다. 예를 들어, 한 명의 암환자 치료를 위한 충분한 택솔을 얻기 위해 수백 년 된 주목나무를 베어내야 한다. 불행하게도 주목나무는 태평양 북서 지역의 아주 오래된 숲의 중심부에 있으며, 이 숲은 북쪽의 점박이 올빼미와 많은 멸종 위기종들의 서식지다. 이것이 인간이 생물다양성으로부터 이익을 얻으려할 때 나타나는 갈등을 강조한다.

생물다양성의 개념은 인류가 생물다양성을 통합적인 시각으로 봐야 한다고 강조한다. 즉 생물다양성은 육체와 정신을 동일한 것으로 보는 시각처럼 생물 개체들을 분리하여 고려할 때보다 생태계와 종의 가치를 통합적으로 바라볼 때 그 가치가 훨씬 크다는 것을 말한다. 이것은 경제학에서의 '주변 가치'의 개념과 유사하다. 한 개체 그 자체만을 고려한다면 한 개체의, 즉 종명이 좀 애매한 도마뱀이나 곤충 한 개체의 주변 가치는 아마도 거의 없을지도 모른다. 한 종의 진정한 가치는 전체에서 그 종의 역할에 있을지도 모른다. 이에 대해 생각하는 좋은 방법은 종을 카드로 만들어진 집의 카드 한 장 또는 비행기의 이음못 하나로 생각하는 것이다. 이음못 하나가 비행기에서 빠지더라도 비행기는 아마 날 수 있을 것이다. 하지만 계속적으로 이음못이 제거된다면 비행기의 구조는 붕괴되고, 이제 더 이상은 비행기로서의 역할을 할 수 없을 것이다.

요약

1. 개체군이란 유전정보를 공유하고 교배하는 동종으로 이루어진 개체들의 집단이다. 내부적 요인과 외부적 요인 모두 개체군의 생존과 건강에 영향을 끼쳐 궁극적으로 개체군의 성장에 영향을 미친다.
2. 성장률(*r*)은 시간에 따른 개체군의 생물 개체수의 변화로 출생률과 사망률, 이주나 이민에 의해 영향을 받는다. 만약에 자원이 무한적으로 공급되고 그들의 성장과 번식을 저해하는 요소가 없다면 개체군은 이론적으로는 기하급수적으로 성장하지만, 현실적으로 영원히 그렇게 성장하는 개체군은 없다. 일반적으로 생물 개체군은 환경 요소에 의해 제한을 받을 때까지는 성장한다. 이것이 좀 더 현실적인 모형으로 로지스틱 성장 곡선으로 표현된다.
3. 현실 세계에서 개체군의 성장을 통제하는 요소로는 먹이, 물, 공간 또는 빛의 부족 등이 있다. 번식의 장벽, 경쟁, 포식, 질병, 기후 변화를 비롯하여 다른 환경 제한요소 및 위험 요소 등도 포함된다.
4. 로지스틱 곡선의 평형 상태는 생태계가 유지할 수 있는 이론적인 최대 개체수, 즉 수용력을 나타낸다. 개체군이 이 수준 아래로 떨어지면 출생률이 사망률을 초과하여 개체군은 다시 회복될 것이다. 만약 개체군이 수용력을 능가하면 사망률은 출생률을 능가하여 개체군은 다시 감소한다. 빠르게 성장하는 개체군은 수용력을 넘은 후에는 급격한 개체수의 감소를 겪게 되는데, 이를 급증-급감 주기라 한다.
5. 많은 수의 새끼를 번식하는 데 상당한 에너지를 투자하지만 그들을 양육하는 데 아주 적은 에너지만을 투자하는 생물을 r-전략가라 한다. 그들은 일반적으로 변화하는 환경에서 사는데, 이러한 환경에서는 빠른 번식이 생존에 유리하기 때문이다. K-전략가는 몸집이 크고 오래 살며 성숙기가 늦다. 그들은 적은 수의 자식을 드문드문 낳고 자식을 돌보고 기르는 데 많은 에너지를 투자한다.
6. 개체군은 군집, 즉 동일한 환경에서 서로 의존하며 상호작용하는 다른 종들로 구성된 개체들의 집단에서 살아간다. 군집에서의 개체들의 상호작용은 개체군과 생태계 전체에 커다란 영향을 미친다.
7. 생물 개체들은 부족한 자원을 두고 경쟁한다. 경쟁은 종 내에서 뿐만 아니라 종 간에서도 일어난다. 경쟁 과정에서 각각의 개체는 다른 개체가 이용할 수 있는 자원을 취하기 때문에 경쟁은 필수적으로 한쪽 또는 양쪽 모두에게 부정적 결과를 초래한다.
8. 기생관계에서 한쪽 파트너(기생생물)는 이득을 보고 다른 쪽(숙주)은 손해를 본다. 대부분의 경우에 기생생물은 숙주를 죽이지 않고 영양분을 빼앗음으로써 그들을 약화시킨다. 포식관계의 경우에서는 한쪽(포식자)은 다른 쪽(피식자)을 잡아먹어 죽인다. 육식동물은 다른 동물만을 먹는 포식자고, 초식동물은 풀만 먹으며 잡식동물은 초식과 육식 모두를 한다.
9. 상리공생 관계는 상호작용하는 모두에게 이익이 된다. 이득은 음식, 보호 또는 그들에게 제공되는 모든 형태를 포함한다. 상리공생의 많은 경우는 공생, 즉 물리적으로 근접하여 살아가는 생물들을 포함한다. 공진화에서 두 종은 서로에게 의존하여 함께 진화한다. 편리공생에

서 한쪽 파트너는 다른 쪽에 아무런 영향을 미치지 않으며 이득을 본다.

10. 핵심 종은 생태계에서 핵심적인 역할을 한다. 핵심 종을 제거하면 생태계는 피해를 입으며 또한 덜 중요한 종이라도 제거했을 때 효과가 누적되면 생태계에 동일한 피해가 될지도 모른다.

11. 개체군이나 생물 개체가 살고 또는 살 수 있는 물리적 환경을 서식지라 한다. 생태적 지위는 생태계에서 생물의 기능적 역할과 자원의 이용이다. 기본 생태적 지위는 경쟁이나 과밀 현상 등이 없는 상태에서 생물 종이 견뎌낼 수 있는 환경 조건의 묶음이다. 생태적 지위가 중복되면 경쟁은 계속해서 일어나고 실현 생태적 지위는 기본 생태적 지위의 일부가 된다.

12. 경쟁배타 원리는 동일한 환경 요구조건을 가진 두 종은 같은 서식지와 생태적 지위에서 공존할 수 없다는 것이다. 한쪽은 좀 더 넓거나 풍부한 생태적 지위를 갖게 되거나 또는 다른 쪽을 멀리 몰아낼 수 있다. 종들은 자원 분배나 전문화를 통해 그들의 생태적 지위를 분할함으로써 직접적인 경쟁을 피할 수 있다. 환경이 복잡하면 할수록 좀 더 많은 생태적 지위가 생길 수 있으며 생물들은 전문화할 수 있는 기회를 더 많이 갖게 된다.

13. 만능가는 넓은 범위의 내성을 보이며 넓은 생태적 지위를 점유한다. 전문가는 좁은 범위의 내성을 나타내고 좁고 협소한 생태적 지위를 점유한다. 넓은 지역에 걸쳐 빠르게 변하는 환경에서는 전문가들은 생존하기가 어렵다. 넓은 지역에서 생태적 지위가 크면 클수록 종의 수는 감소하고 만능가는 많아지며, 종 다양성은 감소한다. 생태적 지위가 작고 좁게 한정될수록 전문가가 많아져서 종의 수는 늘어날 것이다. 연중 기후 조건이 일정한 저위도 지방은 좁은 범위의 생태적 지위를 갖게 되어 생물다양성이 커진다.

14. 이지역성 종분화는 생식적 격리를 초래하는 지리적 장벽의 결과로 새로운 종이 형성될 때 발생한다. 개체군들이 다소 다른 서식지에 살며 다른 역할을 수행한다면 자연선택은 개체군들에게 다르게 작용할 것이다. 따라서 지리적 장벽이 없음에도 불구하고 생태적 지위 분화와 전문화를 통해서 개체군은 생식적으로 격리될지도 모른다. 동지역성 종분화의 경우에는 행동 전문화와 분화의 결과로 생식적 격리와 종분화가 일어날 수 있다.

15. 유전자 다양성은 개체군이나 종을 구성하는 생물 개체들의 DNA 이질성이다. 유전자 다양성이 제한되면 종이나 개체군은 환경 변화에 대한 적응 능력이 떨어진다. 서식지 다양성은 생태계에서의 이용 가능한 서식지의 복잡성과 다양성의 척도다. 종 풍부도는 생태계나 군집에서의 종의 수다. 종-공간 관계는 서식지는 크면 클수록 좀 더 많은 종을 부양할 수 있다는 것을 의미한다. 종 공평도는 생태계를 구성하는 종들의 상대적 개체수 풍부도를 일컫는다. 따라서 한 종이 절대적으로 우세한 생태계는 낮은 종 공평도를 갖는다고 할 수 있다.

16. 지구상의 정확한 종의 수는 누구도 모르고 새로운 종은 끊임없이 발견되어 왔다. 약 1,500만 종이 발견되어 이름이 붙여졌으나(대부분은 곤충과 식물), 종의 총 숫자는 3,000만 종 이상일 것으로 추정된다.

17. 멸종 위기종은 멸종의 시급한 위험에 처한 종이다. 멸종 가능성이 있는 종은 개체군이나 서식 범위가 급격하게 감소되어 왔고 지역적으로 멸종의 징후를 보이는 종이다. 종 취약성을 이끄는 요인으로는 선택적 먹이 섭취와 선택적 교배 습관 및 제한된 서식 지역 등이 포함된다. 또한 개체군의 크기가 작으면 유전자 다양성이 작고 배우자를 찾기가 어렵기 때문에 종은 좀 더 취약하게 된다.

18. 인간의 활동은 생태계를 망그러트리고 다양한 방법으로 생물다양성을 위험에 빠트리며 이 중 가장 중요한 것은 서식지의 분할과 파괴이다. 분할되어 고립된 서식지는 섬과 같으며 서식지의 크기와 연결성이 바로 종 다양성을 유지시키는 능력이다. 크고 훼손되지 않은 그리고 가능한 한 서로 연결된 서식지를 보존하는 것이 중요하다.

19. 자연 서식지와 황무지는 지속되는 압력에 놓여 있다. 보호 구역이 현장 보존의 예이다. 멸종 위기종의 야생 개체군의 개체수가 너무 작아지거나 또는 그들의 서식지가 너무 심하게 파손되면 그 개체군은 동물원, 수족관, 식물원 및 씨앗은행 등으로의 이동 보존이 필요할지도 모른다. 이런 것들이 생물의 지속적인 존재를 위해 인간의 간섭을 필요로 하는 관리된 생태계의 예이다.

20. 생물다양성의 가치에 대한 실용주위적 주장은 인간에

의한 종의 이용도에 기초하며 이는 인간중심적 관점이다. 내재적 가치에 기초한 관점은 종이란 그들이 인간에게 제공하는 그 어떤 가치와도 다른 종 그 자체로서 가치가 있기 때문에 생물다양성은 도덕적 이유로 반드시 보호되고 보존되어야 한다고 주장한다.

주요 용어

개체군 밀도(population density)
개체군(population)
경쟁(competition)
경쟁배타 원리(competitive exclusion principle)
공생(symbiosis)
공진화(coevolution)
관리되는 생태계(managed or domesticated ecosystem)
군집(community)
기본적 생태적 지위(fundamental niche)
기생(parasitism)
기하급수적 성장(exponential growth)
내재적 가치(intrinsic value)
동지역성 종분화(sympatric speciation)
로지스틱 성장 곡선(logistic growth curve)
만능가(generalist)
멸종 가능성이 있는 종(threatened species)
멸종 위기 종(endangered species)
보존(conservation)
사망률(death rate)
상리공생(mutualism)
생물다양성(biodiversity)
생태계 다양성(ecosystem diversity)
생태적 지위의 분화(niche differentiation)
서식지 다양성(habitat diversity)
서식지 분할(habitat fragmentation)
서식지(habitat)
선형 성장(linear growth)
섬 생물지리학(island biogeography)
성장 잠재 능력(biotic potential)
성장률(growth rate)
수용력(carrying capacity)
식충동물(insectivore)
실용주의(utilitarian)
실현 생태적 지위(realized niche)
유전자 다양성(genetic diversity)
유전자 병목(genetic bottleneck)
육식동물(carnivore)
이지역성 종분화(allopatric speciation)
인간중심적 관점(anthropocentric)
자원 분배(resource partitioning)
잡식동물(omnivore)
전문가(specialist)
종 공평도(species evenness)
종 다양성(species diversity)
종 풍부도(species richness)
지속성(sustainability)
초식동물(herbivore)
출생률(birth rate)
침입 종(invasive species)
편리공생(commensalism)
포식(predation)
핵심 종(keystone species)
K-전략가(K-strategist)
r-전략가(r-strategist)

복습 문제

1. 개체군과 군집의 차이는 무엇인가?
2. 개체군 성장에 영향을 미치는 내부적 요인은 무엇인가? 개체군 성장에 영향을 미치는 외부적 요인은 무엇인가?
3. 성장률을 나타내는 방정식은 무엇인가?
4. 수용력을 정의하라.
5. 종 간 경쟁과 종 내 경쟁의 차이는 무엇인가?
6. 기생이란 무엇인가? 포식이란 무엇인가? 차이는 무엇이고 유사점은 무엇인가?
7. 초식동물, 잡식동물, 육식동물, 식충동물을 정의하고 예를 들어라.
8. 상리공생이란 무엇인가? 공생은 무엇인가? 유사점과 차이점은 무엇인가? 편리공생과의 차이점은 무엇이며 유사점은 무엇인가?
9. 생물의 서식지와 생태적 지위의 차이점은 무엇인가?
10. 경쟁배타 원리를 설명하고 자원 분배와 생태적 지위 분화의 관계에 대하여 논하라.

11. 전문가와 만능가의 차이는 무엇인가? 각각의 예를 들어라.
12. 종들을 멸종에 취약하게 만드는 외부적 요인과 내부적 요인의 종류를 설명하라.
13. 생물다양성의 세 가지 기본적 유형을 나열하고 설명하라.
14. 서식지 분할이 어떻게 생태계와 생물다양성을 위협하는지 설명하라.
15. 현장 보존과 이동 보존의 차이는 무엇인가? 각각의 예를 들어라.

연구와 토론 문제

1. 왜 개체군의 성장 모형으로 로지스틱 성장 곡선이 선적 또는 기하급수적 성장 모형보다 더 현실적인가? 로지스틱 모형에 한계나 문제점은 있는가?
2. 왜 생물다양성은 가치가 있는가? 생물다양성에는 인간 중심적 가치가 아닌 다른 가치가 있는가?
3. 우리는 어떤 종의 보호를 위하여 많은 노력을 기울이지만 해충박멸 계획에 의해 어떤 생물 개체군이 멸종에 이르거나 심각하게 감소되는 경우가 흔히 일어난다. 예를 들어 미국의 동물통제 관리들은 가축을 보호하기 위하여 매년 약 100,000마리의 코요테를 죽인다. 이러한 현상은 다음과 같은 흥미로운 질문을 제기한다. 무엇이 해로운 동물인가? 인간이 고의적으로 다른 종을 멸종에 이르게 하는 것은 정당한가? 답을 하기 전에 천연두(바이러스, 엄밀한 의미에서 생명체는 아니지만 좋은 예다)의 경우를 생각해 보라. 1960년대와 1970년대의 왕성한 접종 계획을 통하여 천연두 바이러스는 본질적으로 박멸되었다. 극히 적은 개체군만이 실험실에서 보호를 받으며 남아 있다. 어떤 사람은 완전 소멸을 주장하지만 또 어떤 사람은 어떠한 이유로든 바이러스가 다시 나타나게 될 경우 과학자들이 백신을 개발하기 위해 실험실 개체군이 필요하다고 주장한다. 어떤 것이 올바른 조치라고 생각하는가?

기초 원리 문제

1. 기하급수적 성장과 선형 성장의 차이점은 무엇인가? 각각을 나타내는 그래프를 그려 보라.
2. 왜 개체군의 성장 모형으로 로지스틱 성장 곡선이 선형 또는 기하급수적 성장 모형보다 더 현실적인가?
3. 몇 종을 알고 있는가? 전부 몇 종인가?

자세히 보기 문제

1. K-전략가의 번식 전략을 설명하라.
2. r-전략가의 번식 전략을 설명하라.
3. K-전략가와 r-전략가의 세 가지 예를 들어라.

제 6 부

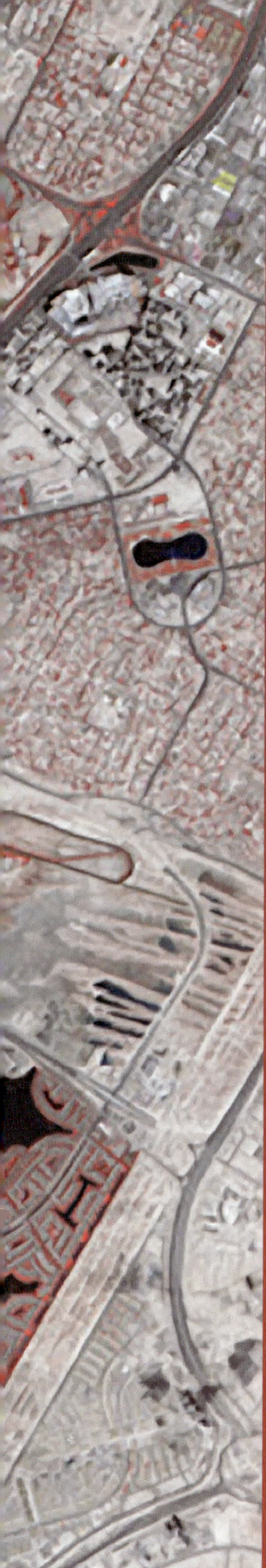

인간권 : 인간과 지구계

인간권(anthroposphere) : 인류를 의미하는 그리스어 *anthropos*와 지구, 공, 구를 의미하는 *sphaira*에서 유래

생물다양성(제16장)을 위협하는 압력들에 대한 우리의 논의는 제4부로 적절히 전환하여 인간과 인간 활동, 기술, 그리고 자원 이용이 주제인 인간권으로 우리의 관심을 옮겨가게 한다. 인간권은 인구, 인공 환경, 그리고 인간 활동으로 변형되고 가공된 지구계의 부분들로 둘러싸여 있다.

이 책에서 우리는 지구계의 생명 지원 기능과 물질 및 에너지 순환에 영향을 주는 작용에 대하여 계속 강조해 왔다. 지구 물질과 지구 작용은 우리가 알고 있는 한 생명체가 존재하는 유일한 환경인 인간권(제1장)을 만드는 데 함께 기여하였다. 모든 지구 생명체는 생존을 위해서는 자연환경에 의존해야 한다. 그러나 어떤 종은 다른 어떤 생물종보다 더 많은 자원을 채취하고 더 많은 물질을 이동시키고 더 많은 폐기물을 발생시켜서 행성에 엄청난 충격을 주어 왔다.

현재 거의 70억에 달하는 지구 인구 상황에서 이렇게 증가하는 인구를 부양하고 어느 수준까지의 자원 소비를 얼마나 오랫동안 지구계가 지탱할 수 있을지를 우리 스스로 자문해 보아야 한다. 제17장에서는 특히 인간에게 허용되는 시간척도 규모에서 재생 가능한 혹은 보충 가능한 자원에 대하여 초점을 맞춘다. 제18장에서는 광물 및 에너지 자원에 대하여 검토하고 제19장에서는 지구계에서 지구 규모의 변화를 일으킬 수 있는 몇 가지 인위적인 영향에 대하여 살펴본다.

제6부는 다음과 같은 장으로 구성되어 있다.

◀ **사막의 야자나무**

이 사진은 일련의 반도 모양 인공섬인 두바이 팜 주메이라이며, 방파제는 페르시아만에서 끌어올린 모래로 건설되었다. 야자나무 모양의 섬들의 규모는 5km×5km이다. 이는 적외선 사진으로, 붉은색은 초목이 있는 지역을 보여준다.

67

CHAPTER

17

자원 순환

개요

이 장에서 우리는

- 자원의 순환에 대하여 소개하고 인류 사회에서 지구 자원의 중요성을 고찰한다.
- 재생 가능한 자원과 재생 불가능한 자원에 대한 서로 다른 관리 방법을 요약한다.
- 산림, 원시 지역과 야생동물, 수산, 토양, 수자원의 특성, 이용 그리고 현황을 조사한다.
- 재생 가능한 자원의 관리에 있어서 현재 직면한 몇 가지 과제에 대하여 설명한다.
- 인구 증가와 자원 채취에 한계가 있는지 고찰한다.

◀ **자동차 파괴 경쟁**
캘리포니아 로스앤젤레스에서 폐차 더미가 재활용과 최종 처분을 기다리고 있다.

이 책의 마지막 부의 시작인 이 장에서는 인구, 인공(구축) 환경, 그리고 지구계에 대한 인간 활동의 영향으로 구성된 환경인 **인간권**(anthroposphere)에 대한 논의를 시작하고자 한다. 이 행성에 1,000만 명에 못 미치는 인류가 살던 수천 년 전의 지구계는 식량과 연료 자원을 쉽게 재생할 수 있었다. 자원 공급량은 인류가 필요로 하는 양에 비해 막대했으며, 자원 이용 후 버려진 폐기물들은 큰 피해 없이 쉽게 흡수되었다.

그림 17.1 **사람과 인공 환경**

1999년에 건설을 시작하여 2006년에 완공된 중국 양쯔 강의 산사 댐은 세계에서 가장 큰 토목공사이며 가장 큰 발전시설이다.

그림 17.2 **수렵-채집인**

자이레 이투리 숲의 음부티 족 수렵인을 비롯한 오늘날의 어떤 사람들은 소수의 종족을 부양하기 위해서 넓은 지역이 필요한 먼 선조들의 수렵-채집 생활양식을 아직도 따르고 있다.

인구가 거의 70억인 오늘날 우리가 필요로 하는 자원 채취량은 지구계의 수용 능력 한계를 넘기 시작했다. 우리는 특정 자원을 재생 속도를 초과하여 이용하고 있어 재생 능력을 결정하는 자연계를 악화시키고 있다. 인류 활동으로 발생하는 특정한 폐기물의 막대한 발생량과 해로운 특성들은 자연계를 방출된 폐기물로 뒤덮이게 위협하고 있다. 매년 인간에 의해 옮겨지는 암석과 퇴적물의 양은 전 세계 모든 큰 강들에 의한 것 보다 더 많아(그림 17.1) 지구 물질 이동의 가장 큰 영향 요인은 인간이다. 인간이 어떻게 엄청난 지구 자원의 소비자가 되었는지를 고찰해보자.

지구계의 자원

문명과 자연자원은 서로 불가분의 관계에 있다. 자원이 없었다면 문명은 가능하지 않았을 것이다. 학자들은 선조들의 자연자원 이용법에 따라 문명의 시기를 석기 시대, 청동기 시대, 철기 시대로 구분한다. 따라서 인류 역사와 문명의 역사는 인류의 지구자원의 이용 혁신과 불가분하게 연결되어 있다.

인류의 자원 이용 역사

원시 인류가 이용한 첫 번째 자원은 수렵-채집된 과일, 동물, 물고기이며, 그들의 생활양식은 전통적인 유목민에 의해 오늘날까지 계승되어 왔다(그림 17.2). 이러한 물질들은 계절마다 다시 자라나 보충되기 때문에 **재생 가능한 자원**(renewable resource)이다.

수백만 년 전 우리의 선조들은 사냥도구로 사용하기에 적합한 모양의 돌을 집어 들었을 때 또 다른 종류의 자연자원을 이용하기 시작했다(그림 17.3). 석기들은 비록 자연적으로 재생되기는 하지만 재생 속도가 연중 계절 단위가 아니라 수백만 년 단위로 측정되기 때문에 **재생 불가능한 자원**(nonrenewable resource)이다.

지구가 마지막 빙하시대(약 12,000년 전, 제13장)를 벗어날 때 쯤 인류는 식물과 동물의 재생 가능한 자원을 경작하고 사육하기 시작했을 때 인류는 거대한 진전을 이루었고, **농업**(agriculture) 이 탄생하였다. 수렵과 채집으로 주어진 인구를 부양하기 위해서는 매우 광대한 대지를 필요로 한다. 농업은 사람들에게 정착하여 작은 대지에서 좀 더 집중적으로 식량 자원을 얻을 수 있게 해 주기 때문에 이러한 환경적 제약을 없애 주었다. 그 결과 인구는 급격히 증가하였다(그림 17.4).

그림 17.3 석기
유타 주 프레몬트 선사유적지의 옥수수 제분에 이용된 멧돌과 유사한 석기는 우리의 선조들이 사용하고 거래한 자원 중 최초의 재생 불가능한 자원의 하나였다.

농업의 결과로 인간의 식단은 곡물류에 크게 의존하게 되었다. 필요 여부에 관계없이 사람들은 소금과 같은 재생 불가능한 광물 자원을 채굴하고 거래하였다. 원칙적으로 소금의 식품적 섭취는 사냥한 고기를 집으로 가져와 먹으면 충분하였다. 농업의 시작으로 곡류가 기본적인 식품이 되면서 추가적인 소금의 섭취가 필요하게 되었다. 우리는 언제 또는 어디에서 소금의 채굴이 시작되었는지 모르지만 역사 시대 훨씬 이전에 있었던 지구를 수놓은 소금 무역 경로가 문서에 기록되어 있다.

금속은 약 17,000년 전에 처음으로 이용되었다. 구리와 금은 이용된 최초의 금속으로서 두 금속 모두 자연에서 순수 또는 자연 금속 형태로 산출된다. 이러한 자연 금속은 희소해서 잘 알려진 산출지는 점점 고갈되어 새로운 산출지가 궁극적으로 필요하게 된다. 약 6,000년 전에 사람들은 제련에 의한 구리 추출법을 알았다(그림 17.5). 이 방법

그림 17.4 인구와 환경 제한
농업과 산업혁명의 유래에서와 같이 거대한 기술 발전은 환경 제한을 완화시키고, 지구의 수용 능력을 효과적으로 증대시켜 인구가 급격히 증가할 수 있게 한다.

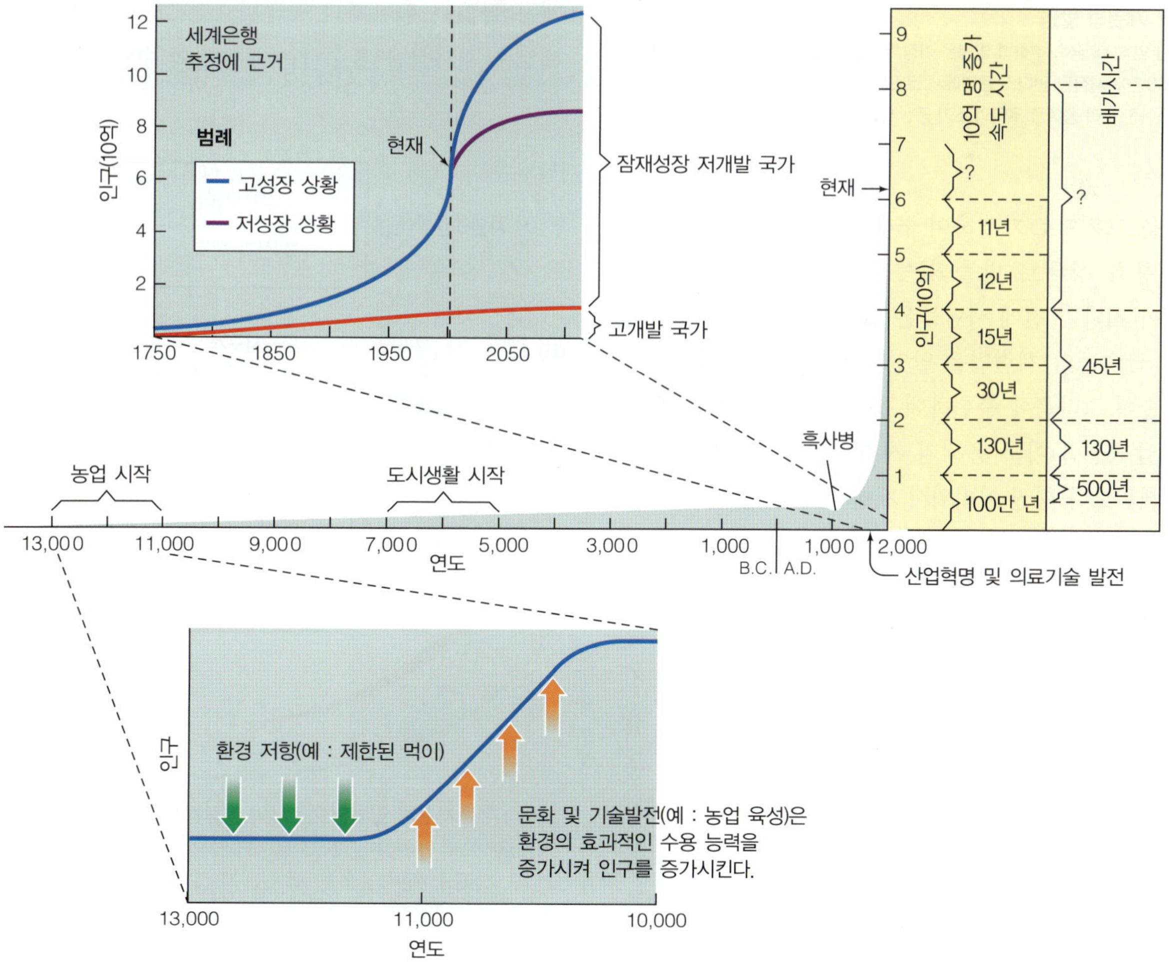

그림 17.5 제련법 발명
제련에 의한 암석 내 금속 추출법 발명은 가장 위대한 인류 기술 발전 중 하나이다. 기원전 2400년에 시작된 인더스 문명에서 로탈은 목걸이, 도자기, 패각 세공품, 화로에서 만들어진 구리 공예품 무역의 초기 중심지였다.

은 암석을 고온으로 가열하여 구리 포함 광물을 분해시켜 구리가 용융 상태로 방출되는 과정을 포함한다. 이후 1,000년이 지나기 전에 사람들은 납, 주석, 아연, 은, 그리고 다른 금속들의 제련법을 알았다. 합금을 만드는 금속 혼합 기술이 그다음에 출현하여 청동(구리+주석)과 백납(주석+납+구리)이 사용되기 시작하였다. 철의 제련은 구리의 제련보다 훨씬 어려워서 제철 산업 발달은 매우 늦어 약 3,300년 전에 출현하였다.

연료로서 목재(재생 가능한 자원)를 보충하기 위해 오일(재생 불가능한 자원)을 처음으로 사용한 사람들은 약 4,500년 전의 바빌로니아 인이었다. 바빌로니아 인들은 지금의 이라크 지역에 살았으며 티그리스와 유프라테스 강 계곡에서 자연적으로 새어나오는 오일을 사용하였다. 중국인들은 약 3,100년 전에 석탄을 최초로 채굴하고 이용하였다. 이 시기에 중국인들은 천연가스 이용법을 알게 되었다. 지표에서 스며나오는 가스를 모아서 대나무 파이프를 통하여 운송하여 소금을 얻기 위한 염수 증발에 사용하였다. 오래지 않아 중국인들은 가스 유동량을 증가시키기 위해 시추정을 뚫었다.

그리스-로마제국이 출현한 시기인 2,500년 전 사람들은 곡물, 금속, 연료뿐만 아니라 시멘트, 석고, 유리, 도자기 등과 같은 지구 자원으로부터 생산된 가공 물질을 소유하게 되어 매우 넓은 범위의 자원에 의존하게 되었다. 사람들이 채굴하고, 처리하고, 경작하고, 수확해야 하는 물질의 종류와 사용량은 그 이전에 비해 꾸준히 증대되었다. 오늘날 자연에서 산출되는 모든 화학 원소들이 산업적으로 이용되고 있으며, 현대 사회는 재생 가능한 자원과 재생 불가능한 자원의 끊임없는 공급에 전적으로 의존하고 있다.

자원의 투입과 폐기물의 방출

전통적으로 인류경제는 자원과 에너지(인간 노동력 포함)의 투입으로 이루어진 생산 활동의 저장고로 인식되어 왔다(그림 17.6A). 자원과 에너지는 경제적인 측면에서 생산을 유발한다. 그 결과는 완제품으로 이어지지만 오염과 폐기물로도 이어진다. 이러한 전통적 관점에서 보면 지구계는 끝없는 원자재의 공급원으로 그리고 이에 상응하여 해로운 결과물을 흡수하는 무한정의 수용 능력을 갖는 것

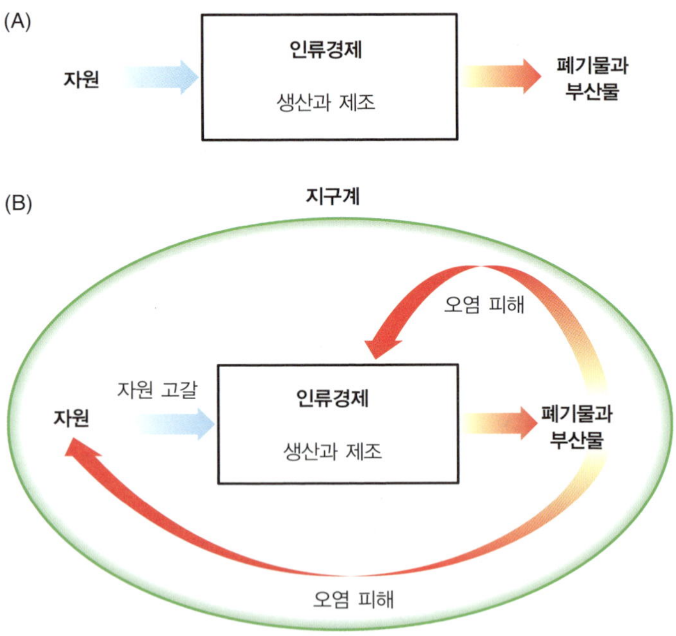

그림 17.6 지구계 일부분으로서의 인류경제
(A) 전통적으로 인류경제는 원료물질과 에너지가 무한정 투입되어 생산품, 폐기물 그리고 오염물을 무한한 수용 능력을 갖는 저장고에 배출하는 열린계로 인식되어 왔다. (B) 실제로 인류경제라는 열린계는 닫힌 지구계에 둘러싸여 유지되고 있다. 자원 공급과 지구계 저장고의 수용 능력은 거대한 것이지만 궁극적으로는 한정되어 있다.

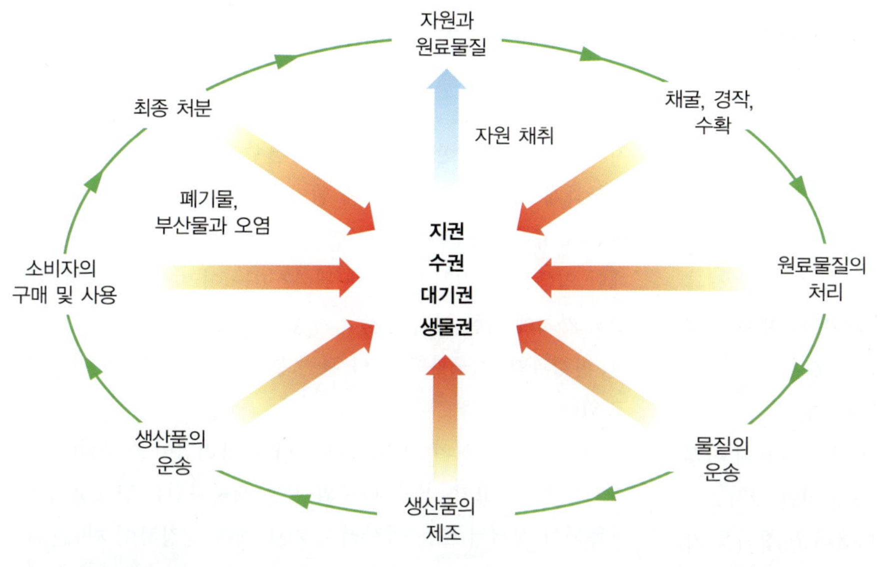

그림 17.7 자원 순환
폐기물은 원료물질의 채취에서 생산, 포장, 운송, 사용, 그리고 생산품의 폐기에 이르는 자원과 생산의 모든 순환 단계에서 발생할 수 있다. 닫힌 순환은 모든 단계에서 폐기물을 극소화하고 물질의 재사용과 재활용을 극대화하도록 노력하는 것을 의미한다.

으로 인식되어 왔다.

그러나 이제는 지구계의 수많은 부분들이 그 한계를 넘고 있기 때문에 이러한 모형은 더 이상 잘 작동하지 않게 되는 것 같다. 이제 우리는 인류경제가 거대한 지구계의 한부분으로 존재하며 여러 중요한 방식으로 지구계에 의존되어 있다는 사실을 이해하고 있다. 인류경제는 원료물질과 에너지의 흐름이 유입되고 유출되는 열린계(제1장)이다. 이와 대조적으로 지구는 원료 자원이 한정되어 있고 그래서 폐기물 수용 능력도 한정되어 있는 닫힌계이다.

인류경제와 관련된 시스템에 대한 이러한 인식의 전환은 모든 것을 변화시킨다. 이는 과거 무한한 것으로 인식되었던 자원은 갑자기 고유한 가치를 가지게 되었음을 의미하고 자원과 이를 생성시키는 자연계를 보전해야 하는 합리적인 이유가 된다. 이는 또한 폐기물, 부산물, 오염이 끝없이 수용 가능한 진공 속으로 사라지는 것이 아니라 대기권, 수권, 지권, 생물권으로 흡수되어 나쁜 영향을 미칠 것임을 의미한다.

결론적으로 우리는 인류경제를 둘러싸거나 포함하는 넓은 경계를 그릴 수 있다(그림 17.6B). 항상 이 경계 내에서 우리는 물질을 이용할 수 있고, 남아 있는 자원의 현황에 대하여 생각해야 한다. 우리는 항상 폐기물과 오염을 방출하며 우리는 이들에 의한 피해에 대해 생각해 보아야 한다. 인간의 생산과 관련된 **자원 순환**(resource cycle)에서 원료물질의 운송, 생산, 포장, 배달, 그리고 생산품의 폐기에 이르는 각 단계마다 이러한 피해가 발생할 가능성이 있다(그림 17.7). 만약 우리가 자연계의 생존과 보전을 보장받고, 자원의 효용과 질을 극대화하고, 폐기물과 오염의 부정적 피해를 극소화하기를 원한다면 우리는 자원 순환의 각 단계를 개선된 관리방법이 필요한 잠재적인 현장으로 보아야 한다.

자원의 이용과 관리의 기본 개념

재생 불가능한 자원과 재생 가능한 자원은 서로 다른 시간 척도와 관련되기 때문에 근본적으로 서로 다른 접근방법을 요구한다. 그 차이에 대하여 고찰해 보자.

재생 불가능 자원의 관리

재생 불가능한 자원의 핵심적 특성은 우리가 더 많이 사용할수록 남아 있는 재고량은 더욱 적어진다는 것이다. 자원의 재고는 저장고의 내용물과 같다(제1장). 그것은 자원의 물리량이다. 만약 우리가 구리와 오일 같은 재생 불가능한 자원을 사용할 때 이 자원은 인간에게 허용되는 시간 척도 상에서는 보충될 수 없기 때문에 이들 자원의 사용은 자동적으로 재고량을 고갈시키게 된다(그림 17.8). 새로운 광상이 발견될 수 있지만 특정 자원에서는 새로운 광상의 발

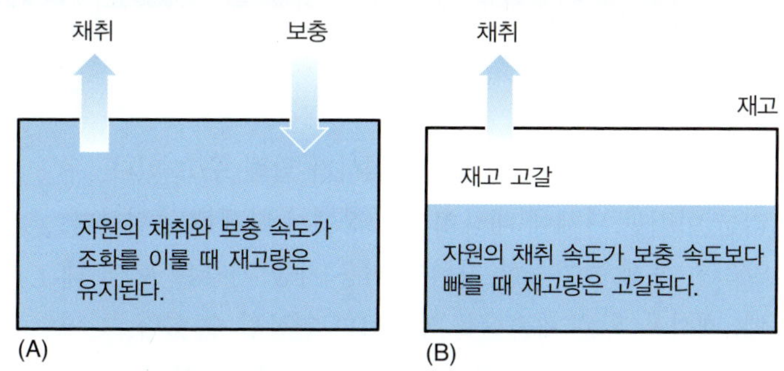

그림 17.8 자원 재고량의 고갈과 회복
(A) 나무, 어류, 지하수 등과 같은 재생 가능한 자원은 원칙적으로 계절적 혹은 정기적인 성장이나 첨가로 재생되거나 보충된다. (B) 재생 가능한 자원이 재생 속도보다 더 빨리 채취할 때는 문제가 발생한다. 이는 채광의 한 형태이며, 채광은 채취에 따라 재고량이 고갈되기 때문에 자원을 실질적으로 재생 불가능한 것으로 만든다.

기초 원리

자원의 유형

자원(resource)은 유용하거나 필수적인 어떤 것이다. 우리는 흔히 자원이라는 용어를 인간에게 유용한 것이라고 생각하지만 다른 유기생명체들 또한 생존을 위해 자원이 필요하다. 예를 들어 물, 태양빛, 그리고 토양의 영양분은 식물들의 생명 유지에 필수적인 자원들이다. 모든 집단의 생존은 희소한 자원을 얻기 위한 경쟁에서 각 개체들의 성공에 달려 있다.

인간이 자원을 금전적 가치와 기타의 가치를 포함하여 어떻게 평가하느냐를 다루는 것은 이 책의 범위를 벗어난 전적으로 경제학의 한 영역이다. 예를 들어 당신은 아름다운 경치를 자원으로 생각하는가? 숲에 관해서는 어떻게 생각하는가? 가치 있는 것이 목재밖에 없는가 아니면 가치 있는 다른 어떤 것이 있는가? 인간에게는 직접적으로 이용되는 것은 아니지만 다른 유기생명체에게는 가치 있는 자원에 대해서는 어떻게 생각하는가? 예를 들어 하천수의 산소는 어류의 생존에 필수적이지만 우리들 대부분은 특정 하천 물속의 산소가 고갈되는지 바로 인지하지는 못한다. 산소가 고갈된 하천수가 물고기의 생존에 부적합하게 되면 인간의 이익에 현저한 피해를 주게 될 것이다; 반면에 사람들이 먹지 않는 물고기(가치 없는 자원임을 의미)에만 영향을 미친다면 어떻게 될까? 이는 어려운 질문이며, 자원의 가치에 대한 여러 가지 평가방법의 효과에 대하여는 경제학, 환경과학, 지구과학, 기타 관련 분야의 많은 검토가 진행되고 있다.

서로 다른 유형의 자원은 서로 다른 관리법이 요구된다(그림 B17.1). 물고기, 곡물, 나무와 같은 생물자원은 탄생하거나 파종되어 계절적 또는 일상적 주기로 계속 성장하여 재보충되기 때문에 기본적으로 재생 가능한 자원이다. 유기생명체가 지속적인 성장, 충분한 시간과 번식 기회가 주어진 환경에 있는 한 생물학적 자원은 무한정으로 재생 가능하다.

재생 가능한 자원은 모두 생물자원인 것은 아니다. 무생물자원도 재생 가능할 수 있다. 예를 들어 지하수는 강수 때마다 물이 지하로 침투되어 스며들어 대수층을 만날 때 재보충된다.

그림 B17.1 자원
영속(비고갈성) 자원(왼쪽)에서 인간이 이용 가능한 시간 규모에서 재생 가능한 자원(중앙)을 거쳐 재보충에는 인간 생애 시간보다 훨씬 긴 시간 규모가 소요되기 때문에 재생 불가능한 자원(오른쪽)을 연속적으로 보여준다. 오른쪽 끝의 자원은 원자 분열로 인해 재보충될 수 없기 때문에 완전히 재생 불가능한 자원이다.

견이 점점 어려워지고 있음을 역사가 말해 주고 있다. 우리는 이러한 과제에 대하여 제18장에서 자세히 논의한다. 알려진 재생 불가능한 자원의 이용 가능 기간은 보전, 대체, 재사용 혹은 재순환을 통해서만 연장될 수 있다. 현명한 관리 전략은 재생 불가능한 자원에 대한 의존을 재생 가능한 혹은 비고갈성 자원에 대한 의존으로 대체하는 방향으로 가는 것이다. 예를 들어 재생 불가능한 화석 연료의 이용을 태양열, 지열, 조력 또는 바이오매스와 같은 재생 가능한 에너지원으로 전환하는 것이 좋은 관리 전략이 될 것이다. 제18장에서는 재생 불가능한 광물자원에 대하여 자세히 고찰하고, 화석 연료와 이를 대체할 미래에 선택 가능한 에너지원에 대하여 자세히 고찰한다.

재생 가능한 자원의 관리

물고기와 나무 같이 생물자원은 원칙적으로 적절히 잘 관리되는 한 재생 가능하다. 생물권의 자원이 재생산되고 성장하는 속도보다 더 빨리 이용되면 재생 불가능한 자원과 같이 점점 고갈된다. 예를 들면 이러한 현상은 새로운 물 토양은 재생 가능한 무생물 자원의 또 다른 예이다. 토양은 침식으로 씻겨 유실되거나 과도한 이용으로 영양분이 없어질 경우 고갈될 수 있다. 토양은 암석의 풍화와 분해 그리고 유기물의 첨가로 재보충될 수 있다. 그러나 토양의 생성과 지하수의 재생에는 수백 년에서 수십만 년의 엄청난 시간이 소요된다. 매우 긴 재생 주기를 갖은 재생 가능한 자원은 과도한 사용에 따른 결과로 쉽게 재생 불가능한 자원이 될 수 있기 때문에 매우 취약한 특성이 있다.

반면에 재생 불가능한 자원은 인간의 수명 혹은 인류문명사를 훨씬 초과하는 시간 척도에서 재보충된다. 대부분 유형의 광물 및 에너지 자원의 생성을 설명할 수 있는 지질학적 과정은 오늘날 아직도 작용하고 있지만, 지질학적 작용이 완성되기에는 수억 년의 시간이 필요하다. 우리 사회는 사용된 자원이 재보충될 수 있는 오랜 시간을 기다릴 수 없기 때문에, 광물 및 에너지 자원은 인간에게 허용된 시간 내에서는 재생 가능하지 않거나 재보충될 수 없는 재생 불가능한 자원이라 하는 것이 더 정확한 표현이다. 예를 들어 우리가 현재 이용하는 많은 양의 전력을 생산하는 거대한 석탄층은 대부분의 경우 백악기 중기에 열대기후와 소택지가 광범위하게 분포하던 1억 년 전의 지질학적 작용으로 생성되었다. 석탄 생성 과정은 현재에도 일어나고 있지만 우리의 사회는 이들 자원의 이용을 위해 다음 1억 년을 기다릴 수 있는 형편은 아니다.

어떤 자원은 완전히 재생 불가능하다. 예를 들어 원자가 핵에너지 방출을 목적으로 분열되면 다시 합쳐질 수 없다. 이와 유사하게 일련의 연속적인 과정에서 재생되는 자원을 **비고갈성**(inexhaustible) 혹은 **영속 자원**(perpetual resource)이라 부른다. 태양 에너지와 이로부터 유래되는 풍력과 파력 에너지가 그 예이다. 지구-태양계가 존재하는 한 태양 에너지는 행성 표면에 도달할 것이고 그것은 비고갈성 에너지원이 된다.

마지막으로 어떻게 생성 되었는가보다는 어떻게 관리되는가라는 관점에서 자원을 분류하는 것은 유용하다. 중요한 분류 유형으로 **공공재 자원**(common property)이 있는데 이는 공동체가 소유하고 접근하고 관리하는 자원이다. 공원, 광장, 국유림은 공공재 자원의 예들이다. 오대호는 공공재 자원이다. 이는 정부 소유이며 미국, 캐나다, 토착민 집단에 의해 연합으로 관리되고 있다. 대기와 해양은 공공재 자원이다. 모든 사람들에게 이러한 자원의 규모와 중요성은 매우 커서 특별한 이름인 전 지구적 공공재(global common)라고 한다.

그림 B17.1 **자원(계속)**

고기의 부화와 성장보다 더 빨리 물고기를 잡거나 새로운 나무의 착근과 성장보다 더 빨리 나무를 잘라낼 때 나타난다. 만약 생물자원이 재고량에서 회수된 부분은 매년 새로운 성장에 의해 정확히 대체되므로 재고량은 항상 일정하게 유지된다. 회수된 만큼 자원 저장고에서 투입되기 때문에 재고량은 평형 상태(제1장)에 있다.

만약 살아있는 재생 가능한 자원의 재고량은 개체수가 0에 수렴하지 않더라도 번식하지 않는다면 우리가 아무리 오래 기다린다 해도 심각히 고갈되어 갈 것이다. 예를 들어 물고기들은 그들의 자연 번식 속도보다 더 빠른 속도로 남획되었기 때문에 어떤 지역의 어업은 경제적으로 그리고 생물학적으로 붕괴되어 왔다. 어떤 어종의 개체수는 임계값 이하로 떨어져 생식과 생존이 심각한 상태에 직면해 있다. 이들 어종의 빠른 회복이 불가능한 이유는 여러 가지가 있다. 고갈된 종이 거주했던 곳에 다른 종이 이주하여 환경을 지배하는 것이 그 한 예이다. 고갈된 종들은 멸종은 아니지만 이전의 수준으로 회복되지는 않는다.

재생 가능한 무생물 지구 자원도 그들이 자연적으로 회

생할 수 없는 수준까지 고갈될 수 있다. 예를 들어 지하수 저장고는 강수에 의해 보충된다. 그 과정은 느리지만 강수 때마다 물이 침투되면서 다소 연속적으로 일어난다. 그러나 물의 재충진 속도를 초과하여 대수층으로부터 물이 유출된다면 지하수 재고량은 점점 고갈될 것이다. 결국 너무 많은 물이 유출되면 대수층을 구성하는 퇴적물 입자는 다져진다. 이러한 현상이 발생하면 아무리 많은 비가 내려도 그리고 우리가 아무리 오랫동안 기다린다 해도 대수층은 다시는 완전하게 충진될 수 없다.

재생 가능한 자원 : 균형의 추구

이 책에서 산림, 물고기, 토양, 그리고 기타 재생 가능한 지구 물질의 성장과 보충을 지원하는 생물권, 대기권, 지권, 수권에 대해 배웠다. 이제 이러한 자원의 관리에서 몇 가지 최신 주제에 대하여 자세히 살펴보자.

산림자원

세계의 산림자원은 제15장에서 논의한 바와 같이 매우 다양한 산림 유형을 포함한다. 세계 삼림의 약 95%는 자연림이다; 나머지 5%는 수확을 목적으로 줄지어 심어진 **조림**(plantation)이다(그림 17.9A). 조림은 새로운 나무를 심고 성장시킴으로서 벌목되어 없어진 나무들과의 균형을 찾아줌으로써 삼림자원의 재고량을 유지하는 데 도움을 준다. 그러나 조림은 생물 및 서식지의 다양성에서 자연림을 대체할 수 없다.

다양한 종, 연령, 성숙도를 갖는 자연림은 조림에 비해 전형적으로 다양한 식물과 다양한 서식지를 갖는다. 자연림은 인간이 의도적으로 경작한 것이 아니며 인간의 간섭도 받지 않는다. 인간에 의한 중대한 산림의 피해는 수만 년 전으로 거슬러 올라간다. 개간과 화전은 인간에 의한 최초의 환경 피해 중 하나이다. 오늘날 미개척지의 깊숙한 곳에 있는 깨끗한 산림들도 대기권과 수권의 작용으로 운송되고 침전된 오염 및 공해 물질 형태로 나타나는 인간 활동에 의한 영향을 부인할 수 없다.

인간의 의도적인 간섭이 없이 수백 혹은 수천 년의 오랜 시간 유지되어 온 숲을 **노숙림**(old-growth forest)이라고 한다. 규모가 크고 오래된 나무와 생물 다양성이 높은 노숙림은 엄청나게 가치가 높은 생태계이다(그림 17.9B). 노숙림의 목재는 매우 높은 가치로 평가되는데, 이는 환경적 관점과 자원관리의 관점에서 논쟁을 불러일으킨다.

그림 17.9 조림과 노숙림
조림(A)은 벌목된 산림 지역을 대체할 수 있지만 조림 지역의 정돈된 나무 열, 관목의 부재, 단일 수령은 노숙림(B)에서 제공하는 막대한 생물 및 서식지의 다양성을 대체하기에는 부족하다는 것을 실증한다.

산림의 가치

목재와 화목은 산림에서 얻을 수 있는 경제적으로 중요한 산물이지만 이외에도 유액, 견과, 감귤류 과일, 바나나, 야생동물 고기 등 목재가 아닌 수많은 산물들이 있다. 세계 각지의 대규모 산림에는 아직 발견되지 않은 많은 종들이

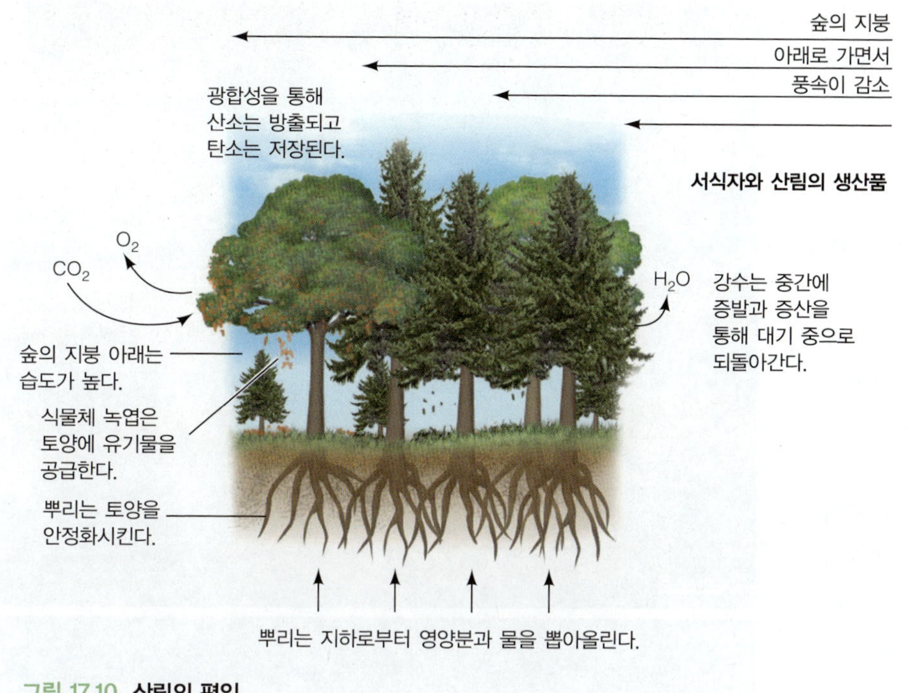

그림 17.10 산림의 편익
산림은 생물권을 수권, 대기권, 지권과 연결시켜 주며, 가치 있는 수많은 환경적 편익을 제공한다.

있어 신약과 신제품 개발에 유용하다. 산림은 또한 휴양 기회를 제공하며, 이는 공동체와 생계를 산림에 의지하는 토착민에게 문화적으로 매우 중요하다.

산림은 또한 매우 가치 있는 환경적 편익을 제공한다(그림 17.10). 나무는 뿌리가 토양을 정해진 위치에서 붙잡고 있어 토양을 안정화 시킨다. 나무는 죽은 나뭇잎과 가지를 통해 영양분을 산림의 바닥에 되돌려 보냄으로써 토양에 유기물을 재충전한다. 나무는 뿌리를 통해 흡수한 물을 증산을 통해 대기 중으로 되돌려 보냄으로써 물 순환에서 중요한 역할을 한다. 나무는 강수를 중간에 가로채서 잎 표면에서 상당량의 물을 증발과 증산을 통해 대기 중으로 되돌려 보낸다. 나무는 산림 아래의 습도를 유지하게 하며 토양 표면에 도달하는 강한 바람을 막아준다.

지구 규모에서 산림은 광대한 생물다양성을 제공하는 보금자리이다. 모든 식물과 동물의 약 절반이 열대 우림에 살고 있다. 산림은 탄소의 거대한 저장고 역할을 하면서 지구 규모의 기후를 조절하고 있다. 약 6,000억 톤의 탄소가 산림에서 지상 생물량으로 있고, 또 다른 15,000억 톤은 식물체 녹엽이나 토양유기물 형태로 있다. 이는 대기권 저장고에 있는 탄소량의 3배에 해당된다. 만약 이 탄소가 방출된다면 지구의 기후계는 엄청난 격변을 겪을 것이다.

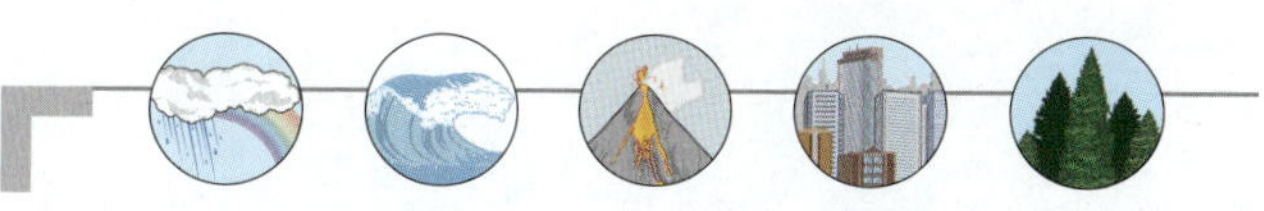

관련짓기

산림과 나무들이 지역 규모와 지구 규모에서 기후계와 상호작용하는 모든 방식에 대하여 요약하라.

벌목, 산림관리, 그리고 혼농임업

어떤 지역의 모든 나무를 제거하는 **완전벌채**는 일반적으로 산림으로부터 목재를 수확하는 경제적으로 가장 효과적인 방식이지만 생태적으로는 가장 파괴적인 것이다. 나무의 제거는 관목들에게 피해를 주고 서식지를 없애고 그 지역의 동물을 죽이거나 떠나게 만든다. 감지하기는 더 어렵지만 똑같이 해로운 것은 완전 벌채가 토양과 물-영양분의 순환에 미치는 피해들이다. 토양은 태양과 바람에 노출되어 급격히 건조되어 침식되기 쉬워진다. 완전벌채는 빗물에 의해 씻겨 제거되는 토양 영양분의 손실을 가속화시킨다. 환경에 따라서는 완전 벌채된 산림은 적어도 오랜 세월이 지난 후에야 재생될 수 있다.

이와 대조적으로 산림은 회생될 수 있고 때로는 산불과 사태와 같은 자연재해로부터 이익을 얻을 수 있다. 예를 들어 한대 지역의 산림대는 산불이 발생하기 쉽다. 어떤 한대 지역의 수목 종들은 씨를 퍼뜨리거나 경쟁자를 정리하는 데 주기적인 산불에 의존하기도 한다. 자연재해로부터 나타나는 결과를 모방하기 위해 특정 나무만 수확하거나, 특정 지역의 나무만 선택하거나, 산림의 일부분을 온전히 남겨놓는 것과 같은 **선택적 벌목**이 점점 더 많이 계획되고 있다. 이러한 방법이나 다른 방법으로 목재를 수확하여 산림생태계에 대한 피해를 최소화하는 것을 **저충격 벌목**이라 부른다.

산림관리에서 또 다른 중요한 발전은 **혼농임업**의 이용 증대이며, 항상은 아니지만 주로 유실수나 커피와 같은 환금작물을 함께 심는 것이다. 나무는 환금작물 보다 전형적으로 뿌리가 깊은 심근계를 형성한다. 심근계는 토양을 안정화시키고 심부의 물을 흡수하며 환금작물에 공급한다. 나무는 또한 식물체 녹엽을 통해 토양의 유기물 함유량에 기여한다. 만약 나무의 키가 매우 커져 환금작물을 가리게 되면 화목, 목재, 과일, 견과류, 가축사료로 공급하기 위해 선택적으로 수확될 수 있다.

목재의 수확 혹은 지속적인 산출량 유지를 목적으로 하는 조림관리는 **지속 가능한 산출량**(sustainable yield)을 유지하는 것에 중점을 두며, 이는 오로지 가능한 많은 나무를 매년 수확이 가능하게 성장하는 새로운 나무로 대체하는 것이다. 지속 가능한 산출량의 개념은 연 혹은 계절적 성장으로 재생되는 어떤 자원의 연속성에 대한 기본 원리이다. 그림 17.8B에서 보는 바와 같이 지속 가능한 산출량은 자원의 채취 속도가 자원의 보충 속도와 반드시 균형을 이루는 자원 채취 수준에 기초한다.

산림 파괴

산림자원의 자연적 그리고 인위적 변화를 지속적으로 추적하는 것은 어려운 일이다. 그 평가과정은 현장자료와 원격탐사 자료를 결합해야 한다. 산림의 규모, 유형, 건강성을 밝히기 위해서는 위성사진이 분석되어야 한다. 과학자들이 각 연도별 위성사진을 비교하고 이를 현장지도와 결합하면 산림 지역의 규모와 질적 변화 정도를 밝힐 수 있다(그림 17.11).

오늘날 선진국의 산림은 일정하거나 약간 증가하는 반면 산림을 훼손하는 **산림 파괴**(deforestation)는 수많은 가난한 개발도상국에서 계속되고 있다. 물론 이는 부유한 국가에서는 벌목이 일어나지 않는다는 것을 의미하는 것은 아니다. 특히 19세기 말과 20세기 초에는 개발된 세계 각지에서 역사적으로 광범위한 벌목과 개간이 이루어져

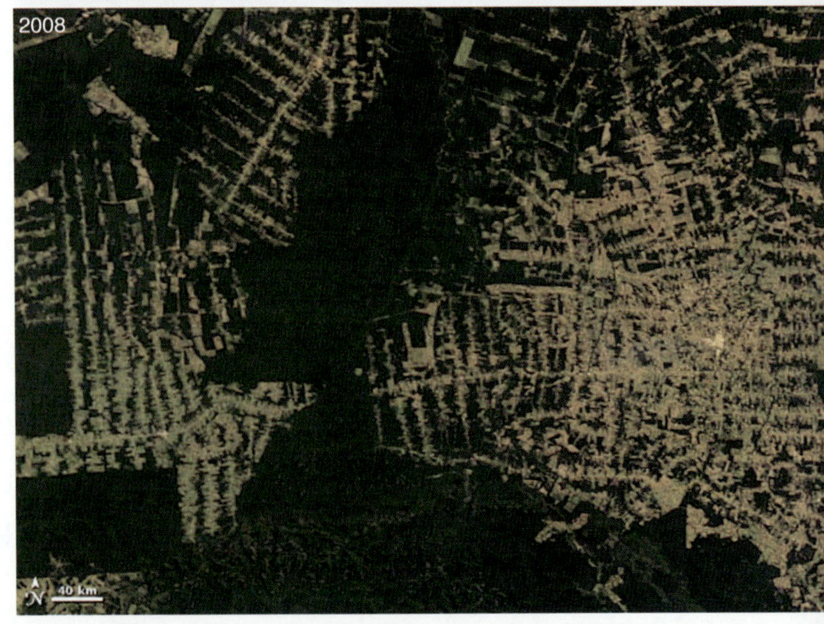

그림 17.11 산림의 변화

인간 거주지와 토지 이용의 변화는 세계 도처의 산림에 상당한 피해를 입혔다. 브라질 아마존 우림인 론도니아에서 계속적으로 확대되는 벌목을 보여주는 몇 장의 위성사진에서 보는 바와 같이 산림의 규모와 상태의 연도별 변화는 현장지도를 활용한 원격탐사로 파악할 수 있다.

왔으며, 많은 지역에서 계속되고 있다. 북아메리카에서는 원래 산림의 약 5%만이 훼손되지 않고 온전하게 남아 있다. 그러나 오늘날 선진국에서는 벌목과 조림이 절묘한 균형을 이루고 있다. 산림 가꾸기는 면적이 수십 에이커 단위에 이르는 산림 지역을 보호할 수 있다. 그렇지만 노숙림의 벌목을 둘러싼 논쟁을 해결할 수는 없다.

특히 우려되는 것은 열대 우림이다. 아직 남아 있는 3대 열대 우림은 남아메리카(주로 브라질), 중앙 아프리카(주로 콩고공화국) 그리고 동남아시아(주로 인도네시아)에 있다. 브라질 지역에서만 열대 우림이 매년 평균 5만 ha가 사라지고 있다. 만약 현재의 속도로 산림파괴가 계속되면 세계 열대우림은 이번 세기말에 사실상 사라질 위험에 처해 있다.

산림 파괴는 생물다양성과 서식지를 훼손시킬 뿐만 아니라 열대토양을 훼손시키기 때문에 열대 우림에서 문제를 일으킨다. 비록 우림이 두껍고 무성한 식생으로 되어 있지만, 대부분의 영양분과 유기물은 토양이 아니라 식생에 있다(그림 17.12). 산림 파괴는 대부분의 유기물을 계로부터 제거하고, 영양분이 부족한 토양을 노출시키고, 토양의 건조, 다져짐, 침식을 용이하게 한다. 온대림에서는 깊은 뿌리가 토양을 고정하고 식물체 녹엽이 천천히 부패되어 유기물이 지표면에 집적될 기회를 제공한다. 이러한 과정은 상부 토양에 영양분을 공급하고 습기를 유지시켜 준다.

완전벌목 이외에 가장 중요한 산림 파괴의 직접적인 원인은 농업과 목축업을 위한 개간이다. 도로건설은 접근로를 제공함으로써 산업, 광업, 수력 댐을 비롯한 또 다른 유형의 개발에 기여하며, 이에 수반되어 도시가 이 지역에 입주될 수 있다. 수력 댐은 댐 뒤 저수지의 광범위한 담수 때문에 산림 파괴가 일어난다. 목재와 숯이 가정 연료의 큰 부분을 차지하는 개발도상국에서는 화목의 벌채가 산림 파괴의 중요한 원인이 된다.

산림 파괴의 간접적인 원인들도 있다. 예를 들어 북아메리카, 유럽, 동남아시아의 산림은 공기 오염, 산성비에 의해 위협받고 있으며, 이는 나무를 약화시키고 해충과 병에 걸리게 쉽게 만든다. 가뭄, 악기상, 그리고 기후 변화와 같은 환경변화는 나무를 약화시키고 벌레가 먹은 나무들이 산림을 장악하게 한다. 결과적으로 풍부한 자연 자원을 팔아서 갚아야 할 총 3조 달러에 달하는 개발도상국의 가난과 빚이 이들 국가에서 산림 파괴의 근본 원인이다.

원시 지역과 야생동물

원시 지역(wilderness)이란 인간의 개입보다는 자연의 힘이 더 우세한 지역을 말하며 사람이 정착해서 살지 않는 곳이다. 원시 지역 보호는 미국에서 국립공원 운동과 함께 시작되어 1864년에 요세미티 공원과 1872년 옐로스톤 공원

그림 17.12 산림에 의한 물과 영양분 순환

온대림과 열대림에서는 대기권, 수권, 토양 사이의 물과 영양분의 순환 방식이 서로 다르다. 온대림(A)은 전형적으로 깊은 뿌리를 가져 심부에서 물과 영양분을 빨아올린다. 열대림(B)은 얕은 뿌리를 갖고 있고 대부분의 유기물이 토양이 아니라 식생에 있다. 나무는 많은 양의 강수를 대기 중으로 직접 되돌려 보낸다.

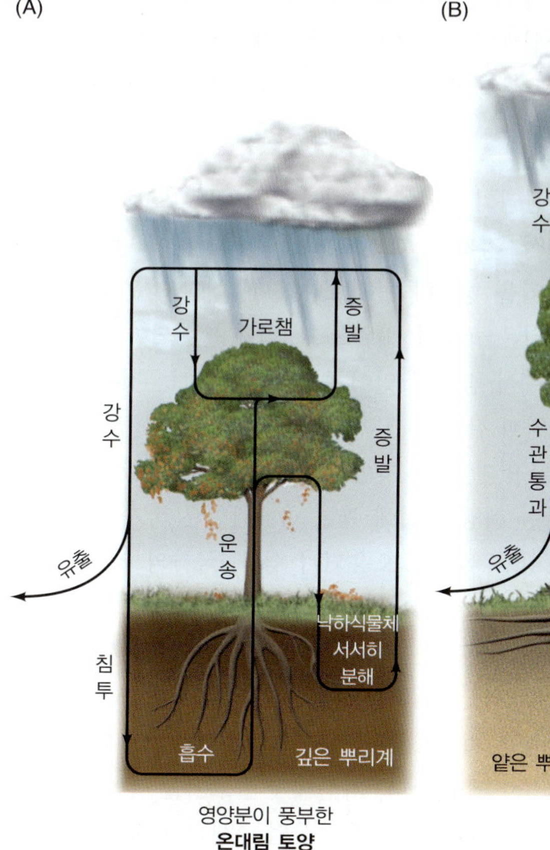

이 탄생하였다. 이때부터 사실상 모든 국가들이 육지와 바다의 일정지역을 국립공원 혹은 국립공원과 산림, 국제 보존지 혹은 야생동물보호 지역으로 각기 혹은 함께 지정하는 방법으로 별도로 지정하였다.

원시 지역 보호를 둘러싼 수많은 의문과 논쟁이 일었다. 왜 원시 지역과 야생동물을 보호해야만 하는가? 공원과 보호 지역만이 야생동물을 보호하는 유일한 방법인가? 보호 지역의 필요성과 적정 크기와 모양은? 원시 지역과 야생동물의 내재적 가치 때문에 보호 지역을 따로 지정해 둘 것인가? 사람들의 이익을 위해 원시 지역을 보호하면 사람들이 자연을 경험하고 야생동물과 자연의 세계를 배우기 위해 특별한 이 지역을 방문할 것인가? 경제적 그리고 정치적인 수많은 압력이 많은 세상에서 원시 지역과 야생동물이 계속 보호받을 수 있을 것이라고 확신할 수 있는가? 보존과 이용은 서로 배타적인 것인가?

원시 지역과 야생동물이 보호되어야하는 이유에 대한 의문은 제16장에서 논한 생태계와 생물다양성의 가치에서 논의했다. 그러나 공원, 산림 그리고 야생동물보호지역은 보존과 이용 사이에서 거의 항상 갈등이 일어난다. 자연유산 및 자원의 세심한 관리인 **보전**과 원시 상태로 자연 야생지를 유지하는 **보존**의 의미를 구분하는 것이 중요하다. 두 가지 모두 실현 가능하고 바람직한 것이지만 개념적으로 동일한 지역에서 동시에 성취할 수 있는 것은 아니다.

대부분의 공원과 산림은 여러 목적을 충족할 수 있도록 계획된다. 휴양적 이용, 벌목, 광물탐사, 석유 시추, 사냥 그리고 심지어는 농업과 목축조차도 수많은 보호 지역 내에서 허용된다. 이러한 이용 중 일부는 서로 양립할 수 없어 처음부터 보호 구역으로 따로 지정해야만 하는 이유를 증명해 주기도 한다. 예를 들어 벌목은 노숙림의 보존이 주요 관심사인 지역에서는 이치에 맞지 않는다. 광물과 석유탐사를 위한 야생지의 이용를 둘러싸고 회복할 수 없는 피해 가능성 때문에 엄청난 논쟁이 일어난다. 비포장 도로 혹은 모래 언덕을 달리는 자동차, 산악자전거, 무거운 궤도 차량을 이용하는 여행자도 훼손되기 쉬운 환경에 피해를 줄 수 있다. 사냥과 목축은 야생동물 보호에는 부적합하다; 예를 들어 옐로스톤 공원 근처의 늑대 보존은 공원에서 보호와 지원을 받는 늑대들이 공원 경계를 벗어나 근처 목장의 양들을 잡아먹기 때문에 격렬한 논쟁을 일으킨다.

수많은 국제협약들은 동식물을 보호한다. 이러한 협약 중에서 야생동식물종의 국제거래에 관한 협약(CITES, 1975)은 멸종 위기종의 사냥과 거래를 규제한다. 고래와 같은 특정 종을 보호하는 것이 목적인 또 다른 국제협약도 있다. 대부분의 국가는 비록 그것이 매우 다양한 형태이긴 하지만 자국의 법률로서 자연과 동식물을 보호하는 어떤 절차를 갖고 있다. 야생법(Wilderness Act, 1964), 멸종위기생물법(Endangered Species Act, 1973), 야생경관강법(Wild and Scenic Rivers Act, 1968) 등이 그 예이다.

수산 자원

수생 환경의 생물자원은 이용 가능한 수생 생물의 양과 질에 영향을 미치는 남획으로부터, 그리고 기술 및 환경 변화로부터의 압력이 증대되는 상황에 놓여 있다. 물고기는 세계 각지에서 특히 소득이 낮은 국가에서 동물성 단백질의 중요 공급원이다. 약 10억 명의 세계 인구가 주요 단백질 공급원으로 물고기에 의존하며, 개발도상국에서 물고기는 동물성 단백질 소비량의 20% 이상을 차지한다.

자원 현황

세계 수산업의 평가는 각 어선과 국가가 보고하는 어획고의 신뢰성, 정확도, 그리고 시점의 적절성에 달려있기 때문에 임업을 평가하는 것보다 훨씬 더 어려운 과제이다. 수산 자원은 규모가 매우 크고, 넓게 분산되어 있으며, 직접 관찰에서 숨겨져 있어 현황을 추적하는 것은 어렵다. 특히 해양과 같은 수생 환경은 육지 환경보다 법적으로 덜 보호되어 있다. 수산 자원 이용을 조절하고 추적하는 최선의 수단인 해양 어업에 관한 국제관할은 국가 간의 경쟁 때문에 항상 어렵고 오용되기 쉽다. 국가의 영토 해역을 넘어선 외해에서는 이러한 통제가 특히 어렵다.

세계 총 어획고는 매년 약 1억 4,200만 톤씩 계속적으로 증가하고 있다. 이 중 약 77%는 인간이 소비한다. 그 나머지 대부분은 기름으로 제조되거나 물고기 사료와 같이 주로 동물들이 소비한다. 자연에서 물고기를 잡는 **포획어업**(capture fisheries)은 세계 수산업 총생산의 대부분으로 약

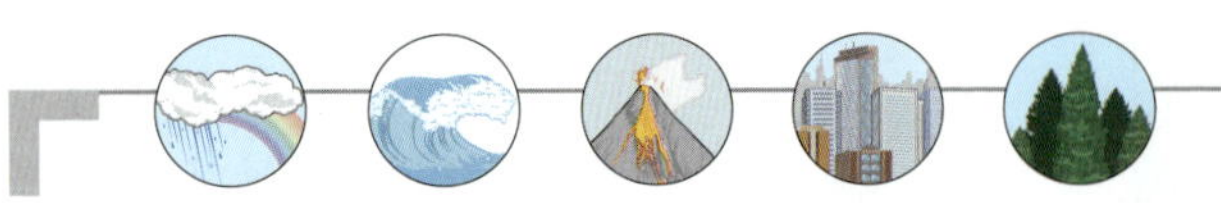

관련짓기

제16장에서 우리는 야생 집단에 영향을 미치고, 야생 집단을 제한하거나 급속히 성장시키는 요인에 관하여 논의했다. 옐로스톤의 늑대 집단을 제한할 수 있는 요인에는 어떤 것이 있는가? 생물권, 수권, 대기권, 인간권으로부터 그 예를 들어 보자.

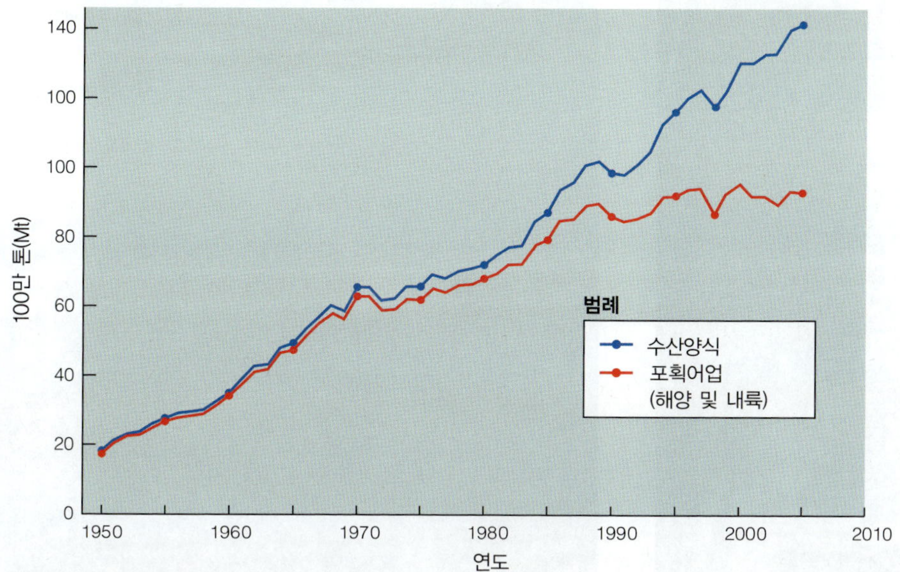

그림 17.13 전 세계 수산업 생산량
전 세계 포획 어업 생산량은 지난 수십 년 동안 급속하게 증가해 왔지만, 많은 어종들이 아마도 그들의 생산력 한계 근처에 도달했기 때문에 1970년대와 1980년대에는 그 증가 속도가 감소하기 시작했다. 특히 지난 10년 동안에 수산양식에 의해 공급되는 생산량의 비중이 포획 어업의 생산량에 절반에 해당될 정도로 급격히 증가하였다.

9,200만 톤이다. 이 중 대부분인 8,200만 톤은 해양 수산업이며 나머지는 육지의 담수 수산업이다(그림 17.13). 포획어업 생산량은 1950년대에서 1970년대로 가면서 주로 어구와 어선의 발전으로 급속하게 증가하였다. 그 증가율은 1970년대와 1980년대에 느려졌고 1990년대는 변동이 없었으며, 그 이유는 수많은 어종이 그들의 생산력 한계에 도달했기 때문이다.

모든 재생 가능한 자원이 그렇듯이 재고량, 유출량, 지속가능 생산량 간의 균형은 어업관리에서 가장 중요하다. 세계식량농업기구(FAO)는 세계 주요 어획 재고량의 52%가 완전히 개발되었고 이는 최대 지속 가능 생산량에 근접한 어획량에 해당한다고 보고했다. 재고량의 28%는 남획되었고, 고갈되었거나 고갈 상태에서 회복 중이다. 즉 세계 어획 재고량의 80%는 더 이상의 개발 여지가 없을 만큼 완전히 개발되어 남획되었거나 고갈된 상태이다.

심각하게 고갈된 어종의 한 예가 캐나다 동부 해안에서 상업적 목적으로 잡아온 대서양 대구이다. 남아 있는 대구가 극소수이어서 이를 잡는 것은 더 이상 경제성이 없다. 1992년 캐나다에서 대서양 대구잡이의 활동 중단이 선언되었다. 미국은 뉴잉글랜드 해안의 조지 뱅크 대구 어장이 폐쇄되면서 캐나다의 뒤를 따랐다(그림 17.14). 이때 대구 총 산란량의 75~98%가 고갈되었으며, 이때부터 재고량은 계속적으로 감소하게 되었다. 어장이 회복된다 하다라도 그때가 언제일지는 모른다. 이제 다른 종들의 집단이 대구를 주로 대체해 왔다. 2010년에 국제자연보호연합회(ICUN)는 대구를 멸종위기종의 명단에 올렸다.

수산 양식

지난 25년 동안 세계 자연 어업이 곤경에 처함에 따라 물고기, 조개류, 갑각류, 수초를 바다나 육지에서 생산하는 **수산 양식**(aguaculture)이 급속하게 증가하였다(그림 17.15). 현재 생산량은 약 5,200만 톤이다. 이는 지난 5년 동안 매년 약 1,000만 톤씩 증가했고 현재 포획어업량의 절반 이상에 해당함을 의미한다. 수산 양식 활동에서의 성장 대부분은 아시아 중에서도 특히 중국에서 일어난 것이다.

수산 양식 생산의 많은 부분이 새우, 연어와 같이 경제적 가치가 높은 어종에 집중되어 있다. 구체적인 생산 방식은 양식되고 있는 유기체의 유형에 달려 있다. 예를 들어 연어는 감금되어 있는 치어를 그들이 성장할 야생에 방류한다. 연어의 자연적 번식 습성 때문에 연어는 궁극적으로 원래 방류된 곳으로 번식하기 위해 돌아온다. 이러한 예상 가능한 습성은 연어를 수확할 수 있게 한다. 새우와 같은 다른 수중 생물들은 해안 지역 기수에서 사육된다. 염수 양식은 주로 해초와 같은 수생 식물과 굴과 같은 연체동물의 생산에 이용된다. 내륙 또는 담수 양식은 주로 잉어와 같은 물고기와 관상어 생산에 이용된다.

수산 양식은 적절하게 관리되지 않으면 상당한 환경적 비용을 지불해야 한다. 예를 들어 키우던 생명체가 도망가게 되면, 자연 유전자 풀을 오염시키거나 야생 집단에 병

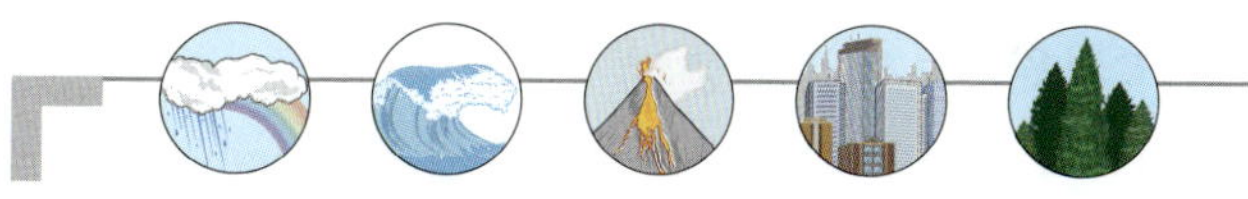

관련짓기

야생의 자연 집단에 영향을 미치는 요인들이 양식장의 물고기처럼 관리되고 있는 생태계의 생물 집단에도 똑같이 적용되는가? 유사성과 차이점은 무엇인가?

그림 17.14 **잃어버린 풍요**
1950년대의 캐나다의 뉴브런즈윅 해안에서 어부들이 대구잡이 그물을 끌고 있다. 북아메리카 동부 해안의 대서양 대구 어장의 붕괴로 이러한 풍경을 더 이상 볼 수 없다.

그림 17.15 **수산양식**
세계 포획 어업이 큰 곤경에 처함에 따라 수산양식의 중요성이 더 증가하게 되었다. 위 사진은 필리핀 민다나오의 세부 호수에 있는 양식장 울타리이다.

을 퍼뜨릴 수 있다. 환경에 따라 수산양식은 담수와 에너지, 물고기 사료를 위한 야생 어류를 다량으로 필요로 한다. 동남아시아에서 해안가의 수산 양식장은 해안 습지와 맹그로브림의 훼손에 상당한 영향을 미친다.

토양자원

토양은 살아있는 생명체와 분해 생명체의 존재에 의해 변질된 암석의 풍화산물로서 뿌리를 가진 식물체를 떠받친다. 제15장에서 토양의 과학, 생성, 분류에 대하여 고찰하였다. 여기서는 자원으로서의 토양에 대하여 검토한다.

중요 자원으로서의 토양

농작물의 성장에 적합한 토양인 **농업 토양**(arablel soil)의 이용 가능성은 세계 식량 공급량의 유지에 가장 중요한 요소이다. 토양은 대기권, 지권, 수권, 생물권과 연관되어 있고, 이 과정에서 토양의 재생성 과정이 끊임없이 일어난다. 그러나 모든 재생 가능한 자원들처럼 재생 속도가 매우 중요하다. 농업 토양이 영양분을 재보충하는 데는 몇 번의 휴지기 정도만의 시간이 걸리지만, 암석으로부터 토양층이 생성되는 데는 수천 년의 시간이 걸린다. 침식에 따른 물리적 유출뿐 아니라 토양은 오염, 다져짐, 영양분의 유실 등에 의해 악화될 수도 있다.

제15장에서 논했듯이 토양의 비옥도는 식물을 성장시킬 인, 질소, 칼륨과 같은 영양분의 공급 능력이다. 만약 어떤 유형의 식물이 동일 토양에서 오랜 기간 동안에 성장한다면 이 토양에는 이 식물이 요구하는 특정 영양분이 고갈될 것이다. 대부분의 영양분은 풍부하게 얻을 수 있지만 특수한 하나의 필수 성분을 얻을 수 없게 되면 이러한 성분의 부족이 제한 요인이 된다. 이는 식물의 성장 잠재성을 제한한다. 이는 농부들이 농업용 토양의 영양분과 함께 식물성 비료를 공급하는 이유이다. 주로 질소, 인, 칼륨의 여

자세히 보기

공유지의 비극

공공재 자원의 관리는 까다로운 일이다. 아무리 우리 모두가 잘 보존되고 관리된 바다, 대기, 산림, 토양, 어장을 보길 원한다고 해도 고갈과 질적 저하를 막을 수 없다. 세계 각국이 그 이용에 관한 규칙에 동의하도록 하는 것은 매우 어려우며, 규칙을 지키도록 강제하는 것은 더 어렵다.

이러한 상황에 대한 부분적인 이유는 생태학자 개럿 하딘이 1968년 「과학」저널[1]의 논문에서 처음으로 설명한 기만적인 단순 개념에 기초한다. 그 개념은 공공재의 관리와 관련 있으며 그 논문을 공유지의 비극(The Tragedy of the Commons)으로 불렀다. 비록 그 논문은 매우 자세하지만(원문을 읽어볼 가치가 있다) 기본 아이디어는 다음과 같다.

어떤 마을에 모든 사람에게 접근이 허용된 염소 목초지, 즉 공유지가 있다고 가정해 보자. 그 목초지는 생태계에 영구적인 피해 없이 무한한 시간 동안 생물학적으로 지속 가능하게 받아들일 수 있는 염소의 최대수인 한계 수용 용량을 가진다.

목초지의 한계 수용 용량은 각 가구당 5마리 염소의 방목을 허락한다고 하자(그림 C17.1). 아무도 목초지를 감시하지 않는다. 모두가 5마리 염소만 방목시키려는 선의가 있어야 한다. 약간 탐욕스런 사람이 있어 15마리 염소를 방목시키기로 결정했다고 가정해 보자. 결국 누가 알겠는가? 잠시 후 목초지 생태계는 너무 많은 염소의 방목 때문에 악화될 것이다. 풀은 완전히 먹어 없어지고 토양은 침식되기 시작할 것이다. 그러나 그러는 동안 15마리 염소 주인은 염소의 우유와 치즈를 팔아서 부유해질 것이다.

중요한 것은 15마리 염소를 가진 개인은—사실은 모든 개인에게 목초지 접근이 허용되어 있다—공동으로 소유한 자원의 개발로부터 이익을 얻을 모든 기회와 의도를 가졌지만 이러한 과정에서 발생한 피해를 조절하거나 복구하기 위해 비용을 지불해야 할 특별한 이유는 없다는 것이다. 이것은 인간 특성에 대한 대표적인 설명은 아니지만 불행히도 때로는 정확히 맞을 때도 있다. 공유해야 할 자원에 대한 접근과 통제에서 개인은 전체적인 최선의 이익보다는 자신의 이익에 따라 행동한다. 이는 개인에게 돌아가는 이익이 개인이 부담해야 할 자원에 대한 피해 비용을 초과하는 데 그 원인이 있다. 실제로 환경적 중요성을 갖는 수많은 공공재 자원이 있으며 이들 자원의 이용을 감시하는 우리의 능력은 불행히도 매우 제한되어 있다.

그림 C17.1 공유지의 비극
(A) 이 목초지는 여기에 방목되는 염소의 수를 수용할 정도의 충분한 수용 능력을 갖는다. (B) 여기에서는 풀을 먹는 염소가 너무 많아 보이며, 이는 목초지를 악화시킨다. 공유지의 비극은 공공재 자원의 조절이 매우 어려운 것임을 의미한다. 개인은 자원을 과다 사용하면서 이익을 얻지만 모든 구성원은 악화된 자원에 대한 비용을 분담해야 한다.

1) Hardin, Garrett, 1968. "The Tragedy of the Commons" *Science*, vol. 162, no. 3859, p. 1243-1248.

러 가지 형태인 광물성 영양분의 혼합체인 비료는 이용성이 제한될 수 있는 토양 영양분의 공급을 위해 특별히 고안된 것이다.

전통 및 현대 농업

수천 년 전 인간은 유랑하는 수렵채집인이었다. 그들은 주변 환경으로부터 필요한 만큼의 식량을 얻었다. 약 12,000년 전, 이유는 완전히 알려져 있지 않지만 사람들은 단지 식량자원을 채집하기보다는 생산도 하는 정착생활을 시작했다. 사람들이 특정 품종의 식물과 동물을 경작하고 사육하면서 가축화가 일어나고 농업이 시작되었다.

수렵채집 생활은 적은 인구를 부양하는 데도 넓은 대지가 필요하였다. 농업의 발달은 훨씬 더 집약적인 자원 이용을 수반하였다. 이는 토지 수용 능력을 효과적으로 증가시켜 인구가 증가하게 하였다. 훨씬 후에 산업혁명 동안에 증기기관의 발명과 그에 따른 기계농업 수단의 발전은 농업생산력이 엄청나게 증대되는 원동력이 되었다. 이것이 현대 농업의 시작이었다.

현대 농업으로의 전환은 토양과 곡물에 새로운 피해를 주었다. 전통 농업은 질산염과 같은 결핍되기 쉬운 영양분을 토양 세균의 활동으로 재보충할 수 있는 시간을 주는 계절별 휴경지를 배치하여 하나의 농경지에 다양한 작물을 경작하였다. 현대 농업은 더 짧은 휴경시간과 수확하기는 쉬우나 특정 토양 영양분의 결핍을 초래할 수 있는 대규모 단일 품종 작물을 재배하는 경향으로 가고 있다. 단일재배는 곡물종의 유전적 다양성을 감소시킨다(그림 17.16). 약 5,000여 종의 식물이 경작되고 있으나 우리가 필요로 하는 영양소의 95%는 단지 30여 종으로부터 나온다. 유전적 획일성은 어떤 종이 해충, 질병, 그리고 물리적 환경의 변화에 잘 대응할 수 없도록 한다. 종자은행(제16장)은 작물의 유전적 다양성 소실을 막기 위해 설립되었다.

그림 17.16 단일재배
현대 농업의 대표적 특징은 대규모 농지에 단일 품종의 작물만 심는 단일재배이다. 사진은 네브라스카의 옥수수 농장이다.

지난 40년 혹은 50년 동안 현대적 농경법은 농업생산성을 엄청나게 증대시켰다. 예를 들어, 밀과 옥수수 생산량은 1950년대 이후 나타난 **녹색혁명**(Green Revolution)으로 거의 3배로 증가하였다. 쌀과 기타의 곡물은 2배 이상 증가하였으며 가축 생산에도 유사한 증가가 나타났다. 녹색혁명은 생명공학에 의해 수확량이 많고 병충해에 강한 종자기술로 일어났다. 여기에는 또한 관개지와 경작지의 거대한 팽창에 기인하기도 하였다. 생산량의 증대는 또한 비료와 살충제와 같은 농약과 농기계 작동을 위한 화석 에너지의 엄청난 투입을 필요로 한다.

녹색혁명의 피해

녹색혁명에서 생산량의 엄청난 증가에는 한계가 있음을 깨달았다. 1980년대 중반 어떤 농경지 지역에서 생산량이 정체되기 시작했다. 세계 인구 증가를 고려하면 1인당 생산량이 정체되거나 감소되기 시작했다. 어떤 작물의 단위 면적당 생산량 또한 감소했다. 녹색혁명을 이끌었던 그 사업은 환경의 질을 악화시켰고, 이는 농업 생산성에 영향을 미쳤다. 예를 들어 화학살충제 사용의 증가는 살충제 내성의 해충을 출현시켰고, 농부들은 불만족한 결과 때문에 더 많은 농약을 사용하게 되었다. 단일재배와 단축된 휴경 시간에 따른 비료 사용의 증대는 질산염과 인산염이 녹아 있는 빗물로부터 지표와 지하수 오염을 발생시켰다.

녹색혁명의 또 다른 대표적 특성인 엄청나게 확장된 관개지 또한 문제가 발생했다. 건조 및 아건조 환경에서 토양에 관개수를 과잉 공급하면 염류 축적이 발생할 수 있다. 토양의 상부층이 물에 젖게 된다. 물에 젖은 층이 뜨거운 태양 아래서 건조되면 염분이 토양 내 모세관 작용으로 위로 올라와 지표면에 건조된 염 껍질을 남긴다(그림 17.17). 침수와 이에 따른 염류 축적은 농지에 영구적인 피해를 줄 수 있다. 어떤 지역의 거대한 관개 계획은 지하수 자원의 난개발과 고갈을 발생시킨다. 건조 지역에서 농

그림 17.17 **염류 축적 토양**
토양이 물에 잠기면 염류 축적이 발생할 수 있다. 염류는 콜로라도의 어느 방목지 사진에서 보듯이 물이 증발하면서 위로 올라와 지표면에 침전한다.

업 연구자들은 이러한 문제를 해결할 수 있는 효용성이 높은 새로운 관개기술을 개발하고 있다.

농업 토양의 침식과 유실

현재 침식에 의한 전 세계 토양 유실량은 매년 250억 톤으로 추정된다. 이는 세계 농업 생산성에 가장 심각한 문제다. 토양 유실은 토양이 사라지는 것을 의미하지는 않는다. 이는 침식에 의해 농지에서 운반되어 나가는 것이다. 일반적으로 침식된 상부 토양은 어떤 수역으로 모여서 하천의 유로를 막거나 토양의 점토 표면에 부착되어 있던 오염물질을 집적시킨다. 따라서 토양 유실은 농장이나 방목지에 문제가 될 뿐만 아니라 하천, 강, 호수에도 문제를 일으킨다. 농약과 농장 폐기물과 같은 오염물질은 수질에 심각한 피해를 발생시킨다. 예를 들어 2000년 온타리오 주 워커턴에서 대장균 감염으로 7명이 사망한 사건의 원인은 주변 농장의 가축 분뇨에 의한 식수 오염 때문인 것으로 밝혀졌다.

토양학자들은 재생으로 균형을 이룰 수 있는 침식 유실률을 의미하는 연간 허용 유실률(tolerable annual rate of loss)이라는 용어로 토양 유실률을 언급한다. 미국에서 1990년대 초에 침식에 의한 농업 토양 유실량은 거의 매년 새롭게 생성되는 토양의 양인 약 20억 톤을 초과하였다. 이후부터 적극적인 토양 침식 조절 계획의 실행으로 토양 유실률은 서서히 감소하고 있다. 그러나 중국과 러시아를 비롯한 주요 식량 생산 국가들에서의 토양 유실률은 최소한 미국에서보다 더 빠를 것이며, 인도에서의 토양 유실율은 미국보다 2배 이상 높을 것으로 추정된다.

현대 농업은 21세기 중반까지 80억 내지는 100억 인구를 부양해야 하는 과제에 직면해 있다. 이러한 과제를 해결하기 위한 시도로 비옥한 토양 자원의 보존이 계속해서 가장 중요한 관심사가 될 것이다.

수자원

신선한 물의 안정적 공급은 사람과 생태계의 생존뿐만 아니라 산업, 농업, 휴양, 운송, 어업을 위해서도 결정적으로 중요하다. 제8장에서 고찰했듯이 비록 지역에 따라 사용비율이 매우 다르지만, 농업용은 전 세계 물 수요의 75%를 계속 차지하고, 산업용은 20%, 가정용은 5%를 차지한다. 세계 물 사용량은 1950년대의 3배 이상이 되었다. 인구 증가와 생활의 질 향상이 이러한 증가의 원인이다.

비록 대부분의 공공 물 공급 시스템은 지표수 수원을 이용하지만 북미 인구의 절반 이상이 음용수를 지하수로부터 공급받고 있다. 대수층은 재충전이 가능하다. 그러나 재충전에 걸리는 시간을 초과하는 속도로 지하수가 유출되면 비축된 지하수량은 점점 더 감소하게 된다. 고갈된 대수층이 재충전되는 데는 수백 년 혹은 수천 년이 소요된다.

지하수의 과도한 유출은 지하수 수위 저하를 일으킨다. 우물, 하천 그리고 관정이 마른다. 다짐이 진행된다. 그리고 침하가 발생한다. 대수층이 다져지면 광물입자 사이에 있던 공극수가 짜여나가 광물입자가 붕괴되는데, 이는 영구적인 피해를 입혀 원래 함유할 수 있던 많은 물을 더 이상 함유할 수 없게 한다. 또한 도시 개발도 물에 대한 수요를 증대시킬 뿐만 아니라 불투성 지표면을 증대시킴으로써 지하수 고갈의 원인이 된다. 재충전 지역이 도로, 주차장, 건물 그리고 보도 등으로 덮여 있으면 지하수의 재충전 속도는 지속적으로 감소한다.

소비, 손실, 그리고 공급

물의 소비 또는 이용과 돌이킬 수 없는 소비 또는 손실을 구분하는 것은 중요하다. 손실된 물은 수문 순환으로 되돌아오지 않는다. 물의 손실은 주로 증발을 통해서 발생한다; 어떤 물은 지하수관의 누수로 손실되기도 한다. 전 지구적으로 관개는 가장 큰 물 소비자일 뿐만 아니라 물 손실의 가장 큰 원인이다. 관개용으로 이용되는 많은 물들이

그림 17.18 관개 및 물 손실

관개는 세계 곳곳에서 회복할 수 없는 물 손실의 주요 원인일 뿐만 아니라 가장 큰 물의 소비처이다. (A) 사진에서 보이는 표준 관개 방식은 증발로 인해 상당량의 물을 손실시킨다. (B) 오스트레일리아에서 보여주는 최신의 점적 관개 방식은 작물의 뿌리까지 정확한 양의 물을 직접 공급함으로써 증발에 따른 물의 손실을 최소화한다.

증발을 통해 손실된다(그림 17.18A). 계산된 일정량의 물이 각 식물의 뿌리까지 직접 공급되는 점적 관개는 이러한 문제를 해결하기 위해 개발되었다(그림 17.18B). 이 방법은 토양의 염류 축적을 최소화하는 데도 도움을 준다. 댐 뒤의 저수지는 막대한 양의 물이 표면에서 증발하여 손실되기 때문에 문제를 발생시킨다. 산업공정은 엄청난 양의 물을 소모하지만 그중 많은 물들이 지표면의 수역으로 되돌아오기 때문에 국지적인 수문학적 순환으로부터 유실되는 것은 아니다.

수문학자들은 매년 1인당 재생 가능한 물 이용 가능량이 1,000~2,000m^{3}이면 **물 부족**(water-stressed) 국가 혹은 지역으로 지정한다. 이는 단지 개인적 사용만이 아니라 산업적 그리고 농업적 사용을 포함한 모든 목적으로 이용 가능한 물을 의미한다. 물이 풍부한 국가인 캐나다 대부분의 지역에서 물 이용 가능량은 매년 1인당 약 5,0000m^{3}이다. 만약 물 이용 가능량이 1,000m^3 이하로 떨어지면 **물 기근**(water-scarce) 국가로 부르며, 물 부족은 농업생산, 경제발전, 환경보호 그리고 개인의 영양, 건강 및 위생에 심각한 제한이 따른다.

오늘날 세계 29개국의 4억 5,000만 명의 사람들이 심각한 물부족으로 고통 받고 있다(그림 17.19). 이들 대부분의 국가는 전대미문의 물 문제를 암시하는 급속한 인구증가율을 가진 개발도상국들이다. 최소한 9개 국가(리비아, 카타르, 아랍에미레이트연합, 예멘, 요르단, 이스라엘, 사우디아라비아, 쿠웨이트, 바레인)는 그들 자체의 이용 가능한 물의 100% 이상을 소비하고 있어 담수를 수입하거나 해수를 탈염분화하여 그 차이를 보전해야 한다.

비록 물 기근 국가에 해당되지 않더라도 물 부족이 예상된다. 예를 들어 캘리포니아 주에서는 주의 북쪽에서는 물과잉 상태이지만 주의 남쪽은 물 기근 상태이다. 지역적인 물의 공급과 수요의 불일치는 수로 변경과 저수지 이동으로 이어진다. 중앙아시아 아랄 해로 유입되는 강물을 농업용수로 전용했을 때(제8장 자세히 보기 : 아랄 해의 사례 참조) 발생한 대단히 파괴적인 환경적 피해가 이러한 예이다.

물 관리

물 이용의 배분과 규제에 관련된 주제는 매우 논쟁적이다. 물 이용 권리와 관련된 갈등은 수많은 국제적 논쟁을 발생시키거나 증폭시키는데, 중동과 같이 물 기근 지역에서는 지금도 분명한 현실이다. 물 이용 권리는 두 가지 기본적인 생각에 기초한 것이다. 하천 소유권은 하천이나 호수유역 근처의 강변 토지를 소유하거나 법적으로 인정받은 권리를 가진 사람에게만 물 사용권을 보장한다. 반면에 우선 이용권은 물 사용권을 강변 토지의 법적 소유에 관계없이 그 수원지로부터 물을 사용한 역사를 인정받은 사람들에

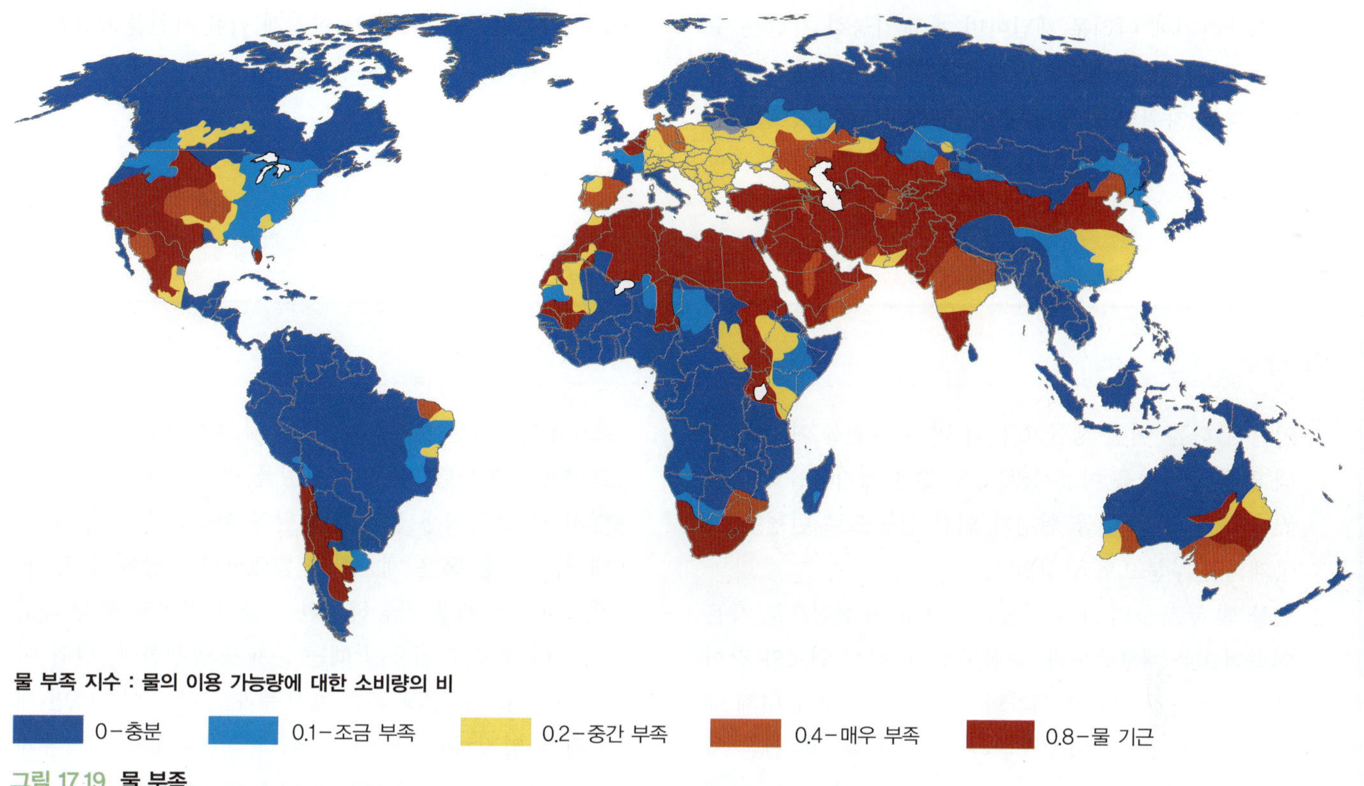

그림 17.19 물 부족
이 지도는 가능한 물 공급량을 초과하는 물의 소비로 물 부족을 경험하고 있는 세계 각 지역을 보여준다.

게 물 사용권을 배정한다.

물 분배권은 눈에 보이지 않는 지하수나 정치적 경계지역에서 지표수가 교차하거나 분기하는 곳에 적용하면 더욱 복잡해진다. 이러한 상황은 라인 강, 메콩 강, 갠지스 강, 나일 강, 다뉴브 강, 콜로라도 강 등의 수많은 세계의 대규모 대수층이나 강에 적용된다. 세계 육지의 약 절반이 두 나라 이상이 접하는 배수분지에 위치한다. 경계 지역의 지표수 관리에 관한 가장 성공적인 국제협력기구는 중요한 접경지역 자원인 5대호 관리에서의 협력을 도모하기 위해 미국과 캐나다에 의해 설립된 국제공동위원회이다.

성장의 한계

지구의 수용 한계 용량이 얼마인지 그리고 성장 한계에 도달했는지 아니면 초과했는지를 알기는 매우 어렵다. 인구는 끊임없이 성장하고 우리는 여러 가지 다양한 방법으로 자원을 찾고 가공하고 이용한다. 이렇게 성장하는 인구를 유지할 수 있도록 이용 가능한 재생 가능 자원과 재생 불가능 자원이 충분한가?

아마도 우리가 도달할 수 있는 단 하나의 확실한 결론은 지구의 수용 한계 용량은 매우 거대하지만 무한하지는 않다는 것이다. 이용 가능한 자원량은 세심한 이용과 보존의 실천, 새로운 기술과 새로운 발견을 통해 늘어날 수 있다. 그러나 지구는 닫힌계이다. 장기적으로 보면 궁극적으로 인구와 자원사용의 증가에 대한 한계가 나타날 것이다. 우리 후손들은 우리와 우리 부모 그리고 조부가 자원을 관리해 왔던 방식과는 매우 다르게 지구 자원을 관리해야만 할 것이다.

재생 가능한 자원의 관리에서 점증하는 처리원칙은 생태계나 미래 자원 이용도를 위태롭게 하지 않으면서 현재 요구에 부합되도록 신중하고 계획된 지구 자원의 이용인 **지속 가능한 개발**(sustainable development)이다. 지속 가능한 개발은 유용한 개념인지 아니면 실천하기에 너무 모호하고 불가능한 것인가? 이러한 의문은 아직도 논쟁 중이다. 지속 가능한 개발은 사용할 때마다 점점 더 고갈되는 재생 불가능한 자원의 맥락에서도 가능한지조차 분명하지 않다.

재생 가능한 자원의 관리에 포함된 기본적인 개념은 재고량과 유출량의 균형을 유지하고, 자연계를 추적 관찰하고, 지속 가능한 산출량을 유지하자는 지구계 과학의 관점에서 볼 때 매우 간단하다. 그러나 실제적으로 이러한 것들은 실행하기에 어려운 개념이며 재생 가능한 자원은 수많은 불확실성과 문제점에 직면해 있다. 지구촌 전체에서 재생 가능한 자원의 관리에 대한 우리의 실적은 인정받을 정도는 아니다. 만약 우리가 이렇게 귀한 자원을 보호하기 원한다면 우리가 좋은 결과를 내야 한다.

요약

1. 인간은 다른 어떤 생물보다 더 많은 자원을 채취하고, 더 많은 물질들을 이동시키고, 더 많은 폐기물을 발생시킨다. 인간권은 인공 환경과 인간 활동으로 변형된 지구계의 일부분으로 구성된다.
2. 생물 및 무생물의 재생 가능한 자원은 계절적으로 혹은 연속적으로 재보충된다. 광물자원 및 화석 연료와 같이 재생 불가능한 자원은 인간의 생존 시간 규모에 비해 매우 긴 시간 규모로 재보충된다. 분열된 원자와 같은 자원들은 확실한 재생 불가능 자원이다. 태양, 조력, 그리고 지열 기원의 기타 에너지는 고갈되지 않는다.
3. 공공재 자원은 공적으로, 공동으로 혹은 공동체적으로 소유된다. 공유된 자원을 관리할 때 때때로 개인들은 전체적인 최선의 이익보다는 자신의 이익에 따라 행동한다. 이것이 공유지의 비극이다. 이는 자원의 한계 수용 능력을 초과하고 자원이 질적으로 저하되는 상황으로 이어진다.
4. 문명과 자연자원은 불가분의 관계이다. 원시 수렵채집인이 사용한 최초의 자원은 과일, 견과류, 동물, 그리고 물고기이다. 도구 제작용 돌, 소금, 그리고 자연금속은 원시 인류가 사용한 최초의 재생 불가능한 자원이다. 약 12,000년 전 농업의 출현은 사람들이 자원을 좀 더 집약적으로 채취할 수 있게 하였다. 오늘날 우리는 자연적으로 산출되는 거의 모든 화학원소를 산업용으로 이용하고 있다.
5. 전통적으로 우리는 인류 경제를 무한정한 자원과 에너지가 투입되는 저장고로 생각해 왔고, 지구계가 폐기물과 오염물에 대한 무한정의 수용용량을 가진 것으로 보았다. 이제 우리는 인류경제와 자원 순환은 물질 자원과 폐기물 흡수 용량이 한정되어 있는 거대한 지구계의 한 부분으로 존재한다는 것을 알게 되었다.
6. 재생 불가능 및 재생 가능 자원은 서로 다른 관리방식이 요구된다. 재생 불가능 자원을 더 많이 이용할수록 재고량은 줄어든다. 새로운 광상을 발견할 수 있지만 그렇지 않으면 재생 불가능 자원의 이용 가능성은 보전, 대체, 재사용 혹은 재순환을 통해서만 연장될 수 있다. 생물자원은 재생 가능하지만 그들의 번식과 성장 속도보다 더 빠르게 이용될 때는 문제가 발생한다. 만약 이용량이 새로운 성장 혹은 재보충과 균형을 이룬다면 재고량은 일정하게 유지될 것이다. 만약 재고가 새롭게 축적되는 것보다 더 빠르게 감소한다면 자원은 고갈되어갈 것이다.
7. 수만 년 이래로 인간은 산림에 대하여 상당한 피해를 주고 있다. 잘 관리된 조림은 산림자원 재고량을 유지하는 데 도움을 줄 수 있지만 노숙림이 갖고 있는 생물 및 서식지의 다양성을 대체할 수는 없다.
8. 나무는 정해진 위치에 뿌리로 토양을 고정하고 토양에 유기물을 보충함으로써 토양을 안정시킨다. 나무는 또한 물의 순환에도 중요한 역할을 한다. 지구 규모에서 산림은 생물다양성의 엄청난 보고이며 탄소의 거대한 저장소로서의 역할로 기후를 조절하는 데 도움을 준다.
9. 벌목은 산림에서 목재를 수확하는 가장 경제적이고 효과적인 방법이지만 생태적으로는 가장 파괴적이다. 선택적인 벌목은 자연변동에 의한 피해를 감소시킬 수 있다. 산림으로 덮인 세계 각 지역은 현장정보와 원격탐사 자료를 이용하여 평가할 수 있다. 특별한 관심을 끄는 것은 열대 우림인데 그 이유는 생물다양성, 서식지, 탄소저장고 등의 훼손과 부서지기 쉬운 열대 토양 때문이다. 산림 파괴의 직접적인 원인은 농업과 목축을 위한 벌목과 개간이다. 간접적이고 숨겨진 원인은 공기오염, 환경 및 기후 변화 그리고 사회경제적 압력이다.
10. 혼농임업에서는 나무와 작물을 함께 심는다. 나무의 깊은 뿌리는 토양을 안정화시키고 심부의 물을 흡수

하여 작물이 이용할 수 있게 한다. 나무는 토양에 유기물을 공급하고, 화목, 목재, 과일, 견과류, 동물 사료 공급을 위해 선택적으로 수확될 수 있다.

11. 원시 지역은 인간의 간섭보다는 자연의 힘이 더 우세하며 사람들이 영구적으로 정착해서 살지는 않는다. 보존은 야생 지역을 원시 상태로 유지하는 것인 반면 보전은 자연유산과 자원을 세심하게 관리하는 것이다. 대부분의 야생보호 지역은 여러 가지 목적을 충족시킬 수 있게 계획되어 있다.
12. 물고기는 특히 저소득 국가에서 중요한 단백질 공급원이며 수입원이다. 어업 자원은 규모가 거대하고 넓은 지역에 분산되어 있으며 눈에 보이지 않기 때문에 어업의 현황을 추적하기는 어렵다. 해양 포획 어업 생산량은 1950년대에서 1970녀대로 가면서 어업 장비의 엄청난 발전과 대형 어선들로 인해 급격히 증가하였다. 지나친 남획으로 세계 주요 어획자원의 약 80%가 더 이상 개발의 여지가 없을 만큼 완전히 개발되었고, 남획되었거나 고갈된 상태이다.
13. 수산 양식은 세계 자연 어업이 곤경에 처함에 따라 그 중요성이 증대되고 있다. 수산 양식은 양식되는 유기체로부터 발생하는 유전자 혹은 질병에 의해 야생 집단이 오염될 가능성을 비롯한 환경적 비용을 지불해야 될 수도 있다. 어떤 유형의 수산 양식은 막대한 양의 깨끗한 물과 에너지의 투입을 필요로 하기 때문에 해안가 습지와 맹그로브림의 훼손을 일으킬 수 있다.
14. 농업 토양은 전 세계 식량공급의 유지에 가장 중요하다. 암석으로부터 농업 토양층이 생성되는 데는 수천 년의 시간이 소요된다. 침식에 의한 물리적 유실 이외에도 토양은 오염, 다져짐으로 악화되거나 토양이 성장하는 식물에 영양분을 공급하는 능력인 비옥도가 훼손되기도 한다.
15. 1950년대부터 현대적 농경법은 농업 생산성을 엄청나게 증가시켜 왔다. 녹색혁명은 농약품의 이용 증대, 관개시절의 확충, 단일재배, 수확량이 높은 종자개발, 경작지의 엄청난 확대 그리고 엄청난 양의 에너지 투입으로 인해 일어났다.
16. 1인당 농업 생산량과 어떤 작물의 수확량이 감소하기 시작했는데 이는 녹색혁명에서 생산량의 엄청난 증가에는 환경적인 한계가 있음을 의미한다는 사실을 깨달았다. 농약품의 사용 증가는 지표수와 지하수의 오염이외에도 살충제에 내성이 있는 해충의 출현을 유도했다. 잘못 설계된 관개시설은 토양의 침수와 염류 축적의 원인이 되며 지하수 자원을 고갈시킨다. 단일재배는 토양 영양분을 고갈시키고 작물의 다양성을 훼손시킨다.
17. 침식에 의한 전 지구적 토양 유실 속도는 매년 250억 톤을 넘는다. 연간 허용 유실률은 재생과 균형을 이루는 토양 유실률이 될 것이다. 농장과 방목지에서의 토양 유실은 심각한 문제가 되며 하천, 강, 호수에서의 토양 유실도 마찬가지이다. 침식된 상부 토양은 하천 유로를 막거나 토양 내 점토입자 표면에 부착된 오염물을 축적한다.
18. 깨끗한 물의 안정적 공급은 사람과 생태계의 생존과 건강에 가장 중요한 것이며, 산업, 농업, 휴양, 운송 그리고 어업에도 중요하다. 대수층은 재충전되지만 지하수의 이용 속도가 재충전 속도를 초과하면 물의 재고량은 점점 감소할 것이다. 지하수의 초과 사용 결과는 지하수면의 하강, 샘과 하천의 건조, 대수층의 다짐과 함몰을 일으킨다.
19. 사용된 물이 그 지역 물 순환 과정으로 되돌아오지 못하는 물 손실은 주로 증발을 통해 일어난다. 관개가 가장 중요한 물 손실의 원인이지만 관개 기술에서의 새로운 접근 방식이 이러한 쟁점을 해결하고 있다. 연간 1인당 재생 가능한 물 이용 가능량이 1,000~2,000m^3인 지역은 물 부족 지역, 물 이용 가능량이 1,000m^3 이하로 떨어지면 물 기근 지역이라 부른다. 29개국이 엄청난 물 부족으로 고통 받고 있는데, 이들의 대부분은 급격한 인구 증가율을 가진 개발도상국들이다.
20. 지구의 한계수용용량은 매우 크지만 무한한 것은 아니다. 재생 불가능 자원은 주의 깊은 이용과 보전의 실천, 새로운 기술과 새로운 발견을 통해 늘려갈 수 있다. 재생 가능한 자원 관리의 지침은 생태계나 이들 자원의 미래 이용 가능성을 위태롭게 하지 않으면서도 현재의 수요에 부합되는 신중하고 계획성 있게 지구자원을 이용하는 지속 가능한 개발이다.

주요 용어

공공재 자원(common property)
노숙림(old-growth forest)
녹색혁명(Green Revolution)
농업 토양(arablel soil)
농업(agriculture)
물 기근(water-scarce)
물 부족(water-stressed)
산림 파괴(deforestation)
수산 양식(aguaculture)
영속자원(perpetual resources, 비고 갈성 자원)
완전벌채(clear-cutting)
원시 지역(wilderness)
인간권(anthroposphere)
자원 순환(resource cycle)
자원(resource)
재생 가능한 자원(renewable resource)
재생 불가능한 자원(nonrenewable resource)
조림(plantation)
지속 가능한 개발(sustainable development)
지속 가능한 산출량(sustainable yield)
포획어업(capture fisheries)

복습 문제

1. 인류가 처음으로 농업을 시작한 게 언제인가? 농경활동의 시기는 다른 유형의 자원이 최초로 이용되기 시작한 시기와 비교하면 어디에 해당되는가?
2. 거대한 지구계의 일부로서의 인류 경제를 도표를 이용하여 설명하라.
3. 재생 가능한 자원과 재생 불가능한 자원의 관리방식의 차이는 어떠하며 그 이유는 무엇인가?
4. 지속 가능한 산출량이란 무엇이며 어떤 유형의 자원에 적용되는가?
5. 노숙림은 무엇인가? 오늘날 인간의 영향에서 완전히 자유로운 산림이 있는가?
6. 자연림과 조림 간의 차이점은 무엇인가?
7. 원시 지역의 보전과 보존은 어떤 차이점이 있는가?
8. 어업 현황을 평가하는 것이 매우 어려운 이유는 무엇인가?
9. 수산 양식이란 무엇인가? 수산양식은 포획어업을 대체할 수 있는가?
10. 녹색혁명으로 특징지어지는 농업 생산성의 거대한 증가를 이끈 네 가지 실천은 무엇인가?
11. 농업 토양은 무엇이며 농업 토양은 왜 매우 중요한 자원인가?
12. 현대와 전통 농업을 비교하고 그들의 환경적 피해에 대하여 말하라.
13. 물 이용과 물 손실 사이의 차이점은 무엇인가?
14. 물 기근 혹은 물 부족 국가가 아님에도 불구하고 용수 부족을 경험하는 국가가 있을 수 있는가? 설명하라.
15. 지속 가능한 개발을 정의하라.

연구와 토론 문제

1. 원시 지역을 보존하고 야생동물을 보호하는 것이 중요하다고 생각하는가? 왜 그렇다고(혹은 왜 아니라고) 생각하는가? 그리고 야생지에서 인간의 활동은 어느 정도까지 제한되어야 한다고 생각하는가?
2. 지속 가능한 개발은 자원의 관리에 유용한 개념 또는 원칙이라고 생각하는가? 왜 그렇다고(혹은 왜 아니라고) 생각하는가?
3. 산림 혹은 어업의 지속 가능한 산출량과 유사하게 수용 가능한 연간 토양 유실률의 개념은 무엇인가?

기초 원리 문제

1. 재생 가능한, 재생 불가능한, 그리고 영속 자원의 예를 들어라.
2. 무엇이 공공재 자원인가? 예를 들어라.
3. 재생 가능한 자원이 재생 불가능 혹은 고갈 자원으로 변하는 것이 어떻게 가능한가?

자세히 보기 문제

1. 공유지 비극의 개념에 대하여 설명하라.
2. 공유지 비극이 세계 해양 어업의 관리에서는 어떻게 표현될 수 있는가? 대기권과 지구 기후 시스템의 관리는 어떻게 하는가?
3. 수용 용량은 무엇이며 공유지 비극의 개념과는 어떻게 연관되는가?

CHAPTER

18

광물과 에너지 자원

개요

이 장에서 우리는

- 보존, 재활용, 그리고 폐기물 관리가 재생 불가능한 자원 순환을 어떻게 차단시킬 수 있는지 다룬다.
- 광상을 생성시키는 지질작용을 조사한다.
- 자원개발의 환경적 피해를 요약한다.
- 화석 연료 광상을 생성시키는 지질작용을 조사한다.
- 화석 연료 사용의 피해와 미래의 잠재적인 대체에너지원에 관하여 학습한다.

◀ **용융된 광석**

광석 제련소에서 용융된 금을 용기 속으로 붓고 있다.

제17장에서는 우리가 더 많이 이용할수록 재고량이 더 적게 남는 재생 불가능한 자원의 중요한 특성을 소개하였다. 재생 불가능한 광물 및 에너지 자원의 관리는 재생 가능한 자원의 관리와는 근본적으로 다르다. 우리는 재생 불가능한 원료 물질이 유한하고 고갈될 수 있기 때문에 그 효과적인 관리와 효율적 이용, 보전, 순환에 대하여 우리 스스로 관심을 기울여야 한다. 우리는 자원 그 자체를 이해할 필요가 있다. 재생 불가능한 자원은 어떻게 생성되며, 어디에서 산출되며, 어떻게 그곳에 부존하며, 그리고 어떻게 채취되는가? 마지막으로 재생 불가능한 자원의 채취와 이용에 따른 환경적 피해와 이를 최소화하는 방법에 관하여 가능한 많이 학습해야 할 필요가 있다.

이 장에서 우리는 재생 불가능한 광물 및 에너지 자원의 생성, 채취, 이용에 대하여 검토한다. 우리는 또한 미래에 재생 불가능한 자원을 대체할 가능성이 있는 매우 다양한 유형의 에너지원에 대하여 조사한다.

재생 불가능한 자원 : 순환의 차단

재생 불가능한 자원을 보존하고 그 이용에 따른 피해를 최소화하는 것은 유용 물질의 재활용과 유해 폐기물의 확산을 막아줌으로써 가능한 최대로 하는 자원 순환을 차단하는 것이다. 제17장에서 논했듯이 폐기물은 원료 물질의 채취와 처리에서부터 상품의 생산과 포장, 운송, 이용, 그리고 사용 후 폐기(그림 17.7)에 이르기까지 자원 순환의 모든 단계에서 발생한다. 그림 17.7의 각 지점은 오염 혹은 폐기물 발생 가능성을 나타내지만 각 점은 폐기물의 최소화와 재순환을 통해 자원의 보다 효과적인 관리를 위한 기회를 나타내기도 한다

재활용(recycling)은 버려진 생산제품, 종이, 파지, 깡통, 항아리, 병 등과 같은 폐기물로부터 금속, 유리, 펄프와 같이 사용 가능한 원료물질을 추출하는 것을 말한다(그림 18.1). 많은 산업 폐기물들은 재활용이 가능하며 산업은 전통적으로 산업공정에서 발생하는 폐기물을 단순히 경제적이라는 이유로 효과적으로 재활용해 왔다. 자원 순환에서 실제적인 문제는 소비 단계 이후에 나타났다. 길거리 재활용 프로그램은 이제 북아메리카에서 아주 흔하지만 이러한 많은 프로그램이 아직 비경제적이거나 경제성이 미미하다. 재활용 물질로 만들어진 생산품에 대한 수요가 이러한 상황을 변화시키는 최선의 방법이다.

광물 자원

전 세계 거의 70억 사람들이 옷을 만들고, 주거지를 짓고, 작물에 거름을 주고, 차편을 제공하고, 전력을 배분하고, 전자통신을 하는 데 광물 자원을 이용한다(그림 18.2). 우리의 선조가 유용 광물의 채취 방법을 수천 년 전 처음 발견한 이후로 우리가 채광하고, 제련하고, 사용하는 물질의 목록은 엄청나게 확대되어 왔다(제17장). 오늘날 우리는 자연에서 산출되는 거의 모든 화학원소를 이용하며 200종 이상의 광물이 채광되고 있다.

거의 모든 종류의 암석과 광물은 무엇인가를 위해 이용될 수 있다. 지각의 0.1% 이상을 차지하는 원소를 **지구화학적으로 풍부한 원소**라고 하며, 지각의 0.1% 이하를 차지하

그림 18.1 재활용
원료 물질의 재활용은 재생 불가능한 자원의 사용 수명을 연장할 수 있는 극소수의 방법 중 하나이다. 사진에서 재활용을 기다리는 일반 병 더미를 볼 수 있다. 이 병들의 재질인 플라스틱은 석유제품이다.

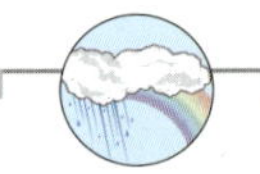  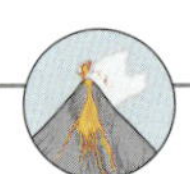  

관련짓기

주위를 둘러보자. 여러분이 이 책을 초원의 나무 아래에서 읽고 있다 하더라도 여러분은 재생 불가능한 자원으로 만들어진 제품으로 둘러싸여 있다. 여러분의 시계에는 금속부분이 있다. 앞면은 실리카로 만들어진 유리 혹은 플라스틱으로 되어 있다. 여러분의 펜은 금속 혹은 석유로 만들어진 플라스틱으로 되어 있다. 여러분의 보석, 안경, 그리고 만약 석유로 만들어진 인조섬유를 입고 있다면 여러분의 옷조차도 모두 재생 불가능한 자원으로 만들어졌다. 점심에 먹은 음식은 토양에서 금속기계로 경작되고 광물성 비료로 영양분이 공급되어 자란 것이다. 이 책의 종이조차도 조직이나 색을 위해 광물성 첨가물을 포함한다. 이 책의 디지털 버전은 완전히 재생 불가능한 광물 및 석유 자원으로 만들어진 컴퓨터로 볼 수 있다. 그리고 여러분을 이동시켜 주는 승용차, 자전거, 버스의 모든 부분이 재생 불가능한 자원으로 만들어졌다.

그림 18.2 일상 생활의 광물
광물로 제조되거나 재배된 일용품에서 보는 바와 같이 현대사회는 기본적으로 재생 불가능한 광물자원에 의존한다.

는 원소를 지구화학적으로 희귀한 원소라고 한다. 92종의 화학원소가 자연에서 산출된다. 단지 12종만이 지구화학적으로 풍부하다.

광물자원이 이용되는 방법에 따라 분류하는 것은 유용하다(표 18.1). **금속광물**(metallic mineral)은 제련에 의해 추출될 수 있는 금속을 위해 채광된다. 제련은 가열과 분쇄를 통해 광물들을 분리시켜서 광물 내 금속을 용융시키고 다른 광물 성분으로부터 분리시키는 과정이다. 금속광물 자원의 예로는 섬아연석(황화 아연광물, ZnS)이 있으며,

표 18.1 광물 자원 및 이용

금속	
풍부한 금속	철, 알루미늄, 마그네슘, 망간, 티타늄, 실리콘
부족한 그리고 희유 금속	구리, 납, 아연, 니켈, 크롬, 금, 은, 주석, 텅스텐, 수은, 몰리브텐, 우라늄, 백금, 그리고 기타 금속
비금속	
화학 원료	Na－염화물(암염), Na－탄산염, 붕사, Ca－불화염(형석),
비료 원료	Ca－인산염(인회석), K－염화물, 황, Ca－탄산염(석회암), Na－질산염
건축자재	석고(회반죽용), 석회암(시멘트용), 점토(벽돌 및 타일용), 모래, 자갈, 쇄석골재, 셰일(벽돌제조용), 장식용 석재
보석광물	다이아몬드, 강옥(루비와 사파이어), 석류석, 자수정, 녹주색(에메랄드), 기타
유리 및 도자기 원료	점토, 장석, 석영(규사)
연마 재료	다이아몬드, 석류석, 강옥, 경석, 석영

이로부터 아연이 회수되며. 납이 회수되는 방연석(황화 납광물, PbS)이 있으며 이로부터 납이 회수된다. 이와 대조적으로 **비금속광물**(nonmetallic mineral)은 광물이 포함하고 있는 금속이 아니라 광물의 화학적 혹은 물리적 성질을 이용하기 위해 채광된다. 비금속광물 자원의 예로는 암염, 점토, 자갈, 석재, 그리고 보석광물이 있다.

우리 각자는 직 · 간접적으로 재생 불가능한 금속 및 비금속 광물자원의 막대한 공급에 의존한다. 계속적인 광물자원의 공급이 없다면 현대 사회, 농업, 산업은 붕괴될 것이다. 새로운 광물자원을 찾고 관리하고, 자원 공급을 보전하고, 채광과 이용에 따른 피해를 조절하는 것은 우리 시대에 주어진 중요한 과제이다.

광물 자원의 탐사와 평가

금속 및 비금속 광물은 풍화작용, 퇴적작용, 화산작용 등과 같은 지질작용에 의해 적절한 조건하에서 생성된 농축부에서 채광된다. 그러나 농축이 일어나는 적절한 조건은 흔하지 않으며, 이러한 이유로 광상은 발견하기가 어렵다. 또한 농축 과정에 의해 광상이 생성되는 데 수백만 년의 시간이 걸리는데, 이는 채광에 의해 고갈된 자원을 대체할 수 있도록 곧바로 새로운 광상이 생성되지는 않는다는 것을 의미한다.

경제적으로 개발 가능한 광상은 지각 내에 불균등하게 국지적으로 분포한다. 이러한 불균등한 분포는 광물 공급에서 자체 수급이 가능한 국가가 왜 없는지에 대한 중요한 이유이다. 편재성은 주어진 자원의 이용 가능량 평가를 어렵게 하며, 새로운 광상이 어디서 그리고 언제 발견될 수 있는지는 더욱 어렵게 한다. 현재 주어진 광물질의 수요를 감당할 수 있는 국가도 미래에는 수입국으로 직면할 수 있다. 예를 들어 150년 전 영국은 주석, 구리, 텅스텐, 납, 철

기초 원리

광상, 광석, 그리고 매장량

광상(mineral deposit)은 어떤 광물이 국부적으로 농축 혹은 부화된 것이다. 최저의 비용으로 최고 품질의 물질을 생산하기 위해 광상을 찾으려고 한다. 추출 비용은 노동력, 광산관리 및 환경보존 관련 비용뿐만 아니라 광상의 위치, 농축 과정, 부존 심도, 규모, 채취와 처리에 이용되는 기술의 종류, 처리된 광물의 시장까지 운송거리 등에 따라 매우 다양하다.

경제성 및 비경제성 광상을 구분하기 위해서는 경제성 있게 추출될 수 있는 하나 혹은 그 이상의 광물 집합체인 **광석**(ore)이라는 용어를 사용한다. 어떤 광물의 집합체가 광석인지의 여부는 그 광물을 추출하는 데 필요한 비용과 얼마 만큼의 비용이 소요되는지와 얼마 만큼의 시장 수요가 있는지에 따라 결정된다. 광석은 경제적 관점의 용어이며 광상은 과학적 용어이다. 모든 광석은 하나 또는 그 이상의 광물들이 국부적으로 집중되어 있기 때문에 광상이다. 그러나 모든 광상이 광석인 것은 아니다. 광석의 부화 정도 혹은 **품위**(grade)가 중요한 요인이다. 일반적으로 부화 정도가 높은 광석일수록 품위가 높아 유용한 광상이 된다. 품위가 낮은 광석일수록 우리가 원하는 광석광물에 **맥석**(gangue)이라고 하는 유용 가치가 없는 광물이 높은 비율로 혼합되어 있다.

특정 재생 불가능한 자원의 재고량이 얼마나 되는지 평가하기 위해서 현재의 기술을 사용하여 확인되고 경제성 있게 추출될 수 있는 자원의 양을 뜻하는 **매장량**(reserve)의 개념을 이용한다(그림 B18.1). '확인' 은 광상이 발견되고 연구되어 과학자들이 광상의 품위, 위치, 규모 등에 관한 자세한 정보를 갖고 있는 광상에 적용된다. 이러한 정보가 덜 알려진 광상은 매장량이 아니라 추정 혹은 잠정 자원량으로 표기한다. 어떤 물질이 매장량의 일부가 되기 위해서는 현재 알려진 기술과 현재의 시장 가격에서 경제적으로 추출될 수 있어야 한다.

그림 B18.1 자원량과 매장량
그림에서 보는 바와 같이 매장량은 현재의 기술로 확인되고 경제성 있게 추출 가능한 자원량이다. 불완전하게 알려졌거나 비경제적으로 추출되는 자원량은 잠정, 추정 혹은 비경제성 자원량으로 표기한다.

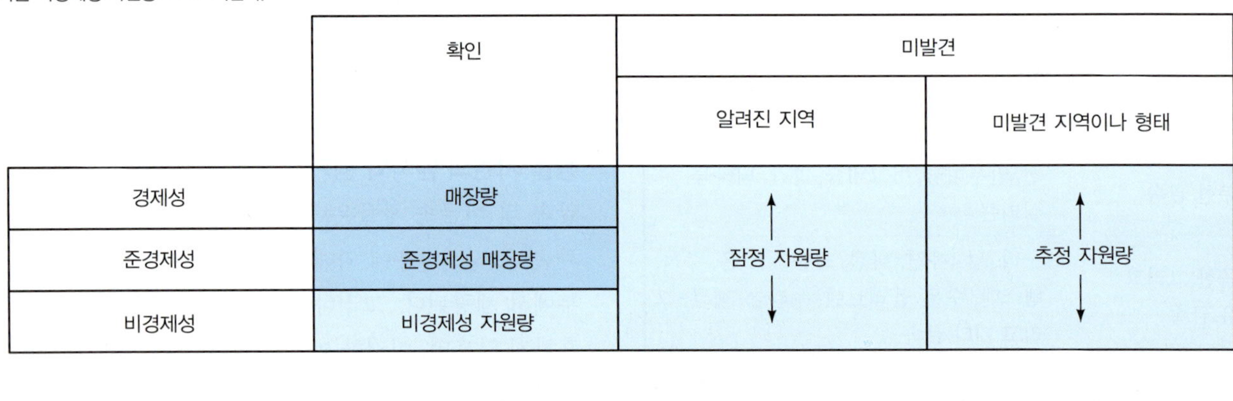

등과 같은 물질을 생산하고 수출하는 광산 부국이었다. 오늘날 영국의 유명한 대부분의 광상은 폐광되었다. 집중적인 채광 후 뒤따르는 자원의 고갈, 생산 및 수출의 감소, 그리고 수입 의존도의 증가로 나타나는 이러한 경향성은 주어진 광물자원의 남아 있는 수명을 국지적 · 광역적 혹은 지구 규모로 추정하는 데 이용된다.

오늘날 산업화된 세계에서 광물탐사에 가장 적합한 지질학적 지역은 대부분 탐사되고 평가되었고, 어떤 지역은 벌써 채광되어 고갈되었다. 그래서 지난 수십 년 동안 산업화된 국가에서 자원이 덜 집중적으로 탐사된 개발도상국으로 가면서 광물의 탐사와 생산이 서서히 그리고 꾸준히 강조되어 왔다. 이는 산업화된 국가에서는 발견될 광상이 더 이상 없다는 것을 의미하는 것은 아니지만 지질학자들은 혁신적인 탐사기술을 활용하여 보다 더 샅샅이 찾아서 예상치 못한 지역에서 광상을 발견해야 한다.

광상은 어떻게 생성되는가

광상이 생성되기 위해서는 지질작용 혹은 복합적인 작용이 하나 혹은 여러 광물을 국지적으로 부화시켜야 한다. 광물은 다음의 결과로 농축될 수 있다.

1. 열수용액이라고 하는 뜨겁고, 물이 많고, 금속을 함유한 유체가 암석 내 열극과 공간 그리고 퇴적암의 층리면을 따라 순환
2. 변성작용 혹은 화성작용
3. 호수 혹은 해수로부터 광물의 침전을 유도하는 화학적 퇴적작용
4. 파의 작용 혹은 지표수 흐름의 작용
5. 풍화작용

이러한 농축 과정은 그림 18.3에 설명되어 있다. 각각을 차례로 살펴보자.

1. 열수광상

수많은 유명 광산에서는 뜨거운 수용액에 금속이 포화된

그림 18.3 광상

광상이 생성될 수 있는 방식과 광석광물이 농축될 수 있는 작용에는 여러 가지가 있다. 이러한 광상의 생성 과정은 본문에 설명되어 있다. (A) **열수형** : 볼리비아 포토시의 광부가 황동석(구리광물), 섬아연석(아연광물) 그리고 방연석(납광물)을 포함하는 고품위 광맥을 가리키고 있다. (B) **변성형** : 암석은 애리조나 템피우트 광산의 변성광상에서 산출된다. 광석광물은 섬아연석(갈색, 좌측하단), 황철석(황금색), 회중석(옅은 회갈색, 우측하단)이다. (C) **마그마형** : 남아프리카 드와즈 강가의 세립질 마그마 광석의 노두에서 순수한 크롬철석(흑색) 층들이 사장석 층 사이에 끼어 있다. (D) **퇴적형** : 캘리포니아 데스벨리의 염전과 같은 증발암 광상은 호수 혹은 해수가 증발한 후 용존 광물을 남길 때 생성된다. (E) **표사형** : 세계에서 가장 고품위로 알려진 남아프리카 위트와테르스란트의 금광상은 약 27억 년 전에 형성된 표사광상이다. (F) **잔류형** : 오스트레일리아 퀸즈랜드의 보크사이트 시료에서 둥근 알루미늄 수화광물(깁사이트) 집합체가 철과 알루미늄 수화광물의 기질에 박혀 있다.

(A)

(B)

(C)

(D)

(E)

(F)

유체인 **열수용액**(hydrothermal solution, 그리스어로 *hydro*는 물을 의미하며 *therme*은 열을 의미)으로부터 침전된 광물로 생성된 광석이 산출된다. 열수용액으로부터 침전되어 생성된 광상은 다른 유형의 과정에 의해 생성된 광상보다도 더 많을 것이다(그림 18.3A). 열수광상은 구리, 납, 아연, 수은, 주석, 몰리브덴, 텅스텐, 금, 은 등을 포함한 수많은 금속의 주요 공급원이다.

어떤 열수용액은 마그마가 상승하여 냉각되면서 마그마에 용존된 물의 방출에 기원한다. 또 다른 열수용액은 강수 혹은 해수가 지각을 깊이 순환하면서 생성된다. 열수용액 내 광석광물의 성분은 지각의 암석으로부터 기원한다. 가열된 물은 접촉하는 암석과 화학적으로 반응하는데 이는 암석과 용액의 조성을 변화시킨다. 구리, 아연, 금과 같은 미량의 금속이 암석 내 광물로부터 방출되어 서서히 진화하는 열수용액에 부화된다.

금속을 포함한 열수용액은 암석 내 열극과 공극을 통해 이동하면서 냉각되어 용존 성분을 침전시킨다. 열수용액이 대수층을 통해 침투된 지하수와 함께 천천히 상승하면 열수용액은 매우 서서히 냉각된다. 느리게 이동하는 열수용액으로부터 용존된 광물이 침전하면 긴 거리에 걸쳐 흩어지게 되어 충분히 부화되지 않게 되어 광석을 형성하지 못한다. 그러나 열수용액이 열린 열극 혹은 다공질 화산암층과 같이 흐름이 덜 제한받는 곳을 빠르게 유동하면 냉각이 급속히 그리고 짧은 거리에 걸쳐 일어날 수 있다. 그 결과 광물의 급속한 침전과 농축이 일어난다. 비등, 급속한 압력 감소, 주변 암석과의 반응에 의한 화학조성 변화, 해수와의 혼합에 의한 냉각과 같은 또 다른 효과들도 급속한 침전을 일으켜 부화대의 생성을 유도한다. 이 부화대에 유용광물이 존재하면 광석이 된다(그림 18.4B).

열수용액이 열극을 따라 광물을 침전시킬 때 생성된 불규칙한 모양의 부화대를 맥이라고 한다. 이러한 맥들은 화산 활동 지역에서 발견된다. 콜로라도 크리플크릭의 유명

그림 18.4 **열수광상**

(A) 열수광상은 지하수와 해수가 주변의 마그마에 의해 가열되거나 냉각 중인 심성암체로부터 뜨거운 수성 용액이 방출될 때 생성된다. (B) 만약 열수용액이 유용금속을 포함하고 이들이 부화될 수 있을 만큼 충분히 급속하게 침전이 일어난다면 사진에서 보이는 캘리포니아 버진힐 광상의 석영맥 금광석과 같은 광석이 생성될 수 있다.

(A)

열수용액이 생성되는 때는…

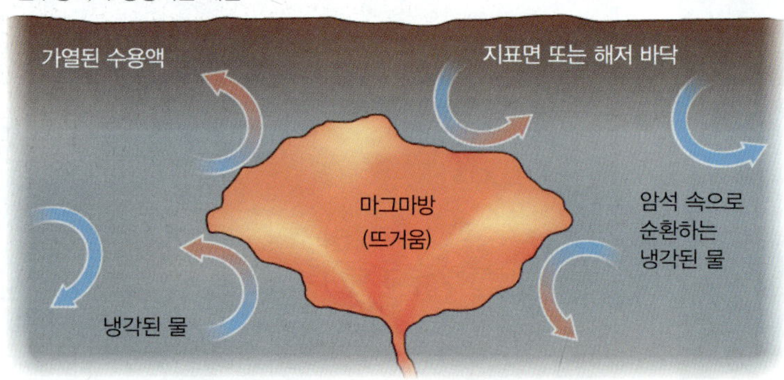

…지하수 혹은 해수가 마그마에 의해 가열되거나…

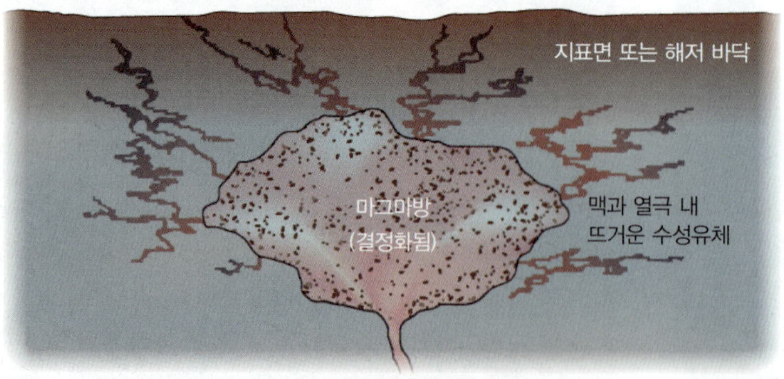

…뜨거운 수용액이 냉각되면서
결정화되는 마그마에 의해 방출된다.

(B)

한 금광상과 볼리비아의 거대한 주석-은 광상은 화산 근처의 화산암 내 열극에 부존되어 있다. 두 경우 모두에서 파쇄된 암석 사이로 상승하여 광석을 포함하는 맥을 생성시키는 열수용액의 근원은 화산을 생성시키는 마그마방이다.

냉각 중인 마그마 관입암체(제6장)도 열수용액의 근원이 될 수 있다. 냉각 중인 관입암체로부터 외곽으로 이동하는 용액은 열극이나 통로를 따라 흐르면서 주변 암석을 변질시키고, 유용광물을 흔히 침전시킨다. 영국 콘월의 주석광상과 몬테나 뷰트, 유타 빙햄, 애리조나 비스비의 구리광상은 심성암체와 관련된 광상의 예이다.

세계적인 납, 아연, 구리 광석의 일부는 퇴적암처럼 보이는 규칙적이고 세립질인 층에서 산출된다. 광석광물 층들은 퇴적암 층에 둘러싸여 평행하게 산출되므로 이러한 광상을 층상광상이라고 한다. 퇴적암처럼 보이지만 퇴적암이 아니다. 층상광상은 열수용액이 침입하여 퇴적물과 반응할 때 생성된다. 퇴적물 입자와 용액 사이의 화학반응은 광석광물의 침전을 일으키며, 때로는 퇴적암이 되기 전까지도 침전이 일어난다. 중앙아프리카 잠비아의 유명한 구리광상은 독일과 폴란드의 유명한 쿠퍼시퍼 광상처럼 층상광상이다. 지금까지 발견된 납-아연 광상 중 가장 크고 고품위인 세계 3대 광상인 오스트레일리아의 브로컨힐과 마운트 이사 그리고 브리티시 컬럼비아의 킴벌리는 층상광상이다.

2. 변성 및 마그마 광상

고온 고압에 노출된 결과로 나타나는 암석의 변질작용과 재결정작용인 변성작용(제7장)도 광물을 농집시킬 수 있다. 변성작용이 일어나는 동안의 변화에 대한 반응으로 광물은 뚜렷한 띠나 층으로 분리되어 농집된다(그림 18.3B). 석면, 흑연, 대리석, 보석광물 등과 같은 경제성이 있는 높은 비금속 광물자원이 변성암 내 부화되어 산출된다.

광석광물이 화성작용이나 변성작용의 결과로 농집되는 데에는 몇 가지 방식이 있는데 그것은 마그마 혹은 용암을 포함하는 지질작용이다(제6장). 예를 들어 현무암질 마그마가 암석으로 고화될 때 결정화되는 첫 광물은 때로는 크롬철석인데 이는 철강의 중요 성분인 크롬을 회수할 수 있는 주요 광석광물이다. 크롬철석은 주변의 마그마보다 밀도가 높아서 마그마 챔버 바닥에 가라앉아 부화된다(그림 18.3C). 이러한 분별정출작용(제6장)은 거의 순수한 크롬철석 층을 생성시킨다. 분별정출작용으로 부화될 수 있는 또 다른 광물자원에는 철, 백금, 니켈, 바나듐, 티타늄 등이 있다.

페그마타이트(제7장)는 분별정출작용으로 생성된 조립질 화성암이며 서서히 냉각되는 물이 풍부한 화강암질 마그마로서 흔히 리튬, 베릴륨, 세슘, 니오비움 등의 희유원소가 부화되어 있기도 한다. 노스캐롤라이나 킹스마운틴, 짐바브웨 비키타 등에서와 같이 세계적으로 많은 리튬들이 페그마타이트에서 채광된다. 캐나다 마니토바의 거대

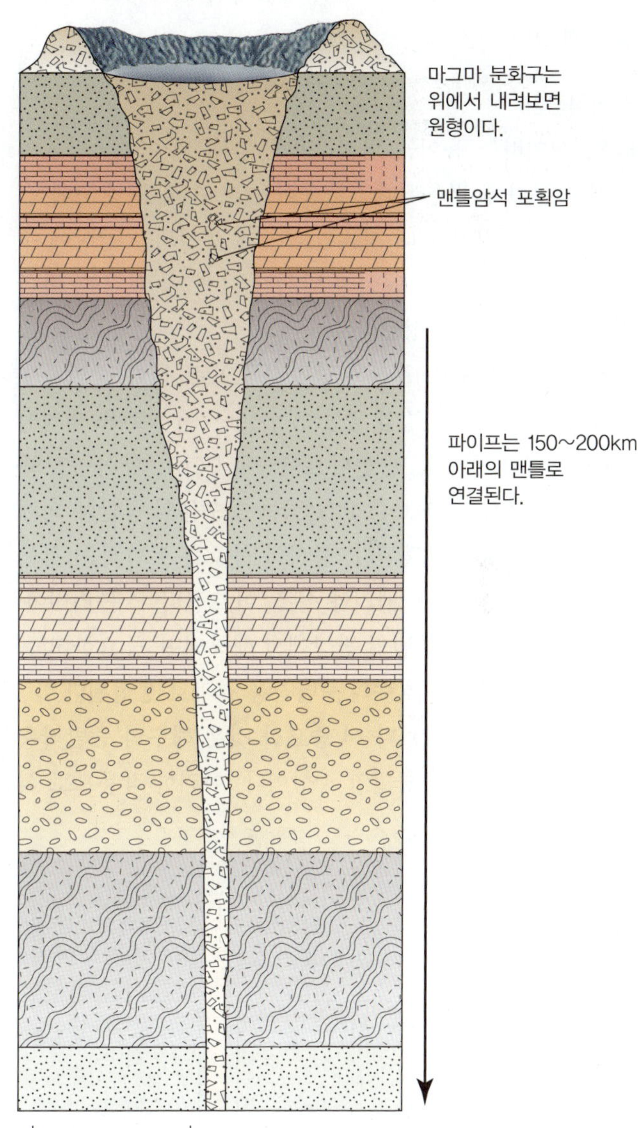

그림 18.5 킴벌라이트 : 마그마 광상

지하 심부에서 지표면에 도달하기 위해서 다이아몬드는 비정상적으로 격렬한 분출에 의해 운반되어야 한다. 이러한 분출은 긴 원뿔형의 관상체 모양으로 고화된 마그마를 남기는데 이를 킴벌라이트 파이프라고 한다. 대부분의 사람들은 다이아몬드의 아름다움과 광택을 소중히 생각하지만 지질학자들은 다이아몬드를 지구 내부 지역으로 접근할 수 있게 해주는 유일한 메신저로 소중하게 생각한다.

한 탄코 페그마타이트는 세슘과 기타의 희유원소 및 유용 원소를 생산한다.

또 다른 중요한 유형의 마그마 광상은 깊은 맨틀에서 유래된 마그마로부터 생성된 얇고 긴 파이프 모양의 암석인 킴벌라이트이다(그림 18.5). 킴벌라이트 마그마는 지하 심부에서 지표로 폭발적으로 상승하면서 파쇄된 맨틀 암석 조각(포획암이라고 함)을 운송한다. 킴벌라이트를 구성하는 광물 중 하나가 다이아몬드인데, 이는 150km 이상의 심도에서만 생성되는 고압 광물이다. 다이아몬드가 지구 표면에 도착할 수 있는 유일한 방법은 킴벌라이트 파이프를 통해서다.

3. 퇴적광상

퇴적광상이라는 용어는 퇴적작용을 통해 생성되는 광물의 국지적 부화에 적용된다. 이 용어는 호수 혹은 해수에 용존된 물질이 침전할 때 지표면 근처에 생성되는 광상에 주로 사용되며, 광상은 쇄설성 퇴적작용(제7장)보다는 화학적 퇴적작용으로 생성된다.

광물침전의 주요 원인은 증발작용으로, 물이 증발하여 소금 층을 남기면 **증발암 광상**(evaporite deposit)을 생성시킨다(그림 18.3D). 탄산나트륨(Na_2CO_3), 황산나트륨(Na_2SO_4), 붕사($Na_2B_4O_7 \cdot 10H_2O$)는 호수물의 증발에 의해 생성된 광상에서 산출된다. 붕사와 붕소를 포함하는 광물은 캘리포니아의 데스벨리와 셜즈, 아르헨티나, 볼리비아, 터키, 중국의 호수 증발암 광상에서 채광되며, 중요한 리튬 광상 또한 대륙에서 호수의 증발작용 결과로 생성된다.

호수 증발암 광상보다 더 중요한 것은 해수의 증발작용 결과로 생성된 해양 증발암 광상이다. 이러한 작용으로 석고($CaSO_4 \cdot 2H_2O$, 회반죽 재료), 암염(NaCl, 소금) 그리고 비료로 사용되는 칼리염이 생산된다. 해양 증발암 광상은 세계 각지에 분포한다. 예를 들어 북아메리카의 전체 육지 지역의 30%가 해양 증발암층으로 덮여 있다.

해수의 생화학적 반응도 고체 물질의 침전을 일으킬 수 있다. 예를 들어 약 20억 년 이전의 퇴적암에서 호상철광층이라고 하는 비정상적으로 철이 부화된 암석이 산출되는데, 이는 해수로부터 과거의 생화학적 침전물이다(제7장 자세히 보기 : 호상철광층 참조). 역사적으로 호상철광층은 철광석의 주요 공급원이다. 미시간과 미네소타에서 주로 채광되고 있는 슈피리어 호수 유형의 철광상은 북미 철강 산업의 오랜 중심지였다. 수입된 광석이 이들을 대체하면서 오늘날 그 중요성은 줄어들고 있다. 슈피리어 호수 광상의 모든 특성은 해수로부터 화학적 침전을 알려주며, 현재의 해수에 낮은 농도로 존재하는 철이 이렇게 거대한 광상을 이룰 수 있게 충분하게 부화되었다는 것은 놀라운 일이다. 20억 년 전 대기권에는 산소가 매우 적어서 철은 환원되어 용해되기 쉬운 상태였기 때문에 해수에 풍부하게 존재하였다. 반면에 오늘날 산소가 많은 대기권은 철을 산화 상태로 유지시키므로 해수에 철은 매우 적게 용존 된다. 슈피리어 호수 유형의 철광상은 지구 대기권은 시간에 따라 변화해 왔다는 가장 확실한 증거를 제공한다.

4. 표사광상

유동하는 물은 밀도가 다른 쇄설물에 작용하는 채질 혹은 키질작용의 결과로 무거운 광물 입자를 부화시킬 수 있다(그림 18.6). 유동하는 물은 하천 혹은 해안가 파도 속의 물일 수 있다. 제7장에서 유수는 퇴적물 짐을 운송한다는

그림 18.6 표사광상

금, 백금, 다이아몬드와 같은 밀도가 높은 광석광물은 유수나 연안류와 같은 움직이는 물에 의해 침전된 퇴적층의 바닥에 가라앉아 집적되는 경향이 있다. 이렇게 부화된 것을 표사광상이라고 한다. 그림은 표사광상이 발견될 수 있는 세 유형의 지질학적 장소를 보여준다.

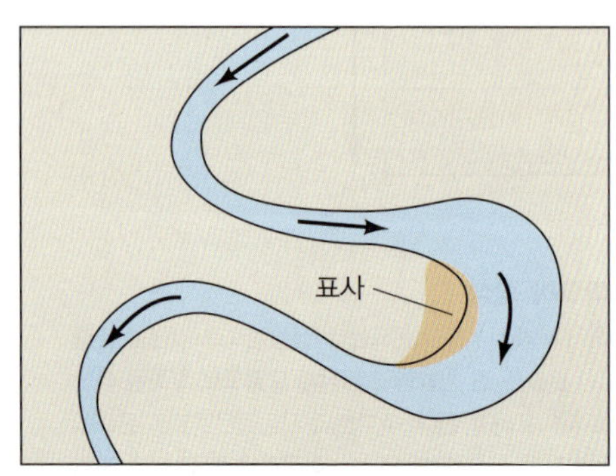

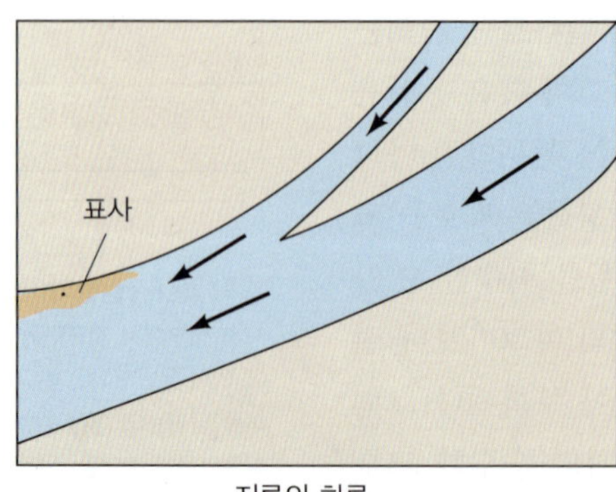

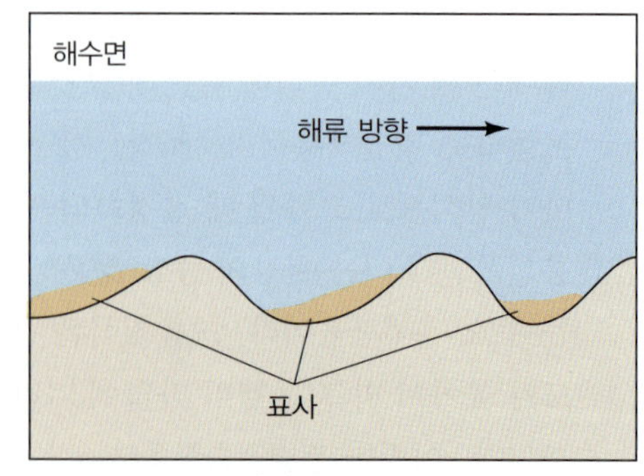

점을 상기하자. 유로가 굽어지거나 큰 표석 위를 물이 흐르는 경우와 같은 하나 또는 그 이상의 이유로 물의 흐름이 느려지면 유수는 에너지를 잃게 되어 운반되는 짐에서 무거운 입자를 가라앉힌다. 해안선을 따라 파가 모래 속을 지나가면 가벼운 광물은 흩어져 나가버리는 반면에 가장 무거운 광물들은 층으로 점차 부화된다. 이러한 방식으로 부화되는 광상을 **표사광상**(placer deposit)이라 한다. 금, 백금, 석석(SnO_2), 지르콘($ZrSiO_4$), 금홍석(TiO_2), 다이아몬드와 같은 중광물들은 표사광상에 전형적으로 부화된다.

금은 표사광상에서 회수되는 가장 중요한 광물이다. 전체 인류역사를 통틀어 절반 이상의 금이 표사광상에서 회수되고 있다. 이러한 결과는 남아프리카와 러시아에서 생산되는 막대한 금의 대부분이 표사광상에서 회수되기 때문이다(그림 18.3E). 대부분의 표사광상은 지질학적으로 젊은 연령의 하천 자갈에 부존되어 있지만, 남아프리카의 위트와테르스란트 사금광상은 얕은 바다 환경의 해양분지 연변에서 약 27억 년에 퇴적된 함금 역암층에 부존되어 있다. 지금까지 발견된 세계 각지의 어떠한 광상도 위트와테르스란트 분지에서 발견된 광상보다 더 큰 규모와 높은 금 함량을 갖는 것은 없다. 이들 사금의 원래 공급원은 아직 발견되지 않았다. 그래서 왜 이렇게 채광 가능한 많은 금광상이 이 하나의 퇴적분지에 집중 분포하는지에 대해서는 정확히 말할 수는 없다.

5. 잔류광상

제7장에서 논의되었듯이 모든 암석은 서서히 변질되거나 자연적으로 생성된 산성질 강수와 지하수에 의해 용해된다. 화학적 풍화작용은 가장 용해성이 높은 물질을 먼저 제거하고 용해성이 낮은 물질을 남겨둔다(그림 18.7). 용해된 물질은 침투되는 물에 의해 하부로 운송된다. 만약 물이 온도와 조성이 급격하게 다른 지역에 도달하면 용해되어 있던 물질 모두를 하나의 부화대에 침전시킨다. 용해되고 운송되고 침전된 물질과 불용성의 잔류물질 모두는 이러한 과정을 통해 부화되어 광석을 형성한다.

풍화작용과 관련이 있는 **잔류광상**(residual deposit)은 높은 강수량과 높은 온도 때문에 화학적 풍화작용이 가장 효과적인 열대 지역에서 주로 생성된다. 가장 일반적인 유형의 잔류광상은 라테라이트인데, 이는 주로 갈철석(FeO·OH) 광물로 구성된 풍화도가 높은 물질이다. 어떤 환경에서는 라테라이트가 철과 니켈을 위해 채광될 수 있

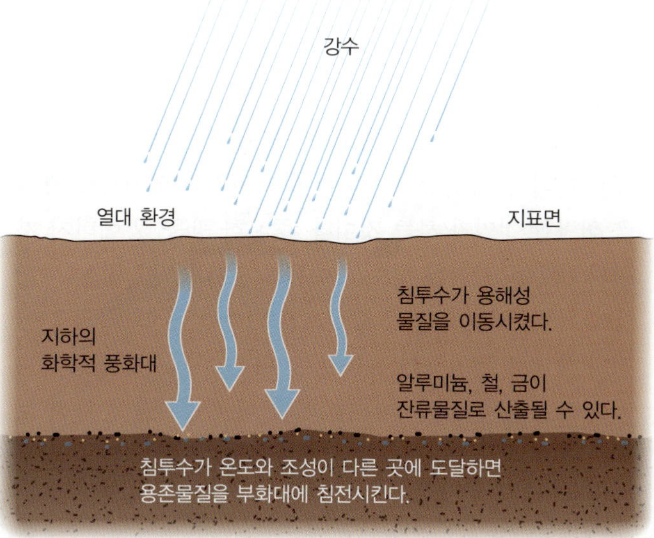

그림 18.7 잔류광상
잔류광상은 용해성 물질이 약산성의 강수에 의해 빠져나와 아래로 운송되다가 더 깊은 심도에서 침전될 때 생성된다. 불용성 잔류 물질과 용해성 운송 물질 모두는 이러한 방식으로 점점 더 부화된다.

지만, 라테라이트의 가장 중요한 유형은 알루미늄이 풍부한 광물 집합체로서 알루미늄 광석의 공급원인 보크사이트이다(그림 18.3F). 보크사이트 광석의 주성분 광물은 깁사이트[$Al(OH)_3$]이다.

프랑스, 중국, 헝가리, 아칸소와 같이 현재 온도 조건에서 보크사이트가 발견되는 곳은 광상이 생성될 당시는 열대 기후였음을 추정할 수 있다. 보크사이트는 침식에 매우 약하다. 예를 들어 빙하는 약한 지표 물질을 침식하기 때문에 빙하 지역에서는 발견되지 않는다. 보크사이트의 취약성은 대부분의 보크사이트가 지질연령이 젊다는 것을 의미한다. 발견된 모든 보크사이트 광상의 90% 이상이 지난 6,000만 년 이후 동안에 생성되었으며, 그중 모든 대규모 광상은 2,500만 년 이전에 생성되었다.

광업

광업(mining)은 재생 불가능한 자원의 저장고로부터 유용자원을 채취하는 일련의 과정이다. 이 용어는 광물자원의 추출과 관련되어 가장 흔하게 사용된다. 광업은 산업사회에서 매우 중요하다. 이는 또한 수많은 세월 동안 관리에 소홀한 결과로 부정적인 공적 이미지 때문에 비판받아온 논란 산업이기도 하다. 광업은 1970년대부터 관리, 정책, 규제에 있어서 큰 변화에 직면해 있다. 미국, 캐나다, 영

국, 오스트레일리아, 브라질의 거대한 오늘날의 광업회사들은 상대적으로 덜 엄격한 환경 규제를 가진 국가에서의 광업활동에서조차도 환경 친화적인 관리 기술의 도입에 열성적이다.

아직도 특별히 논쟁 중인 하나의 주제는 제17장에서 논의된 바와 같이 공원, 산림 그리고 원시 지역에서도 광업을 허락할 것인가 하는 것이다. 중요한 광물 및 에너지 자원의 개발을 포기할 정도의 여유는 없다고 생각하는 사람들이 많다. 어떤 경우는 광산으로 개발한 후 그 지역을 이전의 상태로 복원하여 휴양 혹은 다른 목적으로 활용하는 것이 가능할 수 있다. 이러한 복합 이용 방안을 순차적 토지 이용이라고 한다. 그러나 매우 먼 원거리 지역의 경우 경제적인 토지복원이 실현 가능하지는 않을 것이다. 극 지역, 독특한 생태계, 멸종 위기종 서식 지역 등과 같이 손상되기 쉬운 환경에서 광업에 따른 환경적 변화는 회복 불가능하다. 광업으로 발생한 생태계 피해를 복원하는 것은 불가능할 것이다. 이러한 이유와 기타의 다른 이유로 인해 환경론자들은 공원과 원시 지역에서 광업과 석유시추를 격렬하게 반대한다.

그림 18.8 광석 채광
채광은 탐사에 이어 자원개발에서 2단계 과정이다. 사진은 옐로스톤 국립공원 밖의 몬테나의 가디너 광산에서 광부가 금광석에 구멍을 뚫고 있는 모습이다.

광산 개발의 단계

광산 개발 중 탐사 단계 동안의 대상 지역은 광석 잠재량으로 평가된다. 이 단계는 전형적으로 일시적이며 환경 피해가 거의 수반하지 않는다. 비포장 도로 혹은 도로가 건설되기도 하고 시추작업도 수행된다. 탐사 지질학자들이 이용하는 헬리콥터 소음은 어떤 원시 지역에서는 동물들의 이동에 잠재적 충격을 줄 수 있어 논란의 주제가 되기도 한다.

채광은 광업에서 그다음 단계이다(그림 18.8). 광물 혹은 금속이 자연에서 산출되는 방식은 필요한 채광 유형과 광석의 추출, 분리, 농축과정에서 수반되는 폐기물의 양을 결정한다. 예를 들어 하천 골재의 경우에는 버려지는 폐기물이 거의 없다. 이러한 광상은 고품위가 아니면 경제적으로 가행될 수가 없다. 즉 폐석이 거의 존재하지 않는다. 또 다른 경우로 상대적으로 소량인 광석을 얻기 위해 막대한 양의 암석이 이동되어 버려진다. 예를 들어 품위가 2%인 전형적인 구리광상에서는 1톤의 광석을 처리하여 단 20kg의 순수 금속을 얻고 980kg의 폐기물이 발생한다.

광석이 채광되면 파쇄되어 선별된다. 이는 선광 단계이다. 비금속 광물과 건축 재료(모래, 대리석, 자갈)에서는 자원이 운송되고 사용되기 전에 필요한 것은 기초적인 처리 과정뿐이다. 다른 비금속 광물(석면, 활석, 칼륨)은 맥석으로부터 광석을 분리하여 선별하는 추가적인 과정이 필요하다. 이러한 과정에서는 석유, 시안용액, 수은 등과 같은 화학적 매개체가 필요하다. 이러한 물질은 초기 처리 과정이 끝난 후 보통 광산 현장에서 버려지는데 이를 광미라 한다. 선광된 광석은 광산 현장을 떠난 후에, 특히 금속 광물은 고온의 제련 혹은 화학적 과정을 이용하여 제련소에서 추가적인 처리를 받아야 한다.

최종적으로 광산 현장 그 자체는 광상이 고갈되어 채광이 중단된 이후인 폐광 단계에서 관리되어야 한다. 광산이 폐광되면 폐기물을 억제하고 추적 관리할 수 있는 조치가 계속적으로 취해져야 한다. 이러한 폐광 과정을 **폐광산 처리**(minesite decommissioning)라고 한다. 광산을 영구적으로 닫게 되면 광산 현장이 정화되고 필요하면 다른 용도 사용을 위해 복원되어야 한다는 법이 필요하다. 때로는 이전 상태로의 토지 복원은 광산회사가 채광 허가를 받기 이전에 법적으로 동의해야 하는 법률적 요구 조건인 경우도 있다. 현대의 광업회사는 광산노동자의 재교육을 위한 기

그림 18.9 광업의 환경적 피해
(A) 콜로라도 산호 안 산맥에 있는 것과 같은 이들 폐광산 현장은 상당히 어려운 관리 문제를 보여주고 있다. 폐광산들이 관리되지 않으면 부정적인 환경 피해를 계속 일으킬 수 있으며, 폐광산들에 대한 책임 소재는 종종 분명하지 않다. (B) 노천 광산들은 잘 관리된다 하더라도 자연환경에 대한 파괴가 불가피하다. 이 광산은 유타의 빙햄캐년 구리 광산으로서 아마도 세계에서 가장 거대한 인간이 만든 채굴적일 것이다. (C) 알래스카 데날리 국립공원에 있는 광산 현장의 산성 광산 배수는 수생 환경에 극단적인 피해를 줄 수 있다.

금을 남겨둠으로써 미래의 광산 폐광에 대비하는 계획을 세우고 있다.

광업 피해

오늘날 광업은 각 단계별 환경적 피해를 조절하기 위해 주의를 기울여야 하지만 어떤 피해는 불가피한 것도 있다. 오래된 폐광산에서는 오염 문제가 지속적으로 발생한다. 엄격한 환경규제는 상대적으로 최근의 일이며, 비록 북아메리카에서는 1970년대 이전부터 광산이 폐광되었지만 현재와 같이 생산 및 폐광 기간 동안에 주어지는 환경관리와 같은 관심을 기울이지 못했다. 폐광산(그림 18.9A)은 광산 현장에 대한 법적 혹은 경제적 책임을 가진 사람이 없는 경우에는 다루기가 특히 어렵다.

지권에 미친 영향 지표면에 미치는 광업의 피해는 광산의 유형에 달려 있다. 예를 들어 노천광산은 적절히 잘 관리한다 하더라도 지표면에 매우 파괴적이다(그림 18.9B). 노천광산에서는 식생과 상부 표토층은 제거되어 하부의 광석이 채광된다. 어떤 노천광산은 산 전체를 제거하는 경우도 있다. 지하 혹은 지표면 부근의 광산은 지표에서는 조그만 통로를 갖지만 지하에서는 광대한 작업장을 갖기 때문에 비록 작업장 상부가 함몰되는 문제가 있을 수 있지만 지표면에서는 훨씬 덜 파괴적이다. 도로와 건축물 건설을 포함하여 지표면에 받는 피해는 원시 지역에 피해를 발생시키고 암석 폐기물, 광미 그리고 기타 폐기물 축적을 일으킨다.

대기권에 미친 영향 용융과 제련은 분진(연기와 세립질 입자), 질소 산화물과 황산화물(산성비를 생성시킴), 금속 증기, 휘발성 유기 화합물 등과 같은 오염물을 대기 중으로 방출한다. 폐석더미와 광미에서 불려 나온 먼지는 또 다른 잠재적인 대기 문제인데, 특히 광미 속에 크롬 혹은 석면이 포함되면 더욱 그렇다. 오늘날 광업회사는 일반적으로 광미와 광석더미에 방수 재질의 유액을 뿌리거나 식생을 심어서 덮는다.

수권에 미친 영향 다양한 오염물을 포함하는 액체 폐기물들이 분쇄 및 처리 단계에서 발생할 수 있다. 액체 폐기물 혹은 폐수의 유출은 비소, 카드뮴, 철, 납과 같은 금속이나 시안화물, 케로젠, 활성탄, 황산과 같은 화학적 매개체를 운송할 수 있다. 어떤 광산 폐수는 염수성 혹은 알칼리성일 수 있다. 오늘날 광업과 관련된 아마도 가장 어려운 환경 문제인 **산성 광산 배수**(acid mine drainage)는 물이 폐석과 광미더미의 황화광물과 화학적으로 반응하여 황산을 생성시키면서 발생한다(그림 18.9C). 광업회사들은 액체 폐기물을 다룰 때 가능한 닫힌계에서 작동하도록 설계한다. 폐기물은 환경으로 다시 방출될 수 있을 정도로 충분히 정화될 때까지는 일반적으로 현장에서 저장되고 처리된다.

생물권과 인간 건강에 미친 영향 앞에서 언급한 모든 피해는 식물, 동물, 인간에게 부정적인 피해를 발생시킬 수 있다. 지역 생태계에서 특히 우려되는 것은 산성 광산 배수이다. 비록 오늘날 광부의 건강 규정이 엄격하게 적용되고 있기는 하지만 몇 가지 인간 건강 재해들은 광업과 직접적인 관련이 있다. 진폐증과 탄진 폭발에 의한 건강 위험은 석탄 채광과 광산 붕괴에서 수반되며, 폐암과 중피종과 같은 여러 가지 암은 석면과 우라늄 채광에서 수반된다.

에너지 자원

에너지는 생명에 필수적이다. 제2장에서 논했듯이 삶에는 에너지 소비가 요구된다. 어떤 생명체들도 가장 기본적인 특성은 생존, 성장, 번식에 필요한 에너지를 얻는 과정의 성격에 있다. 인간의 에너지는 광합성 식물이나 이를 먹는 동물로부터 유래된 식품 에너지를 포함한다. 현대 인간의 에너지는 현대 사회와 문명의 유지를 위해 여러 기원의 에너지를 포함한다.

우리는 여러 에너지 순환을 통해 여러 기원의 에너지를 다양한 형태로 이용할 수 있다. 이 장의 나머지 부분에서는 화석 연료—산업혁명 이후로 인간이 주로 이용해온 재생 불가능한 에너지—형태로 산출되는 에너지와 화석 연료의 이용성을 확대하고 환경적 실용성을 증대시키기 위해 개발 중인 비재래형 탄화수소 자원에 대하여 살펴보고자 한다. 그러면 미래에 화석 연료를 대체할 실용 가능한 에너지 공급원에 대해 알아보자. 이중에 어떤 것은 수력과 원자력같이 이미 널리 개발 중인 것도 있다. 새로운 개발 기술에 기초한 대안적인 에너지원을 **신재생**(new renewable) 대체에너지원이라고 하는데, 이 중에는 공급량이 줄어들 화석 연료를 대체하기 위해 준비되고 있는 것도 있다. 우리는 에너지 사용과 화석 연료에 대한 계속적인 의존성 그리고 미래 탐사에 따른 환경적 피해를 검토하고 이 장을 마칠 것이다.

지구계의 에너지

제2장에서 설명한 바와 같이 지구의 에너지원은 세 가지이다. 태양 복사, 행성 내부의 열원에서 나오는 지열 에너지, 태양과 달에 대한 지구 중력 작용으로 나오는 조력 에너지가 그것이다(그림 18.10, 그림 2.14). 에너지는 지구의 에너지 순환의 다양한 경로와 저장고 그리고 광합성과 대기 순환과 같은 동력적 과정을 통해 순환한다. 인간이 이용하는 모든 에너지는 그 응용에 상관없이 에너지 순환 과정의 에너지에서 유래된 것이다.

우리가 이용 가능한 어떤 에너지원은 재생 가능하거나 비고갈성이다. 그 외에는 재생 불가능하다(제17장 기초 원리 : 자원의 유형 참조). 재생 가능한 에너지원에는 목재, 숯 그리고 다른 바이오매스가 포함된다. 태양과 중력에 의해 유래된 에너지원은 비고갈성이다. 태양-달-대기권과 수권을 가진 지구계가 있는 한 바람, 조수, 유수, 태양 에너지는 존재할 것이다. 비록 근본적으로는 지열 에너지가 고갈될 것이지만 지구 자체의 내부 에너지도 또한 비고갈성이다. 석탄, 원유, 천연가스를 포함하는 화석 연료의 에너지원은 인간의 시간 척도 규모에서는 재생 불가능하다. 상상할 수 없을 정도로 거대한 원자력 에너지는 확실히 재생 불가능하다. 원자가 한 번 분열되면 다시 합쳐질 수 있는 방법은 없다.

에너지 순환에서 여러 가지 형태의 이용 가능 에너지는 이해하기 어렵지만 크기의 문제이다. 우리는 에너지 기술을 이용하여 원천 에너지를 동력으로 전환시켜 일상의 기계를 작동시킨다. 매일 열심히 일하는 건강한 사람은 근력으로 일을 할 수 있는데 일을 전기로 환산하면 75와트 전구 하나를 켤 수 있다. 지역의 전기회사로부터 이에 해당하는 전기 에너지를 구매하는 데 필요한 비용은 10센트보다 더 적다. 그래서 인간을 에너지 생산 기계로 엄밀하게 보면 인간은 그리 큰 가치가 있는 것은 아니다. 반면에 북아메리카에 살고 있는 사람이 매일 일하는 데 필요하여

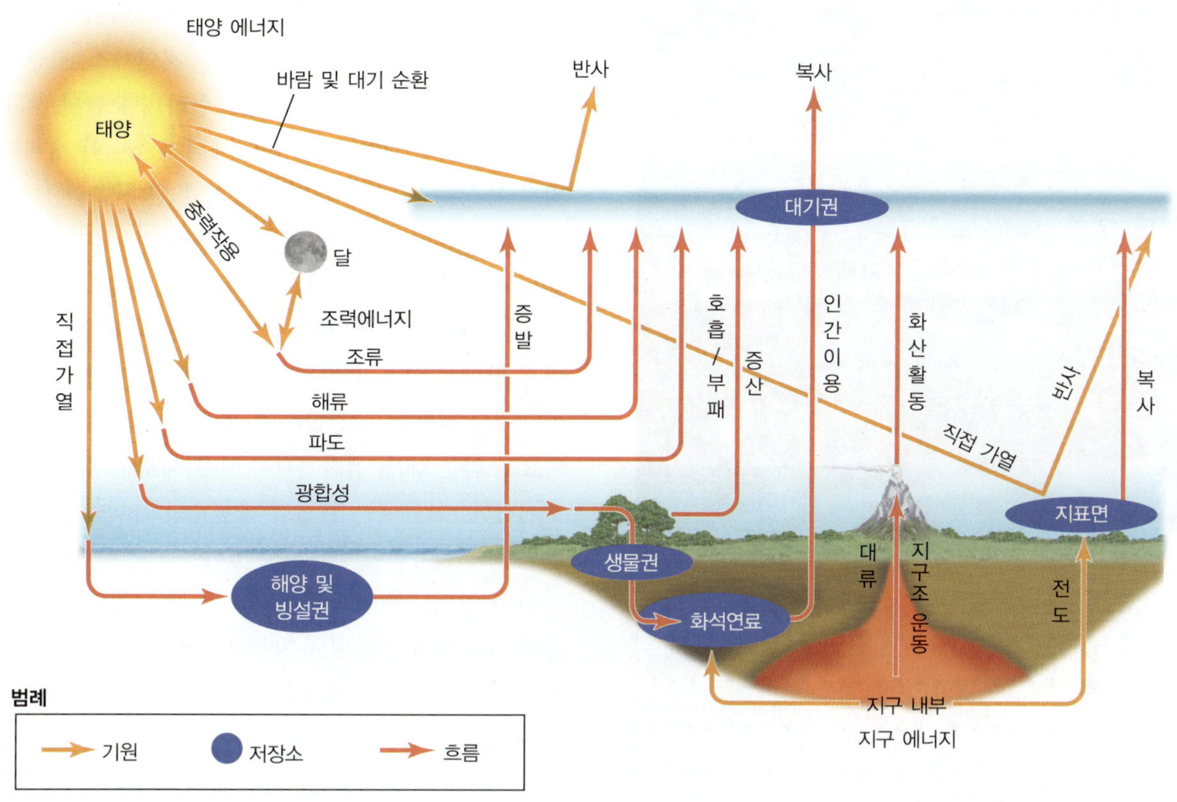

그림 18.10 **지구 에너지 순환**

현대 사회 활동의 동력으로 사용되는 모든 에너지는 그림에서 간단한 상자 모형 형태로 표현된 지구 에너지 순환의 일부에서 나온다.

상업적으로 생산된 기계적 그리고 전기적 에너지의 양은 1인당 하루에 75와트 전구 400개를 밝힐 수 있는 양이다.

상업적으로 생산된 에너지는 식품생산에서 운송, 가정, 생산, 그리고 여가활동에 이르기까지 우리 삶의 모든 방면에서 이용되며, 북아메리카 지역 주민의 1인당 에너지 사용량은 세계에서 가장 많다. 각 지역에서 사용되는 모든 에너지를 알기 위해서는 식품의 재배와 운송, 의류제작, 새집을 위한 벌목, 가로등, 사무실 건물의 냉난방 그리고 기타의 무수히 많은 곳에 사용되는 에너지를 합산해야 한다. 에너지 사용 용도는 세 그룹으로 나눌 수 있다. 운송용, 가정 및 상업용, 산업용이 그것이다(모든 생산활동 및 원료 가공 그리고 식품류의 재배를 의미). 이는 그림 18.11에 요약되어 있다.

원자력 발전뿐만 아니라 석탄, 석유, 천연가스와 같은 주요 연료로부터 2008년 생산된 에너지는 5.0×10^{20}J이었다. 이는 매년 1인당 석탄 2.7톤 혹은 석

그림 18.11 **에너지 공급과 이용**

북아메리카 지역에서 화석 연료(원유, 천연가스, 석탄)는 에너지 사용의 85%에 달한다. 우측 화살표에서 보듯이 거의 절반에 달하는 막대한 에너지 손실량은 에너지 이용에서의 비효율과 열기관 효율의 근본적인 물리적 한계에 의해 발생한다.

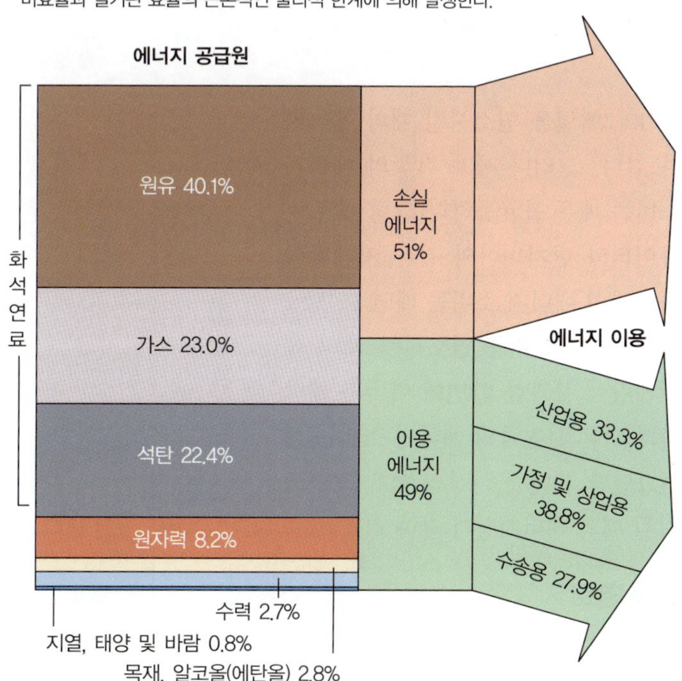

미국

세계 평균

아이티

와트/인

=75와트 에너지 사용

그림 18.12 에너지 소비
미국인 혹은 캐나다인의 직접 혹은 간접적인 평균 에너지 이용은 75와트 전구 150개 이상을 연중무휴로 켜놓는 것과 같다. 고속도로 전광판에서는 로스앤젤레스 통근자들에게 '연료 낭비 말고 카풀 하라'라고 권고하고 있다.

유 12.2배럴을 연소시킬 때의 에너지와 같다. 그러나 세계 각국의 에너지 소비는 매우 불균등하다(그림 18.12). 아이티와 탄자니아와 같은 저개발국가에서의 에너지 소비는 매년 1인당 2~3배럴의 석유를 연소시킬 때의 에너지량에 불과한 반면에 미국과 캐나다와 같은 선진국의 에너지 소비는 매년 1인당 50배럴 이상의 석유를 연소시킬 때의 에너지량과 같다.

화석 연료

세계 모든 지역에서 심지어는 가장 저개발 국가에서도 에너지 사용량의 최소한 절반 이상을 재생 불가능한 자원의 공급에 의존한다. **화석 연료**(fossil fuel)는 석탄, 석유, 천연가스, 토탄과 같은 기타의 탄화수소 관련 연료를 포함하며 오늘날 세계 상업적 에너지의 주요 공급원이다. 에너지 소비와 세계의 에너지원 특성은 시대에 따라 변화되고 있다(그림 18.13). 산업혁명 동안에 석탄은 산업화된 사회의 주요 에너지원으로서 목탄을 대체하였다. 석탄은 새롭게 발명된 증기기관을 움직이는 증기를 만들기 위해 연소되었다. 제2차 세계대전 말에는 석유가 가장 중요한 에너지원으로 떠올랐다. 석탄에서 석유로의 전환은 액체 혹은 기체 형태의 연료를 필요로 하는 내연 엔진기관과 같은 새로운 기술에 의해 이루어졌다. 최근에는 환경적 관심뿐만 아니라 가격 때문에 천연가스의 이용이 증가하고 있다.

화석 연료는 퇴적물 혹은 퇴적암에 포획된 식물 혹은 동물의 잔해에서 변질된 유기물로 구성된다. 이는 화석 연료의 에너지가 궁극적으로는 태양에서 기원했음을 의미한다. 광합성을 통해 식물은 물과 이산화탄소를 결합하여 산소와 유기 탄수화물을 만드는 데 태양 에너지를 이용한다. 유기물이 부패하면 물과 이산화탄소로 다시 전환되고 저장되어 있던 태양 에너지는 방출된다. 부패하지 않은 퇴적물에 매몰되어 있는 모든 유기물들은 태양 에너지와 탄소를 오랫동안 보관하는 저장고이다. 이러한 유기물의 화학

그림 18.13 세계 에너지 이용
세계 에너지 소비 역사는 현재의 에너지 자원에서 원유의 두드러진 상승을 보여준다. 1970년대 말과 1980년대 초 잠깐의 감소는 중동 국가들이 감산하자 서구 국가들이 좀 더 진지하게 절약하기 시작한 1973년과 1979년의 에너지 위기 결과이다.

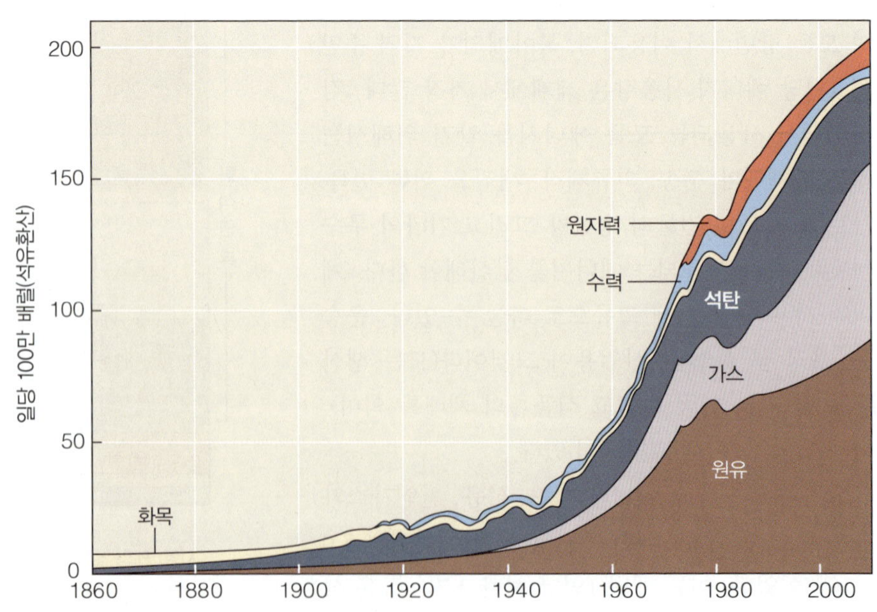

그림 18.14 토탄의 절단
아일랜드의 소택지에서 토탄을 절단하는 노동자가 토탄을 수확하고 있다. 건조된 토탄은 난방 및 취사 연료로 공급된다. 화목보다는 열량이 높지만 식물체에서 석탄으로 변화되는 과정에 있기 때문에 석탄보다는 열량이 낮다. 토탄 절단 노동자가 수백만 년을 더 기다린다면 훨씬 높은 열량의 석탄을 수확할 수 있을 것이다.

조성은 수소와 탄소가 주요 원소이므로 화석 연료의 또 다른 이름은 **탄화수소**(hydrocarbon)이다.

유기물 잔해가 매몰되는 동안에 여러 가지 변화가 일어난다. 퇴적물의 종류, 유기물의 종류, 그리고 매몰 후 변화의 성질과 정도는 어떤 유형의 화석 연료가 생성될 것인지를 결정한다. 그 주요 유형은 석탄, 석유(원유 및 천연가스)이다. 또한 비재래형 탄화수소로 불러지는 광상이 흔히 생성될 수 있는데, 이것에는 타르 샌드와 오일 셰일이 있다. 우리는 그 생성과 산출 상태에 관하여 살펴볼 것이다.

석탄

석탄(coal)은 지상 환경에서 유기물로부터 생성된 고체 화석 연료다. 지상의 유기물은 주로 나무, 덤불, 잔디에서 나온다. 이러한 대규모 지상 식물들은 수지, 왁스, 리그닌이 풍부한데 이들은 고체로 남으려는 경향이 있다. 늪과 소택지와 같이 물로 포화된 곳에서는 식물의 유기물 잔해는 탄소 함량이 높은 고화되지 않은 광상인 **토탄**(peat)으로 집적된다(그림 18.14).

토탄은 **석탄화작용**(coalification)으로 부르는 석탄 생성 과정의 초기 단계이다. 수백만 년 동안 토탄은 상부 퇴적물에 의해 압축된다. 물은 짜여 나가고 이산화탄소(CO_2)와 메테인(CH_4)과 같은 기상(휘발성) 성분이 빠져 나간다. 압축작용과 가스 유출에 의해 토탄층의 두께는 90%가 줄어들면서 흑색의 가연성 있는 탄소가 풍부한 석탄층 혹은 탄맥으로 바뀐다(그림 18.15). 석탄의 품위인 탄소(에너지) 함량의 증가 순서에 따라 갈탄, 준역청탄, 역청탄으로 부른다. 마지막 단계의 무연탄은 열과 압력에 의해 충분히 변화되었기 때문에 변성암으로 취급한다. 토탄과 석탄은 4억 5,000만 년 전 육상식물의 출현 이후부터 계속적으로 생성되어 오고 있다. 최대의 석탄 생성은 거대 대륙 판게아가 있었던 석탄기와 페름기 동안에 일어났다. 이 시기의 유럽과 미국 동부에서 늪지의 식물이 거대한 양치식물과 인목(나자식물)일 때 거대한 석탄층이 생성되었다. 두 번째 석탄 생성기는 따뜻한 백악기 동안이 절정이었다. 이 기간의 소택지 식물은 꽃씨식물(속씨식물)이었다. 오늘날 토탄의 집적은 조지아 남부의 오키페노키 소택지와 버지니아 남동부와 노스캐롤라이나 사이의 경계에 있는 그레이트 디스말 소택지와 같은 거대한 습지 지역에서 일어난다(그림 18.16).

석유 : 원유 및 천연가스

석유(petroleum, 암석이라는 의미의 *petra*와 기름을 의미하는 *oleum*이라는 라틴어에서 유래)는 자연에서 산출되는 기체, 액체, 그리고 반고체 물질로서 주로 탄화수소 화합물로 구성되며 해양 환경에서 생성된다. 해양에서 유기물의 주요 기원은 미세한 식물성 플랑크톤과 세균이다. 해양 미생물이 죽으면 바닥에 가라앉아 세립질의 해저 진흙 속에 남아서 부패되기 시작한다. 부패 과정에서 산소가 존재한다면 급격히 소모된다. 주로 단백질, 지방질, 그리고 탄수화물인 잔류 유기물은 진흙과 부패 중인 유기체에 의해 덮여 보존된다.

계속적인 매몰과 함께 시간이 지나면 부분적으로 부패된 유기물과 함께 점토질 퇴적물이 열과 압력을 받아서 궁극적으로는 퇴적암(셰일)으로 변환된다. 매몰과 암석으로의 변환 과정에서 유기화합물은 석유로 화학적으로 변환된다. 유기물의 석유 변환 과정에는 복잡한 단계별 화학반응이 수반되며 석유가 생성된 후에도 추가적인 화학 변화가 일어난다. 이는 유정들 사이에서 왜 미세한 화학적 차이가 있는지를 잘 설명해 준다. 퇴적 기원 유기물이 석유의 여러 가지 형태로 변환되는 과정을 총체적으로 **성숙**

그림 18.15 토탄에서 석탄으로
식물체가 석탄으로의 변환되는 석탄화작용은 토탄층이 매몰되고 상부 퇴적물에 의해 압축됨에 따라 수백만 년 동안에 일어난다.

(maturation)이라고 부른다. 성숙은 매우 특별한 온도와 압력 조건에서 일어난다. 만약 특정한 지역에서 심도에 따라 온도가 너무 급격하게 혹은 너무 느리게 증가하게 되면 성숙 조건에 도달하지 못해서 석유가 생성되지 않을 것이다.

그림 18.16 석탄 생성 환경
오늘날의 주요 탄전들은 노스캐롤라이나의 그레이트 디스말 소택지와 같이 식생이 우거진 지상 환경에서 습기가 빠지면서 수백만 년 전에 생성되었다.

석유의 액체 형태인 **원유**(oil)의 최초 이용은 자연적으로 스며나온 원유를 윤활제로 사용한 때인 1847년이었다. 최초의 유정은 캐나다인 화학자가 램프에서 연소될 수 있는 증류물인 케로젠(kerosen)의 생산법을 발견한 이후 사람의 손으로 굴착한 온타리오의 오일 스프링이었다. 1859년에는 펜실베이니아의 티투스빌에서 최초의 상업적 유정이 시추되었다. 일상의 온도와 압력에서 가스 상태로 자연에서 산출되는 탄화수소인 **천연가스**(natural gas)는 1821년 뉴욕 프레도니아의 우물에서 이상한 가연성 가스 기포가 발생했을 때 처음으로 발견되었다. 이후 오래지 않아 천연가스는 가로등을 밝히기 위해 파이프로 운송되었다. 오늘날 원유와 천연가스는 세계 각지에서 상업적으로 이용 가능한 가장 중요한 에너지원이다.

원유와 가스는 종종 염수와 함께 잘 발견된다. 석유는 전형적으로 한 종류의 암석(셰일)에서 생성되어 일정 시간 후에는 다른 암석(주로 사암 혹은 석회암)으로 이동한다. 원유와 가스는 주변 암석보다 밀도가 낮아서 상부의 암석

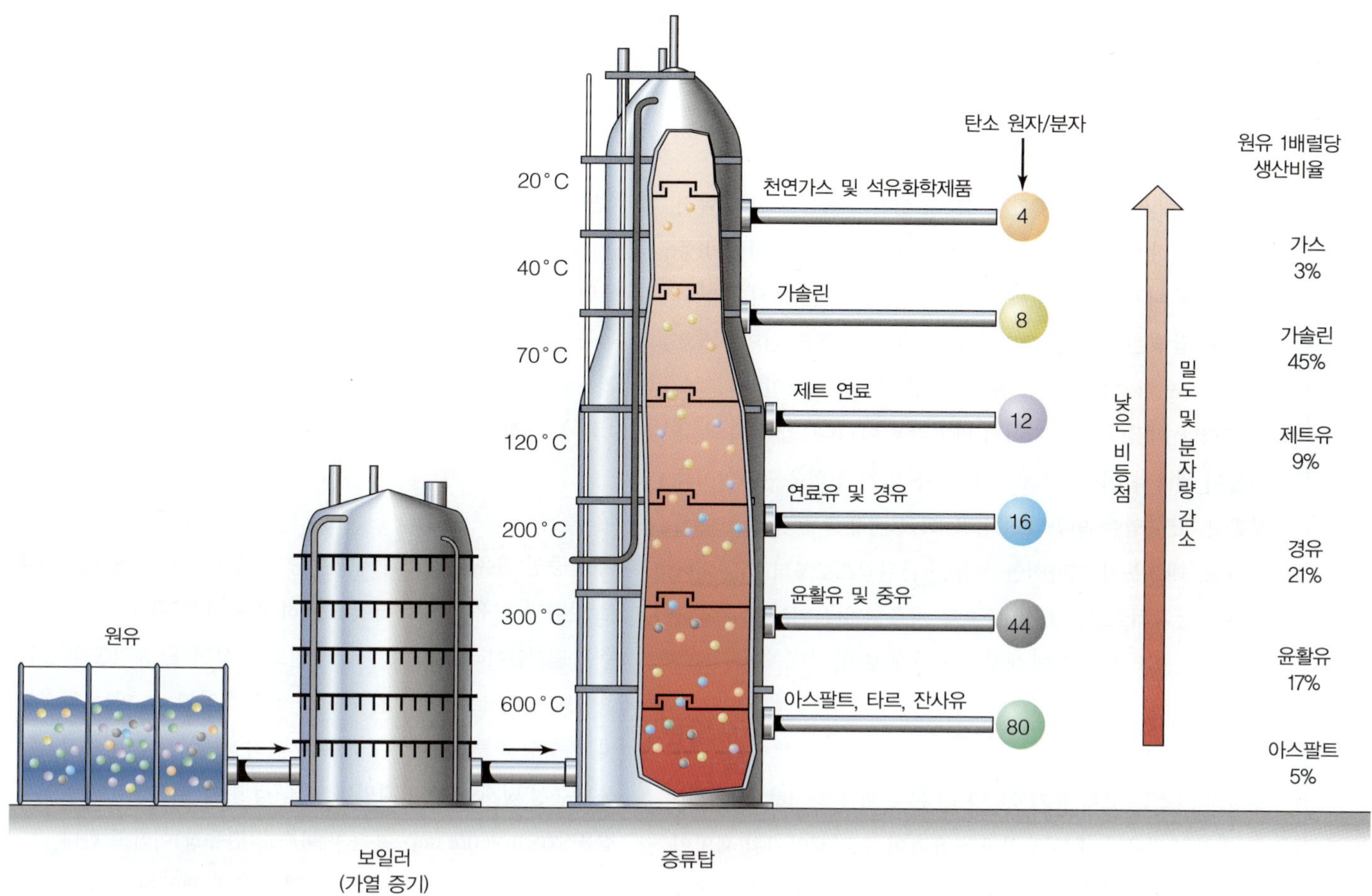

그림 18.17 원료물질로서의 석유

원유는 산소가 없는 탄소와 수소를 포함하는 분자인 탄화수소로 대부분 구성된다. 분자는 여러 가지 다양한 크기로 나타난다. 원유 정제에서 원유를 증류하면 무거운 성분과 가벼운 성분으로 분리된다. 각각의 탄화수소 유형은 서로 다른 용도를 이용되어 왔다. 탄소 원자 수가 적은 유형은 일반적으로 낮은 비등점을 가지며 연료로 주로 이용된다.

과 퇴적물을 통해 위로 이동한다. 만약 이동하는 석유가 불투수성 암석층을 만나면 유층으로 모인다(그림 B18.2 기초 원리 : 석유 집적 참조). 이러한 지하의 유층은 석유 탐사의 주요 대상이다.

생성된 석유의 대부분은 적당한 집유장을 찾지 못하면 지하수와 함께 지표 혹은 해양으로 이동한다. 퇴적물의 부피에 대한 원유 및 가스의 최고 비율은 석유가 거의 유출되지 않을 정도로 충분히 젊은 연령인 250만 년보다 젊은 암석에서 발견된다는 사실은 놀라운 것이 아니다. 이는 오래된 암석일수록 석유를 적게 생산한다는 의미는 아니다. 이는 오래된 암석 속의 원유는 단순히 더 긴 유출 시간을 가진다는 의미이다.

석탄광상에서와 같이 석유광상은 적절한 석유 기원 퇴적물이 세계 곳곳에 분포함에도 불구하고 불균등하게 분포한다. 결정적인 요인은 퇴적물에 포획된 고체 유기물을 원유와 가스로 전환시키는 데 효과적인 열의 공급과 석유가 유출되기 전에 적절한 집유장의 생성 여부에 있다.

지하에서 나온 석유를 **원유**(crude oil)라 부른다. 원유 상태에서 증류되고 정제되어야 한다. 정제과정은 원유를 중질, 중간질, 경질 부분으로 분리하고, 가솔린과 등유 등과 같이 긴 고리구조의 탄화수소를 보다 비등점이 낮은 화합물로 분해 혹은 열분해하는 과정을 포함한다. 석유의 탄화수소 성분은 비료, 윤활제, 아스팔트, 그리고 나일론과 인조견 같은 천뿐만 아니라 플라스틱과 같은 다수의 합성물질을 만드는 데 이용된다(그림 18.17).

비재래형 탄화수소

원유, 천연가스, 석탄 이외의 탄화수소 자원을 비재래형 탄화수소 또는 합성연료(자연산이라 하더라도)라고 한다. 합성연료를 대체에너지원이라 부르는 경향이 있지만 우리의 화석 연료 의존성에서 탈피보다는 연장을 나타낸다는 관점에서 보면 대체에너지원은 결코 아니다.

기초 원리

석유 집적

석유광상은 흔히 해양성 환경에서 생성된 퇴적암과 함께 발견된다. 속성작용과 고화작용의 과정을 통해(제7장) 유기물이 풍부한 진흙 퇴적물은 셰일이 된다. 바로 이런 환경에서 수반되는 열과 압력은 유기물을 여러 가지 형태의 원유와 천연가스로 변화시키는 다양한 화학적 변화작용인 성숙을 일으킨다.

그러나 이것이 석유 역사의 마지막은 아니다. 암석 속의 유기물이 원유와 천연가스로 변화될 수 있는 암석을 근원암이라 부른다. 근원암은 인간의 이용을 위해 석유를 분출하는 층이 아니다. 대부분의 일반적인 석유는 근원암으로부터 이동되어 나와서 궁극적으로는 대기 중으로 방출되거나 지하의 유정에 집적된다. 이러한 과정에 대하여 고찰해 보자.

석유 이동

원유와 가스는 고체 유기물보다 더 큰 부피를 차지하기 때문에 그 전환 과정에서 내부 압력이 작용하여 주로 해양기원 셰일인 근원암에 작은 열극을 발생시킨다. 열극은 원유와 가스가 공극성이 높은 주변 암석으로 유출될 수 있게 한다. 원유와 가스는 가볍기 때문에 지표면으로 서서히 상승한다. 원유와 가스는 근원인 셰일에서 압출되어 상부 어디엔가 있는 사암 혹은 석회암으로 들어가는데 사암과 석회암은 셰일보다 훨씬 투수성이 높아 빠르게 손쉽게 이동된다.

물은 원유에 비해 광물 입자와의 분자 인력이 더 강하다(제8장 기초 원리 : 물, 보편적인 용제 참조). 염수는 광물입자에 부착되려 하며, 반면에 원유와 천연가스는 다공질의 사암과 석회암에 있는 큰 틈새의 중앙 부분을 차지한다. 원유와 가스는 물보다 가볍기 때문에 광물 입자에 부착된 물을 지나 위로 올라간다. 이러한 방식으로 석유는 물과 점점 분리된다.

원유와 가스가 서서히 위로 침투하는 과정을 정지시키는 작용이 없으면 원유와 가스는 궁극적으로 지표에 도달하여 육지 혹은 해양으로 스며나와 대기권으로 증발한다. 세계 석유의 99.9%가 이러한 방식으로 유출되는 것으로 추정된다. 나머지 0.1%는 지하에 포획되어 축적된다.

석유 집유장

이동 중인 원유와 가스가 불투수층 암석과 같은 장애물을 때때로 만나면 석유가 지표면에 도달하지 못하게 된다. 이러한 암층을 덮개암이라고 하며 주로 셰일로 구성된다. 유기물을 공급한 근원암(주로 셰일), 원유와 가스가 축적될 수 있는 공극성 및 투수성 저류암(주로 사암 혹은 석회암), 이동을 정지시키는 불투수성 덮개암(주로 셰일)으로 구성된 지질학적 환경을 **석유 집유장**(petroleum trap, 혹은 탄화수소 집유장)이라고 한다.

석유의 0.1%가 지표로 유출되지 않고 덮개암에 막혀서 저류암에 축적되어 지하에서 유층을 생성시키는 것으로 추정된다. 비록 이러한 상황은 매우 드문 환경일 수 있지만 여러 가지 유형의 석유 집유장이 알려져 있다. 몇 가지 가장 일반적인 석유 집유장이 그림 B18.2에 설명되어 있다. 원유가 집적될 수 있는 환경을 이해하고 찾는 것은 석유지질학자의 일이다. 석유 집적이 가장 분명한 환경은 이미 탐사와 규명이 이루어졌는데 이 중 많은 수가 부분적으로 혹은 완전히 탐사되었다. 석유공학자들은 또한 새로운 회수기술 개발을 연구하고 있어서 저품위 혹은 회수가 어려운 석유광상도 경제적으로 개발이 가능할 수 있다.

타르 샌드(tar sand)는 타르라고 부르는 무겁고 두꺼운 아스팔트 같은 원유의 집적체로서 쉽게 뽑아낼 수가 없다. 타르는 여러 종류의 퇴적암과 미고결 퇴적물(모래 또는 사암과 똑같지는 않음)에서 발견된다. 어떤 타르 샌드는 석유광상에서 휘발성분이 이동되어 나가고 잔류 타르 성분 물질만 남은 것들이다. 또 다른 것으로는 액체 및 기체 탄화수소를 생성시키는 화학적 변질작용이 아직 완전히 끝나지 않은 미성숙된 석유광상인 경우도 있다. 가장 큰 산출지는 캐나다 앨버타의 애타바스카 타르 샌드로서 표면적은 5,000km^{2}에 두께는 60m에 달한다(그림 18.18A) 애타바스카 광상의 타르에는 6,000억 배럴 이상의 원유가 포함되어 있다.

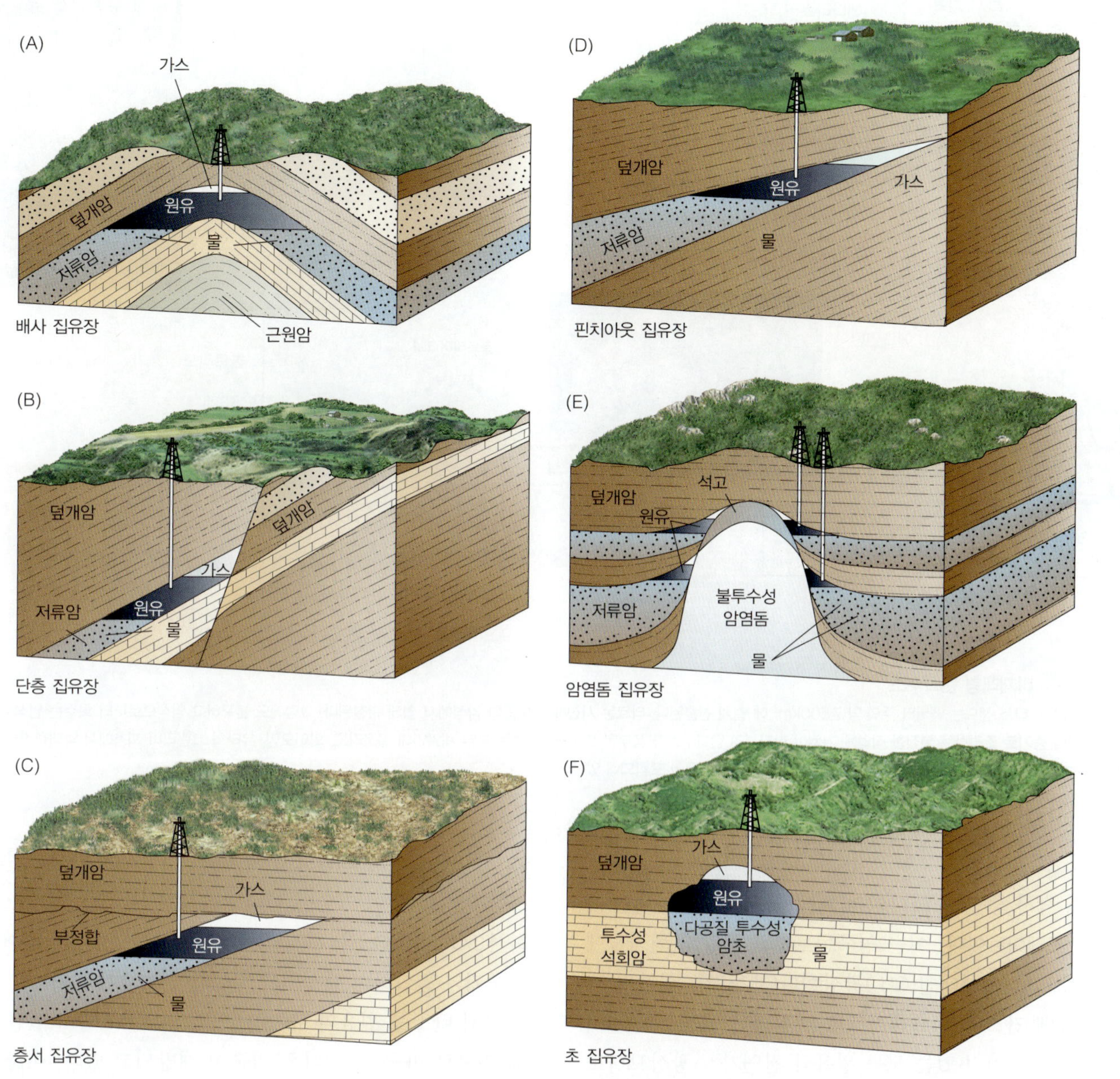

그림 B18.2 석유 집유장

그림은 원유가 집적될 수 있는 여섯 가지 지질환경을 설명하고 있다. 모든 집유장은 유기물을 공급하는 근원암, 원유 혹은 가스를 저장하는 저류암, 그리고 석유의 이동을 막아주는 덮개암을 필요로 한다. 원유는 지하에서 유정을 잘 형성하지는 못한다. 원유는 저류암의 공극에 포획되어 축적되어야 한다. 원유는 흔히 천연가스, 염수와 함께 산출된다. 가스는 가장 가볍기 때문에 상부를 차지하고 물은 가장 무겁기 때문에 하부를 차지한다.

유기물이 매몰되어 다져지고 교결되어 세립질의 퇴적암이 될 때 원유와 천연가스를 생성시키는 화학적 분해작용이 시작될 정도로 매몰 온도가 충분히 높지 않다면 케로젠이라고 하는 왁스와 같은 성분이 생성된다. 케로젠이 가열되면 원유와 가스처럼 액체와 기체의 탄화수소로 분해된다. 세일과 같이 모든 세립질의 퇴적암은 일반적으로 약간의 케로젠을 포함하고 있다. 그러나 에너지자원으로 취급되려면 **오일 셰일**(oil shale) 속의 케로젠은 이를 채광하여 가열하는 데 필요한 에너지보다 더 많은 에너지를 생산할 수 있어야 한다. 세계적인 대규모 오일 셰일 광상은 미국의 콜로라도, 와이오밍, 유타에 있는 그린리버 광상이다(그림 18.18B) 이 광상은 최종적으로 원유를 약 2조 배럴

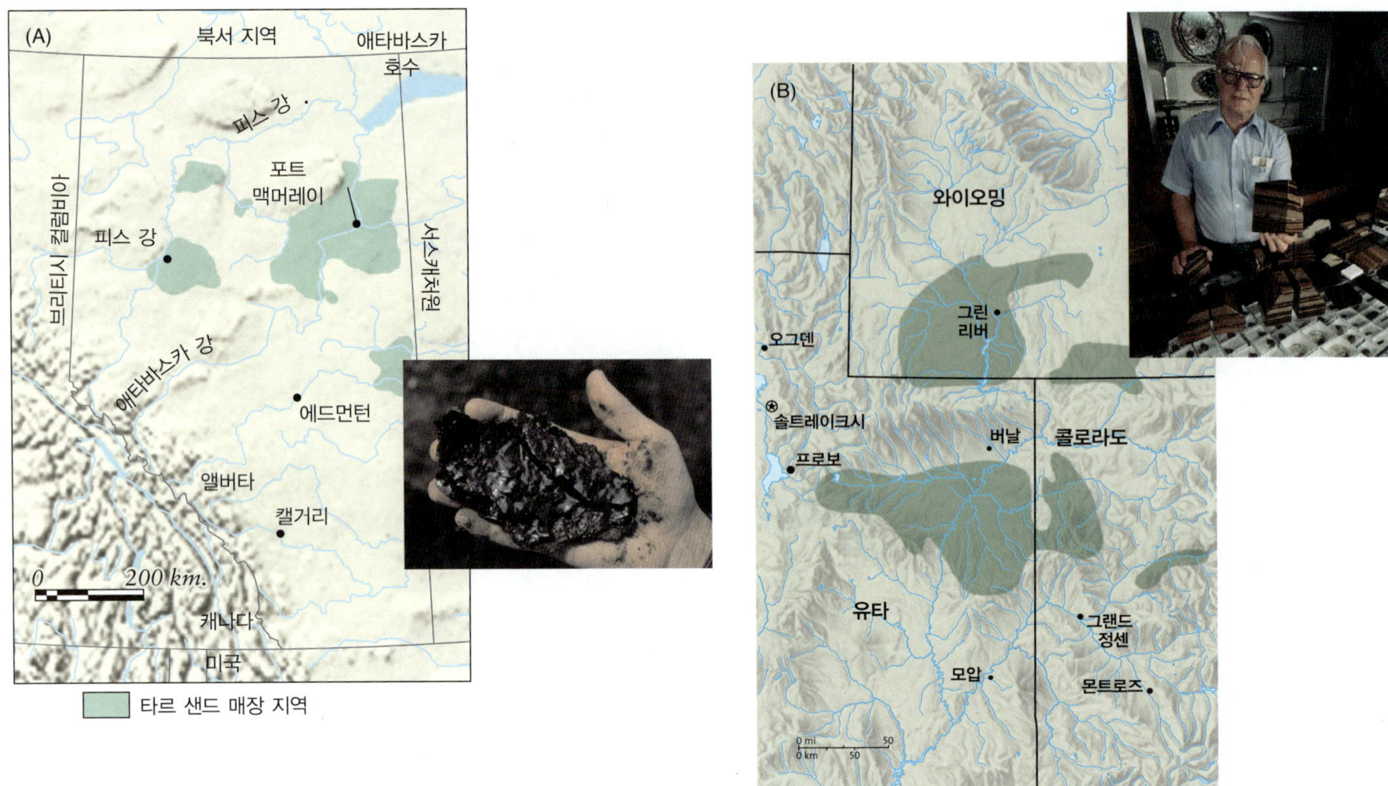

그림 18.18 **비재래형 탄화수소**

(A) 애타바스카 타르 샌드는 앨버타 주의 약 7,500km^2 에 걸쳐 산출된다. 타르는 사진에서 보듯이 암석에서 쉽게 관찰된다. 그럼에도 불구하고 암석으로부터 회수는 암석을 뜨거운 물이나 증기로 조리하는 복잡한 작업을 거쳐야 한다. (B) 탄화수소가 풍부한 또 다른 암석은 오일 셰일인데 콜로라도, 와이오밍, 유타의 그린리버 지층에서 막대한 양이 발견된다. 보석상이 들고 있는 셰일 책 버팀대에는 약 1/2파인트의 원유가 포함되어 있다.

생산할 수 있다.

아직 탐사 중인 또 하나의 비재래형 탄화수소 자원은 가스 하이드레이트이다. 이는 영구동토층과 해양저 퇴적물에 얼음으로 있는 메테인(CH_4)광상이다(제13장). 해양저 퇴적물 속에 가스 하이드레이트로 포획되어 있는 메테인의 양은 현재 알려져 있는 모든 원유와 천연가스 광상보다도 더 많다. 그러나 현재까지 메테인 가스 하이드레이트를 개발하기에는 경제적으로 실현가능하지 않다. 현재는 지구 기후 변화가 해양을 가열하고 그 결과는 다시 가스 하이드레이트를 녹여서 메테인을 방출하는 것에 주의를 기울이고 있다. 메테인은 매우 효과적인 온실기체이므로 이러한 과정은 양의 피드백 순환과 온실 온난화를 일으킨다.

개발 중인 탄화수소 처리의 새로운 기술은 탄화수소 자원 부존량을 증가시킬 것이며 탄화수소 이용에 따른 부정적인 환경 피해를 완화시킬 것이다. 이러한 기술 중에는 **유동층 연소법**이 있는데 이 방법에 의한 석탄의 연소는 일반적인 화력발전에 비해 저온이지만 보다 더 효과적이다. 보다 더 효과적인 연소는 더 많은 열과 화석 연료 연소로 방출되는 CO_2, 온실기체 그리고 주요 가스를 더 적게 발생시킨다. 지하 환경에서 이 기술이 적용되면 방출되는 황 및 질소 산화물(SO_2 및 NO_x)을 제거할 수 있다. 이들은 대기 중에서 수증기와 결합하여 산성비를 형성하는 문제가 있다.

고체 탄소를 원유와 유사하고 석탄보다 오염이 덜한 액체 연료로 바꾸는 또 다른 기술이 개발되고 있다. 이를 **석탄액화**라고 한다. 원유를 이용하는 기술은 액화된 석탄을 이용하는 기술로 상대적으로 쉽게 개량될 수 있다. 또 다른 기술은 석탄으로부터 메테인가스를 생산할 수 있다. 석탄가스화의 이점은 연소 단계 이전에 불순물인 상당량의 황 화합물을 제거할 수 있어 석탄연소로부터 발생하는 대기오염을 최소화할 수 있다.

대체 화석 연료

새로운 탄화수소 기술과 응용은 몇 가지 화석 연료 에너지원의 수명을 연장하고 환경적 수용성을 강화할 수 있지만, 또 다른 화석 연료에 대한 진정한 대체에너지원이 있다. 원자력, 수력을 포함하는 대체에너지 중 몇 가지는 이미 널리 이용되고 있다. 어떤 것은 아직 개발 중이며 일반적인 에너지원에 비해 아직은 경제성이 없다.

오늘날은 건설된 발전소로부터 공급된 전기보다는 대체에너지원을 이용한 현지 발전 전기를 일부 혹은 전량 필요로 하는 자족적인 삶을 추구하는 경향이 증가하고 있다. 어떤 지역에서는 건물 소유주가 그들이 발전하고 남는 전기를 주변 거주자들에게 돌려주면서 경제적 보상을 받는다. 가옥 소유자들이 그들이 사고자 하는 전기의 에너지원을 선택하는 것이 규제완화를 통해 가능할 수 있게 되었다; 가옥 소유자들은 풍력 에너지처럼 청정기술에 의해 발전된 전기와 같은 녹색 동력의 구매를 결정할 수 있다.

비록 여러 가지 새로운 대체에너지원이 환경피해 측면에서 화석 연료에 비해 훨씬 무해하지만, 각자의 한계점과 문제점 그리고 환경적 피해를 갖고 있다는 것을 이해하는 것이 중요하다. 예를 들어 풍력과 지열은 특별히 유리한 특성을 갖는 지역에 한정된다. 그리고 재생 가능하고 비고갈성이라 하더라도 모든 에너지원은 자연 에너지원을 사용 가능한 동력으로 전환시키는 기계시설의 건설과 재생 불가능한 광물자원의 사용을 필요로 한다.

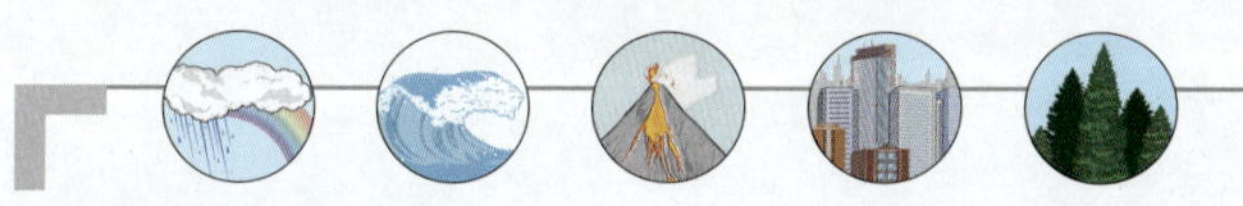

관련짓기

여러분의 가정, 학교, 사무실의 동력원에 대해 생각해 보자. 천연가스는 파이프라인에 의해 건물로 공급되거나 아마도 트럭이 주기적으로 원유탱크를 채울 가능성이 높다. 이러한 연료는 종종 가정과 사무실에서 보일러, 에어컨, 난로 등의 기기를 작동시키는 데 이용된다. 다른 기기는 전기화학적 에너지 형태인 배터리를 이용한다. 여러분의 가정 혹은 학교 건물은 배전을 위한 전선체계로 연결되어 있다. 일반적으로 전기회사는 전기를 생산하는 발전소를 소유하고 유지하며, 또 다른 회사가 전력선을 통해 전기를 가정, 사무실, 그리고 공장으로 분배한다. 전기를 생산하는 발전소에는 석탄, 천연가스, 수력, 원자력 발전이 있다. 일상생활에서 여러분이 이용하는 주요한 동력의 유형을 잠시 생각해 보고 그 에너지원을 고찰해 보자.

우리는 태양으로부터 에너지를 직접 이용하는 여러 가지 방식에 대하여 고찰함으로써 대체에너지원에 대하여 살펴보기를 시작할 것이다. 이후 수소 연료뿐만 아니라 바이오매스, 풍력, 파력 에너지를 비롯한 몇 가지 간접적인 태양에너지원의 이용에 대하여 살펴볼 것이다. 그 다음 단락에서는 중력(조력과 수력)과 지구 내부열에서 유래된 에너지원에 대하여 살펴볼 것이다. 원자력 에너지는 환경적 문제를 수반한다. 이를 마지막 단락에 분리해 고찰할 것이다.

태양, 수소, 바이오매스, 풍력, 파력 에너지

태양 에너지(solar energy)는 모든 에너지원을 결합하여 인간이 만든 동력보다 10만 배 이상의 빠른 속도로 태양으로부터 지구에 도착한다. 직접적인 태양 에너지는 앞에 언급한 가정의 기기와 물의 가열에 열을 공급하는 데 가장 적절하다. 이를 **자연형 태양열**이라고 한다. 또 다른 이용으로 지붕에 설치된 태양전지판으로 태양 에너지를 모아 열로 저장하여 송풍기 혹은 펌프로 공급한다. 이를 **설비형 태양열**이라고 한다. 태양 에너지의 이용과 관련하여 가장 큰 문제는 시간과 장소에 따라 다른 일사량이다(제2장). 일사량은 적도 근처에서 여름철에 구름이 없는 정오 때 최대이다. 이와 같은 최대에너지 요구 조건을 항상 만족할 수 없으므로 나중 사용을 위해 태양 발전 동력을 저장하거나 여분의 동력원을 설치해야 한다.

태양 에너지는 **태양열 발전기**를 이용하여 전기로 바꿀 수 있다. 거울 혹은 렌즈는 태양광선을 한곳으로 모아 순환하는 유체를 가열한다(그림 2.3A 참조). 이러한 유체의 열은 증기를 발생시키는 데 이용되며 증기는 터빈을 돌려 전기를 생산한다. 태양 에너지는 **광전지**를 통해 직접 전기로 전환할 수 있다. 광전지는 얇은 페이퍼 혹은 필름이 화학적으로 처리되어 태양 에너지를 흡수하면 그 반응으로 수많은 전자가 방출된다. 광전지의 가격은 매우 높아서 대부분의 사용자에게는 효율성이 매우 낮다. 광전지가 생산한 전기는 나중에 사용할 수 있게 축전지에 저장할 수는 있지만 수용할 만한 낮은 가격에 충분한 저장 용량을 가져서 산업적으로 경쟁력이 있는 축전지를 개발해야 하는 어려운 과제가 장애물로 작용해 왔다. 결과적으로 광전지는 태양전지를 이용한 계산기, 시계, 라디오 등과 같은 작은 기기에 주로 사용되어 왔다. 그러나 광전지 기술은 계속적으로 발전해오고 있어 그 가격은 급속하게 감소하고 있다.

태양 에너지를 사용 가능한 동력으로 바꾸는 또 다른 방법은 광전지에서 발생한 전기를 수소와 산소 성분으로 물을 나누는 전기분해 과정에 이용하는 것이다. 전기분해에서 방출된 혹은 다른 기원에서 유래된 수소는 연료로 이용될 수 있다. **수소연료**(hydrogen fuel)는 저장될 수 있으며 파이프라인을 통해 먼 곳까지 운송할 수 있어 다른 대체 동력원에 비해 유리한 위치에 있다. 수소의 잠재적 이용가능성 중 하나는 **연료전지**(fuel cell)에 있는데 이는 몇 가지 측면에서 거대한 축전지와 유사하다. 일상적인 축전지는 내부의 화학 약품 간의 전기 화학반응으로 동력이 생산되지만 수소와 같은 화학연료(다른 연료로 이용 가능하지만)는 외부 기원으로부터 연료전지로 공급된다(그림 18.19). 몇몇 전문가들은 우리의 미래 에너지경제는 집중형 에너지 생산보다는 다양한 유형의 연료전지로부터 공급되는 분산형 에너지 생산이 기본인 시스템일 것으로 추정한다.

바이오매스 에너지(biomass energy)는 지구 식물체에서 얻어진다. 화목 형태의 바이오매스는 석탄이 이를 대체할 때까지인 19세기 말까지 가장 중요한 에너지원이었다. 주로 목재, 토탄, 동물 배설물, 농산폐기물인 바이오매스 연료는 세계 각지에서 널리 이용되었지만 특히 개발도상국에서 많이 이용되었다. 오늘날 아직도 10억 명 이상이 취사와 난방에 화목을 이용한다.

동물 배설물과 같은 유기물은 연소용 혹은 발전용 메테인으로 바꿀 수 있는데 이를 바이오가스라 한다. 바이오가스는 특히 인도와 중국 같은 개발도상국에서 취사와 조명을 목적으로 이용되는 중요한 연료가 되고 있다. 유기물 쓰레기의 분해로 발생하는 메테인가스는 폐기물 처분장에서 모을 수 있다. 바이오매스는 알코올 연료인 메탄올과 에탄올 같은 여러 가지 액체연료로 변환될 수 있다. 이는 곡물 잔여물로 가장 흔하게 얻을 수 있다. 예를 들면, 브라질은 농산폐기물이 될 수 있는 사탕수수 잔여물로부터 알코올 연료를 생산하려는 원대한 계획을 갖고 있다(그림 18.20).

육지에서 매년 자라는 새로운 식물의 총량은 건조식물량으로 약 1.5×10^{11}톤 이다. 만약 이들을 모두 연소시키거나 또 다른 방법으로 바이오매스 에너지원으로 이용한다면 매년 세계 이용량의 9배 이상의 에너지를 생산할 수 있을 것이다. 이렇게 되면 모든 산림은 파괴되고 식물은 먹을 수 없고 농업 토양은 황폐화될 것이므로 이는 물론 바보 같은 제안이다. 그럼에도 불구하고 잘 조절된 연료작물의 수확은 산림과 식량공급에 대한 심각한 지장이 없는 상태에서 현재 연료로 이용되는 바이오매스의 비중을 증가시킬 수 있을 것이다. 브라질, 중국, 미국 등과 같은 세계 몇 개 지역에서 이러한 에너지원의 개발을 위한 실험이 이미 진행 중이다.

그림 18.20 바이오매스 에너지
브라질 상파울로의 아라라스에서 사탕수수가 가솔린을 대체하는 바이오매스 연료의 일종인 가소홀을 생산하는 데 이용되기 위해 분쇄되고 있다.

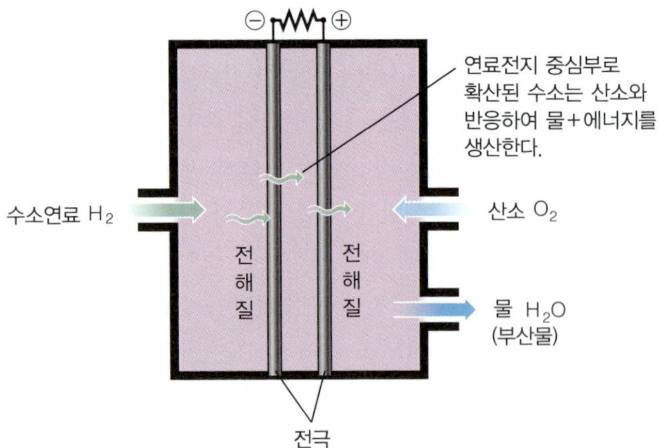

그림 18.19 화학반응 에너지
여러 유형의 연료전지가 있지만 모두 일반 축전지와 유사한 방법의 화학반응으로부터 에너지를 얻는다. 여기서 수소연료는 연료전지의 한 측면에서 유입되고 중심으로 확산되면서 산소와 반응하여 물과 에너지를 반응의 부산물로 생산한다.

바이오매스 연료는 곳곳에서 이용 가능하기 때문에 이점이 많다. 이는 다른 에너지원은 재정적으로 이용이 불가능한 개발도상국에서는 특히 중요하다. 바이오매스 에너지는 농사용으로 베어 이용되지 않으면 쓰레기가 될 물질을 활용한다. 그러나 단점은 유기물 쓰레기의 제거는 토양으로 순환될 유용 영양분을 막는 것이다. 더 중요한 것은 식량으로 이용되는 농작물이 바이오매스 연료로의 이용으로 전환되는 것이다. 특히 화목과 같은 몇 가지 바이오매스 에너지는 산림 벌채, 토양 고갈을 수반하여 토질 악화를 일으킨다. 바이오매스는 산소 함량이 높아서 탄화수소에 비하여 열량이 낮으며 바이오매스 내의 미량원소들(알칼리, 황, 할로겐)은 오염물질을 발생시킨다.

풍력 에너지(wind energy)는 태양 에너지의 또 다른 간접적 표현이다. 수천 년 동안 바람은 동력원으로 이용되어 왔다. 오늘날 거대한 풍차들이 바람이 적당하게 부는 곳에서 있다(그림 18.21). 세제 혜택으로 대체에너지원의 개발을 독려하는 덴마크에서는 약 6,000개의 풍력터빈이 전 지역에서 전기를 생산하고 있다. 특히 소음공해와 같은 풍차 기술과 관련한 몇 가지 문제가 비록 있지만 풍차는 석탄 연소 발전소 보다 비용 효과 면에서 경제적인 시기가 곧 올 것으로 보인다. 풍력전기를 생산지에서 소비지까지 운송하는 것이 어려운 과제인데 현재의 전력 배선은 이문제의 해결에 충분하지 않다. 일상적인 지표의 바람을 최대로 활용해도 인간이 현재 사용하는 에너지량의 약 10% 정도만 공급할 수 있다. 따라서 풍력은 지역적으로는 중요할 수 있지만 지구 전체로는 중요하지 않을 것이다.

파력 에너지(wave energy)도 또한 파도가 바람에 의해 생성되므로 태양 에너지의 간접적 표현이다. 파도는 엄청난 양의 에너지를 갖고 있지만 지금까지 대규모의 동력원으로서 다루는 방법을 발견한 사람은 아직까지는 없다. 소규모 파력발전은 속이 빈 튜브 모양의 챔버를 이용하여 전기를 생산한다. 파가 상승하여 마루를 형성하면서 튜브 내에 공기를 밀어 넣는다. 공기는 다시 터빈을 돌려 전기를 생산한다. 파력 발전소는 풍화와 충격파에 노출되는 문제와 관련된 어려움을 겪고 있다.

그림 18.21 풍력 에너지
캘리포니아 태하차피 고개에 있는 풍차가 오염이 없는 전기를 발전하고 있다. 날개의 회전운동은 발전기를 돌린다. 풍력발전대는 일정한 지표 바람이 1년 내내 우세한 곳에서만 경제적으로 운영될 수 있다.

수력, 조력, 그리고 지열 에너지

수력(hydroelectric power)은 아래로 흐르는 유수의 에너지로부터 발생한다. 따라서 이는 중력 에너지의 한 유형이다(제8장 표지 사진 참조). 수력은 물에 의해 유도된 동력의 유일한 유형이며, 현재 세계 에너지 수요의 상당량을 충족시키고 있다. 물이 흐르는 동력을 전기로 바꾸기 위해서는 폭포에 접근하거나 댐을 건설하여야 한다. 흐르는 물은 에너지를 전기로 바꾸는 터빈을 작동시키는 데 이용된다. 수력은 캐나다와 같이 거대한 강과 적절한 댐의 위치를 가진 국가에서 매우 중요하다. 그러나 전 세계 모든 하천에서 흐르는 물로부터 회수할 수 있는 총 에너지는 매년 150억 배럴의 원유를 연소하여 얻는 에너지량과 같을 것으로 추정되어 왔다. 그래서 전 세계에서 가능한 모든 수력이 개발된다 하더라도 오늘날의 에너지 수요량(매년 830억 배럴의 원유 연소량)을 만족시킬 수는 없다.

수력은 대기로의 유해 방출물이 없기 때문에 청정 에너지원이다. 그러나 산림 벌채와 자연서식지의 훼손을 포함한 대규모 수력 댐에서 수반되는 수많은 부정적인 환경 효과가 있다. 역동적인 하천을 정체된 거대한 저수지로의 변화시키고 모기와 여러 가지 질병을 감염시키는 곤충들의 번식지가 되는 문제를 발생시킨다. 하류 지역은 과거 하천에 의해 활발하게 운송되던 퇴적물과 광물 영양분이 부족해진다. 진흙으로 채워진 저수지는 댐의 생산 수명을 제한한다. 어떤 나라에서는 농경지, 문화 및 역사 유물의 손실, 수몰에 따른 주민 이주와 관련된 심각한 문제가 있어 왔다.

조력 에너지(tidal energy)는 물과

그림 18.22 해류 에너지
사진은 영국 해안에서 수리를 위해 회전날개가 올려져 있는 해류 터빈이다. 이러한 터빈은 수중의 풍차처럼 공기보다는 물의 흐름에 의해 작동된다. 이들은 해류의 속도가 높거나 막대한 물의 흐름으로 에너지 회수가 쉬운 지속적인 해류가 있는 곳에 설치될 수 있다. 이러한 에너지원은 날씨계의 단주기 변화에 대한 반응인 바람 혹은 파도에 의한 에너지보다 예측하기가 용이하다.

중력이 관련된 또 다른 동력원이다(그림 18.22). 조석에서 에너지는 지구 자전과 달과의 인력에서 나온다. 특정 지역에서 조력 에너지의 유용성은 해안선의 모양에 달려 있다. 가장 유리한 것은 길고 좁은 만과 큰 조차(간조와 만조의 수위 차)를 가진 해안이다. 댐은 좁은 만의 입구에 건설된다. 수문을 열면 만조 동안에 물이 흘러 들어와서 댐 뒤에 갇힌다. 간조가 되면 물이 방출되면서 급속히 터빈을 작동시킨다. 조력 에너지의 이용이 새로운 것은 아니다. 1170년에 만들어진 영국의 방아는 조력에 의해 아직도 작동된다. 풍력과 같이 조력은 인간의 에너지 수요의 작은 부분 이상을 만족시키기에는 부족하기 때문에 지역적으로 중요할 뿐이다.

지열 에너지(geothermal energy)는 지구내부 열로서 뉴질랜드, 이탈리아, 아이슬란드, 미국을 비롯한 여러 나라에서 상업적으로 이용된다. 아이슬란드 사람들은 뜨거운 화산암에 의해 데워진 물을 난방, 온실의 식물 생장에 이용하며 자연적으로 가열된 못에서 수영을 한다. 아이슬란드인들은 화산이 생산한 증기를 이용하여 그들이 필요한 대부분의 전기를 생산한다. 가장 쉽게 개발되는 지열광상은 열수저장고인데 이는 지표 부근에서 열극 혹은 공극이 많은 암석에서 뜨거운 물이나 증기가 순환하는 지하 시스템이다. 대부분의 열수저장고는 판 경계 부근에 있는데, 이곳에는 현재 화산 활동이 일어나며 뜨거운 암석 혹은 마그마가 지표 가까이에 있다. 지열에너지의 효과적인 이용을 위해서 열수저장고는 200°C 혹은 이보다 더 뜨거워야 하며, 지하 3km 심도 이내에 이 온도에 도달해야 한다. 그 예로 캘리포니아의 간헐온천들이 있는데, 이는 세계에서 가장 큰 지열 생산지이다. 원칙적으로 지열에너지는 고갈되지 않는다. 그러나 특정 저장고에 대한 지나친 개발은 그 저장고를 더 이상 사용될 수 없는 수준에 이르는 국지적인 고갈이 초래될 수 있다.

가장 최신의 지열기술은 지표면과 지하 천부 간의 조그만 온도차의 이점을 이용하는 것이다. 물 혹은 다른 유체를 온도가 어느 정도 일정하게 유지되는 정도의 심도까지 지하의 파이프 설비를 이용하여 순환시킬 수 있다. 지열펌프는 지표면과 지하의 지열 에너지 차를 개발할 수 있다. 지표면은 공기보다는 계절적 차이가 적지만 계절에 따라 온도가 다르기 때문에 겨울에는 펌프가 지면에서 건물로 열을 전달시켜 난방을 할 수 있고, 여름에는 건물에서 지표면으로 열을 전달하여 냉방할 수 있다. 열 전달은 물 혹은 다른 유체를 순환시키는 지하의 플라스틱 파이프 망을 이용하여 수행한다. 이 설비를 작동하는 데 전기가 필요하지만 열이 외부 에너지의 투입에 의한 것이 아니라 이곳저곳으로 단순히 이동하는 것이기 때문에 열펌프는 에너지 효율이 높을 수 있다.

핵 에너지

핵 에너지(nuclear energy)는 화학원소가 다른 화학원소로의 변환되는 동안에 생성된 열 에너지로부터 나온다. 이론적으로 핵 에너지는 두 가지 방식으로 생성된다. 무거운 원자가 가벼운 원자로 분리되거나 가벼운 두 원자가 결합하여 무거운 원자로 결합될 때이다. 현실적으로는 이중

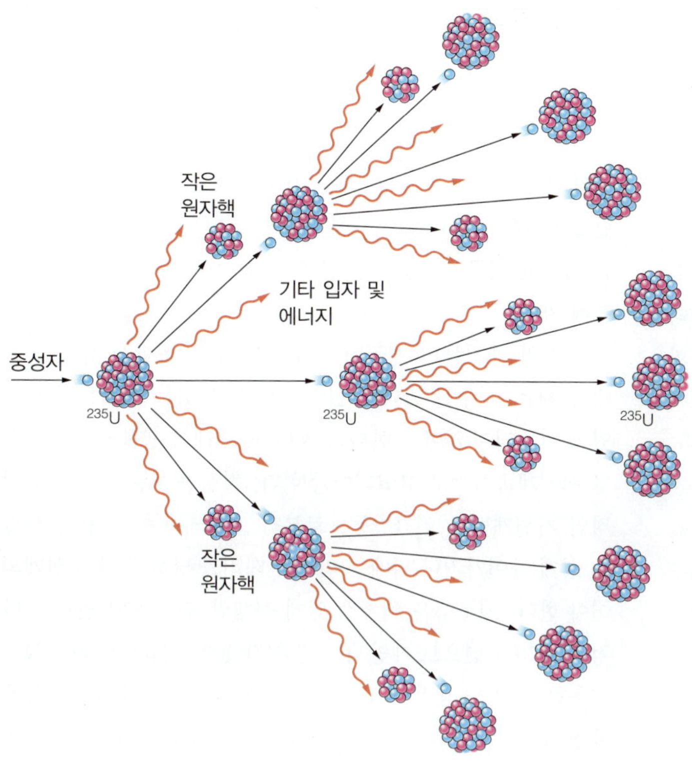

그림 18.23 **핵분열 에너지**

연쇄반응에서 중성자가 우라늄의 핵을 충격하면 더 작은 원자핵으로 분리된다. 이 과정은 더 많은 중성자를 방출시켜 더 많은 우라늄 핵과 충돌할 수 있게 한다. 우라늄 핵이 분리될 때마다 열을 방출한다. 핵발전소는 이 열을 증기 생성에 이용하고 증기는 터빈을 돌려 전기를 발생시킨다.

하나(분리)만이 생성된 에너지를 현재의 기술로 이용할 수 있다.

무거운 원자에서 가벼운 원자로의 분리되는 것을 **분열**(fission)이라 한다. 분열은 분열 가능한 원자를 전기적으로 중성입자인 중성자(제2장)로 충돌할 때 발생한다. 분열 가능한 원자가 중성자로 가격되면 원래보다 더 가벼운 서로 다른 원자로 분리된다. 어떤 물질은 분리 과정 동안에 손실된다. 그러나 물질과 에너지 보존의 법칙(제2장) 때문에 이 물질은 실제로는 손실되지 않는 대신에 에너지로 전환된다. 따라서 원자가 분리될 때 2개의 새로운 가벼운 원자를 생성시키고 잔여 에너지는 열로 방출된다. 분리된 원자들도 또한 자체 핵으로부터 몇 개의 중성자를 방출한다. 이러한 중성자는 더 많은 원자들의 분리를 유도하는 데 이용될 수 있다(그림 18.23). 전체 과정은 핵원자로 내부에서 일어난다. 중성자의 충격 비율은 주로 물에 의해 통제되거나 감속된다. 통제가 없이 연쇄반응이 진행되면 원자 폭발이 일어난다.

우라늄-235는 자연적으로 산출되는 핵분열성 물질이며 채광되어 원자로에서 연료(다른 핵분열 물질도 포함)로 이용된다. 단 1g의 ^{235}U 핵분열은 원유 13.7배럴의 연소에 해당되는 열을 생산한다. ^{235}U가 처리되고 농축된 연료 알갱이를 길쭉한 튜브 꾸러미 속에 포장한 것을 연료봉이라 한다. 연료봉은 핵분열 과정이 유도되는 반응로 중앙에 장착된다. 핵분열로 발생하는 열은 물에 의해 운송되어 나오며, 물은 연쇄반응을 감속시키기도 한다. 가열된 물은 증기를 만들고 증기는 터빈을 돌려 전기를 생산한다. 만약 열이 연료 꾸러미에서 제거되지 않으면 점점 뜨거워져서 반응로 중심이 용융되어 방사성 물질을 방출한다. 이를 원자로 **노심 용융**이라 부르며, 이는 우크라이나(구 소련) 체르노빌에서 1986년 발생한 것이다. 현재 핵반응로 기술은 원자로 노심 용융의 가능성을 최소화하거나 없도록 설계한다.

핵 에너지는 유해한 대기 중 방출물이 없으므로 일부 환경론자들조차도 청정 에너지원으로 생각한다. 세계 전기의 약 17%가 핵발전소에서 나온다. 프랑스에서는 모든 전력의 절반 이상이 핵발전에서 나온다. 다른 일부 유럽 국가와 일본에서 핵발전 비율이 급격히 증가하고 있다. 증가 이유는 일본과 대부분의 유럽 국가는 자급자족할 수 있는 화석 연료의 적절한 공급이 없기 때문이다. 그러나 북미에서는 핵발전 산업의 성장이 정체되었다. 이는 부분적으로 체르노빌과 같은 핵 참사와 핵폐기물 처분에 수반되는 상호작용의 문제에 대한 부정적인 공공의 의견 때문이다.

정상적으로 운영되는 핵발전소는 매우 적은 환경 방사선을 발생시킨다. 우리는 실제로 핵반응로 기원보다는 자연 기원의 방사선에 더 많이 노출되어 있다. 그러나 핵분열로 발생하는 핵폐기물과 같은 고준위 방사성 부산물은 생물권과 수권으로부터 고립시켜야 한다. 이는 지금까지 해결하지 못한 기술적으로 어려운 폐기물 문제를 발생시킨다(자세히 보기 : 핵발전과 방사성 폐기물 참조).

근본적으로 2개의 작은 원자를 하나의 큰 원자로 함께 묶거나 융합시킬 때 열 에너지를 방출시키는 핵융합은 또 다른 잠재적인 핵 에너지원이다. 핵의 **융합**(fusion)은 삼중수소라 부르는 무거운 수소 동위원소를 연료로 이용하다. 지구는 매우 흔한 화학성분 형태인 물(H_2O)에 의해 삼중수소를 사실상 끝없이 공급할 수 있다. 핵융합의 주요 부산물은 독성이 없고 화학적으로 불활성 가스인 헬륨이 될

자세히 보기

핵발전과 방사성 폐기물

방사성 폐기물은 핵발전소, 실험실, 의료 과정, 우라늄 채광, 그리고 핵무기 해체에서 나온 방사성 물질 잔여물이거나 장비이다. 방사선은 방사성 붕괴라고 하는 하나의 원소에서 다른 원소로 자연적으로 변화되는 과정 동안에 방출되는 에너지와 에너지를 가진 물질이다. 방사선은 유기체에 해를 입히는데 그 피폭량이 충분히 높으면 죽음에 이르기도 한다. 방사선은 또한 유기체의 후손들에게 피해를 입히는 유전적 피해를 일으킨다. 방사성 원소는 소량이라도 유독할 수 있으며 어떤 경우는 수천 년 동안 방사능이 남아 있을 정도로 극단적으로 지속적이다. 더욱이 인간을 포함한 모든 유기체는 방사선의 존재를 알려주는 어떤 종류의 자연 경고 체제를 갖고 있지 않다. 냄새도 없고 볼 수도 없고 맛보거나 느낄 수도 없다.

방사성 물질의 붕괴는 어떤 물질 속의 방사선 준위가 절반(원래 준위의 50%)으로 감소하는 데 걸리는 시간인 반감기 단위로 측정된다. 그래서 반감기가 두 번 지나면 처음 준위에서 25%로 감소한다. 세 번 반감기가 지나면 처음 준위에서 12.5% 이런 식으로 감소해 간다. 어떤 방사성 물질은 측정된 반감기가 초 단위 혹은 그 이하로 측정된다. 또 다른 물질의 반감기는 수일, 수년, 수천 년 심지어는 수백만 년으로 측정된다.

방사선량이 적고 짧은 반감기를 갖는 저준위 방사성 폐기물은 용기에 담아 두었다가 방사선이 사라지면 세심한 관리방식에 따라 방출한다. 문제는 핵반응로에서 발생한 폐기물의 1%에 불과하지만 99%의 방사선을 생성시키는 사용된 핵연료봉을 비롯한 고준위 방사성 폐기물이다. 지금까지 고준위 폐기물(그림 C18.1)에 대한 영구처분은 없었다. 대부분의 고준위 폐기물은 콘크리트 저장고나 수조(물이 방사선을 흡수할 뿐만 아니라 열을 사라지게 하기 때문에)에 임시로 저장되어 있다. 지난 20년 혹은 그 이상 동안에 고준위 폐기물에 대한 적절한 처분 장소와 영구처분을 위한 설계에 관하여 집중적인 연구를 수행해 왔다.

고준위 폐기물의 영구처분 조건은 주로 불활성 유리 혹은 내화 재료, 특수한 공학적 금속용기 속에 있는 폐기물이 모여 있고 이동되지 않아야 한다는 것이다. 그래서 생물권과 수권으로부터 계속적으로 고립되어야 한다. 적절한 처분 장소는 잠재적인 자원개발과 인간활동으로부터 고립되어야 한다. 처분장은 쉽게 들어가거나 피해를 입거나 테러를 당하지 않게 설계되어야 한다. 처분장은 경제성 있게 실행할 수 있어야 하며 일반적으로 10만 년으로 제안되는 긴 시간 동안 대규모로 폐기물을 수용할 수 있는 용량이어야 한다. 이론적으로는 폐기물은 유해물질 운송 때문에 장거리 운송이 요구되지 않아야 한다. 마지막으로 폐기물을 둘러싸는 재질은 지질학적으로 안정하고, 틈새가 없어야 하며(틈새는 유출된 오염물이 이동할 수 있는 통로를 제공하기 때문에), 열전도도가 좋아야 하며(방사성 물질에서 발생한 열을 사라지게 하기 위해), 화학적 흡착력이 우수해야 한다.

이는 힘든 주문이기는 하지만 많은 과학자들은 이러한 조건에 맞는 적절한 장소를 찾고 영구처분 시설을 설계하는 것이 기술적으로 가능하다고 보고 있다. 고준위 핵폐기물의 영구처분에서 지금까지의 중요한 선택에는 폐기물을 격리 저장시키는데 자연 암석의 성질을 이용하는 지질 격리도 포함되어 있다. 이는 다중방벽개념을 조합한 것으로 어떤 오염물이 유출되는 과

것이다.

이는 싸고 깨끗하고 고갈되지 않는 동력원임을 떠올리게 한다. 그런데 우리는 왜 핵융합으로 공급되는 에너지를 이용하지 않는가? 핵융합은 별의 중심부에서 일어나는 핵반응 과정으로서 태양에 의해 생성되는 막대한 열 에너지를 설명해 주는 과정이다. 그러나 간단하게 말하면 그것이 문제이다. 두 원자가 융합하기 위해서는 주변의 조건이 온도가 1억 도에 이르는 별의 중심부 조건과 유사해야 한다. 원자핵이 상온에 가까운 온도에서 융합(상온 핵융합)될 가능성은 많은 과학자들로 하여금 이러한 에너지 '마법의 잔' 에 대하여 연구하게 유인하였으나 핵융합 에너지의 일상적 이용은 아직 실현 못한 목표로 남겨져 있다.

에너지와 사회

이론적으로 이용 가능한 지구계 기원의 모든 에너지 흐름은 $174{,}000 \times 10^{12}$와트(174,000테라와트)이다. 세계 68억 인구는 1인당 평균 1,600와트를 소비하여 총 10.9×10^{12}와트(10.9테라와트)를 소비한다. 그래서 절대적 의미에서 에너지 고갈에 직면한 것은 아님이 분명하다. 그러나 우리는 사회적으로 환경적으로 그리고 경제적으로 수용할 수 있는 방식에 의한 사회적 요구를 만족시킬 수 있는 미래의

정에 여러 가지 물리적 그리고 화학적 방벽이 있는 장소에 저장고를 건설하는 것이다. 지질 격리로 제안된 장소에는 폐광된 암염광산이 있다. 암염은 쉽게 깨지지 않는다. 암염 속에 포함된 물질은 수권으로부터 격리될 것이라는 자신감도 또한 있다. 만약 그곳에 물이 순환했다면 암염은 오래전에 녹았을 것이다. 심부관정을 통한 셰일 속 주입이 제안되어 왔다. 이는 최소한 10억 년 동안의 자연적인 핵분열 부산물을 포함한 셰일 층이 있는 서아프리카 가봉에서의 자연 발생 핵분열 장소에 대한 과학적 연구에 기초한다. 캐나다의 모형은 고준위 폐기물의 영구처분 시설을 캐나다 순상지의 안정한 화강암 속 지하 심부에 건설하는 것이다. 의회에 의해 거부되었지만 2009년까지 미국의 계획은 고준위 방사성 폐기물의 영구처분장을 네바다 유카 산의 밀도가 큰 화산암 속에 건설하는 것이다. 이러한 제안은 유카 산이 과거 지질 시대에 화산 활동이 있었다는 사실로부터 부분적으로 촉발된 논쟁에 의해 홍역을 치루었다. 처분장까지 방사성 폐기물의 운송, 주변의 광물자원 존재, 그리고 지하수 수위 변동은 또한 안정성에 의문을 증가시킨다. 미국에서 고준위 방사성 폐기물의 영구처분에 명확한 대안적인 장소는 아직 없다.

그림 C18.1 방사성 폐기물 관리

(A) 핵반응로는 인간의 접촉을 비롯하여 수천 년 동안 수권과 생물권으로부터 격리되어야 할 방사성 폐기물을 생산한다. 사진은 10개 반응로에서 재처리된 폐기물이 처분되기 전에 5년 동안 저장되어 온 폐기물 저장고에서 프랑스 기술자가 방사선 검색기를 사용하고 있는 모습이다. (B) 현재 미국에서 핵폐기물은 39개 주에서 125개의 임시 저장소에 저장되어 있다. 아직 영구저장소는 건설되지 않았다. 2009년 미국 정부는 아래 사진에서 보이는 네바다 유카 산의 영구처분 시설 건설 제안을 최종적으로 거부했다.

에너지원을 찾아야 할 필요가 있다고 생각한다. 오늘날의 주요 관심은 현대 산업사회를 견인하는 주요 에너지원인 화석 연료의 계속적 의존에 의한 환경 피해와 이러한 재생 불가능한 자원을 어떻게 안정적으로 공급할 수 있을지에 대한 논란이다.

화석 연료 이용의 피해

화석 연료 이용은 채광, 처리, 운송에서부터 연료의 연소에 따른 방출까지의 모든 단계에서 환경 피해를 일으킨다. 석탄은 가장 풍부한 화석 연료이지만 그 사용은 근본적으로 대기오염이라는 가장 큰 환경 피해를 수반한다. 채광된 대부분의 석탄은 궁극적으로 전기 발전기에 필요한 증기를 만들기 위해 보일러에서 연소되거나 철광석 제련과 강철 제조의 필수 성분인 코크스로 전환된다. 석탄은 종종 노천으로 채광되어 지표환경을 광범위하게 악화시킨다. 지하에서의 석탄 채굴도 특히 유해할 수 있다. 작은 석탄 가루는 연소성이 매우 높으며, 지하에서의 화재, 폭발 그리고 붕괴를 비롯한 역사상의 대규모 광산재해는 석탄광산에서 발생하였다.

천연가스와 원유는 유체여서 유정을 뚫어 지표에서 채굴한 후 파이프라인, 트럭, 유조선을 이용하여 운송한다.

환경적 피해는 시추 위치에서, 운송 중에 그리고 이용의 결과로 발생한다. 기름 유출은 시추와 파이프라인 또는 트럭에 의한 운송 중에 일어나는 가장 가시적인 피해이다. 원유는 수백 가지 화학성분으로 구성되며, 그중 많은 것들은 유독하며 유출은 지역 환경을 완전히 파괴시킬 수 있다.

기름 유출이 가장 잘 알려진 예는 가장 큰 규모는 아니지만 유조선 액손 발데스가 알래스카의 프린스 윌리엄 사운드 해안 부근에서 좌초된 1989년에 일어났다. 수백 킬로미터에 달하는 알래스카의 해안선은 원유로 오염되었고 수만 마리의 새, 물고기, 포유동물이 죽었고 그 결과로 초래된 민사소송의 해결과 환경회복에 20년 이상이 소요되었다. 그러나 액손 발데스 기름 유출은 BP사의 연안시추선 딥워터 호라이즌 호의 폭발과 화재가 발생한 2010년 4월에 완전히 그리고 극적으로 관심에서 멀어졌다. 시추선은 결국 침몰하여 11명의 선상 작업원이 사망하고 하루에 수백만 리터의 두껍고 끈적끈적한 유독성의 원유를 멕시코 만에 유출하였다(그림 18.24). 심해저 유정을 막거나 분출된 원유를 모으려는 두 달 동안의 노력은 대부분 성공하지 못했다. 이 유출 사고는 북아메리카 수역에서는 최대 규모였으며 역사상으로도 가장 크고 파괴적인 기름 유출이었다.

액손 발데스, 딥워터 호라이즌 그리고 다른 주요 기름 유출과 그 결과로 기울이는 정화 노력은 기름이 해양과 연안 환경에서 어떤 과정에 의해 분산되는가에 대한 과학적 지식과 특히 춥거나 바람이 강한 환경에서 유출된 원유를 가장 효과적으로 정화하는 기술 사이의 간격을 드러내 주었다. 이러한 사건들은 원유의 채굴과 운송에 관한 기술과 절차뿐만 아니라 기름유출과 정화에 대한 법적 그리고 재정적 책임에 관한 많은 논란을 일으켰다.

기름 유출은 석유에 수반되는 근본적인 환경문제는 아니다. 원유와 천연가스(그리고 석탄)의 연소는 CO_2, SO_2, NO_x, 그리고 부유성 고형물을 비롯한 대기 배출물을 방출하는데, 이들은 환경에 막대한 피해를 발생시킨다. 화석연료의 연소로 발생한 대기 중 분진은 매우 작은 그을음 입자로서 호흡기 문제와 기타의 건강 위해를 일으킨다. 이산화탄소(CO_2)는 지구온난화와 연관된 인위적인 온실효과의 한 원인이다. 이산화황(SO_2)과 질소산화물(NO_x)은 대기권에서 물과 반응하여 산이 생성된 후 건조한 산성 퇴적물이나 산성비로 지표에 떨어진다. 석탄에는 특히 CO_2와 SO_2의 방출량이 높다. 석탄 화력발전소에는 보통 공기정화시설을 장착하는데, 이는 연소 후의 배출물들 중에서 황을 제거한다.

지난 수십 년 동안의 가장 큰 환경적 논란은 연안 지역, 국립공원, 야생동물 보호지와 같은 환경적으로 민감한 지역에서 원유 시추를 허락할지 여부에 집중되었다. 많은 원유 및 천연가스 광상이 알래스카 푸루도 만과 같은 야생보

그림 18.24 원유 이용이 미치는 영향
(A) 2010년 5월 6일 멕시코 만에서 의도적인 화재 발생 동안에 원유의 연소로 검은 연기구름과 화염이 치솟고 있다. 미국 해안 경비대가 BP사의 연안 시추선 딥워터 호라이즌의 4월 20일 폭발에 따른 기름 확산 방지를 지원하기 위해 연소 작업을 수행하였다. (B) 딥워터 호라이즌의 기름 유출에 따라 동물 구호를 위해 고용된 팀원들이 기름을 뒤집어쓴 갈색 펠리칸을 세척하고 있다.

호 지역에 위치한다는 사실은 이러한 논란을 증폭시켰다. 시추는 염수나 가열된 유체(지하의 탄화수소를 추출하는 데 이용됨)의 방출과 같은 영향을 지역 환경에 미친다.

우리는 고갈에 직면할 것인가

세계에 남아 있는 원유는 얼마나 될까? 이는 극단적으로 논쟁적인 질문이다. 이미 지표 밖으로 뽑아낸 원유가 약 9,500억 배럴이라고 추정되어 왔다. 시추에 의해 상당량의 추가적인 원유가 발견되었지만 아직 개발을 기다리고 있다. 아마도 발견될 원유가 상당량이 남아 있을 것이다. 퇴적분지 층의 부피가 정확하게 추정될 수 있는 석탄과는 달리 미발견 원유의 부피는 100년 동안의 시추에서 축적된 경험에 근거하여 추정할 수 있을 뿐이다. 동부 텍사스와 같이 집중적으로 시추된 지역에서 발견된 원유의 양을 아는 전문가들이 암석 유형과 구조가 동부 텍사스와 유사한 다른 지역에서 그 양을 추정할 수 있다. 이러한 방법과 세계 퇴적분지(그림 18.25)를 고려하여 전문가들은 어딘가에서 2조 1,000억에서 3조 배럴의 원유가 궁극적으로 더 발견될 것으로 추정하고 있다.

화석 연료의 공급은 미래의 수요를 충족시킬 수 있을까? 우리가 측정 단위로 배럴을 이용한다면 모든 화석 연료의 양을 직접적으로 비교할 수 있다. 약 0.22톤의 석탄은 1배럴의 원유가 내는 열 에너지와 동일한 양의 에너지를 생산한다. 따라서 회수 가능한 석탄 추정치 $13{,}800 \times 10^9$톤은 약 63조 배럴의 원유와 동일한 양이다. 세계 원유 사용량(연간 300억 배럴)을 고려하면 석탄만이 우리의 장기적인 수요를 감당할 능력을 가진 것으로 보인다.

우리가 한계에 직면하면 어떤 일이 일어날까? 우리는 증대된 에너지 효율과 보전의 결과로 에너지 수요량은 안정될 것이라고 기대한다. 그러나 현실적으로 화석 연료 수요량이 지속적으로 감소하거나 다른 연료가 원유를 가까운 미래에 대체할 것 같지는 않다. 앞으로 20년 동안 알려진 원유와 천연가스 광상은 수요를 충분히 만족할 것으로 보인다. 그러나 공급량이 줄면 가격은 상승한다. 가장 풍부하지만 가장 환경 피해가 큰 화석 연료인 석탄은 21세기 중반 이후의 세계 수요량에 맞게 충분히 공급될 수 있을 것이다.

화석 연료의 환경 피해에 대한 관심 증대는 필연적으로 대체에너지원에 대한 관심 증대로 이어졌다. 국가안보에 관한 논란과 정치적으로 불안정한 국가로 부터의 수입 필요성은 이에 대한 관심을 더욱 증대시켰다. 한편 화석 연료 공급량의 감소는 가격의 상승을 유도하기 때문에 에너

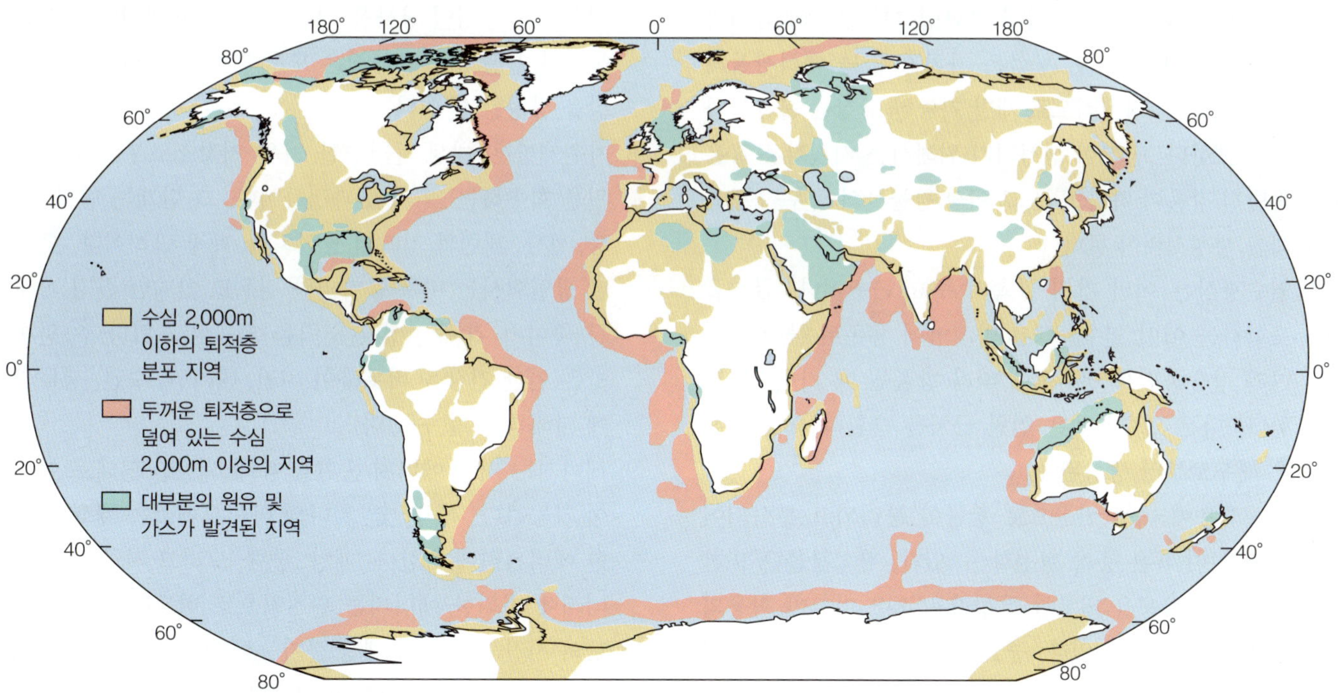

그림 18.25 **남아 있는 원유는 얼마나 될까**
지도는 퇴적암으로 덮여 있는 지역과 막대한 양의 원유와 가스가 매장된 지역을 보여준다. 수심 2,000m가 넘는 해양의 퇴적암은 원유와 가스 부존의 잠재 지역으로 지금도 탐사 중에 있다.

지 단위 소비량에 대한 생산량인 에너지 효율을 강화하는 데 더 많은 관심을 기울여야 한다. 산업화된 국가에서 이용되는 기술의 에너지 효율은 지난 10여 년 동안 증가(같은 일을 수행하는 데 더 적은 양의 에너지를 이용)해 왔다.

만약 우리가 어떻게든 화석 연료에 의존할 수 없게 되면 이용 가능한 다양한 기원의 여러 에너지원이 있다는 것은 분명하다. 아직 분명하지 않은 것은 환경을 파괴하지 않고 미래 자원 이용 가능성을 위협하지 않는 방식으로 이들 에너지원을 이용하는 방법을 배울 정도로 우리가 현명할지 아닌지 그리고 그때가 언제인가 하는 것이다. 우리 에너지 수요의 막대한 부분을 감당하기 위해 대안적이고 재생 가능하거나 혹은 비고갈성인 에너지원을 찾는 것은 당연한 일이다.

이 책의 마지막 장에서 우리는 지구계에서 일어나고 있는 인간활동에 의한 여러 변화들과 이 변화들의 규모, 정도, 가역성에 대하여 전반적으로 살펴볼 것이다.

요약

1. 금속광물은 제련에 의해 광물로부터 추출되는 금속을 위해 채광된다. 비금속광물은 그들의 물리적 혹은 화학적 성질을 위해 채광된다. 재생 불가능한 광물자원을 보전하고 사용에 따른 피해를 극소화하는 것은 사용 가능 물질의 재활용과 유해 폐기물의 관리를 통해 자원 순환을 차단하는 것이다.
2. 광상은 어떤 광물이 국부적으로 부화된 것이다. 광석은 광상으로부터 경제성 있게 추출될 수 있는 하나 또는 그 이상의 광물들이다. 광석이 부화될수록 광상의 품위와 가치가 높다. 저품위 광석은 가치가 없는 맥석광물의 비율이 높다. 경제적으로 개발 가능한 광상은 불균등하게 분포한다. 광상이 생성되기 위해서는 지질작용 혹은 복합적 작용이 하나 또는 그 이상 광물들의 국부적 부화대를 생성시켜야 한다.
3. 열수광상은 여러 가지 금속의 주요 근원이다. 금속을 포함하는 어떤 열수용액은 마그마에 용존된 물이 마그마가 상승하면서 냉각됨에 따라 방출될 때 기원하기도 한다. 다른 열수용액은 열원 근처를 순환하는 강수 혹은 해수로부터 생성된다.
4. 변성작용에 대한 반응으로 광물이 분리되고 부화되어 뚜렷한 띠 혹은 층을 형성할 수 있다. 광석광물은 또한 분별정출 작용을 비롯한 화성작용 혹은 마그마 작용의 결과로 부화될 수 있다. 중요한 마그마 광상은 맨틀 포획암과 다이아몬드의 기원인 킴벌라이트가 있다.
5. 퇴적광상은 지표면 근처에서 화학적 퇴적작용의 결과로 생성된다. 증발암 광상은 호수 혹은 해수의 증발 동안에 염류가 남겨질 때 생성된다. 해수 내 생화학 반응은 고형 물질을 침전시킬 수 있다. 그 예로 호상철광층은 철광석의 중요한 근원이다.
6. 중광물 입자는 밀도가 다른 쇄설물에 작용하는 유수의 채질작용과 키질작용의 결과로 부화될 수 있다. 이러한 방식으로 생성된 광상을 표사광상이라고 한다.
7. 화학적 풍화작용은 표토와 암석으로부터 용해성 물질을 용해시켜 침투한 강수와 함께 아래로 운반하고 상대적으로 불용성인 광물을 뒤에 남긴다. 용해되어 운반된 물질과 불용성 잔류물질은 모두 각각 부화되어 잔류광상을 생성할 수 있다.
8. 자원개발은 재생 불가능한 자원 저장소로부터 유용자원을 회수하는 몇 가지 과정들이다. 그 단계는 탐사, 채광, 선광, 제련과 기타의 광석처리, 폐광 관리이다. 오늘날 광업회사는 비록 불가피한 경우도 있지만 환경 피해를 줄이기 위해 엄청난 노력을 기울이고 있다. 자원개발은 인간 건강을 비롯하여 지권, 대기권, 수권, 생물권에 피해를 입힐 수 있다.
9. 에너지는 지구 에너지 순환을 통해 다양한 형태로 이용이 가능하다. 목재, 숯, 기타의 바이오매스는 재생 가능한 에너지원에 속한다. 태양, 중력, 그리고 지구 내부 에너지에 기원한 에너지는 원칙적으로 비고갈성이다. 인간의 시간 척도에서 재생 불가능한 에너지원에는 석탄, 원유, 천연가스, 그리고 비재래형 탄화수소가 있다. 핵에너지는 원자의 분리를 수반하므로 진정한 재생 불가능한 에너지원이다. 전 세계에서 재생 불가능한 화석

연료가 에너지 사용량의 절반 이상을 공급한다.

10. 석탄은 지표 환경에서 식물로부터 생성된 고체 화석 연료이다. 물로 포화된 늪과 소택지에서 식물의 유기 잔류물은 집적되고 압축되어 탄화작용의 시작 단계인 토탄이 생성된다. 압축작용, 가스방출, 화학적 변질작용에 의해 토탄은 석탄으로 변한다. 최대 석탄 생성 시기는 석탄기-페름기 그리고 백악기이다.
11. 석유는 자연적으로 산출되는 기체, 액체, 그리고 반고체성 해양환경 기원의 탄화수소이다. 석유 집유장은 유기물을 공급하는 근원암, 원유와 가스가 집적되는 다공성 그리고 투수성 저류암, 석유의 상승과 이동을 막아주는 불투수성 덮개암을 포함한다. 원유 상태에서 석유는 증류되어 중질, 중간질, 경질 부분으로 정제되는데 이는 연료, 비료, 윤활유, 아스팔트, 그리고 플라스틱을 비롯한 여러 가지 합성물질과 섬유를 제조하는 데 이용된다.
12. 비재래형 탄화수소 혹은 합성연료는 타르 샌드, 오일 셰일, 메테인 가스 하이드레이트를 포함한다. 석탄액화, 석탄가스화 그리고 유동층 연소 등의 새로운 탄화수소 처리기술은 탄화수소 자원의 가행 수명을 연장하거나 그 사용에 따른 환경 피해를 억제할 수 있다.
13. 새로운 대체에너지원은 화석 연료보다 환경피해 측면에서 유리하지만 각각이 나름의 한계점, 문제점, 그리고 환경 피해를 갖고 있다. 어떤 것들은 특별한 장소에 한정되는 경우도 있고, 모두가 원천 에너지를 사용가능한 동력으로 바꾸기 위한 기계시설을 건설하는 데 어느 정도의 재생 불가능한 광물자원의 이용을 필요로 한다.
14. 집적형 혹은 자연형 태양열은 가정 및 온수 기기의 운용에 유용하다. 설비형 태양열은 팬 혹은 펌프를 이용하여 저장하거나 분배할 수 있으며, 태양전기 발생장치 혹은 광전지를 통하여 전기로 바꿀 수 있다. 태양에너지의 이용과 관련된 가장 심각한 문제는 일사량의 시 · 공간적 변화로 최대 에너지 수요 시점에 부응하지 못한다는 데 있다. 풍력과 파력 에너지는 태양 에너지의 간접적인 표현이다. 이들은 가격 경쟁력은 있지만 특정한 조건의 적격지에 한정된다.
15. 수소연료는 전기분해법에 의한 물의 분해로부터 얻을 수 있다. 수소와 기타의 다른 연료는 전기화학반응으로 에너지를 생산한다는 점에서 축전지와 유사한 연료 전지로 사용될 수 있다.
16. 바이오매스 에너지는 지구 식물체로부터 얻을 수 있다. 주로 목재, 토탄, 동물 배설물 그리고 농산 폐기물인 바이오매스 연료는 세계적으로 특히 개발도상국에서 널리 이용되고 있다. 유기물의 바이오 가스 전환, 매립지에서 발생하는 메테인가스 포집, 농작물 잔해의 알코올 연료 전환 등은 중요한 새로운 기술이다. 바이오매스 에너지의 단점은 식량으로서의 농작물을 전용하는 것과 유기 폐기물의 제거로 영양분의 토양 재순환을 막는 것이다.
17. 물에 의해 얻어지는 유일한 동력원인 수력발전은 전세계 에너지 수요의 상당 부분을 충족하며 아래로 흐르는 물 에너지로부터 발생한다. 수력발전은 청정 에너지원이지만 거대한 수력발전 댐과 저수지에 수반된 환경적 측면의 부정적인 효과가 있다. 조력 에너지는 물과 중력이 관련된 또 다른 에너지원이다. 특정 지역에서 조력 에너지의 유용성은 해안선의 모양에 달려 있는데, 이는 조력 에너지가 지역적으로만 중요함을 의미한다.
18. 지열 에너지는 난방과 온수를 위해 상업적으로 이용된다. 가장 쉽게 개발된 지열광상은 열수 저장소인데 이들 대부분은 판 경계 가까이에 분포한다. 근본적으로 지열 에너지는 비고갈성이지만 특정한 저장소의 집중적인 개발은 지역적인 고갈로 이어질 수 있다. 가장 최신 기술인 지열펌프는 지표와 지하 물질 사이의 미소한 온도구배를 이용하여 에너지를 회수한다.
19. 핵 에너지는 무거운 원자를 가벼운 원자로 분열을 유도할 때 발생할 수 있다. 분열은 연쇄반응을 하는 ^{235}U와 같은 핵분열 물질을 이용하여 분열 핵반응로 내부에서 일어난다. 핵에너지는 청정 에너지원이지만 수천 년 동안 생물권과 수권에서 고립시켜야 할 방사성 폐기물을 발생시킨다. 고준위 방사성 폐기물의 영구 처분을 위한 대부분의 계획들은 지질 격리에 의존한다. 핵융합은 싸고 깨끗하고 사실상 비고갈성 에너지이지만 상온 융합은 실현하지 못한 목표로 남아 있다.
20. 우리는 사회적으로 환경적으로 그리고 경제적으로 수용할 수 있는 방식에 의한 사회적 요구를 충족시킬 수 있는 대체에너지원을 찾아야 할 필요가 있다. 화석 연료 사용에 따른 환경적 피해와 공급에서 발생할 수 있는 부족량이 주요 관심사이다. 화석 연료 사용은 채광,

제련, 운송에서 연소에 이르는 모든 단계에서 환경 피해를 발생시킨다. 화석 연료 자원 중에서 환경적으로 가장 큰 피해를 주는 석탄만이 장기적 수요를 충족시킬 수 있는 자원량을 갖고 있다. 환경 피해에 관한 관심, 공급량의 감소, 화석 연료 사용 가격의 상승은 필연적으로 대체에너지원에 큰 관심을 갖게 할 것이다.

주요 용어

광상(mineral deposit)
광석(ore)
광업(mining)
금속광물(metallic mineral)
매장량(reserve)
맥석(gangue)
바이오매스 에너지 (biomass energy)
분열(fission)
비금속광물(nonmetallic mineral)
산성 광산 배수(acid mine drainage)
석유 집유장(petroleum trap)
석유(petroleum)
석탄(coal)
석탄화작용(coalification)
성숙(maturation)
수력(hydroelectric power)
수소연료(hydrpgen fuel)
신재생(new renewable)
연료전자(fuel cell)
열수용액(hydrothermal solution)
오일 셰일(oil shale)
원유(crude oil)
융합(fusion)
잔류광상(residual deposit)
재활용(recycling)
증발암 광상(evaporite deposit)
지열 에너지(geothermal energy)
천연가스(natural gas)
타르 샌드(tar sand)
탄화수소(hydrocardons)
태양 에너지(solar energy)
토탄(peat)
파력 에너지(wave energy)
폐광산 처리(minesite decommissioning)
표사광상(placer deposit)
품위(grade)
풍력 에너지(wind energy)
핵 에너지(nuclear energy)
화석 연료(fossil fuel)

복습 문제

1. 광상이 생성될 수 있는 다섯 가지 과정을 설명하라.
2. 열수용액은 어떻게 생성되며 어떻게 광상을 생성시키는가?
3. 세 종류의 퇴적광상 생성을 간단히 설명하라.
4. 표사광상은 어떻게 생성되는가? 표사광상에서 흔히 발견되는 네 가지 광물 명을 쓰라.
5. 잔류광상은 어떻게 생성되는가? 어떤 종류의 환경이 표사광상을 가장 잘 생성시키는가?
6. 자원개발 과정의 주요 단계에는 무엇이 있는가?
7. 산성 광산 배수의 원인은 무엇인가?
8. 자원 개발이 인간 건강을 포함한 토지, 공기, 물, 생물권에 미치는 주요 환경적 피해에 대하여 요약하라.
9. 토탄은 무엇이고 오늘날 토탄이 생성되고 있는 현재 환경의 몇 가지 예에는 무엇이 있는가?
10. 유기물에서 석탄이 되는 단계를 설명하라.
11. 석유의 근원암으로 작용하는 암석에는 어떤 종류가 있는가? 이러한 종류의 암석에 시추를 하면 정상적으로 석유를 찾을 수 있는가? 왜 그런가?(혹은 왜 아닌가?)
12. 석유가 되는 유기물의 기원은 무엇인가? 석탄이 되는 유기물과는 어떻게 다른가?
13. 다음에 말하는 의미를 지구 에너지 순환과 관련지어 설명하라. "풍력과 파력은 태양 에너지의 표출이다."
14. '비재래형 탄화수소' 란 무엇인가? 비재래형 탄화수소의 주요 유형 두 가지와 최신의 탄화수소 기술 두 가지를 설명하라.
15. 지열 에너지 개발에서의 제한점은 무엇인가? 풍력은? 파력은?

연구와 토론 문제

1. 국립공원, 산림, 원시 지역에서 자원개발은 허용되어야 하는가?
2. 여러분이 살고 있거나 연구하고 있는 지역에서 경제성이 있는 광상이나 중요한 에너지원이 있는가? 있다면 어떤 종류인가? 어떻게 생성되었고 어떻게 탐사되고 있는가?
3. 재활용은 미래에 이용 가능 금속 자원을 만드는 역할을 할 것인지 논의하라. 새로운 금속 광물의 채광이 중단되는 시나리오를 상상할 수 있겠는가? 여러분은 재생 불가능한 자원의 지속적 개발이 가능하다고 생각하는가?

기초 원리 문제

1. 자원량과 매장량의 차이는 무엇인가?
2. 광석과 맥석을 정의하라. 광석과 광상의 차이는 무엇인가? 맥석과 광미의 차이는 무엇인가?
3. 석유 집유장의 생성에 필요한 환경은 무엇인가?

자세히 보기 문제

1. 방사능이란 무엇인가?
2. 핵폐기물 문제는 왜 발생하는가?
3. 오늘날 가장 일반적인 핵폐기물 처분 방법을 설명하라.

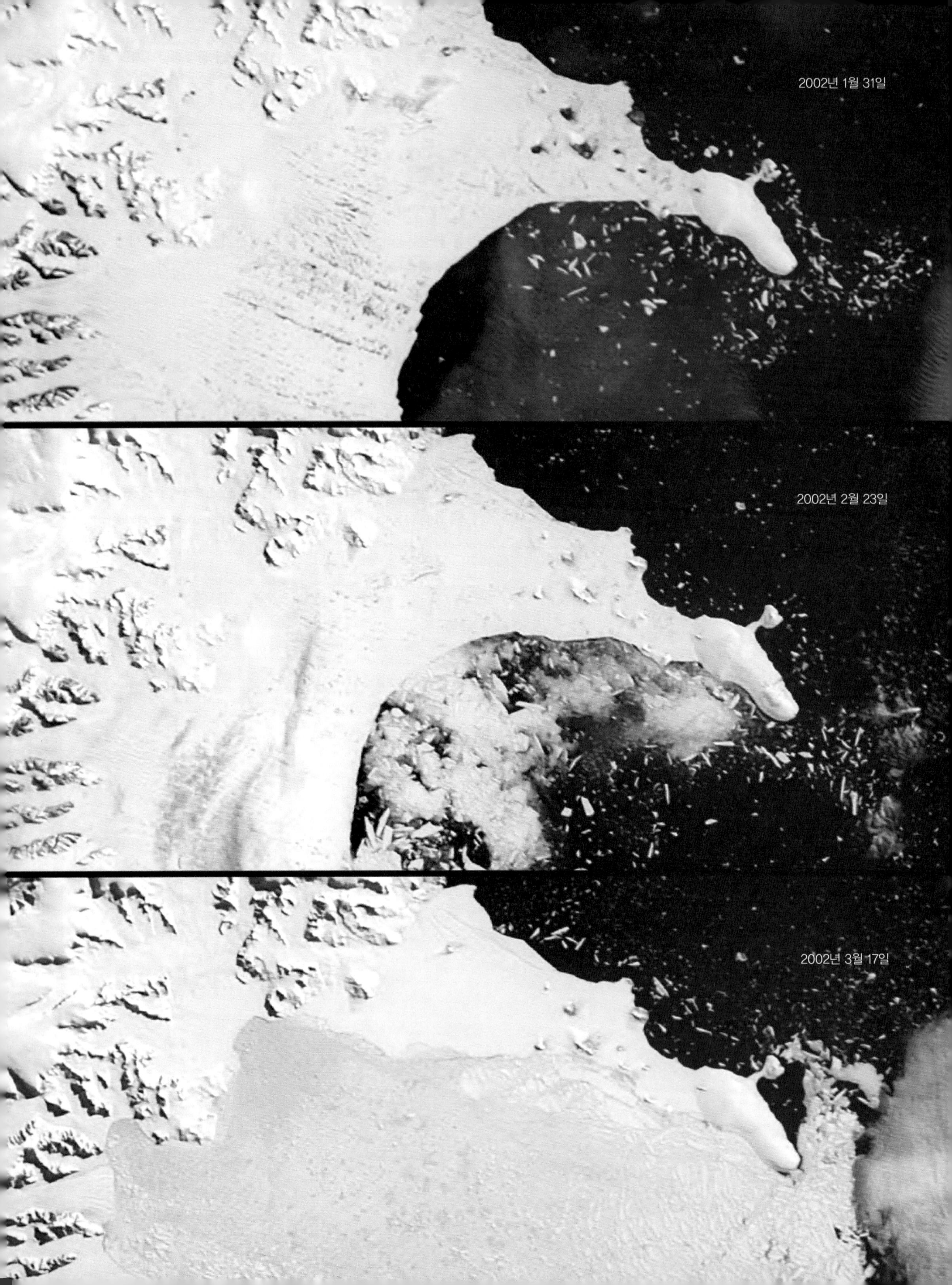
2002년 1월 31일
2002년 2월 23일
2002년 3월 17일

CHAPTER

19

변화하는 지구계

개요

이 장에서 우리는

- 인구 증가와 생활 양상이 지구계에 미치는 인간의 영향에 어떻게 기여했는가를 조사한다.
- 지구계의 관리에 대한 우리들의 접근법에서 과학적 불확실성의 역할을 다룬다.
- 지권, 수권, 대기권, 생물권에 대한 인간 활동의 영향을 지구 규모로 요약한다.
- 인류에 의한 기후의 불안전성의 가능성과 잠재적인 영향을 평가한다.
- 전 지구 규모로 일어나는 지구계 변화에 대한 인간의 책임을 고찰해 본다.

◀ **남극 빙붕의 붕괴**

이 인공위성 영상은 라르센 B라고 하는 라르센 붕빙의 일부가 2002년 2월과 3월 사이 수 주 동안 남극 해안에서 붕괴되는 장면을 보여준다. 빙하의 붕괴는 여름철의 더운 온도에 의하여 가속되는데, 그 이유는 빙하가 녹은 물이 남극 대륙빙하의 육지 쪽 가장자리를 따라 발달한 크레바스를 채우면서 압력을 증가시키기 때문이다. 이 붕빙의 일부는 두께가 20m 이상, 면적은 미국 로드아일랜드 주보다 더 넓다. 이것은 일련의 주요 남극붕빙 붕괴의 하나이다.

인류의 전역사 동안 인간은 지구에 대한 중요한 문제에 대하여 의문을 가져왔다. 우리 행성의 주된 모습은 어떻게 만들어졌는가? 육지, 바다와 대기는 지금 있는 것처럼 항상 같은 모습으로 존재했는가? 우리 행성에 서식하고 있는 수많은 생명체 내에서 우리 인류는 어떤 존재인가? 지구계가 우리 생존에 필요한 자원들을 계속해서 공급할 수 있다고 어떻게 보장할 수 있는가? 인류의 수가 증가하고 자원 소비의 수준이 증가하는 동안 이런 문제들은 더욱 중요해지고 있다.

이 책에서 지구는 닫힌계로 기능하는 것으로 배웠는데, 이 계는 제한된 물질 자원과 제한된 폐기물-흡착 능력을 가진다. 또한 인간의 행동이 이 계에 일부는 오래 지속되거나 어떤 것은 영원히 지속되는 심각한 영향을 초래하였다고도 배웠다. 앞 장들에서 이런 영향에 대해서 많이 배웠는데, 이 장에서는 인간 행위의 지구 규모에서 축적된 영향에 대해 주안점을 두고 검토할 것이다.

인간이 일으킨 변화에 대한 이해

1840년대에 소로(Henry David Thoreau)는 매사추세츠 주 케이프 코드를 여행하다가 코드의 맨 끝인 프로빈스타운에서 대서양을 보았다. 그 당시 케이프는 어부와 농부로 이루어진 시골 마을이었다. 소로에게 이곳은 인간 행위에 의하여 전혀 영향을 받지 않을 것처럼 보이는 지구 표면의 가장 야생스러운 지역으로 여겨졌다. 그는 "대양은 벵갈 정글보다 거칠고, 각종 요괴로 가득찬 지구를 둘러싼 황무지이다."라고 적었다. "산업화가 진행됨에 따라 뱀, 곰, 하이에나, 호랑이 등은 급속하게 사라졌지만, 가장 인구가 많고 산업화된 도시는 부두로부터 먼 곳에 사는 상어를 무서워하지 않았다."[1] 그러나 그는 이미 진행 중인 사건들에 의하여 대양과 지구계 전체가 인간이 일으키는 변화로 연결되고 있다는 것을 거의 인식하지 못하였다.

소로의 고향 매사추세츠 주에서 멀리 떨어진 대양에 가해지는 인간의 두 가지 행동—해양생물의 직접 포획과 해수의 화학적 변질—은 이미 영향을 미치고 있었다. 케이프 코드를 방문하던 중 고래 기름을 수확하기 위하여 작은 고래를 해안가로 끌고 오는 장면을 소로는 목격하였다(그림 19.1). 그는 이것을 흥미 있는 경제 활동이라고 기록하였는데, 인간의 행동이 궁극적으로 고래의 멸종을 일으킬 정도로 심각하다는 것을 그 당시에는 예견하지 못하였다. 그 이후 매사추세츠 주 뉴베드포드를 출발하는 포경선들은 수염고래를 사냥하기 위하여 새로 개발된 특수한 총과 작살로 무장하였다. 21세기 초 현대적 장비를 갖춘 포경선들이 스쿠너선을 대체하였으며, 사냥 능력이 월등히 강화되었다. 제1차 세계대전이 발발한 1914년경 이 거대한 포유동물의 수는 50,000마리에서 3,000마리로 급감하였다. (1966년 도입된 고래 포획 금지 덕분에 현재 수염고래의 수는 초기 수준의 절반인 25,000마리로 회복되었다.)

그림 19.1 초기 고래잡이
19세기 목판화에 기록된 뉴잉글랜드 주 해안 근처에서 행해졌던 1800년대 고래잡이와 같은 인간 행위는 이미 대양 생태계에 충격을 주기 시작하였다.

소로 시대 이후 인간은 지구 환경에 영향을 주는 많은 기술을 발달시켰다. 이런 기술의 이용과 생활 방식에 의한 영향은 순전히 지구에 살고 있는 인간의 수에 의하여 배가 되고 있다. 인간 전체는 지구 역사를 통하여 남세균을 제외한 어떤 생명체보다도 더 많은 정도로 지구계에 변화를 일으키고 있다.

---

1) Thoreau, Henry David, *The Writings of Henry David Thoreau*, vol. 4, p. 188, Houghton Mifflin, 1906.

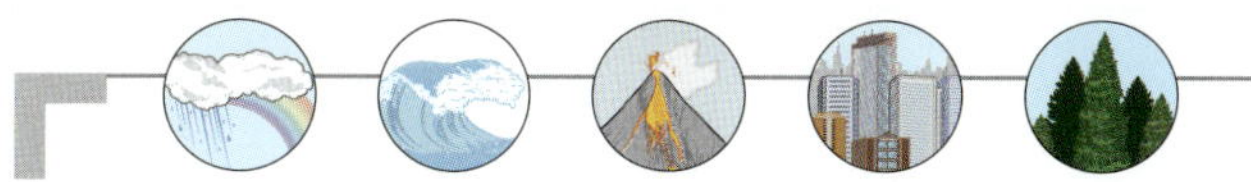

관련짓기

남세균은 지구계에 어떤 기본적인 변화를 초래하였는가?

IPAT 식

지구계에 대한 인간의 영향을 정량화하고, 인구, 생활양식, 기술과 환경 사이의 상호작용을 탐색하는 한 가지 방법은 **IPAT 식**(IPAT eguation)이다.[2)]

이 식은 수학적인 식이라기보다 개념적인 상관관계식이며, 인간의 영향(I)을 인구(P), 소비와 쓰레기 발생의 영향(A), 그리고 기술(T)의 함수로 표현한다. 인간 행위의 영향에 대한 특정 환경의 감지도(S)를 설명하기 위해 부가항이 추가된다. 관계식은 다음과 같다.

$$I = P \times A \times T \times S$$

이 식에 실제값을 넣는 것은 어렵다. 예를 들어 기술의 영향을 생활양식의 영향에 직접 비교할 수 있게 정량화할 수 있겠는가? 그럼에도 불구하고 IPAT 식은 지구계에 대한 인간 행동의 영향을 토론하는 데 유용한 체계를 제공해 왔다. 1970년대 초 IPAT 식을 유도하는 연구가 수행되었을 때 환경적인 영향은 일반적으로 인구라고 생각되었다. 그러나 이 식은 기술적 영향, 인구, 쓰레기 발생과 생활양식에 관계되는 요소 역시 중요다는 것을 보여준다.

가난과 풍요

지구의 수용 능력(제16장)은 120억 또는 80억 인구를 유지하기에 충분한가? 인구가 70억에 육박함에 따라 지구의 장기간 수용 능력이 이미 한계에 도달한 것은 아닌가? 이 문제에 대한 단순한 해답은 없다.

인구와 관련된 흥미 있는 주제는 IPAT 관계에서 증명된 것처럼 인구수가 생활양식과 자원 이용의 수준에 관계된다는 사실을 통해 지구계에 대한 우리의 영향이 어떠하냐는 것이다. 빈곤한 나라들은 출산율이 매우 높고 그래서 다음 세기 세계 인구 증가의 대부분을 차지할 것이다. 이 나라들은 지속 가능한 한계 이상으로 지구의 인구를 초과시켜 아직 태어나지 않은 많은 사람들은 가난 속에서 생존해야 할 것이며, 이것이 환경의 악화를 일으킬 것이다. 미국의 브룬트랜드 보고서[3)]에서 언급한 것처럼 "가난하고 굶주린 사람들은 생존하기 위하여 그들의 주변 환경을 자주 파괴할 것이다. 그들은 삼림을 황폐화시키고, 가축들은 과도하게 방목되어 주변 초지들을 파괴하며, 불모지를 지나치게 이용하며, 인구 증가에 따라 복잡한 도시를 더욱 복잡하게 할 것이다. 이런 변화의 종합적인 효과는 가난 자체가 주요한 지구의 재앙이 될 정도로 지대한 영향을 가져온다." 빈곤은 환경의 악화에 기여하고, 가난한 사람들은 이런 환경 악화에서 가장 심하게 영향을 받는 피해자가 된다.

한편 자원 이용의 집중과 비율에 근거하여 인간의 영향을 측정한다면 무엇을 사용해야 할까? 1인당 인구에 근거하여 미국은 멕시코보다 철강은 4배, 알루미늄은 23배 많이 사용한다. 일본의 평균 강철 소비량은 중국보다 9배 많다. 캐나다는 1인당 에너지 소비량에서 세계 상위권에 속한다. 재충전이 불가능한 자원의 전체적인 사용량에 있어, 스위스는 소말리아보다 40배 많이 소비한다. 관점은 스위스, 소말리아, 미국, 캐나다인의 생활양식이 옳으냐 틀리냐가 아니다. 지구의 수용 한계를 충족시키기 위하여 모든 사람들의 생활 수준을 낮출 수는 없다. 관점은 우리가 택할 수 있는 많은 선택이 있고, 자원을 현명하게 이용할 수 있는 많은 방법이 있고, 생활을 효율적으로 행할 수 있는 많은 방법이 있다는 것이다. 소말리아 가족이 39명의 아이를 가질 수 있고, 스위스나 북아메리카 가족처럼 많이 소비하지 않는다는 것은 인구와 자원 이용에 있어 다소 다른 관점을 제공해 준다.

생태 발자국

우리의 현대 생활양식을 유지하기 위하여 우리가 점유하고 있는 물리적 공간보다 훨씬 넓은 지역으로부터 자원을 가져와야 한다. 대양에서 잡힌 생선, 남아메리카에서 키운 소고기로 만든 햄버거 또는 캘리포니아 임페리얼 밸리에서 재배한 딸기를 먹어본 적이 있는가? 그렇다면 여러분은

2) 최초의 IPAT 식으로 판단해 볼 때 IPAT 관계식을 최초로 언급하고 이 관계식을 초기에 연구한 사람들은 에를리히, 할덴, 커머너인 것으로 여겨진다.
Ehrlich, Paul R. and John P. Holdren, 1971. Impact of Population Growth. *Science*, 171: 1212-1217.
Commoner, Barry, 1972. The Environmental Cost of Economic Growth. In: *Population, Resources and the Environment*. U.S. Government Printing Office, Washington, DC. pp. 339-363.

3) *Our Common Future* (1987), commonly known as the Brundtland Report, was the report of the United Nations' World Commission on Environment and Development, in which the term *sustainable development* was first popularized.

기초 원리

인구 증가

과학자들은 아주 최근까지 인구 규모에 대한 직접적인 지식을 거의 가지지 못하였다. 지구의 인구를 추산하기 위한 첫 번째 시도는 17세기 말 무렵에 있었는데, 그 당시 인구는 약 7억 명이었다. 국가적인 인구 조사는 18세기 동안 인구 추산을 개선하는 데 많은 도움을 주었지만, 제2차 세계대전이 끝난 후에야 지구의 인구에 대한 추산은 과학적으로 신뢰할 수 있게 되었다. 초기의 인구 추산은 식량으로부터 계산한 인구에 일부 근거하였다. 수렵인들은 공급되는 식량을 남용하지 않는 저밀도로만 생존할 수 있었다. 그러므로 농업의 출현은 인구 밀도를 크게 증가시킬 수 있었지만, 현대 농업에 비하면 훨씬 못 미친다. 이런 종류의 정보, 인류의 분포에 대한 화석과 역사 기록에 근거하여 인구 증가에 대한 추정이 만들어졌다(그림 B19.1).

인류의 역사에서 기술 발전에 의하여 인구가 급등하거나 환경적 저항이나 긴박감 때문에 증가가 느려졌던 시대가 분명히 존재하였다. 그러나 오랜 기간의 경향은 명백하다. 인구가 10억 명에 도달할 때까지는 수백만 년이 소요되었지만(19세기 초반에 도달), 그 수는 곧 2배가 되고 현재 70억 명에 육박하고 있다(2010년 초 기준 68억 명).

현재 인구는 매년 약 1.2%의 비율로 증가하고 있다. 그 비율은 많은 개발도상국에서는 상당히 높고, 일부 산업화된 국가에서는 낮다. 캐나다 전체 인구의 2배에 해당하는 8,000만 명이 매년 증가하고 있지만, 전체적인 성장 속도는 지난 수십 년 동안 꾸준히 감소하고 있다. 인구의 순전한 증가는 인간과 자연계 사이의 상호작용을 증가시키기 때문에, 지구에서 가장 먼 곳에서조차 인간 행위에 의하여 영향을 받는다.

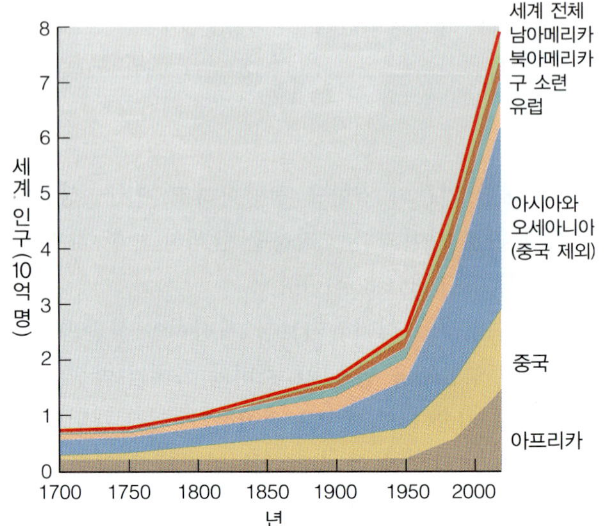

그림 B19.1 탄성 에너지
인구의 매우 급격한 증가는 인류 역사에서 비교적 최근에 일어났다. 역사적으로 볼 때 새로운 기술 발전에 의하여 인구가 급증한 시기와 환경적 저항의 결과로 인구 증가가 느렸던 시대가 존재하였다.

여러분 정원에서 멀리 떨어진 곳으로부터 온 자원을 이용한 적이 있다. 이러한 관념은 **생태 발자국**(ecological footprint)이라는 개념으로 요약된다. 이 개념은 특정 인간이나 공동체를 유지하기 위해서 필요한 자원의 측정치인 땅의 면적이란 용어로 표현된다. 이 계산은 물질적인 생활양식을 유지하기 위한 여섯 가지 범주의 행동에 대한 요구를 이와 동등한 지역 면적(보통 헥타르로 표현됨)으로 변환한다. 여섯 가지 범주에는 식량, 사료 및 섬유용으로 재배하는 농작물, 우유와 고기용으로 사육하는 동물, 물고기, 수확하기 위한 삼림, 건설하는 사회 기반 시설(도로, 건물 등) 및 화석 연료의 연소 등이 포함된다(그림 19.2).

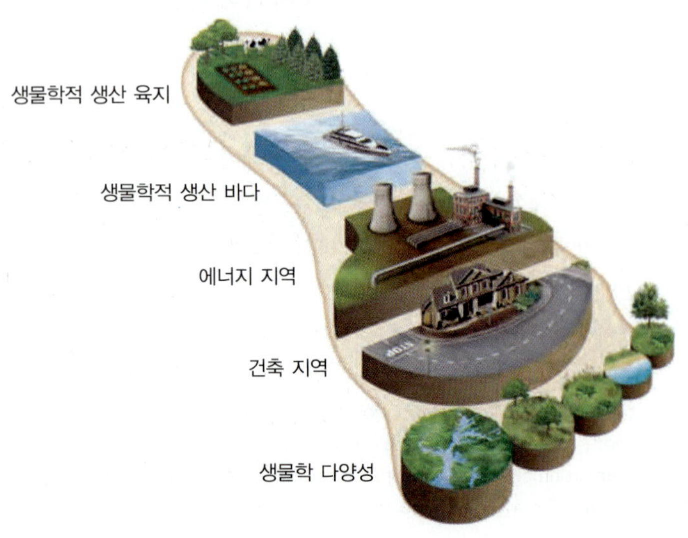

그림 19.2 생태 발자국
생태학적 흔적은 땅의 면적이라는 용어로 표현되는 인간이나 공동체를 유지하기 위해서 필요한 자원을 계산한 것이다. 이 계산은 물질적인 생활 양식을 유지하기 위한 여섯 가지 범주(식량, 사료, 섬유용으로 재배하는 농작물, 사육하는 동물, 물고기, 수확하기 위한 삼림, 건설하는 사회 기반 시설 및 화석 연료의 연소 등)의 행동에 대한 요구를 이와 동등한 땅의 면적으로 변환한다.

자세히 보기

맬더스, 인구 및 자원 부족

전통적으로 인구 성장에 관한 논쟁은 두 가지 집단, 즉 맬더스 학파와 맬더스 모형에 반대한 비맬더스 학파로 나누어진다. 약 200년 전 영국의 경제학자 맬더스(Thomas Malthus, 1766~1834)는 인구 문제에 대하여 매우 유창하게 언급하였기 때문에 그의 주장은 오늘날까지 토론의 핵심으로 남아 있다. 맬더스는 재생산은 우리의 조절을 뛰어넘는 생물학적인 현상이고, 선형함수적으로 증가하는 유용 식량이나 기타 자원과 달리, 인구는 지수함수적으로 증가(제6장)할 것이라고 주장하였다(그림 C19.1). 그 결과 인구는 필요한 자원을 제공하는 지구의 수용 능력을 초과할 것이라고 주장하였으며, "인구의 힘은 인간에게 필요한 필수품을 생산하는 지구의 힘보다 무한정 크다."라고 기술하였다. 맬더스에 의하면, 그 결과는 광범위한 기근, 전염병, 질병, 부족한 자원을 차지하기 위한 전쟁과 죽음이다.

한편 비맬더스 학파는 과학 기술은 지구에 살고 있는 인류의 엄청난 인구 밀도를 유지할 수 있고, 이것은 무한한 미래에도 계속될 수 있다고 주장한다. 확실히 맬더스는 다음 두 가지 관점에서 틀렸다. 인간은 재생산을 제한하는 방법과 선택을 발견하였으며, 기술 발달은 식량과 기타 자원을 제공하는 지구의 수용 능력을 매우 크게 확장하도록 허락하였다.

그림 C19.1 맬더스, 인구 및 자원 부족
맬더스는 인구는 지수함수적으로 증가하기 때문에 식량과 다른 자원을 제공하는 인구의 수용 능력을 결국 초과할 것이라고 예상하였다.

그러나 맬더스 모형은 자원 부족이 투쟁과 전쟁을 유도하고, 파괴적인 환경 변화에 의하여 고향을 떠나는 난민의 수가 증가하는 현재 지구에 더 적절한 것 같다. 지구 규모의 전망에 의하면 지구계가 유한하고, 인구 증가와 유용 자원에 한계가 있어야 한다는 것은 명약관화한 일이다. 정확한 한계는 유용자원과 지구에 생존하는 인구수뿐만 아니라 발달하는 기술 수준과 우리가 유지하기를 원하는 생활의 질에도 달려 있다.

산업화된 세계에 살고 있는 대부분의 인간은 지구에서 개인이 차지할 수 있는 생물학적인 생산 면적(약 2.1ha)보다 훨씬 넓은 생태 발자국을 갖는다. 미국인의 평균 생태 발자국은 약 10ha이다. 캐나다인들은 평균적으로 7ha에서 살고 있으며, 이탈리아인의 평균 생태 발자국은 약 3.6ha이다. 생태 발자국 계산(연구자의 가정에 의하여 변화가 심하지만)에 의하면 현재 지구의 인구 약 70억은 지구의 한계 수용 능력을 이미 초과하였다. 현재 지구가 필요로 하는 자원을 적정하게 충당하기 위해서는 1.3배의 지구가 필요하고, 북아메리카의 평균 소비량 수준으로 지구상의 모든 인류가 살기 위해서는 3개 또는 그 이상의 지구가 필요하다.

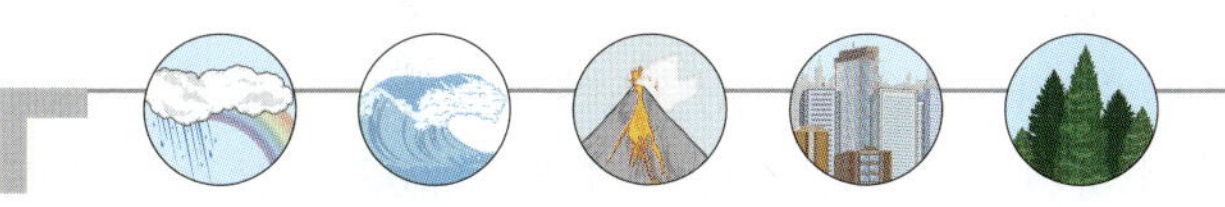

관련짓기

생태 발자국 개념은 수용 능력 개념과 어떻게 관련되어 있는가? (힌트 : 앞의 그림을 아래로 돌려 보아라.) 여러분 자신의 생태 발자국에는 어떤 요소가 있는가? 다시 말해서 여러분 자신이 평균 생활을 유지하기 위하여 사용하는 자원은 지구계의 어떤 권역으로부터 오는가? 생태 발자국 사이트를 방문하여, 여러분 자신의 생태 발자국을 계산해 보라.

과학적 불확실성

사회적으로 법률, 규제, 합의 및 벌금, 수수료와 세금과 같은 경제적 수단에 의하여 환경적 영향을 관리하려고 노력한다. 이런 방법에 대해서 논의하는 것은 이 책의 과학적 범주를 넘어서는 것이다. 그러나 과학적 공헌의 한 측면은 환경적 관리에 있어 특별히 중요한 영향을 미치는데, 바로 그것은 과학에 있어서 불확실성이다.

과학자들은 항상 불확실성에 직면하고 있다. 과학자들이 어떤 문제에 접근할 때 가설을 검증하지만(제1장), 결정적이고 엄한 답변을 제시할 것을 기대하는 경우는 거의 없다. 새롭게 제기되는 새로운 문제는 많지만, 과학적 연구는 거의 대부분 일부에 대한 잠정적 해답을 제시한다. 과학에 있어서, 모든 것이 의문시될 수 있고 시험할 수 있다. 불확실성은 우리가 재미있게 살고 있고, 과학자들이 도전할 수 있는 복잡한 세계를 구성하는 일부이다.

한편 정책입안자들은 불확실성을 피하거나 최소한 감소시키려고 노력한다. 자연적인 사건이 예견될 경우, 정책입안자들은 언제, 어디서 그 일이 일어날 것인지, 어느 정도 규모로 발생할 것인지, 영향이 얼마나 확산될 것인지, 그 영향을 어떻게 준비하거나, 그 영향을 감소시킬 수 있는 방법이 무엇인지 등을 알고 싶어 한다. 자연 재해와 지구 규모의 기후 변화와 같은 사건들을 다루는 데 있어 의사 결정자들과 정책입안자들에게 지구계에 대한 우리의 과학적 이해에 포함되어 있는 불확실성은 특히 시험적인 무대가 된다.

위험 요소에 직면할 때 의사 결정을 하는 한 가지 방법은 예견된 사건의 잠재적인 결과가 수용할 수 없을 정도로 심각하다면 비록 일어날 가능성이 적고, 과학적 불확실성이 존재하더라도 지휘권을 가진 사람들은 이런 결과를 피하거나 약화시킬 수 있는 행위를 할 수 있는 책임을 가진다는 **사전예방원칙**(precautionary principle)에 의존하는 것이다. 과학적인 불확실성을 가지고 있지만, 최악의 시나리오에서처럼 대단히 심각한 결과를 초래하는 기후 불안정과 같은 지구 규모의 문제들은 지구계와 인류의 미래에 영향을 주는 결정을 할 때 많은 사람들에게 사전예방원칙을 언급하도록 한다고 느끼고 있다.

지구계에 미친 인간의 영향

지구계에 대한 우리의 연구를 통해 지구는 균형을 맞추기 위해 끊임없이 변화하며, 복잡하고 동적인 개방계와 순환 과정들로 이루어져 있음을 충분히 깨달았다. 지구의 고체, 액체, 기체 그리고 유기적인 영역들은 서로 긴밀히 연결되어 있으며, 한 계 내 일부분의 변화가 다른 부분에도 영향을 미친다. 거대한 지진은 드넓은 침강해안 지역을 융기시켜서 연안 해양 서식지를 바다 위로 드러내어 파괴시키기도 한다. 화산 폭발은 하천을 막아 다른 배수 체계에도 영향을 줄 수 있으며, 대기로 분출된 화산재와 가스는 지구 전체의 온도를 떨어뜨릴 수 있다. 기압의 변동은 바람과 해양 순환 시스템에 변화를 줄 수 있으며, 엘니뇨 현상으로 이어져 세계 곳곳의 날씨와 해양 생태계에 영향을 미칠 수 있다.

우리는 이러한 자연(환경)의 변화를 관찰하고 측정할 수 있으며, 지구 역사의 자연 기록으로부터 그것을 해석할 수도 있다. 그러나 최근에 와서야 우리는 인간도 지권, 수권, 대기권, 생물권에 막대하고 광범위하게 오랜 기간 지속되는 영향을 미칠 수 있음을 깨달았다. 이러한 (인간의) 영향들 중에는 그 범위가 전 세계에 미치는 경우가 있다. 성층권의 오존 감소와 전 세계 기후 변화가 그 예이다. 다른 것들은 지역적이지만, 이러한 영향들이 오랜 기간에 걸쳐 모아지거나 **누적되는 영향**(cumulative effect)은 지구 전체에 미칠 정도가 된다. 토양 침식, 산성비 그리고 지하수 고갈이 그 예들이다. 이 장의 나머지 부분에서는 인간 활동이 지구계에 가하는 **전 지구적 변화**(global change), 즉 누적되는 장기적인 전 지구적 규모의 변화들을 좀 더 자세히 알아볼 것이다.

지권 : 땅에 미친 영향

땅에 미친 인간의 영향은 대체로 특정 지역에 제한되지만, 지역적 영향들이 가중되면 좀 더 넓은 지역, 나아가 전 지구적 문제가 될 수 있다. 이러한 문제들은 대부분 이미 환경의 변화에 민감해져 있는 땅을 집중적이거나 부적절하게 사용한 경우, 또는 유해물질을 땅(속)에 처분하는 경우에서 비롯된다.

사막화

사막화(desertification)는 이전에 비옥했던 땅으로 사막 조건이 확장되는 것을 말한다(그림 19.3). 이 용어는 토지 황폐화 문제의 연구를 위해 1997년 UN에서 개최한 국제회의에서 만들어졌다. 비록 사막의 확장은 자연현상에 의해 일어날 수 있지만, 건조 지역에서 사람과 가축 수의 증가로 토지가 점점 황폐해져 결국 사막화로 이어질 수 있음을 이제는 인식하게 되었다. 때때로 이러한 현상은 자연적으로 발생하는 가뭄으로부터 비롯되거나 더 악화되기도 한다. 가장 명백한 현상으로는 농작물 수확 실패 또는 수확량 감소, 가축을 먹일 식물 감소, 땔감의 공급량 감소, 지하수 및 하천의 수량 감소로 인한 물 공급량 감소, 그리고 사구의 농경지 침해가 있다.

사하라 사막 남쪽 끝에 위치한 반건조성 지역인 아프리카의 사헬 지역에서 나타난 사막의 심각한 확장은 이로 말미암은 광범위한 기근 발생으로 세계의 관심을 집중시켰다(그림 19.4). 인간 활동으로 인해 일부 지역에서는 사막

그림 19.3 사막화
사막화는 원래는 비옥했던 땅으로 사막 조건이 전진하는 것을 말한다. 이것은 자연적으로 발생할 수 있지만 인간의 활동으로 가속화될 수 있다. 여기 모리타니아의 고대 테켄켓 오아시스로 사구가 들어오는 것을 막기 위해 격자무늬 울타리가 만들어졌다.

그림 19.4 토지 황폐화
가뭄 기간 동안의 과도한 가축 방목으로 인해 말리의 가오 지역에 있는 사헬 지대에 서식하는 많은 식물들이 죽었다. 식생이 사라져 표층은 침식되고 점차 땅은 불모지가 되고 있다.

화가 발생하였음을 확실하게 설명할 수는 있으나, 과학적인 의견은 항상 똑같은 것은 아니다. 예를 들어 몇몇 연구자들은 1931년부터 지금까지 강수량의 30%가 감소하여 건조 지역이 5,000만 헥타르 이상이 증가하였다고 결론 내렸다.

인간과 지권, 생물권, 대기권의 복잡한 관계는 가축의 방목, 가축이 먹는 식물 그리고 대기권을 연결시켜 주는 점진적인 사막화의 가설에서 보여진다. 건조지대에서 동물들이 초목을 섭취하면 지표면의 알베도(혹은 제2장의 반사도)가 증가하는데, 이는 모래나 암석이 초원보다 높은 알베도를 가지기 때문이다. 이는 일사량 중 흡수량보다 반사량이 커져서 지표가 점점 차가워진다. 차가운 지표는 건조 공기의 하강과 이로 인한 강수량 감소를 유발한다. 이와 같이 붕괴된 지역은 점점 사막처럼 변해간다. 즉 영향을 증폭시키는 피드백 작용이 시작됨으로써 사막화의 증가를 촉진시키는 것이다. 엄청난 규모의 소떼가 이동할 때 발굽에 의해 일어나는 모래바람 역시 피드백의 순환작용에 영향을 줄 수 있다.

토양 침식

전 세계 인구가 70억에 이르면서, 농지의 수요가 증가하여 토양 침식이 심각해진다. 비록 토양의 침식이 자연적인 지형 및 기후, 식물군의 변화에 의해서 발생하지만 인간의 활동이 실질적으로 큰 기여를 한다. 예를 들어 침식의 가속화는 삼림 벌채와 매우 밀접한 관계가 있다. 삼림 벌채는 지표수의 유출을 가속화시키며 단단히 고정시킬 뿌리를 잃음으로써 토양을 불안전하게 한다. 습한 열대 지방에서 우림은 대부분의 유기물을 살아있는 식물에 저장한다(이는 흙 속의 죽은 식물들에 보관하는 온대림과는 다른 특성이다). 결과적으로 열대 지방의 토지를 벌목 및 경작하면 유기물이 부족한 토양이 더 빨리 생산성을 잃게 된다(그림 19.5).

광산 개발, 도로 건설 그리고 그 외의 토목 공사 역시 토양의 노출과 이로 인한 침식에 큰 영향을 미친다. 토양에 손상을 주는 다른 활동들

그림 19.5 삼림 벌채와 침식
브라질 아마존의 리오 브랜오 지역의 광범위한 삼림 벌채로 인해 울창했던 열대 우림이 파괴되었고, 이는 땅 위를 흐르는 빗물의 가속화와 깊은 수로 침식을 일으켰다. 숲을 농지나 방목지로 개간하면 그 땅의 흙은 자연적 생산성을 빨리 잃게 되고 거의 쓸모없이 황폐해진다.

로는 집중적인 경작, 잘못 설계된 관개수로, 댐 건설, 그리고 오염인데, 이는 홍수, 토양 속 염분의 증착 및 화학적 오염으로 이어질 수 있다.

그래서 토양 침식 및 황폐화 문제는 매우 광범위해져 전 지구적 문제가 되었다. 농업은 세계 경제의 기초이기 때문에 토양의 점진적인 손실은 많은 나라의 경제 안정성을 약화시킬 수 있는 위기가 증가한다는 신호이다. 일반적으로 토양의 표층은 1cm가 생성되는 데 80~1,000년이 걸리며 이보다 더 걸리는 경우도 있다. 따라서 토양의 침식이 미치는 영향은 토양 속의 광물 채취가 미치는 영향과 다를 바가 없다. 전 세계적으로 가장 비옥한 토양이 매 10년 동안 7%씩 고갈되고 있다. 과도한 토양 침식과 인구 증가로 인해 현재 1명당 부양 가능 표층 토양은 1980년과 비교해 3분의 2밖에 남지 않은 것으로 추정된다.

비록 이미 많은 나라가 토양 침식과 토지 황폐화의 영향을 받고 있지만, 효과적인 제어 방법은 이러한 부정적인 경향을 상당히 감소시킬 수 있다. 토양의 고갈을 줄일 수 있는 방법 중 하나는 윤작과 휴경 기간 증대로 토양의 영양 결핍을 피하고 토양 재생 기간을 확보하는 데 효과적이다. 가장 심각한 토양 침식은 대부분 가파른 언덕사면에서 발생한다. 하지만 일부 언덕사면은 계단식 경작 및 그 외의 이용하기 편리하고 비용이 저렴한 방법을 통해 지속 가능하게 이용(경작)될 수도 있다. 현재 많은 나라에서 이러한 방법을 적용하고 있다.

폐기물 처리 및 독소

인간 활동으로 인해 발생한 어마어마한 양의 쓰레기와 산업폐기물이 매립지에 쌓이고 있다. 매립지의 수용력이 한계에 이르게 되면, 다시 흙으로 덮어 식물을 재배하게 된다. 매립된 쓰레기는 스며든 빗물에 의해 용해성 물질과 함께 움직일 수 있다. 이와 같은 방법으로 유해한 화학물질이 주변과 토양 및 지하수 시스템으로 천천히 스며들어 이들을 오염시킬 수 있다. 오염물질은 그 지역 지하수의 흐름을 따라 오염원으로서 이동하게 된다(그림 19.6). 현대 매립지는 이러한 문제들을 피할 수 있도록 건설될 수 있지만, 오래전에 폐쇄된 매립지들이 많으며 지속적으로 누출이 발생한다. 현재 그러한 매립지들을 깨끗이 처리하고 안전하게 바꾸기 위해 몇 가지 프로그램이 실행되고 있다. 하지만 문제가 되는 매립지들은 수만 개에 이르며, 이

그림 19.6 토양과 지하수의 오염
제대로 설계되지 않은 폐기물 처리장이나(1) 매립지(2)의 유독물질들은 아래로 스며들어 토양과 지하수를 모두 오염시킬 수 있다. 뿐만 아니라 위의 시나리오와 같이 언덕 아래의 우물(3)과 하천(4) 역시 오염된다. 좀 더 안전한 폐기물 처리의 대안으로는 우물보다 더 깊이 매립하는 방법(5)과 제대로 설계된 안전한 매립지(6)가 있다. 이러한 대안 중 무엇 하나도 완벽히 안전하지 않기 때문에 지속적인 감시가 필요하다.

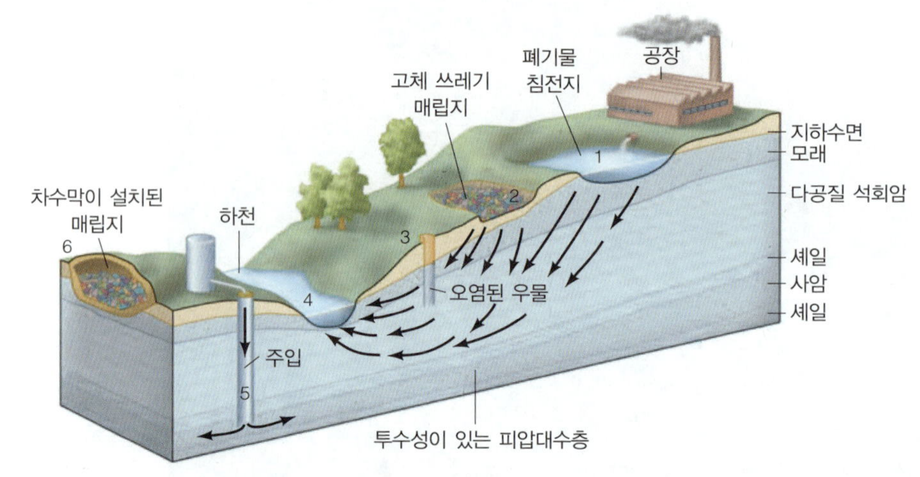

를 모두 해결하기 위해서는 상당한 시간과 비용이 소요될 것이다.

농작물의 생산량 증가와 품질 향상을 위해 농지에 뿌리는 살충제와 제초제 역시 문제를 일으킨다. 어떤 농약은 인간에게는 암 및 기형아 출산과 관련되어 있음이 밝혀졌으며, 야생동물 수를 크게 감소시키는 결과를 초래하기도 한다. 농약이 넓은 지역에 퍼지게 되면 과잉의 화학물질들은 어쩔 수 없이 토양을 오염시키고 지하수계로 침투하게 된다. 또한 농약은 의도하지 않은 생명체에도 영향을 준다. 최근 우려되는 현상 중 한 예로, 야생 및 양식 벌의 수가 급격히 감소한 것을 들 수 있으며, 몇 가지 다른 가능성이 있긴 하지만, 이는 살충제의 영향으로 예상된다. 점점 더 많은 현대 농장 관리사들이 이런 위험성을 고려해 화학약품 사용을 줄이고, 사용 시에는 가능한 한 특정 생명체에만 사용하도록 노력하고 있다.

문제를 일으키는 다른 원인으로 방사능 폐기물이 있다. 방사능 폐기물은 매우 유독해서 소량에만 노출되더라도 치명적일 수 있는데, 원자력 발전소가 있는 나라들은 이 폐기물을 처리해야 한다는 문제점을 가지고 있다. 유독물질과 방사능 폐기물 처리에 관한 대부분의 연구는 적절한 매립지만 찾는다면 안전한 지하 저장법이 가능하다고 결론을 내렸다. 하지만 어떤 방사능 폐기물은 수만 년이 지나도 여전히 위험할 수 있다. 따라서 안전한 매립지의 주요 요건은 방사능 물질이 생물권과 수계로부터 고립되어 있어야 한다는 것이다. 폐기물과 이를 저장한 용기는 지하수로 인한 화학적인 영향이나 지진과 같은 자연 변형에 의한 물리적인 영향을 받지 않아야 하며, 사람에 의한 뜻밖의 사고로 인해 영향을 받지 않을 만큼 안정적이고 안전한 장소에 저장되어야 한다.

수권 : 물에 미친 영향

인구가 증가하고 산업화가 진행되면서 사람들은 강의 자연스러운 흐름을 바꾸고 지하수로부터 물을 뽑아내어 생존을 위해 필요한 물을 어느 때보다 많이 사용하고 있다.

많은 곳에서 물은 양은 줄고 질은 떨어지고 있어, 이는 지역사회에 중요한 질문을 제기하고 있다. 미래에 충분히 필요한 만큼의 깨끗한 물이 있을까? 수질은 우리가 사용하기에 적당할까? 제8장에서 이러한 질문 몇 가지를 소개했었지만 여기서 인간 행동이 수계에 미치는 누적 효과에 대해 고려해 보자.

댐과 우회수로

지구의 인구 밀도가 높은 지역의 일부 큰 강들은 제한 없이 바다로 흘러간다. 세계 대부분의 주요 강의 하구들은 인간의 활동에 의해 크게 변하게 된다. 그리고 대부분의 주요 강의 수로에서 크고 작은 범위의 변화가 일어났다. 오늘날 댐, 우회수로(diversion), 수로 조절의 생태학적인 영향은 널리 알려져 있다. 주요 강의 세계적인 변화는 어류, 양서류, 이동하는 물새와 수생식물의 서식지 감소에 의해 생물다양성이 영향을 받는다. 강의 유로 변경이 일으

그림 19.7 댐과 그 영향
현재 주요 수로에 있는 댐들이 수중 생태계에 미치는 영향은 중요하다. (A) 나세르 호수(댐 뒤, 사진의 아래쪽)를 형성하는 나일 강을 가둔 아스완 댐. (B) 아스완 댐 건설 전, 나일 강의 계절별 유량은 늦여름과 초가을 동안 최고조였다. 댐 건설 후 물의 방출을 조정하면서 계절별 변동폭이 크게 줄었다. 지중해로 이동하던 침전물들이 지금은 나세르 호수에 가라앉는다. 이는 결국 축적되어 호수를 쓸모없게 만들 것이다.

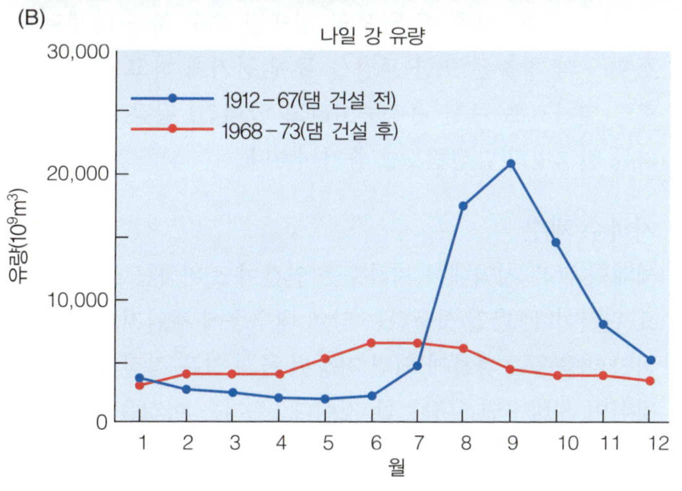

킨 매우 파괴적인 변화의 대표적인 예는 아랄 해이다(제8장 자세히 보기 : 아랄 해의 예 참조). 한때 거대한 호수였던 아랄 해는 강의 유로 변경에 의해 생태계가 완전히 파괴되고 말았다. 이제 우리는 기본적인 질문에 직면해 있다. 어떻게 강 생태계를 온전히 유지하며 에너지와 인간의 물에 대한 수요를 맞출 수 있을까?

댐은 하류로 흐르는 물의 위치 에너지로부터 수력자원을 얻기 위해 건설한다. 수력전기는 지구의 대기나 물을 직접적으로 오염시키지 않는 의미에서 깨끗하다고 한다. 그러나 제18장에서 논의한 것처럼 주요 댐들은 육지나 강의 생태에 중요한 영향을 주는 흐름을 제어하기도 한다.

큰 댐들의 다른 일반적인 목적은 홍수 통제이다. 그림 19.7A의 이집트의 아스완 댐처럼 결과는 인상적이다. 큰 급수장(나세르 호수)을 가지고 있는 이 거대한 댐은(사실, 댐들의 연속) 뚜렷하게 이전 나일 계곡의 연간 유출량의 계절 변동성을 감소시킨다(그림 19.7B). 그러나 아스완 댐 프로젝트는 예기치 못한 결과를 가져왔다. 다른 모든 강처럼 나일 강은 복잡한 자연 구조이고 그것의 움직임은 물의 흐름과 유사 부하 간 미묘한 균형을 반영한다. 댐을 건설하기 전에는 연 평균 1억 2,500만 톤의 퇴적물들이 하류로 내려갔고 대부분은 범람원에 쌓였다. 댐 건설 후 총량의 약 98%만 퇴적되고 250만 톤이 줄어들었고 이는 나세르 호수에 쌓인다. 댐이 건설되기 전에는 홍수로 인한 물의 침전물들이 나일 계곡과 델타의 농토를 비옥하게 해주었다. 이렇게 영양분이 충분한 자연적 공급원이 없어지면서 농부들은 땅의 생산성을 유지하기 위해 인공 비료에 의존하고 있다. 비료의 일부는 다시 강으로 스며들어 하류의 오염을 초래한다. 더구나 매년 지중해로 운반되는 퇴적물이 감소하고 있어 삼각주와 연안이 점점 더 침식에 취약해져 가고 있다. 아주 큰 규모의 정체된 호수 물—나세르 호수—의 창출은 또한 토양을 물에 잠기게 하고 주혈흡충병(빌하르츠 주혈 흡충증이라고 알려진) 같은 모기에 의한 전염병의 발생빈도를 증가시켰다.

지하수 채수

세계의 많은 지역에서 지하수는 인간이 소비하는 물의 주요 원천이다. 만일 사용하는 양이 대수층에 채워지는 자연적인 비율을 초과하게 되면 저장된 물의 양은 점점 줄어들 것이며 지하수면은 감소할 것이다. 우리는 이것을 지하수 채수(groundwater mining)이라고 한다. 석유, 석탄, 광물들은 비재생 자원이다. 왜냐하면 그들은 형성되는 데 지질학적으로 오랜 기간이 걸리고 채취하면 고갈되기 때문이다. 그러나 우리는 지하수를 비재생 자원으로 여기지 않는다. 강수량이 적은 지역에서는 대수층이 자연적으로 다시 채워지는 데 오랜 시간이 걸려 미래 세대에는 거대한 지하수의 공급이 줄어들 것이다.

문제를 인식하고 영향을 줄이기 위한 조치들이 취해지는 곳에서도 원래 상태로 돌아가기 위한 자연 충전에는 100년에서 1,000년이 걸린다.

어떤 경우에는 대수층의 변화는 영구적일 수 있다. 지하수가 배출될 때 물의 압력은 감소하고 대수층의 입자들은 약간 이동하고 가라앉는다. 결국 육지 표면은 가라앉고 대수층으로 물이 침투되는 것은 불가능해진다. 지하수 배출, 연질 퇴적물의 압밀 작용, 지반 침하의 상호작용과 건축으로 인한 영향의 결과가 베니스, 상하이, 휴스턴, 방콕 외 다른 해안가의 큰 도시들에서 일반적으로 나타난다.

지표수 오염

지표수역의 접근은 자원으로 유용하게 활용하지만 오염에 민감하게 된다. 지표수의 오염은 도시부터 도시외곽, 농지로 나타난다. 산업 폐수는 지표수 오염에 크게 기여한다. 그래서 자원 고갈과 관련 있는 채광, 벌목, 석유 채굴 등은 매우 중요하다. 지표수 오염의 또 다른 중요한 원인은 부실하게 건설된 쓰레기 매립장에서 유래된 폐수들이다. 대기 중 오염물질들은 토지와 물의 표면에 산성 성분을 축적시키며, 이들은 호수와 수중 생태계뿐만 아니라 토지와 숲에 피해를 입힌다. 산업 지역의 저수지 표면 또한 열공해—물속의 유기체와 생태에 피해를 주는 열이나 데워진 물의 방출에 민감하다.

표층 폐수에는 종종 유기물이 포함되어 있다. 많은 도시—심지어 부유한 나라에서도—는 여전히 하수를 거의 또는 전혀 처리하지 않고 근처 강이나 바다로 직접 배출한다. 유기물이 하수에서 분해되는 과정에서 산소는 바닥난다. 물에서 용존 산소량은 대부분 수생생물의 서식 유지에 매우 중요하고 폐수는 생화학적 산소 요구량이라 일컫는 용존 산소량을 감소시킨다. 생태계에 유기물의 양이 많아질수록 생화학적 산소 요구량도 더 높아진다. 만일 하수가 물로 바로 배출된다면 하수의 용존 산소량은 감소할 것이다.

지표수 오염의 가장 일반적인 형태 중 하나는 비료나 인

그림 19.8 부영양화 : 죽어가는 호수
플로리다에 있는 이 호수는 (하수나 비료의 유출 같은 것의) 과도한 양분에 의한 조류의 성장으로 더러운 초록색으로 변했다. 결국 조류는 물속에 녹아 있는 산소를 모두 소모하고 다른 수생 생물이 살아남기 불가능하다. 부영양화라고 하는 이 과정은 자연적으로 발생하지만 인간 활동에 의해 가속화된다.

이 함유된 세제에서 나온 인과 질소 같은 식물의 영양분 과잉에서 비롯된다. 수중 생태계에 영양분이 지나치게 많아지면 조류, 플랑크톤, 수생잡초의 성장이 조종 불능 상태가 된다. 이것을 조류 대번식이라고 한다. 조류와 다른 수생식물들이 죽으면 이들의 분해가 산소 결핍을 야기한다. 물속의 다른 생명체들도 죽기 시작하고 물은 더럽고 보기 흉한 초록색이 된다(그림 19.8). 이것은 호수가 식물성 물질과 퇴적물로 채워져 습지가 되는 자연 과정인 부영양화와 비슷하다(제8장). 부영양화는 인간중심의 오염물질이 더해질 때 가속화되며 이는 문화적 부영영화라고 한다. 만약 물이 완전히 산소 결핍 상태가 되면 수정같이 맑게 된다. 이것은 1970년대 이리 호의 일부 지역에서 발생했으며 물이 건강하지 않다는 증거이다. 물속에서 살 수 있는 것은 아무것도 없다는 신호이다.

세균이나 바이러스 그 밖에 질병을 일으키는 생명체와 같은 전염 요인의 존재는 인간과 동물의 폐기물들이 지표수의 오염과 연관된 또 다른 형태이다. 세계 여러 곳에서 감염원을 가진 오염된 물의 소비와 콜레라 같은 질병의 발발이 연관이 있다. 북아메리카에서는 콜레라와 다른 수인성 질병들이 100년 전보다는 덜 문제시되지만 여전히 분뇨에서 발견되는 높은 대장균 수치는 많은 해안 지역의 해변 폐쇄를 야기한다. 2000년에 온타리오 주의 워커턴에서는 갈라진 수원지로 대장균에 의해 심하게 오염된 지하수가 유입되어 7명의 사망자와 많은 수의 중병환자가 발생했다. 세균의 원천은 근처 농장에서부터 오염된 배설물이 배출된 것이었다.

지표수에서 몇 가지 가장 심각한 유독성 오염은 DDT와 살충제, PCBs와 다이옥신과 푸란(furans) 같은 유기염소제이다. 이런 경우 유기농이라는 말은 더 이상 친환경을 의미하지 않고 탄소와 수소가 구조적으로 기본 요소인 생체분자의 존재만을 나타내는 것이다(제3장).

오염으로 인한 다른 문제는 카드뮴, 납, 비소, 수은 같은 중금속으로 인한 것이다. 중금속은 채광과 광석의 가공처리, 야금 과정, 종이 제조, 석유 정제와 여러 산업 활동 과정에서 나오게 된다. 이런 물질이 아무리 적은 양이라도 오랜 기간 노출되면 신경 손상(특히 아이들에게), 간 손상과 다른 다양한 문제들을 일으킨다.

비록 이들의 접근이 오염되기 쉽게 만들더라도 지표수는 깨끗해지거나 개선될 수 있다. 몇 가지 좋은 사례가 있다. 1970년대 산소결핍으로 죽어가던 이리 호는 미국과 캐나다가 호수로 유입되는 인산염을 제한하는 데 동의함으로써 상당이 회복되었다. 다른 문제들 중, 특히 산성 강수로 인한 호수의 산성화는 해결하기에 좀 더 어려운 것으로 나타났다. 여전히 인간의 활동으로 인한 변화로 야기되는 다른 문제들은 부분적으로 존재하지만 자연 구조의 대응을 기다리고 있다. 가장 대표적인 예는 DDT이다. 유독성의 유기염소 살충제는 1970년대 북아메리카에서 제조와 사용이 금지되었다. 하지만 이것은 분해하기가 매우 어려워 세포조직이나 동물의 젖 같은 자연적인 저장소에서 검출되고 있다. 자연적인 과정을 통해 수권과 생물권에서 DDT가 제거되는 데는 수년이 걸릴 것이다.

지하수 오염

많은 오염원들은 지표수와 토양뿐만 아니라 지하수도 오염시킨다. 지하수는 땅 속에 숨겨져 있기 때문에 오염을 발견하고 제어하고 정화하는 데 어려움이 있다. 지하에 묻힌 가솔린 탱크나 파이프라인에서 새거나 형편없이 만들어지거나 버려진 땅들과 유독성 폐기물의 처리시설에서 유출된 유독성 화학물질들이 지하수를 오염시킨다. 상층 지하수의 오염물질들은 석유와 용제 같은 다른 산업의 화학물질들로 구성된 유독성의 유기적 요소들이다.

그러나 놀랍게도 지하수 오염물질의 대부분은 농약에서 나온 미정제된 하수와 질산염이다. 이것은 다른 오염물질보다 유독하진 않지만, 널리 퍼져 있기 때문에 덜 문제시되진 않는다. 다른 일반적인 문제는 해안 대수층으로 해수가 침범하여 발생하는 지하수의 염 오염이다.

지하수는 한 번 오염되면 접근하기 힘들기 때문에 개선하기 어렵다. 오염된 지하수를 개선하는 데는 두 가지 접근 방법이 있다. 첫 번째는 수동적인 개선이다. 이는 스스로 깨끗해지는 자연적인 과정에 의존한다. 게으르거나 비효율적으로 들릴 수도 있지만 때로는 실행 가능한 접근 방법이다. 자연계는 물이나 땅에서 오염물질을 제거하거나 여과하는 데 매우 효율적이다. 만일 인간이 살아가거나 활동하는 데 있어 즉각적인 위험이 없고 땅을 새로 사용하기 위해 준비해야 할 긴급한 필요성이 없다면 환경은 스스로 좋아질 것이고, 단지 자연이 독자적인 과정을 거치도록 놓아둔다면 우리는 많은 돈과 노력을 절약할 수 있다.

수동적인 개선은 수년 혹은 수십 년이 걸릴 수 있다. 만일 토지의 필요성이 긴급하거나 사람에게 위험하거나 생태계가 심각하다면 적극적인 개선 방법을 택할 수 있다. 즉 오염 지역을 정화시키기 위해 적극적으로 개입하는 것이다. 오염물질을 파괴하기 위해 산소나 다른 화학물질들을 주입하거나 오염된 지하수를 표면으로 뽑아내어 처리하고 최종적으로는 대수층에 다시 주입하는 것이다.

기름 유출과 다른 해양 영향

표층의 담수와 대수층처럼 해양도 인간 활동의 영향에 시달리고 있다. 외해의 물은 아직 오염되지 않았지만, 대기를 통한 오염원과 바다 쓰레기들은 점점 문제가 되고 있다. 그러나 연안역의 물의 등급은 상당히 우려된다. 연안에 가장 가까운 물은 인간 활동에 의해 오염되고, 특히 얕고 따뜻하고 유기적으로 생산성을 가진 물들은 환경의 변화에 민감하다.

기름 유출은 해양 환경, 특히 연안역에 인간이 미치는 가장 눈에 띄는 영향 중 하나이다. 기름은 육지에서부터 흘러나오거나 기름 탱크나 시추장치에서 우연히 흘러나와 해양으로 들어갈 수 있다. 원유는 대부분 유독성이 있는 수백 개의 화학 요소로 구성되어 있어 원유 유출은 지역 생태계에 대단히 파괴적이다. 멕시코 걸프 주변의 물, 연안역, 생태계, 인간의 주거 지역은 2010년도 멕시코의 기름유출사고로부터 회복되기까지 몇십 년이 걸릴 것이다. 그렇지만 흥미롭게도 거의 발생하지 않지만 매체의 관심을 받는 거대한 유출보다 보도되지 않은 적은 양이지만 결국 수천 리터의 기름이 매년 바다로 흘러 들어간다.

담수와 관련해서 앞에서 논한 바와 같이 세계 연안수의 대부분은 역시 부영양화로 고통 받고 있다. 부영양화는 영양물이 많이 들어 있는 유출수(즉 하수, 비료, 동물의 배설물 및 기타 식물성 영양분을 운반하는 유출수)에 의해 일어날 수 있으며, 수생식물과 조류를 지나치게 자라게 한다. 조류가 죽어 부패될 때 산소를 소비한다. 극단적인 시나리오에서 이것은 용존 산소량이 수생생물이 생존하기 힘들 정도로 낮아지는 산소 고갈 상태나 저산소 상태를 유발한다. 죽음의 수역(dead zone)이라고 하는, 해양의 산소 결핍 지역의 수와 규모 및 산소의 고갈 정도가 지난 몇십 년 동안 증가해 왔으며, 아마 해수의 수온 증가로 강화되었다는 데 많은 관심이 쏠리고 있다.

대기권 : 대기 오염

제17장에서 모든 개인 혹은 단체 사용자에게 개방되어 있고 이용될 수 있는 자원인 공공재 자원에 대하여 소개한 바 있다. 대양과 남극은 모든 사람들에게 대표적인 2개의 공공재 자원의 예지만 대기권은 **전 지구적 공공재 자원**(global commons)의 대표적인 예이다. 공공재 자원을 감시하고 규제하는 것이 어렵듯이 대기권도 예외가 아니다. 우리 모두는 생명 유지를 대기권에 의존하고 있지만 우리의 일상

생활에서 배출되는 잠재적으로 유해한 방출물을 담는 용기라는 생각은 거의 하지 않고 대기권을 이용하고 있다.

오염물질의 장거리 운송

어떤 대기 오염의 피해는 지역적이지만 많은 경우 광역적이다. 광역적 피해는 대기 중 오염물질의 장거리 운송에 기인한다. 대기권 운송은 왜 인위적인 오염물질들이 사실상 세계 전 지역을 덮고 있는지에 대한 주요 이유이며, 산업과 농업에서 나온 화학약품이 결국 북극곰의 몸속에 들어가는 이유이기도 하다.

장거리 대기권 운송의 전형적인 예는 1986년 우크라이나 체르노빌에서 핵원자로가 용융되어 폭발했을 때 일어났다. 이 재난으로 발생한 방사성 입자들이 2주 이내로 전 지구를 둘러쌌다(그림 19.9). 어떤 오염물질은 작은 고체 입자로 지표에 낙하하여 건성 강하물이 되었다. 그러나 방사능 오염 범위를 조사하던 과학자들은 가장 심각한 오염이 체르노빌 근처의 특정 지역에서 인지되었는데 그곳은 폭발 후에 수일간 비가 내린 지역이었다. 강수가 특정 성분을 용해시키거나 다른 성분에 부착시킴으로써 오염물질의 침강이나 습성 침전을 용이하게 하였다.

대기 중 오염물질의 거동은 오염물질의 물리적 및 화학적 특성, 지형 그리고 날씨 패턴을 포함한 복합적 요인의 영향을 받는다. 풍계와 강수는 오염물질의 운송과 최종 침전에 중요한 역할을 하며, 산업활동으로 발생한 지역적 대기오염이 장거리 운송을 통해 광역적인 혹은 전 지구적인 문제가 될 수도 있다.

성층권 오존 감소

제11장에 논했듯이 오존(O_3)은 대기권에 극소량으로 존재한다. 이러한 미량기체가 없다면 지구 생명체는 매우 달라졌을 것인데, 이는 오존이 생명체에게 태양의 해로운 자외선 복사에 대한 방패막이를 제공하기 때문이다. 인간의 자외선 직접 노출은 면역체계를 파괴시켜 백내장을 일으키고 피부암의 발생빈도를 현저하게 증가시키며 유전적 돌연변이의 원인이 된다.

지구 대기 중 오존의 평균 농도는 약 300DU이며, 이는 고도와 지형에 따라 달라지며 계절적 그리고 시간에 따라 순간적으로 달라지기도 한다. DU는 **돕슨 단위**(Dobson Unit)를 나타내며, 100DU는 지표의 온도와 압력 조건에서 1mm 두께의 순수한 오존층에 해당된다. 평균 300DU는 대기 중의 모든 오존을 지표의 온도와 압력 조건에서 모으면 3mm 두께의 순수한 오존층을 형성하는 것을 의미한다.

대기 내 오존의 최대 농도는 지상 25~35km 사이의 성층권에서 나타난다. 성층권 지역에서는 자외선이 산소

그림 19.9 오염물질의 대기 중 운송

(A) 1986년 우크라이나의 체르노빌 핵발전소에서 4번 원자로(사진의 파괴된 원자로 지붕에서 볼 수 있음)가 노심용융으로 폭발하였고, 이는 많은 양의 방사성 물질이 방출되는 원인이 되었다. (B) 노심용융 후 풍계가 방출물을 운송하여 방사성 낙진이 하루만에 유럽까지 도달하였다.

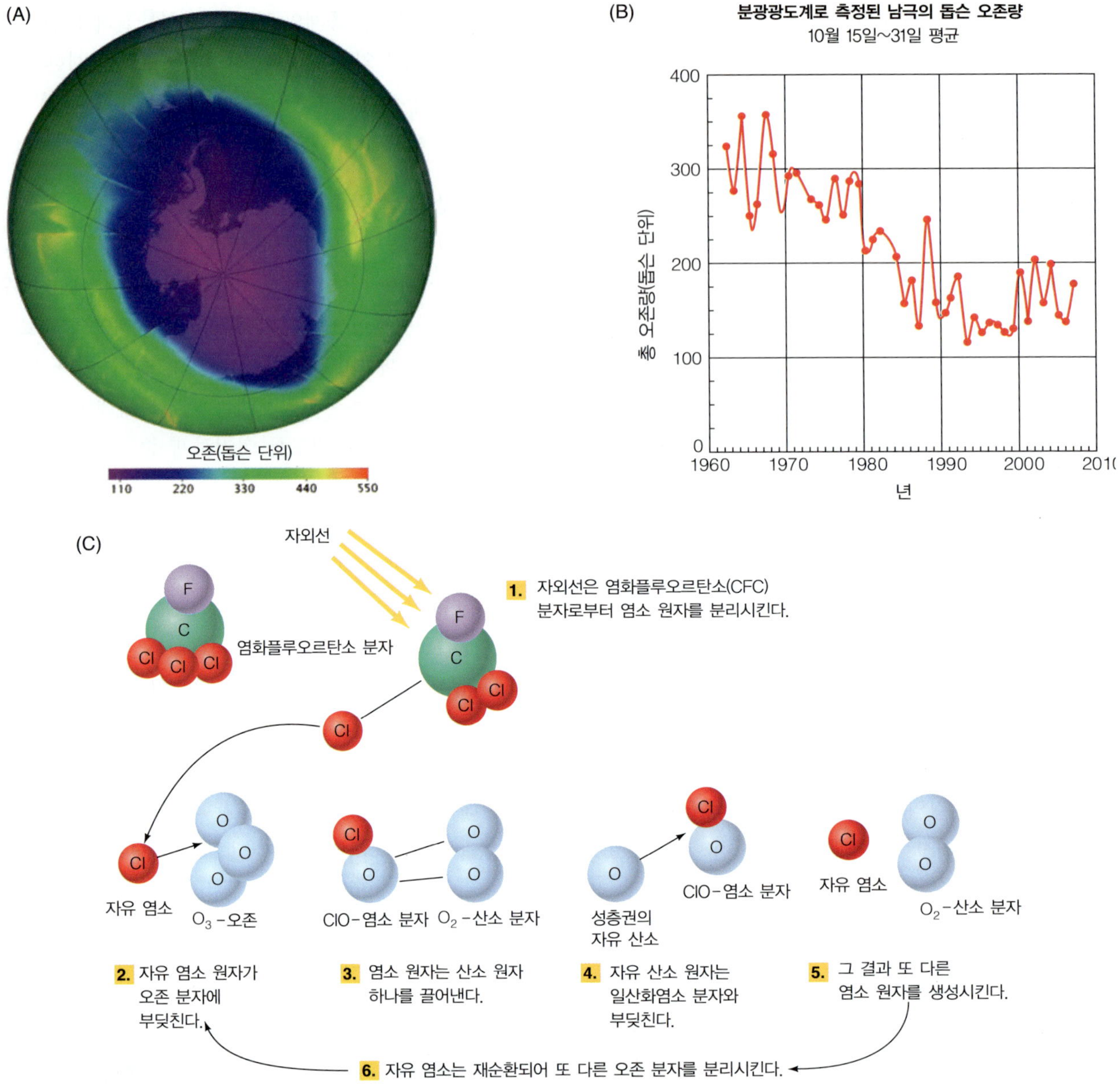

(A)

오존(돕슨 단위)

110 220 330 440 550

(B)

분광광도계로 측정된 남극의 돕슨 오존량

10월 15일~31일 평균

총 오존량(돕슨 단위)

400 300 200 100 0

1960 1970 1980 1990 2000 2010

년

(C)

자외선

F C Cl Cl Cl 염화플루오르탄소 분자

F C Cl Cl

1. 자외선은 염화플루오르탄소(CFC) 분자로부터 염소 원자를 분리시킨다.

Cl

자유 염소

O_3-오존

ClO-염소 분자 O_2-산소 분자

성층권의 자유 산소

ClO-염소 분자

자유 염소

O_2-산소 분자

2. 자유 염소 원자가 오존 분자에 부딪친다.

3. 염소 원자는 산소 원자 하나를 끌어낸다.

4. 자유 산소 원자는 일산화염소 분자와 부딪친다.

5. 그 결과 또 다른 염소 원자를 생성시킨다.

6. 자유 염소는 재순환되어 또 다른 오존 분자를 분리시킨다.

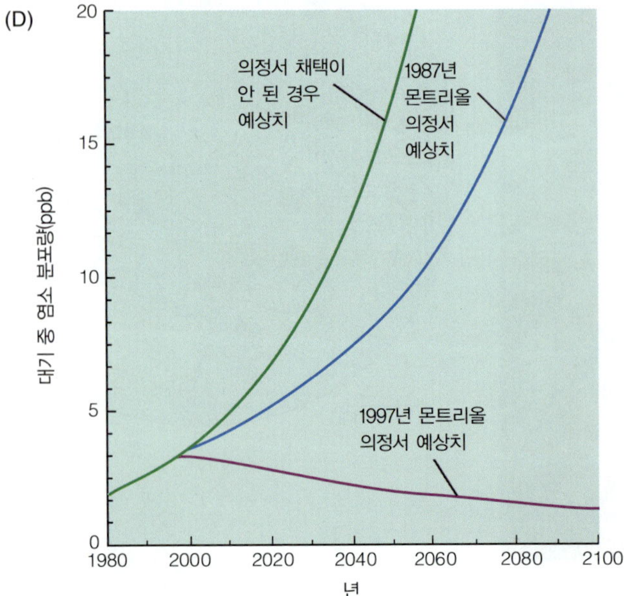

그림 19.10 성층권 오존 감소

오존 '구멍'이란 성층권 오존의 감소 구역이다. 오존의 감소는 2006년의 사진(A)에서 보듯이 극 지역, 특히 남극의 봄철 동안에 가장 현저하다. (B) 남극에서의 관측은 1990년대 초까지는 오존이 지속적으로 감소하였음을 보여준다. 오존 감소 물질에 대한 규제는 1987년 발효된 몬트리올 의정서를 통해 시행되었다. (C) 염화플루오르탄소로부터 유래된 염소 원자들은 수없이 — 아마도 수만 번 — 재순환할 수 있어 성층권의 오존 분자 감소를 일으킨다. (D) 오존 감소 물질의 방출이 줄어들고 있는 관측 결과로 볼 때 성층권 오존 농도는 중위도 지역에서는 2045년경에 그리고 남극 지역에서는 2080년경에 1980년(현저한 오존 감소가 관측되기 시작한 시점) 수준으로 회복될 전망이다.

(O_2) 분자를 2개의 산소 원자로 분해하고, 분해된 산소원자는 다른 O_2 분자와 결합하여 오존(O_3) 분자를 생성한다. 오존은 다시 자외선에 의해 분해되어 O, O_2, O_3 사이의 자연적 평형을 일으킨다.

1985년 영국 과학자들은 깜짝 놀랄 만한 발견을 보고하였다. 거대한 오존 감소 지역인 **오존 구멍**(ozone hole)이 캐나다 크기 정도로 남극대륙 위의 오존층에 발달되어 있었다(그림 19.10A). 1987년까지의 관측은 생명체 보호 가스인 오존의 농도가 1979년 이래로 50% 이상이 감소하였다는 사실을 보여주었다. 남극대륙의 성층권 오존 농도는 90DU 이하로 급감하였다(1992년과 2006년은 특히 농도가 낮은 해였다). 낮은 관측값은 나중에 오스트레일리아와 뉴질랜드에서도 측정되었으며, 계속적인 조사는 남위 60°의 모든 곳에서 오존값이 감소해왔다는 사실을 보여주었다(그림 19.10B).

무엇이 산소의 세 가스 형태 간의 자연적 균형을 깨뜨리는가? 오존 구멍이 발견되기 10년 전에 **프레온 가스**(chlorofluorocarbons, CFCs)라는 인공 산업용 가스가 대기권의 하층으로 유입되어 급속히 퍼져나간다는 사실을 알았다. CFCs가 대기권 상층으로 상승함에 따라 자외선이 이를 분해하여 염소일산화물(ClO) 형태로 염소를 방출시킨다. 하나의 염소 원자는 다른 화학반응이 대기권으로부터 염소를 제거하기 이전에 10만 개의 오존 분자를 파괴시킬 수 있다(그림 19.10C). 태양광선과 상층 대기권의 매우 찬 기온(−80°C혹은 그 이하)은 오존 파괴에 결정적으로 중요하다. 이러한 조건은 봄철의 남극 지역에 나타나며 이는 오존 구멍이 남극 상공에서 특히 두드러지는 이유이다. 극지역에서 전형적인 봄철 조건 시기는 매우 짧다. 상층 대기권에서의 오존 감소 증거로부터 과학자들은 처음으로 인간 활동이 지구 자연계에 해로운 전 지구적 효과를 미친다는 것을 보여줄 수 있었다.

계속적인 지상 및 위성 관측은 대기권 오존 농도가 열대지역 이외의 모든 위도에서 감소하고 있다는 사실을 보여준다. 1987년 이후 CFCs 및 이와 관련된 물질의 사용과 생산이 제한됨에 따라 대기권의 CFCs 농도는 감소하기 시작했다. 그러나 성층권의 오존 파괴 물질의 체류 시간 때문에 비록 느린 속도이긴 할지라도 오존 그 자체의 농도는 계속적으로 감소할 것이다. 오존층의 자연상태로의 완전한 복원은 최소한 2050년 이전까지는 일어날 수 없을 것이다(그림 19.10D). 오존층의 복원이 예상된다는 사실과 복원을 이루기 위한 국제적 합의가 실행 단계에 도달했다는 사실은 성공적인 환경 역사의 희망적인 한 예를 만들었다.

스모그

성층권의 오존은 지구 생명체의 생존에 중요하지만 대기권의 최하층인 대류권의 오존은 인간의 건강에 해롭다. 지상의 오존은 태양광선, 열, 질소 산화물, 탄소-함유 복합체 간의 화학반응으로 생성되며, 질소 산화물과 탄소-함유 복합체는 주로 화석 연료의 연소로부터 생성된다. 또한 이러한 성분들은 **광화학 스모그**(photochemical smog)로 알려진 대기오염의 일종을 구성한다. 스모그는 산업화된 세계의 모든 도시에서 흔하며 전 세계적인 건강상 유해물이다(그림 19.11).

오존은 또한 온실기체이다. 오존과 질소 산화물의 지상 농도는 각각 0.5~2%, 0.3% 비율로 매년 증가하고 있으며, 이는 온실 효과의 약 13%를 설명한다. 토양의 미생물 활동, 목재 및 화석 연료의 연소 그리고 폐농산물의 부패로 방출되는 질소 산화물은 대기권에서 긴 수명을 가진다. 대기 중 농도는 비록 우리가 산업적 방출률을 안정화하는 데 성공한다 하더라도 산업화 이전의 농도보다는 높은 상태를 유지할 것이다.

산성 강수

산성 강수(acid precipitation) 혹은 산성비는 자연적인 비에 비해 pH가 낮다. 모든 비는 약산성이다. 자연적인 비의 pH(수소 이온 활성도, 산성도)는 약 5.6이다. 비는 자연적으로 산성인데 이는 특히 CO_2와 같이 대기 중에 존재하는 미량기체가 수증기와 결합하여 산을 만들기 때문이다. (같은 이유로 지하수는 자연적으로 약산성이다.) 비는 또한 산불의 연기 혹은 화산 분출에 따른 화산재와 반응하면 산성이 된다. 산성비는 1.5 정도로 낮은 pH가 보고된 경우도 있지만 보통 3에서 5 범위의 pH를 보인다. 산성비는 산성 강하물의 일종인데, 이는 습성 혹은 건성일 수 있다. 산성 질 눈뿐만 아니라 산성질 안개도 있다.

산은 전구체가 물과 반응할 때 대기권에서 생성된다(그림 19.12). 가장 일반적인 산성 전구체는 CO_2, SO_x(황 산화물, 특히 SO_2 및 SO_3), NO_x(질소 산화물)이다. 이들 모두는 자연적으로 대기 중에 존재하지만 그 농도는 주로 화석 연료 연소와 같은 인간 활동에 의한 방출의 결과로 증가하고 있다. 대기 중에 나오면 산성 전구체는 바람에 의해 운송된다. 이들이 산화되어 형성된 황화염 및 질산염 입자들은

그림 19.11 광화학 스모그
대기 중 전구 오염물질의 변화에서 생성되는 광화학 스모그는 선진 및 신흥공업 국가 전체에 걸쳐 인간 건강의 주요 관심사가 되어 왔다. 사진에서 보듯이 멕시코시티에서는 산으로 둘러싸인 지형적 분지에 있는 도시 위치가 스모그의 집적을 더 가중시킨다.

방출지 주변에서 건성 강하물로 낙하하여 지표의 습기와 반응하면 산성질이 된다. 대기 중의 나머지 물질들은 수증기와 반응하여 탄산(HCO_3), 황산(H_2SO_4), 혹은 질산(HNO_3)을 생성시킨다. 지역적 혹은 광역적 날씨 조건과 순환 형태에 달려 있지만 기체 오염물질과 산은 2주 이상 대기권에 머물 수 있다.

산성 강우에 가장 강한 타격을 받는 지역은 미국 북동부와 캐나다 남동부, 동서유럽 그리고 아시아의 신생 산업국가와 같이 과도하게 산업화된 지역에서 바람이 불어오는 지역이다. 산성 강하물은 자연계와 인간 모두에게 부정적인 영향을 미친다. 예를 들면 산성비는 철강, 시멘트, 블록, 석재와 같은 건축물뿐만 아니라 고무, 페인트, 플라스틱을 부식시킨다. 산성 강수는 수목에 부정적인 영향을 미쳐 추위와 질병에 더욱 민감하게 만든다. 토양과 지표수도 산성화가 될 수 있는데, 특히 화강암과 같이 산의 완충 능력이 적은 기반암에서 그렇다. 호수와 같은 수성 생태계에서 물의 산성화는 물고기의 생식장애와 죽음을 일으킨다. 때로는 산성화된 수괴를 복원할 수 있지만 최선의 해결책은 산업 및 기타 기원의 산성 전구물질 방출을 없애는 것이다.

생물권 : 생명체와 생태계에 미치는 영향

우리는 이 장에서 인간 활동이 생물권에 미치는 전 지구적인 영향과 그러한 영향이 또한 지권과 수권 및 대기권에 필연적인 영향을 끼친다는 것을 살펴보았다. 인간 활동은 또한 생물권에 직접적으로 영향을 끼쳐 아주 커다란 변화를 야기시킨다. 우리는 이 장에서 인간 활동이 전 지구적 생물다양성과 산호, 어장 및 숲에 미치는 영향에 대하여 알아볼 것이다.

삼림의 유실

인간은 지난 4,000년 동안 전 지구적인 숲의 분포와 범위에 급격한 변화를 초래해 왔다. 전 세계 자연 숲의 주요 지역들은 대부분 사라졌으며, 유입종들과 농업 등 인위적으로 경작되는 공간들로 대치되었다. 1950년에는 전 지구 육지 면적의 1/4 정도가 숲으로 덮여 있었으나 1980년 즈음

그림 19.12 산성 강하물

모든 유형(습성 혹은 건성)의 산성 강하물은 자연적 화학물질과 오염물질, 특히 질소 산화물, 이산화황, 이산화탄소, 대기 중 수증기 간의 화학적 반응으로 생성된다. 전구 오염물질과 결과물인 산은 대기작용으로 근원지로부터 매우 먼 곳까지 운송될 수 있다.

에는 약 1/5 정도로 감소하였다. 오늘날 전 세계에는 약 25억 헥타르의 닫힌 숲과 12억 헥타르의 삼림지대 및 대초원(사바나)이 있으나 실질적으로 어느 지역도 인간의 간섭으로부터 자유로운 지역은 없다.

대부분의 숲 유실은 상업적 벌목과 숲을 농지화하는 일련의 개발과 연관이 있지만, 아프리카 지역에서 약 60 %의 숲 유실은 연료장작 생산에 기인한다. 과거로부터 인간은 사실 숲에서 자원을 얻기 위해 그다지 많은 숲을 파괴하지는 않았으며 인간에 의한 숲 파괴는 대부분이 농작물을 경작하기 위한 농토 확보에 기인한다. 이는 인구 증가의 압력이 숲 파괴에 직접적인 역할을 했음을 보여준다.

숲 파괴는 결국 토양과 물의 순환 및 대기권과 수권을 통한 생지화학적 순환을 비롯하여 서식지와 생물다양성에 지대한 영향을 미친다.

전 세계 삼림은 국제연합 식량농업기구(Food and Agricultural Organization, FAO)의 '지구숲 평가(Global Forest Assessment)' 프로그램을 통하여 모니터링되고 있다. 이 평가 과정은 지상에서 얻어지는 다양한 정보와 숲의 형태나 범위 및 건강한 숲의 면적 등을 결정하고 변화를 지속적으로 감지하는 원격 탐사 자료와 결합된다(그림 19.13). 지난 10년 동안 매년 1,460만 헥타르 정도의 숲이 유실된 반면 고작 520만 헥타르의 숲이 증가되었을 뿐이다. 다시 말해서 과거 10년 동안의 숲 면적 평균 유실량은 약 940만 헥타르에 달한다.

현재 열대 숲은 벌목과 화전농업 같은 개간 등으로 심각한 변화를 겪고 있다. 최근 10년 동안에는 특히 열대 북아메리카지역과 아프리카 및 동남아시아 등지에서 개간이 극심하게 행해지고 있다. 이러한 개간이 현재와 같은 추세로 지속된다면 향후 20년 이내에 아마 아마존 열대 우림의 약 40% 정도가 유실될 것이다.

숲은 물 순환의 균형을 유지하는 데 결정적 역할을 하기 때문에 만약 열대 우림이 개간된다면 물수지는 균형을 잃게 된다. 빗물이 대지에 스며드는 것을 촉진하여 빗물을 가두는 숲이 사라지게 된다면 좀 더 많은 빗물이 육지 표면으로 흘러넘쳐 식물을 통한 대기권으로의 물 순환은 훨씬 적어질 것이다. 결과적으로 숲의 파괴는 음의 피드백 순환을 일으켜서 숲의 생존에 필요한 강우량의 감소를 초래하게 된다.

벌목은 또한 토양에 심각한 영향을 초래한다. 나무들이 베어 넘어지고 산 사면이 벌거숭이처럼 드러나게 되면, 나무 뿌리들에 의한 자연 보호 장치가 유실된다. 산 사면과 벌목을 위한 도로는 그림 19.5에 나타나듯이 다량의 빗물이 흘러 침식이 가속되는 장소가 될 수 있다. 이러한 현상은 하천에 유입되는 퇴적물의 양을 증가시키고 숲 토양 속의 영양분을 감소시킨다. 결국에는 하천의 경로가 암편과 잔류물 등으로 막히게 되고 자연 생태계가 교란된다. 이러한 현상을 막기 위하여 숲 생태계의 피해를 최소화하는 정도에서 상업적 벌목을 허용하는 선택 경작과 같은 새로운

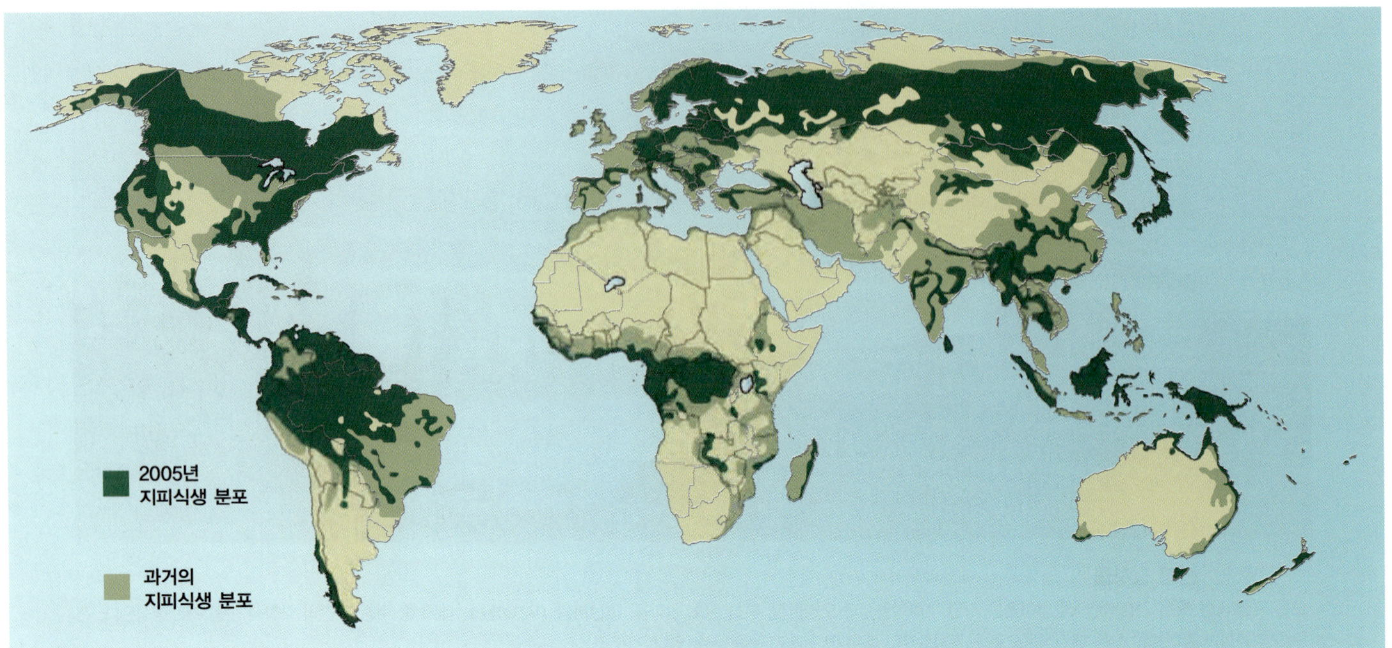

그림 19.13 **지피식생의 변화**
과거의 분포와 2005년을 비교해 보면 지구를 덮고 있는 지피식생은 시간이 지남에 따라 감소하고 있음을 알 수 있다. 최근의 지피식생 분포는 인공위성 사진으로 정확하게 측정할 수 있는 반면 과거 분포는 개략적 추정이다.

산림관리가 시행되고 있다.

지구의 대규모 숲은 또한 탄소의 광대한 저장고로서 작용한다. 광합성을 통한 '숨쉬는 숲'의 영향 때문에 대기 중 이산화탄소의 양은 계절에 따라 성장하는 식물들의 패턴에 따라 주기적으로 감소하거나 증가한다. 만약 토양이나 숲에 저장된 모든 탄소가 대기 중으로 방출된다면 대기권과 전 지구 기후체계에 미치는 영향은 매우 심각하며 기후체계는 매우 불안정하게 될 것이다. 우리 인류는 현재 광범위한 숲을 개간함으로써 그러한 현상이 일어나는 과정의 중심에 있다.

빈 방

수성 환경의 생물 자원들도 증가되는 압력에 처해 있다. 해양 생물종과 서식지의 다양성을 보호하고 생물 자원의 남획을 막는 일은 초유의 도전에 직면해 있다. 해양생태계와 개체군을 연구하거나 모니터링하는 것은 매우 어렵기 때문에 대부분의 육상생태계보다 훨씬 덜 이해되고 있다.

삼림 자원을 모니터링하고 있는 FAO에 의하면 현재 전 세계 수산 자원의 약 80%가 과도하게 남획되어 고갈되고 있다(그림 19.14A). 수산 자원의 고갈은 환경의 변화 및 부적절한 어업 기술과 장비 등에 기인하기도 하지만 주로 어족 자원의 남획 때문이다. 따라서 어획량을 제한하지 않는다면 영원히 회복될 수 없는 수준으로 어장이 감소될 수도 있다. 현재 대부분의 주요 어장에서는 과도한 어획을 막기 위하여 가능 어획량을 세밀하게 통제하고 있지만 이러한 규제는 저항을 받고 있다. 자연적이든 인간에 의한 것이든 환경 변화 또한 어장에 심각한 영향을 미칠 수 있다. 2009년 FAO는 전 지구적인 환경 변화 때문에 해양 및 육상의 어족 자원과 양식 작업 모두 심각한 위험에 처해 있다고 보고하였다.

최근 몇몇 어업관행 또한 전 지구적 관심사가 되고 있다. 예를 들어 유자망(drift net)은 선박 뒤에 매달려 끌려가는 거대한 그물로 특정한 물고기를 목적으로 하지 않고 돌고래를 포함한 모든 동물을 무차별하게 포획한다. 이처럼 의도하지 않게 포획된 물고기들의 대부분은 포획 당시 죽거나 버려진다(그림 19.14B). 쌍끌이는 거대한 자루 형태의 그물을 해저 바닥에 내려 끌고 가는 형태로 이러한 어업 방식은 산호와 같은 저서 생물의 서식지를 심각하게 파괴할 수 있다. 이러한 영향을 최소화하기 위해서는 어획량이나 물고기의 크기뿐만 아니라 어구나 어업관행이 좀 더 세밀하게 감시되거나 통제되어야 한다.

산호 백화 현상

산호초는 생산력이 가장 풍부하며 민감한 해양생태계 중

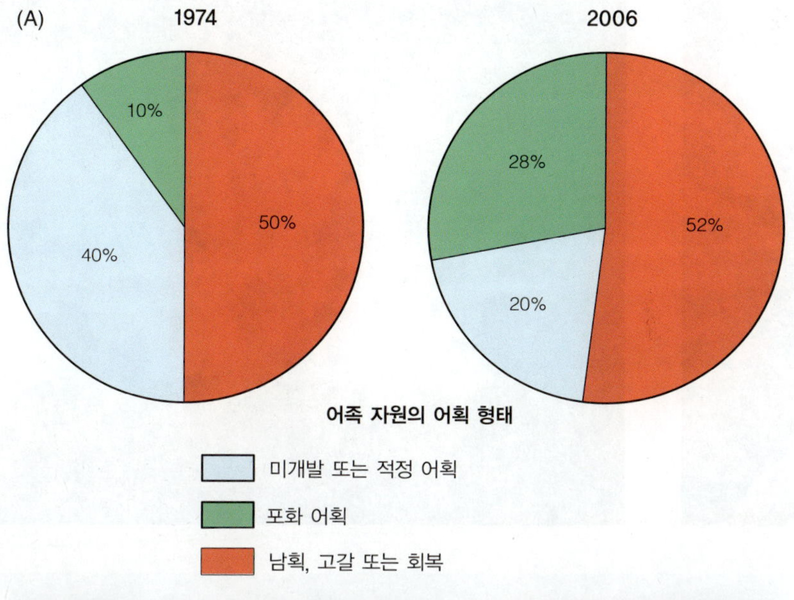

그림 19.14 어족 자원의 고갈
전 세계 어족 자원을 감시하는 국제연합 식량농업기구는 전 세계 어족 자원의 약 80%가 이미 과잉으로 남획되거나 고갈되고 있다고 평가한다. 수산 자원을 고갈시키는 원인 중 하나는 해로운 어업 기술이다. (B)는 새우잡이에 덩달아 잡혀 죽은 물고기들을 보여주고 있다.

하나다. 우리는 전 장에서 열대 산호에 대하여 개략적으로 알아봤는데 이 장에서는 해양 환경 변화의 지시자로서 산호에 대하여 살펴볼 것이다.

산호초는 단세포 광합성 조류의 일종인 *zooxanthellae*(황록공생조류의 일종)와 공생관계를 이루는 작은 폴립의 산호 군집에 의해 형성된다. *zooxanthellae*는 광합성을 하기 때문에 태양빛이 필요하며 산호에게는 음식 에너지를 제공하는 반면 산호는 *zooxanthellae*에게 주요 식물 영양소인 질소를 제공한다. 산호는 *zooxanthellae* 없이도 살아갈 수는 있지만, *zooxanthellae*는 산호가 석회질 패각을 분비하여 산호초를 형성하는 데 도움을 주기 때문에 *zooxanthellae*와 공생관계를 이루지 않는 산호는 초를 형성하지 못한다.

산호가 건강한 상태를 유지하기 위해서는 18°C 이상의 수온을 유지하는 청정한 환경이 요구된다(그림 19.15A). 이처럼 특정 범위의 빛과 수온의 요구 조건 때문에 산호는 열대 태풍이나 쓰나미 등의 자연현상을 비롯하여 인간 활동에서 비롯되는 환경 파괴에 대단히 민감하다. 예를 들어 연안 개발과 산업화는 토양 침식을 가속화시켜 침식퇴적물을 해양으로 다량 유입시켜 연안수를 흐리게 하여 결국 *zooxanthellae*의 광합성을 방해한다. 이러한 현상이 일어나면 산호는 죽거나 또는 *zooxanthellae*가 산호로부터 제거되어 산호의 색이 하얗게 변하게 되는데(그림 19.15B), 이를 **산호 백화 현상**(coral bleaching)이라 한다. 산호 백화현상은 해수 상태를 나타내는 주요한 지시자로 이러한 현상은 급속도로 확산되고 있다(그림 19.15C).

해양 산성화 또한 전 세계에 분포하는 산호의 건강을 위협한다. 대기 중 이산화탄소의 양이 증가하면 해양 속으로 녹아들어가는 이산화탄소의 양이 증가한다. 이러한 방법으로 해양은 이산화탄소의 저장고 역할을 한다(제1장 참조). 해양 이산화탄소의 농도가 증가하면 이산화탄소는 물과 반응하여 해양에 탄산(H_2CO_3)의 농도를 증가시키게 된다. 결국 해양 표층수는 산성을 띠게 된다. 이와 같은 산성화는 산호를 비롯하여 탄산칼슘을 이용하여 패각을 만드는 모든 해양생물에게 직접적인 영향을 끼친다. 탄산칼슘($CaCO_3$)은 산성을 띠는 용액에서 보다 쉽게 용해되기 때문에 석회질 물질의 골격 구조를 지닌 해양생물들은 쉽게 용해된다.

위기종

생물다양성의 위기는 지속적으로 증가하고 있다. 새로운 종은 진화와 자연 선택 및 종분화 등의 결과로 나타나며 이러한 종들은 다시 멸종하여 영원히 지구상에서 사라지게

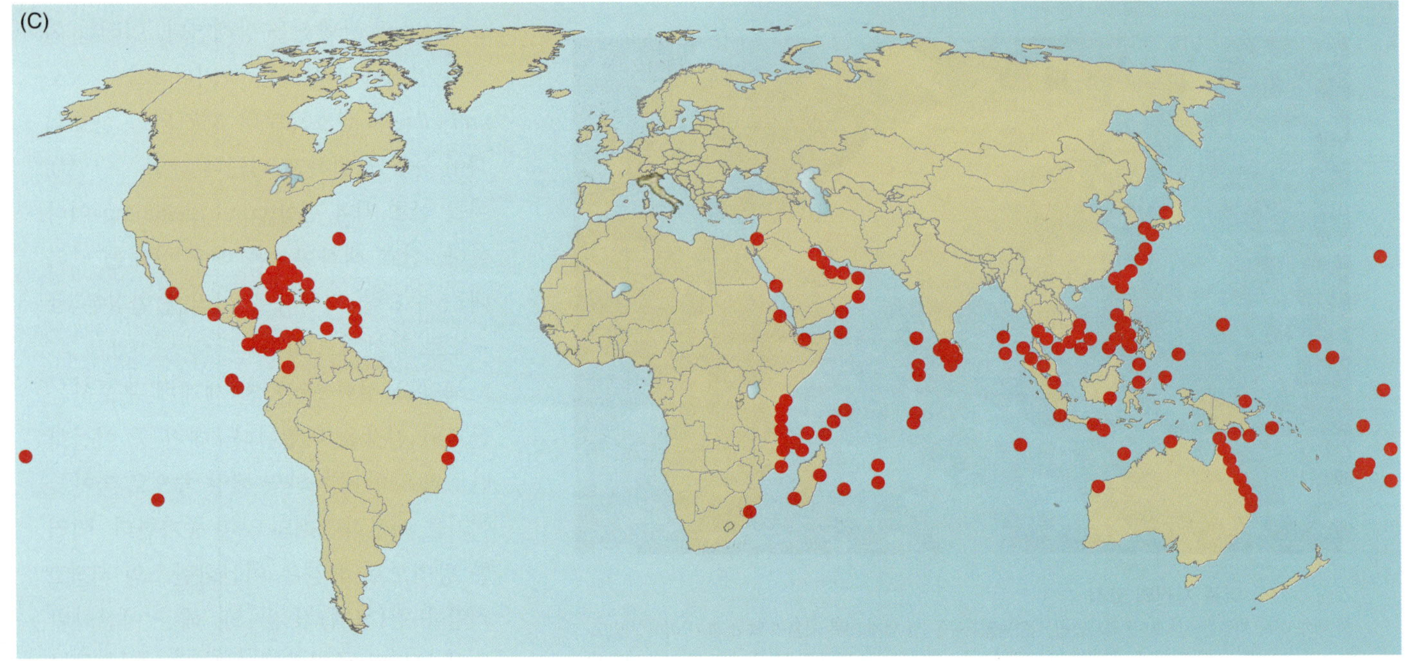

그림 19.15 산호 백화 현상

인도네시아 서부 파푸아 지역의 산호초(A)는 생산력이 매우 높고 다양한 생물들에게 서식지를 제공한다. 산호는 수온의 증가, 산성화, 혼탁도 등의 환경 변화에 매우 민감하기 때문에 환경이 변할 경우 몰디브의 사우스메일 환초 섬에서처럼 백화 현상을 보인다(B). 산호 백화 현상은 전 세계 열대와 아열대의 많은 지역에서 발생하고 있다(C).

된다(제14장). 멸종은 금세기에만 있는 새로운 현상은 아니다. 지구 생명의 역사를 통해 볼 때 생물 종은 1년에 약 한 종 정도의 비율로 절멸해 왔으며, 새로운 종의 진화는 멸종하는 종의 수를 앞질러 왔다. 하지만 오늘날 우리는 지난 과거의 대량 멸종을 능가하는 또는 그에 견줄 만한 멸종의 한가운데 있다. 제14장에서 우리는 이러한 현상을 제6의 대멸종으로 인식하였다. 이러한 멸종은 자연 재해보다는 인간 활동에 의해 야기된 것이다. 과학자들은 과거 200년 동안의 멸종 비율은 자연적인 멸종 속도보다 훨씬 높은 비율인 10년당 1,000배에 가깝다고 평가한다.

멸종 위기종은 미국의 '멸종 위기종 보호법(Endangered Soecies Act)' 과 같은 자국 내 법이나 UN의 '멸종 위기종의 국제 거래에 관한 협약(Convention on International Trade in Endangered Species, CITES)' 과 같은 국제 협정을 통하여 보호될 수 있다. 전 세계 황무지의 약 2%가 국제 협정에 의해 보호되고 있으나 안타깝게도 이 지역들

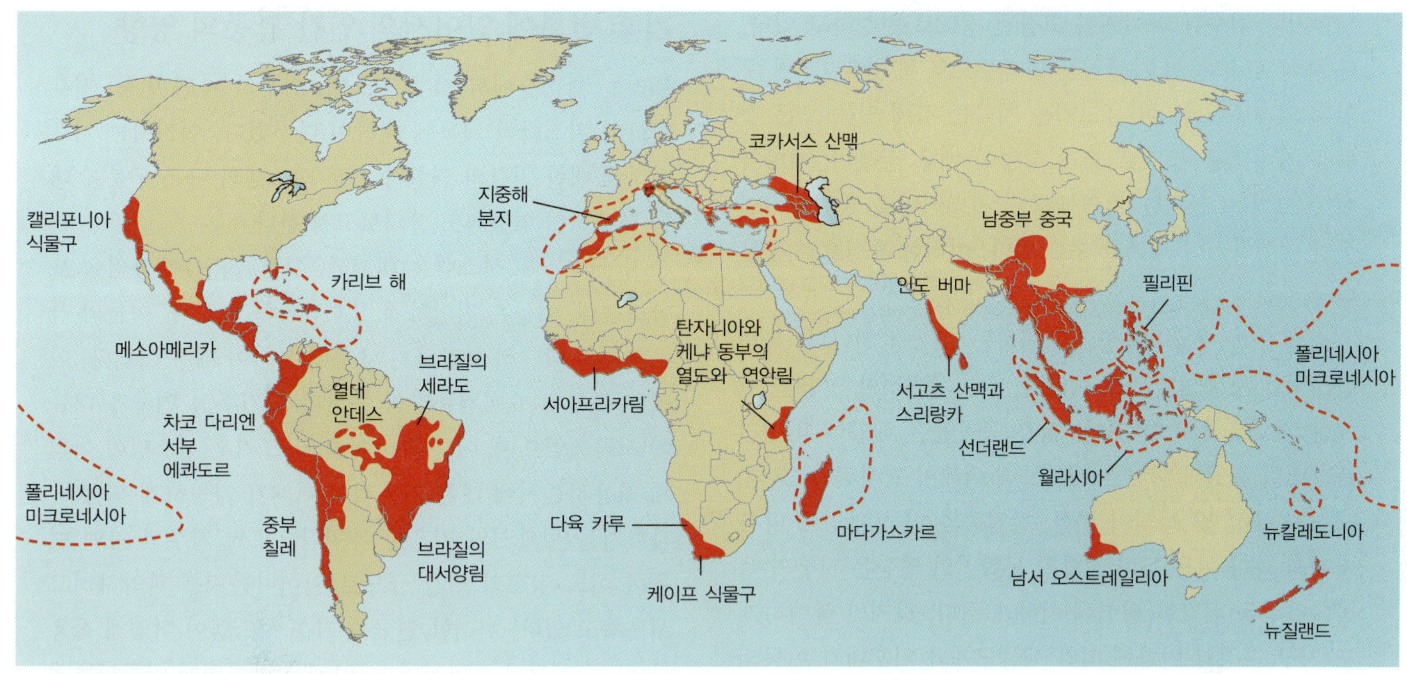

그림 19.16 생물다양성 중점 지역
생물다양성은 특정 '중점 지역'에 몰려 있다. 불행하게도 이러한 지역들이 언제나 생물다양성 보호구역과 일치하지 않는다.

마저도 생물다양성을 최대로 보이는 지역들과 일치하지 않는다. 생물다양성에 대한 흥미로운 점 중 하나는 생물다양성은 특정 지역, 즉 생물다양성이 극히 높은 **생물다양성 중점 지역**(biodiversity hotspot)에 몰려 있다는 것이다. 이러한 지역들은 대부분이 열대 지역으로 전 세계 육지 면적의 약 2% 정도지만 적어도 모든 관속 식물의 44%와 척추동물의 38%가 이러한 지역에서 서식하고 있다(그림 19.16).

제16장에서 우리는 생물다양성을 위협하는 가장 큰 요소인 서식지 유실과 서식지 분할에 대해 살펴보았다. 또 다른 중요한 위협은 상업적 목적을 위해 야생동물을 불법으로 포획하는 밀렵이다. 동물들은 가죽에서부터 뿔, 깃털 또는 치료용 약품이나 전리품으로 사용되는 등 모든 것을 위해 살해된다. 예를 들어 코뿔소나 코끼리는 뿔이나 코끼리의 상아에만 관심이 있는 밀렵꾼들에 의해 죽임을 당한다. 많은 외래종 물고기나 새들은 산채로 포획되어 수집가나 애완동물 애호가들에게 팔려나간다. 이러한 동물들은 불법적으로 포획되어 이동되고 이 과정에서 많은 동물이 죽는다. 식물들 또한 의약품이나 관상을 위해 불법적으로 남획된다. 예를 들어 건조한 지역을 조경(건식조경)하는 데 선인장이 인기 있다는 이유로 공유지의 선인장들은 불법으로 남획되는데 때때로 수백 년 된 식물이나 멸종 위기종들이 포함되기도 한다. 불법 밀렵은 야생 지역에 대한 강력한 감시 활동을 필요로 하기 때문에 통제가 어렵다. 밀렵꾼들은 그들이 남획한 동식물들이 암시장에서 매우 높은 가격으로 거래되기 때문에 강한 경제적 충동을 느낀다.

생물다양성을 위협하는 또 다른 중요 요소는 생태계에 외래종이 유입되는 것이다. 외래종의 유입은 자연적으로 발생하기도 하지만 의도적인 외래종 유입도 전 세계 수송망의 발달로 일반적으로 발생하며 또한 증가되고 있는 추세다. 이러한 현상은 자연적으로 일어날 수도 있지만 우연히 또는 계획된 유입도 흔하고 교통 발달의 결과 점점 증가하고 있다. 외래종은 유입이 되면 야생 포식자가 별로 없는 새로운 환경을 장악하여 번성하게 되어 결국 **토속종**을 능가하는 **침입종**(제16장)이 된다.

불행한 예는 많다. 소위 아프리카 살인 벌은 남아메리카 벌들의 꿀 생산량을 증대시키려는 노력의 일환으로 남아메리카로 의도적으로 유입되었다. 공격 성향이 강한 외래종인 살인 벌들은 현재 미국 전역에 넓게 퍼져 있다. 털부처손(purple loosestrife)은 원래 장식용 꽃으로 유입되어 재배되었지만 현재 정원에서는 사라졌고 토속종 식물들을 밀어내면서 북아메리카 남부 지역과 남부 캐나다 지역의 습지대로 확산되었다. 얼룩말 홍합(zebra mussel)은 화물선에 붙어 대서양을 건너와서 오대호 지역의 암석 표면을 뒤덮거나 취수관 파이프를 고장낼 정도로 번성하고 있다. 북 중국 토속 종인 가물치는 의약용으로 북아메리카에 수입된 외래종이다. 이 물고기는 지나는 길에 있는 모든 것들을 잡아먹을 정도로 공격 성향이 매우 강하며, 게다가 이 물고기는 건조한 지역에서도 지느러미로 밀면서 3일 동안 여행하거나 생존할 수도 있다. 이러한 특성으로 동부 미국 하천에 계속적으로 확산되고 있다.

오염 또한 생물다양성을 위협하는 요소 중 하나다. 특히 산성비와 오존의 감소는 생물들에게 치명적인 영향을 미치는 것으로 알려져 있다. 많은 동물들은 해양에 버려진 플라스틱 물질과 다른 쓰레기들에 의해서 질식된다. 오염, 서식지 유실 및 서식지 분할, 침입종과 인구 과잉에 따른 자원의 과다 이용 등이 결합된 복합적인 영향은 지구의 생물다양성을 심각한 위험에 처하게 한다. 하지만 불행하게도 지구 환경의 변화에 따라 생물군계와 기후대가 이동되는 것이 가까운 미래에 생물다양성을 위협하는 가장 큰 도전이 될지도 모른다.

기후 변화에 있어서의 인간 활동의 영향

우리는 제13장에서 기후 시스템, 기후의 자연 변동, 기후 변화의 지질학적 기록에 대하여 다루었다. 여기서는 기후 변화에 대한 인간의 역할과 기후 시스템의 다른 부분에 대한 잠재적인 영향력도 살펴보고자 한다.

지구의 기후 시스템은 대기권, 수권, 지권, 생물권을 포함하는데, 이들은 긴밀하게 상호작용하고 있다. 이들의 상호작용은 대단히 복잡하기 때문에 분석이 매우 어렵다. 이러한 분석은 슈퍼컴퓨터의 등장과 고기후의 연구와 더불어 시작되었으며, 이를 통하여 비로소 기후 시스템이 어떻게 작용하는지에 대한 기본적인 이해가 가능하게 되었다. 과학자들은 과거의 기후를 복원함으로써 기후의 자연 변동이 어느 정도의 시간 규모로 일어나는지를 파악하려고 시도하고 있다. 이러한 연구는 기후 시스템이 어떻게 작용하며, 그 원인이 무엇이며 또 미래에는 어떻게 변화하는지를 알 수 있게 해 준다. 우리는 기후가 미래에도 변화할 것

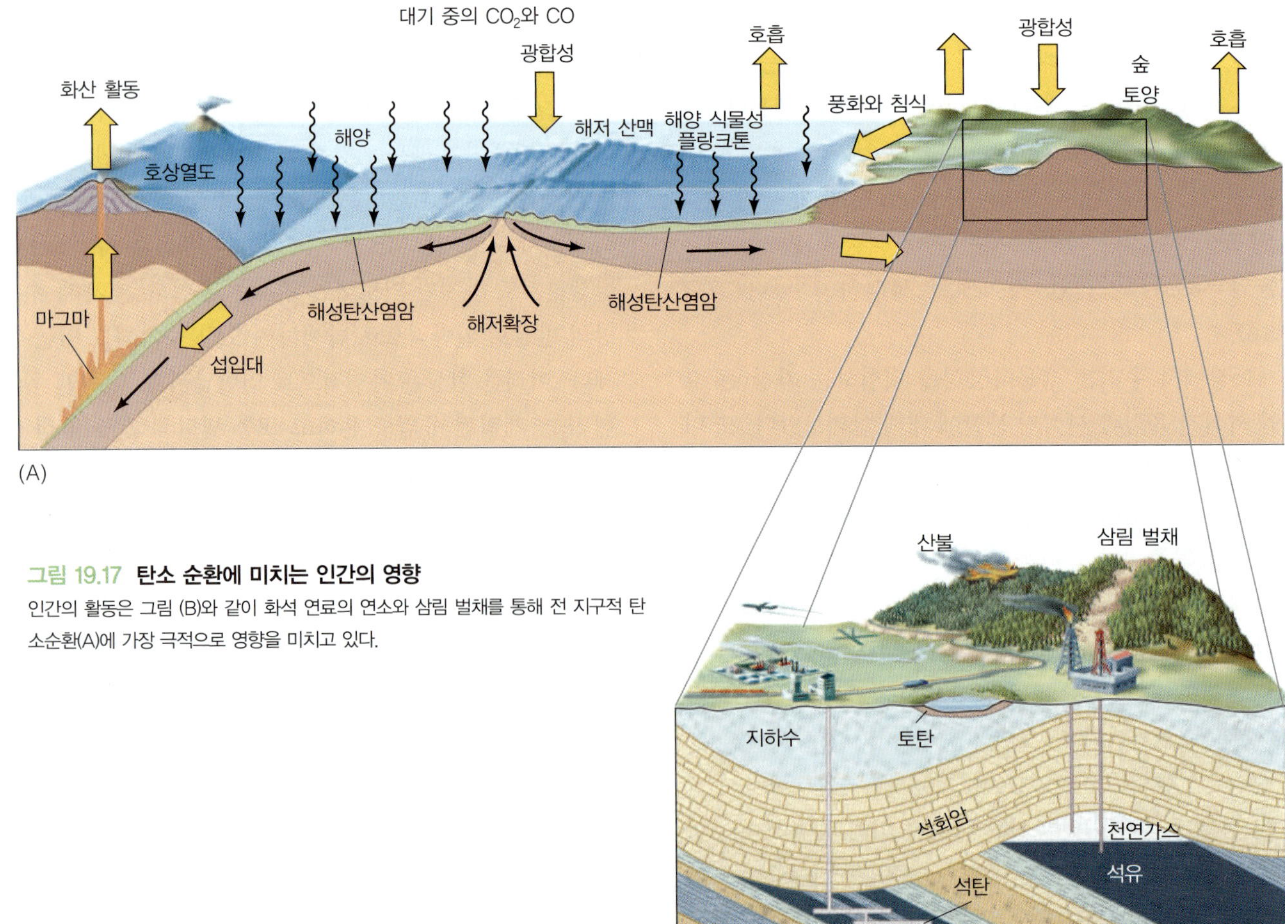

그림 19.17 탄소 순환에 미치는 인간의 영향
인간의 활동은 그림 (B)와 같이 화석 연료의 연소와 삼림 벌채를 통해 전 지구적 탄소순환(A)에 가장 극적으로 영향을 미치고 있다.

이라고 알고는 있으나, 어떻게 어느 정도의 속도로 변화하는지는 알 수 없다. 또 인간 활동이 이러한 변화에 어느 정도 기여하는지도 알 수 없다. 이러한 의문에 대한 정확한 답을 하는 것은 과학적으로도 중요할 뿐만 아니라 사회적, 경제적, 정치적으로도 매우 중요하다.

화석 연료를 채취하고 이를 연소시켜 각종 인간 생활에 활용하게 된 것은 지구와 생물에게 지대한 영향을 미치는 거대한 '지화학적 실험'을 시작한 것과 다름없다. 인간의 다른 활동, 특히 산림 채취 등과 같은 것도 중요한 역할을 한다. 이러한 실험의 영향 중에서 가장 중요한 것은 인간 활동이 탄소 순환에 영향을 미치는 것인데, 왜냐하면 몇 개의 탄소종(주로 이산화탄소와 메테인)은 온실효과와 관련이 있기 때문이다. 온실기체의 농도 변화는 탄소 순환과 온실효과의 변화로 이어진다.

인간 활동과 탄소 순환

제15장에서 배운 것처럼 탄소는 지구계의 네 가지 주요 저장고 중 하나인 생지화학적 순환으로 유입된다. 인간 활동은 이러한 저장소에 영향을 미치며, 저장소들 사이에서 탄소를 서로 교환하게 만든다(그림 19.17).

예를 들면 화석 연료의 연소와 산림의 황폐화를 통하여 탄소(주로 이산화탄소 형태로)는 지권에서 생물권을 통하여 자연적 탄소 순환에 비하여 훨씬 빠른 속도로 대기로 유입된다. 개개의 작은 연소 규모 등은 중요하지 않다고 생각될지 모르나, 이들의 전체적인 효과는 지구 규모의 변화를 초래할 수 있다.

증가하게 된 이산화탄소가 충분히 빠른 속도로 수권에서 용해되고 퇴적층으로 함입되지 않는 이상 대기의 이산화탄소 양은 반드시 증가하게 된다. 그러나 자연적인 순환 과정에서 대기의 이산화탄소가 제거되는 비율보다 인간 활동으로 인하여 늘어나게 되는 이산화탄소의 양이 많게 되면, 대기 중 이산화탄소의 양은 또한 증가할 것이다. 그러한 변화가 현재 사실로 관측되는데, 다른 여러 가지 변화도 동시에 수반하고 있다.

대기 화학성분의 변화

지구의 대기는 인간 활동의 결과, 특히 산업혁명 이후 변화해 왔다(그림 19.18). 이러한 변화에는 이론의 여지가 없을 정도로 매우 분명하다. 이들 변화 중 어떤 것은 오로지 인간 활동에 의하여 배출된 기체로 인하여 유발되었다. 예를 들면 성층권의 오존을 파괴하는 CFC(염화플루오르탄소)의 증가가 그런 경우이다. 또 다른 변화는 대기에 존재하는 기체를 인위적인 과정을 통하여 농도를 증가시키는 것과 관련 있는데, 예를 들면 화석 연료의 연소를 통하여 황과 탄소를 대기에 배출하는 것이다. 이들 중에서 온실기체는 대기 중의 농도가 증가한다는 사실이 밝혀진 이후, 지난 20년 동안 과학계는 물론 인류 전체의 큰 관심사가 되어 왔다.

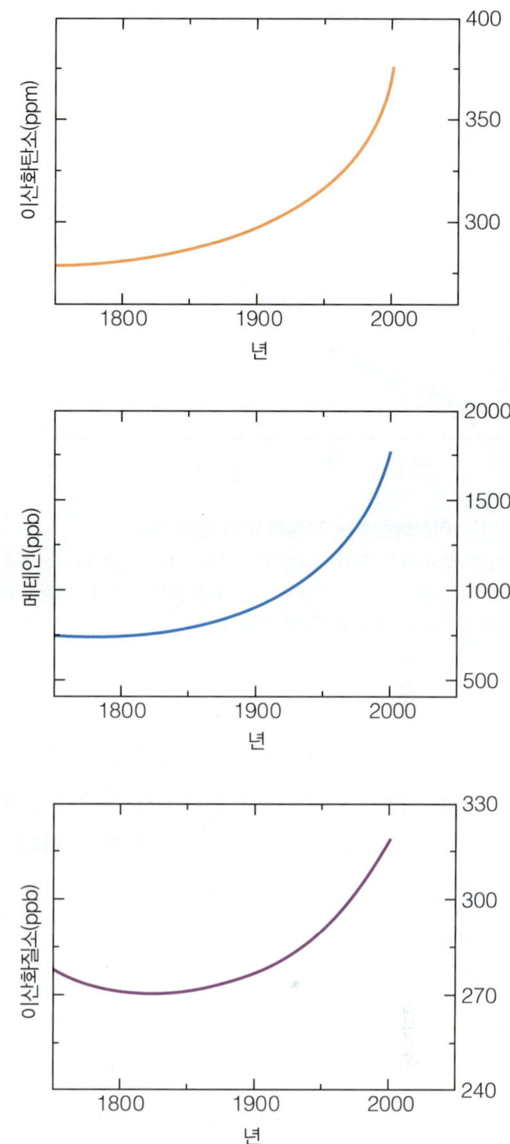

그림 19.18 변화하는 대기의 화학성분
산업혁명 이후 지난 약 200년 동안 대기 중의 이산화탄소, 메테인, 산화질소 그 밖의 주요 기체 성분 농도는 크게 증가해 왔다.

인간 활동이 대기의 화학조성에 영향을 미친다는 그 자체도 중요한 문제이지만, 더 심각한 것은 지구 기후 시스템의 안정성에 영향을 미친다는 것이다. 제2장에서 다룬 것처럼 온실효과는 생물들이 살 수 있게 해 주는 긍정적인

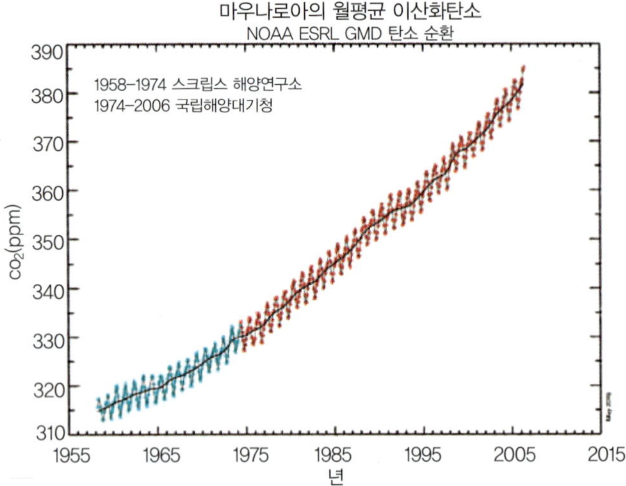

그림 19.19 이산화탄소는 계절에 따라 변화한다.
하와이 마우나로아 관측소에서 1958년부터 관측된 이산화탄소 농도(ppmv). 지그재그 패턴은 생물권에 의한 이산화탄소의 호흡과 관련된 1년 주기의 변동을 나타낸다. 온실기체의 양이 지속적으로 증가함을 알 수 있다.

요소이다. 그것이 없이는 지구도 태양계의 다른 행성과 마찬가지로 생물들이 생존하기 어려울 것이다. 온실효과는 대기 밖으로 방출되는 열을 온실기체가 흡수하기 때문에 발생한다. 온실기체의 농도가 변화하게 되면 인위적이든 자연적이든 온실기체에 의해 유지되는 복사평형에 변화를 초래하게 된다.

수증기는 자연적인 온실효과 중에서 가장 중요하다. 인간 활동은 아직 충분히 밝혀지지 않은 복잡한 과정을 통하여 대기의 수증기 함량에 영향을 미친다. 온실효과에 미치는 인간의 영향을 논할 때 이산화탄소와 메테인에 특히 중요하게 여겨지는데, 이산화탄소는 배출량이 많으며 메테인은 **온실효과**(greenhouse effect)의 효율이 가장 크기 때문이다. 이 두 가지 기체가 최근에 어떻게 증가해 왔는지를 살펴보기로 하자.

이산화탄소 1958년을 시작으로 대기 중의 이산화탄소량은 하와이의 휴화산인 모날 로아의 산 정상에 세워진 관측소를 통하여 지속적으로 관측되어 왔다. 이곳이 관측소로 선택된 것은 고도가 높고 인간 활동의 영향을 적게 받기 때문이다. 이 관측을 통하여 두 가지 중요한 사실이 알려졌다. 첫째로 이산화탄소의 양은 매우 규칙적인 1년 주기의 변화를 보인다는 것이다(그림 19.19). 이것은 지구(정확하게는 생물권)가 호흡, 북반구의 여름에는 이산화탄소는 식물에 의하여 흡수되어 대기 중의 농도는 감소하며, 반면에 북반구의 겨울에는 식물에 의해 흡수되는 것보다 많은 양의 이산화탄소가 대기 중으로 유입되기 때문에 농도가 증가한다. 둘째로 이산화탄소의 농도는 매우 분명한 장기적인 증가 추세를 보이고 있다는 것이다. 1958년 이후로 이산화탄소의 농도는 315~317 ppmv(parts per million, by volume)로 증가하였고, 그 비율은 선형이 아닌 지수함수적(증가 비율이 시간에 따라 증가한다)이라는 것이다.

이러한 이산화탄소의 증가는 화석 연료의 연소에 의하여 이산화탄소가 대기 중으로 배출된 비율의 증가와 매우 밀접한 관계를 가지고 있다. 이미 알려진 자연적인 매커니즘은 이러한 급격한 증가를 설명할 수 없으며, 오직 화석 연료의 연소만이 주된 요소로 작용한 것임에 틀림없다. 또 다른 요인을 찾아본다면, 산림벌채, 이에 수반되는 산림의 연소, 벌채된 산림의 부패 과정, 저개발 국가의 목재연료의 소비라고 할 수 있다.

메테인 메테인가스(CH_4)는 이산화탄소보다 적외선 흡수율이 2.5배나 높기 때문에 전체적인 양은 적으나 온실효과에 미치는 영향은 크다. 대기 중의 메테인가스 농도는 산업혁명 이후에 150%나 증가하였는데(약 700ppb에서 1,745ppb로), 매년 평균 0.8%씩 증가한 결과이다. 얼음코어분석을 통하여 메테인가스의 증가 비율은 인구의 증가 비율과 같다는 것이 알려져 있다. 왜냐하면 대기 중으로 방출되는 메테인가스는 쌀의 경작과 관련된 생물학적 활동 또는 가축에 의한 소화가스의 배출 등에 의하여 발생되기 때문이다. 지난 200년 동안 가축의 수는 매우 크게 증가하였으며, 쌀 경작지의 면적은 1950년 이후로 40%나 증가하였다. 유사 이전에 메테인가스 농도는 이산화탄소와 마찬가지로 빙하기의 시작과 함께 증가하고 종료되면서부터 감소하였다.

기후 변화의 평가

대기 화학조성의 변화는 대체로 잘 기록되어 왔으며, 산업혁명 이후의 인간 활동에 관련이 있다는 것은 논란의 여지가 없다. 그러나 이것이 미래에 어떠한 영향을 가져올지는 불확실하다. 만일 대기의 온실기체 농도가 증가한다면 기후에는 어떠한 악영향을 미칠 것인가? 인간 활동이 가까운 미래의 기후 변화에 중대한 기여를 할 것인가? 그것은 지표 온도의 상승과 관련이 있는 것인가? 만일 그렇다면 얼마나 큰 비율로 관련이 있는가? 이러한 의문에 답하기 위해서는 전지구 기온의 역사적 기록을 먼저 살펴봐야 할 것이다. 그러면 어떻게 미래에 대한 예측을 할 것인가를 알 수 있다.

과거의 기온 변화 경향

제13장에서 다루었던 것처럼 기온의 전 지구 변화를 평가하는 것은 매우 어려운 일인데, 왜냐하면 1850년 전까지는 기계적인 관측이 거의 없었으며, 대부분이 제2차 세계대전 이후에 이루어졌기 때문이다. 가장 오래된 기록은 서유럽과 동북아메리카에서 이루어졌다. 지구 표면의 70%를 차지하는 대양에 대한 관측 자료는 매우 희박한데, 특히 1945년 이전에는 거의 없었다. 따라서 대부분의 전 지구 기온은 주로 북반구에 존재하는 지상관측소의 자료로부터 얻어진 것이다.

19세기 중기와 후기 이후의 평균 기온의 연변화를 나타내는 자료가 많이 발표되었다. 자료마다 약간씩 다르기는 하지만, 대체적으로 기온이 상승한다는 공통된 특징을 보여준다(그림 19.20). 짧은 주기의 변동은 있으나 신뢰할 만한 관측이 이루어진 1860년부터 2010년까지는 대체적으로 0.5°C 내지 0.8°C 정도 증가한 것으로 나타난다. 기온의 상승한 기간과 온실기체의 배출이 증가한 기간이 일치하는 것은 이들이 상관관계를 가짐을 암시한다. 그러나 1950년 이전의 기온은 충분하지 않은 양의 자료를 바탕으로 계산한 것이기 때문에 엄밀한 과학적 추론을 적용하기는 쉽지 않다.

미래의 기후 변화

미래의 기후 변화에 대한 올바른 예측은 지구의 기후 시스템을 과학적으로 잘 이해함으로써 가능하게 된다. 온난화 비율의 예측은 많은 불확실한 요소에 의하여 결정된다. 예를 들면 온실기체의 농도 변화가 어떻게 될 것인가? 기후 시스템의 기본적인 요소와 방대한 열을 저장하고 있는 해양이 어떻게 변화할 것인가? 변화하는 기후가 빙상과 구름이 차지하는 면적에 어떻게 영향을 미칠 것인가? 기후 시스템의 자연적인 변동의 시간 규모가 어느 정도인가?

그러한 의문과 연관된 지구계의 복잡성은 구름의 거동에 잘 나타나 있다. 만일 하층 대기의 기온이 상승한다면 해양으로부터 더 많은 수증기가 증발할 것이다. 수증기는 온실기체이므로 더욱 기온을 상승시킬 것이다. 대기 중에 수증기가 증가하게 되면 더 많은 구름을 형성하게 되고 태양 입사 에너지를 우주로 반사시켜 지표 대기를 냉각시키게 되어 결국 온실기체의 효과와는 반대의 결과를 가져온다.

그러한 불확실성과 복잡성 때문에 과학자들은 자신감 있는 예측을 하기가 힘들다. 이러한 예측의 어려움 때문에 종종 '가능하다', '그럴지도 모른다', '불확실하다' 와 같은 형용사를 사용하여 표현을 한정한다. 이러한 연구를 하는 과학자들에게는 이러한 표현들이 매우 구체적이고 명료하게 정의된 의미를 가지며, 이러한 표현들을 사용함으로써 지구 기후 시스템 연구에 포함된 과학적 불확실성을 적당한 수준에서 인정한다. 그러나 그들의 지나치게 조심스러운 표현들은 기후 변화에 대한 대중들의 요구에는 다소 불만족스럽다. 이러한 표현들은 단지 현재까지 연구하여 알게 된 사실과 알아야 될 사실들의 거리감을 강조할 뿐만 아니라 전 지구적 기후 변화의 연구자들과 정책입안자들의 지속적인 도전과제임을 나타낸다.

그림 19.20 1880년 이후의 지표 온도 편차

지표의 평균 온도를 산출하는 것은 매우 어려운 일이지만, 대부분의 자료는 약 0.6°C 상승한 것을 나타내고 있다. 그래프의 자료는 북반구와 남반구의 온도 편차를 기준치(1951~1980년의 평균치)와 비교하여 나타낸 것이다. 남반구는 약 0.6°C의 증가를 보이나 북반구는 이보다 약간 높다.

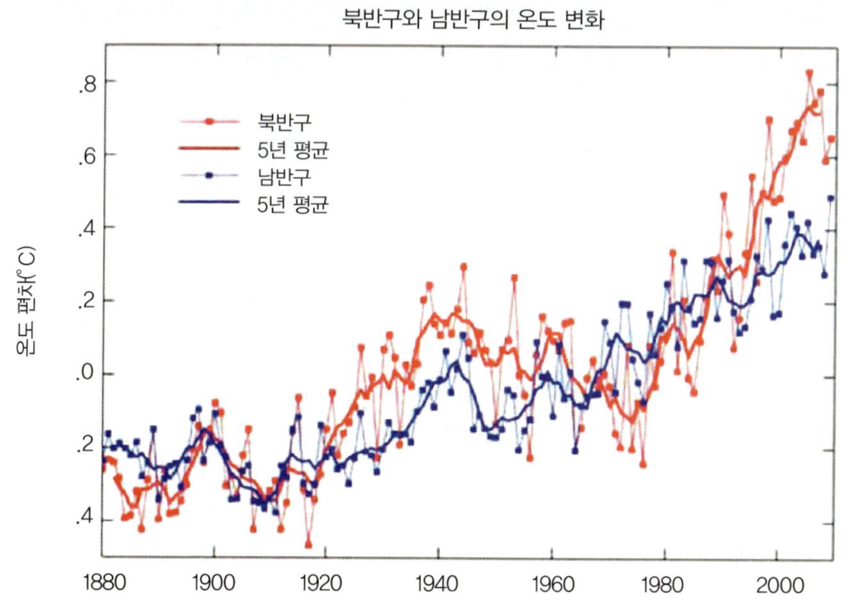

기후 모형 만일 과거 기온의 기록 자료가 결정적인 증거가 되지 않는다면 기후 모형을 사용하여 온실기체 방출과

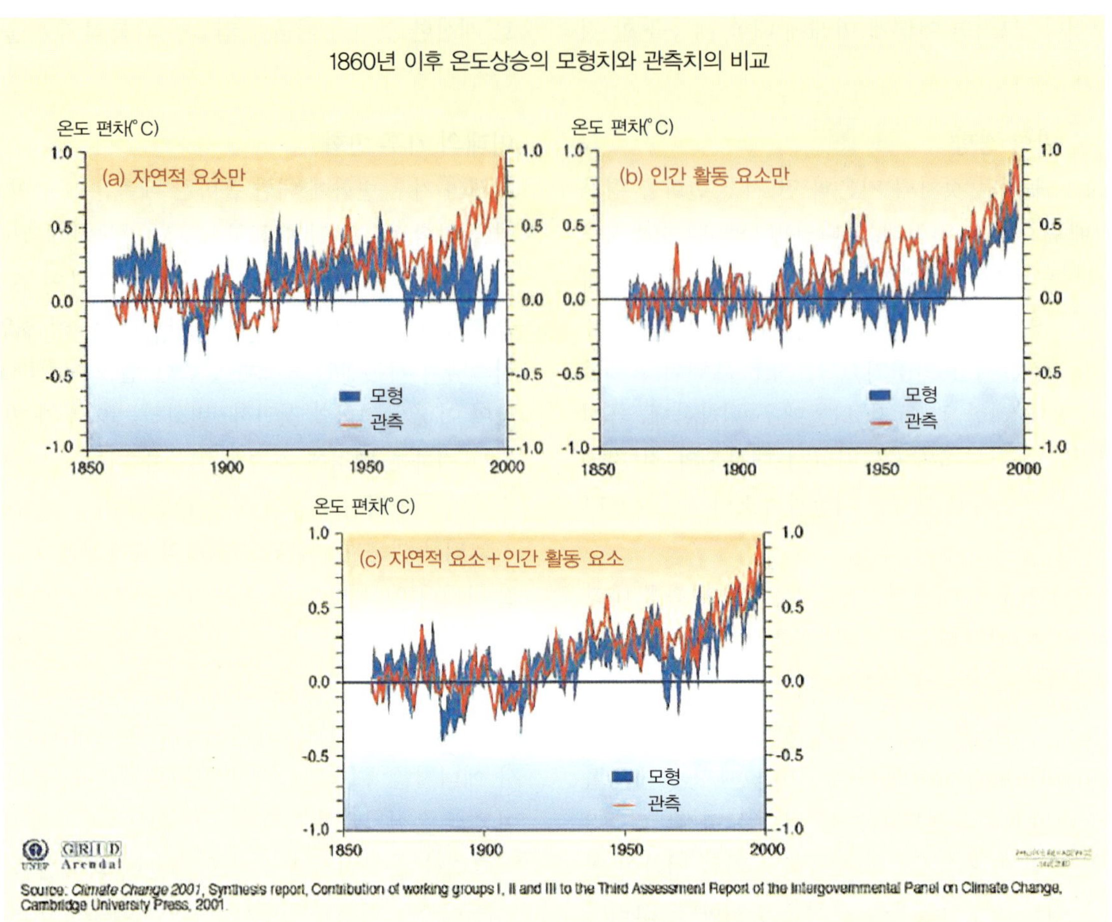

그림 19.21 **현재 기후의 예측**

과학자들은 과거의 관측된 자료를 기후 모형에 입력하여 그 결과를 현재의 관측된 값과 비교하여 기후 모형이 얼마나 정확한가를 시험한다(붉은선). 자연적인 요소만을 입력한 (A)와 인간 활동 요소만을 입력한 (B)는 현재의 기후를 제대로 모사하지 못하나 (A)와 (B)의 두 개를 동시에 입력한 (C)는 적절하게 모사한다. (출처 : IPCC 3차 평가보고서, 2001)

과거 및 현재의 기후의 관련성을 조사하는 것도 좋은 방법이다. 지구 기후 시스템의 3차원 모형은 기후를 예측하기 위한 노력으로부터 얻어진 결과이다. 그중에서도 가장 정교한 것은 대기권, 수권, 생물권의 모든 과정을 포함하는 **대기대순환 모형**(GCMs)이다. 자연 시스템이 지극히 복잡하기 때문에 그러한 모형은 실제의 자연을 단순화하여 나타내게 된다. 더욱이 앞에서 언급한 것처럼 기후 시스템의 연관성과 과정 중 많은 부분은 제대로 연구가 되고 있지 않으며, 이 때문에 모형을 통한 연구가 그리 쉽지는 않다. 예를 들면 현재의 모형은 기후 시스템의 가장 중요한 두 가지 요소인 해양의 대순환과 구름의 형성 과정 등을 완전하게 현실적으로 모사하지는 못한다. 또한 기후와 생물권을 관련 지어 주는 생지화학적 과정도 정확하게 표현되지 못하고 있다.

이러한 제약점에도 불구하고 대순환 모형은 현재 기후의 중요한 특징을 잘 모의하고 있으며, 일기예보의 정확도를 크게 향상시켜 왔다. 기후 모형의 성능을 실험하는 가장 좋은 방법은 현재의 상태를 예측하는 데 적용해 보는 것이다. 이에 대한 기본적인 아이디어는 과거 기후 조건을 모형에 입력하여 실행시킨 뒤, 현재의 기후를 제대로 모의하는가를 보는 것이다(그림 19.21). GCM을 통한 현재 기후의 적절한 모의 가능성은 그 분야 연구자들에게 자신감을 주게 된다. 이러한 자신감으로부터 대기대순환 모형을 적용하여 미래 기후의 예측을 시도하게 되었다.

과학적 공감대와 IPCC 기후 모형과 자료 분석의 불확실성에도 불구하고 과학자들은 다음과 같은 결론을 내리게 되었다. (1) 인간 활동으로 인하여 대기 중의 이산화탄소와 미량기체의 양이 증가하였으며, 온실효과를 높이게 되었다. (2) 과거 100년 내지 150년 사이에 전 지구 지표면 기온은 0.8°C 정도 상승하였는데, 이것은 온실효과의 증가에 기인하는 것으로 보인다. (3) 향후 100년 뒤까지도 지구

표 19.1 예상되는 지구온난화의 영향

표는 전 지구 연평균 기온의 증가와 관련된 영향을 나타낸다. 여기서 영향은 21세기 말의 기후 변화(해수면 변화, 이산화탄소의 농도)와 관련된 기온 상승의 여러 가지 시나리오를 고려한 것이다. 검은선은 영향을, 점선의 화살표는 상승하는 기온과 관련된 영향을 나타낸다. 각 문장의 왼쪽은 영향과 직접 관련 있는 대략적인 온난화의 수준을 나타낸다. 기후 변화에 대한 적응은 고려되지 않았다. 각각의 서술에 대한 신뢰도는 높다. (출처 : IPCC 4차 보고서, 기후 변화 2007: 종합보고에 나타난 그림 SPM-7, http://www.ipcc.ch/ publications_and_data/ar4/syr/en/spms3.html)

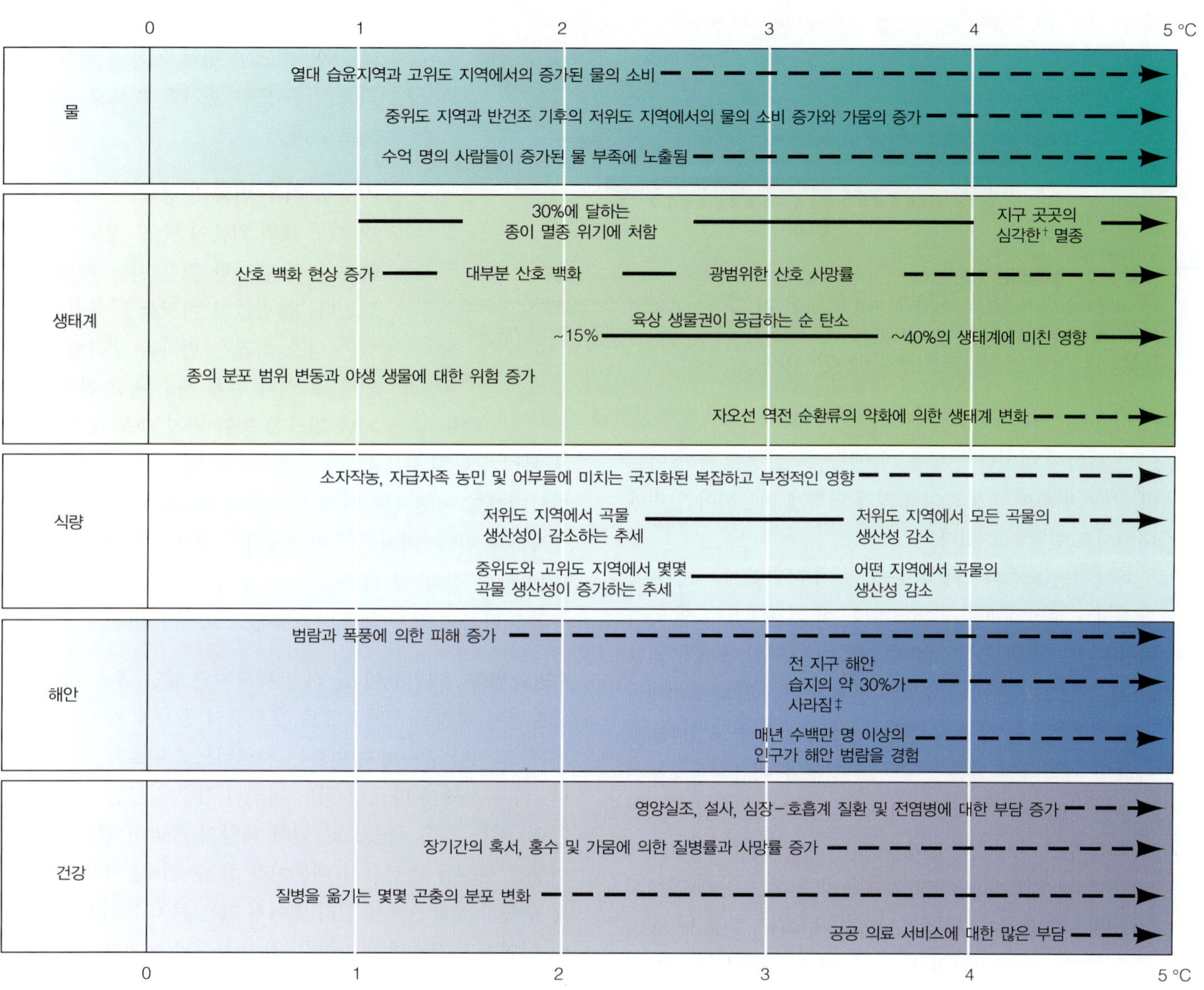

† 여기서 심각은 40% 이상일 때로 정의함. ‡ 2000~2080년까지 해수면의 평균 상승률 4.2mm/년에 기초함

평균 기온은 상승할 것으로 예상된다.

기후 변화에 대하여 많은 사람들이 인정하고 과학적인 사실을 체계적으로 잘 정리해 놓은 것 중 하나는 **정부 간 기후 변화 위원회**(Intergovernmental Panel on Climate Change, IPCC)의 보고서이다. 정부와 과학자들의 국제적 전문가 패널인 IPCC는 1988년에 UNEP(UN의 환경프로그램)과 WMO(국제 기상기구)에 의하여 설립된 것이다.

IPCC는 2007년에 제4차 보고서를 출간하였는데, 이는 기후에 관한 과학적인 연구 결과를 종합한 것이다. 이 보고서는 수천 명의 과학자들이 연구한 결과를 분석 종합한 것으로, 지표 기온의 장기 변화 경향, 강수 패턴, 눈과 얼음의 피복 면적, 해수면 높이, 폭풍의 강도, 그 외의 여러 가지 요소를 다루고 있다(표 19.1). 이 보고서는 또한 이산화탄소 배출량과 분포에 대한 여러 가지 시나리오를 설정하여 각각에 대한 기후 변화의 양상을 제시하고 있다. 보고서는 현재와 미래의 기후 변화가 자연의 동식물, 생태계,

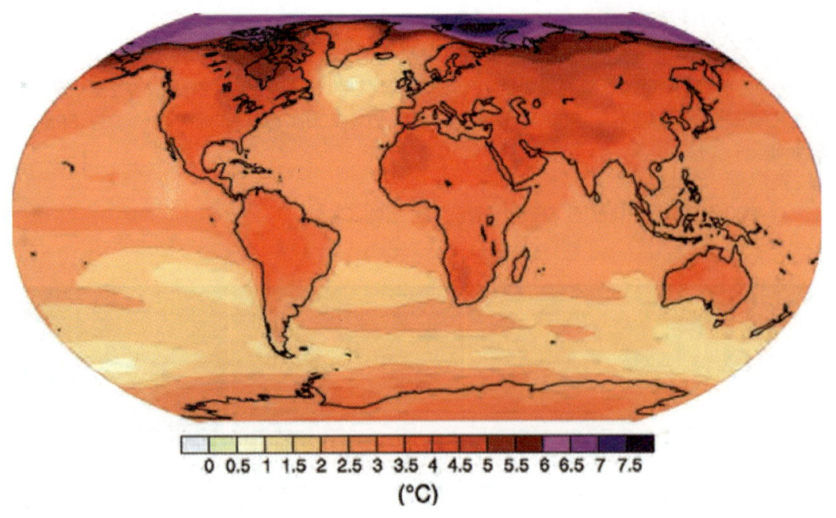

그림 19.22 예상되는 기온 변화
이 그림은 IPCC의 지구온난화 시나리오에 따라 계산된 21세기 말(2090~2099)의 기온 편차(1980~1999년의 평균을 기준으로)를 나타낸 것이다. 온도의 변화폭은 일정하지 않으며, 고위도, 특히 북극 주변의 기온 상승이 상당히 큰 것으로 나타난다. (출처 : IPCC 기후 변화 2007)

인간 사회에 어떠한 영향을 미치는가를 설명할 뿐만 아니라, 기후 변화에 대응하여 우리가 어떻게 대응해야 할지에 대해서도 언급하고 있다.

과학적인 노력과 더불어 IPCC는 기후 변화에 나타난 불확실성도 적절하게 다루어야 한다. 이 때문에 IPCC의 과학자들은 보고서의 모든 결론과 예측에 대하여 통계적 확률을 제시하고 있다. 게다가 기후 변화가 인간 사회에 미치는 영향에 관해서는 상당히 보수적인 입장을 취하고 있다. 왜냐하면 과학적인 결론이 각국의 정부와 대표자들로부터 인준을 받아야 하기 때문인데, 몇몇 나라는 경제 발전을 위해 화석 연료의 연소가 불가피하다고 보기 때문이다.

IPCC 보고서에 의하면 지표면의 기온은 1906년에서 2005년까지 약 0.74°C 증가하였으며, 최근 수십 년 동안 가장 가파르게 증가하였다. 특히 1995년부터 2006년까지의 11년은 기후 관측 150년의 역사상 가장 온난한 것으로 기록되었다. 앞으로 약 20년 정도는 지구의 평균 기온이 매년 적어도 0.2°C 증가할 것으로 IPCC는 내다보았다.

온실기체의 증가에 따른 기온의 상승은 과거의 어느 때보다도 더 커지고 빨라질 것이고, 어쩌면 지질 시대의 그 어느 때보다도 큰 폭으로 나타날지도 모른다. 만일 현시점에서 온실기체의 발생을 중단한다 하더라도 10년에 약 0.1°C 정도는 지속적으로 증가할 것인데, 이미 대기 중에 배출되어 있는 온실기체가 계속 영향을 미치기 때문이다. IPCC는 21세기 말에는 온실기체 배출의 시나리오에 따라 현재의 기온보다 약 1.8~4.0°C나 상승할 것으로 예측하고 있다. 기온 상승의 폭은 각 지역 간의 특성에 따라 지역마다 다르게 나타나는 것으로 예상되고 있는데, 북극 지역과 같은 곳에서는 약 7.8°C나 상승폭이 예상된다(그림 19.22). 평균 기온과 더불어 최고 기온 또한 증가할 것으로 보고되고 있다.

가능한 기후 변화의 영향

전 지구 표면 기온이 몇 도 정도 상승하는 것이 대단한 것은 아닌 것처럼 들린다. 틀림없이 이것을 극복할 수 있는 다소 하찮은 변화라 생각할 수 있다. 그러나 현재 지구 평균 온도와 지난 빙하기 동안 가장 추운 곳의 기온 차이가 단지 5°C정도인 것을 고려하면, 1~2°C 정도만 변하더라도 어떤 심각한 영향이 지구에 나타나지 않을까 생각하게 된다. 대기권이 따뜻해지는 것은 우리의 중요한 '지화학적 실험' 이 예측한 여러 결과 중 하나일 뿐이며, 수많은 다른 변화가 함께 나타날 것으로 예상된다.

수권의 변화 대기권이 좀 더 따뜻해지면 해양, 호수, 강의 증발량이 커지고 결과적으로 강수량의 증가를 가져올 것이다. 그러나 강수량의 변화는 지역적으로 다르게 나타난다. 기후 모형에 따르면 적도 지역의 강수 강도는 증가하는데, 이는 기온 상승으로 열대 해양의 증발이 활발해져 비구름 생성을 촉진하기 때문이라 할 수 있다. 이와 반대로 수증기 공급원에서 멀리 떨어져 있는 큰 대륙의 내부는 더 더워지고 건조해질 것이다. 강수 분포가 이전과 다르게 나타나거나 기온의 상승은 하천의 유출량과 지하수량에 중대한 국지적 변화와 지역적 변화를 초래할 것이다.

해양도 역시 영향을 받을 것이다. 해수의 온도가 상승하면서, 해양의 부피가 팽창함에 따라 해수면의 높이가 높아질 것이다. 이에 덧붙여 빙하가 줄어들면서 녹은 물이 바다로 유입되고 빙하와 대륙빙이 바다로 붕괴되면서 추가적인 해수면 상승이 나타난다. 해수면 상승으로 수백만 명이 살고 있는 해안 지역이 침수되고, 열대 지역은 태풍 피해에 더욱 취약하게 변할 것이다. 해양이 따뜻해지면 태풍이 더 자주 발생하거나 더욱 강해질 가능성이 있다. 태풍

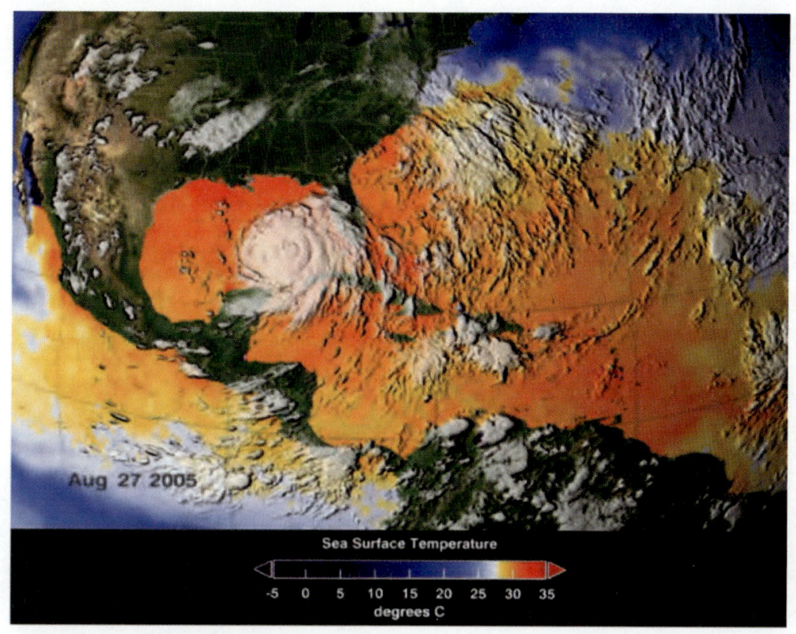

그림 19.23 태풍과 기후 변화
지구 기후 변화의 한 영향으로 태풍 빈도와 강도가 증가할 것으로 예측되고 있다. 비정상적으로 허리케인 활동이 활발했던 2005년에, 멕시코 만의 수온이 여느 때와 다르게 높았다. 여전히 불확실성은 있지만, 온난화가 진행되면서 해수면 온도가 높아지고 허리케인 카트리나와 같은 강력한 폭풍이 자주 발생할 것으로 의견이 모아지고 있다. 그림은 카트리나가 루이지애나에 상륙하기 직전의 위성사진이다. 평소보다 더 따뜻한 멕시코 만의 해수면 온도가 빨간색과 주황색으로 나타나 있다.

자료를 분석한 최근 연구에 의하면, 해양의 온도가 상승하면 태풍의 발생 개수는 변함없을지 모르나, 에너지나 지속 시간 등이 증가하는 것으로 예측되고 있다. 기록적인 허리케인과 열대성 저기압 발생(카트리나와 다른 27개)이 나타난 2005년의 경우가 지구온난화의 영향에 의한 것인지 많은 이들이 의문을 갖고 있다(그림 19.23).

또 다른 걱정거리는 온난화가 전구 열염분 순환에 영향을 줄 수 있는 점이다. 이전보다 더 따뜻하고 염분이 적은 물이 해양에 들어가면 전 지구 해양 컨베이어벨트 순환 시스템을 움직이는 차갑고 염분이 높은 심해수의 생성을 방해한다. 만약 북대서양의 해수가 지금보다 염분이 적어진다면 북대서양심층해수(North Atlantic Deep Water)가 생성되지 못하여 열염분 순환이 붕괴되어, 북반구 대서양 전체에서 해수의 순환이 사라질 것이다. 이것으로 온난한 멕시코 만류가 멈추고, 지역 기후 시스템이 불안정하게 되어 북아메리카와 서부 유럽이 크게 추워질 것이다. (제13장에 자세히 소개돼 있듯이 이 과정은 많은 고기후 자료를 통해서 확인할 수 있다.)

생물권의 변화 강수 패턴의 변화는 생태계를 교란시키는데 식물 군집과 이에 의존하고 있는 동물들이 이동하거나 새로운 환경에 적응하도록 한다. 기온과 강수 패턴의 변화로 다가오는 다음 세기에는 숲 경계가 이동할 수도 있다. 일부 주요 대륙 중앙의 농업 지대는 잦은 가뭄과 심각한 토양 수분 감소에 직면하여, 수확량이 줄어들 것이다. 작물을 재배할 수 있는 기간이 짧고, 기온이 낮은 고위도 지역은 여름 기온이 증가함에 따라 농업 생산성이 증가할지도 모르지만, 북극권과 같이 경작에 적합한 토양이 부족하므로 이익이 그리 크지 않을 것이다. 어장이나 산호초와 같은 다른 해양 생태계는 수온 변화의 영향을 이미 받고 있다.

빙설권의 변화 여름 기온이 더욱 상승하면 융삭 빙하의 얼음이 녹는 것을 의미)이 활발해지기 때문에 온난해진 세계에선 저위도와 중위도의 고산 빙하가 후퇴할 것이다. 다른 한편으로는 고위도가 따뜻해지면 해양에서 더 많은 수증기가 증발하여 인접한 대륙 빙하 지역으로 수송되어 강수량 증가로 대륙 빙하가 더욱 커진다. 이 과정은 기후 모형화에서 가장 불확실한 점이다.

오늘날까지 기온이 가장 크게 변한 지역은 북극인데, 이 상황은 21세기 내내 지속될 것이다. 북반구 고위도의 기온 상승은(그림 19.22에서 보듯이) 해빙의 감소를 가져올 것이다. 알베도(반사도)가 큰 극지 해빙이 감소하면 우주공간으로 반사되는 단파 태양 복사량이 감소되어, 해양이 흡수하는 열이 많아진다. 기후 모형은 남반구 고위도에서 북반구에 비해 더 작은 기온 상승을 예측하는데, 이는 남반구 극지의 해빙 분포에 큰 변화가 없다는 것을 의미한다.

여름 기온 상승은 또한 고위도의 영구동토를 녹게 하여, 생태계와 동토에 세워진 도시와 건축물에 영향을 줄 것이다. 북극 지역에는 변화된 환경이 벌써부터 사람들과 야생 생물에게 도전이 되고 있다. 해빙이 빨리 녹고 늦게 얼게 되면서 해안에서 해빙이 사라지면서 이뉴잇 족과 북극곰이 식량으로 삼는 바다표범을 사냥하기 어렵게 되고 있다.

지권의 변화 기온이 상승하면서 토양 유기물이 분해되는 속도가 증가할 것이다. 토양 분해는 CO_2를 대기권으로 배출하여 온실효과를 더욱 가속시킨다. 만약 전 세계 기온이 현재 비율로 계속 증가한다면 다음 50년 동안 토양이 배출할 CO_2의 양은 화석 연료 소비를 현재 비율로 가정할 때 방출될 것으로 예상되는 양의 약 20%가 될 것이다.

퇴적층 또한 많은 양의 메테인을 가스하이드레이트(gas hydrates) 형태로 담고 있는데, 가스하이드레이트는 얼음과 비슷한 고체로서 대부분 메테인 기체 분자가 얼음과 함께 얼어 있는 해저 아래의 해양퇴적물에 갇혀 있다. 추정에 의하면 전 세계의 가스하이드레이트에는 100,000억 톤의 탄소가 저장되어 있는데, 이것은 육지에서 석탄, 가스, 원유에 저장된 모든 양의 2배가 된다. 가스하이드레이트는 수온은 낮고, 압력은 높아 이것이 만들어질 수 있는 깊이 500m 아래의 해양 퇴적물에 축적되어 있다. 또한 가스가 밖으로 새어 나오지 못하도록 작용하는 영구동토층 아래에 쌓여 있다. 가스하이드레이트가 분해되면 메테인이 방출된다. 고위도의 기온 증가는 동토를 녹게 만들고 그곳의 하이드레이트를 불안정하게 만들어 많은 양의 메테인을 방출하여 온실효과를 가중시킬 것이다.

피드백 작용 지구온난화에 의해 나타날 수 있는 여러 변화들이 온난화를 더욱 강화시키는 양성 피드백 작용을 하기도 한다. 즉 이들 변화는 지구계에 더욱 큰 변화를 유도한다. 이들 변화로는 극지 해양의 해빙 면적이 축소되면서 나타나는 전 지구 알베도(반사도)의 감소, 토양 유기물의 분해에 따른 CO_2의 대기 중으로 배출, 언 땅이 녹으면서 발생하는 가스하이드레이트에서 메테인의 방출 등이 있다. 이들 변화 모두 온난화를 더욱 가속시키는 양성 피드백을 나타낸다.

그런데 기후 변화 시 나타날 가능성 있는 음성(즉 자기 제한) 피드백 과정도 있다. 예를 들면 이산화탄소가 많아지면서 식물은 더 빨리 성장한다. 그러므로 대기 중 CO_2가 증가하면 식물 생장률이 증가하여, 온실기체가 대기에서 제거되는 속도도 빨라진다. 따라서 CO_2가 대기에서 증가되는 비율이 감소한다(음성 피드백 과정). 이들 피드백 작용 중에 어느 것이 미래 기후 변화를 지배할 것인지를 이해하는 것이 오늘날 기후 과학자들이 직면한 가장 어려운 일 중 하나다.

인간권 : 인간과 지구계

국제 사회는 우리 인간 활동의 결과로 나타난 지구계 변화에 어떻게 대응해야 하는가? 환경의 질은 1970년대 이후 수십 년 동안 여러 면에서 개선되었는데, 이는 세계 최초로 국가 환경보호법(U.S. Environmental Protection Act)이 통과되고 최초로 연방 환경보호국(U.S. Environmental Protection Agency)이 만들어지면서 이뤄졌다. 적어도 다른 오래된 산업화된 국가들은 대기질과 수질이 개선되었고, 환경을 보호하고 감시하는 기술이 진보되었다. 오늘날에는 인간의 생활 방식이 지구계에 주는 영향에 대해 많은 것들을 밝혀내고 있다.

그러나 알려진 인간의 영향에 대해 이 장에서 요약한 것처럼 본래의 모습으로 돌아가거나 심지어 자연 지구계의 생존을 유지하는 데는 여전히 갈 길이 멀다. 특히 예측되고 있는 지구온난화와 그에 따른 불안정화의 영향이 실제로 나타난다면 그 결과는 정말로 매우 심각할 것이다. 이 장의 시작에서 우리는 위험을 관리해야 하는 상황에서 사전예방원칙에 대해 논의했다. 이것은 나타날 결과가 감당하지 못할 정도로 심각할 때, 어느 정도 과학적인 불확실성이 있거나 최악의 상황이 나타날 가능성이 낮더라도 위험을 완화시키기 위한 수단들을 미리 마련해야 한다는 것이다. 국제 사회는 사전예방원칙을 적절히 적용해야 하는 위험 관리 상황에 있다. 우리는 현재 직면해 있는 위험이 감당할 만한가 아니면 감당할 수 없는가 판단해야 하며, 취해야 할 조치 등을 결정해야 한다.

완화, 적응, 개입

전 지구 기후 변화에 따른 잠재적 영향에 대비하기 위해 세 가지 기본적인 방법들이 있다. 우리는 현재 예측된 미래의 영향을 최소화하는 일을 해야 하며 적절한 시기를 기다리며 다가올 변화를 적응하기 위한 대비를 하며, 또한 우리는 지구 기후 시스템에 대규모로 개입을 할 수 있다.

완화 : 영향을 최소화하기

전 지구계에 미치는 인간의 영향을 완화하기 위한 첫째 선택은 근본적으로 온실기체와 환경을 변화시키는 다른 물질의 배출을 줄이는 것이다. 이것은 가장 신중하고, 아마도 가장 가능성 있는 선택이다. 또한 이것은 국제 사회로부터 가장 신중하게 고려되어 왔으며, 오존 파괴 물질에 관한 몬트리올 협약과 온실기체 배출을 제한하기 위한 교토협약(이후 2009년 코펜하겐 협약으로 이어진) 등의 국제협정 등으로 모양이 갖춰졌다.

그러나 이런 조약, 특히 교토협약은 많은 논쟁거리를 가지고 있기에 여전히 제한적인 성공만을 거두고 있다. 미국을 포함한 몇몇 중요한 국가들은 참여하지 않고 있는데, 이들 국가들은 부분적으로 경제 붕괴에 대한 공포와 다른 한편으로 기후 문제의 해결책을 찾거나 책임을 공유하고 나누는 것에 의문을 갖기 때문이다. 최근 일부 과학자들은 이 방법이 효과를 볼 수 있는 기회가 사라지는 것을 걱정하며 다른 대안을 찾을 것을 주장하고 있다.

적응 : 변화에 대비

두 번째 선택은 기후 변화에 적응하기 위한 결정적 행동을 취하지 않고, 그대신 당분간 기다리면서 어떤 변화가 발생하더라도 그에 적응할 수 있도록 준비하는 것이다. 적응의 예는 플로리다처럼 저지대를 둘러싼 제방을 쌓아 해수면 상승에 대비하거나, 생존에 필요한 수자원 관리를 개선하든지 혹은 좀 더 북쪽으로 퍼질지 모르는 열대질병에 대해 공공교육을 하는 것 등이 있다.

이 접근법의 위험성은 너무 오래 기다려 최악의 상황을 막거나 완화시키기에 너무 늦을 수 있다는 점이다. 심지어 오늘날에도 일부 작은 섬나라들은 해수면 상승에 의한 홍수 위험에 직면하고 있어 적응하는 데 필요한 시간과 자본이 부족하다.

개입 : 지구계 공학(engineering)

마지막 선택은 가장 논의가 덜된 것으로 대규모 간섭을 통해 지구 대기와 기후 시스템의 기능을 변화시키는 것이다. 이러한 간섭은 일반적으로 **지구공학**(geoengineering)이라 한다. 모든 지구공학 선택은 엄청난 비용이 따르고—아마도 수조 달러—지구계에 뜻하지 않은 결과가 나타날 위험이 있다. 과학자들은 전 지구 변화를 다루기 위한 선택으로 지오엔지니어링을 오랫동안 심사 숙고해 왔지만, 논의를 다른 사회로 확대하는 것은 주저해 왔다. 아직 잠재적 영향의 위험성에 대해 잘 모르는 것이 한 이유이고, 거대한 규모로 지구계에 간섭을 주는 것을 주저하는 것이 다른 한 이유이다. 많은 과학자들은 일반 국민과 정책입안자들이 포괄적이고 '쉬운' 해결책이 있다는 것을 알게 된다면 환경에 대한 영향을 최소화하는 필요성을 심각하게 생각하지 않을지도 모른다고 불안해하고 있다.

지구 기후 시스템은 입사하는 태양 복사와 우주로 방출되는 지구 복사가 평형을 이루고 있기 때문에, 지구공학의 방법으로 입사되는 태양 복사량을 제한하거나 지표면 부근에 열이 갇히는 것을 막는 것 등의 두 가지 근본적인 접근이 고려되고 있다.

입사하는 태양 복사의 차단 가능성 있는 한 가지 지구공학 접근 방법은 복사 에너지 입사량을 제한하는 조치를 취하여 지구를 냉각시키는 것이다. 예를 들어 지구 궤도에 수많은 거울이나 태양 반사판을 올릴 수 있다. 다른 가능성은 대기 중으로 미세한 물안개나 황산염 에어로졸을 주입할 수 있다. 이것은 대기를 하얗게 만드는 효과를 주어, 알베도를 증가시켜 입사하는 태양 복사를 더 많이 반사하여 지구를 냉각시킬 것이다. 이 같은 예는 피나투보(제6장에 소개됨)와 같은 거대한 화산 분출을 들 수 있는데, 피나투보에서 분출한 화산 에어로졸 입자로 대기의 알베도가 증가하여 전구 기온이 감소하였다.

지구 복사열을 가두는 온실효과를 감소시키기 기후 시스템 지구공학의 다른 기본적 접근은 지상에 지구복사에너지를 못 빠져나가게 가두는 온실효과의 효율을 감소시키는 것이다. 한 가지 방법은 대기의 이산화탄소를 흡수하는 해양의 효율을 증가시키는 것인데, 이를 위해서 해양 식물 플랑크톤이 좀 더 활발한 광합성을 하도록 비료를 주는 것을 생각해 볼 수 있다. 다른 선택으로 배출량을 줄이는 대신 이산화탄소가 대기로 들어가는 것을 막는 것인데, 배출된 이산화탄소를 수집하여 해양에 주입하거나 땅속에 저장하는 방법이다. 이와 같은 목적의 기술을 **탄소 포집 및 저장**(carbon capture and storage, CCS)이라 하며, 이 방법의 가능성에 대해 꽤 많은 관심들이 있다.

우리의 과거와 미래

산업혁명 이전에는 수천 년에 걸쳐 인간은 마을이나 도시를 건설하고, 숲을 농토로 바꾸고, 하천을 막고 물길을 돌리면서 지구의 자연 경관을 느리게 변화시켰다. 산업 기술이 발달하면서 인구의 증가와 사회적 요구로 광물과 에너지 자원 등이 필요하게 되었다. 화석 연료의 이용으로 대부분 사람들이 이전보다 생활 수준이 향상되었다.

분명한 이익에도 불구하고 지불 비용 없이 우리 행성에 풍부한 천연자원을 이용하기란 불가능하다. 세계 여러 곳에서 환경 파괴가 진행되고 있다. 육지가 파헤쳐지고 오염되는 것과 더불어 또한 우리는 부지불식간에 해양과 지하수를 오염시키고, 대기 구성을 바꾸고 있다. 심지어 지구에서 가장 외진 곳이라 간주되었던 혹한의 남극대륙의 빙상, 거대한 아마존 우림, 사람의 발길이 닿지 않던 사우디

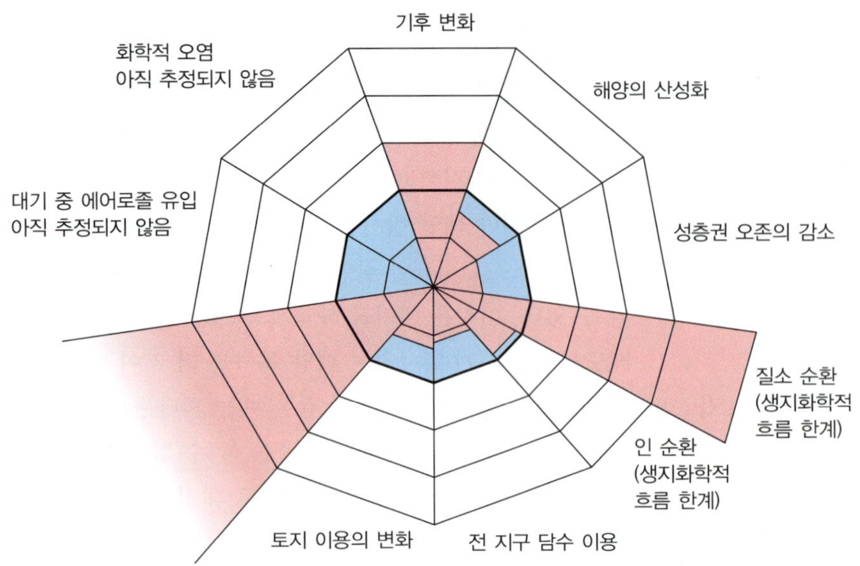

그림 19.24 행성 범위를 가로지르기

국제 지질권-생물권 프로그램의 과학자들에 따르면, 이 표의 안쪽(하늘색) 원은 주요 행성 시스템이 안전하게 작동하는 것을 나타낸다. 붉은색 쐐기 모양은 현재 상태를 가장 잘 추정한 것을 의미한다. 이미 기후 변화, 질소 순환, 생물다양성 감소 등이 한계를 넘어섰다.

아라비아의 사막, 히말라야 고산의 정상 등도 인간 활동에 의한 영향이 감지되고 있다.

오늘날에는 인간과 자연 지질학 활동은 뒤엉켜 한데 꼬여 있다. 전 세계 인구가 70억에 달하면서, 인류가 환경 변화를 초래하는 데 중요한 전 지구적 요인이라는 것이 점차 명확해지고 있다. 인간 활동에 의해 몇몇 중요한 지구계를 안전한 가동 수준의 경계를 이미 벗어났다는 충분한 증거들이 있다(그림 19.24).

상당한 연구에도 불구하고 우리 행성의 미래에 대한 명확한 모습을 아직 알지 못하며, 지구 기후 변화에 대한 불확실성이 중요한 부분을 차지하고 있다. 현재로서 우리가 내릴 수 있는 가장 최선의 결론은 과학적 증거와 이론에 의하면 인간 활동에 의해 기후는 따뜻해지고 있으며, 온실기체를 대기로 배출하면 계속 따뜻해질거라는 것이다. 우리가 배웠듯이 전 지구 평균 기온은 궁극적으로 적어도 2~4°C 상승할 가능성이 높다. 기온 변화는 어떤 지역에서는 이보다 더 커질 수 있고, 다른 지역은 더 작아질 수 있지만, 이런 기온 변화는 지구의 모든 사람의 일상 생활에 영향을 줄 만한 환경 변화를 초래할 것이다.

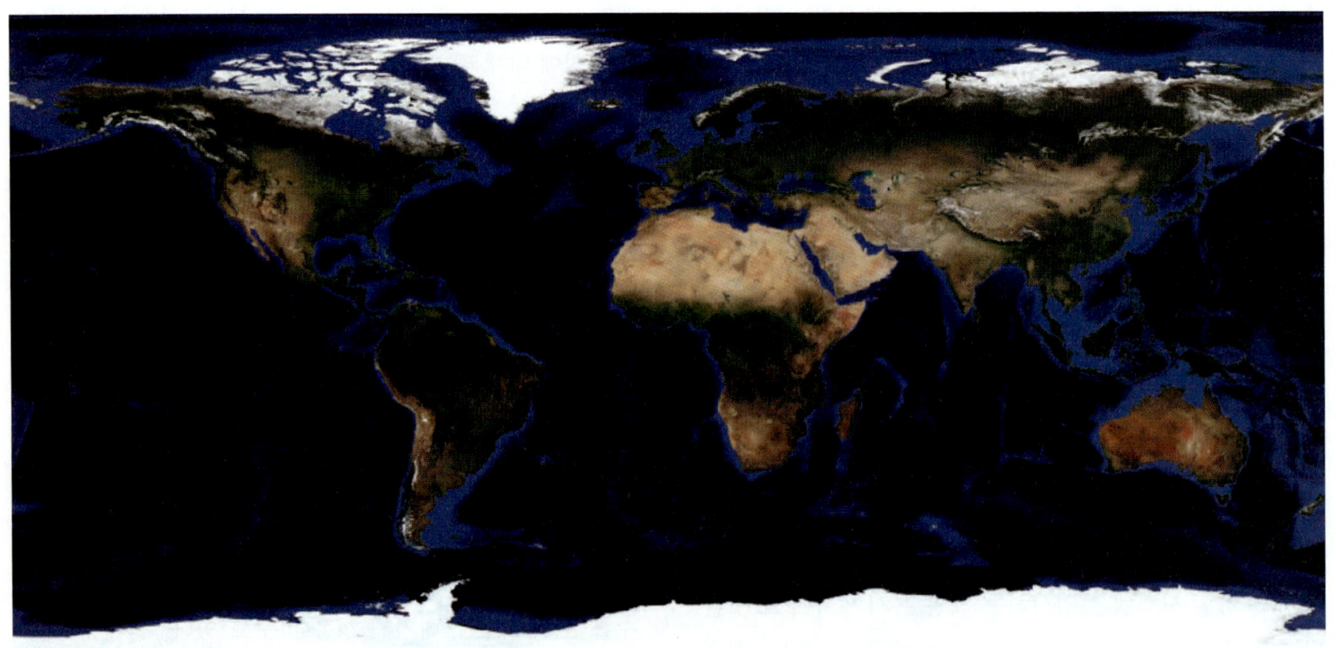

그림 19.25 섬세한 균형

인간과 다른 생물체들은 쉴새 없이 작동하고 오류 없이 상호작용하는 지구계에 근본적으로 의존하고 있다. 이 사진은 구름이 없는 인공위성 사진을 여러 장 조합하여 만든 것으로 하나뿐인 지구의 육지, 빙하, 거대한 해양 등을 보여주고 있다.

가까운 미래(수 세대 시간 규모)가 지금보다 더 따뜻한 세계가 될 것으로 예측되지만 돌아서서 우리의 거대한 지질학적 관점으로 지화학적 실험을 살펴보면 그 정도의 기온 상승은 지구 기후 역사에서 짧고 매우 빠르면서 재현될 수 없는 섭동임을 눈치챌 것이다. 재현될 수 없는 이유는 다음 수백 년 안에 일단 쉽게 시추할 수 있는 화석 연료를 모두 사용한다면 대기에 미치는 인간의 영향은 필연적으로 감소할 것이기 때문이다. 온실효과의 영향은 천 년 동안 아니면 더 오래 지속될지도 모른다. 그러나 궁극적으로 지구 궤도 형태의 변화가 기후 시스템을 다음 빙하기로 유도할 것이다.

지구계는 인간이 사라진 이후에도 오랫동안 지속될 것이다. 그러나 현재 이 행성의 집사로서 인류가 미치는 영향을 관리하고 가능한 오래 전체 지구계의 본래 모습을 유지하는 것은 우리의 중대한 책임이다. 이것이 우리의 가장 큰 관심사인데, 우리를 포함한 지구상의 모든 생명체가 섬세하게 균형 잡힌 상호작용 시스템의 기능에 의존하기 때문이다. 오늘날 국제사회가 직면하고 있는 중대한 도전은 지속 가능한 미래의 비전을 이룩할 수 있는 길을 찾는 것이다. 지구에 인류의 미래가 있다. 우리 아이들이 매우 건강한 상태의 지구를 상속받을 수 있도록 보장하는 데는 아직도 너무 늦지 않았다. 이것을 이루기 이해서는 국지적으로 그리고 지역적 규모부터 전 지구 규모까지 넓은 범위에 걸친 다양하고 복잡한 문제에 대한 창의적인 해결책이 필요하다. 이들 해법을 개발하기 위해서는 다시 이 특별한 행성에 대한 우리의 과학적 이해를 성공적으로 넓히는 것에 달렸다(그림 19.25).

독자들에게

이 책이 여러분에게 유용하고 재미있으며 지구계 과학에 눈을 뜨게 하는 안내서가 되길 희망한다. 날마다 이 복잡하고 아름다운 세계에 대한 과학적 이해의 폭이 넓혀지고 있다. 지구에 미치는 인간의 영향과 거꾸로 자연이 인간과 인간 활동에 미치는 영향을 이해하면서, 우리는 정치를 만들기 시작하고, 기술을 발명하고, 국제 사회가 지속 가능한 미래를 향하는 길을 계획하는 협정들을 세울 수 있다. 우리는 여러분이 지구계에 대한 발견과 배움을 지속하기를 바란다.

"우리는 작은 우주선을 타고 함께 여행하는 승객이다."

—Adlai Stevenso, 1965

요약

1. 인간 활동은 지구계에 중요하고 오래 지속되는 영향을 미친다. 인구는 현재 68억 명이며 매년 1.2%씩 증가한다. 인류의 자원 이용은 어떤 지역에서는 이미 수용 능력을 초과하였다. 인구, 생활양식 및 기술은 상호작용을 하여 자연적인 지구계에 인간의 영향이 발생하게 한다.
2. 생태 발자국은 농작물의 재배, 동물들의 방목, 고기잡이, 목재의 수확, 기반 시설의 구축, 화석 연료의 연소 등 개개인이나 공동체를 부양하는 데 필요한 자원의 측정치이다. 현재의 자원 요구를 지속 가능하게 충족시키기 위해서는 1.3개의 지구가 필요하다.
3. 맬서스는 인구는 기하급수적으로 증가하는 반면에 입수 가능한 자원은 선형적으로 증가하므로 인구는 결국 식량과 그 밖에 다른 필요한 자원을 공급하는 데 지구의 능력을 초과할 수밖에 없다고 주장하였다. 그러나 사람은 출산을 제한할 수 있었고, 기술은 식량과 다른 자원을 공급할 수 있는 지구의 능력을 크게 확대시켰다. 맬서스의 모형은 오늘날에도 여전히 타당하며, 자원이 부족한 지역에서는 분쟁이 일어나고 있다.
4. 자연 세계에 대한 우리의 이해에 있어 과학적인 불확실성은 전 지구적 변화를 특별히 도전적인 관심사로 만들었다. 위기 관리에 대한 한 가지 방법은 예방 원리이다. 이 원리는 만약 결과가 받아들이기 어려울 정도로 심각하다면 비록 불확실성이 있거나 또는 일어날 확률이 낮을지라도 그 결과를 피하거나 완화시키는 행동을 취해야만 한다는 것을 말한다.
5. 인간 활동은 지권에 영향을 미친다. 육지에 기반을 둔

영향은 지역적인 경향을 갖는다. 그러나 이들은 누진적으로 광대한 지방이나 전 지구적인 문제가 될 수 있다. 사막화의 자연적인 작용은 사람들이 건조 지역을 집약적으로 이용함으로써 가속화되고 있다. 비옥한 농지의 토양은 침식에 의해 고갈되고 있다. 삼림 개간, 지나친 집약 농업 및 지나친 방목은 이러한 문제에 상당한 기여를 하고 있다. 부적절하게 처리된 쓰레기, 농약, 방사성 물질 및 독성을 가진 산업 폐기물은 토양을 오염시키고 사람과 다른 생물체에 대해 위험을 내포할 수 있다.

6. 인간 활동은 수권에 영향을 미친다. 세계의 커다란 강 대부분은 전환(물길 돌림), 댐 또는 오염에 의해 달라졌다. 담수 공급의 질과 양은 세계의 여러 지역에서 감퇴하고 있다. 외해는 오염으로부터 상대적으로 벗어나 있다. 그러나 바다의 해안지대는 인간 활동의 영향을 받기 쉽다. 해안지대의 얕고 따뜻한 생산적인 해수는 환경 변화에 민감하며, 많은 해안 바다는 부영양화와 산소 고갈을 겪고 있다.
7. 인간 활동은 대기권에 영향을 미친다. 지역적인 대기 오염은 장기적인 운반에 의해 광대한 지역이나 또는 전 지구적인 대기 오염이 될 수 있다. 인간이 만들어낸 오염 물질—특히 CFCs—은 성층권의 오존층을 격감시켰으며 지표로 들어오는 유해한 자외선 복사량을 증가시킬 가능성을 높였다. 오존을 고갈시키는 물질의 제한은 오존층을 2050년까지 회복시킬 수 있을 것이다. 대류권의 오존은 사람들의 건강에 해로우며 아산화질소와 함께 광화학 스모그의 주요 구성 성분이다. 산성 강수는 사람들이 방출하는 배출물—주로 산업적인 근원으로부터—이 대기 중의 수증기와 결합할 때 생성된다.
8. 인간 활동은 생물권에 영향을 미친다. 삼림 벌채—특히 열대 우림—는 서식지, 생물다양성, 토양, 물의 순환, 생지화학 순환과 탄소 포집 및 저장에 악영향을 미친다. 생물 자원은 담수와 해수 모두의 수생태계에서 증가하는 압박감을 받고 있다. 세계의 주요 어족 자원의 80%는 완전히 개발되었거나 또는 과도하게 개발되었거나 고갈되었다. 산호는 매우 민감한 환경 지시자이다. 전 세계적으로 나타난 산호의 백화 현상처럼 산호는 스트레스 징조를 보여주고 있다. 생물다양성은 더욱더 위협을 받고 있다. 우리는 과거 지질 시대에 있었던 대규모의 자연적인 대량 멸종에 필적하는 인류 멸종의 한가운데에 있다. 매우 생산적인 생물다양성 중점 지역이 세계 생물다양성의 대부분을 차지한다. 그러나 이들이 법이나 협정에 의해 모두 보호받지는 않는다.
9. 기후 시스템은 복잡하며 지구계의 모든 주요 구성 요소에 영향을 미친다. 우리는 지구의 기후가 변화할 것을 알고 있다. 그러나 어떻게 어떤 속도로 변화할지 모른다. 우리는 또한 인간 활동에 의해 얼마나 많은 변화가 일어날지 정확히 알지 못한다. 인간 활동은 산업혁명 때부터 대기의 성분을 변화시켜 왔다. 어떤 변화는 염화플루오르탄소와 같은 인간이 만든 기체의 방출로부터 야기되었다. 다른 변화는 화석 연료의 연소를 통해 방출되는 황과 탄소 화합물과 같은 자연적으로 발생하는 화합물을 인간이 유통시킴으로써 발생하였다.
10. 대기 중의 온실기체 농도 변화는 지구의 기후 시스템의 안정성에 영향을 미칠 잠재력을 갖는다. 강화되거나 또는 인간에 의한 온실효과에서 우리는 우선 이산화탄소(CO_2)—방출의 규모 때문에—와 메테인(CH_4)—온실기체로서 이것의 효율성 때문에—을 다룬다. 대기로부터 CO_2를 제거하는 자연 작용의 속도는 인간 활동이 이 기체를 증가시키는 속도보다 느리다. 그 결과 대기 중 CO_2 함유량은 증가해 왔다.
11. 미래의 기후 변화를 예측하는 첫 번째 단계는 고기후란 수단의 적용과 측정하고 관찰한 기후 지표를 분석함으로써 과거 기후 변화를 이해하는 것이다. 측정한 연평균 온도 곡선 모두는 지난 세기 동안 기온이 대략 0.5~0.8°C 상승하였음을 보여준다.
12. 대기대순환 모형(GCMs)은 과학자들이 지구의 구성 요소 시스템, 인간의 온실기체 배출 및 현재와 미래의 기후 변화 사이의 연계를 조사하게 해 주었다. GCMs는 오늘날의 기후를 모의 실험하는 데 성공하였으며, 이것은 과학자들이 미래의 기후 변화를 예상하는 능력에 있어 그들의 신뢰를 증가시켰다.
13. 전 지구적 기후 변화에 대해 가장 철저히 검토하고 널리 인정된 과학적 정보의 종합은 IPCC가 발행한 연속된 보고서이다. 이들 보고서는 강한 과학적 합의를 나타낸다. (1) 인간 활동이 온실효과를 증대시켰던 대기 중 이산화탄소와 다른 미량기체의 농도를 증가시켰고, (2) 전 지구적인 표면 대기 온도가 인간들이 야기한 온실효과의 직접적인 결과로 지난 100~150년 동안 0.8°C까지 상승하였으며, (3) 다음 세기 동안 전 지구 평균 기온은 21세기 말까지 적어도 오늘날보다 1.8~4.0°C

높을 정도로 계속 상승할 것이다.

14. 전 지구적 기후 변화는 수권에 영향을 미칠 것이다. 적도 지역에서 강수는 증가할 수 있으나 거대한 대륙의 내부 지역은 더 따뜻해지고 더 건조해질 것이다. 강수와 따뜻한 기온의 변화 패턴은 하천수와 지하수의 수위 변화를 일으킬 것이다. 해수의 수온이 상승함에 따라 세계 해수면은 상승할 것이며 해안 지역은 물에 잠기게 된다. 따뜻한 바다의 온도는 증대된 폭풍 활동을 일으킬 수 있다. 따뜻한 담수의 바다로의 추가 유입은 전 지구적 열염 순환을 일으키는 차가운 심층 해수의 형성을 방해할 수 있다.
15. 전 지구적 기후 변화는 생물권에 영향을 미칠 것이다. 강수의 변화는 생태계와 생물 군집이 살아남기 위해서는 이들을 이주하거나 또는 새로운 조건에 적응하게 할 것이다. 대륙 중심부의 농업 지역은 증대된 가뭄과 대폭적으로 줄어든 토양수에 직면할 것이며, 이것은 농작물에 부정적인 영향을 미칠 것이다. 어업과 산호초와 같은 그 밖의 수생태계는 수온의 변화 결과로 이미 변화하고 있다.
16. 전 지구적 기후 변화는 빙설권에 영향을 미칠 수 있다. 온난한 지구에서 저위도와 중위도의 산록빙하의 후퇴가 세계적으로 일어날 것이다. 비록 고위도의 대륙빙은 많은 강수의 결과로 거대하게 성장할지라도 말이다. 반사도가 높은 극지방의 해빙의 융해는 우주 공간으로 다시 반사되는 태양의 단파 복사량의 감소에 의해 한층 더한 기후 변화에 기여할 것이다. 예상된 변화가 가장 큰 북극 지역에서 여름철의 기온 상승은 영구동토를 녹게 할 것이다.
17. 전 지구적 기후 변화는 지권에 영향을 미칠 것이다. 기온이 상승함에 따라 토양 내 유기물의 분해 속도는 빨라질 것이며 잠재적으로 추가적인 온실기체를 대기 중으로 방출할 것이다. 고위도 지역에서 기온 상승은 결빙된 가스하이드레이트를 불안정하게 하여 많은 양의 메테인을 방출시킬 수 있다.
18. 전 지구적 기후 온난화에 대한 자연적인 지구계의 반응의 어떤 것은 온난화 경향을 한층 더 강화시킬 수 있으며, 양성 피드백을 일으킨다. 또한 잠재적인 어떤 음성 또는 자기 제어 방식의 피드백이 있다. 이들 피드백 중 어떤 것이 미래 기후 변화를 주도할지를 결정하는 것은 오늘날 대기 과학자들이 직면한 가장 위압적인 업무 중 하나이다.
19. 전 지구적 변화를 다루는 데는 세 가지 기본 선택이 있다. (1) 우리는 주로 온실기체의 방출을 줄임으로써 예상된 영향을 저감시키기 위한 행동을 할 수 있다. (2) 우리는 기다리며 발생하는 변화에 적응하기 위해 준비할 수 있다. (3) 우리는 지구 기후 시스템을 대규모로 변경하기 위해 개재할 수 있다. 이러한 지구공학은 지구의 반사도를 증가시키기 위한 기술을 통해 유입되는 태양 복사의 제한이나 또는 온실기체의 포집 · 저장을 강화하기 위한 기술을 통해 열이 지구 표면 부근에 축적되는 것을 막아주는 것을 포함한다.
20. 지난 수십 년에 걸쳐 공기와 물의 질은 개선되었고, 환경 보호와 감시 기술은 향상되었으며, 우리는 지구계에 미치는 인간의 영향에 대한 이해를 크게 증진시켰다. 그러나 우리는 자연적인 지구계와 그중에서도 특히 인류의 존속을 보장하기 위해 호소할 방법을 갖고 있다. 우리의 영향을 조종하고 모든 지구계의 완전한 상태를 가능한 대규모로 유지하는 것은 우리들의 책임이다. 지구상의 모든 생물은 정교하게 상호작용을 하는 균형 잡힌 이들 시스템에 의존하기 때문에 그렇게 하는 것이 이익이 된다.

주요 용어

광화학 스모그(photochemical smog)
누적되는 영향(cumulative effect)
대기대순환 모형(GCMs)
돕슨 단위(Dobson Unit, DU)
사막화(desertification)
사전예방원칙(precautionary principle)
산성 강수(acid precipitation)
산호 백화 현상(coral bleaching)
생물다양성 중점 지역(biodiversity hotspot)
생태 발자국(ecological footprint)
오존 구멍(ozone hole)
온실효과(greenhouse effect)

전 지구적 공공재 자원(global commons)
전 지구적 변화(global change)
정부 간 기후 변화 위원회(IPCC)
지구공학(geo-engineering)
프레온 가스(chlorofluorocarbons, CFCs)
IAPT 식(IPAT equation)

복습 문제

1. 인구 성장은 어떤 방법으로 지구계에 스트레스를 가하는가?
2. 인구, 기술 및 자원 이용이 지구계에 미치는 인간 활동의 영향을 결정하는 데 어떻게 상호작용을 하는가?
3. 생태 발자국은 무엇인가? 생태 발자국은 어떻게 계산되며, 이것은 우리의 자원 활용이 지구계에 미치는 영향을 어떻게 나타내는가?
4. 과학적 불확실성은 우리가 지구계를 관리하는 데 어떤 역할을 하는가? 예방 원리는 이것에 어떻게 관여하는가?
5. 누적 영향은 무엇인가? 인간 활동의 국부 또는 지역적인 영향이 전 지구적 규모가 될 수 있다는 것에는 어떤 방법이 있는가?
6. 지권에 영향을 미치는 인간 활동의 전 지구적인 주요 영향을 요약하라.
7. 수권에 영향을 미치는 인간 활동의 전 지구적인 주요 영향을 요약하라.
8. 대기권에 영향을 미치는 인간 활동의 전 지구적인 주요 영향을 요약하라.
9. 생물권에 영향을 미치는 인간 활동의 전 지구적인 주요 영향을 요약하라.
10. 전 지구적인 탄소 순환을 붕괴시키는 주요 인간 활동은 무엇인가? 그리고 그에 따라 발생하는 영향은 무엇인가?
11. 대기대순환 모형은 무엇인가? 이것은 어떻게 구성되고, 어떻게 검증되며, 이것의 강점과 약점에는 어떤 것이 있는가?
12. IPCC가 예측한 다음 세기의 전 지구적인 기후의 주요 변화는 무엇인가?
13. 이 주요 변화가 수권, 생물권, 빙설권, 지권에 미치는 영향은 무엇인가?
14. 간섭 적응 및 조정 사이의 차이는 무엇인가? 이들 각각은 전 지구적인 환경 변화에 대한 우리들의 반응을 구성하는 데 어떻게 이용되는지 기술하라.
15. 지구공학은 무엇인가? 이것은 우리가 전 지구적인 기후 변화의 영향을 처리하는 데 어떻게 도와줄 수 있는가?

연구와 토론 문제

1. 미래의 기후 변화 또는 불안정화의 가능성에 대한 불확실성은 왜 존재하는가?
2. 세계 공동체는 성층권의 오존 고갈에 대한 해결책(몬트리올 의정서를 통해)을 찾는 데 겉보기에 어떤 까닭으로 성공하였을까? 그러나 전 지구적인 기후 변화의 문제를 해결하는 데 — 적어도 지금까지 — 분명히 왜 실패하였을까?
3. 저감, 적응 또는 전 지구적인 환경 변화를 탄원하는 데에 개재하는 것에 대한 유효한 전략 중 어떤 것이 미래에 대한 가장 좋은 희망을 인류에게 제공할 것으로 생각하는가?

기초 원리 문제

1. 연구자들은 아주 초기의 인구수를 어떻게 추정하였을까?
2. 현재 전 세계 인구수는 얼마인가?
3. 현재 인구의 증가율은 얼마인가?

자세히 보기 문제

1. 인구수 증가와 자원의 입수 가능성에 대한 토마스 맬서스의 견해를 요약하라. 여러분의 답을 설명하는데 도표를 이용하라.
2. 맬서스는 그의 예견에서 어떤 점에서 잘못 생각하였는가? 어떤 점에서 맬서스의 견해가 오늘날에도 계속 적절할 수 있는가?
3. 정부 간 기후 변화 위원회(IPCC)는 무엇인가? 전 지구적인 기후 변화에 대한 국제 토론에서 이것의 역할은 무엇인가?

부록 A

단위와 단위의 환산

SI 단위

모든 과학자들은 전문 분야와 관계없이 동일한 측정 단위와 척도를 사용하는데, 이는 혼돈을 피하고 자료가 어떤 단위나 척도를 다른 체계로 변환할 때 발생할 수 있는 실수는 예방하기 위한 것이다. 국제협약에 의하여 모든 사람들은 SI 단위를 사용하며, 이 책에서도 이 단위가 사용되었다. SI는 Systém International d' Unités(국제 단위 시스템)의 약자이다.

단위의 일부는 친숙하게 느껴질지 모르지만 어떤 단위들은 그렇지 않은지도 모른다. 길이의 SI 단위는 m이며, 넓이는 m^2, 부피는 m^3이다. 질량의 SI 단위는 kg이며, 시간의 단위는 s(초)이다. 이 책에서 사용된 다른 SI 단위는 위에 열거한 기본 단위를 기준으로 정의할 수 있다. 세 가지 중요한 단위는 다음과 같다.

1. 뉴턴(N)은 질량 1kg을 $1m/s^2$으로 가속하는 데 필요한 힘의 단위이다. 따라서 $1N=1\ kg \cdot m/s^2$(kg과 m 사이의 점은 곱을 의미한다)
2. 줄(J)은 1 뉴턴의 힘에 의하여 1m의 거리를 이동시키는 일을 정의하는 에너지 또는 일의 단위이므로 $1J=1N \cdot m$이다. 지구와 관련된 중요한 에너지의 형태는 열이다. 지구 내부로 방출되는 열은 1초당 $1m^2$의 면적에 이동하는 일로 측정되므로 열류량의 단위는 $J/cm^2/s$이다.
3. 파스칼(Pa)은 1N의 힘이 $1m^2$에 가해지는 힘을 정의하는 압력의 단위이므로 $1Pa=1\ N/m^2$이다. 파스칼은 숫자상으로는 작은 단위이다. 예를 들면 $151b/in^2$의 기압은 101,300Pa이다. 지구 내부의 압력은 수백만 또는 수십억 Pa에 이른다. 지구과학자들은 편의상 경우에 따라서는 100만 Pa(megapascal, 또는 MPa)을 단위로 사용한다.

온도는 어떤 물체의 원자와 분자의 내부 운동 에너지의 측정치이다. SI 단위에서 온도는 절대온도(K)로 표시한다. 절대온도에서의 눈금 크기는 임의적인데 우리가 잘 아는 섭씨온도(°C)의 눈금 크기와 동일하다. 두 가지 온도의 차이는 섭씨온도에서는 해수면에서 물의 끓는점을 100°C로 설정하고 해수면에서의 어느점을 0°C로 설정한 반면, 절대온도에서의 0°C는 모든 원자와 분자의 운동이 정지하는 절대적 영을 의미한다. 따라서 0°C는 273.15K 또는 그 이상이다. 이러한 상반되는 점에도 불구하고 지구과학자들이 지질작용을 논할 때 여전히 섭씨온도를 사용한다.

부록 A에 기존의 단위를 국제 표준(SI) 단위로 환산하는 표가 제시되어 있다.

흔히 사용하는 측정 단위

길이

미터법

1 킬로미터(km)	=1,000 미터(m)
1 미터(m)	=100 센티미터(cm)
1 센티미터(cm)	=10 밀리미터(mm)
1 밀리미터(mm)	=1,000 마이크로미터(μm) (전에는 마이크론이라 했음)
1 마이크로미터(μm)	=0.001 밀리미터(mm)
1나노미터(nm)	$=10^{-7}$ 센티미터(cm)
1 옹스트롬(Å)	$=10^{-8}$ 센티미터(cm)

비미터법

1 마일(mi)	=5280 피트(ft)
	=1760 야드(yd)
1 야드(yd)	=3 피트(ft)
1 패덤(fath)	=6 피트(ft)

단위 환산

1 킬로미터(km)	=0.6214 마일(mi)
1 미터(m)	=1.094 야드(yd)
	=3.281 피트(ft)
1 센티미터(cm)	=0.3937 인치(in)
1 밀리미터(mm)	=0.0394 인치(in)
1 마일(mi)	=1.609 킬로미터(km)
1 야드(yd)	=0.9144 미터(m)
1 피트(ft)	=0.3048 미터(m)
1 인치(in)	=2.54 미터(m)
1 패덤(fath)	=1.8288 미터(m)

면적

미터법

1 제곱킬로미터(km^2)	=1,000,000 제곱미터(m^2)
	=100 헥타르(ha)
1 제곱미터(m^2)	=10,000 제곱센티미터(cm^2)
1 헥타르(ha)	=10,000 제곱미터(m^2)

비미터법

1 제곱마일(mi^2)	=640 에이커(ac)
1 에이커(ac)	=4840 제곱야드(yd^2)
1 제곱피트(ft^2)	=144 제곱인치(in^2)

단위 환산

1 제곱킬로미터(km^2)	=0.386 제곱마일(mi^2)
1 헥타르(ha)	=1.196 제곱야드(yd^2)
	=10.764 제곱피트(ft^2)
1 제곱센티미터(m^2)	=0.155 제곱인치(in^2)
1 제곱마일(mi^2)	=2.59 제곱킬로미터(km^2)
1 에이커(ac)	=0.4047 헥타르(ha)
1 제곱야드(yd^2)	=0.836 제곱미터(m^2)
1 제곱피트(ft^2)	=0.0929 제곱미터(m^2)
1 제곱인치(in^2)	=6.4516 제곱센티미터(cm^2)

부피

미터법

1 세제곱미터(m^3)	=1,000,000 세제곱센티미터(cm^3)
1 리터(L)	=1,000 밀리리터(mL)
	=0.001 세제곱미터(m^3)
1 센티리터(cL)	=10 밀리리터(mL)
1 밀리리터(mL)	=1 세제곱센티미터(cm^3)

비미터법

1 세제곱야드(yd^3)	=27 세제곱피트(ft^3)
1 세제곱피트(ft^3)	=1728 세제곱인치(in^3)
1 배럴(기름)(bbl)	=42 갤런(U.S.)(gal)

단위 환산

1 세제곱킬로미터(km^3)	=0.24 세제곱마일(mi^3)
1 세제곱미터(m^3)	=264.2 갤런(U.S.)(gal)
	=35.314 세제곱피트(ft^3)
1 리터(L)	=1.057 쿼트(U.S.)(qt)
	=33.815 온스(fl. oz)
1 세제곱센티미터(cm^3)	=0.0610 세제곱인치(in^3)
1 세제곱마일(mi^3)	=4.168 세제곱킬로미터(km^3)
1 에이커-피트 (ac-ft)	=1233.46 세제곱미터(m^3)
1 세제곱야드(yd^3)	=0.7646 세제곱미터(m^3)
1 세제곱피트(ft^3)	=0.0283 세제곱미터(m^3)
1 세제곱인치(in^3)	=16.39 세제곱센티미터 (cm^3)
1 갤런(gal)	=3.784 리터 (L)

질량

미터법

1,000 킬로그램(kg)	=1 톤(m.t)
1 킬로그램(kg)	=1,000 그램(g)

비미터법

1 톤(미국) (sh.t)	=2,000 파운드(lb)
1 톤(영국) (1.t)	=2,240 파운드(lb)
1 파운드 (lb)	=16 온스(oz)
	=7,000 그레인(gr)
1 온스(oz)	=437.5 그레인 (gr)
1 파운드(보석)(Tr. lb)	=12 온스 (보석)(Tr. oz)
1 온스(보석)(Tr. oz)	=20 페니웨이트(dwt)

단위 환산

1 톤(t)	=2205 파운드(lb)
1 킬로그램(kg)	=2.205 파운드(lb)
1 그램(g)	=0.3527 온스(oz)
	=0.03215 온스(보석)(Tr. oz)
	=15,432 그레인(gr)
1 파운드(lb)	=0.4536 킬로그램(kg)
1 온스(oz)	=28.35 그램(g)
1 온스(oz)	=1.097 온스(보석)(Tr. oz)

압력

1 파스칼(Pa)	=1 뉴턴/제곱미터(N/m^2)
1 킬로그램/제곱	=0.96784 기압(atm)
센티미터(kg/cm^2)	=14.2233 파운드/제곱인치 (lb/in^2)
	=0.098067 바
1 바	=0.98692 기압(atm)
	=10^5 파스칼(Pa)
	=1.02 킬로그램/제곱센티미터 (kg/cm^2)

에너지와 전력

에너지

1 줄(J) =1 뉴턴미터 (N · m)
=2.390×10^{-1} 칼로리(cal)
=9.47×10^{-4} 영국열단위(Btu)
=2.78×10^{-7} 킬로와트시(kWh)

1 칼로리(cal) =4.184 줄(J)
=3.968×10^{-3} 영국열단위(Btu)
=1.16×10^{-6} 킬로와트시(kWh)

1 영국열단위(Btu) =1055.87 줄(J)
=252.19 칼로리(cal)
=2.928×10^{-4} 킬로와트시(kWh)

1 킬로와트시(kWh) =3.6×10^{6} 줄(J)
=8.60×10^{5} 칼로리(cal)
=3.41×10^{3} 영국열단위(Btu)

전력(단위 시간당 에너지)

1 와트(W) =1 줄/초(J/s)
=3.4129 Btu/h
=1.341×10^{-3} 마력(hp)
=14.34 칼로리/분(cal/min)

1 마력(hp) =7.46×10^{2} 와트(W)

온도

화씨온도(°F) = (K × 9/5) − 459.67

화씨온도(°F) = (°C × 9/5) + 32

섭씨온도(°C) = K − 273.15

절대온도(K) = °C + 273.15

섭씨온도(°C) = (°F − 32) × 5/9

화학원소와 자연적으로 산출되는 동위원소의 표

표 B.1 가나다순으로 나열한 원소 목록

원소명	기호	원자 번호	지각에서의 함유량, 무게 백분율	원소명	기호	원자 번호	지각에서의 함유량, 무게 백분율
가돌리늄(gadolinium)	Gd	64	0.00037	바나듐(vanadium)	V	23	0.0170
갈륨(gallium)	Ga	31	0.0016	바륨(barium)	Ba	56	0.0456
저마늄(germanium)	Ge	32	0.00013	백금(platinum)	Pt	78	0.00000015
구리(coper)	Cu	29	0.0027	버클륨(berkelium)	Bk	97	인공원소
규소(silicon) *	Si	14	27.20	베릴륨(beryllium)	Be	4	0.00019
금(gold)	Au	79	0.00000013	붕소(boron)	B	5	0.0011
나트륨(sodium) *	Na	11	2.32	브롬(bromine)	Br	35	0.000088
납(lead)	Pb	82	0.0011	비소(arsenic)	As	33	0.00025
네오디뮴(neodymium)	Nd	60	0.0020	비스무스(bismuth)	Bi	83	0.000018
네온(neon)	Ne	10	알려지지 않음	사마륨(samarium)	Sm	62	0.00039
넵투늄(neptunium)	Np	93	인공원소	산소(oxygen)[b]	O	8	45.2
노벨륨(nobelium)	No	102	인공원소	세륨(cerium)	Ce	58	0.0043
니오브(niobium)	Nb	41	0.0008	세슘(cesium)	Cs	55	0.0002
니켈(nickel)	Ni	28	0.0059	셀레늄(selenium)	Se	34	0.000013
디스프로슘(dysprosium)	Dy	66	0.00036	수소(hydrogen)[b]	H	1	0.14
라돈(radon)	Rn	86	각주[d]	수은(mercury)	Hg	80	0.000003
라듐(radium)	Ra	88	각주[d]	스칸듐(scandium)	Sc	21	0.0022
란탄늄(lanthanum)	La	57	0.0020	스트론튬(strontium)	Sr	38	0.0320
레늄(rhenium)	Re	75	0.0000000188	아르곤(argon)	Ar	18	알려지지 않음
로듐(rhodium)[c]	Rh	45	0.00000001	아메리슘(americium)	Am	95	인공원소
로렌슘(lawrencium)	Lr	103	인공원소	아스타틴(astatine)	At	85	인공원소
루비듐(rubidium)	Rb	37	0.0049	아연(zinc)	Zn	30	0.0072
루테늄(ruthenium)	Ru	44	0.000000057	아인시타이늄(einsteinium)	Es	99	인공원소
루테튬(lutetium)	Lu	71	0.000030	악티늄(actinium)	Ac	89	인공원수
리튬(lithium)	Li	3	0.0016	안티몬(antimony)	Sb	51	0.00002
마그네슘(magnesium) *	Mg	12	2.77	알루미늄(aluminum) *	Al	13	8.00
망가니즈(manganese) *	Mn	25	0.100	에르븀(erbium)	Er	68	0.00021
멘델레븀(mendelevium)	Md	101	인공원소	염소(chlorine)	Cl	17	0.0244
몰리브덴(molybdenum)	Mo	41	0.00008	오스뮴(osmium)	Os	76	0.000000041

표 B.1 가나다순으로 나열한 원소 목록(계속)

원소명	기호	원자 번호	지각에서의 함유량, 무게 백분율	원소명	기호	원자 번호	지각에서의 함유량, 무게 백분율
요오드(iodine)	I	53	0.000071	칼륨(potassium) *	K	19	1.68
우라늄(uranium)	U	92	0.00013	칼리포르늄(californium)	Cf	98	인공원소
유로퓸(europium)	Eu	63	0.00011	칼슘(calcium) *	Ca	20	5.06
은(silver)	Af	47	0.0000056	코발트(cobalt)	Co	27	0.0226
이리듐(iridium)	Ir	77	0.000000037	퀴륨(curium)	Cm	96	인공원소
이테르븀(ytterbium)	Yb	70	0.00019	크롬(chromium)	Cr	24	0.0135
이트륨(yttrium)	Y	39	0.0019	크립톤(krypton)	Kr	36	알려지지 않음
인(phosphorus) *	P	15	0.1010	크세논(xenon)	Xe	54	알려지지 않음
인듐(indium)	In	49	0.0000052	탄소(carbon)[a]	C	6	0.02
주석(tin)	Sn	50	0.00017	탄탈룸(tantalum)	Ta	73	0.00007
지르코늄(zirconium)	Zr	40	0.0132	탈륨(thallium)	Tl	81	0.00005
질소(nitrogen)	N	7	0.0056	텅스텐(tungsten)	W	74	0.00010
철(iron) *	Fe	26	5.80	테르븀(terbium)	Tb	65	0.00010
팔라듐(palladium)	Pd	46	0.00000015	테크네튬(technetium)	Tc	43	인공원소
페르뮴(fermium)	Fm	100	인공원소	텔루르(tellurium)[c]	Te	52	0.000001
폴로늄(polonium)	Po	84	각주[d]	토륨(thorium)	Th	90	0.00058
프라세오디뮴(praseodymium)	Pr	59	0.0049	툴륨(thulium)	Tm	69	0.000052
프랑슘(francium)	Fr	87	인공원소	티탄(titanium) *	Ti	22	0.86
프로메튬(promethium)	Pm	61	인공원소	하프늄(hafnium)	Hf	72	0.00037
프로탁티늄(protactinium)	Pa	91	각주[d]	헬륨(helium)	He	2	알려지지 않음
플루오르(fluorine)	F	9	0.0553	홀뮴(holmium)	Ho	67	0.000077
플루토늄(plutonium)	Pu	94	인공원소	황(sulfur)	S	16	0.0404
카드뮴(cadmium)	Cd	48	0.000008				

출처 : R.L. Rudnick and S. Gao (2004).

* K.K. Turekian (1969).

[a] S.R. Taylor (1964)의 측정값으로부터 구함.

[b] 지각 암석의 분석은 일반적으로 수소와 산소에 대해 독립된 측정값을 갖지 않는다. 이들 두 원소는 근본적으로 일정한 비율로 다른 원소들과 결합하므로 함유량을 계산할 수 있다.

[c] 측정값은 불확실하며 신뢰성은 매우 낮다.

[d] 우라늄과 토륨의 붕괴에 의해 생성된 원소. 자원소는 매우 짧은 반감기를 가진 방사성 원소이므로 지각 내에는 너무 적게 축적되어 정확하게 측정할 수 없다.

표 B.2 원자번호순으로 나열한 자연적으로 산출되는 원소 및 질량수에 따라 나열한 자연적으로 산출되는 각 원소의 동위원소

원자 번호[a]	원소명	기호	자연 동위원소의 질량수[b]	원자 번호	원소명	기호	자연 동위원소의 질량수[b]
1	수소	H	1, 2, $\boxed{3}$ [c]	37	루비듐	Rb	85, $\boxed{87}$
2	헬륨	He	3, 4	38	스트론튬	Sr	84, 86, 87, 88
3	리튬	Li	6, 7	39	이트륨	Y	89
4	베릴륨	Be	9, $\boxed{10}$	40	지르코늄	Zr	90, 91, 92, 94, 96
5	붕소	B	10, 11	41	니오브	Nb	93
6	탄소	C	12, 13, $\boxed{14}$	42	몰리브덴	Mo	92, 94, 95, 96, 97, 98, 100
7	질소	N	14, 15	44	루테늄	Ru	96, 98, 99, 100, 101, 102, 104
8	산소	O	16, 17, 18	45	로듐	Rh	103
9	플루오린	F	19	46	팔라듐	Pd	102, 104, 105, 106, 108, 110
10	네온	Ne	20, 21, 22	47	은	Ag	107, 109
11	나트륨	Na	23	48	카드뮴	Cd	106, 108, 110, 112, 113, 114, 116
12	마그네슘	Mg	24, 25, 26	49	인듐	In	113, 115
13	알루미늄	Al	27	50	주석	Sn	112, 114, 115, 116, 117, 118, 119, 120, 122, 124
14	규소	Si	28, 29, 30	51	안티몬	Sb	121, 123
15	인	P	31	52	텔루르	Te	120, 122, 123, 124, 125, 126, 128, 130
16	황	S	32, 33, 34, 36	53	요오드	I	127
17	염소	Cl	35, 37	54	크세논	Xe	124, 126, 128, 129, 130, 131, 132, 134, 136
18	아르곤	Ar	36, 38, 40	55	세슘	Cs	133
19	칼륨	K	39, $\boxed{40}$, 41	56	바륨	Ba	130, 132, 134, 135, 136, 137, 138
20	칼슘	Ca	40, 42, 43, 44, 46, $\boxed{48}$	57	란탐	La	$\boxed{138}$, 139
21	스칸듐	Sc	45	58	세륨	Ce	136, 138, 140, $\boxed{142}$
22	티탄	Ti	46, 47, 48, 49, 50	59	프라세오디뮴	Pr	141
23	바나듐	V	$\boxed{50}$, 51	60	네오디뮴	Nd	142, 143, $\boxed{144}$, 145, 146, 148, 150
24	크롬	Cr	50, 52, 53, 54	62	사마륨	Sm	144, $\boxed{147}$, $\boxed{148}$, $\boxed{149}$, 150, 152, 154
25	망간	Mn	55	63	유로퓸	Eu	151, 153
26	철	Fe	53, 56, 57, 58	64	가돌리늄	Gd	$\boxed{152}$, 154, 155, 156, 157, 158, 160
27	코발트	Co	59	65	테르븀	Tm	169
28	니켈	Ni	58, 60, 61, 62, 64	66	디스프로슘	Dy	156, 158, 160, 161, 162, 163, 164
29	구리	Cu	63, 65	67	홀뮴	Ho	165
30	아연	Zn	64, 66, 67, 68, 70	68	에르븀	Er	162, 166, 167, 168, 170
31	갈륨	Ga	69, 71	69	툴륨	Tm	169
32	저마늄	Ge	70, 72, 73, 74, 76	70	이테르븀	Yb	168, 170, 171, 172, 173, 174, 176
33	비소	As	75	71	루테튬	Lu	175, $\boxed{176}$
34	셀렌	Se	74, 76, 77, 80, 82	72	하프늄	Hf	174, 176, 177, 178, 179, 180
35	브롬	Br	79, 81	73	탄탈	Ta	180, 181
36	크립톤	Kr	78, 80, 82, 83, 84, 86	74	텅스텐	W	180, 182, 183, 184, 186

표 B.2 원자번호순으로 나열한 자연적으로 산출되는 원소 및 질량수에 따라 나열한 자연적으로 산출되는 각 원소의 동위원소(계속)

원자 번호[a]	원소명	기호	자연 동위원소의 질량수[b]	원자 번호	원소명	기호	자연 동위원소의 질량수[b]
75	레늄	Re	185, $\boxed{187}$	83	비스무스	Bi	209
76	오스뮴	Os	184, 186, 187, 188, 189, 190, 192	84	폴로늄	Po	$\boxed{210}$
77	이리듐	Ir	191, 193	86	라돈	Rn	$\boxed{222}$
78	백금	Pt	190, 192, 195, 196, 198	88	라듐	R	$\boxed{226}$
79	금	Au	197	90	토륨	Th	$\boxed{232}$
80	수은	Hg	196, 198, 199, 200, 201, 202, 204	91	프로탁티늄	Pa	$\boxed{231}$
81	탈륨	Tl	203, 205	92	우라늄	U	$\boxed{234}$, $\boxed{235}$, $\boxed{238}$
82	납	Pb	204, 206, 207, 208				

[a] 원자번호=양성자 수
[b] 질량수=양성자+중성자
[c] □ 방사성 동위원소

주요 조암 광물의 특성

표 C.1 금속광택을 가진 조암 광물의 특성

광물	화학성분	결정형	쪼개짐, 단구	굳기 / 비중	기타 특성	가장 뚜렷한 특성
갈철석(Limonite) (Goethite가 가장 흔함)	주로 수화된 철산화물, 주로 광물들의 복잡한 혼합체	괴상, 피막, 포도송이 모양의 껍데기, 토상	없음	1~5.5 / 3.5~4	황색, 갈색, 흑색, 황갈색의 조흔색	조흔색
방연석 (Galena)	PbS	정육면체 결정, 조립 또는 세립의 입상	3방향 완전 지각	2.5 / 7.6	남회색의 색깔, 회색 내지 흑회색의 조흔색	쪼개짐, 조흔색
섬아연석 (Sphalerite)	ZnS	세립 내지 조립의 입상, 4면체의 결정	6방향으로 완전	3.5~4 / 4	황갈색 내지 흑색의 색깔, 백색 내지 황갈색의 조흔색, 송진 광택	쪼개짐, 굳기, 광택
자연동 (Copper)	Cu	괴상 꼬인 나뭇잎과 철사 모양	없음. 칼로 자를 수 있음.	2.5~3 / 9	구리색, 흔히 녹색으로 얼룩짐	색깔, 비중, 전성
자철석 (Magnetite)	Fe_2O_4	괴상, 입상, 팔면체의 결정	없음, 불평탄 단구	5.5~6.5 / 5	흑색의 색깔, 흑색의 조흔색, 자석에 강하게 끌림	조흔색, 강한 자성감
적철석 (Hematite)	Fe_2O_3	괴상, 입상 반짝임	불평탄 단구	5.6 / 5	적갈색, 회색 내지 흑색의 색깔, 적갈색의 조흔색	조흔색, 굳기
황동석 (Chalcopyrite)	$CuFeS_2$	괴상 또는 입상	없음, 불평등 단구	3.5~4 / 4.2	황금색 내지 놋황색의 색깔. 암녹색 내지 흑색의 조흔색	조흔색, 굳기는 황철석과 구분시켜줌
황철석(바보금) [Pyrite(Fool' s gold)]	FeS_2	결정면에 줄이 나 있는 입방체, 괴상	없음, 불평탄 단구	6~6.5 / 5.2	연한 놋황색의 색깔, 변색되면 어두운 색을 띰. 녹흑색의 조흔색	조흔색, 굳기는 황철석과 구분시켜줌. 전성 없음. 전성은 금과 구분시켜줌

표 C.2 비금속광택을 가진 조암 광물의 특성

광물	화학성분	결정형	쪼개짐, 단구	굳기	비중	기타 특성	가장 뚜렷한 특성
각섬석 그룹 (Amphiboles, 각섬석이 가장 혼함)	$X_2 Y_5 Sl_8 O_{22}(OH)_2$ X=Ca, Na Y=Mg, Fe, Al	길다란 육각결정, 섬유상, 불규칙한 입상	2방향, 56° 와 124°로 교차	5~6	2.9~3.8	변성암과 화성암에 혼함 각섬석: 암녹색 양기석: 녹색 투감섬석: 백색	쪼개짐 정벽
감람석 (Olivine)	$(Mg,Fe)_2SiO_4$	세립 입자, 입상	없음 패각상 깨짐	6.5~7	3.2~3.9	화성암. 올리브색 내지 황록색	색깔, 단구 정벽
고령석 (Kaolinite)	$Al_2Si_2O_5(OH)_4$	부드럽움, 토상 극미립의 결정	1방향, 완전	2~2.5	2.6	백색, 노랑. 젖으면 소성을 띰. 진흙 냄새, 어두운 광택	촉감, 소성, 냄새
방해석 (Calcite)	$CaCO_3$	끝이 가늘어지는 결정형, 입상	3방향, 완전, 능면체를 이룸	3	2.7	무색 또는 백색의 색깔 묽은 염산과 반응	쪼개짐, 산과 반응
백운석 (Dolomite)	$CaMg(CO_3)_2$	능면체의 결정 입상	3방향, 완전(방해석과 같음)	3.5	2.8	백색 또는 회색의 색깔, 온도가 낮은 염산과 반응하지 않음	쪼개짐, 굳기
석고 (Gypsum)	$CaSO_4 \cdot 2H_2O$	길다란 또는 판상 결정, 섬유상 또는 토상	1방향, 완전 조각은 휘어지나 탄력성은 없음	2	2.3	유리 내지 진주 광택, 색깔 없음	굳기, 쪼개짐
석류석 (Garnets)	$X_3Y_2(SiO_4)_3$; X=Ca, Mg, Fe, Mn; Y=Al, Fe, Ti, Cr	12 또는 24면을 갖는 완전한 결정, 입상	없음 불평탄 단구	6.5~7.5	3.5~4.3	혼한 광물 분홍색, 백색 또는 회색의 색깔	색깔, 쪼개짐
석영 (Quartz)	SiO_2	6면체의 결정 입상	없음 패각상 단구	7	2.6	무색, 백색, 회색의 색깔, 함유된 불순물의 종류에 따라 다양한 색깔을 띰. 유리 내지 지방 광택	결정형, 단구 축에 나란한 결정면에 직각으로 발달된 조선
아라고나이트 (Aragonite)	$CaCO_3$	괴상 또는 가느다란 침상의 결정	불량, 2방향	3.5	2.9	무색 또는 백색의 색깔, 염산과 반응	염산과 반응. 불량한 쪼개짐이 방해석과 구분시켜줌.
암염 (Halite)	NaCl	입방체의 결정	완전 입방체	2.5	2.2	짠맛, 무색, 청색의 색깔	맛, 쪼개짐
운모 : 백운모 (Muscovite)	$KAl_3Si_3O_{10}(OH)_2$	얇은 조각	1방향 완전	2~2.5	2.7	화성암과 변성암에 흔흠. 무색, 연녹색 또는 갈색의 색깔	쪼개짐, 쪼개짐면의 가는 줄무늬
운모 : 흑운모 (Biotite)	$K(Mg, Fe)_3AlSi_3O_{10}(OH)_2$	불규칙한 조각	1방향 완전	2.5~3	2.8~3.2	화성암과 변성암에 혼함. 흑색, 갈색, 암녹색의 색깔	쪼개짐, 색깔, 탄력성

표 C.2 비금속광택을 가진 조암 광물의 특성(계속)

광물	화학성분	결정형	쪼개짐, 단구	굳기 / 비중	기타 특성	가장 뚜렷한 특성
인회석 (Apatite)	$Ca_5(PO_4)_3(F,OH,Cl)$	입상, 6면체의 완전한 결정	불량, 1방향	5 / 3.2	녹색, 갈색, 청색 또는 백색의 색깔, 많은 종류의 암석 내에 소량으로 흔하게 산출됨	굳기, 결정형
장석 : K-장석(정장석이 흔한 변종)	$KAlSi_3O_8$	주상의 결정, 입상	2방향, 완전 (직각)	6 / 2.6	살색, 분홍색, 백색 또는 회색의 색깔	색깔, 쪼개짐
장석 : 사장석 (Plagioclase)	$NaAlSi_3O_8$ (앨바이트)와 $CaAlSi_2O_8$ (아노르사이트)의 고용체	불규칙한 입상 쪼개짐이 발달된 괴상 판상의 결정	2방향, 완전 정확히 직각이 아님	6~6.5 / 2.6~2.7	백색 내지 암회색의 색깔, 쪼개짐면에 평행하게 발달된 가는 줄	쪼개짐, 쪼개짐면의 가는 줄무늬
휘석 그룹 (Pyroxene) (오자이트가 가장 흔합)	$XY(SiO_3)_2$ X=Y=Ca, Mg, Fe	8면체의 결정 입상	2방향 완전 거의 직각임	5~6 / 3.2~3.9	화성암과 변성암에 흔함. 오자이트는 암녹색 내지 흑색의 색깔, 다른 휘석류는 백색 내지 녹색의 색깔을 띰.	쪼개짐
흑연 (Graphite)	C	비늘 모양	1방향, 완전 미끌 미끌한 조각	1~2 / 2.2	흑색의 색깔, 금속 내지 어두운 광택	쪼개짐, 색깔, 종이 위에 표시됨

용어설명

| ㄱ |

가뭄(drought) 어떤 지역에서 어떤 기간 동안 평균 강수량보다 강수가 적게 내린 상태. (12장)

가설(hypothesis) 자연 현상이 방법에 대해 증명되지 않은 진술. (1장)

간빙기(interglacial period) 현재와 유사한 기후를 가진 과거 지질 시대의 일부분. (9장, 13장)

강괴(craton) 지구조적으로 그리고 지각균형적으로 안정을 얻은 대륙 지각에서의 오랜 암석의 핵. (5장)

강수(비나 눈의) [precipitation (of rain or snow)] 응결된 물이 방울이나 입자가 되어 중력의 끌림에 의해 낙하하는 현상. (8장, 11장)

개체군(population) 같은 지역에 살며 유전정보를 공유하는 동일종 개체들의 집단. (16장)

개체군 밀도(population density) 단위 면적당 개체군의 개체수. (16장)

결정(crystal) 화학적으로 결합된 원자나 이온들이 질서 있게 3차원적으로 배열된 고체 화합물로, 결정형을 나타낸다. (3장)

결합(bond) 2개의 원자를 서로 끌어당기는 전기적 힘. (3장)

경사도(gradient) 수평면과 경사면 사이의 각. 주향에 수직인 방향으로 측정. (8장)

경쟁(생물학)[competition(biology)] 음식, 물, 공간, 빛 등의 부족 자원을 놓고 다투는 개체들의 상황. (16장)

경쟁배타 원리(competitive exclusion principle) 환경 요구조건이 똑같은 다른 종의 두 개체군은 동일한 서식지에서 무한히 종속할 수 없다는 개념으로 한 개체군이 언제나 승리하며 다른 개체군은 멸종한다. 어떤 개체군이 승리하느냐는 환경 조건에 달려 있다. 원리라고 하는 이 개념은 관찰과 실험에 근거한 것이다. (16장)

계(system) 변화를 관찰하고 측정할 목적으로 우주의 나머지로부터 분리될 수 있는 우주의 어떤 부분. (1장)

계(생명체의)[kingdom (of life)] 살아있는 생명체의 주요 분류 등급의 하나. (14장)

계면(pause) 대기권을 구성하는 주요한 4개 열적층을 서로 구분하는 경계. (11장)

계절풍(monsoon) 바람시스템이 계절에 따라 반대로 바뀌는 현상. (12장)

계통수(phylogenetic tree) 생명체를 그들의 유전과 진화적인 관계에 따라 그룹으로 조직화하는 분류학. (14장)

고기압(H)[High (H)] 상대적으로 기압이 높은 지역으로 바람의 발산이 나타난다. (12장)

고기압성 바람(anticyclone) 고기압 중심에서 소용돌이치며 밖으로 향하는 바람. (12장)

고기후(paleoclimate) 오래전의 과거 기후. (13장)

고립계(isolated system) 경계가 계의 주위와 계가 에너지나 혹은 물질의 교환을 막는 계. (1장)

고분자(polymer) 작은 분자들(단량체라고 함)이 서로 결합되어 만들어진 큰 사슬이나 망상 구조. (3장)

고산지대 생물군계(alpine biomes) 고도가 주요한 영향을 미치는 육상 생물군계. (15장)

고지자기(paleomagnetism) 과거 어떤 시기에서의 지자기극의 방향을 기록하고 있는 오래된 암석 내의 잔류자기. (5장)

고체(solid) 일정한 부피와 밀도를 가진 단단하고 치밀한 물질의 상태. 구성 원자들이 상대적으로 일정한 위치에 고정되어 있기 때문에 일정한 곳에 가두지 않더라도 모양을 유지하는 경향이 있음. (3장)

공공재 자원(common property resource) 공적으로 혹은 공동체적으로 소유, 허용 그리고 경영되는 자원. (17장)

공극률(porosity) 기반암이나 표토의 전체 부피에 대한 공극을 구성하는 부분의 비율. (8장)

공기(air) 기체와 부유 입자들의 혼합물로, 지구를 둘러싸고 있고 눈에 보이지 않으며 향기가 없다. (11장)

공생(symbiosis) 가까이 있는 다른 종 개체들 사이의 장기적인 관계. (15장)

공진화(coevolution) 두 종이 서로 의존하며 함께 진화하

는 상리공생의 한 종류. (16장)

과학 방법(scientific method) 관찰하고 검증하고자 하는 모든 사람에게 관찰되고 검증될 수 있는 증거의 이용으로 흔히 관찰, 가설의 설정, 이 가설의 검증과 이론 정립, 법칙 정립 및 지속적인 재조사로 구성된다. (1장)

관리되는 생태계(managed or domesticated ecosystem) 공원, 수족관, 식물원 등의 생태계. (16장)

관속식물(vascular plants) 모든 고등식물을 특징인 뿌리, 줄기 및 잎과 같은 기관 내에 특성화된 전도성의 조직을 가진 식물. (14장)

광도(luminosity) 태양이나 다른 항성이 매 초 외부로 방출하는 총 복사 에너지량. (2장)

광물 조합(mineral assemblage) 어떤 암석 내에 존재하는 광물의 종류와 양적인 비. (3장)

광물(mineral) 천연적으로 만들어진 결정질 고체로, 일정한 화학조성과 독특한 결정구조를 가진다. (3장)

광상(mineral deposit) 하나 혹은 그 이상의 광물이 부화되어 있는 암석의 집합체. (18장)

광석(ore) 경제적으로 회수될 수 있는 하나 혹은 그 이상의 광물 집합체. (18장)

광역 변성작용(regional metamorphism) 지각 내 매우 넓은 지역에 기계적 · 화학적 변화를 포함하는 영향을 미치는 변성작용. (7장)

광화학 스모그(photochemical smog) 대류권 하부에 오존, 질소산화물 그리고 탄소화합물의 집적으로 발생하는 안개. (19장)

광합성대(photic zone) 빛이 투과되어 광합성이 일어나는 해양의 최상부층. (15장)

교결작용(cementation) 교결제의 첨가에 의해 엉성한 퇴적물 입자들이 서로 결합하는 것. (7장)

구름(cloud) 작은 물방울이나 미세한 얼음, 혹은 두 가지 모두로 구성된 눈에 보이는 집합체. (12장)

구배(gradients) 수평 방향의 위치 변화에 따른 수직 거리의 변화량. (2장, 8장)

군집(community) 같은 환경을 공유하며 상호작용하는 다른 종들의 개체로 이루어진 집단. (16장)

굴절(refraction) 한 매질로부터 다른 매질로 파가 통과할 때 속도에서의 변화. 하나의 투명한 물질로부터 다른 물질로 빛이 통과할 때 광선의 경로가 휘는 과정. (6장)

권운(cirrus clouds) 엷고 가늘거나 깃털 같은 구름으로 대류권 상층에서 생성되어 대부분 빙정으로 구성되어 있다. (11장)

규모(지진의) [magnitude (of an earthquake)] 지진 중에 방출되는 에너지량. (6장)

극 빙하(polar glacier) 온도가 압력용융점 이하로 유지되는 고산지대 또는 고위도의 빙하. (9장)

극성(polarity) 지구 자기장의 남북 방향성. (5장)

극세포(polar cells) 양반구에서 페렐세포의 북쪽에 놓여 있는 대기 순환세포. (12장)

극전선(polar front) 적도쪽으로 흐르는 극동풍과 극쪽으로 흐르는 편서풍이 만나는 지역. (12장)

근원지(source) 저장소로 흘러들어오는 물질보다 저장소에서 더 많은 물질이 나오는 저장소. (1장)

기단(air mass) 비교적 균질한 내부 기온과 습도를 갖는 큰 규모의 공기. (12장)

기생(parasitism) 한쪽 생명체는 손해를 입고 다른 한쪽은 이익이 되는 관계. (16장)

기압(air pressure) 위에 분포하는 공기의 무게에 의해 작용하는 힘. (11장)

기압경도(pressure-gradient) 단위 거리당 대기압의 감소 비율. (12장)

기압경도력(pressure gradient force) 어떤 방향으로 기압 차가 발생하여 작용하는 힘. (12장)

기압계(barometer) 기압을 측정하는 기기. (11장)

기체(gas) 이것을 담고 있는 용기를 완전히 채워(또는 담기지 않는 것은 공간으로 이탈함) 용기의 형태를 가지는 물질의 상태로, 구성 원자들은 자유롭게 움직이며, 용기 내에서 균일한 분포를 나타낸다. (3장)

기하급수적 성장(exponential growth) 어떤 값이 단위시간 당 특정 비율(출생율)로 증가하는 기하학적 성장. (16장)

기후(climate) 한 장소나 지역의 장기간에 걸친 평균 날씨 상태. (12장, 13장)

기후 강제력(climate forcing) 기후 변화를 가져오는 원인. (13장)

기후 대리 자료(climate proxy record) 기후에 의하여 영향을 받거나 기후 변화를 알 수 있는 과거 자연현상의 기

록. (13장)

| ㄴ |

난투수층(aquiclude) 스며들지 않거나 투수성이 작은 대수층에 인접한 토양층. (8장)

날씨(weather) 어떤 주어진 시간과 장소에서의 대기 상태 (12장)

남극저층수(Antartic Bottom Water, AABW) 해빙이 얼어붙은 결과 남극에서 형성된 밀도가 높고 차가운 물. (10장)

남세균(cyanobacteria) 광합성을 한 가장 초기의 원핵생물. 때때로 부정확하게 남조류(blue-green algae)라고 한다. (14장)

내재적 가치(intrinsic value) 종이 인류에게 제공하는 어떤 가치와도 구별되는 종 그 자체로서의 가치. (16장)

내핵(inner core) 지구의 핵 중 중심에 있는 고체 부분. (3장)

노숙림(old-growth forest) 수백 년 혹은 수천 년 동안 지속되어온 산림. (17장)

농업(agriculture) 땅을 경작하고 곡물과 가축을 생산하는 것. (17장)

농업 토양(arable soil) 농업용 곡물의 성장에 적합한 토양. (17장)

농축계수(concentration factor) 특정 원소의 주위 환경 농도에 대한 생체 내 그 원소의 양. (15장)

뇌우(thunderstorm) 뇌우는 따뜻하고 습윤한 공기가 상승하여 빠른 속도로 많은 양의 숨은열을 방출하여 불안정하게 된 것이다. (12장)

누적되는 영향(cumulative effects) 국지 및 광역적인 환경 영향의 집합적인 효과로 궁극적으로는 전 지구에 영향을 미친다. (19장)

눈(snow) 강수의 한 종류로서 고체상의 물이 결정형태로 존재하는 것. (9장)

| ㄷ |

다량영양소(macronutrient) 생명체에게 많은 양이 요구되는 원소로 소위 6대 원소—탄소, 수소, 산소, 질소, 인, 황—를 포함한다. (15장)

다짐작용(compaction) 압력의 증가에 따라 퇴적물의 부피가 감소되는 현상. (7장)

단백질(protein) 아미노산의 고분자화 작용에 의하여 만들어진 분자. (3장)

단열(감률)[adiabatic (lapse rate)] 상승하거나 하강하는 공기의 기온이 고도에 따라 바뀌는 방식. (11장)

단위층(bed) 퇴적물이나 퇴적암의 가장 작은 단위. (9장)

단층(fault) 암석 내면을 따라 이동이 발생한 암석에서의 단열. (6장)

닫힌계(closed system) 경계가 주위와 에너지의 교환은 가능하게 하나 물질의 교환은 불가능하게 하는 계. (1장)

단스가드-에시거 사건(Dansgaard-Oeschger events) 최근의 빙하기 동안에 발생한 1,500년 주기의 온난-한랭의 변동. (13장)

달(moon) 행성의 주위를 공전하는 자연 천체. (4장)

대기대순환 모형(General Circulation Model, GCM) 지구상에서 현재와 과거의 기후 조건을 모의 실험하는 데 사용되는 수학적인 모형. (19장)

대기(atmosphere) 질소, 산소, 이산화탄소, 그리고 수증기 등의 혼합 기체로서 지구를 둘러싸고 있다. (11장)

대기 블라인드(atmospheric blind) 대기에 의해 흡수되어 통과하지 못하는 태양 스펙트럼 영역. (11장)

대기의 창(atmospheric window) 대기를 쉽게 통과하는 태양 스펙트럼 영역. (11장)

대량 멸종(mass extinction) 매우 짧은 기간에 걸쳐 많은 종류의 생명체가 멸종한 사건. (14장)

대류(convection) 상대적으로 가벼운 고온의 기체 입자가 상승하여 주변으로 열을 전달하고 저온 상태로 하강하는 순환 과정으로 열을 전달하는 방식. (2장)

대류권(troposphere) 대기의 4개 열적층 중 하나로, 지구 표면부터 10~16km 높이에 분포한다. (11장)

대륙 경계(continental divide) 반대편의 바다를 향해 흐르는 물의 흐름을 구분하는 대륙의 구분선. (8장)

대륙붕(continental shelf) 대륙 주변을 이루는 다양한 폭의 침수된 대지. (5장)

대륙빙(ice sheet) 수백 미터의 두께를 가진, 바다에 떠 있는 얼음으로서 남극대륙의 해안지역의 만을 차지하고 있음. (9장)

대륙 지각(continental crust) 대륙을 이루는 지구의 지각

성분으로, 평균 두께는 45km이다. (3장)

대륙대(continental rise) 해양분지의 바닥이 대륙의 가장자리와 만나는, 경사가 완만하게 변하는 지역. (5장)

대륙사면(continental slope) 대륙붕의 바다쪽 가장자리 너머의 두드러진 사면. (5장)

대륙순상지(continental shield) 지각평형 상태에 도달한 대륙지괴와 조산대의 조합. (5장)

대륙충돌대(continental collision zone) 대륙 지각으로 덮인 두 수렴판 사이의 충돌대. (5장)

대륙이동(continental drift) 지표면을 가로지른 대륙들의 느린 이동. (5장)

대수층(aquifer) 투수성이 있는 토양층. (8장)

대양(world ocean) 세계의 모든 연결된 해수. (10장)

대초원(grassland) 미국 중서부와 캐나다에 전형적으로 분포하는 광활한 초원지대가 특징인 온대 기후의 생물군계. (15장)

덤불지대(chaparral) 지중해성 기후의 생물군계로 키 작은 관목들과 가뭄에 내성이 있는 나무들이 특징. (15장)

독립영양생물(autotrophs) 햇빛으로부터 직접 에너지를 얻을 수 있는 생명체. (14장)

돌연변이(mutation) 가장 단순하게 설명해서 DNA 분자에서의 화학적인 변화. 이것은 DNA가 이전에 전달한 것과 다른 메시지를 전달하고, 이 변화는 세포 또는 개체가 생식할 때 표현형에 영향을 미칠 수 있다는 것을 뜻한다. (14장)

동지역성 종분화(sympatric speciation) 지리적 장벽이 없는 지역에서 새로운 종의 탄생. (16장)

동굴(cave) 일반적으로 지표와 연결되고 사람이 들어갈 수 있을 정도로 큰 자연적인 지하 공간. (8장)

동물성 플랑크톤(zooplankton) 해수 중에 부유한 채로 물의 흐름에 따라 이동하는 매우 작은 동물. (10장)

동위원소(isotope) 원자번호는 같고 질량수가 다른 원소의 원자들. (3장)

동위원소 분리(fractionation) 질량과 농도가 약간 다른 동위원소의 분리 (13장)

동일과정의 원리(principle of uniformitarianism) 현재 지구에서 일어나는 내부적이거나 외부적인 지질학적 변화는 과거 지질 시대를 통해 현재와 똑같은 과정과 속도로 일어난다는 학설. (4장)

등압선(isobar) 기압이 같은 지역을 연결한 선. (12장)

디옥시리보핵산(deoxyribonucleic acid, DNA). 염기라고 하는 유기 분자에 의해 서로 연결된 두 가닥의 꼬인 사슬 같은 분자로 구성된 생체고분자. 이것은 바이러스를 제외한 모든 생명체의 유전 물질로 단백질을 어떻게 만드는지에 대한 정보를 저장하고 있다. (14장)

| ㄹ |

로지스틱 성장곡선(logistic growth curve) 일정한 환경 조건과 지속적인 먹이 공급 아래서 시간에 따른 개체군의 성장을 나타내는 S자 형태의 곡선. (16장)

리보핵산(ribonucleic acid, RNA) DNA 분자와 비슷하지만 약간 다른 화학 성분을 가진 한 가닥으로 된 분자. 이것은 DNA 내에 저장된 암호를 읽고 실행한다. (14장)

뢰스(loess) 바람에 의하여 퇴적된 실트. 때로는 점토와 가는 모래를 포함함. (9장)

리히터 규모(Richter magnitude) 지진에 의해 방출된 에너지의 양을 비교하기 위해 지진 실체파의 기록된 진폭에 기초한 하나의 단위. (6장)

| ㅁ |

마그마(magma) 부유하는 광물 입자와 용해된 가스를 포함하는 용융된 암석으로 지각이나 맨틀 내에서 온도가 용융점 이상으로 가열될 경우에 생성. (3장, 6장)

만능가(generalist) 환경 요소에 대한 내성 범위가 넓어 포괄적인 생태적 지위를 점유하는 종. (16장)

망상하천(braided stream) 섬이나 사주에 의해 분리된 두 갈래 이상 여러 갈래로 갈라졌다 다시 결합하는 엉클어진 망과 같은 하천 형태. (8장)

매몰 변성작용(burial metamorphism) 퇴적암 또는 화산쇄설성 암석이 매몰될 때 일어나는 변성작용. (7장)

맥석(gangue) 광석에서 가치가 없는 광물. (18장)

맨틀(mantle) 핵을 둘러싸고 있는 치밀한 암석 물질로 구성된 두꺼운 층. (3장)

먹이그물(food web) 생태계의 먹이사슬 사이를 모두 연결한 지도. (15장)

먹이사슬 축적(biomagnification) 포식을 통하여 상위 영

양단계의 생물에 물질이 축적되는 현상. (15장)

먹이사슬(food chain) 하나의 영양단계에서 다른 단계로 에너지(음식)가 이동되는 경로. (15장, 16장)

멸종 가능성이 있는 종(threatened species) 개체군의 개체수 또는 서식지가 심각하게 감소하는 종. (16장)

멸종 위기종(endangered species) 멸종 위기에 직면한 종. (16장)

멸종(extinction) 종이 완전히 죽어 없어짐. (1장)

모래(sand) 자갈과 실트 중간 크기의 쇄설성 입자. (7장)

모암(parent rock) 토양이 형성되는 근원암. (15장)

모형(model) 어떤 것의 묘사. (1장)

모호(moho) '모호로비치치 불연속면' 참조. (6장)

목성형 행성(jovian planet) 질량이 크고 밀도가 낮으며 주로 수소와 헬륨으로 이루어진 두꺼운 대기층을 가지고 있는 태양계의 거대한 외부 행성. (4장)

무광대(aphotic zone) 광합성대 아래의 구역으로 빛 투과가 없거나 거의 미약한 대양구역. (15장)

무기화합물(inorganic) 비생물 기원의 화합물. (3장)

무역풍(tradewinds) 해들리세포에서 적도로 향하는 하층 편동풍. (12장)

물기근(water-scarce) 연간 1인당 재생 가능한 물 이용 가능양이 1,000m^3 이하인 나라 혹은 지역. (17장)

물리적(기계적) 풍화작용[physical(mechanical) weathering] 암석이 부서지는 작용(물리적 파괴). (7장)

물부족(water stressed) 연간 1인당 재생 가능한 물 이용 가능 양이 1,000~2,000m^3인 나라 혹은 지역. (17장)

물질(matter) 질량을 가지고 있으며 일정한 공간을 점유하는 물체. (3장)

미량영양소(micronutrients) 몇몇 생물에게 소량만 요구되는 화학원소로 붕소, 구리, 몰리브덴 등이 이에 속한다. (15장)

밀도(density) 단위 부피에 대한 평균 질량. (3장)

밀란코비치 순환(Milankovitch cycle) 천문적인 요인에 의하여 발생하는 기후의 변동 주기. (13장)

| ㅂ |

바람(wind) 기압차에 의해 발생하는 공기의 수평 운동. (12장)

바람냉각(windchill) 저온과 강풍의 결합된 효과로 나타나는 노출된 피부의 열손실. (12장)

바이오매스 에너지(biomass energy) 식물체로부터 얻는 에너지. (18장)

반감기(half-life) 방사성 동위원소의 모 원자의 수가 반으로 감소하는 데 걸리는 시간. (4장)

반사(reflection) 두 매질 사이의 면에서 파가 튀어 오르는 것. (6장)

반사율(albedo) 행성 표면의 반사율(알베도). (2장)

반응로(pile) 핵분열이 조절되는 장치. (18장)

발산(divergence) 고기압에서 공기가 소용돌이치며 밖으로 나가면서 기단이 서로 다른 방향으로 멀어지는 현상. (12장)

발산경계(판의)[divergent margin(of a plate)] 2개의 판이 서로 멀어지는 암석권에서의 파쇄대 확장경계라고도 한다. (5장)

방사능 붕괴열(radiagenic heat) 방사능 물질의 자연 붕괴에 의해 발생하는 열. (2장)

방사능 연대 측정(radiometic dating) 방사성 동위원소를 이용하여 암석이나 물질의 나이를 측정하는 방법. (4장)

방사능(radioactive) 같은 원소의 다른 동위원소 또는 다른 원소의 동위원소로 자발적으로 천이되는 화학 원소의 동위원소. (3장)

법칙(과학)[law (scientific)] 자연의 어떤 양상이 동일한 방법으로 일어나는 것이 항상 관찰되고 어떤 벗어남도 전혀 관찰되지 않는다는 진술. (1장)

변성 교대 작용(metasomatism) 풍부한 유체에 의하여 암석 조성이나 조직의 변화를 초래하는 변성과정. (7장)

변성상[facies(metamorphic)] 일정한 화학조성을 가진 암석이 어떤 온도와 압력 하에서 변성작용을 받을 경우 형성되는 광물조합. (7장)

변성암(metamorphic rock) 원 구성 성분이나 조직이 고체상태의 반응에 의하여 새로운 구성 성분이나 조직으로 변화된 암석, 온도의 상승이나 압력의 증가에 의하여 발생. (7장)

변성작용(metamorphism) 지각 내에서 일어난 퇴적암이나 화성암에서 일어난 광물조합이나 암석 조직의 모든 변화, 압력이나 온도의 변화에 의하여 발생. (7장)

변환단층 판경계[transform fault margin (of a plate)] 2개의 판이 서로 엇갈리며 이동하는 경계를 따라 발달된 암석권에서의 파쇄대. (5장)

변형(deformation) 고체의 모양 또는 크기의 변화. (6장)

보존(conservation) 종과 자연 환경의 보호 및 보존. (16장)

복사(radiation) 전자기파의 전파에 의한 열의 전달. (2장)

부분 용융(partial melt) 암석이 액체(마그마)와 잔류고체로 녹는 것. 일부 용융이라고도 한다. (6장)

부식질(Humus) 토양의 성분으로 부분적으로 분해된 유기물. (15장)

북대서양심층수(North Atlantic Deep Water, NADW) 중간층수에서 대양저까지 이어지는 북대서양 깊은 곳에 있는 수괴로 밀도가 높고 차갑다. 북대서양의 표면 근처 몇 곳에서부터 형성되며 남대서양으로 뻗어나간다. (10장)

분류등급(taxonomic rank). 생명체의 분류체계에서 종의 위치. (14장)

분자(molecule) 어느 화합물의 성질을 보유하는 가장 최소한의 단위. (3장)

분출 기둥(eruption column) 분출하는 화산 상부로 상승하는 뜨겁고, 교란되는 화산가스와 가는 쇄설물의 혼합물. (6장)

분해생물(생물학)(decomposer(biology) 복잡한 유기물을 분해하여 원소들이 순환할 수 있도록 하는 생물. (15장)

불포화층(aerated zone) 공극이 물로 완전히 채워지지 않은 지하수면 위 지역으로 모세관 현상에 의해 물이 채워져 있는 지역. (8장)

비금속광물(nonmetallic mineral) 광물에 포함된 금속이 아닌 광물의 화학적 혹은 물리적 성질을 위해 채굴되는 광물. (18장)

비생물(abiotic) 비생물 기원(생명체와 관계없는)의 화합물. (3장)

빙모(ice cap) 고산지대 또는 고위대의 저지대를 덮고 있는 얼음 (9장)

빙퇴석(moraine) 빙하의 하저부 또는 경계면에 쌓인 운반퇴물로서 기반암과는 다른 성분을 가짐. (9장)

빙하(glacier) 재결정화된 눈으로 만들어진 영구적인 큰 얼음덩어리. 자체의 무게에 의하여 사면을 따라 내려오거나 어떤 원인에 의하여 사면을 따라 위쪽으로 이동한 증거가 남아 있는 경우가 많음. (9장)

빙하기(glacial period) 빙하의 면적이 오늘날에 비하여 현저히 증가하였던 기간. (13장)

빙하 분리(calving) 빙하의 끝자락이 서서히 붕괴되어 떨어져 나가는 현상. (9장)

빙하의 얼음(glacier ice) 쌓인 눈이 시간이 지남에 따라 밀도가 커져서 더 이상 공기가 침투할 수 없을 정도로 단단하게 얼은 얼음. (9장)

빙하 주변 지역(periglacial) 빙하경계선 바깥쪽 지역으로 낮은 기온과 서리작용이 지형적 특성을 결정함. (9장)

| ㅅ |

사광상(placer deposit) 풍화된 쇄설물의 광물 입자가 기계적으로 농집되어 생성된 광상. (18장)

사막(desert) 생물의 존재 유무에 관계없이 연간 강수량이 250 mm 이하이거나 증발량이 강수량을 초과하는 건조한 지역. (12장, 15장)

사태(산)(landslide) 기반암이나 표토 덩어리가 감지할 수 있을 정도로 사면 아래로 이동하는 현상. (7장)

사망률(death rate) 시간 단위당 전체 개체군에 대한 사망자 수. (16장)

사바나(savanna) 넓은 초원과 듬성듬성한 나무로 구성된 열린 숲. (15장)

사이클론(cyclone, 저기압성 바람) 저기압 중심을 소용돌이치며 안으로 들어가는 바람. (12장)

사전예방원칙(precautionary principle) 만약 예상된 사건의 잠정적인 결과가 받아들이기 어려울 정도로 심각할 경우 관계 당국은 이들 결과를 막거나 또는 줄이는 조치를 취하는 책임을 갖는다는 개념. (19장)

사행(meander) 수로의 굴곡. (8장)

삭박률(denudation) 지표면을 서서히 낮게 만드는 풍화, 사태와 침식 작용의 합. (7장)

산림 파괴(deforestation) 산림 개간의 과정. (17장)

산란(복사의)[scattering (of radiation)] 빛의 반사 현상으로, 작은 입자나, 물방울, 기체 분자에 의해 빛이 모든 방향으로 퍼지는 현상. (11장)

산성광산폐수(acid mine drainage) 가행광산 혹은 폐광산에서 황철석(FeS_2)의 분해에 의해 강하게 산성화된 나오

는 물. (18장)

산성 강수(acid precipitation) 대기 중의 물과 반응하는 질소산화물과 황산화물의 존재 때문에 비정상적으로 강한 산성을 띠는 강수. (19장)

산호 백화 현상(coral bleaching) 많은 스트레스를 주는 물 환경의 변화 때문에 병 또는 죽음에 의해 산호가 백색으로 변하는 현상. (19장)

상(phase) 일정한 경계에 의해 서로 분리할 수 있는 물질 덩어리. (3장)

상대습도(relative humidity) 동일한 온도에서의 포화 수증기압에 대한 주변 공기가 포함하고 있는 수증기압의 백분율. (11장)

상대 연대(relative age) 현상의 전후 관계를 파악하여 상대적 생성 순서를 결정하는 물체나 물질 또는 사건의 나이. (4장)

상리공생(mutualism) 상호작용하는 생물 개체 모두에게 이익이 되는 관계. (16장)

상자 모형(box model) 계를 단순하고 편리하게 그림으로 묘사한 모형. (1장)

샘(spring) 자연적으로 지면으로 흘러나오는 지하수의 흐름. (8장)

생명체 존재 가능 지역(ecosphere) (공전하는) 행성과 위성이 별로부터 아주 적당한 거리에 있어 액체 상태의 물이 존재할 수 있고, 따라서 아마도 생명체를 부양할 수 있는 별 주위의 지역. (14장)

생물다양성 중점 지역(biodiversity hotspot) 생산성이 매우 높은 어떤 지역 내에서 생물다양성이 밀집된 지역. (19장)

생물(biotic) 생물 기원의 화합물. (3장)

생물 분포대(life zone) 모든 생명체가 존속하는 지구계의 공간으로 지권 표면으로부터 대략 10km 상부와 하부 지역. (14장)

생물 생산력(biological production) 생물학적 과정에 의해 에너지가 물질로의 변환. (15장)

생물군계(biome) 생태계의 일종. 우림은 세계 여러 지역에 분포하지만 각각의 우림은 서로 연결되어 있지 않다. 우림이 생물군계의 예이다. (15장)

생물권(biosphere) 지구의 생명체와 아직 완전히 분해되지 않은 생물체의 총체. (14장)

생물다양성(biodiversity) 생물 형태의 전체적인 다양성. (14장, 16장)

생물량(biomass) 생명 물질의 총량을 의미할 때 사용되는 용어로 살아있는 물질(나뭇잎)과 죽은 것(나무의 죽은 목질부) 등을 모두 포함. (15장)

생물이용도(bioavailability) 어떤 물질이 생물에 의해 이용되거나 흡수될 수 있는 정도. (15장)

생물기원 퇴적물(biogenic sediment) 수중에서 생화학적 반응에 의하여 생성된 화학적 퇴적물. (7장)

생지화학적 순환(biogepchemical cycle) 지구계 각 권역을 통한 생명체에 필수적인 원소들의 상호작용과 이동을 나타내는 자연적인 순환. (15장)

생체고분자(biopolymer) 유기 화합물로 구성된 생물 기원인 고분자 물질. (3장)

생체 농축(bioconcentration) 어떤 물질이 생물체에서 배출되는 속도보다 더 빠르게 소비되는 경우의 생체 내 농축. (15장)

생체 축적(bioaccumulation) 생물의 조직 내에 물질이 축적되는 현상. (15장)

생태 발자국(ecological footprint) 특정한 사람 또는 공동체를 부양하는 데 필요한 자원의 양으로 땅의 면적으로 표현함. (19장)

생태계 다양성(ecosystem diversity) 생물다양성의 한 부분으로 생태계에서 가능한 서식지 형태의 다양성, 서식지의 복잡성과 생물학적 풍부성을 포함. 간단히 서식지 다양성이라고도 한다. (16장)

생태계(ecosystem) 생물체들이 생물체를 비롯하여 비생물적 환경요소와도 서로 상호작용하는 생명 유지 시스템. (15장)

생태구역(ecozone) 특정 지리구에 공존하는 생물군계의 집합. (15장)

생태적 지위(niche) 군집에서 생물의 기본적 역할과 자원의 이용. (16장)

서식지(habitat) 생물 개체, 개체군 또는 종이 살고 있는 또는 살 수 있는 곳. 예를 들어 조슈아 나무(Joshua tree)의 서식지는 북아메리카의 모하비 사막이다. (16장)

서식지 다양성(habitat diversity) 생태계에서 서식지 형태

의 다양성과 서식지의 생물 풍부도. 생태계 다양성이라고도 한다. (16장)

서식지 분할(habitat fragmentation) 큰 지역이 도로 등에 의해 작은 구역으로 쪼개지는 현상. (16장)

서지(surge) 빙하의 이동이 평균적인 것에 비하여 극히 빠는 이상 현상. (9장)

석유(petroleum) 탄소와 수소의 화합물로 주로 구성된 자연적으로 산출되는 기체, 액체, 그리고 반고체 물질. (18장)

석유 집유장(petroleum trap) 지표면으로 석유가 이동하거나 유출되지 않도록 막아주는 셰일과 같은 불투수성 덮개암. (18장)

석탄(coal) 주로 식물체의 분해물로, 50% 이상의 유기물로 구성된 흑색의 가연성 퇴적암 혹은 변성암. (8장, 18장)

선형 성장(linear growth) 단위 시간당 일정한 성장량을 보이는 성장. (16장)

설선(snowline) 눈으로 영구히 덮인 지역의 아래쪽 경계선. (9장)

섬 생물지리학(island biogeography) 섬의 생물다양성에 대한 학문. 육지의 분할된 서식지에 적용이 가능하다. (16장)

섭씨온도 단위(Celsius temperature scale) 해면 기압에서 물이 어는 온도를 기준 온도인 0°C로, 물이 끓는 온도를 100°C로 정의하여 두 온도 사이를 100등분한 온도 체계. (2장)

섭입(subduction) 오래되고 차가운 해양 암석권의 판이 연약권 내로 침강하는 것. (5장)

섭입대(수렴경계)[subduction zone(convergent margin)] 연약권 내로 침강하는 암석권의 판의 경계를 따라 발달된 선 모양의 지대. (5장)

성숙작용(maturation) 유기물질이 여러 가지 형태의 석유로 전환되는 과정. (18장)

성운설(nebular hypothesis) 태양과 행성이 서서히 회전하는 거대한 가스와 먼지의 성간운의 수축으로 형성되었다는 가설. (4장)

성장률(개체군의)[growth rate(of a population)] 주어진 기간 동안 개체군에서 생물 개체수의 변화. (16장)

성장잠재능력(개체군의)[biotic potential(of a population)] 자원의 제한이 없는 최적의 환경 조건에서 개체군의 성장. (16장)

성층권 오존층(stratospheric ozone layer) 성층권 내부에서 전자기파 스펙트럼에서 자외선을 흡수하는 오존의 밀도가 높은 성층권 내부 좁은 영역. (2장)

성층권(stratosphere) 대기의 4개 열적층 중 하나로, 대류권 위에 놓여 있고 최대 50km까지 분포한다. (11장)

성층화산[stratovolcano(es)] 화산쇄설물과 점성을 가진 용암 둘 다를 분출하는 화산으로 가파른 고깔 모양의 언덕을 만든다. (6장)

세포(cell) 살아 있는 모든 생명체의 기본적인 구조 단위. (14장)

소비자(생물학)[consumer(biology)] 상위 영양단계에 있는 종속영양생물. (15장)

소빙하기(Little Ice Age) 13세기와 19세기의 비교적 기온이 낮았던 기간. (13장)

소행성(asteroid) 행성보다 작은 크기를 가지고 태양을 공전하는 천체로서 대부분의 공전 궤도는 화성과 목성 사이에 있다. (4장)

속성작용(diagenesis) 퇴적물이 퇴적된 이후, 저온, 저압하에서 일어나는 다양한 형태의 변화. (7장)

쇄설성 퇴적물(detrital sediment) 오래된 암석이 기계적으로 부서져 형성된 느슨하게 분리된 쇄설물. (7장)

수권(hydrosphere) 바다, 호수, 강, 지하수 그리고 모든 눈과 빙하를 포함한 얼음으로 지구상 물의 총체. (8장)

수력(hydroelectric power) 하천수의 흐르는 운동에너지로부터 얻어진 동력. (18장)

수렴(convergence) 저기압에서 소용돌이치며 안으로 향하는 바람에 의해 공기덩어리가 함께 모이는 현상을 말하며, 저기압 중심에서 상승기류를 유도한다. (12장)

수렴경계(convergent margin) 판이 서로를 향해 이동할 때 만나는 곳. '섭입대' 참조. (5장)

수로(channel) 유수가 흐르는 통로. (8장)

수로공사(channelization) 홍수 및 침식 제어를 목적으로 한 하도를 변경하는 기술. (8장)

수산양식(aquaculture) 물고기, 조개류, 갑각류, 수초를 가두어 증대시키는 것. (17장)

수소연료(hydrogen fuel) 내연기관의 연료로 이용되는 수

소 가스. (18장)

수온약층(thermocline) 수온이 수심에 따라 급격히 감소하는 해수 표면의 혼합층 아래에 발달된 층. (10장)

수용력(carrying capacity) 생태계가 수용할 수 있는 개체군의 한계로 생태계의 이용 가능한 자원에 의해 달라짐. (16장)

수용성(aqueous) 수분을 함유하는. (3장)

수치 연대(numerical age) 특별한 사건이나 특정한 물질이 형성되거나 퇴적된 시간을 구체적인 연 단위로 나타낸 나이. (4장)

순생산(생물학)[net production(biology)] 생명과정에 사용된 유기물을 총 생산에서 뺀 생물량. (15장)

스펙트럼(spectrum) 파장의 증가나 감소에 따라 순차적으로 나열한 전자기파. (2장)

습도(humidity) 공기 중의 수증기 양. (11장)

시생누대(archean Eon) 지구 역사에서 38억 년에서 25억 년 전까지의 기간. (14장)

식물성 플랑크톤(phytoplankton) 떠다니거나 부유하는 (생명체인) 단세포 식물. (10장)

신재생가능에너지원(new renewable energy sources) 새로운 개발 기술에 근거한 대체에너지원. (18장)

실용주의적(생물다양성의)[utilitarian(value of biodiversity)] 인간에 의한 종의 이용도나 이용 가능성을 기초로 생물다양성의 가치를 주장함. (16장)

실체파(body wave) 진원으로부터 지구를 통과하여 전파되는 지진파. (6장)

실험(experimentation) 가설을 실험하거나 검증하는 행위. (1장)

실현 생태적 지위(realized niche) 기본 생태적 지위의 일부분으로 경쟁 종이 있는 경우에 그 종의 생태적 지위. (16장)

심성암(pluton) 모양이나 크기와 상관없이 모든 관입성 화성암체. (6장)

심연대(profundal zone) 호수의 조광대 아래 지역으로 빛이 통과하지 못하는 지역. (15장)

심해저평원(abyssal plain) 해저 3~6km 깊이의 범위로 약 1m/km보다 작은 경사를 갖는 깊은 해저의 넓고 평평한 지역. (5장)

싱크홀(sinkhole) 하늘을 향해 열려 있는 큰 용해 공동. (8장)

쓰나미(tsunami) '지진해일' 참조. (6장, 10장)

| ㅇ |

안산암질 마그마(andesitic magma) 가장 흔한 세 가지 마그마 종류 중 하나로 약 60%의 SiO_2 무게비를 가짐. (6장)

암상(lithology) 색, 광물 조성과 입자 크기 등에 근거하여 암석을 기재하는 것. (7장)

암석(rock) 천연적으로 형성된 비생물적이며, 단단하게 서로 결합된 광물질 덩어리로서 행성 구성 성분의 한 부분. (3장)

암석권(lithoshpere) 고체 지구의 제일 바깥의 100km 두께의 층으로, 여기에 존재하는 암석은 하부에 존재하는 연약권 암석에 비하여 더 단단하고 더 큰 강성을 가짐. (3장)

암석화작용(lithification) 퇴적물이나 토양이 단단한 암석으로 변하는 작용. (7장)

암설구(tephra cone) 화산분화구 주위에 퇴적된 테프라의 고깔 모양의 더미. (6장)

암주(Stock) 저반보다 적은 작고 불규칙한 관입 화성암체. (17장)

액상화(liquefaction) 갑작스런 교란으로 퇴적물이나 토양이 액체 같이 이동하는 모래로 바뀌는 것. (6장)

액체(liquid) 일정한 부피를 가지지만 구성 원자들이 서로 자유롭게 움직일 수 있는 물질의 상태, 자신의 형태를 가지는 것이 아니라 용기의 형태와 같은 모양을 가짐. (3장)

양성 피드백(positive feedback) 생산 과정에서 만들어진 결과물이 다시 결과물 생산의 증가에 영향을 미치는 순환 과정. (15장)

얼음(ice) H_2O의 고체 상태의 물질. (9장)

에너지 순환(energy cycle) 지구계의 다양한 순환을 일으키는 행성의 내부 및 외부에서의 에너지 흐름. (1장, 2장)

에너지(energy) 일할 수 있는 능력. (2장)

에어로졸(aerosol) 매우 작아 공기 중에 떠 있을 수 있는 액체 방울이나 고체 입자. (3장, 11장)

엔트로피(entropy) 무질서도의 측정치 (2장).

엘니뇨/남방진동(엔소)(ElNiño/Southern Oscillation, ENSO). 무역풍의 약화로 중태평양과 동태평양의 해수면 온도가 평년에 비해 상승하는 준주기적 기후변동. (12장).

연료전지(fuel cell) 수소와 같은 연료를 전기로 바꾸는 전기적 장치. (18장)

연안류(longshore current) 해안에 평행하게 흐르는 쇄파대 내의 흐름. (10장)

연안쇄파(surf) 격파선과 해안 사이에서 나타나는 파도의 활동. (10장)

연약권(asthenosphere) 암석이 연성을 띠고, 강성을 거의 가지지 않아 쉽게 변형되는 맨틀 상부층. 지표로부터 100~350km 깊이에 존재한다. (3장)

열(heat) 원자의 운동에 기인한 물체의 에너지. (2장)

열곡(rift) 확장경계의 중심을 따르는 함몰. (5장)

열극 분출(fissure eruption) 지각의 긴 단열을 통해 지표로 분출되는 용암. (6장)

열대 낙엽수림(tropical deciduous forest) 적도 지역의 낙엽수로 구성된 숲. (15장)

열대 우림(tropical rain forest) 적도 지역의 상록수로 구성된 숲. (15장)

열대수렴대(intertropical convergence zone) 따뜻한 공기의 상승으로 기단이 수렴하는 열대의 저기압 지대. (12장)

열린계(open system) 경계가 주위와 에너지와 물질 모두를 교환할 수 있게 하는 계. (1장)

열수용액(hydrothermal solution) 수많은 광상을 생성시키는데 관련된 금속이 용해된 뜨거운 수성의 유체. (18장)

열역학(thermodynamics) 한 물체에서 다른 물체로 에너지가 전달되는 과정을 설명해 주는 자연 법칙. (2장)

열염 순환(thermohaline circulation) 온도가 낮고 염분이 높은 고밀도의 해수가 침강하여 움직이는 전 지구적 해수 순환 패턴. (10장)

열점(hotspot) 플룸 위로 용암이 분출하는 지표상의 지점. (6장)

염분(salinity) 보통 1/1,000(‰)로 나타내는 해수 염의 측정치. (10장)

염화플루오르탄소(chlorofluorocarbons, CFCs) 산업용으로 합성한 기체로 성층권에서 오존을 분해시킴. (19장)

영역(생명체의) [domain (of life)] 생명체의 가장 높은 분류 등급. 영역 또는 초계라고도 한다. (14장)

영거드라이아스 현상(Younger Dryas event) 약 11,000년 전부터 10,000년 사이에 지구의 기후가 갑자기 냉각되었던 현상. (13장)

영구동토(permafrost) 장기간 온도가 영하로 유지되는 퇴적물, 토양 또는 기반암. (9장)

영속자원(perpetual resource) 연속적이고 장주기적 관점에서 보면 재생되어 비고갈성인 자원. (17장)

영양 피라미드(trophic pyramid) 영양단계를 따라 에너지가 이동하는 생명체들의 계층. (15장)

영양단계trophic level) 생태적 군집의 일차 에너지 근원으로부터 같은 먹이사슬 단계에 있는 모든 생물체. 예를 들어, 대초원에서 초록색 풀은 첫 번째 영양단계이고 메뚜기는 두 번째이며 메뚜기를 잡아먹는 새는 세 번째 영양단계이다. (15장)

오일 셰일(oil shale) 탄질 유기물질을 많이 포함하는 세립질 퇴적암. (18장)

오일(oil) 석유의 액체 형태. (18장)

오존 구멍(ozone hole) 성층권의 오존 함량이 현저히 감소한 극지방 상공의 지역. (19장)

온대 낙엽수림(temperate deciduous forest) 여름부터 겨울까지 사계절의 변화가 뚜렷한 기후의 영향으로 주로 낙엽성 나무들로 구성된 숲. (15장)

온대 우림(temperate rain forest) 온대 기후와 높은 강수량이 특징으로 활엽성 나무와 소나무 등이 전형적인 숲. (15장)

온도(temperature) 어떤 물체에서 모든 원자의 평균 운동에너지를 나타내기 위해 도입된 거시적 물리량. (2장)

온대성 빙하[temperate (warm) glacier] 빙하의 얼음 온도가 0°C에 가까워서 얼음과 녹은 물이 평형을 이루어 존재하는 빙하. (9장)

온실기체(radiatively active gas) 지표에서 방출되는 복사를 흡수하여 열이 외부로 방출되는 것을 막아주는 지구 대기 하부에 있는 기체. (2장)

온실효과(greenhouse effect) 지구 표면에서 방출되는 긴 파장의 열복사선이 지구 대기에 의해 흡수되거나 반사되어 방출되지 못하고 지표 부근의 온도를 높이는 지구

대기의 특성. (2장)

외핵(outer core) 지구 핵의 바깥 부분으로서 용융 상태에 있음. (3장)

용승(upwelling) 하층의 해수가 표층해수를 제치고 이동하여 올라오는 현상. (10장)

용암(lava) 화구를 통하여 지표면에 도달한 마그마. (3장, 6장)

운동 에너지(kinetic energy) 물체의 운동으로 인해 나타나는 에너지. (2장)

운석(meteorite) 지표에 떨어진 자연 상태의 외계 물질. (4장)

원생누대(proterozoic Eon) 지구 역사에서 25억 년 전부터 5억 4,200만 년 전까지의 기간. (14장)

원시 대기[primary(primordial) atmosphere] 태양계 형성 과정에서 초기 행성이 보유하고 있었던 수소와 헬륨으로 구성된 대기. (4장).

원시지역(wildness) 인간의 개입 보다는 자연의 힘이 더 우세하고 사람이 살지 않는 곳. (17장)

원유(crude oil) 땅속에서 나오는 석유. (18장)

원자(atom) 어느 화학원소의 성질을 모두 보유하고 있는 가장 작은 입자. (3장)

원해역(pelagic zone) 해양의 공해 환경. (15장)

원핵세포(원핵생물)[procaryotic cell (procaryotes)] 핵을 가지지 않은 세포. 원형질로부터 그들의 DNA를 분리시키는 막을 갖지 않는 단세포 생명체를 말한다. (14장)

위치 에너지(potential energy) 해당 시스템에 축적된 에너지. (2장)

유기적(organic) 다른 탄소 원자와 공유결합에 의하여 결합된 탄소 원자로 이루어진 화합물을 지칭. (3장)

유리(glass) 비결정질이며 무정형의 고체. (3장)

유문암질 마그마(rhyolitic magma) 무게에서 약 70%의 규소성분을 갖는 마그마로 화강암의 전체 성분. (6장)

유영 동물(nekton) 활동적으로 헤엄치는 원양 동물. (15장)

유전자(gene) 특수한 기능을 수행하는 특정한 단백질을 DNA위해 암호화된 영역. (3장, 14장)

유전자 다양성(genetic diversity) 개체군이나 종의 생물 개체들의 DNA 다양성. (16장)

유전자 병목(genetic bottleneck) 유전자 다양성이 극히 제한될 때의 종 취약성. 개체군의 개체가 심하게 감소되면 개체수가 회복되더라도 남은 개체들의 유전자 다양성이 제한된다면 유전자 병목을 일으킬 수 있다. (16장)

유전적 부동(genetic drift) 돌연변이, 자연선택 또는 이주라기보다는 기회에 따라 개체군 내의 유전자에서 일어나는 빈도의 변화. (14장)

육식동물(carnivore) 다른 동물만을 잡아먹는 종속 영양생물. (15장, 16장)

융제(ablation) 빙하의 질량이 감소하는 현상. (9장)

융합(fusion) 수소와 같은 가벼운 화학원소의 핵이 결합하여 헬륨과 탄소와 같은 보다 무거운 원소를 만드는 과정. (2장, 18장)

은하(galaxy) 1,000억 개 이상의 별과 성간 물질이 중력에 의해 묶여 있는 거대한 천체. (4장)

음성 피드백(negative feedback) 생산과정에서 만들어진 결과물이 결과물 생산의 감소에 영향을 미치는 순환 과정. (15장)

응결(condensation) 분자가 덜 규칙적인 기체에서 더 규칙적인 액체로 변하는 현상. (8장, 11장)

응력(stress) 어떤 물체에 단위 면적 당 작용하는 힘. (7장)

이동 보존(exsitu conservation) 동물원이나 수족관 등에서 포획·번식을 통한 종의 보호. (16장)

이슬점(dew point) 상대습도가 100%에 도달하여 응결이 발생하는 온도. (11장)

이온(ion) 전자의 이동에 의하여 양전하나 음전하를 띠는 원자. (3장)

이지역성 종분화(allopatric speciation) 물리적 환경이 동떨어진 개체군에서 새로운 종이 진화하는 현상. (16장)

이차 대기(secondary atmosphere) 지구형 행성에서 화산활동 등으로 지구 내부로부터 분출되어 행성의 중력에 의해 행성 주변을 덮고 있는 휘발성 기체로 이루어진 대기. (4장)

이차 생산(secondary production) 다른 생물을 먹음으로 에너지를 얻는 종속영양생물의 생물량 생산. (15장)

인간 중심주의의(anthropocentric) 인간의 관점에서 생각하는. (16장)

인간권(anthroposphere) 인간의 의도된 목적이나 인간 활동의 결과로 변화되어온 자연계의 한 부분. (17장)

인간에 의한 온실효과(anthropogenic greenhouse effect) 인간 활동에 기인한 온실효과. (19장)

일(work) 한 시스템의 내부에너지를 증가 또는 감소시키는 작용. (2장)

일차 생산(primary production) 독립영양생물에 의한 탄수화물의 생산과 그에 따른 생물체 구성. (15장)

일차 생산자(생물학)[primary producer(biology)] 첫 번째 영양단계를 형성하는 조류나 광합성 세균 같은 종. (15장)

| ㅈ |

자갈(gravel) 쇄설성 퇴적물 중 조립질 입자. (7장)

자기역전(magnetic reversal) 지구 자기장에서의 극의 역전. (5장)

자기장(지구의)[magnetic field(Earth's)] 자화된 물체나 전기장에 자력이 가해지는 곳에서 지구를 둘러싸는 지역. (5장)

자연선택(natural selection) 생물학적인 특징이 생명체로 하여금 환경에 더 잘 적합하게 한 생명체는 생명체의 특징이 환경에 덜 적합하게 한 생명체보다 미래 세대의 후손에 의해 한층 더 잘 나타난다는 과정. (14장)

자원 분배(resources partitioning) 직접적인 경쟁을 피하기 위한 자원의 분배. (16장)

자원(resource) 유용하거나 필요한 어떤 것. (17장)

자원개발(mining) 재생 불가능한 자원 저장고로부터 유용 자원을 회수하는 몇 가지 과정. (18장)

자원순환(resource cycle) 원료물질의 채취, 처리, 이용, 그리고 폐기. (17장)

잔류광상(residual deposit) 풍화의 결과로 생성된 광물의 국부적 농집대. (18장)

잡식동물(omnivores) 육식과 초식을 모두 하는 종속영양생물. (16장)

재결정작용(recrystallization) 어떤 암석 내에서 고체 상태에서 새로운 결정질 광물 입자가 생성되는 것. (7장)

재생가능자원(renewable resource) 매 계절마다 새로운 성장으로 보충되는 자원. (17장)

재생불가능자원(nonrenewable resource) 지각에서 총량이 고정되어 있는 자원. (17장)

재충전(recharge) 지하수 구조의 포화대에 물을 채우는 것. (8장)

재활용(recycling) 금속, 유리, 그리고 기타 물질의 재사용. (18장)

저기압(L)[Low(L)] 상대적으로 낮은 기압의 지역으로 바람이 수렴하고, 공기가 상승하며, 강수가 나타난다. (12장)

저반(batholith) 가장 큰 관입암체의 종류. 관입하는 암층을 절단하는 불규칙한 모양의 매우 큰 화성암체. (6장)

저서 생물(benthos) 해저에서 살아가는 생물. (15장)

저서대(benthic zone) 해저 환경. (15장)

저하(에너지) [degradation (of energy)] 에너지가 보다 유용하지 않거나 일을 하기에 부적합한 상태로의 변환. (2장)

적운형 구름(cumulus clouds) 덥고 습한 날 공기가 대류활동에 의해 상승하여 응결고도를 지나 상승하면서 만들어지고 부풀어오른 공 모양의 구름. (11장)

적응(adaptation) 환경의 압박에 반응하여 일어나는 변화 과정.(14장)

전 지구적 공공재 자원(global commons) 지구상의 모든 사람들이 공유하는 공공 소유물. 예는 대기이다. (19장)

전 지구적 변화(global change) 인간 활동에 의해 지구계 내에서 일어난 변화. (19장)

전도(conduction) 고체에서 형태의 변화를 일으키지 않은 상태로 열을 전달하는 방식. (2장)

전문가(specialists) 환경요소의 적은 범위에서 내성을 보여 작고 협소한 생태적 지위를 점유한 종. (16장)

전선(front) 기온과 습도가 서로 다른(밀도가 서로 다른) 기단이 이루는 경계. (11장)

전자기 복사(electromagnetic radiation) 빛, 전파, 자외선 또는 적외선 복사와 같이 스스로 전파되는 전자기파를 일컫는 말로, 모든 형태의 전자기 복사는 에너지에 따라 파장과 진동수는 다르지만 모두 동일한 속도로 전파된다. (2장)

전향력(coriolis force) 이동하는 물체의 초기 방향과는 관계없이 자전하는 지구 위에서 자유롭게 이동하는 어떤 물체를 북반구에서는 오른쪽으로 향하게 하고 남반구에서는 왼쪽으로 향하는 하는 효과. (10장)

절대저장소(sink) 들어오는 물질의 플럭스가 나가는 플럭스를 초과하는 저장소. 근원지의 반대. (1장)

절리(joint) 암석 내에 발달하는 판상의 간극. (7장)

점성(viscosity) 유동에 대해 저항하는 물질의 내부적인 성질. (6장)

점토(clay) 퇴적물에서 가장 크기가 작은 쇄설성 입자. 이 용어는 광물군을 지칭할 때에도 사용된다. (7장)

접촉 변성작용(contact metamorphism) 관입 화성암체에 인접한 곳에서 온도에 기인하여 일어난 변성작용. (7장)

정출작용(마그마의)[crystallization(of magma)] 냉각되는 마그마로부터 개별 광물결정이 핵화되고 성장하는 일련의 과정. (7장)

제트류(jet stream) 대류권계면 높이의 급한 경사와 연관된 상층의 빠른 편서풍. (12장)

제한요인(생물학)[limiting factor(biology)] 개체나 종의 성장을 방해하거나 국지적으로 멸종시킬 수 있는 화학원소의 제한. (15장)

조광대(limnetic zone) 호수에서 빛이 투과되는 깊이까지의 지역. (15장)

조림(plantation) 궁극적으로 수확을 목적으로 심어진 나무로 관리되는 산림. (17장)

조산대(orogen) 대륙충돌의 결과로 심하게 습곡되고, 단층작용을 받고, 두꺼워진 지각의 길쭉한 부분. (5장)

조석(tide) 지구에 대한 달과 태양의 인력에 의하여 해수면이 1일 2회 주기적으로 높아졌다 낮아졌다 하는 현상 (2장, 10장)

조직(texture) 구성 광물 입자의 크기, 모양과 배열에 의해 생기는 암석의 전체적인 양상. (3장)

종 공평도(species evenness) 군집 내에서 서로 다른 종들의 상대적인 풍부도 또는 그들의 상대적인 분포. (16장)

종 다양성(species diversity) 특정 지역에 분포하는 종의 수와 종의 형태 및 상대적인 풍부도(종 공평도와 종 풍부도로 나타남). (16장)

종 풍부도(species richness) 한 지역에 분포하는 서로 다른 종의 수. (16장)

종분화(speciation) 새로운 종의 출현. (14장)

종속영양생물(heterotrophs) 태양빛으로부터 에너지를 직접 이용할 수 없어 독립영양생물이나 혹은 다른 종속영양생물을 먹음으로써 에너지를 얻어야만 하는 생명체. (14장)

주계열성(main sequency) H−R도상의 좌측 상단부터 우측 하단 영영에 분포하는 항성들로, 이 항성들의 중심부에서 수소가 헬륨으로 변환되는 핵융합 반응에 의해 에너지를 생산하고 있는 항성. (4장)

주향이동(strike-slip) 단층의 주향에 평행하게 움직임 단층의 이동. (5장)

중간권(대기과학)[mesosphere (atmospheric science)] 대기의 4개 열적층 중 하나로, 성층권 위에 놓여 있다. (12장)

중간권(지질학)[mesosphere(geology)] 연약권의 하부와 핵/맨틀 경계 사이에 발달된 지역. (3장, 11장)

중력(gravity) 지구와 달과 같은 두 물체 사이에 작용하는 물리적 인력. (2장)

중력 사면 이동(mass wasting) 운반 매질의 도움 없이 중력에 의하여 표토가 아래쪽으로 이동하는 현상. (7장)

중력이상(gravity anomaly) 위도와 고도에 대한 보정 이후 중력에 의한 인력의 변화. (5장)

중세 온난기(medieval warm period) 중세의 비교적 온난했던 기간. (13장)

증기(vapor) 기체 — '기체' 참조. (3장)

증발(evaporation) 액체가 기체로 바뀌는 과정. (8장, 11장)

증발암 광상(evaporite deposits) 증발작용의 결과로 침전된 암염층. (18장)

증산(transpiration) 식물체 내의 물이 수증기로서 대기에 배출되는 현상. (8장)

지각(crust) 지구의 층상구조에서 제일 외곽에 가장 얇은 두께로 존재하는 층으로, 하부에 있는 맨틀 물질에 비하여 밀도가 작은 암석 물질로 구성되어 있다. (3장)

지각평형(isostasy) 암석권의 덩어리들 사이에서 부유하여 존재하는 균형의 이상적인 성질. (5장)

지구 규모 변화(global change) 인간 행위의 결과 지구계에 발생한 변화. (19장)

지구공학(geo-engineering) 지구계의 어떤 부분을 변화시키는 데 관여하는 인간의 개입으로 일반적으로 광범위한 개입에 적용함. (19장)

지구계 과학(earth system science) 전체 지구를 하나의 계로 연구하는 학문으로 상호작용을 하는 많은 권역과 이들의 내부와 사이에서 일어나는 변화에 초점을 맞추어 연구한다. (1장)

지구계(earth system) 서로 상호 작용을 하는 많은 권역으로 이루어진 계로서 전체 지구. (1장)

지구조적 순환(tectonic cycle) 지구의 주요 지질학적인 지형이 형성되는 과정. (1장)

지구형 행성(terrestrial planets) 밀도가 높은 암석과 금속 성분으로 구성된 크기와 질량이 작은 수성, 금성, 지구, 화성 등 태양계 내부 행성. (4장)

지권(geosphere) 고체 지구. (5장)

지균풍(geostrophic wind) 기압경도력과 전향력 힘의 평형의 결과로 부는 바람. (12장)

지리정보시스템(geographic Information System, GIS). 공간에 기준을 둔 막대한 양의 자료 지점과 함께 이들의 특징의 저장을 가능하게 하는 컴퓨터에 기반을 둔 소프트웨어 프로그램. (1장)

지속 가능한 개발(sustainable development) 생태계 파괴나 미래의 자원이용을 저해하지 않으면서 현재의 수요를 충족시키는 신중한 지구 자원 이용. (17장)

지속 가능한 산출량(sustainable yield) 재생 가능한 자원의 저장고로부터 이동할 수 있는 수확량으로 매년 자연성장으로 대체될 수 있는 자원량보다 적어야 한다. (17장)

지속성(sustainability) 생태계에 지속적이거나 심각한 영향을 초래하지 않고 장기적인 관점에서 특정 수준의 개체군을 지지하는 능력. (16장)

지열 구배(geothermal gradient) 지구 내부로의 온도 증가율. (2장)

지열 에너지(geothermal energy) 지구 내부열로부터 얻어진 열에너지. (18장)

지진(seismicity) 지진의 활동성. (6장)

지진계(seismograph) 지진파를 연속적으로 감지하고 기록하는 장비. (6장)

지진공백(seismic gap) 지진이 오랜 기간 발생하지 않은 지구조적으로 활성적인 판의 가장자리를 따른 공백. (6장)

지진 기록(seismogram) 지진계에 의해 생성된 지진파의 기록. (6장)

지진 모멘트 규모(seismic moment magnitude) 단층의 넓은 면적에 걸쳐 에너지가 방출되었다는 사실을 고려하는 지진에 의한 방출 에너지의 한 측정방법. (6장)

지진파(seismic wave) 진원으로부터 퍼져나가는 탄성적인 교란. (6장)

지진파 불연속면(seismic discontinuity) 지진파의 전파속도가 갑자기 변하는 지구 내부에 존재하는 경계. (6장)

지질(lipid) 물에 용해되지 않는 화학적으로 다양한 화합물군으로, 지방, 기름, 왁스, 스테로이드 등을 포함. (3장)

지질연대표(geologic time scale) 지질단면의 상대 연령에 적합하도록 수치화된 시간 규모. (7장)

지질주상도(geologic column) 화석을 통한 연대 측정 또는 상대 및 실제 연령 측정을 통해 얻은 자료를 바탕으로 지층을 연대 순서로 나열하여 조합한 기둥 모양의 그림. (4장)

지하수(groundwater) 기반암과 토양 내의 공극에 포함된 모든 물. (8장)

진앙(epicenter) 진원의 직상부에 위치하는 지표면상의 점. (6장)

진원(focus) 지진에서 처음으로 에너지가 방출되고 그곳으로부터 지진파가 전파되어 나가는 지점. (6장)

진핵세포(진핵생물)[eucaryotic cell (eucaryotes)] 막 내에 핵과 막으로 둘러싸인 다른 세포소기관을 포함하는 세포. (14장)

진화(evolution) 시간이 경과함에 따라 종이 겪는 변화로 궁극적으로 새로운 종이 태어나게 한다. (14장)

질소고정(nitrogen fixation) 대기 중의 질소를 암모니아, 질산염 이온 또는 아미노산으로 전환하는 과정. 대부분은 미생물에 의해 이루어지지만 번개에 의해 소량의 질소가 전환되기도 한다. (15장)

짐(load) 하천, 바람, 빙하, 파도, 조석, 해류 등 자연적인 운반 수단에 의해 옮겨지는 물질. (8장)

| ㅊ |

천문 단위(astronomical unit, AU) 천문학자들이 주로 사용하는 거리 측정 단위로서 지구와 태양 사이의 평균 거리인 149,600,000km에 해당되는 거리이다. (4장)

천연가스(natural gas) 상온-상압에서 기체 상태로 자연에서 산출되는 탄화수소. (18장)

초(reef) 주로 산호와 조류 같은 해양 생물체의 석회질의 정적 잔해들로 이루어진 산등성이 형태의 구조. (10장)

초대륙(supercontinent) 대륙 강괴들이 모여 이룬 커다란

대륙의 복합체. (5장)

초식동물(herbivores) 식물을 먹고사는 종속영양생물. (16장)

총 생산(생물학)[gross production(biology)] 호흡에 의한 손실을 뺀 생산. (15장)

축적(accumulation) 빙하의 질량이 증가하는 현상. (9장)

출생률(birth rate) 개체군에서의 단위 시간당 출생수. (16장)

층(stratum, 복수 strata) 지표면에 쌓인 뚜렷한 퇴적물의 층. (7장)

층서 대비(correlation, stratigraphic) 둘 또는 그 이상 지역에서 발달된 지층 연속체에서 똑같은 시대를 가지는 지층을 결정하는 것. (7장)

층서학(stratigraphy) 지층에 대하여 연구하는 학문. (7장)

층운(stratus clouds) 운저의 높이가 2km 이하인 흐린 구름이 일정하게 층으로 분포한 것. (11장)

침과(percolation) 지하수의 흐름, 표면으로부터 수직적으로 흘러내리는 것과 포화 영역에서 옆으로 흐르는 것을 포함. (8장)

침수(submergence) 이전에 마른 지역이 범람할 정도의 상대적인 수위 상승. (10장)

침식(erosion) 암석이 물리적 · 화학적으로 부서진 후 그 산물이 이동되는 것과 관계되는 복잡한 과정. (7장)

침입 종(invasive species) 토속 종과의 경쟁에서 우위에 있기 때문에 토속 종을 대체하는 유입된 외래 종. (16장)

| ㅋ |

카르스트(karst) 지하수의 용해 작용에 의해 석회암에 형성됨. 지형으로 싱크홀과 동굴로 특징된다. (8장)

칼데라(caldera) 직경이 수km 또는 그 이상에 달하는 환상의 급사면을 갖는 화산분지. (6장)

캄브리아기 폭발(cambrian radiation) 현생누대의 초기에 진화의 속도가 매우 빠르게 증가한 짧은 시간의 기간. (14장)

켈빈 온도(Kelvin temperature) 엔트로피가 0이 되는 온도를 기준점으로 측정한 절대온도. (2장)

콜로이드(colloid) 연속 매질(보통 액체) 내에 분산된 극미립 입자로 이루어진 겔. (3장)

쾨펜 시스템(Köppen system) 식생에 의거하여 구분한 기후 시스템. (13장)

| ㅌ |

탄성반발설(elastic rebound hypothesis) 지진 발생이 단층에서의 미끌림에 의해 누적된 탄성에너지의 갑작스런 해소 결과라는 가설. (6장)

탄성 에너지(elastic energy) 탄성적으로 변형된 고체에 저장된 에너지 (6장)

탄소포집저장(sequestration) 물질이 지구계의 나머지로부터 오랜 기간 동안 분리된 것과 같은 긴 체류시간을 저장소에 갖는 물질. (1장)

탄수화물(carbohydrates) 탄소, 수소 및 산소로 이루어진 유기 화합물로, 당, 녹말과 섬유소 등이 대표적인 예이다. 탄수화물은 모든 녹색식물에 의해 만들어지며, 동물 먹이의 주된 원천을 이룬다. (3장)

탄화수소 기체 수화물(hydrocarbon gas hydrate) 물과 얼음의 분자로 구성된 미세한 공간에 갇혀 있는 탄화수소 기체. 클래트브레이트 탄화수소라고도 함. (13장)

탄화수소(hydrocarbons) 수소를 포함하고 탄소-수소 결합을 형성하는 유기화합물. (3장, 13장, 18장)

탄화작용(coalification) 식물체가 석탄으로 전환되는 과정. (18장)

탈질소작용(denitrification) 세균에 의해 질산염을 분자형태의 질소로 전환하는 작용으로 질소 순환에 중요한 단계이다. (15장)

태양 성운(solar nebula) 태양과 태양계를 형성한 기체와 먼지 입자로 이루어진 거대하고 납작한 성간운의 회전체. (4장)

태양계(solar system) 태양의 중력에 묶여 태양 주위를 공전하고 있는 행성, 소행성, 혜성, 유성 등 자연 천체들로 구성된 집단. (4장)

태양에너지(solar energy) 태양으로부터 방출되는 전자기 에너지로부터 얻어진 동력. (18장)

태초대(hadean Eon) 지구 역사에서 45억 6,000만 년 전 지구 탄생부터 38억 년 전까지의 기간. (14장)

테프라(tephra) 화산쇄설물의 느슨한 집합체. (6장)

토네이도(tornado) 적란운에서 지면 쪽으로 확장하는 소용

돌이 공기기둥에 의해 생성되는 격렬한 바람폭풍. (12장)

토양 구조(soil structure) 토양 입자들이 모여 형성된 집합체. (3장, 15장)

토양 단면(soil profile) 수평의 토양층이 잘 나타나는 토양의 단면. (15장)

토양 등급(soil order) 토양 분류의 최상위 계급. (15장)

토양 비옥도(soil fertility) 식물의 성장에 필요한 영양분을 공급하는 토양의 능력. (15장)

토양 습기(soil moisture) 토양 내 광물 입자 사이의 공극을 채우고 있는 수분. (15장)

토양 조직(soil texture) 다양한 토양 성분의 상대적 비율. (15장)

토양(Soil) 뿌리를 가진 식물을 지지하는 표토의 부분. (15장)

토양층(soil horizon) 토양이 발달함에 따라 형성된 풍화된 수평층. (15장)

퇴적(퇴적물의)[deposition(of sediment)] 이동된 뒤에 일어나는 퇴적물의 축적. (7장)

퇴적물(sediment) 모든 외인적 작용에 의하여 운반된 표토. (3장, 7장)

퇴적암(sedimentary rock) 화학적 침전작용 또는 물, 바람, 얼음이나 중력에 의하여 퇴적 장소까지 운반되어 온 광물 입자의 퇴작작용과 교결작용에 의하여 형성된 암석. (3장, 7장)

투수율(permeability) 물이 고체를 얼마나 잘 통과할 수 있는지를 나타내는 척도. (8장)

툰드라(tundra) 고위도 지방의 육상 생물군계. (15장)

| ㅍ |

파동저기압(wave cyclone) 30～60° 사이에서 생성되는 중위도 저기압으로 극전선을 따라 따뜻한 공기와 차가운 공기의 상호작용의 결과로 생성된다. (12장)

파도의 굴절(wave refraction) 일련의 파도가 수심이 얕은 바다로 진행하면서 해안선의 각도에 따라 방향이 바뀌는 것. (10장)

파력에너지(wave energy) 파도의 운동에너지로부터 얻어진 동력. (18장)

파장(wavelength) 파도의 정부에서 정부까지 혹은 골에서 골까지의 거리. (10장)

파저(wave base) 파장의 절반 크기이며, 파의 운동의 영향이 나타나는 최하부 한계(10장)

판구조론(plate tectonics) 연약권 위에서 횡적으로 이동하는 암석권에 의한 과정을 다루는 지구조학의 한 분야. (5장)

페렐세포(ferrel cells) 양 반구의 해들리세포에서 극 방향쪽에 놓여 있는 대기순환 세포. (12장)

편리공생(commensalism) 한쪽 생명체가 다른 쪽에 아무런 영향을 미치지 않고 이익을 보는 관계. (16장)

평형 상태(steady state) 저장소로 유입되는 물질의 플럭스가 저장소 밖으로 빠져나가는 플럭스와 정확하게 균형을 이루는 상태. (1장)

평형선(equilibrium line) 빙하의 질량의 감소와 증가가 평형을 이루게 되어 평균적으로 유지되는 빙하의 높이. (9장)

폐광산처리(minesite decommissioning) 폐광 시 따라야 할 여러 가지 단계. (18장)

포식(predation) 한쪽 생명체(포식자)가 다른 쪽(피식자)을 먹는 관계. (16장)

포화층(saturated zone) 모든 공극이 물로 채워져 있는 지하수대. (8장)

포획어업(capture fisheries) 자연에서 물고기를 잡는 것. (17장)

표면류(surface runoff) 비가 온 후 지면 위로 흐르는 물(8장)

표면파(surface wave) 지구의 표면을 따라 전달되고 지구의 몸체를 통과하지 않는 지진파. (6장)

표토(regolith) 지구를 덮고 있는 느슨하고 비고화된 암석 입자로 이루어진 불규칙한 표면. (3장, 7장)

표토(topsoil) 토양 단면의 최상부 층. (15장)

풍력에너지(wind energy) 바람의 운동에너지로부터 얻는 동력. (18장)

풍속냉각요소(windchill factor) 공기에 노출된 피부로부터 열을 빼앗기는 현상으로서 낮은 기온과 바람에 의한 것임. (13장)

플라스마(plasma) 독특한 성질과 특성을 지닌 이온화된 (전기적으로 전하를 띤) 기체. (3장)

플룸(plume) 맨틀의 심부로부터 상승하는 뜨거운 암석물질. 플룸의 표면을 지시하는 것이 열점이다. (6장)

플럭스(flux) 주어진 시간에 특정 지역을 통하여 유동하는 에너지 양. (1장)

피드백(feedback) 계의 유출이 또한 유입으로 역할을 하고 계의 상태에 변화가 일어날 때 나타나는 계의 반응. (1장)

피오르드(fjord) 빙하의 침식으로 형성된 좁고 깊은 계곡으로 바다로 연결된다. (9장)

필수영양소(essential nutrient) 생명체에 필요한 24개의 화학원소. (15장)

ㅎ

하인리히 현상(heinrich events) 대규모의 빙하가 유실되는 과정에서 북대서양의 퇴적층에 뚜렷하게 긁힌 자국을 새기게 된 자연현상. (13장)

하천(stream) 쇄설물질과 용해 물질들을 운반하며 일정한 하도를 따라 흘러내리는 수괴. (8장)

하천류(stream flow) 잘 정리된 일정한 하도를 따라 흐르는 지표수의 흐름. (8장)

한대 침엽수림(boreal forest) 북아메리카와 유라시아의 툰드라 남쪽에 위치한 육상 생물군계. 타이가(taiga)라고도 한다. (15장)

한류(gyre) 지구를 거의 순환하는 대규모의 해류. (10장)

항성(star) 중심핵에서 열핵융합 반응에 의해 생성된 에너지를 방출하는 이온화 된 기체로 구성된 커다란 구형의 천체. (2장)

해구(oceanic trench) 해양 암석권이 연약권 내로 침강하는 곳의 해양저에 발달된 깊은 도랑 모양의 골짜기. (5장)

해들리세포(Hadley cell) 적도를 중심으로 양쪽에 있는 대류세포로서 열대와 적도 지역의 바람을 지배한다. (12장)

해변(beach) 해안을 따라 파도에 의해 쓸려온 퇴적물로 쇄파대까지 지역. (10장)

해빙(sea ice) 극지역의 해양을 덮고 있는 두께가 얇은 얼음으로서, 빙하로 덮여 있는 전체 지역의 약 2/3를 차지한다. (9장)

해양 지각(oceanic crust) 해양 아래에 존재하는 지각. (3장)

해저확장설[seafloor spreading (theory of)] 중앙해령으로부터 해양 지각의 횡적인 이동이 가정된 1960년대 초에 제안된 이론. (5장)

핵(core) 지구의 중심에 존재하는, 대부분 금속 철로 구성된 구형 물질. (3장)

핵분열(fission) 통제된 방사능 물질의 변환. (2장, 18장)

핵산(nucleic acid) 뉴클레오타이드라는 분자로부터 만들어진 거대한 유기고분자로서 당기, 인산염기, 질소성 염기 등을 포함. (3장)

핵심 종(keystone species) 생태계에서 핵심 역할을 하는 종. (16장)

핵 에너지(neuclear energy) 큰 방사성 원소가 둘 혹은 여러개의 작은 동위원소들로 분열되는 조절을 통해 방출되는 에너지. (18장)

행성(planet) 중심 항성을 공전하는 물체로서 구형을 유지할 정도로 질량이 크며 자체 중력으로 자신의 궤도를 지배할 수 있는 자연 천체. (4장)

행성 강착(planetary accretion) 행성을 형성하기 위한 고체 물질이 납작한 원반 형태로 응집되는 과정. (4장)

행성 분화(planetary differentiation) 행성의 내부가 고밀도의 중심핵과 그 주변을 가벼운 암석의 껍데기 층으로 구분되는 화학적 분리과정. (4장)

허리케인(hurricane) 풍속이 119km/h가 넘은 열대저기압. (12장)

현무암질 마그마(basaltic magma) 가장 흔한 세 가지 마그마중 하나로 약 50%의 SiO_2 무게비를 가진다. (6장)

현생누대(Phanerozoic Eon) 지구 역사에서 5억 4,200만 년 전부터 오늘날까지의 기간. (14장)

현화식물(angiosperm) 씨가 열매에 의해 둘러싸여 있는 식물. (14장)

혜성(comet) 얼음과 암석 부스러기 및 티끌이 주성분이고 태양을 초점으로 이심률이 큰 타원 궤도를 공전하는 태양계 내의 작은 천체. (4장)

호수(lake) 지구 표면의 움푹한 내해. 담수이거나 염이 있는 물. (8장)

호흡(respiration) 탄수화물을 분해하기 위해 호기성 종속영양생물에 의한 산소의 이용으로 이산화탄소, 물 및 에너지를 방출한다. (14장)

화산(volcano) 화성 물질, 고체 암석, 파편, 그리고 가스가 배출되는 분출구. (6장)

화산가스(volcanic gas) 활화산으로부터 분출되는 기체. (6장)

화산쇄설물(pyroclast) 화산폭발 시 분출되어 나온 암석조각. (6장)

화산쇄설암(pyroclastic rock) 화산쇄설물로부터 형성된 암석. (6장)

화산암(volcanic rock) 용암이나 화산재의 분출에 의하여 형성된 암석. 종종 비옥한 토양을 형성. (3장)

화산재(volcanic ash) 분출하는 화산에 의해 배출되는 가장 작은 화산쇄설물 입자. (6장)

화석(fossil) 동물이나 식물의 유해나 흔적이 자연적으로 보존된 것. (14장)

화석 연료(fossil fuel) 퇴적물에 저장되어 있으며 연료로 사용될 수 있는 식물과 동물의 잔해. (18장)

화성암(igneous rock) 마그마의 냉각과 고화에 의하여 생성된 암석. (3장, 7장)

화쇄류(pyroclastic flow) 분출하는 화산의 사면 아래로 흐르는 공기보다 밀도가 큰 화산쇄설물의 유동체. (6장)

화학 원소(chemical element). 화학적인 방법에 의하여 정상적으로 분리될 수 있는 가장 기본이 되는 물질. (3장, 7장)

화학적 퇴적물(chemical sediment) 수중에서 용액으로부터 광물의 침전에 의하여 만들어진 퇴적물. (3장, 7장)

화학적 풍화작용(chemical weathering) 수화작용이나 산화작용과 같은 화학 반응에 의하여 암석이 분해되는 것. (7장)

화학합성(chemosynthesis) 아미노산과 같이 작은 유기 분지의 합성. (14장)

화합물(화학적)[compound(chemical)] 하나 또는 그 이상의 음이온과 양이온이 일정한 비에 의하여 결합된 것. (3장)

확장경계(spreading center) 2개의 판이 서로 멀어지는 암석권에서의 파쇄대. 발산경계라고도 함. (5장)

환류(gyre) 지구를 거의 순환하는 대규모의 해류. (10장)

활동성 화산(active volcano) 역사시대에 분출했던 화산. (6장)

힘(Power) 단위 시간에 한 일의 양. (2장)

호상점토(varve) 한 쌍을 이루는 2개의 퇴적층으로서 일년 중의 계절변화를 나타냄. (13장)

휴화산(extinct volcano) 역사시대에 분출이 일어나지 않아 어떠한 화산 활동의 조짐도 보여주지 않는 화산. (6장)

흑색 열수구(black smoker). 비등점 이상으로 가열된 물을 뿜어내는 해저 분출구. (14장)

흑체 복사체(black body radiator) 표면에 입사된 복사를 모두 흡수하고 전혀 반사하지 않는 가상의 완전 복사체로서 복사 강도는 온도에 의해서만 결정된다. (2장)

흡수(복사의)[absorption(of radiation)] 전자기 복사가 어떤 매질을 통과할 때 매질에 의해 복사 에너지가 흡수되는 것. (11장)

| 기타 |

IPAT 식(IPAT equation) 환경에 미치는 인간의 영향(I)을 인구(P), 소비와 쓰레기의 배출(A) 및 기술(T)의 함수로 나타내는 관계식. (19장)

K-전력가(K-strategist) 적은 수의 새끼를 낳지만 돌보는데 많은 투자를 하는 생물. (16장)

P파(P waves) 압축과 팽창의 반복적인 진동에 의해 전달되는 지진성 실체파. P파는 고체, 액체, 기체를 모두 통과한다 (6장)

r-전략가(r-strategists) 빠른 번식과 많은 새끼를 낳지만 양육에는 투자하지 않는 생물. (16장)

S파(S waves) 고체에서 옆으로의 전단운동의 반복적인 연속에 의해 전달되는 지진성 실체파. S파는 모양의 변화를 일으켜서 액체나 기체를 통해서는 전달될 수 없다 (6장)

찾아보기

ㅅ

기타

저자 소개

브라이언 스키너

브라이언 스키너(Brian Skinner)는 오스트레일리아에서 나고 자랐다. 사우스오스트레일리아 주의 애들레이드대학교에서 공부를 마친 후 태즈메이니아에 있는 광산에서 근무했다. 1951년에 하버드대학교 예술과 과학 대학원에 입학하여 1954년에 박사학위를 취득하였다. 워싱턴 D.C에 있는 미국지질조사소에서 연구 과학자로 근무 기간을 마친 후 그는 1966년에 예일대학교의 교수진으로 합류하였다. 이곳에서 그는 지질학과 지구물리학을 가르치고 있으며, 지구화학 학회, 미국지질학회 및 광산학회 회장을 역임하였다. 그는 토론토대학교에서 과학 명예박사와 콜로라도 광산대학에서 공학 명예박사 학위를 받았다.

바버라 머크

바버라 머크(Barbara Murck)는 지질학자이며 토론토대학교(미시사가 캠퍼스)의 환경과학 조교수이다. 그녀는 프린스턴대학교에서 지질학과 지구물리학 학사학위 과정을 마쳤고, 토론토대학교에서 박사학위를 취득하기 전에 서아프리카의 평화봉사단에서 2년을 보냈다. 그녀는 주로 아프리카와 아시아에 있는 개발도상국에서 지질학, 자연재해, 환경과학 및 환경적인 쟁점에 대해 교육하고 연구하였다. 그녀는 또한 교육학에 관한 실용적인 연구를 수행하였으며, 최근에는 총장교육상(토론토대학교에서 수여하는 교육 분야 최고의 명예상)을 받았다. 그녀는 많은 책을 공동 집필하였으며, 몇몇은 브라이언 스키너와 함께 썼다.

역자 소개(대표역자 외 가나다순)

박수인
강원대학교 자연과학대학 지질학과 교수
e-mail : sweenp@kangwon.ac.kr

권석민
강원대학교 사범대학 과학교육학부 교수

김영석
부경대학교 환경 · 해양대학 지구환경과학과 교수

문병권
전북대학교 사범대학 과학교육학부 교수

이성주
경북대학교 자연과학대학 지질학과 교수

정형빈
부경대학교 환경 · 해양대학 환경대기과학과 교수

조양기
서울대학교 자연과학대학 지구환경과학부 교수

조현구
경상대학교 자연과학대학 지구환경과학과 교수

황 정
대전대학교 공과대학 방재학부(지반방재공학전공) 교수